구조물의 동적응답해석에 의한

내진 · 내풍설계

이명우 저

구조물의 동적응답해석에 의한

내진·내풍설계

이명우 저

SEISMIC AND
WIND RESISTANT
DESIGN

BY STRUCTURAL DYNAMIC
RESPONSE ANALYSIS

씨아이알

머리말

컴퓨터와 구조공학은 획기적으로 진보하였고, 이와 더불어 구조물에 대한 응력이나 변형 등의 특성이 명확해졌다. 그뿐만 아니라 컴퓨터의 활용에 의해 비로소 실현이 가능하게 된 구조물이나, 나아가서 그 목적과 디자인의 센스를 최대한 살린 초현대적 구조 등(초고층 구조·초장대교 구조·초고속철도 구조·해양 구조 등) 끝없이 인류의 꿈이 짧은 기간 동안에 실현되어 가고 있다. 인류의 구조물에 대한 소원은 주어진 소재의 허용된 범위에서 어떠한 구조물이 가능한 가를 먼저 알아야 하기 때문에 옛날에는 몇 번이나 경험적 시행이 필요했으며 근대에 와서도 컴퓨터가 없는 시대에는 복잡한 구조물의 전체적인 거동 등은 알 수도 없었고, 역시 많은 경험적 요소가 구조기술자의 머릿속을 오가야 했었다. 현재 슈퍼-컴퓨터는 이와 같은 기술 가운데 이론 계산상의 명확하지 않는 부분을 일거에 해결하고, 많은 실험을 대신하여 경험적으로 불명확했던 요소를 명확하게 하고, 구조기술의 새로운 전개에 대해 큰 지주가 되었다.

이 교과서는 내진·내풍설계법에 대해 어떻게 하여 실제의 예로 응용하느냐에 대한 입문서가 되도록 계획하였다. 이미 다수의 동역학 저서가 출판되었지만, 내진·내풍설계의 접근계산법에 대해서는 거의 해설되어 있지 않다. 한편으로는 진동론의 저서도 많다. 그러나 진동론의 이론에 대해서는 상세하나 지진과 바람에 대한 구조물응답계산에 대해서는 상세한 기술이 없다. 본 서는 이 양자 간을 메꾸기 위해 기획된 것이며, 부정정 구조물의 해법까지 공부한 학생들이 처음으로 내진·내풍설계법을 배우려 할 때의 참고서 정도로 고려하였으며, 학생들이나 대학을 졸업한 기술자를 대상으로 오랫동안 내진·내풍설계법을 강의한 원고를 바탕으로 정리한 것이다. 구조역학을 마스터한 학생이라도 운동방정식만 나오면 머리를 흔들며 이해 못할 때가 많아 이 점에 대해서 충분히 고려했다. 또한 본 서에서는 1-자유도계로부터 다-자유도계까지 직접적으로 운동방정식을 유도하면서 지진응답해석을 접근하도록 노력하였다. 즉, 구조역학에 사용되는 수학의 매트릭스를 쉽게 설명하였다. 매트릭스는 구조해석의 이론에 응용되어 컴퓨터의 사용에 편리한 하나의 방법으로 더욱 구조이론의 전개를 쉽게 하고, 구조역학을 배우는 사람의 이해를 돕기 위해서도 대단히 강력한 수단이 되어 왔다. 이유 중에서 특히 매트릭스를 컴퓨터 프로그래밍 기술과 결부시키면, 한층 그 유용성이 인정되고, 구조해석을 하려는 사람들에게는 불가결한 수학적인 수단이 되었다. 또한 매트릭스에 관련된 대수학은 그 전문분야에서 눈부시게 전개되어 수많은 화려한 이론이 나와 있으므로 여기서는 대부분 생략하고, 구조해석을 하기 위해 실용상 필요성이 큰 것에 한하며, 되도록 평이하게 다른 참고서 없이 이해할 수 있도록 설명하려고 노력하였다. 더 일반적인 매트릭스이론 체계를 공부하려는 독자는 전문서적으로 배워나가길 바란다.

본 서는 13장으로 되어 있다. 제1장 내진·내풍설계법의 개요, 제2장 지진과 바람에 관한 기초지식, 제3장 내진설계의 필요성과 동적응답해석의 분류, 제4장 1-자유도계의 지진응답해석에 대해 자유진동, Fourier 급수(Series)에 의한 1-자유도계의 지진응답해석, Duhamel적분에 의한 1-자유도계의 응답스펙트럼해석, 직접적분법에 의한 지진응답해석, 제5장 다-자유도계의 운동방정식, 제6장 구조물의 다-지점운동방정식, 제7장 2-자유도계의 지진응답해석에 대해 복소수에 의한 운동방정식의 해법, 비감쇠자유진동의 해법, 감쇠자유진동, 변형 에너지-비례감쇠, 운동 에너지-비례감쇠, 교량의 감쇠특성의 평가방법, 시각력지진응답해석, 응답스펙트럼에 의한 지진응답해석, 제8장 다-자유도계의 지진응답해석에서는 고유치 해석, 모드해석에 의한 구조물의 시각력지진응답해석, 응답스펙트럼에 의한 구조물의 지진응답해석, 유효질량, 제9장 구조물의 불규칙 응답해석에서는 지진응답해석과 내풍응답해석, 제10장 진도법에 의한 연속교의 내진설계법에서는 진도법에 의한 관성력과 정적 뼈대법, 제11장 내풍응답의 수치해석법에서는 기초방정식과 경계조건, 난류모델, 차분법에 의한 흐름의 수치해석, 유한요소법에 의한 흐름의 수치해석, 이산와법에 의한 흐름의 수치해석, 제12장 장대교의 내진설계, 제13장 장대교의 내풍설계를 다루었다.

끝으로 본 서를 편집할 때 본문내용 작성에는 구조동역학 저서(Gere, Chopra, Humar, Craig, Paz, Clough & Penzien, Przemieniecki 등)를 많이 참고하였음을 밝혀둔다. 이 책들은 독자에게도 훌륭한 참고문헌이 될 수 있을 것이라 확신하지만, 부족한 필자가 책을 출간하게 되어 두려움과 송구스러움을 떨쳐버릴 수가 없다. 부족한 필자이기 때문에 본 서의 내용과 구성이 미비하고, 오자와 탈자도 많을 것으로 생각된다. 따라서 생략된 부분에 대한 보충설명과 더 많은 문제는 점차적으로 수정 보완해나갈 것을 약속드리며, 필자는 독자들이 이 책을 통해 구조물의 동적응답해석에 의한 내진설계와 내풍설계에 자신감을 갖게 되기를 기대한다. 또한 본 서 출간에 수고를 아끼지 않은 홍남골 조교들에게 고마움을 전하며 마지막으로 상당한 시간 동안 이 일에만 몰두하느라 거의 잊다시피 하여도 참아준 아내 정아와 아들 상원이에게 드디어 다했다고 전해주고 싶다. 그리고 출판에 심혈을 기울여주신 씨아이알 김성배 사장님과 출판부 직원에게도 감사를 드린다.

2017년 7월
홍남골 끝자락에서
長山 이명우

차 례

개 요

오랜 세월 동안 여러 가지 구조형식을 구사하고 외력작용을 받는 교량은 구조공학에서 대표적인 연구대상이었다. 진동문제(동적설계법)에 대해서 그렇다. 특히 철도교량은 주행하중을 받는 구조물이기 때문에, 진동은 옛날부터 연구테마였다. 제2차 세계대전 이후 재료, 설계, 공법 등 다방면에서 기술의 진보에 따라 구조물은 유연(Flexible)해졌고 차량주행 이외의 원인에 따른 진동도 문제시되어 왔다.

컴퓨터의 보급에 의해 복잡한 응답계산은 비교적 용이하게 되었다. 교량의 내진설계에서 동적해석에 의해 설계하는 경우가 많아졌다. 연구자뿐만 아니라 일반기술자에게도 진동해석은 가까워졌다. 현수교·사장교와 같은 케이블형식 교량, 특히 사장교의 급속한 발전에 따라, 바람에 의한 사장교의 진동도 다룰 수 있는 기회가 많아졌다.

앞에서 언급한 것과 같이 철도차량의 주행에 의한 교량의 진동연구는 오랜 역사를 갖고 있다. 진동의 원인으로는 1) 하중의 이동, 2) 차륜의 불평형인 하중과 편심에 기인하는 축하중, 3) 차량스프링의 작용, 4) 레일신축과 궤도조도의 영향을 들 수 있다([그림 1.0.1] 참조). 전쟁 전에는 2)의 작용이 제일 컸지만, 차량, 궤도, 교량 등 제각각 환경이 변함에 따라 이들 결과를 종합적으로 반영하는 설계충격계수도 변천하였다.

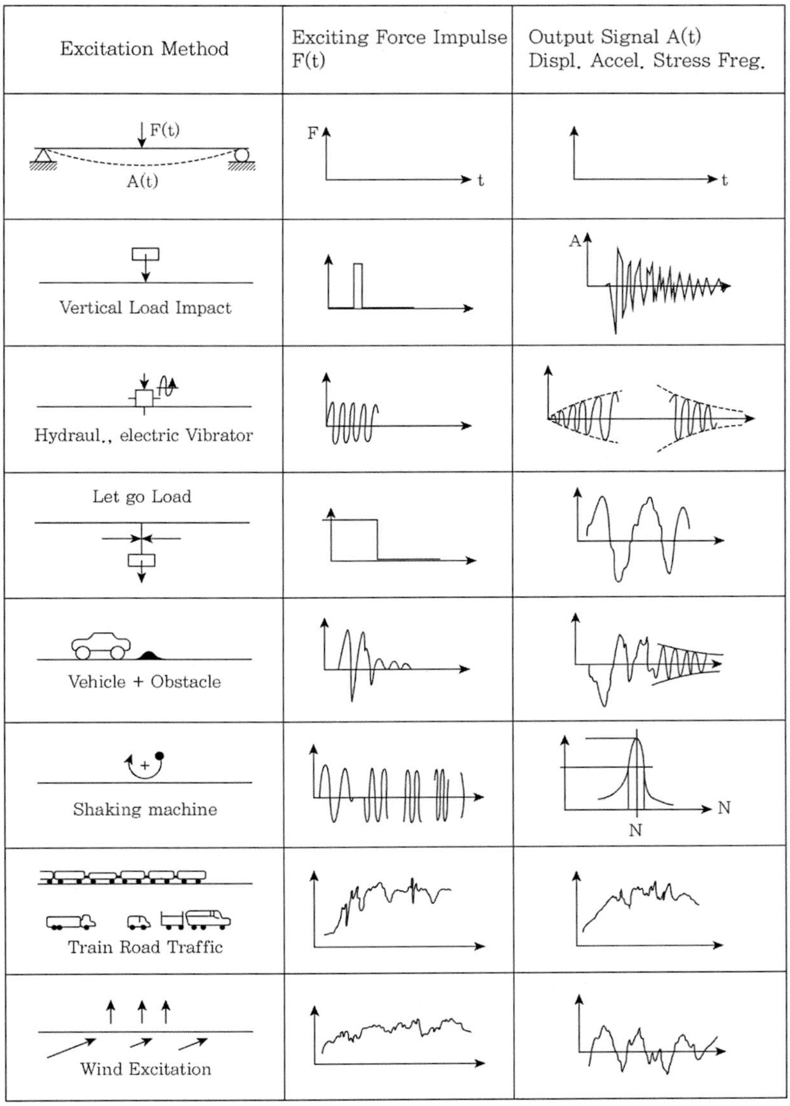

Excitation Method	Exciting Force Impulse F(t)	Output Signal A(t) Displ. Accel. Stress Freg.
↓F(t) A(t)		
Vertical Load Impact		
Hydraul., electric Vibrator		
Let go Load		
Vehicle + Obstacle		
Shaking machine		
Train Road Traffic		
Wind Excitation		

[그림 1.0.1] 역학적 특성을 얻기 위한 동적시험의 범위

1960년대부터는 도로교에 대한 연구도 활발히 진행되었다. 미국에서는 AASHTO의 실험에 관련해 일리노이대학에서 여러 가지 형교에 대한 연속된 파라메타해석을, 일본에서는 쇼우전(山田)·쇼우구 즈(小堀)에 의해 노면조도를 중심으로 불규칙 진동해석을 하였다. 이들은 차체 스프링뿐만 아니라 타이어(tire)의 스프링 작용을 고려한 다-자유도계의 진동을 정식화하였다. 이러한 것들은 컴퓨터에 의한 수치해석방법의 발전의 영향이 크다.

그렇지만 철도교와 도로교의 주행차량에 의한 동적응답은 불확정성을 가진 많은 요인이 조합된 것이며, 실제의 상황을 자신 있게 추정하기는 어렵다. 지금도 동일한 교량에서의 실측결과는 적지 않은 차이가 있다. 그러므로 설계충격계수도 계산결과를 중심으로 실측치의 상한치를 포락선으로 규정하여 잘라낸다.

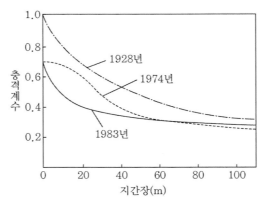

[그림 1.0.2] 강철도교(국철)의 설계충격계수

　　교량에 대규모 지진피해를 미친 지진으로 일본의 관도우(關東) 지진, 난가이(南海)지진, 후구쇼우(福井) 지진, 신석(新潟) 지진, 고베 지진 등과 미국의 로마 프리타(Loma Prieta) 지진, 노드리지(Northridge) 지진 등은 이미 잘 알려져 있고, 최근에는 일본의 규세이갠쮸(宮城縣沖) 지진에서 신간선 RC고가교의 손상, 낡은 Gerber교의 매단주형낙하 등 피해가 있었다. 실제 이들 지진피해의 대부분은 상부구조에는 직접적으로 없다. 그렇지만 1960년경부터 장주기 교량구조물이나 상하부구조가 일체로 된 교량이 증가함에 따라 내진설계방법도 변화해왔다. 즉, 동적해석을 필요로 하는 교량구조가 많아졌다. 이 경우에 설계의 초기단계에는 지진력을 정적인 힘으로 치환하고 있지만, 지진응답을 고려한 수정진도법이 주류로 된 후, 먼저 구조물의 고유주기의 추정이 필요하게 되었다. 최종단계에서 대규모 구조물에 요구되는 동적조사로는 응답스펙트럼법과 결정된 지진진동에 대한 시각력응답해석 등이 있다.

　　응답스펙트럼법에서는 응답가속도스펙트럼과 모드해석법을 조합하여 지진진동에 대한 다-자유도계 구조물의 최대 응답치를 추정한다. 이때, 각 모드의 최대 응답치를 어떻게 중첩시킬 것인가가 문제이므로, 모드마다 최대치의 대수화는 명확히 과대평가로 이어지는 것으로, RMS법(Root Mean Square Method, 제곱평방근법)을 취하는 것이 일반적이다. 그러나 RMS법을 사용하면, 사장교 등과 같이 근접한 고유주기를 포함하고 있는 복잡한 구조물에는 시각에 따라 현실적이 아닌 단면력이 산출

된다. 이것을 개선한 방법으로 CQC법(Complete Quadratic Combination Method, 완전 2차 결합법)이 있다.

기타 방법으로 응답스펙트럼법에는 설계에 사용될 응답스펙트럼 자체의 타당성이 중요하다는 것은 말할 나위도 없다. 그러나 대지진의 통계데이터가 적기 때문에 구조물계획지점을 응답스펙트럼으로 평가한다는 것은 쉽지 않다. 응답스펙트럼에는 지진의 성질뿐만 아니라, 구조물의 특성, 지반조건 등의 영향을 포함하고 있지만, 일본의 건설성 토목연구소에서 경험식이 제안되었다.

시각력응답해석은 실제 지진진동에 대해 구조물이 어떤 응답을 나타내는지를 알려고 하는 직접적 방법이다. 이때 문제는 입력되는 지진진동(지점운동)으로 구조물건설지점에 대한 대지진의 기록이 없다는 것이 일반적이므로 1) 지반조건이 비슷한 타 지역의 지진진동기록, 2) 해당 지점근방에 대한 중소규모 지진일 때의 기록을 확대한 파형, 3) 인공(유사) 지진파형의 어느 것을, 또는 몇 개를 사용할 것인가 하는 것을 택하고 있다. 그리고 장대교량에 있어서는 거리가 떨어진 교각에는 다른 지진진동을 작용시켜야 한다는 것이다.

기술의 진보로 새로운 사고를 일으키는 사례가 많다. 그 유명한 구 타코마 내로우교(The Original Tacoma Narrows Bridge)의 강풍이 아닌 바람의 플러터(Flutter)에 의해 붕락(1940년)도 그 하나이다. 제2차 세계 대전 이후 고강도강의 출현과 용접공법의 보급으로 세장(Slender)한 강구조를 가능케 하였고, 그 결과 와려진이 문제가 되는 사례가 늘어났다. 구 타코마교의 사고 이후, 1950년대부터 토목·건축구조의 바람에 의한 진동은 새로운 연구 분야로 부상하게 되었다.

바람에 의한 구조물의 진동현상은 다양한 특징이 있다(1.2절 참조). 각각의 현상은 발생기구도 다르고, 발생풍속지역도 일반적으로 다르다. 하나의 현상을 억제하려고 하면, 다른 현상이 나타난다. 그러나 어느 곳에서나 세장한 구조물이 문제가 되는 점은 공통이다. 구 타코마교(현수교)를 계기로 교량에 처음 다루게 된 것은 플러터와 와려진, 특히 파괴적 발산진동하는 플러터였다. 이것에 대해서는 비틀림 강성의 확보와 트러스구조의 채용을 당면한 해결책으로 생각했지만, 1966년 세번(Severn)교(현수교, 영국의 잉글랜드)의 탄생에 의해 유선형(Fairing) 단면이 주목받게 되었다. 한편, 제2차 세계 대전 이후 독일에서 시작된 사장교는 광범위한 스팬에 사용되었고, 더구나 단면의 형태에서 충복형 구조를 선호하기 때문에 비교적 낮고 두꺼운 단면이 출현하게 되어 휨불안정 진동인 갤로핑(Galloping)과 와려진이 문제시되는 경우가 많아졌다. 이것에 관련해 공력특성을 개선하기 위해 부가적으로 유선형이나 날개판(Flap) 등의 효과를 논의하게 되었다. 한편, 일본에서는 케이블로 매달지 않는 연속강상형교에도 이와 같은 모양을 선호하여 몬기(門崎)고가교나 하구다이(泊大)교에는 공력적 대책을 시행하였다. 또한 사장교에도 같은 문제가 주탑이나 케이블에도 보였다. 경사 케이블에 대해서는 우천 시에만 볼 수 있는 불안정 진동, 병렬 케이블의 풍하측 케이블에도 볼 수 있는 후류진동(Wake Galloping) 등 검토해야 할 현상들이 많아지고 있다.

일반적으로 비유선형 단면의 육상구조물에 후류진동에 의한 바람의 작용을 다루기가 어렵다. 교량의 경우에는 난간, 커브(Curve), 검사차량용의 레일 등의 돌기물체에 유선형이나 날개판이 부착되므로 유사한 단면에도 공기력 특성이 미소하게 변화하게 된다. 그러므로 컴퓨터에 의한 수치해석의 적용범위가 광범위로 확대된 지금에도 풍동모형실험에 의존해야 하는 실정이다. 자연풍의 특성상 복잡함, 즉 지반 위 물체의 영향, 난류의 효과를 필히 고려해야 하므로, 이것을 풍동 내에 유사하게 하는 것은 쉽지 않다. 풍동모형실험에 대한 자연풍과의 유사성이나 모형실험방법의 개량 등에 대해 여러 가지를 연구하고는 있지만, 실제 교량의 거동을 완전히 예측할 수 있는 상태에 이르지 못하므로 시험결과에는 공학적 판단을 가미한 해석이 필요하다.

교량의 진동에 관련된 것으로서 그 외에 지반을 통한 진동공해, 소음 또는 저주파 진동공해라는 환경문제가 있지만, 여기서는 생략하였다. 탄성구조물에 시간의 함수인 외력이 작용하면 진동을 발생하는 것은 당연하므로, 그것이 안전성, 사용성 등의 한계상태를 초과했는지가 문제이다. 허용치를 초과한 것으로 예측될 경우에는 해결하기 위한 방법이 필요하다.

그런데 이것도 명백한 것이지만, 대상으로 하는 현상에 대해 그 대책은 다르다. 지진에 대해서는 차라리 구조물의 고유주기를 길게 해주면 지진입력은 감소시킬 수 있다. 이 때문에 현수식 교량에는 올-프리(All-Free, 전체 지점을 가동)로 하는 방법도 있지만, 이 경우에는 교축방향 주형의 이동량이 문제시되고, 또 진앙지가 먼 대규모 지진에 포함되는 장주기 성분에 대한 주의가 필요하다.

바람에 의한 진동에 대해서는 플러터나 갤로핑과 같은 발산적 진동은 설계풍속 이하에서 발생하지 않도록 하고, 와려진이나 난류응답의 진폭은 허용치 이하로 억제하도록 한다. 이것 때문에 강성을 높이는 것이 유효하지만, 비틀림 강성을 높이기 위한 폐단면화는 반드시 경제적 이득이라고 할 수 없다. 미관이나 기능을 해치지 않는 범위에서 공력적으로 우수한 형식의 선택이 선결되어야 한다.

구조물의 진동감쇠성을 높이는 것은 플러터를 제외한 모든 진동을 억제하는데 유효하다. 이것 때문에 각종방법이 제안되어, 실제 구조물에도 적용을 시도하고 있다. 구조물의 진동감쇠성을 높이는 것으로는 수동형과 능동형으로 크게 분류한다. 수동형에 속하는 간단한 방법으로는 점성재료의 첨가나 오일 댐퍼(Oil Damper)의 사용이 있지만, 활발히 개발된 것이 TMD(Turned Mass Damper, 동조식질량감쇠기)와 TLD(Tuned Liquid Damper, 동조식액체감쇠기)이다. 한편, 능동형으로는 구조물의 진동을 감지하여 제진장치에 의해 억제력을 작용시키는 것으로 실용례는 적다. 이 방법은 경제성도 어느 정도면서 대상 구조물의 수명이 길고, 대상으로 하는 현상의 발생이 불확정 또한 드문 것으로, 신뢰성을 확보하기 위한 유지관리 등 교량에 적용하려면 해결해야 할 문제가 많이 존재한다.

마지막으로 부언해주고 싶은 것은 구조물 고유의 진동감쇠성의 평가이다. 이것은 현시점에는 사전에 계산 값을 알기가 불가능하여 기왕의 유사한 구조물의 실측결과에서 알기에는 번잡할 수밖에 없다. 실물의 진동실험에 의한 데이터의 축적에 노력하고 있지만, 아직 충분하다고 할 수 없고, 또한 작은 진폭의 범위 내의 데이터에 머물지 않을 수 없다. 그러므로 같은 구조물에도 내진설계와 내풍설계에 적지 않게 차이가 나는 구조감쇠율을 사용하는 상황은 계속되고 있다.

본문에서는 이 문제 모두 다룰 수가 없어 지진의 진동에 대한 내진설계법과 바람의 진동에 대한 내풍설계법에 대해서만 중점적으로 기술하였다.

1.1 내진설계법

교량은 지진에 의한 지표면의 운동으로 진동한다. 지진운동에 의한 교량의 진동계산을 수행하여 단면력과 변위를 구하는 동적내진설계법, 즉 지진응답해석에 의해 교량을 설계하는 것이 바람직하지만, 지진응답해석은 복잡하므로 간편하고 효율적으로 내진설계를 하기 위해 먼저 지진하중을 등가수평력으로 환산하여 정적으로 교량에 재하하는 방법이 일반적으로 적용된다. 이 방법은 다음과 같은 이론에 기초를 두고 있다.

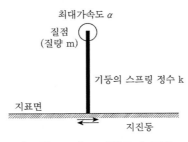

최대가속도 α
질점
(질량 m)

기둥의 스프링 정수 k

지표면

지진동

[그림 1.1.1] 1-자유도계 모델

지진운동에 의한 교량의 진동모델은 [그림 1.1.1]에 나타낸 것과 같이 질량은 없지만, 강성의 스프링 정수 k(N/m)를 갖는 기둥의 상단에 질량 m(kg)인 질점을 갖는 모델로 가정한다. 여기서 N은 MKS 단위계의 뉴턴(Newton)이다. 또한 이 질점은 지진운동에 의해 수평방향의 변위만 있는 것으로 가정한다. 이와 같은 진동모델은 1개의 질점이 1방향의 변위만 허용하고 있다는 것을 나타낸다. 즉,

자유도는 1이다. 그리고 1-자유도의 구조계를 1-자유도계 모델이라 한다.

정적해석에서 등가지진 시 수평력은 다음과 같은 순서로 구한다. 1-자유도계 모델의 지진운동에 의한 질점의 최대 가속도 $\alpha\,(\mathrm{m/sec^2})$를 먼저 구하고, 뉴턴의 운동의 법칙에 의해 질점에 작용하는 최대 수평력 $m\alpha\,(\mathrm{N})$를 구한다. 이 $m\alpha$가 질점에 작용하는 등가정적 수평력이다. 중력단위계 1kgf는 중력 가속도를 $g\,(\mathrm{m/sec^2})$로 하면, $g\,(\mathrm{N})$이므로, 질점에 작용하는 최대 수평력을 중력단위계로 나타내면 $m\alpha/g\,(\mathrm{kgf})$가 된다.

$$m\alpha(\mathrm{N}) = m\frac{\alpha}{g}(\mathrm{kgf}) \qquad\qquad (1.1.1)$$

여기서, $\kappa = \dfrac{\alpha}{g}$는 중력 가속도에 대한 지진운동의 최대 가속도의 비로 '진도'라고 한다. 결국 지진운동에 의한 최대 수평력은 진도 κ를 사용하면 $m\kappa\,(\mathrm{kgf})$가 된다. 따라서 이와 같은 진도를 사용하여 지진력을 구하는 방법을 진도법이라고 한다.

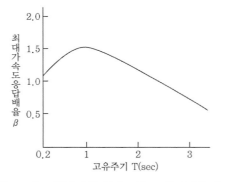

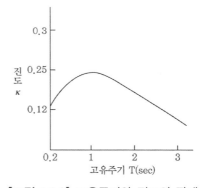

[그림 1.1.2] 고유주기와 최대 가속도 응답배율의 관계   [그림 1.1.3] 고유주기와 진도의 관계

진도법은 1-자유도계로 모델화된 교량에 작용되는 간편하고 효과적인 가속도 응답배율의 스펙트럼이라 할 수 있다. 그러나 간편한 방법이므로 자칫하면 1-자유도계로 모델화할 수 없는 교량에도 확장하여 사용될 가능성도 있다. 이 경우 응답을 정확히 표현할 수 없을 수도 있으며, 과다설계나 과소설계가 되므로 적용에 충분히 주의할 필요가 있다.

동일한 지진운동이라도 강성 k가 다르다면 최대 가속도가 다르다는 것은 쉽게 이해할 수 있다. 강성 k가 매우 크다면 질점은 지진운동과 같이 진동하므로 질점의 최대 가속도는 지진운동의 최대

가속도와 같게 되지만, 강성 k가 적절히 유연하다면 질점은 크게 진동하고 질점의 최대 가속도는 지진운동의 최대 가속도보다 크게 된다. 즉, 강성 k가 유연하지 않다면 질점은 진동하기 어렵다. 강성 k는 질점의 주기 T(sec)와 관계되고, 강성이 유연하면 질점의 주기가 길어지게 된다는 것을 쉽게 이해할 수 있다. 지진운동의 최대 가속도에 대한 질점의 최대 가속도의 비는 최대 가속도 응답배율 β라 한다. 응답배율 β와 고유주기 T의 관계는 [그림 1.1.2]에 나타낸 것과 같다. 그러므로 진도 κ와 고유주기 T의 관계는 [그림 1.1.3]과 같다.

교량형식에서 [그림 1.1.4]에 나타낸 단순형교(Simple Girder Bridge)가 가장 일반적인 형식이다. 강교(Steel Bridge)에는 판형교(Plate Girder Bridge)와 상자형교(Box Girder Bridge)가 있고, 프리스트레스트 콘크리트교(PSC Bridge, Prestressed Concrete Bridge)에는 중공 상판교(Hollow Slab Bridge), 합성형교(Composite Girder Bridge), T형교(T Type Girder Bridge), 상자형교가 단순형교로 사용된다. 단순형교는 주형(Girder)에 작용하는 교축방향의 지진 시 수평력을 고정받침(Fixed Bearing)을 사용해 1점에서 지지하는 구조(1점 고정, F=Fixed)가 일반적이다. 또 다른 하나의 지점은 가동받침(M=Moved)이 사용된다. 이것은 강교에는 온도변화에 의한 주형의 신축을 구속시키지 않기 때문이며, 프리스트레스트 콘크리트교에는 온도변화에 의한 주형의 신축 외에 프리스트레스트 콘크리트의 강선 긴장 시 주형의 탄성변형(현장타설 시공되는 중공 상판교나 상자형교가 해당됨)이나 완성 후의 크리프, 건조수축에 의한 변형을 구속하지 않기 때문이다. 이와 같은 이유로 [그림 1.1.5]에 나타낸 연속형교(Continuous Girder Bridge)에도 1점 고정방식이 사용된다.

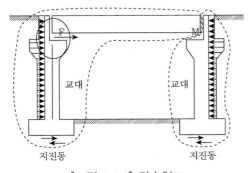

[그림 1.1.4] 단순형교

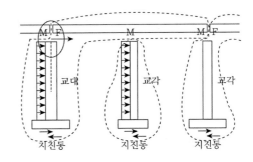

[그림 1.1.5] 연속형교

1점 고정교량은 지진운동에 대해 단순형교는 [그림 1.1.4], 연속형교는 [그림 1.1.5]에 나타낸 것과 같이 파선으로 된 교대와 주형 또는 교각과 주형이 받침을 사이에 두고 교축방향으로 진동한다. 이와 같이 지진 시에 진동하는 교량의 부분적 구조를 진동단위로 한다. 이 진동단위를 1-자유도계(S-DOF

System) 모델로 나타내면, [그림 1.1.4]와 [그림 1.1.5]에 나타낸 것과 같이 질점은 주형의 질량으로 되고, 강성은 교대 또는 교각의 휨강성으로 된 1-자유도계 모델이 된다. 이 진동단위는 1-자유도계 모델에 근접한 진동을 하는 것으로 쉽게 생각할 수 있다. 따라서 고유주기 T를 알고 있다면, [그림 1.1.3]에 의해 설계에 사용하는 진도(설계진도) K_{fix}가 구해지고, 주형의 질량을 m으로 나타내면, 교대 또는 교각의 상단에 작용하는 힘은 $m \cdot K_{fix}$(kgf)가 된다.

그러나 지진력은 교대 또는 교각에도 작용한다. 교대 또는 교각의 가속도는 이들이 변형하지 않는 강체라면 질점(이 경우는 주형) 및 지진운동과 같이 가속도이지만, 실제로는 교대 또는 교각은 변형 하므로 높이 방향으로 가속도는 차이가 난다. 그렇지만 교대 또는 교각의 변형이 뚜렷하지 않을 때에는 질점(이 경우는 주형)의 진도 K_{fix}를 사용하여 $w \cdot K_{fix}$(kgf/m)인 분포된 수평하중을 교대 또는 교각에 재하하는 것이 일반적이다. 여기서, w(kg/m)는 교대 또는 교각의 단위길이에 대한 질량이다.

또한 가동받침을 갖는 교대 또는 교각의 진동단위는 [그림 1.1.4], [그림 1.1.5]에 나타낸 것과 같지만, 이들은 적당한 1-질점계 모델로 보기는 어렵다. 그러나 편의상 고유주기로부터 1질점계 모델을 기본으로 하여 진도 K_{move}를 [그림 1.1.3]으로 구하고, $w \cdot K_{move}$를 [그림 1.1.4]와 [그림 1.1.5]에 나타낸 것과 같이 분포재하하는 것이 일반적이다. 이 경우 교대 또는 교각이 그다지 크게 변형하지 않고 어느 하나가 강체에 가까운 거동을 할 경우에 오차는 적지만, 교각이 지진운동에 의해 크게 변형할 경우에는 응답배율은 1-질점계 모델로 볼 수 있으므로 오차가 크게 될 가능성이 있다.

이와 같이 진도법은 1-질점계의 1-자유도 모델을 기본으로 하므로 간편하게 적용할 수 있으나, 1-질점계 모델로 근사화시킬 수 없고, 진동하기 쉬운 유연한 교량(Flexible Bridge)에 이 이론을 적용할 경우에는 신중한 판단이 필요하다. 왜냐하면 진도가 실제보다 작은 경우에는 교량은 지진운동에 대해 과소설계가 되고, 실제보다 큰 경우에는 과다설계가 되어 내진상 구조적으로 우수한 교량을 설계하기는 불가능하게 된다. 1-질점계로 모델화하기 어렵고 유연한 교량은 지진응답해석에 의해 설계할 필요가 있으며, 최근에 이와 같은 교량이 많이 건설되었다. 프리스트레스트 콘크리트 고교각 연속 라멘교(Rahmen Bridge), 고무받침(Rubber Bearing)과 같은 탄성받침에 의한 다교각 고정방식의 프리스트레스트 콘크리트 연속 상형교, 고강교각 연속 다교각 고정교, 강 및 프리스트레스트 콘크리트 사장교, 현수교 및 곡선형교는 이들의 대표적인 교량이다.

참고문헌

1) 西山啓伸, 小寺重郎 (1979.3). 橋りようの耐震計算, 山海堂.

2) Roy R. Craig, Jr. (1981). *Structural Dynamics*, John Wiley & Sons.

3) Clough R.W. & Joseph Penzien (1982). *Dynamics of Structures*. McGraw-Hill.

4) Zeller E. (1982). "*Vibrations and Dynamic Behaviour of Actual Bridges*", Proceedings of the NATO Advanced Study Institute on Analysis and Design of Bridges, Cesme, Izmir, Tukey, June 28~July 9, pp.285~340.

5) Heins C.P. (1982). "*Seismic Design of Highway Bridges*", Proceedings of the NATO Advanced Study Institute on Analysis and Design of Bridges, Cesme, Izmir, Tukey, June 28~July 9, pp.343~373.

6) Polat Gülkan (1982), "*Analysis and Design of Bridges for Earthquake Effects*". Proceedings of the NATO Advanced Study Institute on Analysis and Design of Bridges, Cesme, Izmir, Tukey, June 28~July 9, pp.375~414.

7) Mario Paz (1985). *Structural Dynamics*, Van Nostrand Reinhold Company Inc.

8) 橋梁と基礎 (1989.8), Vol.23, No.8 pp.112~120.

9) 土木學會編 (1989.12.5.): 動的解析の耐震設計, 第2卷 動的解析方法, 技報堂.

10) 清水信行 (1990). パソコンによる振動解析, 共立出版(株).

11) Humar J.L. (1990). *Dynamic of Structures*, Prentice Hall.

12) 橋梁と基礎 (1991.2). Vol.25, No.2 pp.43~46

13) Chopra A.K. (2001). *Dynamic of Structures*, Prentice Hall.

14) AASHTO (1994, 1998, 2004, 2007, 2010). *LRFD Bridge Design Specification*, 1st~5th ed., AASHTO, Washington, DC.

15) 도로교설계기준(한계상태설계법) (2015). (사)한국도로교통협회, 2014.12.

16) 하중저항계수설계법에 의한 강구조설계기준 (2014). (사)한국강구조학회, 2014.4.21.

1.2 내풍설계법

사장교, 현수교와 같은 장대교는 가연성이 풍부한 구조물이며 바람의 작용에 대한 영향을 받기 쉽다고 알려져 있다. 1879년에 폭풍으로 스코틀랜드의 테이교(Tay Bridge, 트러스교)가 13경간의 교량 부분이 붕괴되어 열차가 추락하여 75명의 희생자를 내는 사고를 초래하였다. 이후 포스(Forth) 철도교를 시작으로 교량의 설계에 있어서 정량적으로 평가된 풍하중을 고려하는 것이 일반적으로 정착되게 되었다. 그러나 이러한 정량적인 평가에는 바람의 효과에 동반된 교량의 진동문제가 고려되어 있지 않았다. 이 문제에 대한 본격적인 검토가 시작된 계기는 1940년 11월 7일 현수교의 중앙지간이 853m인 미국의 구 타고마 나로교(Old Tacoma Narrows Bridge)가 약 60m/sec의 풍하중에 대해서 안전하도록 설계되었음에도 불구하고, 불과 19m/sec 풍속의 바람에 심한 진동을 야기해 낙교한 사고는 바람의 작용예로 유명하지만, 사장교에 있어서도 일본의 세기가이(石狩) 하구교나 캐나다의 롱 그릭교(Longs Creek Bridge) 등도 바람에 의해 진동이 발생하여 대책을 세운 사례도 있어 내풍설계의 중요성이 강조되고 있다.

그 후에 토목공학뿐만 아니라 항공, 기상, 전기 등 관련 분야의 전문가를 규합해 내풍설계의 조사연구를 수행하여 일본의 세또대교(사장교), 메이세끼(明石) 해협대교(현수교) 등과 우리나라의 광안대교(현수교), 영종대교(현수교), 서해대교(사장교), 인천대교(사장교), 이순신대교(현수교) 등을 준공하였다.

해외에서는 경제적인 이유 등으로 실제 설계, 시공되지는 않았지만, 메시나 해협, 지부라루다루 해협, 구로센베루도 해협 등 많은 장대교량의 가설계획이 있다.

장대교의 내풍성의 검토는 타고마 나로교의 낙교 후에 시도되었고, 풍동실험도 많이 하였다. 장대구조물의 내풍설계에 관해서는 풍하중과 바람에 의한 진동을 고려한다.

풍력을 받는 구조물은 크게 1) 평균적 거동인 정적거동, 2) 진동적 거동인 동적거동으로 구분한다.

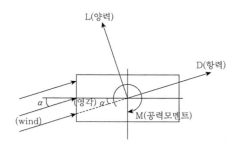

[그림 1.2.1] 구조물에 작용하는 공기력과 영각(α)의 정의

2차원 물체에 작용하는 유체력은 [그림 1.2.1]과 같이 흐름방향으로 작용하는 항력 D, 흐름방향과 직각으로 작용하는 양력 L, 물체를 회전시키는 공력모멘트 M의 3가지이다.

내풍설계에 있어서 제일 중요시하고 있는 것으로는 구조물이 바람의 작용으로 진동하는 문제가 있다. 이것을 '공력탄성진동'이라 한다. 진동을 분류하면, 크게 1) 와여진, 2) 자려진동, 3) 풍 거스트 (Wind Gust) 응답, 4) 공력천보진동으로 나눌 수 있다.

엄밀한 것은 아니지만, 바람의 작용에 의한 구조물의 진동을 설계의 편의상 구분하면 다음과 같다.

바람에 의한 구조물의 진동				
진동현상				원인 또는 공기력
기류의 흐트러짐에 따른 불규칙 진동 (Buffeting, Gust 응답)			한정진폭진동	자연풍과 접하는 풍상 측 구조물 후류 중의 풍속변동에 의한 공기력
				구조물 후류 중에 발생하는 와류에 의한 교번공기력
동적불안정현상	갤로핑(Galloping, 휨 진동)	1-자유도	발산진폭진동	진동하는 구조물에 작용한 동적공기력의 부감쇠효과에 의한 자려력
	비틀림 플러터(Torsional Flutter, 비틀림 진동)	2-자유도		
	연성 플러터(Coupling Flutter, 휨 진동과 비틀림 진동의 연성)			
	레인진동(Rain Vibration)		그 외의 진동	사장교케이블 등 경사진 원주에 발생하는 진동
	후류진동(Wake Galloping)			물체의 후류(Wake)의 영향에 의해 발생하는 진동

각 진동을 풍속과 진동진폭의 관계를 모식적으로 나타내면 [그림 1.2.2]와 같다. 발산적인 진동은 어떤 풍속 이상에서 진동이 급격히 발달하는 파괴적인 진동이다. 그리고 와여진은 비교적 저풍속의 어느 한정된 풍속 영역에서 발생하고, 진폭도 어느 값으로 끝난다. 버페팅은 바람의 난류에 의한 불규칙 진동이며, 풍속과 동시에 그 진폭은 증대한다.

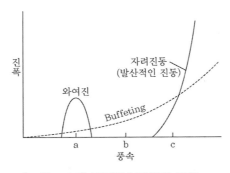

[그림 1.2.2] 공력탄성진동의 종류

바람에 의한 진동의 메커니즘을 이해하기 위해 정현진동인 경우의 안정조건을 간단히 설명하였다. 1-자유도 진동계의 진동과 같은 주기 공기력 F, 그 외의 공기력 F_o가 작용할 경우에 다음과 같다.

$$m\ddot{y} + c\dot{y} + ky = L + F_o$$
$$= L_R \cdot y + L_I \cdot \dot{y} + F_o \qquad (1.2.1)$$

여기서 L_R, L_I는 각각 작용공기력의 변위 및 속도에 비례하는 성분을 나타낸다. 이 식을 좌변과 우변을 비교하여 생각하면, L_I는 진동계의 감쇠에 관계한다는 것을 알 수 있다. 즉, L_I가 정(+)의 값이면, 진동에 의해 공기력의 작용이 진동계에 흡수된다는 것을 의미하고, 이 진동계는 부(−)의 감쇠특성을 갖는 것으로 된다. 공기력이 구조감쇠보다 크다면, 진폭은 증가하고 바람에 의한 진동이 생기게 된다.

그러면 이와 같은 공기력은 어떻게 생기는 것일까? 원−기둥 둘레를 흐를 때에는 원−기둥을 따라 흘러 박리(剝離)하여, 뒤의 흐름에 카르만 와류(Karman Vortex)라는 소용돌이가 상하교대로 규칙적으로 방출되며, 이것에 의해 원−기둥에는 흐름의 직각방향에 주기적인 힘이 작용하여 진동현상을 나타낸다는 것은 잘 알려져 있다. 단면이 직사각형일 경우에는 그 주변의 흐름은 약간 복잡한 진동모양을 나타낸다. [그림 1.2.3]에서 바람상측 앞 가장자리(前緣)를 따라 일단 박리한 흐름이 상면에 재부착하고, 뒤 흐름에는 소용돌이가 나타나고 있다는 것을 관찰할 수 있다.

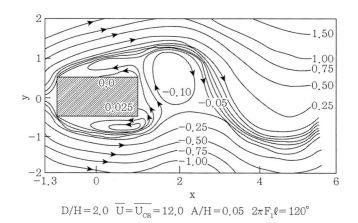

D/H = 2.0 $\overline{U} = \overline{U_{CR}}$ = 12.0 A/H = 0.05 $2\pi F_I \ell$ = 120°

[그림 1.2.3] 공진유속 영역에서 비정상 유선(문헌 [6])

내풍설계(주로 동적조사)를 할 때, 바람에 의한 응답에 구조물의 단면형상이 관계되므로 기본적으로 내풍성에 견딜 수 있는 단면을 선정하는 것이 중요하다. 설계안의 응답추정은 일반적으로 풍동실험에 의하고, 이것으로 구조특성과 현지의 바람의 특성에 관계하고, 응답의 평가기준이 필요하다. 교량의 내풍설계기준으로서는 교량의 내풍설계에 준용되는 것도 많지만, 주로 현수교의 플러터를 대상으로 한 것이 있으며, 사장교에서 문제시되는 와여진 등에 관해서는 반드시 규정이 충분하다고 할 수 없으므로 주의가 필요하다.

참고문헌

1) Roy R. Craig, Jr. (1981). *Structural Dynamics*, John Wiley & Sons.

2) Clough R.W. & Joseph Penzien (1982). *Dynamics of Structures*. McGraw-Hill.

3) Zeller E. (1982). "*Vibrations and Dynamic Behaviour of Actual Bridges*", Proceedings of the NATO Advanced Study Institute on Analysis and Design of Bridges, Cesme, Izmir, Tukey, June 28~July 9, pp.285~340.

4) Zeller E. (1982). "*Wind Loads on Bridge Structures*", Proceedings of the NATO Advanced Study Institute on Analysis and Design of Bridges, Cesme, Izmir, Tukey, June 28~July 9, pp.415~447.

5) Mario Paz (1985). *Structural Dynamics*, Van Nostrand Reinhold Company Inc.

6) 橋梁と基礎 (1989.8). Vol.23, No.8, pp.112~120.

7) 淸水信行 (1990). パソコンによる振動解析, 共立出版(株).

8) Humar J.L. (1990). *Dynamic of Structures*, Prentice Hall.

9) Chopra A.K. (2001). *Dynamic of Structures*, Prentice Hall.

10) AASHTO (1994, 1998, 2004, 2007, 2010). *LRFD Bridge Design Specification*, 1st~5th ed., AASHTO, Washington, DC.

11) 도로교설계기준(한계상태설계법) (2015). (사)한국도로교통협회, 2014.12.

12) 하중저항계수설계법에 의한 강구조설계기준 (2014). (사)한국강구조학회, 2014.4.21.

지진과 바람에 관한 기초지식

02
CHAPTER

지진과 바람에 관한 기초지식[4)]
Fundamental Knowledges on Earthquake and Wind

구조물의 동적응답해석에 의한 내진·내풍설계

2.1 지진에 관한 기초지식

교량을 지진응답해석에 의해 설계하기 위해서는 지진에 관한 기초적인 지식이 필요하다. 이 장에서는 지진의 원인, 진원, 진앙, 진도(Magnitude), 지진파 및 지진운동에서 교량의 내진설계에 필요한 것들을 기술한다.

2.1.1 지진의 원인

지진의 원인은 근년 판 지각구조(Plate Tectonics) 이론으로 설명하게 되었다. 지구의 표면은 판 형태(Plate Type)의 몇 개의 단단한 면으로 구성되어 있고 이들은 맨틀(Mantle) 위에 놓여 있다. 맨틀은 지구내부의 열 교환에 의해 대류하고 있고, 예를 들어 일본 해구 근처는 [그림 2.1.1]에 나타낸 것과 같이 맨틀대류에 실려서 이동하는 태평양판(Pacific Plate)이 유라시아판(Eurasian Plate)의 경계에서 지구 내부에 잠입해 있고, 태평양판의 잠입에 의해 유라시아판의 경계 부분이 축 늘어져 태평양판에 닿고 변형이 축적되어 복원되려는 힘이 작용하지만, 그 힘의 경계의 마찰력을 초과할 때 유라시아판은 급격히 원상태로 복원되고 지진이 발생한다. 결국 지진은 단층의 운동에 의해 발생한다.

그러나 일본 부근에는 [그림 2.1.2]에 나타낸 것처럼 필리핀해판도 유라시아판의 아래로 잠입해 있어 판의 운동은 매우 복잡하다. 예를 들면 일본의 세끼쿄(石橋)박사에 의하면 거대 지진인 동해지진은 [그림 2.1.3]에 나타낸 것처럼 슌가(駿河)단층에서 발생하고, 그 진도는 8이라 추정하고 있다 (Magnitude는 지진의 규모를 나타냄. 2.3절에서 설명함). 이것은 대지진 발생의 능력을 가지고 있는 곳으로 미파괴 영역인 공백지역의 개념이나 과거의 자료를 기본으로 나타낸 것이다. 단층은 서쪽으로 약 20° 경사, 폭은 약 58km, 길이는 약 115km로 추정된다.

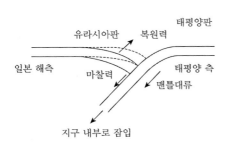

[그림 2.1.1] 일본 해구 부근의 판 운동

[그림 2.1.2] 일본 근처의 판

2.1.2 진원과 진앙

지진은 단층에 의해 발생하므로 본래의 면으로 취급하지만 관용적으로 최초의 파괴가 시작한 곳을 진원으로 하고 그 점으로 취급한다. [그림 2.1.4]에 나타낸 것과 같이 진원의 바로 위 지표면의 한 점을 진앙이라 한다. 관측위치와 진원 간의 거리는 진원거리, 관측위치와 진앙 간의 거리를 진앙거리라고 한다.

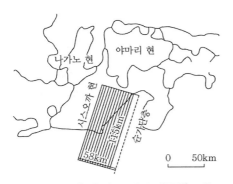

[그림 2.1.3] 추정 동해지진(石橋모델)

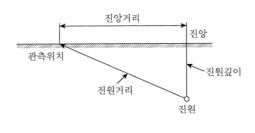

[그림 2.1.4] 진원과 진앙

2.1.3 진 도

진도 M은 지진의 규모를 나타내는 수치이며, 1935년 C. Richter가 다음과 같이 정의하였다.

진앙거리 100km인 곳에 표준수평지진계(Wood-Anderson지진계, 고유주기 8sec, 감쇠정수 0.8, 배율 2,800배, 수평운동)로 기록지에 최대 진폭 A를 미크론(μ) 단위로 측정하고 그 수치(A)의 상용대수

그러나 실제로는 Wood-Anderson지진계는 사용하지 않으며 진앙부터 100km되는 곳에 지진계가 있는 것도 아니다. 진도 M은 다른 형태의 지진계에 의한 최대 기록 진폭과 그 진앙거리 Δ km로부터 추정된다. 일본의 기상청에서는 진도 M은 다음 식으로 구한다.

$$M = \log A + 1.73 \log \Delta - 0.83 \tag{2.1.1}$$

지진의 에너지 E(erg)는 진도 M과 다음과 같은 관계가 있다.

$$\log E = 11.8 + 1.5M \tag{2.1.2}$$

따라서 진도 M이 1배 크면 지진의 방출 에너지가 $10^{1.5}$=31.6배, 2배 크면 에너지가 10^3=1,000배 큰 것이 된다.

2.1.4 지진파

단층으로 판(Plate)이 반발하면 지반 내부에 파동이 발생한다. 이것이 진원이지만 진원에서 발생한 파동은 [그림 2.1.5]와 같이 여러 방향으로 전파된다. 경로 1과 같이 지진파가 전파될 경우, 지진파는 지표면에 가까워짐에 따라 지표면과 직각방향으로 확산된다. 이것은 지엘의 법칙에 따라 지진파가 지표면에 근접할수록, 지표면과 직각방향에 근접할수록 굴절해가기 때문이다.

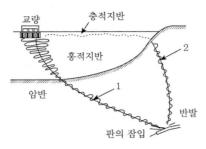

[그림 2.1.5] 지진파의 전파경로

경로 1과 같이 지구의 내부를 전달되 나오는 파는 실제파라고 하며, P파와 S파가 있다. P파는 종파이며, [그림 2.1.6]에 나타낸 것과 같이 지진파의 진행방향과 같은 방향으로 지반입자의 진동전파이다. 이것과는 달리 S파는 횡파이며, [그림 2.1.7]에 나타낸 것과 같이 지진파의 진행방향과 직각으로 지반진동의 반복전파이다. P파는 S파보다 전파속도가 크므로 지표면에 최초로 전파된다. 결국 P파는 최초에 전파된 파(Primary Wave)의 약자이다. 지표면에는 지진파의 진행방향은 지표면과 거의 직각이므로 P파는 하향운동하여 지진일 때 최초로 감지된다. 계속하여 S파가 지표면에 도달하지만, 이 경우 S파는 횡파이므로 지표면에는 수평운동을 한다. S파는 두 번째 전달되는 지진파(Secondary Wave)의 약자이다. S파는 [그림 2.1.8]에 나타낸 것과 같이 SH파와 SV파가 된다. SH파는 지반입자의 진동방향이 파의 진행방향을 포함한 연직평면에 수직진동(지표면에 평행한 진동)이고, SV파는 지반입자의 진동방향이 파의 진행방향과 직각으로 파의 진행방향을 포함한 연직면 내의 진동이다.

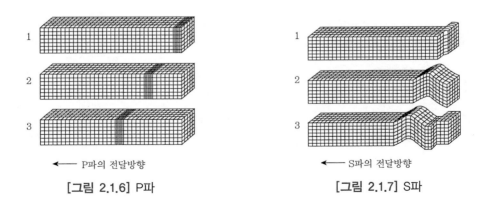

1

2

3

← P파의 전달방향

[그림 2.1.6] P파

1

2

3

← S파의 전달방향

[그림 2.1.7] S파

[그림 2.1.5]의 경로 1을 찾아가는 실체파(P파 및 S파)는 암반에서 연약한 지층에 들어오면 속도가

늦어진다. 이것은 주기는 변화하지 않고 파장이 짧아지기 때문이다. 하나의 파장에 포함된 파의 에너지는 변하지 않으므로(다만 감쇠를 고려하지 않음) 파장이 짧은 파는 진폭이 크게 된다. 결국 실체파는 지표면에 근접하므로 증폭되어 진폭이 크게 된다. 지층지반이 연약하면 이 경향은 현저하여 연약지반 위의 교량은 크게 진동한다.

또한 [그림 2.1.5]에서 경로 2로 퍼지는 파에 대해 생각해보자. 지표면 근처의 암반에서 지표면의 연약층을 퍼져 교량에 도달하는 지진파가 존재한다. 이 파는 표면파라 부르고 [그림 2.1.9]에 나타낸 연직방향 파의 변위를 갖는 레일리(Layleigh)파와 [그림 2.1.10]에 나타낸 수평방향 파의 변위를 갖는 러브(Love)파가 있다. 표면파는 지표면의 연약지반을 전파하므로 1초에서부터 십수 초의 장주기 파로 실체파에 비해 속도도 늦고 S파 후에 교량에 전파된다. 표면파는 장주기이므로 주기가 오래가면 오일 탱크(Oil Tank) 등의 액체저조와 공진하고 큰 영향을 미치고, 교량에 있어서도 장주기로 교량에 큰 영향을 미칠 가능성이 있다.

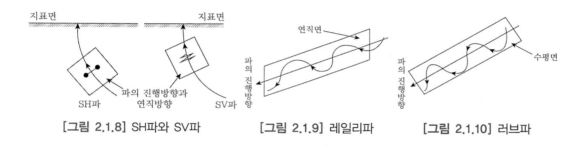

[그림 2.1.8] SH파와 SV파   [그림 2.1.9] 레일리파   [그림 2.1.10] 러브파

2.1.5 지진진동

지진 시 지면의 이동을 지진진동이라 한다. 지진진동은 지진계에 의해 기록되어 동서남북의 수평운동과 상하운동이 같은 장소에서 기록된다. [그림 2.1.11]은 1940년 Imperiall Valley지진에 관련된 Elcentro에 대한 지진동의 가속도파형(이것을 Elcentro 1940이라고 함) 그리고 [그림 2.1.12]는 1968년 십승충지진 시 하고(Hako)에서 기록된 가속도파형(이것을 Hako 1968이라고 함)을 나타낸다. 여기서 Gal은 cm/sec^2이며 지진진동의 가속도를 나타내는 단위로 사용된다. 지진진동은 진원, 규모, 지반조건 등에 의해 크게 다르지만, 그것을 크게 구분할 수 없는 특징은 다음과 같다. 최초에 도달하는 P파는 빠르고 작게 상하운동하고 초기미동한다고 말한다. Elcentro 1940에서는 초기미동이 짧고, Hako 1968에서는 초기미동이 길다. P파에 잇따라 S파가 도달하지만, S파는 수평운동이므로 그 진동은 NS 성분, EW 성분으로 현저히 나타난다. P파에 비해 가속도도 크고 이것을 일반적으로 주요 운동이라 한다. S파 후에는 가속도가 늦은 표면파가 도달한다. 그렇지만 내진설계에 중요한

거대지진기록에는 S파와 표면파를 확실히 구별하지 못하는 경우가 많다. 이것은 실체파가 전파하는 과정에서 새로운 표면파가 발생하기 때문이라고 생각된다. [그림 2.1.12]의 Hako 1968 파형에는 주요 운동은 수 초의 장주기 성분을 포함하고 있는 표면파라고 하는 보고도 있다.

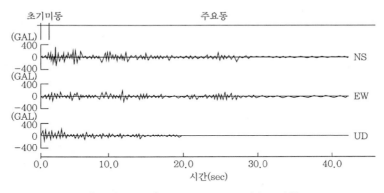

[그림 2.1.11] Elcentro 1940 가속도파형

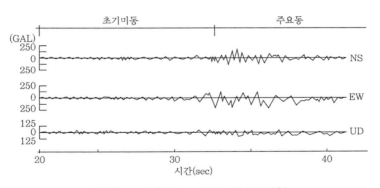

[그림 2.1.12] Hako 1968 가속도파형

2.1.6 P파, S파 및 표면파가 교량에 미치는 영향

실체파 중에서 P파는 지표면 근처에서는 상하운동이기 때문에, 각 교각의 지반조건이 [그림 2.1.13]에 나타낸 것과 같이 동일하다면, 진원으로부터 지진파의 전파하는 거리는 교각 간의 거리보다 매우 크기 때문에 전파거리는 교각에 의하지 않고 일정하다고 생각되므로, 각 교각에 전달되는 지진파도 동일하게 된다. 그러므로 각 교각은 대개 같은 위상으로 상하로 진동하며, 교량 전체는 강체로 상하운동하고, 부재는 변형하지 않는다. P파에도 1940년의 Elcentro 지진과 같이 연직방향 최대 가속도 206Gal로 큰 상하운동이 생기는 경우도 있지만, 교각이 아래쪽으로 변형할 경우에도,

중력보다 큰 가속도로 변형하지는 않으므로, 주형과 교각받침에 상향력이 작용하는 경우는 없다. 그러므로 균일한 지반에는 대체로 연직방향 지진진동이 교량에 미치는 피해는 적다.

불균일한 지반에는 [그림 2.1.14]에 나타낸 것과 같이 표층의 연약층의 두께 차이 때문에, 각 교각에 도달하는 지진파는 증폭률도 차이가 나고 위상도 다르다. 그러므로 각 교각은 상하로 진동하지만, 같은 위상에는 진동하지 않는다. 이와 같은 경우, 단순형에는 주형에 변형이 생기지 않지만, 연속형이라면 교각의 상대변위 때문에 변형이 생기고, 그 결과 받침에 상향력이 작용하게 된다. 이와 같은 주형의 운동에 대처하기 위해, 교량의 받침은 일반적으로 연직방향의 운동에 대해 구속되어 있지만, 구속되어 있지 않은 경우에도 앵커 바(Anchor Bar) 등으로 대책을 강구하고 있다. 이것은 균일한 지반 또는 불균일한 지반상의 교량일지라도 같다. 일반적으로 상향력의 크기는 교각에 대한 상대변위 정도, 주형의 강성 등에 의해 다르며, 반드시 명확하지는 않지만, 도로교에는 상향력으로 받침반력의 10%를 고려하고 있다. 그러나 진동은 연직진동이므로 만에 하나 받침이 파괴되더라도 교량은 큰 손상을 받지 않고, 기능은 확보될 것이다. 이와 같이 P파는 내진설계상 그다지 중요하지 않다.

S파에 의해 지진진동은 가속도도 크고, 또한 수평운동을 하므로, 교각은 수평방향으로 변형함과 동시에, 교각에 지지된 교량의 주형도 수평으로 운동하려 한다. 이와 같은 운동에 대처하기 위해 교량의 주형은 교축방향에는 [그림 2.1.13] 및 [그림 2.1.14]에 나타낸 것과 같이 적어도 1점에서 고정되어 있다. 지진 시 고정점을 가진 교각은 교량의 주형과 함께 진동하여 교각하단에 큰 전단력 및 휨모멘트가 작용하므로 S파에 따라 수평운동에 대해 충분한 조사가 필요하다. 교각의 지반 조건이 동일하다면, P파의 경우와 같은 모양으로, 각 교각에 전달되는 지진파도 같게 된다. 또한 [그림 2.1.14]에 나타낸 것과 같이 지표면 근처의 지반조건이 교각에 따라 다를 경우, 지진파는 표층지반의 영향을 받아 각 교각마다 전파하는 파는 다르다. 이것은 표층지반은 지진이 전파해오는 지중의 지반에 비해 연약하므로 지진파가 증폭되기 때문이다.

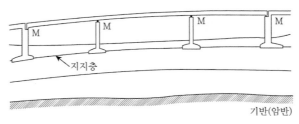

[그림 2.1.13] 균일한 지반상의 교량

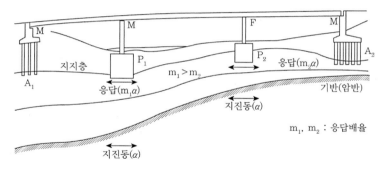

[그림 2.1.14] 불균일한 지반상의 교량

이와 같이 지표면에서 지반으로 지진에 의한 진동(지진진동)은 지반조건에 따라 다르므로, 지진파의 특징을 지표면의 아래쪽 암반에서 취하면 편리하다. 이것을 기반이라 하고, 기반에 대한 지진진동을 기반지진진동이라 한다. [그림 2.1.14]에 나타낸 교각 P_1, P_2의 지표면의 지진진동은 다르지만, 교각 P_1, P_2의 아래쪽의 기반지진진동은 전파경로가 같으므로 대개 같다고 할 수 있다.

표면파의 연직운동은 앞에서 언급한 것과 같이 교량에 영향이 적다고 판단되지만, 수평운동은 교량에 횡진동하는 장주기 지진파이므로 유연한 주기가 긴 교량과 공진하여 크게 진동할 가능성이 있으므로 충분한 조사가 필요하다.

2.1.7 정 리

본 절에서는 교량을 지진응답해석에 의해 설계하기 위해 필요한 지진에 관한 기초적인 지식을 열거하였지만, 충분히 설명되지 않은 부분이 많다. 특히 설명이 불충분한 부분은 12장 장대교의 내진설계에서 설명할 것이다.

참고문헌

1) 損害保險料率算定會 (1984.3). 地震保險調査研究8−地震の斷層Modelに關する研究−その1. 震源
   Parameterの算出について [I]. p.84.
2) 强震地震に見られる表面波成分 (1970). 第3回 日本地震工學 Symposium.
3) 道路橋示方書・同解說, Ⅴ耐震設計編. 日本道路協會.
4) 橋梁と基礎 (1991.2). Vol.25, No.2, pp.43~46.

5) Roy R. Craig, Jr. (1981). *Structural Dynamics*, John Wiley & Sons.

6) Clough R.W. & Joseph Penzien (1982). *Dynamics of Structures*. McGraw-Hill.

7) Heins C.P. (1982). "*Seismic Design of Highway Bridges*", Proceedings of the NATO Advanced Study Institute on Analysis and Design of Bridges, Cesme, Izmir, Tukey, June 28~July 9, pp.343~373.

8) Polat Gülkan (1982). "*Analysis and Design of Bridges for Earthquake Effects*", Proceedings of the NATO Advanced Study Institute on Analysis and Design of Bridges, Cesme, Izmir, Tukey, June 28~July 9, pp.375~414.

9) Mario Paz (1985). *Structural Dynamics*, Van Nostrand Reinhold Company Inc.

10) 淸水信行 (1990). パソコンによる振動解析, 共立出版(株).

11) Humar J.L. (1990). *Dynamic of Structures*, Prentice Hall.

12) Chopra A.K. (2001). *Dynamic of Structures*, Prentice Hall.

13) AASHTO (1994, 1998, 2004, 2007, 2010). *LRFD Bridge Design Specification*, 1st~5th ed., AASHTO, Washington, DC.

14) 도로교설계기준(한계상태설계법) (2015). (사)한국도로교통협회, 2014.12.

15) 하중저항계수설계법에 의한 강구조설계기준 (2014). (사)한국강구조학회, 2014.4.21.

2.2 구조물의 내풍설계에 관한 기초지식[13]

2.2.1 바람과 기상

바람(風)이라는 음(音)의 말을 찾아보면, '바람향기(風薰)', '바람소식', '바람기다림(風待)'…, '춘풍(春風)', '추풍(秋風)', '산들바람', '해풍(海風)'…등 우리들의 생활에 가까운 말이 하나씩 떠오른다. '바람'은 어느 때에는 노래나 소설의 주제로 사용되었고, 바람이 싣고 오는 향기나 낙엽에 스치는 소리 등 바람이 만들어내는 주인공의 상황묘사나 심리묘사로 사용되었다.

그와 같은 로망을 흥분시키는 '바람'도 '태풍(台風), 계절풍'과 같이 강풍의 이미지가 강하고, 한편으로는 문학적이라 하여도 과언이 아니다. 내풍설계가 필요한 것은 이 강풍 때문이다.

그러므로 구조물과 바람의 관계에 대해서 논하기 전에 바람을 동식물이나 인간의 생활과 관련해서 '좋은 바람'과 '나쁜 바람'으로 나누고, 어떠한 것이 있으며, 어떠한 효과와 성질이 있는지 알아보자.

[1] 좋은 바람

인간이나 동식물에 이로운 바람은 셀 수 없이 많지만 다음과 같은 것을 들 수 있다.

(1) 식물의 종자나 화분을 운반하는 바람

민들레의 씨앗과 같이 깃털이 붙어 있는 종자는 바람에 의해 멀리 날아간다. 자웅이주(雌雄異株)의 식물은 수꽃술의 화수분을 깨고 바람을 타고 암꽃술로 수분한다. 이 화분이 공기 중에 다량을 방출하면 화분병에 걸리는 사람이 많아진다. 이 경우에는 식물로는 '좋은 바람'도 인간에게는 '나쁜 바람'이 된다.

(2) 곤충이나 철새의 이주에 사용되는 바람

거미는 실을 내뿜으며 바람을 타고, 멸구나 나비는 상승기류를 이용해 고공의 바람을 잡고 긴 거리를 이동한다. 기러기도 계절풍을 이용하여 여행한다. 이것들도 곤충이나 새의 번식을 위해 필요한 바람이다.

(3) 인간이 이용하는 바람

우리 근처에 가장 흔하게 있는 것은 실내의 환기나 세탁물을 말리는 바람일 것이다. 향기를 실은 바람, 요트를 달리게 하는 바람, 글라이더를 활공시키는 바람, 풍력발전하는 바람 등 일일이 셀 수 없이 많다.

[2] 나쁜 바람

나쁜 바람은 인간생활에 피해를 미치는 바람일 것이다. 바람 중에 강풍에 따른 기상현상으로 예부터 인간이 무서워하고, 그 발생과 이동에 민감하며, 각각 고유명사를 갖고 있다. 태풍, 회오리(돌개)바람, 온대저기압에 의한 폭풍, 지형에 의한 강풍 등 이들 강풍에 대한 특징의 개요를 기술하면 다음과 같다.

(1) 태풍

과거의 통계에 의하면, 태풍이 내습하는 경로와 시기는 [그림 2.2.1]에 나타낸 것과 같다. 태풍의 내습경로는 상공의 편서풍의 이동과 관련되어 있다. 상공의 편서풍이 약한 7~8월쯤에 남서부에 상륙하는 확률이 높고, 편서풍이 서서히 강하기 시작하는 9월 이후에는 동해로 상륙하는 확률이 높다.

그리고 북반구의 태풍은 좌로 회전(반시계)하기 때문에 태풍의 진로방향에 대해 우측의 풍속이 높고, 좌측의 풍속은 낮다. 태풍은 하나의 소용돌이이기 때문에 내부의 속도분포는 [그림 2.2.2]와 같다. 중앙에 가까울수록 높은 속도로 되어 있고, 중심부에는 태풍의 눈이라는 바람이 없는 부분이 있다.

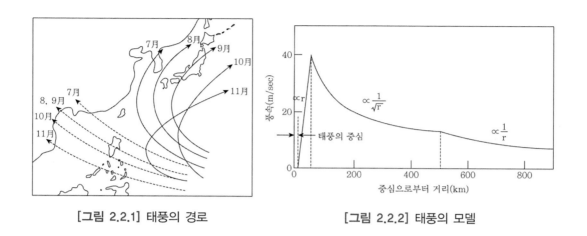

[그림 2.2.1] 태풍의 경로   [그림 2.2.2] 태풍의 모델

(2) 회오리(돌개) 바람

우리나라의 회오리(돌개) 바람에 의한 피해는 미국의 토네이도보다 아주 소규모이다. 회오리바람의 발생에 대해서는 그 발생개소, 발생시각, 강도 등을 예측하기가 매우 어렵다. 특히 우리나라의 회오리바람과 같이 소규모는 더욱 예측하기가 어렵다. 회오리바람의 발생원인으로는 적어도 2개의 요인이 있다. 첫째는 처음부터 천천히 소용돌이치며 흘러가는 것과, 둘째는 공기를 어떤 1점으로 집중시키는 힘이 있다는 것이다. 회오리바람은 목욕통이나 세면대의 물을 빼낼 때 강한 소용돌이가 발생하는 것과 같은 것으로, 두 번째 요인은 물을 뺄 때 물이 아래로 흐르면서 만들어지고, 첫 번째 요인은 물을 뺏을 때에 물을 휘저어 혼합되고, 수평방향의 운동이 물에 가해져 발생한다고 본다. 회오리바람이 이루어진 원인은 천둥에 따라 강한 비를 내리게 하는 구름(입도운)과 관련되어 있는데, 첫째는 구름에 따른 복잡한 흐름이 만든 경우와 복잡한 지형에 바람이 닿아 만드는 경우가 있고, 둘째는 구름의 중심을 관통하는 강한 상승류가 만들어낸다고 생각하는 경우가 있다.

(3) 온대저기압에 의한 폭풍

저기압은 한기단과 난기단의 경계인 전선대 위에 발생하는 것이 많다. 근해에서 나타나는 온대저기압이 발생하기 쉬운 지역은 중국 대륙의 동측이며, 특히 동지나해나 한반도의 북동해상에서 발생이 현저하다. 온대저기압은 한여름을 제외하고는 각 계절에 내습하지만, 동절기에는 일본 근해에서 발생한 저기압이 동쪽방향의 해상에 진출하여 발달하고, 며칠간 그 세력을 지속해 정체하는 것이 가끔 있다.

1) 동계 계절풍

우리나라의 주변에는 저기압에 의한 한랭전선의 통과와 동시에 북서의 강풍이 불어 서고동저의 기압배치가 계속 반복한다. 이것을 동계 계절풍이라 하고, 풍속은 육상에서 15~20m/sec, 해안이나 산악지의 바람이 강한 지역에는 30~40m/sec인 태풍으로 발달한다. 동계 계절풍이 태풍과 다른 점은 폭풍범위가 넓고, 계속시간이 길고, 급하게 불기 시작하는 것이다. 이 계절풍의 강함에 대한 사고 예로는 교량의 사고는 아니지만, 1987년 2월에 일본의 백도(白島) 석유비축기지에서 계절풍으로 생긴 파랑에 의해 해안용 케이슨(Caisson)의 활동전도사고가 있다. 그때까지도 태풍의 직격을 받아도 피해 하나 없었던 것을 생각하면, 이 계절풍이 태풍 이상의 힘을 가지고 있다는 것을 알 수 있다.

2) 대만방주

2월경 태평양 해안에 강풍과 동시에 대설을 갖는 대만저기압을 대만방주라 한다. 이것은 대만 근해에서 발생한 저기압이 혼슈 남방해양 위를 동북진하는 것이다.

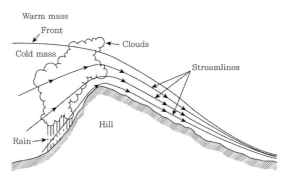

[그림 2.2.3] 산의 정상에서 내림경사 바람

(4) 지형에 의한 강풍

바람이 장소에 따라 강해지기도 한다. [그림 2.2.3]에 나타낸 것과 같이 산의 정상이나 해협 부분에는 지형에 의해 바람이 발생하면서 국소적으로 강한 바람이 분다. 특히 산맥에서 바람이 아래로 내려

오는 바람은 '내림 바람'이라 명칭이 붙어져 있고, 우리나라의 '양강지풍(襄江之風)·양간지풍(襄杆之風)', 일본 강산 현의 '히로도(광호)풍', 애와 현의 '야마시풍', 신고 부근의 '육갑내림', 북해도의 '일고의 풍' 등이 유명하다. 양강지풍은 양양과 강릉, 양간지풍은 양양과 고성·간성 사이에서 부는 국지적 강풍을 말한다. '양강지풍과 양간지풍'은 봄철 '남고북저'인 기압배치에서 남서풍기류와 함께 고온현상이 발생한다([그림 2.2.4] 참고). 서쪽에서 동쪽으로 부는 바람이 산세가 높은 백두대간을 넘으면서 물기가 없는 고온 건조한 바람으로 변하는 '푄(높새) 현상'인 것이다([그림 2.2.5] 참고).

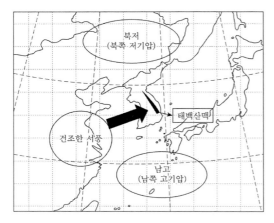

[그림 2.2.4] '남고북저' 기압배치에서 남서풍기류

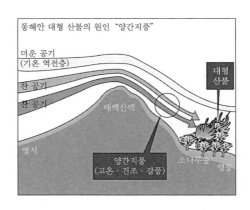

[그림 2.2.5] 양강지풍과 양간지풍

이와 같이 '내림 바람'의 발생기구는 [그림 2.2.6]과 같이 능선에 붙어 바람에 포함되어 흐트러짐이 작을 때에는 산 정상부분에서 흐름이 박리(剝離)하고, 산기슭 부근에서는 밑에서 위를 향해 역류가 부는데 대해, 바람의 흐트러짐이 어느 정도 이상 크게 되면, 급격히 산 정상부로의 흐름에 박리가 생기기 어렵게 되고, 기류는 산의 경사를 내려와 붙어 내리는 형으로 된다.

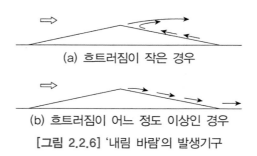

(a) 흐트러짐이 작은 경우

(b) 흐트러짐이 어느 정도 이상인 경우

[그림 2.2.6] '내림 바람'의 발생기구

[3] 바람의 성질

자연 바람은 [그림 2.2.7]에 나타낸 것과 같이 시간의 변화에 대해 풍속은 항상 변화한다. 이와 같이 시간과 동시에 변화하는 흐름을 난류라 한다. 이것에 대해 바람의 흐름 등에서 만드는 흐름을 층류라 한다. 층류의 경우는 속도계로 측정한 순간 값이 그대로 흐름의 속도로 된 대표치로 되지만, 난류의 경우는 그와 같이 취급할 수 없다. 이른바 객관적으로 취급할 수 없으므로 통계적으로 처리한다.

(1) 평균풍속($\overline{V}$)

제일 간단한 바람의 통계량은 평균풍속이다. 기상청에서는 평균풍속으로 10분간 평균풍속을 사용하고 있다. 이 10분간이라는 평균화 시간은 주기 10분 정도의 바람이 그것보다 긴 주기의 바람이나 짧은 주기의 바람의 영향을 받기 어렵다는 이유로 일반의 바람의 특성을 표현하는 데 매우 적당한 길이이다.

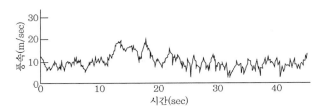

[그림 2.2.7] 시간의 변화에 대한 풍속의 변화

(2) 거스트계수(G)

[그림 2.2.7]을 보면, 평균풍속의 주변에 풍속이 흩어져 있지만, 평균을 나타내는 시간 내에 있는 최대치를 $V_{\max}$로 하면, 다음 식으로 나타낸 것을 돌풍률 G(gust factor, 흐트러짐 강도)라 부른다.

$$G = \frac{V_{\max}}{\overline{V}} \tag{2.2.1}$$

즉, 바람의 난류적 측면을 단적으로 나타낸 파라메타의 하나이다. [그림 2.2.8]은 실측한 바람의 풍속과 거스트계수의 관계를 나타낸 것이다. 풍속이 상승하면 거스트계수는 작아지는 경향이 있고, 이 경우의 회귀 직선식은 그림 중 식과 같이 된다. 일반적으로 $G = 1.2 \sim 1.5$ 정도라고 말하지만, 태풍 등에서는 $G = 1.2$ 정도도 관측되었다.

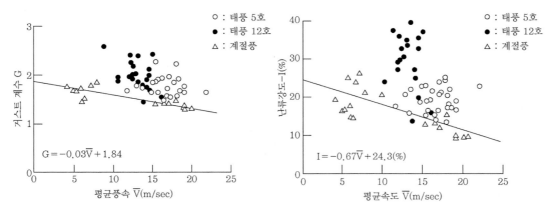

[그림 2.2.8] 실측한 바람의 평균풍속과 거스트계수의 관계

[그림 2.2.9] 난류 강도와 평균풍속들의 관계

(3) 난류 강도(I)

풍속에서 평균치와 변동성분의 합을 다음과 같이 나타낸 경우, 변동성분의 RMS(Root Mean Square)를 평균풍속에서 제한 값을 백분율로 나타낸 것을 난류 강도라 한다.

$$V = \overline{V} + v \tag{2.2.2}$$

$$I = \frac{\sqrt{\overline{v^2}}}{\overline{V}} \times 100(\%) \tag{2.2.3}$$

이것도 난류의 정도를 주는 양이다. [그림 2.2.9]는 [그림 2.2.8]과 같은 바람에 대해서 난류 강도와 풍속들의 관계를 정리한 관측결과의 예이다. 계절풍의 경우, 일반적으로 $I=8 \sim 12\%$ 정도라고 말하고 있다. 이 경우의 풍속에 대한 회귀직선식은 그림 중에 나타낸 것과 같고, 풍속의 증가에 대해 난류 강도는 감소하는 경향이 있다. 태풍의 경우는 $I=20 \sim 30\%$ 정도를 나타내었다.

(4) 난류 스케일

난류의 통계적 크기를 나타낸 양으로 난류의 스케일을 사용한다. 이 통계량은 원래부터 장소에 관한 상관함수인 공간상관함수로 정의하였다. 예를 들어, 넓은 장소에서 많은 풍속계를 설치해 동시에 그 점의 풍속을 측정하였다. 풍향방향에 병렬로 풍속계의 동시기록을 사용해, 서로 거리가 같은 2개씩 측점에 대한 속도의 적화의 평균치를 만들어 전체 측점에 관한 풍속의 표준편차로 나누어 2점

간의 거리에 관한 함수로 하면, [그림 2.2.10]과 같이 횡축이 2점 간의 거리, 종축이 상관함수인 공간 상관함수가 얻어진다. 이 상관함수의 면적에 상관을 1로 할 때에 같이 되는 2점 간의 거리를 '난류 스케일'이라 한다. 한마디로 말하면, 상관이 1이라고 생각하는 범위를 나타내는 양이다. 즉, 그 길이 의 범위에는 동일한 현상이 동시에 생긴다고 생각할 수 있다.

난류 스케일은 본래 무수한 관측점에 대해 풍속변동에 따른 공간상관함수에서 구해야 하지만, 현 실적으로 그와 같은 관측은 불가능하므로 공간평균과 시간평균들이 일치한다는 '에르고딕(ergodic) 성의 가정'을 적용해서, 자기상관함수 또는 파워 스펙트럼 밀도함수(the power spectrum density function)에서 구한다.

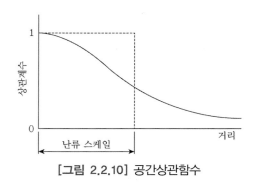

[그림 2.2.10] 공간상관함수

현재의 경우 다른 돌풍률의 추정한 정도에 비하면, 난류 스케일의 추정 정도는 나쁘지만, 50~20m 정도의 크기를 가지고 있다고 할 수 있다.

(5) 바람의 경사각과 영각

연직평면 내의 수평면에 대한 바람의 경사짐을 바람의 경사각이라 한다. 바람은 그러한 특성으로 경사각을 갖는 것과 동시에 구조물의 건설지점 주변의 지형의 영향에 따라서 경사각이 생긴다. 우리 나라의 강풍의 대표적인 것으로는 여름에서부터 가을에 걸쳐서 태풍과 동절기의 계절풍을 들 수 있지 만, 이 경사각 α의 크기는 바람의 종류에 따라서 다르다. 해안 부근에서 측정한 기록에 의하면, 동절 기의 계절풍에서 풍속이 $V \geq 15\mathrm{m/sec}$라면 $-1° \leq \alpha \leq +1°$ 정도이며, 대개 경사각은 존재하지 않지만 태풍이 같은 정도일 때의 풍속에는 $-5° \leq \alpha \leq +5°$ 정도의 경사이다. 이와 같은 결과를 보더라도 동절기의 계절풍이 경사각에 지나친 변동이 없고 정상적인 특성을 가지고 있으며, 태풍은 풍속변동이 크다는 것과 관련해 경사각의 변동이 크다는 성질을 가지고 있다. 또한 일반적인 경사각으로서는 풍속이 높아짐에 따라 경사각은 작아지는 경향이 있다.

이 경사각과 자주 혼동하는 것이 영각이다. 영각은 [그림 2.2.11]과 같이 구조물에 작용하는 바람의 구조물로의 입사각이며, 바람의 경사각은 지표면에 대한 바람의 경사각이다.

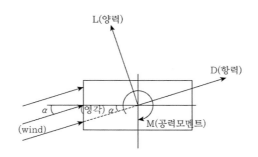

[그림 2.2.11] 구조물에 작용하는 공기력과 영각(α)의 정의

(6) 자연풍의 구조

앞에서 기술한 바람의 특성을 나타낸 통계량을 사용해 자연풍의 구조를 정리해보자. 좌표축은 풍향방향을 X축, 풍향직각연직방향을 Z축으로 한다. 흐트러짐 강도 및 흐트러짐 스케일은 다음과 같다.

	계절풍	태풍
$I_X : I_Z =$	1.5 : 1	1.6 : 1
$I_X : I_Z =$	4 : 1	5 : 1

흐름의 방향에 변동이 크고, 상관이 1인 범위가 흐름방향으로 퍼져 흐름의 집합체로 생각한다.

또한 지표면 부근에는 바람이 약하고, 산정상이나 빌딩 옥상에는 바람이 강하다. 즉, 풍속은 높을수록 크고, 낮을수록 작다. 이 성질을 나타낸 것으로 다음과 같은 식 '지수법칙'이 있다.

$$\frac{V_Z}{V_o} = \left(\frac{Z}{Z_0}\right)^{\alpha}$$

(2.2.4)

여기서, V_Z : 고도 Z(m)의 풍속

V_o : 기준 고도 Z_o(m)의 풍속

α : 누승 지수

이것을 그림으로 나타낸 것이 [그림 2.2.12]이다.

지표면조도가 클수록 α는 크고, 해상과 같이 표면조도가 작을수록 α는 작아진다. 이때까지 관측한 결과에서 α로서는 다음과 같은 값이 참고가 된다.

- 평탄한 지형의 초원, 해안지방 : $\alpha = \dfrac{1}{10} \sim \dfrac{1}{7}$

- 전원지대 : $\alpha = \dfrac{1}{6} \sim \dfrac{1}{4}$

- 삼림, 시가지 : $\alpha = \dfrac{1}{4} \sim \dfrac{1}{2}$

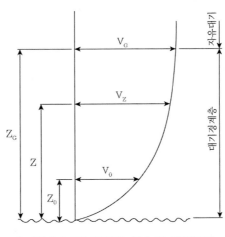

[그림 2.2.12] 자연풍 풍속의 연직분포

2.2.2 바람에 의한 구조물의 거동

엄밀한 것은 아니지만, 바람의 작용에 의한 구조물의 진동을 설계의 편의상 구분하면 다음과 같이 분류한다.

[표 2.2.1] 바람에 의한 구조물의 진동

진동현상				원인 또는 공기력
기류의 흐트러짐에 따른 불규칙 진동 (Buffeting, Gust 응답)			한정진폭진동	자연풍과 접하는 풍상측 구조물 후류 중의 풍속변동에 의한 공기력
동적 불안정 현상	와여진			구조물 후류 중에 발생하는 와류에 의한 교번공기력
	갤로핑(Galloping, 휨 진동)	1-자유도	발산진폭진동	진동하는 구조물에 작용한 동적공기력의 부감쇠효과에 의한 자려력
	비틀림 플러터(Torsional Flutter, 비틀림 진동)			
	연성 플러터(Coupling Flutter, 휨 진동과 비틀림 진동의 연성)	2-자유도		
	레인진동(Rain Vibration)		그 외의 진동	사장교케이블 등 경사진 원주에 발생하는 진동
	후류진동(Wake Galloping)			물체의 후류(Wake)의 영향에 의해 발생하는 진동

각 진동을 풍속과 진동진폭의 관계를 모식적으로 나타내면 [그림 2.2.15]와 같다. 발산적인 진동 (자려진동)은 어떤 풍속 이상에서 진동이 급격히 발달하는 파괴적인 진동이다. 그리고 와여진은 비교적 저풍속의 어느 한정된 풍속 영역에서 발생하고, 진폭도 어느 정도로 끝난다. 버페팅(Buffeting)은 바람의 난류에 의한 불규칙 진동(강제 진동 현상)이며, 풍속과 동시에 그 진폭은 증대한다.

그리고 풍력을 받는 구조물은 크게 1) 평균적 거동인 정적거동, 2) 진동적 거동인 동적거동으로 구분한다.

[1] 정적거동

2차원 물체에 작용하는 유체력은 [그림 2.2.12]와 같이 흐름방향으로 작용하는 항력 D, 흐름방향과 직각으로 작용하는 양력 L, 물체를 회전시키는 공력모멘트 M의 3가지이다.

(1) 항력, 양력

항력에 의해 흐름방향으로 변형이 생기고, 양력에 의해 연직방향으로 변형이 생긴다. 또한 이 양력에 의해 교량의 지점에 부(-)반력이 생기는 경우도 있다. 설계 시 항력이나 양력이 과소하게 산정되면, 항력에 의한 풍향방향으로 활동이 생긴다든지 구조물 자체가 항력에 의해 큰 변형이 생기기도 한다. 이때까지도 항력의 산정 부족으로 교량이 활동한다든지 낙교하는 사고가 있다. 이러한 예로 1991년 3월 26일 오전에 강풍이 불면서 경기도 하남시 창우동과 남양주시 와부읍 팔당리를 잇는

팔당대교(사장교)의 붕괴사고가 있다. 교량은 아니지만, 건설 중인 빌딩의 방호망에 항력을 산정하지 않았기 때문에 태풍 시에 철골골조가 접히거나 굽어 골조를 재시공한 예도 있다. 또한 양력의 산정 부족으로 지점에 부반력이 생겨 카운터 웨이트(Counter-Weight)가 필요한 교량도 있다. 지하철의 교량에서 돌풍에 의한 탈선사고, 철교의 열차탈선으로 굴러 떨어지는 사고는 양력에 의해 차량을 들어 올린 결과로 생긴 사고라 하겠다.

(2) 공력모멘트와 다이버젼스

공력모멘트에 기인하는 현상으로서는 정적 불안정 현상인 다이버젼스가 있다. 이것은 교량단면에는 일반적으로 높은 풍속만 생기지만, 그 기구는 경사진 평판에 풍력이 작용했을 때, 공력모멘트로 인하여 경사각이 커지고, 공력모멘트가 증가한다. 공력모멘트가 크게 되면, 경사각이 커지는 무한 Loop에 들어가 파괴에 이른다는 현상이다. 이것은 교량단면 등에 비틀림 강성들의 관계로 생기는 현상으로 일반 설계풍속범위에서는 생기기 어려운 현상이므로 설계 시에 검토해둘 필요가 있다.

[2] 동적 거동

내풍설계에 있어서 제일 중요시하고 있는 것으로는 구조물이 바람의 작용으로 진동하는 문제가 있다. 이것을 '공력탄성진동'이라 한다. 뒤에서 기술하는 사항과 관련시키기 위해 먼저 이 공력탄성진동에 대해 기술한다. 지금까지의 분류에 따르면 크게 1) 와여진, 2) 자려진동(Flutter), 3) 윈드 거스트 응답(Wind Gust Response), 4) 공력 천보 진동으로 나눌 수 있다.

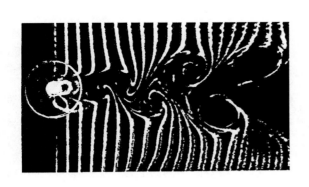

[사진 2.2.1] 원형-기둥의 카르만 와류 가시화

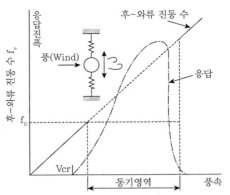

[그림 2.2.13] 와여진에 의한 동기현상

(1) 와여진

1) 블러프 물체(Bluff Body)

선형이 아닌 물체를 '블러프 물체'라 한다. 구조요소로 많이 사용하고 있는 원형-단면기둥, 사각형-단면기둥, H형-단면기둥, 경사평판 등은 대표적인 블러프 물체이다.

2) 카르만 와류 꼬리(von Karman Vortex Trail)

[사진 2.2.1]에 나타낸 것은 원형-기둥의 주위의 흐름의 모양을 가시화한 것이다. 원형-기둥의 배후에는 교번와류가 발생하고 있고, 이 와류를 Karman 와류 혹은 후-와류라 한다.

3) 스트롤 수(Strouhal Number)

후-와류는 유속에 비례하는 진동수로 진동한다. 이것을 발견한 스트롤의 이름에 기초하여, 나타낸 스트롤 수 S_t로 카르만 와류의 진동수 f_v와 속도 V에 관계되는 대표길이 d를 사용하여 다음과 같이 정의한다.

$$S_t = \frac{f_v \cdot d}{V} \tag{2.2.5}$$

스트롤 수는 원형-기둥은 $S_t \fallingdotseq 0.2$, 정사각형-기둥은 $S_t \fallingdotseq 0.12$로서, 단면형상에 고유의 값을 갖는다.

4) 동기현상(Lock-In 현상)

정지하고 있는 물체의 후-와류의 진동수는 [그림 2.2.13]과 같이 스트롤 수에 따르는 유속의 증가와 동시에 증가한다. 그러나 그림에 나타낸 것과 같이 스프링에 원형 - 기둥이 매달려 바람을 받을 때, 쇄선과 같이 응답한다. 이때, 후-와류의 진동수를 측정하면, 응답이 나타나 있는 풍속범위에서 실선과 같이 진동수가 변화하지 않는 부분이 나타난다. 이 진동수는 원형-기둥이 진동하고 있는 진동수 f_0와 일치하고 있다. 이른바 이 풍속 범위에는 후-와류와 원형-기둥이 동기하고 있다. 이 현상을 동기현상(Lock-In 현상)이라 하고, 이것이 '와여진'이라는 현상이다. 따라서 관찰하고 있는 진동이 와여진인지 아닌지를 판단하기 위해서는 후-와류의 진동수가 물체의 진동수와 일치하고 있는지 알 필요가 있다. 두 진동수가 일치한다면 와여진이라 하고, 다르다면 와여진이라고 할 수 없다.

또한 와여진은 발생하는 풍속영역이 한정되어 있다든지, 진동진폭이 자려진동의 경우와 같이 구조물을 파괴할 정도로 크게 되는 일은 없고, 진동진폭도 한정된 범위이므로 다른 말로 '한정진동'이라고도 한다.

5) 발진풍속

이와 같이 와여진은 동기현상이므로 풍속을 상승시켜 줄 때, 진동이 발생하기 시작한 풍속인 발진풍속 V_{cr}는 식 (2.2.5)의 후-와류의 진동수 f_v를 고유진동수 f_0로 바꿔 놓고 정리하면 다음과 같은 식이 구해진다.

$$V_{cr} = \frac{f_0 \cdot d}{S_t}$$

(2.2.6)

6) 환산풍속

식 (2.2.6)과 같은 표현에는 발진풍속 V_{cr}은 f_0나 d에 의해 항상 변하고, 조건이 변하는 경우의 발진풍속 등으로 상호 간에 비교하기는 어렵다. 여기서 동일한 판에서 취급할 무차원량의 풍속이 필요하다. 그것이 다음 식으로 나타낸 환산풍속 V_r이다.

$$V_r = \frac{V}{f_0 \cdot d}$$

(2.2.7)

이 환산풍속을 사용하면 환산발진풍속 $V_{r,cr}$은 다음과 같다.

$$V_{r,cr} = \frac{V_{cr}}{f_0 \cdot d} = \frac{1}{S_t}$$

(2.2.8)

여기서, 원형 - 기둥에서 환산발진풍속 $V_{r,\,cr}$=5가 된다. 단면기둥이 어떤 모양의 크기라도, 고유진동수 f_0가 어떤 모양의 값을 취하여도 와여진의 환산발진풍속은 식 (2.2.8)로 되어 스트롤 수(식 (2.2.5))의 역수가 된다.

(2) 자려진동

와여진에 대해 자려진동(Flutter, 플러터)이라는 용어를 자주 사용한다. 이 현상을 흥미롭게 말하면, "굶주린 말의 목에 막대기를 대고, 그 앞에 인삼을 매달고 있는 것과 같은 것"이다. 말은 인삼을 먹으려고 하면서 속도를 올리면서 달린다. [그림 2.2.14]에 나타낸 것과 같이 응답변위보다 먼저 힘이 생기고, 그 힘에 의해 응답변위가 커지며, 그 변위에 의해 힘이 다시 커지는 형태로 응답변위가 단계적으로 커지는 현상이다. 진동방정식을 사용해 간단히 설명하면 다음과 같다.

[그림 2.2.14] 자려진동의 기구

1-자유도 진동계에서 변동 공기력이 작용하고 있는 경우를 생각한다.

여기서, m : 진동계의 질량, c : 구조감쇠, k : 스프링 정수, y : 변위, F_0 : 변동 공기력의 절대치, ω : 힘의 진동수, β : 변위에 대한 힘의 위상차로 하면, 이 계의 진동방정식은 다음과 같다.

$$
\begin{aligned}
m\ddot{y} + c\dot{y} + ky &= F_0 \cdot \sin(\omega t + \beta) \\
&= F_0 \cdot \cos\beta \cdot \sin(\omega t) + F_0 \cdot \sin\beta \cdot \cos(\omega t)
\end{aligned}
\tag{2.2.9}
$$

여기서, 변위를 $y = y_0 \cdot \sin(\omega t)$로 하면, $\dot{y} = y_0 \cdot \omega \cdot \cos(\omega t)$이므로, 식 (2.2.9)의 우변은 다음과 같이 된다.

$$
F_0 \cdot \cos\beta \cdot \sin(\omega t) + F_0 \cdot \sin\beta \cdot \cos(\omega t) = F_0 \cdot \cos\beta \cdot \frac{y}{y_0} + F_0 \cdot \sin\beta \cdot \frac{\dot{y}}{\omega y_0}
\tag{2.2.10}
$$

이 우변을 좌변으로 이행하여 정리하면, 다음과 같은 자려진동의 식이 된다.

$$m\ddot{y} + \left(c - \frac{F_0 \cdot \sin\beta}{\omega \cdot y_0}\right)\dot{y} + \left(k - \frac{F_0 \cdot \cos\beta}{y_0}\right)y = 0 \qquad (2.2.11)$$

위의 식 (2.2.11)에서 변위속도 $\dot{y}$ 에 비례하는 항이 부(−)일 때에 진동이 발생하는 것이다. 이른바 진동발생의 조건은 다음과 같이 된다.

$$c - \frac{F_0 \cdot \sin\beta}{\omega \cdot y_0} < 0 \qquad (2.2.12)$$

예를 들어, $c = 0$일 때를 생각하면, $\sin\beta > 0$일 때에 진동이 생긴다. 따라서 위상차 β가 정(+)으로 될 때에 진동이 발생할 가능성이 있다. 바꾸어 말하면, 위상차가 정(+)이라는 것은 변동 공기력이 변위보다 먼저 생겨서 변위를 크게 하는 자려진동이 생긴다는 것을 의미한다. 이와 같이 자려진동은 한번 발생하면, 구조물을 파괴적인 진폭으로 진동시킬 가능성이 있으므로 내풍설계에 있어서는 자려진동이 발생되지 않아야 한다. 자려진동은 식 (2.2.12)에서 알 수 있는 것과 같이 구조감쇠가 공기력의 변위속도 비례성분보다 크게 되면, 공기력의 위상차가 정(+)이라 하더라도 생기지 않는다.

그런데 바람의 작용을 받는 구조물에 생기는 자려진동의 종류는 다음과 같다.

1) 갤로핑(Galloping)

휨진동의 자려진동으로 정사각형−각기둥에 눈이나 얼음이 부착한 케이블 등에 생기는 현상이다. 이것은 정적공기력에서 동적현상을 추정하는 방법인 규정상 이론을 사용해 동적응답진폭을 추정하며, 정사각형 − 각기둥에서 매우 정확히 추정한 예가 있다.

2) 박리난류(剝離亂流) 플러터

'실속(失速, 속도를 잃은) 플러터'라고도 하며, 구조물의 앞 가장자리(前緣)에서 벗겨져서 떨어져나간 박리난류가 요인으로 되어 생기는 자려진동이다. 현상적으로는 1−자유도의 자려진동으로 교량단면에 생기는 플러터의 거의가 이 실속 플러터에 있다고 하여도 과언은 아니다.

3) 연성 플러터

'고전적 플러터'라든지, '포텐셜 플러터(Potential Flutter)'라고 말한다. 박리난류 플러터가 흐름의 박리난류에 기인한다는 데 대해, 이것은 흐름의 박리난류가 생기지 않는 상태로 휨 진동과 비틀림

진동들이 연성하는 자려진동이다. 현상적으로는 휨 진동 혹은 비틀림 진동만을 생기도록 한 1-자유도계에서는 자려진동이 생기지 않지만, 두 가지가 동시에 일어나는 2-자유도계에서는 연성진동이 생긴다. 제일 파괴적이고 격심한 '연성 플러터'로 되는 것은 휨 진동과 비틀림 진동의 각각의 진동수가 중첩하는 경우이다. 또한 흐름에 평행하게 놓인 평판에 생기는 연성 플러터는 이론적으로 해를 구할 수 있고, 공력탄성진동의 분야 중에서 평판의 연성 플러터는 이론해가 주어진 유일한 예이다.

(3) 버페팅 응답(Buffeting Response or Gust Response)

구조물에 작용하는 바람이 난류일 경우, 난류인 바람에 의한 불규칙한 강제진동을 '버페팅'이라 한다. 또한 현수교 등의 트러스 보강형과 같이 부재가 복잡하게 구성되어 있을 경우에는 접근하는 흐름이 난류가 아니라도 부재에 발생하는 복잡한 흐름에 의해 트러스 주형 내부에 난류가 만들어지며, 결과적으로 난류 중의 응답과 같은 현상이 나타나고 이것도 버페팅으로 분류한다.

(4) 공력천보진동

2개 이상의 물체가 흐름에 대해 병렬 또는 직렬로, 또한 어떤 각도로 배열되어 있을 때, 서로 상대적 흐름의 영향을 받아 진동하는 현상이다. 최근에는 병렬교의 가설도 있지만, 이들은 상류 측 교형의 뒤 흐름에서 하류 측의 교형이 들어가므로 적어도 하류 측의 교형은 뒤 흐름에 의해 강제적으로 진동하게 된다. 또한 2본의 케이블이 근접 배치되어 있는 사장교의 사재인 경우에는 상류 측의 케이블이 만든 뒤 흐름에 의해 하류 측 케이블에 갤로핑이 생긴다. 이것을 웨이크 갤로핑(Wake Galloping)이라 하고, 공력천보진동의 예이다.

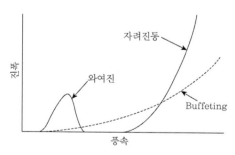

[그림 2.2.15] 공력탄성진동의 종류

공력탄성진동 중에 와여진, 자려진동, 버페팅(불규칙한 강제진동)을 간단히 비교한 것이 [그림

2.2.15]이다. 속도의 상승에 대해 와여진이 발생한 후 응답이 생기지 않는 풍속 영역이 존재하고, 다시 높은 풍속 영역에서 자려진동이 발생한다. 또한 난류 중에는 와여진은 발생하기 어렵고, 플러터 라든지 갤로핑 등의 자려진동이 발생하는 풍속 영역에는 평균응답진폭이 작아지는 경향이 있다.

(5) 와여진과 자려진동은 어떻게 다른가

위에서 기술한 것과 같이 분류하고 있는 와여진과 자려진동은 전혀 다른 것인가. [그림 2.2.16]은 편평한 H형–단면기둥의 휨진동 및 비틀림 진동의 응답과 표면 위를 흘러내리는 박리난류들의 관계를 나타낸 것이다.

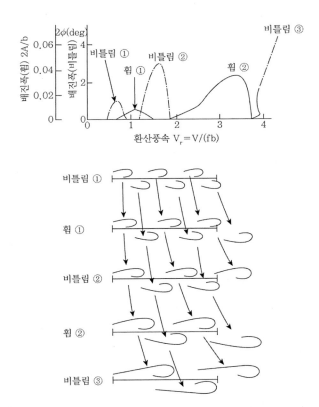

[그림 2.2.16] 편평한 H형–단면기둥의 공력탄성진동의 발생기구[10]

횡축은 환산풍속, 종축은 진폭응답이다. 이 그림에 의하면, 휨진동 및 비틀림 진동의 진동수를 같게 하였을 때, 풍속의 상승에 대해 휨진동과 비틀림 진동이 교대로 나타나 있다. 이 경우 풍속의 상승과 동시에 와류의 개수는 감소하고, 표면 위에 열을 지은 와류의 배치가 회전축에 대해 점대칭으로 되면 비틀림 진동이, 중심축에 대해 면대칭으로 되면 휨진동이 생긴다. 종래 발생기구가 다른 것으로 구별하고 있는 와여진과 플러터들은 표면상의 와류의 개수의 달라짐에 의한 것이라는 것을 의미하고 있고, 본질적으로는 와여진도 플러터도 같은 현상으로, 특히 와여진은 스트롤 수로 정의하는 뒤 와류의 진동수와 일치하는 풍속 영역에서 진동이 발생하는 현상이라고 생각할 수 있다. 즉, 와여진이나 자려진동도 그렇게 본다.

2.2.3 내풍설계에 필요한 파라메타

교량에만 제한하지 않고 구조물의 내풍설계에 사용한다. '풍속'이라 이름 붙인 용어로는 1) 기본풍속, 2) 설계기준풍속, 3) 한계풍속이 있다.

[1] 기본풍속

이것은 설계풍속을 결정하는 기초가 되는 풍속이며, 구조물 건설지점에 대한 고유의 풍속이다. 일반적으로 구조물의 건설지점 주변에 대한 기상대의 관측기록을 기본으로 하며, 그 지점의 풍속의 재현 기대치를 추정하는 방법으로 결정된다. 특히 구조물의 계획에서 건설까지 기간이 길 때에는 건설현장에 관측탑을 설치해 장기간 관측하고, 이 관측기록과 주변 기상대의 기록을 병용하여 기본풍속을 결정하는 경우도 있다. 그리고 이것을 결정하기 위해 기본으로 하는 풍속은 지표면 혹은 해저면으로부터의 높이 10m에 대한 10분간 평균풍속이고, 순간최대풍속은 아니다.

[2] 설계기준풍속

기본풍속은 지정한 지점고유의 풍속이라는 것에 대해서, 설계기준풍속은 구조물의 각 특수성에 따라 기본풍속에서 결정하는 것이다. 예를 들면, 현수교는 주탑과 주형 및 케이블로 구성되어 있지만, 주탑은 연직방향으로 신축하고, 주형은 수평방향으로 신축한다. 이 경우 주탑과 주형에 대해 같은 설계기준속도를 설정하는 것은 지표면 위를 부는 바람의 구조를 완전히 무시하고 있는 것으로 된다. 바람의 성질의 항에서 기술한 것과 같이 풍속은 누승법칙에 따라 연직방향으로 변화하고 있고, 수평방향으로나 연직방향에도 풍속분포에 관해 공간적인 상관이 존재하고 있다. 즉, 작은 구조물에는 전체에 걸쳐 대체적으로 같은 풍속이 작용한다고 생각되지만, 큰 구조물에는 전체에 걸쳐서 같은 풍속이 작용한다고 생각하기는 어렵고, 장소에 따라서 풍속이 다르다고 생각한다. 이러한 것들을 고려하여 고속 및 연직길이, 수평길이에 대해 보정하여 설계풍속 V_D를 결정한다.

수평방향으로 긴 구조물의 경우

$$V_D = \nu_1 \nu_2 V_{10} \qquad (2.2.13)$$

연직방향으로 긴 구조물의 경우

$$V_D = \nu_1 \nu_3 V_{10} \qquad (2.2.14)$$

여기서, ν_1은 고속보정계수로 다음 식과 같이 누승법칙에 따라 결정한다.

$$\nu_1 = \frac{V_z}{V_{10}} = \left[\frac{Z}{10} \right]^{\alpha \cdot} \qquad (2.2.15)$$

여기서, V_{10} : 기본풍속, Z : 고도(m)이다. 현수교에 있어서는 주형의 경우에는 주형의 평균고도, 주탑의 경우에는 주탑높이의 65% 고도로 하고 있다.

ν_2, ν_3는 수평길이 및 연직길이에 대한 보정계수이다. 주목하는 구조요소에 불규칙한 변동 바람이 작용할 때에는 바람이 공간적으로 퍼지기 때문에 그 구조요소의 각 장소에서 작용하는 풍속의 크기가 다르다. 이 상태를 고려해 구조요소 전체에 생기는 풍압의 최대치와 같아지도록 하는 등분포풍압을 주는 풍속(구조요소 전체에서 같은 풍속)을 $\nu_1 \cdot V_{10}$와의 비로 나타낸 것으로, 일반적으로 구조물의 길이가 길수록 이 계수는 작다. 일본의 혼슈-시고꾸 연락교의 설계지침에는 다음의 값이 주어져 있다.

$$\nu_2 = 1.12 \sim 1.21(1,800 \sim 200\text{m})$$
$$\nu_3 = 1.17 \sim 1.20(200 \sim 80\text{m})$$

[3] 한계풍속

교량단면의 내풍설계의 동적조사에 있어서, 갤로핑이나 플러터 등의 자려진동이 일어나는 제일 낮은 풍속으로 정의하고 있다. 일본의 혼슈-시고꾸 연락교의 설계지침에는 [그림 2.2.17]에 나타낸 바람의 경사각과 한계속도의 관계도의 꺾인 선의 내측에 풍동실험 등에서 추정한 한계풍속이 들어 있지 않은 것, 설계풍속의 1.2배 이상으로 한계풍속이 있는 것으로 하고 있다. 이것은 자려진동이 발생하는 것은 내풍설계상 절대로 허용할 수 없다는 것을 의도하고 있는 것이다. 또한 설계풍속의 1.2배 이상으로 한계풍속을 설정하고 있는 것은 설계풍속의 추정오차라든지 풍동실험 등에 의한 한계풍속의 추정오차, 응답의 민감함에 대한 안전율로서 기대한 것이다.

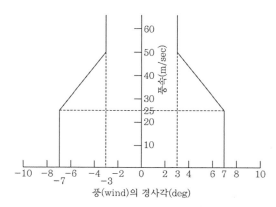

[그림 2.2.17] 풍속과 바람의 경사각[10]

[4] 설계풍하중과 거스트 응답

정적설계에 있어서는 설계풍하중으로 공기력 중에 항력만을 고려한다. 특히 난류 중의 응답인 거스트 응답(Gust Response)에 역학적 오토매틱스(Mechanical Automatics) 및 공력 오토매틱스의 효과들도 ν_4, ν_5를 사용해 이 설계풍하중 P_D에 포함한다.

(1) 설계풍하중

수평방향으로 긴 구조물

$$P_D = \frac{1}{2} \rho V_D^2 \nu_4 C_D A_n \tag{2.2.16}$$

연직방향으로 긴 구조물

$$P_D = \frac{1}{2} \rho V_D^2 \nu_5 C_D A_n \tag{2.2.17}$$

여기서, ρ : 공기밀도

$\quad V_D$: 설계풍속

$\quad \nu_4,\ \nu_5$: 수평 및 연직방향의 보정계수

$\quad \nu_4$: 1.3(현수교의 보강형)

$\quad \nu_5$: 1.3(주탑 정상 자유단의 현수교의 주탑)

$\quad C_D$: 항력계수

$\quad A_n$: 투영면적

이와 같이 풍하중은 풍속의 제곱에 비례하므로, 풍속이 2배일 때는 풍하중이 4배이지만, 풍속이 4배일 때는 16배가 된다. 따라서 풍하중의 개념이 없었던 시대에 설계한 교량에서는 강풍에 의한 사고는 의외로 정도가 큰 사고로 되어 있다.

(2) 거스트 응답

난류 중에서 바람의 흐름에 의한 강제 진동 응답이다. 이것에는 불규칙 진동론이 응용되고, 거스트 응답은 선형진동계의 입출력관계로 표현된다고 가정하고 있다. 일반적으로 선형계의 강제진동에서 입력과 출력은 역학적 오토매틱스(주파수응답함수)에 의해 다음과 같은 관계에 있다.

| 입력 | ⇨ | 선형진동계 | ⇨ | 출력 |
| (외력) | | (Mechanical Automatics) | | (응력) |

풍속변동이 구조물의 응답으로 변환하는 과정은 다음과 같이 2단계로 고려한다.

1) 풍속변동이 공기력으로 변환하는 과정

| 풍속변동 | ⇨ | 공력 오토매틱스 | ⇨ | 공기력 |

2) 공기력이 응답으로 변환하는 과정

| 공기력 | ⇨ | 역학적 오토매틱스 | ⇨ | 응답 |

그러므로 공력 오토매틱스도 역학적 오토매틱스와 같은 성질을 가지고 있는 함수로 간주하고 있다.

[5] 구조감쇠율

구조물의 동적설계에 있어서 제일 영향이 큰 파라메타로서 구조감쇠율이 있다. 현수교나 사장교와 같은 케이블형식교량은 일반적으로 구조감쇠율이 작다고 말하며, 지금까지 권장하고 있는 구조감쇠율은 대수감쇠율 δ로 다음과 같다.

- 현수교 : $\delta = 0.03$
- 사장교 : $\delta = 0.02$
- 독립주탑 : $\delta = 0.01$

이것들은 정지공기 중에서 공력감쇠를 포함하고 있고, 미소진폭으로 간주한 범위의 감쇠율이다. 일반적으로 진폭이 커지면, 정지공기 중에서 감쇠율은 크게 된다.

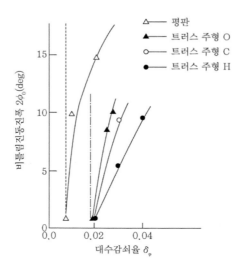

[그림 2.2.18] 정지공기 중의 감쇠율의 진폭의존성

[그림 2.2.18]에 나타낸 것은 정지공기 중에서 교량단면모형을 진동시켜 계측한 감쇠율의 예이다. 진폭과 동시에 감쇠율이 크게 된 모양을 볼 수 있다. 최근의 측정 예로는 PC 사장교이지만, 구조감쇠율이 $\delta \geq 0.06$이라는 보고도 있다. 공기력과 구조감쇠의 양자에 있어 거의 근접하므로, 구조감쇠가

큰 것이 판명되면, 내풍설계는 보다 간소화되지만, 현재의 경우 구조감쇠율에 대해 위에서 기술한 값 이상으로 권장하는 것은 곤란한 상황에 있다. 적어도 현재 권장하고 있는 값보다 실제 크다면, 현재 설계는 안전측이 된다.

2.2.4 풍동실험

내풍설계 중에서 풍동실험이 필요한 것은 정적공기력계수가 미지로 되어 있는 단면의 정적공기력계수를 구하는 경우와 동적조사를 행할 필요가 없는 경우이다. 실물과 모형실험 간에 필요한 상사측과 풍동실험법의 용어에 대해 다음에 설명하였다.

[1] 상사측

유체와 구조물들이 일체로 되어 있을 경우에 요구되는 조건은 실험모형의 기하학적 상사성에 더해서 다음의 5가지의 무차원량의 일치가 요구된다. 즉, 1) 점성 파라메타, 2) 중력 파라메타, 3) 탄성 파라메타, 4) 풍속 파라메타, 5) 감쇠 파라메타이다.

실물과 모형의 대표 길이를 제각각 L_p, L_m으로 하고 모형의 축척을 $1/n$으로 하면, $L_m/L_p = 1/n$이다. 첨자 p, m은 각각 실물 및 모형을 의미한다.

(1) 점성 파라메타(R_e)

점성 파라메타인 레이놀즈(Reynolds) 수는 관성력과 점성력의 비이다. 관성력만이라면, 기하학적 상사성에서 일치시키지만, 일반의 동적특성을 검토하기 위한 풍동실험에는 실물에 사용할 유체와 같은 유체를 사용하기 위해 관성력과 점성력의 비를 일치시킬 수는 없다. 정적실험의 경우에는 실험 풍속을 높이거나 모형의 단면을 크게 하여 실물의 레이놀즈 수와 일치시킬 수 있다.

(2) 중력 파라메타(F_r)

중력 파라메타인 프루드(Froude) 수는 유체의 관성력과 중력의 비의 제곱근이다. 이른바 유속을 V, 중력 가속도를 g, 길이를 L로 하면, 프루드 수는 다음과 같다.

$$F_r = V/\sqrt{gL} \qquad\qquad (2.2.18)$$

실물과 모형들의 풍속배율은 다음과 같다.

$$V_p / V_m = \sqrt{L_p / L_m} = \sqrt{n} \qquad (2.2.19)$$

(3) 탄성 파라메타

탄성 파라메타는 Young율을 E, 유체의 밀도를 ρ로, $E/(\rho V^2)$이므로 다음과 같다.

$$E_p / E_m = V_p^2 / V_m^2 = n \qquad (2.2.20)$$

(4) 풍속 파라메타(V_r)

풍속 파라메타는 구조물의 진동수를 f로 할 경우의 환산풍속 $V_r = V/(fL)$이므로 진동수배율은 다음과 같다.

$$f_m / f_p = (V_m / V_p) \cdot (L_p / L_m) = \sqrt{n} \qquad (2.2.21)$$

(5) 감쇠 파라메타

감쇠 파라메타는 진동진폭의 비이므로 실물과 모형의 구조물 감쇠비를 같게 하면 충분하다.

[2] 풍동실험의 종류

토목구조물의 내풍성능을 검토하기 위한 풍동실험법은 크게 부분모형실험과 전체모형실험 등으로 나뉜다. 이들은 각각 2차원 모형실험, 3차원 모형실험이라고 한다.

(1) 부분모형실험

교량의 주형부나 주탑부 등과 같이 단면변화가 없는 부분의 일부를 떼어내어 2차원 강체모형으로 하는 실험이다. 모형은 탄성변형이 전혀 생기지 않도록 한 것으로 정적공기력의 측정이나 2차원 진동실험에 사용된다. 진동실험법으로는 '자유진동법'과 '강제진동법'이 있다.

1) 자유진동법

모형을 소정의 강성을 가진 스프링으로 지지하여 풍속의 변화에 대한 응답량이나 감쇠성능을 관찰하는 방법이다. 비정상공기력은 측정한 감쇠성능에서 과도상태로서 공기감쇠로 얻을 수 있다.

2) 강제진동법

일정한 진폭 및 일정한 진동수에서 모형을 진동시켜 공기력이나 표면압력의 측정, 흐름의 가시화 등을 하는 방법이다. 특히 비정상공기력·압력 등의 측정은 자유진동법이 과도상태와 정상상태에 대해 측정한다.

(2) 전체모형실험

교량 전체의 축척모형을 사용하는 실험은 구조물의 모든 거동을 파악한다. 그러나 모형의 축척률을 크게 하면 부재가 복잡하게 구성되어 있는 부분 등에 기류의 상사성이 나빠지므로 축척률은 지나치게 크게 할 수 없다. 그러므로 이 실험에는 큰 측정단면을 갖는 풍동이 필요하고 모형제작비가 비싸게 된다. 따라서 부분모형실험만으로 전체계의 응답예측을 할 수 없는 경우에 이 전체모형실험이 행해진다.

(3) 난류 중에서 풍동실험과 문제점

공시모형의 기본적인 공력특성을 파악하기 위해서는 같은 흐름으로 실험이 충분하지만, 바람의 성질에서 기술한 것과 같이 자연풍은 난류이므로 풍동실험도 난류인 바람으로 하는 것이 바람직하다. 이 경우는 앞 기록인 상사측정에 더하여 난류에 관한 상사측정이 필요하다. 교량의 건설지점의 난류특성을 알기 위해 풍동실험 내에서 건설지점의 자연풍을 파라메타로 하여 난류를 발생시킨다. 그 상사 파라메타는 바람의 연직 분포, 난류 강도, 난류 스케일 등이다. 연직 분포와 난류 강도는 비교적 상사시키기 쉽지만 제일 곤란한 것이 난류 스케일의 상사이다. 자연풍의 난류 스케일은 100m 정도라 하고 있고, 이것에 대해 교축 직각으로 바람이 닿는 것을 고려해 교량폭원이 25m라면 난류 스케일은 교량폭원의 4~5배 정도로 된다. 길이 20m 정도의 경계층풍동을 사용하여 만드는 난류는 크더라도 40~50cm 정도의 난류 스케일이기 때문에 모형의 진폭은 10cm 정도로 되고, 모형의 축척으로는 1/200~1/250 정도로 되며, 복잡한 단면이라면, 기하학적 상사성에서 문제가 된다. 이와 같은 상황에 있으므로 현재 큰 스케일의 난류를 만드는 방법을 여러 연구기관에서 모색하고 있다.

2.2.5 정 리

본 절에서는 교량의 내풍설계에 필요한 사항을 내풍설계 순서로 열거하였지만, 충분히 설명되지 않은 부분이 많다. 특히 설명이 불충분한 부분에 대해서는 13장 장대교의 내풍설계에서 설명할 것이다.

참고문헌

1) 本州四國連絡橋技術調査委員會 (1967). 本州四國連絡橋技術調査報告書–耐震設計指針および同解說, 土木學會.

2) 本州四國連絡橋技術調査委員會 (1975). 本州四國連絡橋技術調査報告書, 土木學會.

3) 岡內, 伊藤, 宮田 (1977). 耐風構造, 丸善出版

4) Roy R. Craig, Jr. (1981). *Structural Dynamics*, John Wiley & Sons.

5) Clough R.W. & Joseph Penzien (1982). *Dynamics of Structures*, McGraw–Hill.

6) Ito M. and Y. Nakamura (1982). *Aerodynamic Stability of Structures in Wind*, IABSE.

7) Naudasher E. (1982). *Flow-induced Vibrations*, 土木學會講習會テキスト.

8) 伊藤編 (1986). 風のはなしⅠ, Ⅱ, 技報堂出版.

9) 本州四國連絡橋耐風研究小委員會作業班 (1986). 本州四國連絡橋の 耐風設計に 關する 調査研究報告書 – 明石海峽大橋の 耐風設計に 關する 檢討, 土木學會.

10) 流れの可視化學會編 (1987). 流れの 可視化ハンドブック, 朝倉書店.

11) Kubo Y. and K. Hirata (1988). *Aerodynamic Response and Pressure Function of Shallow H-section Cylinder*, 日本風工學會誌, No.37.

12) 久保, 本村ほか (1988). 强風觀測結果と 測定位置の 狀況を 加味した 風特性の 推定に 關する 一考察, 第10回 風工學 Symposium論文集

13) 橋梁と基礎 (1989.8). Vol.23, No.8, pp.112~120

14) Henry Liu (1991). *Wind Engineering – A Handbook for Structural Engineer*s, Prentice Hall.

15) Edited by N.J. Cook (1993.9). *Wind Engineering*, 1st IAWE European and African Regional Conference

16) Simiu E. & Robert H. Scanlan (1978). *Wind Effects on Structures – An Introduction to Wind Engineering*, John Wiley & Sons

17) KOLOUŠEK V., M. PIRNER, O. FISCHER, and J. NAPRSTEK (1984). *Wind Effects on Civil Enginee- ring Structures*, Elsevier

18) Edited by C. Kramer & H.J. Gerhardt (1987.7). *Advances in Wind Engineering*, 7th International Congress on Wind Engineering held under the auspices of the International Association for Wind Engineering Aachen, Elsevier

19) Zeller E. (1982), "*Wind Loads on Bridge Structures*", *Proceedings of the NATO Advanced Study Institute on Analysis and Design of Bridge*s, Cesme, Izmir, Tukey, June 28~July 9, pp.415~447.

20) Mario Paz (1985). *Structural Dynamics*, Van Nostrand Reinhold Company Inc.

21) 清水信行 (1990). パソコンによる振動解析, 共立出版(株).

22) Humar J.L. (1990). *Dynamic of Structures*, Prentice Hall.

23) Chopra A.K. (2001). *Dynamic of Structures*, Prentice Hall.

24) AASHTO (1994, 1998, 2004, 2007, 2010). *LRFD Bridge Design Specification*, 1st~5th ed., AASHTO, Washington, DC.

25) 도로교설계기준(한계상태설계법) (2015), (사)한국도로교통협회, 2014.12

26) 하중저항계수설계법에 의한 강구조설계기준 (2014), (사)한국강구조학회, 2014.4.21.

내진설계의 필요성

03 내진설계의 필요성[8]
Necessity of the Seismic Design

CHAPTER

구조물의 동적응답해석에 의한 내진·내풍설계

3.1 내진설계의 필요성

3.1.1 높은 교각을 갖는 PSC 연속 라멘교

높은 교각을 갖는 PSC 연속 라멘교는 [그림 3.1.1]에 나타낸 것과 같은 교량으로 고저차가 큰 V자 또는 U자 계곡을 횡단하는 장지간의 교량에 적용된다. 본 교량(신주내천교)은 교장 281m, 중앙지간 128m의 교량이다. 지진동은 교량에 대해 일반적으로 임의의 방향으로 작용하지만, 직선교에는 지진 동을 교축방향과 교축직각의 성분으로 나누어 생각하는 것이 편리하다.

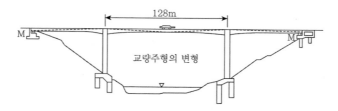

[그림 3.1.1] 높은 교각 PSC 연속 라멘교

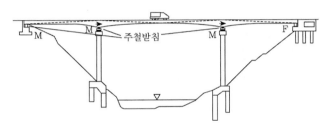

[그림 3.1.2] 높은 교각 PSC 연속교

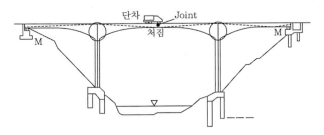

[그림 3.1.3] 높은 교각 PSC 연속 힌지 라멘교

　본 교의 교축방향 지진동에 대한 진동특성에 대해 검토해보자. 본 교량은 주형과 교각이 강결된 구조로 부정정 차수가 높기 때문에 설계에서 추정할 수 없을 정도의 거대한 지진에 대하여도 상당한 내력을 갖는다. 그러나 주형과 교각 전체에 복잡한 힘이 전달되므로 방대한 구조계산이 필요하며, 컴퓨터의 급속한 발전이 없었다면 이 구조형식을 적용하지 못하였다. 90년대 초까지는 비교적 설계가 용이한 연속형교([그림 3.1.2])나 연속 힌지 라멘교([그림 3.1.3])가 많이 건설되었다. 여기에 기술한 연속형교들은 주형을 주철받침으로 지지하고, 지진동에 대한 교축수평방향의 주형의 활동을 주형과 교대를 연결하여 교대만으로 정지시키는 구조이다. 교대는 주형의 반력으로 활동하지 않도록 중량이 큰 교대가 필요하다. 이와 같이 연속형교는 받침 및 큰 교대가 필요하므로 연속 라멘교보다 대체로 공사비가 비싸다. 또 예상치 못한 지진에 대해서도 연속형교는 고정받침이 파손하면 주형은 활동하지만, 철근콘크리트의 강절점은 [그림 3.1.1]에 보인 것과 같이 2기의 교각으로 지진력에 저항하므로 연속 라멘교가 부정정 차수가 높고, 구조적으로 안전도가 높다. 또한 철근콘크리트가 주철에 비해 인성이 있으므로 재료 면에서도 유리하다고 할 수 있다.

　연속 힌지 라멘교는 중간중앙에 주형이 어긋나 있으므로 주철재로 조인트를 설치(이것을 구조적으로 힌지로 취급함)하고, 주형과 교각을 강결로 결합한 것이다. 본 연속 힌지 라멘교도 예상치 않는 지진에 의해 크랙이 생겨 힌지에 가까운 구조로 될 경우는 구조적으로 불안정하게 되므로, 지진에 대한 안전도는 부정정 차수가 높은 연속 라멘교의 경우가 높다. 또한 콘크리트교는 완성한 후에도 크리프 및 건조수축에 의해 2년 정도는 변형하므로 이 중앙 힌지에서 처짐이 생겨 주행성이 나빠질 우려가 있다. 또한 연속 힌지 라멘교는 시공상, 교각 근처의 형고(Girder Hight)가 연속 라멘교나 연속형교보다 크게 되고 슬렌더한 주형을 할 수 없게 되므로 경관상 바람직하지 않다는 의견도 있다.

주형에 프리스트레스를 도입할 때에 주형은 신축하지만, 연속형교나 연속 힌지 라멘교에는 주형만 수축하면 충분하므로 교각의 높이나 크기는 전혀 문제가 없다. 그러나 연속 라멘교에는 주형의 신축을 교각이 방해하므로 교각은 변형하기 쉬운 것이어야 한다. 결국 높고 세장한 미려한 교각일 때 연속 라멘교를 설계하게 된다. 그러나 이 조건을 만족할 수 없는 경우, 지간 120m 정도 이하의 높이가 낮고, 볼품없는 교각인 교량으로 [그림 3.1.4]에 나타낸 연속형교로 되며, 또 그 이상의 지간인 볼품없는 교각의 교량에는 [그림 3.1.5]에 나타낸 연속 힌지 라멘교로 된다.

연속 라멘교는 교각의 높이가 어느 정도 높지 않으면 그 구조가 성립되지 않는다. 교각의 높이가 높으면 유연하게 되어 1.1절에 나타낸 것과 같은 1-질점계의 1-자유도 모델에는 응답배율에 오차가 따르므로 교각의 응답을 충분히 나타내지 못할 가능성이 있다. 또한 라멘구조인 교량 전체의 지진 시의 진동으로도 1-자유도계의 진동모델을 연상하는 것은 쉽지 않다. 이것에 대해 연속형교나 연속 힌지 라멘교는 교각이 높을 경우는 교각의 응답도 연속 라멘교의 교각과 같이 1-질점계의 1-자유도 모델로는 충분히 나타내지 못한다고 하여도 교량전체의 지진 시의 진동은 1-질점계의 1-자유도 모델로 근사하게 충분히 판단할 수 있다. 결국 유연한 고차 부정정 교량인 교각이 높은 연속 라멘교는 1-자유도계로 그 진동을 모델화 못할 가능성이 있으므로 진도법보다 동적응답해석에 의해 설계를 하는 것이 바람직하다. 또한 연속교나 힌지 연속교도 교각이 높은 경우는 동적응답해석에 의한 설계가 바람직하지만, 교각의 높이가 낮고 강체적인 진동을 하는 [그림 3.1.4], [그림 3.1.5]에 나타낸 교량에는 1-자유도계 모델로 기본적인 진도법에 의한 설계로 충분하다.

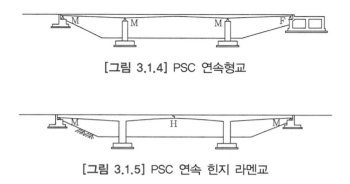

[그림 3.1.4] PSC 연속형교

[그림 3.1.5] PSC 연속 힌지 라멘교

다음은 높은 교각의 연속 라멘교의 교축직각방향 지진동에 대한 진동특성을 고려한다. [그림 3.1.1]의 연속 라멘교로 2기의 교각의 높이 및 단면이 동일한 기초 및 지반조건도 변하지 않을 경우, 교축직각방향의 지진동이 각 교각의 지반에서 같다고 하면, 교량은 교축직각방향 지진동에 대해 마치 1-질점계 모델과 같은 진동을 한다. 그러므로 주형에 관해서는 진도법이 적용되지만, 교각이 높고 교각의 응답가속도는 높이에 따라 차이가 나므로, 역시 교축직각방향에 대하여도 동적응답해석으로 설계하는 것이 바람직하다. 또한 일반적으로 장대교에는 교각, 기초 및 지반조건이 전체적으로 동일한 경우는 적고, 이 중 어느 하나라도 차이가 나면 각 교각은 지진동이 동일하여도 다르게 진동하므로 교량은 1-질점계 모델과 같은 진동을 하지 않는다. 따라서 동적응답해석에 대한 설계가 바람직하다.

3.1.2 탄성받침에 의한 다교각 고정식의 PSC 연속 상형교

교각의 높이가 낮은 지간 120m 정도 이하의 교량은 [그림 3.1.4]에 보인 것과 같은 PC 연속형교가 일반적이지만, 1점에서 교축방향 지진 시 수평력을 받으면 활동에 저항하기 위해 교대가 크게 되며, 비경제적으로 된다. 이와 같은 문제에 대처하기 위해 [그림 3.1.6]에 나타낸 것과 같은 교각상에 고무받침 등으로 탄성받침을 사용하는 구조가 적극적으로 사용하게 되었다. 이것은 PSC 주형의 긴장 시 탄성변형이나 완성 후의 크리프, 건조수축, 온도변화에 의한 주형의 변형을 고무받침 등으로 탄성 변형에서 흡수하고, 교각의 부담을 경감함으로서 지진 시의 수평력을 2기의 교각으로 분산시키는 것이다. 왜냐하면 교각의 높이가 낮고 강성이 크기 때문에 강결된 라멘구조라 해도 긴장 시의 탄성변형이나 완성 후의 크리프, 건조수축에 의한 주형의 변형이 구속되어 설계가 현저히 비경제적으로 되거나, 때로는 불가능하게 되기 때문이다. 이와 같은 탄성체의 받침을 사용한 고정방식을 탄성고정 이라 한다. [그림 3.1.6]에 나타낸 교량은 탄성 2교각 고정이다.

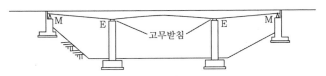

[그림 3.1.6] PSC 다교각 탄성고정 연속교

탄성 다교각 고정인 교량에 교축방향의 지진운동이 작용할 경우, 탄성받침의 강성은 교각의 강성 보다 대폭 작으므로 지진운동에 의해 교각의 진동은 일반적으로 탄성받침의 변형으로 어느 정도 흡수 되고, 주형의 진동은 1점고정의 교량에 비해 작게 되는 경향이 있다. 이와 같이 탄성 다교각 고정은 지진 시 수평력을 분산시킬 뿐만 아니라 응답을 저감시키는 효과를 갖는다. 그러나 이와 같은 탄성 다 교각 고정인 교량의 진동이 1-질점계의 1-자유도 모델로 모형화하나, 진동이 복잡하여 바로 결정할 수 없으므로 동적응답해석에 의한 설계가 필요하다.

탄성 다교각 고정의 예(청수천교)를 [그림 3.1.7]에 나타내었다. 이것은 고무받침을 사용해 지진 시의 수평력을 3기의 교각으로 분산시킨 것이다. 교각의 기초는 뉴매틱 케이슨으로 지반의 지지층이 변화하고 있으므로 케이슨의 근입 깊이가 각 교각마다 다르므로, 각 교각의 고무받침의 스프링 정수를 조정함으로서 지진 시 수평력을 균등하게 분산시키는 구조이다. 이전에는 이와 같은 교량은 1기의 교각에서 교축방향으로 고정시키고, 그 외는 가동으로 한 형식이 일반적이었지만, 이와 같이 지반조건이 좋지 않은 곳에 건설되는 교량에서는 뉴매틱 케이슨 기초의 고정교각이 확실히 크게 된다. 또한 가동교각에도 교각의 상단이 다교각 고정의 교량과 같이 고정되어 있지 않으므로, 자체적으로 교각의 지진 시 수평력을 지지해야 하고, 그 기초로 너무 크게 되는 경우가 많다. 결국, 1-질점계의 단-자유도계로 모델화되는 1점 고정교량은 계산은 간편하나 확실히 비경제적 구조라는 것을 알 수 있다.

교축직각방향의 지진운동에 대한 거동은 3.1.1절과 같다.

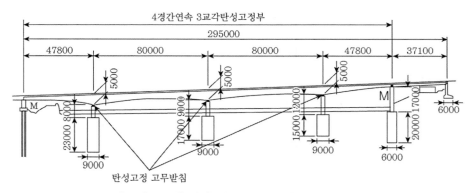

[그림 3.1.7] 탄성 다교각 고정 연속교의 실례

3.1.3 높은 강재교각 연속 다교각 고정교

강교의 다교각 고정교의 예를 [그림 3.1.8]에 나타내었다. 본 절에서는 교축방향의 지진운동에 대한 진동특성에 대해 기술하였다. 본 교량은 자동차 전용교(편품천교)로 3경간 연속 강트러스형 3경간 연속교이다.[3] 그림의 B교에는 철근콘크리트 교각 P3~P6와 강트러스형은 주 철재인 핀받침으로 결합되어 있다.

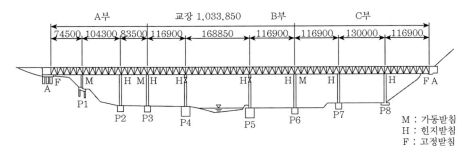

[그림 3.1.8] 높은 강재교각 연속 다교각 고정교의 실례

　강교의 경우 콘크리트 라멘교와 같은 강결은 구조상 곤란하므로 고정으로는 힌지구조를 적용하는 것이 일반적이다. B교에서는 지진 시에 작용하는 수평력은 P3~P4의 4기의 교각으로 분산시키고 있다. 결국 교량의 주형과 4기의 교각은 지진 시에는 일체로 되어 지진력에 저항한다. 강결된 라멘구조일수록 부정정 차수는 높지만, 어떤 교각의 핀받침이 예기치 않은 지진력에 의해 손상되어도 주형이 지진에 의해 운동하는 경우는 없어, 지진에 대한 안정성이 높다. 또한 B교와 같은 교각의 높이가 50m 이상의 높은 교각에는 1점 고정으로 지진력을 부담하면 교각단면이 크게 되어 사실상 불가능하다. 온도변화에 의한 주형의 신축은 교각이 높고 유연하여 교각의 변형으로 대응할 수 있으므로, 이 다교각 고정교가 구조상 성립된다. 결국 B교는 유연한 고차 부정정 교량이다. A교나 C교는 교대에서 고정을 취하고 있으므로 핀구조받침을 갖는 교각이다. P2, P7, P8 교각은 교대의 강성에 비해 유연하므로 마치 가동교각과 같은 역할을 한다. 결국 A교나 C교는 지금까지 기술한 교대를 기둥으로 하면 지진 시 교축방향 1점 고정 교량과 같은 거동을 하므로, 1-질점계의 1-자유도계 모델이 적용된다. 그러나 B교는 1질점계의 진동을 하는지 명확치 않으므로 동적응답해석에 의한 설계가 바람직하다. A교나 B교에 있어서 높은 교각은 앞에서 기술한 것과 같이 응답배율이 1-자유도계의 모델과 다르므로 동적해석에 의한 설계가 바람직하다.

　교축직각방향의 진동특성은 3.1.1절과 같다.

3.1.4 PSC교와 강사장교

　사장교는 지간이 긴 교량에 적용되며 교형으로는 지지할 수 없는 사하중이나 활하중을 주탑에서 연결된 경사 케이블로 지지된 구조인 교량이다. 그중에서 다-케이블(Multi-Cable)의 사장교는 유연한 고차 부정정 교량으로서 대용량의 경사 케이블의 제작과 전자계산기의 급속한 발전으로 복잡한 구조해석이 가능하게 되어 80~90년대에 많이 건설되었다.

PSC 사장교가 출현하기까지는 [그림 3.1.4]나 [그림 3.1.6]에 나타낸 PSC 연속교로는 적용할 수 없는 장지간의 교량에 대해서는 [그림 3.1.5]에 나타낸 PSC 힌지 연속 라멘교를 건설하였다. 이 형식은 지진 시의 수평력을 받침이 아닌 각 교각에서 부담하는 형식이므로 장지간의 교량에 적용되기 때문이다. 최대 지간 240m(병명대교)인 경우도 있다. 그러나 앞에서 기술한 것과 같이 지간 중앙에 힌지를 갖는 교량은 지간 중앙부에 조인트의 설치가 필요하고, 콘크리트의 크리프와 건조수축에 의해 변형이 생기기 쉽고, 교각부의 형고가 시공상 크게 된다. 이것에 대해 PSC 사장교는 형고를 낮게 억제할 수 있어 슬렌더하며, 또한 부정정 차수도 높고 예측할 수 없는 지진에 대해 안전도가 높으므로 최근 PSC 힌지 연속 라멘교로 대체하여 건설되는 경우도 있다. 적용 지간도 PSC 힌지 연속 라멘교보다 긴데, 스페인 루나교는 최대 지간이 440m이다. 강사장교는 지간 500m 이상의 사장교에도 적용된다. 강사장교가 출현하기 전에는 트러스교, Arch교, 현수교가 적용되었다.

본 절에서는 사장교의 교축방향 지진운동에 대한 특성을 기술하였다. 사장교는 지진 시에 주탑의 진동을 경사 케이블을 통해 주형으로 전달되므로 일반적으로 매우 복잡한 지진 시의 거동을 나타낸다. 사장교의 경사 케이블의 배치방법은 [그림 3.1.9]에 나타내었다.

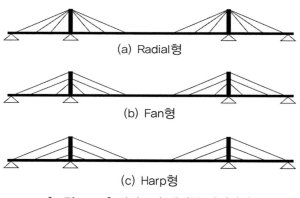

[그림 3.1.9] 사장교의 케이블 배치방법

Harp형의 예는 PSC 사장교인 동명족병교([그림 3.1.10])이다. Harp형은 연직방향 하중과 지진 시 수평방향의 변위를 구속하는 데에도 유효하다. 그러므로 지간 185m인 사장교에는 너무 지간이 길지 않으므로 적용할 수 있다. 이 교량의 각 지점은 연직력만 부담하고 교축방향은 모두 가동하게 되어 있다. 그러나 지진 시의 변위는 8cm 정도로 매우 작다. 이것은 경사 케이블이 Harp형이므로 지진 시의 수평방향의 변위를 구속하고 있기 때문이다. 그러나 지간이 길어지면 연직방향의 하중을 대체하기 위해 방사형, Fan형의 경사 케이블 배치가 필요하다.

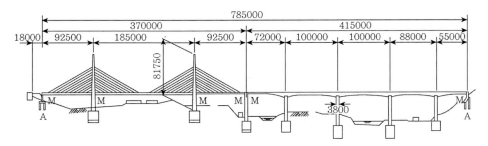

[그림 3.1.10] PSC 사장교의 예(일본의 동명족병교)

[그림 3.1.11]은 Fan형의 예(명항서대교)를 나타낸 것이다. Fan형의 경우 경사 케이블의 수평방향 구속효과가 낮으므로 주탑의 진동과 동시에 주형은 물위에 떠있는 원목과 같이 흔들리기 쉽고, 지진 시 주형의 수평변위는 매우 크게 된다. 이와 같이 주탑과 주형이 동시에 진동하는 것을 연성진동이라고 한다. 그러므로 진동을 작게 하기 위해 명항서대교는 [그림 3.1.11]에 나타낸 것과 같이 케이블을 설치하여 탄성구속하고 있다. 이와 같이 사장교의 지진 시 진동을 1−질점계 1−자유도 모델로 나타내기 어렵다. 그러므로 동적응답해석에 의한 설계가 필요하다.

교축직각방향의 진동 특성에 대해서는 3.1.1절과 같다.

탄성구속 케이블

[그림 3.1.11] 강 사장교의 예

3.1.5 현수교

현수교는 기타 교량형식에서 불가능한 장경간의 교량에 적용된다. 현수교에는 여러 가지 형식이 있지만 여기에서는 혼슈−시고꾸 연락교의 남북 세또대교의 장대 현수교에 사용된 3경간연속 현수교의 예를 기술하고자 한다. 3경간연속 현수교는 [그림 3.1.12]에 나타낸 것과 같이 측경간 및 중앙경간이 연속된 보강형으로 되어 있으며, 이들은 주 케이블로부터 행거로 현수선에 매달린 구조로 되어 있다. 따라서 교축방향 지진운동에 대해 주탑이 진동하여도 보강형은 주탑과 일체로 되어 있으므로 심한 진동은 없다. 이것은 사장교의 주형이 주탑과 일체로 되어 진동하기 쉬운 것과는 대조적이다. 단, 현수교의 보강형이 진동할 때에는 주탑은 그다지 진동하지 않는다. 결국 주탑과 주형은 연성진동하지 않는다. 이것은 주탑과 보강형의 고유진동수(흔들리기 쉬운 진동수)가 다르기 때문이다. 또한 보강형의 진동은 [그림 3.1.12]에 나타낸 타워-링크(Tower-Link)에 의해 진동이 제한된다.

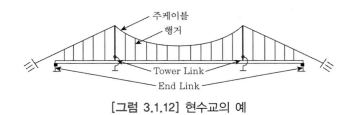

[그림 3.1.12] 현수교의 예

이와 같이 현수교의 지진 시 진동형상은 사장교처럼 복잡하지 않으며 내진설계상 뛰어난 구조형식이다. 그렇지만 유연한 주탑의 응답배율은 1-질점계의 응답배율로는 정확하지 않고, 1-자유도계의 진동모델로는 현수교 전체의 진동을 판단할 수 없으므로 동적응답해석에 의한 설계가 바람직하다.

교축직각방향의 진동특성은 3.1.1절과 같다.

3.1.6 곡선형교

곡선형교의 예로는 [그림 3.1.13]에 나타낸 것과 같이 1점에서 고정받침을 갖고, 그 외 지점에서 가동받침을 갖는 교량을 고려해보자. 곡선형이 온도변화에 의해 신축하는 방향은 그림에 나타낸 것과 같이 고정받침과 기타 교각을 연결한 방향이므로, 일반적으로 가동받침은 그 방향으로 주형이 이동하도록 설치된다.

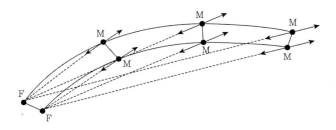

[그림 3.1.13] 곡선형교(평면도)

곡선형교는 직선교와 같이 지진운동을 교축방향과 교축직각방향으로 나누어 생각할 수 없으므로, 교량에 대해 임의의 방향의 지진운동에 대해 응답을 고려하게 된다. 결국 교량은 3차원으로 각 교각과 주형이 일체로 되어 진동하게 된다. 이것은 1-질점계의 1-자유도 모델과는 명확히 다르므로 동적 응답해석에 의한 설계가 바람직하다.

참고문헌

1) 小野ほか (1987.3). 東名高速道路改築 (御殿場~大井松田)の橋梁計劃. 橋梁と基礎, Vol.21, No.3.

2) 小野ほか (1990.3). 國分隼入道路淸水川橋の設計・施工. 橋梁.

3) 角谷ほか (1984). 片品川橋の耐震設計について. 土木學會39回年次學術講演會.

4) 今村 (1974.2): 抚名大橋の建設計劃. 建設の機械化.

5) 角谷ほか (1990.2): 東名足柄橋の設計上の主要留意点. 橋梁と基礎, Vol.24, No.2.

6) 日本道路公團名古屋建設局 (1986.3). 名港西大橋工事誌.

7) 本州四國連絡橋公團 (1988.10). Seto大橋工事誌, 海洋架橋調査會.

8) 橋梁と基礎 (1991.1). Vol.25, No.1 pp.47~52.

9) Roy R. Craig, Jr. (1981). *Structural Dynamics*, John Wiley & Sons.

10) Clough R.W. & Joseph Penzien (1982). *Dynamics of Structures*. McGraw-Hill.

11) Heins C.P. (1982), "*Seismic Design of Highway Bridges*", Proceedings of the NATO Advanced Study Institute on Analysis and Design of Bridges, Cesme, Izmir, Tukey, June 28~July 9, pp.343~373.

12) Polat Gülkan (1982), "*Analysis and Design of Bridges for Earthquake Effects*", Proceedings of the NATO Advanced Study Institute on Analysis and Design of Bridges, Cesme, Izmir, Tukey, June 28~July 9, pp.375~414.

13) Mario Paz (1985). *Structural Dynamics*, Van Nostrand Reinhold Company Inc.

14) 淸水信行 (1990). パソコンによる振動解析, 共立出版(株).

15) Humar J.L. (1990). *Dynamic of Structures*, Prentice Hall, pp.189~194.

16) Chopra A.K. (2001). *Dynamic of Structures*, Prentice Hall, pp.57~60.

17) AASHTO (1994, 1998, 2004, 2007, 2010). *LRFD Bridge Design Specification*, 1st~5th ed., AASHTO, Washington, DC.

18) 도로교설계기준(한계상태설계법) (2015). (사)한국도로교통협회, 2014.12.

19) 하중저항계수설계법에 의한 강구조설계기준 (2014). (사)한국강구조학회, 2014.4.21.

3.2 동적응답해석의 분류[16]

구조물의 내진설계는 수정진도법으로 기본설계를 수행하고, 그 다음에 응답스펙트럼해석이나 시각력응답해석으로 안전성을 조사·검토하는 설계방법이 많이 사용되고 있다. 수정진도법은 구조물이 하나의 탁월한(Peak) 고유모드(Eigen Mode)에서 진동할 때, 그 모드에 지진외력을 정적으로 작용시켜 해를 구하는 정적해석법이다. 응답스펙트럼해석이나 시각력응답해석은 지진외력을 동적으로 작용시켜 해를 구하는 동적해석법이다.

정적해석은 정적외력이 입력되고 변위, 단면력, 응력이나 반력이 출력된다. 입출력은 모두 벡터로 유한요소법(FEM, Finite Element Method)으로 구해진 변위로부터 모든 출력이 계산된다. 동적해석은 입출력 벡터를 시간 또는 주파수에 따른 속도나 가속도가 필요하므로 복잡하며, 출력을 총괄하여 응답치라고 하며, 이하에는 응답치를 출력벡터라 총칭한다.

응답스펙트럼해석은 입력할 수 있는 확률을 가지고 있을 때에 사용하며, 특히 내진설계에는 Biot와 Housner가 개발한 제곱평방근법(RMS법, Root Mean Square method, 또는 SRSS법, Square Root of Sum of Square method)을 사용해왔다. 1980년대에 와서는 미국 캘리포니아 대학, 버클리의 E.L. Wilson 교수와 A.D. Kiureghian 교수가 RMS법을 개선한 해석방법으로 CQC(Complete Quadratic Combination)법을 제안했다. 이 방법은 입력의 응답스펙트럼곡선의 개량이 아니라, 해석방법 자체를 개량한 것이다. CQC법은 1981년 말 비선형해석프로그램 연구회(일본 동경대 명예교수 야마다가 주최)에서 발표되었다. 이것을 통해 많은 관심을 가졌으며, 그 후 RMS(or SRSS)법으로부터 CQC법으로 변경되어 왔다. 일본의 주우중기계공업(주)에서는 CQC법의 프로그램을 개발하여 이론적 근거를 명확히 할 수 있는 상세한 해석까지 검토하고 현재 수행하고 있는 CQC법의 통계해석방법으로 바꾸어 완전한 벡터해석으로 CQC법과 같은 결과를 구하여 RMS법이나 단순화법의 문제점에 대한 이론적 근거를 명확히 하였다.

시각력응답해석은 과거의 지진파의 기록을 입력으로 사용하여 유한시간의 수치적분을 수행하여 응답치를 구하는 방법이다. 선형가속도법이나 Wilson-θ법 등이 있지만, 이것들은 수치적분에 차이가 있다. 해석방법의 수식화는 확립되어 있지만 수치적분의 효율과 지진파의 재현성에 문제가 있다. 또한 감쇠정수의 문제는 직교화법(Mode Superposition Method, 모드중첩법)에 내재하고 있으며, 시각력응답해석과 응답스펙트럼해석의 문제점이기도 하다.

본 절에서는 내진설계에 대한 동적응답해석법을 분류하고, 응답스펙트럼해석과 시각력응답해석의 개요 그리고 감쇠의 평가법에 대하여 기술하였다.

3.2.1 동적응답해석의 분류

오늘날 내진설계에 사용되는 해석법을 중심으로 동적 FEM을 체계적으로 분류하면 [표 3.2.1]과 같다.

[표 3.2.1] 동적 FEM의 체계

동적 FEM	선형 : 다-자유도 2계 상미분방정식	직교화법 : Mode 중첩법	시각력응답해석 : t영역	1-자유도계 수치해석	Runge-Kutta법
					Wilson-θ법
					선형가속도법 등
			주파수응답해석 : ω영역	응답스펙트럼해석 : 통계처리·해석적 적분	단순화법
					절대치화법
					RMS(or SRSS)법
					CQC법
				1-자유도계 Fourier 변환	FFT[1)
			전달함수해석 : s영역	1자유도계 연산자대수함수	FILT법 : t영역
					Paley-Wiener의 정리 : ω영역
		직접법 : 직접적분	시각력응답해석 : t영역	다-자유도계 수치적분	Newmark-β법
					Wilson-θ법
					선형가속도법 등
			주파수응답해석 : ω영역	다-자유도계 Fourier 변환	복소 FFT·DFT[2)
	비선형 : 다-자유도 국소선형 2계 상미분방정식	직접법 : 직접적분	시각력응답해석 : t영역	다-자유도계 수치적분	Newmark-β법
					Wilson-θ법
					Collocation 법
					중앙차분법

주 1) FFT : Fast Fourier Transform
　　2) DFT : Discrete Fourier Transform

동적선형 FEM은 직접법과 직교화법으로 분류된다. 직교화법은 고유치해석을 수행한 후 모드의 중첩에 의해 각종 응답해석을 수행한다. 동적선형해석은 시간 t 또는 각 주파수 ω에 의해 입출력이 표현되어 t-표현 또는 ω-표현이라고 한다. 어느 것이나 적분이 필요하며, t-표현은 Duhamel 적분, ω-표현은 Fourier 변환이 기본이다. 응답스펙트럼해석에는 역사적으로 주기 T로 표현하지만 해석적으로는 Fourier 해석을 사용하고, T와 ω의 사이에 $T = 2\pi/\omega$인 관계가 있다. Fourier 변환은 ω-표현이 많아 응답스펙트럼해석을 ω-표현으로 분류하고 있다. 또한 Fourier 변환을 $f =$

$w/2\pi$의 관계가 2π 계수가 붙지 않은 주파수 f로 표현하는 경우도 많다. 결국 w, f, T는 어느 것으로 표현하여도 같으므로 w-표현으로 통일했다.

이외에 미분연산자 S에 의한 S-영역 표현이 있고, 일반적으로는 Laplace 변환[3]으로 선형자동제 어이론이 쓰이고 있지만, FEM에서는 거의 사용하지 않는다. 그러나 1953년경부터 폴란드의 수학자 Mikusinsuki[4]는 Duhamel 적분의 확장인 유한구간의 합성적(Convolution)을 사용하고, Laplace연 산자라 부르는 새로운 합리적인 연산자를 개발했다.[5] 연산자는 대수적으로 사칙연산이 가능하므로 미적분방정식을 초월함수 대수방정식[6]으로 변환되어 벡터해석상 강력한 도구로 Fourier변환으로 바꾸어 공학 분야에서 응용되고 있다. s-표현은 t나 w와 같은 물리적 표현이 아니라 연산자라 하는 수학적 표현이므로 수치를 구할 때에는 역변환이 어렵다. t로 역변환은 FILT법(Fast Inverse Laplace Transformation)이 있으며, 일본대학의 사이야(細野) 교수가 연구하고 있다. 정리하면, 동 적선형 FEM의 표현방법은 t, w, s의 3종류 어느 경우에도 적분(미분연산자 s에는 $1/s$를 곱함)이 필요하다.

동적선형 FEM 중 직접법은 댐퍼(Damper)가 붙어 극도로 감쇠계수가 클 때라든지, 복소감쇠계수 등을 고려할 때 쓰인다. 또한 동적비선형해석은 구조물의 변형이 큰 거동이나 링크를 갖는 장대교의 교축방향거동 등을 정확히 평가할 경우에 필요하다고 생각되지만, 이것에 대한 자세한 기술은 생략하 였다.

3.2.2 응답스펙트럼해석

응답스펙트럼해석은 과거의 지진기록에서 만들어진 응답스펙트럼곡선을 입력으로 사용하여 각 모드의 응답치를 구조물의 응답치로 변환시키는 방법이다. 대표적 방법으로 각 모드의 응답치의 제곱 을 가산하여 제곱근을 구하는 RMS법을 채용하여 왔다. 그 외 각 모드에 대한 응답치를 선형 가산하는 단순화법이나 각 응답치의 절대치를 가산하는 절대치화법 등이 있다.

RMS법에서는 때로는 이상하게 큰 응답치를 발생하고, 동일 모드로 시각력응답치의 수배가 된다든 지 모형을 조금 변경하여 계산하면 이상하게 응답치를 잃고 마는 경우가 있다. 방법 자체에 문제점이 있고, 특히 모형에 근사중근이 있을 때, 이상응답이 나타나기 쉽다고 지적되어 단순화법을 절충하여 행하였다.

E.L. Wilson 교수 등이 응답스펙트럼해석의 새로운 방법으로 발표한 CQC법의 개요는 모드상관계수 ρ(행렬)를 정의하고, 모드의 응답치 X_n에 의한 2차 형식의 제곱근을 구조물의 응답치로 하는 RMS(or SRSS)법의 수식에서 복잡하게 되는 것을 생략한 모드 간의 연성형[7], [8]을 바르게 평가한 방법이다.

[1] 단순화법, RMS(or SRSS)법과 CQC법의 비교

다음에는 단순화법, RMS(or SRSS)법과 CQC법의 차이를 간단한 수식으로 고찰한다. 3모드를 가정하고, 모드 1~3의 응답치를 (X_1, X_2, X_3)으로 한다. 여기에는 CQC법과 비교하기 위해 그 외의 2가지 방법도 2차 형식으로 나타내고, 구조물의 응답치를 R로 한다.

1) 단순화법 : 완전평방식($R_s \geq 0$로 가정)

$$R_s = \left\{ [X_1, X_2, X_3] \begin{bmatrix} 1 & 1 & 1 \\ 1 & 1 & 1 \\ 1 & 1 & 1 \end{bmatrix} \begin{bmatrix} X_1 \\ X_2 \\ X_3 \end{bmatrix} \right\}^{1/2} = |X_1 + X_2 + X_3|$$

2) RMS법 : 내적

$$R_r = \left\{ [X_1, X_2, X_3] \begin{bmatrix} 1 & 0 & 0 \\ 0 & 1 & 0 \\ 0 & 0 & 1 \end{bmatrix} \begin{bmatrix} X_1 \\ X_2 \\ X_3 \end{bmatrix} \right\}^{1/2} = \sqrt{(X_1^2 + X_2^2 + X_3^2)}$$

3) CQC법 : 2차 형식

$$R_c = \left\{ [X_1, X_2, X_3] \begin{bmatrix} 1 & \rho_{12} & \rho_{13} \\ \rho_{21} & 1 & \rho_{23} \\ \rho_{31} & \rho_{32} & 1 \end{bmatrix} \begin{bmatrix} X_1 \\ X_2 \\ X_3 \end{bmatrix} \right\}^{1/2}$$

다만, $0 < \rho_{lm} < 1$, $\rho_{lm} = \rho_{ml}$이다. 여기서, ρ_{lm}은 모드상호상관계수이다.

각 계산식을 비교하면, 단순화법과 RMS법은 CQC법의 모드상호상관계수에 특별한 정수를 대입한 경우이며, CQC법의 특수한 경우라 생각된다. $l \neq m$로 ρ_{lm}에 주시하면 RMS법은 $\rho_{lm} = 0$, 단순화법은 $\rho_{lm} = 1$, CQC법은 $0 < \rho_{lm} < 1$로 되며, 다음과 같이 위치를 바꾸어도 충분하고, ρ_{lm} 값의 합리적인 도출이 CQC법의 제일 중요한 핵심이 된다.

RMS(or SRSS)법 < CQC법 < 단순화법

[2] 문제의 근사중근과 RMS법의 응답치

여기에서는 근사중근에 어떤 조건이 주어질 때, RMS법에서 이상한 응답치가 발생하는지를 식

(9.1.26)에 나타낸 최대 기대치응답(maximum expected response) R으로 고찰한다.

$$R = (\sum_i \{X_{i,n}\}^T \cdot [\rho_{nn}] \cdot \{X_{i,n}\})^{1/2}$$

위의 식은 고유벡터(n 자유도의 Modal Matrix), 모드기여율, 변위응답 스펙트럼과 모드상호상관계수의 2차 형식이다. 고유스펙트럼~변위 응답스펙트럼의 적인 X_n는 모드응답치이다. 한편 X_n는 모드응답치라고 하지만, 구조물로 변환하기 위해서 Ψ_n를 걸쳐있으므로 엄밀하게는 모드응답치라고 할 수는 없다.

근사중근에 의해 모드상호상관계수의 비대각항 $\rho_{mn} ≒ 1$에도 n-모드응답치가 작으면 CQC법과 RMS법의 응답치에 유의할만한 차이는 생기지 않는다. 이것은 2모드라 가정하여 $X_1 = 1$, $X_2 = 0$을 대입하여 계산하면 동일한 응답치가 되므로 쉽게 할 수 있다. 역으로 정리하면, 다음의 5가지 조건을 동시에 만족할 때 '문제의 근사중근'이 나타난다.

1. 근사중근이다 : [그림 3.2.2] 참조
2. 감쇠정수가 크다 : [그림 3.2.2] 참조
3. 고유벡터가 크다 : 구조물로의 변환계수가 크다.
4. 모드 기여율이 크다 : 모드로의 변환계수가 크다.
5. 변위 응답스펙트럼이 크다 : 입력이 크다.

그러나 RMS법의 차이에 대한 큰 응답치가 문제지만, 차이가 작은 응답치도 발생할 수 있다는 것을 간단한 계산예로 나타내었다. 이것은 설계 계산에서 쉽게 빠뜨릴 수 있다. 3개의 근사중근에 의해 조건 1과 2를 만족하고, 또한 조건 3~5의 '크다'고 하는 조건을 만족시키는 대신, 모드응답치를 모두 1로 한다. 근사중근 때문에 CQC법에서 모드상관계수의 비대각항이 1로 되며, RMS법에는 그대로 0이기 때문에 구조물의 응답치 R은 다음과 같이 계산된다.

1) CQC법(완전 평방식이므로 단순화법과 동일)

$$R_C = \left\{ [1,1,1] \begin{bmatrix} 1 & 1 & 1 \\ 1 & 1 & 1 \\ 1 & 1 & 1 \end{bmatrix} \begin{bmatrix} 1 \\ 1 \\ 1 \end{bmatrix} \right\}^{1/2} = \sqrt{9} = 3$$

2) RMS법

$$R_R = \left\{ [1,1,1] \begin{bmatrix} 1 & 0 & 0 \\ 0 & 1 & 0 \\ 0 & 0 & 1 \end{bmatrix} \begin{bmatrix} 1 \\ 1 \\ 1 \end{bmatrix} \right\}^{1/2} = \sqrt{3} = 1.731$$

RMS법과 CQC법의 응답치의 비는 $1/\sqrt{3}$ 이 된다.

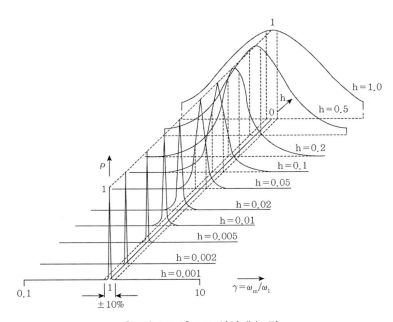

[그림 3.2.2] 모드상관계수 값

3.2.3 모드상호상관계수의 특성

모드상호상관계수는 $\rho(\gamma,\ h_l,\ h_m)$인 함수이며, $h = h_l = h_m$(감쇠비)로서 h와 $\gamma(= \omega_m/\omega_l)$를 파라메타로 계산하면 [그림 3.2.2]로 된다. 완전중근과 $l = m$일 때는 $h = 0$을 제외하고 h에 관계없이 ρ가 1로 되며, $l \neq m$일 때는 2개의 근이 되므로 ρ가 0으로 된다. h가 0에 근접하면 가파르고, h가 1에 근접하면 완만하며, 실제 사용되는 감쇠비 h는 0.01~0.1의 범위이다. 결국, h가 큰 근사중근이라면 모드상호상관계수가 크고, h가 작고 근이 있다면 상관계수는 작다. 더불어 단순화법에는 항상 1인 평면이며, RMS(or SRSS)법에는 $\gamma = 1$일 때만 1로 되고 그 외는 0인 초월함수이다. 이것을 물리적으로 볼 때, 단순화법은 모드 간의 연속성이 강하고, RMS(or SRSS)법은 모드 간의 연속성이 약하다.

그림에서 파선의 영역은 다음 식과 같이 NRC(미국 원자력 규준 위원회)에서 제안하는 고유각 주파수 변화율이 10%인 근사중근의 범위지만, 단순히 10% 이하를 근사중근으로 취급하는 것은 문제가 있다.

$$\text{변화율}(\%) = \frac{(\omega_i - \omega_{i-1})}{\omega_i} \times 100$$

3.2.4 시각력응답해석

시각력응답해석은 각 모드마다 t-영역에서 Duhamel 적분을 하여 모드공간상의 응답치를 구한 다음에 모드매트릭스를 곱하여 구조물 공간상의 응답치로 선형변환하여 해를 구하는 방법이다. RMS(or SRSS)법이나 CQC법은 2차 응답치이고, 시각력응답해석은 1차 응답치이다.

시각력응답해석은 컴퓨터의 cpu시간이 많이 걸리는 적분시간을 줄이기 위해 여러 가지 수치적분을 고안하고 있다. 당초에는 Runge-Kutta법을 사용했지만, 알고리즘(Algorithm)상 편리한 고속의 선형가속도법이나 이것을 개량한 Wilson-θ법이나 Newmark-β법 등을 채용하고 있다.

시각력응답해석은 SRSS법과 같이 방법자체에는 문제점이 없다. 그러나 멕시코 지진과 같이 지반에 놓인 구조물에 작용하는 지진파가 변화하므로 입력지진파를 선택할 때에는 계측한 지진파의 지반조건과 해석대상의 지반조건을 충분히 고려할 필요가 있다. 현재에는 Taft라든지 Elcentro 등의 강진기록을 많이 사용하고 있지만, 응답스펙트럼곡선과 같은 규격화된 지진파가 없으므로 입력의 재현성에 문제가 있다고 생각한다. 이와 같은 이유로 내진설계에는 시각력응답해석을 많이 사용하지 않고 있지만, 지진기록이 많아지고 규격화된 지진파가 데이터베이스(database)화되어 지반과의 대응이 명확히 된다면 동적 단면력 조사에서 시각력응답해석이 보다 많이 사용되리라 생각된다.

3.2.5 감쇠의 평가법

감쇠에는 감쇠계수, 감쇠매트릭스, 대수감쇠율과 감쇠정수 등이 있다. 감쇠계수를 구조물과 같은 다-자유도계로 나타내면 구조물의 전체 좌표공간에서의 감쇠매트릭스가 된다. 대수감소율은 자유진동의 Peak치 감쇠로부터 구하고, 감쇠정수는 직교조건에 의해 구조물의 전체좌표공간에서 모드공간으로 변환시킨 다-자유도계의 경우 고유치해석을 행하여 고유각 주파수로 정규화한 후에 정한다.

감쇠정수를 정확히 평가하려면 진동실험에 의해 구하는 것이 필요하다. 일반구조물은 다-자유도계이며 낮은 모드에 대하여 모드마다의 대수감쇠율로부터 감쇠정수를 구한다. 감쇠정수에는 진폭의 존성이 있고, 동일 모드에 있어서도 진폭에 따라 다소 변화하는 것이 일반적이다. 다-자유도계로 감쇠매트릭스를 직접 계측하는 것은 곤란하며, 1-자유도계에 대해서는 이론적인 검토에 의한 감쇠계수가 제안되어 왔다. 1890년에 Voigt가 Dash-Pot 모델에 따라 속도에 비례하는 감쇠계수의 점성저항이론을 제안했다. 한편, Sorikin은 복소감쇠이론을 제안하였다. 현재의 동적선형 FEM에 대한 직교화법에는 실제 고유치해석을 행하여 복소감쇠는 사용하지 않고, 연구 등에서 다-자유도계 복소해석을 행할 경우에 사용한다. 감쇠매트릭스를 구하더라도 아직 문제가 있다. 그것은 임의의 감쇠매트릭스를 사용하면 모드공간상 속도항의 계수매트릭스에 비대칭 항이 있으므로 실제 고유치해석에 의한 직교화 할 수 없게 되어 감쇠정수를 구할 수 없다.

이론적으로 직교화 할 수 있는 것은 Rayleigh 감쇠이며, 그 외는 강제적으로 직교화하여 감쇠정수로 하고 있다. 현재 사용되고 있는 감쇠정수의 결정방법은 다음과 같다.

1. Rayleigh 감쇠 : $c = \alpha M + \beta k$, $h_i = (\alpha + \beta \omega_i^2)/2\omega_i$
2. Mode 일정감쇠 : 1 모드의 계측치만 사용
3. Mode 가변감쇠 : 각 모드의 계측치를 사용
4. 운동에너지 비례감쇠 : 운동에너지로부터 계산
5. 변형에너지 비례감쇠 : 변형에너지로부터 계산

이들의 어느 것이나 일장일단이 있다. Rayleigh감쇠는 여러 계측한 감쇠정수로부터 스칼라 계수 α와 β를 구하는 데에 문제가 있다. 그리고 모드 일정감쇠나 모드 가변감쇠는 대수감쇠비로부터 구할 때, 계측실험에는 모드가 섞인 상태가 되기 쉽고, 독립 모드를 검출되는 것은 낮은 모드이다. 모드가 섞인 상태일 때, FFT에 의한 방법도 있지만, 구조물과 같이 h가 작을 경우 탁월 시에 날카로워 오차가 생긴다. 운동에너지 비례감쇠와 변형에너지 비례감쇠는 구조물을 상하부 일체로 해석할 때에 사용하였다는 보고도 있다.

참고문헌

1) Wilson E.L. et al (1981.11). *A Replacement for the SRSS Method in Seismic Analysis*, NAPRA 자료 ELW-2.
2) 山村, 中垣 (1984.5). スペクトル法によ石特定地震の應答解析. 橋梁と基礎.
3) J.E. Gibson, 堀井 譯 (1985). 非線形自動制御. コロナ社.

4) 日本數學會 編輯 (1986). 數學事典. 岩波書店.

5) 山村, 松浦 譯 (1978), Mikusinsuki–演算子法 (上・下券). 裳華房.

6) 吉田 (1982). 演算子法 一 つの超關數論. 東大出版會.

7) 星谷 (1984). 確率論手法による振動解析. p.133.

8) 多治見 (1986). 建築振動學, コロナ社.

9) マリツェフ著, 山埼 監修 (1965). 演習 線形代數學. 東京圖書.

10) 島田 (1969). 土木應用數學, 大學講座 土木工學 1. 共立出版.

11) K. Yosida (1968): *Functional Analysis*, 2nd Edition. Springer–Verlag.

12) A.D. Kiureghian (1979): *On Response of Structures to Stationary Excitation*, Report No. EERC 79–32 U.C. Berkeley.

13) A.D. Kiureghian (1980): *Structural Response to Stationary Excitations*, Proc. ASCE EM6.

14) A.D. Kiureghian (1981): *A Response Spectrum Method for Random Vibration Analysis of MDF Systems*, Earthquake Eng. Struct. Dyn.,9.

15) A.D. Kiureghian and Smeby (1983): *Probabilistic Response Spectrum Method for Multi-directional Seismic Input*, Trans. 7–th SMIRT.

16) 橋梁と基礎 (1987.2). Vol.21, No.2 pp.23~31.

17) 土木學會編 (1989.12.5.). 動的解析の耐震設計, 第2卷 動的解析方法, 技報堂.

18) Roy R. Craig, Jr. (1981). *Structural Dynamics*, John Wiley & Sons.

19) Clough R.W. & Joseph Penzien (1982). *Dynamics of Structures*. McGraw–Hill.

20) Heins C.P. (1982). "*Seismic Design of Highway Bridges*", Proceedings of the NATO Advanced Study Institute on Analysis and Design of Bridges, Cesme, Izmir, Tukey, June 28~July 9, pp.343~373.

21) Polat Gülkan (1982). "*Analysis and Design of Bridges for Earthquake Effects*", Proceedings of the NATO Advanced Study Institute on Analysis and Design of Bridges, Cesme, Izmir, Tukey, June 28~July 9, pp.375~414.

22) Mario Paz (1985). *Structural Dynamics*, Van Nostrand Reinhold Company Inc.

23) 清水信行 (1990). パソコンによる振動解析, 共立出版(株).

24) J.L. Humar (1990). *Dynamic of Structures*, Prentice Hall, pp.189~194.

25) Anil K. Chopra (2001). *Dynamic of Structures*, Prentice Hall, pp.57~60.

1-자유도계의 지진응답해석

지표면의 지진운동이 교량에 큰 영향을 미치는 것은 수평운동이며, S파 및 표면파임을 알고 있다. 수평방향의 지진운동을 받을 경우 1-질점계 모델의 응답을 알 수 있다면, 지진운동의 특징을 파악할 수 있고, 교량이 지진 시에 어떻게 진동할 것인가를 개략적으로 추정할 수 있다. 본 절에서는 1-질점계의 1-자유도계 모델이 교량의 지진응답해석에서 상당히 중요하다는 것을 설명하였다.

[그림 4.0.1]에 나타낸 것과 같이 지면에 고정된 기둥의 정점(Crown)에 질점을 갖는 구조물을 고려해보자.

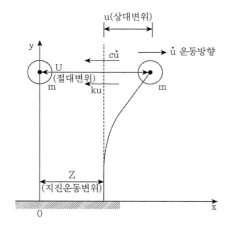

[그림 4.0.1] 지진운동에 의한 1-질점계의 변위

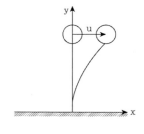

[그림 4.0.2] 1-질점계의 자유진동

질점의 질량을 m(kg)으로 하고 기둥의 강성을 나타내는 스프링 정수를 k(N/m)로 한다. 기둥의 질량은 없는 것으로 한다. 이와 같은 구조를 1-질점계 모델이라 한다. 이 구조물에 수평방향의 지진운동이 작용하는 경우를 생각한다. [그림 4.0.1]에 나타낸 것과 같이 지진으로 지면이 Z(m)만큼 운동하는 경우(이것을 지진운동변위(ground motion)라 함), 질점은 U(m)만 변위(이동)했다고 한다. 또 이때의 기둥의 변형량을 u(m)로 한다. U, Z는 고정된 좌표계 $x-y$에서 본 변위로 절대변위라 하고, 이것에 대해 u는 질점의 기둥에서부터 변형량을 나타낸 것으로 상대변위라 한다.

기둥을 [그림 4.0.1]에 나타낸 것과 같이 변형하고 있을 때 질점에 작용하는 힘을 그림에 나타내었다. 기둥에는 강성이 있으므로 질점에는 복원력이 작용한다. 기둥의 강성은 k(N/m)이므로 복원력은 질점이 변위한 방향과 반대방향으로 ku(N)가 된다. 또 질점에는 진동을 서서히 정지시키려는 힘이 작용한다. 이것은 [그림 4.0.2]에서 질점을 수평방향으로 먼저 변위시켜 놓으면 질점의 진폭은 서서히 작아져서 마지막에는 진동을 정지시키게 된다. 이와 같이 진동을 억제하려는 힘을 감쇠력이라 한다. 기둥이 서서히 진동을 억제하는 현상은 기둥의 재료가 변형될 때 질점의 운동에너지가 소모되기 때문이다.

이와 같이 감쇠기구는 복잡하지만, 감쇠력은 질점의 운동방향과 반대로 작용하므로 질점의 변형량에 대한 속도 $\dot{u}$(m/sec)로 감쇠력을 간단히 $c\dot{u}$(N)로 나타낼 수 있다. 이것은 [그림 4.0.3]에 나타낸 것과 같이 스프링에 매달아 놓은 질점이 점성유체 내에서 운동을 모형화한 것과 같다. 이와 같은 방법으로 감쇠력을 나타낸 것을 점성감쇠라 하고, c를 점성감쇠계수라 한다. 점성감쇠계수의 단위는 N·sec/m이다.

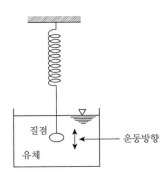

[그림 4.0.3] 점성감쇠의 개념

그러므로 질점의 시간 t에서 운동방정식은 다음과 같다.

$$m\frac{d^2u}{dt^2} = -ku - c\frac{du}{dt} \tag{4.0.1}$$

절대변위 $U(\mathrm{m})$는 상대변위 $u(\mathrm{m})$와 지면이동 $Z(\mathrm{m})$의 합으로 다음과 같이 된다.

$$U = Z + u \tag{4.0.2}$$

이 식을 식 (4.0.1)에 대입하여 정리하면 다음과 같은 식을 얻을 수 있다.

$$m\ddot{u} + c\dot{u} + ku = -m\ddot{Z} \tag{4.0.3}$$

여기서, $\ddot{u} = \dfrac{d^2u}{dt^2}$, $\dot{u} = \dfrac{du}{dt}$, $\ddot{Z} = \dfrac{d^2Z}{dt^2}$

단-자유도계의 지진응답의 시각이력 t에서 변위 $u(t)$, 속도 $\dot{u}(t)$및 가속도 $\ddot{u}(t)$는 식 (4.0.3)에서 구할 수 있다. [그림 4.0.1]에서 질점의 변위를 알고 있다면 기둥의 변형을 알 수 있으며, 부재에 발생하는 단면력도 구할 수 있다. 결국 식 (4.0.3)의 해를 구할 수 있다면 1-자유도계의 교량을 설계할 수 있다. 불규칙한 진동을 하는 지진운동에 대한 미분방정식 식 (4.0.3)의 해를 구하는 방법에는 1) Fourier 급수(Fourier Series)에 의한 방법, 2) Duhamel's 적분에 의한 방법, 3) 직접적분법 (direct integration method)의 3가지 방법이 있다. 각 방법에는 특징을 가지고 있으며 교량의 지진 응답해석에서 물리적인 의미를 이해하는 것이 대단히 중요하다.

4.1 1-자유도계의 자유진동

식 (4.0.3)은 비동차형 미분방정식으로 해는 우변을 0으로 하는 동차형 미분방정식의 일반해와 식 (4.0.3)을 만족시키는 1개의 특별해의 합으로 나타낼 수 있다.

$$m\ddot{u} + c\dot{u} + ku = 0 \tag{4.1.1}$$

식 (4.1.1)는 [그림 4.0.2]에 나타낸 것과 같이 질점을 수평방향으로 먼저 변위시켜 놓으면 서서히 진동하는 미분방정식이다. 이와 같은 진동은 지진운동과 같은 외력이 진동 중에 작용하지 않으므로 자유진동이라고 한다. 먼저 이동시킨 수평방향의 변위를 초기변위, 속도를 초기속도라 한다. 특별한 경우에 질점에 초기속도 v_0만 있고, 초기변위가 0인 경우를 생각해보자. 식 (4.1.1)에서 감쇠계수 $c = 0$으로 하면, 다음과 같이 감쇠가 없는 진동을 하게 된다.

$$m\ddot{u} + ku = 0 \tag{4.1.2}$$

이와 같은 진동을 비감쇠 자유진동이라고 하며 실제 존재하지 않지만, 1-자유도계의 지진응답해석을 이해하는 데 중요하다. 여기서는 미분방정식 식 (4.1.2)의 해법을 생략하였지만 해는 다음과 같다.

$$u(t) = \frac{v_0}{\omega_n} \sin \omega_n t \tag{4.1.3}$$

여기서,

$$\omega_n = \sqrt{\frac{k}{m}} \ (\text{rad/sec or 1/sec}) \tag{4.1.4}$$

ω_n은 고유원진동수(natural circular frequency)라 한다.

식 (4.1.3)에 나타낸 질점의 시간적인 변위는 [그림 4.1.1]과 같은 진폭 v_0/ω_n인 정현곡선이 된다. 질점이 원래의 위치로 회복하는 데 필요한 시간을 고유주기(natural period)라고 하며 다음과 같다.

$$T_n = \frac{2\pi}{\omega_n} (\text{sec}) \tag{4.1.5}$$

또한 1초 동안에 질점이 진동하는 횟수를 고유진동수(natural frequency)라 하고, 다음에 나타낸 식 (4.1.6)과 같으며 진동수는 주파수라고도 한다.

$$f_n = \frac{1}{T_n} = \frac{\omega_n}{2\pi} \, (\text{회/sec 또는 1/sec 또는 Hz}) \tag{4.1.6}$$

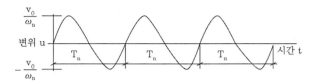

[그림 4.1.1] 비감쇠진동

다음에는 식 (4.1.1)에 나타낸 감쇠 자유진동에 대하여 기술하였다. 식 (4.1.1)은 다음과 같이 나타낼 수 있다.

$$2\beta = \frac{c}{m} \tag{4.1.7}$$

$$\ddot{u} + 2\beta\dot{u} + \omega_n^2 u = 0 \tag{4.1.8}$$

상세한 계산은 생략하였으나 식 (4.1.7)에 정의한 감쇠를 나타낸 파라메타 β가 식 (4.1.4)에 정의된 고유원진동수 ω_n보다 크면 질점은 진동하지 않고, 초기변위 u_0, 초기속도 v_0에서 변위는 [그림 4.1.2]와 같이 된다. 이것을 과감쇠(over damped system)라고 한다. β가 ω_n과 같을 때 질점의 변위도 [그림 4.1.2]와 같게 되며 질점은 진동하지 않는다. 이것을 임계감쇠(critical damping)라고 한다.

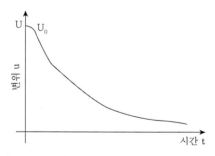

[그림 4.1.2] 과감쇠 및 임계감쇠의 변위

임계감쇠 시 점성감쇠계수 c_{cr}은 $\beta = \omega_n$이므로 식 (4.1.7)로부터 다음과 같이 된다.

$$c_{cr} = 2m\omega_n \qquad\qquad (4.1.9)$$

점성감쇠계수 c가 임계감쇠계수 c_{cr}보다 작을 때 질점은 진동한다. 점성감쇠계수 c와 임계감쇠계수 c_{cr}의 비를 감쇠비(damping ratio) 또는 감쇠정수(damping constant)라 하고 다음 식으로 정의한다.

$$h = \frac{c}{c_{cr}} \qquad\qquad (4.1.10)$$

결국 감쇠정수 h가 1보다 작을 때 질점은 진동하게 된다. 또한 식 (4.1.7)과 (4.1.9)에 따라 다음 식이 성립한다.

$$\beta = h\omega_n \qquad\qquad (4.1.11)$$

다음에는 이 질점의 진동을 고려해보자. 질점이 어떻게 진동하는지는 감쇠 자유진동의 미분방정식 식 (4.1.1)의 해를 구함으로써 알 수 있다. 식 (4.1.1)의 일반해는 다음과 같다.

$$u(t) = e^{-h\omega_n t}(A \cdot \cos\omega_d t + \mathrm{B} \cdot \sin\omega_d t) \qquad\qquad (4.1.12)$$

적분정수 A, B는 초기조건에 따라 구해진다. 특별한 경우로서 조화진동할 경우처럼 질점의 초기속도를 v_0, 초기변위를 0으로 하면 변위는 다음과 같다.

$$u(t) = \frac{v_0}{\omega_d} e^{-h\omega_n t} \sin(\omega_d t) \qquad\qquad (4.1.13)$$

여기서,

$$\omega_d = \omega_n \sqrt{1-h^2} \qquad\qquad (4.1.14)$$

감쇠 자유진동을 나타내는 식 (4.1.13)을 그림으로 나타내면 [그림 4.1.3]과 같이 된다. 이 진동은 진폭은 서서히 작아지지만 일정한 주기로 반복한다.

$$T_d = \frac{2\pi}{\omega_d} \tag{4.1.15}$$

이 T_d를 감쇠진동(damped vibration)의 고유주기라 하고, 감쇠가 없는 경우의 고유주기 T_n보다 약간 길어진다.

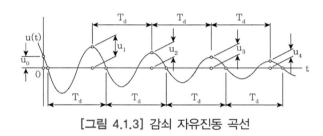

[그림 4.1.3] 감쇠 자유진동 곡선

[그림 4.1.3]에서 2개의 연속되는 변위의 최대치를 u_m, u_{m+1}이라 하면, 그 비는 식 (4.1.13)을 사용하여 다음과 같이 나타낼 수 있다.

$$\frac{u_m}{u_{m+1}} = e^{h\omega_n t\, T_d} \tag{4.1.16}$$

식 (4.1.16)의 자연대수는 식 (4.1.14)와 (4.1.15)를 사용하면 다음과 같이 된다.

$$\delta = ln\frac{u_m}{u_{m+1}} = h\omega_n T_d = \frac{2\pi h}{\sqrt{1-h^2}} \tag{4.1.17}$$

이 식의 δ는 대수감쇠율이라 한다. 식 (4.1.17)은 초기속도 0인 경우에 대해 구했지만, 이 식은 어떠한 초기속도, 초기변위의 경우에도 성립한다.

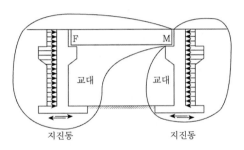

[그림 4.1.4] 단순교

예를 들어 [그림 4.1.4]와 같은 단순교의 교대를 어떤 방법으로 자유진동시킬 수 있다면, 2개의 연속되는 변위의 최대치를 측정할 수 있고, 식 (4.1.17)로 감쇠정수 h를 구할 수 있다. 그러나 이와 같이 구한 감쇠정수는 이 단순형교를 1-자유도계의 진동을 한다고 가정하여 구한 감쇠정수인 것에 주의하여야 한다. 교량이 1-자유도계의 진동을 못할 경우 대수감쇠율 δ에 따라 감쇠정수 h를 구하면 정도가 떨어지게 된다. 그렇지만 일반적으로 교각에 자유진동을 일으키게 하기는 쉽지 않으며, 감쇠정수는 이것과는 별도의 교량진동시험으로 구해진다. 이 방법에 대해서는 뒤에서 기술할 예정이다.

교량의 진동시험에 의한 철근콘크리트 교각 및 강교각의 감쇠정수는 탄성범위에서 $h≒2\sim5\%$로 철근콘크리트 교각의 감쇠정수가 강교각의 감쇠정수보다 크다. 어떻든 1보다 작으므로 식 (4.1.17)은 다음과 같이 된다.

$$\delta ≒ 2\pi h \tag{4.1.18}$$

4.2 Fourier 급수에 의한 지진응답해석

4.2.1 지진진동의 Fourier 급수 전개

지진가속도는 [그림 4.2.1]에 나타낸 매우 복잡한 진동이지만 지진진동의 지속시간을 T로 하면 다음 식 (4.2.1)과 같이 정수 및 여현함수의 합으로 나타낼 수 있다.

$$\ddot{Z} = A_1 + X_1 \cdot \cos\left(\frac{2\pi}{T}t + \Phi_3\right) + X_2 \cdot \cos\left(\frac{2 \cdot 2\pi}{T}t + \Phi_2\right) + X_3 \cdot \cos\left(\frac{3 \cdot 2\pi}{T}t + \Phi_3\right) + \cdots \tag{4.2.1}$$

여기서, A_1 및 X_1, X_2, $X_3 \cdots$ 및 Φ_1, Φ_2, $\Phi_3 \cdots$ 는 먼저 구해지는 정수이다. 그리고 $X_k (k=1$, 2, 3 $\cdots$)는 0 또는 정($+$)의 값이다. 이와 같이 지진파를 여현함수의 합으로 나타내는 것을 지진파의 Fourier 급수(Fourier Series)의 전개라 한다. 식 (4.2.1)의 우변의 제2항은 주기 T, 진폭 X_1의 여현함수, 제3항은 주기 $T/2$, 진폭 X_2의 여현함수, 제4항은 주기 $T/3$, 진폭 X_3의 여현함수이다. 결국 지진동 $\ddot{Z}$는 [그림 4.2.1]에 나타낸 것과 같이 정수와 서로 다른 주기의 여현파의 합으로 나타낸다. 식 (4.1.6)에 의해 진동수 및 원진동수(f_1, f_2, $f_3 \cdots$)를 도입하면 식 (4.2.1)은 다음과 같이 된다.

$$f_1 = \frac{\omega_1}{2\pi} = \frac{1}{T}$$
$$f_2 = \frac{\omega_2}{2\pi} = \frac{2}{T}$$
$$f_3 = \frac{\omega_3}{2\pi} = \frac{3}{T}$$
$$\vdots$$

$$\ddot{Z} = A_1 + X_1 \cdot \cos(2\pi f_1 t + \Phi_1) + X_2 \cdot \cos(2\pi f_2 t + \Phi_2) + X_3 \cdot \cos(2\pi f_3 t + \Phi_3) + \cdots$$

$$(4.2.2)$$

$$\ddot{Z} = A_1 + X_1 \cdot \cos(\omega_1 t + \Phi_1) + X_2 \cdot \cos(\omega_2 t + \Phi_2) + X_3 \cdot \cos(\omega_3 t + \Phi_3) + \cdots$$

$$(4.2.3)$$

식 (4.2.1)에 의하면 여현파의 진폭이 큰 파일수록 지진진동의 최대 가속도에 미치는 영향이 크다는 것을 알 수 있다.

예를 들어 진폭 X_1, X_2, $X_3 \cdots$ 중에서 X_2가 다른 진폭에 비해 매우 크다면 진동수 f_2(원진동수 ω_2)의 여현파가 지진동 $\ddot{Z}$에 차지하는 비율이 매우 크다는 것을 알 수 있다. 이와 같은 진동수를 탁월진동수라고 한다. 어느 진동수가 탁월한가는 [그림 4.2.2]에 나타낸 것과 같이 진동수마다 그래프를 그려보면 쉽게 알 수 있다. 여기에서 이유는 생략하였지만, 종축은 진폭 $X_k (k=1, 2, 3\cdots)$에 지진파의 종속시간의 반을 곱한 것, 즉 $X_k (T/2)$이다. 이 진폭을 Fourier 진폭이라 하고, 단위는 Gal·sec(이 것을 kine이라고 하고 kine=cm/sec로 속도의 단위)이다. 횡축에 진동수로 정하고 대응하는 Fourier 진폭을 종축에 나타낸 그래프를 Fourier 스펙트럼(Fourier Spectrum)이라고 한다.

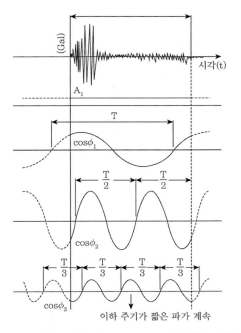

[그림 4.2.1] 지진동의 Fourier 급수에 의한 전개개념

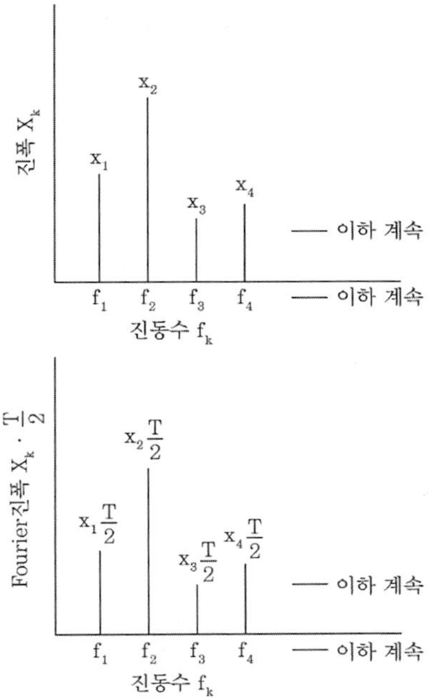

[그림 4.2.2] Fourier 스펙트럼의 개념

Fourier 스펙트럼은 곡선그래프이지만 크기를 비교하기 위해 곡선의 정점(Crown)을 선그래프로 나타낸다. [그림 4.2.3]에 나타낸 것은 동해지진동의 Fourier 스펙트럼이다. 이 지진진동의 진동수는 1Hz와 4Hz 근처에서 탁월(Peak)함을 알 수 있다. 이 동해지진진동을 구할 때 지반조건은 사력층(모래와 자갈층)으로 비교적 견고한 지반이지만, 멕시코 지진(1985년 9월)에 대해 멕시코시의 연약지반의 지진진동에는 탁월진동수는 $0.25 \sim 0.5$Hz(주기 $2 \sim 4$sec)로 장주기 지진진동이었다. 이와 같이 Fourier 스펙트럼을 볼 때 지진파형에서 식별(구분)하기 어려운 지진진동의 특징이 있다.

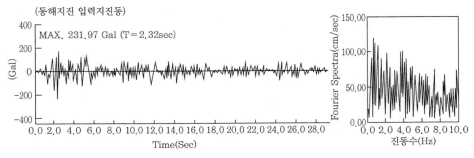

[그림 4.2.3] 동해지진동의 Fourier 스펙트럼

구체적으로 입력가속도 파형을 [그림 4.2.4]에 나타낸 지진진동을 고려해보자. 지진진동은 [표 4.2.1]에 나타낸 것과 같이 시간 0.05초 간격으로 가속도를 읽을 수 있다. 이 지진가속도를 식 (4.2.2)와 (4.2.3) 형태로 Fourier 급수로 전개하면 각각 다음과 같이 된다.

$$\ddot{Z} = 0.750 + 21.648\cos(2\pi \cdot 2.5t + 0.602) + 20.582\cos(2\pi \cdot 5t + 4.012) \\ + 8.553\cos(2\pi \cdot 7.5t + 2.323) + 5.5\cos(2\pi \cdot 10t) \tag{4.2.4}$$

또는

$$\ddot{Z} = 0.750 + 21.648\cos(15.71t + 0.602) + 20.582\cos(31.42t + 4.012) \\ + 8.553\cos(47.12t + 2.323) + 5.5\cos(62.83t) \tag{4.2.5}$$

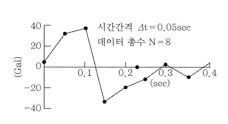

[그림 4.2.4] 각 시각에서 지진가속도

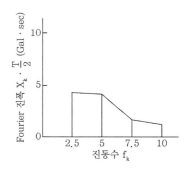

[그림 4.2.5] Fourier 스펙트럼

[표 4.2.1] 각 시각에 대한 지진진동의 가속도

m	0	1	2	3	4	5	6	7
t	0.0	0.05	0.10	0.15	0.20	0.25	0.3	0.35
$\ddot{Z}$	5	32	38	−33	−19	−10	1	−8

식 (4.2.4)에 의해 Fourier 스펙트럼은 [그림 4.2.5]와 같이 된다. 탁월진동수는 2.5Hz와 5Hz이다. 또한 [그림 4.2.6]에 지진진동 $\ddot{Z}$를 구성할 각 여현함수의 그래프를 나타내었다. 이것보다 식 (4.2.4) 또는 식 (4.2.5)로 나타낸 그래프는 [그림 4.2.4]에 나타낸 지진진동의 지속시간 T = 0.4초 (sec)를 주기로 하는 주기함수임을 알 수 있다.

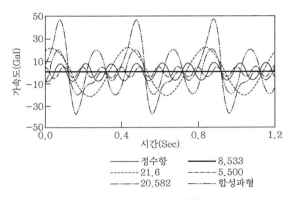

[그림 4.2.6] 정수항과 여현함수 성분

여기에는 식 (4.2.4)와 (4.2.5)를 구하는 방법을 구체적으로 기술하지 않았지만 고속 Fourier 변환 (FFT, Fast Fourier Transform) 방법을 사용하여 컴퓨터로 구할 수 있다.

지진동을 Fourier 급수로 전개함으로써 식 (4.0.3)에 나타낸 1-자유도계의 지진동의 응답은 식 (4.2.3)을 구성하는 일정한 가속도 A_1과 $X_1 \cdot \cos{(\omega_1 t + \Phi_1)}$, $X_2 \cdot \cos{(\omega_2 t + \Phi_2)}$, $X_3 \cdot \cos{(\omega_3 t + \Phi_3)}$…로 각각 가속도에 대한 1-자유도계의 응답을 중첩시켜 구할 수 있다. 이 Fourier 급수는 예를 들어 [그림 4.2.6]에 나타낸 것과 같이 주기함수이므로, 이 응답도 주기함수가 된다. 그러나 실제의 지진진동은 주기함수가 아니므로 [그림 4.2.7]에 나타낸 것과 같이 지진진동의 전후 가속도를 어느 시간 0으로 하여 지진진동의 직전 또는 직후의 모양에 지진진동의 응답에 영향을 주지 않도록 할 필요가 있다. 이와 같이 하기 위해서는 지진진동의 마지막 부분에서는 충분히 0이 되게 할 필요가 있다. 그것에 따라 앞모양 지진진동의 영향이 응답에 미치지 않게 되므로, 이와 같은 조작을 링크 (link)효과를 단절한다고 한다.

[그림 4.2.7] 주기함수로 표현한 [그림 4.2.4]의 지진동

4.2.2 일정한 가속도 및 여현파에 의한 지진진동의 응답

지진운동에 의한 응답은 일정한 가속도 및 여현함수의 가속도에 의한 지진운동을 중첩시켜 구할 수 있으므로 이들의 응답특성을 이해하는 것은 지진운동의 응답을 파악하는 데 유익하다.

지진운동에 의한 1-자유도계의 운동방정식 식 (4.0.3)은 식 (4.2.3)을 사용하여 다음과 같이 된다.

$$m\ddot{u} + c\dot{u} + ku = -mA_1 - mX_1 \cdot \cos(\omega_1 t + \varPhi_1) - mX_2 \cdot \cos(\omega_2 t + \varPhi_2)$$
$$- mX_3 \cdot \cos(\omega_3 t + \varPhi_3) - \cdots \qquad (4.2.6)$$

이와 같이 지진진동의 응답은 일정한 값 $-mA_1$ 및 여현함수 $-mX_k \cdot \cos(\omega_k t + \varPhi_k)(k=1,\ 2,\ 3\cdots)$의 응답을 중첩시켜 구할 수 있다. 그러므로 다음 2가지 경우를 고려해보자.

① 일정한 힘이 작용하는 경우의 1-자유도계의 응답

$$m\ddot{u} + c\dot{u} + ku = -mA_1 \qquad (4.2.7)$$

위 식의 식 (4.0.1) 및 식 (4.1.11)에 의해 다음과 같이 나타낼 수 있다.

$$\ddot{u} + 2h\omega_n\dot{u} + \omega_n^2 u = -A_1 \qquad (4.2.8)$$

② 조화외력이 작용하는 경우의 1-자유도계의 응답

$$m\ddot{u} + c\dot{u} + ku = -mX_k \cdot \cos(\omega_k t + \varPhi_k) \qquad (4.2.9)$$

또는 식 (4.1.7) 및 식 (4.1.11)에 의해 다음과 같이 변형된다.

$$\ddot{u} + 2h\omega_n\dot{u} + \omega_n^2 u = -X_k \cdot \cos(\omega_k t + \varPhi_k) \qquad (4.2.10)$$

먼저 ①의 일정한 힘이 작용하는 경우인 식 (4.2.8)의 일반해는 식 (4.2.8)을 만족시키는 1개의 해(특수해) $-A_1/\omega_n^2$와 식 (4.1.12)에 주어지는 감쇠 자유진동의 일반해의 합으로 다음과 같이 된다.

$$u(t) = e^{-h\omega_n t}(A \cdot \cos\omega_d t + B \cdot \sin\omega_d t) - \frac{A_1}{\omega_n^2} \qquad (4.2.11)$$

지진동이 작용하기 직전까지 구조물은 정지하고 있으므로 초기조건은 시각 $t=0$으로 다음과 같이 된다.

변위 $u=0$, 속도 $\dot{u}=0$

이 초기조건으로 식 (4.2.11)의 적분정수 A, B를 구하면 변위 $u(t)$는 다음과 같이 된다.

$$u(t) = \frac{A_1}{\omega_n^2} e^{-h\omega_n t} \left(\cos\omega_d t + \frac{h}{\sqrt{1-h^2}} \cdot \sin\omega_d t \right) - \frac{A_1}{\omega_n^2} \tag{4.2.12}$$

교량의 감쇠정수 h는 4.1절에서 설명한 것과 같이 1보다 매우 작으므로 식 (4.2.12)는 다음과 같다.

$$u(t) = \frac{A_1}{\omega_n^2} e^{-h\omega_n t} (\cos\omega_d t + h \cdot \sin\omega_d t) - \frac{A_1}{\omega_n^2} \tag{4.2.13}$$

또는

$$u(t) = \frac{A_1}{\omega_n^2} e^{-h\omega_n t} \sqrt{h^2+1} \cdot \sin(\omega_d t + \Phi) - \frac{A_1}{\omega_n^2} \tag{4.2.14}$$

여기서, Φ는 다음 식을 만족시키는 값이다.

$$\sin\Phi = \frac{1}{\sqrt{h^2+1}}, \quad \cos\Phi = \frac{h}{\sqrt{h^2+1}} \tag{4.2.15}$$

식 (4.2.14)의 그래프는 [그림 4.1.12]와 같이 된다. 주기는 $T_d = 2\pi/\omega_d$이고, 그 진폭은 시간에 따라 감소한다. 절댓값이 최대인 응답값은 $t = \pi/\omega_d$일 때 식 (4.2.13)에 의해 다음과 같이 된다.

$$u\left(\frac{\pi}{\omega_d}\right) = -\frac{A_1}{\omega_n^2} e^{-h\omega_n(\pi/\omega_d)} - \frac{A_1}{\omega_n^2} > -2 \cdot \frac{A_1}{\omega_n^2} \tag{4.2.16}$$

식 (4.2.16)의 우변은 식 (4.1.4)를 대입하면 다음과 같이 된다.

$$-2 \cdot \frac{A_1}{\omega_n^2} = 2 \cdot \frac{-mA_1}{k} \tag{4.2.17}$$

이 식에서 k는 [그림 4.0.2]에 나타낸 1-자유도계 모델의 기둥의 강성을 나타내는 스프링 상수이며, $-mA_1$은 식 (4.2.6)에 나타낸 것과 같이 지진동에 의해 1-자유도계의 모델에 작용하는 외력이다. 따라서 $-mA_1/k$는 [그림 4.0.2]에서 $-mA_1$이 질점에 정적으로 작용하는 경우의 변위를 나타낸다.

식 (4.2.16) 및 [그림 4.2.8]에서 지진동 외력에 의한 1-자유도계의 응답은 질점에 정적으로 작용한 경우의 변위의 2배를 초과할 수 없음을 알 수 있다.

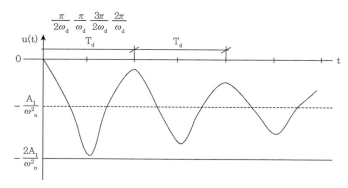

[그림 4.2.8] 일정한 가속도에 의한 지진동의 응답

다음에 조화외력이 작용하는 경우의 1-자유도계의 응답을 나타낸 식 (4.2.9)와 (4.2.10)에 대해 고려해보자.

다음에 나타낸 것과 같이 $(\omega_k t + \Phi_k)$를 $\omega_k t'$와 같다고 놓으면 식 (4.2.9)와 (4.2.10)은 다음과 같이 된다.

$$\omega_k t' = \omega_k t + \Phi_k \tag{4.2.18}$$
$$m\ddot{u}(t') + c\dot{u}(t') + ku(t') = -mX_k \cdot \cos(\omega_k t') \tag{4.2.19}$$
$$\ddot{u}(t') + 2h\omega_n \dot{u}(t') + \omega_n^2 u(t') = -X_k \cdot \cos(\omega_k t') \tag{4.2.20}$$

식 (4.2.20)의 해는 식 (4.1.12)에 나타낸 감쇠 자유진동의 일반해와 식 (4.2.20)을 만족시키는 특별해의 합으로 다음과 같이 나타낼 수 있다.

$$u(t') = e^{-h\omega_n t'}(A \cdot \cos\omega_d t' + B \cdot \sin\omega_d t') + \frac{-X_k}{\omega_n^2} \cdot \frac{1 \cdot \cos(\omega_k t' - \xi)}{\sqrt{\left(1 - \frac{\omega_k^2}{\omega_n^2}\right)^2 + \frac{4h^2\omega_k^2}{\omega_n^2}}}$$

$$(4.2.21)$$

여기서,

$$\cos\xi = -\frac{a}{\sqrt{a^2+b^2}}, \quad \sin\xi = -\frac{b}{\sqrt{a^2+b^2}}$$

$$a = -X_k\frac{\omega_n^2 - \omega_k^2}{(\omega_n^2 - \omega_k^2)^2 + 4h^2\omega_n^2\omega_k^2}, \quad b = -X_k\frac{2h\omega_n\omega_k}{(\omega_n^2 - \omega_k^2)^2 + 4h^2\omega_n^2\omega_k^2}$$

식 (4.2.21)에서 제2항의 응답특성에 대해 고려해보자. 제2항의 응답의 최대치는 절대치로 한다.

$$\frac{-X_k}{\omega_n^2} \cdot \frac{1}{\sqrt{\left(1 - \frac{\omega_k^2}{\omega_n^2}\right)^2 + \frac{4h^2\omega_k^2}{\omega_n^2}}}$$

여기에 식 (4.1.4)를 사용하면 다음과 같이 된다.

$$\frac{-X_k}{\omega_n^2} = \frac{-mX_k}{k}$$

식 (4.2.6)을 구성하는 여현함수의 절대치의 최대치가 [그림 4.0.2]에 나타낸 1-자유도계 모델의 질점에 정적으로 작용하는 경우의 변위를 나타낸다. 그러므로 정적변위에 대한 응답배율(변위응답배율)은 다음과 같이 된다.

$$\eta_D = \frac{1}{\sqrt{\left(1 - \frac{\omega_k^2}{\omega_n^2}\right)^2 + \frac{4h^2\omega_k^2}{\omega_n^2}}}$$

(4.2.22)

η_D와 원진동수비 ω_k/ω_n의 그래프는 [그림 4.2.9]에 나타낸 것과 같다. 변위응답이 최대로 될 때는 다음 식이 성립한다.

$$\frac{d\eta_D}{d(\omega_k/\omega_n)} = 0$$

(4.2.23)

식 (4.2.23)을 따라 다음 식이 성립된다.

$$\frac{\omega_k}{\omega_n} = \sqrt{1 - h^2}$$

(4.2.24)

교량의 감쇠정수 h는 4.1절에서 설명한 것과 같이 1보다 매우 작으므로 식 (4.2.24)는 다음과 같이 된다.

$$\frac{\omega_k}{\omega_n} = 1$$

(4.2.25)

여현파 지진운동에 의한 변위는 [그림 4.2.9]의 여현파 지진운동의 원진동수 ω_k와 [그림 4.0.1]에 나타낸 1-자유도계 모델의 고유원진동수 ω_n가 같을 때 급격히 크게 된다. 이와 같은 현상을 공진(resonance)이라 한다. 교량이 지진에 의해 붕괴되지 않기 위해서는 지진 시 최대 응답치(변위, 단면력 등)로 설계할 필요가 있으므로 변위응답배율은 매우 중요하다.

$\omega_k = \omega_n$일 때, 즉 공진 시 변위응답배율은 다음과 같이 된다.

$$\eta_D = \frac{1}{2h}$$

(4.2.26)

식 (4.2.20)의 우변에 있는 지진동 성분 $-X_k \cdot \cos(\omega_k t')$가 최대치 $-X_k$로 되려면 $\omega_k t' = 0$일 때이지만, 식 (4.2.21)이 최소치 $\dfrac{-X_k}{\omega_n^2}\eta_D$로 되려면 $\omega_k t' = \xi$일 때이다.

결국 지진동의 가속도 $-X_k \cdot \cos(\omega_k t')$가 최소치에 달하여 ξ/ω_k만큼 시간경과가 지연되면 변위응답은 최소치에 달하지 못하게 된다. 그러므로 ξ를 위상의 지연이라 한다. 이것을 그림으로 나타내면 [그림 4.2.10]과 같다. 공진 시에는 식 (4.2.25)가 성립하므로 식 (4.2.21)에 의해 $\xi = \pi/2$가 된다.

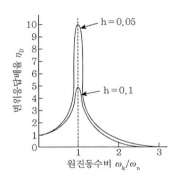

[그림 4.2.9] 여현파지진동에 의한 변위응답배율

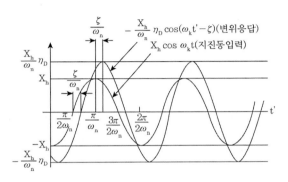

[그림 4.2.10] 변위응답의 위상지연

지진진동은 식 (4.2.3)에 의해 일정한 가속도 성분 A_1과 여현함수 성분 $X_k\cos(\omega_k t + \Phi_k)$, $(k=1, 2, 3 \cdots)$으로 Fourier 급수로 전개되지만, 일정한 가속도 성분의 응답은 정적변위의 2배이다. 이것에 비하면 여현함수 성분의 변위응답은 철근콘크리트 교각의 감쇠정수는 탄성범위에서는 4.1절에 기술한 것과 같이 2~5% 정도이므로 공진 시에는 [그림 4.2.9]에 나타낸 것과 같이 10배 이상 정적변위응답보다 크게 된다는 것을 알 수 있다. 이것보다 여현함수 성분이 교량의 응답에 미치는 영향이 크다는 것을 알 수 있다.

공진 시에는 식 (4.2.26)에 의해 감쇠정수가 1/2로 되면 응답변위는 2배가 된다는 것을 알았다. 3장에서 기술한 1-자유도계에 가까운 거동을 하는 교량에서 그 고유진동수가 지진동의 탁월진동수와 근접하는 경우의 감쇠정수는 교량의 설계비용에 어떻게 큰 영향을 미치는가를 이해할 수 있다. 경제적인 설계를 위해서는 적절한 감쇠정수를 정할 필요가 있지만 쉽지는 않다. 그때 교량의 내용연수 동안 1회 정도의 대규모 지진이나 수회 정도의 중규모지진에 의해 감쇠정수를 나누거나 탄성해석뿐만 아니라 탄소성해석에 의한 조사로 설계하는 방법 등이 있지만, 그 방법에 대해서는 나중에 기술할 예정이다.

지진진동을 Fourier 급수로 전개했을 때, 결국 식 (4.2.2) 또는 식 (4.2.3)으로 1-자유도계 모델의 고유진동수 f_u 또는 고유원진동수 ω_n에 근접한 진동수 f_k 또는 원진동수 ω_k를 갖는 여현함수의 계수 X_k가 크다면, 결국 그 진동수 성분이 탁월하면, 이 1-자유도계 구조물은 이와 같은 지진에 대해 심하게 진동하게 된다. 역으로 고유진동수의 성분이 탁월하지 않으면 이 구조물은 지진진동에 대해 심하게 진동하지 않는다. 지진진동의 Fourier 스펙트럼에 의해 그 지진진동의 탁월진동수를 알고 1-자유도계 모델의 고유진동수를 안다면, 구조물이 지진진동에 대해 심하게 응답하는지를 알 수 있다. 역으로 어떤 지진진동에 대해 1-자유도계의 구조물을 설계하려고 할 때 구조물의 고유주기를 의도적으로 지진진동의 탁월진동수와 멀리 떨어지게 함으로써 지진진동에 대하여 심하게 진동하지 않는 구조물의 면진설계도 가능하다.

멕시코 지진에서는 6~15층 건물에 큰 피해가 생겼는데, 고유주기와 지진진동의 탁월주기가 근접하여 공진한 것이 원인 중의 하나였다. 실제 교량에 있어서 1장에서 기술한 것과 같이 1-자유도계로 모델화할 경우 지금까지 기술해 온 것과 같이 적용된다. 그러나 교량은 일반적으로 복수의 고유진동수를 갖는다. 이 경우에도 지진동의 탁월진동수와 교량의 고유진동수 중 어느 하나가 근접하게 되면 공진현상을 일으키게 된다. 그런데 공진현상은 진동실험으로 쉽게 확인할 수 있다. 진동장치는 입력으로 $X_k \cos(\omega_k t + \Phi_k)$인 외력을 원진동수 ω_k를 서서히 증가시키면서 가할 수 있는 장치이다.

[그림 4.2.11]에 나타낸 것과 같이 1-자유도계 구조물을 진동장치의 상단에 정착시켜 w_k를 서서히 증가시키면 어떤 원진동수에서 갑자기 질점에 급격히 진동하게 되며, 그 원진동수를 지나게 되면 갑자기 진동하지 않는다. 이것이 공진이다. 또 기진기라고 하는 장치도 있다. 이것도 진동장치와 같이 $X_k \cos(\omega_k t + \Phi_k)$인 외력을 원진동수 ω_k를 서서히 증가시키면서 가할 수 있는 장치이다. 예를 들어 [그림 4.2.12]에 나타낸 것과 같이 교각의 상단에 설치하여 w_k를 서서히 증가시키면 어떤 원진동수에 도달하여 갑자기 교각이 급격히 진동하게 된다. 진동시험은 감쇠정수 등 교량의 진동특성을 조사하기 위한 것이다. 이것에 대해서는 나중에 기술할 예정이다.

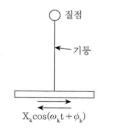

[그림 4.2.11] 진동장치의 개념

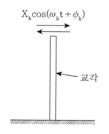

[그림 4.2.12] 기진기 진동시험의 개념

다음에는 식 (4.2.21)의 제1항이 응답에 미치는 영향에 대하여 고찰하게 될 것이다. 제1항의 응답을 고려하면 교량의 응답에 큰 영향을 미치는 공진근처에서는 [그림 4.2.13]에 나타낸 것과 같이 응답은 고유주기에서 진동하면서 점진적으로 정상상태에 달할 때 까지 과도적인 진동을 나타낸다. 식 (4.2.21)에서 알 수 있듯이 감쇠정수 h가 작을수록 정상응답에 달할 때까지 시간이 걸린다는 것을 알 수 있다. 장주기의 교량일수록 대체로 감쇠정수는 작게 되므로 진동은 서서히 성장한다. 이것에 대해 단주기인 교량일수록 진동이 급격히 성장하므로 충격적인 진동에 가깝게 된다. 설계에는 최대 응답이 필요하므로 제1항은 무시된다.

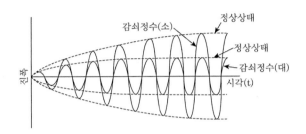

[그림 4.2.13] 조화외력에 의한 1-자유도계의 과도 진동

지금까지 응답변위에 관한 공진에 대해 설명하였지만, 응답속도, 응답가속도에 대해서도 공진이 발생한다. 지금부터는 이들에 대해 설명하고자 한다.

식 (4.2.21)에서 우변에 제1항이 응답에 미치는 영향은 작으므로 제2항에 대해서만 고려하기로 한다. 제2항에 의한 상대속도는 다음과 같이 된다.

$$
\begin{aligned}
\dot{u}(t') &= \frac{-X_k}{\omega_n^2} \cdot \frac{\omega_k}{\sqrt{\left(1 - \dfrac{\omega_k^2}{\omega_n^2}\right)^2 + \dfrac{4h^2\omega_n^2}{\omega_n^2}}} \cdot \sin\left(\omega_k t' - \xi\right) \\
&= \frac{-X_k}{\omega_n^2} \cdot \frac{\dfrac{\omega_k^2}{\omega_n^2}}{\sqrt{\left(1 - \dfrac{\omega_k^2}{\omega_n^2}\right)^2 + \dfrac{4h^2\omega_n^2}{\omega_n^2}}} \cdot \sin\left(\omega_k t' - \xi\right)
\end{aligned} \tag{4.2.27}
$$

그런데 식 (4.2.20)의 지진동(가속도) 성분은 다음 식과 같이 된다.

$$\ddot{Z} = \frac{d^2Z}{dt^2} = - X_k \cdot \cos\omega_k t' \tag{4.2.28}$$

따라서 지진속도 성분은 다음과 같이 된다.

$$\frac{dZ}{dt} = -\frac{X_k}{\omega_k} \sin\omega_k t' + const \tag{4.2.29}$$

여기서 상수(const)는 초기조건에 의해 정해지는 적분상수이다. 그러므로 지진동 최대속도에 대한 응답 최대 상대속도의 비율(속도 응답배율)은 다음과 같은 식으로 나타난다.

$$\eta_v = \frac{\dfrac{\omega_k^2}{\omega_n^2}}{\sqrt{\left(1 - \dfrac{\omega_k^2}{\omega_n^2}\right)^2 + \dfrac{4h^2\omega_k^2}{\omega_n^2}}} \tag{4.2.30}$$

이것을 그래프로 나타내면 [그림 4.2.14]와 같이 된다. 지진동의 원진동수 ω_k가 고유원진동수 ω_n에 근접한 곳에서 가속도 응답배율은 급격히 커지고 결국 공진한다.

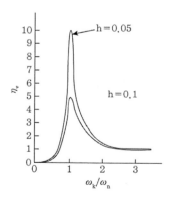

[그림 4.2.14] 속도 응답배율 η_v

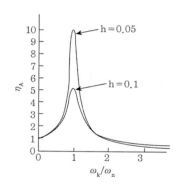

[그림 4.2.15] 절대가속도 응답배율 η_A

다음에는 가속도의 응답에 대해 기술하였다. 응답가속도는 식 (4.0.2)에서 설명한 질점에 절대변위 U(상대변위 u + 진동변위 Z)에 대한 가속도(절대응답가속도)를 다음과 같이 나타내면 편리하다.

$$\ddot{U} = \ddot{u} + \ddot{Z} \tag{4.2.31}$$

1-자유도계의 운동방정식 식 (4.0.3)은 식 (4.1.4), (4.1.7), (4.1.11)을 사용하면 다음과 같이 나타낼 수 있다.

$$\ddot{u} + 2h\omega_n \dot{u} + \omega_n^2 u = -\ddot{Z} \tag{4.2.32}$$

그러므로 절대응답가속도는 다음과 같이 나타난다.

$$\ddot{U} = \ddot{u} + \ddot{Z} = -2h\omega_n \dot{u} - \omega_n^2 u \tag{4.2.33}$$

그러나 상대변위응답 u는 식 (4.2.21), (4.2.22)에 의해 과도진동을 무시하면 다음과 같이 된다.

$$u = -\frac{X_k}{\omega_n^2}\eta_D \cos(\omega_k t' - \xi) \tag{4.2.34}$$

또한 상대속도응답은 식 (4.2.28)과 (4.2.30)에 의해 다음 식과 같이 된다.

$$\dot{u} = -\frac{X_k}{\omega_n}\eta_v \sin(\omega_k t' - \xi) \tag{4.2.35}$$

절대응답가속도는 식 (4.2.34)와 (4.2.35)를 식 (4.2.33)에 대입하여 정리하면 다음 식과 같이 된다.

$$\begin{aligned}
\ddot{U} &= 2hX_k\eta_v \sin(\omega_k t' - \xi) + X_k\eta_D \cos(\omega_k t' - \xi) \\
&= X_k\sqrt{\eta_D^2 + 4h^2\eta_v^2}\cos(\omega_k t' - \xi - \xi') \\
&= X_k\eta_A \cos(\omega_k t' - \xi - \xi')
\end{aligned} \tag{4.2.36}$$

여기서, ξ'는 다음 식을 만족시키는 값이다.

$$\cos\xi' = \frac{\eta_D}{\sqrt{\eta_D^2 + 4h^2\eta_v^2}}, \quad \sin\xi' = \frac{2h\eta_v}{\sqrt{\eta_D^2 + 4h^2\eta_v^2}}$$

지진동 가속도의 성분은 식 (4.2.3)과 (4.2.18)을 사용하여 나타내면 $X_k\cos(\omega_k t')$이므로 절대가속도의 응답배율을 다음과 같이 나타낼 수 있다.

$$\eta_A = \sqrt{\eta_D^2 + 4h^2\eta_v^2} \tag{4.2.37}$$

이것을 그래프로 나타내면 [그림 4.2.15]와 같이 된다. 지진동의 원진동수 ω_k가 고유원진동수 ω_n에 근접한 곳에서 절대가속도 응답배율은 급격히 크게 된다. 결국 공진한다.

4.3 Duhamel 적분에 의한 지진응답해석

Duhamel 적분에 의한 응답해석은 4.2절에서 기술한 Fourier 급수에 의한 응답해석이나 4.4절에서 기술할 직접적분법에 의한 응답해석보다 시간이 많이 소요되므로 그 자체가 반드시 유효한 방법은 아니며, 교량의 지진응답해석에도 거의 직접적으로 사용되지는 않지만 지진응답해석에 있어서 중요한 개념의 하나인 응답스펙트럼의 물리적 의미를 먼저 이해하는 데 유용하다. 본 절에서는 Duhamel 적분을 설명한 후 응답스펙트럼에 대해 기술한다.

4.3.1 Duhamel 적분

1-자유도계의 모델의 질점에 외력 $P(t)$가 작용할 경우의 운동방정식은 [그림 4.3.1]을 참조하면 다음과 같이 됨을 알 수 있다.

$$m\frac{d^2u}{dt^2} = -ku - c\frac{du}{dt} + P(t) \tag{4.3.1}$$

또는

$$m\ddot{u} + c\dot{u} + ku = P(t) \tag{4.3.2}$$

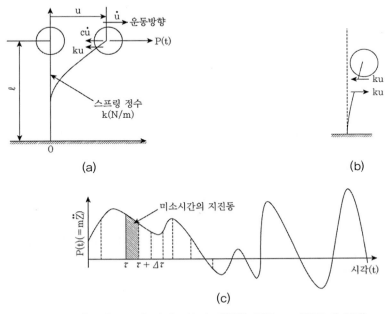

[그림 4.3.1] 외력 P(t)가 작용할 경우 1-자유도계 모델

그런데 지진동이 작용할 경우의 1-자유도계의 운동방정식은 식 (4.0.3)에 나타내었다. 즉,

$$m\ddot{u} + c\dot{u} + ku = - m\ddot{Z} \tag{4.0.3}$$

식 (4.3.2)와 (4.0.3)을 비교하면, 지진동 외력 $- m\ddot{Z}$ 은 마치 [그림 4.3.1(a)]에서 질점에 작용하는 외력과 같다. 또한 식 (4.1.4), (4.1.7), (4.1.11)을 사용하면, 식 (4.0.3)은 다음과 같이 나타낼수 있다.

$$\ddot{u} + 2h\omega_n\dot{u} + \omega_n^2 u = - \ddot{Z} \tag{4.3.3}$$

지진진동 외력 $-m\ddot{Z}$ 을 확대시켜 그래프로 [그림 4.3.1(c)]에 나타내었다. 이 지진진동을 같은 그림에 나타낸 것과 같이 미소한 시간간격으로 세분화시켜 분할하고, 각각 분할한 지진진동에 대해 1-자유도계의 응답을 고려한다. 현재 정지하고 있는 1-자유도계에 시각 τ와 $\tau + \Delta\tau$의 미소한 시간에서 지진진동이 작용할 경우의 응답을 고려해본다. 초기속도는 0이므로 v_0를 $\Delta\tau$시간의 지진진동에 의해 생긴 속도로 하면, 운동량의 변화는 mv_0이다. 또한 $\Delta\tau$시간 사이에 작용하는 역적은 $-m\ddot{Z} \cdot \Delta\tau$이다. 운동량의 변화와 역적은 같으므로 다음 식이 성립한다.

$$mv_0 = -m\ddot{Z} \cdot \Delta\tau \tag{4.3.4}$$

그러므로 $\Delta\tau$시간 사이에 작용한 지진동에 의해 생긴 속도는 다음과 같이 된다.

$$v_0 = -\ddot{Z} \cdot \Delta\tau$$

시각 $\tau + \Delta\tau$ 이후에는 질점이 자유진동하므로 식 (4.1.13)에 나타낸 초기변위 0, 초기속도 v_0인 자유진동으로 된다. 그러므로 $\tau + \Delta\tau$ 이후의 변위를 u_τ로 나타내면, 시각 t에서 변위는 다음과 같이 된다.

$$u_\tau(t) = \frac{-\ddot{Z}(\tau)\Delta\tau}{\omega_d} e^{-h\omega_n(t-\tau)} \cdot \sin\omega_d(t-\tau) \tag{4.3.5}$$

따라서 시각 0에서부터 시각 t까지의 모든 미소시간을 합하면 시각 t에서 응답, 결국 질점위치에 대한 기둥의 변위량 $u(t)$는 다음과 같이 구해진다.

$$u(t) = -\frac{1}{\omega_d} \int_0^t \ddot{Z}(\tau) \cdot e^{-h\omega_n(t-\tau)} \cdot \sin\omega_d(t-\tau)dz \tag{4.3.6}$$

이 적분을 Duhamel 적분이라 한다. 식 (4.3.6)에 다음에 나타낸 삼각함수의 가법정리를 사용하면 식 (4.3.7)이 구해진다.

$$\sin\omega_d(t-\tau) = \sin\omega_d t \ \cos\omega_d\tau - \cos\omega_d t \ \sin\omega_d\tau$$

$$u(t) = -\frac{1}{\omega_d}\left\{ \sin\omega_d t \int_0^t \ddot{Z}(\tau)e^{-h\omega_n(t-\tau)}\cos\omega_d\tau dz \right.$$
$$\left. - \cos\omega_d t \int_0^t \ddot{Z}(\tau)e^{-h\omega_n(t-\tau)}\sin\omega_d\tau d\tau \right\} \tag{4.3.7}$$

이 식을 다음과 같이 변경하여 나타낼 수 있다.

$$A_D(t) = \int_0^t \ddot{Z}(\tau)e^{+h\omega_n\tau}\cos\omega_d\tau d\tau \tag{4.3.8}$$

$$B_D(t) = \int_0^t \ddot{Z}(\tau)e^{+h\omega_n\tau}\sin\omega_d\tau d\tau \tag{4.3.9}$$

$$u(t) = -\frac{e^{-h\omega_n t}}{\omega_d}\{A_D(t)\sin\omega_d t - B_D(t)\cos\omega_d t\}$$
$$= -\frac{e^{-h\omega_n t}}{\omega_d}\sqrt{A_D^2(t)+B_D^2(t)} \cdot \sin(\omega_d t + \gamma) \tag{4.3.10}$$
$$= -\frac{C_v}{\omega_d} \cdot \sin(\omega_d t + \gamma)$$

여기서,

$$C_v = e^{-h\omega_n t}\sqrt{A_D^2(t)+B_D^2(t)} \tag{4.3.11}$$

그리고 γ는 다음 수식을 만족시키는 값이다.

$$\cos\gamma = \frac{A_D(t)}{\sqrt{A_D^2(t)+B_D^2(t)}}, \quad \sin\gamma = \frac{-B_D(t)}{\sqrt{A_D^2(t)+B_D^2(t)}}$$

시각 t에서 1-자유도계의 응답변위는 식 (4.3.10)에 나타낸 것과 같음을 알 수 있다. 응답변위 $u(t)$를 알게 되면, 주 부재에 작용하는 단면력을 다음과 같이 구할 수 있다. [그림 4.3.1(a)]에 나타낸 1-질점계 모델이 있어서 질점에는 기둥의 변형에 의해 복원력 ku가 기둥의 변형방향과 반대방향으로 작용하고, 기둥의 상단에는 [그림 4.3.1(b)]에 나타낸 것과 같이 작용—반작용의 법칙에 의해 ku인 힘이 작용한다. 이 기둥의 상단에는 다음과 같은 작용력이 기둥을 변형시킨다.

$$Q = ku \tag{4.3.12}$$

지진동에 의한 변위 $u(t)$가 기둥의 길이 l에 비해 미소한 것으로 하고, 일반적인 미소변형이론에 의한 구조계산처럼 기둥의 변형 전 상태인 부재에 작용하는 단면력을 고려하면, 기둥의 하단에서 휨모멘트와 전단력은 다음과 같이 된다.

$$\text{휨모멘트} : Q \cdot l = ku \cdot l \tag{4.3.13}$$
$$\text{전단력} : Q = ku \tag{4.3.14}$$

그리고 상대응답가속도는 식 (4.3.10)에 의해 다음과 같이 된다.

$$\dot{u}(t) = - C_v \cdot \cos(\omega_d t + \gamma) \tag{4.3.15}$$

그 다음에는 응답가속도를 구한다. 응답가속도는 식 (4.0.2)에 설명한 질점의 절대변위 u(상대변위 u + 지진진동변위 Z)에 대한 가속도(절대응답가속도)를 사용하면 편리하다.

$$\ddot{U} = \ddot{u} + \ddot{Z} \tag{4.3.16}$$

그 예를 나타내보자. 지진동의 최대 가속도 $|\ddot{Z}_{max}|$에 대한 질점에 최대 응답가속도 $|\ddot{U}_{max}|$, 결국 가속도 응답배율 β는 다음과 같이 구해진다.

$$\beta = |\ddot{U}_{max}| / |\ddot{Z}_{max}| \tag{4.3.17}$$

질점에 작용하는 지진동에 의한 힘은 식 (4.0.1)에 의해 $m\ddot{U}$ (N)이므로 그 최대 힘은 다음과 같다.

$$m|\ddot{U}_{max}| = m\beta|\ddot{Z}_{max}| \tag{4.3.18}$$

그러나 $m|\ddot{U}_{\max}|$는 [그림 4.3.1(b)]의 기둥상단에 작용하는 힘 ku와 일치한다. 절대가속도는 다음에 기술하였다. 식 (4.3.21)에 나타내었으며, 그것이 최대치로 될 때 상대속도 $\dot{u}$는 0이 되기 때문이다[식 (4.3.15) 참조].

따라서 식 (4.0.1)에 의해 $m|\ddot{U}_{\max}| = |ku|$로 된다. 따라서 기둥의 하단에 작용하는 전도모멘트는 변형이 미소한 경우 기둥의 길이를 l(m)로 나타내면 다음과 같이 된다.

$$m\beta|\ddot{Z}_{\max}|l \quad (N \cdot m) \tag{4.3.19}$$

이 전도모멘트는 기둥의 설계나 기초의 안정계산에 사용된다. 응답배율이 크면 큰 만큼 기둥의 높이가 높으면 높은 만큼 전도모멘트가 작용하게 된다.

식 (4.3.16)에 나타낸 절대응답가속도는 식 (4.3.3)을 사용하여 나타내면 다음과 같이 된다.

$$\ddot{U} = \ddot{Z} + \ddot{u} = -2h\omega_n\dot{u} - \omega_n^2 u \tag{4.3.20}$$

이 식에 식 (4.3.10)과 (4.3.15)를 대입하고, $\omega_d = \omega_n\sqrt{1-h^2}$이 4.1절에서 기술한 것과 같이 교량의 감쇠정수는 1보다 매우 작다는 것을 고려하면 다음과 같이 된다.

$$
\begin{aligned}
\ddot{U} &= 2h\omega_n C_\mathrm{v} \cdot \cos(\omega_d t + \gamma) + \frac{\omega_n^2}{\omega_d} C_\mathrm{v} \cdot \sin(\omega_d t + \gamma) \\
&\fallingdotseq 2h\omega_n C_\mathrm{v} \cdot \cos(\omega_d t + \gamma) + \omega_n C_\mathrm{v}\sin(\omega_d t + \gamma) \\
&= \omega_n C_\mathrm{v}\sqrt{1+4h^2} \cdot \sin(\omega_d t + \gamma + \gamma') \\
&\fallingdotseq \omega_n C_\mathrm{v} \cdot \sin(\omega_d t + \gamma + \gamma')
\end{aligned} \tag{4.3.21}
$$

여기서, γ'는 다음 식을 만족시키는 값이다.

$$\sin\gamma' = \frac{2h}{\sqrt{1+4h^2}} \fallingdotseq 2h \fallingdotseq 0, \ \cos\gamma' = \frac{1}{\sqrt{1+4h^2}} \fallingdotseq 1$$

그러므로 $\gamma' \fallingdotseq 0$이며, 결국 절대가속도는 다음과 같이 된다.

$$\ddot{U} = \omega_n C_v \sin(\omega_d t + \gamma) \tag{4.3.22}$$

이상에 의해서 질점에 응답변위, 속도 및 가속도를 구한다. 그렇지만 이들을 구하기 위해서는 식 (4.3.11)에서 정의된 C_v, 즉 A_D와 B_D를 구할 필요가 있다.

식 (4.3.8)에서 정의된 $A_D(t)$를 구하는 방법을 나타내었다. 지진진동 $\ddot{Z}$는 디지털화하여 표에 나타낸 것이다. [표 4.3.1]에 Elcentro 1940 N–S의 디지털화 한 지진진동을 나타내었다. 지진진동은 0.02초 간격으로 그 가속도 $\ddot{Z}$를 나타내었고, 최초 10초까지 나타내고 있다. 이와 같은 지진진동 데이터를 확대하여 그래프로 나타내면 [그림 4.3.2]와 같다. 이와 같이 지진진동을 데이터로 나타낼 때, 시각 t_i에 대한 지진진동의 값은 $\ddot{Z}(t_i)$가 된다. 여기에서 $i=1, 2, 3\cdots$이다. A_D의 값은 식 (4.3.8)을 사용하면 다음과 같이 나타낼 수 있다.

$$A_D(t_{i+1}) = A_D(t_i) + \int_{t_i}^{t_{i+1}} \ddot{Z}(\tau) e^{h\omega_n \tau} \cos \omega_d \tau d\tau \tag{4.3.23}$$

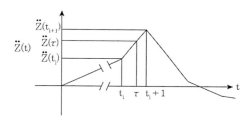

[그림 4.3.2] 직선으로 근사화한 지진동가속도

시각 t_i에서부터 t_{i+1}까지는 미소한 시간이므로 지진진동은 [그림 4.3.2]에 나타낸 것과 같이 직선적으로 변화하는 것으로 하면 그 사이의 지진진동 $\ddot{Z}(\tau)$는 다음에 나타낸 것과 같이 시각 τ의 1차함수로 나타낸다.

$$\ddot{Z}(\tau) = \ddot{Z}(t_i) + \frac{\ddot{Z}(t_{i+1}) - \ddot{Z}(t_i)}{t_{i+1} - t_i} \cdot (\tau - t_i) \tag{4.3.24}$$

그리고 $\Delta \ddot{Z} = \ddot{Z}(t_{i+1}) - \ddot{Z}(t_i)$, $\Delta t = t_{i+1} - t_i$로 하면, $\Delta \ddot{Z}$는 미소시간 Δt에 대한 지진진동의

변화를 나타낸다.

예를 들어 [표 4.3.1]에서 $t_i = 3.22$초에서 $t_{i+1} = 3.24$초의 지진진동 가속도 변화는 $\Delta \ddot{Z} = 0.97$Gal이다. $\Delta \ddot{Z}$, Δt를 사용하여 식 (4.3.24)는 다음과 같이 나타낼 수 있다.

$$\ddot{Z}(\tau) = \ddot{Z}(t_i) + \frac{\Delta \ddot{Z}}{\Delta t}(\tau - t_i) \tag{4.3.25}$$

이 식을 식 (4.3.23)에 대입하면 다음과 같이 된다.

$$A_D(t_{i+1}) = A_D(t_i) + \ddot{Z}(t_i)\int_{t_i}^{t_{i+1}} e^{h\omega_n \tau}\cos\omega_d\tau \ d\tau + \frac{\Delta \ddot{Z}}{\Delta t}\int_{t_i}^{t_{i+1}} e^{h\omega_n \tau}\cos\omega_d\tau \ d\tau$$
$$- \frac{\Delta \ddot{Z}}{\Delta t}t_i\int_{t_i}^{t_{i+1}} e^{h\omega_n \tau}\cos\omega_d\tau \ d\tau$$

$$\tag{4.3.26}$$

여기에 다음에 나타낸 것과 같이 식 (4.3.27)~(4.3.29)를 취하면 식 (4.3.26)은 식 (4.3.30)과 같이 된다.

$$I_1 = \int_{t_i}^{t_{i+1}} e^{h\omega_n \tau}\cos\omega_d\tau d\tau = \left[\frac{e^{h\omega_n \tau}}{(h\omega_n)^2 + \omega_d^2}(h\omega_n\cos\omega_d t + \omega_d\sin\omega_d\tau)\right]_{t_i}^{t_{i+1}} \tag{4.3.27}$$

$$I_2 = \int_{t_i}^{t_{i+1}} e^{h\omega_n \tau}\sin\omega_d\tau d\tau = \left[\frac{e^{h\omega_n \tau}}{(h\omega_n)^2 + \omega_d^2}(h\omega_n\sin\omega_d t - \omega_d\cos\omega_d\tau)\right]_{t_i}^{t_{i+1}} \tag{4.3.28}$$

$$I_3 = \int_{t_i}^{t_{i+1}} \tau e^{h\omega_n \tau}\cos\omega_d\tau d\tau = \left[\left(\tau - \frac{h\omega_n}{(h\omega_n)^2 + \omega_d^2}\right)I_1 - \frac{\omega_d}{(h\omega_n)^2 + \omega_d^2} \cdot I_2\right]_{t_i}^{t_{i+1}} \tag{4.3.29}$$

$$A_D(t_{i+1}) = A_d(t_i) + \left(\ddot{Z}(t_i) - t_i\frac{\Delta \ddot{Z}}{\Delta t}\right)I_1 + \frac{\Delta \ddot{Z}}{\Delta t}I_3 \tag{4.3.30}$$

$A_D(0)$은 식 (4.3.8)에서 0이므로, 식 (4.3.30)을 사용해 수치적분을 하면 시각 t_{i+1}에 대한 A_D (t_{i+1})를 구할 수 있다. 이와 같이 $B_D(t_{i+1})$는 다음과 같다.

$$B_D(t_{i+1}) = B_D(t_i) + \left(\ddot{Z}(t_i) - t_i \frac{\Delta \ddot{Z}}{\Delta t} \right) I_2 + \frac{\Delta \ddot{Z}}{\Delta t} I_4 \qquad (4.3.31)$$

여기서 I_4는 다음과 같다.

$$I_4 = \int_{t_i}^{t_{i+1}} \tau\, e^{h\omega_n \tau} \sin \omega_d\, \tau d\tau = \left[\left(\tau - \frac{h\omega_n}{(h\omega_n)^2 + \omega_d^2} \right) I_2 + \frac{\omega_d}{(h\omega_n)^2 + \omega_d^2} \cdot I_1 \right]_{t_i}^{t_{i+1}} \qquad (4.3.32)$$

따라서 식 (4.3.11)로 C_v를 구하고 변위, 속도 및 가속도는 각각 식 (4.3.10), (4.3.15) 및 (4.3.22)로 구한다.

4.3.2 응답스펙트럼

상대응답속도의 최대치 S_v는 식 (4.3.15)에 의한 C_v의 최대치이다. 여기서 C_v는 식 (4.3.11)로 정의된다. 그리고 식 (4.3.8)과 (4.3.9)에서 정의된 $A_D(t)$, $B_D(t)$의 함수이다. 이때 절대가속도응답의 최대치 S_A는 식 (4.3.21)에 의해서 다음 식과 같이 된다.

$$S_A = \omega_n S_v \qquad (4.3.33)$$

또한 상대변위의 최대치 S_D는 식 (4.3.10)에 의해 다음과 같이 된다.

$$S_D = S_v/\omega_d \qquad (4.3.34)$$

[그림 1.1.1]에 나타낸 1-자유도계 모델의 임의의 고유주기에 대해서 지진진동의 절대가속도응답의 최대치를 구하면, 1장에서 기술한 것과 같이 질점에 작용하는 최대 수평력은 $m\alpha/g\,(\mathrm{kgf})$로 되므로 내진설계를 하는 데 편리하다. 지진동 $\ddot{Z}(t)$인 [그림 2.1.11], [표 4.3.1]에 나타낸 Elcentro 1940 N-S를 사용하면 고유주기 T_n을 0.1sec부터 3sec까지 단계적으로 변화시킨 최대 응답가속도 S_A는 [그림 4.3.2]와 같이 된다. 이와 같이 각 고유주기에 대해 절대응답가속도를 구한 것을 절대가속도응답스펙트럼이라고 한다. 절대 최대 가속도 S_A를 계산하는 데 필요한 $A_D(t)$ 및 $B_D(t)$로 된 식

(4.3.8) 및 (4.3.9)에 있어서 감쇠정수는 $h = 0.05(5\%)$로 정하고 있다. 이들 식 중 고유원진동수 ω_n 은 식 (4.1.5)에 의해 고유주기 T_n을 사용하여 다음과 같이 나타낼 수 있다.

$$\omega_n = \frac{2\pi}{T_n} \tag{4.3.35}$$

또한 ω_d는 식 (4.1.14)에 나타나 있다. 가속도 응답스펙트럼 S_A를 구하면, 각 고유주기에 대한 최대 상대응답속도 S_V, 최대 상대응답변위 S_D는 각각 식 (4.3.33) 및 (4.3.34)로 구할 수 있다. 이것을 각각 (상대)속도 응답스펙트럼 및 (상대)변위 응답스펙트럼이라고 한다.

[표 4.3.1] Elcentro 1940 N-S(계속)

	0.02	0.04	0.06	0.08	0.10	0.12	0.14	0.16	0.18	0.20
0.0	−0.61	−4.74	−4.43	−3.86	−4.17	−5.27	−6.23	−5.62	−4.83	−3.73
0.2	−3.73	−5.75	−7.73	−8.52	−7.11	−6.32	−4.74	−3.60	−1.84	−2.90
0.4	−5.75	−8.34	−8.60	−2.90	1.32	6.19	−2.15	−5.62	−6.32	−8.91
0.6	−11.41	−14.27	−13.43	−7.55	−8.65	−7.16	−7.20	−2.94	1.10	6.58
0.8	10.36	11.06	14.75	20.32	21.60	18.39	15.76	11.90	1032	14.88
1.0	18.09	23.27	28.05	32.13	28.62	26.29	17.56	17.56	2.77	−22.61
1.2	−34.55	−26.47	−21.25	−10.97	−2.59	5.88	13.52	21.91	31.17	43.68
1.4	53.51	67.12	63.61	50.70	41.04	39.16	40.65	36.83	39.55	43.59
1.6	53.07	14.40	−64.75	−90.69	−87.31	−89.29	−79.72	−75.72	−76.91	−76.95
1.8	−79.24	−71.55	−59.13	−47.72	−34.33	−18.83	−0.75	15.80	34.46	51.10
2.0	70.15	86.04	105.88	119.80	133.27	140.47	150.00	123.84	102.02	−52.59
2.2	104.17	−71.99	−81.87	−48.07	−33.06	−7.59	4.96	23.40	39.29	52.06
2.4	77.13	25.29	−115.50	−67.91	−75.90	−44.42	−25.42	10.40	−29.41	−86.92
2.6	−72.04	−73.97	−65.01	−54.04	−43.94	−32.97	−22.96	−11.90	−1.93	8.25
2.8	−4.17	−19.01	−36.79	−41.75	−31.43	−26.29	−14.66	−4.74	8.12	18.44
3.0	29.54	−4.26	−16.33	−1.76	0.48	15.10	24.80	38.76	49.60	59.83
3.2	9.61	10.58	29.98	30.25	57.86	59.39	89.55	−40.87	−57.42	−30.38
3.4	−23.97	3.16	29.63	−46.84	−65.32	−47.01	−51.01	33.45	−24.54	−9.44
3.6	−5.53	−29.59	−16.22	−14.79	−4.78	0.75	13.13	21.42	26.69	9.75
3.8	−1.40	−10.76	3.38	9.26	24.93	36.26	52.94	64.88	76.25	18.48
4.0	1.27	11.37	12.86	−2.41	−6.45	6.28	9.04	21.91	28.31	42.01
4.2	49.52	63.52	71.51	85.38	81.48	87.09	77.66	54.87	−52.99	−23.79
4.4	−16.86	−13.65	−49.08	−72.91	−108.17	−88.89	−80.55	−57.81	−42.14	−14.27
4.6	6.76	35.82	57.90	79.81	−2.55	−7.42	12.51	19.62	43.15	62.51
4.8	81.34	107.81	73.97	−60.58	−43.85	−47.81	−39.82	−20.59	−54.87	−92.67

[표 4.3.1] Elcentro 1940 N–S

	0.02	0.04	0.06	0.08	0.10	0.12	0.14	0.16	0.18	0.20
5.0	−70.98	−74.28	−57.33	−48.77	−33.93	−22.39	−23.88	−52.68	−53.07	−50.83
5.2	−50.26	−31.47	−23.97	2.81	−25.29	−71.73	−37.71	−42.19	−17.38	−6.45
5.4	14.00	28.45	38.45	20.72	8.69	−1.19	12.82	19.53	34.46	45.35
5.6	59.35	70.50	81.69	56.23	28.09	8.96	13.78	16.37	21.77	10.32
5.8	−3.69	−7.37	−4.96	−10.05	−10.89	−6.89	−3.03	6.45	16.64	25.42
6.0	11.19	−1.80	−18.79	−5.84	4.17	10.10	−5.66	−2.19	3.51	9.22
6.2	16.68	22.39	6.39	−1.40	−4.87	0.22	3.34	1.54	−4.17	−1.58
6.4	−0.70	1.67	3.73	−2.46	−13.35	−18.48	−10.71	−10.36	−7.77	−5.66
6.6	−0.79	8.91	−4.74	−3.99	−1.49	−4.65	−4.87	−4.35	−0.09	3.20
6.8	10.32	15.58	30.95	34.20	8.08	−11.55	−5.44	−1.84	6.98	2.11
7.0	−9.61	−20.50	−18.79	−9.48	−1.89	6.98	14.05	18.39	5.40	−7.02
7.2	−8.96	−3.60	−9.04	−6.01	2.41	2.33	5.88	11.68	10.18	3.47
7.4	−0.35	8.78	19.10	21.60	8.38	4.04	−0.97	−0.92	2.28	4.08
7.6	11.19	16.15	23.05	23.75	18.66	17.47	24.54	33.19	16.02	18.04
7.8	4.30	−8.96	−10.93	−17.78	−18.13	−20.68	−19.01	−20.11	−2.50	7.81
8.0	−9.16	−21.60	−23.27	−15.89	−17.78	−13.52	−13.87	−11.63	−11.63	−11.81
8.2	−15.14	−13.56	−9.53	−3.42	3.82	12.34	13.61	15.81	14.97	15.72
8.4	12.60	13.39	4.92	9.39	5.97	16.86	−37.80	−59.22	−58.91	−59.44
8.6	−52.37	−45.74	−36.39	−28.58	−19.49	−11.33	−2.63	−3.99	−7.99	−6.45
8.8	3.73	7.16	2.19	11.59	25.55	38.06	52.68	74.41	48.77	−48.29
9.0	−16.07	−19.53	−1036	−42.14	−28.80	−26.21	−29.41	−24.23	−1.19	16.59
9.1	47.06	73.27	41.57	17.91	29.28	5.79	−4.17	−22.83	−36.30	−50.57
9.4	−50.48	−35.25	−16.20	1.27	23.92	51.71	70.68	−11.85	1.49	−2.46
9.6	0.88	6.41	23.57	35.03	−9.00	−25.90	−7.42	−7.68	−1.23	3.25
9.8	16.77	24.89	33.06	35.16	25.99	13.35	1.01	2.81	−17.82	−19.80

이와 같이 가속도 응답스펙트럼을 구하게 되면, 1-자유도계의 고유주기 T_n 을 식 (4.1.5)로 구하고 절대 최대 응답가속도 스펙트럼 S_A 를 쉽게 구할 수 있고, 또한 식 (4.3.33), (4.3.34)에 의해 각각 최대 응답속도 S_V, 최대 응답변위 S_D 를 구할 수 있다. 1-자유도계 모델([그림 4.3.1] 참조)에 작용하는 기둥하단의 최대 휨모멘트 $M_{\max}$, 최대 전단력 $Q_{\max}$ 는 식 (4.3.13)과 (4.3.14)에 의해 각각 다음과 같이 된다.

$$M_{\max} = k \cdot S_D \cdot l \tag{4.3.36}$$

$$Q_{\max} = k \cdot S_D \tag{4.3.37}$$

또한 기초(Foundation)의 설계에 사용되는 최대 전도모멘트도 식 (4.3.36)으로 구하면 된다.

이와 같이 가속도 응답스펙트럼을 구하면 지진 시에 질점에 작용하는 최대 단면력 및 전도모멘트를 알 수 있지만, 이것은 Elcentro 1940 N-S지진동에 대한 최대 단면력 및 전도모멘트이다. [그림 4.3.3]에는 Hako 기반 변환파, Taft N-S파에 의한 지진진동의 가속도 응답스펙트럼(감쇠정수 h = 0.05)을 나타내었지만, 가속도 응답스펙트럼은 지진동에 따라 서로 다르다는 것을 알 수 있다.

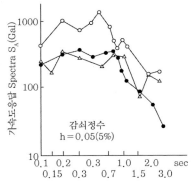

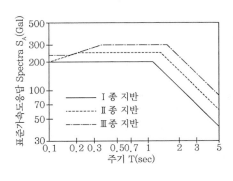

[그림 4.3.3] 각종 지진진동의 가속도 응답스펙트럼 [그림 4.3.4] 표준가속도 응답스펙트럼(h=0.05)

교량가설 위치에 어떠한 지진진동이 올 것인지 명확하지 않으므로 Elcentro 1940 N-S 지진진동과 같은 특정 지진진동에 대해서 교량의 내진설계를 하는 것으로는 충분하지 않다. 그러므로 지진진동의 가속도 응답스펙트럼을 평균하여 설계에 사용한다. 이것을 표준가속도 응답스펙트럼 혹은 평균가속도 응답스펙트럼이라고 한다. 예를 들면 일본의 도로교시방서에는 표준가속도 응답스펙트럼으로서 [그림 4.3.4]에 나타낸 것과 같은 스펙트럼(감쇠정수 h =0.05)을 채용하고 있다. 그림 내의 I종 지반은 교량가설 위치의 지반조건이 암반을 나타내고, III종 지반은 충적지반층으로 연약지반, II종 지반은 I종 지반과 III종 지반의 어느 곳도 아닌 홍적지반과 충적지반을 나타낸다.

지반이 연약한 만큼 표준가속도 응답스펙트럼이 큰 이유는 2장에서 기술한 것과 같이 연약층에는 지진파가 증폭되어 지표면의 지진진동이 크기 때문이다. 또한, 지반이 약하게 되는 만큼 응답가속도의 최대치(I종 지반에는 200Gal, II종 지반에는 250Gal, III종 지반에는 300Gal)가 장주기로 전달되는 것은 연약지반의 지진진동에는 암반의 지진진동보다 장주기 성분이 많이 포함되어 있기 때문이다. 결국 앞에서 기술한 것과 같이 연약지반의 지진진동은 Fourier 급수로 전개할 때[식 (4.2.2) 참조], 암반의 지진진동에 비해 저진동수 성분(장주기 성분)이 탁월하기 때문에 1-자유도의 고유진동수가 낮은(장주기) 영역에서 연약지반의 지진진동과 구조계가 공진한다고 생각할 수 있다. 가속도 응답스펙트럼의 응답이 큰 고유진동수 영역에는 지진진동도 그 진동수 영역에서 탁월하다는 것을 알 수 있다. 이와 같이 가속도 응답스펙트럼을 보면 지진진동의 특징도 알 수 있다.

가속도 응답스펙트럼과 4.2절에서 기술한 지진진동 가속도의 Fourier 급수의 관계를 Elcentro 지진진동을 예로 [그림 4.3.5]에 나타내었다. 가속도 응답이 큰 고유주기 1초 이하의 단주기 영역(진동수 1Hz 이상 영역)에는 지진진동의 Fourier 급수로 전개하였을 때[식 (4.2.2) 참조], Elcentro 지진진동에는 주기 1sec 이하의 여현함수의 진폭이 탁월하여 시스템과 공진하고 있는 것이다.

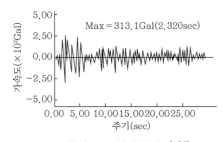

El Centro 1940 N-S 지진동

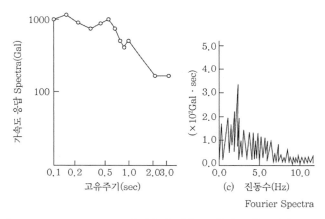

(c) 진동수(Hz)

Fourier Spectra

[그림 4.3.5] Elcentro 1940 N-S 지진동의 가속도 응답스펙트럼과 Fourier 스펙트럼

[그림 4.3.4]에서 I종 지반, II종 지반, III종 지반 및 III종 지반이 다 같이 주기가 길어지면 가속도 응답이 작게 되는 것은 지진진동에 장주기 성분이 많이 포함되어 있지 않다는 것을 나타낸다. Housner는 미국의 몇 개의 대표적인 지진의 속도 응답스펙트럼을 평균하여 [그림 4.3.6]에 나타낸 표준속도 응답스펙트럼을 작성하였다. 이것에 따라 장주기(1.2~1.4sec 정도)로 되면 속도 응답스펙트럼은 일정한 값을 갖는다는 것을 알았다. 식 (4.3.33)과 (4.3.34)에 의해 다음과 같은 식이 성립한다.

$$S_A = \frac{2\pi S_V}{T_n} \tag{4.3.38}$$

장주기 영역에서 속도 응답스펙트럼 S_V가 일정하다면 가속도 응답스펙트럼(최대 절대가속도) S_A는 주기에 반비례하여 결국 주기가 길어진 만큼 작게 된다는 것을 알 수 있다. 감쇠정수 h는 4.1절에서 기술한 것과 같이 1보다 더 작은데, 식 (4.1.14)에 의해 $\omega_d \doteqdot \omega_n$로 된다. 따라서 식 (4.3.34) 및 (4.3.35)에 의해 다음과 같은 식이 성립한다.

$$S_D = \frac{S_V T_n}{2\pi} \tag{4.3.39}$$

결국 변위 응답스펙트럼(최대 상대변위) S_D는 주기에 비례해 크게 된다는 것을 알 수 있다. 그러나 현수교나 사장교는 장주기의 교량으로 고유주기가 5sec 이상 되는 것도 흔히 있다. 이와 같이 장주기의 교량이 대지진으로 재해를 입는 예는 적으나 장주기 교량의 지진력의 저감에는 충분한 검토가 필요하다.

감쇠정수 h가 응답에 미치는 영향에 대해 기술해보자. 『도로교시방서·동해설 V 내진설계편』(일본, 1980년 5월)에는 감쇠정수 h가 0, 0.02, 0.05, 0.1, 0.2, 0.4의 경우, 가속도 응답스펙트럼이 나타나 있다. 이것은 일본에서 일어난 비교적 큰 지진에 의해 수평방향의 지진진동 가속도 기록 44성분의 지진 응답스펙트럼곡선을 평균한 것이다. 그 예로서 1종 지반(암반)에 대한 가속도 응답스펙트럼을 [그림 4.3.7]에 나타내었다. 이 그림은 응답스펙트럼배율 β를 사용하여 나타내었다. 이것은 1장에서도 설명한 것과 같이 질점의 절대 최대 가속도에 대한 지진동의 최대 가속도의 비이다.

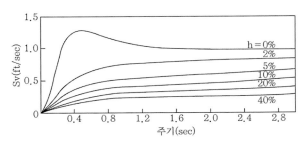

[그림 4.3.6] Housner 표준속도 응답스펙트럼

[그림 4.3.7]에 의하면 감쇠정수가 작은 만큼 응답은 크게 된다는 것을 알았다. 이것은 가속도 응답스펙트럼에 제한되는 것이 아니라, 속도 응답스펙트럼, 변위 응답스펙트럼에 대해서도 같았다. 각 감쇠정수에 대한 가속도 응답스펙트럼을 계산하는 것은 번거로우므로 감쇠정수 $h = 0.05$에 대한 가속도 응답스펙트럼 $S_A(T, 0.05)$(예를 들면 [그림 4.3.4])로부터 임의의 감쇠정수 h에 대한 가속도 응답스펙트럼 $S_A(T, h)$는 간편하게 다음과 같은 식으로 구한다.

$$S_A(T, h) = S_A(T, 0.05) \times \frac{1.5}{40h + 1} + 0.5 \tag{4.3.40}$$

이것은 Kawasima에 의해 일본에서 얻은 많은 지진동가속도를 통계 처리하여 구한 것이다. 식 (4.3.40)을 사용하면 1-자유도계로 모델화되는 교량의 감쇠정수가 5% 이외일 경우에도 최대 가속도 응답을 쉽게 구할 수 있다. 또한 1-자유도계로 모델화할 수 없는 교량은 뒤에 가서 기술하겠지만, 응답계산에는 1-자유도계의 가속도 응답스펙트럼을 이용한다. 그러나 그러한 경우에는 5% 이외의 감쇠정수 몇 개가 필요하며 식 (4.3.40)이 유용하게 사용된다.

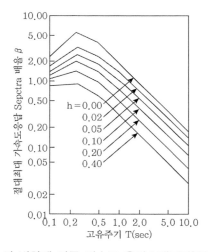

[그림 4.3.7] 감쇠정수 h의 변화에 따른 가속도 응답스펙트럼(I종 지반, 일본 도로교시방서)

1-자유도계로 모델화되는 교량을 예로 감쇠정수와 고유주기의 관계에 대해 기술하였다. 지금 [그림 4.3.8]에 나타낸 교량의 교축방향의 지진응답은 그래프 중에 나타낸 것과 같이 1-자유도계로 모델화 한다. 고정교각이 변형하기 어렵게 된 만큼 고유주기가 짧아지고 진동은 길게 계속되지 않을 것(결

국 감쇠정수가 커진다)이라는 것은 [그림 4.0.2]에 나타낸 1-자유도계 모델에 초기변위를 갖는 자유 감쇠진동([그림 4.1.3] 참조)에 의해 직감적으로 예상되지만 이것은 다음과 같이 나타낼 수 있다. 식 (4.1.4) 및 (4.1.5)에 의해 1-자유도계의 고유주기는 다음 식과 같다.

$$T_n = 2\pi \sqrt{\frac{m}{k}} \tag{4.3.41}$$

1-자유도계 모델의 휨강성(교각이면 교각의 휨강성)을 EI로 하면, 스프링 정수 k는 다음과 같다 ([그림 4.3.1] 참조).

$$k = 3EI/l^3 \tag{4.3.42}$$

여기서, l은 기둥의 높이이다. 따라서 식 (4.3.41)과 (4.3.42)에 의해 고유주기는 강성이 큰 만큼 짧아진다. 또한 고유주기와 감쇠정수의 관계에 대해서는 일반적으로 고유주기가 길어지면 감쇠정수는 작게 되는(진동이 멈추기 어려움) 것을 지진기록에 확인되고 있다. 기진기 실험의 경우 고유주기와 감쇠정수의 관계는 Kuriwayasi와 Iwasaki에 의하면 다음과 같다.

$$h = \frac{0.02}{T_n} \tag{4.3.43}$$

교각이 변형하기 어렵고 강체에 가까운 거동을 나타낼 때는 지표면에서 지진동의 가속도는 교각의 상단에서도 거의 변하지 않는다. 결국 가속도 응답배율은 1에 가깝다. 이것은 예를 들면 [그림 4.3.7]의 가속도 응답배율에 의하면 고유주기의 짧은 영역에서 가속도 응답배율이 1에 가까운 감쇠정수를 발견하게 되고 감쇠정수는 0.3 정도이다. 기초의 영향이 응답에 큰 영향을 미치는 교량은 일반적으로 1-자유도계로 모델화할 수 없으므로, 1-자유도계로 모델화되는 교량은 [그림 4.3.8]에 나타낸 것과 같은 기초의 영향이 비교적 작은 교량이다. 이와 같은 교량에 있어서도 감쇠정수는 고유주기 외에 교각의 재질, 진폭, 형상, 높이에도 영향이 되어 일원적으로 결정하기는 어렵지만, 탄성범위의 설계에서 각 진동시험결과를 고려하고, 철근콘크리트 교각의 감쇠정수는 5~10%($h = 0.05 \sim 0.1$), 강재교각에는 3~5%가 일반적으로 사용되고 있다. 감쇠정수는 작게 잡으면 응답이 크게 되어 안전 측 설계가 되지만, 비경제적이다.

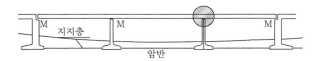

[그림 4.3.8] 1-자유도계의 모델인 교량

고유주기에 대응하는 감쇠정수를 사전에 알 수 있다면, 예를 들어 [그림 4.3.7]에 나타낸 것과 같이 가속도 응답스펙트럼곡선에서 가속도 응답배율을 구할 수 있으므로, 고유주기와 가속도응답의 관계를 구할 수가 있다.

일본의 도로교시방서에는 설계진도 k_h는 다음과 같은 식으로 주어져 있다.

$$k_h = c_Z \cdot c_G \cdot c_I \cdot c_T \cdot k_{h0} \qquad (4.3.44)$$

여기서, k_{h0}는 표준설계수평진도로 0.2이며, c_Z 및 c_I는 각각 지역별 및 중요도별 보정계수이다. 지역별 보정계수는 지역에 따라 지진의 발생빈도(이것을 지진활동도라고도 함)와 지진진동의 심한 정도로 설정된다. 지진활동도와 지진진동의 심한 정도를 조합한 것을 지진위험도라 한다. 일본의 도로교시방서에는 지역구분을 A, B, C로 하여 각각 보정계수 c_Z는 1.0, 0.85, 0.7로 하고 있다. 또한 c_I는 교량의 중요도에 의해 정하는 것으로 일본의 도로교시방서에는 1.0, 0.8인 2종류의 값이 사용되고 있다. c_G는 지반별 보정계수이며 지반조건이 연약한 만큼, 지진동이 크게 되는 것을 고려한 것이다. 일본의 도로교시방서에는 I종 지반에는 0.8, II종 지반에는 0.1, III종 지반에는 1.2이다. G는 고유주기별 보정계수라고 하며, [그림 4.3.9]와 같은 형태로 나타낸 것이다. 즉, c_T는 1-자유도계의 모델에서 고유주기에 따라 가속도 응답배율의 변화를 감쇠정수를 사용하지 않고 표현한 것이다. 감쇠정수는 각 고유주기에 대하여 미리 고려되어 있기 때문이다. 이와 같이 교량의 설계진도를 구하는 방법을 진도법이라고 하며, 특히 응답을 고려하여 수정진도법이라고도 한다. 1-자유도계로 모델화한 교량에는 응답을 고려한 수정진도법은 감쇠정수의 영향을 사전에 고려하고 있으므로 쉽게 가속도응답을 고려한 설계진도를 구할 수 있다.

[그림 4.3.1]에 작용한 1-자유도계의 질점 $m\,(\mathrm{kg})$에 작용한 지진에 의한 최대 수평력은 최대 응답 가속도를 $\alpha\,(\mathrm{m/sec^2})$로 하면 1장에서 기술한 것과 같이 다음의 식이 된다.

$$m\alpha\,(\mathrm{N}) = m\frac{\alpha}{g}\,(\mathrm{kgf}) \qquad (4.3.45)$$

α/g는 설계진도이므로 식 (4.3.44)에 의해 다음과 같은 식으로 성립된다.

$$\frac{\alpha}{g} = k_h (= c_Z \cdot c_G \cdot c_I \cdot c_T \cdot k_{h0}) \qquad (4.3.46)$$

이것에 의해 질점에 작용하는 최대 응답가속도 α는 다음과 같이 된다.

$$\alpha = k_h g = [c_Z \cdot c_G \cdot c_I \cdot c_T \cdot k_{h0}]g \qquad (4.3.47)$$

따라서 진도법은 1-자유도계로 모델화된 교량에 작용되는 간편하고 효과적인 가속도 응답배율의 스펙트럼이라 할 수 있다. 그렇지만 간편한 방법이므로 자칫하면 1-자유도계로 모델화할 수 없는 교량에도 확장하여 사용될 가능성도 있다. 이 경우 응답을 정확히 표현할 수 없을 수도 있으며, 과다 설계나 과소설계가 되므로 적용에 충분히 주의할 필요가 있다. 이것에 대해서는 10장에 진도법에 의한 연속교의 내진설계법에 대해 기술되어 있다.

1-자유도계로 모델화되는 교량에는 [그림 4.3.4]에 나타낸 것과 같은 가속도 응답스펙트럼은 설계 상 직접적으로 필요 없다는 것을 알 수 있다. 실제 가속도 응답스펙트럼은 1-자유도계 모델에 대해 구한 것이지만 4장에서 기술한 1-자유도계로 모델화할 수 없는 교량은 다-자유도계로 모델화하고 지진응답해석을 행할 필요가 있지만, (1-자유도계의) 가속도 응답스펙트럼을 알고 있다면, 다-자유도계의 최대 응답을 구할 수 있다. 이 응답스펙트럼을 사용하는 방법은 다-자유도계의 지진응답해석 방법 중에서도 제일 간편하고 효율적인 방법에 대해서 7.2.8절과 8.4절에 기술되어 있다.

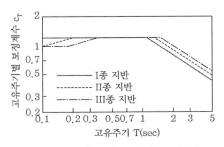

[그림 4.3.9] 고유주기별 보정계수

4.4 직접적분법에 의한 지진응답해석

　1-자유도계의 지진응답해석방법으로 이제까지 Fourier 급수에 의한 방법, Duhamel 적분에 의한 방법에 대해 기술하였다. 이것은 각각 우수한 특징을 가지고 있으나 본 절에서 기술하는 직접적분에 비해 일반적으로 전자계산기에 의한 계산시간이 길다. 직접적분법은 효율적인 수치계산법이다. 그렇지만 직접적분법이 반드시 모든 교량의 응답계산에 대해 제일 유효한 방법이라고 할 수 없다. 예를 들면, 지반 중의 교량기초의 응답계산에는 Fourier 급수에 의한 방법이 유효하다. 이 방법은 복소응답해석법이라고 하며 이것에 대해서는 7장에서 기술하게 될 것이다.

　직접적분법에는 여러 가지 방법이 있지만, 여기서는 쉽고 연산속도도 빠른 선형가속도법에 대해 기술하였다.

　지진동에 의한 교량의 어떤 단면의 변위, 가속도, 휨모멘트, 전단력의 한 예를 [그림 4.4.1]에 나타내었다. 교량의 응답은 짧은 시간에는 직선으로 근사화시킬 수 있다는 것을 이해가 될 것이다. 교량의 응답은 일반적으로 1-자유도계의 응답으로 차이가 나지만, 선형가속도법에는 [그림 4.0.1]에 나타낸 1-자유도계의 응답가속도를 짧은 시간에 직선으로 근사화시킨 것이다.

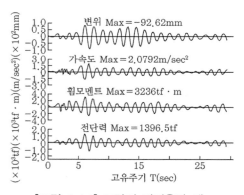

[그림 4.4.1] 교량의 지진응답 예

　[그림 4.0.1]에 나타낸 1-자유도계의 운동방정식은 식 (4.0.3)을 여기에 다시 쓰면 다음과 같다.

$$\ddot{u} + 2h\omega_n\dot{u} + \omega_n^2 u = -\ddot{Z}$$
(4.3.3)

상대응답가속도 $\ddot{u}$를 확대하여 나타내면 [그림 4.4.2]와 같이 된다. 이 응답가속도 $\ddot{u}$를 시각 t_i와 t_{i+1} 사이의 미소한 시간 $\Delta t = t_{i+1} - t_i$을 선형으로 근사시킬 수 있다. 여기서, i =1, 2, 3 … 이다.

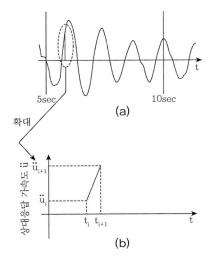

[그림 4.4.2] 선형가속도법의 개념

따라서 시각 t_i 및 t_{i+1}에 대한 응답가속도를 각각 $\ddot{u}_i$, $\ddot{u}_{i+1}$로 하면 시각 t_{i+1}과 t_i 사이에서 시각 t에 대한 응답가속도 $\ddot{u}$는 다음과 같이 된다.

$$\ddot{u} = \frac{d^2u}{dt^2} = \ddot{u}_i + \frac{\ddot{u}_{i+1} - \ddot{u}_i}{\Delta t}(t - t_i) \tag{4.4.1}$$

그러므로 적분하면 다음과 같은 식이 성립된다.

$$\frac{du}{dt} = \ddot{u}_i t + \frac{\ddot{u}_{i+1} - \ddot{u}_i}{2\Delta t}(t - t_i)^2 + C_1 \tag{4.4.2}$$

여기서, C_1은 적분상수이다. 시각 $t = t_i$에 대한 속도는 다음과 같이 구할 수 있다.

$$\left(\frac{du}{dt}\right)_{t=t_i} = \dot{u}_i \tag{4.4.3}$$

식 (4.4.2)에 의해 적분상수 C_1은 다음과 같이 된다.

$$C_1 = \dot{u}_i - \ddot{u}_i \cdot t_i \tag{4.4.4}$$

이 식을 식 (4.4.2)에 대입하면 다음과 같은 식이 성립된다.

$$\frac{du}{dt} = \dot{u}_i + \ddot{u}_i(t-t_i) + \frac{\ddot{u}_{i+1} - \ddot{u}_i}{\Delta t} \cdot \frac{(t-t_i)^2}{2} \tag{4.4.5}$$

이 식을 적분하면 다음 식과 같다.

$$u(t) = \dot{u}_i t + \ddot{u}_i \frac{(t-t_i)^2}{2} + \frac{\ddot{u}_{i+1} - \ddot{u}_i}{\Delta t} \cdot \frac{(t-t_i)^3}{6} + C_2 \tag{4.4.6}$$

여기서, C_2는 적분정수이다. 시각 $t = t_i$에서 변위를 다음과 같이 할 수 있다.

$$u(t_i) = u_i \tag{4.4.7}$$

식 (4.4.6)에 의해 적분정수 C_2는 다음과 같이 된다.

$$C_2 = u_i - \dot{u}_i \cdot t_i \tag{4.4.8}$$

이것을 식 (4.4.6)에 대입하면 다음과 같은 식이 성립한다.

$$u(t) = u_i + \dot{u}_i(t-t_i) + \ddot{u}_i \frac{(t-t_i)^2}{2} + \frac{\ddot{u}_{i+1} - \ddot{u}_i}{\Delta t} \cdot \frac{(t-t_i)^3}{6} \tag{4.4.9}$$

따라서 시각 t_{i+1}에서 속도는 식 (4.4.6)에 의해 다음과 같이 된다.

$$\left(\frac{du}{dt}\right)_{t=t_{i+1}} = \dot{u}_{i+1} = \dot{u}_i + \frac{\Delta t}{2}(\ddot{u}_{i+1} + \ddot{u}_i) \tag{4.4.10}$$

또한 시각 t_{i+1}에서 변위는 식 (4.4.9)에 의해 다음과 같이 된다.

$$u(t_{i+1}) = u_{i+1} = u_i + \dot{u}_i \cdot \Delta t + \frac{\Delta t^2}{6}(2\ddot{u}_i + \ddot{u}_{i+1}) \tag{4.4.11}$$

그런데 시각 $t = t_{i+1}$에서 식 (4.3.3)에 의해 다음과 같은 식이 성립한다.

$$\ddot{u}_{i+1} + 2h\omega_n \dot{u}_{i+1} + \omega_n^2 u_{i+1} = -\ddot{Z}_{i+1} \tag{4.4.12}$$

여기서, $\ddot{Z}_{i+1}$는 시각 $t = t_{i+1}$에서 지진동의 가속도이다. 식 (4.4.12)에 식 (4.4.10), (4.4.11)에 나타낸 시각 $t = t_{i+1}$에서 속도 $\dot{u}_{i+1}$, 변위 u_{i+1}을 대입하고, 그것을 시각 $t = t_{i+1}$에 대한 가속도 $\ddot{u}_{i+1}$에 대해 풀면 다음 식이 성립한다.

$$\ddot{u}_{i+1} = \frac{-\ddot{Z}_{i+1} - 2h\omega_n\left(\dot{u}_i + \frac{\Delta t}{2}\ddot{u}_i\right) - \omega_n^2\left(u_i + \dot{u}_i\Delta t + \Delta t^2 + \frac{\Delta t^2}{3}\ddot{u}_i\right)}{1 + h\omega_n\Delta t + \frac{1}{6}\omega_h^2 \cdot \Delta t^2} \tag{4.4.13}$$

따라서 시각 $t = t_i$에서 상대변위 u_i, 상대속도 $\dot{u}_i$ 및 상대가속도 $\ddot{u}_i$를 알고 있으면 시각 $t = t_{i+1}$에 대한 상대가속도 $\ddot{u}_{i+1}$를 식 (4.4.13)으로부터 구한다.

이 상대가속도 $\ddot{u}_{i+1}$에 의해 상대속도 $\dot{u}_{i+1}$, 상대변위 u_{i+1}을 각각 식 (4.4.10)과 (4.4.11)로부터 구한다.

참고문헌

1) Przemieniecki J.S. (1968): *Theory of Matrix Structural Analysis*, McGraw-Hill.

2) 西山啓伸, 小寺重郎 (1979.3): 橋りようの耐震計算, 山海堂.

3) Roy R. Craig, Jr. (1981): *Structural Dynamics*, John Wiley & Sons.

4) Clough R.W. & Joseph Penzien (1982): *Dynamics of Structures*, McGraw-Hill.

5) Mario Paz (1985). *Structural Dynamics*, Van Nostrand Reinhold Company Inc.

6) 清水信行 (1990): パソコンによる振動解析, 共立出版(株).

7) Humar J.L. (1990): *Dynamic of Structures*, Prentice Hall.

8) Chopra A.K. (2001): *Dynamic of Structures*, Prentice Hall.

9) AASHTO (1994, 1998, 2004, 2007, 2010). *LRFD Bridge Design Specification*, 1st~5th ed., AASHTO, Washington, DC.

10) 도로교설계기준(한계상태설계법) (2015). (사)한국도로교통협회, 2014.12.

11) 하중저항계수설계법에 의한 강구조설계기준 (2014). (사)한국도로교통협회, 2014.4.21.

4.5 지진응답해석의 예

4.5.1 1-자유도계의 모델

지진응답해석의 이해를 돕기 위해 [그림 4.5.1]에 나타낸 1-자유도계의 모델을 적용해보자. 이 1-자유도계의 모델의 높이, 질량, 휨강성 및 감쇠정수는 각각 다음에 나타낸 바와 같다.

$$l = 61\,(\text{m}), \quad m = 1.865 \times 10^6\,(\text{kg})$$
$$EI = 2.927 \times 10^{11}\,(\text{kgf/m}^2) = 2.927 \times 10^{11} \times 9.8\,(\text{N/m}^2)$$
$$h = 0.05\,(5\%)$$

스프링 정수는 다음과 같이 된다.

$$k = 3EI/l^3 = 3.791 \times 10^7\,(\text{N/m})$$

고유원진동수는 식 (4.1.4)에 의해 다음과 같이 된다.

$$\omega_n = \sqrt{\frac{k}{m}} = 4.508695(\text{rad}/\text{sec})$$

따라서 고유주기는 식 (4.1.5)에 의해 다음과 같이 된다.

$$T_n = \frac{2\pi}{\omega_n} = 1.394(\text{sec})$$

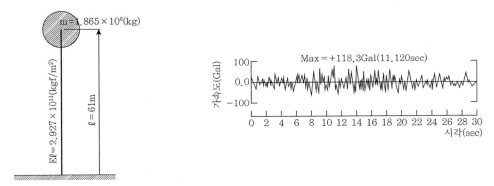

[그림 4.5.1] 1-자유도계의 모델   [그림 4.5.2] 도로교시방서 시각이력응답해석용 표준파형(II종 지반)

입력 지진진동은 일본의 도로교시방서에 나타낸 시각이력응답해석용 표준파형의 예에서 II종 지반을 사용한다. 그 파형을 [그림 4.5.2], 디지털화한 데이터의 최초의 3sec간을 [표 4.5.1]에 나타내었다. 데이터는 1/100sec 간격으로 나타나 있다. 결국, $\Delta t = 0.01 \text{sec}$이다. 실제 이 시각이력응답파형의 감쇠정수 5%인 가속도 응답스펙트럼은 [그림 4.3.4]에 나타낸 II종 지반의 가속도 응답스펙트럼으로 되어 있다. 이것은 Hako 1968년 지진기록의 그 가속도 응답스펙트럼을 II종 지반의 가속도 응답스펙트럼이 되도록 진폭조정법으로 수정한 것이다. 진폭조정법에 대해서는 뒤에서 설명하게 될 것이다.

감쇠정수 $h = 0.05$, 고유원진동수 $\omega_n = 4.508695(\text{rad}/\text{sec})$, $\Delta t = 0.01(\text{sec})$를 식 (4.4.13)에 대입하면 상대가속도 $\ddot{u}_{i+1}$는 다음과 같이 된다.

$$\ddot{u}_{i+1} = \frac{-\ddot{Z}_{i+1} - 20.32833 u_i - 0.6541528 \dot{u}_i - 2.931958 \times 10^{-3} \ddot{u}}{1.002593} \tag{4.5.1}$$

상대속도 $\dot{u}_{i+1}$는 식 (4.4.10)에 의해 다음과 같이 된다.

$$\dot{u}_{i+1} = \dot{u}_i + 0.005(\ddot{u}_{i+1} + \ddot{u}_i) \qquad (4.5.2)$$

상대변위 u_{i+1}는 식 (4.4.11)에 의해 다음과 같이 된다.

$$u_{i+1} = u_i + 0.01\dot{u}_i + 3.33333 \times 10^{-5}\ddot{u}_i + 1.66667 \times 10^{-5}\ddot{u}_{i+1} \qquad (4.5.3)$$

또한 절대가속도 $\ddot{U}_{i+1}$는 식 (4.3.16)에 의해 다음과 같이 된다.

$$\ddot{U}_{i+1} = \ddot{u}_{i+1} + \ddot{Z}_{i+1} \qquad (4.5.4)$$

제1스텝(시각 0.01sec)의 응답을 계산해보자.

[표 4.5.1]의 최초에 지진진동 $\ddot{Z}_0 = -42.46$Gal가 정지하고 있는 질점계에 갑자기 작용할 때 시각을 0으로 하면, 질점은 정지하고 있으므로 초기조건으로는 절대변위 U(상대변위 u＋지진진동변위 Z), 절대가속도 $\dot{U} = \dot{u} + \dot{Z}$, 절대가속도 $\ddot{U} = \ddot{u} + \ddot{Z}$ 가 0이 된다.

시각 0에 있어서 지진진동가속도 $\ddot{Z}_0$가 순간적으로 작용하는 것으로 하면, 지진진동변위 Z_0, 지진진동속도 $\dot{Z}_0$는 동시에 0이므로, 상대변위 u_0, 상대속도 $\dot{u}_0$는 0이 된다. 또한 상대속도는 $\ddot{u}_0 = -\ddot{Z}_0$가 된다. [표 4.5.1]에 의해 $\ddot{Z}_1 = -42.78$Gal이므로 상대가속도 $\ddot{u}_1$는 식 (4.5.1)에 의해 다음과 같이 된다.

$$
\begin{aligned}
\ddot{u}_1 &= (-\ddot{Z}_1 - 20.32833u_0 - 0.6542528\dot{u}_0 - 2.931958 \times 10^{-3}\ddot{u}_0)/1.002593 \\
&= (42.78 - 2.931958 \times 10^{-3} \times 42.46)/1.002593 \\
&= 42.5452\,\mathrm{Gal}
\end{aligned}
$$

상대속도 $\dot{u}_1$는 식 (4.5.2)에 의해 다음과 같이 된다.

$$\dot{u}_1 = \dot{u}_0 + 0.005(\ddot{u}_1 + \ddot{u}_0)$$

$$= 0.005 \times (42.5452 + 42.46)$$
$$= 0.4250 \text{cm/sec}$$

상대변위 u_1은 식 (4.5.3)에 의해 다음과 같이 정의된다.

$$u_1 = u_0 + 0.01\dot{u}_0 + 3.33333 \times 10^{-5}\ddot{u}_0 + 1.66667 \times 10^{-5}\ddot{u}_1$$
$$= 3.33333 \times 10^{-5} \times 42.46 + 1.66667 \times 10^{-5} \times 42.5452$$
$$= 0.002124 \text{cm}$$

절대가속도 $\ddot{U}_1$은 다음과 같이 된다.

$$\ddot{U}_1 = \ddot{Z}_1 + \ddot{u}_1 = -42.78 + 42.5452 = 0.2348 \text{Gal}$$

제2스텝(시각 0.02sec)의 응답계산은 $\ddot{Z}_2 = -43.01$Gal이므로 다음과 같이 된다.

$$\ddot{u}_2 = (-\ddot{Z}_2 - 20.32833u_1 - 0.6541528\dot{u}_1 - 2.931958 \times 10^{-3}\ddot{u}_1)/1.002593$$
$$= (43.01 - 20.32833 \times 0.002124 - 0.6541528 \times 0.4250$$
$$\quad - 2.931958 \times 10^{-3} \times 42.5452)/1.002593$$
$$= 42.4540 \text{Gal}$$

$$\dot{u}_2 = \dot{u}_1 + 0.005(\ddot{u}_2 + \ddot{u}_1)$$
$$= 0.4250 + 0.005 \times (42.4540 + 42.5452)$$
$$= 0.8500 \text{cm/sec}$$

$$u_2 = u_1 + 0.01\dot{u}_1 + 3.33333 \times 10^{-5}\ddot{u}_1 + 1.66667 \times 10^{-5}\ddot{u}_2$$
$$= 0.002124 + 0.01 \times 0.4250 + 3.33333 \times 10^{-5} \times 42.5452$$
$$\quad + 1.66667 \times 10^{-5} \times 42.4540$$
$$= 0.008500 \text{cm}$$

$$\ddot{U}_2 = \ddot{Z}_2 + \ddot{u}_2$$

$$=-43.01+42.454$$

$$=-0.556\mathrm{Gal}$$

이후의 스텝도 같은 방법으로 계산하면 된다.

[표 4.5.1] 도로교시방서 시각이력응답해석용 표준파형(II종 지반)의 디지털화한 데이터

	0.01	0.02	0.03	0.04	0.05	0.06	0.07	0.08	0.09	0.10
0.00	-42.46	-42.78	-43.01	-41.94	-38.77	-33.61	-27.46	-21.61	-16.84	-12.93
0.10	-8.93	-3.81	2.75	10.01	16.59	21.19	23.42	23.95	24.14	25.17
0.20	27.41	30.24	32.53	33.31	32.37	30.25	27.88	25.98	24.63	23.29
0.30	21.13	17.50	12.17	5.48	-1.81	-8.67	-13.98	-16.75	-16.38	-12.99
0.40	-7.58	-1.89	2.16	3.22	1.15	-2.95	-7.23	-10.08	-10.88	-10.28
0.50	-9.67	-10.37	-12.82	-16.48	-20.28	-23.41	-25.84	-28.26	-31.47	-35.58
0.60	-39.72	-42.38	-42.36	-39.51	-35.04	-30.91	-28.81	-29.23	-31.23	-33.06
0.70	-33.17	-31.00	-27.16	-22.83	-18.87	-15.27	-11.23	-5.87	0.95	8.34
0.80	14.69	18.58	19.55	18.40	16.80	16.40	18.09	21.70	26.26	30.63
0.90	33.90	35.61	35.58	33.70	30.02	24.88	19.14	14.02	10.70	9.7
1.0	10.58	12.16	13.15	12.89	11.64	10.21	9.23	8.54	7.10	3.70
1.10	-2.09	-9.33	-15.96	-19.75	-19.52	-15.80	-10.51	-5.87	-3.26	-2.65
1.20	-2.98	-3.14	-2.83	-2.70	-3.67	-5.98	-8.66	-9.96	-8.44	-4.06
1.30	1.56	5.84	6.75	3.97	-0.91	-5.31	-7.14	-5.96	-3.02	-0.37
1.40	0.53	-0.49	-2.34	-3.66	-3.72	-2.75	-1.46	-0.27	1.24	4.04
1.50	8.73	14.80	20.53	23.83	23.49	20.01	15.36	11.92	11.05	12.42
1.60	14.43	15.43	14.82	13.30	12.16	11.97	11.93	10.21	5.26	-2.85
1.70	-12.01	-18.95	-20.97	-17.35	-9.69	-0.82	6.79	12.21	16.06	19.42
1.80	22.62	24.75	24.39	20.80	14.88	8.85	5.00	4.19	5.29	5.95
1.90	4.27	0.17	-4.45	-7.06	-6.31	-3.16	-0.41	-0.95	-5.77	-13.22
2.00	-19.84	-22.52	-20.25	-14.69	-8.90	-5.43	-4.88	-5.84	-6.27	-5.09
2.10	-2.84	-1.12	-1.11	-2.53	-3.77	-3.19	-0.66	1.83	1.15	-5.03
2.20	-16.54	-30.49	-42.62	-49.53	-50.35	-46.84	-42.03	-38.35	-36.47	-35.52
2.30	-34.27	-32.28	-30.10	-28.54	-27.52	-25.66	-21.03	-12.50	-0.86	11.30
2.40	20.92	26.23	27.70	27.50	27.91	29.73	31.78	32.01	29.20	24.25
2.50	19.81	18.72	21.94	27.75	32.62	33.30	28.82	21.09	13.51	8.79
2.60	7.17	6.36	3.22	-4.01	-14.33	-24.37	-30.30	-29.97	-24.01	-15.21
2.70	-6.76	-0.57	3.32	6.07	8.68	11.09	12.23	11.17	7.78	3.26
2.80	-0.68	-2.91	-3.54	-3.63	-4.28	-5.66	-6.91	-6.84	-5.04	-2.40
2.90	-0.73	-1.54	-5.03	-9.89	-14.25	-16.90	-18.15	-19.39	-21.89	-25.56

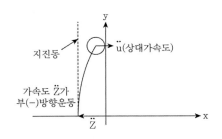

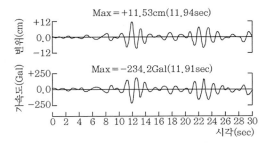

[그림 4.5.3] 절대가속도와 상대가속도의 개념　　**[그림 4.5.4]** 1-자유도계 모델 변위, 가속도 경시변화

시각 0sec에서 지진진동가속도는 $\ddot{Z} = -42.46$Gal, 0.01sec에서 지진진동가속도는 $\ddot{Z} = -42.78$ Gal이므로 시각 0에서부터 0.01sec에 걸쳐서 지반은 [그림 4.5.3]에 나타낸 것과 같이 절대좌표계로 보고 정지 상태에서 부(−)방향으로 가속되므로 질점은 정(+)방향으로 변위가 생기도록 하고, 그 상대가속도(기둥의 변형에 따라 가속도)는 시각 0.01에서 $\ddot{u}_1 = 42.5452$Gal이 된다. 이때의 절대가속 도 $\ddot{U}_1$은 −0.2348Gal이 되며, 질점으로는 지진진동가속도 영향은 아직 거의 전달되지 않았음을 알 수 있다. 이것은 기둥을 탄성변형하기 위해서이다. 조화외력에 의해 1-자유도계 과도진동의 예는 [그림 4.2.13]에 나타냈지만, 감쇠정수가 크게 된 만큼 정상진폭에 도달하기까지의 시간이 짧게 된 다. 감쇠정수는 기둥의 스프링 정수 k가 크게 되는 만큼 크게 된다는 것은 식 (4.3.41) 및 (4.3.43)으 로 확인되므로 기둥의 강성이 큰 만큼 정상상태에 빨리 도달한다는 것을 알 수 있다. 그 직전에는 지진진동은 생기지 않으므로 지진진동 가속도는 0.01sec보다 조금 큰 시간 사이에 −42.78Gal로 변화하고 있는 것으로 된다. 지진진동은 조화외력은 아니지만, 이 예와 같이 지진진동가속도가 0.01sec보다 약간 큰 시간 사이에 0Gal부터 −42.78Gal로 변화하여도 절대응답가속도 $\ddot{U}_1$가 겨우 −0.2348Gal밖에 발생하지 않는다는 것은 기둥이 탄성변형하고 감쇠정수가 강체거동을 한다면, $u = $ 0이므로 식 (4.3.16)에 의해 $\ddot{U} = \ddot{Z}$로 되며, 직감적으로 알 수 있듯이 지진동가속도가 그대로 질점에 전해지는 것으로 된다. 결국 지진진동가속도가 0Gal로부터 −42.78Gal로 변화하면 질점의 가속도도 같이 변화하는 것으로 된다.

상대변위 및 절대가속도의 시각에 따른 변화를 [그림 4.5.4]에 나타내었다. 식 (4.3.10) 및 (4.3.22)에 보인 것과 같이 응답곡선은 고유원진동수 $\omega_d \doteq \omega_n = 4.508695$m/sec, 결국 고유주기 $T_n = 2\pi/\omega_d = 1.394$sec로 진동하고 있음을 알 수 있다. 변위는 식 (4.3.10)에 보인 것과 같이 진폭이 변화하는 정현곡선, 가속도는 식 (4.3.22)에 보인 것과 같이 변위와 역위상이 된다는 것을 확인할 수 있으며, 거의 같은 시각에 절대치가 최대로 되어 있다. 부재에 작용한 최대 전단력은 최대 변위가

11.53cm이므로 식 (4.3.37)에 의해 다음과 같이 된다.

$$Q_{\max} = k \cdot S_D = 3.791 \times 10^7 \times 0.1153(\mathrm{N})$$
$$= 446\mathrm{tf}$$

또한 그때의 기둥의 하단의 휨모멘트는 식 (4.3.36)에 의해 다음과 같이 된다.

$$M_{\max} = k \cdot S_D \cdot l = 446 \times 61 = 27,206(\mathrm{tf \cdot m})$$

선형가속도법은 연산시간은 빠르지만, 시간간격 Δt를 크게 잡으면 수치적분이 발산하여 정해를 얻을 수 없다. 그 한계는 $\Delta t = 0.55\,T_n$이다. 이와 같은 해의 안정성의 문제를 해결하기 위해 Newmark$-\beta$법이나 Wilson$-\theta$법 등이 개발되어 있다.

4.5.2 가동지점에서 마찰력의 역학적 모델

[1] 개요

마찰력은 정적 및 동적문제 중 어느 경우에나 항상 물체와 물체 간에 접촉된 면에 작용하는 평형력이다. 현재까지 동적해석에서 마찰력은 계산상 무시하거나 또는 등가점성감쇠로 치환하여 다루는 경우가 많았다. 이러한 이유는 일반적으로 마찰력의 영향이 현저하게 나타나는 경우가 드물고, 운동방정식을 풀기 어렵기 때문이다. 그러나 오늘날 해석방법의 정도가 높고, 수치해석기술의 급속한 발전에 의해 마찰력에 대한 상세한 검토가 가능하므로 마찰력의 영향을 상세하게 고려할 필요성이 있다.

본 절에서는 이와 같은 관점에서 뼈대요소해석에 대한 기하학적 모델을 근간으로 하여 교량의 동적해석에서 가동지점의 마찰력을 역학적으로 나타내기 위한 2가지 종류의 역학적 모델에 대한 강성매트릭스를 제시하였다.

[2] Coulomb형 마찰력

마찰력은 면과 면 또는 점과 점 등 여러 가지 접촉형태에서 발생한다. 이것을 다음과 같은 가정을 설정하여 Coulomb형 마찰력을 역학적으로 모델화한다.

1. 서로 정지하고 있는 접촉면 사이에 작용하는 마찰력은 정지마찰력이다.
2. 접촉면이 서로 상대운동을 하는 경우에 접촉면에 발생하는 마찰력은 반대방향에서 작용하는 운동마찰력이다.
3. 접촉면이 서로 상대운동을 하지 않을 경우에 접촉면에 작용하는 운동마찰력은 법선력에 비례한다. 즉, 최대 마찰력과 최소 마찰력 사이의 임의의 값을 갖는다.
4. 운동마찰력은 접촉면이 서로 움직이는 상대속도와는 무관하다.

본 절에서는 이와 같은 마찰력을 [그림 4.6.1]에 나타낸 것과 같이 좌표계에 2절점으로 이루어진 구조계를 사용하여 마찰요소를 정의하면, 마찰요소의 I, J절점에 작용하는 마찰력 F_I^C와 F_J^C는 다음과 같은 식으로 정의할 수 있다.

$$F_I^C = -F_J^C = \mu(N)|N|\sin(\dot{r}) \qquad\qquad ; \dot{r} \neq 0 \text{인 경우} \qquad\qquad (4.6.1)$$

$$-\mu(N)|N| < F_I^C = -F_J^C < \mu(N)|N| \qquad\qquad ; \dot{r} = 0 \text{인 경우} \qquad\qquad (4.6.1\text{-}1)$$

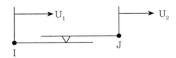

[그림 4.6.1] 좌표계의 정의

여기서, μ는 Coulomb 마찰계수, N은 접촉력, r과 $\dot{r}$는 절점 I, J 간의 상대변위와 상대속도로 다음식과 같이 정의하였다.

$$r \equiv u_J - u_I, \ \dot{r} \equiv \dot{u}_J - \dot{u}_I \qquad\qquad (4.6.2)$$

또한 접촉력 N은 다음 식과 같이 정의한다.

$$(N) = \begin{cases} 1: & N < 0 \\ 0: & N \geq 0 \end{cases} \qquad\qquad (4.6.3)$$

(a) 변위제어 모델　　　　　　　　(b) 속도제어 모델

[그림 4.6.2] 마찰력의 역학적 모델

식 (4.6.1)에 정의한 마찰력은 [그림 4.6.2]와 같이 나타낼 수 있다. 여기서 [그림 4.6.2(a)]는 F_I^C, F_J^C와 상대변위 r의 관계를 나타낸 것이고, [그림 4.6.2(b)]는 F_I^C, F_J^C와 상대속도 $\dot{r}$의 관계를 나타낸 것이다. [그림 4.6.2(b)]에는 활동량이 직접 나타나지 않지만, [그림 4.6.2(a)]와 [그림 4.6.2(b)]는 본질적으로 같은 관계를 나타낸다.

마찰력은 식 (4.6.1)에 의해 동적해석에 적용할 수 있지만, [그림 4.6.2(a)] 및 [4.6.2(b)]의 어느 관계도 상대속도 $\dot{r}$의 부호가 바뀌는 경우에는 마찰력의 급격한 변화가 발생하므로 이와 같은 형태로 수치계산에 사용하는 것은 실제적이지 못하므로 본 절에서는 참고문헌 [6]~[10]에 제시된 접촉조건 모델(Contact Condition Model)을 마찰제어 모델(Friction Control Model)로 이상화하여 [그림 4.6.2]의 관계를 [그림 4.6.3]과 같이 상대변위 r 또는 상대속도 $\dot{r}$가 미소한 구간에서 마찰력이 선형으로 변화하는 것으로 모델화하였다.

(a) 변위제어 모델　　　　　　　　(b) 속도제어 모델

[그림 4.6.3] 마찰력의 제어 모델

본 절에서 새로이 제시한 마찰제어 모델에서 [그림 4.6.3(a)]의 모델을 변위제어 모델(Displacement Control Model), [그림 4.6.3(b)]의 모델을 속도제어 모델(Velocity Control Model)이라 정의한다.

[3] 마찰력의 역학 모델

(1) 변위제어 모델

[그림 4.6.3(a)]에 나타낸 변위제어 모델에 있어서 I절점 및 J절점 사이의 힘과 변위의 관계를 다음 식과 같이 정의한다.

$$\Delta \widetilde{F}^C = \widetilde{k}^{FR} \cdot \Delta \widetilde{u} \tag{4.6.4}$$

여기서,

$$\widetilde{F}^C = \begin{Bmatrix} F_I^C \\ F_J^C \end{Bmatrix}, \quad \Delta \widetilde{F}^C = \begin{Bmatrix} \Delta F_I^C \\ \Delta F_J^C \end{Bmatrix} \tag{4.6.5}$$

$$\widetilde{u} = \begin{Bmatrix} u_I \\ u_J \end{Bmatrix}, \quad \Delta \widetilde{u} = \begin{Bmatrix} \Delta u_I \\ \Delta u_J \end{Bmatrix} \tag{4.6.5-1}$$

즉, 식 (4.6.2)에 정의한 상대변위 r에 대응하는 힘 S를 다음과 같이 정의한다.

$$S = F_I^C = -F_J^C \tag{4.6.6}$$

Δr와 ΔS의 관계를 다음 식과 같이 정의한다.

$$\Delta S = \widetilde{k} \cdot \Delta r \tag{4.6.7}$$

식 (4.6.5)와 (4.6.6)을 사용하면 식 (4.6.4)에 정의한 강도매트릭스 $\widetilde{k}^{FR}$은 다음과 같이 나타낼 수 있다.

$$\widetilde{k}^{FR} = -\begin{bmatrix} \widetilde{k} & -\widetilde{k} \\ -\widetilde{k} & \widetilde{k} \end{bmatrix} \tag{4.6.8}$$

여기서, [그림 4.6.3(a)]에 나타낸 변위제어 모델의 마찰력 S는 다음과 같이 나타낼 수 있다.

$$S = \begin{cases} -\mu(N)|N| & ; \ r \leq (r^S - r^E) \\ k^C(N)(r - r^S) & ; \ (r^S - r^E) < r < (r^S + r^E) \\ \mu(N)|N| & ; \ r \geq (r^S + r^E) \end{cases} \tag{4.6.9}$$

여기서, r^S는 시간 t에 대한 활동량, k^C는 [그림 4.6.3(a)]에 정의한 강성계수, r^E는 강성계수 k^C에 의해 생기는 탄성변위로 $r^E = \mu|N|/k^C$로 정의한다. 직접적분법을 사용한 응답해석에서 미소한 적분시간간격 Δt의 범위 내에 $(r - r^S \pm r^E)$의 부호를 일정하게 하고, N도 변화하지 않는다고 가정하고, 식 (4.6.9)를 증분형태로 나타내면 다음과 같이 된다.

$$\Delta S = - \begin{cases} k^C(N)\Delta r & ; \ (r^S - r^E) < r < (r^S + r^E) \\ 0 & ; \ r \leq (r^S + r^E) \ \text{또는} \ r \geq (r^S + r^E) \end{cases} \tag{4.6.10}$$

그러므로 식 (4.6.10)에 의해 식 (4.6.7)에 정의한 $\tilde{k}$는 다음과 같이 나타낼 수 있다.

$$\tilde{k} = \begin{cases} -k^C(N) & ; \ (r^S - r^E) < r < (r^S + r^E) \\ 0 & ; \ r \leq (r^S - r^E) \ \text{또는} \ r \geq (r^S + r^E) \end{cases} \tag{4.6.11}$$

이와 같이 변위제어 모델에 대한 강성매트릭스 $\tilde{k}^{FR}$은 식 (4.6.11)을 식 (4.6.8)에 대입하여 구할 수 있고, 또한 이것에 대한 복원력벡터 $\tilde{F}^C$는 식 (4.6.5)에 식 (4.6.6) 및 (4.6.9)를 대입하여 구할 수 있다.

(2) 속도제어 모델

[그림 4.6.3(b)]에 나타낸 속도제어 모델에 있어서 I절점 및 J절점 사이의 힘과 속도의 관계를 다음 식과 같이 정의한다.

$$\Delta \tilde{F}^C = \tilde{c}^{FR} \cdot \Delta \tilde{u} \tag{4.6.12}$$

여기서,

$$\widetilde{F}^C = \begin{Bmatrix} F_I^C \\ F_J^C \end{Bmatrix}, \quad \Delta\widetilde{F}^C = \begin{Bmatrix} \Delta F_I^C \\ \Delta F_J^C \end{Bmatrix} \tag{4.6.13}$$

$$\widetilde{\dot{u}} = \begin{Bmatrix} \dot{u}_I \\ \dot{u}_J \end{Bmatrix}, \quad \Delta\widetilde{\dot{u}} = \begin{Bmatrix} \Delta\dot{u}_I \\ \Delta\dot{u}_J \end{Bmatrix} \tag{4.6.13-1}$$

즉, 변위제어 모델의 경우와 같이 식 (4.6.2)에 정의한 상대속도 $\dot{r}$에 대응하는 힘 S를 식 (4.6.6)과 같이 정의하고, $\dot{r}$과 S의 관계를 정의하면 다음과 같다.

$$\Delta S = \widetilde{c} \cdot \Delta\dot{r} \tag{4.6.14}$$

식 (4.6.6)과 (4.6.13)을 사용하면 식 (4.6.12)에 정의한 감쇠매트릭스 $\widetilde{c}^{FR}$는 다음과 같이 나타낼 수 있다.

$$\widetilde{c}^{FR} = \begin{bmatrix} \widetilde{c} & -\widetilde{c} \\ -\widetilde{c} & \widetilde{c} \end{bmatrix} \tag{4.6.15}$$

여기서, [그림 4.6.3(b)]에 나타낸 변위제어 모델의 마찰력 S는 다음과 같이 나타낼 수 있다.

$$S = -\begin{cases} \mu(N)|N| & ; \ \dot{r} \geq (\dot{r}^E) \\ c^C(N)\dot{r} & ; \ \dot{r}^E < \dot{r} < \dot{r}^E \\ -\mu(N)|N| & ; \ \dot{r} \leq -\dot{r}^E \end{cases} \tag{4.6.16}$$

여기서, c^C는 [그림 4.6.3(b)]에 정의한 초기감쇠계수, $\dot{r}^E$는 마찰력을 상대속도에 비례하여 제어할 최대 상대속도 $\dot{r}^E \equiv \mu|N|/c^C$로 정의한다.

변위제어 모델의 경우와 같이 미소의 적분시간간격 Δt의 범위 내에서 $(\dot{r} \pm \dot{r}^E)$의 부호를 일정하게 하고, N도 변화하지 않는다고 가정한 후 식 (4.6.16)을 증분형태로 나타내면 다음과 같이 된다.

$$\Delta S = -\begin{cases} c^C(N)\Delta\dot{r} & ; \ |\dot{r}| < \dot{r}^E \\ 0 & ; \ |\dot{r}| \geq \dot{r}^E \end{cases} \tag{4.6.17}$$

그러므로 식 (4.6.17)에 의해 식 (4.6.14)에 정의한 $\tilde{c}$는 다음과 같이 나타낼 수 있다.

$$\tilde{c}=-\begin{cases}c^C(N) & ; \quad |\dot{r}| < \dot{r}^E \\ 0 & ; \quad |\dot{r}| \ge \dot{r}^E \end{cases} \tag{4.6.18}$$

이상에 따라 속도제어 모델에 대한 감소매트릭스 $\tilde{c}^{FR}$은 식 (4.6.18)을 식 (4.6.15)에 대입함으로써 구할 수 있고, 또한 이것에 대한 감쇠력 $\tilde{F}^C$는 식 (4.6.16)을 식 (4.6.13)에 대입함으로써 구할 수 있다.

[4] 해석 결과 및 검토

본 절에서 제시한 해석모델의 계산 예는 [그림 4.6.4]에 나타낸 스프링(강성 k)에 의해 지지된 강체(질량 m)가 Coulomb 마찰력(마찰계수 μ)을 갖고 자유진동하는 경우이다. 본 계산 예는 자유진동하는 경우에 마찰력의 영향이 제일 현저하게 나타나기 때문에 마찰력 모델을 검토하기에 적당하다고 판단되어 선정하였다.

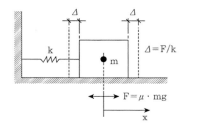

[그림 4.6.4] Coulomb 마찰에 대한 예

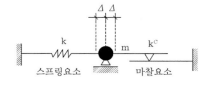

[그림 4.6.5] Coulomb 마찰요소를 사용한 구조시스템

즉, 그림에 보인 것과 같이 질량 m을 우측방향으로 초기변위를 x_0만큼 이동시켜 자유진동시키기로 한다. 다만 $x_0 \gg \Delta = F/k = \mu \cdot mg/k$로 한다. 이 경우에 대한 자유진동 운동방정식은 잘 알고 있는 것과 같이 다음과 같다.

$$m\ddot{x} + kx = -F \cdot \sin(\dot{x}) \tag{4.6.19}$$

이 식의 일반해는 다음과 같다.

$$x = - \Delta + A \cdot \cos(\omega_n t - \gamma) \quad : \quad \dot{x} > 0$$
$$x = \quad \Delta + A' \cdot \cos(\omega_n t - \gamma') \quad : \quad \dot{x} < 0$$

(4.6.20)

위의 식은 미정계수 A, A', γ, γ'를 초기조건으로 구하여 다시 쓰면 다음과 같이 된다.

$$x = - (x_0 - 2\Delta)\cos\omega_n t - \frac{F}{k}(1 - \cos\omega_n t)$$
$$\quad = - \Delta(x_0 - 3\Delta)\cos\omega_n t \qquad\qquad : \quad \dot{x} > 0$$
$$x = x_0 \cos\omega_n t + \frac{F}{k}(1 - \cos\omega_n t)$$
$$\quad = \Delta + (x_0 - \Delta)\cos\omega_n t \qquad\qquad : \quad \dot{x} < 0$$

(4.6.20-1)

즉, 초기변위 $x_0 = 12\Delta$인 경우에 대해 식 (4.6.20)의 정해를 구하면 [그림 4.6.6]의 실선과 같다. Coulomb 마찰력(마찰계수 μ)을 갖는 구조계의 진동수는 잘 알고 있는 것과 같이 비감쇠 고유진동수와 같고, 진폭은 1주기마다 4Δ씩 감소한다. 또한 질량 m은 진폭의 극대치(Peak Value)가 Δ보다 작을 때(즉, $-\Delta \leq x \leq \Delta$)에는 초기단계에서 정지한다.

본 예제는 앞에서 제시한 마찰요소 모델을 사용하여 [그림 4.6.5]에 나타낸 것과 같이 역학적 모델로 이상화하여 구할 수 있다. 이때 수치계산에 사용한 파라메타들은 다음과 같이 가정한다.

$$m = 0.037\text{kg}, \ k = 71.4\text{N/cm}, \ \mu = 0.5$$
$$f_n = \frac{1}{2\pi}\sqrt{k/m} = \frac{1}{2\pi}\sqrt{\frac{71.4}{0.037}} = 6.98\text{Hz}$$
$$\Delta = \frac{F}{k} = \frac{0.5 \times 980 \times 0.037}{71.4} = 0.254\text{cm}$$

(4.6.21)

또한 결과를 무차원화하여 나타내기 위하여 다음과 같은 파라메타를 도입하였다.

시간 : $T \equiv \omega_n t$
초기강성계수 : $\alpha \equiv r^E/\Delta$
진폭 : $X \equiv x/\Delta$
초기감쇠계수 : $\beta \equiv \dfrac{\dot{r}^E/\omega_n}{\Delta}$

(4.6.22)

계산에서는 일정가속도법을 사용하였고, 필요에 따라서 반복법(Iteration Method)에 의해 해의 정도를 높였다.

(1) 변위제어 모델

변위제어 모델은 강성계수 k^C를 충분히 크게 하고, [그림 4.6.3(a)]의 역학모델로 [그림 4.6.2(a)]의 마찰력 특성을 잘 재현시킬 필요가 있다. 그러므로 복원력 $k^C(r^E)$의 크기에 따른 해석 정도를 검토하기 위해 무차원화 한 적분시간간격 Δt를 임의로 $\pi/10$으로 고정시키고, 초기강성계수 $\alpha \equiv r^E/\Delta$를 0.1, 1.0, 5.0으로 변화시킨 경우의 결과를 [그림 4.6.6]에 나타내었다.

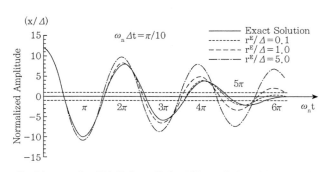

[그림 4.6.6] 변위제어 모델에 의한 초기강도계수의 영향

이 결과에서 초기강성계수 α값을 작게 할수록 해석의 정도는 향상되고, 진동진폭 X가 초기강성계수 α에 비해 큰 경우에는 탄성변위 r^E를 어느 정도 크게 취해도 계산치는 정해와 비교적 잘 일치한다. 그러나 진동진폭 X가 감소하고 초기강성계수 α에 근접함에 따라 오차가 현저하게 나타나는 경향이 있음을 알 수 있다. 따라서 변위제어 모델에 의해 마찰력을 모델화할 경우에는 대상으로 한 진동진폭의 레벨 X가 초기강성계수 α보다도 충분히 크게 되도록 강성계수 k^C를 정할 필요가 있다.

그리고 적분시간간격 Δt의 크기에 따라 해의 정도를 검토하기 위하여, 초기강성계수 $\alpha \equiv r^E/\Delta$를 0.1로 고정시키고, 무차원화한 적분시간간격 Δt를 임의로 $\pi/10$, $\pi/5$, $\pi/3$으로 변화시킨 경우의 계산결과를 [그림 4.6.7]에 나타내었다. 이 결과에서 적분시간간격 Δt도 초기강성계수 k^C와 같이 해석결과의 정도에 현저한 영향을 미치며, 적분시간간격 Δt를 작게 할수록 정도가 향상됨을 알 수 있다.

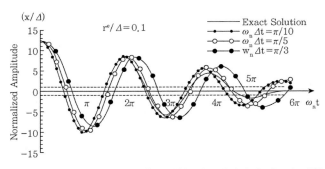

[그림 4.6.7] 변위제어 모델에 의한 적분시간간격 Δt의 영향

(2) 속도제어 모델

[그림 4.6.8]은 최대 상대속도 $\dot{r}^E$의 영향을 나타낸 것이며, 무차원화 한 적분시간간격 Δt는 임의로 $\pi/10$으로 고정시키고, 초기감쇠계수 $\beta \equiv (\dot{r}^E/\omega_n)/\Delta$를 0.1, 1.0, 5.0으로 변화시킨 경우의 결과를 나타낸 것이다. 이 경우에도 초기감쇠계수 β를 작게 할수록 해석의 정도가 향상되는 것은 변위제어 모델과 같다.

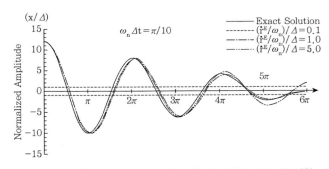

[그림 4.6.8] 속도제어 모델에 의한 초기감쇠계수의 영향

그리고 [그림 4.6.9]는 적분시간간격의 영향을 검토한 결과이며, 초기감쇠계수를 $\beta = 0.303$에 고정하고, 적분시간간격 Δt를 임의로 $\pi/10$, $\pi/5$, $\pi/3$으로 변화시킨 경우의 계산결과를 나타낸 것이다. 이 결과에서 적분시간간격 Δt를 작게 할수록 정도가 향상된다는 것을 명확히 알 수 있다.

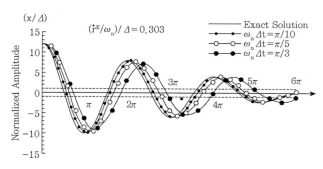

[그림 4.6.9] 속도제어 모델에 의한 적분시간간격 Δt의 영향

[5] 정리

본 절에서는 교량의 동적해석에서 가동지점의 마찰력을 역학적으로 나타내기 위해 2가지 종류의 역학적 모델을 제시하였으며, 제시한 역학적 모델을 사용하여 마찰요소의 강도매트릭스와 감쇠매트릭스를 유도하였다. 그리고 적용 예에서 제시한 방법으로 교량의 가동지점에서 마찰력을 역학적 마찰요소로 이상화할 수 있음을 보였다.

제시한 역학적 마찰요소의 정당성을 검토한 결과는 다음과 같다.

1. 교량의 가동지점에서 Coulomb형 마찰력을 역학적 마찰요소로 정의한 변위제어 모델과 속도제어 모델 중 어느 모델도 동적교량해석에 적용할 수 있다.

2. 변위제어 모델은 진동진폭($X \equiv x/\Delta$)이 초기강성계수($\alpha \equiv r^E/\Delta$)보다 충분히 큰 경우에 정도가 좋으므로, 초기강성계수(α)의 결정에 대해서는 예상되는 진동진폭(X)의 크기를 기초로 하여, 주어진 기본조건을 만족하도록 강성계수(k^C)를 정하는 것이 매우 중요함을 알 수 있다.

3. 속도제어 모델은 무차원화 한 초기감쇠계수($\beta \equiv (\dot{r}^E/\omega_n)/\Delta$)를 작게 할수록 해의 정도는 향상됨을 알 수 있다.

참고문헌

1) Andronov, A.A. and E.E. Chaikn (1949). *Theory of Oscillations*, Princeton University Press.

2) Myklestad, N.O. (1956). *Fundamentals of Vibration Analysis*, McGraw Hill.

3) Tong K.N. (1960). *Theory of mechanical Vibration*, John Wiley & Sons. pp.62~68.

4) Przemieniecki J.S. (1968). *Theory of Matrix Structural Analysis*, McGraw-Hill.

5) Mondkar, D.P. and G.H. Powell (1975). "*Static and Dynamic Analysis of Nonlinear Structures*", Report No. EERC 75-10, University of California, Berkeley.

6) Kawashima, K. and J. Penzien (1976). "*Correlative Investigation on Theoretical and Experimental Dynamic Behavior of a Model Bridge Structure*", Report No. EERC 76-26, University of California, Berkeley, 1976.

7) 佐々木・藤野・伯野 (1978). "地震動による物體のすべり−特にその上下動の影響", 第33回 土木學會 年次學術講演會.

8) 西山啓伸, 小寺重郎 (1979.3). 橋りようの耐震計算. 山海堂.

9) Roy R. Craig, Jr. (1981). *Structural Dynamics*, John Wiley & Sons.

10) Clough R.W. & Joseph Penzien (1982). *Dynamics of Structures*, McGraw-Hill.

11) Mario Paz (1985). *Structural Dynamics*, Van Nostrand Reinhold Company Inc.

12) Myong-Woo Lee and Young-Suk Park (1986). "*Nonlinear Analysis on the Static and Dynamic Behavior of Mooring Lines*", Proceedings KSCE, Chonbuk Univ., Chonbuk-Do Korea.

13) Myong-Woo Lee and Young-Suk Park (1989). "*A Study on the Behavior of Mooring System for Guyed Tower*", Journal of KSCE, Vol.9, No.1, pp.11~23.

14) 土木學會編 (1989.12.5.). 動的解析の耐震設計, 第2卷 動的解析方法, 技報堂.

15) Young-Suk Park, Myong-Woo Lee and Young-Il Ho (1989). "*Dynamic Behavior of Mooring System Considering Wave Forces*", Journal of the Research Institute of Eng. & Technology, Myongji Univ., Vol.3, pp.123~144.

16) J.L. Humar (1990). *Dynamic of Structures*, Prentice Hall.

17) Josef Henrych (1990). *Finite Models and Methods of Dynamics in Structures*, Elsevier.

18) 清水信行 (1990). パソコンによる振動解析, 共立出版(株).

19) Myong-Woo Lee, Woo-Sun Park and Young-Suk Park (1991). "*Dynamic Analysis of Guyline in the Offshore Guyed Towers Considering Sea Bed Contact Conditions*", Journal of Korean Society of Coastal and Ocean Engineers, Vol.3, No.4, pp.244~254.

20) Chopra A. K. (2001). *Dynamic of Structures*, Prentice Hall.

21) William Weaver, Jr. & Paul R. Johnston (1987). *Structural Dynamics by Finite Elements*, Engineering Information System, Inc.

22) AASHTO (1994, 1998, 2004, 2007, 2010). *LRFD Bridge Design Specification*, 1st~5th ed.,

AASHTO, Washington, DC.

23) 도로교설계기준(한계상태설계법) (2015). (사)한국도로교통협회, 2014.12.

24) 하중저항계수설계법에 의한 강구조설계기준 (2014). (사)한국강구조학회, 2014.4.21.

다-자유도계의 운동방정식

05 다-자유도계의 운동방정식
Equation of Motion of M-DOF System

CHAPTER

1장에서 기술한 것과 같이 1-자유도계로 모델화가 적당치 않은 구조물은 동적응답해석으로 설계할 필요가 있다. 동적응답해석은 교량을 다-자유도계로 모델화하여 구해지지만, 지금까지 기술한 1-자유도계의 응답해석에 비해 복잡하다. 여기서는 이해를 돕기 위해 간단한 구조물을 예로 선정하여 설명하였다.

컴퓨터에 의한 다-자유도계의 지진응답해석은 매트릭스(Matrix)로 나타내어 해석하기 위하여, 5.1절에서는 동적응답해석을 수식화하기 위해 필요한 매트릭스 구조해석에 대한 기본지식을 설명하였다. 그리고 5.2절에서 사장교의 정적 매트릭스 구조해석, 5.3절에는 사장교의 운동방정식을 설명하였다.

5.1 매트릭스 구조해석의 기초

매트릭스로 운동방정식을 표현하는 방법을 이해하기 위해 [그림 5.1.1(a)]에 나타낸 것과 같이 간단한 2층 라멘의 지진응답을 2개의 질점으로 모델화하는 것을 고려해보자. 기둥을 2개의 부재 ①, ②로 나타내고, 부재 ①의 스프링 정수를 $k_1 = 2,000(\text{tf/m}) = 2 \times 10^6 \times 9.8(\text{N/m})$, 부재 ②의 스프링 정수를 $k_2 = 3,000(\text{tf/m}) = 3 \times 10^6 \times 9.8(\text{N/m})$로 한다. 각 층의 질량은 $m_1 = 5 \times 10^4(\text{kg})$, $m_2 = 5 \times 10^4(\text{kg})$로 한다. 또한 부재 ①, ②는 강성만 갖고, 질량은 없는 것으로 한다.

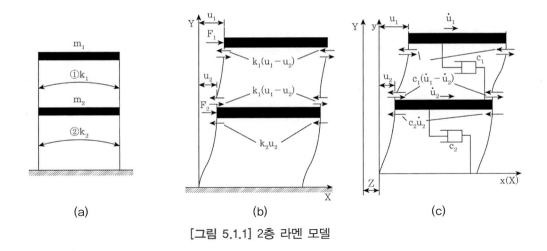

(a) (b) (c)

[그림 5.1.1] 2층 라멘 모델

[그림 5.1.1(b)]에 나타낸 것과 같이 질점 m_1 및 m_2에 정적인 하중 F_1 및 F_2가 작용하여 구조계가 평형을 이루고 있는 경우를 고려한다. 기둥 단면에 발생하는 단면력은 간편하게 전단력만 고려하고, 휨모멘트와 축력의 영향은 무시하였다. 질점 m_1 및 m_2의 변위를 각각 u_1 및 u_2라 하면, 질점 m_1에는 복원력 $k_1 \cdot (u_1 - u_2)$이 변형된 방향과 반대방향(X축의 부(−)의 방향)으로 작용하므로 질점 m_1의 힘의 평형방정식은 다음과 같다. 힘의 평형은 미소변형이므로 변형 전 상태를 생각한다.

$$F_1 - k_1(u_1 - u_2) = 0 \tag{5.1.1}$$

질점 m_2에는 그림에 나타낸 것과 같은 방향으로 부재 ①의 복원력과 부재 ②의 복원력이 작용하므로 힘의 평형방정식은 다음과 같다.

$$F_2 + k_1(u_1 - u_2) - k_2 u_2 = 0 \tag{5.1.2}$$

이 두 식을 매트릭스를 사용하여 나타내면 다음과 같다.

$$\begin{Bmatrix} F_1 \\ F_2 \end{Bmatrix} = \begin{bmatrix} k_1 & -k_1 \\ -k_1 & k_1 + k_2 \end{bmatrix} \begin{Bmatrix} u_1 \\ u_2 \end{Bmatrix} \tag{5.1.3}$$

여기서,

$$[k] = \begin{bmatrix} k_1 & -k_1 \\ -k_1 & k_1 + k_2 \end{bmatrix} \tag{5.1.4}$$

이 $[k]$는 절점의 변위와 하중을 관련시키는 매트릭스로 강성매트릭스(Stiffness Matrix)라 한다. 식 (5.1.1)과 (5.1.2)를 풀면, 변위 u_1과 u_2는 다음과 같이 구해진다.

$$u_1 = \left(\frac{1}{k_1} + \frac{1}{k_2} \right) F_1 + \frac{1}{k_2} F_2$$
$$u_2 = \frac{1}{k_2} F_1 + \frac{1}{k_1} F_2 \tag{5.1.5}$$

식 (5.1.5)를 매트릭스 형태로 나타내면 다음과 같다.

$$\begin{Bmatrix} u_1 \\ u_2 \end{Bmatrix} = \begin{bmatrix} \dfrac{1}{k_1} + \dfrac{1}{k_2} & \dfrac{1}{k_2} \\ \dfrac{1}{k_2} & \dfrac{1}{k_1} \end{bmatrix} \begin{Bmatrix} F_1 \\ F_2 \end{Bmatrix} \tag{5.1.6}$$

위 식에 하중과 절점변위를 관련시키는 매트릭스를 연성매트릭스(Flexible Matrix)라 하고 다음과 같이 나타낸다.

$$[f] = \begin{bmatrix} \dfrac{1}{k_1} + \dfrac{1}{k_2} & \dfrac{1}{k_2} \\ \dfrac{1}{k_2} & \dfrac{1}{k_1} \end{bmatrix} \tag{5.1.7}$$

강성매트릭스 $[k]$와 연성매트릭스 $[f]$와의 관계는 다음과 같다.

$$[f][k] = \begin{bmatrix} 1 & 0 \\ 0 & 1 \end{bmatrix} \tag{5.1.8}$$

식 (5.1.3)의 양변에 연성매트릭스 $[f]$를 곱하면 다음과 같다.

$$[f]\begin{Bmatrix} F_1 \\ F_2 \end{Bmatrix} = [f][k]\begin{Bmatrix} u_1 \\ u_2 \end{Bmatrix} \tag{5.1.9}$$

식 (5.1.8)을 식 (5.1.9)에 대입하여 정리하면 다음 식과 같이 된다.

$$\begin{Bmatrix} u_1 \\ u_2 \end{Bmatrix} = [f]\begin{Bmatrix} F_1 \\ F_2 \end{Bmatrix} \tag{5.1.10}$$

결국 식 (5.1.1)과 (5.1.2)의 연립방정식의 해를 구하여 변위 u_1, u_2를 구하는 대신, 식 (5.1.8)을 만족시키는 $[f]$를 구하면 변위는 식 (5.1.10)에 의해 구해진다. 식 (5.1.8)을 만족시키는 $[f]$는 $[k]$의 역매트릭스라 하며 $[k]^{-1}$라고 나타낸다. [그림 5.1.1(c)]에 나타낸 것과 같이 지진진동변위 Z가 작용할 때 2-자유도계의 운동방정식에 대해 생각해보자. 질점계에 작용하는 힘은 복원력 $-k_1(u_1 - u_2)$와 다음과 같은 감쇠력이다.

$$-c_1 \frac{d}{dt}(u_1 - u_2) = -c_1(\dot{u}_1 - \dot{u}_2)$$

여기서, dot$(\cdot)$는 시간 t에 대한 미분을 나타낸다. 질점의 절대변위는 상대변위 u_1과 지진진동에 의한 지진진동변위 Z의 합으로 질점 m_1의 절대가속도는 $(\ddot{u}_1 + \ddot{Z})$로 되고, 질점 m_1의 운동방정식은 다음과 같다.

$$m_1(\ddot{u}_1 + \ddot{Z}) = -k_1(u_1 - u_2) - c_1(\dot{u}_1 - \dot{u}_2)$$

질점 m_2에 작용하는 힘은 부재 ①에 의한 복원력 $k_1(u_1 - u_2)$(이는 5.3.1절에서 기술한 것과 같이 부재의 질점을 고려하지 않으므로 성립함)과 감쇠력 $c_1(\dot{u}_1 - \dot{u}_2)$ 그리고 부재 ②에 의한 복원력 $-k_2 u_2$과 감쇠력 $-c_2 \dot{u}_2$이다. 그러므로 질점 m_2의 운동방정식은 다음과 같다.

$$m_2(\ddot{u}_2 + \ddot{Z}) = k_1(u_1 - u_2) - k_2 u_2 + c_1(\dot{u}_1 - \dot{u}_2) - c_2 \dot{u}_2$$

이 식을 정리하면 다음과 같다.

$$m_1 \ddot{u}_1 + c_1 \dot{u}_1 - c_1 \dot{u}_2 + k_1 u_1 - k_1 u_2 = -m_1 \ddot{Z}$$
$$m_2 \ddot{u}_2 - c_1 \dot{u}_1 + (c_1 + c_2)\dot{u}_1 - k_1 u_1 + (k_1 + k_2)u_2 = -m_2 \ddot{Z}$$

이 식을 매트릭스 형태로 나타내면 다음과 같다.

$$\begin{bmatrix} m_1 & 0 \\ 0 & m_2 \end{bmatrix} \begin{Bmatrix} \ddot{u}_1 \\ \ddot{u}_2 \end{Bmatrix} + \begin{bmatrix} c_1 & -c_1 \\ -c_1 & c_1 + c_2 \end{bmatrix} \begin{Bmatrix} \dot{u}_1 \\ \dot{u}_2 \end{Bmatrix} + \begin{bmatrix} k_1 & -k_1 \\ -k_1 & k_1 + k_2 \end{bmatrix} \begin{Bmatrix} u_1 \\ u_2 \end{Bmatrix} = -\begin{bmatrix} m_1 & 0 \\ 0 & m_2 \end{bmatrix} \begin{Bmatrix} 1 \\ 1 \end{Bmatrix} \ddot{Z}$$

여기서, $\ddot{Z}$ 는 지진진동가속도이다.

5.2 정적 매트릭스 구조해석

5.2.1 사장교의 모델화

정적 매트릭스 구조해석의 예로서 [그림 5.2.1]에 나타낸 사장교를 고려해보자. 이 사장교는 기초, 교각, 주탑, 주형 및 사재로 이루어져 있다. 교각, 주탑, 주형 및 사재는 같은 모양의 단면으로 되어 있다. 기초는 강체기초이며, 교각과 주형 및 주탑은 강결되어 있다.

이 사장교의 구조해석 모델을 [그림 5.2.2]에 나타내었다. 기초·지반계는 질점에 접속된 수평, 연직 및 회전의 3-자유도를 갖는 간단한 스프링 질점계로 모델화하였다. 실제로는 기초-지반계의 스프링, 감쇠는 기초의 진동에 의한 진동수와 동시에 변화하고, 지진동은 기초 사이에 교각으로 전달되면서 기초의 형상에 따라 교각에 전달되는 지진력은 차이가 난다. 이와 같은 거동을 기초와 지반의 상호작용이라 한다. 기초-지반계를 3-자유도로 간단한 모델로 다루기 위해서는 이와 같은 문제에 대한 고찰을 상세히 할 필요가 있으나, 이것에 대해서는 나중에 기술할 예정이다. 교각, 주탑 및 주형은 보요소로 모델화한다. 사재는 케이블(Cable)이며 현요소이지만, 설명의 편의상 단면 2차 모멘트가 없는 보요소로 한다. 그림에는 각 요소의 도심축을 나타낸다. 이것은 5.2.8절에 기술할 중립축과 일치한다. 각 요소(또는 부재)에는 [그림 5.2.2]에 나타낸 것처럼 번호를 부여하고, 이것을 부재번호라 한다. 주형은 2개의 부재 ①과 ②이며, 사재는 부재 ③과 ④이다. 주탑은 부재 ⑤, 교각은 부재 ⑥이다. 부재와 부재가 연결된 점을 절점이라고 한다. 절점은 모두 강결된 절점으로 하고, 하중은 절점에만 작용하는 것으로 한다. 하중은 평면 내에 있고, 하중에 의한 변위도 평면 내에 있는 것으로 한다. [그림 5.2.2]에 나타낸 것과 같이 각 절점에는 번호 1, 2, 3, 4, 5를 부여하고, 이것을 절점번호라고 한다. 수평방향을 X축, 연직방향을 Y축으로 정하면, 각 절점의 좌표는 [표 5.2.1]에 나타낸 것과 같다. 그리고 Z축은 XY좌표계와 오른손 좌표계를 이루도록 정한다. 부재의 단면적, 단면 2차 모멘트, 부재 길이를 [표 5.2.2]에 그리고 부재의 탄성계수, 단위체적 중량을 [표 5.2.3]에 나타내었다. 절점 5에는 기초의 질량 m_5와 회전 관성모멘트 J_5를 부가한다. 그 값을 [표 5.2.4]에 나타내었다. 그리고 지반반력의 영향을 나타낸 것으로 절점 5에 수평, 연직 및 회전의 스프링 K_X, K_Y, K_Z를 연결시킨다. 그 스프링 정수는 [표 5.2.5]에 나타내었다.

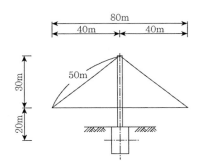

[그림 5.2.1] 간단한 사장교

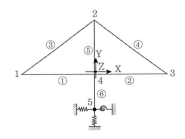

[그림 5.2.2] 사장교의 구조해석 모델

[표 5.2.1] 절점좌표

절점 번호	X(m)	Y(m)
1	-40.0	0.0
2	0.0	30.0
3	40.0	0.0
4	0.0	0.0
5	0.0	-20.0

[표 5.2.2] 단면적, 단면 2차 모멘트, 부재 길이

부재번호	양단의 절점번호		A (m²)	I_z (m⁴)	l (m)
	i	j			
①	1	4	5.0	5.0	40.0
②	3	4	5.0	5.0	40.0
③	1	2	0.1	0.0	50.0
④	2	3	0.1	0.0	50.0
⑤	2	4	10.0	5.0	30.0
⑥	4	5	50.0	500.0	20.0

[표 5.2.3] 사장교의 단위중량, 단위체적당중량

	$E(\mathrm{kgf/m^2})$	$\rho(\mathrm{kgf/m^3})$
주탑	3.0×10^9	2.0×10^3
주형	3.0×10^9	2.0×10^3
교각	3.0×10^9	2.0×10^3
사재	2.0×10^9	8.0×10^3

[표 5.2.4] 사장교 기초 질량 및 회전관성 모멘트

부가질량 절점번호	$m_5(\mathrm{kg})$	$J_5(\mathrm{kg\cdot m^2})$
5	2×10^6	3×10^7

[표 5.2.5] 사장교의 수평, 연직, 회전스프링 정수

부가 스프링 절점번호	$K_X(\mathrm{kgf/m})$	$K_Y(\mathrm{kgf/m})$	$K_Z(\mathrm{kgf\cdot m/rad})$
5	1.2×10^9	1.2×10^9	70×10^9

5.2.2 전체 좌표계와 부재 좌표계

사장교의 절점에 하중이 작용하는 경우에 절점의 변위를 구하는 방법을 고려해보자. 절점에 작용하는 힘은 [그림 5.2.3]에 나타낸 것과 같이 X축 성분, Y축 성분 및 회전 성분을 이용하여 벡터(Vector)로 나타내면 다음과 같다.

$$\{F\}^T = (F_{X1}\ F_{Y1}\ M_{Z1}\ F_{X2}\ F_{Y2}\ M_{Z2}\ \cdots\ F_{X5}\ F_{Y5}\ M_{Z5}) \tag{5.2.1}$$

위 식은 페이지를 절약하기 위해 전치매트릭스를 사용하였다. 식 (5.2.1)의 우변은 행벡터이다. Z축의 모멘트 M_{Z1}, M_{Z2} $\cdots$ M_{Z5}는 [그림 5.2.3]과 같이 오른손 법칙의 나사방향을 정(+)으로 하며 회전각도 같다. [그림 5.2.3]에 나타난 모든 힘은 정(+)의 방향이며 모멘트도 힘으로 취급하기로 한다.

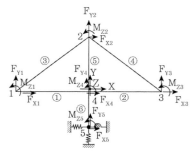

[그림 5.2.3] 절점하중[정(+)의 방향]

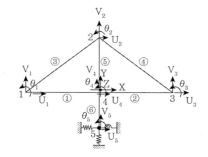

[그림 5.2.4] 절점변위[정(+)의 방향]

사장교의 각 절점에 힘 F가 작용했을 때 각 절점의 변위를 [그림 5.2.4]에 나타낸 것과 같이 X축 성분, Y축 성분 및 회전 성분으로 나누어 나타낸 변위벡터는 다음과 같다.

$$\{U\}^T = (U_1 \ V_1 \ \Theta_1 \ U_2 \ V_2 \ \Theta_2 \ \cdots \ U_5 \ V_5 \ \Theta_5) \tag{5.2.2}$$

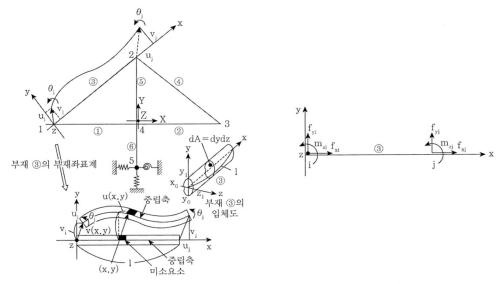

[그림 5.2.5] 부재 좌표계의 변위   [그림 5.2.6] 부재 좌표계의 부재단의 단면력

이와 같이 절점의 변위에는 회전각도 포함되어 있다. 여기서 도입한 XYZ좌표계는 각 절점력 및 변위를 같은 좌표계로 나타내므로 전체 좌표라고 한다. 예를 들면 부재 ③의 변형을 나타내는데, [그림 5.2.5]에 나타낸 xyz좌표계를 사용할 경우, 이것을 부재 ③의 부재 좌표계라 한다. z축의 정(+)방향, z축 회전하는 모멘트 및 회전각의 정(+)방향은 전체 좌표계의 경우와 같이 정한다. [그림 5.2.3]에 나타낸 하중이 사장교에 작용할 경우, [그림 5.2.6]에 나타낸 것과 같이 부재 ③의 단부 i의 도심에 작용하는 x방향, y방향의 힘 및 z축은 회전하는 모멘트를 각각 f_{xi}, f_{yi}, m_{zi}, 단부 j의 도심에 작용하는 x방향, y방향의 힘 및 z축은 회전하는 모멘트를 각각 f_{xj}, f_{yj}, m_{zj}로 한다. 이와 같이 부재 단부에 작용하는 x방향, y방향의 힘과 z축을 회전하는 모멘트를 부재단력이라 한다. 그림에는 부재단력의 정(+)방향을 나타내고 있다. 단부 i의 도심의 x방향, y방향의 변위 및 z축의 회전각을 각각 u_i, v_i, θ_i, 단부 j의 도심의 x방향, y방향의 변위 및 z축의 회전각을 각각 u_j, v_j, θ_j로 한다. 부재 단부의 x방향, y방향의 변위 및 z축의 회전각을 부재단의 변위라 한다. 부재단변위

의 정(+)방향은 대응하는 부재단력의 정(+)방향과 같다. 사장교의 구조해석에는 부재단력과 부재단변위의 관계를 구하는 것이 필요하므로, 그것을 구하기 위해 보의 역학적인 거동에 대해 기술하였다.

5.2.3 변형과 변위의 관계

부재 ③이 [그림 5.2.5]에 나타낸 것과 같이 변위가 생기면, 부재의 xy면내에 설정한 미소한 장방형 요소는 변형한다. 변형은 [그림 5.2.6]에 나타낸 것과 같이 x축 방향의 같은 변형과 [그림 5.2.8]에 나타낸 것과 같이 전단변형이 생긴다고 생각한다. 변형전의 미소한 장방형의 좌표 (x, y)에 대한 x축 방향의 변위를 $u(x, y)$, y축 방향의 변위를 $v(x, y)$로 한다. 그리고 z축 방향에 대해서는 변형은 없는 것으로 한다.

(x, y)에 대한 축방향의 변형을 [그림 5.2.7]을 참고하여 구해보자. $(x+dy, y)$에 대한 변위는 다음과 같다.

$$u(x+dy, \ y) = u(x, \ y) + \frac{\partial y}{\partial x} dx \tag{5.2.3}$$

그러므로 (x, y)에 대한 x축 방향의 변형률 ε는 (x, y)에 대한 단위길이당의 신장량이므로 다음과 같다.

$$\varepsilon = \frac{\frac{\partial u}{\partial x} dx}{dx} = \frac{\partial u}{\partial x} \tag{5.2.4}$$

전단변형률 γ는 [그림 5.2.8]에 나타낸 것과 같이 부재의 xy면 내에 설정한 미소한 장방형 요소의 각 변화 $\gamma_1 + \gamma_2$로 정의된다. 점 (x, y)를 x축 방향에 $u(x, y)$, y축 방향에 $v(x, y)$만 변위가 있을 때, 점 $(x, y+dy)$만 변위가 있고, 점 $(x+dx, y)$는 x축 방향에 $u(x+dx, y)$, y축 방향에 $v(x+dx, y)$만 변위가 있다. 그러므로 γ_1, γ_2는 다음과 같다.

$$\gamma_1 = \frac{v(x+dx, \ y) - v(x, \ y)}{dx} \tag{5.2.5}$$

$$\gamma_2 = \frac{u(x, \ y+dy) - u(x, \ y)}{dy} \tag{5.2.6}$$

여기서,

$$v(x+dx, \ y) = v(x, \ y) + \frac{\partial v}{\partial x}dx \tag{5.2.7}$$

$$u(x, \ y+dy) = u(x, \ y) + \frac{\partial u}{\partial y}dy \tag{5.2.8}$$

전단변형률 γ는 다음과 같다.

$$\gamma = \gamma_1 + \gamma_2 = \frac{\partial u}{\partial y} + \frac{\partial v}{\partial x} \tag{5.2.9}$$

축방향 변형률 및 전단변형률은 점 $(x, \ y)$의 변위 $u, \ v$로 나타낼 수 있다.

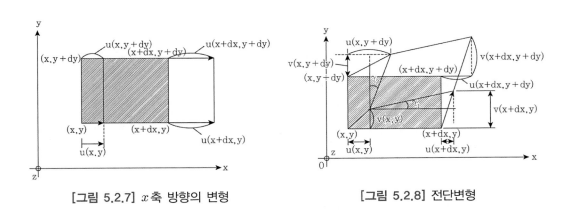

[그림 5.2.7] x축 방향의 변형   [그림 5.2.8] 전단변형

5.2.4 평형방정식

[그림 5.2.3]에 나타낸 것과 같이 하중의 작용으로 사장교의 사재 ③이 [그림 5.2.5]에 나타낸 것과 같이 변형하였다고 하자. 이때 부재의 미소한 요소는 [그림 5.2.9]에 나타낸 것과 같이 x축 방향의 수직응력 σ_x, 전단응력 τ_{yx}, y축 방향의 전단응력 τ_{xy}가 발생한다. 그림에는 정(+)의 응력방향을 나타내고 있다. σ_x는 인장을 정(+), τ_{xy}는 좌측하향을 정(+)으로 한다. 어느 곳의 응력도 좌표 $(x, \ y)$의 함수이다.

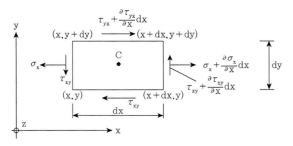

[그림 5.2.9] 미소한 요소에 발생하는 응력

$(x+dx,\ y)$에 대한 수직응력, 전단응력은 각각 다음과 같다.

$$\sigma_x + \frac{\partial \sigma_x}{\partial x}dx,\ \tau_{xy} + \frac{\partial \tau_{xy}}{\partial x}dx$$

또한 $(x,\ y+dy)$에 대한 전단응력은 다음과 같다.

$$\tau_{yx} + \frac{\partial \tau_{yx}}{\partial y}dy$$

x방향의 평형을 단위 거리에 대해 고려하면 다음 식이 성립한다. 힘의 평형에 대해서는 변위가 미소하다고 가정하고, 부재의 변형 전 상태로 있다고 본다.

$$\left(\sigma_x + \frac{\partial \sigma_x}{\partial x}dx\right)dy + \left(\tau_{yx} + \frac{\partial \tau_{yx}}{\partial y}dy\right)dx - \partial_x dy - \tau_{yx}dx = 0$$

이것에 의해 다음 식이 성립한다.

$$\frac{\partial \sigma_x}{\partial x} + \frac{\partial \tau_{yx}}{\partial y} = 0 \tag{5.2.10}$$

y방향의 평형을 단위거리에 대해 고려하면 다음 식이 성립한다.

$$\left(\tau_{xy} + \frac{\partial \tau_{xy}}{\partial x}dy\right)dy - \tau_{xy}dy = 0$$

이것에 의해 다음 식이 성립한다.

$$\frac{\partial \tau_{xy}}{\partial x} = 0 \tag{5.2.11}$$

도심 C에 관한 단위거리에 대해 모멘트의 평형이 성립한다.

$$\tau_{xy}dy \cdot \frac{1}{2}dx + \left(\tau_{xy} + \frac{\partial \tau_{xy}}{\partial x}dx\right)dy \cdot \frac{1}{2}dx$$
$$- \tau_{yx}dx \cdot \frac{1}{2}dy - \left(\tau_{yx} + \frac{\partial \tau_{yx}}{\partial y}dy\right)dx \cdot \frac{1}{2}dy = 0$$

이 식에서 미소항을 무시하면 다음 식이 성립한다.

$$\tau_{xy} = \tau_{yx} \tag{5.2.12}$$

식 (5.2.10)과 (5.2.11)을 보의 평형방정식이라고 한다.

5.2.5 응력과 변형의 관계

식 (5.2.4)에 나타낸 x축 방향 변형률 ε와 수직응력 σ_x에는 다음과 같은 관계가 있다.

$$\sigma_x = E \cdot \varepsilon \tag{5.2.13}$$

여기서, E는 탄성계수(Young률)이다. 식 (5.2.9)에 나타낸 전단변형률 γ와 전단응력 γ_{xy}의 사이에는 다음과 같은 관계가 있다.

$$\tau_{xy} = G\gamma \tag{5.2.14}$$

여기서, G는 전단탄성계수이다.

5.2.6 보에 작용하는 단면력

사장교가 [그림 5.2.3]에 나타낸 것과 같이 하중을 받을 때 부재 ③은 [그림 5.2.5]에 나타낸 것과 같이 변형하고, 원점에서 x의 거리에 있는 부재 단면의 [그림 5.2.10]에 나타낸 것과 같이 축력 N (x), 전단력 $Q(x)$, 휨모멘트 $M(x)$가 발생한다. [그림 5.2.10]에는 단면력의 정($+$)의 방향을 나타내고 있다. 결국 축력은 인장력이 정($+$)이고, 전단력은 좌측하향의 변형을 정($+$), 휨모멘트는 상측 인장(상측블록)을 정($+$)으로 한다. 부재에는 부재단력 이외의 하중이 작용하고 있지 않은 것으로 한다.

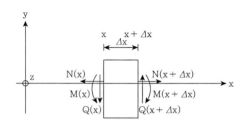

[그림 5.2.10] 보에 작용하는 단면력

미소 부분 Δx의 평형을 고려해보자. x축 방향의 평형에 의해서 다음 식이 성립한다.

$$N(x + \Delta x) - N(x) = 0 \tag{5.2.15}$$

또는

$$N(x) + \frac{dN}{dx}\Delta x - N(x) = 0$$

따라서

$$\frac{dN}{dx} = 0 \tag{5.2.16}$$

결국 축력은 x축 방향을 따라 일정하다. y축 방향의 평형에 의해 다음 식이 성립된다.

$$Q(x + \Delta x) - Q(x) = 0 \qquad (5.2.17)$$

또는

$$Q(x) + \frac{dQ}{dx} \Delta x - Q(x) = 0 \qquad (5.2.18)$$

$$\frac{dQ}{dx} = 0 \qquad (5.2.19)$$

그러므로 전단력도 x축 방향을 따라 일정하다. 또한 좌표점 $(x, \, 0)$에 대한 모멘트의 평형에 의해 다음 식이 성립한다.

$$M(x) + Q(x + \Delta x) \cdot \Delta x - M(x + \Delta x) = 0 \qquad (5.2.20)$$

또는

$$M(x) + \left\{ Q(x) + \frac{dQ}{dx} \Delta x \right\} \cdot \Delta x - M(x) - \frac{dM}{dx} \Delta x = 0 \qquad (5.2.21)$$

그러므로 식 (5.2.19)를 고려하면 다음 식이 성립한다.

$$\frac{dM}{dx} = Q \qquad (5.2.22)$$

5.2.7 보에 축력만이 작용하는 경우

[그림 5.2.11]에 나타낸 것과 같이 보에 축력만 작용할 때에는 전단응력은 발생하지 않아 $\tau_{yx} - \tau_{xy} = 0$으로 된다. 점 $(x, \, y)$의 축방향 응력은 다음과 같이 나타낸다.

$$\sigma_x = \sigma_x(x, \, y)$$

평형방정식 식 (5.2.10)은 다음과 같다.

$$\frac{\partial \sigma_x(x,\ y)}{\partial x} = 0 \qquad (5.2.23)$$

그러므로 응력 σ_x는 축방향을 따라 일정하다.

$$\sigma_x(x,\ y) = \sigma_x(y) \qquad (5.2.24)$$

축응력은 보의 단면상에 일정하게 분포하고 있다고 가정하면 다음과 같다.

$$\sigma_x(y) = const = \sigma_{xa} \qquad (5.2.25)$$

여기서, 첨자(subscript) a는 축응력(axial stress)의 a이다. 따라서 축력은 축응력을 단면적 A 전체에 걸쳐서 적분하여 구하며 다음과 같다.

$$N = \int_A \sigma_x(x,\ y)dydz = \sigma_{xa}\int_A dydz = \sigma_{xa} \cdot A \qquad (5.2.26)$$

여기서 적분은 단면적 A 전체에 걸쳐 적분을 나타내었다. 도심축 둘레의 모멘트는 축력 N의 작용점과 도심과의 거리를 y'으로 하면 다음과 같다.

$$Ny' = \int_A \sigma_{xa}ydydz = \sigma_{xa}\int_A ydydz = 0$$

도심의 정의에 의해 다음 식이 성립한다.

$$\int_A ydydz = 0$$

따라서 $y'=0$이며 축력의 작용점은 도심임을 알 수 있다. 축응력 σ_{xa}와 축방향 변형률 ε_a와의 사이에 식 (5.2.13)에 의해 다음 식이 성립한다.

$$\sigma_{xa} = E\varepsilon_a \tag{5.2.27}$$

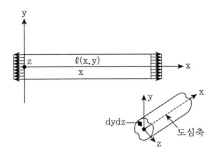

[그림 5.2.11] 축력만 작용할 경우

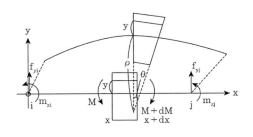

[그림 5.2.12] 휨모멘트에 의한 보의 변형

변형률 ε_a는 식 (5.2.4)에 의해 일반적으로 x와 y의 함수이지만, 식 (5.2.27)에 의해 축력만 작용할 경우는 변형률 ε_a인 정수이다. 즉,

$$\varepsilon_a = \frac{\partial u}{\partial x} = \frac{\sigma_{xa}}{E} = \alpha_1 (= const) \tag{5.2.28}$$

이것에 의해 축방향 변위 $u(x,\ y)$는 다음과 같다.

$$u(x,\ y) = \alpha_1 x + \alpha_1{'}(y)$$

축방향 변형일 때 단면의 크기는 변형 전과 같다고 가정하면 점 $(x,\ y)$의 y방향 변위 $v(x,\ y)$는 0이다. 그러므로 식 (5.2.9)에 의해 전단변형은 다음 식으로 된다.

$$\gamma = \frac{\partial u}{\partial y}$$

그런데 전단응력 $\tau_{xy} = \tau_{yx} = 0$이므로 식 (5.2.14)에 의해 $\gamma = 0$이 된다. 결국 다음 식이 성립된다.

$$\frac{\partial u}{\partial y} = 0$$

따라서 다음 식이 성립된다.

$$\frac{\partial u}{\partial y} = \frac{\partial \alpha_1{}'(y)}{\partial y} = 0$$

그러므로 축방향 변위는 다음과 같이 x의 1차 함수 수식이 된다.

$$u(x, \ y) = u(x) = \alpha_1 x + \alpha_2 x \tag{5.2.29}$$

여기서 α_2도 정수이다. $u(x, \ y) = u(x)$는 변위함수이다. 단면의 변위 u는 일정하다.

5.2.8 보에 단면력으로 휨모멘트만 작용하는 경우

보가 단면력으로 휨모멘트만 받아 변형할 때 평면보존의 법칙을 적용하면 그 변형은 [그림 5.2.12]와 같이 된다. 중립축(중립면)으로부터 y인 거리에 대한 미소 부분 dx의 늘어난 Δdx로 하면 변형 후의 길이는 다음과 같다.

$$dx + \Delta dx = (\rho + y)\theta$$

여기서, ρ는 중립면의 곡률반경이고, θ는 곡률반경의 각이다. 중립축에는 길이 dx는 변화가 없으므로 다음과 같다.

$$dx = \rho\theta \tag{5.2.30}$$

그러므로 축방향 변형률 ε_b는 다음과 같다. 여기서 첨자 b는 휨모멘트에 의한 변형률을 나타낸다.

$$\varepsilon_b = \frac{\Delta dx}{dx} = \frac{(\rho + y)\theta - \rho\theta}{\rho\theta} = \frac{y}{\rho} \tag{5.2.31}$$

휨모멘트에 의해 발생한 응력을 σ_{xb}로 하면 식 (5.2.13)에 의해 다음 식이 성립된다.

$$\sigma_{xb} = E \ \varepsilon_b = \frac{Ey}{\rho} \tag{5.2.32}$$

미소변형이므로 응력은 변형 전의 부재단면에 작용하고 있는 것으로 하면 단면에 작용하는 중립면 주위의 휨모멘트 M은 σ_{xb}를 단면적 A 전체에 걸쳐서 적분으로 구해지며, 식 (5.2.32)를 사용하면 다음 식이 성립한다.

$$M = \int_A (\sigma_{xb}dydz) \cdot y = \int_A \sigma_{xb}ydydz = \int_A \frac{Ey}{\rho} ydydz \tag{5.2.33}$$

여기서, z축의 단면 2차 모멘트는 다음과 같다.

$$I_z = \int_A y^2 dydz \tag{5.2.34}$$

식 (5.2.33)에 의해 다음 식이 구해진다.

$$\frac{1}{\rho} = \frac{M}{EI_z} \tag{5.2.35}$$

식 (5.2.32)에 의해 휨모멘트와 응력의 관계는 다음과 같다.

$$\sigma_{xb} = \frac{M}{I_z}y \tag{5.2.36}$$

그러나 축력이 작용하지 않으므로

$$\int_A \sigma_{xb}dydz = \int_A \frac{M}{I_z}ydydz = 0 \tag{5.2.37}$$

이 식에 의해서 다음과 같다.

$$\int_A ydydz = 0 \tag{5.2.38}$$

식 (5.2.38)는 중립축(면)이 도심과 일치함을 나타내고 있다. 점 $(x, 0)$에 대한 중립축의 y축 방향 변위를 $v(x, 0) = v(x)$로 하면, 다음 식이 성립된다.

$$\frac{1}{\rho} = \pm \frac{\dfrac{d^2v}{dx^2}}{\left\{ 1 + \left(\dfrac{dv}{dx} \right)^2 \right\}^{\frac{3}{2}}} \tag{5.2.39}$$

이 방정식에서 구한 탄성처짐곡선의 정확한 모양은 Elastica라고 부른다. Elastica 문제의 수학적 해는 여러 가지 형태의 보와 하중조건에 대해 구해졌다. 해가 길기 때문에 여기서는 생략하였다.

미소변형을 가정하고 있으므로 처짐각 dv/dx의 제곱은 1에 비해 매우 작다. 또한 휨이 위로 볼록할 때는 경사 dv/dx는 서서히 작아지므로 $d^2v/dx^2 < 0$이다. 그러므로 식 (5.2.39)는 다음과 같다.

$$\frac{1}{\rho} = - \frac{d^2v}{dx^2} \tag{5.2.40}$$

식 (5.2.35)에 의해 다음 식이 성립한다.

$$\frac{d^2v}{dx^2} = - \frac{M}{EI_z} \tag{5.2.41}$$

식 (5.2.41)을 탄성곡선방정식(elastic curve equation)이라고 하며, 이것을 적분하여 처짐각 dv/dx과 처짐 v를 구할 수 있다.

식 (5.2.31)과 (5.2.40)에 의해 휨모멘트에 의한 변형도 ε_b와 처짐 v의 관계식이 다음과 같이 구해진다.

$$\varepsilon_b = - y \frac{d^2v}{dx^2} \tag{5.2.42}$$

5.2.9 가상일의 원리

가상일의 원리는 구조물의 정적 및 동적인 구조해석에 필요하며, 다소 복잡하지만 매우 중요한 개념이므로 정역학에 대한 가상일의 원리에 대해 기술하였다.

사장교에 [그림 5.2.3]에 나타낸 것과 같이 하중 $\{F\}$[식 (5.2.10) 참조]가 작용할 때 절점변위 $\{u\}$ [식 (5.2.11) 참조]를 [그림 5.2.4]에, 이때 부재 ③의 부재 좌표계에 대한 부재단의 변위 및 부재단력을 각각 [그림 5.2.5]와 [그림 5.2.6]에 나타내었다. 부재단력의 열벡터를 페이지를 줄이기 위하여 전치매트릭스를 사용하여 다음과 같이 나타내었다.

$$\{f\}^T = (f_{xi} \ f_{yi} \ m_{zi} \ f_{xj} \ f_{yj} \ m_{zj}) \tag{5.2.43}$$

같은 모양으로 부재단의 변위를 다음과 같이 나타내었다.

$$\{u\}^T = (u_i \ v_i \ \theta_i \ u_j \ v_j \ \theta_j) \tag{5.2.44}$$

별도의 절점하중 $\{\overline{F}\}$가 [그림 5.2.2]의 사장교에 작용했을 때의 절점변위를 $\{\overline{u}\}$라 하자. 이것은 [그림 5.2.3], [그림 5.2.4]에 나타낸 하중 및 변위와는 그 값이 차이가 남을 의미한다. 이때 부재 ③의 부재단의 변위 및 부재단력을 각각 [그림 5.2.13]에 나타내었다. 이 변위를 다음과 같이 나타내고 가상변위라고 한다. 가상이라고 부르지만 실제로 일어날 수 있는 변위이다.

$$\{\overline{u}\}^T = (\overline{u}_i \ \overline{v}_i \ \overline{\theta}_i \ \overline{u}_j \ \overline{v}_j \ \overline{\theta}_j) \tag{5.2.45}$$

가상변위에 의한 부재단력을 다음 식으로 나타낸다.

$$\{\overline{f}\}^T = (\overline{f}_\xi \ \overline{f}_{yi} \ \overline{m}_{zi} \ \overline{f}_{xj} \ \overline{f}_{yj} \ \overline{m}_{zj}) \tag{5.2.46}$$

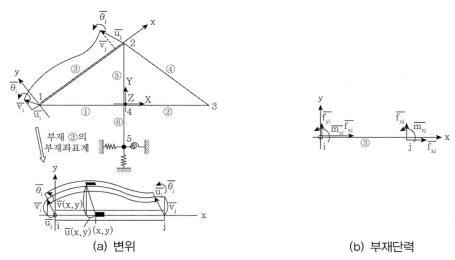

(a) 변위 (b) 부재단력

[그림 5.2.13] [그림 5.2.3]과 다른 절점하중에 의한 변위 및 부재단력

가상변위에 의한 부재 $(x,\ y)$점의 x방향 변위를 $\overline{u}(x,\ y)$, y방향 변위 $\overline{v}(x,\ y)$라 하자.

사장교가 [그림 5.2.5]와 같이 변형할 때, 평형방정식 식 (5.2.10)과 (5.2.11)이 성립한다. 평형방정식 식 (5.2.10)과 (5.2.11)에 [그림 5.2.13]에 나타낸 가상변위 $\overline{u}(x,\ y)$, $\overline{v}(x,\ y)$를 각각 곱하여 합을 나타내면 다음과 같다.

$$\left(\frac{\partial \sigma_x}{\partial x}+\frac{\partial \tau_{yx}}{\partial y}\right)\overline{u}+\frac{\partial \tau_{xy}}{\partial x}\overline{v}=0 \tag{5.2.47}$$

식 (5.2.47)을 변형 전 보의 체적 V 전체에 대해 적분하면 다음과 같다.

$$\int_V \left(\frac{\partial \sigma_x}{\partial x}+\frac{\partial \tau_{yx}}{\partial y}\right)\overline{u}\,dxdydz+\int_V \frac{\partial \tau_{xy}}{\partial x}\overline{v}\,dxdydz=0 \tag{5.2.48}$$

또는

$$\int_V \frac{\partial \sigma_x}{\partial x}\overline{u}\,dxdydz+\int_V \frac{\partial \tau_{yx}}{\partial y}\overline{u}\,dxdydz+\int_V \frac{\partial \tau_{xy}}{\partial x}\overline{v}\,dxdydz=0 \tag{5.2.49}$$

특별히 이해를 쉽게 하기 위해 다음과 같이 나타내어 적분하기로 한다.

$$\sigma_x = \sigma_x(x,\ y),\ \tau_{yx} = \tau_{yx}(x,\ y),\ \tau_{xy} = \tau_{xy}(x,\ y)$$

$$\overline{u} = \overline{u}(x,\ y),\ \overline{v} = \overline{v}(x,\ y)$$

식 (5.2.49)의 제1항은 부분적분을 사용하면 다음과 같다.

$$\int_V \frac{\partial \sigma_x}{\partial x} \overline{u}\, dx dy dz = \int_A \int_0^l \frac{\partial \sigma_x}{\partial x} \overline{u}\, dx dy dz = \int_A \left([\sigma_x \overline{u}]_0^\rho - \int_0^l \sigma_x \frac{\partial \overline{u}}{\partial x} dx \right) dy dz$$

$$= \int_A \sigma_x(l,\ y) \cdot \overline{u}(l,\ y) dy dz - \int_A \sigma_x(0,\ y) \overline{u}(0,\ y) dy dz$$

$$- \int_V \sigma_x(x,\ y) \overline{\varepsilon}(x,\ y) dx dt dz \tag{5.2.50}$$

여기서, A는 좌표 x축에 대한 부재의 단면적을 나타낸다. 그리고 $\overline{\varepsilon} = \dfrac{\partial \overline{u}}{\partial x}$로, 가상변위에 의한 축방향 변형, 결국 가상 축방향 변형[식 (5.2.4) 참조]이다.

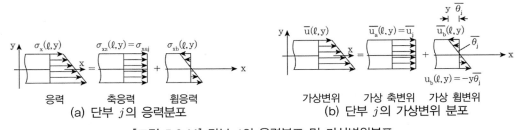

[그림 5.2.14] 단부 j의 응력분포 및 가상변위분포

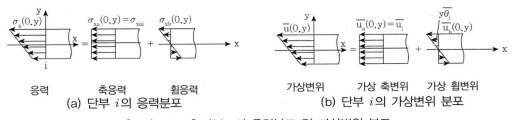

[그림 5.2.15] 단부 i의 응력분포 및 가상변위 분포

식 (5.2.50)의 우변 제1항은 단부 j에 대한 축방향의 가상일을 나타내지만, 이것을 계산하는 데 있어서 단부 j에 대한 응력 $\sigma_x(l, y)$ 및 가상변위 $\overline{u}(l, y)$를 축력에 의한 것(첨자 a라 표시)과 휨에 의한 것(첨자 b로 표시)으로 분리하여 [그림 5.2.14]와 같이 나타내면 다음 식과 같이 된다.

$$\sigma_x(l, y) = \sigma_{xa}(l, y) + \sigma_{xb}(l, y) \tag{5.2.51}$$

$$\overline{u}(l, y) = \overline{u_a}(l, y) + \overline{u_b}(l, y) \tag{5.2.52}$$

그리고 다음 식이 성립한다.

$$\sigma_x(l, y) \cdot \overline{u}(l, y) = \sigma_{xa}(l, y)\overline{u_a}(l, y) + \sigma_{xb}(l, y)\overline{u_b}(l, y)$$
$$+ \sigma_{xa}(l, y)\overline{u_b}(l, y) + \sigma_{xb}(l, y)\overline{u_a}(l, y) \tag{5.2.53}$$

그러므로 식 (5.2.50)의 우변 제1항은 다음과 같다.

$$\int_A \sigma_x(l, y) \cdot \overline{u}(l, y)dydz$$
$$= \int_A \sigma_{xa}(l, y)\overline{u_a}(l, y)dydz + \int_A \sigma_{xb}(l, y)\overline{u_b}(l, y)dydz \tag{5.2.54}$$
$$+ \int_A \sigma_{xa}(l, y)\overline{u_b}(l, y)dyz + \int_A \sigma_{xb}(l, y)\overline{u_a}(l, y)dydz$$

식 (5.2.29)와 (5.2.25)에 나타낸 것과 같이 축방향 변위 및 응력은 단면에 일정하게 분포한다고 가정할 때 다음 식이 성립한다.

$$\overline{u_a}(\rho, y) = const = \overline{u_j}$$
$$\sigma_{xa}(\rho, y) = const = \sigma_{xaj}$$

따라서 식 (5.2.54)의 우변 제1항은 부재단 j에 대하여 축력에 의한 축방향의 가상일을 나타내고 있고, [그림 5.2.14]를 참조하면 다음과 같다.

$$\int_A \sigma_{xa}(l,\ y)\overline{U_a}(l,\ y)dydz = \left(\int_A \sigma_{xaj}dydz\right)\overline{u_j} = f_{xj} \cdot \overline{u_j} \qquad (5.2.55)$$

축력의 작용점은 5.2.7절에서 기술한 것과 같이 도심(중립축)이다. 식 (5.2.54)의 우변 제2항 $\int_A \sigma_{xb}(l,\ y)\overline{u_b}(l,\ y)dydz$ 는 부재단 j에 대하여 휨모멘트에 의해 축방향의 가상일을 나타내며 [그림 5.2.14]를 참조하면 다음과 같다.

$$\int_A \sigma_{xb}(l,\ y)\overline{u_b}(l,\ y)dydz = \int_A \sigma_{xb}(l,\ y) \cdot (-y\overline{\theta_j})dydz$$
$$= \overline{\theta_j}\int_A \sigma_{xb}(l,\ y)(-y)dydz = \overline{\theta_j}m_{zj} = m_{zj} \cdot \overline{\theta_j} \qquad (5.2.56)$$

$\sigma_x(l,\ y)$는 인장을 정(+)이고, 단부모멘트는 z축 오른손 나사 방향이 정(+)이므로 식 (5.2.56)이 성립된다. 식 (5.2.54)의 우변 제3항도 [그림 5.2.14]를 참조하면 다음과 같다.

$$\int_A \sigma_{xa}(l,\ y) \cdot \overline{u_b}(l,\ y)dydz = \int_A \sigma_{xaj} \cdot (-y\overline{\theta_j})dydz = -\sigma_{xaj} \cdot \overline{\theta_j} \cdot \int_A ydydz = 0$$
$$(5.2.57)$$

휨변형에는 식 (5.2.38)에 나타낸 것과 같이 중립축과 도심이 일치함으로 $\int_A ydydz = 0$으로 되기 때문이다. 식 (5.2.54)의 우변 제4항은 [그림 5.2.14]를 참조하고, 식 (5.2.36)을 사용하면 다음과 같다.

$$\int_A \sigma_{xb}(l,\ y) \cdot \overline{u_a}(l,\ y)dydz = \overline{u_j}\int_A \sigma_{xb}(l,\ y)dydz = \overline{u_j} \cdot \frac{m_{zj}}{I_z}\int_A ydydz \qquad (5.2.58)$$

그러므로 식 (5.2.54), 즉 식 (5.2.50)의 우변 제1항은 다음과 같다.

$$\int_A \sigma_x(\rho,\ y)\overline{u}(\rho,\ y)dydz = f_{xj} \cdot \overline{u_j} + m_{zj} \cdot \overline{\theta_j} \qquad (5.2.59)$$

식 (5.2.50)의 우변 제2항 $-\int_A \sigma_x(0,\ y)\overline{u}(0,\ y)dydz$는 $\sigma_x(0,\ y)$가 인장이 정(+)이며, $-\overline{u}(0,\ y)$는 $\sigma_x(0,\ y)$가 정(+)의 방향 변위이므로 단부 i에 대한 축방향의 가상일이지만 단부 j와 같이 단부 i에 대한 응력 및 가상변위를 축력에 의한 것과 휨에 의한 것으로 나누면 다음과 같다.

$$\sigma_x(0,\ y) = \sigma_{xa}(0,\ y) + \sigma_{xb}(0,\ y) \tag{5.2.60}$$

$$\overline{u}(0,\ y) = \overline{u_a}(0,\ y) + \overline{u_b}(0,\ y) \tag{5.2.61}$$

또한 다음 식이 성립한다.

$$\begin{aligned}
\sigma_x(o,\ y) \cdot \overline{u}(0,\ y) &= \sigma_{xa}(0.y)\overline{u_a}(0.y) + \sigma_{xb}(0,\ y)\overline{u_b}(0,\ y) \\
&+ \sigma_{xa}(0,\ y)\overline{u}(0,\ y) + \sigma_{xb}(0,\ y)\overline{u}(0,\ y)
\end{aligned} \tag{5.2.62}$$

그러므로 식 (5.2.50)의 우변 제2항은 다음과 같다.

$$\begin{aligned}
-\int_A \sigma_x(0,\ y)\overline{u}(0,\ y)dydz &= -\int_A \sigma_{xa}(0,\ y)\overline{u_a}(0,\ y)dydz \\
&-\int_A \sigma_{xb}(0,\ y)\overline{u_b}(0,\ y)dydz - \int_A \sigma_{xa}(0,\ y)\overline{u_b}(0,\ y)dydz \\
&-\int_A \sigma_{xb}(0,\ y)\overline{u_a}(0,\ y)dydz
\end{aligned} \tag{5.2.63}$$

식 (5.2.63)의 우변의 제1항, 제2항, 제3항, 제4항은 [그림 5.2.15]을 참조하여 정리하면 각각 다음에 나타낸 식 (5.2.64)~(5.2.67)과 같다.

$$\begin{aligned}
-\int_A \sigma_{xa}(0,\ y)\overline{u_a}(0,\ y)dydz &= -\left(\int_A \sigma_{xaj}dydz\right)\overline{u_i} \\
&= -(-f_{xi})\overline{u_i} = f_{xi}\overline{u_i} \ (\because \ \sigma_{xa}(0,\ y) = const = \sigma_{xai})
\end{aligned} \tag{5.2.64}$$

$$\begin{aligned}
-\int \sigma_{xb}(0,\ y) \cdot \overline{u_b}(0,\ y)dydz &= -\int_A \sigma_{xb}(0,\ y) \cdot (-y\overline{\theta_i})dydz \\
&= \overline{\theta_i}\int_A \sigma_{xb}(0,\ y) \cdot ydydz = \overline{\theta_i} \cdot m_{zi} = m_{zi} \cdot \overline{\theta_i}
\end{aligned} \tag{5.2.65}$$

$$-\int_A \sigma_{xa}(0,\ y)\overline{u_b}(0,\ y)dydz = -\int_A \sigma_{xai}(-y\overline{\theta_i})dydz = \sigma_{xai}\overline{\theta_i}\int_A ydydz = 0$$

$$(5.2.66)$$

$$-\int_A \sigma_{xb}(0,\ y)\overline{u_a}(0,\ y)dydz = -\overline{u_i}\int_A \sigma_{xb}(0,\ y)dydz = -\overline{u_i}\int_A \frac{M_{zi}}{I_z}\cdot ydydz$$

$$= -\overline{u_i}\frac{M_{zi}}{I_z}\int_A ydydz = 0$$

$$(5.2.67)$$

그러므로 식 (5.2.63), 즉 식 (5.2.50)의 제2항은 다음과 같다.

$$-\int_A \sigma_x(0,\ y)\overline{u}(0,\ y)dydz = f_{xi}\overline{u_i} + m_{zi}\cdot\overline{\theta_i}$$

$$(5.2.68)$$

그러므로 식 (5.2.49)의 제1항은 식 (5.2.59)와 (5.2.68)을 식 (5.2.50)에 대입하여 구하면 다음과 같다.

$$\int_V \frac{\partial\sigma_x}{\partial x}\overline{u}dxdydz = f_{xj}\overline{u_j} + m_{zj}\cdot\overline{\theta_j} + f_{xi}\overline{u_i} + m_{zi}\overline{\theta_i} - \int_V \sigma_x(x,\ y)\overline{\varepsilon}(x,\ y)dxdydz$$

$$(5.2.69)$$

식 (5.2.49)의 제2항은 부분적분을 사용하면 다음과 같다.

$$\int_V \frac{\partial\tau_{yx}}{\partial y}\overline{u}dxdydz = \int_0^l\int_{b_0}^{b_1}\int_{y_0}^{y_1}\frac{\partial\tau_{yx}}{\partial y}\overline{u}dydzdx$$

$$= \int_0^l\int_{b_0}^{b_1}\left(\left[\tau_{yx}\overline{u}\right]_{y_0}^{y_1} - \int_{y_0}^{y_1}\tau_{yx}\frac{\partial\overline{u}}{\partial y}dy\right)dzdx$$

$$(5.2.70)$$

$$= \int_0^l\int_{b_0}^{b_1}\tau_{yx}(x,\ y_1)\overline{u}(x,\ y_1)dzdx - \int_0^l\int_{b_0}^{b_1}\tau_{yx}(x,\ y_0)\overline{u}(x,\ y_0)dzdx$$

$$- \int_V \tau_{yx}\frac{\partial\overline{u}}{\partial y}dxdydz$$

여기서, b_0, b_1은 z축 방향 단면의 면적범위, y_0, y_1은 y축 방향 단면의 면적범위이다([그림 5.2.5] 참조). 보의 표면에는 전단력이 존재하지 않으므로(탄성학에서 가정), 다음과 같다.

$$\tau_{yx}(x,\ y_1) = 0,\ \tau_{yx}(x,\ y_0) = 0$$

그러므로 식 (5.2.70) 즉, 식 (5.2.49)의 제2항은 다음과 같다.

$$\int_V \frac{\partial \tau_{yx}}{\partial y}\overline{u}\,dxdydz = -\int_V \tau_{yx}\frac{\partial \overline{u}}{\partial y}\,dxdydz \tag{5.2.71}$$

식 (5.2.49)의 제3항은 부분 적분을 사용하면 다음과 같다.

$$\int_V \frac{\partial \tau_{xy}}{\partial x}\overline{v}\,dxdydz = \int_A \int_0^l \frac{\partial \tau_{xy}}{\partial x}\overline{v}\,dxdydz = \int_A \left(\left\{\tau_{xy}\overline{v}\right\}_0^l - \int_0^l \tau_{xy}\frac{\partial \overline{v}}{\partial x}\,dx\right)dydz$$

$$= \int_A \tau_{xy}(l,\ y)\cdot\overline{v}(l,\ y)\,dydz - \int_A \tau_{xy}(0,\ y)\cdot\overline{v}(0,\ y)\,dydz \tag{5.2.72}$$

$$- \int_A \int_0^l \tau_{xy}\frac{\partial \overline{v}}{\partial x}\,dxdydz$$

평면보존의 법칙에 의하여 부재단 j에서 중립축에서 y거리에 있는 점 y의 y방향 변위 $\overline{v}(l,\ y)$는 [그림 5.2.5]을 참조하면 회전각 θ_j가 미소한 경우 $\overline{v}(l,\ y)\fallingdotseq\overline{v_j}$이므로 식 (5.2.72)의 제1항은 [그림 5.2.9]에 나타낸 전단력의 정(+)방향에 주의하면 다음과 같다.

$$\int_A \tau_{xy}(l,\ y)\overline{v}(l,\ y)\,dydz = \left(\int_A \tau_{xy}(l,\ y)\,dydz\right)\overline{v_j} = f_{yj}\overline{v_j} \tag{5.2.73}$$

같은 형식의 식 (5.2.72)의 제2항은 다음과 같다.

$$-\int_A \tau_{xy}(0,\ y)\cdot\overline{v}(0,\ y)\,dydz = -\left(\int_A \tau_{xy}(0,\ y)\,dydz\right)\overline{v_i} = -(-f_{yi})\overline{v_i} = f_{yi}\overline{v_i}$$

$$\tag{5.2.74}$$

여기서, 식 (5.2.73)의 $\int_A \tau_{xy}(l, \ y)\overline{v}(l, \ y)dydz$는 단부 j에 대한 전단력이 만든 가상일이며, 식(5.2.74)의 $-\int_A \tau_{xy}(0, \ y) \cdot \overline{v}(0, \ y)dydz$는 단부 i에 대한 전단력이 만든 가상일이다.

그러므로 식 (5.2.73)과 (5.2.74)를 식 (5.2.72)에 대입하면 다음 식이 성립된다.

식 (5.2.49)의 제3항은 다음과 같다.

$$\int_V \frac{\partial \tau_{xy}}{\partial x}\overline{v}dxdydz = f_{yj}\overline{v_j} + f_{yi}\overline{v_i} - \int_V \tau_{xy}\frac{\partial \overline{v}}{\partial x}dxdydz \tag{5.2.75}$$

따라서 식 (5.2.48)의 좌변은 식 (5.2.49)의 제1항[식 (5.2.69)], 제2항[식 (5.2.71)], 제3항[식 (5.2.75)]을 합한 것이며 다음 식이 성립한다.

$$\int_V \left(\frac{\partial \sigma_x}{\partial x} + \frac{\partial \tau_{yx}}{\partial y}\right)\overline{u}dxdydz + \int_V \frac{\partial \tau_{xy}}{\partial x}\overline{v}dxdydz$$

$$= f_{xi}\overline{u_i} + f_{yi}\overline{v_i} + m_{zi}\overline{\theta_i} + f_{xj}\overline{u_j} + f_{yj}\overline{v_j} + m_{zj}\overline{\theta_j} - \int_V \sigma_x\overline{\varepsilon}dxdydz$$

$$- \int_V \tau_{xy}\left(\frac{\partial \overline{u}}{\partial y} + \frac{\partial \overline{v}}{\partial x}\right)dxdydz$$

$$= \{\overline{u}\}^T\{f\} - \int_V \overline{\varepsilon}\sigma_x dxdydz - \int_V \overline{\gamma}\tau_{xy}dxdydz = 0 \tag{5.2.76}$$

여기서,

$$\tau_{xy} = \tau_{yx} \qquad\qquad\qquad\qquad\qquad\qquad\qquad\qquad \text{[식 (5.2.12) 참조]}$$

$$\{f\}^T = (f_{xi} \ f_{yi} \ m_{zi} \ f_{xj} \ f_{yj} \ m_{zj}) \qquad\qquad \text{[식 (5.2.43) 참조]}$$

$$\{\overline{u}\}^T = (\overline{u_i} \ \overline{v_i} \ \overline{\theta_i} \ \overline{u_j} \ \overline{v_j} \ \overline{\theta_j}) \qquad\qquad\quad \text{[식 (5.2.45) 참조]}$$

그리고 가상 전단변형 $\overline{\gamma}$는 식 (5.2.9)에 의해 다음과 같다.

$$\overline{\gamma} = \frac{\partial \overline{u}}{\partial y} + \frac{\partial \overline{v}}{\partial x}$$

식 (5.2.76)에서 우측 제2항은 다음과 같이 쓸 수 있다.

$$\int_V \overline{\varepsilon} \sigma_x dx dy dz = \int_V (\overline{\varepsilon} dx)(\sigma_x dy dz) \tag{5.2.77}$$

[그림 5.2.7]과 [그림 5.2.9]를 참조하면 식 (5.2.77)은 축방향 응력이 한 가상일을 나타낸다. 식 (5.2.76)의 $\int_V \overline{\gamma} \tau_{xy} dx dy dz$ 는 [그림 5.2.8]과 [그림 5.2.9]를 참조하면 다음과 같다.

$$
\begin{aligned}
\int_V \overline{\gamma} \tau_{xy} dx dy dz &= \int_V (\overline{\gamma_1} + \overline{\gamma_2}) \tau_{xy} dx dy dz \\
&= \int_V (\overline{\gamma_1} dx)(\tau_{xy} dy dz) + \int_V (\overline{\gamma_2} dy)(\tau_{yx} dx dz)
\end{aligned}
\tag{5.2.78}
$$

여기서 $\overline{\gamma_1}$, $\overline{\gamma_2}$는 [그림 5.2.8]의 γ_1, γ_2에 대응하는 가상전단변형이다.

식 (5.2.78)은 전단응력이 한 가상일을 나타내고 있다. 식 (5.2.76)은 부재단력의 가상일(외력의 가상일)은 응력의 가상일(내력의 가상일)과 같다는 것을 나타낸 것으로 가상일의 원리라 한다.

5.2.10 부재 좌표계에 대한 부재의 강성매트릭스

5.1절에는 간단한 2-자유도계 강성매트릭스식 식 (5.1.4)을 구하였지만, 본 절에서는 [그림 5.2.5]에 나타낸 사장교의 부재 ③의 변형을 축방향 변형과 휨변형으로 나누어 고려한다.

[1] 축방향 변형의 강성매트릭스

축방향 변형만 있을 경우 전단변형은 없으므로 가상일의 원리는 식 (5.2.76)에 의해서 다음에 나타낸 것과 같이 된다.

$$\overline{u}_i f_{xi} + \overline{u}_j f_{xj} = \int_V \overline{\varepsilon}_a \cdot \sigma_{xa} dx dy dz \tag{5.2.79}$$

가상변형 $\bar{\varepsilon}_a$, 축응력 σ_{xa}를 각각 부재단 변위 $\bar{u}_i$, $\bar{u}_j$ 및 u_i, u_j로 나타내보자. 축방향 변형의 변위함수는 식 (5.2.29)에 의해 다음과 같다.

$$u(x) = \alpha_1 x + \alpha_2 \tag{5.2.80}$$

매트릭스로 나타내면 다음과 같다.

$$\{u(x)\} = (1 \ x) \begin{Bmatrix} \alpha_2 \\ \alpha_1 \end{Bmatrix} \tag{5.2.81}$$

여기서, $(\alpha_2 \ \alpha_1)^T$는 미정계수벡터이다. $(\alpha_2 \ \alpha_1)^T$를 절점변위 $(u_i \ u_j)^T$로 나타내 생각해보자. 절점 $i\,(x=0)$에 대한 변위는 u_i이므로 다음 식이 성립한다.

$$u_i = \alpha_2 \tag{5.2.82}$$

절점 $j\,(x=l,\ l$은 부재길이$)$에 대한 변위는 u_j이므로 다음 식이 성립한다.

$$u_j = \alpha_2 + \alpha_1 l \tag{5.2.83}$$

식 (5.2.82)와 (5.2.83)을 매트릭스로 나타내면 다음과 같다.

$$\begin{Bmatrix} u_i \\ u_j \end{Bmatrix} = \begin{bmatrix} 1 & 0 \\ 0 & l \end{bmatrix} \begin{Bmatrix} \alpha_2 \\ \alpha_1 \end{Bmatrix} \tag{5.2.84}$$

또는

$$\begin{Bmatrix} u_i \\ u_j \end{Bmatrix} = [C_a] \begin{Bmatrix} \alpha_2 \\ \alpha_1 \end{Bmatrix} \tag{5.2.85}$$

여기서,

$$[C_a] = \begin{bmatrix} 1 & 0 \\ 0 & l \end{bmatrix} \tag{5.2.86}$$

식 (5.2.85)의 양변에 $[C_a]^{-1}$을 곱하면 다음 식이 성립한다.

$$\begin{bmatrix} 1 & 0 \\ 0 & l \end{bmatrix}^{-1} \begin{Bmatrix} u_i \\ u_j \end{Bmatrix} = \begin{bmatrix} 1 & 0 \\ 0 & l \end{bmatrix}^{-1} \begin{bmatrix} 1 & 0 \\ 0 & l \end{bmatrix} \begin{Bmatrix} \alpha_2 \\ \alpha_1 \end{Bmatrix} \tag{5.2.87}$$

식 (5.2.87)을 정리하면 다음 식이 성립한다.

$$\begin{Bmatrix} \alpha_2 \\ \alpha_1 \end{Bmatrix} = \begin{bmatrix} 1 & 0 \\ 0 & l \end{bmatrix}^{-1} \begin{Bmatrix} u_i \\ u_j \end{Bmatrix} = \begin{bmatrix} 1 & 0 \\ -\dfrac{1}{l} & \dfrac{1}{l} \end{bmatrix}^{-1} \begin{Bmatrix} u_i \\ u_j \end{Bmatrix} \tag{5.2.88}$$

이 식에 의하면 식 (5.2.81)의 미정계수벡터 $(\alpha_2 \; \alpha_1)^T$는 절점변위벡터 $(u_i \; u_j)^T$로 나타난다. 식 (5.2.88)을 식 (5.2.81)에 대입하면 다음 식이 성립된다.

$$u(x) = \begin{bmatrix} 1 & x \end{bmatrix} \begin{Bmatrix} \alpha_2 \\ \alpha_1 \end{Bmatrix} = \begin{bmatrix} 1 & x \end{bmatrix} \begin{bmatrix} 1 & 0 \\ -\dfrac{1}{l} & \dfrac{1}{l} \end{bmatrix} \begin{Bmatrix} u_i \\ u_j \end{Bmatrix} \tag{5.2.89}$$

절점변위 $(u_i \; u_j)^T$에 의해 부재의 변위가 나타난다. 식 (5.2.89)를 계산하면 다음과 같다.

$$\{u(x)\} = \begin{bmatrix} 1 - \dfrac{x}{l} & \dfrac{x}{l} \end{bmatrix} \begin{Bmatrix} u_i \\ u_j \end{Bmatrix} = [N_a] \begin{Bmatrix} u_i \\ u_j \end{Bmatrix} \tag{5.2.90}$$

여기서 $[N_a]$는 x의 함수로 형상함수라고 하며, 부재의 임의의 점 x의 변위와 절점변위를 관계하는 함수이다. 축방향 변형은 식 (5.2.80)에 의해 구해지고 이것을 매트릭스로 나타내면 다음과 같다.

$$\{\varepsilon_a\} = \left\{ \frac{\partial u}{\partial x} \right\} = \{\alpha_1\} = \begin{pmatrix} 0 & 1 \end{pmatrix} \begin{Bmatrix} \alpha_2 \\ \alpha_1 \end{Bmatrix} \tag{5.2.91}$$

이 식에 식 (5.2.88)을 대입하면 다음 식이 성립한다.

$$\{\varepsilon_a\}=(0 \quad 1)\begin{bmatrix} 1 & 0 \\ -\dfrac{1}{l} & \dfrac{1}{l} \end{bmatrix}\begin{Bmatrix} u_i \\ u_j \end{Bmatrix}=\left(-\dfrac{1}{l} \quad \dfrac{1}{l}\right)\begin{Bmatrix} u_i \\ u_j \end{Bmatrix}=(B_a)\begin{Bmatrix} u_i \\ u_j \end{Bmatrix} \tag{5.2.92}$$

여기서, (B_a)는 절점변위와 부재의 임의의 점의 변형에 관계된 매트릭스이며, 변형-변위 매트릭스라 한다.

$$(B_a)=\left(-\dfrac{1}{l} \quad \dfrac{1}{l}\right) \tag{5.2.93}$$

식 (5.2.13)에 의해 응력과 부재단 변위의 관계식이 구해진다.

$$\{\sigma_{xa}\}=E(B_a)\begin{Bmatrix} u_i \\ u_j \end{Bmatrix} \tag{5.2.94}$$

[그림 5.2.4]에 나타낸 가상변위 $(\overline{u_i} \ \overline{u_j})^T$에 의한 가상변형 $\overline{\varepsilon}$에 대해 식 (5.2.92)에 의해서 다음 식이 성립한다.

$$\{\overline{\varepsilon}_a\}=(B_a)\begin{Bmatrix} u_i \\ u_j \end{Bmatrix} \tag{5.2.95}$$

식 (5.2.79)를 벡터로 나타내면 다음과 같다.

$$\begin{Bmatrix} \overline{u}_i \\ \overline{u}_j \end{Bmatrix}^T \begin{Bmatrix} f_{xi} \\ f_{xj} \end{Bmatrix}=\int_V \{\overline{\varepsilon}_a\}^T\{\sigma_{xa}\}dxdydz \tag{5.2.96}$$

식 (5.2.96)의 우변에 식 (5.2.95)와 (5.2.94)를 대입하면 다음 식이 성립한다.

$$\int_V \{\bar{\varepsilon}_a\}^T \{\sigma_{xa}\} dxdydz = \int_V \left\{\frac{\bar{u}_i}{\bar{u}_j}\right\}^T (B_a)^T E(B_a) \left\{\frac{u_i}{u_j}\right\} dxdydz$$

$$= \left\{\frac{\bar{u}_i}{\bar{u}_j}\right\}^T \left(\int_V (B_a)^T E(B_a) dxdydz\right) \left\{\frac{u_i}{u_j}\right\} \tag{5.2.97}$$

식 (5.2.97)에서 $\{\varepsilon_a\}^T \{\sigma_{xa}\}$는 1개의 성분 매트릭스이므로, 식 (5.2.97)의 제2항의 적분(피적분 함수)은 다항식으로 된다. $\bar{u}_i$, $\bar{u}_j$ 및 u_i, u_j는 각각 부재단 i, j에 대한 가상변위 및 변위이며, x, y, z의 함수는 아니며 이 다항식의 각항은 매트릭스 $(B_a)^T E(B_a)$의 성분을 하나씩 갖고 있으며 매트릭스 성분을 먼저 적분해도 결과는 같다.

식 (5.2.96), (5.2.97)에 있어서 $\left\{\frac{\bar{u}_i}{\bar{u}_j}\right\}^T$ 는 임의의 가상변위이므로 다음 식이 성립된다.

$$\left\{\frac{f_{xi}}{f_{xj}}\right\} = \left(\int (B_a)^T E(B_a) dxdydz\right) \left\{\frac{u_i}{u_j}\right\} = [k_a] \left\{\frac{u_i}{u_j}\right\} \tag{5.2.98}$$

여기서,

$$[k_a] = \int_V (B_a)^T E(B_a) dxdydz \tag{5.2.99}$$

식 (5.2.99)는 부재 ③의 부재단력과 부재단의 변위를 관계하는 것으로 부재 ③의 강성매트릭스라고 한다. 식 (5.2.93)을 사용하면 식 (5.2.99)의 $(B_a)^T E(B_a)$는 다음과 같다.

$$(B_a)^T E(B_a) = \left\{\frac{-\frac{1}{l}}{\frac{1}{l}}\right\} E\left(-\frac{1}{l} \quad \frac{1}{l}\right) = E\begin{bmatrix} \frac{1}{l^2} & -\frac{1}{l^2} \\ -\frac{1}{l^2} & \frac{1}{l^2} \end{bmatrix} \tag{5.2.100}$$

결국 강성매트릭스는 식 (5.2.99)에 의해 다음과 같이 된다.

$$[k_a] = E \begin{bmatrix} \int_V \left(\frac{1}{l^2}\right)dxdydz & \int_V \left(-\frac{1}{l^2}\right)dxdydz \\ \int_V \left(-\frac{1}{l^2}\right)dxdydz & \int_V \left(\frac{1}{l^2}\right)dxdydz \end{bmatrix} = \frac{EA}{l}\begin{bmatrix} 1 & -1 \\ -1 & 1 \end{bmatrix} \tag{5.2.101}$$

여기서, $\int_V dxdydz = Al$이므로 $\{(B_a)^T E(B_a)\}$는 다음과 같이 되므로 식 (5.2.99)는 대칭매트릭스이다.

$$\{(B_a)^T E(B_a)\}^T = (B_a)^T E(B_a) \tag{5.2.102}$$

식 (5.2.98)과 (5.2.101)에 의해 다음 식이 성립한다.

$$\begin{Bmatrix} f_{xi} \\ f_{xj} \end{Bmatrix} = \begin{bmatrix} \dfrac{EA}{l} & -\dfrac{EA}{l} \\ -\dfrac{EA}{l} & \dfrac{EA}{l} \end{bmatrix} \begin{Bmatrix} u_i \\ u_j \end{Bmatrix} \tag{5.2.103}$$

[2] 휨변형의 강성매트릭스

[그림 5.2.5]에 나타낸 사장교의 부재 ③의 단부 i에 단부단면력 f_{yi}, m_{zi}, 단부 j에 단면력 f_{yj}, m_{zj}가 작용할 경우 부재내부의 단면에는 휨모멘트에 의한 축방향응력 σ_{xb}, 휨모멘트, 전단력에 의한 전단응력 τ_{xy}이 발생한다([그림 5.2.9] 참조).

가상일의 원리를 나타낸 식 (5.2.76)에서 전단변형의 영향은 작으므로 그것을 무시하면 다음 식이 성립한다.

$$\overline{v}_i f_{yi} + \overline{\theta}_i m_{zi} + \overline{v}_j f_{yj} + \overline{\theta}_j m_{zj} = \int_V \overline{\varepsilon}_b \sigma_{xb} dxdydz \tag{5.2.104}$$

식 (5.2.19)와 (5.2.22)에 의해 다음 식이 된다.

$$\frac{d^2M}{dx^2} = 0 \tag{5.2.105}$$

식 (5.2.41)을 고려하면 다음 식이 성립한다.

$$\frac{d^4v}{dx^4} = 0 \tag{5.2.106}$$

그러므로 휨에 의해 부재축 직각방향의 변위함수는 3차 다항식으로 다음과 같다.

$$v(x) = \alpha_1 + \alpha_2 x + \alpha_3 x^2 + \alpha_4 x^3 \tag{5.2.107}$$

여기서, α_1, α_2, α_3, α_4는 미정계수이다. 식 (5.2.107)을 매트릭스로 나타내면 다음과 같다.

$$\{v(x)\} = (1 \quad x \quad x^2 \quad x^3)(\alpha_1 \quad \alpha_2 \quad \alpha_3 \quad \alpha_4)^T \tag{5.2.108}$$

부재단 $i\,(x=0)$의 변위는 v_i, 회전각 $\theta_i = \left(\dfrac{dv}{dx}\right)_{x=0}$ 이므로 다음 식이 성립한다.

$$v_i = \alpha_1 \tag{5.2.109}$$
$$\theta_i = \alpha_2 \tag{5.2.110}$$

부재단 $h\,(x=l)$의 변위 v_j, 회전각 θ_j로 같은 방법으로 구하면 다음과 같다.

$$v_j = \alpha_1 + \alpha_2 l + \alpha_3 l^2 + \alpha_4 l^3 \tag{5.2.111}$$
$$\theta_j = \alpha_2 + 2\alpha_3 l + 3\alpha_4 l^2 \tag{5.2.112}$$

식 (5.2.109)~(5.2.112)를 매트릭스로 나타내면 다음과 같다.

$$\begin{Bmatrix} v_i \\ \theta_i \\ v_j \\ \theta_j \end{Bmatrix} = \begin{bmatrix} 1 & 0 & 0 & 0 \\ 0 & 1 & 0 & 0 \\ 1 & l & l^2 & l^3 \\ 0 & 1 & 2l & 3l^2 \end{bmatrix} \begin{Bmatrix} \alpha_1 \\ \alpha_2 \\ \alpha_3 \\ \alpha_4 \end{Bmatrix} = [C_b] \begin{Bmatrix} \alpha_1 \\ \alpha_2 \\ \alpha_3 \\ \alpha_4 \end{Bmatrix} \tag{5.2.113}$$

여기서,

$$[C_b] = \begin{bmatrix} 1 & 0 & 0 & 0 \\ 0 & 1 & 0 & 0 \\ 1 & l & l^2 & l^3 \\ 0 & 1 & 2l & 3l^2 \end{bmatrix} \tag{5.2.114}$$

식 (5.2.113)의 양변에 $[C_b]^{-1}$을 곱하면 미정계수벡터는 절점변위로 나타난다.

$$\begin{Bmatrix} \alpha_1 \\ \alpha_2 \\ \alpha_3 \\ \alpha_4 \end{Bmatrix} = \begin{bmatrix} 1 & 0 & 0 & 0 \\ 0 & 1 & 0 & 0 \\ 1 & l & l^2 & l^3 \\ 0 & 1 & 2l & 3l^2 \end{bmatrix}^{-1} \begin{Bmatrix} v_i \\ \theta_i \\ v_j \\ \theta_j \end{Bmatrix} = \begin{bmatrix} 1 & 0 & 0 & 0 \\ 0 & 1 & 0 & 0 \\ -\dfrac{3}{l^2} & -\dfrac{2}{l} & \dfrac{3}{l^2} & -\dfrac{1}{l} \\ \dfrac{2}{l^3} & \dfrac{1}{l^2} & -\dfrac{2}{l^3} & \dfrac{1}{l^2} \end{bmatrix} \begin{Bmatrix} v_i \\ \theta_i \\ v_j \\ \theta_j \end{Bmatrix} \tag{5.2.115}$$

식 (5.2.115)를 식 (5.2.108)에 대입하면 x에 대한 부재축 직각방향의 변위 $v(x)$가 부재단변위로 나타난다.

$$\begin{aligned} \{v(x)\} &= (1 \quad x \quad x^2 \quad x^3) \begin{bmatrix} 1 & 0 & 0 & 0 \\ 0 & 1 & 0 & 0 \\ -\dfrac{3}{l^2} & -\dfrac{2}{l} & \dfrac{3}{l^2} & -\dfrac{1}{l} \\ \dfrac{2}{l^3} & \dfrac{1}{l^2} & -\dfrac{2}{l^3} & \dfrac{1}{l^3} \end{bmatrix} \begin{Bmatrix} v_i \\ \theta_i \\ v_j \\ \theta_j \end{Bmatrix} v \\ &= (1 \quad x \quad x^2 \quad x^3)[C_b]^{-1}(v_i \quad \theta_i \quad v_j \quad \theta_j)^T \\ &= [N_b](v_i \quad \theta_i v_j \theta_j)^T \end{aligned} \tag{5.2.116}$$

여기서 $[N_b]$는 형상함수이며 다음과 같다.

$$[N_b] = (1 \quad x \quad x^2 \quad x^3)[C_b]^{-1} \tag{5.2.117}$$

휨변형에 의한 변형 ε_b는 식 (5.2.42)에 주어진 것과 같으며 매트릭스형으로 나타내면 다음과 같다.

$$\{\varepsilon_b\} = -y\frac{d^2}{dx^2}\{v(x)\} \tag{5.2.118}$$

식 (5.2.116)을 사용하면 다음 식이 성립한다.

$$\{\varepsilon_b\} = -y(0 \ \ 0 \ \ 2 \ \ 6x)[C_b]^{-1}(v_i \ \ \theta_i \ \ v_j \ \ \theta_j)^T$$

$$= -y(0 \ \ 0 \ \ 2 \ \ 6x)\begin{bmatrix} 1 & 0 & 0 & 0 \\ 0 & 1 & 0 & 0 \\ -\dfrac{3}{l^2} & -\dfrac{2}{l} & \dfrac{3}{l^2} & -\dfrac{1}{l} \\ \dfrac{2}{l^3} & \dfrac{1}{l^2} & -\dfrac{2}{l^3} & \dfrac{1}{l} \end{bmatrix}\begin{Bmatrix} v_i \\ \theta_i \\ v_j \\ \theta_j \end{Bmatrix} \tag{5.2.119}$$

앞에서 행벡터 $(1 \ x \ x^2 \ x^3)$을 미분한 것은 식 (5.2.97)의 매트릭스의 성분을 먼저 적분한 것과 같다. 식 (5.2.13)에 의해 휨변형에 의한 응력을 매트릭스로 나타내면 다음과 같다.

$$\{\sigma_{xb}\} = E\{\varepsilon_b\} = -Ey(0 \ \ 0 \ \ 2 \ \ 6x)[C_b]^{-1}\begin{Bmatrix} v_i \\ \theta_i \\ v_j \\ \theta_j \end{Bmatrix} \tag{5.2.120}$$

가상변위에 의해 가상변형([그림 5.2.13] 참조) $\overline{\varepsilon}_b$를 식 (5.2.119)를 참조하여 매트릭스로 나타내면 다음과 같다.

$$\{\overline{\varepsilon}_b\} = -y(0 \ \ 0 \ \ 2 \ \ 6x)[C_b]^{-1}(\overline{v_i} \ \overline{\theta_i} \ \overline{v_j} \ \overline{\theta_j})^T \tag{5.2.121}$$

휨변형의 가상일의 원리 식 (5.2.104)를 매트릭스로 나타내면 다음과 같다.

$$\{\overline{v}_i\overline{\theta}_i\overline{v}_j\overline{\theta}_j\}\begin{Bmatrix} f_{yi} \\ m_{zi} \\ f_{yj} \\ m_{zj} \end{Bmatrix} = \int_V \{\overline{\varepsilon}_b\}^T\{\sigma_{xb}\}dxdydz \tag{5.2.122}$$

여기서, 식 (5.2.120)과 (5.2.121)을 사용하면 $\{\bar{\varepsilon}_b\}^T\{\sigma_{xb}\}$는 다음과 같다.

$$\begin{Bmatrix} \bar{v}_i \\ \bar{\theta}_i \\ \bar{v}_j \\ \bar{\theta}_j \end{Bmatrix} (\bar{v}_i\,\bar{\theta}_i\,\bar{v}_j\,\bar{\theta}_j)^T([C_b]^{-1})^T \begin{Bmatrix} 0 \\ 0 \\ -2y \\ -6xy \end{Bmatrix} E\{0 \quad 0 \quad -2y \quad -6xy\}[C_b]^{-1} \begin{Bmatrix} v_i \\ \theta_i \\ v_j \\ \theta_j \end{Bmatrix}$$

$$= \begin{Bmatrix} \bar{v}_i \\ \bar{\theta}_i \\ \bar{v}_j \\ \bar{\theta}_j \end{Bmatrix} ([C_b]^{-1})E \begin{bmatrix} 0 & 0 & 0 & 0 \\ 0 & 0 & 0 & 0 \\ 0 & 0 & 4y^2 & 12xy^2 \\ 0 & 0 & 12xy^2 & 36x^2y^2 \end{bmatrix} [C_b]^{-1} \begin{Bmatrix} v_i \\ \theta_i \\ v_j \\ \theta_j \end{Bmatrix} \qquad (5.2.123)$$

그러므로 식 (5.2.122)의 우변은 식 (5.2.124)와 같이 된다.

$$\int_V \{\bar{\varepsilon}_b\}^T\{\sigma_b\}dxdydz = \begin{Bmatrix} \bar{v}_i \\ \bar{\theta}_i \\ \bar{v}_j \\ \bar{\theta}_j \end{Bmatrix} ([C_b]^{-1})^T E$$

$$\begin{bmatrix} 0 & 0 & 0 & 0 \\ 0 & 0 & 0 & 0 \\ 0 & 0 & \int_V 4y^2 dxdydz & \int_V 12xy^2 dxdydz \\ 0 & 0 & \int_V 12xy^2 dydydz & \int_V 36x^2y^2 dxdydz \end{bmatrix} [C_b]^{-1} \begin{Bmatrix} v_i \\ \theta_i \\ v_j \\ \theta_j \end{Bmatrix} \qquad (5.2.124)$$

여기서,

$$\int_V 4y^2 dxdydz = 4\int_V^l \left\{ \int\int_A y^2 dydz \right\} dx = 4I_z l$$

$$\int_V 12xy^2 dxdydz = 12\int_0^l \left\{ \int\int_A y^2 dydz \right\} dx = 6I_z l^2$$

$$\int_V 36x^2y^2 dxdydz = 36\int_0^l \left\{ \int\int_A y^2 dydz \right\} dx = 12I_z l^3$$

여기서, I_z는 z축의 단면 2차 모멘트이다. 식 (5.2.124)를 식 (5.2.122)에 대입하고 가상변위가 임의의 변위라는 것에 주의하면 다음 식이 성립한다.

$$
\begin{Bmatrix} f_{yi} \\ m_{zi} \\ f_{yj} \\ m_{zj} \end{Bmatrix} = ([C_b]^{-1})E \begin{bmatrix} 0 & 0 & 0 & 0 \\ 0 & 0 & 0 & 0 \\ 0 & 0 & 4I_z l & 6I_z l^2 \\ 0 & 0 & 6I_z l^2 & 12I_z l^2 \end{bmatrix} [C_b]^{-1} \begin{Bmatrix} v_i \\ \theta_i \\ v_j \\ \theta_j \end{Bmatrix}
$$

$$
= EI_z \begin{bmatrix} \dfrac{12}{l^3} & \dfrac{6}{l^2} & -\dfrac{12}{l^3} & \dfrac{6}{l^2} \\ \dfrac{6}{l^2} & \dfrac{4}{l} & -\dfrac{6}{l^2} & \dfrac{2}{l} \\ -\dfrac{12}{l^3} & -\dfrac{6}{l^2} & -\dfrac{6}{l^2} & \dfrac{4}{l} \end{bmatrix} \begin{Bmatrix} v_i \\ \theta_i \\ v_j \\ \theta_j \end{Bmatrix} = [k_b] \begin{Bmatrix} v_i \\ \theta_i \\ v_j \\ \theta_j \end{Bmatrix} \tag{5.2.125}
$$

여기서 $[k_b]$는 휨변형의 강성매트릭스로서 다음과 같다.

$$
[k_b] = EI_z \begin{bmatrix} \dfrac{12}{l^3} & \dfrac{6}{l^2} & -\dfrac{12}{l^3} & \dfrac{6}{l^2} \\ \dfrac{6}{l^2} & \dfrac{4}{l} & -\dfrac{6}{l^2} & \dfrac{2}{l} \\ -\dfrac{12}{l^3} & -\dfrac{6}{l^2} & -\dfrac{6}{l^2} & \dfrac{4}{l} \end{bmatrix} \tag{5.2.125-1}
$$

축방향 변형과 휨변형을 합한 강성매트릭스는 다음과 같이 구해진다. 축방향 변형 및 휨변형을 고려한 보의 가상일은 식 (5.2.76)에 주어진 것과 같다.

$$
\int \left(\frac{\partial \sigma_x}{\partial x} + \frac{\partial \tau_{yx}}{\partial y} \right) \bar{u} \, dx \, dy \, dz + \int_V \frac{\partial \tau_{xy}}{\partial x} \bar{v} \, dx \, dy \, dz
$$

$$
= \{\bar{u}\}^T \{f\} - \int_v \bar{\varepsilon} \sigma_x \, dx \, dy \, dz - \int_v \bar{\gamma} \tau_{xy} \, dx \, dy \, dz
$$

전단변형을 무시하고 축방향의 가상일$\left(\displaystyle\int_V \bar{\varepsilon} \sigma_x \, dx \, dy \, dz \right)$을 축력에 의한 것$\left(\displaystyle\int_V \{\bar{\varepsilon}_a\}^T \{\sigma_{xa}\} \, dx \, dy \, dz \right)$ 과 휨에 의한 것$\left(\displaystyle\int_V \{\bar{\varepsilon}_b\}^T \{\sigma_{xb}\} \, dx \, dy \, dz \right)$으로 나누면 다음 식이 성립한다.

$$\int \left(\frac{\partial \sigma_x}{\partial x} + \frac{\partial \tau_{yx}}{\partial y} \right) \overline{u} \, dxdydz + \int_V \frac{\partial \tau_{xy}}{\partial y} \overline{v} \, dxdydz$$
$$= \{\overline{u}\}^T \{f\} - \int_V \{\overline{\varepsilon}_a\}^T \{\sigma_a\} dxdydz - \int_V \{\overline{\varepsilon}_b\}^T \{\sigma_b\} dxdydz \qquad (5.2.126)$$

위의 식 (5.2.126)의 우변의 응력 및 가상변형은 벡터를 사용하여 나타내고 있다. 식 (5.2.97)과 (5.2.99)에 의하여

$$\int_V \{\overline{\varepsilon}_a\}^T \{\sigma_a\} dxdydz = \begin{Bmatrix} \overline{u}_i \\ \overline{u}_j \end{Bmatrix}^T [k_a] \begin{Bmatrix} u_i \\ u_j \end{Bmatrix}$$

식 (5.2.124), (5.2.125), (5.2.125-1)에 의하여

$$\int_V \{\overline{\varepsilon}_b\}^T \{\sigma_b\} dxdydz = \begin{Bmatrix} \overline{v}_i \\ \overline{\theta}_i \\ \overline{v}_j \\ \overline{\theta}_j \end{Bmatrix}^T [k_b] \begin{Bmatrix} v_i \\ \theta_i \\ v_j \\ \theta_j \end{Bmatrix}$$

식 (5.2.126)은 다음과 같다.

$$\int \left(\frac{\partial \sigma_x}{\partial x} + \frac{\partial \tau_{yx}}{\partial y} \right) \overline{u} \, dxdydz + \int_V \frac{\partial \tau_{xy}}{\partial y} \overline{v} \, dxdydz$$
$$= \{\overline{u}\}^T \{f\} - \begin{Bmatrix} \overline{u}_i \\ \overline{u}_j \end{Bmatrix}^T [k_a] \begin{Bmatrix} u_i \\ u_j \end{Bmatrix} - \begin{Bmatrix} \overline{v}_i \\ \overline{\theta}_i \\ \overline{v}_j \\ \overline{\theta}_j \end{Bmatrix} [k_b] \begin{Bmatrix} v_i \\ \theta_i \\ v_j \\ \theta_j \end{Bmatrix} \qquad (5.2.127)$$
$$= \{\overline{u}\}^T \{f\} - \{\overline{u}\}^T [k] \{u\}$$

여기서,

$$[k] = \begin{bmatrix} EA/l & 0 & 0 & -EA/l & 0 & 0 \\ 0 & 12EI_Z/l^3 & 6EI_Z/l^2 & 0 & -12EI_Z/l^3 & 6EI_Z/l^2 \\ 0 & 6EI_Z/l^2 & 4EI_Z/l & 0 & -6EI_Z/l^2 & 2EI_Z/l \\ -EA/l & 0 & 0 & EA/l & 0 & 0 \\ 0 & -12EI_Z/l^3 & -6EI_Z/l^2 & 0 & -12EI_Z/l^3 & -6EI_Z/l^2 \\ 0 & 6EI_Z/l^2 & 2EI_Z/l & 0 & -6EI_Z/l^2 & 4EI_Z/l \end{bmatrix}$$

$$(5.2.127-1)$$

식 (5.2.127)은 식 (5.2.76)에 의해 0이므로 다음 식이 성립한다.

$$\{\overline{u}\}^T\{f\} = \{\overline{u}\}^T[k]\{u\}$$

여기서 $\{\overline{u}\}^T$는 임의의 가상변위이므로 다음 식이 성립한다.

$$\{f\} = [k]\{u\} \qquad\qquad (5.2.128)$$

식 (5.2.128)을 성분별로 나타내면 다음과 같다.

$$\begin{Bmatrix} f_{xi} \\ f_{yi} \\ m_{zi} \\ f_{xj} \\ f_{yj} \\ m_{zj} \end{Bmatrix} = \begin{bmatrix} EA/l & 0 & 0 & -EA/l & 0 & 0 \\ 0 & 12EI_Z/l^3 & 6EI_Z/l^2 & 0 & -12EI_Z/l^3 & 6EI_Z/l^2 \\ 0 & 6EI_Z/l^2 & 4EI_Z/l & 0 & -6EI_Z/l^2 & 2EI_Z/l \\ -EA/l & 0 & 0 & EA/l & 0 & 0 \\ 0 & -12EI_Z/l^3 & -6EI_Z/l^2 & 0 & 12EI_Z/l^3 & -6EI_Z/l^2 \\ 0 & 6EI_Z/l^2 & 2EI_Z/l & 0 & -6EI_Z/l^2 & 4EI_Z/l \end{bmatrix} \begin{Bmatrix} u_i \\ v_i \\ \theta_i \\ u_j \\ v_j \\ \theta_j \end{Bmatrix}$$

$$(5.2.128-1)$$

$[k]$는 부재 좌표계의 강성매트릭스이다. 즉, $[k]$는 대칭매트릭스이다.

지금까지 [그림 5.2.2]에 나타낸 사장교의 부재는 모두 보요소로 취급하였지만, 부재 ③, ④는 실제로 현요소이다. 현요소일 경우 부재단력은 축방향력만 있으므로, 식 (5.2.128)에 의해서 다음 식이 성립한다.

$$\begin{Bmatrix} f_{xi} \\ f_{yi} \\ m_{zi} \\ f_{xj} \\ f_{yj} \\ m_{zj} \end{Bmatrix} = \begin{bmatrix} \dfrac{EA}{l} & 0 & 0 & -\dfrac{EA}{l} & 0 & 0 \\ 0 & 0 & 0 & 0 & 0 & 0 \\ 0 & 0 & 0 & 0 & 0 & 0 \\ -\dfrac{EA}{l} & 0 & 0 & \dfrac{EA}{l} & 0 & 0 \\ 0 & 0 & 0 & 0 & 0 & 0 \\ 0 & 0 & 0 & 0 & 0 & 0 \end{bmatrix} \begin{Bmatrix} u_i \\ v_i \\ \theta_i \\ u_j \\ v_j \\ \theta_j \end{Bmatrix} \tag{5.2.129}$$

여기서, $[k]$는 현요소의 강성매트릭스이며 다음과 같다.

$$[k] = \begin{bmatrix} \dfrac{EA}{l} & 0 & 0 & -\dfrac{EA}{l} & 0 & 0 \\ 0 & 0 & 0 & 0 & 0 & 0 \\ 0 & 0 & 0 & 0 & 0 & 0 \\ -\dfrac{EA}{l} & 0 & 0 & \dfrac{EA}{l} & 0 & 0 \\ 0 & 0 & 0 & 0 & 0 & 0 \\ 0 & 0 & 0 & 0 & 0 & 0 \end{bmatrix} \tag{5.2.130}$$

사장교의 부재 ①~⑥에 대해 부재 좌표계의 강성매트릭스를 구하면 다음과 같다.

부재 ①(보요소)

$$[k^{①}] = \begin{bmatrix} 375,000 & 0 & 0 & -375,000 & 0 & 0 \\ 0 & 2,812.5 & 56,250 & 0 & -2,821.5 & 56250 \\ 0 & 56,250 & 1,500,000 & 0 & -56,250 & 750,000 \\ -375,000 & 0 & 0 & 375,000 & 0 & 0 \\ 0 & -2,821.5 & -56,250 & 0 & 2,812.5 & -56,250 \\ 0 & 56,250 & 750,000 & 0 & -56,250 & 1,500,000 \end{bmatrix}$$

$$\tag{5.2.131}$$

부재 ②(보요소)

$$[k^{②}] = \begin{bmatrix} 375,000 & 0 & 0 & -375,000 & 0 & 0 \\ 0 & 2,812.5 & 56,250 & 0 & -2,821.5 & 56,250 \\ 0 & 56,250 & 1,500,000 & 0 & -56,250 & 750,000 \\ -375,000 & 0 & 0 & 375,000 & 0 & 0 \\ 0 & -2,821.5 & -56,250 & 0 & 2,812.5 & -56,250 \\ 0 & 56,250 & 750,000 & 0 & -56,250 & 1,500,000 \end{bmatrix}$$

$$\tag{5.2.132}$$

부재 ③(현요소)

$$[k^{③}] = \begin{bmatrix} 40,000 & 0 & 0 & -40,000 & 0 & 0 \\ 0 & 0 & 0 & 0 & 0 & 0 \\ 0 & 0 & 0 & 0 & 0 & 0 \\ -40,000 & 0 & 0 & 40,000 & 0 & 0 \\ 0 & 0 & 0 & 0 & 0 & 0 \\ 0 & 0 & 0 & 0 & 0 & 0 \end{bmatrix}$$ (5.2.133)

부재 ④(현요소)

$$[k^{④}] = \begin{bmatrix} 40,000 & 0 & 0 & -40,000 & 0 & 0 \\ 0 & 0 & 0 & 0 & 0 & 0 \\ 0 & 0 & 0 & 0 & 0 & 0 \\ -40,000 & 0 & 0 & 40,000 & 0 & 0 \\ 0 & 0 & 0 & 0 & 0 & 0 \\ 0 & 0 & 0 & 0 & 0 & 0 \end{bmatrix}$$ (5.2.134)

부재 ⑤(보요소)

$$[k^{⑤}] = \begin{bmatrix} 1,000,000 & 0 & 0 & -7,500,000 & 0 & 0 \\ 0 & 6,666.7 & 100,000 & 0 & -6,666.7 & 100,000 \\ 0 & 100,000.0 & 200,000 & 0 & -100,000.0 & 1,000,000 \\ -1,000,000 & 0 & 0 & 1,000,000 & 0 & 0 \\ 0 & -6,666.7 & -100,000 & 0 & 6,666.7 & -100,000 \\ 0 & 100,000.0 & 1,000,000 & 0 & -100,000.0 & 2,000,000 \end{bmatrix}$$
(5.2.135)

부재 ⑥(보요소)

$$[k^{⑥}] = \begin{bmatrix} 7,500,000 & 0 & 0 & -7,500,000 & 0 & 0 \\ 0 & 2,250,000 & 22,500,000 & 0 & -2,250,000 & 22,500,000 \\ 0 & 22,500,000 & 300,000,000 & 0 & -22,500,000 & 150,000,000 \\ -7,500,000 & 0 & 0 & 7,500,000 & 0 & 0 \\ 0 & -2,250,000 & -22,500,000 & 0 & 2,250,000 & -22,500,000 \\ 0 & 22,500,000 & 150,000,000 & 0 & -22,500,000 & 300,000,000 \end{bmatrix}$$
(5.2.136)

여기서, 강성매트릭스의 성분단위는 tf/m이다. 이 성분에 9.8×10^3을 곱하면 N/m가 된다.

5.2.11 전체 좌표계에 대한 조합방정식

[그림 5.2.5]에 나타낸 사장교의 부재 ③의 xyz 부재 좌표계에서 변위 u_i, v_i, θ_i, u_j, v_j, θ_j를 XYZ 전체 좌표계로 나타내보자.

xyz 부재 좌표계의 x방향 단위벡터를 e_x, y방향 단위벡터를 e_y, 전체 좌표계 XYZ의 X방향 단위벡터 e_X, Y방향 단위벡터 e_Y로 한다. 부재단 i의 절점변위는 다음과 같다.

$$u_i e_x + v_i e_y = U_1 e_X + V_1 e_Y \tag{5.2.137}$$

그러므로

$$u_i = U_1 e_X \cdot e_x + V_1 e_Y \cdot e_x \tag{5.2.138}$$
$$v_i = U_1 e_X \cdot e_y + V_1 e_Y \cdot e_y \tag{5.2.139}$$

전체 좌표계의 X축과 부재 좌표계의 x축이 만든 각을 φ로 하면, 다음 식이 성립한다.

$$e_X \cdot e_x = \cos\varphi$$
$$e_Y \cdot e_x = \cos(90° - \varphi) = \sin\varphi$$
$$e_X \cdot e_y = \cos(90° + \varphi) = -\sin\varphi$$
$$e_Y \cdot e_y = \cos\varphi$$

그러므로 식 (5.2.138)과 (5.2.139)는 다음과 같다.

$$u_i = U_1 \cos\varphi + V_1 \sin\varphi \tag{5.2.140}$$
$$v_i = -U_1 \sin\varphi + V_1 \cos\varphi \tag{5.2.141}$$

또한 부재단 j의 절점변위로 다음과 같다.

$$u_j = U_2 \cos\varphi + V_2 \sin\varphi \tag{5.2.142}$$
$$v_j = -U_2 \sin\varphi + V_2 \cos\varphi \tag{5.2.143}$$

θ_i, θ_j는 전체 좌표계에 있어서도 변하지 않으므로 다음과 같이 한다.

$$\theta_i = \Theta_1 \tag{5.2.144}$$

$$\theta_j = \Theta_2 \tag{5.2.145}$$

부재 ③의 부재 좌표계의 변위와 전체 좌표계의 변위는 식 (5.2.146)과 같이 되며 부재 좌표계에서 변위는 i, j대신 부재번호와 절점번호를 사용하여 나타내었다.

$$\begin{Bmatrix} u_1^{③} \\ v_1^{③} \\ \theta_1^{③} \\ u_2^{③} \\ v_2^{③} \\ \theta_2^{③} \end{Bmatrix} = \left[H^{③} \right] \left\{ U_1\ V_1\ \Theta_1\ U_2\ V_2\ \Theta_2\ U_3\ V_3\ \Theta_3\ U_4\ V_4\ \Theta_4\ U_5\ V_5\ \Theta_5 \right\}^T \tag{5.2.146}$$

여기서,

$$\left[H^{③} \right] = \begin{bmatrix} \cos\varphi^{③} & \sin\varphi^{③} & 0 & & & & \\ -\sin\varphi^{③} & \cos\varphi^{③} & 0 & 0_{3\times3} & 0_{3\times3} & 0_{3\times3} & 0_{3\times3} \\ 0 & 0 & 1 & & & & \\ & & & \cos\varphi^{③} & \sin\varphi^{③} & 0 & \\ 0_{3\times3} & & & -\sin\varphi^{③} & \cos\varphi^{③} & 0 & 0_{3\times3}\ 0_{3\times3}\ 0_{3\times3} \\ & & & 0 & 0 & 1 & \end{bmatrix}$$

$$\tag{5.2.146-1}$$

여기서, $\varphi^{③}$은 부재 ③의 부재 좌표계의 x축과 전체 좌표계의 X축과 이루는 각이다. 식 (5.2.146) 을 다음과 같이 나타낼 수 있다.

$$\{ u^{③} \} = \left[H^{③} \right] \{ U \} \tag{5.2.147}$$

$\left[H^{③} \right]$은 부재 ③의 좌표변환매트릭스이다. 부재 ③의 부재 좌표계에 대한 부재단력과 전체 좌표계 의 부재단력은 식 (5.2.148)과 같이 되며, 전체 좌표계에 대한 부재단력은 절점번호순으로 X축 방향

력, Y축 방향력, Z축 모멘트를 열벡터로 나타내었다.

$$
\begin{Bmatrix} f_{x1}^{③} \\ f_{y1}^{③} \\ m_{z1}^{③} \\ f_{x2}^{③} \\ f_{y2}^{③} \\ m_{z2}^{③} \end{Bmatrix} = \begin{bmatrix} H^{③} \end{bmatrix} \left\{ f_{X1}^{③} f_{Y1}^{③} \, m_{Z1}^{③} f_{X2}^{③} f_{Y2}^{③} \, m_{X2}^{③} \, 0\,0\,0\,0\,0\,0\,0\,0 \right\}^{T} \tag{5.2.148}
$$

여기서,

$$
\begin{bmatrix} H^{③} \end{bmatrix} = \begin{bmatrix} \begin{matrix} \cos\varphi^{③} & \sin\varphi^{③} & 0 \\ -\sin\varphi^{③} & \cos\varphi^{③} & 0 \\ 0 & 0 & 1 \end{matrix} & 0_{3\times3} & 0_{3\times3} & 0_{3\times3} \\[2em] 0_{3\times3} & \begin{matrix} \cos\varphi^{③} & \sin\varphi^{③} & 0 \\ -\sin\varphi^{③} & \cos\varphi^{③} & 0 \\ 0 & 0 & 1 \end{matrix} & 0_{3\times3} & 0_{3\times3} \end{bmatrix}
$$

식 (5.2.148)을 다음과 같이 나타낼 수 있다.

$$
\{ f_L^{③} \} = \begin{bmatrix} H^{③} \end{bmatrix} \{ f_g^{③} \} \tag{5.2.149}
$$

여기서 첨자의 L은 부재 좌표계(Local Coordinate), g는 전체 좌표계(Global Coordinate)를 나타낸다.

식 (5.2.128)을 부재 ③에 적용하면, 다음 식이 성립한다.

$$
\{ f_L^{③} \} = [k^{③}] \{ u^{③} \} \tag{5.2.150}
$$

여기서 $[k^{③}]$은 부재 ③의 부재 좌표계에 대한 강도매트릭스이다. 식 (5.2.150)에 식 (5.2.149), (5.2.147)을 대입하고 정리하면 다음 식이 성립한다.

$$
\begin{bmatrix} H^{③} \end{bmatrix} \{ f_g^{③} \} = [k^{③}] \begin{bmatrix} H^{③} \end{bmatrix} \{ U \} \tag{5.2.151}
$$

식 (5.2.151)에 $[H^{③}]^T$을 곱하면 다음과 같다.

$$[H^{③}]^T[H^{③}]\{f_g^{③}\} = [H^{③}]^T[k^{③}][H^{③}]\{U\} \tag{5.2.152}$$

여기서,

$$[H^{③}]^T[H^{③}] = \begin{bmatrix} I_6 & 0_{6 \times 9} \\ 0_{9 \times 6} & 0_{9 \times 9} \end{bmatrix} \tag{5.2.152-1}$$

그러므로 식 (5.2.152)는 다음과 같다.

$$\{f_g^{③}\} = [H^{③}]^T[k^{③}][H^{③}]\{U\} \tag{5.2.153}$$

부재 ①에 대해서도 다음과 같다.

$$\{f_g^{①}\} = [H^{①}]^T[k^{①}][H^{①}]\{U\} \tag{5.2.154}$$

여기서, $\{f_g^{①}\}$는 다음과 같으며, 페이지를 절약하기 위해 전치매트릭스를 사용하였다.

$$\{f_g^{①}\}^T = (f_{X1}^{①} \ f_{Y1}^{①} m_{Z1}^{①} 000000 f_{X4}^{①} f_{Y4}^{①} m_{Z4}^{①} 000) \tag{5.2.155}$$

식 (5.2.153)에 식 (5.2.154)를 더하면, 이 식의 좌변은 다음과 같다.

$$\begin{aligned} \{f_g^{③}\}^T + \{f_g^{①}\}^T = (&f_{X1}^{③} + f_{X1}^{①} \quad f_{Y1}^{③} + f_{Y1}^{①} \quad m_{Z1}^{③} + m_{Z1}^{①} \\ &f_{X2}^{③} \quad f_{Y2}^{③} \quad m_{Z2}^{③} 000 f_{X4}^{①} \quad f_{Y4}^{①} \quad m_{Z4}^{①} 000) \end{aligned} \tag{5.2.156}$$

절점 1에 작용하는 힘은 부재 단력의 반력과 절점 1에 작용하는 외력이므로 [그림 5.2.16]에 보인 바와 같이 절점 1에서 힘의 평형방정식을 취하면 다음과 같다.

$$\left.\begin{array}{l} F_{X1} - f_{X1}^{③} - f_{X1}^{①} = 0 \\ F_{Y1} - f_{Y1}^{③} - f_{Y1}^{①} = 0 \\ M_{Z1} - m_{Z1}^{③} - m_{Z1}^{③} = 0 \end{array}\right\} \tag{5.2.157}$$

또는

$$\left.\begin{array}{l} f_{X1}^{③} + f_{X1}^{①} = F_{X1} \\ f_{Y1}^{③} + f_{Y1}^{①} = F_{Y1} \\ m_{Z1}^{③} + m_{Z1}^{①} = M_{Z1} \end{array}\right\} \tag{5.2.158}$$

따라서 식 (5.2.156)의 부재단력의 합은 작용외력과 같다는 것을 알 수 있다. 부재 ⑥에 대해서는 다음 식이 성립한다.

$$\left\{ f_g^{⑥} \right\} = [H^{⑥}]^T [k^{⑥}][H^{⑥}]\{ U \} \tag{5.2.159}$$

여기서,

$$\left\{ f_g^{⑥} \right\}^T = (0\,0\,0\,0\,0\,0\,0\,0\,0\; f_{X4}^{⑥}\, f_{Y4}^{⑥}\, m_{Z_4}^{⑥}\, f_{X6}^{⑥}\, f_{Y6}^{⑥}\, m_{Z6}^{⑥}) \tag{5.2.160}$$

[그림 5.2.16]에 나타낸 절점 5에 대해 힘의 평형방정식을 취하면 다음과 같다.

$$\left.\begin{array}{l} F_{X5} - f_{X5}^{⑥} - K_X U_5 = 0 \\ F_{Y5} - f_{Y5}^{⑥} - K_Y V_5 = 0 \\ M_{Z5} - m_{Z5}^{⑥} - K_Z \Theta_5 = 0 \end{array}\right\} \tag{5.2.161}$$

또는

$$\left.\begin{array}{l} f_{X5}^{⑥} = F_{X5} - K_X U_5 \\ f_{Y5}^{⑥} = F_{Y5} - K_Y V_5 \\ m_{Z5}^{⑥} = M_{Z5} - K_Z \Theta_5 \end{array}\right\} \tag{5.2.162}$$

식 (5.2.159), (5.2.160), (5.2.162)에 의해 다음 식이 성립된다.

$$(0\,0\,0\,0\,0\,0\,0\,0\,0\,f_{X4}^{⑥}\,f_{Y4}^{⑥}\,m_{Z4}^{⑥}\,F_{X5}\,F_{Y5}\,M_{Z5})^T$$
$$= [H^{⑥}]^T[k^{⑥}][H^{⑥}]\{U\} + (0\,0\,0\,0\,0\,0\,0\,0\,0\,0\,0\,0\,K_X U_5\ \ K_Y V_5\ \ K_Z \Theta_5)^T$$
$$= [H^{⑥}]^T[k^{⑥}][H^{⑥}]\{U\} + [K_5]'\{U_1 V_1 \Theta_1\ U_2 V_2 \Theta_2\ U_3 V_3 \Theta_3\ U_4 V_4 \Theta_4\ U_5 V_5 \Theta_5\}^T$$

$$(5.2.163)$$

여기서

$$[K_5]' = \begin{bmatrix} & & \\ 0_{12 \times 12} & & 0_{12 \times 3} \\ & & \\ & & K_X \\ 0_{3 \times 12} & & K_Y \\ & & K_Z \end{bmatrix}$$

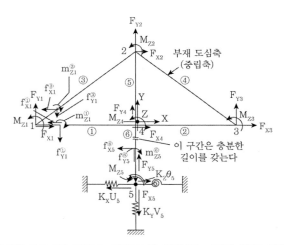

[그림 5.2.16] 사장교 절점 5에 작용하는 절점 하중 평형

식 (5.2.163)의 우변 제2항에 있는 기초의 스프링 정수를 나타낸 매트릭스를 $[K_5]'$로 한다. 첨자 5는 스프링이 연결된 절점번호이다. 그러므로 부재 ①~⑥에 대해 $\{f_g^{⑩}\}$의 전체의 합은 다음과 같다.

$$\{F\} = \left(\sum_{m=1}^{6} [H^{\textcircled{m}}]^T [k^{\textcircled{m}}][H^{\textcircled{m}}] + [K_5]' \right) \{U\} \qquad (5.2.164)$$

여기서 $\{F\}$와 $\{U\}$는 각각 식 (5.2.1)과 (5.2.2)로 정의 된다([그림 5.2.3], [그림 5.2.4] 참조). 그리고 $[K]$는 전체 좌표계의 사장교 강성매트릭스로서 다음과 같다.

$$[K] = \sum_{m=1}^{6} [H^{\textcircled{m}}]^T [k^{\textcircled{m}}][H^{\textcircled{m}}] + [K_5]' \qquad (5.2.165)$$

$[K]^T = [K]$으로써 강성매트릭스는 대칭매트릭스이다. 식 (5.2.164)에 의해서 다음과 같다.

$$\{F\} = [K]\{U\} \qquad (5.2.166)$$

그러므로 변위 $\{U\}$는 역매트릭스를 사용하여 다음과 같다.

$$\{U\} = [K]^{-1}\{F\} \qquad (5.2.167)$$

이와 같이 하여 [그림 5.2.4]에 나타낸 전체 좌표계의 변위가 구해진다.

전체 좌표계의 변위 $\{U\}$가 구해지면 식 (5.2.146)에 의하여 부재 좌표계의 변위(여기서는 부재 ③)를 구하고, 식 (5.2.150)에 의해 부재 좌표계에 대한 부재단력이 구해지므로 부재가 설계된다.

사장교에 대해 전체 좌표계의 강도매트릭스를 실제 구해보자. 부재 ③의 $[H^{\textcircled{3}}]$은 식 (5.2.148)에 주어진 것과 같이 다음과 같다.

$$[H^{\textcircled{3}}] = \begin{bmatrix} \begin{matrix} 0.8 & 0.6 & 0 \\ -0.6 & 0.8 & 0 \\ 0 & 0 & 1 \end{matrix} & 0_{3\times3} & 0_{3\times3} & 0_{3\times3} \\ 0_{3\times3} & \begin{matrix} 0.8 & 0.6 & 0 \\ -0.6 & 0.8 & 0 \\ 0 & 0 & 1 \end{matrix} & 0_{3\times3} & 0_{3\times3} & 0_{3\times3} \end{bmatrix} \qquad (5.2.168)$$

식 (5.2.154)와 (5.2.133)에 의해 부재 ③의 전체 좌표계에 대한 강성매트릭스가 구해진다.

식 (5.2.163)에 나타낸 스프링 정수는 [표 5.2.5]에 의해 $K_X = 1,200,000\text{tf/m}$, $K_Y = 1,200,000\text{tf/m}$,

K_Z=70,000,000tf·rad가 된다. 그러므로 사장교 전체의 전체 좌표계에 대한 강성매트릭스는 식 (5.2.165)에 의해 다음과 같다.

$$[K] = \sum_{m=1}^{6} [H^{(m)}]^T [k^{(m)}][H^{(m)}] + [K_5]' =$$

$$
\begin{bmatrix}
400600 & 19200 & 0 & -25600 & -19200 & 0 & 0 & 0 & 0 & -375000 & 0 & 0 & 0 & 0 & 0 \\
19200 & 17212.5 & 56250 & -19200 & -14400 & 0 & 0 & 0 & 0 & 0 & -2812.5 & 56250 & 0 & 0 & 0 \\
0 & 56250 & 1500000 & 0 & 0 & 0 & 0 & 0 & 0 & 0 & -56250 & 750000 & 0 & 0 & 0 \\
-25600 & -19200 & 0 & 57866.7 & 0 & 100000 & -25600 & 19200 & 0 & -6666.7 & 0 & 100000 & 0 & 0 & 0 \\
-19200 & -14400 & 0 & 0 & 1028800 & 0 & 19200 & -14400 & 0 & 0 & -1000000 & 0 & 0 & 0 & 0 \\
0 & 0 & 0 & 100000 & 0 & 2000000 & 0 & 0 & -100000 & 0 & 1000000 & 0 & 0 & 0 & 0 \\
0 & 0 & 0 & -25600 & 19200 & 0 & 400600 & -19200 & 0 & -375000 & 0 & -56250 & 0 & 0 & 0 \\
0 & 0 & 0 & 19200 & -14400 & 0 & -19200 & 17212.5 & -56250 & 0 & -2812.5 & 56250 & 0 & 0 & 0 \\
0 & 0 & 0 & 0 & 0 & -100000 & 0 & -56250 & 1500000 & 0 & 56250 & 750000 & 0 & 0 & 0 \\
-375000 & 0 & 0 & -6666.7 & 0 & -37500 & 0 & 0 & 0 & 3006666.7 & 22400000 & 2250000 & 0 & 0 & 22500000 \\
0 & -2812.5 & -56250 & 0 & -1000000 & 0 & -2812.5 & 56250 & 0 & 8505625 & 0 & -7500000 & 0 & 0 \\
0 & 56250 & 7500000 & 100000 & 0 & 1000000 & 0 & -56250 & 750000 & 22400000 & 0 & 305000000 & -225000000 & 0 & 157000000 \\
0 & 0 & 0 & 0 & 0 & 0 & 0 & 0 & 0 & -2250000 & 0 & -22500000 & 3450000 & 0 & -22500000 \\
0 & 0 & 0 & 0 & 0 & 0 & 0 & 0 & 0 & 0 & -7500000 & 0 & 0 & 8700000 & 0 \\
0 & 0 & 0 & 0 & 0 & 0 & 0 & 0 & 0 & 22500000 & 0 & 150000000 & -22500000 & 0 & 370000000
\end{bmatrix}
$$

$$(5.2.169)$$

이와 같은 매트릭스에 의한 사장교의 정적구조해석은 직접강성법(Direct Stiffness Method)이라고 한다. 실제로는 프로그램을 작성하여 컴퓨터로 구조해석을 수행한다. 지금까지 예에서 보인 것과 같이 정적인 구조해석에서는 차수가 큰 전체 좌표계의 강성매트릭스(이 사장교의 강성매트릭스는 (15×15) 매트릭스임)의 역매트릭스 $[K]^{-1}$을 효율적으로 구하는 수치계산법이 중요하다.

5.3 단순한 사장교의 운동방정식

5.3.1 부재 좌표계의 보의 운동방정식

[그림 5.2.2]에 나타낸 사장교의 절점에 정적인 하중이 작용하고 있는 상태를 [그림 5.2.3]에 나타내었고, 여기서는 절점에 시간에 따른 하중(동적인 하중)이 작용하는 경우를 고려해보기로 한다. [그림 5.2.3]에 대응하는 동적인 하중을 [그림 5.3.1]에 나타내었다. 식 (5.2.1)에 나타낸 정적인 하중벡터는 다음과 같이 시간 t의 함수가 된다.

$$\{F(t)\}^T = (F_{X_1}(t)\ F_{Y_1}(t)\ M_{Z_1}(t)\ F_{X_2}(t)\ F_{Y_2}(t)\ M_{Z_2}(t) \cdots F_{X_5}(t)\ F_{Y_5}(t)\ M_{Z_5}(t))$$

$$(5.3.1)$$

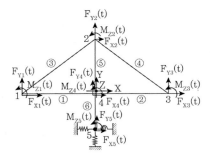

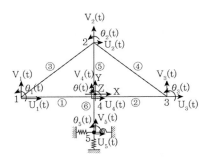

[그림 5.3.1] 사장교에 작용하는 동적 절점하중   **[그림 5.3.2]** 사장교의 동적 절점변위

또한 하중 $\{F(t)\}$ 가 작용할 때의 변위를 [그림 5.3.2]에 나타내었다. 이것은 [그림 5.2.4]에 나타낸 정적인 변위에 대응하는 것이다. 각 절점변위는 시간 t에 함수이므로 정적변위를 나타내는 식 (5.2.2)는 동적변위로 나타내면 다음과 같다.

$$\{U(t)\}^T = (\,U_1(t)\ \ V_1(t)\ \ \Theta_1(t)\ \ U_2(t)\ \ V_2(t)\ \ \Theta_2(t)\cdots\ U_5(t)\ \ V_5(t)\ \ \Theta_5(t)\,) \qquad (5.3.2)$$

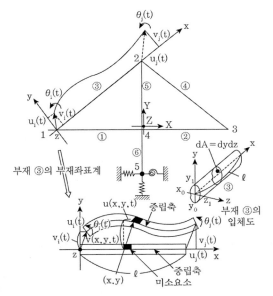

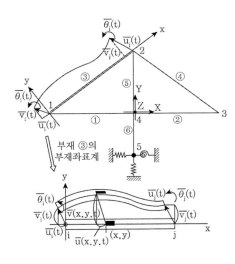

[그림 5.3.3] 부재 좌표계의 동적변위   **[그림 5.3.4]** [그림 5.3.1]과 다른 동적 절점하중에 의한 변위(가상변위)

하중 $\{F(t)\}$가 작용할 때 부재 ③의 시각 t에서 변위를 [그림 5.3.3]에 나타냈다. 이것은 정적변위를 나타낸 [그림 5.2.5]에 대응하는 것이다. 부재 좌표계의 절점변위벡터는 다음과 같다.

$$\{u(t)\}^T = \begin{pmatrix} u_i(t) & v_i(t) & \theta_i(t) & u_j(t) & v_j(t) & \theta_j(t) \end{pmatrix} \tag{5.3.3}$$

그때의 부재단력은 다음과 같다.

$$\{f(t)\}^T = \begin{pmatrix} f_{xi}(t) & f_{yi}(t) & m_{zi}(t) & f_{xj}(t) & f_{yj}(t) & m_{zj}(t) \end{pmatrix} \tag{5.3.4}$$

또한 부재 ③의 임의 점 $(x,\ y)$의 시각 t에서 변위를 x방향 $u(x,\ y,\ t)$, y방향 $v(x,\ y,\ t)$로 나타낸다. 한편 $\{F(t)\}$는 별도의 하중이 작용할 때 부재 ③의 부재 좌표계에 대한 동적변위(이것을 동적가상변위라고 함)를 [그림 5.3.4]에 나타내었다. 이것은 정적가상변위를 나타낸 [그림 5.2.13]에 대응하는 것이다. 이때 절점변위벡터를 다음과 같이 나타낸다.

$$\{\overline{u}(t)\}^T = \begin{pmatrix} \overline{u_i}(t) & \overline{v_i}(t) & \overline{\theta_i}(t) & \overline{u_j}(t) & \overline{v_j}(t) & \overline{\theta_j}(t) \end{pmatrix} \tag{5.3.5}$$

또한 그때의 부재 ③의 임의 점 $(x,\ y)$의 가상변위를 x방향 $\overline{u}(x,\ y,\ t)$, y방향 $\overline{v}(x,\ y,\ t)$로 나타낸다.

사장교의 기초(절점 5)에 지진동이 작용할 경우, [그림 5.3.5]에 나타낸 것과 같이 시각 t에서 지반이 수평방향으로 X_G, 연직방향으로 Y_G만큼 변위가 있을 때는 절점변위를 식 (5.3.2)에 나타내었다. 결국 각 절점의 변위는 지동변위(정적인 변위에 상당함)에 지진동에 의한 변위로 생기는 변위(응답변위)를 더한 것이다. 이때 부재단의 변위와 부재단력도 각각 식 (5.3.3)과 (5.3.4)으로 나타내었다.

부재 ③이 운동하는 경우 부재 ③의 미소장방향 $dxdy$의 운동방정식은 미소한 장방향 dx, dy의 도심 C에 질량이 집중되어 있는 것으로 한다. 이 경우 도심 C를 질량중심이라고 한다. 운동방정식은 정적인 경우와 같이 변형 전 상태로 한다.

5.2.4절에서의 평형방정식을 참조하여 [그림 5.2.9]에 의한 미소장방향의 x방향으로 작용하는 힘은 다음과 같다.

$$\left\{\sigma_x(x,\ y,\ t) + \frac{\partial \sigma_x(x,\ y,\ t)}{\partial x}dx\right\}dy + \left\{\tau_{yx}(x,\ y,\ t) + \frac{\partial \tau_{yx}(x,\ y,\ t)}{\partial y}dy\right\}dx$$
$$-\sigma_x(x,\ y,\ t)dy - \tau_{yx}(x,\ y,\ t)dx = \frac{\partial \sigma_x}{\partial x}dxdy + \frac{\partial \tau_{yx}}{\partial y}dxdy \tag{5.3.6}$$

간편하게 다루기 위해 x, y, t의 표시는 일부 생략하였다. 이하에는 적당히 생략하였다. 미소장방향 x방향으로 작용하는 감쇠력으로 단위체적에 대한 감쇠계수를 μ_x로 하면 x축 방향의 속도는 점 $(x,\ y)$의 x방향의 변위 $u(x,\ y,\ t)$를 사용하면 $\dfrac{\partial u(x,\ y,\ t)}{\partial t}$이므로

$$-(dxdy)\mu_x(x,\ y)\frac{\partial u(x,\ y,\ t)}{\partial t} = -\mu_x\frac{\partial u}{\partial t}dxdy \tag{5.3.7}$$

미소한 장방향 질량은 단위 체적당의 질량을 ρ로 하면 $\rho dxdy$이므로 x방향의 운동방정식은 식 (5.3.6)과 (5.3.7)을 사용하면 다음과 같다.

$$\rho\frac{\partial^2 u}{\partial t^2} = \frac{\partial \sigma_x}{\partial x} + \frac{\partial \tau_{yx}}{\partial y} - \mu_x\frac{\partial u}{\partial t} \tag{5.3.8}$$

y축 방향에 대해서 같은 방법으로 μ_y를 y방향으로 작용하는 단위체적당 감쇠계수로 하면,

$$(\rho dxdy)\frac{\partial^2 v}{\partial t^2} = \frac{\partial \tau_{xy}}{\partial x}dxdy - (dxdy)\mu_y\frac{\partial v}{\partial t} \tag{5.3.9}$$

또는

$$\rho\frac{\partial^2 v}{\partial t^2} = \frac{\partial \tau_{xy}}{\partial x} - \mu_y\frac{\partial v}{\partial t} \tag{5.3.10}$$

또한 [그림 5.2.9]의 도심 C에 대해 운동방정식을 고려하기 위해 도심 C에서 관성모멘트는 $\frac{1}{12}(dxdy)\rho(dx^2 + dy^2)$이므로 θ를 도심 C에서 회전각으로 하면, 운동방정식은 다음과 같다.

$$\left\{\frac{1}{12}\rho(dx^2+dy^2)dxdy\right\}\frac{d^2\theta}{dt^2}=\tau_{xy}dy\frac{1}{2}dx$$

$$+\left\{\tau_{xy}+\frac{\partial\tau_{xy}}{\partial x}dx\right\}dy\cdot\frac{1}{2}dx-\tau_{yx}dx\cdot\frac{1}{2}dy-\left\{\tau_{yx}+\frac{\partial\tau_{yx}}{\partial y}dy\right\}dx\cdot\frac{1}{2}dy \tag{5.3.11}$$

미소항을 무시하면, 정적인 경우[식 (5.2.12) 참조]와 같은 식이 성립한다.

$$\tau_{xy}=\tau_{yx} \tag{5.3.12}$$

식 (5.3.8)에는 [그림 5.3.4]에 나타낸 x방향의 동적가상변위 $\bar{u}(x,\ y,\ t)$를 곱하고 식 (5.3.10)에는 y방향의 동적가상변위 $\bar{v}(x,\ y,\ t)$를 곱하여 이 두 식을 합하면 다음과 같다.

$$\left(\frac{\partial\sigma_x}{\partial x}+\frac{\partial\tau_{yx}}{\partial y}\right)\bar{u}-\mu_x\frac{\partial u}{\partial t}\bar{u}-\rho\frac{\partial^2 u}{\partial t^2}\bar{u}+\frac{\partial\tau_{xy}}{\partial x}\bar{v}-\mu_y\frac{\partial v}{\partial t}\bar{v}-\rho\frac{\partial^2 v}{\partial t^2}\bar{v}=0 \tag{5.3.13}$$

동적가상변위 $\bar{u},\ \bar{v}$를 [그림 5.3.5]에 대응하는 지진동에 의한 동적가상변위를 고려하여도 식 (5.3.13)가 성립한다. 식 (5.3.13)을 부재 ③의 전체 체적 V에 대해 적분하면 다음 식이 성립한다.

$$\int_V\left\{\left(\frac{\partial\sigma_x}{\partial x}+\frac{\partial\tau_{yx}}{\partial y}\right)\bar{u}+\frac{\partial\tau_{xy}}{\partial x}\bar{v}\right\}dxdydz-\rho\int_V\left\{\frac{\bar{u}}{\bar{v}}\right\}^T\left\{\frac{\partial^2 u/\partial t^2}{\partial^2 v/\partial t^2}\right\}dxdydz$$

$$-\int_V\left\{\frac{\bar{u}}{\bar{v}}\right\}^T\begin{bmatrix}\mu_x&0\\0&\mu_y\end{bmatrix}\left\{\frac{\partial u/\partial t}{\partial v/\partial t}\right\}dxdydz=0 \tag{5.3.14}$$

식 (5.3.14)의 좌변의 제1항은 정적가상변위에 대해 성립하는 식 (5.2.127)과 같은 과정으로 유도되므로 식 (5.3.15)는 다음과 같다.

$$\{\bar{u}\}^T\{f\}-\{\bar{u}\}^T[K]\{u\}-\rho\int_V\left\{\frac{\bar{u}}{\bar{v}}\right\}^T\left\{\frac{\partial^2 u/\partial t^2}{\partial^2 v/\partial t^2}\right\}dxdydz$$

$$-\int_v\left\{\frac{\bar{u}}{\bar{v}}\right\}^T\begin{bmatrix}\mu_x&0\\0&\mu_y\end{bmatrix}\left\{\frac{\partial u/\partial t}{\partial v/\partial t}\right\}dxdydz=0 \tag{5.3.15}$$

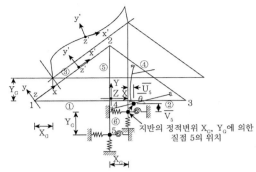

(a) 지진진동에 의한 사장교의 변형

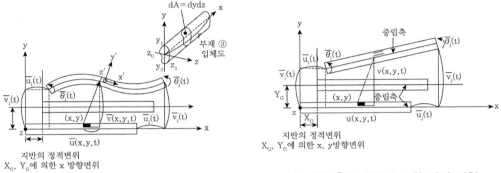

(b) 부재 ③을 휨부재로 할 때의 변형　　(c) 부재 ③을 현부재로 할 때의 변형

[그림 5.3.5] 지진동에 의한 사장교의 변형

식 (5.3.15)의 좌변의 제2항 $\{\overline{u}\}^T[k]\{u\}$는 식 (5.2.77), (5.2.78), (5.2.97), (5.2.124), (5.2.126), (5.2.127)에 의하면 응력의 가상일이다. 그러므로 부재단력에서 가상일은 응력, 가속도, 감쇠력에서 가상일과 같음을 알 수 있다.

이것이 보의 동적가상일의 원리이며 정적가상일의 원리[식 (5.2.76)]에 대응하는 것이다.

[그림 5.3.3] 또는 [그림 5.3.5]에 나타낸 부재 ③의 동적 변위 $u(x, y, t)$, $v(x, y, t)$를 다음과 같이 절점 변위를 고려해보자.

$$\{u(t)\}^T = \left(u_i(t)\ v_i(t)\ \theta_i(t)\ u_j(t)\ v_j(t)\ \theta_j(t) \right) \tag{5.3.16}$$

y축 방향의 휨에 의한 동적변위 $v(x, y, t)$는 정적변위 $v(x, y)$와는 다르지만 같은 3차 다항식으로 유사하다. 식 (5.2.107)에 의해 $v(x, y, t)$로 중립축의 변위 $v(x, y)$를 다음과 같이 나타낸다.

$$v(x,\ t) = \beta_1 + \beta_2 x + \beta_3 x^2 + \beta_4 x^3 \tag{5.3.17}$$

축방향의 변위도 정적변위와 유사하다. 식 (5.2.80)에 의해 응력분포가 단면에 일정한 축방향 변형은 x의 1차식이지만 [그림 5.3.3] 또는 [그림 5.3.5]를 참고로 하여 x축에 y만큼 변형된 점은 휨에 의해 $(\partial v / \partial x) y$만큼 짧게 되어 축방향 변위는 다음과 같다.

$$
\begin{aligned}
u(x,\ y,\ t) &= \alpha_1 + \alpha_2 x - \frac{\partial v}{\partial x} y \\
&= \alpha_1 + \alpha_2 x - \left(\beta_2 + 2\beta_3 x + 3\beta_4 x^2\right) y
\end{aligned}
\tag{5.3.18}
$$

여기서 식 (5.3.17)에 의해

$$\frac{\partial v}{\partial x} = \beta_2 + 2\beta_3 x + 3\beta_4 x^2 \tag{5.3.19}$$

식 (5.3.17)과 (5.3.18)을 매트릭스로 나타내면 다음과 같다.

$$
\begin{Bmatrix} u(x,\ y,\ t) \\ v(x,\ y,\ t) \end{Bmatrix} =
\begin{bmatrix}
1 & x & 0 & -1 & -2x & -3x^2 y \\
0 & 0 & 1 & x & x^2 & x^3
\end{bmatrix}
\begin{Bmatrix} \alpha_1 \\ \alpha_2 \\ \beta_1 \\ \beta_2 \\ \beta_3 \\ \beta_4 \end{Bmatrix}
\tag{5.3.20}
$$

$x = 0$, $y = 0$일 때, 식 (5.3.17), (5.3.18) 및 $\theta_i = \left(\dfrac{\partial v}{\partial x}\right)_{x=0}$ 를 고려하면 다음 식이 성립된다.

$$
\left.\begin{aligned}
u_i &= \alpha_1 \\
v_i &= \beta_1 \\
\theta_i &= \beta_2
\end{aligned}\right\}
\tag{5.3.21}
$$

$x = l$, $y = 0$일 때 다음 식이 성립한다.

$$
\left.\begin{array}{l}
u_j = \alpha_1 + \alpha_2 l \\
v_j = \beta_1 + \beta_2 l + \beta_3 l^2 + \beta_4 l^3 \\
\theta_j = \beta_2 + 2\beta_3 l + 3\beta_4 l^2
\end{array}\right\}
\tag{5.3.22}
$$

식 (5.3.21)과 (5.3.22)를 매트릭스로 나타내면 다음과 같다.

$$
\begin{Bmatrix} u_i \\ v_i \\ \theta_i \\ u_j \\ v_j \\ \theta_j \end{Bmatrix}
=
\begin{bmatrix}
1 & 0 & 0 & 0 & 0 & 0 \\
0 & 0 & 1 & 0 & 0 & 0 \\
0 & 0 & 0 & 1 & 0 & 0 \\
1 & l & 0 & 0 & 0 & 0 \\
0 & 0 & 1 & l & l^2 & l^3 \\
0 & 0 & 0 & 1 & 2l & 3l^3
\end{bmatrix}
\begin{Bmatrix} \alpha_1 \\ \alpha_2 \\ \beta_1 \\ \beta_2 \\ \beta_3 \\ \beta_4 \end{Bmatrix}
\tag{5.3.23}
$$

또는

$$
\{u\} = [\varPhi]\{\alpha\}
\tag{5.3.24}
$$

여기서, $[\varPhi]$는 미정계수매트릭스이다. 식 (5.3.24)는 다음과 같다.

$$
\{\alpha\} = [\varPhi]^{-1}\{u\}
\tag{5.3.25}
$$

그러므로 식 (5.3.25)를 식 (5.3.20)에 대입하면 다음과 같다.

$$
\begin{Bmatrix} u \\ v \end{Bmatrix}
=
\begin{bmatrix}
1 & x & 0 & -1 & -2x & -3x^2 y \\
0 & 0 & 1 & x & x^2 & x^3
\end{bmatrix}
[\varPhi]^{-1}\{u\} = [N]\{u\}
\tag{5.3.26}
$$

여기서, $[N]$은 절점변위 $\{u\}$와 점 $(x,\ y)$의 변위 $\begin{Bmatrix} u \\ v \end{Bmatrix}$를 관계하는 매트릭스, 즉 형상함수(Shape Function)이다. 형상함수는 절점변위에 대해 정적으로 구하였지만 구조해석에서 절점수를 증가시키면 그 정도는 좋아진다. 예를 들어, [그림 5.2.2]에 사장교의 구조해석모델을 나타내었지만 그것을 [그림 5.3.6]에 나타낸 것처럼 절점수를 증가시키면 그 정도는 좋아진다. 다만 정적해석인 경우에는 절점수를 증가시켜도 정도는 변하지 않는다. 부재 ③의 형상함수는 다음과 같다.

$$[N] = \begin{bmatrix} 1-x/l & 6(x/l-x^2/l^2)\dfrac{y}{l} & (-1+4x/l-3x^2/l^2)y & \dfrac{x}{l} & 6(-x/l+x^2/l^2)y/l & (2x/l-3x^2/l^2) \\ 0 & 1-3x^2/l^2+2x^3/l^3 & (x/l-2x^2/l^2+x^3/l^3)l & 0 & 3x^2/l^2-2x^3/l^3 & (-x^2/l^2+x^3/l^3) \end{bmatrix}$$

$$(5.3.27)$$

식 (5.3.15)에 식 (5.3.26) 및 여기에서 얻어진 가상변위 $\{\overline{u}\,\overline{v}\}^T = [N]\{\overline{u}\}$를 대입하면 다음과 같다.

$$
\begin{aligned}
&\{\overline{u}\}^T\{f\} - \{\overline{u}\}^T[k]\{u\} - \rho\int_V \{\overline{u}\}^T[N]^T[N]\{\ddot{u}\}dxdydz \\
&- \int_V \{\overline{u}\}^T[N]^T[\mu][N]\{\dot{u}\}dxdydz = 0
\end{aligned}
$$

$$(5.3.28)$$

여기서, $[\mu]$ 는 부재 좌표계에 대한 감쇠매트릭스이다.

$$[\mu] = \begin{bmatrix} \mu_x & 0 \\ 0 & \mu_y \end{bmatrix}$$

$$(5.3.29)$$

식 (5.3.28)에서 절점의 가상변위 $\{\overline{u}\}$, 속도 $\{\dot{u}\}$ 및 가속도 $\{\ddot{u}\}$는 x, y, z의 함수가 아니므로 다음과 같이 적분식 밖으로 내어 정리할 수 있다.

$$
\begin{aligned}
&\{\overline{u}\}^T\{f\} - \{\overline{u}\}^T[k]\{u\} - \{\overline{u}\}^T\left(\rho\int_V [N]^T[N]dxdydz\right)\{\ddot{u}\} \\
&- \{\overline{u}\}^T\left(\int_V [N]^T[\mu][N]dxdydz\right)\{\dot{u}\} = 0
\end{aligned}
$$

$$(5.3.30)$$

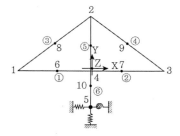

[그림 5.3.6] 사장교 구조모델(절점수를 증가시키는 경우, 6~10은 증가절점)

이 식에서 적분항은 다음과 같다.

$$[m] = \rho \int_V [N]^T [N] dx dy dz \tag{5.3.31}$$

$$[c] = \int_V [N]^T [\mu][N] dx dy dz \tag{5.3.32}$$

그리고 가상변위 $\{\overline{u}\}$는 임의의 변위라는 것을 고려하면 다음과 같이 정리할 수 있다.

$$[m]\{\ddot{u}\} + [c]\{\dot{u}\} + [k]\{u\} = \{f\} \tag{5.3.33}$$

여기서, $[m]$과 $[c]$는 각각 부재 좌표계에서 질량매트릭스와 감쇠매트릭스이다. $[m]^T = [m]$, $[c]^T = [c]$가 성립하므로 질량매트릭스, 감쇠매트릭스는 대칭이다.

식 (5.3.31)을 사용하여 부재 ③의 질량매트릭스 성분을 몇 개 구해보자. [그림 5.3.3] 또는 [그림 5.3.5]에 나타낸 부재 ③의 입체도를 참조한다.

$$\begin{aligned}
[m(1, 1)] &= \rho \int_V \left(1 - \frac{x}{l}\right)^2 dx dy dz \\
&= \rho \int_A \int_0^l \left(1 - \frac{2x}{l} + \frac{x^2}{l^2}\right) dx dy dz \\
&= \rho \int_A \left[x - \frac{x^2}{l} + \frac{x^3}{3l^2}\right]_0^l dy dz \\
&= \frac{\rho A l}{3} \\
[m(2, 1)] &= \rho \int_V 6\left(\frac{x}{l} - \frac{x^2}{l^2}\right)\frac{y}{l}\left(1 - \frac{x}{l}\right) dx dy dz \\
&= \rho \int_A \int_0^l \frac{6y}{l}\left(\frac{x}{l} - \frac{2x^2}{l^2} + \frac{x^3}{l^3}\right) dx dy dz \\
&= \rho \int_A \frac{6y}{l}\left[\frac{x^2}{2l} - \frac{2x^3}{3l^2} + \frac{x^4}{4l^3}\right]_0^l dy dz
\end{aligned}$$

$$= \frac{\rho}{2} \int_A y \, dy \, dz = 0$$

$$[m(2,\ 2)] = \rho \int_V 6\left(\frac{x}{l} - \frac{x^2}{l^2}\right)\frac{y}{l} \cdot 6\left(\frac{x}{l} - \frac{x^2}{l^2}\right)\frac{y}{l} \, dx \, dy \, dz$$

$$+ \rho \int_V \left(1 - \frac{3x^2}{l^2} + \frac{2x^3}{l^3}\right) \cdot \left(1 - \frac{3x^2}{l^2} + \frac{2x^3}{l^3}\right) dx \, dy \, dz$$

$$= \rho \int_V 36\left(\frac{x^2}{l^2} - \frac{2x^3}{l^3} + \frac{x^4}{l^4}\right)\frac{y^2}{l^2} \, dx \, dy \, dz$$

$$+ \rho \int_V \left(1 + \frac{9x^4}{l^4} + \frac{4x^6}{l^6} - \frac{6x^2}{l^2} - \frac{12x^5}{l^5} + \frac{4x^3}{l^3}\right) dx \, dy \, dz$$

$$= \rho \int_A \frac{36 y^2}{l^2}\left[\frac{x^3}{3l^2} - \frac{x^4}{2l^3} + \frac{x^5}{5l^4}\right]_0^l dy \, dz$$

$$+ \rho \int_A \left[x + \frac{9x^5}{5l^4} + \frac{4x^7}{7l^6} - \frac{2x^3}{l^2} - \frac{2x^6}{l^5} + \frac{x^4}{l^3}\right]_0^l dy \, dz$$

$$= \frac{6\rho}{5l} \int_A y^2 \, dy \, dz + \frac{13\rho l}{35} \int_A dy \, dz$$

$$= \frac{13\rho A l}{35} + \frac{6\rho I_z}{5l} \quad \left(\because\ I_Z = \int_A y^2 \, dy \, dz\right)$$

이와 같은 방법으로 나머지 각 성분을 구하면, 부재 좌표계에 대한 부재 ③의 질량매트릭스는 다음과 같다.

$$[m] = \rho A l \begin{bmatrix} 1/3 & & & & & \\ 0 & 13/35 + 6I_z/5Al^2 & & & & sym \\ 0 & 11l/210 + I_z/10Al & l^2/105 + 2l_z/15A & & & \\ 1/6 & 0 & 0 & 1/3 & & \\ 0 & 9/70 - 6I_z/5Al^2 & 13l/420 - I_z/10Al & 0 & 13/35 + 6I_z/5Al^2 & \\ 0 & -13l/420 + I_z/10Al & -l^2/140 - I_z/30A & 0 & -11l/210 - I_z/10Al & l^2/105 + 2I_z/15A \end{bmatrix}$$

$$(5.3.34)$$

실제 케이블 부재 ③은 현요소이므로 현요소의 질량매트릭스를 구한다. 부재 ③의 변위분포는 [그림 5.3.5(c)]를 참고하여 정적인 경우[식 (5.2.80) 참조]에 준하여 1차식으로 나타낸다.

$$u(x,\ y,\ t) = u(x,\ t) = \alpha_1 + \alpha_2 x \tag{5.3.35}$$

$$v(x, \ y, \ t) = v(x, \ t) = \beta_1 + \beta_2 x \tag{5.3.36}$$

5.2.10절의 축방향 변형의 강성매트릭스를 유도할 때에는 x축 방향의 변형 $\overline{\varepsilon}_a$만 고려하므로 변위함수는 $u(x)$만으로 충분하지만 여기서는 실제 변위대로 $u(x, \ y, \ t)$, $v(x, \ y, \ t)$의 양측을 고려할 필요가 있다.

매트릭스 형태로 나타내면 다음과 같다.

$$\begin{Bmatrix} u(x, \ y, \ t) \\ v(x, \ y, \ t) \end{Bmatrix} = \begin{bmatrix} 1 & x & 0 & 0 \\ 0 & 0 & 1 & x \end{bmatrix} \begin{Bmatrix} \alpha_1 \\ \alpha_2 \\ \beta_1 \\ \beta_2 \end{Bmatrix} \tag{5.3.37}$$

$x = 0$, $y = 0$일 때 식 (5.3.35), (5.3.36) 및 $\theta_i = \left(\dfrac{\partial v}{\partial x} \right)_{x=0}$ 에서 다음 식이 성립한다.

$$u_i = \alpha_1 \quad v_i = \beta_1 \quad \theta_i = \beta_2 \tag{5.3.38}$$

$x = l$, $y = 0$에서 같은 조건으로 다음 식이 성립한다.

$$\left. \begin{aligned} u_j &= \alpha_1 + \alpha_2 l \\ u_j &= \beta_1 + \beta_2 l \\ \theta &= \beta_2 \end{aligned} \right\} \tag{5.3.39}$$

식 (5.3.38)과 (5.3.39)를 매트릭스형으로 나타내면 다음과 같다.

$$\begin{Bmatrix} u_i \\ v_i \\ \theta_i \\ u_j \\ v_j \\ \theta_j \end{Bmatrix} = \begin{bmatrix} 1 & 0 & 0 & 0 \\ 0 & 0 & 1 & 0 \\ 0 & 0 & 0 & 1 \\ 1 & l & 0 & 0 \\ 0 & 0 & 1 & l \\ 0 & 0 & 0 & 1 \end{bmatrix} \begin{Bmatrix} \alpha_1 \\ \alpha_2 \\ \beta_1 \\ \beta_2 \end{Bmatrix} \tag{5.3.40}$$

또는

$$\{u\} = [\Phi]\{\alpha\} \tag{5.3.41}$$

식 (5.3.41)에 의해 미정계수벡터는 다음과 같이 구한다.

$$\{\alpha\} = [\Phi]^{-1}\{u\}$$

그러므로 식 (5.3.37)에 대입하면 다음 식이 성립된다.

$$\begin{Bmatrix} u \\ v \end{Bmatrix} = \begin{bmatrix} 1 & x & 0 & 0 \\ 0 & 0 & 1 & x \end{bmatrix} [\Phi]^{-1}\{u\} = [N]\{u\} \tag{5.3.42}$$

여기서 $[N]$ 은 형상함수로 다음과 같다.

$$[N] = \begin{bmatrix} 1-x/l & 0 & 0 & x/l & 0 & 0 \\ 0 & 1-x/l & 0 & 0 & x/l & 0 \end{bmatrix} \tag{5.3.43}$$

따라서 질량매트릭스는 식 (5.3.31)로 구한다. 현요소의 질량매트릭스를 몇 개 구해본다.

$$[m(1, 1)] = \rho \int\!\!\!\int_V \left(1 - \frac{x}{l}\right)^2 dxdydz = \rho \int\!\!\!\int_A \int_0^l \left(1 - \frac{2x}{l} + \frac{x^2}{l^2}\right) dxdydz$$

$$= \rho \int\!\!\!\int_A \left[x - \frac{x^2}{l} + \frac{x^3}{3l^2}\right]_0^l dydz = \frac{\rho l}{3} \int\!\!\!\int_A dydz = \frac{\rho Al}{3}$$

$$[m(4, 1)] = \rho \int\!\!\!\int_V \frac{x}{l}\left(1 - \frac{x}{l}\right) dxdydz = \rho \int\!\!\!\int_A \int_0^l \left(\frac{x}{l} - \frac{x^2}{l^2}\right) dxdydz$$

$$= \rho \int\!\!\!\int_A \left[\frac{x^2}{2l} - \frac{x^3}{3l^2}\right]_0^l dydz = \frac{\rho l}{6} \int\!\!\!\int_A dydz = \frac{\rho Al}{6}$$

$$[m(4, 4)] = \rho \int\!\!\!\int_V \left(\frac{x}{l}\right)^2 dxdydz = \rho \int\!\!\!\int_A \int_0^l \frac{x^2}{l^2} dxdydz$$

$$= \rho \int\!\!\!\int_A \left[\frac{x^3}{3\rho^2}\right]_0^l dydz = \frac{\rho Al}{3}$$

그러므로 현요소의 질량매트릭스는 다음과 같다.

$$[m] = \rho Al \begin{bmatrix} \dfrac{1}{3} & & & & & \\ 0 & \dfrac{1}{3} & & & sym & \\ \dfrac{1}{6} & 0 & \dfrac{1}{3} & & & \\ 0 & \dfrac{1}{6} & 0 & 0 & \dfrac{1}{3} & \\ 0 & 0 & 0 & 0 & 0 & 0 \end{bmatrix} \tag{5.3.44}$$

사장교의 부재 ①~⑥에 대해 부재 좌표계에 대한 질량매트릭스를 구하면 다음과 같다.
부재 ①, ②(보요소)

$$[m^{①}] = [m^{②}] = \begin{bmatrix} 13.6 & 0 & 0 & 6.8 & 0 & 0 \\ 0 & 15.2 & 85.6 & 0 & 5.2 & -50.4 \\ 0 & 85.6 & 627.4 & 0 & 50.4 & -467.8 \\ 6.8 & 0 & 0 & 16.6 & 0 & 0 \\ 0 & 5.2 & 50.4 & 0 & 15.2 & -85.6 \\ 0 & -50.4 & -467.8 & 0 & -85.6 & 627.4 \end{bmatrix} \tag{5.3.45}$$

부재 ③, ④(현요소)

$$[m^{③}] = [m^{④}] = \begin{bmatrix} 1.4 & 0 & 0 & 0.7 & 0 & 0 \\ 0 & 1.4 & 0 & 0 & 0.7 & 0 \\ 0 & 0 & 0 & 0 & 0 & 0 \\ 0.7 & 0 & 0 & 1.4 & 0 & 0 \\ 0 & 0.7 & 0 & 0 & 1.4 & 0 \\ 0 & 0 & 0 & 0 & 0 & 0 \end{bmatrix} \tag{5.3.46}$$

부재 ⑤(보요소)

$$[m^{⑤}] = \begin{bmatrix} 20.4 & 0 & 0 & 10.2 & 0 & 0 \\ 0 & 22.8 & 96.3 & 0 & 7.8 & -56.7 \\ 0 & 96.3 & 528.9 & 0 & 56.7 & -394.6 \\ 10.2 & 0 & 0 & 20.4 & 0 & 0 \\ 0 & 7.8 & 56.7 & 0 & 22.8 & -96.3 \\ 0 & -56.7 & -394.6 & 0 & -96.3 & 528.9 \end{bmatrix} \tag{5.3.47}$$

부재 ⑥(보요소)

$$[m^{⑥}] = \begin{bmatrix} 68.0 & 0 & 0 & 34.0 & 0 & 0 \\ 0 & 81.9 & 224.0 & 0 & 20.1 & -116.1 \\ 0 & 224.0 & 1049.6 & 0 & 116.1 & -651.1 \\ 34.0 & 0 & 0 & 68.0 & 0 & 0 \\ 0 & 20.1 & 116.1 & 0 & 81.9 & -224.0 \\ 0 & -116.1 & -651.1 & 0 & -224.0 & 1049.6 \end{bmatrix} \tag{5.3.48}$$

성분에 $9.8×10^3$을 곱한 것이 kg(수평, 연직변위의 경우), 또는 $kg·m^2$(회전변위의 경우)로 된다.

5.3.2 전체 좌표계에 대한 운동방정식

5.2.11절에서 정적해석으로 전체 좌표계에 대한 강성매트릭스를 구한 것과 같이 동적해석으로 전체 좌표계에 대한 강성매트릭스, 질량매트릭스, 감쇠매트릭스를 구하고, 사장교 전체의 운동방정식을 구해보자. 부재 ③의 부재 좌표계에 대한 운동방정식은 식 (5.3.33)에 의해 다음과 같이 구해진다.

$$[m^{③}]\{\ddot{u}^{③}\} + [c^{③}]\{\dot{u}^{③}\} + [k^{③}]\{u^{③}\} = \{f_L^{③}\} \tag{5.3.49}$$

동적 절점변위에 대해서도 식 (5.2.147)과 같은 관계가 성립된다.

$$\{u^{③}\} = [H^{③}]\{U\} \tag{5.3.50}$$

따라서 절점속도, 절점가속도에 대해서도 다음 식이 성립한다.

$$\{\dot{u}^{③}\} = [H^{③}]\{\dot{U}\} \tag{5.3.51}$$

$$\{\ddot{u}^{③}\} = [H^{③}]\{\ddot{U}\} \tag{5.3.52}$$

동적 절점력에 대해서도 식 (5.2.149)와 같은 관계가 성립된다.

$$\{f_L^{③}\} = [H^{③}]\{f_g^{③}\} \tag{5.3.53}$$

식 (5.3.50)~(5.3.53)을 식 (5.3.49)에 대입하면 다음과 같은 식이 된다.

$$[m^{③}][H^{③}]\{\ddot{U}\}+[c^{③}][H^{③}]\{\dot{U}\}+[k^{③}][H^{③}]\{U\}=[H^{③}]\{f_g^{③}\} \tag{5.3.54}$$

식 (5.3.54)에 $[H^{③}]^T$를 곱하고, 식 (5.2.152-1)을 사용하면 다음과 같은 식이 성립된다.

$$[H^{③}]^T[m^{③}][H^{③}]\{\ddot{U}\}+[H^{③}]^T[c^{③}][H^{③}]\{\dot{U}\}+[H^{③}]^T[k^{③}][H^{③}]\{U\}=\{f_g^{③}\} \tag{5.3.55}$$

부재 ①에 대해서도 다음과 같은 식이 성립된다.

$$[H^{①}]^T[m^{①}][H^{①}]\{\ddot{U}\}+[H^{①}]^T[c^{①}][H^{①}]\{\dot{U}\}+[H^{①}]^T[k^{①}][H^{①}]\{U\}=\{f_g^{①}\} \tag{5.3.56}$$

식 (5.3.55)와 (5.3.56)을 더하면 우변은 다음과 같다.

$$\{F_g^{③}\}^T+\{f_g^{①}\}^T=\begin{pmatrix} f_{X1}^{③}+f_{X1}^{①} & f_{Y1}^{③}+f_{Y1}^{①} & m_{Z1}^{③}+m_{Z1}^{①} \\ f_{X2}^{③} & f_{Y2}^{③} & m_{Z2}^{③} & 0\,0\,0\,f_{X4}^{①} & f_{Y4}^{①} & m_{Z4}^{①}\,0\,0\,0 \end{pmatrix} \tag{5.2.156}$$

이때 절점 1의 운동방정식은 [그림 5.3.1]과 같이 절점에 하중이 작용할 때 식 (5.2.157)을 참조하면 다음과 같다.

$$\left.\begin{array}{l} F_{X1}(t)-f_{X1}^{③}(t)-f_{X1}^{①}(t)=m_1\dfrac{d^2U_1}{dt^2} \\[2mm] F_{Y1}(t)-f_{Y1}^{③}(t)-f_{Y1}^{①}(t)=m_1\dfrac{d^2V_1}{dt^2} \\[2mm] M_{Z1}(t)-m_{Z1}^{③}(t)-m_{Z1}^{①}(t)=J_1\dfrac{d^2\Theta_1}{dt^2} \end{array}\right\} \tag{5.3.57}$$

여기서 m_1은 절점 1의 질량모멘트이고, J_1은 절점 2의 관성모멘트이다. 절점 1에서 $m_1=J_1=0$이므로 결국 식 (5.3.57)은 다음과 같다.

$$
\left.\begin{array}{l}
f_{X1}^{③}(t) + f_{X1}^{①}(t) = F_{X1}(t) \\
f_{Y1}^{③}(t) + f_{Y1}^{①}(t) = F_{Y1}(t) \\
m_{Z1}^{③}(t) + m_{Z1}^{①}(t) = M_{Z1}(t)
\end{array}\right\} \tag{5.3.58}
$$

그러므로 절점에 질량 및 관성모멘트가 없을 경우에는 부재단력의 합 $\{f_g^{③}\} + \{f_g^{①}\}$ 은 작용외력과 같다는 것을 알 수 있다.

부재 ⑥에 대해서는 다음과 같은 식이 성립한다.

$$
[H^{⑥}]^T[m^{⑥}][H^{⑥}]\{\ddot{U}\} + [H^{⑥}]^T[c^{⑥}][H^{⑥}]\{\dot{U}\} + [H^{⑥}]^T[k^{⑥}][H^{⑥}]\{U\} = \{f_g^{⑥}\} \tag{5.3.59}
$$

이때 절점 ⑤의 운동방정식은 식 (5.2.161)을 참조하면 다음과 같다.

$$
\left.\begin{array}{l}
F_{X5}(t) - f_{X5}^{⑥}(t) - K_X U_5 = m_5 \dfrac{d^2 U_5}{dt^2} \\[2mm]
F_{Y5}(t) - f_{Y5}^{⑥}(t) - K_Y V_5 = m_5 \dfrac{d^2 V_5}{dt^2} \\[2mm]
M_{Z5}(t) - m_{Z5}^{⑥}(t) - K_Z \theta_5 = J_5 \dfrac{d^2 \Theta_5}{dt^2}
\end{array}\right\} \tag{5.3.60}
$$

여기서, m_5는 절점 5의 질량모멘트이고, J_5는 절점 5의 관성모멘트이다. 이것에 의해 부재단력 $f_{X5}^{⑥}(t)$, $F_{Y5}^{⑥}$, $m_{Z5}^{⑥}$ 을 구하고 식 (5.2.160)을 참조하면 다음과 같은 식이 성립한다.

$$
\begin{aligned}
\{f_g^{⑥}\}^T = \Big(& 0\ 0\ 0\ 0\ 0\ 0\ 0\ 0\ 0\ f_{X4}^{⑥}\ f_{Y4}\ m_{Z4}^{⑥} \\[2mm]
& F_{X5}(t) - K_X U_5 - m_5 \dfrac{d^2 U_5}{dt^2} \quad F_{Y5}(t) - K_Y V_5 - m_5 \dfrac{d^2 V_5}{dt^2} \\[2mm]
& M_{Z5}(t) - K_Z \theta_5 - J_5 \dfrac{d^2 \Theta_5}{dt^2} \Big)
\end{aligned} \tag{5.3.61}
$$

그러므로 식 (5.3.59)는 다음과 같다.

$$[H^{\textcircled{6}}]^T[m^{\textcircled{6}}][H^{\textcircled{6}}]\{\ddot{U}\}+[H^{\textcircled{6}}]^T[c^{\textcircled{6}}][H^{\textcircled{6}}]\{\dot{U}\}+[H^{\textcircled{6}}]^T[k^{\textcircled{6}}][H^{\textcircled{6}}]\{U\}$$

$$=\begin{pmatrix}0\ 0\ 0\ 0\ 0\ 0\ 0\ 0\ 0\ f_{X4}^{\textcircled{6}}\ f_{Y4}^{\textcircled{6}}\ m_{Z4}^{\textcircled{6}}\ F_{X5}(t)\ F_{Y5}(t)\ M_{Z5}(t)^T\end{pmatrix}$$

$$+\begin{pmatrix}0\ 0\ 0\ 0\ 0\ 0\ 0\ 0\ 0\ 0\ 0\ 0\ -K_X U_5\ -K_Y V_5\ -K_Z \Theta_5\end{pmatrix}^T$$

$$+\begin{pmatrix}0\ 0\ 0\ 0\ 0\ 0\ 0\ 0\ 0\ 0\ 0\ 0\ -m_5\ddot{U}_5\ -m_5\ddot{V}_5\ \ -J_5\ddot{\Theta}_5\end{pmatrix}^T$$

또는

$$\begin{pmatrix}0\ 0\ 0\ 0\ 0\ 0\ 0\ 0\ 0\ f_{X4}^{\textcircled{6}}\ f_{Y4}^{\textcircled{6}}\ m_{Z4}^{\textcircled{6}}\ F_{X5}(t)\ F_{Y5}(t)\ M_{Z5}(t)\end{pmatrix}^T$$

$$=[H^{\textcircled{6}}]^T[m^{\textcircled{6}}][H^{\textcircled{6}}]\{\ddot{U}\}+[H^{\textcircled{6}}]^T[c^{\textcircled{6}}][H^{\textcircled{6}}]\{\dot{U}\}+[H^{\textcircled{6}}]^T[k^{\textcircled{6}}][H^{\textcircled{6}}]\{U\}$$

$$+[K_5]'\{U_1\ V_1\ \theta_1\ U_2\ V_2\ \theta_2\ U_3\ V_3\ \theta_3\ U_4\ V_4\ \theta_4\ U_5\ V_5\ \theta_5\}^T \qquad (5.3.62)$$

$$+[M_5]'\{\ddot{U}_1\ \ddot{V}_1\ \ddot{\Theta}_1\ \ddot{U}_3\ \ddot{V}_2\ \ddot{\Theta}_2\ \ddot{U}_3\ \ddot{V}_3\ \ddot{\Theta}_3\ \ddot{U}_4\ \ddot{V}_4\ \ddot{\Theta}_4\ \ddot{U}_5\ \ddot{V}_5\ \ddot{\Theta}_5\}^T$$

여기서,

$$[K_5]'=\begin{bmatrix}& & 0_{12\times3}\\ 0_{12\times12} & & \\ & & \\ & & K_X\ 0\ 0\\ 0_{3\times12} & & 0\ K_Y\ 0\\ & & 0\ 0\ K_Z\end{bmatrix},\quad [M_5]'=\begin{bmatrix}& & 0_{12\times3}\\ 0_{12\times12} & & \\ & & \\ & & m_5\ 0\ 0\\ 0_{3\times12} & & 0\ m_5\ 0\\ & & 0\ 0\ J_5\end{bmatrix}$$

우변 제4항은 기초의 스프링 정수를 나타낸 매트릭스를 식 (5.2.163)과 같이 $[K_5]'$, 우변 제5항의 질량과 관성모멘트를 나타낸 매트릭스를 $[M_5]'$로 한다. 그러므로 부재 ①~⑥에 대해서 $\{f_g^{\textcircled{m}}\}$의 전체 합을 구하면 다음과 같다.

$$\{F(t)\}=\left(\sum_{m=1}^{6}[H^{\textcircled{m}}]^T[m^{\textcircled{m}}][H^{\textcircled{m}}]+[M_6]'\right)\{\ddot{U}(t)\}+\left(\sum_{m=1}^{6}[H^{\textcircled{m}}]^T[c^{\textcircled{m}}][H^{\textcircled{m}}]\right)\{\dot{U}(t)\}$$

$$+\left(\sum_{m=1}^{6}[H^{\textcircled{m}}]^T[k^{\textcircled{m}}][H^{\textcircled{m}}]+[K_5]'\right)\{U(t)\} \qquad (5.3.63)$$

$\{F(t)\}$는 시각 t에서 절점하중이며 [그림 5.3.1]에 나타나 있고, $\{U(t)\}$는 시각 t에서 절점 변위이며 [그림 5.3.2]에 나타나 있다.

$$[M] = \sum_{m=1}^{6} [H^{(m)}]^T [m^{(m)}][H^{(m)}] + [M_5]' \tag{5.3.64}$$

$$[C] = \sum_{m=1}^{6} [H^{(m)}]^T [c^{(m)}][H^{(m)}] \tag{5.3.65}$$

$$[K] = \sum_{m=1}^{6} [H^{(m)}]^T [k^{(m)}][H^{(m)}] + [K_5]' \tag{5.3.66}$$

여기서 $[M]$, $[C]$, $[K]$는 전체 좌표계에 대한 사장교의 질량매트릭스, 감쇠매트릭스, 강성매트릭스이다. 그러므로 식 (5.3.63)은 다음과 같다.

$$[M]\{\ddot{U}(t)\} + [C]\{\dot{U}(t)\} + [K]\{U(t)\} = \{F(t)\} \tag{5.3.67}$$

이 식이 절점력 $\{F(t)\}$가 작용할 때 사장교의 운동방정식이다. 사장교의 질량매트릭스 $[M]$은 식 (5.2.168), (5.3.45)~(5.3.48), (5.3.64)를 사용하면 다음과 같다.

$$[M] = \begin{bmatrix}
15.0 & 0 & 0 & 0.7 & 0 & 0 & 0 & 0 & 0 & 6.8 & 0 & 0 & 0 & 0 & 0 \\
0 & 16.6 & 85.6 & 0 & 0.7 & 0 & 0 & 0 & 0 & 0 & 5.2 & -50.4 & 0 & 0 & 0 \\
0 & 85.6 & 627.4 & 0 & 0 & 0 & 0 & 0 & 0 & 0 & 50.4 & -467.8 & 0 & 0 & 0 \\
0.7 & 0 & 0 & 25.6 & 0 & 96.3 & 0.7 & 0 & 0 & 7.8 & 0 & -56.7 & 0 & 0 & 0 \\
0 & 0.7 & 0 & 0 & 23.2 & 0 & 0 & 0.7 & 0 & 0 & 10.2 & 0 & 0 & 0 & 0 \\
0 & 0 & 0 & 96.3 & 0 & 528.9 & 0 & 0 & 0 & 56.7 & 0 & -394.6 & 0 & 0 & 0 \\
0 & 0 & 0 & 8.7 & 0 & 0 & 15.0 & 0 & 0 & 6.8 & 0 & 0 & 0 & 0 & 0 \\
0 & 0 & 0 & 0 & 0.7 & 0 & 0 & 16.6 & -85.6 & 0 & 5.2 & 50.4 & 0 & 0 & 0 \\
0 & 0 & 0 & 0 & 0 & 0 & 0 & -85.6 & 627.4 & 0 & -50.4 & -467.8 & 0 & 0 & 0 \\
6.8 & 0 & 0 & 7.8 & 0 & 56.7 & 6.8 & 0 & 0 & 131.9 & 0 & 127.7 & 20.1 & 0 & -116.1 \\
0 & 5.2 & 50.4 & 0 & 10.2 & 0 & 0 & 5.2 & -50.4 & 0 & 118.8 & 0 & 0 & 34.0 & 0 \\
0 & -50.4 & -467.8 & -56.7 & 0 & -394.6 & 0 & 50.4 & -467.8 & 127.7 & 0 & 2833.3 & 116.1 & 0 & -651.1 \\
0 & 0 & 0 & 0 & 0 & 0 & 0 & 0 & 0 & 20.1 & 0 & 116.1 & 296.0 & 0 & -224.0 \\
0 & 0 & 0 & 0 & 0 & 0 & 0 & 0 & 0 & 0 & 34 & 0 & 0 & 272.1 & 0 \\
0 & 0 & 0 & 0 & 0 & 0 & 0 & 0 & 0 & -116.1 & 0 & -651.1 & -224.0 & 0 & 4110.8
\end{bmatrix}$$

$$\tag{5.3.67-1}$$

주) 각 성분에 9.8×10^3을 곱하고 단위는 kg(수평, 수직변위의 경우)또는 $kg \cdot m^2$(회전변위의 경우)이다.

감쇠매트릭스 $[C]$의 평가방법에 대해서는 3장 3.2.5절과 7장 7.2.6절에 설명되어 있다.

참고문헌

1) Freidrich Bleich & C.B. McCullough (1950). *The Mathematical Theory of Vibration in Suspension Bridges*, Dept. of Commerce, U.S. Gov. Print Office.

2) Przemieniecki J.S. (1968). *Theory of Matrix Structural Analysis*, McGraw-Hill.

3) Fred W. Beaufait, William H. Rowan, Peter G. Hoadley, and Robert M. Hackett (1970). *Computer Methods of Structural Analysis*, Prentice-Hall, New Jersey.

4) 武藤淸 (1977.1). 構造物の動的設計, 丸善(株).

5) Jenkins W.M. (1980). *Matrix and Digital Computer Methods in Structural Analysis*, McGraw-Hill, London.

6) Roy R. Craig, Jr. (1981). *Structural Dynamics*, John Wiley & Sons.

7) Clough R.W. & Joseph Penzien (1982). *Dynamics of Structures*, McGraw-Hill.

8) Myongwoo, Lee (1983). *Computer-Oriented Direct Stiffness Method*, Myongji Univ., Dept. of Civil Eng., Seoul.

9) Mario Paz (1985). *Structural Dynamics*, Van Nostrand Reinhold Company Inc.

10) Holzer S.H. (1985). *Computer Analysis of Structures*, Elsevier, New York.

11) 土木學會編 (1989.12.5.). 動的解析の耐震設計, 第2卷 動的解析方法, 技報堂.

12) William Weaver & James M. Gere (1990). *Matrix Analysis of Framed Structures*, 3rd Edition, Van Nostrand Reinhold.

13) 清水信行 (1990). パソコンによる振動解析, 共立出版(株).

14) Humar J.L. (1990). *Dynamic of Structures*, Prentice Hall.

15) Josef Henrych (1990). *Finite Models and Methods of Dynamics in Structures*, Elsevier.

16) Ross C.T. (1991). Finite Element Programs for Structural Vibrations, Springer-Verlag.

17) Myong-Woo Lee, Woo-Sun Park and Young-Suk Park (1991). "*Dynamic Analysis of Guyline in the Offshore Guyed Towers Considering Sea Bed Contact Conditions*", Journal of Korean Society of Coastal and Ocean Engineers, Vol.3, No.4, pp.244~254.

18) 프리스트레스트 콘크리트 교량전용의 거동해석시스템 〈PSDARI〉 (1991.10). 삼성종합건설(주) 기술연구소, 서울대학교 공과대학 토목공학과.

19) 현수교의 시공 단계 해석 시스템 개발 (2차 중간보고서) (1994.7). 현대건설 기술연구소, 서울대학교 공학연구소.

20) 프리스트레스트 콘크리트 사장교의 해석 시스템 개발 (1995.1). 삼성건설(주) 기술연구소, 서울대학교 공과대학 토목공학과.

21) Chopra A.K. (2001). *Dynamic of Structures*, Prentice Hall.

22) Myongwoo, Lee (2013.3). *Structural Mechanics*, Daega, Seoul.

23) William Weaver, Jr. & Paul R. Johnston (1987). *Structural Dynamics by Finite Elements*, Engineering Information System, Inc.

구조물의 다-지점 운동방정식

구조물의 다-지점 운동방정식
Multiple Support Exciting Equation of Structure

6.1 지진동과 관성력

지금까지는 쉽게 이해하기 위하여 지진진동에 의한 교량의 진동을 고정된 좌표계(이것을 정지 좌표계라 함)를 사용하여 운동방정식을 세웠지만, 실제 우리가 지진동에 의해 교량의 진동을 체감하거나 경험하는 것은 지표면상, 건물 내부 등이며, 정지 좌표계에서 지진진동에 의한 요동을 체험하는 것은 지상에 살고 있는 동안에는 불가능하다. 이 절에서는 사람이 실제 지진을 체험하는 장소에서 교량의 지진응답을 고려해보자.

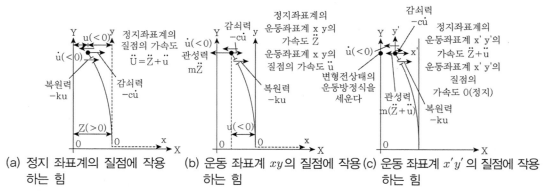

(a) 정지 좌표계의 질점에 작용 하는 힘 (b) 운동 좌표계 xy의 질점에 작용 하는 힘 (c) 운동 좌표계 $x'y'$의 질점에 작용 하는 힘

[그림 6.1.1] 정지 좌표계 및 운동 좌표계에서 단-자유도계의 응답

우선 사람이 지표면에 있고 지진을 체험할 경우를 고려한다. [그림 6.1.1(a)]에 나타낸 것과 같이 1-자유도계의 응답을 고려한다. 정지 좌표계를 XY로 하고 지표면과 같이 운동하는 좌표계(이것을 운동 좌표계라 함)를 xy로 한다. 지진진동은 수평운동만하고 운동 좌표계의 원점 0의 정지 좌표계에 대한 좌표를 같은 그림에 보인 것과 같이 $(Z, 0)$으로 하면 지진진동을 받는 1질점계의 시각 t에서 운동방정식은 4장에서 기술한 것과 같이 다음과 같다.

$$m\ddot{U} = -ku - c\dot{u} \tag{6.1.1}$$

절대변위 U는 상대변위 u와 지진진동변위 Z의 합으로 나타낼 수 있다.

$$U = Z + u \tag{6.1.2}$$

식 (6.1.1)은 위의 식을 사용하면 다음과 같이 변형된다.

$$m\ddot{u} = -ku - cu - m\ddot{Z} \tag{6.1.3}$$

위의 식 좌변의 $\ddot{u}$는 [그림 6.1.1(b)]에 나타낸 것과 같이 운동 좌표계 xy에서 보는 가속도이며 식 (6.1.3)을 운동 좌표계 xy에 대한 운동방정식이라 한다. 식 (6.1.1), (6.1.3)을 비교해보면, 운동 좌표계로 운동방정식을 세우면 $-m\ddot{Z}$되는 항을 더할 필요가 있다. 이것을 관성력이라고 한다. 여기서 $\ddot{Z}$는 운동 좌표계의 원점 0의 정지 좌표계에 대한 가속도이다.

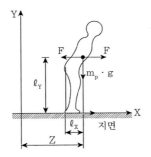

[그림 6.1.2] 정지 좌표계에서 작용하는 힘

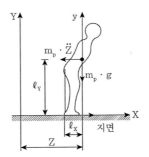

[그림 6.1.3] 운동 좌표계에서 작용하는 힘

관성력을 이해하기 위하여 [그림 6.1.2]에 나타낸 것과 같이 지면에 사람이 서 있을 때 지진진동을 받는 경우를 고려해보자. 지진진동을 받을 때 사람이 움직이지 않고 지면에 대해 전신이 정지하고 있는 것으로 된다. 사람에 작용하는 외력은 마찰력 F이지만 이 마찰력은 그림에서 보는 것과 같이 중심에 작용한 힘 F와 전도모멘트 $F \cdot l_Y$는 등가한다. 또한 사람은 전신이 정지하고 있으므로 상대변위 u는 0(zero)이 되며 식 (6.1.2)에 의해 절대변위 U와 지진진동변위 Z는 같게 된다. 그러므로 운동방정식은 사람의 질량을 m_p로 하면 다음과 같이 된다.

$$m_p \cdot \ddot{Z} = F \tag{6.1.4}$$

또한 모멘트 $F \cdot l_Y$는 사람의 체중에 의존하는 복원모멘트와 평형을 이루고 있으므로 Hill에서 모멘트의 평형에 의해 다음 식이 성립한다.

$$m_p \cdot g \cdot l_X = F \cdot l_Y \tag{6.1.5}$$

여기서 g는 중력가속도이다. 마찰력 F는 식 (6.1.4)에 주어진 식으로 된다.

$$F = m_p \cdot \ddot{Z} \tag{6.1.6}$$

따라서 사람이 지진진동에 대해 안정을 잃는 것은 지진진동 가속도가 크게 되어 식 (6.1.6)에 나타낸 마찰력이 최대 마찰력 $F_{\max}$을 초과하는 경우와 전도모멘트가 복원모멘트보다 큰 경우가 있다.

$$m_p \cdot \ddot{Z} > F_{\max} \tag{6.1.7}$$
$$m_p \cdot g \cdot l_X < F \cdot l_Y \tag{6.1.8}$$

또는 식 (6.1.6)에 의해 다음 식이 성립하는 경우가 있다.

$$m_p \cdot \ddot{Z} > m_p \cdot g \cdot l_X / l_Y \tag{6.1.9}$$

그러므로 지진진동에 대해 전도하지 않도록 사람은 중심을 낮추고 몸을 굽혀야 안정을 유지할 수 있다. 사람이 전도에 대해 안정을 유지하고 있을 경우 지진진동이 어느 크기를 초과하면 사람은 활동하기(미끄러지기) 시작한다. 활동을 시작한 순간의 속도를 v_0로 하면 지면은 가속도를 가지고 있으므로 지면의 속도는 v_0보다 크게 되며 지면상에 있는 사람은 후방으로 활동하는 것을 느끼게 될 것이다.

다음에는 사람과 동시에 운동하는 운동 좌표계에서 본 사람의 운동을 고려해보자. 운동 좌표계에서 운동방정식은 식 (6.1.3)에 주어진 [그림 6.1.3]에 나타낸 것과 같이 $u = 0$이며 운동 좌표계 xy에서 정지 좌표계에 대한 가속도는 $\ddot{Z}$로 관성력 $-m_p \cdot \ddot{Z}$를 고려하면 다음과 같은 식이 성립한다.

$$0 = F - m_p \cdot \ddot{Z} \tag{6.1.10}$$

식 (6.1.4)는 정지 좌표계에서는 사람도 지면과 같이 가속도 $\ddot{Z}$로 운동하고 있는 것으로 보지만 식 (6.1.10)에서는 [그림 6.1.3]에 나타낸 것과 같이 사람은 지진진동가속도와 반대방향에 중심점으로 관성력이 작용하고 그것이 마찰력과 평형을 이루고 있다는 것을 나타낸다. 지진진동이 작용할 때 가속도(운동 좌표계의 가속도로 됨)와 반대방향으로 느끼는 힘이 관성력이며 동시에 전도모멘트 $m_p \cdot \ddot{Z} \cdot l_Y$도 작용하므로 사람은 그림에 나타낸 것과 같이 전도를 막기 위해 관성력과 반대방향으로 몸을 굽히게 된다. 전도모멘트와 복원모멘트의 평형방정식은 식 (6.1.5)와 같다.

다음에 질점의 운동방정식을 [그림 6.1.1(c)]에 나타낸 것과 같이 질점에 고정된 좌표계, 결국 질점과 같이 운동하는 운동 좌표계-$x'y'$를 사용하여 세워보기로 한다. 이 운동 좌표계에는 질점은 정지하고 있으므로 운동 좌표계 $x'y'$에 대한 운동방정식의 가속도는 0(zero)이다.

또한 좌표계-$x'y'$에서 정지 좌표계-XY에 대한 가속도가 $\ddot{Z} + \ddot{u}$라는 것을 고려하면 관성력은 $-m(\ddot{Z} + \ddot{u})$이므로 우변의 질점에 작용하는 힘은 복원력 $-ku$, 감쇠력 $-c\dot{u}$ 및 관성력 $-m(\ddot{Z} + \ddot{u})$로 된다. 그러므로 운동 좌표계-$x'y'$에 대한 운동방정식은 다음과 같이 된다.

$$0 = -ku - c\dot{u} - m\ddot{u} - m\ddot{Z} \tag{6.1.11}$$

식 (6.1.11)은 물론 정지 좌표계-XY에 대한 운동방정식 식 (6.1.1), 운동 좌표계-xy에 대한 운동방정식 식 (6.1.3)과 일치한다. 그러나 우리는 지진에 의한 1-자유도계의 진동은 미소하고 구조물의 변형 전 상태에 힘이 작용하는 것으로 운동방정식을 세웠다. 따라서 [그림 6.1.1(c)]에 나타낸 것과 같이 미소변형의 범위에서 좌표계-$x'y'$에 대한 운동방정식은 좌표계-XY의 운동방정식과 근사하게 된다. 결국 식 (6.1.11)의 운동방정식은 좌표계-XY에 있어서 지진진동에 의한 관성력 $-m\ddot{Z}$ 및 변형에 의한 관성력 $-m\ddot{u}$를 고려하면 정적평형방정식이 구해진다는 것을 알 수 있다.

이와 같이 관성력을 사용한 평형을 동적평형(dynamic equilibrium)이라 하고 관성력을 사용해 동적문제를 정적문제로 치환한 것을 D'Alembert의 원리(D'Alembert's Principle)라 한다.

질점에 작용하는 관성력의 최대치는 질점의 절대최대 응답 가속도 $|\ddot{U}_{max}|$로 하면 4.3.1절에서 기술한 것과 같이 절대 가속도의 절대치가 최대치로 될 때는 상대속도 $\dot{u}$는 0(zero)가 되므로 식 (6.1.11)은 다음과 같이 된다.

$$0 = -ku - m\ddot{U}_{max} \tag{6.1.12}$$

이것에 의해 절대가속도의 절대치가 최대치로 될 때 상대변위는 다음과 같이 된다.

$$u = -\frac{m \cdot \ddot{U}_{max}}{k} \tag{6.1.13}$$

이것은 정적으로 관성력 $-m\ddot{U}_{max}$를 곱한 경우의 변위와 같다. 결국 1-자유도계에는 최대 관성력을 정적으로 작용시키면 동적인 최대 상대변위가 구해진다. 식 (4.3.10)과 (4.3.22)에 의해 절대가속도의 절대치가 최대일 때 상대변위의 절대치도 최대가 된다. 결국 [그림 4.3.8]에 나타낸 것과 같이 1-자유도계로 모델화할 수 있는 교량에는 운동 좌표계-$x'y'$는 교형과 같이 운동하는 좌표계이며 지진동에 의한 최대관성력을 정적으로 작용시키면 최대 상대변위를 구하는 것이다. 그러므로 식 (4.3.13), (4.3.14)에 의해 교각의 설계에 사용되는 최대 휨모멘트, 최대 전단력이 구해진다. 이것이 정적 내진설계법인 진도법의 원리이다.

이 운동 좌표계-$x'y'$는 사람이 교면에 서서 지진을 체험할 경우의 좌표계에 상당한다.

교면에 서 있는 사람은 지진동이 작을 때는 [그림 6.1.4]에 나타내 보인 것과 같이 관성력은 받지만 교면에 대해 정지하고 있다. 교형의 응답(절대)가속도를 α, 사람의 질량을 m_p로 하면 관성력 $-m_p \cdot \alpha$와 마찰력 F는 다음과 같이 평형방정식이 성립한다.

$$F - m_p \cdot \alpha = 0 \tag{6.1.14}$$

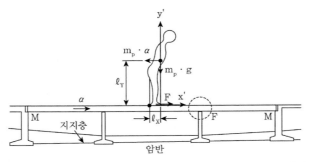

[그림 6.1.4] 교면에 고정된 운동 좌표계에 대한 교면 위 사람의 운동

전도모멘트와 복원모멘트의 평형에 의해 다음 식이 성립된다.

$$m_p \cdot g \cdot l_X = m_p \cdot \alpha \cdot l_Y \qquad (6.1.15)$$

사람이 전도할 때의 가속도는 $\alpha = g \cdot l_X / l_Y$ 이지만 최대 마찰력 $F_{\max}$ 가 $m_p \cdot g \cdot l_X / l_Y$ 보다 작을 경우에는 사람이 전도하기 전에 뒤쪽으로 활동하기 시작한다. 이때 교형의 정지 좌표계에 대한 가속도는 $F_{\max}/m_p$ 이다. 이때 정지 좌표계에 대한 교면의 속도를 v_0 라 하면 활동하기 시작한 속도는 교면(교형)에 대해서는 0(zero)이지만 정지 좌표계에 대해서는 v_0 가 된다.

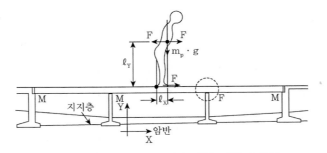

[그림 6.1.5] 정지 좌표계에 대한 사람의 운동

다음은 교면상 사람의 운동을 정지 좌표계로 고려해보자. 사람의 운동은 정지 좌표계-XY에서는 [그림 6.1.5]에 나타낸 것과 같이 마찰력 F에 의해 사람은 교형과 같이 운동하므로 다음 식이 성립한다.

$$F = m_p \cdot \alpha \qquad (6.1.16)$$

전도모멘트와 복원모멘트의 평형으로 다음 식이 성립한다.

$$m_p \cdot g \cdot l_X = F \cdot l_Y \tag{6.1.17}$$

또는

$$m_p \cdot g \cdot l_X = m_p \cdot \alpha \cdot l_Y \tag{6.1.18}$$

교형의 가속도가 $\alpha = g \cdot l_X / l_Y$일 때 사람은 전도하지만 최대 정지마찰력 $F_{\max}$가 $m_p \cdot g \cdot l_X / l_Y$ 보다 작을 때에는 최대 정지마찰력을 초과하면 사람은 활동하기 시작한다. 활동시작 순간의 정지 좌표계에 대한 속도를 v_0로 하면 교형은 가속도를 가지고 있으므로 주형의 속도 v_0보다 크게 되어 사람은 외관상으로 뒤쪽으로 활동하게 된다.

6.2 관성력을 갖는 구조물의 운동방정식

지진진동이 작용할 경우에 사장교의 운동방정식 식 (5.3.79)도 동적 평형을 사용함으로서 유도할 수 있다. 사장교에 [그림 5.3.1]에 나타낸 것과 같이 절점하중 또는 [그림 5.3.5]에 나타낸 것과 같이 지진동이 작용할 경우 부재 ③은 각각 [그림 5.3.3] 또는 [그림 5.3.5]에 나타낸 것과 같이 변형한다고 하자. 부재 ③을 구성하는 미소한 장방형 $dxdy$([그림 5.2.9] 참조)의 운동방정식은 각각 식 (5.3.8), (5.3.10)에 나타내었지만 이 운동방정식은 D'Alembert의 원리를 사용하면 다음과 같이 구해진다. [그림 5.3.5]에 나타낸 것과 같이 부재 ③을 구성하는 미소장방형 $dxdy$와 동시에 운동하는 장방형의 도심 C를 원점 0′로 한 운동 좌표계$-x'y'z'$를 고려하면, 이 운동 좌표계의 원점 0′의 정지 좌표계$-xyz$에서 x방향, y방향의 변위 및 원점 0′에서 회전각은 미소장방형의 좌측아래각의 변위 u, v 및 도심 C의 둘레의 회전각 θ를 사용하면 각각 u, v, θ가 된다(미소한 장방형 $dxdy$의 변위는 미소 함으로 원점 0′의 정지 좌표계$-xyz$에서 x방향, y방향 변위는 u, v로 근사하게 된다). 따라서 미소 장방형 $dxdy$의 운동 좌표계$-x'y'z'$에서 운동방정식은 관성력을 고려하여 식을 세울 필요가 있다. 1-자유도계 모델의 경우에 기술한 것과 같이 변형은 미소하므로 근사적으로 운동방정식은 변형 전의 상태에서 세우기로 한다. 결국 운동 좌표계$-x'y'z'$에서 x'방향의 운동방정식에는 x방향 운동방정

식에 관성력을 고려하면 된다. 더구나 미소장방형의 운동방정식은 도심 C에 질량이 집중하고 있는
질점계의 운동방정식(이것을 질량중심의 운동방정식이라고 함)으로 취급한다. 운동 좌표계−$x'y'z'$
의 원점 0'에서 x방향의 변위는 u이므로, 그 x방향의 관성력은 다음과 같이 된다.

$$-\rho(dxdy)\frac{\partial^2 u}{\partial t^2} \tag{6.2.1}$$

운동 좌표계 $x'y'z'$에서 미소장방형 $dxdy$는 정지하고 있으므로 운동방정식의 좌변은 0(zero)이
다. 우변은 $dxdy$에 작용하는 힘으로, 즉 식 (5.3.6)에 주어진 응력에 기인한 힘, 식 (5.3.7)에 주어진
감쇠력 및 식 (6.2.1)에 주어진 관성력이다. 그러므로 운동방정식은 다음과 같이 된다.

$$0 = \left(\frac{\partial \sigma_x}{\partial x} + \frac{\partial \tau_{yx}}{\partial y}\right)dxdy - \mu_x \frac{\partial u}{\partial x}dxdy - \rho(dxdy)\frac{\partial^2 u}{\partial t^2} \tag{6.2.2}$$

이 식에 의해 다음 식을 얻을 수 있다.

$$0 = \frac{\partial \sigma_x}{\partial x} + \frac{\partial \tau_{yx}}{\partial y} - \mu_x \frac{\partial u}{\partial t} - \rho \frac{\partial^2 u}{\partial t^2} \tag{6.2.3}$$

같은 이유로 y'방향의 운동방정식에는 y방향의 운동방정식에 관성력을 고려하면 된다. 그러므로
다음과 같은 식이 성립된다.

$$0 = \frac{\partial \tau_{xy}}{\partial x} - \mu_y \frac{\partial v}{\partial t} - \rho \frac{\partial^2 v}{\partial t^2} \tag{6.2.4}$$

운동 좌표계−$x'y'z'$의 회전성분 θ에 대해 관성력을 고려해보자. 미소장방형 $dxdy$의 정지 좌표계
−xyz에 대해 미소한 장방형의 질량중심의 운동방정식은 식 (5.3.11)에 의해 다음과 같이 변형된다.

$$0 = \tau_{xy}dy \cdot \frac{1}{2}dx + \left(\tau_{xy} + \frac{\partial \tau_{xy}}{\partial x}dx\right)dy \cdot \frac{1}{2}dx - \tau_{yx}dx \cdot \frac{1}{2}dy$$

$$-\left(\tau_{yx} + \frac{\partial \tau_{yx}}{\partial y}dy\right)dx \cdot \frac{1}{2}dy - \left(\frac{1}{12}\rho(dx^2 + dy^2)dxdy\right)\frac{d^2\theta}{dt^2} \qquad (6.2.5)$$

도심 C를 원점 $0'$로 한 운동 좌표계$-x'y'z'$에서 보면 식 (6.2.5)는 다음과 같이 해석된다. 운동 좌표계$-x'y'z'$에서 미소장방형은 정지하고 있으므로 좌변은 0(zero)이다. 우변의 제1, 2, 3, 4항은 정지 좌표계에서 미소장방형에 작용하는 힘이다. 운동방정식은 미소변형이므로 변형 전의 상태에서 식을 세운다. 제5항은 운동 좌표계$-x'y'z'$의 회전방향과 역방향에 작용하는 관성력이다.

이하 사장교의 운동방정식인 식 (6.3.24)를 구하기까지의 수식의 전개는 5.3절에서 기술한 것과 같다.

6.3 구조물의 다－지점 운동방정식

6.3.1 개 요

장대교나 초고층 빌딩은 매우 유연하며, 다른 형태의 구조물보다 길거나 높아 지점운동(support excitation)에 의해 큰 변위를 일으킬 수 있다.

지진하중을 받는 구조물의 해석 시, 관례적으로 구조물이 지반과 접한 곳에서는 동일한 지반운동이 가정되어 왔다. 이 가정은 지진에 의한 교란의 시간지연이 구조물의 큰 응답을 야기시키는 장지간 현수교 같은 수평으로 매우 긴 구조물을 제외한, 국한된 장소를 차지하는 기초의 구조물에 대해서는 타당하다. 그러나 장지간 구조물의 동역학적 응답을 고려할 때, 지진에 의한 교란의 전도시간은 무시될 수 없다. 그러므로 지점운동에 의한 운동의 경향을 분명하게 하는 몇 가지 일반적인 방법, 예를 들면, 등가정적해석, 응답스펙트럼해석, 시각력해석 등이 있다.

본 절에서는 3-직각방향의 지진지반운동에 종속된 지점운동으로 인한 구조물의 운동을 해석하기 위한 시각력해석에 대해 기하선형해석 방법을 정리하였다. 이것이 구조물의 동적해석과 다－지점운동을 포함하는 데에 적당하다.

6.3.2 지점운동에 의한 선형운동방정식

시공 중이나 시공 후의 구조물에 대한 동역학적 해석은 구조물의 기하학적 형상 및 접선강성매트릭스가 전달되고 질량매트릭스가 계산되어 고유진동수와 이동하는 집중하중이나 지진하중, 또는 임의의 시간함수하중(Time Function Load)에 의한 선형강제진동을 해석한다.

구조물의 일반적인 선형운동방정식을 매트릭스형태로 나타내면 다음과 같다.

$$[M]\{\ddot{U}\} + [C]\{\dot{U}\} + [K]\{U\} = \{P\} \tag{6.3.1}$$

여기서 $[M]$ =질량매트릭스, $[C]$ =감쇠매트릭스, $[K]$ =강성매트릭스, $\{U\}$, $[\dot{U}]$, $\{\ddot{U}\}$ =정적 변위를 기준으로 한 변위, 속도, 가속도벡터, $\{P\}$ =동적하중벡터이다.

구조물의 질량매트릭스는 공간뼈대의 분포질량매트릭스를 조합(Assemble)하여 구한다. 자유진동 해석은 가장 작은 값으로부터 필요한 몇 개의 진동수와 모드형상을 구하는 데 적합한 방법을 사용하면 된다. 강제진동해석으로는 하중으로서 임의의 시간함수와 이동집중하중 및 지진하중에 대하여 모드 중첩법(Mode Superposition Method)과 직접적분법이 있다. 구조물의 감쇠는 모드 중첩법의 경우 고려하려는 각각의 모드에 대한 감쇠계수를 고려하고, 직접적분법의 경우에는 일반적으로 강성 매트릭스와 질량매트릭스의 선형비로 표시한 Rayleigh 감쇠매트릭스를 사용한다.

시간에 따라 발생하는 처짐에 의하여 공간뼈대요소의 각 단면력, 지점반력의 변화를 구한다.

식 (6.3.1)의 일반적인 운동방정식을 다양한 경계조건들에 대해 구속되지 않은 자유도와 구속된 자유도에 대한 부분으로 나누면 다음과 같이 쓸 수 있다.

$$\begin{bmatrix} M_{FF} & M_{FR} \\ M_{RF} & M_{RR} \end{bmatrix} \begin{Bmatrix} \ddot{U}_F \\ \ddot{U}_R \end{Bmatrix} + \begin{bmatrix} C_{FF} & C_{FR} \\ C_{RF} & C_{RR} \end{bmatrix} \begin{Bmatrix} \dot{U}_F \\ \dot{U}_R \end{Bmatrix} + \begin{bmatrix} K_{FF} & K_{FR} \\ K_{RF} & K_{RR} \end{bmatrix} \begin{Bmatrix} U_F \\ U_R \end{Bmatrix} = \begin{Bmatrix} P_F \\ P_R \end{Bmatrix} \tag{6.3.2}$$

여기서, 아래 첨자 R은 지점운동의 작용점에 대응되는 자유도(이후부터는 구속경계라 칭함)를 나타내고, 한편 아래 첨자 F는 구조물의 다른 모든 자유도에 대응된다(이후부터 자유경계라 칭함).

지점을 제외하고는 가해진 하중이 없다면, 힘벡터 $\{P_F\}$는 영벡터가 된다. 이때 자유-자유 경계의 운동방정식은 다음과 같이 된다.

$$\begin{aligned} [M_{FF}]\{\ddot{U}_F\} &+ [C_{FF}]\{\dot{U}_F\} + [K_{FF}]\{U_F\} \\ &= -[M_{FR}]\{\ddot{U}_R\} - [C_{FR}]\{\dot{U}_R\} - [K_{FR}]\{U_R\} \end{aligned} \tag{6.3.3}$$

여기서 임의의 시간에서의 총변위 $\{U\}$를 이때의 지점 변위량에 의한 가상정적변위 $\{U^s\}$

(Pseudo-Static Displacement)와 이를 기준으로 한 지점의 동역학적변위 $\{U^d\}$의 합으로 나타내면, 총변위 $\{U\}$는 $\{U^s\}$와 $\{U^d\}$의 항으로 다음과 같이 쓸 수 있다.

$$U = \left\{ \begin{matrix} U_F \\ U_R \end{matrix} \right\} = \left\{ \begin{matrix} U_F^s \\ U_R^s \end{matrix} \right\} + \left\{ \begin{matrix} U_F^d \\ U_R^d \end{matrix} \right\} \tag{6.3.4}$$

여기서, $\{U_F^s \ U_R^s\}^T$는 주어진 시간 t에서 가상정적변위이고, $\{U_F^d \ U_R^d\}^T$는 가상정적변위 $\{U^s\}$를 기준으로 한 동역학적변위를 의미한다. 이때 $\{U_R^s\}$는 주어진 지점운동이 되며, $\{U_R^d\}$는 영벡터가 된다. 그러므로 $\{U_R\}$은 $\{U_R^s\}$에 대응된다. 즉, $\{U_R\} = \{U_R^s\}$이다.

이와 같이 정의하면 자유–자유 경계에 대한 운동방정식 식 (6.3.3)은 다음과 같이 다시 쓸 수 있다.

$$\begin{aligned}
[M_{FF}]\{\ddot{U}_F^d\} &+ [C_{FF}]\{\dot{U}_F^d\} + [K_{FF}]\{U_F^d\} \\
&= -([M_{FF}]\{\ddot{U}_F^s\} + [C_{FF}]\{\dot{U}_F^s\} + [K_{FF}]\{U_F^s\} + [M_{FR}]\{\ddot{U}_R^s\} \\
&\quad + [C_{FR}]\{\dot{U}_R^s\} + [K_{FR}]\{U_R^s\}) \\
&= -[M_{FF} \ M_{FR}]\left\{ \begin{matrix} \ddot{U}_F^s \\ \ddot{U}_R^s \end{matrix} \right\} - [C_{FF} \ C_{FR}]\left\{ \begin{matrix} \dot{U}_F^s \\ \dot{U}_R^s \end{matrix} \right\} - [K_{FF} \ K_{FR}]\left\{ \begin{matrix} U_F^s \\ U_R^s \end{matrix} \right\}
\end{aligned} \tag{6.3.5}$$

여기서 다른 하중이 재하되지 않았을 때는 정적평형조건으로부터 다음 식이 얻어진다.

$$[K_{FF} \ K_{FR}]\left\{ \begin{matrix} U_F^s \\ U_R^s \end{matrix} \right\} = \{0\} \tag{6.3.6}$$

또한 일반적으로 $[C_{FF} \ C_{FR}]\left\{ \begin{matrix} \dot{U}_F^s \\ \dot{U}_R^s \end{matrix} \right\}$의 항은 관성항(inertia term)의 효과에 비해서 감쇠(damping)의 효과는 무시할 만하다는 가정에 의해서 식 (6.3.5)는 다음과 같이 된다.

$$[M_{FF}]\{\ddot{U}_F^d\} + [C_{FF}]\{\dot{U}_F^d\} + [K_{FF}]\{U_F^d\} = -[M_{FF} \ M_{FR}]\left\{ \begin{matrix} \ddot{U}_F^s \\ \ddot{U}_R^s \end{matrix} \right\} \tag{6.3.7}$$

여기서, 우변의 $\{\ddot{U}^s_R\}$은 주어진 지점운동의 가속도를 의미하고, $\{\ddot{U}^s_F\}$는 주어진 지점운동의 가속도에 따라 결정되는 자유단의 가속도이다.

먼저 $\{U^s_F\}$는 식 (6.3.6)으로부터 구할 수 있다.

$$\{U^s_F\} = -[K_{FF}]^{-1}[K_{FR}]\{U^s_R\} \qquad (6.3.8)$$

여기서 지점변위의 영향에 의한 구조물의 변위이므로 $[T_R] = [K_{FF}]^{-1}[K_{FR}]$를 영향매트릭스(Influence Matrix)라 말한다. 결국 구조물의 자유단의 변위, 속도, 가속도는 다음과 같이 구할 수 있다.

$$\begin{aligned}
\{U^s_F\} &= -[T_R]\{U^s_R\} \\
\{\dot{U}^s_F\} &= -[T_R]\{\dot{U}^s_R\} \\
\{\ddot{U}^s_F\} &= -[T_R]\{\ddot{U}^s_R\}
\end{aligned} \qquad (6.3.9)$$

위의 관계를 이용하면, 식 (6.3.7)은 다음과 같이 $\{\ddot{U}^s_R\}$의 항으로 나타낼 수 있다.

$$\begin{aligned}
[M_{FF}]\{\ddot{U}^d_F\} + [C_{FF}]\{\dot{U}^d_F\} + [K_{FF}]\{U^d_F\} &= -[M_{FF}]\{\ddot{U}^s_F\} - [M_{FR}]\{\ddot{U}^s_R\} \\
&= ([M_{FF}][T_R] - [M_{FR}])\{\ddot{U}^s_R\}
\end{aligned} \qquad (6.3.10)$$

위 식은 지점운동으로 인한 유효 동역학적 하중으로 생각할 수 있으며, 이때 식 (6.3.10)은 다음과 같이 자유경계성분만으로 재정의할 수 있다.

$$[M_{FF}]\{\ddot{U}^d_F\} + [C_{FF}]\{\dot{U}^d_F\} + [K_{FF}]\{U^d_F\} = \{P^d_{eff}\} \qquad (6.3.11)$$

여기서,

$$\{P^d_{eff}\} = ([M_{FF}][T_R] - [M_{FR}])\{\ddot{U}^s_R\} \qquad (6.3.12)$$

이 식 (6.3.11)은 마치 구속된 지점 'R'들에는 아무런 변위가 없고 구속되지 않은 자유도 'F'에만 동적하중 $\{P_{eff}^d\}$가 작용하는 경우와 같은 운동방정식을 얻는다. 따라서 이 식을 수치적으로 풀어 $\{U_F^d\}$, $\{\dot{U}_F^d\}$, $\{\ddot{U}_F^d\}$를 구하면, 총변위 $\{U_F\}$를 얻을 수 있다.

6.3.3 지진진동이 작용할 때의 운동방정식

사장교의 기초에 지진진동이 작용할 경우 [그림 5.3.5]에 나타낸 것과 같이 사장교를 지지하고 있는 지면은 수평방향(X축 방향)으로 X_G, 연직방향(Y축 방향)으로 Y_G만큼 이동한다. 사장교의 절점은 예를 들어 절점 5는 수평방향에 $\overline{U}_5$, 연직방향에 $\overline{V}_5$, 회전방향에 $\overline{\Theta}_5$만큼 변위를 갖는다. 회전각 $\overline{\Theta}_5$는 전체 좌표계 XYZ(고정된 좌표)에서 나타낸 회전각 Θ_5와 같다. 그러므로 전체 좌표계 의 변위는 다음과 같이 된다.

$$
\begin{aligned}
\{U\}^T &= (U_1 \ V_1 \ \Theta_1 \ U_2 \ V_2 \ \Theta_2 \ \cdots \ U_5 \ V_5 \ \Theta_5) \\
&= (X_G + \overline{U}_1 \ Y_G + \overline{V}_1 \ \Theta_1 \ X_G + \overline{U}_2 \ Y_G + \overline{V}_2 \ \Theta_2 \cdots X_G + \overline{U}_5 \ Y_G + \overline{V}_5 \ \Theta_5) \\
&= \{U_G\}^T + \{\overline{U}\}^T
\end{aligned}
\tag{6.3.13}
$$

여기서,

$$
\{\overline{U}\}^T = (\overline{U}_2 \overline{V}_1 \Theta_1 \cdots \overline{U}_5 \overline{V}_5 \Theta_5)
$$
$$
\{U_G\}^T = (X_G \ Y_G \ 0 \ X_G \ Y_G \ 0 \cdots X_G \ Y_G \ 0)
$$

$\{U_G\}$는 사장교를 정적으로 수평방향으로 X_G, 연직방향으로 Y_G만큼 변위를 가질 경우의 절점 변위를 나타낸다. [그림 5.3.5]에 나타낸 것과 같이 $\{U_G\}$에 의해 부재는 변형하지 않으므로 부재단 력은 발생하지 않는다. 그러므로 식 (5.2.153)에 의해 $\{U_G\}$는 다음 식을 만족한다.

$$
\{0\} = [H^{③}]^T [k^{③}][H^{③}]\{U_G\}
\tag{6.3.14}
$$

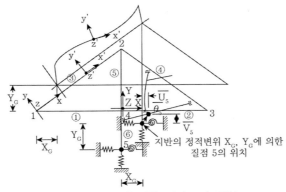

(a) 지진진동에 의한 사장교의 변형

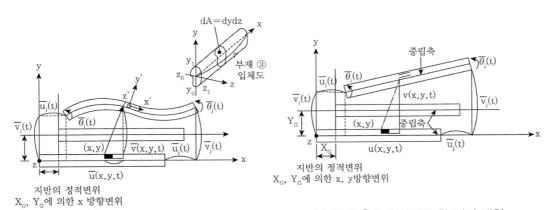

(b) 부재 ③을 휨부재로 할 때의 변형   (c) 부재 ③을 현부재로 할 때의 변형

[그림 5.3.5] 지진동에 의한 사장교의 변형

식 (5.3.55)에 식 (6.3.13)을 대입하면 다음과 같이 된다.

$$[H^{③}]^T[m^{③}][H^{③}]\{\ddot{\overline{U}}\} + [H^{③}]^T[c^{③}][H^{③}]\{\dot{\overline{U}}\} + [H^{③}]^T[k^{③}][H^{③}]\{\overline{U}\}$$
$$= \{f_g^{③}\} - [H^{③}]^T[m^{③}][H^{③}]\{\ddot{U}_G\} \tag{6.3.15}$$
$$- [H^{③}]^{③}[c^{③}][H^{③}]\{\dot{U}_G\} - [H^{③}]^T[k^{③}][H^{③}]\{U_G\}$$

식 (6.3.14)의 우변 제3항의 감쇠항은 사장교의 변형이 없이 병진운동에 대한 감쇠이므로 감쇠의 영향은 매우 작다고 생각되므로 무시한다. 또한 제4항은 식 (6.3.14)에 의해 {0}이 된다. 같은 방법으로 부재 ①에 대해서는 식 (5.3.56)을 참조로 하면 다음 식이 성립된다.

$$[H^{①}]^T[m^{①}][H^{①}]\{\ddot{\overline{U}}\} + [H^{①}]^T[c^{①}][H^{①}]\{\dot{\overline{U}}\} + [H^{①}]^T[k^{[①]}][H^{①}]\{\overline{U}\}$$
$$= \{f_g^{①}\} - [H^{①}]^T[m^{①}][H^{①}]\{\ddot{U}_G\} \tag{6.3.16}$$

식 (6.3.15)의 $\{f_g^{③}\}$과 식 (6.3.16)의 $\{f_g^{①}\}$의 합은 $\{f_g^{③}\} + \{f_g^{①}\}$로서 이 중에서 절점 1의 성분은 식 (5.3.57)과 (5.2.157)을 참조하면 다음과 같이 된다.

$$F_{X1}(t) - f_{X1}^{③}(t) - f_{X1}^{①}(t) = m_1 \frac{d^2\overline{U}_1}{dt^2} + m_1 \frac{d^2X_G}{dt^2}$$

$$F_{Y1}(t) - f_{Y1}^{③}(t) - f_{Y1}^{①}(t) = m_1 \frac{d^2\overline{V}_1}{dt^2} + m_1 \frac{d^2Y_G}{dt^2} \tag{6.3.17}$$

$$M_{Z1}(t) - m_{Z1}^{③}(t) - m_{Z1}^{①}(t) = J_1 \frac{d^2\theta_1}{dt^2}$$

절점 1에는 $m_1 = J_1 = 0$ 그리고 어느 절점에도 지진동 이외 하중은 작용하지 않는 것으로 하면, $F_{X1} = F_{Y1} = M_{Z1} = 0$이 되므로 식 (6.3.17)은 다음과 같이 된다.

$$\left.\begin{array}{l} f_{X1}^{③}(t) + f_{X1}^{①}(t) = 0 \\ f_{Y1}^{③}(t) + f_{Y1}^{①}(t) = 0 \\ m_{Z1}^{③}(t) + m_{Z1}^{①}(t) = 0 \end{array}\right\} \tag{6.3.18}$$

부재 ⑥에 대해서는 식 (5.3.59)를 참조로 하여 다음 식이 성립된다.

$$[H^{⑥}]^T[m^{⑥}][H^{⑥}]\{\ddot{\overline{U}}\} + [H^{⑥}]^T[c^{⑥}][H^{⑥}]\{\dot{\overline{U}}\} + [H^{⑥}]^T[k^{⑥}][H^{⑥}]$$
$$= \{f_g^{⑥}\} - [H^{⑥}]^T[m^{⑥}][H^{⑥}]\{\ddot{U}_G\} \tag{6.3.19}$$

이때 절점 5의 운동방정식은 식 (5.3.60)과 (5.2.161)을 참조로 하여 다음과 같이 된다.

$$
\left.\begin{array}{l}
-f_{X5}^{\textcircled{6}}(t) - K_X \overline{U_5} = m_5 \dfrac{d^2 \overline{U}_5}{dt^2} + m_5 \dfrac{d^2 X_G}{dt^2} \\[4mm]
-f_{Y5}^{\textcircled{6}}(t) - K_V \overline{V_5} = m_5 \dfrac{d^2 \overline{V}_5}{dt^2} + m_5 \dfrac{d^2 Y_G}{dt^2} \\[4mm]
-m_{Z5}^{\textcircled{6}}(t) - K_Z \theta_5 = J_5 \dfrac{d^2 \theta_5}{dt^2}
\end{array}\right\} \tag{6.3.20}
$$

식 (5.3.61)을 참조하면 다음 식이 성립한다.

$$
\begin{aligned}
\{f_g^{\textcircled{6}}\}^T = \Bigg(0\ 0\ 0\ 0\ 0\ 0\ 0\ 0\ 0\ & f_{X4}^{\textcircled{6}}\ \ f_{Y4}^{\textcircled{6}}\ \ m_{Z4}^{\textcircled{6}}\ \ -K_X \overline{U_5} - m_5 \dfrac{d^2 \overline{U}_5}{dt^2} - m_5 \dfrac{d^2 X_G}{dt^2} \\[3mm]
& -K_Y \overline{V_5} - m_5 \dfrac{d^2 \overline{V}_5}{dt^2} - m_5 \dfrac{d^2 Y_G}{dt^2}\ \ \ -K_Z \theta_5 - J_5 \dfrac{d^2 \theta_5}{dt^2} \Bigg)
\end{aligned}
$$

그러므로 식 (6.3.19)는 다음과 같이 된다.

$$
\begin{aligned}
[H^{\textcircled{6}}]^T [m^{\textcircled{6}}][H^{\textcircled{6}}] & \{\ddot{\overline{U}}\} + [H^{\textcircled{6}}]^T [c^{\textcircled{6}}][H^{\textcircled{6}}] \{\dot{\overline{U}}\} + [H^{\textcircled{6}}]^T [k^{\textcircled{6}}][H^{\textcircled{6}}[\{\overline{U}\} \\[2mm]
& = (0\ 0\ 0\ 0\ 0\ 0\ 0\ 0\ 0\ f_{X4}^{\textcircled{6}}\ f_{Y4}^{\textcircled{6}}\ m_{Z4}^{\textcircled{6}}\ 0\ 0\ 0)^T \\[2mm]
& \quad + (0\ 0\ 0\ 0\ 0\ 0\ 0\ 0\ 0\ 0\ 0\ 0\ -K_X \overline{U_5}\ \ -K_Y \overline{V_5}\ \ -K_Z \theta_5)^T \\[2mm]
& \quad + (0\ 0\ 0\ 0\ 0\ 0\ 0\ 0\ 0\ 0\ 0\ 0\ -m_5 \ddot{\overline{U}}_5\ \ -m_5 \ddot{\overline{V}}_5\ \ -J_5 \ddot{\theta}_5)^T \\[2mm]
& \quad + (0\ 0\ 0\ 0\ 0\ 0\ 0\ 0\ 0\ 0\ 0\ 0\ -m_5 X_G\ -m_5 Y_G\ \ 0)^T \\[2mm]
& \quad - [H^{\textcircled{6}}]^T [m^{\textcircled{6}}][H^{\textcircled{6}}] \{\ddot{U}_G\}
\end{aligned} \tag{6.3.21}
$$

이 식을 매트릭스 형태로 쓰면 다음과 같이 된다.

$$
\begin{aligned}
[H^{\textcircled{6}}]^T [m^{\textcircled{6}}][H^{\textcircled{6}}] & \{\ddot{\overline{U}}\} + [M_5]' \{\ddot{\overline{U}}\} + [H^{\textcircled{6}}]^T [c^{\textcircled{6}}][H^{\textcircled{6}}] \{\dot{\overline{U}}\} - [H^{\textcircled{6}}]^T [k^{\textcircled{6}}][H^{\textcircled{6}}] \{\overline{U}\} \\[2mm]
& + [K_5]' \{\overline{U}\} \\[2mm]
& = (0\ 0\ 0\ 0\ 0\ 0\ 0\ 0\ 0\ f_{X4}^{\textcircled{6}}\ f_{Y4}^{\textcircled{6}}\ m_{Z4}^{\textcircled{6}}\ 0\ 0\ 0) \\[2mm]
& \quad - [H^{\textcircled{6}}]^T [m^{\textcircled{6}}][H^{\textcircled{6}}] \{\ddot{U}_G\} - [M_5]' \{\ddot{U}_G\}
\end{aligned} \tag{6.3.22}
$$

여기서,

$$[M_5]' = \begin{bmatrix} [0]_{12 \times 12} & 0 & 0 & 0 \\ & \vdots & \vdots & \vdots \\ 0 & m_5 & \vdots & \vdots \\ 0 & \cdot\cdot & m_5 & \vdots \\ 0 & \cdot\cdot & \cdot\cdot & J_5 \end{bmatrix}, \quad [K_5]' = \begin{bmatrix} [0]_{12 \times 12} & 0 & 0 & 0 \\ & \vdots & \vdots & \vdots \\ 0 & K_X & \vdots & \vdots \\ 0 & \cdot\cdot & K_Y & \vdots \\ 0 & \cdot\cdot & \cdot\cdot & K_Z \end{bmatrix}$$

그러므로 부재 ①~⑥에 대하여 부재의 운동방정식의 총합을 식 (6.3.15), (6.3.16), (6.3.22)를 사용하여 구하면 다음과 같이 된다.

$$\left(\sum_{m=1}^{6} [H^{\text{⑪}}]^T [m^{\text{⑪}}][H^{\text{⑪}}] \right) \{\ddot{\overline{U}}\} + \left(\sum_{m=1}^{6} [H^{\text{⑪}}]^T [c^{\text{⑪}}][H^{\text{⑪}}] \right) \{\dot{\overline{U}}\}$$

$$+ \left(\sum_{m=1}^{6} [H^{\text{⑪}}]^T [k^{\text{⑪}}][H^{\text{⑪}}] + [K_5]' \right) \{\overline{U}\} \tag{6.3.23}$$

$$= - \left(\sum_{m=1}^{6} [H^{\text{⑪}}]^T [m^{\text{⑪}}][H^{\text{⑪}}] + [M_5]' \right) \ddot{U}_G$$

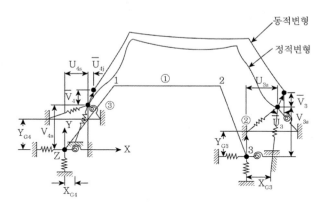

[그림 6.3.1] 다지점 입력 모델(다지점 입력 시에는 정적변형과 동적변형은 달라진다)

식 (5.3.64), (5.3.65), (5.3.66)을 사용하면 사장교에 지진진동이 작용할 경우의 운동방정식은 다음과 같이 된다.

$$[M]\{\ddot{\overline{U}}\}+[C]\{\dot{\overline{U}}\}+[K]\{\overline{U}\}=-[M]\{\ddot{U}_G\} \tag{6.3.24}$$

여기서 다룬 사장교의 경우는 지진진동이 1개의 기초에 작용하지만 일반적으로 교량에는 2개 이상의 교각에 다른 지진진동이 작용한다.

여기서는 [그림 6.3.1]에 나타낸 구조물의 절점 3과 4에 서로 다른 지진진동이 작용하는 경우를 고려해보자. 이 구조물을 π-라멘교라고 한다. 이 구조물에 지진진동이 작용하여 절점 3을 지지하는 지반에 수평방향(X축 방향)에 X_{G3}, 연직방향(Y축 방향)에 Y_{G3}, 절점 4를 지지하는 지반에 수평방향에 X_{G4}, 연직방향에 Y_{G4}만 이동하였다고 생각해보자. 이때 절점 3은 지점의 정적변위에 의해 U_{3S}, V_{3S}, Θ_{3S}, 그리고 동적변위에 의해 $\overline{U}_3$, $\overline{V}_3$, $\overline{\Theta}_3$ 변위만 있는 것으로 하자(첨자 S는 정적[Static]을 나타냄). 아직 그림에는 Θ_{3S}, $\overline{\Theta}_{3S}$은 나타내지 않았다. 그러므로 고정된 전체 좌표계-XYZ에서 절점변위는 다음과 같이 된다.

$$\begin{aligned}
\{U\}^T &= \begin{pmatrix} U_1 & V_1 & \Theta_1 & U_2 & V_2 & \Theta_2 & U_3 & V_3 & \Theta_3 & U_4 & V_4 & \Theta_4 \end{pmatrix} \\
&= \begin{pmatrix} U_{1S}+\overline{U}_1 & V_{1S}+\overline{V}_1 & \Theta_{1S}+\overline{\Theta}_1 \cdots U_{4S}+\overline{U}_4 & V_{4S}+\overline{V}_4 & \Theta_{4S}+\overline{\Theta}_4 \end{pmatrix} \\
&= \{U_S\}^T + \{\overline{U}\}^T \tag{6.3.25}
\end{aligned}$$

여기서,

$$\begin{aligned}
\{U_S\}^T &= \begin{pmatrix} U_{1S} & V_{1S} & \Theta_{1S} \cdots U_{4S} & V_{4S} & \Theta_{4S} \end{pmatrix} \\
\{\overline{U}\}^T &= \begin{pmatrix} \overline{U}_1 & \overline{V}_1 & \overline{\Theta}_1 \cdots \overline{U}_4 & \overline{V}_4 & \overline{\Theta}_4 \end{pmatrix}
\end{aligned}$$

먼저 최초의 정적변위 $\{U_S\}$를 구한다. $\{U_S\}$는 정적변위이므로 식 (5.2.153)을 참조로 하면 부재 ③에 대하여 다음 식이 성립한다.

$$\{f_g^{③}\}=[H^{③}]^T[k^{③}][H^{③}]\{U_S\} \tag{6.3.26}$$

$$\{f_g^{③}\}^T=\begin{pmatrix} f_{X1}^{③} & f_{Y1}^{③} & m_{Z1}^{③} & 0 & 0 & 0 & 0 & 0 & 0 & f_{X4}^{③} & f_{Y4}^{③} & m_{Z4}^{③} \end{pmatrix} \tag{6.3.27}$$

절점 4에서 평형조건에 의해 다음 식이 성립된다.

$$
\left.\begin{aligned}
&-f_{X4}^{③} - K_{X4}(U_{4S} - X_{G4}) = 0 \\
&-F_{Y4}^{③} - K_{Y4}(V_{4S} - Y_{G4}) = 0 \\
&-m_{Z4}^{③} - K_{Z4}\Theta_4 = 0
\end{aligned}\right\}
\tag{6.3.28}
$$

식 (6.3.28)을 식 (6.3.26)에 대입하면 다음 식이 성립한다.

$$
\left(f_{X1}^{③}\ f_{Y1}^{③}\ m_{Z1}^{③}\ 0\ 0\ 0\ 0\ 0\ 0 - K_{X4}U_{4S} + K_{X4}X_{G4} - K_{Y4}V_{4S} + K_{Y4}Y_{G4}\ - K_{Z4}\Theta_4\right)^T
$$
$$
= [H^{③}]^T[k^{③}][H^{③}]\{U_S\}
\tag{6.3.29}
$$

또는

$$
(f_{X1}^{③}\ f_{Y1}^{③}\ m_{Z1}^{③}\ 0\ 0\ 0\ 0\ 0\ 0\ 0\ 0\ 0)^T +
\begin{bmatrix}
[0]_{9\times9} & 0 & 0 & 0 \\
& & & \\
0 & K_{X4} & 0 & 0 \\
0 & 0 & K_{Y4} & 0 \\
0 & 0 & 0 & K_{Z4}
\end{bmatrix}
\begin{Bmatrix}
[0]_6 \\ X_{G3} \\ Y_{G3} \\ 0 \\ X_{G4} \\ Y_{G4} \\ 0
\end{Bmatrix}
$$
$$
= [H^{③}]^T[k^{③}][H^{③}]\{U_S\} = [K_4]'\{U_G\}
\tag{6.3.30}
$$

부재 ①과 ②에 대해서도 평형방정식을 작성하여 정리하면 다음 식이 성립한다.

$$
\begin{aligned}
([K_3]' + [K_4]')\{U_G\} &= \left(\sum_{m=1}^{3} [H^{⑩}]^T[k^{⑩}][H^{⑩}] + [K_3]' + [K_4]'\right)\{U_S\} \\
&= [K]\{U_S\}
\end{aligned}
\tag{6.3.31}
$$

여기서, $[K]$는 구조전체의 강성매트릭스로 다음과 같다.

$$
[K] = \sum_{m=1}^{3} [H^{⑩}]^T[k^{⑩}][H^{⑩}] + [K_3]' + [K_4]'
\tag{6.3.32}
$$

따라서

$$\{U_S\} = [K]^{-1}([K_3]' + [K_4]')\{U_G\} \tag{6.3.33}$$

부재 ③의 운동방정식은 식 (5.3.55)와 같이 되므로 이것에 식 (6.3.25)를 대입하면 다음과 같이 된다.

$$[H^{③}]^T[m^{③}][H^{③}]\{\ddot{\overline{U}}\} + [H^{③}]^T[c^{③}][H^{③}]\{\dot{\overline{U}}\} + [H^{③}]^T[k^{③}][H^{③}]\{\overline{U}\}$$
$$= \{f_g^{③}\} - [H^{③}]^T[m^{③}][H^{③}]\{\ddot{U}_S\} - [H^{③}]^T[c^{③}][H^{③}]\{\dot{U}_S\} - [H^{③}]^T[k^{③}][H^{③}]\{U_S\} \tag{6.3.34}$$

절점 4에서 평형방정식은 식 (6.3.28)을 참조하여 정리하면 다음과 같이 된다.

$$-f_{X4}^{③} - K_{X4}(\overline{U}_4 + U_{4S} - X_{G4}) = m_4\frac{d^2\overline{U}_4}{dt^2} + m_4\frac{d^2U_{4S}}{dt^2}$$

$$-f_{Y4}^{③} - K_{Y4}(\overline{V}_4 + V_{4S} - Y_{G4}) = m_4\frac{d^2\overline{V}_4}{dt^2} + m_4\frac{d^2V_{4S}}{dt^2} \tag{6.3.35}$$

$$-m_{Z4}^{③} - K_{Z4}(\Theta_4 + \Theta_{4S}) = J_4\frac{d^2\overline{\Theta}_4}{dt^2} + J_4\frac{d^2\Theta_{4S}}{dt^2}$$

이것을 식 (5.3.89)의 $\{f_g^{③}\}$에 대입하여 정리하면 다음 식이 성립된다.

$$\{f_g^{③}\}^T = (f_{X1}^{③} \ f_{Y1}^{③} \ m_{Z1}^{③} \ 0 \ 0 \ 0 \ 0 \ 0 \ 0 \ -K_{X4}(\overline{U}_4 + U_{4S} - X_{G4}) - m_4\ddot{\overline{U}}_4 - m_4\ddot{U}_{4S}$$
$$-K_{Y4}(\overline{V}_4 + V_{4S} - Y_{G4}) - m_4\ddot{\overline{V}}_4 - m_4\ddot{V}_{4S} \ -K_{Z4}(\Theta_4 - \Theta_{4S}) - J_4\ddot{\overline{\Theta}}_4 - J_4\ddot{\Theta}_4)^T$$

따라서 식 (6.3.34)는 다음과 같이 된다. 다만 식 (6.3.34)의 우변 제3항의 감쇠는 지점의 이동에 의한 π−라멘교의 정적인 변위에 상당하는 속도에 대한 감쇠이고 사장교의 경우에는 작으므로 무시한다.

$$[H^{③}]^{T}[m^{③}][H^{③}]\{\overline{U}\}+\begin{bmatrix}[0]_{9\times9} & 0 & 0 & 0\\ 0 & m_4 & & \\ 0 & & m_4 & \\ 0 & & & J_4\end{bmatrix}\{\overset{..}{\overline{U}}\}+[H^{③}]^{T}[c^{③}][H^{③}]\{\overset{.}{\overline{U}}\}$$

$$+[H^{③}]^{T}[k^{③}][H^{③}]\{\overline{U}\}+[K_4]'\{\overline{U}\} \qquad (6.3.36)$$

$$=-[H^{③}]^{T}[m^{[③]}][H^{③}]\{\overset{..}{U}_S\}-[M_4]'\{\overset{..}{U}_S\}$$

$$-[H^{③}]^{T}[k^{③}][H^{③}]\{U_s\}-[K_4]'\{U_s\}+[K_4]'\{U_G\}$$

부재 ①, ②에 대해서도 같은 식을 사용해 평형방정식을 세우면 다음과 같이 된다.

$$\left(\sum_{m=1}^{3}[H^{ⓜ}]^{T}[m^{ⓜ}][H^{ⓜ}]+[M_3]'+[M_4]'\right)\{\overset{..}{\overline{U}}\}+\left(\sum_{m=1}^{3}[H^{ⓜ}][c^{ⓜ}][H^{ⓜ}]\right)\{\overset{.}{\overline{U}}\}$$

$$+\left(\sum_{m=1}^{3}[H^{ⓜ}]^{T}[k^{ⓜ}][H^{ⓜ}]+[K_3]'+[K_4]'\right)\{\overline{U}\} \qquad (6.3.37)$$

$$=-\left(\sum_{m=1}^{3}[H^{ⓜ}]^{T}[m^{ⓜ}][H^{ⓜ}]+[M_3]'+[M_4]'\right)\{\overset{..}{U}_S\}$$

$$-\left(\sum_{m=1}^{3}[H^{ⓜ}]^{T}[k^{ⓜ}][H^{ⓜ}]+[K_3]'+[K_4]'\right)\{U_S\}+([K_3]'+[K_4]')\{U_G\}$$

또는

$$[M]\{\overset{..}{\overline{U}}\}+[C]\{\overset{.}{\overline{U}}\}+[K]\{\overline{U}\}=-[M]\{\overset{..}{U}_S\}-[K]\{U_S\}+([K_3]'+[K_4]')\{U_G\} \qquad (6.3.38)$$

이 식에 식 (6.3.33)을 대입하면 다음과 같이 된다.

$$[M]\{\overset{..}{\overline{U}}\}+[C]\{\overset{.}{\overline{U}}\}+[K]\{\overline{U}\}=-[M][K]^{-1}([K_3]'+[K_4]')\{\overset{..}{U}_G\} \qquad (6.3.39)$$

이 식은 다-지점 입력의 운동방정식이다. 여기서,

$$\{\ddot{U}_G\}^T = (0\ 0\ 0\ 0\ 0\ 0\ \ddot{X}_{G3}\quad \ddot{Y}_{G3}\ 0\quad \ddot{X}_{G4}\quad \ddot{Y}_{G4}\ 0) \tag{6.3.39-1}$$

입력 지진진동이 수평운동만의 다-지점 입력인 경우 식 (6.3.39)는 다음과 같이 된다.

$$[M]\{\ddot{\overline{U}}\}+[C]\{\dot{\overline{U}}\}+[K]\{\overline{U}\}=-[M][K]^{-1}([K_3]'+[K_4]')(\{V_3\}\ddot{X}_{G3}+\{V_4\}\ddot{X}_{G4}) \tag{6.3.40}$$

여기서 $\{V_3\}$와 $\{V_4\}$는 입력자유도가 1이고 그 외에는 0 벡터이다. 즉,

$$\{V_3\}^T = (0\ 0\ 0\ 0\ 0\ 0\ 1\ 0\ 0\ 0\ 0\ 0)$$
$$\{V_4\}^T = (0\ 0\ 0\ 0\ 0\ 0\ 0\ 0\ 0\ 1\ 0\ 0)$$

또한 절점 3, 4에서 입력 지진진동이 같고 $\ddot{X}_G$일 때 식 (6.3.40)은 다음과 같이 된다.

$$[M]\{\ddot{\overline{U}}\}+[C]\{\dot{\overline{U}}\}+[K]\{\overline{U}\}=-[M][K]^{-1}([K_3]'+[K_4]')\{V\}\ddot{X}_G \tag{6.3.41}$$

여기서,

$$\{V\}^T = (0\ 0\ 0\ 0\ 0\ 0\ 1\ 0\ 0\ 1\ 0\ 0) \tag{6.3.41-1}$$

참고문헌

1) Freidrich Bleich & C.B., McCullough (1950). *The Mathematical Theory of Vibration in Suspension Bridges*, Dept. of Commerce, U.S. Gov. Print Office.
2) Przemieniecki J.S. (1968). *Theory of Matrix Structural Analysis*, McGraw-Hill.
3) Fred W. Beaufait, William H. Rowan, Peter G. Hoadley, and Robert M. Hackett (1970). *Computer Methods of Structural Analysis*, Prentice-Hall, New Jersey.
4) 武藤淸 (1977.1). 構造物の動的設計, 丸善(株).
5) Jenkins W.M. (1980). *Matrix and Digital Computer Methods in Structural Analysis*,

McGraw-Hill, London.

6) Roy R. Craig, Jr. (1981). *Structural Dynamics*, John Wiley & Sons.

7) Clough R.W. & Joseph Penzien (1982). *Dynamics of Structures*, McGraw-Hill.

8) Myongwoo, Lee (1983). *Computer-Oriented Direct Stiffness Method*, Myongji Univ., Dept. of Civil Eng., Seoul.

9) Mario Paz (1985). *Structural Dynamics*, Van Nostrand Reinhold Company Inc.

10) Holzer S.H. (1985). *Computer Analysis of Structures*, Elsevier, New York.

11) Myong-Woo Lee and Young-Suk Park (1986). "*Nonlinear Analysis on the Static and Dynamic Behavior of Mooring Lines*", Proceedings KSCE, Chonbuk Univ., Chonbuk-Do Korea.

12) Myong-Woo Lee and Young-Suk Park (1989). "*A Study on the Behavior of Mooring System for Guyed Tower*", Journal of KSCE, Vol.9, No.1, pp.11~23

13) 土木學會編 (1989.12.5.). 動的解析の耐震設計, 第2卷 動的解析方法, 技報堂.

14) William Weaver & James M. Gere (1990). *Matrix Analysis of Framed Structures*, 3rd Edition, Van Nostrand Reinhold.

15) 清水信行 (1990). パソコンによる振動解析, 共立出版(株).

16) Humar J.L. (1990). *Dynamic of Structures*, Prentice Hall.

17) Ross C.T. (1991). *Finite Element Programs for Structural Vibrations*, Springer-Verlag.

18) 프리스트레스트 콘크리트 교량전용의 거동해석시스템 〈PSDARI〉 (1991.10). 삼성종합건설(주) 기술연구소, 서울대학교 공과대학 토목공학과.

19) Myong-Woo Lee, Woo-Sun Park and Young-Suk Park (1991). "*Dynamic Analysis of Guyline in the Offshore Guyed Towers Considering Sea Bed Contact Conditions*", Journal of Korean Society of Coastal and Ocean Engineers, Vol.3, No.4, pp.244~254.

20) 현수교의 시공 단계 해석 시스템 개발 (2차 중간보고서) (1994.7). 현대건설 기술연구소, 서울대학교 공학연구소.

21) 프리스트레스트 콘크리트 사장교의 해석 시스템 개발 (1995.1). 삼성건설(주) 기술연구소, 서울대학교 공과대학 토목공학과.

22) Chopra A.K. (2001). *Dynamic of Structures*, Prentice Hall.

23) Myongwoo, Lee (2013.3): *Structural Mechanics*, Daega, Seoul.

6.4 분포질량과 집중질량

지금까지 기술한 질량매트릭스 $[M]$은 가상일의 원리를 기본으로 구한 것이며, 이것을 분포질량 (consistent mass)이라 한다. 이것에 대하여 [그림 6.4.1]에 나타낸 것처럼 부재 ①의 질량의 1/2과 부재 ②의 질량의 1/2을 절점 2에 집중시키고, 부재 ②의 나머지 1/2을 절점 3에 집중시키는 방법이 있다. 절점 1과 4의 집중 질량의 작성방법도 같다. 따라서 보에는 질량이 분포하고 있지 않다는 것이 다. 이와 같이 절점에 질량을 집중시킨 모델화를 집중질량법(lumped mass method)이라고 한다.

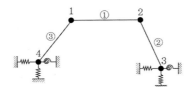

[그림 6.4.1] 집중질량법 모델

부재 ③의 운동방정식은 식 (6.3.33)에 나타내었지만 보의 질량은 없으므로 다음과 같은 식이 된다.

$$[H^{③}]^T[c^{③}][H^{③}]\{\dot{\overline{U}}\}+[H^{③}]^T[k^{③}][H^{③}]\{\overline{U}\}=\{f_g^{③}\}-[H^{③}]^T[k^{③}][H^{③}]\{U_S\} \quad (6.4.1)$$

절점 4의 평형방정식 (6.3.35)의 m_4는 보 ③의 질량의 1/2이 더해지므로 m_4'가 된다. 또한 보를 집중질점으로 했을 때, 회전변위의 영향(결국 회전관성모멘트)은 평가하기 어렵고, 수평 및 연직방향 의 변위에 비해 그 영향은 작기 때문에 일반적으로 무시하고 있다. 따라서 식 (6.3.35)의 J_4는 그대로 이다. 따라서 식 (6.3.36)의 $[M_4]'$ 중에 m_4가 m_4'가 되고 집중질량법에서는 $[M_4]''$를 사용한다. 또한 부재 ①에 대해서는 다음 식이 성립한다.

$$[H^{①}]^T[c^{①}][H^{①}]\{\dot{\overline{U}}\}+[H^{①}]^T[K^{①}][H^{①}]\{\overline{U}\}=\{f_g^{①}\}-[H^{①}]^T[k^{①}][H^{①}]\{U_S\}$$
$$(6.4.2)$$

여기서,

$$\{f_g^{①}\}^T = (f_{X1}^{①} \ f_{Y1}^{①} \ m_{Z1}^{①} \ f_{X2}^{①} \ f_{Y2}^{①} \ m_{Z2}^{①} \ 0 \ 0 \ 0 \ 0 \ 0 \ 0) \tag{6.4.3}$$

부재 ③의 운동방정식 식 (6.4.1)의 $\{f_g^{③}\}$는 식 (6.3.27)로 주어지므로, 절점 1의 평형방정식은 다음과 같이 된다.

$$\left.\begin{aligned}
-f_{X1}^{③} - f_{X1}^{①} &= m_1 \frac{d^2 \overline{U}_1}{dt^2} + m_1 \frac{d^2 U_{1S}}{dt^2} \\
-f_{Y1}^{③} - f_{Y1}^{①} &= m_1 \frac{d^2 \overline{V}_1}{dt^2} + m_1 \frac{d^2 V_{1S}}{dt^2} \\
-m_{Z1}^{③} - m_{Z1}^{①} &= J_1 \frac{d^2 \overline{\Theta}_1}{dt^2} + J_1 \frac{d^2 \Theta_{1S}}{dt^2}
\end{aligned}\right\} \tag{6.4.4}$$

여기서 m_1은 절점 1의 집중질량, J_1은 관성모멘트이지만 앞에서 기술한 것과 같이 0이다. 그러므로 부재 ①, ②, ③에 대하여 운동방정식을 세우고 그 자체적으로 합하면 식 (6.3.37)을 참조하여 다음과 같이 된다.

$$\begin{bmatrix}
m_1 & & & & & & & & & & & \\
& m_1 & & & & & & & & & & \\
& & 0 & & & & & & & & & \\
& & & m_2 & & & 0 & & & & & \\
& & & & m_2 & & & & & & & \\
& & & & & 0 & & & & & & \\
& & & & & & m_3' & & & & & \\
& & 0 & & & & & m_3' & & & & \\
& & & & & & & & J_3 & & & \\
& & & & & & & & & m_4' & & \\
& & & & & & & & & & m_4' & \\
& & & & & & & & & & & J_4
\end{bmatrix} \{\ddot{\overline{U}}\}$$

$$+ \left(\sum_{m=1}^{3} [H^{ⓜ}]^T [c^{ⓜ}][H^{ⓜ}] \right) \{\dot{\overline{U}}\} + \left(\sum_{m=1}^{3} [H^{ⓜ}]^T [k^{ⓜ}][H^{ⓜ}] + [K_3]' + [K_4]' \right) \{\overline{U}\}$$

$$= - [M]\{\ddot{U}_S\} - \left(\sum_{m=1}^{3} [H^{ⓜ}]^T [k^{ⓜ}][H^{ⓜ}] + [K_3]' + [K_4]' \right) \{U_S\} \tag{6.4.5}$$

$$+ ([K_3]' + [K_4]')\{U_G\}$$

또는

$$[M]\{\ddot{\overline{U}}\}+[C]\{\dot{\overline{U}}\}+[K]\{\overline{U}\}=-[M]\{\ddot{U}_S\}-[K]\{U_S\}+([K_3]'+[K_4]')\{U_G\} \quad (6.4.6)$$

여기서 $[M]$, $[C]$, $[K]$는 각각 질량매트릭스, 감쇠매트릭스, 강성매트릭스를 나타낸다. 식 (6.3.33)을 대입하면 다음과 같이 다-지점 입력 집중질점계의 운동방정식이 구해진다.

$$[M]\{\ddot{\overline{U}}\}+[C]\{\dot{\overline{U}}\}+[K]\{\overline{U}\}=-[M][K]^{-1}([K^{\text{②}}]'+[K^{\text{③}}]')\{\ddot{U}_G\} \quad (6.4.7)$$

집중질량법에서는 질량매트릭스 $[M]$이 대각매트릭스이므로 수치계산이 쉽다. 반면에 정도가 떨어지므로 절점수를 늘릴 필요가 있다.

참고문헌

1) Freidrich Bleich & C.B., McCullough (1950). *The Mathematical Theory of Vibration in Suspension Bridges*, Dept. of Commerce, U.S. Gov. Print Office.

2) Przemieniecki J.S. (1968). *Theory of Matrix Structural Analysis*, McGraw–Hill.

3) Fred W. Beaufait, William H. Rowan, Peter G. Hoadley, and Robert M. Hackett (1970). *Computer Methods of Structural Analysis*, Prentice–Hall, New Jersey.

4) 武藤清 (1977.1). 構造物の動的設計, 丸善(株).

5) Jenkins W.M. (1980). *Matrix and Digital Computer Methods in Structural Analysis*, McGraw–Hill, London.

6) Roy R. Craig, Jr. (1981). *Structural Dynamics*, John Wiley & Sons.

7) Clough R.W. & Joseph Penzien (1982). *Dynamics of Structures*, McGraw–Hill.

8) Myongwoo, Lee (1983). *Computer–Oriented Direct Stiffness Method*, Myongji Univ., Dept. of Civil Eng., Seoul.

9) Mario Paz (1985). *Structural Dynamics*, Van Nostrand Reinhold Company Inc.

10) Holzer S.H. (1985). *Computer Analysis of Structures*, Elsevier, New York.

11) 土木學會編 (1989.12.5.). 動的解析の耐震設計, 第2卷 動的解析方法, 技報堂.

12) William Weaver & James M. Gere (1990). *Matrix Analysis of Framed Structures*, 3rd

Edition, Van Nostrand Reinhold.

13) 清水信行 (1990). パソコンによる振動解析, 共立出版(株).

14) Humar J.L. (1990). *Dynamic of Structures*, Prentice Hall.

15) Josef Henrych (1990). *Finite Models and Methods of Dynamics in Structures*, Elsevier.

16) Ross C.T. (1991). Finite Element Programs for Structural Vibrations, Springer−Verlag.

17) Chopra A.K. (2001). *Dynamic of Structures*, Prentice Hall.

18) Myongwoo, Lee (2013.3). *Structural Mechanics*, Daega, Seoul.

19) William Weaver, Jr. & Paul R. Johnston (1987). *Structural Dynamics by Finite Elements*, Engineering Information System, Inc.

2-자유도계의 지진응답해석

7.1 복소수에 의한 운동방정식의 해법
7.2 2-자유도계의 지진응답해석

07

CHAPTER

2-자유도계의 지진응답해석
Seismic Response Analysis of Two-Degree-of-Freedom System

 교량을 다-자유도계로 모델화할 때의 운동방정식을 5.3절에서 유도하였지만, 다-자유도계의 교량의 지진응답해석을 이해하기 위해서는 수치의 전개가 간단한 2-자유도계의 지진응답해석을 먼저 이해함으로서 쉽게 물리적인 의미를 파악할 수 있다. 여기서는 2층 라멘(Rahmen or Frame)을 예로 설명하였다. 다-자유도계의 지진응답해석은 수학적으로 연립미분방정식의 해를 구하는 것으로, 그 물리적 의미를 이해하기 위해서는 방정식을 해석하는 과정을 이해할 필요가 있다. 그러므로 방정식을 해석하는 과정을 이해하기 위해 복소수에 의한 미분방정식의 해법과 매트릭스식에 대한 지식이 필요하므로 부록에 이들에 대해 기술하였다.

7.1 복소수에 의한 운동방정식의 해법

7.1.1 1-자유도계의 비감쇠 자유진동 해법

 복소수 값 함수를 사용해서 감쇠가 없는 1-자유도계의 운동방정식 식 (4.1.2)의 해를 구해보자.

$$m\ddot{u} + ku = 0 \qquad\qquad (4.1.2)$$

이것을 구하기 위해서는 복소수 값 미분방정식을 고려한다.

$$m\ddot{z} + kz = 0 \tag{7.1.1}$$

이 식을 2계 동차선형 미분방정식이라고 한다.
식 (7.1.1)을 만족시키는 해를 다음과 같이 가정한다.

$$z = e^{\rho t} \tag{7.1.2}$$

여기서, ρ는 복소수이다. 복소수를 미분하면 다음과 같이 된다.

$$\dot{z} = \rho \cdot e^{\rho t}, \ \ddot{z} = \rho^2 \cdot e^{\rho t}$$

식 (7.1.1)은 다음과 같이 된다.

$$(m\rho^2 + k)e^{\rho t} = 0$$

만일 ρ가 다음 식을 만족한다면 $z = e^{\rho t}$는 식 (7.1.1)의 해석되는 것으로 확인되었다.

$$m\rho^2 + k = 0 \tag{7.1.3}$$

식 (7.1.3)을 식 (7.1.1)의 특성방정식이라 한다. 이 특성방정식의 근은 다음과 같다.

$$\rho = \pm \sqrt{\frac{k}{m}} \cdot i$$

식 (4.1.4)에 따라 다음과 같이 하면 식 (7.1.1)의 해는 $e^{i \cdot \omega_n t}$, $e^{-i \cdot \omega_n t}$라는 것을 알 수 있다.

$$\omega_n = \sqrt{\frac{k}{m}} \tag{7.1.4}$$

2계 선형미분방정식의 1차 독립인 2개 해를 기본해라고 한다.

$e^{i \cdot \omega_n t}$, $e^{-i \cdot \omega_n t}$는 1차 독립이다. 결국 1차 결합 $C_1 \cdot e^{i \cdot \omega_n t} + C_2 \cdot e^{-i \cdot \omega_n t}$가 0(zero)이 되는 것은 $C_1 = C_2 = 0$일 때이다. 동차선형미분방정식의 임의의 해는 기본해의 1차 결합으로 주어지므로 다음 식이 성립한다.

$$z = C_1 \cdot e^{i \cdot \omega_n t} + C_2 \cdot e^{-i \cdot \omega_n t} \tag{7.1.5}$$

지수함수에 의해 다음과 같이 된다.

$$\begin{aligned}
z(t) &= C_1(\cos\omega_n t + i \cdot \sin\omega_n t) + C_2(\cos\omega_n t - i \cdot \sin\omega_n t) \\
&= (C_1 + C_2)\cos\omega_n t + i \cdot (C_1 - C_2)\sin\omega_n t \\
&= (A, \ A^*)\cos\omega_n t + (B, \ B^*)\sin\omega_n t
\end{aligned} \tag{7.1.6}$$

여기서 A, A^*, B, B^*는 적분정수로 실수이다. A, B는 실수부, A^*, B^*는 허수부를 나타낸다.

$$z(t) = u(t) + i \cdot \omega(t) \tag{7.1.7}$$
$$u(t) = A \cdot \cos\omega_n t + B \cdot \sin\omega_n t \tag{7.1.8}$$
$$w(t) = A^* \cos\omega_b t + B^* \sin\omega_n t \tag{7.1.9}$$

또한 식 (7.1.7)을 식 (7.1.1)에 대입하면 다음 식이 성립한다.

$$(m\ddot{u} + ku) + i \cdot (m\ddot{\omega} + k\omega) = 0$$

결국 다음과 같이 된다.

$$m\ddot{u} + ku = 0, \ m\ddot{w} + k\omega = 0 \tag{7.1.10}$$

식 (7.1.8)과 (7.1.9)에 주어진 $u(t)$와 $w(t)$는 식 (7.1.10)의 제1식, 제2식을 각각 만족하게 된다. 실제 식 (7.1.8)과 (7.1.9)는 식 (7.1.10)을 만족한다. 결국 식 (7.1.8)과 (7.1.9)는 감소가 없는 단-자

유도계의 운동방정식 식 (4.1.2)의 해임을 알 수 있다.

식 (4.1.2)는 식 (7.1.4)를 사용하여 다음과 같이 나타낼 수 있다.

$$\ddot{u} + \omega_n^2 u = 0 \tag{7.1.11}$$

초기변위가 0(zero), 초기속도가 v_0인 경우 다음 식이 성립된다.

$$u(0) = A = 0$$
$$\dot{u}(t) = -A\omega_n \cdot \sin\omega_n t + B\omega_n \cdot \cos\omega_n t \tag{7.1.12}$$

그러므로

$$\dot{u}(0) = B\omega_n = v_0 \tag{7.1.13}$$

따라서 식 (7.1.8)은 다음과 같이 된다.

$$u(t) = \frac{v_0}{w_n} \cos\omega_n t \tag{4.1.3}$$

7.1.2 1-자유도계 감쇠 자유진동의 해법

복소수 값 함수를 사용해서 1-자유도계의 감쇠 자유진동의 운동방정식 식 (4.1.1)의 해를 구해보자.

$$m\ddot{u} + c\dot{u} + ku = 0 \tag{4.1.1}$$

이것은 식 (4.1.8)과 같이 나타내었다.

$$\ddot{u} + 2\beta\dot{u} + \omega_n^2 u = 0 \tag{4.1.8}$$

여기서 식 (4.1.4)에 의해

$$\omega_n = \sqrt{\frac{k}{m}} \tag{4.1.4}$$

식 (4.1.7)에 의해

$$2\beta = \frac{c}{m} \tag{4.1.7}$$

여기서는 식 (7.1.1)과 같이 복소수 값 함수 z를 사용하지 않고 간단하게 u를 복소수의 범위까지 고려하기로 한다. 식 (4.1.8)을 만족시키는 해를 다음과 같이 가정한다.

$$u = e^{\rho t} \tag{7.1.14}$$

여기서, ρ는 복소수이다.
$\dot{u} = \rho \cdot e^{\rho t}$, $\ddot{u} = \rho^2 \cdot e^{\rho t}$ 이므로 식 (4.1.8)은 다음과 같이 된다.

$$(\rho^2 + 2\beta\rho + \omega_n^2)e^{\rho t} = 0 \tag{7.1.15}$$

그러므로 특성방정식은 다음과 같이 된다.

$$\rho^2 + 2\beta\rho + \omega_n^2 = 0 \tag{7.1.16}$$

[1] $\beta^2 - \omega_n^2 > 0$

특성방정식의 근은 다음과 같이 된다.

$$\rho = -\beta \pm \sqrt{\beta^2 - \omega_n^2} \tag{7.1.17}$$

이때 $(\beta + \omega_n)(\beta - \omega_n) > 0$, β, ω는 정(+)이므로 β는 다음과 같이 된다.

$$\beta > \omega_n \tag{7.1.18}$$

$$\left.\begin{array}{l} -\beta + \sqrt{\beta^2 - \omega_n^2} = -q_1 \\ -\beta - \sqrt{\beta^2 - \omega_n^2} = -q_2 \end{array}\right\} \tag{7.1.19}$$

$q_1,\ q_2 < 0$이고, $q_2 > q_1$로 된다.

$$e^{-q_1 t},\ e^{-q_2 t} \tag{7.1.20}$$

2계 선형미분방정식 식 (4.1.8)의 1차 독립의 2개의 해이므로 기본해이다. 그러므로 임의의 해는 다음과 같은 식으로 주어진다.

$$u = C_1 e^{-q_1 t} + C_2 e^{-q_2 t} \tag{7.1.21}$$

$C_1,\ C_2$는 복소수 값의 적분정수이고 식 (7.1.7)과 같은 모양으로 이 방법에 의해 실수 값 u의 해는 다음과 같이 된다.

$$u = A e^{-q_1 t} + B e^{-q_2 t} \tag{7.1.22}$$

여기서, A, B는 실수 값의 적분정수이다. 이 식은 확실히 식 (4.1.8)을 만족시킨다. 그러므로 속도는 다음과 같이 된다.

$$\dot{u} = -q_1 A \cdot e^{-q_1 t} - q_2 B \cdot e^{-q_2 t} \tag{7.1.23}$$

초기조건으로 시각 $t = 0$에서 초기변위 $u = u_0$, 초기속도 $v = v_0$로 하면 변위 u는 식 (7.1.22)에 의해 다음과 같이 된다.

$$u = \frac{v_0 + u_0 q_2}{q_2 - q_1} \cdot e^{-q_1 t} - \frac{v_0 + u_0 q_1}{q_2 - q_1} \cdot e^{-q_2 t} \tag{7.1.24}$$

감쇠를 나타내는 파라메타 β가 계(system)의 고유원진동수 ω_n보다 클 때 식 (7.1.24)의 변위의 한 예는 [그림 4.1.2]에 나타낸 것과 같으며 계는 진동하지 않는다. 이와 같은 경우를 과감쇠 (overdamped)라 한다.

[2] $\beta^2 - \omega_n^2 = 0$

$(\beta + \omega_n)(\beta - \omega_n) = 0$일 때 임계감쇠(critical damping)라 하며 다음과 같다.

$$\beta = \omega_n \tag{7.1.25}$$

이때 감쇠계수 c는 임계감쇠계수라 하며 c_{cr}로 나타내고, 식 (4.1.7)에 의해 다음과 같이 된다.

$$c_{cr} = 2\beta m = 2m\omega_n \tag{7.1.26}$$

이것이 식 (4.1.9)에서 얻은 것이다. 감쇠정수는 식 (4.1.10)에 의해 $h = \dfrac{c}{c_{cr}}$로 정의되므로 식 (4.1.7)에 의해 다음과 같이 된다.

$$h = \frac{2m\beta}{2m\omega_n} = \frac{\beta}{\omega_n} \tag{7.1.27}$$

임계감쇠일 때 식 (7.1.25)에 의해 $h = 1$이 된다. 또 과감쇠일 때 식 (7.1.18)에 의해 $h > 1$이 된다.

한편 임계감쇠에는 $e^{-\beta t}$, $t \cdot e^{-\beta t}$인 1차 독립인 2개의 해를 가지므로 식 (4.1.8)의 기본해이다. 그러므로 u를 실수로 할 때 임의의 해는 다음과 같이 된다.

$$u = A \cdot e^{-\beta t} + Bt \cdot e^{-\beta t} \tag{7.1.28}$$

여기서 A, B는 실수 값의 적분정수이다. 그러므로 속도는 다음과 같이 된다.

$$\dot{u} = -A\beta e^{-\beta t} + Be^{-\beta t} - Bt\beta e^{-\beta t} \tag{7.1.29}$$

초기조건으로 시각 $t=0$에서 초기변위 $u=u_0$, 초기속도 $v=v_0$로 하면 변위 u는 식 (7.1.28), (7.1.29)에 의해 다음과 같이 된다.

$$u = e^{-\beta t}\{u_0 + (v_0 + \beta u_0)t\} \tag{7.1.30}$$

식 (7.1.27)을 사용하면 $h=1$이므로 위 식은 다음과 같이 된다.

$$u = e^{-\omega_n t}\{u_0 + (v_0 + \omega_n u_0)t\} \tag{7.1.31}$$

이 변위의 한 예로 [그림 4.1.2]에 나타낸 것과 같으며 계는 진동하지 않는다.

[3] $\beta^2 - \omega_n^2 < 0$

$\beta < \omega_n$ 또는 $h < 1$일 때 특성방정식 식 (7.1.16)의 근은 다음과 같이 된다.

$$\rho = -\beta \pm -i \cdot \sqrt{\omega_n^2 - \beta^2} = -\beta \pm i \cdot \omega_d \tag{7.1.32}$$

여기서,

$$\omega_d = \sqrt{\omega_n^2 - \beta^2} \tag{7.1.33}$$

또는 식 (7.1.27)에 의해서

$$\omega_d = \omega_n \sqrt{1 - h^2} \tag{7.1.34}$$

그리고 다음은 1차 독립인 2개의 해이므로 식 (4.1.8)의 기본해이다.

$$e^{(-\beta + i \cdot \omega_d)t}, \ e^{(-\beta - i \cdot \omega_d)t} \tag{7.1.35}$$

그러므로 임의의 해는 다음과 같이 된다.

$$
\begin{aligned}
u &= C_1 \cdot e^{(-\beta + i \cdot \omega_d)t} + C_2 \cdot e^{(-\beta - i \cdot \omega_d)t} \\
&= C_1 \cdot e^{-\beta t}(\cos\omega_d t + i \cdot \sin\omega_d t) + C_2 \cdot e^{-\beta t}(\cos\omega_d t - i \cdot \sin\omega_d t) \\
&= (C_1 + C_2) \cdot e^{-\beta t} \cdot \cos\omega_d t + (C_1 - C_2) \cdot i \cdot e^{-\beta t}\sin\omega_d t
\end{aligned}
\tag{7.1.36}
$$

여기서 C_1, C_2는 복소수 값의 적분정수이다. 그러므로 u를 실수 값일 때 임의의 해는 식 (7.1.6)와 같이 생각하면 다음과 같이 된다.

$$
\begin{aligned}
u &= A \cdot e^{-\beta t} \cdot \cos\omega_d t + B \cdot e^{-\beta t} \cdot \sin\omega_d t \\
&= e^{-hw_n t(A \cdot \cos\omega_d t + B \cdot \sin\omega_d t)}
\end{aligned}
\tag{7.1.37}
$$

여기서 A, B는 실수 값의 적분정수이다. 이 식은 확실히 식 (4.1.8)을 만족한다. 그러므로 식 (7.1.37)은 식 (4.1.12)에 주어진 것과 같다.

$$
\dot{u} = -h\omega_n \cdot e^{-h\omega_n t}(A \cdot \cos\omega_d t + B \cdot \sin\omega_d t) + e^{-h\omega_n t}(-A\omega_d\sin\omega_d t + B\omega_d\cos\omega_d t)
\tag{7.1.38}
$$

초기조건 $t = 0$일 때 $u = u_0$, $v = v_0$로 하면

$$
u_0 = A,\ v_0 = -h\omega_n A + B\omega_d
$$

$$
\therefore\ A = u_0,\ B = \frac{(v_0 + h\omega_n u_0)}{\omega_d}
\tag{7.1.39}
$$

$$
\therefore\ u = e^{-h\omega_n t}\left(u_0 \cdot \cos\omega_d t + \frac{v_0 + h\omega_n u_0}{\omega_d} \cdot \sin\omega_d t\right)
\tag{7.1.40}
$$

7.2 2-자유도계의 지진응답해석

다-자유도계로 모델화한 교량의 지진응답해석방법으로는 모드해석법이 있다. 간단한 사장교([그림 5.2.2] 참조)의 지진응답해석은 모드해석법으로 수행하지만, 여기서는 모드해석법의 기본을 이해하기 위해 먼저 [그림 5.1.1]에 나타낸 2층 라멘을 예로 설명한다.

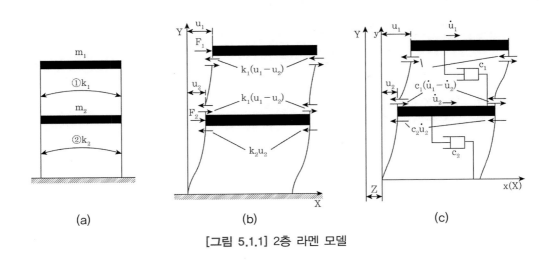

[그림 5.1.1] 2층 라멘 모델

5.1절에 의하면 지진동 $\ddot{Z}$ 가 작용했을 때 운동방정식은 다음과 같이 된다.

$$\begin{bmatrix} m_1 & 0 \\ 0 & m_2 \end{bmatrix}\begin{Bmatrix} \ddot{u}_1 \\ \ddot{u}_2 \end{Bmatrix}+\begin{bmatrix} c_1 & -c_1 \\ -c_1 & c_1+c_2 \end{bmatrix}\begin{Bmatrix} \dot{u}_1 \\ \dot{u}_2 \end{Bmatrix}+\begin{bmatrix} k_1 & -k_1 \\ -k_1 & k_1+k_2 \end{bmatrix}\begin{Bmatrix} u_1 \\ u_2 \end{Bmatrix}=-\begin{bmatrix} m_1 & 0 \\ 0 & m_2 \end{bmatrix}\begin{Bmatrix} 1 \\ 1 \end{Bmatrix}\ddot{Z}$$

또는

$$[M]\{\ddot{u}\}+[C]\{\dot{u}\}+[K]\{u\}=-[M]\{1\}\ddot{Z} \qquad (7.2.1)$$

여기서

$$[M] = \begin{bmatrix} m_1 & 0 \\ 0 & m_2 \end{bmatrix}, \quad [C] = \begin{bmatrix} c_1 & -c_1 \\ -c_1 & c_1 + c_2 \end{bmatrix}$$

$$[K] = \begin{bmatrix} k_1 & -k_1 \\ -k_1 & k_1 + k_2 \end{bmatrix}, \quad \{u\} = \begin{Bmatrix} u_1 \\ u_2 \end{Bmatrix}, \quad \{1\} = \begin{Bmatrix} 1 \\ 1 \end{Bmatrix}$$

7.2.1 2-자유도계의 비감쇠 자유진동 해법

식 (7.2.1)을 정수계수 선형연립미분방정식이라 한다. 이 운동방정식을 풀기 위해 다음 식으로 나타낸 비감쇠 자유진동의 운동방정식에 대해 고려해보자.

$$\begin{bmatrix} m_1 & 0 \\ 0 & m_2 \end{bmatrix} \begin{Bmatrix} \ddot{u}_1 \\ \ddot{u}_2 \end{Bmatrix} + \begin{bmatrix} k_1 & -k_1 \\ -k_1 & k_1 + k_2 \end{bmatrix} \begin{Bmatrix} u_1 \\ u_2 \end{Bmatrix} = \begin{Bmatrix} 0 \\ 0 \end{Bmatrix}$$

또는

$$[M]\{\ddot{u}\} + [K]\{u\} = \{0\} \tag{7.2.2}$$

5.1절에 의하면

$$m_1 = 5 \times 10^4 \, (\text{kg}), \quad m_2 = 5 \times 10^4 \, (\text{kg})$$

$$k_1 = 2,000 \, (\text{tf/m}) = 2 \times 10^6 \times 9.8 \, (\text{N/m})$$

$$k_2 = 3,000 \, (\text{tf/m}) = 3 \times 10^6 \times 9.8 \, (\text{N/m})$$

그러므로 식 (7.2.2)의 질량매트릭스, 강성매트릭스는 각각 다음과 같이 된다.

$$[M] = \begin{bmatrix} m_1 & 0 \\ 0 & m_2 \end{bmatrix} = \begin{bmatrix} 5 \times 10^4 & 0 \\ 0 & 5 \times 10^4 \end{bmatrix} \tag{7.2.3}$$

$$[K] = \begin{bmatrix} k_1 & -k_1 \\ -k_1 & k_1 + k_2 \end{bmatrix} = \begin{bmatrix} 2 \times 10^6 \times 9.8 & -2 \times 10^6 \times 9.8 \\ -2 \times 10^6 \times 9.8 & 5 \times 10^6 \times 9.8 \end{bmatrix} \tag{7.2.4}$$

그러므로 식 (7.2.2)는 다음과 같이 된다.

$$\begin{bmatrix} 5 \times 10^4 & 0 \\ 0 & 5 \times 10^4 \end{bmatrix} \begin{Bmatrix} \ddot{u}_1 \\ \ddot{u}_2 \end{Bmatrix} + \begin{bmatrix} 2 \times 10^6 \times 9.8 & -2 \times 10^6 \times 9.8 \\ -2 \times 10^6 \times 9.8 & 5 \times 10^6 \times 9.8 \end{bmatrix} \begin{Bmatrix} u_1 \\ u_2 \end{Bmatrix} = \begin{Bmatrix} 0 \\ 0 \end{Bmatrix} \qquad (7.2.5)$$

식 (7.2.5)는 다음과 같이 쓸 수 있다.

$$\left. \begin{aligned} 5 \times 10^4 \ddot{u}_1 + 2 \times 10^6 \times 9.8 u_1 - 2 \times 10^6 \times 9.8 u_2 = 0 \\ 5 \times 10^4 \ddot{u}_2 - 2 \times 10^6 \times 9.8 u_1 + 2 \times 10^6 \times 9.8 u_2 = 0 \end{aligned} \right\} \qquad (7.2.6)$$

이와 같이 2-자유도계에는 xy좌표계를 사용하면 일반적으로 각 질점은 독립적으로 진동하지 않고 2개의 질점이 서로 영향을 미치며 진동한다. 이와 같은 진동을 연성진동이라고 한다.

[1] 소거법에 의한 2-자유도계의 비감쇠 자유진동 해법

식 (7.2.6)을 구하는 방법으로 u_1과 u_2 중에 어느 하나를 소거하여 1개의 미지수의 미분방정식으로 귀착시키는 방법이 있다. 식 (7.2.6)의 제1식에 의해 다음 식을 얻는다.

$$u_2 = (5/1,960)\ddot{u}_1 + u_1 \qquad (7.2.7)$$

이것을 식 (7.2.6)의 제2식에 대입하면 다음과 같은 4계 선형미분방정식을 얻을 수 있다.

$$u_1^{(4)} + 1,372\ddot{u}_1 + 230,496u_1 = 0 \qquad (7.2.8)$$

u_1을 복소수 범위까지 고려하여 식 (7.2.8)을 만족하는 해를 다음과 같이 가정한다.

$$u_1 = e^{\rho t} \qquad (7.2.9)$$

여기서, ρ는 복소수이다.

$$\dot{u}_1 = \rho \cdot e^{\rho t}, \ \ \ddot{u}_1 = \rho^2 \cdot e^{\rho t}, \ \ u_1^{(3)} = \rho^3 \cdot e^{\rho t}, \ \ u_1^{(4)} = \rho^4 \cdot e^{\rho t} \qquad (7.2.10)$$

이러한 것들을 식 (7.2.8)에 대입하면 다음과 같이 된다.

$$(\rho^4 + 1{,}372\rho^2 + 230{,}496)e^{\rho t} = 0 \tag{7.2.11}$$

따라서 특성방정식은 다음과 같이 된다.

$$\rho^4 + 1{,}372\rho^2 + 230{,}496 = 0 \tag{7.2.12}$$

이것에 따라 $\rho^2 = -196$, $-1{,}176$이므로 $\rho = \pm 14i$, $\pm 34.24i$가 된다. $e^{14i\cdot t}$, $e^{-14i\cdot t}$, $e^{34.29i\cdot t}$, $e^{-34.29i\cdot t}$는 4계 선형미분방정식 식 (7.2.8)의 1차 독립인 4개의 해이므로 기본해이다. 그러므로 식 (7.2.8)의 임의의 해는 다음과 같이 된다.

$$u_1 = C_1 \cdot e^{14i\cdot t} + C_2 \cdot e^{-14i\cdot t} + C_3 \cdot e^{34.29i\cdot t} + C_4 \cdot e^{-34.29i\cdot t} \tag{7.2.13}$$

여기서 C_1, C_2, C_3, C_4는 복소수 값의 적분상수이다.

$$\begin{aligned}
\dot{u}_1 = {}& 14i \cdot C_1 \cdot e^{14i\cdot t} - 14u \cdot C_2 \cdot e^{14i\cdot t} \\
& + 34.29i \cdot C_3 \cdot e^{34.29i\cdot t} - 34.29i \cdot C_4 \cdot e^{-34.29i\cdot t}
\end{aligned} \tag{7.2.14}$$

$$\begin{aligned}
\ddot{u}_1 = {}& -196 \cdot C_1 \cdot e^{14i\cdot t} - 196u \cdot C_2 \cdot e^{-14i\cdot t} \\
& - 1{,}176 C_3 \cdot e^{34.29i\cdot t} - 1{,}176 C_4 e^{-34.29it}
\end{aligned} \tag{7.2.15}$$

식 (7.2.7)에 의해 다음과 같은 식이 성립한다.

$$u_2 = 0.5 C_1 \cdot e^{14i\cdot t} + 0.5 C_2 \cdot e^{-14i\cdot t} - 2 C_3 \cdot e^{34.29i\cdot t} - 2 C_4 \cdot e^{-34.29i\cdot t} \tag{7.2.16}$$

복소함수식을 사용하면 식 (7.2.13)과 (7.2.16)은 다음과 같이 된다.

$$\begin{aligned}
u_1 = {}& C_1 (\cos 14t + i \cdot \sin 14t) + C_2 (\cos 14t - i \cdot \sin 14t) \\
& + C_3 (\cos 34.29t + i \cdot \sin 34.29t)
\end{aligned}$$

$$+ C_4(\cos 34.29t - i \cdot \sin 34.29t)$$
$$= (C_1 + C_2)\cos 14t + (C_3 + C_4)\cos 34.29t \tag{7.2.17}$$
$$+ i \cdot (C_1 - C_2)\sin 14t + i \cdot (C_3 - C_4)\sin 34.29t$$

$$u_2 = 0.5C_1(\cos 14t + i \cdot \sin 14t) + 0.5C_2(\cos 14t - i \cdot \sin 14t)$$
$$- 2C_3(\cos 34.29t + i \cdot \sin 34.29t) - 2C_4(\cos 34.29t - i \cdot \sin 34.29t)$$
$$= 0.5(C_1 + C_2)\cos 14t - 2(C_3 + C_4)\cos 34.29t \tag{7.2.18}$$
$$+ 0.5i \cdot (C_1 - C_2)\sin 14t - 2i \cdot (C_3 - C_4)\sin 34.29t$$

실제로는 u_1, u_2는 실수 값이며 그 해는 7.1.1절에서 설명한 것과 같이 u_1, u_2를 복소수로 생각할 때, 실수부 또는 허수부이다. 그러므로 절점 m_1, m_2의 변위는 다음과 같이 된다.

$$u_1 = A_1\cos 14t + B_1\sin 14t + A_2\cos 34.29t + B_2\sin 34.29t \tag{7.2.19}$$
$$u_2 = 0.5(A_1\cos 14t + B_1\sin 14t) - 2(A_2\cos 34.29t + B_2\sin 34.29t) \tag{7.2.20}$$

여기서 A_1, B_1, A_2, B_2는 실수 값의 적분정수이다. 또한 이들의 질점의 속도는 다음 식으로 주어진다.

$$\dot{u}_1 = -14A_1\sin 14t + 14B_1\cos 14t - 34.29A_2\sin 34.29t + 34.29B_2\cos 34.29t \tag{7.2.21}$$

$$\dot{u}_2 = -0.5 \times 14A_1\sin 14t + 0.5 \times 14B_1\cos 14t$$
$$+ 2 \times 34.29A_2\sin 34.29t - 2 \times 34.29B_2\cos 34.29t \tag{7.2.22}$$

초기조건으로 질점 m_1, m_2의 초기변위와 초기속도를 각각 다음 값으로 한다.

$$u_{1t=0} = d_1, \ u_{2t=0} = d_2, \ \dot{u}_{1t=0} = v_1, \ \dot{u}_{2t=0} = v_2$$

식 (7.2.19)~(7.2.22)에 의해 다음 식이 성립된다.

$$d_1 = A_1 + A_2, \ d_2 = 0.5A_1 - 2A_2$$
$$v_1 = 14B_1 + 34.29B_2, \ v_2 = 0.5 \times 14B_1 - 2 \times 34.29B_2$$

이들에 의해

$$
\left.\begin{aligned}
A_1 &= (2d_1 + d_2)/2.5 \\
A_2 &= (0.5d_1 - d_2)/2.5 \\
B_1 &= (2v_1 + v_2)/(2.5 \times 14) \\
B_2 &= (0.5v_1 - v_2)/(2.5 \times 34.29)
\end{aligned}\right\}
\tag{7.2.22-1}
$$

이것을 식 (7.2.19), (7.2.20)에 대입하면 다음 식이 성립된다.

$$
\begin{aligned}
u_1 &= \frac{2d_1 + d_2}{2.5}\cos 14t + \frac{2v_1 + v_2}{2.5 \times 14}\sin 14t \\
&\quad + \frac{0.5d_1 - d_2}{2.5}\cos 34.29t + \frac{0.5v_1 - v_2}{2.5 \times 34.29}\sin 34.29t \\
&= \sqrt{\left(\frac{2d_1 + d_2}{2.5}\right)^2 + \left(\frac{2v_1 + v_2}{2.5 \times 14}\right)^2}\sin\left(14t + \phi_1\right) \\
&\quad + \sqrt{\left(\frac{0.5d_1 + d_2}{2.5}\right)^2 + \left(\frac{0.5v_1 - v_2}{2.5 \times 34.29}\right)^2}\sin\left(34.29t - \phi_2\right)
\end{aligned}
\tag{7.2.23}
$$

$$
\begin{aligned}
u_2 &= 0.5\left(\frac{2d_1 + d_2}{2.5}\cos 14t + \frac{2v_1 + v_2}{2.5 \times 14}\sin 14t\right) \\
&\quad - 2\left(\frac{0.5d_1 - d_2}{2.5}\cos 34.29 + \frac{0.5v_1 - v_2}{2.5 \times 34.29}\sin 34.29t\right) \\
&= 0.5\sqrt{\left(\frac{2d_1 + d_2}{2.5}\right)^2 + \left(\frac{2v_1 + v_2}{2.5 \times 14}\right)^2}\sin\left(14t + \phi_1\right) \\
&\quad - 2\sqrt{\left(\frac{0.5d_1 - d_2}{2.5}\right)^2 + \left(\frac{0.5v_1 - v_2}{2.5 \times 34.29}\right)^2}\sin\left(34.29t + \phi_2\right)
\end{aligned}
\tag{7.2.24}
$$

2-자유도계의 2층 라멘의 자유진동변위 u_1은 다른 원진동수 $\omega_1 = 14(\text{rad/sec})$, $\omega_2 = 34.29$ (rad/sec)의 정현진동으로 나타난다. 이들의 정현파동은 삼각함수의 위상을 정함에 따라 여현진동으로 표현되므로 이런 것들을 포괄적으로 조화진동이라고 한다. 또 u_2도 u_1를 구성하는 각각 조화진동의 진폭비는 일정하다. 또한 이들의 조화진동의 원진동수를 고유원진동수라고 한다. 고유원진동수는 그 값의 작은 것으로부터 제1차 고유원진동수, 제2차 고유원진동수라고 한다. 제1차 고유진동수, 제2차 고유진동수는 각각 다음과 같이 정의한다.

$$f_1 = \frac{\omega_1}{2\pi}, \ f_2 = \frac{\omega_2}{2\pi} \tag{7.2.25}$$

또한 제1차 고유주기, 제2차 고유주기는 각각 다음과 같이 정의한다.

$$T_1 = \frac{2\pi}{\omega_1}, \ T_2 = \frac{2\pi}{\omega_2} \tag{7.2.26}$$

제1차 및 제2차 고유원진동수에 대응할 조화진동을 각각 제1차 기준진동, 제2차 기준진동이라고 한다. 초기속도 $v_1 = v_2 = 0$, 초기변위 $d_1 = d_2 = 4\text{cm}$일 때, 질점 m_1, m_2의 제1차 기준진동, 제2차 기준진동을 [그림 7.2.1(a)]에 나타내었다.

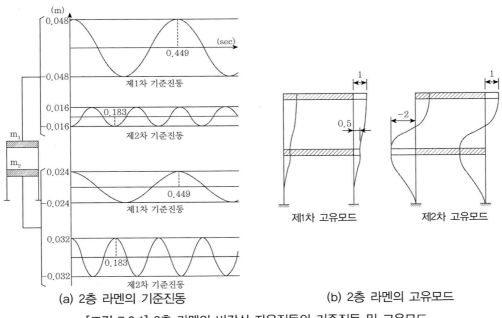

(a) 2층 라멘의 기준진동   (b) 2층 라멘의 고유모드

[그림 7.2.1] 2층 라멘의 비감쇠 자유진동의 기준진동 및 고유모드

변위는 제1차 기준진동, 제2차 기준진동의 합으로 된다. 그런데 $v_1 = v_2 = 0$, $d_2 = 0.5d_1$일 때, 결국 [그림 5.1.1]에 있어서 질점 m_1을 m_2의 2배만 변위시켜서 분리시키면, $u_1 = d_1\cos14t$, $u_2 = 0.5d_1\cos14t$로 된다. 이것은 제1차 기준진동이다. 또한 $v_1 = v_2 = 0$, $d_2 = -2d_1$일 때, 결국 질점

m_1을 m_2와 반대방향으로 1/2배 변위시켜서 분리시켜 놓으면, 질점 m_1, m_2의 진동은 $u_1 = d_1\cos34.29t$, $u_2 = -2d_1\cos34.29t$로 된다. 이것은 제1차 기준진동이다. 결국 기준진동은 초기조건을 적당하게 설정하면 발생시킬 수 있다. 그렇지만 일반적으로 진동은 식 (7.2.23) 및 (7.2.24)에 의해 알 수 있듯이 제1차, 제2차 기준진동을 중첩시킨 것이다.

식 (7.2.23) 및 (7.2.24)를 매트릭스 형태로 쓰면 다음과 같이 된다.

$$\begin{Bmatrix} u_1 \\ u_2 \end{Bmatrix} = \begin{Bmatrix} 1 \\ 0.5 \end{Bmatrix} \sqrt{\left(\frac{2d_1+d_2}{2.5}\right)^2 + \left(\frac{2v_1+v_2}{2.5\times14}\right)^2}\, \sin(14t+\phi_1)$$

$$+ \begin{Bmatrix} 1 \\ -2 \end{Bmatrix} \sqrt{\left(\frac{0.5d_1-d_2}{2.5}\right)^2 + \left(\frac{0.5v_1-v_2}{2.5\times34.29}\right)^2}\, \sin(34.29t+\phi_2) \qquad (7.2.27)$$

$$= \begin{bmatrix} 1 & 1 \\ 0.5 & -2 \end{bmatrix} \begin{Bmatrix} \sqrt{\left(\frac{2d_1+d_2}{2.5}\right)^2 + \left(\frac{2v_1+v_2}{2.5\times34.29}\right)^2}\, \sin(14t+\phi_1) \\[4mm] \sqrt{\left(\frac{0.5d_1-d_2}{2.5}\right)^2 + \left(\frac{0.5v_1-v_2}{2.5\times34.29}\right)^2}\, \sin(34.29t+\phi_2) \end{Bmatrix}$$

[2] 매트릭스식을 이용한 2-자유도계의 비감쇠 자유진동 해법

2-자유도계의 운동방정식 식 (7.2.5)를 별도의 방법으로 풀어보자. 이 운동방정식의 임의의 해는 식 (7.2.13), (7.2.16)에 주어진 것을 힌트로 하여 식 (7.2.5)를 만족시키는 해를 다음과 같이 가정한다.

$$u_1 = \phi_1 e^{i\cdot\omega t}, \quad u_2 = \phi_2 e^{i\cdot\omega t} \qquad (7.2.28)$$

u_1, u_2, ϕ_1, ϕ_2, ω는 복소수의 범위까지 고려해보자.

$$\dot{u}_1 = \phi_1 \cdot e^{i\cdot\omega t} i\cdot\omega, \quad \ddot{u}_1 = -\omega^2\phi_1\cdot e^{i\cdot\omega t}$$

식 (7.2.5)는 다음과 같이 된다.

$$\begin{bmatrix} 5\times10^4 & 0 \\ 0 & 5\times10^4 \end{bmatrix} (-\omega^2) \begin{Bmatrix} \phi_1 \\ \phi_2 \end{Bmatrix} e^{i\omega t} + \begin{bmatrix} 2\times10^6\times9.8 & -2\times10^6\times9.8 \\ -2\times10^6\times9.8 & 5\times10^6\times9.8 \end{bmatrix} \begin{Bmatrix} \phi_1 \\ \phi_2 \end{Bmatrix} e^{i\omega t} = \begin{Bmatrix} 0 \\ 0 \end{Bmatrix}$$

$$(7.2.29)$$

식 (7.2.3) 및 (7.2.4)에 나타낸 질량매트릭스 $[M]$, 강성매트릭스 $[K]$를 사용하면 식 (7.2.29)는 다음과 같이 된다.

$$\left(-\omega^2[M]\begin{Bmatrix}\phi_1\\\phi_2\end{Bmatrix}+[K]\begin{Bmatrix}\phi_1\\\phi_2\end{Bmatrix}\right)e^{i\omega t} = \begin{Bmatrix}0\\0\end{Bmatrix}e^{-i\omega t} = \begin{Bmatrix}0\\0\end{Bmatrix} \tag{7.2.30}$$

위 식을 만족시키는 ω, ϕ_1, ϕ_2를 구해보기로 한다. 그런데 식 (7.2.30)에 있어서

$$-\omega^2[M]\begin{Bmatrix}\phi_1\\\phi_2\end{Bmatrix}+[K]\begin{Bmatrix}\phi_1\\\phi_2\end{Bmatrix}= \{0\} \tag{7.2.31}$$

결국,

$$[K]\begin{Bmatrix}\phi_1\\\phi_2\end{Bmatrix}= \omega^2[M]\begin{Bmatrix}\phi_1\\\phi_2\end{Bmatrix} \tag{7.2.32}$$

즉,

$$\begin{bmatrix}2\times10^6\times9.8-5\times10^4\omega^2 & -2\times10^6\times9.8\\ -2\times10^6\times9.8 & 6\times10^6\times9.8-5\times10^6\omega^2\end{bmatrix}\begin{Bmatrix}\phi_1\\\phi_2\end{Bmatrix}=\begin{Bmatrix}0\\0\end{Bmatrix} \tag{7.2.33}$$

위 식을 만족시키는 ω, ϕ_1, ϕ_2를 구하면 이것들을 식 (7.2.30) 또는 (7.2.31)을 만족한다. 그러므로 식 (7.2.33)을 풀어보자. $\phi_1 = \phi_2 = 0$은 식 (7.2.33)을 확실히 만족하지만, 식 (7.2.28)에 의해 $u_1 = u_2 = 0$으로 되며 2층 라멘이 정지하고 있는 경우가 되므로, ϕ_1, ϕ_2가 0이 아닌 해를 구한다. 7.2절에서 식 (7.2.33)이 $\phi_1 = \phi_2 = 0$ 이외의 해를 갖기 위한 필요충분조건은 계수매트릭스의 매트릭스식이 다음 식을 만족하게 한다.

$$\begin{bmatrix}2\times10^6\times9.8-5\times10^4\omega^2 & -2\times10^6\times9.8\\ -2\times10^6\times9.8 & 5\times10^6\times9.8-5\times10^4\omega^2\end{bmatrix}= 0 \tag{7.2.34}$$

앞의 식은 다음과 같이 변형시킬 수 있다.

$$(1,960 - 5\omega^2)(4,900 - 5\omega^2) - 1,960^2 = 0$$

또는

$$\omega^4 - 1,372\omega^2 + 230,496 = 0 \tag{7.2.35}$$

결국 ω^2에 관한 2차 방정식이다. 이것을 풀면 다음과 같다.

$\omega^2 = 196$, 1,176이다. $\omega^2 = 196$일 때 $w = \pm14$이면 식 (7.2.33)은 다음과 같은 식이 성립된다.

$$\begin{bmatrix} 980 & -1,960 \\ -1,960 & 3,920 \end{bmatrix} \begin{Bmatrix} \phi_1 \\ \phi_2 \end{Bmatrix} = \begin{Bmatrix} 0 \\ 0 \end{Bmatrix} \tag{7.2.36}$$

이 식에서

$$980\phi_1 - 1,960\phi_2 = 0$$
$$-1,960\phi_1 + 3,920\phi_2 = 0$$

제1식, 제2식은 다음과 같이 된다.

$$\phi_2 = 0.5\phi_1 \tag{7.2.37}$$

결국 식 (7.2.36)은 부정방정식으로 된다.

$\omega = 14$일 때 $\phi_1 = C_1$로 하면 $\phi_2 = 0.5C_2$가 된다. $\omega = -14$일 때 $\phi_1 = C_2$로 하면 $\phi_2 = 0.5C_2$가 된다. 여기서, C_1, C_2는 복소수 값의 임의정수이다.

$\omega^2 = 1,176$일 때 $\omega = \pm34.29$이며 식 (7.2.33)은 다음과 같이 성립한다.

$$\begin{bmatrix} -3,920 & -1,960 \\ -1,960 & -980 \end{bmatrix} \begin{Bmatrix} \phi_1 \\ \phi_2 \end{Bmatrix} = \begin{Bmatrix} 0 \\ 0 \end{Bmatrix} \tag{7.2.38}$$

이 식에서

$$-3,920\phi_1 - 1,960\phi_2 = 0$$
$$-1,960\phi_1 - 980\phi_2 = 0$$

제1식, 제2식은 다음과 같이 된다.

$$\phi_2 = -2\phi_1 \tag{7.2.39}$$

이 경우도 식 (7.2.38)은 부정방정식으로 된다. $\omega = 34.29$일 때 $\phi_1 = C_3$로 하면 $\phi_2 = -2C_3$로 된다. $\omega = -34.29$일 때 $\phi_1 = C_4$로 하면 $\phi_2 = -2C_4$로 된다. 여기서 C_3, C_4는 복소수 값의 임의 정수이다.

그러므로 식 (7.2.28)에 의해 u_1는 다음과 같이 된다.

$$C_1 \cdot e^{14it}, \ C_2 \cdot e^{-14it}, \ C_3 \cdot e^{34.29it}, \ C_4 \cdot e^{-34.29it}$$

이것들은 u_1에 관한 4계 선형 미분방정식의 1차 독립적인 4개의 해이므로 기본해이다. 그러므로 임의의 해는 다음 식으로 주어진다.

$$u_1 = C_1 \cdot e^{14it} + C_2 \cdot e^{-14it} + C_3 \cdot e^{34.29it} + C_4 \cdot e^{-34.29it} \tag{7.2.40}$$

또한 식 (7.2.28)에 의해 u_2는 다음과 같이 된다.

$$0.5C_1 \cdot e^{14it}, \ 0.5C_2 \cdot e^{-14it}, \ -2C_3 \cdot e^{34.29it}, \ -2C_4 \cdot e^{-34.29it}$$

이것들은 u_2에 관한 4계 선형 미분방정식의 1차 독립적인 4개의 해이므로 기본해이다. 그러므로 임의의 해는 다음 식으로 주어진다.

$$u_2 = 0.5C_1 \cdot e^{14it} + 0.5C_2 \cdot e^{-14it} - 2C_3 \cdot e^{34.29it} - 2C_4 \cdot e^{-34.29it} \tag{7.2.41}$$

식 (7.2.40), (7.2.41)에 주어진 질점 m_1, m_2의 변위 u_1, u_2는 1)의 소거법으로 구한 변위인 식 (7.2.13) 및 (7.2.16)과 일치한다. 그러므로 질점 m_1, m_2의 변위 u_1, u_2는 식 (7.2.27)에 주어졌다.

식 (7.2.32)를 만족하는 ω^2, $(\phi_1,\ \phi_2)^T$를 구하는 문제를 일반고유치문제(generalized eigenvalue problem)라 한다. 그리고 ω^2를 고유치(eigenvalue), $(\phi_1,\ \phi_2)^T$를 고유벡터(eigenvector)라 한다. 식 (7.2.35)에서부터 알 수 있듯이 2층 라멘의 비감쇠 자유진동에서 고유치는 2개이고 제1차 고유원 진동수 $\omega_1 = 14$의 제곱 ω_1^2, 제2차 고유원진동수 $\omega_2 = 34.29$의 제곱, ω_2^2이며 이것에 대응하는 고유벡터는 다음과 같이 된다.

$$\{\phi\}_1 = \begin{bmatrix} \phi_{11} \\ \phi_{21} \end{bmatrix} = D_1 \begin{bmatrix} 1 \\ 0.5 \end{bmatrix}, \ \ \{\phi\}_2 = \begin{bmatrix} \phi_{12} \\ \phi_{22} \end{bmatrix} = D_2 \begin{bmatrix} 1 \\ -2 \end{bmatrix} \tag{7.2.42}$$

다시, 고유원진동수에서 작은 것부터 제1차, 제2차로 순서를 정한다.

여기에 D_1, D_2는 복소수 값이다. 그러므로 고유벡터 $\{\phi\}_1$, $\{\phi\}_2$는 일반적으로 복소수 값이지만 식 (7.3.27)에서 알 수 있듯이 제1차 및 제2차 기준진동의 질점 m_1과 m_2의 변위비를 나타내고 있음을 알 수 있다. 고유모드는 또 기준진동모드, 고유진동모드, 진동모드라고도 한다. 제1차 고유모드는 $\{\phi\}_1$, 제2차 고유모드는 $\{\phi\}_2$이다.

제1차 고유원진동수 ω_1, 고유모드 $\{\phi\}_1$, 제2차 고유원진동수 ω_2, 고유모드 $\{\phi\}_2$는 식 (7.2.31)을 만족하므로 다음 식이 성립한다.

$$([K] - \omega_1^2[M])\{\phi\}_1 = \{0\} \tag{7.2.43}$$

$$([K] - \omega_2^2[M])\{\phi\}_2 = \{0\} \tag{7.2.44}$$

고유모드는 운동방정식 식 (7.3.5)를 복소수의 범위까지 고려하여 구하고 있으므로 식 (7.2.42)에 나타낸 것과 같이 일반적으로는 복소수 값이지만 실제의 변위에는 식 (7.2.27)에 나타낸 것과 같이 기준진동의 질점의 변위비가 중요하므로 변위비(실수 값)를 고유모드라 하기도 한다. 예를 들면 $\{\phi\}_1$는 $\begin{Bmatrix} 1 \\ 0.5 \end{Bmatrix}$로도 좋고 $\begin{Bmatrix} 2 \\ 1 \end{Bmatrix}$로도 좋다. 일반적으로 $E_1 \begin{Bmatrix} 1 \\ 0.5 \end{Bmatrix}$이다. 여기서 E_1는 실수이다. $\{\phi\}_2$도 같으므로 $\begin{Bmatrix} 1 \\ -2 \end{Bmatrix}$로도 좋고, $\begin{Bmatrix} 2 \\ -4 \end{Bmatrix}$도 좋다. 일반적으로 $E_2 \begin{Bmatrix} 1 \\ -2 \end{Bmatrix}$이다. 여기서 E_2는 실수이다.

이와 같이 고유모드 $\{\phi\}_1$, $\{\phi\}_2$를 실수 값으로 정의하여도 식 (7.2.43), (7.2.44)가 성립되는 것은 확실하다. 또한 식 (7.2.27)에 있어서 제1차, 제2차 고유모드로부터 다음과 같은 정방매트릭스를 모달매트릭스(Modal Matrix)라 한다.

$$[\Phi] = \begin{bmatrix} \phi_{11} & \phi_{12} \\ \phi_{21} & \phi_{22} \end{bmatrix} = [\{\phi\}_1, \ \{\phi\}_2] = \begin{bmatrix} 1 & 1 \\ 0.5 & -2 \end{bmatrix} \tag{7.2.45}$$

식 (7.2.34), 즉 (7.2.35)는 ω^2에 관한 2차의 대수방정식이며 이것을 고유치문제의 특성방정식 또는 고유방정식이라고 한다. 진동문제에는 고유원진동수를 구하는 방정식이므로 진동수방정식 (frequency equation)이라 한다.

[3] 모드해석에 의한 2-자유도계의 비감쇠 자유진동 해법

2층 라멘의 비감쇠 자유진동의 해인 식 (7.2.40), (7.2.41)은 고유모드의 직교성(Orthogonality)을 이용해 구할 수 있다. 이것을 모드해석(Modal Analysis)이라 한다. 다음에 이 방법에 대해 나타내었다. 고유모드의 직교성은 교량의 지진응답해석에 매우 유용하며 뒤에서 설명하겠지만 모드해석은 지진응답해석의 제일 중요한 방법의 하나다.

식 (7.2.43)에 $\{\phi\}_2^T$, 식 (7.2.44)에 $\{\phi\}_1^T$를 곱하면 각각 다음과 같이 된다.

$$\{\phi\}_2^T([K] - \omega_1^2[M])\{\phi\}_1 = \{0\} \tag{7.2.46}$$

$$\{\phi\}_1^T([K] - \omega_2^2[M])\{\phi\}_2 = \{0\} \tag{7.2.47}$$

위의 2개 식의 좌변, 우변 같이 (1, 1) 매트리스이다. 식 (7.2.46)의 전치매트릭스는 5.1절을 참조하면 다음과 같이 된다.

$$\{\phi\}_1^T([K]^T - \omega_1^2[M]^T)\{\phi\}_2 = \{0\} \tag{7.2.48}$$

질량매트릭스 $[M]$과 강성매트릭스 $[K]$는 식 (5.3.64)와 식 (5.3.66)에서 대칭매트릭스이므로 다음과 같이 된다.

$$[M] = [M]^T, \ [K] = [K]^T \tag{7.2.49}$$

그러므로 식 (7.2.48)은 다음과 같이 된다.

$$\{\phi\}_1^T([K] - \omega_1^2[M])\{\phi\}_2 = \{0\} \tag{7.2.50}$$

식 (7.2.47), (7.2.50)에 의해 다음 식이 성립한다.

$$\{\phi\}_1^T(-\omega_2^2 + \omega_1^2)[M]\{\phi\}_2 = \{0\} \tag{7.2.51}$$

$\omega_2 \neq \omega_1$이므로 다음 식이 성립한다.

$$\{\phi\}_1^T[M]\{\phi\}_2 = \{0\} \tag{7.2.52}$$

이것을 식 (7.2.50)에 대입하면 다음 식이 성립한다.

$$\{\phi\}_1^T[K]\{\phi\}_2 = \{0\} \tag{7.2.53}$$

식 (7.2.52), (7.2.53)에 전치매트릭스를 취하면 다음과 같은 식이 성립한다.

$$\{\phi\}_2^T[M]\{\phi\}_1 = \{0\} \tag{7.2.54}$$
$$\{\phi\}_2^T[K]\{\phi\}_1 = \{0\} \tag{7.2.55}$$

식 (7.2.52)~(7.2.55)를 '고유모드는 질량매트릭스 또는 강성매트릭스를 사이에 두고 직교하고 있다'라고 한다. 또는 간단한 '고유모드 직교성'이라고도 한다.

두-자유도계의 자유진동의 운동방정식 식 (7.2.2)를 고유모드의 직교성을 사용하여 풀어보자.

$$[M]\{\ddot{u}\} + [K]\{u\} = \{0\} \tag{7.2.2}$$

2층 라멘의 질점변위 u_1, u_2는 식 (7.2.27)과 같이 나타낸 힌트로 각 질점의 변위를 시간만의 함수인 q_1, q_2를 사용해 다음과 같은 형태로 나타낸 것을 고려한다.

$$
\begin{aligned}
\{u\} &= \begin{Bmatrix} u_1 \\ u_2 \end{Bmatrix} = \begin{Bmatrix} \phi_{11} \\ \phi_{21} \end{Bmatrix} q_1 + \begin{Bmatrix} \phi_{12} \\ \phi_{22} \end{Bmatrix} q_2 = \{\phi\}_1 q_1 + \{\phi\}_2 q_2 \\
&= [\{\phi\}_1, \ \{\phi\}_2] \begin{Bmatrix} q_1 \\ q_2 \end{Bmatrix} = \begin{bmatrix} \phi_{11} & \phi_{12} \\ \phi_{21} & \phi_{22} \end{bmatrix} \begin{Bmatrix} q_1 \\ q_2 \end{Bmatrix} \\
&= [\varPhi]\{q\}
\end{aligned} \tag{7.2.56}
$$

여기서 $[\varPhi]$는 모드매트릭스로 다음과 같다.

$$[\varPhi] = [\{\phi\}_1, \ \{\phi\}_2] = \begin{bmatrix} \phi_{11} & \phi_{12} \\ \phi_{21} & \phi_{22} \end{bmatrix} \tag{7.2.57}$$

또한 $\{q\}$는 2층 라멘의 변위 u_1, u_2를 식 (7.2.56)에 의해 구할 수 있는 좌표로 일반화 좌표 (generalized coordinate)라 하며 다음과 같다.

$$\{q\} = \begin{Bmatrix} q_1 \\ q_2 \end{Bmatrix} \tag{7.2.58}$$

식 (7.2.56)을 식 (7.2.2)에 대입하면 다음과 같이 된다.

$$[M][\varPhi]\{\ddot{q}\} + [K][\varPhi]\{q\} = \{0\} \tag{7.2.59}$$

이 식에 $[\varPhi]^T$를 곱하면 다음과 같이 된다.

$$[\varPhi]^T[M][\varPhi]\{\ddot{q}\} + [\varPhi]^T[K][\varPhi]\{q\} = \{0\} \tag{7.2.60}$$

그런데 식 (7.2.57)을 사용하여 구분된 매트릭스(이 경우는 벡터)에 대한 곱셈은 마치 보통 매트릭스에 대한 곱셈과 같이 실행되는 것에 주의하면 다음 식이 성립한다.

$$[\varPhi]^T[M][\varPhi] = \begin{bmatrix} \{\phi\}_1^T \\ \{\phi\}_2^T \end{bmatrix} [M][\{\phi\}_1, \ \{\phi\}_2]$$

$$= \begin{bmatrix} \{\phi\}_1^T[M]\{\phi\}_1 & \{\phi\}_1^T[M]\{\phi\}_2 \\ \{\phi\}_2^T[M]\{\phi\}_1 & \{\phi\}_2^T[M]\{\phi\}_2 \end{bmatrix} \tag{7.2.61}$$

여기서 식 (7.2.52), (7.2.54)에 의해 다음 식이 성립한다.

$$\{\phi\}_1^T[M]\{\phi\}_2 = \{\phi\}_2^T[M]\{\phi\}_1 = \{0\} \tag{7.2.62}$$

그런데 $\{\phi\}_1^T[M]\{\phi\}_1$는 (1, 1)형 매트릭스로 하나의 성분을 M_1으로 하면 다음 식이 성립한다.

$$\{\phi\}_1^T[M]\{\phi\}_1 = \{M_1\} \tag{7.2.63}$$

같은 방법으로 2차 모드 $\{\phi\}_2$에 대해서도 그 값은 다음과 같다.

$$\{\phi\}_2^T[M]\{\phi\}_2 = \{M_2\} \tag{7.2.64}$$

그러므로 다음 식이 성립한다.

$$[\varPhi]^T[M][\varPhi] = \begin{bmatrix} M_1 & 0 \\ 0 & M_1 \end{bmatrix} \tag{7.2.65}$$

여기서, M_1, M_2는 스칼라(Scala)이며 일반화 좌표에 대한 질량을 나타내므로 일반화질량(Generalized Mass)이라 한다. 또한 식 (7.2.65)는 대각매트릭스이다.

같은 방법으로 강성매트릭스 $[K]$에 대해서도 다음 식이 성립한다.

$$[\Phi]^T[K][\Phi] = \begin{bmatrix} \{\phi\}_1^T[K]\{\phi\}_1 & \{\phi\}_1^T[K]\{\phi\}_2 \\ \{\phi\}_2^T[K]\{\phi\}_1 & \{\phi\}_2^T[K]\{\phi\}_2 \end{bmatrix} \tag{7.2.66}$$

여기서 식 (7.2.53), (7.2.55)에 의해 다음 식이 성립한다.

$$\{\phi\}_1^T[K]\{\phi\}_2 = \{\phi\}_2^T[K]\{\phi\}_1 = \{0\} \tag{7.2.67}$$

강성매트릭스 $[K]$ 에 대해서도 다음과 같은 관계가 성립한다.

$$\{\phi\}_1^T[K]\{\phi\}_1 = \{K_1\} \tag{7.2.68}$$
$$\{\phi\}_2^T[K]\{\phi\}_2 = \{K_2\} \tag{7.2.69}$$

여기서, K_1, K_2는 스칼라이며 일반화 좌표에 대한 강성을 나타내므로 일반화강성(Generalized Stiffness)이라 한다.

그러므로 식 (7.2.66)은 다음과 같은 대각매트릭스가 된다.

$$[\Phi]^T[K][\Phi] = \begin{bmatrix} K_1 & 0 \\ 0 & K_2 \end{bmatrix} \tag{7.2.70}$$

식 (7.2.65), (7.2.70)을 식 (7.2.60)에 대입하면 다음 식이 성립된다.

$$M_1\ddot{q}_1 + K_1 q_1 = 0 \tag{7.2.71}$$
$$M_2\ddot{q}_2 + K_2 q_2 = 0 \tag{7.2.72}$$

2층 라멘의 자유진동은 식 (7.2.6)에 나타낸 것과 같이 질점 m_1, m_2의 변위 u_1, u_2를 좌표계로 할 경우 연립미분방정식으로 되었지만, 식 (7.2.56)을 만족하는 일반화좌표계 $\{q\}$에는 고유모드의 직교성을 사용하여 2개의 1-자유도계의 미분방정식으로 변환된다.

식 (7.2.43)에 의해 다음 식이 성립된다.

$$[K]\{\phi\}_1 = \omega_1^2[M]\{\phi\}_1 \tag{7.2.73}$$

이 식에 $\{\phi\}_1^T$을 곱하면 다음과 같이 된다.

$$\{\phi\}_1^T[K]\{\phi\}_1 = \omega_1^2\{\phi\}_1^T[M]\{\phi\}_1 \tag{7.2.74}$$

식 (7.2.63), (7.2.68)을 사용하면 다음과 같이 된다.

$$\{K_1\} = \omega_1^2\{M_1\} \tag{7.2.75}$$

그러므로

$$\omega_1^2 = K_1/M_1 \tag{7.2.76}$$

같은 방법으로

$$\omega_2^2 = K_2/M_2 \tag{7.2.77}$$

이것들을 식 (7.2.71), (7.2.72)에 대입하면 다음과 같이 된다.

$$\ddot{q}_1 + \omega_1^2 q_1 = 0 \tag{7.2.78}$$
$$\ddot{q}_2 + \omega_2^2 q_2 = 0 \tag{7.2.79}$$

식 (7.1.11)의 해는 식 (7.1.8)로 주어지므로 위 식의 해는 각각 다음과 같이 된다.

$$q_1 = A_1 \cdot \cos\omega_1 t + B_1 \cdot \sin\omega_1 t \tag{7.2.80}$$
$$q_2 = A_2 \cdot \cos\omega_2 t + B_2 \cdot \sin\omega_2 t \tag{7.2.81}$$

여기서 A_1, B_1, A_2, B_2는 적분정수이다.

그러므로 식 (7.2.56)에 의해 변위 $\{u\}$를 다음과 같이 구한다.

$$\{u\} = \begin{Bmatrix} \phi_{11} \\ \phi_{21} \end{Bmatrix} (A_1 \cdot \cos\omega_1 t + B_1 \cdot \sin\omega_1 t) + \begin{Bmatrix} \phi_{12} \\ \phi_{22} \end{Bmatrix} (A_2 \cdot \cos w_2 t + B_1 \cdot \sin w_1 t)$$

$$= \begin{Bmatrix} 1 \\ 0.5 \end{Bmatrix} (A_1 \cdot \cos\omega_1 t + B_1 \cdot \sin\omega_1 t) + \begin{Bmatrix} 1 \\ -2 \end{Bmatrix} (A_2 \cdot \cos\omega_2 t + B_2 \cdot \sin\omega_2 t)$$

$$(7.2.82)$$

여기서 $A_1 \cdot \cos\omega_1 t$, $B_1 \cdot \sin\omega_1 t$, $A_2 \cdot \cos\omega_2 t$, $B_2 \cdot \sin\omega_2 t$는 u_1에 관한 4계 선형미분방정식 식 (7.2.8)의 1차 독립인 4개의 해이므로 기본해이다. 임의의 해는 이들의 1차 결합으로 주어지므로 식 (7.2.82) 중의 u_1는 미분방정식 식 (7.2.8)의 임의의 해이다. u_2는 식 (7.2.7)에 u_1을 대입하여 구해져서 식 (7.2.82) 중의 u_2와 일치한다. 그러므로 식 (7.2.2)의 임의의 해는 식 (7.2.82)에 주어짐으로써 확인되었다.

식 (7.2.82)는 앞에서 구한 방법 1), 2)의 해와 일치함을 알 수 있다.

7.2.2 2-자유도계의 감쇠 자유진동 해법

[그림 5.1.1]에 나타낸 2층 라멘에 초기변위를 주어 자유진동을 일으켰을 때 진동은 점차적으로 감쇠한다. 부재 ①, ②는 강성만 갖고 크기와 질량은 없는 것으로 한다. 감쇠의 요인은 2가지로 고려한다.

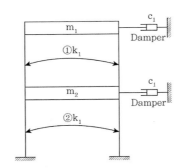

[그림 7.2.2] 외부점성감쇠의 개념

하나는 질점 m_1, m_2가 진동할 때 이것들의 질점을 둘러싼 모체와 질점 간의 점성저항에 의한 것이다. 이와 같은 감쇠는 2층 라멘인 진동계의 외부요인에 의한 감쇠이므로 외부점성감쇠라고 한다. 2층 라멘이 공기 중에 있을 경우 결국 모체가 공기일 경우 점성저항은 무시할 만큼 작지만 수중 또는 지중에 있을 경우는 점성저항을 무시할 수 없을 것이다. 점성 저항의 개념은 [그림 4.0.3]에 나타낸 수중에 질점이 진동할 때 받는 점성저항과 같으며 2층 라멘에 적용하면 [그림 7.2.2]와 같이 된다. 속도가 빨라진 만큼 저항력은 크게 되므로 외부점성감쇠는 속도에 비례하는 것으로 된다. 따라서 질점 m_1 및 m_2에 작용하는 감쇠력은 각각 $-c_1\dot{u}_1$, $-c_2\dot{u}_2$가 된다. 그러므로 2층 라멘의 운동방정식은 5.1절을 참조하면 다음과 같이 된다.

$$\begin{bmatrix} m_1 & 0 \\ 0 & m_2 \end{bmatrix}\begin{Bmatrix} \ddot{u}_1 \\ \ddot{u}_2 \end{Bmatrix} + \begin{bmatrix} -c_1 & 0 \\ 0 & -c_2 \end{bmatrix}\begin{Bmatrix} \dot{u}_1 \\ \dot{u}_2 \end{Bmatrix} + \begin{bmatrix} k & -k_1 \\ -k_1 & k_1+k_2 \end{bmatrix}\begin{Bmatrix} u_1 \\ u_2 \end{Bmatrix} = \begin{Bmatrix} 0 \\ 0 \end{Bmatrix}$$

또는

$$[M]\{\ddot{u}\} + [C]\{\dot{u}\} + [K]\{u\} = \{0\} \tag{7.2.83}$$

그런데 외부점성감쇠는 모체에 접촉한 표면적이 클수록 커진다고 생각하는 것이 일반적이다. 같은 재질이라면 질량이 클수록 표면적도 크므로 외부점성감쇠는 같은 재질의 경우, 질량에 비례한다고 생각한다. 이와 같은 감쇠를 질량비례형감쇠라고 한다. 2-자유도계의 경우 질량매트릭스의 성분이 큰 만큼 외부점성감쇠는 크게 되므로, 외부점성감쇠는 질량매트릭스와 절점속도 $\{\dot{u}\}$에 비례한다고 가정한다. 즉, 식 (7.2.83)의 감쇠항은 다음과 같이 된다.

$$[C]\{\dot{u}\} = a_0[M]\{\dot{u}\} \tag{7.2.84}$$

여기서, a_0은 비례정수이다.

다음에는 감쇠에 대한 또 다른 요인에 대해 기술하였다. 2층 라멘이 진공 중에 자유진동하고 있는 경우에도 결국 그것을 둘러싼 모체가 없을 경우에도 그 진동은 언젠가 자연적으로 멈추게 될 것이다. 이것은 기둥이 변형함으로써 그 재료인 콘크리트, 강 등의 재료내부의 결정체 또는 분자 간의 마찰 또는 점성에 의해 생기는 저항력이 감쇠력으로 되기 때문이다. 이와 같은 감쇠는 2층 라멘의 내부요인에 의한 것으로 내부마찰감쇠 또는 내부점성감쇠라고 한다. 특히 포괄적으로 구조감쇠라고도 한다. 2층 라멘의 주 부재의 시간당 변형의 정도가 큰 만큼 구조감쇠는 크게 된다고 생각함으로써, 이 경우의 점성감쇠계수모델은 [그림 5.1.1(c)]에 나타낸 것과 같이 된다. 즉, 각 질점에 작용하는 감쇠력은 각층의 상대속도에 비례하는 것으로 된다. 질점 m_1에 작용하는 감쇠력은 $-c_1(\dot{u}_1 - \dot{u}_2)$, 질점 m_2에 작용하는 감쇠력은 부재 ①에 기인한 감쇠력과 부재 ②에 기인한 감쇠력의 합으로 $c_1(\dot{u}_1 - \dot{u}_2) - c_2\dot{u}_2$이 된다. 그러므로 2층 라멘의 운동방정식은 다음과 같이 된다.

$$\begin{bmatrix} m_1 & 0 \\ 0 & m_2 \end{bmatrix} \begin{Bmatrix} \ddot{u}_1 \\ \ddot{u}_2 \end{Bmatrix} + \begin{bmatrix} c_1 & -c_1 \\ -c_1 & c_1+c_2 \end{bmatrix} \begin{Bmatrix} \dot{u}_1 \\ \dot{u}_2 \end{Bmatrix} + \begin{bmatrix} k_1 & -k_1 \\ -k_1 & k_1+k_2 \end{bmatrix} \begin{Bmatrix} u_1 \\ u_2 \end{Bmatrix} = \begin{Bmatrix} 0 \\ 0 \end{Bmatrix}$$

또는

$$[M]\{\ddot{u}\} + [C]\{\dot{u}\} + [K]\{u\} = \{0\} \tag{7.2.85}$$

구조감쇠력은 2층 라멘의 기둥부재의 시간당 변형 정도가 큰 만큼 크게 되므로 식 (5.1.3)에서 구한 변위 $\{u\}$와 반대방향에 발생한 부재강성에 기인한 힘, 즉 다음과 같이 복원력의 시간당 변형률 $-[K]\{u\}$에 비례한다고 생각한다.

$$-\begin{bmatrix} k_1 & -k_1 \\ -k_1 & k_1+k_2 \end{bmatrix} \begin{Bmatrix} u_1 \\ u_2 \end{Bmatrix} = -[K]\{u\} \tag{7.2.86}$$

여기서, $[K]$, $\{u\}$는 식 (7.2.1)에 정의한 것이다. 그러므로 식 (7.2.83)의 감쇠항은 다음과 같다.

$$[C]\{\dot{u}\} = a_1[K]\{\dot{u}\} \tag{7.2.87}$$

여기서, a_1은 비례정수이다. 이와 같은 감쇠정수는 강성에 비례하고 있으므로 강성비례형감쇠라고 한다. 이것은 부재의 변형에 주시하면 감쇠는 변형의 시간당 변화율, 즉 변형속도(strain rate)에 비례하는 것으로 된다.

그러므로 2층 라멘의 진동을 감쇠시키는 힘은 질량비례형감쇠와 강성비례형감쇠의 2종류에 관련된다고 생각하고 감쇠매트릭스 $[C]$를 다음과 같이 가정한다.

$$[C] = a_0[M] + a_1[K] \qquad (7.2.88)$$

감쇠매트릭스를 식 (7.2.88)형으로 나타낸 것을 Rayleigh 감쇠라고 한다. 감쇠매트릭스를 Rayleigh 감쇠로 가정하면 다음 식이 성립한다.

$$\{\phi\}_1^T[C]\{\phi\}_2 = a_0\{\phi\}_1^T[M]\{\phi\}_2 + a_1\{\phi\}_1^T[K]\{\phi\}_2 \qquad (7.2.88\text{-}1)$$

그러므로 식 (7.2.52), (7.2.53)에 의해

$$\{\phi\}_1^T[C]\{\phi\}_2 = \{0\} \qquad (7.2.89)$$

감쇠매트릭스 $[C]$ 는 대칭매트릭스이므로 다음 식이 성립한다.

$$\{\phi\}_2^T[C]\{\phi\}_1 = \{0\} \qquad (7.2.90)$$

식 (7.2.56)을 식 (7.2.83)에 대입하면 다음과 같다.

$$[M][\Phi]\{\ddot{q}\} + [C][\Phi]\{\dot{q}\} + [K][\Phi]\{q\} = \{0\} \qquad (7.2.91)$$

위 식에 $[\Phi]^T$를 곱하면 다음과 같다.

$$[\Phi]^T[M][\Phi]\{\ddot{q}\} + [\Phi]^T[C][\Phi]\{\dot{q}\} + [\Phi]^T[K][\Phi]\{q\} = \{0\} \qquad (7.2.92)$$

식 (7.2.61)을 참조하면 다음 식을 얻을 수 있다.

$$[\Phi]^T[C][\Phi] = \begin{bmatrix} \{\phi\}_1^T[C]\{\phi\}_1 & \{\phi\}_1^T[C]\{\phi\}_2 \\ \{\phi\}_2^T[C]\{\phi\}_1 & \{\phi\}_2^T[C]\{\phi\}_2 \end{bmatrix} \qquad (7.2.93)$$

식 (7.2.98), (7.2.90)에 의해서 다음과 같이 된다.

$$\{\phi\}_1^T[C]\{\phi\}_2 = \{\phi\}_2^T[C]\{\phi\}_1 = \{0\} \tag{7.2.94}$$

감쇠매트릭스 $[C]$에 대해서도 Rayleigh 감쇠로 가정하면 질량매트릭스 $[M]$, 강성매트릭스 $[K]$와 같이 고유모드의 직교성이 성립한다는 것을 알 수 있다. 그러므로 다음 식이 성립한다.

$$\{\phi\}_1^T[C]\{\phi\}_1 = \{C_1\} \tag{7.2.95}$$
$$\{\phi\}_2^T[C]\{\phi\}_2 = \{C_2\} \tag{7.2.96}$$

여기서, C_1, C_2는 스칼라이며 일반화좌표에 대한 감쇠를 나타내므로 일반화 감쇠(Generalized Damping)라고 한다. 그러므로 식 (7.2.93)은 다음과 같은 대각매트릭스가 된다.

$$[\varPhi]^T[C][\varPhi] = \begin{bmatrix} C_1 & 0 \\ 0 & C_2 \end{bmatrix} \tag{7.2.97}$$

식 (7.2.92)에 식 (7.2.65), (7.2.70) 및 (7.2.97)을 대입하면 다음 식이 성립된다.

$$M_1\ddot{q}_1 + C_1\dot{q}_1 + K_1 q_1 = 0 \tag{7.2.98}$$
$$M_2\ddot{q}_2 + C_2\dot{q}_2 + K_2 q_2 = 0 \tag{7.2.99}$$

지금

$$C_1/M_1 = 2\xi_1\omega_1, \quad C_2/M_2 = 2\xi_2\omega_2 \tag{7.2.100}$$

로 두고, 식 (7.2.76), (7.2.77)을 고려하면 식 (7.2.98), (7.2.99)는 다음과 같이 된다.

$$\ddot{q}_1 + 2\xi_1\omega_1\dot{q}_1 + \omega_1^2 q_1 = 0 \tag{7.2.101}$$
$$\ddot{q}_2 + 2\xi_2\omega_2\dot{q}_2 + \omega_2^2 q_2 = 0 \tag{7.2.102}$$

1-자유도계의 감쇠 자유진동을 나타낸 식 (4.1.8)에 있어서 식 (4.1.11)에 의해 $\beta = h\omega_n$이므로, 일반화 좌표에 대한 앞의 2개의 식은 식 (4.1.8)과 같은 형을 하고 있다. 또한 2층 라멘은 자유진동하는 것으로 하면, 결국 $\xi_1 < 1$, $\xi_2 < 1$일 때 2개의 해는 식 (7.1.37)을 참조하여 다음과 같이 된다.

$$q_1 = e^{-\xi_1 \omega_1 t}(A_1 \cdot \cos\omega_1\sqrt{1-\xi_1^2}\,t + B_1 \cdot \sin\omega_1\sqrt{1-\xi_1^2}\,t$$
$$= e^{-\xi_1 \omega_1 t}(A_1 \cdot \cos\omega_{d_1}t + B_1 \cdot \sin\omega_{d_1}t) \tag{7.2.103}$$

$$q_2 = e^{-\xi_2 \omega_2 t}(A_2 \cdot \cos\omega_2\sqrt{1-\xi_2^2}\,t + B_2 \cdot \sin\omega_2\sqrt{1-\xi_2^2}\,t$$
$$= e^{-\xi_2 \omega_2 t}(A_2 \cdot \cos\omega_{d_2}t + B_2 \cdot \sin\omega_{d_2}t) \tag{7.2.104}$$

여기서, ω_{d_1}과 ω_{d_2}는 다음과 같다.

$$\omega_{d_1} = \omega_1\sqrt{1-\xi_1^2}\,, \;\; \omega_{d_2} = \omega_2\sqrt{1-\xi_2^2} \tag{7.2.105}$$

그러므로 식 (7.2.56)에 의해 질점 m_1, m_2의 변위 $\{u\}$를 구한다. q_1은 1차 모드의 일반화 좌표이므로 ξ_1은 1차 모드의 감쇠정수라 한다. ξ_2는 2차 모드의 감쇠정수라 한다. ξ_1, ξ_2를 포괄적으로 모드 감쇠(Modal Damping)라 한다.

비감쇠 자유진동일 때와 같이 질점 m_1, m_2의 초기변위 및 초기속도가 다음과 같을 때 변위를 구해보자.

$$\left.\begin{array}{l} u_{1t=0} = d_1, \;\; u_{2t=0} = d_2 \\ \dot{u}_{1t=0} = v_1, \;\; \dot{u}_{2t=0} = v_2 \end{array}\right\} \tag{7.2.105-1}$$

식 (7.2.34)와 (7.2.56)에 의해 다음과 같이 된다.

$$u_1 = q_1 + q_2, \;\; u_2 = 0.5q_1 - 2q_2 \tag{7.2.106}$$

그러므로 $\dot{u}_1$와 $\dot{u}_2$는 다음과 같이 된다.

$$\dot{u}_1 = \dot{q}_1 + \dot{q}_2, \quad \dot{u}_2 = 0.5\dot{q}_1 - 2\dot{q}_2 \tag{7.2.107}$$

여기서, 식 (7.2.103), (7.2.104)에 의해 다음 식이 성립한다.

$$\dot{q}_1 = -\xi_1\omega_1 e^{-\xi_1\omega_1 t}(A_1 \cdot \cos\omega_{d_1}t + B_1 \cdot \sin\omega_{d_1}t)$$
$$+ e^{-\xi_1\omega_1 t}(-A_1\omega_{d_1} \cdot \sin\omega_{d_1}t + B_1\omega_{d_1} \cdot \cos\omega_{d_1}t) \tag{7.2.108}$$

$$\dot{q}_2 = -\xi_2\omega_2 e^{-\xi_2\omega_2 t}(A_2 \cdot \cos\omega_{d_2}t + B_2 \cdot \sin\omega_{d_2}t)$$
$$+ e^{-\xi_2\omega_2 t}(-A_2\omega_{d_2} \cdot \sin\omega_{d_2}t + B_2\omega_{d_2} \cdot \cos\omega_{d_2}t) \tag{7.2.109}$$

그러므로 $q_{1t=0}$, $q_{2t=0}$, $\dot{q}_{1t=0}$, $\dot{q}_{2t=0}$는 다음과 같이 된다.

$$\left.\begin{array}{l} q_{1t=0} = A_1, \quad q_{\omega t=0} = A_2 \\ \dot{q}_{1t=0} = -\xi_1\omega_1 A_1 + B_1\omega_{d_1}, \quad \dot{q}_{2t=0} = -\xi_2\omega_2 A_2 + B_2\omega_{d_2} \end{array}\right\} \tag{7.2.110}$$

그러므로 식 (7.2.106), (7.2.107)에 의해 다음 식이 성립한다.

$$\left.\begin{array}{l} d_1 = A_1 + A_2, \quad d_2 = 0.5A_1 - 2A_2 \\ v_1 = -\xi_1\omega_1 A_1 + B_1\omega_{d_1} - \xi_2\omega_2 A_2 + B_2\omega_{d_2} \\ v_2 = 0.5(-\xi_1\omega_1 A_1 + B_1\omega_{d_1}) - 2(-\xi_2\omega_2 A_2 + B_2\omega_{d_2}) \end{array}\right\} \tag{7.2.111}$$

이들을 풀면 다음과 같다.

$$\left.\begin{array}{l} A_1 = (2d_1 + d_2)/2.5 \\ A_2 = (0.5d_1 - d_2)/2.5 \\ B_1 = \{2v_1 + v_2 + \xi_1\omega_1(2d_1 + d_2)\}/(2.5\omega_{d_1}) \\ B_2 = \{0.5v_1 - v_2 + 0.5\xi_2\omega_2(d_1 - 2d_2)\}/(2.5\omega_{d_2}) \end{array}\right\} \tag{7.2.112}$$

감쇠가 없는 $\xi_1 = \xi_2 = 0$인 경우, 이들의 적분정수는 식 (7.2.22-1)과 일치한다. 이들의 적분정수를 식 (7.2.103), (7.2.104)에 대입한 후 이것을 식 (7.2.106)에 대입하여 u_1, u_2를 구한다.

비감쇠 자유진동(7.2.1절 [1] 참조)과 같이 $v_1 = v_2 = 0$, $d_2 = 0.5d_1$ 일 때, $A_1 = d_1$, $A_2 = B_2 = 0$, $B_1 = \dfrac{\xi_1 \omega_1 d_1}{\omega_{d_1}}$ 이므로 제1차 기준진동은 다음과 같이 얻을 수 있다.

$$u_1 = d_1 e^{-\xi_1 \omega_1 t} \{ \cos\omega_{d_1} t + (\xi_1 \omega_1 / \omega_{d_1}) \sin\omega_{d_1} t \} \tag{7.2.113}$$

$$u_2 = 0.5 d_1 e^{-\xi_2 \omega_2 t} \{ \cos\omega_{d_2} t + (\xi_2 \omega_2 / \omega_{d_2}) \sin\omega_{d_2} t \} \tag{7.2.114}$$

또한 $v_1 = v_2 = 0$, $d_2 = -2d_1$ 일 때 $A_1 = B_1 = 0$, $A_2 = d_1$, $B_2 = \dfrac{\xi_2 \omega_2 d_1}{\omega_{d_2}}$ 이므로 제2차 기준진동은 다음과 같이 된다.

$$u_1 = d_1 e^{-\xi_2 \omega_2 t} \{ \cos\omega_{d_1} t + (\xi_2 \omega_2 / \omega_{d_1}) \sin\omega_{d_1} t \} \tag{7.2.115}$$

$$u_2 = -2 d_1 e^{-\xi_2 \omega_2 t} \{ \cos\omega_{d_2} t + (\xi_2 \omega_2 / \omega_{d_2}) \sin\omega_{d_2} t \} \tag{7.2.116}$$

이와 같이 감쇠 자유진동에 있어서도 초기조건을 적당히 설정하면 고유원진동수 ω_{d1} 만의 제1차 기준진동, ω_{d2} 만의 제2차 기준진동을 발생시킬 수가 있다.

제1차 기준진동의 대수감쇠율 δ_1 은 식 (4.1.17)과 같이 하여 식 (7.2.113) 또는 (7.2.114)의 2개로 연결시켜 변위의 최대치 u_m, u_{m+1} 에 의해 다음과 같이 구해진다.

$$\delta_1 = ln(u_m / u_{m+1}) = 2\pi\xi_1 / \sqrt{1 - \xi_1^2} \tag{7.2.117}$$

제2차 기준진동의 대수감쇠율 δ_2 에 대해서도 다음과 같이 된다.

$$\delta_2 = 2\pi\xi_2 / \sqrt{1 - \xi_2^2} \tag{7.2.118}$$

그러므로 기준진동의 대수감쇠율에 의해 1차, 2차 모드감쇠 ξ_1, ξ_2 를 구할 수 있다.

7.2.3 모드감쇠와 1-자유도계의 감쇠정수

[그림 7.2.3]에 나타낸 것과 같은 2층 라멘의 모드감쇠와 2층 라멘을 구성하는 2개의 1-자유도계의 감쇠정수 h_1, h_2와의 관계에 대하여 기술하였다.

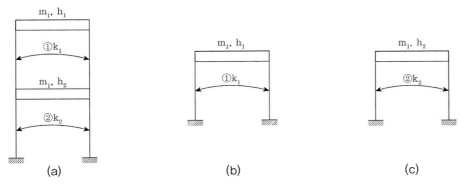

[그림 7.2.3] 모드감쇠와 감쇠정수의 관계

2층 라멘에 초기속도 $v_1 = v_2 = 0$, 초기변위 $d_1 = d_1$, $d_2 = 0.5d_1$가 주어졌을 때는 제1차 기준진동으로 되며, 그 변위 u_1, u_2는 각각 식 (7.2.113), 식 (7.2.114)에 주어졌다. 그런데 [그림 7.2(b), (c)]에 제각기 초기조건으로 초기속도 0, 초기변위 d_1 및 초기속도 0, 초기변위 $0.5d_1$가 주어졌을 때 변위 u_1^*, u_2^*는 식 (7.1.40)에 의해 다음과 같이 된다.

$$u_1^* = d_1 \cdot e^{-h_1\omega_{n1}^*t}\left\{\cos\omega_{d_1}^*t + (h_1\omega_{n1}^*/\omega_{d_1}^*)\sin\omega_{d_1}^*t\right\} \tag{7.2.119}$$

$$u_2^* = 0.5d_1 \cdot e^{-h_2\omega_{n2}^*t}\left\{\cos\omega_{d_2}^*t + (h_2\omega_{n2}^*/\omega_{d_2}^*)\sin\omega_{d_2}^*t\right\} \tag{7.2.120}$$

여기서, ω_{n1}^*, ω_{n2}^*는 각각 [그림 7.2.3(b),(c)]의 고유원진동수이며 $\omega_{d1}^* = \omega_{n1}^*\sqrt{1-h_1^2}$, $\omega_{d2}^* = \omega_{n2}^*\sqrt{1-h_2^2}$ 이다.

감쇠정수 $h_1 > h_2$일 때 제1차 모드감쇠 ξ_1과 감쇠정수 h_1, h_2의 관계에 대해서 고려한다. 제1차 기준진동이 발생하도록 초기조건을 주어 자유진동을 발생시켰을 때의 2층 라멘의 변위 u_1, u_2는 각각 식 (7.2.113), 식 (7.2.114)이며, [그림 7.2.2(b), (c)]의 변위 u_1^*, u_2^*와 같은 모양으로 나타내었지만, 2층 라멘에는 제1차 모드감쇠 ξ_1을, 1-자유도계에는 감쇠정수 h_1, h_2를 사용할 필요가 있다.

2층 라멘의 질점 m_1이 가감쇠정수 h_1로 감쇠하도록 하면, 그 감쇠는 감쇠가 작은 1계의 진동에 의해 완화되므로, 식 (7.2.113)의 감쇠, 결국 제1모드감쇠 ξ_1은 h_1보다 작게 된다. 또한 감쇠를 완화시키는 힘은 반력으로서 m_2에 작용하므로 m_2의 감쇠는 [그림 7.2.2(c)]에 나타낸 것보다 크므로, u_2의 감쇠, 결국 제1차 모드감쇠 ξ_1는 h_2보다 크게 된다. 그러므로 다음 식이 성립된다.

$$h_2 < \xi_1 < h_1 \tag{7.2.121}$$

$h_1 < h_2$일 때도 ξ_1은 h_1보다 크고 h_2보다 작다. 결국 ξ_1은 h_1과 h_2 사이에 있음을 알 수 있다. 또한 $h_1 = h_2$일 때는 $\xi_1 = h_1 = h_2$로 된다. 이상에서 기술한 것과 같이 2차의 모드감쇠 ξ_2에 대해서도 같다.

[그림 7.2.1]에서 2층 라멘의 제1차 기준진동의 진폭비는 제1차 고유모드 $(1 \ 0.5)^T$로 주어지지만, 강도 k_2를 10배 크게 하면 제1차 고유모드는 $(1 \ 0.664)^T$로 된다. 결국 질점 m_2는 m_1에 비해 거의 진동을 하지 않게 된다. 식 (7.2.121)을 도입한 경위를 이 경우에 맞게 하면, 2층 라멘의 1층은 거의 진동하지 않으므로 1층의 감쇠정수 h_2는 h_1보다 작아도 2층의 감쇠정수 h_1을 완화시키는 데 거의 기여하지 못할 것이다. 그러므로 식 (7.2.113) 중의 모드감쇠 ξ_1는 h_1에 매우 가깝다. 반대로 그 반력으로 2층에서 1층에 작용할 감쇠를 h_2보다 크게 하려는 힘은 매우 크고 식 (7.2.114) 중의 모드감쇠 ξ_1도 h_1에 가깝다. 결국 모드감쇠에는 크게 진동하고 있는 질점의 감쇠정수 영향이 크다는 것을 알 수 있다.

7.2.4 변형에너지—비례감쇠

감쇠의 원인이 [그림 5.1.1(c)]에 보인 것과 같은 강성비례형인 경우 부재의 변형을 볼 때, 변형이 큰 만큼 부재의 감쇠정수가 모드감쇠에 미치는 영향이 크다고 고려하는 방법이 있다. 부재의 변형을 나타낸 것으로 변형에너지를 사용하여 부재의 변형에너지를 구한다.

[그림 5.2.5]에 나타낸 사장교의 부재 ③을 예로 부재의 변형에너지를 구해보자. [그림 5.2.8]에 미소장방형의 변위, [그림 5.2.9]에 미소장방형에 작용하는 응력을 나타내었다. [그림 5.2.5]의 미소장방형의 좌측면에 작용하는 단위길이의 축방향력 $\sigma_x(x, y)dy$가 하는 가상일을 고려한다. 미소장방형의 단면 dy에 대한 축방향 응력 $\sigma_x(x, y)$은 0(zero)부터의 값 $\sigma_x(x, y)$로 되며 이것에 의해 축방향 변위는 0(zero)부터 $u(x, y)$로 되는 것으로 한다. 부재가 변형할 때 축방향력 $\sigma_x(x, y)dy$와

이것에 대응하는 변위가 선형이라면 다음 식이 성립한다.

$$\sigma_x(x,\ y)dy = \chi \cdot u(x,\ y) \tag{7.2.122}$$

여기서, χ 는 비례정수이다. 그러므로 미소장방형에 대해서 축응력 σ_x 가 하는 가상일은 다음과 같이 된다.

$$-\int_0^u \sigma_x(x,\ y)dy \cdot du(x,\ y) = -\int_0^u \chi u du = -\left[\frac{1}{2}\chi u^2\right]_0^u$$
$$= -\left(\frac{1}{2}\right)\chi u^2 = -\left(\frac{1}{2}\right)\sigma_x dy \cdot u \tag{7.2.123}$$

이 식에서 부(−) 부호가 붙은 것은 σ_x 는 인장이 정(+)이므로 x 방향으로 작용하는 힘은 $-\sigma_x$ 이기 때문이다.

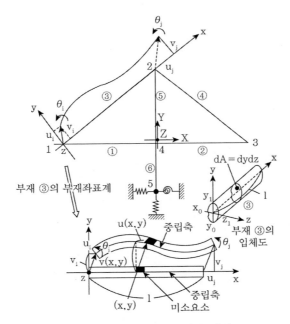

[그림 5.2.5] 부재좌표계의 변위

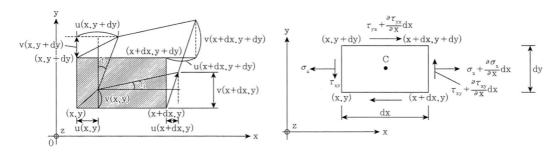

[그림 5.2.8] 전단변형　　　　　　　[그림 5.2.9] 미소한 요소에 발생하는 응력

같은 모양인 미소장방형의 우측면에 대해 축응력이 하는 가상일은 다음과 같이 된다.

$$\frac{1}{2}\left(\sigma_x + \frac{\partial \sigma_x}{\partial x}dx\right)dy \cdot u(x+dx, \ y) \tag{7.2.124}$$

식 (5.2.8)과 식 (5.2.4)를 고려하고 미소항을 무시하면 식 (7.2.124)는 다음과 같이 된다.

$$\frac{1}{2}\left(\sigma_x + \frac{\partial \sigma_x}{\partial x}dx\right)dy\left(u(x,y) + \frac{\partial u}{\partial x}dx\right) = \frac{1}{2}\left(\sigma_x dy + \frac{\partial \sigma_x}{\partial x}dxdy\right)\left(u(x,y) + \varepsilon dx\right)$$
$$= \frac{1}{2}\left(\sigma_x u dy + \frac{\partial \sigma_x}{\partial x}udxdy + \sigma_x \varepsilon dxdy\right) \tag{7.2.125}$$

그리고 미소장방형의 좌측면에 작용하는 전단력이 미소장방형에 대해 하는 가상일은 다음과 같다.

$$-\frac{1}{2}\tau_{xy}dy \cdot v(x, \ y) \tag{7.2.126}$$

우측면에 관해서는 다음과 같이 된다.

$$\frac{1}{2}\left(\tau_{xy} + \frac{\partial \tau_{xy}}{\partial x}dx\right)dy \cdot v(x+dx, \ y) \tag{7.2.127}$$

식 (5.2.7)과 식 (5.2.11)을 사용하면 다음과 같이 된다.

$$\frac{1}{2}\left(\tau_{xy} + \frac{\partial \tau_{xy}}{\partial x}dx\right)dy \cdot \left(v + \frac{\partial v}{\partial x}dx\right) = \frac{1}{2}\left(\tau_{xy}vdy + \frac{\partial \tau_{xy}}{\partial x}vdxdy + \tau_{xy}\frac{\partial v}{\partial x}dxdy\right)$$

$$= \frac{1}{2}\left(\tau_{xy}vdy + \tau_{xy}\frac{\partial v}{\partial x}dxdy\right) \tag{7.2.128}$$

저면에 관해서는 다음과 같이 된다.

$$-\frac{1}{2}\tau_{yx}dx \cdot u(x, \ y) \tag{7.2.129}$$

상면에 관해서는 다음과 같이 된다.

$$\frac{1}{2}\left(\tau_{yx} + \frac{\partial \tau_{yx}}{\partial y}dy\right)dx \cdot u(x, \ y+dy) = \frac{1}{2}\left(\tau_{yx} + \frac{\partial \tau_{yx}}{\partial y}dy\right)dx\left(u + \frac{\partial u}{\partial y}dy\right)$$

$$= \frac{1}{2}\left(\tau_{yx}udx + \frac{\partial \tau_{yx}}{\partial y}udxdy + \tau_{yx}\frac{\partial u}{\partial y}dxdy\right)$$

$$\tag{7.2.130}$$

그러므로 미소는 직방체 $dxdydz$에 대해서 응력이 한 가상응력, 결국 $dxdydz$에 축적된 변형에너지는 식 (7.2.123)~(7.2.130)에 의해 다음과 같이 된다.

$$dU = \frac{1}{2}\left(\frac{\partial \sigma_x}{\partial x}udxdydz + \sigma_x\varepsilon dxdydz + \tau_{xy}\frac{\partial v}{\partial x}dxdydz \right.$$

$$\left. + \frac{\partial \tau_{xy}}{\partial y}udxdydz + \tau_{yx}\frac{\partial u}{\partial y}dxdydz\right) \tag{7.2.131}$$

식 (5.2.9), (5.2.10), (5.2.12)를 사용하면 위 식은 다음과 같이 된다.

$$dU = \frac{1}{2}(\sigma_x\varepsilon + \tau_{xy}\gamma)dxdydz \tag{7.2.132}$$

그러므로 부재 ③ 전체에 축적된 변형에너지는 앞의 식을 체적 V로 적분함으로써 다음과 같이
된다.

$$U = \frac{1}{2} \int_V (\sigma_x \varepsilon + \tau_{xy} \gamma) dx dy dz \tag{7.2.133}$$

전단변형에 의한 변형에너지를 무시하고 축방향응력에 의한 변형에너지를 축력에 의한 것(첨자
a로 나타냄)과 휨모멘트에 의한 것(첨자 b로 나타냄)으로 나눈다. 단부응력에 대해서 분리한 것은
[그림 5.2.14]와 [그림 5.2.15]에 나타내었다. 그러므로 다음 식이 성립한다.

$$
\begin{aligned}
U &= \frac{1}{2} \int_v (\sigma_{xa}\, \varepsilon_a) dx dy dz + \frac{1}{2} \int_v (\sigma_{xb}\, \varepsilon_b) dx dy dz \\
&= \frac{1}{2} \int_v \{\varepsilon_a\}^T \{\sigma_{xa}\} dx dy dz + \frac{1}{2} \int_v \{\varepsilon_b\}^T \{\sigma_{xb}\} dx dy dz
\end{aligned}
\tag{7.2.134}
$$

위 식의 우변 제1항의 적분은 식 (5.2.97)의 임의의 가상변형으로 실제 변형을 택한 것과 같으므로
다음 식이 성립한다.

$$\frac{1}{2} \int_v \{\varepsilon_a\}^T \{\sigma_{xa}\} dx dy dz = \frac{1}{2} \begin{Bmatrix} u_i \\ u_j \end{Bmatrix}^T [k_a] \begin{Bmatrix} u_i \\ u_j \end{Bmatrix} \tag{7.2.135}$$

또한 제2항은 식 (5.2.124)를 참조하면 다음과 같이 된다.

$$\frac{1}{2} \int_v \{\varepsilon_b\}^T \{\sigma_{xb}\} dx dy dz = \frac{1}{2} \begin{Bmatrix} v_i \\ \theta_i \\ v_j \\ \theta_j \end{Bmatrix}^T [k_b] \begin{Bmatrix} v_i \\ \theta_i \\ v_j \\ \theta_j \end{Bmatrix} \tag{7.2.136}$$

식 (7.2.135), (7.2.136)은 식 (7.2.134)에 대입하고 식 (5.2.127), (5.2.127-1)을 참조하면 다음
식이 성립한다.

$$U = \frac{1}{2} \begin{Bmatrix} u_i \\ u_j \end{Bmatrix}^T [k_a] \begin{Bmatrix} u_i \\ u_j \end{Bmatrix} + \frac{1}{2} \begin{Bmatrix} v_i \\ \theta_i \\ v_j \\ \theta_j \end{Bmatrix}^T [k_b] \begin{Bmatrix} v_i \\ \theta_i \\ v_j \\ \theta_j \end{Bmatrix} = \frac{1}{2} \{u\}^T [k] \{u\} \tag{7.2.137}$$

여기서 부재 ③의 변형에너지를 그 절점변위 $\{u\}$로 나타내었다. 부재 ③의 변형에너지는 다음과 같이 나타낼 수도 있다.

$$U^{③} = \frac{1}{2} \{u^{③}\}^T [k^{③}] \{u^{③}\} \tag{7.2.138}$$

식 (5.2.147)의 부재좌표계와 전체 좌표계의 관계를 사용하면 다음 식이 성립된다.

$$U^{③} = \frac{1}{2} \{U\}^T \{H^{③}\}^T [k^{③}] \{H^{③}\} \{U\} \tag{7.2.139}$$

여기서, 부재 ③의 변형에너지를 전체좌표계의 변위 $\{U\}$로 나타내었다.

또한 절점 5에 연결된 수평, 연직, 회전스프링에 축적된 변형에너지 $U_5{}'$는 다음과 같이 된다.

$$\begin{aligned}
U_5{}' &= \int_0^{U_5} K_X U_5 dU_5 + \int_0^{V_5} K_Y V_5 dV_5 + \int_0^{\theta_5} K_Z \Theta_5 d\Theta_5 \\
&= \frac{1}{2} (K_X U_5^2 + K_Y V_5^2 + K_Z \Theta_5^2) \\
&= \frac{1}{2} \begin{Bmatrix} U_5 \\ V_5 \\ \Theta_5 \end{Bmatrix}^T \begin{bmatrix} K_X & 0 & 0 \\ 0 & K_Y & 0 \\ 0 & 0 & K_Y \end{bmatrix} \begin{Bmatrix} U_5 \\ V_5 \\ \Theta_5 \end{Bmatrix} \\
&= \frac{1}{2} \{U\}^T [K_5]' \{U\}
\end{aligned} \tag{7.2.140}$$

여기서, $\{U\}^T$, $[K_5]'$는 식 (5.2.163)에 주어져 있으며 전체 좌표계에서 스프링에 축적된 변형에너지를 나타낸다. 그러므로 사장교 전체의 변형에너지 U_{total}은 각 부재의 변형에너지를 식 (7.2.139)와 같은 형태로 나타내고 그들의 합에 $U_5{}'$를 더함으로써 구해진다.

$$U_{total} = \sum_{m=1}^{6} U^{\tiny\textcircled{m}} + U_5' = \frac{1}{2}\{U\}^T[K]\{U\} \qquad (7.2.141)$$

여기서 $[K]$는 식 (5.2.165)로 정의한다.

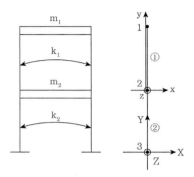

[그림 7.2.4] 2층 라멘의 부재좌표계와 전체좌표계

다음은 [그림 7.2.4]에 나타낸 2층 라멘의 변형에너지를 구해보자. 그림에는 부재좌표계$-xyz$, 전체좌표계$-XYZ$를 나타내었다. 부재 ①에 대한 부재좌표계의 절점력과 절점변위의 관계는 식 (5.2.125)를 참조하면 다음과 같이 된다.

$$\begin{Bmatrix} f_{x_1} \\ f_{x_2} \end{Bmatrix} = \begin{bmatrix} 12EI_Z/l^3 & -12EI_Z/l^3 \\ -12EI_Z/l^3 & 12EI_Z/l^3 \end{bmatrix}^{\tiny\textcircled{1}} \begin{Bmatrix} u_1 \\ u_2 \end{Bmatrix}^{\tiny\textcircled{1}}$$

또는

$$\{f_L^{\tiny\textcircled{1}}\} = [k^{\tiny\textcircled{1}}]\{u^{\tiny\textcircled{1}}\} \qquad (7.2.142)$$

여기서 ①은 부재번호 ①을 나타내고, 라멘의 복원력 k_1는 식 (5.2.125)에서 $\theta_i = v_j = \theta_j = 0$으로부터 구해져 $f_{yi} = (12/l^3)EI_Z v_i$이 되므로 $k_1 = (12/l^3)EI_Z$가 된다. 그러므로 $[k^{\tiny\textcircled{1}}]$은 다음과 같다.

$$[k^{①}] = \begin{bmatrix} k_1 & -k_1 \\ -k_1 & k_1 \end{bmatrix}$$

$$(7.2.143)$$

전체 좌표계에 대한 절점의 수평변위와 부재 좌표계와의 관계는 식 (5.2.147)을 참조하면 다음과 같이 된다.

$$\{U\}^T = (U_1 \quad U_2 \quad U_3)$$

$$\begin{Bmatrix} u_1 \\ u_2 \end{Bmatrix}^{①} = \begin{bmatrix} 1 & 0 & 0 \\ 0 & 1 & 0 \end{bmatrix}^{①} \begin{Bmatrix} U_1 \\ U_2 \\ U_3 \end{Bmatrix}$$

$$(7.2.144)$$

또는

$$\{u^{①}\} = [H^{①}]\{U\}$$

$$(7.2.145)$$

같은 방법으로 부재 ②에 대해서도 다음 식이 성립한다.

$$\{f_L^{②}\} = [k^{②}]\{u^{②}\}$$

$$(7.2.146)$$

여기서

$$\{f_L^{②}\} = \begin{Bmatrix} f_{x2} \\ f_{x3} \end{Bmatrix}, \quad [k^{②}] = \begin{bmatrix} k & -k_2 \\ -k_2 & k_2 \end{bmatrix}, \quad \{u^{②}\} = \begin{Bmatrix} u_2 \\ u_3 \end{Bmatrix}$$

$$\begin{Bmatrix} u_2 \\ u_3 \end{Bmatrix}^{②} = \begin{bmatrix} 0 & 1 & 0 \\ 0 & 0 & 1 \end{bmatrix}^{②} \begin{Bmatrix} U_1 \\ U_2 \\ U_3 \end{Bmatrix}$$

또는

$$\{u^{②}\} = [H^{②}]\{U\}$$

$$(7.2.147)$$

그러므로 2층 라멘의 부재 ①, ②는 식 (7.2.139)를 참조하면 다음과 같이 된다.

$$U^① = \frac{1}{2}\{U\}^T\{H^①\}^T[k^①]\{H^①\}\{U\} \tag{7.2.148}$$

$$U^② = \frac{1}{2}\{U\}^T\{H^②\}^T[k^②]\{H^②\}\{U\} \tag{7.2.149}$$

그러므로 전체의 변형에너지는 다음과 같이 된다.

$$U_{total} = \frac{1}{2}\{U\}^T[K]\{U\} \tag{7.2.150}$$

제1차 기준진동의 감쇠정수, 즉 제1차 모드감쇠는 2개의 1-자유도계 모델의 감쇠정수를 사용하여 다음과 같이 나타낸다.

$$\xi_1 = \frac{U^① h_1 + U^② h_2}{U_{total}} \tag{7.2.151}$$

이것을 변형에너지-비례감쇠라고 한다.

2층 라멘이 제1차 기준진동을 하고 있을 때 부재 ①, ②의 변형에너지로 최대 진폭을 사용하면 식 (7.2.148), (7.2.149) 중의 변위 $\{U\}$는 다음과 같이 된다.

$$\{U\} = a\{\phi\}_1 \tag{7.2.152}$$

여기서, a는 정수이며 $\{\phi\}_1$는 식 (7.2.45)에서 정의한 제1차 고유모드이다. 그러므로 식 (7.2.151)의 변형에너지-비례감쇠로 모드감쇠 ξ_1을 구할 때 분모와 분자에 a^2이 들어가므로 a는 고려할 필요가 없다. 즉, 제1차 고유모드를 사용하여 변형에너지를 구하는 것이 좋다는 것을 알 수 있다.

$$\{U\}^T = (\{\phi\}_1^T,\ 0) = (\phi_{11}\ \phi_{21}\ 0) \tag{7.2.153}$$

이와 같이 하면 $U^{①}$, $U^{②}$는 식 (7.2.148), (7.2.149)에 의해 다음과 같이 된다.

$$U^{①} = k_1 (\phi_{11} - \phi_{21})^2 / 2 \tag{7.2.154}$$

$$U^{②} = k_2 \phi_{21}^2 / 2 \tag{7.2.155}$$

그러므로 식 (7.2.151)에 의해 제1차 모드감쇠를 구한다.

$$\xi_1 = \frac{k_1 (\phi_{11} - \phi_{21})^2 h_1 + k_2 \phi_{21}^2 h_2}{k_1 (\phi_{11} - \phi_{21})^2 + k_2 \phi_{21}^2} \tag{7.2.156}$$

제2차 모드감쇠도 같은 방법으로 구할 수 있다.

이와 같이 변형에너지-비례감쇠는 부재의 변형 크기에 관계하고 있으므로 강성비례형감쇠의 특징인 변형속도를 고려할 수 없다. 즉, 부재가 천천히 변형할 경우나 빨리 변형할 경우에도 변형이 같다면 변형에너지-비례감쇠에는 모드감쇠에 대한 기여율이 같다는 것을 주의하여야 할 것이다.

7.2.5 운동에너지-비례감쇠

감쇠의 요인이 [그림 7.2.1]에 나타낸 것과 같은 질량비례형감쇠일 경우, 변형에너지-비례감쇠는 부재의 변형에 관계하여 모드감쇠를 구하므로 적당하지 않다. 그래서 부재의 운동에너지가 큰 만큼 그 부재의 감쇠정수가 모드감쇠에 미치는 영향이 크다고 생각하는 방법이다. [그림 5.2.2]에 나타낸 사장교의 부재 ③의 운동에너지 $U^{③}$는 [그림 5.3.3] 또는 [그림 5.3.5]에 나타낸 부재 ③의 임의점의 변위 (u, v)를 사용하면 속도는 $(\dot{u}, \dot{v})$이므로 다음과 같이 된다.

$$U^{③} = \int_v \left(\frac{1}{2} \right) \rho dx dy dz (\dot{u}^2 + \dot{v}^2) = \left(\frac{1}{2} \right) \int_V \rho (\dot{u}^2 + \dot{v}^2) dx dy dz \tag{7.2.157}$$

여기서 V는 부재 ③의 체적을 나타낸다. 식 (5.3.26) 또는 (5.3.32)에 의해 다음과 같이 된다.

$$\begin{Bmatrix} \dot{u} \\ \dot{v} \end{Bmatrix} = [N] \{ \dot{u} \} \tag{7.2.158}$$

$$\dot{u}^2 + \dot{v}^2 = \begin{Bmatrix} \dot{u} \\ \dot{v} \end{Bmatrix}^T \begin{Bmatrix} \dot{u} \\ \dot{v} \end{Bmatrix} = \{\dot{u}\}^T [N]^T [N] \{\dot{u}\} \tag{7.2.159}$$

그러므로 식 (7.2.157)은 식 (5.3.31)을 사용하면 다음과 같이 된다.

$$U^③ = \left(\frac{1}{2}\right)\{\dot{u}\}^T \left(\int_v \rho [N]^T [N] dxdydz\right)\{\dot{u}\} = \left(\frac{1}{2}\right)\{\dot{u}\}^T [m]\{\dot{u}\} \tag{7.2.160}$$

여기서 부재 ③의 운동에너지를 절점속도 $\{\dot{u}\}$로 나타내었다. 절점속도 $\{\dot{u}\}$, 질량매트릭스 $[m]$에 대해서도 부재 ③이라는 것을 나타내기 위해서는 $\{u^③\}$, $[m^③]$으로 나타내기로 한다. 식 (5.3.51)에 의해 부재좌표계의 절점속도와 전체좌표계의 절점속도는 다음과 같은 관계가 있다.

$$\{\dot{u}^③\} = [H^③]\{\dot{U}\}$$

이 식을 식 (7.2.160)에 대입하면 다음과 같이 된다.

$$U^③ = \left(\frac{1}{2}\right)\{\dot{U}\}^T [H^③]^T [m^③][H^③]\{\dot{U}\} \tag{7.2.161}$$

그리고 절점 5의 운동에너지를 구해보자. 회전에 의한 운동에너지를 무시하면 절점 5의 운동에너지 $U_5{'}$는 다음과 같이 된다.

$$U_5{'} = \left(\frac{1}{2}\right)m_5 \dot{U}_5^2 + \left(\frac{1}{2}\right)m_5 \dot{V}_5^2 = \left(\frac{1}{2}\right)\{\dot{U}\}^T [M_5]{''}\{\dot{U}\} \tag{7.2.162}$$

여기서, $[M_5]{''}$는 식 (5.3.62)로 정의한 $[M_5]{'}$에서 J_5를 0(zero)으로 한 것이다. 그러므로 사장교 전체의 운동에너지는 다음과 같이 된다.

$$U_{total} = \left(\frac{1}{2}\right)\{\dot{U}\}^T \left(\sum_{m=1}^{6} [H^ⓜ]^T [m^ⓜ][H^ⓜ] + [M_5]{''}\right)\{\dot{U}\} = \left(\frac{1}{2}\right)\{\dot{U}\}[M]{'}\{\dot{U}\} \tag{7.2.163}$$

여기서, $[M]'$는 식 (5.3.64)의 $[M_5]'$를 $[M_5]''$으로 치환한 것이다.

다음에는 집중질량법으로 모델화한 경우의 운동에너지를 [그림 5.3.8]에 나타낸 라멘교를 예로 구해보자. 회전을 무시하면 질점 1의 운동에너지는 다음과 같이 된다.

$$U^{①} = \left(\frac{1}{2}\right) m_1 (\dot{U}_1^2 + \dot{V}_1^2) = \left(\frac{1}{2}\right) \{\dot{U}\}^T [M_1]' \{\dot{U}\} \tag{7.2.164}$$

여기서 $[M_1]'$는 식 (5.3.100)의 $[M]$로 질점 1의 질량 m_1이 외의 값을 0(zero)으로 취한 것이다. 즉,

$$m_2 = m_3{}' = m_4{}' = J_3 = J_4 = 0$$

$[M_2]'$, $[M_3]'$, $[M_4]'$에 대해서도 같이 정하면 π형 라멘교 전체의 운동에너지는 다음과 같다.

$$U_{total} = \left(\frac{1}{2}\right) \{\dot{U}\}^T ([M_1]' + [M_2]' + [M_3]' + [M_4]') \{\dot{U}\} = \left(\frac{1}{2}\right) \{\dot{U}\}^T [M]' \{\dot{U}\} \tag{7.2.165}$$

여기서 $[M]'$는 식 (5.3.100)에서 정의한 $[M]$의 성분 중에서 $J_3 = J_4 = 0$으로 취한 것이다. 2층 라멘([그림 7.2.2] 참조)의 제1차 모드감쇠 ξ_1을 질점 m_1, m_2의 운동에너지 $U^{①}$, $U^{②}$를 사용하여 구하면 다음과 같이 된다.

$$\xi_1 = \frac{U^{①} h_1 + U^{②} h_2}{U_{total}} \tag{7.2.166}$$

이것을 운동에너지-비례감쇠라고 한다. 2층 라멘이 제1차 기준진동을 하고 있을 때, 속도의 절댓값의 최댓값은 식 (7.2.113), (7.2.114)의 삼각함수를 합성한 후 미분하면 다음과 같이 된다.

$$\{\dot{U}\} = b\{\phi\}_1 \tag{7.2.167}$$

여기서, b는 정수이다. 그러므로 변형에너지–비례감쇠의 경우와 같이 모드감쇠를 구할 때 절댓값이 최대로 되는 속도는 다음과 같이 된다.

$$\{\dot{U}\}^T = (\phi_{11} \quad \phi_{21} \quad 0) \tag{7.2.168}$$

다만 [그림 7.2.3]에 나타낸 절점 3의 자유도를 추가한다. 그러므로 식 (7.2.164)에 의해 다음 식이 성립된다.

$$U^{①} = \left(\frac{1}{2}\right)(\phi_{11} \quad \phi_{21} \quad 0)\begin{bmatrix} m_1 & 0 & 0 \\ 0 & 0 & 0 \\ 0 & 0 & 0 \end{bmatrix}\begin{Bmatrix} \phi_{11} \\ \phi_{21} \\ 0 \end{Bmatrix} = \left(\frac{1}{2}\right)m_1\phi_{11}^2 \tag{7.2.169}$$

같은 방법으로

$$U^{②} = \frac{1}{2}m_2\phi_{21}^2 \tag{7.2.170}$$

질점 m_1, m_2의 감쇠정수를 [그림 7.2.2]에 나타낸 것과 같이 h_1, h_2로 하면 제1차 모드감쇠 ξ_1은 다음과 같이 된다.

$$\xi_1 = \frac{m_1\phi_{11}^2 h_1 + m_2\phi_{21}^2 h_2}{m_1\phi_{11}^2 + m_2\phi_{21}^2} \tag{7.2.171}$$

제2차 모드감쇠 ξ_2에 대해서도 같은 방법으로 구할 수 있다.

운동에너지–비례감쇠는 여기서 다룬 [그림 7.2.1]에 나타낸 질량비례형감쇠만 아니라 부재의 변형속도가 감쇠의 요인인 강성비례형감쇠[그림 5.1.1(c) 참조]에 있어서도 유효하다. 왜냐하면 변형에너지–비례감쇠에는 부재가 변형할 때 속도의 영향을 고려할 수 없지만, 운동에너지–비례감쇠에는 속도의 영향을 고려할 수 있기 때문이다. 그렇지만 예를 들면 [그림 7.2.2]에서 k_1의 강성이 k_2의 강성에 비해 대단히 큰 경우에 강성비례형감쇠를 운동에너지–비례감쇠로 제1차 모드감쇠 ξ_1을 구하면 절점 m_1, m_2는 거의 같은 속도로 진동하므로 ξ_1에는 [그림 7.2.3(b)(c)]의 감쇠정수 h_1, h_2가 같이 기여하지만, 실제로는 대개 부재 ②가 진동하고 있으므로 모드감쇠 ξ_1은 한계가 없고 h_2에 근접하게 될 것이다. 결국 운동에너지-비례감쇠는 이와 같은 경우에 타당치 않다.

그러므로 모드감쇠를 구하는 경우 운동에너지-비례감쇠, 변형에너지-비례감쇠의 선택에 대해서는 교량의 진동특성에 대해 충분히 주의할 필요가 있다.

7.2.6 교량의 감쇠특성의 평가방법

지금까지는 1-자유도계로 정의한 감쇠정수로부터 모드감쇠를 구하는 방법에 대해 기술하였지만, 실제로는 1-자유도계로 정의한 감쇠정수는 교량에 자유진동을 발생한다든지 기진기([그림 4.2.12] 참조) 등을 사용하여 진동시험을 함으로써 구할 수 있는 모드감쇠로부터 역산하여 구하는 경우가 많다(여기에서는 구체적으로 모드감쇠를 구하는 방법은 생략). 그 방법으로는 7.2.4절에서 기술한 변형에너지-비례감쇠를 적용한다. 이와 같은 방법으로 많은 교량의 진동시험에서 각 부재의 감쇠정수를 구해두면 새로운 교량을 동적응답해석으로 설계할 때 필요한 모드감쇠를 구할 수 있다.

교량의 감쇠요인을 [그림 5.2.1]의 사장교를 예로 설명하면 다음과 같다.

(1) 외부점성 또는 외부마찰감쇠[7.2.2절 참조]

수중 또는 흙 속에 있는 기초가 물 또는 흙의 점성저항, 마찰저항에 의한 감쇠력, 받침(Bearing) 또는 신축장치(Expansion Joint)의 마찰에 의한 감쇠력이며, 이들 감쇠력은 열에너지로 전환된다. 즉, 질량비례형의 감쇠이다. 그러므로 운동에너지-비례감쇠가 적당하다.

(2) 내부점성 또는 내부마찰감쇠(구조감쇠, 재료감쇠)[7.2.2절 참조]

교량재료의 재료내부의 점성 또는 마찰에 의한 감쇠력이며 열에너지로 전환된다. 복원력의 시간당 변형률에 비례하는 강성비례형의 감쇠이다. 변형에너지-비례감쇠 또는 운동에너지-비례감쇠 어느 쪽도 적용된다.

(3) 기초주변지반의 내부점성 또는 내부마찰감쇠

기초주변지반의 내부점성 또는 내부마찰감쇠에 의해 지반진동이 감쇠하는 기초의 진동감쇠이며, 기초주변지반의 내부점성 또는 마찰감쇠는 열에너지로 전환된다. 즉, 강성비례형의 감쇠이다. 변형에너지-비례감쇠 또는 운동에너지-비례감쇠 어느 쪽도 적용된다.

(4) 면산감쇠

지반 중에 진동하고 있는 기초가 기초주변지반을 주기적으로 압박함으로 기초주변지반에 대해 주기적인 변형을 주어지는 것으로 되며 그 반작용으로 기초가 감쇠한다. 이 변형은 파동으로 되며, 파동에너지가 주변지반으로 면산한다. [그림 5.2.2]에 나타낸 것과 같이 기초-지반계는 3-자유도의 스프링-질점계로 모델화 했지만, 기초의 면산감쇠를 나타내기 위해서는 이 모델로 불충분한 것으로 진동실험 등으로 확인되고 있다. 그러나 설계의 간편을 위해 동적응답해석으로 3-자유도 스프링-질점계 모델을 사용하는 경우가 많다. 이와 같이 모델화하는 경우, 스프링의 복원력의 시간당 변화율이 크면 파동에너지와 면산감쇠가 커져 결국 강성비례형이 된다. 변형에너지-비례감쇠 또는 운동에너지-비례감쇠 어느 쪽도 적용된다.

(5) 이력감쇠

콘크리트 부재에 균열이 있거나 강부재가 항복한다든지 기초주변지반의 변형이 큰 경우, 교량부재나 주변지반은 부분적으로 소성화하지만, 그와 같은 경우 진동은 급격히 감쇠한다. 이것은 진동에너지가 소성화되는 데 소비되기 때문이다. 이력감쇠는 강성비례형 및 질량비례형도 아니지만, 변형량이 클 때에 발생하므로 변형에너지-비례감쇠가 적용된다.

[그림 5.2.2]에 나타낸 사장교에는 그 자유도와 같은 15개의 고유모드가 있고 15개의 기준진동이 존재한다. 7.2.2절에서 기술한 두-자유도계의 경우와 같이 초기조건을 적당히 설정하면 제1차 기준진동에서부터 제15차 기준진동까지의 자유진동을 이론적으로는 발생 시킬 수 있다. 2-자유도계의 제1차 기준진동의 절점변위는 식 (7.2.113), (7.2.114)에 나타내었지만, 사장교에는 [그림 5.2.4]에 나타낸 15개의 절점변위, 즉 U_1, V_1, Θ_1 … U_5, V_5, Θ_5에 대해서도 식 (7.2.113), (7.2.114)와 같은 제1차 모드감쇠 ξ_1을 갖는 15개의 식이 성립한다. 제1차 기준진동의 절점변위와 식 (7.1.40)에 나타낸 1-자유도계의 절점변위를 비교하면, 제1차 기준진동의 절점변위는 1-자유도계 모델로 고유원진동수 w_1, 감쇠정수 ξ_1로 했을 때 절점의 변위와 같다. 결국 제1차 기준진동의 각 절점의 변위감쇠를 1-자유도계 모델로 환산하면 감쇠정수는 ξ_1로 된다.

제1차 기준진동의 진동형은 제1차 고유모드의 진폭을 몇 배한 것이 되므로, 제1차 기준진동에는 [그림 7.2.5]에 나타낸 것과 같이 주탑이 주로 진동한다는 것을 알 수 있다. 그러므로 제1차 모드감쇠는 주탑의 감쇠정수에 근접한 값이 된다. 이와 같이 크게 진동하는 부재가 모드감쇠에 미치는 영향이 크다는 것을 알 수 있다. 제6차 모드는 [그림 7.2.6]에 나타낸 것과 같이 주탑 및 기초가 진동하는 고유모드이며, 모드감쇠 ξ_6에는 주탑 및 기초의 감쇠정수가 영향을 미친다. 주탑의 감쇠정수는 제1차 모드보다 미리 알 수 있으므로, 운동에너지-비례감쇠 또는 변형에너지-비례감쇠를 고려하므로 [그림 5.2.2]의 절점번호 5로 모델화한 기초의 1-자유도계 모델로 환산한 감쇠정수를 구할 수 있다. 기초의 감쇠요인으로는 사장교의 감쇠 요인 중에 (3) 기초주변지반의 내부점성 또는 내부마찰감쇠, (4) 면산감쇠가 포함된다. 지반변형이 큰 경우에는 (5) 이력감쇠도 포함된다.

여기서는 방법은 생략하였지만 모드감쇠는 진동실험 등에 의해 모두 구해진다. 모드감쇠로는 위에 기술한 (1)~(4)의 감쇠기구가 크든 작든 모두 포함된다. 또한 대변형 시에는 (5) 이력감쇠의 영향도 포함된다.

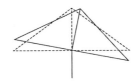

[그림 7.2.5] 사장교의 제1차 모드

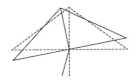

[그림 7.2.6] 사장교의 제6차 모드

각 절점의 감쇠정수를 모드감쇠에서 구할 때, 운동에너지-비례감쇠 또는 변형에너지-비례감쇠는 일반적으로 둘 다 적용 가능하지만, 예를 들어 [그림 4.3.8]에 나타낸 것과 같이 경간수가 많은 1-점 고정교에는 가동받침의 마찰의 영향을 고려할 필요가 있으므로, 진동시험 등에서 구한 모드감쇠에서 부재의 감쇠정수를 구할 경우, 운동에너지-비례감쇠로 교형의 감쇠정수와 교각의 감쇠정수를 구하는 것이 타당할 것이다. 왜냐하면, 변형에너지-비례감쇠로 교각의 변형만을 고려할 수 없으므로, 1-점고정의 교형이 거의 변형하지 않는다고 고려하면, 교형의 감쇠정수는 0에 근접하기 때문이다. 결국, 교형의 감쇠요인은 앞에서 기술한 감쇠요인 중에서 (1) 외부마찰감쇠이며, (2) 재료감쇠는 아니다. 일반적으로 교량부재의 감쇠정수에는 앞에서 기술한 감쇠요인 중에서 몇 가지 조합되어 영향을 주므로, 교량부재의 감쇠를 추정할 때에는 교량의 감쇠특성을 타당하게 표현할 수 있는 방법을 사용하여야 한다.

7.2.7 2층 라멘의 시각력지진응답해석

2층 라멘에 지진동이 작용할 때의 운동방정식은 5.1절에 나타내었지만 이것을 고유모드의 직교성을 이용하여 풀어보자. 이 운동방정식을 다시 쓰면 다음과 같다.

$$\begin{bmatrix} m_1 & 0 \\ 0 & m_1 \end{bmatrix} \begin{Bmatrix} \ddot{u}_1 \\ \ddot{u}_2 \end{Bmatrix} + \begin{bmatrix} c_1 & -c_1 \\ -c_1 & c_1+c_2 \end{bmatrix} \begin{Bmatrix} \dot{u}_1 \\ \dot{u}_2 \end{Bmatrix} + \begin{bmatrix} k_1 & -k_1 \\ -k_1 & k_1+k_2 \end{bmatrix} \begin{Bmatrix} u_1 \\ u_2 \end{Bmatrix} = - \begin{bmatrix} m_1 & 0 \\ 0 & m_2 \end{bmatrix} \begin{Bmatrix} 1 \\ 1 \end{Bmatrix} \ddot{Z}$$

(7.2.171)

또는

$$[M]\{\ddot{u}\} + [C]\{\dot{u}\} + [K]\{u\} = -[M]\{1\}\ddot{Z} \tag{7.2.172}$$

여기서

$$\{1\} = \begin{Bmatrix} 1 \\ 1 \end{Bmatrix} \tag{7.2.173}$$

식 (7.2.56)을 식 (7.2.172)에 대입하면 다음과 같이 된다.

$$[M][\varPhi]\{\ddot{q}\} + [C][\varPhi]\{\dot{q}\} + [K][\varPhi]\{q\} = -[M]\{1\}\ddot{Z} \tag{7.2.174}$$

위 식에 $[\varPhi]^T$를 곱하면 다음과 같이 된다.

$$[\varPhi]^T[M][\varPhi]\{\ddot{q}\} + [\varPhi]^T[C][\varPhi]\{\dot{q}\} + [\varPhi]^T[K][\varPhi]\{q\} = [\varPhi]^T[M][1]\ddot{Z} \tag{7.2.175}$$

여기에, 우변은 식 (7.2.57)을 사용하면 다음과 같이 된다.

$$[\varPhi]^T[M]\{1\} = \begin{bmatrix} \{\phi\}_1^T[M] \\ \{\phi\}_2^T[M] \end{bmatrix} \begin{Bmatrix} 1 \\ 1 \end{Bmatrix} = \begin{bmatrix} \{\phi\}_1^T[M]\{1\} \\ \{\phi\}_2^T[M]\{1\} \end{bmatrix} \tag{7.2.176}$$

여기서 $\{1\}$은 (2, 1)형 행렬로 그 성분이 1인 행렬이다.

식 (7.2.175)에 식 (7.2.65), (7.2.70) 및 (7.2.97)을 대입하고, 식 (7.2.176)을 고려하여 정리하면 다음 식이 성립한다.

$$\begin{bmatrix} M_1 & 0 \\ 0 & M_2 \end{bmatrix} \begin{Bmatrix} \ddot{q}_1 \\ \ddot{q}_2 \end{Bmatrix} + \begin{bmatrix} C_1 & 0 \\ 0 & C_2 \end{bmatrix} \begin{Bmatrix} \dot{q}_1 \\ \dot{q}_2 \end{Bmatrix} + \begin{bmatrix} K_1 & 0 \\ 0 & K_2 \end{bmatrix} \begin{Bmatrix} q_1 \\ q_2 \end{Bmatrix} = - \begin{Bmatrix} \{\phi\}_1^T [M]\{1\} \\ \{\phi\}_2^T [M]\{1\} \end{Bmatrix} \ddot{Z} \tag{7.2.177}$$

또는

$$\{ M_1 \ddot{q}_1 + C_1 \dot{q}_1 + K_1 q_1 \} = - \{\phi\}_1^T [M]\{1\} \ddot{Z} \tag{7.2.178}$$

$$\{ M_2 \ddot{q}_2 + C_2 \dot{q}_2 + K_2 q_2 \} = - \{\phi\}_2^T [M]\{1\} \ddot{Z} \tag{7.2.178-1}$$

또한 식 (7.2.76), (7.2.77), (7.2.100)을 고려하면 다음과 같은 식이 성립한다.

$$\{ \ddot{q}_1 + 2\xi_1 \omega_1 \dot{q}_1 + \omega_1^2 q_1 \} = - \frac{\{\phi\}_1^T [M]\{1\} \ddot{Z}}{M_1} \tag{7.2.179}$$

$$\{ \ddot{q}_2 + 2\xi_2 \omega_2 \dot{q}_2 + \omega_2^2 q_2 \} = - \frac{\{\phi\}_2^T [M]\{1\} \ddot{Z}}{M_2} \tag{7.2.179-1}$$

이 식에서 우변을 다음과 같이 나타낼 수 있다.

$$\left. \begin{aligned} \{\beta_1\} &= \frac{\{\phi\}_1^T [M]\{1\}}{M_1} \\ \{\beta_2\} &= \frac{\{\phi\}_2^T [M]\{1\}}{M_2} \end{aligned} \right\} \tag{7.2.180}$$

$$\ddot{q}_1 + 2\xi_1 \omega_1 \dot{q}_1 + \omega_1^2 q_1 = - \beta_1 \ddot{Z} \tag{7.2.181}$$

$$\ddot{q}_2 + 2\xi_2 \omega_2 \dot{q}_2 + \omega_2^2 q_2 = - \beta_2 \ddot{Z} \tag{7.2.182}$$

q_1, q_2가 식 (7.2.181)과 (7.2.182)를 만족하면 식 (7.2.179)가 성립한다. 식 (7.2.179)가 성립하면 식 (7.2.178)이 성립한다. 이와 같이 하여 식 (7.2.181)과 (7.2.182)를 유도한 과정을 역으로 하면 식 (7.2.168)이 성립한다. 따라서 일반화 좌표로 나타낸 2개의 1-자유도계의 응답 q_1, q_2를 식 (7.2.56)에 대입하여 구한 변위 u_1, u_2를 사용하면, 식 (7.2.174)에서 식 (7.2.172)가 성립하므로, 식 (7.2.56)에 따라 구한 u_1, u_2는 확실히 질점 m_1, m_2의 변위임을 알 수 있다. 여기서 β_1, β_2는

스칼라이며 자극계수(Participation Factor 또는 여진계수) 또는 모드기여율이라 하고, 지진동 $\ddot{Z}$ 의 각 모드에 대한 영향도를 나타낸다. 자극계수 값은 고유모드를 취하는 방법에 따라 변한다. 또한 자극계수는 정(+)만 아니라 부(−)의 값도 갖는다. 이때까지는 식 (7.2.45)에 나타낸 것과 같이 제1차 모드 $\{\phi\}_1^T = (1\ 0.5)$, 제2차 모드 $\{\phi\}_2^T = (1\ -2)$를 사용하여 모드매트릭스를 작성했지만, 응답이 식 (7.2.56)으로 표시되므로 고유모드의 최댓값을 1로 하여 두면, 제1차 모드의 응답, 제2차 모드의 응답치는 그 최댓값은 각각 $|q_1|_{max}$, $|q_2|_{max}$로 되므로 편리하다. 예를 들어 식 (7.2.181)과 (7.2.182)에서 $|\beta_1| > |\beta_2|$이라면 제1차 모드의 운동방정식에 작용하는 지진동의 영향은 제2차 모드에 대한 것보다 크게 되므로 제1차 모드의 응답치 $|q_1|_{max}$ 가 제2차 모드의 응답치 $|q_2|_{max}$ 보다 지진동의 영향을 크게 받는 것으로 된다. 식 (7.2.56)에 의해 제1차 모드 및 제2차 모드의 최댓값은 각각 $|q_1|_{max}$, $|q_2|_{max}$로 되므로, 제1차 모드가 제2차 모드보다 응답변위 $\{u\}$에 미치는 영향이 크다는 것을 알 수 있다. 응답변위에 큰 영향을 미치는 모드를 탁월모드(peak mode)라 한다. 결국 고유모드형의 최댓값을 1로 하고, 진동모드의 운동방정식 중에서 자극계수의 절댓값이 큰 만큼 응답변위에 대한 영향력이 크다는 것을 알 수 있다. 이와 같이 자극계수는 탁월모드를 평가하는 하나의 판단자료가 된다. 따라서 이후의 고유모드형 최댓값을 1로 한다.

그러므로 모드매트릭스는 식 (7.2.45)에 의해 다음과 같이 된다.

$$[\Phi] = [\{\phi\},\ \{\phi\}_2] = \begin{bmatrix} 1 & -0.5 \\ 0.5 & 1 \end{bmatrix} \tag{7.2.183}$$

그러므로 식 (7.2.56)에 의해 다음 식이 성립한다.

$$\{u\} = [\Phi]\{q\} = \begin{bmatrix} 1 & -0.5 \\ 0.5 & 1 \end{bmatrix} \begin{Bmatrix} q_1 \\ q_2 \end{Bmatrix} \tag{7.2.184}$$

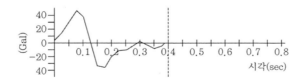

[그림 7.2.7] 2층 라멘에 작용하는 지진진동

2층 라멘에 [그림 7.2.7], [표 7.2.1]에 나타낸 지진동이 작용할 때 응답계산을 직접적분법의 하나인 선형가속도법으로 풀어보자. 1-자유도계의 운동방정식이 식 (4.3.3)과 같이 주어졌을 때, 선형가속도 법에 의한 상대가속도, 상대속도, 상대변위는 각각 식 (4.4.13), (4.4.10) 및 (4.4.15)에 주어졌지만, 2층 라멘의 일반화 좌표에 대한 운동방정식 식 (7.2.181)도 1-자유도계의 직접적분법을 참고로 해를 구할 수 있다. 다만 감쇠정수 h는 제1차 모드감쇠 ξ_1, 고유원진동수 ω_n은 제1차 고유원진동수 ω_1, 지진동 $\ddot{Z}$는 자극계수 β_1을 곱한 $\beta_1\ddot{Z}$로 치환할 필요가 있다. 그러므로 다음과 같은 식이 성립한다.

$$\ddot{q}_{1,i+1} = \left\{ -\beta_1\ddot{Z}_{i+1} - \omega_1^2 q_{1,i} - (2\xi_1 + \omega_1\Delta t)\omega_1\dot{q}_{1,i} \right.$$
$$\left. - (\xi_1 + \omega_1\Delta t/3)\omega_1\Delta t\,\ddot{q}_{1,i} \right\} / (1 + \xi_1\omega_1\Delta t + \omega_1^2\Delta t^2/6) \tag{7.2.184}$$

$$\dot{q}_{1,i+1} = \dot{q}_{1,i} + (\Delta t/2)\ddot{q}_{1,i} + (\Delta t/2)\ddot{q}_{1,i+1} \tag{7.2.185}$$

$$q_{1,i+1} = q_{1,i} + \Delta t\,\dot{q}_{1,i} + (\Delta t^2/3)\ddot{q}_{1,i} + (\Delta t^2/6)\ddot{q}_{1,i+1} \tag{7.2.186}$$

식 (7.2.182)에 대해서도 같다.

고유원진동수는 7.2.1절의 [2]에 의해 $\omega_1 = 14$(rad/sec), $\omega_2 = 34.29$(rad/sec)이다. 일반화 질량 M_1, M_2는 식 (7.2.63), (7.2.64)에 식 (7.2.3), (7.2.183)을 대입함으로서 다음과 같이 된다.

$$\{M_1\} = \{\phi\}_1^T[M]\{\phi\}_1 = \left\{ \begin{matrix} 1 \\ 0.5 \end{matrix} \right\}^T \begin{bmatrix} 5\times10^4 & 0 \\ 0 & 5\times10^4 \end{bmatrix} \left\{ \begin{matrix} 1 \\ 0.5 \end{matrix} \right\} = \{6.25\times10^4\}(\text{kg})$$

$$\{M_2\} = \{\phi\}_2^T[M]\{\phi\}_2 = \left\{ \begin{matrix} -0.5 \\ 1 \end{matrix} \right\}^T \begin{bmatrix} 5\times10^4 & 0 \\ 0 & 5\times10^4 \end{bmatrix} \left\{ \begin{matrix} -0.5 \\ 1 \end{matrix} \right\} = \{6.25\times10^4\}(\text{kg})$$

$$\tag{7.2.188}$$

그러므로 자극계수는 식 (7.2.180)에 의해 다음과 같이 된다.

$$\{\beta_1\} = \{\phi\}_1^T[M]\{1\}/M_1 = \left\{ \begin{matrix} 1 \\ 0.5 \end{matrix} \right\}^T \begin{bmatrix} 5\times10^4 & 0 \\ 0 & 5\times10^4 \end{bmatrix} \{1\}/(6.25\times10^4) = \{1.2\}$$

$$\tag{7.2.189}$$

$$\{\beta_2\} = \{\phi\}_2^T[M]\{1\}/M_2 = \left\{ \begin{matrix} -0.5 \\ 1 \end{matrix} \right\}^T \begin{bmatrix} 5\times10^4 & 0 \\ 0 & 5\times10^4 \end{bmatrix} \{1\}/(6.25\times10^4) = \{0.4\}$$

$$\tag{7.2.190}$$

질점 m_1, m_2의 1-자유도계에 환산한 감쇠정수를 각각 $h_1 = 0.1$, $h_2 = 0.05$로 하고 모드감쇠로서 운동에너지-비례감쇠를 사용하면 식 (7.2.171)에 의해 다음과 같이 된다.

$$\xi_1 = \frac{m_1\phi_{11}^2 h_1 + m_2\phi_{21}^2 h_2}{m_1\phi_{11}^2 + m_2\phi_{21}^2} = \frac{5\times10^4\times1^2\times0.1 + 5\times10^4\times0.5^2\times0.05}{5\times10^4\times1^2 + 5\times10^4\times0.5^2} = 0.09$$

$$(7.2.191)$$

$$\xi_2 = \frac{m_1\phi_{12}^2 h_1 + m_2\phi_{22}^2 h_2}{m_1\phi_{12}^2 + m_2\phi_{22}^2} = \frac{5\times10^4\times(-0.5)^2\times0.1 + 5\times10^4\times1^2\times0.05}{5\times10^4\times(-0.5)^2 + 5\times10^4\times1^2} = 0.06$$

$$(7.2.192)$$

그러므로 각 고유진동모드의 운동방정식 식 (7.2.181), (7.2.182)는 다음과 같이 된다.

$$\ddot{q}_1 + 2\times0.09\times14\dot{q}_1 + 196q_1 = -1.2\ddot{Z} \qquad (7.2.193)$$

$$\ddot{q}_2 + 2\times0.06\times34.29\dot{q}_2 + 1176q_2 = -0.4\ddot{Z} \qquad (7.2.194)$$

초기조건으로 시각 0sec에 2층 라멘은 정지하고 있는 것으로 보고, [표 7.2.1]에 의해 시각 0.025sec의 지진가속도는 15.69Gal이므로 초기조건 및 제1스텝(Step)은 다음과 같이 된다.

초기조건　　$q_{1,0} = \dot{q}_{1,0} = \ddot{q}_{1,0} = 0$

　　　　　　$q_{2,0} = \dot{q}_{2,0} = \ddot{q}_{2,0} = 0$

　　　　　　$\Delta t = 0.025\text{sec}$

제1스텝 $\ddot{Z}_1 = 15.69\text{Gal}$

　　　　$\ddot{q}_{1,1} = (-1.2\times15.69 - 196\times0 - 7.423\times0 - 0.07236\times0)/1.0519 = -17.899\text{Gal}$

　　　　$\dot{q}_{1,1} = 0 + 0.0125\times0 + 0.0125\times(-17.899) = -0.22374\text{cm/sec}$

　　　　$q_{1,1} = 0 + 0.025\times0 + 2.0833\times10^{-4}\times0 + 1.0417\times10^{-4}\times(-17.899)$

　　　　　　$= -1.8645\times10^{-3}\text{cm}$

$$\ddot{q}_{2,1} = (-0.4 \times 15.69 - 1176.3 \times 0 - 33.52 \times 0 - 0.2965 \times 0)/1.174 = -5.345 \mathrm{Gal}$$

$$\dot{q}_{2,1} = 0 + 0.0125 \times 0 + 0.0125 \times (-5.345) = -0.06681 \mathrm{cm/sec}$$

$$q_{2,1} = 0 + 0.025 \times 0 + 2.0833 \times 10^{-4} \times 0 + 1.0417 \times 10^{-4} \times (-5.345)$$

$$= -5.568 \times 10^{-4} \mathrm{cm}$$

따라서 식 (7.2.183)을 적용하면 제1스텝에 대한 질점 m_1, m_2의 변위 $u_{1,1}$, $u_{2,1}$, 절대가속도 $\ddot{U}_{1,1}$, $\ddot{U}_{2,1}$을 다음과 같이 구한다.

$$u_{1,1} = 1.0 \times (-1.8645 \times 10^{-3}) - 0.5 \times (-5.568 \times 10^{-4}) = -0.0016 \mathrm{cm}$$

$$u_{2,1} = 0.5 \times (-1.8645 \times 10^{-3}) + 1.0 \times (-5.568 \times 10^{-4}) = -0.0015 \mathrm{cm}$$

$$\ddot{U}_{1,1} = 1.0 \times (-17.899) - 0.5 \times (-5.345) + 15.69 = 0.4635 \mathrm{Gal}$$

$$\ddot{U}_{2,1} = 0.5 \times (-17.899) + 1.0 \times (-5.345) + 15.69 = 1.3955 \mathrm{Gal}$$

제2스텝 $\ddot{Z}_2 = 32.00 \mathrm{Gal}$

$$\ddot{q}_{1,2} = [-1.2 \times 32.0 - 196.1 \times (-1.8645 \times 10^{-3}) - 7.423 \times (-0.22374)$$

$$- 0.07236 \times (-17.899)]/1.0519 = -33.348 \mathrm{Gal}$$

$$\dot{q}_{1,2} = -1.8645 \times 10^{-3} + 0.025 \times (-0.22374) + 2.0833 \times 10^{-4} \times (-17.899)$$

$$+ 1.0417 \times 10^{-4} \times (-33.348) = -0.01466 \mathrm{cm}$$

$$q_{1,2} = -1.8645 \times 10^{-3} + 0.025 \times (-0.22374) + 2.0833 \times 10^{-4} \times (-17.899)$$

$$+ 1.0417 \times 10^{-4} \times (-33.348) = -0.01466 \mathrm{cm}$$

$$\ddot{q}_{2,2} = \{-0.4 \times 32.10 - 1176.3 \times (-5.568 \times 10^{-4}) - 33.52 \times (-0.06681)$$

$$- 0.2965 \times (-5.345)\}/1.1740 = -7.0875 \mathrm{Gal}$$

$$\dot{q}_{2,2} = -0.06681 + 0.0125 \times (-5.345) + 0.0125 \times (-7.0875) = 0.2222 \mathrm{cm/sec}$$

$$q_{2,2} = -5.568 \times 10^{-4} + 0.025 \times (0.06681) + 2.0833 \times 10^{-4} \times (-5.345)$$

$$+ 1.0417 \times 10^{-4} \times (-7.0875) = -0.00408 \mathrm{cm}$$

그러므로 식 (7.2.178)을 적용하면 제2스텝의 질점 m_1, m_2의 변위 $u_{1,2}$, $u_{2,2}$, 절대가속도 $\ddot{U}_{1,2}$,

$\ddot{U}_{2,2}$를 다음과 같이 구한다.

$$u_{1,2} = 1.0 \times (-0.01466) - 0.5 \times (-0.00408) = -0.0126 \text{cm}$$

$$u_{2,2} = 0.5 \times (-0.01466) + 1.0 \times (-0.00408) = -0.0114 \text{cm}$$

$$\ddot{U}_{1,2} = 1.0 \times (-33.348) - 0.5 \times (-7.0875) + 32.0 = 2.196 \text{Gal}$$

$$\ddot{U}_{2,2} = 0.5 \times (-33.348) + 1.0 \times (-7.0875) + 32.0 = Z8.239 \text{Gal}$$

이상의 스텝을 반복함으로써 [표 7.2.1]에 나타낸 시각이력응답을 얻을 수 있다. 상대변위의 최댓값은 질점 m_1에는 시각 0.35sec에서 0.2643cm, 질점 m_2에는 0.375sec에서 0.1398cm이다. 또한 절대가속도의 절댓값의 최댓값은 질점 m_1에는 0.325sec에서 64.24Gal, 질점 m_2에는 0.4sec에서 50.10Gal이다.

절대가속도는 다음 식으로 구해진다.

$$\{\ddot{U}\} = \{\ddot{u}\} + \{1\}\ddot{Z} \tag{7.2.195}$$

여기서,

$$\{\ddot{U}\}^T = (\ddot{U}, \ddot{U}_2) \tag{7.2.196}$$

제1차 모드, 제2차 모드의 자극계수를 정의한 식 (7.2.180)은 매트릭스를 사용하여 다음과 같이 쓸 수 있다.

$$\begin{Bmatrix} \beta_1 \\ \beta_2 \end{Bmatrix} = \begin{bmatrix} 1/M_1 & 0 \\ 0 & 1/M_2 \end{bmatrix} \begin{bmatrix} \{\phi\}_1^T \\ \{\phi\}_2^T \end{bmatrix} [M]\{1\} \tag{7.2.197}$$

식 (7.2.45)에 의해

$$\begin{bmatrix} \{\phi\}_1^T \\ \{\phi\}_2^T \end{bmatrix} = [\Phi]^T \tag{7.2.198}$$

또한

$$\begin{bmatrix} 1/M_1 & 0 \\ 0 & 1/M_2 \end{bmatrix} = \begin{bmatrix} M_1 & 0 \\ 0 & M_2 \end{bmatrix}^{-1} \tag{7.2.198}$$

[표 7.2.1] 2층 라멘의 시각이력 응답 해석결과

		$\ddot{Z}$	$\ddot{q}_1$	$\ddot{q}_2$	q_1	q_2	u_1	u_2	$\ddot{U}_1$	$\ddot{U}_2$
	sec	Gal	Gal	cm	cm	cm	cm	cm	Gal	Gal
1	0.025	15.69	−17.90	−5.35	−0.0019	−0.0006	−0.0016	−0.0015	0.46	1.39
2	0.050	32.00	−33.35	−7.09	−0.0147	−0.0041	−0.0126	−0.0114	2.20	8.24
3	0.075	47.20	−42.72	−3.86	−0.0477	−0.0115	−0.0419	−0.0353	6.41	21.98
4	0.100	38.00	−18.72	9.82	−0.1039	−0.0203	−0.0938	−0.0722	14.37	38.46
5	0.125	0.47	38.34	25.80	−0.1684	−0.0227	−0.1570	−0.1068	25.92	45.44
6	0.150	−33.00	82.89	−22.84	−0.2102	−0.0109	−0.2048	−0.1160	38.47	31.29
7	0.175	−35.09	79.31	−4.85	−0.2052	0.0126	−0.2115	−0.0900	46.65	−0.29
8	0.200	−19.00	45.97	−33.27	−0.1538	0.0329	−0.1703	−0.0439	43.61	−29.29
9	0.225	−10.65	18.10	−35.73	−0.0730	0.0352	−0.0906	−0.0013	25.31	−37.33
10	0.250	−10.00	−1.43	−12.97	0.0199	0.0178	0.0110	0.0277	−4.94	−23.69
11	0.275	−4.69	−24.93	14.33	0.1115	−0.0073	0.1152	0.0484	−36.79	−2.83
12	0.300	1.00	−44.56	30.13	0.1879	−0.0246	0.2002	0.0693	−58.63	8.85
13	0.325	−2.50	−47.34	28.81	0.2383	−0.0249	0.2507	0.0943	−64.24	2.65
14	0.350	−8.00	−42.15	10.25	0.2599	−0.0089	0.2643	0.1210	−55.27	−18.83
15	0.375	−4.43	−42.71	−16.20	0.2545	0.0126	0.2482	0.1398	−39.04	−41.98
16	0.400	0.00	−39.24	−30.48	0.2229	0.0253	0.2102	0.1367	−24.00	−50.10
17	0.425	0.00	−26.36	−22.91	0.1677	0.0212	0.1571	0.1050	−14.90	−36.09
18	0.450	0.00	−11.17	−1.66	0.0963	0.0042	0.0942	0.0523	−10.34	−7.24
19	0.475	0.00	4.41	18.77	0.0179	−0.0139	0.0249	−0.0050	−4.98	20.97
20	0.500	0.00	18.54	25.65	−0.0578	−0.0217	−0.0469	−0.0506	5.71	34.92
21	0.525	0.00	29.66	15.87	−0.1223	−0.0152	−0.1147	−0.0764	21.73	30.70
22	0.550	0.00	36.66	−3.00	−0.1686	0.0002	−0.1688	−0.0841	38.16	15.34
23	0.575	0.00	38.97	−18.33	−0.1926	0.0142	−0.1997	−0.0821	48.14	1.16
24	0.600	0.00	36.61	−20.84	−0.1927	0.0181	−0.2017	−0.0783	47.03	−2.54
25	0.625	0.00	30.12	−10.08	−0.1703	0.0103	−0.1754	−0.0749	35.16	4.98
26	0.650	0.00	20.51	6.05	−0.1294	−0.0033	−0.1278	−0.0680	17.48	16.30
27	0.675	0.00	9.08	16.98	−0.0759	−0.0136	−0.0691	−0.0515	0.59	21.52
28	0.700	0.00	−2.72	16.32	−0.0168	−0.0145	−0.0095	−0.0228	−10.87	16.96
29	0.725	0.00	−13.49	5.50	0.0408	−0.0062	0.0439	0.0142	−16.24	−1.25
30	0.750	0.00	−22.05	−7.82	0.0901	0.0052	0.0875	0.0503	−18.14	−18.84

식 (7.2.65) 및 5.1절의 역 매트릭스의 연산법칙을 참조하면 다음 식이 성립한다.

$$\begin{bmatrix} 1/M_1 & 0 \\ 0 & 1/M_2 \end{bmatrix} = [\varPhi]^{-1}[M]^{-1}([\varPhi]^T)^{-1} \tag{7.2.200}$$

식 (7.2.198) 및 (7.2.200)을 식 (7.2.197)에 대입하면 다음과 같은 식이 성립한다.

$$\begin{Bmatrix} \beta_1 \\ \beta_2 \end{Bmatrix} = [\varPhi]^{-1}[M]^{-1}([\varPhi]^T)^{-1}[\varPhi]^T[M]\{1\} = [\varPhi]^{-1}\{1\} \tag{7.2.201}$$

그러므로 다음과 같은 식이 성립한다.

$$[\varPhi]\begin{Bmatrix} \beta_1 \\ \beta_2 \end{Bmatrix} = \{1\} \tag{7.2.202}$$

실제 식 (7.2.183), (7.2.189), (7.2.190)에 의해 위의 식이 성립한다는 것이 확인된다. 또한 식 (7.2.202)에 의해 자극계수는 고유모드의 성분에 따라 변한다는 것을 알 수 있다. 따라서 식 (7.2.195)는 식 (7.2.56)과 (7.2.202)를 고려하면 다음과 같이 된다.

$$\{\ddot{U}\} = \{\ddot{u}\} + \{1\}\ddot{Z} = [\varPhi]\{\ddot{q}\} + [\varPhi]\begin{Bmatrix} \beta_1 \\ \beta_2 \end{Bmatrix}\ddot{Z} = [\varPhi]\left(\begin{Bmatrix} \ddot{q}_1 \\ \ddot{q}_2 \end{Bmatrix} + \begin{Bmatrix} \beta_1 \\ \beta_2 \end{Bmatrix}\ddot{Z}\right) = [\varPhi]\begin{bmatrix} \ddot{q}_1 + \beta_1\ddot{Z} \\ \ddot{q}_2 + \beta_2\ddot{Z} \end{bmatrix} \tag{7.2.203}$$

예를 들어 제2스텝의 $\ddot{U}_{1,2}$, $\ddot{U}_{2,2}$는 다음과 같이 구해진다.

$$\begin{aligned} \ddot{U}_{1,2} &= 1.0(-33.348 + 1.2 \times 32) - 0.5(-7.0875 + 0.4 \times 32) = 2.196\mathrm{Gal} \\ \ddot{U}_{2,2} &= 0.5(-33.348 + 1.2 \times 32) + 1.0(-7.0875 + 0.4 \times 32) = 8.239\mathrm{Gal} \end{aligned} \tag{7.2.204}$$

다음에는 각 스텝에서 부재의 단부에 발생하는 단면력에 대해 고찰한다. [그림 7.2.3(a)]의 부재 ①의 운동방정식은 식 (5.3.49)를 참조하면 다음과 같이 된다.

$$[m^{①}]\{\ddot{u}^{①}\} + [c^{①}]\{\dot{u}^{①}\} = [k^{①}]\{u^{①}\} = \{f_l^{①}\} \tag{7.2.205}$$

부재 ①은 질량이 없는 것으로 가정하였으므로 $[m^{①}] = 0$이 된다. 또한 부재의 감쇠는 모두 질점 m_1, m_2의 감쇠정수에 포함된 것으로 하면 $[c^{①}] = 0$이 된다. 그러므로 식 (7.2.205)는 다음과 같이 된다.

$$[k^{①}]\{u^{①}\} = \{f_l^{①}\} \tag{7.2.206}$$

결국 부재 ①의 부재단력은 식 (7.2.142)로 구해진다. 같은 방법으로 부재 ②의 부재단력은 식 (7.2.146)에서 구해진다.

본 절에서 기술한 방법을 모드해석에 의한 지진응답해석법이라 한다.

7.2.8 2층 라멘의 응답스펙트럼에 의한 지진응답해석

응답스펙트럼을 사용하여 2층 라멘의 지진응답해석법에 대하여 기술한다. 먼저 1-자유도계의 지진응답해석에 대하여 간단히 기술한다.

식 (4.3.3)에 의해 지진동이 작용할 경우의 1-자유도계의 운동방정식은 다음과 같이 나타낼 수 있다.

$$\ddot{u} + 2h\omega_n \dot{u} + \omega_n^2 u = -\ddot{Z} \tag{7.2.207}$$

이 해는 식 (4.3.10)에 주어진 것과 같다.

$$u(t) = -\frac{C_v}{w_d} \sin(\omega_d t + \gamma) \tag{7.2.208}$$

또한 이때의 속도는 다음과 같이 구한다. 식 (4.1.13)을 미분하고 초기속도 v_0, 초기변위 0일 때 감쇠 자유진동의 속도는 다음과 같이 된다.

$$\dot{u}(t) = v_0 e^{-h\omega_n t} \cos(\omega_d t) - \frac{v_0 h\omega_n}{\omega_d} e^{-h\omega_n t} \sin(\omega_d t) \tag{7.2.209}$$

감쇠정수가 1보다 매우 작을 경우, 앞 식의 제2항은 무시할 수 있으므로 다음과 같이 된다.

$$\dot{u}(t) \fallingdotseq v_0 e^{h\omega_n t} \cos(\omega_d t) \tag{7.2.210}$$

식 (4.3.5)을 유도한 같은 방법으로 $\Delta\tau$시간 사이의 지진동에 의한 시각 t의 속도는 초기속도가 $v_0 = -\ddot{Z} \cdot \Delta\tau$이므로 다음과 같이 된다.

$$\dot{u}_\tau(t) = -\ddot{Z} \cdot \Delta\tau e^{-h\omega_n(t-\tau)} \cos\omega_d(t-\tau) \tag{7.2.211}$$

그러므로 시각 0에서부터 t까지 미소시간을 모두 합하면, 시각 t에 대한 응답속도는 다음과 같이 구해진다.

$$
\begin{aligned}
\dot{u}(t) &= -\int_0^t \ddot{Z}(\tau) e^{-h\omega_n(t-\tau)} \cos\omega_d(t-\tau) d\tau \\
&= -e^{-h\omega_n t} \cos\omega_d t \int_0^t \ddot{Z}(\tau) e^{h\omega_n\tau} \cos\omega_d\tau d\tau - e^{-h\omega_n t} \sin w_d t \int_0^t \ddot{Z}(\tau) e^{hw_n\tau} \sin w_d\tau d\tau \\
&= -e^{-h\omega_n t}(A_D(t) \cdot \cos\omega_d t + B_D(t) \cdot \sin\omega_d t) \\
&= -C_V \cdot \cos(\omega_d t + \gamma)
\end{aligned} \tag{7.2.212}
$$

여기서 $A_D(t)$, $B_D(t)$는 식 (4.3.8), 식 (4.3.9)에 정의되었다. 즉,

$$
\cos\gamma = \frac{A_D(t)}{\sqrt{A_D^2(t) + B_D^2(t)}}
$$

$$
\sin\gamma = \frac{-B_D(t)}{\sqrt{A_D^2(t) + B_D^2(t)}}
$$

그리고 C_V는 식 (4.3.11)에 의해 다음과 같이 된다.

$$C_V = e^{-h\omega_n t} \sqrt{A_D^2(t) + B_D^2(t)} \tag{7.2.213}$$

식 (7.2.208)을 시간에 대해 미분하면 속도가 되므로 식 (7.2.212)에 의해 다음 식이 성립한다.

$$[-(C_V/\omega_d)\sin(\omega_d t + \gamma)]' = -C_V\cos(\omega_d t + \gamma) \tag{7.2.214}$$

여기서, 프라임($'$)은 시간 t에 관한 미분을 나타낸다. 절대가속도는 식 (4.3.22)에 의해 다음과 같이 된다.

$$\ddot{U} = \omega_n C_V \sin(\omega_d t + \gamma) \tag{7.2.215}$$

일반화 좌표에서 제1차 모드의 운동방정식 식 (7.2.181)의 해는 미분방정식에 의해 식 (7.2.101)에 주어진 자유진동의 해와 식 (7.2.181)을 만족시키는 해(특해 또는 특수해라고도 함)의 합으로 주어진다. 특수해는 1-자유도계의 운동방정식 식 (7.2.207)의 h를 ξ_1, ω_n을 ω_1, $\ddot{Z}$를 $\beta_1 \ddot{Z}$로 치환시킴으로써 얻을 수 있다.

그러므로 식 (7.2.103)과 (7.2.208)에 의해 식 (7.2.181)의 해는 다음과 같이 구해진다.

$$q_1 = e^{-\xi_1\omega_1 t}(A_1 \cdot \cos\omega_{d_1}t + B_1 \cdot \sin\omega_{d_1}t) - (C_{V_1}/\omega_{d_1})\sin(\omega_{d_1}t + \gamma_1) \tag{7.2.216}$$

여기서,

$$C_{V_1} = e^{-\xi_1\omega_1 t}\sqrt{A_{D_1}^2(t) + B_{D_1}^2(t)} \tag{7.2.217}$$

$$A_{D_1}(t) = \int_0^t \beta_1 \ddot{Z}(\tau)e^{\xi_1\omega_1\tau}\cos\omega_{d_1}\tau d\tau \tag{7.2.218}$$

$$B_{D_1}(t) = \int_0^t \beta_1 \ddot{Z}(\tau)e^{\xi_1\omega_1\tau}\cos\omega_{d_1}\tau d\tau \tag{7.2.219}$$

$$\omega_{d_1} = \omega_1\sqrt{1-\xi_1^2} \tag{7.2.220}$$

그리고 같은 방법으로 식 (7.2.104)와 (7.2.208)에 의해 식 (7.2.182)의 해는 다음과 같이 구해진다.

$$q_2 = e^{-\xi_2\omega_2 t}(A_2 \cdot \cos\omega_{d_2}t + B_2 \cdot \sin\omega_{d_2}t) - (C_{V_2}/\omega_{d_2}) \cdot \sin(\omega_{d_2}t + \gamma_2) \tag{7.2.221}$$

여기서,

$$C_{V_2} = e^{-\xi_2\omega_2 t} \sqrt{A_{D_2}^2(t) + B_{D_2}^2(t)} \tag{7.2.222}$$

$$A_{D_2}(t) = \int_0^t \beta_2 \ddot{Z}(\tau) e^{\xi_2\omega_2\tau} \cos\omega_{d_2} d\tau \tag{7.2.223}$$

$$B_{D_2}(t) = \int_0^t \beta_2 \ddot{Z}(\tau) e^{\xi_2\omega_2\tau} \sin\omega_{d_2}\tau d\tau \tag{7.2.224}$$

$$\omega_{d_2} = \omega_2 \sqrt{1-\xi_2^2} \tag{7.2.225}$$

일반화 좌표의 속도 $\dot{q}_1$은 식 (7.2.216)을 시간 t에 대해 미분함으로써 구해진다. 식 (7.2.108), (7.2.214)를 참조하면 다음과 같이 된다.

$$\dot{q}_1 = -\xi_1\omega_1 e^{-\xi_1\omega_1 t}(A_1 \cdot \cos\omega_{d_1}t + B_1 \cdot \sin\omega_{d_1}t)$$
$$+ e^{-\xi_1\omega_1 t}(-A_1\omega_{d_1} \cdot \sin\omega_{d_1}t + B_1\omega_{d_1} \cdot \cos\omega_{d_1}t) - C_{V_1} \cdot \cos(\omega_{d_1}t + \gamma_1) \tag{7.2.226}$$

$\dot{q}_2$도 식 (7.2.221)을 시간 t에 대해 미분함으로써 구해진다. 식 (7.2.109), (7.2.214)를 참조하면 다음과 같이 된다.

$$\dot{q}_2 = -\xi_2\omega_2 e^{-\xi_2\omega_2 t}(A_2 \cdot \cos\omega_{d_2}t + B_2 \cdot \sin\omega_{d_2}t)$$
$$+ e^{-\xi_2\omega_2 t}(-A_2\omega_{d_2} \cdot \sin\omega_{d_2}t + B_2\omega_{d_2} \cdot \cos\omega_{d_2}t) - C_{V_2} \cdot \cos(\omega_{d_2} + \gamma_2) \tag{7.2.227}$$

초기조건이 식 (7.2.105-1)에 주어져 있는 것을 이용하여 적분 정수 A_1, A_2, B_1, B_2를 구한다.

$$q_{1\ t=0} = A_1, \quad q_{2\ t=0} = A_2$$
$$\dot{q}_{1\ t=0} = -\xi_1\omega_1 A_1 + B_1\omega_{d_1}, \quad \dot{q}_{2\ t=0} = -\xi_2\omega_2 A_2 + B_2\omega_{d_2} \tag{7.2.228}$$

위 식을 식 (7.2.106), (7.2.107)에 대입하면 다음과 같이 된다.

$$d_1 = A_1 - 0.5A_2, \quad d_2 = 0.5A_1 + A_2$$
$$v_1 = -\xi_1\omega_1 A_1 + B_1\omega_{d_1} - 0.5(-\xi_2\omega_2 A_2 + B_2\omega_{d_2}) \tag{7.2.229}$$
$$v_2 = 0.5(-\xi_1\omega_1 A_1 + B_1\omega_{d_1}) + (-\xi_2\omega_2 A_2 + B_2\omega_{d_2})$$

이것을 풀면 다음과 같이 된다.

$$\left.\begin{array}{l} A_1 = (2d_1 + d_2)/2.5 \\ A_2 = (d_1 - 2d_2)/(-2.5) \\ B_1 = \{5v_1 + 2.5v_2 + \xi_1 v_1(5d_1 + 2.5d_2)\}/(6.25\omega_{d_1}) \\ B_2 = \{2.5v_1 - 5v_2 + 2.5\xi_2\omega_2(d_1 + 2d_2)\}/(-6.25\omega_{d_2}) \end{array}\right\} \tag{7.2.230}$$

지진진동이 작용하기 전까지 2층 라멘은 정지하고 있는 것으로 하면 $d_1 = d_2 = 0$, $v_1 = v_2 = 0$이므로 $A_1 = A_2 = B_1 = B_2 = 0$이 된다. 따라서 식 (7.2.216), (7.2.221)에 의하여 일반화좌표에 대한 변위는 다음과 같이 구한다.

$$q_1 = -(C_{V_1}/\omega_{d_1}) \cdot \sin(\omega_{d_1}t + \gamma_1) \tag{7.2.231}$$
$$q_2 = -(C_{V_2}/\omega_{d_2}) \cdot \sin(\omega_{d_2}t + \gamma_2) \tag{7.2.232}$$

또한 식 (7.2.214)에 의하여 일반좌표에 대한 속도는 다음과 같이 된다.

$$\dot{q}_1 = -C_{V_1} \cdot \cos(\omega_{d_1}t + \gamma_1) \tag{7.2.233}$$
$$\dot{q}_2 = -C_{V_2} \cdot \cos(\omega_{d_2}t + \gamma_2) \tag{7.2.234}$$

지진진동이 작용할 때 1-자유도계의 운동방정식 식 (7.2.207)의 상대응답속도의 절대치의 최댓값은 고유원진동수 ω_n, 감쇠정수 h일 때, 4.3.2절에서 속도 응답스펙트럼 $S_V(\omega_n, h)$로 주어졌다. 식 (7.2.207)과 일반 좌표에 대한 제1차 진동의 운동방정식 (7.2.181)을 비교하면, 후자의 입력지진동은 전자의 지진동보다도 β_1 배만큼 크므로, 제1차 진동의 속도를 나타낸 식 (7.2.233)의 절대치의 최댓값 S_{V_1}은 다음과 같이 된다.

$$S_{V_1} = C_{V_{1\,max}} = \beta_1 \cdot S_V(T_1,\ \xi_1) \tag{7.2.235}$$

여기서 $C_{V_{1\,max}}$는 C_{V_1}의 최댓값이다. 가속도 응답스펙트럼, 변위 응답스펙트럼을 사용하면 식 (4.3.33)과 (4.3.34)에 의해 다음과 같이 된다.

$$S_{V_1} = C_{V_{1\,max}} = \beta_1 \cdot S_A(T_1,\ \xi_1)/\omega_1 = \beta_1 \omega_{d_1} \cdot S_D(T_1,\ \xi_1) \tag{7.2.236}$$

여기서, $T_1 = 2\pi/\omega_1$는 제1차 고유주기이고, ξ_1은 제1차 모드감쇠이다. 같은 방법으로 제2차 모드에 대해서도 다음과 같이 된다.

$$S_{V_2} = C_{V_{2\,max}} = \beta_2 S_V(T_2,\ \xi_2) = \beta_2 \cdot S_A(T_2,\ \xi_2)/\omega_2 = \beta_2 \omega_{d_2} \cdot S_D(T_2,\ \xi_2)$$

$$\tag{7.2.237}$$

여기서, $T_2 = 2\pi/\omega_2$는 제2차 고유주기이고, ξ_2는 제2차 모드감쇠이다.

질점 m_1, m_2의 변위는 식 (7.2.182), (7.2.183), (7.2.231), (7.2.232)에 의해 다음과 같이 된다.

$$\begin{aligned} \{u\} &= \{\phi\}_1 q_1 + \{\phi\}_2 q_2 \\ &= -\{\phi\}_1 (C_{V_1}/\omega_{d_1}) \cdot \sin(\omega_{d_1} t + \gamma_1) - \{\phi\}_2 (C_{V_2}/\omega_{d_2}) \cdot \sin(\omega_{d_2} t + \gamma_2) \end{aligned}$$

$$\tag{7.2.238}$$

모드감쇠는 1보다 작으므로 식 (7.2.220) 및 식 (7.2.225)에 의해 $\omega_{d_1} \fallingdotseq \omega_1$, $\omega_{d_2} \fallingdotseq \omega_2$가 된다. 그러므로 변위는 제1차 고유원진동수 ω_1과 제2차 고유원진동수 ω_2의 조화파를 중첩시킨 것으로 된다.

설계에는 최대 변위가 중요하므로 절점변위 $\{u\}$의 최대 변위를 응답스펙트럼으로 나타내는 방법을 고려해보자. 식 (7.2.238)에서 q_1의 절대치의 최댓값 $q_{1\,max}$는 식 (7.2.231)과 (7.2.236)을 참조하면 다음과 같이 된다.

$$q_{1\,max} = S_{V_1}/\omega_{d_1} = \beta_1 \cdot S_A(T_1, \xi_1)/\omega_1^2 \qquad (7.2.239)$$

그러므로 제1차 모드의 진동의 최대 변위는 다음과 같이 된다.

$$\{u\}_{1st} = \begin{Bmatrix} u_1 \\ u_2 \end{Bmatrix}_{1st} = \begin{Bmatrix} |\phi_{11}| \\ |\phi_{21}| \end{Bmatrix} |\beta_1| \cdot S_A(T_1, \xi_1)/\omega_1^2 \qquad (7.2.240)$$

제2차 모드에 대해서도 다음과 같이 된다.

$$\{u\}_{2nd} = \begin{Bmatrix} u_1 \\ u_2 \end{Bmatrix}_{2nd} = \begin{Bmatrix} |\phi_{12}| \\ |\phi_{22}| \end{Bmatrix} |\beta_2| \cdot S_A(T_2, \xi_2)/\omega_2^2 \qquad (7.2.241)$$

여기서 절대치는 가속도 응답스펙트럼이 절대치의 최댓값이므로 응답의 정(+)과 부(−)를 고려할 수 없어 사용하고 있다.

u_1의 최대 응답값을 고려해보자.

$$u_{1\,max} = |\phi_{11}|\,|\beta_1| \cdot S_A(T_1, \xi_1)/\omega_1^2 + |\phi_{12}|\,|\beta_2| \cdot S_A(T_2, \xi_2)/\omega_2^2 \qquad (7.2.242)$$

식 (7.2.232)에 의해 1차 모드, 2차 모드의 변위의 최댓값은 동시에 일어나지 않으므로 식 (7.2.242)는 과대한 값이다. 일반적으로 u_1의 최대 응답값으로 다음과 같은 식을 사용한다.

$$u_{1\,max} = \sqrt{(\phi_{11}\beta_1 \cdot S_A(T_1, \xi_1/\omega_1^2)^2 + (\phi_{12}\beta_2 \cdot S_A(T_2, \xi_2)/\omega_2^2)^2} \qquad (7.2.243)$$

변위 응답스펙트럼 S_D를 사용하면 식 (7.2.236) 및 $\omega_{d_1} \fallingdotseq \omega_1$을 고려하여 다음과 같은 식이 성립된다.

$$u_{1\,max} = \sqrt{[\phi_{11}\beta_1 \cdot S_D(T_1, \xi_1)]^2 + [\phi_{12}\beta_2 \cdot S_D(T_2, \xi_2)]^2} \qquad (7.2.244)$$

이와 같은 방법으로 최대 응답을 평가하는 방법을 제곱평방근법(SRSS법, Square Root of Sum

of Square Method)이라 한다. 일반적으로 제2차 고유주기, 제2차 고유주기가 시간적으로 근접하지 않는 경우의 SRSS법은 불규칙 진동론(Random Vibration)에 있어서 타당하다는 것이 증명되어 있고, 시각이력응답해석과 비교할 때, 좋은 결과를 준다는 것을 알고 있다. u_2의 최대 변위도 같은 방법으로 다음과 같이 된다.

$$\begin{aligned} u_{2\ \max} &= \sqrt{[\phi_{21}\beta_1 \cdot S_A(T_1,\xi_1)/\omega_1^2]^2 + [\phi_{22}\beta_2 \cdot S_A(T_2,\xi_2)/\omega_2^2]^2} \\ &= \sqrt{[\phi_{21}\beta_1 \cdot S_D(T_1,\xi_1)]^2 + [\phi_{22}\beta_2 \cdot S_A(T_2,\xi_2)/\omega_2^2]^2} \end{aligned} \tag{7.2.245}$$

[그림 7.2.7]과 [표 7.2.1]에 나타낸 지진동의 가속도 응답스펙트럼 및 변위 응답스펙트럼을 [표 7.2.2]에 나타내었다. 이들은 선형가속도법에 의한 시각이력응답해석으로 구하였다. 또한 그중 감쇠 정수 $h=0.06$, 0.09에 대응하는 것에 대해서 [그림 7.2.8]에 나타내었다.

[표 7.2.2] 지진동([그림 7.7])의 가속도 응답스펙트럼과 변위 응답스펙트럼(괄호 안은 시각)

	T(sec)	$h=0.06$	$h=0.07$	$h=0.08$	$h=0.09$
가속도 응답스펙트럼 (Gal)	0.100	73.8(0.175)	73.1(0.175)	72.5(0.175)	71.8(0.175)
	0.130	94.1(0.175)	92.3(0.175)	90.7(0.175)	89.1(0.175)
	0.183	102.2(0.200)	100.2(0.200)	98.3(0.200)	96.5(0.200)
	0.200	105.4(0.225)	102.4(0.225)	99.4(0.225)	96.6(0.225)
	0.250	92.5(0.250)	89.8(0.250)	87.2(0.250)	84.7(0.250)
	0.300	78.7(0.275)	76.4(0.275)	74.2(0.275)	72.1(0.275)
	0.350	66.1(0.300)	64.2(0.300)	62.3(0.300)	60.5(0.300)
	0.449	47.1(0.350)	45.7(0.350)	44.4(0.350)	43.1(0.350)
	0.500	40.7(0.375)	39.6(0.375)	38.5(0.375)	37.5(0.375)
	0.600	31.5(0.425)	30.6(0.425)	29.8(0.425)	29.0(0.425)
변위 응답스펙트럼 (cm)	0.100	0.0189(0.175)	0.0187(0.175)	0.0185(0.175)	0.0184(0.175)
	0.130	0.0386(0.175)	0.0376(0.175)	0.0366(0.175)	0.0357(0.175)
	0.183	0.0880(0.225)	0.0856(0.225)	0.0833(0.225)	0.0811(0.225)
	0.200	0.1071(0.225)	0.1040(0.225)	0.1011(0.225)	0.0983(0.225)
	0.250	0.1458(0.250)	0.1415(0.250)	0.1373(0.250)	0.1334(0.250)
	0.300	0.1776(0.275)	0.1724(0.275)	0.1673(0.275)	0.1625(0.275)
	0.350	0.2028(0.300)	0.1968(0.300)	0.1911(0.300)	0.1855(0.300)
	0.449	0.2367(0.350)	0.2298(0.350)	0.2230(0.350)	0.2166(0.350)
	0.500	0.2547(0.400)	0.2465(0.400)	0.2386(0.400)	0.2315(0.400)
	0.600	0.2840(0.450)	0.2750(0.450)	0.2664(0.450)	0.2581(0.450)

식 (7.2.26)에 의해 $T_1 = \dfrac{2\pi}{\omega_1} = \dfrac{2\pi}{14} = 0.4488\text{sec}$, $T_2 = \dfrac{2\pi}{\omega_2} = \dfrac{2\pi}{34.29} = 0.1832\text{sec}$이므로 식

(7.2.191)과 (7.2.192)에 의해 구하는 모드감쇠 $\xi_1 = 0.09$와 $\xi_2 = 0.06$에 대응하는 가속도 응답스펙트럼 및 변위 응답스펙트럼은 다음과 같이 된다.

$$S_A(T_1, \xi_1) = 43.1\mathrm{Gal}, \quad S_D(T_1, \xi_1) = 0.2166\mathrm{cm}$$
$$S_A(T_2, \xi_2) = 102.2\mathrm{Gal}, \quad S_D(T_2, \xi_2) = 0.088\mathrm{cm}$$

식 (7.2.236)과 (7.2.237)에 의해 다음과 같은 관계가 있다.

$$S_A(T_1, \xi_1) = \omega_1^2 \cdot S_D(T_1, \xi_1) \tag{7.2.246}$$
$$S_A(T_2, \xi_2) = \omega_2^2 \cdot S_D(T_2, \xi_2) \tag{7.2.247}$$

위의 수치를 대입하면 이들 수식이 성립하는 것을 쉽게 확인할 수 있다. 절점의 최대 변위는 식 (7.2.244)와 식 (7.2.245)에 의해 식 (7.2.183)에 주어진 모드매트릭스 및 식 (7.2.189), (7.2.190)에 주어진 자극(기여)계수 $\beta_1 = 1.2$, $\beta_2 = 0.4$를 고려하면 다음과 같이 된다.

$$u_{1\,\mathrm{max}} = \sqrt{(1 \times 1.2 \times 0.2166)^2 + (-0.5 \times 0.4 \times 0.088)^2} = 0.261\mathrm{cm}$$
$$u_{2\,\mathrm{max}} = \sqrt{(0.5 \times 1.2 \times 0.2166)^2 + (1 \times 0.4 \times 0.088)^2} = 0.135\mathrm{cm}$$

시각이력응답해석에는 [표 7.2.1]에 의해 $u_{1\,\mathrm{max}} = 0.2643\mathrm{cm}$, $u_{2\,\mathrm{max}} = 0.1398\mathrm{cm}$이며 거의 일치함을 알 수 있다.

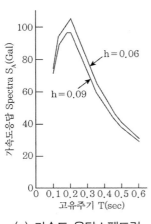

(a) 가속도 응답스펙트럼

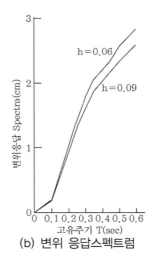

(b) 변위 응답스펙트럼

[그림 7.2.8] 응답스펙트럼

절대가속도의 최댓값은 다음과 같이 구할 수 있다. 식 (7.2.203) 중에 $\ddot{q}_1 + \beta_1 \ddot{Z}$ 는 식 (7.2.181), (7.2.231), (7.2.233)을 사용하면 식 (4.3.21)에 나타낸 것과 같이 된다.

$$
\begin{aligned}
\ddot{q}_1 + \beta_1 \ddot{Z} &= -2\xi_1 \omega_1 \dot{q}_1 - \omega_1^2 q_1 \\
&= 2\xi_1 \omega_1 C_{V_1} \cdot \cos(\omega_{d_1} t + \gamma_1) + \omega_1^2 (C_{V_1}/\omega_{d1}) \cdot \sin(\omega_{d_1} t + \gamma_1) \\
&\fallingdotseq 2\xi_1 \omega_1 C_{V_1} \cdot \cos(\omega_{d_1} t + \gamma_1) + \omega_1 C_{V_1} \cdot \sin(\omega_{d_1} t + \gamma_1) \\
&= \omega_1 C_{V_1} \sqrt{1 + 4\xi_1^2} \cdot \sin(\omega_{d_1} t + \gamma_1 + \gamma_1') \\
&\fallingdotseq \omega_1 C_{V_1} \cdot \sin(\omega_{d_1} t + \gamma_1 + \gamma_1')
\end{aligned}
\tag{7.2.248}
$$

여기서 $\omega_{d_1} \fallingdotseq \omega_1$, $\xi_1 \ll 1$을 사용하였다. 같은 방법으로 q_2에 관해서도 다음 식이 성립된다.

$$
\ddot{q}_2 + \beta_2 \ddot{Z} = \omega_2 C_{V_2} \cdot \sin(\omega_{d_1} t + \gamma_2 + \gamma_2')
\tag{7.2.249}
$$

이들은 식 (7.2.203)에 대입하면 절대가속도는 다음과 같이 된다.

$$
\{\ddot{U}\} = \{\phi\}_1 (\ddot{q}_1 + \beta_1 \ddot{Z}) + \{\phi\}_2 (\ddot{q}_2 + \beta_2 \ddot{Z})
$$

$$= \{\phi\}_1 \omega_1 C_{V_1} \cdot \sin(\omega_{d_1} t + \gamma_1 + \gamma_1') + \{\phi\}_2 \omega_2 C_{V_2} \cdot \sin(\omega_{d_2} t + \gamma_2 + \gamma_2')$$

$$(7.2.250)$$

그러므로 1차 모드의 가속도의 절대치의 최댓값은 식 (7.2.236)을 사용하면 다음과 같이 된다.

$$\{\ddot{U}\}_{1st \ max} = \{\phi\}_1 \beta_1 \cdot S_A(T_1, \xi_1)$$

$$(7.2.251)$$

2차 모드에 대해서도 다음과 같이 된다.

$$\{\ddot{U}\}_{2nd \ max} = \{\phi\}_2 \beta_2 \cdot S_A(T_2, \xi_2)$$

$$(7.2.252)$$

다만 식 (7.2.251), (7.2.252)에서 가속도가 부(−)로 될 경우 (−)를 붙여 정(+)으로 할 필요가 있다. 식 (7.2.250)에 의해 각 모드의 가속도의 절대치는 동시에 최댓값이 되지 않으므로 SRSS법에 의해 최대 응답 절대가속도는 다음과 같이 된다.

$$\ddot{U}_{1 \ max} = \sqrt{[\phi_{11}\beta_1 \cdot S_A(T_1, \xi_1)]^2 + [\phi_{12}\beta_2 \cdot S_A(T_2, \xi_2)]^2}$$
$$\ddot{U}_{2 \ max} = \sqrt{[\phi_{21}\beta_1 \cdot S_A(T_1, \xi_1)]^2 + [\phi_{22}\beta_2 \cdot S_A(T_2, \xi_2)]^2}$$

$$(7.2.253)$$

그러므로

$$\ddot{U}_{1 \ max} = \sqrt{(1 \times 1.2 \times 43.1)^2 + (-0.5 \times 0.4 \times 102.2)^2} = 55.6 \text{Gal}$$
$$\ddot{U}_{2 \ max} = \sqrt{(0.5 \times 1.2 \times 43.1)^2 + (1 \times 0.4 \times 102.2)^2} = 48.2 \text{Gal}$$

시각이력응답해석으로 구한 [표 7.2.1]에서 $\ddot{U}_{1 \ max}$ =64.24Gal, $\ddot{U}_{2 \ max}$ =50.1Gal과 비교적 일치하였다. 부재 ①의 부재단력은 식 (7.2.206), (7.2.142), (7.2.184)에 의해 다음과 같이 된다.

$$\begin{Bmatrix} f_{x1} \\ f_{x2} \end{Bmatrix}^{①} = \begin{bmatrix} k_1 & -k_1 \\ -k_1 & k_1 \end{bmatrix} \begin{Bmatrix} u_1 \\ u_2 \end{Bmatrix} = [k]^{①} [\Phi] \{q\}$$

$$(7.2.254)$$

$$= [k]^{\textcircled{1}}(\{\phi\}_1 q_1 + \{\phi\}_2 q_2) = [k]^{\textcircled{1}}\{\phi\}_1 q_1 + [k]^{\textcircled{1}}\{\phi\}_2 q_2$$

여기에 식 (7.2.231), (7.2.232)를 대입하면 다음과 같이 된다.

$$\begin{Bmatrix} f_{x1} \\ f_{x2} \end{Bmatrix}^{\textcircled{1}} = -[k]^{\textcircled{1}}\{\phi\}_1 (C_{V_1}/\omega_{d_1}) \cdot \sin(\omega_{d_1}t + \gamma_1)$$
$$\qquad\qquad - [k]^{\textcircled{1}}\{\phi\}_2 (C_{V_1}/\omega_{d_1}) \cdot \sin(\omega_{d_2}t + \gamma_2) \tag{7.2.255}$$

변위가 큰 만큼 부재단력은 크게 되므로 식 (7.2.236)에 의해 C_{V1}의 최댓값을 변위 응답스펙트럼으로 나타내면 부재 $\textcircled{1}$의 제1차 모드에 대한 최대 또는 최소 부재단력은 다음과 같이 된다.

$$\begin{Bmatrix} f_{x1} \\ f_{x2} \end{Bmatrix}^{\textcircled{1}}_{1st} = -[k]^{\textcircled{1}}\{\phi\}_1 \beta_1 \cdot S_D(T_1, \xi_1) \tag{7.2.256}$$

제2차 모드에 대해서도 다음 식이 성립한다.

$$\begin{Bmatrix} f_{x1} \\ f_{x2} \end{Bmatrix}^{\textcircled{1}}_{2nd} = -[k]^{\textcircled{1}}\{\phi\}_2 \beta_2 \cdot S_D(T_2, \xi_2) \tag{7.2.257}$$

그러므로 부재 $\textcircled{1}$의 부재단력의 절대치의 최댓값은 SRSS법에 의해 다음과 같이 된다.

$$\left.\begin{aligned} f_{x1\,\max} &= \sqrt{f_{x1\,1st}^2 + f_{x1\,2nd}^2} \\ f_{x2\,\max} &= \sqrt{f_{x2\,1st}^2 + f_{x2\,2nd}^2} \end{aligned}\right\} \tag{7.2.258}$$

본 절에서 기술한 방법은 응답스펙트럼에 의한 모드해석법이라고 한다. 시각력응답해석법에서는 각각의 지진진동에 대해 부재를 설계하지만 현실적으로 가설장소에는 어떤 지진진동이 발생할지 불명확함으로 몇 가지 응답해석을 수행할 필요가 있으며, 설계가 번잡하지만 응답스펙트럼으로 4.3.2절에 기술한 표준가속도 응답스펙트럼 또는 평균가속도 응답스펙트럼을 사용하면 간편하고 합리적인 설계를 수행할 수 있다. 또한 1-자유도계의 가속도 응답스펙트럼을 알면 2-자유도계에 있어서

각 모드에 대한 가속도 응답스펙트럼, 속도 응답스펙트럼, 변위 응답스펙트럼을 구할 수 있음을 알 수 있었다.

참고문헌

1) Freidrich Bleich & C.B. McCullough (1950). *The Mathematical Theory of Vibration in Suspension Bridges*, Dept. of Commerce, U.S. Gov. Print Office.

2) Przemieniecki J.S. (1968). *Theory of Matrix Structural Analysis*, McGraw-Hill.

3) Fred W. Beaufait, William H. Rowan, Peter G. Hoadley, and Robert M. Hackett (1970). *Computer Methods of Structural Analysis*, Prentice-Hall, New Jersey.

4) 武藤淸 (1977). 構造物の動的設計, 丸善(株).

5) Jenkins W.M. (1980). *Matrix and Digital Computer Methods in Structural Analysis*, McGraw-Hill, London.

6) Roy R. Craig, Jr. (1981). *Structural Dynamics*, John Wiley & Sons.

7) Clough R.W. & Joseph Penzien (1982). *Dynamics of Structures*, McGraw-Hill.

8) Myongwoo, Lee (1983). *Computer-Oriented Direct Stiffness Method*, Myongji Univ., Dept. of Civil Eng., Seoul.

9) Mario Paz (1985). *Structural Dynamics*, Van Nostrand Reinhold Company Inc.

10) Holzer S.H. (1985). *Computer Analysis of Structures*, Elsevier, New York.

11) 土木學會編 (1989.12.5.). 動的解析の耐震設計, 第2卷 動的解析方法, 技報堂.

12) William Weaver & James M. Gere (1990). *Matrix Analysis of Framed Structures*, 3rd Edition, Van Nostrand Reinhold.

13) 淸水信行 (1990). パソコンによる振動解析, 共立出版(株).

14) Humar J. L. (1990). *Dynamic of Structures*, Prentice Hall.

15) Josef Henrych (1990). *Finite Models and Methods of Dynamics in Structures*, Elsevier.

16) Ross C.T. (1991). Finite Element Programs for Structural Vibrations, Springer-Verlag.

17) Chopra A.K. (2001). *Dynamic of Structures*, Prentice Hall.

18) William Weaver, Jr. & Paul R. Johnston (1987). *Structural Dynamics by Finite Elements*, Engineering Information System, Inc.

다-자유도계의 지진응답해석

08 CHAPTER

다-자유도계의 지진응답해석
Seismic Response Analysis of Multi-Degree-of Freedom System

구조물의 동적응답해석에 의한 내진·내풍설계

지금까지는 2-자유도계 모델을 예로 모드해석법에 대해 기술하였지만, 구조물의 지진응답해석은 다-자유도계로 모델화되므로 여기서는 지금까지의 설명에 사용해온 간단한 사장교를 예로 들어 다-자유도계 모델의 모드해석에 의한 지진응답해석법에 대해 기술하기로 한다.

먼저 구조물의 고유치해석을 수행하고, 이것을 사용하여 시각이력응답해석, 고유모드, 고유진동수의 물리적인 의미, 응답스펙트럼에 의한 지진응답해석을 설명한다. 다-자유도계에는 방대한 계산이 필요함으로 전체 진동모드를 응답계산에 고려할 필요는 없지만, 지진응답해석을 충분한 정도로 얻기 위해서는 몇 차 모드까지 계산에 선택하여야 한다는 것은 명확하지 않다. 여기서는 교량에 목표를 두고 모드의 선택에 대해서도 논하였다.

8.1 구조물의 고유치해석

구조물에 지진동이 작용하는 경우의 운동방정식은 식 (6.3.24)에 의해 다음과 같이 된다.

$$[M]\{\ddot{\overline{U}}\}+[C]\{\dot{\overline{U}}\}+[K]\{\overline{U}\}=-[M]\{\ddot{U}_G\} \tag{8.1.1}$$

여기서 질량매트릭스 $[M]$, 강도매트릭스 $[K]$는 각각 식 (5.3.67-1), 식 (5.2.169)에 주어져 있다. 감쇠매트릭스 $[C]$는 식 (5.3.65)에 주어져 있지만, 그 평가방법에 대해서는 뒤에서 설명할 것이다. 또한 $\{\overline{U}\}$와 $\{U_G\}$는 식 (6.3.13)에 의해 각각 다음과 같이 된다.

$$\{\overline{U}\}^T = \{\overline{U}_1 \ \overline{V}_1 \ \theta_1 \ \cdots \ \overline{U}_5 \ \overline{V}_5 \ \Theta_5) \tag{8.1.2}$$

$$\{U_G\}^T = (X_G \ Y_G \ 0 \cdots X_G \ Y_G \ 0) \tag{8.1.3}$$

식 (8.1.1)을 풀기 위하여 먼저 다음에 나타낸 비감쇠 자유진동의 운동방정식을 고려한다.

$$[M]\{\ddot{\overline{U}}\} + [K]\{\overline{U}\} = 0 \tag{8.1.4}$$

7.2.1절의 [2]를 참조하여 $\{\overline{U}\}$를 복소수 값의 범위까지 생각하여 식 (8.1.4)를 만족할 수 있는 해를 다음과 같이 가정한다.

$$\{\overline{U}\} = \{\phi\} \cdot e^{i\omega t} \tag{8.1.5}$$

여기서,

$$\{\phi\}^T = (\phi_1 \ \phi_2 \cdots \phi_{15}) \tag{8.1.6}$$

식 (8.1.5)를 미분하면 다음과 같이 된다.

$$\{\dot{\overline{U}}\} = \{\phi\}(i \cdot \omega) \cdot e^{i\omega t} \tag{8.1.7}$$

$$\{\ddot{\overline{U}}\} = \{\phi\}(-\omega^2) \cdot e^{i\omega t} \tag{8.1.8}$$

식 (8.1.7)과 (8.1.8)을 식 (8.1.4)에 대입하여 정리하면 다음과 같이 된다.

$$(-\omega^2[M]\{\phi\} + [K]\{\phi\}) \cdot e^{i\omega t} = \{0\} \tag{8.1.9}$$

또는

$$-\omega^2[M]\{\phi\}+[K]\{\phi\}=\{0\} \tag{8.1.10}$$

또는

$$(-\omega^2[M]+[K])\{\phi\}=\{0\} \tag{8.1.11}$$

이 식을 만족하는 ω, $\{\phi\}$를 구하면 식 (8.1.9)도 성립한다. $\{\phi\}=\{0\}$이라면, 식 (8.1.5)에 의해 $\{\overline{U}\}=\{0\}$으로 되며 사장교는 정지하고 있으므로, $\{\phi\}$의 전체요소가 0이 아닌 경우에 대한 해를 구한다. 또한 식 (8.1.11)을 만족하는 ω^2를 고유치라 하고, 이것에 대한 $\{\phi\}$를 고유벡터라 한다. 또한 식 (8.1.11)을 만족하는 고유치, 고유벡터를 구하는 문제를 일반고유치문제 또는 고유치해석이라고도 한다. 식 (8.1.11)이 $\{\phi\}=\{0\}$ 이외의 해를 갖기 위한 필요충분조건은 부록에 나타낸 행렬식이 0(zero)이 되는 것이다. 즉,

$$\big|[K]-\omega^2[M]\big|=0 \tag{8.1.12}$$

이것은 ω^2에 관한 15차 대수방정식이며 이것을 고유치문제의 특성방정식 또는 고유방정식이라고 한다. 일반적으로 k차의 대수방정식으로는 k개의 근이 존재함으로 식 (8.1.12)는 ω^2에 관해서 15개의 근을 갖는다. ω는 7.2.1절의 [2]에서 기술한 것과 같은 방법으로 기준진동의 원진동수로서 고유원진동수가 작은 것부터 제1차 고유원진동수, 제2차 고유원진동수 … 제15차 고유원진동수라 하고, 각각 ω_1, ω_2 … ω_{15}로 나타낸다. 또한 그것에 대응하는 고유원진동수를 제1차 고유진동수, 제2차 고유진동수 … 제15차 고유진동수라 하고, 각각 다음과 같이 정의한다.

$$f_1=\frac{\omega_1}{2\pi},\ f_2=\frac{\omega_2}{2\pi}\ \cdots\ f_{15}=\frac{\omega_{15}}{2\pi} \tag{8.1.13}$$

또한 제1차 고유주기, 제2차 고유주기 … , 제15차 고유주기는 각각 다음과 같이 정의한다.

$$T_1 = \frac{2\pi}{\omega_1}, \ \ T_2 = \frac{2\pi}{\omega_2} \ \cdots \ \ T_{15} = \frac{2\pi}{\omega_{15}} \tag{8.1.14}$$

또한 고유원진동수에 대응하는 고유벡터를 각각 다음과 같이 나타낸다.

$$\{\phi\}_1, \{\phi\}_2 \ \cdots \ \{\phi\}_{15} \tag{8.1.15}$$

고유벡터는 2-자유도계의 경우와 같이 변위의 비를 나타내므로 진동문제에는 고유모드, 기준진동모드, 고유진동모드, 진동모드라고도 한다. 고유모드는 식 (7.2.42)에서 나타낸 것과 같이 일반적으로 복소수 값이지만, 그 비에 주목하여 실수 값을 택하는 것으로 한다(여기서는 증명은 생략하였지만, 그 비는 실수 값으로 된다고 증명하고 있다). 또한 7.2.7절에서 기술한 것과 같이 그 성분의 절대치의 최댓값을 1로 하였다. 모드매트릭스 $[\Phi]$는 식 (7.2.45)와 같이하여 다음과 같이 정의한다.

$$[\Phi] = [\{\phi\}_1, \ \{\phi\}_2 \ \cdots \ \{\phi\}_{15}] \tag{8.1.16}$$

일반고유치문제를 나타낸 식 (8.1.11)의 해석법은 여기에서는 생략하였지만 Jacobi법, Givenhouse holder법, Power법, Subspace iteration법, Sturm법 등 목적에 따라 컴퓨터에 의한 여러 가지 수치계산법이 개발되어 있다. 이와 같은 방법으로 구한 고유주기, 고유진동수를 [표 8.1.1]에 나타내었다. 또한 모드매트릭스는 식 (8.1.17)과 같이 된다.

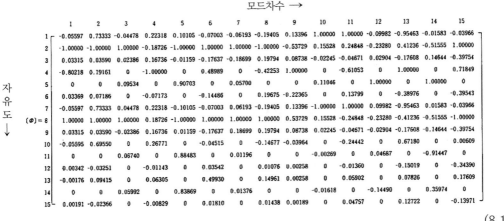

$$\tag{8.1.17}$$

식 (8.1.17)에 의해 고유모드는 [그림 8.1.1]과 같다.

[표 8.1.1] 사장교의 고유주기, 고유진동수 및 자극계수

i	$T_i(\text{sec})$	$f_i(1/\text{sec})$	$\beta_i(x방향)$
1	0.8134	1.2294	-0.9617
2	0.2657	3.7638	1.4783
3	0.2157	4.6363	-0.0000
4	0.1267	7.8923	0.4019
5	0.1243	8.0474	0.0000
6	0.0951	10.5189	1.4139
7	0.0739	13.5361	-0.0000
8	0.0130	13.7068	0.8298
9	0.0541	18.4935	0.0173
10	0.0384	26.0669	0.0000
11	0.0315	31.7426	0.0392
12	0.0304	32.8538	0.0000
13	0.0234	42.7515	0.0094
14	0.0163	61.5501	-0.0000
15	0.0120	83.3458	0.0034

다-자유도계의 경우도 2-자유도계의 경우와 같이 고유모드의 직교성이 성립된다. 다음에는 이것을 증명해보자. 식 (8.1.11)의 만족시키는 2개의 고유원진동수를 ω_i, ω_j로 하고 이들에 대응하는 고유모드를 각각 $\{\phi\}_i$, $\{\phi\}_j$로 하자. 이것들을 식 (8.1.11)에 대입하면 다음 식이 성립된다.

$$([K] - \omega_i^2[M])\{\phi\}_i = \{0\} \tag{8.1.18}$$

$$([K] - \omega_j^2[M])\{\phi\}_j = \{0\} \tag{8.1.19}$$

식 (8.1.18)에 $\{\phi\}_j^T$, 식 (8.1.19)에 $\{\phi\}_i^T$를 곱하면 각각 다음과 같이 된다.

$$\{\phi\}_j^T([K] - \omega_i^2[M])\{\phi\}_i = \{0\} \tag{8.1.20}$$

$$\{\phi\}_i^T([K] - \omega_j^2[M])\{\phi\}_j = \{0\} \tag{8.1.21}$$

앞의 2개의 식의 좌변, 우변은 같이 (1×1)형 매트릭스이다. 식 (8.1.20)의 전치매트릭스는 5.1절을 참조하면 다음과 같이 된다.

$$\{\phi\}_i^T([K]^T - \omega_i^2[M]^T)\{\phi\}_j = \{0\} \tag{8.1.22}$$

질량매트릭스 $[M]$, 강성매트릭스 $[K]$는 식 (5.3.64)와 (5.3.66)에 의해 대칭매트릭스이므로 다음과 같이 된다.

$$[M] = [M]^T, \quad [K] = [K]^T \tag{8.1.23}$$

그러므로 식 (8.1.22)는 다음과 같이 된다.

$$\{\phi\}_i^T([K] - \omega_i^2[M])\{\phi\}_j = \{0\} \tag{8.1.24}$$

식 (8.1.21) 및 식 (8.1.24)에 의해 다음 식이 성립된다.

$$\{\phi\}_i^T(-\omega_j^2 + \omega_i^2)[M]\{\phi\}_j = \{0\} \tag{8.1.25}$$

고유치 ω^2은 중근을 갖지 않고, 모두 다른 값이라고 하면, $i \neq j$일 때, $\omega_i \neq \omega_j$이므로 식 (8.1.25)에 의해 다음 식이 성립된다.

$$\{\phi\}_i^T[M]\{\phi\}_j = \{0\} \tag{8.1.26}$$

이것을 식 (8.1.24)에 대입하면 다음 식이 성립된다.

$$\{\phi\}_i^T[K]\{\phi\}_j = \{0\} \tag{8.1.27}$$

즉, 고유모드의 직교성이 증명된다.

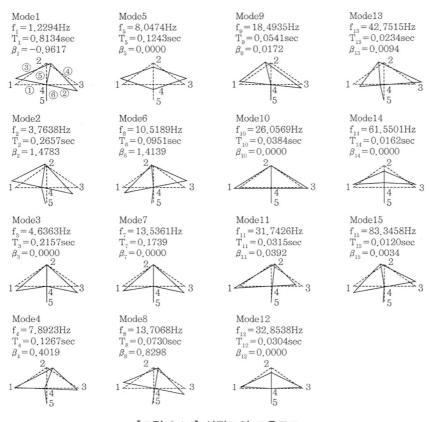

Mode1
$f_1 = 1.2294$Hz
$T_1 = 0.8134$sec
$\beta_1 = -0.9617$

Mode5
$f_5 = 8.0474$Hz
$T_5 = 0.1243$sec
$\beta_5 = 0.0000$

Mode9
$f_9 = 18.4935$Hz
$T_9 = 0.0541$sec
$\beta_9 = 0.0172$

Mode13
$f_{13} = 42.7515$Hz
$T_{13} = 0.0234$sec
$\beta_{13} = 0.0094$

Mode2
$f_2 = 3.7638$Hz
$T_2 = 0.2657$sec
$\beta_2 = 1.4783$

Mode6
$f_6 = 10.5189$Hz
$T_6 = 0.0951$sec
$\beta_6 = 1.4139$

Mode10
$f_{10} = 26.0569$Hz
$T_{10} = 0.0384$sec
$\beta_{10} = 0.0000$

Mode14
$f_{14} = 61.5501$Hz
$T_{14} = 0.0162$sec
$\beta_{14} = 0.0000$

Mode3
$f_3 = 4.6363$Hz
$T_3 = 0.2157$sec
$\beta_3 = 0.0000$

Mode7
$f_7 = 13.5361$Hz
$T_7 = 0.1739$
$\beta_7 = 0.0000$

Mode11
$f_{11} = 31.7426$Hz
$T_{11} = 0.0315$sec
$\beta_{11} = 0.0392$

Mode15
$f_{15} = 83.3458$Hz
$T_{15} = 0.0120$sec
$\beta_{15} = 0.0034$

Mode4
$f_4 = 7.8923$Hz
$T_4 = 0.1267$sec
$\beta_4 = 0.4019$

Mode8
$f_8 = 13.7068$Hz
$T_8 = 0.0730$sec
$\beta_8 = 0.8298$

Mode12
$f_{12} = 32.8538$Hz
$T_{12} = 0.0304$sec
$\beta_{12} = 0.0000$

[그림 8.1.1] 사장교의 고유모드

8.2 모드해석에 의한 구조물의 시각력지진응답해석

식 (7.2.56)에 나타낸 2-자유도계의 경우와 같이 다음 식으로 정의한 일반화 좌표 $\{q\}$를 도입해
보자.

$$\{\overline{U}\} = [\Phi]\{q\} \tag{8.2.1}$$

여기서 $\{\overline{U}\}$와 $[\Phi]$는 각각 식 (8.1.2)와 (8.1.16)에서 정의하였다. 식 (8.2.1)을 (8.1.1)에 대입하
면 다음 식이 성립한다.

$$[M][\varPhi]\{\ddot{q}\}+[C][\varPhi]\{\dot{q}\}+[K][\varPhi]\{q\}=-[M]\{\ddot{U}_G\} \tag{8.2.2}$$

위의 식에 $[\varPhi]^T$를 좌우변에 곱하면 다음과 같이 된다.

$$[\varPhi]^T[M][\varPhi]\{\ddot{q}\}+[\varPhi]^T[C][\varPhi]\{\dot{q}\}+[\varPhi]^T[K][\varPhi]\{q\}=-[\varPhi]^T[M]\{\ddot{U}_G\} \tag{8.2.3}$$

식 (8.1.16)을 사용하여 구분한 매트릭스(이 경우는 벡터)의 곱한 계산은 일반적인 매트릭스의 곱으로 실행할 수 있고, 고유모드의 직교성을 나타낸 식 (8.1.26), (8.1.27)을 사용하면 2-자유도계 경우의 식 (7.2.65), (7.2.70)을 유도한 것과 같이 다음 식이 성립한다.

$$[\varPhi]^T[M][\varPhi]=\begin{bmatrix} M_1 & & & 0 \\ & M_2 & & \\ & & \ddots & \\ 0 & & & M_{15} \end{bmatrix} \tag{8.2.4}$$

$$[\varPhi]^T[K][\varPhi]=\begin{bmatrix} K_1 & & & 0 \\ & K_2 & & \\ & & \ddots & \\ 0 & & & K_{15} \end{bmatrix} \tag{8.2.5}$$

여기서 식 (8.2.4)에서 M_i는 스칼라로 다음과 같이 주어진다.

$$\{M_i\}=\{\phi\}_i^T[M]\{\phi\}_i \tag{8.2.6}$$

여기서 $\{M_i\}$는 (1×1)형 매트릭스이다. 같은 방법으로 식 (8.2.5)에서 K_i도 스칼라로 다음과 같이 주어진다.

$$\{K_i\}=\{\phi\}_i^T[K]\{\phi\}_i \tag{8.2.7}$$

여기서, $\{K_i\}$는 (1×1)형 매트릭스이다. 감쇠에 대해서는 Rayleigh감쇠로 가정하면 2-자유도계 경우의 식 (7.2.88)을 참조하면 다음과 같은 식이 성립한다.

$$[C] = a_0[M] + a_1[K] \tag{8.2.8}$$

그러므로

$$\{\phi\}_i^T[C]\{\phi\}_j = a_0\{\phi\}_i^T[M]\{\phi\}_i^T + a_1\{\phi\}_i^T[K]\{\phi\}_j \tag{8.2.9}$$

$i \neq j$일 때 질량매트릭스, 강성매트릭스에 고유모드의 직교성을 나타내는 식 (8.1.26)과 (8.1.27)을 사용하면 다음과 같은 식이 성립한다.

$$\{\phi\}_i^T[C]\{\phi\}_i = \{0\} \tag{8.2.10}$$

결국 감쇠매트릭스에 관해서도 2-자유도계의 경우[식 (7.2.89) 참조]와 같은 방법으로 고유모드의 직교성이 성립한다. 그러므로 식 (7.2.97)과 같은 다음 식이 성립한다.

$$[\Phi]^T[C][\Phi] = \begin{bmatrix} C_1 & & & 0 \\ & C_2 & & \\ & & \ddots & \\ 0 & & & C_{15} \end{bmatrix} \tag{8.2.11}$$

여기서, 식 (8.2.11)에서 C_i는 스칼라로 다음과 같은 식으로 주어진다.

$$\{C_i\} = \{\phi\}_i^T[C]\{\phi\}_i \tag{8.2.12}$$

여기서 $\{C_i\}$는 (1×1)형 매트릭스이다. 간단히 하기 위해 수평방향의 지진동만 고려하면, 식 (8.1.3)에 있어서 연직방향의 변위 $Y_G = 0$이므로, 다음 식이 성립한다.

$$\{\ddot{U}_G\}^T = \ddot{X}_G(1\ \ 0\ \ 0\ \cdots\ 1\ \ 0\ \ 0) = \ddot{X}_G\{1\}_X^T \tag{8.2.13}$$

여기서,

$${1}_X^T = (1 \ 0 \ 0 \cdots 1 \ 0 \ 0) \tag{8.2.14}$$

여기서 첨자(subscript) X는 각 절점의 X방향의 변위 성분을 1로 하고, 그 외는 0(zero)인 벡터를 나타낸 것이다. 따라서 식 (8.2.3)의 우변은 다음과 같이 된다.

$$-[\Phi]^T[M][\ddot{U}_G] = -[\Phi]^T[M]\{1\}_X \ddot{X}_G = - \begin{bmatrix} \{\phi\}_1^T[M]\ \{1\}_X \\ \vdots \quad \vdots \quad \vdots \\ \{\phi\}_{15}^T[M]\ \{1\}_X \end{bmatrix} \ddot{X}_G \tag{8.2.15}$$

식 (8.2.3)에 식 (8.2.4), (8.2.5), (8.2.11) 및 (8.2.15)를 대입하면 다음 식이 성립한다.

$$\{M_i\ddot{q}_i + C_i\dot{q}_i + K_iq_i\} = -\{\phi\}_i^T[M]\{1\}_X\ddot{X}_G \tag{8.2.16}$$

여기서, $i = 1, 2 \cdots 15$로 좌변과 우변 모두 (1×1)형 매트릭스이다. 그런데 ω_i^2, $\{\phi\}_i$는 식 (8.1.10)을 만족시키므로 다음 식이 성립한다.

$$[K]\{\phi\}_i = \omega_i^2[M]\{\phi\}_i \tag{8.2.17}$$

따라서

$$\{\phi\}_i^T[K]\{\phi\}_i = \omega_i^2\{\phi\}_i^T[M]\{\phi\}_i \tag{8.2.18}$$

식 (8.2.6)과 (8.2.7)을 사용하면 다음 식이 된다.

$$\{K_i\} = \omega_i^2\{M_i\} \tag{8.2.19}$$

그러므로

$$\omega_i^2 = \frac{K_i}{M_i} \tag{8.2.20}$$

또한 2-자유도계의 경우 식 (7.2.100)을 참조하면 다음과 같다.

$$C_i / M_i = 2\xi_i \omega_i \tag{8.2.21}$$

여기서, ξ_i를 i차 모드감쇠라고 한다. 식 (8.2.16), (8.2.19), (8.2.20)에 의해 다음 식이 성립된다.

$$\{\ddot{q}_i + 2\xi_i \omega_i \dot{q}_i + \omega_i^2 q_i\} = -\frac{\{\phi\}_i^T [M]\{1\}_X}{M_i} \ddot{X}_G \tag{8.2.22}$$

$$\{\beta_i\} = \frac{\{\phi\}_i^T [M]\{1\}_X}{M_i} \tag{8.2.23}$$

i차 모드의 운동방정식은 다음과 같이 된다.

$$\ddot{q}_i + 2\xi_i \omega_i \dot{q}_i + \omega_i^2 q_i = -\beta_i \ddot{X}_G \tag{8.2.24}$$

여기서, β_i는 i차 모드의 자극계수(모드기여율이라고도 함)이며, [표 8.1.1]에 나타나 있다. 간단히 하기 위해 각 차수의 모드감쇠를 일정한 값 $\xi_i = 0.05$로 하면 각 모드의 운동방정식은 다음과 같다.

$$1차: \ddot{q}_1 + 2 \times 0.05 \times 7.7244 \dot{q}_1 + 7.7244^2 q_1 = 0.9617 \times \ddot{X}_G$$

$$2차: \ddot{q}_2 + 2 \times 0.05 \times 23.6489 \dot{q}_2 + 23.6489^2 q_2 = -1.4789 \times \ddot{X}_G$$

$$3차: \ddot{q}_3 + 2 \times 0.05 \times 23.1350 \dot{q}_3 + 23.1350^2 q_3 = 0.0 \times \ddot{X}_G$$

$$4차: \ddot{q}_4 + 2 \times 0.05 \times 49.5889 \dot{q}_4 + 49.5889^2 q_4 = -0.4019 \times \ddot{X}_G$$

$$5차: \ddot{q}_5 + 2 \times 0.05 \times 50.5635 \ddot{q}_5 + 50.5635^2 q_5 = 0.0 \times \ddot{X}_G$$

$$6차: \ddot{q}_6 + 2 \times 0.05 \times 66.0923 \dot{q}_6 + 66.0923^2 q_6 = -1.4139 \times \ddot{X}_G$$

$$7차: \ddot{q}_7 + 2 \times 0.05 \times 85.0495 \dot{q}_7 + 85.0495^2 q_7 = 0.0 \times \ddot{X}_G$$

$$8차: \ddot{q}_8 + 2 \times 0.05 \times 86.1226 \dot{q}_8 + 86.1226^2 q_8 = -0.8298 \times \ddot{X}_G$$

$$9차: \ddot{q}_9 + 2 \times 0.05 \times 116.1982 \dot{q}_9 + 116.1982^2 q_9 = -0.0173 \times \ddot{X}_G$$

$$10차: \ddot{q}_{10} + 2 \times 0.05 \times 163.1830 \dot{q}_{10} + 163.1830^2 q_{10} = 0.0 \times \ddot{X}_G$$

$$11차 : \ddot{q}_{11} = 2 \times 0.05 \times 199.4448\dot{q}_{11} + 199.4448^2 q_{11} = -0.0392 \times \ddot{X}_G$$

$$12차 : \ddot{q}_{12} + 2 \times 0.05 \times 206.4265\dot{q}_{12} + 206.4265^2 q_{12} = 0.0 \times \ddot{X}_G \qquad (8.2.25)$$

$$13차 : \ddot{q}_{13} + 2 \times 0.05 \times 268.6155\dot{q}_{13} + 268.6155^2 q_{13} = -0.0094 \times \ddot{X}_G$$

$$14차 : \ddot{q}_{14} + 2 \times 0.05 \times 386.7308\dot{q}_{14} + 386.7308^2 q_{14} = 0.0 \times \ddot{X}_G$$

$$15차 : \ddot{q}_{14} + 2 \times 0.05 \times 523.6769\dot{q}_{15} + 523.6769^2 q_{15} = -0.0034 \times \ddot{X}_G$$

또한

$$\{\beta\}^T = (\beta_1 \ \ \beta_2 \ \cdots \ \beta_{15})$$

식 (7.2.196)과 같이 다음 식이 성립한다.

$$[\varPhi]\{\beta\} = \{1\}_X \qquad (8.2.26)$$

[표 8.2.1] 사장교의 일반좌표계에 의한 가속도, 속도, 변위(계속)

	$t=0.02$sec $\ddot{X}_{G1}=-0.61$Gal			$t=0.04$sec $\ddot{X}_{G2}=-4.74$Gal			$t=0.06$sec $\ddot{X}_{G3}=-4.43$Gal		
	$\ddot{q}_1$ (Gal)	$\dot{q}_1$ (cm/sec)	q_1 (cm)	$\ddot{q}_1$ (Gal)	$\dot{q}_1$ (cm/sec)	q_1 (cm)	$\ddot{q}_1$ (Gal)	$\dot{q}_1$ (cm/sec)	q_1 (cm)
1	−0.580	−0.006	−0.000	−4.483	−0.056	−0.001	−4.001	−0.141	−0.003
2	0.850	0.008	0.000	6.388	0.081	0.001	4.145	0.186	0.004
3	0.0	0.0	0.0	0.0	0.0	0.0	0.0	0.0	0.0
4	0.202	0.002	0.000	1.390	0.018	0.000	−0.117	0.031	0.001
5	0.0	0.0	0.0	0.0	0.0	0.0	0.0	0.0	0.0
6	0.635	0.006	0.000	4.058	0.053	0.001	−2.702	0.067	0.002
7	0.0	0.0	0.0	0.0	0.0	0.0	0.0	0.0	0.0
8	0.320	0.003	0.000	1.852	0.025	0.000	−2.590	0.018	0.001
9	0.005	0.000	0.000	0.026	0.000	0.000	−0.063	−0.000	0.000
10	0.0	0.0	0.0	0.0	0.0	0.0	0.0	0.0	0.0
11	0.006	0.000	0.000	0.022	0.000	0.000	−0.100	−0.000	−0.000
12	0.0	0.0	0.0	0.0	0.0	0.0	0.0	0.0	0.0
13	0.001	0.000	0.000	0.003	0.000	0.000	−0.016	−0.000	−0.000
14	0.0	0.0	0.0	0.0	0.0	0.0	0.0	0.0	0.0
15	0.000	0.000	0.000	0.000	0.000	0.000	−0.001	0.000	0.000

	$t=0.08\text{sec}$ $\ddot{X}_{G3}=-3.88\text{Gal}$			$t=0.10\text{sec}$ $\ddot{X}_{G5}=-4.17\text{Gal}$		
	$\ddot{q}_1(\text{Gal})$	$\dot{q}_1(\text{cm/sec})$	$q_1(\text{cm})$	$\ddot{q}_1(\text{Gal})$	$\dot{q}_1(\text{cm/sec})$	$q_1(\text{cm})$
1	−3.184	−0.213	−0.006	−3.141	−0.276	−0.011
2	0.766	0.235	0.008	−1.398	0.229	0.012
3	0.0	0.0	0.0	0.0	0.0	0.0
4	−1.491	0.015	0.001	−1.253	−0.013	0.001
5	0.0	0.0	0.0	0.0	0.0	0.0
6	−5.596	−0.016	0.003	−0.088	−0.073	0.001
7	0.0	0.0	0.0	0.0	0.0	0.0
8	−1.823	−0.027	0.000	2.745	−0.017	0.000
9	0.025	−0.000	0.000	0.044	0.000	0.000
10	0.0	0.0	0.0	0.0	0.0	0.0
11	0.201	0.001	−0.000	−0.350	−0.001	0.000
12	0.0	0.0	0.0	0.0	0.0	0.0
13	0.041	0.000	−0.000	−0.101	−0.000	0.000
14	0.0	0.0	0.0	0.0	0.0	0.0
15	0.006	0.000	0.000	−0.019	−0.000	0.000

　　지진동 $\ddot{X}_G$로서는 [표 4.3.1]에 나타낸 Elcentro 1940 N–S를 선택하였다. 시각이력응답해석법으로 선형가속도법을 사용하면 2–자유도계에서 유도된 식 (7.2.185), (7.2.186), (7.2.187)과 같은 식이 일반좌표 q_1, q_2 ⋯ q_{15}에 대해서도 성립한다.

　　초기조건으로 시각 0초에서 사장교는 정지하고 있는 것으로 하고, [표 4.3.1]에 의해 시각 0.02초에서 지진진동 가속도는 −0.61Gal이므로, 초기조건 및 제1스텝에 사용할 지진진동은 다음과 같이 된다.

$$\left.\begin{array}{l} q_{1,0}=\dot{q}_{1,0}=\ddot{q}_{2,0}=0 \\ q_{2,0}=\dot{q}_{2,0}=\ddot{q}_{2,0}=0 \\ \vdots \\ q_{15,0}=\dot{q}_{15,0}=\ddot{q}_{15,0}=0 \\ \ddot{X}_{G1}=-0.61\text{Gal} \end{array}\right\} \tag{8.3.27}$$

　　선형가속도법에서 시간간격은 $\Delta t=0.02$초로 한다. 일반좌표의 가속도 $\ddot{q}$, 속도 $\dot{q}$, 변위 q의 처음 5 스텝까지의 값을 [표 8.2.1]에 나타내었다. 그러므로 상대변위는 식 (8.2.1)에 주어져 있다. 상대속도 $\{\dot{\overline{U}}\}$와 상대가속도 $\{\ddot{\overline{U}}\}$는 다음과 같다.

$$\{\dot{\overline{U}}\} = [\Phi]\{\dot{q}\} \tag{8.2.28}$$

$$\{\ddot{\overline{U}}\} = [\Phi]\{\ddot{q}\} \tag{8.2.29}$$

또한 절대가속도는 식 (8.2.28), (8.2.13), (8.2.25)에 의해 다음과 같이 된다.

$$\{\ddot{U}\} = \{\ddot{\overline{U}}\} + \{\ddot{U}_G\} = \{\ddot{\overline{U}}\} + \{1\}_X \ddot{X}_G = [\Phi](\{\ddot{q}\} + \{\beta\}\ddot{X}_G) \tag{8.2.30}$$

상대변위 $\{\overline{U}\}$, 상대속도 $\{\dot{\overline{U}}\}$ 및 절대가속도 $\{\ddot{U}\}$의 초기 5 스텝까지의 값을 [표 8.2.2]에 나타내었다. 이와 같이 구한 절대치가 최대가 되는 상대응답변위와 절대응답가속도를 각각 [표 8.2.3]과 [표 8.2.4]에 나타내었다.

[표 8.2.2] 사장교의 절대가속도 $\{\ddot{U}\}$, 상대속도 $\{\dot{\overline{U}}\}$, 상대변위 $\{\overline{U}\}$

| | | $t=0.02\text{sec}$ | | | $t=0.04\text{sec}$ | | | $t=0.06\text{sec}$ | | |
		$\{\ddot{U}\}$	$\{\dot{\overline{U}}\}$	$\{\overline{U}\}$	$\{\ddot{U}\}$	$\{\dot{\overline{U}}\}$	$\{\overline{U}\}$	$\{\ddot{U}\}$	$\{\dot{\overline{U}}\}$	$\{\overline{U}\}$
1	X	0.571	0.005	0.0	4.401	0.055	0.001	3.636	0.136	0.003
	Y	0.006	0.001	0.0	0.033	−0.000	0.001	−0.233	−0.002	−0.000
	Θ	−0.004	0.000	0.0	−0.035	−0.000	−0.000	−0.037	−0.001	0.000
2	X	0.604	0.006	0.0	4.651	0.058	0.001	3.873	0.143	0.003
	Y	0.0	0.0	0.0	0.0	0.0	0.0	0.0	0.0	0.0
	Θ	−0.003	−0.000	0.0	−0.019	−0.000	−0.000	0.060	0.000	0.000
3	X	0.600	0.006	0.0	4.652	0.58	0.001	3.836	0.143	0.003
	Y	−0.006	−0.001	0.0	−0.033	0.000	−0.001	0.233	0.002	0.000
	Θ	−0.004	−0.000	0.0	−0.035	−0.000	−0.000	−0.039	−0.001	0.000
4	X	0.601	0.006	0.0	4.606	0.058	0.001	3.594	0.140	0.003
	Y	0.0	0.0	0.0	0.0	0.0	0.0	0.0	0.0	0.0
	Θ	−0.006	−0.000	0.0	−0.076	−0.001	−0.000	−0.267	−0.004	−0.000
5	X	0.459	0.004	0.0	3.002	0.039	0.001	−1.354	0.056	0.002
	Y	0.0	0.0	0.0	0.0	0.0	0.0	0.0	0.0	0.0
	Θ	−0.006	−0.000	0.0	−0.070	−0.001	−0.000	−0.198	−0.003	−0.000

		t=0.08sec			t=0.10sec		
		$\{\ddot{U}\}$	$\{\dot{U}\}$	$\{\overline{U}\}$	$\{\ddot{U}\}$	$\{\dot{U}\}$	$\{\overline{U}\}$
1	X	1.159	0.184	0.006	−2.060	0.174	0.009
	Y	−1.016	−0.014	0.001	1.769	−0.007	−0.000
	Θ	0.282	0.001	−0.000	0.240	0.006	0.000
2	X	2.167	0.204	0.007	2.446	0.250	0.011
	Y	0.0	0.0	0.0	0.0	0.0	0.0
	Θ	0.510	0.006	−0.000	0.425	0.015	0.000
3	X	1.318	0.195	0.006	−1.902	0.188	0.010
	Y	1.016	0.014	−0.001	−1.769	0.007	0.000
	Θ	0.282	0.001	−0.000	0.240	0.006	0.000
4	X	0.809	0.184	0.006	−1.515	0.177	0.009
	Y	0.0	0.0	0.0	0.0	0.0	0.0
	Θ	−0.247	−0.009	−0.000	0.102	−0.011	−0.000
5	X	−3.067	0.011	0.002	0.130	−0.018	0.002
	Y	0.0	0.0	0.0	0.0	0.0	0.0
	Θ	−0.125	−0.007	−0.002	0.049	−0.007	−0.000

[표 8.2.3] 절대치가 최대인 상대응답변위

절점	X방향(cm)	Y방향(cm)	Θ방향(rad)
1	0.75165 (2.58000)	4.06720 (2.74000)	−0.13842 (2.72000)
2	3.10738 (5.78000)	−0.00000 (2.76000)	0.15744 (2.32000)
3	0.75165 (2.58000)	−4.06720 (2.74000)	−0.13842 (2.72000)
4	0.71292 (2.58000)	0.00000 (2.60000)	0.03464 (2.46000)
5	0.09074 (2.58000)	0.00000 (2.60000)	−0.02429 (2.58000)

[표 8.2.4] 절대치가 최대인 절대응답가속도

절점	X방향(Gal)	Y방향(Gal)	Θ방향(rad/sec^2)
1	391.31109 (2.46000)	600.16236 (2.32000)	33.24048 (2.72000)
2	−278.22783 (2.84000)	−0.00000 (2.60000)	−42.82945 (2.58000)
3	391.37106 (2.46000)	−600.16236 (2.32000)	33.24048 (2.72000)
4	371.37106 (2.46000)	−0.00000 (2.58000)	−22.81887 (2.46000)
5	150.84571 (2.14000)	−0.00000 (2.58000)	−16.48065 (2.46000)

이와 같이 하여 전체좌표계에 대한 상대변위 $\{\overline{U}\}$가 구해지면 부재좌표계에 대한 부재 ③의 상대변위 $\{\overline{u}^{③}\}$은 식 (5.3.50)을 참조하면 다음과 같이 된다.

$$\{\overline{u}^{③}\}=[H^{③}]\{\overline{U}\} \tag{8.2.31}$$

여기서 ③은 부재번호를 나타낸다. $[H^{③}]$은 식 (5.2.146)의 우변의 (6×15)형 매트릭스의 성분 중 $\cos\psi$, $\sin\psi$를 각각 0.8과 0.6으로 한 것이다.

부재 ③의 부재좌표계 대한 상대절점변위는 식 (5.3.3), [그림 5.3.3]을 참조하면 다음과 같이 된다.

$$\{\overline{u}^{③}\}^T = (\overline{u}_i \ \overline{v}_i \ \overline{\theta}_i \ \overline{u}_j \ \overline{v}_j \ \overline{\theta}_j) \tag{8.2.32}$$

부재 ③에는 i, j는 각각 1, 2가 된다.

시각 4sec일 때의 부재단의 상대변위를 구해보자. 전체좌표계에 대한 상대변위는 식 (8.2.1)에 주어져 있으며 다음과 같이 된다.

$$\begin{aligned}
\{\overline{U}\}^T &= (\overline{U}_1 \overline{V}_1 \Theta_1 \cdots \overline{U}_5 \overline{V}_5 \Theta_5) \\
&= (-0.625 \times 10^{-2} \ -0.245 \times 10^{-1} \ 0.755 \times 10^{-3} \ -0.210 \times 10^{-1} \ 0.0 \ 0.784 \times 10^{-3} \\
&\quad -0.265 \times 10^{-2} \ 0.245 \times 10^{-1} \ 0.755 10^{-3} \ -0.260 \times 10^{-2} \ 0.0 \ 0.142 \times 10^{-3} \\
&\quad -0.206 \times 10^{-3} \ 0.0 \ 0.884 \times 10^{-4})
\end{aligned} \tag{8.2.33}$$

여기서 변위의 단위는 수평과 연직방향이 cm, 회전방향은 rad이다. 부재 ③의 부재좌표계에 대한 부재단의 상대변위는 식 (8.2.31)에 주어져 있으며 다음과 같이 된다.

$$\begin{aligned}
\{\overline{u}^{③}\}^T &= (-0.168 \times 10^{-1} \ -0.180 \times 10^{-1} \ 0.755 \times 10^{-3} \ -0.168 \times 10^{-1} \\
&\quad 0.126 \times 10^{-1} \ 0.784 \times 10^{-3})
\end{aligned} \tag{8.2.34}$$

그 외의 부재에 대해서도 같은 방법으로 구할 수 있으며, 예를 들어 부재 ⑥의 부재좌표계에 대한 부재단의 상대변위는 다음과 같이 된다.

$$\begin{aligned}
\{\overline{u}^{⑥}\}^T &= (\overline{u}_4 \ \overline{v}_4 \ \overline{\theta}_4 \ \overline{u}_5 \ \overline{v}_5 \ \overline{\theta}_5) \\
&= (0.0 \ -0.260 \times 10^{-2} \ 0.142 \times 10^{-3} \ 0.0 \ -0.206 \times 10^{-3} \ 0.884 \times 10^{-4})
\end{aligned} \tag{8.2.35}$$

다음에 시각 4sec에 대한 부재좌표계의 부재단력을 구해보자. 시각 4sec에 대한 절대응답가속도

$\{\ddot{U}\}$, 상대응답속도 $\{\dot{\overline{U}}\}$, 상대응답변위 $\{\overline{U}\}$를 구하면, 예를 들어 부재 ③에 대해서는 식 (6.3.15)에 따라 전체좌표계에 대한 부재단력 $\{f_g^{③}\}$는 다음과 같이 된다.

$$\{f_g^{③}\} = [H^{③}]^T[m^{③}]\{\ddot{U}\} + [H^{③}][c^{③}][H^{③}]\{\dot{\overline{U}}\} + [H^{③}][k^{③}][H^{③}]\{\overline{U}\} \qquad (8.2.36)$$

다만, 식 (6.3.13)을 사용하였다. 위의 식 우변의 제2항이 감쇠매트릭스 $[c^{③}]$는 식 (5.3.32)에 주어져 있으며 그것을 계산하는 데에는 식 (5.3.29)에서 정의한 감쇠계수 μ_x, μ_y의 값이 필요하다. 모드해석에 사용하는 모드감쇠는 7.2.6절에서 기술한 것과 같이 진동실험 등으로 구해지므로 사장교의 감쇠특성을 평가하는데 편리하지만, 7.2.6절에서 기술한 교량의 감쇠요인을 감쇠계수 μ_x, μ_y로 하는 것은 편리하지 않다. 그러나 부재단력 $\{f_g^{③}\}$에 주어진 감쇠력의 영향은 일반적으로 작으므로 부재단력을 구할 때 감쇠의 영향을 무시한다. 그러므로 식 (8.3.36)은 다음과 같이 된다.

$$\{f_g^{③}\} = [H^{③}]^T[m^{③}]\{\ddot{u}\} + [H^{③}][k^{③}][H^{③}]\{\overline{u}\} \qquad (8.2.37)$$

사장교를 분포질량으로 모델화할 경우 [그림 5.3.6]을 예제로 사장교의 절점수를 증가시키면 해석 정도를 높일 수 있다는 것을 기술하였다. 각 절점에 부재의 질량을 집중시킨 집중질량으로 모델화할 경우에도 같다. 분포질량법이나 집중질량법도 절점수를 증가시키면 엄밀해에 수렴하는 것으로 증명되고 있다. 집중질량법에는 보의 질량은 없으므로 식 (8.2.37)에 의해 부재 ③의 부재단력은 다음과 같이 된다.

$$\{f_g^{③}\} = [H^{③}]^T[k^{③}][H^{③}]\{\overline{u}\} \qquad (8.2.38)$$

절점수를 증가시키면 분포질량법의 변위 $\{\overline{u}\}$와 집중질량법의 변위 $\{\overline{u}\}$는 엄밀해에 수렴함으로 식 (8.2.37)에 주어진 집중질량법에 의한 부재단력과 식 (8.2.37)에 주어진 분포질량법에 의한 부재 단력은 같게 될 것이다. 그러므로 식 (8.2.37)의 우변 제1항의 부재단력에 기여하는 질량항은 절점수를 증가시킴에 따라서 그 영향은 작게 된다. 여기서 사용한 예제의 사장교에서는 간단히 하기 위해 절점수를 제한하고 있지만, 교량의 지진응답해석에서는 절점수는 분포질량법이나 집중질량법으로 해석하여도 큰 차이가 없을 정도로 충분히 설치할 필요가 있으므로, 부재단력은 집중질량법에 제한되지 않으며, 분포질량법에서도 실용상 식 (8.2.38)을 사용하여도 별 차이가 없다.

식 (8.2.38)에 $[H^{③}]$을 곱하면 다음과 같이 된다.

$$[H^{③}]\{f_g^{③}\} = [H^{③}][H^{③}]^T[k^{③}][H^{③}]\{\overline{U}\} \tag{8.2.39}$$

우변에 식 (5.2.149)를 대입하고 $[H^{③}][H^{③}]^T$는 (6×6)형의 단위매트릭스라는 것을 고려하고 좌변에 식 (8.2.31)을 대입하면 다음 식이 성립한다.

$$\{f_L^{③}\} = [k^{③}][H^{③}]\{\overline{U}\} = [k^{③}]\{\overline{U}^{③}\} \tag{8.2.40}$$

부재좌표계에 대한 강도매트릭스 $[k^{③}]$는 식 (5.2.133)에 주어져 있으며 부재좌표계에 대한 부재 ③의 부재단 상대변위는 식 (8.2.33)에 주어져 있으므로 부재단력은 다음과 같이 된다.

$$\{f_L^{③}\} = \left(f_{x_1}\ f_{y_1}\ m_{z_1}\ f_{x_2}\ f_{y_2}\ m_{z_2}\right)^T = (0.0\ 0.0\ 0.0\ 0.0\ 0.0\ 0.0)^T \tag{8.2.41}$$

여기서, f_{x_1}, f_{y_1}, f_{x_2}, f_{y_2}의 단위는 tf이며 m_{z_1}, m_{z_2}의 단위는 tf·m이다.

부재 ⑥에 대해서는 부재좌표계에 대한 강성매트릭스 $[k^{⑥}]$는 식 (5.2.136)에 주어져 있으며 부재좌표계에 대한 부재 ⑥의 부재단 상대변위는 식 (8.2.34)에 주어져 있으므로 부재단력은 다음과 같이 된다.

$$\begin{aligned}\{f_L^{⑥}\} &= [k^{⑥}]\{\overline{u}^{⑥}\} = \left(f_{x_4}\ f_{y_4}\ m_{z_4}\ f_{x_5}\ f_{y_5}\ m_{z_5}\right)^T \\ &= (0.0\ 202.50\ 1995.00\ 0.0\ -202.50\ -6045.00)^T\end{aligned} \tag{8.2.42}$$

이와 같이 하여 시각 10sec까지 응답계산을 한 결과, 부재단력의 절대치가 최대로 되는 부재단력 및 그 발생시각을 [표 8.2.5]에 나타내었다. [그림 5.2.2]에 나타낸 부재 ③은 경사케이블이므로 축력만 발생하고, 부재좌표계의 부재단력의 방향을 [그림 5.2.5]을 참조하여 고려하면, 시각 5sec에서 최대인장력 31.8tf가 발생하고 있음을 알 수 있다. 또한 이때에 하나의 케이블인 부재 ④의 축력의 절대치의 최대치는 압축력인 최대치 31.8tf가 된다는 것을 알 수 있다.

[표 8.2.5] 사장교의 부재단력 절대치의 최대치 및 그 시각

	i, j	f_{X_i}, f_{X_j}(tf)	sec	f_{Y_i}, f_{Y_j}(tf)	sec	m_{Z_i}, m_{Z_j}(tf·m)	sec
①	1	0.525×10^2	5.00	-0.284×10^2	5.00	-0.224×10^3	5.00
	4	-0.525×10^2	5.00	0.284×10^2	5.00	-0.911×10^3	5.00
②	3	-0.525×10^2	5.00	-0.284×10^2	5.00	-0.224×10^3	5.00
	4	0.525×10^2	5.00	0.284×10^2	5.00	-0.911×10^3	5.00
③	1	-0.318×10^2	5.00	0	5.00	0	5.00
	2	0.318×10^2	5.00	0	5.00	0	5.00
④	2	0.318×10^2	5.00	0	5.00	0	5.00
	3	-0.318×10^2	5.00	0	5.00	0	5.00
⑤	2	0	3.00	-0.303×10^2	4.00	-0.175×10^3	6.00
	4	0	3.00	0.303×10^2	4.00	-0.925×10^3	5.00
⑥	4	0	4.00	-0.275×10^3	3.00	0.301×10^4	5.00
	5	0	4.00	0.275×10^3	3.00	-0.598×10^4	4.00

경사케이블은 압축력으로 저항할 수 없지만, 경사케이블에는 지진에 의한 하중 외에 사하중, 활하중이 작용하므로 지진하중에 의해 압축력이 작용하더라도 일반적으로 사하중에 의한 축방향 인장력을 고려하면 경사케이블에는 항상 인장력이 작용하도록 설계되어 있고, 압축력에 의해 경사케이블이 휘어지는 경우는 없다. 이 사장교의 지진응답해석에서는 [표 4.3.1]에 나타낸 Elcentro 1940 N-S 지진동이 [그림 5.3.5]에 나타낸 X-축의 부(−)의 방향에서 정(+)의 방향으로 전파될 때 응답계산을 하는 것으로 되어있지만, 실제로 지진동이 전파되는 방향을 결정하는 것은 쉽지 않으므로, 지진응답해석에서는 같은 지진동이 X-축의 정(+)의 방향에서부터 부(−)의 방향으로 전파해오는 경우에 대해서도 고려할 필요가 있다. [그림 5.3.5]에 나타낸 사장교에 X-축의 정(+) 및 부(−)의 방향에서부터 지진동이 전파할 경우, Y-축에 관해서 그 변위특성은 대칭이기 때문에 부재단면력의 정부(±)값은 지진의 방향에 의해 역전한다. 그러므로 부재 ③에 대해서는 지진 시에 최대압축력 31.8tf가 발생할 경우, 부재 ④에 대해서는 지진 시에 최대인장력 31.8tf가 작용할 경우에 대해서도 설계할 필요가 있다. 부재 ⑥에 대해서도 같으며, [표 8.2.5]에 의하면, 절점 4, 5에는 부재좌표계로 각각 m_{z_4} =3,010tf·m, m_{z_5} =−5,980tf·m의 휨모멘트가 발생하고 있지만, 단면설계에 있어서는 m_{z_4} =−3,010tf·m, m_{z_5} = 5,980tf·m인 경우도 고려할 필요가 있다. 결국 지진응답해석에서는 단면력의 절대치의 최대치가 필요하며, 단면력의 정부(±)는 중요하지 않다. 또한 m_{z_4} =3,010tf·m는 시각 5sec에 발생하고 있고,

$m_{z_5} = -5,980\text{tf}\cdot\text{m}$는 시각 4sec에 발생하고 있다. 이와 같이 각 절점의 단면력의 절대치의 최대치는 반드시 같은 시각에 발생하지 않는다.

여기서는 부재단면에 대한 단면의 설계에 대해 기술하였지만, 실제로는 단면력의 최대치는 반드시 부재단에서 발생하는 것은 아니며, 단면력의 최대치가 부재단인 경우에도 경제적인 설계를 위해서는 부재단의 중간의 단면력을 구할 필요가 있다. 부재단간의 단면력은 부재단력을 사용하여 구할 수도 있지만, [그림 5.3.6]에 나타낸 것과 같이 절점수를 증가시켜가면 부재단간의 거리는 짧게 되며 해석 정도가 높기 때문에 부재단력만을 사용하여 설계하여도 충분하다.

8.3 지진진동과 고유모드·고유진동수

지진진동 $\ddot{X}_G$를 Fourier 급수로 전개하면 식 (4.2.3), (4.2.18)에 의해 다음 식을 얻을 수 있다.

$$\ddot{X}_G = A_1 + X_1 \cdot \cos\omega_1 t' + X_2 \cdot \cos\omega_2 t' + \cdots + X_k \cdot \cos\omega_k t' + \cdots \tag{8.3.1}$$

이 지진진동이 사장교에 작용할 경우의 응답을 계산하기 위해 Fourier 급수의 전개성분 A_1, $X_1 \cdot \cos\omega_1 t'$, $X_2 \cdot \cos\omega_2 t' \cdots X_k \cdot \cos\omega_k t' \cdots$가 지진진동으로 각각 작용할 경우를 고려해보자. 일반화 좌표에 대한 i차 모드의 운동방정식 식 (8.2.24)에 의해 정수항 A_1이 작용했을 경우는 다음과 같이 된다.

$$\ddot{q}_i + 2\xi_i\omega_i\dot{q}_i + \omega_i^2 q_i = -\beta_i A_1$$

또는 식 (8.2.20), (8.2.21)을 사용하면 다음과 같이 된다.

$$M_i\ddot{q}_i + C_i\dot{q}_i + K_i q_i = -\beta_i M_i A_1 \tag{8.3.2}$$

이 경우의 상대변위 $\{\overline{U}\}_{const}$는 식 (8.2.1)과 (8.1.16)에 의해 다음과 같이 된다.

$$\{\overline{U}\}_{const} = \{\phi\}_1 q_{1,const} + \{\phi\}_2 q_{2,const} + \cdots + \{\phi\}_{15} q_{15,const} \tag{8.3.3}$$

여기서 예를 들면 $q_{i,const}$는 정수항 $-\beta_i A_1$에 의한 i차 진동의 일반화 좌표 q_i의 응답을 나타낸다. 여현항 $X_k \cdot \cos\omega_k t'$가 작용할 경우는 다음 식이 성립한다.

$$\ddot{q}_i + 2\xi_i\omega_i\dot{q}_i + \omega_i^2 q_i = -\beta_i X_k \cdot \cos\omega_k t' \tag{8.3.4}$$

여기서 $k = 1,\ 2,\ \cdots$ 이 경우의 상대변위 $\{\overline{U}\}_k$는 식 (8.2.1)과 (8.1.16)에 의해 다음과 같이 된다.

$$\{\overline{U}\}_K = \{\phi\}_1 q_{1,k} + \{\phi\}_2 q_{2,k} + \cdots + \{\phi\}_{15} q_{15,k} \tag{8.3.5}$$

여기서 예를 들면 $q_{i,k}$는 여현함수 $-\beta_i X_k \cdot \cos\omega_k t'$에 의한 i차 진동의 일반화좌표 q_i의 응답을 나타낸다. 따라서 지진진동이 사장교에 작용할 때 상대응답변위 $\{\overline{U}\}$는 식 (8.3.3)과 (8.3.5)을 중첩시킴으로써 다음과 같이 된다.

$$\{\overline{U}\} = \{\overline{U}\}_{const} + \{\overline{U}\}_1 + \{\overline{U}\}_2 + \cdots + \{\overline{U}\}_k + \cdots \tag{8.3.6}$$

식 (8.3.2)의 일반화좌표의 변위 q_i는 식 (4.2.17)을 참조하여 하중 $-\beta_i M_i A_1$이 스프링 정수 K_i의 환산 1-자유도계에 정적으로 작용 시 변위의 2배를 넘지 않는다.

식 (8.3.4)의 일반화좌표의 변위 $q_{i,k}$는 식 (4.2.20)과 (4.2.21)를 참조하면 다음과 같이 된다.

$$q_{i,k} = e^{-\xi\omega_i t'}(A_i \cdot \cos\omega_{d_i} t' + B_i \cdot \sin\omega_{d_i} t') + \frac{-\beta_i \cdot X_k}{\omega_i^2}\eta_{D_{i,k}} \cdot \cos(\omega_k t' - \zeta_{i,k}) \tag{8.3.7}$$

여기서 $\omega_{d_i} = \omega_i\sqrt{1-\xi_i^2}$, 또한 A_i, β_i는 적분정수로 식 (4.2.18)에 의해 $t = 0$일 때, 즉 $t' = \phi_k/\omega_k$일 때 교량은 정지하고 있다는 초기조건[예를 들어 식 (7.2.216)과 (7.2.231) 참조]에 의해 구할 수 있다.

여기서 $\eta_{D_{i,k}}$ 는 식 (4.2.20), (4.2.22), (8.2.4), (8.2.5), (8.2.20)을 참조하면, 여현함수의 절대치의 최대치 $M_i\beta_iX_k$가 질량 M_i, 스프링 정수 K_i의 환산 1-자유도계에 정적으로 작용 시의 변위에 대한 응답배율(변위응답배율)로 다음과 같이 된다.

$$\eta_{D_{i,k}} = \frac{1}{\sqrt{\left(1 - \frac{\omega_k^2}{\omega_i^2}\right)^2 + \frac{4\xi_i^2\omega_k^2}{\omega_i^2}}} \tag{8.3.8}$$

변위응답배율은 식 (4.2.25)를 참조하면, $\omega_k = \omega_i$일 때 최대가 된다는 것을 알 수 있다.

따라서 일반화 좌표의 i차 모드의 변위 $q_{i,k}$가 크게 되는 것은 자극계수 β_i, 진폭 X_k, 변위응답배율 $\eta_{D_{i,k}}$이 크기 때문이다. 진폭 X_k가 클 때, 그 고유원진동수 ω_k는 지진진동의 탁월원진동수라 한다. 사장교에는 15개의 고유원진동수가 존재하지만, 그중 하나인 ω_i가 ω_k와 일치하고 있을 때에는 식 (8.3.8)에 있어서 모드감쇠 ξ_i는 1에 비해 매우 작으므로, 변위응답배율은 극대로 크게 되어 결국 공진한다. 이때에 상대변위의 진동형은 식 (8.3.5)에 의해 $\{\phi\}_iq_{i,k}$가 지배적이다.

다음에는 사장교를 진동대([그림 4.2.11] 참조) 위에 놓이는 경우의 상대변위를 구해보자. 진동대의 진폭 X_k, 즉 식 (8.3.4)의 X_k가 일정하며, 고유원진동수 ω_k를 서서히 증가시킬 경우, $\omega_k = \omega_1$일 때 $q_{1,k}$가 그 외의 모드의 $q_{i,k}$가 매우 크게 되므로, 그 진동형은 식 (8.3.5)에 의해, $\{\phi\}_1q_{1,k}$가 탁월하다. 그러므로 충분히 시간이 경과한 후에는 식 (8.3.7)에서 우변 제1항은 매우 작으므로, 절점의 최대 변위를 측정함으로써 제1차 모드감쇠가 구해진다. 예를 들어 절점 1의 최대상대변위를 $\overline{U}_{1\,\text{max}}$로 하면, 식 (8.3.8)에 의해 $\omega_k = \omega_1$이므로 다음 식이 성립한다.

$$\overline{U}_{1\,\text{max}} = \frac{|\beta_1 \cdot X_k|}{\omega_1^2} \cdot \frac{|\phi_{11}|}{2\xi_1}$$

따라서 ξ_1은 다음과 같이 된다.

$$\xi_1 = \frac{|\beta_1 \cdot X_k|}{2\omega_1^2} \cdot \frac{|\phi_{11}|}{\overline{U}_{1\,\text{max}}}$$

이하 순서는 [그림 8.1.1]에 나타낸 2차 모드로부터 15차 모드의 진폭비를 갖는 진동형이 나타난다. 다만 X–방향의 자극계수가 0인 3차 모드와 같은 경우는 진동형은 나타나지 않는다. [그림 8.1.1]에서 고유주기가 긴 저차의 모드에는 상부구조가 주로 변형하고, 고차의 모드에서는 기초구조의 변위가 크게 되는 것은 상부구조 부분이 유연함으로 고유주기가 길고 진동대가 저진동수로 진동할 때 공진하고, 기초구조는 일반적으로 강함으로 고유주기가 짧고 진동대가 고진동수로 진동할 때 공진하기 때문이다.

8.4 응답스펙트럼에 의한 구조물의 지진응답해석

일반화 좌표에 대한 i차 모드의 운동방정식 식 (8.2.23)의 해는 2–자유도계의 일반화 좌표에 대한 변위인 식 (7.2.231)과 (7.2.232)를 참조하면 다음과 같이 된다.

$$q_i = -\left(C_{v_i}/\omega_{d_i}\right) \cdot \sin\left(\omega_{d_i}t + \gamma_i\right) \tag{8.4.1}$$

여기서,

$$C_{v_i} = e^{\xi_i \omega_i t} \sqrt{A_{D_i}^2(t) + B_{D_i}^2(t)} \tag{8.4.2}$$

$$A_{D_i}(t) = \int_0^t \beta_i \ddot{X}_G(\tau) \cdot e^{\xi_i \omega_i t} \cdot \cos\omega_{d_i}\tau \ d\tau \tag{8.4.3}$$

$$B_{D_i}(t) = \int_0^t \beta_i \ddot{X}_G(\tau) \cdot e^{\xi_i \omega_i t} \cdot \sin\omega_{d_i}\tau \ d\tau \tag{8.4.4}$$

$$\omega_{d_i} = \omega_i \sqrt{1 - \xi_i^2} \tag{8.4.5}$$

또한 일반화 좌표에 대한 속도는 식 (7.2.214)에 의해 다음과 같이 된다.

$$\dot{q}_i = -C_{v_i} \cdot \cos\left(\omega_{d_i}t + \gamma_i\right) \tag{8.4.6}$$

지진동이 작용할 때 1–자유도계 운동방정식 식 (7.2.207)의 상대응답속도 $\dot{u}$ 의 절대치의 최대치는 고유원진동수 ω_n, 감쇠정수 h 일 때, 4.3.2절에 의해 속도 응답스펙트럼 $S_v(\omega_n, h)$ 로 주어진다.

식 (7.2.207)과 일반 좌표에 대한 i차 진동의 운동방정식 식 (8.2.23)을 비교하면, 후자의 입력지진동은 전자의 지진진동보다 β_i만큼 크므로, 제i차 진동의 속도를 나타낸 식 (8.4.6)의 절대치의 최대치 S_{V_i}는 다음 식으로 주어진다.

$$S_{V_i} = C_{V_{i\ \max}} = \beta_i \cdot S_V(T_i, \xi_i) \tag{8.4.7}$$

여기서 $C_{V_{i\ \max}}$는 C_{V_i}의 최대치이다. 가속도 응답스펙트럼, 변위 응답스펙트럼을 사용하면 식 (4.3.33)과 (4.3.34)에 의해 다음과 같이 된다.

$$S_{V_i} = C_{V_{i\ \max}} = \beta_i \cdot S_A(T_i, \xi_i)/\omega_i = \beta_i \omega_{d_i} \cdot S_D(T_i, \xi_i) \tag{8.4.8}$$

여기서, $T_i = 2\pi/\omega_i$로 제i차 고유주기, ξ_i는 제i차 모드감쇠이다. 따라서 식 (8.4.1)에 나타낸 일반화 좌표에 대한 i차 진동모드 변위 q_i의 절대치의 최대치 $q_{i\ \max}$는 식 (8.4.8)을 사용하면 다음과 같다.

$$q_{i\ \max} = C_{V_{i\ \max}}/\omega_{d_i} = \beta_i \cdot S_A(T_i, \xi_i)/\omega_i^2 = \beta_i T_i^2 \cdot S_A(T_i, \xi_i)/(4\pi^2) \tag{8.4.9}$$

식 (8.4.5)에서 모드감쇠 ξ_i는 1에 비해 작으므로 식 (8.4.5)에 의해 $\omega_{d_i} \fallingdotseq \omega_i$로 하였다.

사장교의 절점의 상대변위는 식 (8.2.1)과 (8.1.16)을 사용하면 다음과 같이 된다.

$$\{\overline{U}\} = \{\phi\}_1 q_1 + \{\phi\}_2 q_2 + \cdots + \{\phi\}_{15} q_{15} \tag{8.4.10}$$

따라서 2-자유도계의 최대 응답치인 식 (7.2.243)을 유도한 것과 같이 SRSS법을 사용하면 사장교의 절점의 상대변위의 절대치의 최대치는 다음과 같이 된다.

$$\left\{\begin{array}{c} \overline{U}_{1\ \max} \\ \overline{V}_{1\ \max} \\ \Theta_{1\ \max} \\ \vdots \\ \Theta_{15\ \max} \end{array}\right\} = \left\{\begin{array}{c} \sqrt{(\phi_{1\ 1}\, q_{1\ \max})^2 + (\phi_{1\ 2}\, q_{2\ \max})^2 + \cdots + (\phi_{1\ 15}\, q_{15\ \max})^2} \\ \sqrt{(\phi_{2\ 1}\, q_{1\ \max})^2 + (\phi_{2\ 2}\, q_{2\ \max})^2 + \cdots + (\phi_{2\ 15}\, q_{15\ \max})^2} \\ \sqrt{(\phi_{3\ 1}\, q_{1\ \max})^2 + (\phi_{3\ 2}\, q_{2\ \max})^2 + \cdots + (\phi_{3\ 15}\, q_{15\ \max})^2} \\ \vdots \\ \sqrt{(\phi_{15\ 1}\, q_{1\ \max})^2 + (\phi_{15\ 2}\, q_{2\ \max})^2 + \cdots + (\phi_{15\ 15}\, q_{15\ \max})^2} \end{array}\right\} \tag{8.4.11}$$

[표 8.4.1] Elcentro 1940 N-S 가속도 응답스펙트럼(최대 가속도 150Gal, h=5%)

T(sec)	h	S_A(Gal)	t(sec)	T(sec)	h	S_A(Gal)	t(sec)
0.020	0.050	−149.99	2.140	0.320	0.050	302.25	2.640
0.023	0.050	−149.54	2.140	0.330	0.050	292.54	2.650
0.025	0.050	−150.29	2.140	0.340	0.050	275.87	2.680
0.028	0.050	−150.59	2.140	0.350	0.050	264.94	2.680
0.030	0.050	−150.61	2.140	0.360	0.050	−256.33	4.740
0.033	0.050	−151.45	2.140	0.370	0.050	−267.42	4.760
0.035	0.050	−152.09	2.140	0.380	0.050	−254.74	4.780
0.038	0.050	−152.36	2.140	0.390	0.050	244.89	2.720
0.040	0.050	−149.93	2.140	0.400	0.050	248.94	2.720
0.043	0.050	−146.62	4.680	0.410	0.050	253.71	2.740
0.045	0.050	171.78	4.980	0.420	0.050	258.38	2.740
0.048	0.050	193.29	4.580	0.430	0.050	263.59	2.360
0.050	0.050	199.42	4.580	0.440	0.050	282.19	2.360
0.053	0.050	213.73	5.000	0.450	0.050	312.28	5.080
0.055	0.050	226.05	5.000	0.460	0.050	334.18	5.100
0.058	0.050	233.84	4.580	0.470	0.050	330.67	2.380
0.060	0.050	243.65	4.580	0.480	0.050	342.89	2.380
0.063	0.050	220.74	4.580	0.490	0.050	351.33	2.400
0.065	0.050	222.08	2.480	0.500	0.050	359.64	2.400
0.068	0.050	199.04	2.480	0.520	0.050	−378.96	2.180
0.070	0.050	206.20	5.020	0.540	0.050	−390.70	2.200
0.073	0.050	191.94	2.620	0.560	0.050	−393.15	2.200
0.075	0.050	196.02	2.620	0.580	0.050	−384.64	2.220
0.078	0.050	226.91	2.480	0.600	0.050	−369.49	2.220
0.080	0.050	249.06	2.480	0.620	0.050	−350.51	2.240
0.083	0.050	254.34	2.480	0.640	0.050	−329.47	2.240
0.085	0.050	248.90	2.480	0.660	0.050	−308.20	2.260
0.088	0.050	227.35	2.480	0.680	0.050	−287.95	2.260
0.090	0.050	217.65	4.600	0.700	0.050	−267.44	2.260
0.093	0.050	229.04	4.600	0.720	0.050	259.66	2.680
0.098	0.050	−254.22	4.660	0.740	0.050	254.08	2.700
0.100	0.050	−242.80	4.660	0.760	0.050	248.36	2.720
0.105	0.050	241.88	2.240	0.780	0.050	242.28	2.740
0.110	0.050	−263.15	4.680	0.800	0.050	236.30	2.740
0.115	0.050	247.76	2.500	0.820	0.050	−248.26	5.780
0.120	0.050	271.92	2.500	0.840	0.050	−259.99	5.820
0.130	0.050	332.01	2.640	0.860	0.050	−256.39	5.840
0.140	0.050	303.32	2.660	0.880	0.050	−239.67	5.880
0.150	0.050	243.39	3.560	0.900	0.050	−221.33	4.200
0.160	0.050	231.54	2.260	0.950	0.050	−223.78	4.320
0.170	0.050	301.25	2.260	1.000	0.050	−224.19	4.400
0.180	0.050	307.71	2.280	1.050	0.050	−203.81	4.460
0.190	0.050	280.29	2.280	1.100	0.050	−167.28	4.500
0.200	0.050	277.18	2.520	1.150	0.050	−153.06	5.880
0.210	0.050	289.32	2.520	1.200	0.050	−148.33	5.940
0.220	0.050	286.88	2.520	1.250	0.050	−130.14	6.020
0.230	0.050	320.87	2.540	1.300	0.050	−108.01	6.060
0.240	0.050	370.43	2.540	1.350	0.050	−89.62	6.080
0.250	0.050	392.40	2.560	1.400	0.050	−80.20	6.100
0.260	0.050	388.04	2.560	1.450	0.050	−78.78	6.100
0.270	0.050	360.16	2.580	1.500	0.050	−80.55	6.120
0.280	0.050	320.85	2.600	1.600	0.050	−81.13	6.180
0.290	0.050	308.69	2.600	1.700	0.050	79.36	8.840
0.300	0.050	303.34	2.620	1.800	0.050	73.74	8.940
0.310	0.050	303.74	2.620	1.900	0.050	−68.80	6.360

Elcentro 1940 N-S의 가속도 응답스펙트럼 $S_A(T, h)$를 [그림 8.4.1]과 [표 8.4.1]에 나타내었다. 다만 $h = 0.05$로 하였다. i차 진동의 고유주기, 자극계수는 [표 8.1.1]에 주어졌으며, i차 진동의 모드감쇠는 식 (8.2.25)에서 모두 $\xi_i = 0.05(i = 1, 2 \cdots 15)$로 했으므로 식 (8.4.9)에 의해 $q_{i\ max}$를 계산할 수 있다. 또한 모드매트릭스는 식 (8.1.17)에 주어져 있으므로 식 (8.4.11)에 의해 상대변위의 절대치의 최대치를 계산한다.

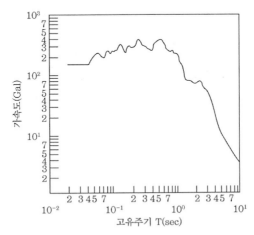

[그림 8.4.1] Elcentro 1940 N-S 가속도 응답스펙트럼(최대 가속도 150Gal, h=5%)

절대가속도는 식 (8.2.30)에 주어졌지만 식 (7.2.244)를 참조하면 다음과 같이 된다.

$$\{\ddot{U}\} = \{\phi\}_1\, \omega_1 \cdot C_{V_1} \cdot \sin(\omega_{d_1} + \gamma_1 + \gamma'_1) + \{\phi\}_2\, \omega_2 \cdot C_{V_2} \cdot \sin(\omega_{d_2} + \gamma_2 + \gamma'_2) +$$
$$\cdots + \{\phi\}_{15}\, \omega_{15} \cdot C_{V_{15}} \cdot \sin(\omega_{d_{15}} + \gamma_{15} + \gamma'_{15}) \tag{8.4.12}$$

그러므로 i차 모드의 절대가속도의 절대치가 최대치로 될 때의 절대가속도는 식 (8.4.8)을 사용하면 다음과 같이 된다.

$$\{\ddot{U}\}_{i+h\ max} = \{\phi\}_i\, \omega_i \cdot C_{V_{i\ max}} = \{\phi\}_i\, \beta_i \cdot S_A(T_i, \xi_i) \tag{8.4.13}$$

그러므로 SRSS법에 의해 절점의 최대 응답 절대가속도는 다음과 같이 된다.

$$\begin{Bmatrix} \ddot{U}_{1\,max} \\ \ddot{V}_{1\,max} \\ \ddot{\Theta}_{1\,max} \\ \vdots \\ \ddot{\Theta}_{15\,max} \end{Bmatrix} = \begin{Bmatrix} \sqrt{(\phi_{11}\,\beta_1 \cdot S_A(T_1,\xi_1))^2 + \cdots + (\phi_{1\,15}\,\beta_{15} \cdot S_A(T_{15},\xi_{15}))^2} \\ \sqrt{(\phi_{21}\,\beta_1 \cdot S_A(T_1,\xi_1))^2 + \cdots + (\phi_{2\,15}\,\beta_{15} \cdot S_A(T_{15},\xi_{15}))^2} \\ \sqrt{(\phi_{31}\,\beta_1 \cdot S_A(T_1,\xi_1))^2 + \cdots + (\phi_{3\,15}\,\beta_{15} \cdot S_A(T_{15},\xi_{15}))^2} \\ \vdots \\ \sqrt{(\phi_{15\,1}\,\beta_1 \cdot S_A(T_1,\xi_1))^2 + \cdots + (\phi_{15\,15}\,\beta_{15} \cdot S_A(T_{15},\xi_{15}))^2} \end{Bmatrix} \qquad (8.4.14)$$

절점 1의 X-방향의 상대변위의 절대치의 최대치 $\overline{U}_{1\,max}$와 절대가속도의 절대치의 최대치 $\ddot{U}_{1\,max}$를 [표 8.4.2]에 나타내었다. 표에는 이들을 계산에 필요한 i차 진동모드의 고유주기, 모드 감쇠 $\xi_i = 0.05$일 때의 가속도 응답스펙트럼 값 $S_A(T_i, \xi_i)$, 모드 성분 ϕ_{11}, ϕ_{12} $\cdots$ ϕ_{15}, 자극계수 β_1, β_2 $\cdots$ β_{15}를 같이 나타내었다. 변위는 SRSS법에 의해 $\overline{U}_{1\,max} = 0.75\text{cm}$가 되며, 한편 시각이력 응답해석결과의 값은 [표 8.2.3]에 의해 0.75cm가 되므로, 두 방법의 결과는 잘 일치하고 있다. 또한 가속도는 SRSS법에 의하면 $\ddot{U}_{1\,max} = 405\text{Gal}$이 되고, 시각이력응답해석결과의 값은 [표 8.2.4]에 의하면 391Gal로서 이 경우도 서로 잘 일치하고 있다. 그리고 예로 부재 ①의 부재단력을 계산해보자. 부재 ①의 부재단력은 식 (8.2.39)를 참조하면 다음과 같이 된다.

$$\{f_L^①\} = [k^①][H^①]\{\overline{U}\} \qquad (8.4.15)$$

$$\{f_L^①\}^T = (f_{x1}\ f_{y1}\ m_{z1}\ f_{x4}\ f_{y4}\ m_{z4}) \qquad (8.4.16)$$

여기서 $[k^①]$은 식 (5.2.131)에 주어졌으며 $[H^①]$는 식 (5.2.146)을 참조하면 다음과 같이 된다.

$$[H^①] = \begin{bmatrix} I_{3\times3} & 0_{3\times3} & 0_{3\times3} & 0_{3\times3} & 0_{3\times3} \\ 0_{3\times3} & 0_{3\times3} & 0_{3\times3} & I_{3\times3} & 0_{3\times3} \end{bmatrix} \qquad (8.4.17)$$

식 (8.4.15)에 식 (8.4.10)을 대입하면 다음과 같이 된다.

$$\{f_L^①\} = [k^①][H^①]\{\phi\}_1 q_1 + [k^①][H^①]\{\phi\}_2 q_2 + \cdots + [k^①][H^①]\{\phi\}_{15} q_{15} \qquad (8.4.18)$$

여기서 $[k^①][H^①]\{\phi\}_1$ $\cdots$ $[k^①][H^①]\{\phi\}_{15}$는 (6×1)형 벡터로 다음과 같다.

$$\{\phi^①\}_i = [k^①][H^①]\{\phi\}_i \qquad (8.4.19)$$

부재단력은 변위가 크게 되는 만큼 그 절대치는 크게 됨으로 q_i의 절대치의 최대치인 식 (8.4.9)에 주어진 $q_{i\max}$를 사용하면 SRSS법에 의해 부재단력은 다음과 같이 된다.

$$\begin{Bmatrix} f_{x1}^{①} \\ f_{y1}^{①} \\ m_{z1}^{①} \\ f_{x4}^{①} \\ f_{y4}^{①} \\ m_{z4}^{①} \end{Bmatrix} = \begin{Bmatrix} \sqrt{(\phi_{1\,1}\,q_{1\,\max})^2 + (\phi_{1\,2}\,q_{2\,\max})^2 + \cdots + (\phi_{1\,15}\,q_{15\,\max})^2} \\ \sqrt{(\phi_{2\,1}\,q_{1\,\max})^2 + (\phi_{2\,2}\,q_{2\,\max})^2 + \cdots + (\phi_{2\,15}\,q_{15\,\max})^2} \\ \vdots \\ \sqrt{(\phi_{6\,1}\,q_{1\,\max})^2 + (\phi_{6\,2}\,q_{2\,\max})^2 + \cdots + (\phi_{6\,15}\,q_{15\,\max})^2} \end{Bmatrix} \tag{8.4.20}$$

여기서 ϕ_{ji}는 i차 모드의 자유도 j성분을 나타낸다.

[표 8.4.2] 사장교 절점 1의 X-방향의 상대변위의 절대치의 최대치와 절대가속도의 절대치의 최대치

i	T_i(sec)	$S_A(T_i, \xi_i)$(Gal)	ϕ_{1i}	β_i	$\ddot{U}_{1i\,\max}$(Gal)	$\overline{U}_{1i\,\max}$(cm)
1	0.8134	241	−0.0560	−0.9617	13	0.22
2	0.2657	371	0.7333	1.4783	402	0.72
3	0.2157	286	−0.0448	−0.0000	0	0
4	0.1267	313	0.2232	1.4139	28	0.01
5	0.1243	292	0.1011	−0.0000	0	0
6	0.0951	248	−0.0700	1.4139	−25	−0.01
7	0.0739	194	−0.0619	−0.0000	0	0
8	0.0730	192	−0.1941	0.8298	−31	0
9	0.0541	227	0.1340	0.0173	1	0
10	0.0384	152	1.0000	0.0000	0	0
11	0.0315	151	1.0000	0.0392	6	0
12	0.0304	151	−0.0998	0.0000	0	0
13	0.0234	150	−0.9546	0.0094	1	0
14	0.0163	150	−0.0158	−0.0000	0	0
15	0.0120	150	−0.0397	0.0034	0	0

SRSS법 405Gal 0.75cm(시각력법 391Gal 0.75cm)

[표 8.4.3]과 [표 8.4.4]에 각각 f_{x1}, f_{y1}, m_{z1}와 f_{x4}, f_{y4}, m_{z4}를 나타내었다. $q_{i\,\max}$의 계산에 필요한 T_i, $S_A(T_i, 0.05)$, ϕ_{ij}, β_i를 같이 나타내었다.

[표 8.4.3] 부재 ①의 절점 1에 발생하는 절대최대의 부재단력

i	T_i(sec)	$S_A(T_i, \xi_i)$(Gal)	ϕ_{1i}	β_i	$f_{x1i①}$(tf)
1	0.8134	241	−7.5	−0.9617	0.3
2	0.2657	371	14,186.3	1.4783	139.1
3	0.2157	286	−16,792.5	−0.0000	0
4	0.1267	313	−16,698.8	0.4019	−8.5
5	0.1243	292	37,893.8	0.0000	0
6	0.0951	248	−9,330.0	1.4139	−7.5
7	0.0739	194	−23,223.8	−0.0000	0
8	0.0730	192	−17,730.0	0.8298	−3.8
9	0.0541	227	65,100.0	0.0173	0.2
10	0.0384	152	375,000.0	0.0000	0
11	0.0315	151	466,657.5	0.0392	0.7
12	0.0304	151	−37,432.5	0.0000	0
13	0.0234	150	−609,911.3	0.0094	0.1
14	0.0163	150	−5,936.3	−0.0000	0
15	0.0120	150	−17,156.3	0.0034	0.0

SRSS법 139tf(시각력법 53.5tf)

i	T_i(sec)	$S_A(T_i, \xi_i)$(Gal)	ϕ_{2i}	β_i	$f_{y1i①}$(tf)
1	0.8134	241	−755.4	−0.9617	29.3
2	0.2657	371	−2,621.8	1.4783	−25.7
3	0.2157	286	3,965.1	−0.0000	0
4	0.1267	313	8,244.4	0.4019	4.2
5	0.1243	292	−5,953.0	0.0000	0
6	0.0951	248	−5,115.9	1.4139	−4.1
7	0.0739	194	−7,739.3	−0.0000	0
8	0.0730	192	8,926.9	0.8298	1.9
9	0.0541	227	3,549.1	0.0173	0
10	0.0384	152	−818.5	0.0000	0
11	0.0315	151	−2,693.6	0.0392	0
12	0.0304	151	1,436.2	0.0000	0
13	0.0234	150	−1,7192.9	0.0094	0
14	0.0163	150	9,359.2	−0.0000	0
15	0.0120	150	−38,893.5	0.0034	0

SRSS법 39.5tf(시각력법 −28.4tf)

i	T_i(sec)	$S_A(T_i, \xi_i)$(Gal)	ϕ_{3i}	β_i	$m_{z1i\text{①}}$(tf·m)
1	0.8134	241	−3,960.0	−0.9617	153.8
2	0.2657	371	−26,782.5	1.4783	−262.7
3	0.2157	286	88,248.8	−0.0000	0
4	0.1267	313	231,934.1	0.4019	118.6
5	0.1243	292	−123,406.7	0.0000	0
6	0.0951	248	−181,740.0	1.4139	−146.0
7	0.0739	194	−224,907.8	−0.0000	0
8	0.0730	192	248.730	0.8298	53.5
9	0.0541	227	101,040.9	0.0173	0.3
10	0.0384	152	−24,789.2	0.0000	0
11	0.0315	151	−66,288.0	0.0392	−0.1
12	0.0304	151	39,614.1	0.0000	0
13	0.0234	150	−353,567.3	0.0094	−0.1
14	0.0163	150	242,099.3	−0.0000	0
15	0.0120	150	−797,985.0	0.0034	0

SRSS법 361.8tf·m(시각력법 −224tf·m)

[표 8.4.4] 부재 ①의 절점 4에 발생하는 절대 최대의 부재단력

i	T_i(sec)	$S_A(T_i, \xi_i)$(Gal)	ϕ_{1i}	β_i	$f_{x4i\text{①}}$(tf)
1	0.8134	241	7.5	−0.9617	−0.3
2	0.2657	371	−14,186.3	1.4783	−139.1
3	0.2157	286	16,792.5	−0.0000	0
4	0.1267	313	16,698.8	0.4019	8.5
5	0.1243	292	−37,893.8	0.0000	0
6	0.0951	248	9,330.0	1.4139	7.5
7	0.0739	194	23,223.8	−0.0000	0
8	0.0730	192	17,730.0	0.8298	3.8
9	0.0541	227	−65,100.0	0.0173	−0.2
10	0.0384	152	−375,000.0	0.0000	0
11	0.0315	151	−466,657.5	0.0392	−0.7
12	0.0304	151	37,432.5	0.0000	0
13	0.0234	150	609,911.3	0.0094	0.1
14	0.0163	150	5,936.3	−0.0000	0
15	0.0120	150	17,156.3	0.0034	0.0

SRSS법 139.6tf(시각력법 −52.5tf)

i	T_i(sec)	$S_A(T_i,\xi_i)$(Gal)	ϕ_{2i}	β_i	$f_{y4i①}$(tf)
1	0.8134	241	755.4	−0.9617	−29.3
2	0.2657	371	2,621.8	1.4783	25.7
3	0.2157	286	−3,965.1	−0.0000	0
4	0.1267	313	−8,244.4	0.4019	−4.2
5	0.1243	292	5,953.0	0.0000	0
6	0.0951	248	5,115.9	1.4139	4.1
7	0.0739	194	7,739.3	−0.0000	0
8	0.0730	192	−8,926.9	0.8298	−1.9
9	0.0541	227	−3,549.1	0.0173	0
10	0.0384	152	818.5	0.0000	0
11	0.0315	151	2,693.6	0.0392	0
12	0.0304	151	−1,436.2	0.0000	0
13	0.0234	150	17,192.9	0.0094	0
14	0.0163	150	−9,359.2	−0.0000	0
15	0.0120	150	38,893.5	0.0034	0

SRSS법 39.5tf(시각력법 −28.4tf)

i	T_i(sec)	$S_A(T_i,\xi_i)$(Gal)	ϕ_{3i}	β_i	$m_{z4zi①}$(tf·m)
1	0.8134	241	−26,257.5	−0.9617	1019.9
2	0.2657	371	−78,090.0	1.4783	−765.9
3	0.2157	286	70,353.8	−0.0000	0
4	0.1267	313	97,841.6	0.4019	50.0
5	0.1243	292	−114,714.2	0.0000	0
6	0.0951	248	−22,897.5	1.4139	−18.4
7	0.0739	194	−84,665.3	−0.0000	0
8	0.0730	192	108,345.0	0.8298	23.3
9	0.0541	227	39,182.4	0.0173	0.1
10	0.0384	152	−7,951.7	0.0000	0
11	0.0315	151	−41,455.5	0.0392	−0.1
12	0.0304	151	17,834.1	0.0000	0
13	0.0234	150	−334,149.8	0.0094	−0.1
14	0.0163	150	132,269.3	−0.0000	0
15	0.0120	150	−757,755.0	0.0034	0

SRSS법 1,276.8tf·m(시각력법 −911tf·m)

최대 응답변위, 가속도가 시각이력해석결과와 잘 일치하고 있는데, 최대 응답 부재단력의 절대치는 시각이력응답해석이 작게 되어 있다. 이 원인은 시각이력해석에서 변위, 가속도는 0.02sec마다 계산하고 있지만, 부재단력은 1sec마다 계산하여 그 최대치를 파악하지 못하였기 때문이라 생각된다.

사장교의 응답에 미치는 각 차수의 고유진동모드의 영향을 고려해보자. 사장교의 상대변위는 식 (8.4.10), 일반화 좌표의 최대치는 식 (8.4.9)에 주어져 있으며 상대변위에 대해 영향이 큰 진동모드는 [표 8.4.2]에서 알 수 있는 것과 같이 자극계수, 고유주기, 가속도 응답스펙트럼이 큰 진동모드이다. 또한 진동모드 성분을 주시해보면, 성분이 크면 절점의 변위가 크다는 것을 알 수 있다. 고유주기는 고차모드로 될수록 작게 되고, 상대응답변위에서는 고유주기의 제곱의 효과이므로, 일반적으로 고차모드일수록 상대응답변위에 미치는 영향은 작다. 이 사장교의 절점 1의 X-방향에 대한 응답변위의 계산에서는 [표 8.4.2]에서 알 수 있듯이 2차 모드까지 고려하면 충분하다는 것을 알 수 있다. 예제로 사용한 사장교에서는 모든 고유주기, 고유진동모드를 구하였지만, 응답계산에서 모든 고유주기, 고유진동모드가 필요하지 않다는 것을 알 수 있다. 일반적으로 교량의 지진응답해석에 사용되는 고유치해석법으로는 고유주기가 큰 것부터 순서대로 고유주기, 고유진동모드를 구하는 방법을 선택하지만, 모든 자유도의 고유치를 구하기 위해서는 방대한 계산량을 필요로 함으로 적당한 차수로 계산할 필요가 있다. 절점 1의 X-방향에 대한 응답변위의 계산에는 2차 모드까지만 선택하여도 충분하지만 절점 5의 X-방향변위는 [그림 8.1.1]에 의해 6차 모드가 탁월하고, 회전변위는 2차 모드가 탁월하다. 1차, 2차, 6차 모드의 상대응답 최대수평변위와 최대회전변위는 식 (8.1.17)에 의해 진동모드 성분을 [표 8.1.1]에 의해 고유주기와 자극계수를, [표 8.4.2]에 의해 가속도 응답스펙트럼 값을 참조하면 다음과 같이 된다.

$$
\begin{aligned}
\phi_{13\ 1}\ q_{1\ \max} &= \phi_{13\ 1}\ \beta_1 T_1^2 \cdot S_A(T_1,\ \xi_1)/(4\pi^2) \\
&= -0.00176 \times (-0.9617) \times 0.8134^2 \times 241/(4\pi^2) \\
&= -0.00176 \times (-3.888) \\
&= 0.0068\,(\mathrm{cm})
\end{aligned} \tag{8.4.21}
$$

$$
\begin{aligned}
\phi_{15\ 1}\ q_{1\ \max} &= \phi_{15\ 1}\ \beta_1 T_1^2 \cdot S_A(T_1,\ \xi_1)/(4\pi^2) \\
&= 0.00191 \times (-0.9617) \times 0.8134^2 \times 241/(4\pi^2) \\
&= 0.00191 \times (-3.888) \\
&= 0.00743\,(\mathrm{rad})
\end{aligned} \tag{8.4.22}
$$

$$
\begin{aligned}
\phi_{13\ 2}\ q_{2\ \max} &= \phi_{13\ 2}\ \beta_2 T_2^2 \cdot S_A(T_2,\ \xi_2)/(4\pi^2) \\
&= 0.09415 \times 1.4783 \times 0.2657^2 \times 371/(4\pi^2)
\end{aligned}
$$

$$= 0.09415 \times 0.9817 \qquad (8.4.23)$$
$$= 0.0924 \, (\mathrm{cm})$$

$$\phi_{15\ 2}\, q_{2\ \max} = \phi_{15\ 2}\, \beta_2 T_2^2 \cdot S_A(T_2,\ \xi_2)/(4\pi^2)$$
$$= -\,0.02366 \times 1.4783 \times 0.2657^2 \times 371/(4\pi^2) \qquad (8.4.24)$$
$$= -\,0.02366 \times 0.9817$$
$$= 0.02323 \, (\mathrm{rad})$$

$$\phi_{13\ 6}\, q_{6\ \max} = \phi_{13\ 6}\, \beta_6 T_6^2 \cdot S_A(T_6,\ \xi_6)/(4\pi^2)$$
$$= 0.499 \times 1.4139 \times 0.0951^2 \times 248/(4\pi^2) \qquad (8.4.25)$$
$$= 0.4993 \times 0.0804$$
$$= 0.0401 \, (\mathrm{cm})$$

$$\phi_{15\ 6}\, q_{6\ \max} = \phi_{15\ 6}\, \beta_6 T_6^2 \cdot S_A(T_6,\ \xi_6)/(4\pi^2)$$
$$= 0.0181 \times 1.4139 \times 0.0951^2 \times 248/(4\pi^2) \qquad (8.4.26)$$
$$= 0.0181 \times 0.0804$$
$$= 0.0015 \, (\mathrm{rad})$$

기초(이 경우는 케이슨기초)의 수평변위는 1차 모드보다 2차, 6차 모드에서 매우 큰 영향을 주는 것으로 알고 있다. 특히 6차는 비교적 고차의 진동모드로 고유주기는 1차 모드의 1/9 정도지만 기초의 수평변위에 관한 이 모드는 고려할 필요가 있다. 기초의 상대수평변위가 구해지면, 식 (5.3.75)에 의해 $K_X U_5$가 기초전면에 작용하는 힘이 되며, 이것에 의해 최대수평 지반반력도를 구하고, 이것이 지반의 허용수평 지지력도 이내에 있는가를 조사하게 된다. 회전변위는 2차 모드가 탁월하다. 전도모멘트는 같은 식 (5.3.75)에 의해 $K_Z \Theta_5$가 되며, 기초저면에는 이들에 의해 발생하는 연직 지반반력도는 허용연직 지지력도를 넘지 않도록 설계하여야 한다.

또한 2차 모드의 기초의 수평회전변위 및 6차 모드의 기초에 수평변위에 의한 부재 ⑥의 절점 4([그림 8.1.1] 참조)에 작용하는 휨모멘트도 무시할 수 없다.

이와 같이 고유치해석을 몇 차 모드까지 선택할지는 각 차수의 모드가 응답에 미치는 영향을 고려할 필요가 있고, 일반적으로 확실하게 말할 수는 없지만, 다음에 기술하는 방법으로 필요한 차수를 효율적으로 결정할 수 있다.

8.3절에 기술한 것과 같이 고유치해석에서는 상부구조로부터 하부구조까지 특히 탁월모드(Peak Mode)가 나타나므로 이들을 빠뜨리지 않도록 주의할 필요가 있다. 특히 사장교와 같이 진동특성이

복잡한 교량에서는 정도는 나쁘더라도 자유도를 줄이고 예비계산으로 자극계수가 큰 상부구조로부터 하부구조까지 탁월모드를 파악할 필요가 있다. 그 다음에 해석 정도를 향상시키기 위하여 절점수를 증가시켜(자유도증가) 몇 차까지 고유치해석을 할 것인지 차수를 가정하여 고유치해석을 수행한 결과가 예비계산으로 구한 상부구조로부터 하부구조까지의 탁월모드를 모두 포함되어 있으면, 본 계산은 모든 교량부분의 탁월모드를 포함하고 절점수도 충분한 정도를 갖고 있다.

진도법에서는 교각 및 상부구조에 관성력을 작용시킴으로써 대체로 1차 모드에 가까운 변형을 사장교에 작용시켜 부재와 기초를 설계하지만, 동적해석의 결과, 1차 모드 이외의 모드도 응답에 중대한 영향을 미친다는 것을 알 수 있다.

진도법에서는 기초정부에 작용하는 연직력, 수평력, 전도모멘트를 1차 모드로 가정하여 구하여, 기초의 안정계산을 하지만, 실제로는 전술한 것과 같이 기초는 1차 모드에서는 수평변위나 회전변위는 작고 1차 모드로 구한 연직력, 수평력, 전도모멘트보다 고차모드의 기초의 변위로부터 구한 반력 $K_X U_5$, $K_Z \Theta_5$이 기초의 안정설계에 사용하는 기초주변지반으로부터 기초에 작용하는 외력이 된다.

제1차 모드에서는 기초는 거의 수평방향으로 변형하지 않으므로 진도법에서는 기초의 변형에 의한 부재 ⑥의 절점 4에 작용하는 휨모멘트, 결국 2차 모드와 6차 모드의 영향을 고려할 수 없다.

자극계수가 큰 탁월모드가 복수로 있는 교량이나 탁월모드가 하나만 있어도 진도법과 변형이 차이나는 교량에서는 동적응답해석에 의한 설계가 타당하다는 것을 이해할 수 있을 것이다.

8.5 유효질량

8.4절에서는 지진응답설계에 필요한 고유치해석에서 차수의 결정법에 대하여 기술하였지만 [그림 5.1.1]에 나타낸 2층 라멘과 같은 전단질점계에서는 유효한 방법이 있다.

2층 라멘의 부재 좌표계와 전체 좌표계를 [그림 7.2.4]에 나타낸 것과 같이 하면 전체 좌표계에 의한 부재 ①의 부재단력은 식 (8.2.38)을 참조하면 다음과 같이 된다.

$$\{f_g^{①}\} = [H^{①}]^T [k^{①}][H^{①}]\{\overline{U}\} \tag{8.5.1}$$

여기서 $\{f_g^{①}\}^T = (f_{x1}^{①} \quad f_{x2}^{①} \quad 0)$이고 $[k^{①}]$, $[H^{①}]$, $\{\overline{U}\}$는 각각 식 (7.2.143), (7.2.144), (7.2.145)에 주어져 있다. 부재 ②에 대해서도 같은 방법으로 다음과 같은 식이 성립된다.

$$\{f_g^{②}\} = [H^{②}]^T [k^{②}][H^{②}]\{\overline{U}\} \tag{8.5.2}$$

여기서, $\{f_g^{②}\} = (0 \quad f_{x2}^{②} \quad f_{x3}^{②})$이고 $[k^{②}]$, $[H^{②}]$는 각각 식 (7.2.146), (7.2.147)에 주어져 있다. 따라서 식 (8.5.1), (8.5.2)에 의해 다음 식이 성립된다.

$$\begin{Bmatrix} f_{x1}^{①} \\ f_{x2}^{①} + f_{x2}^{②} \\ f_{x3}^{②} \end{Bmatrix} = [K]^* \{\overline{U}\} \tag{8.5.3}$$

여기서

$$[K]^* = [H^{①}]^T [k^{①}][H^{①}] + [H^{②}]^T [k^{②}][H^{②}] \tag{8.5.4}$$

또는

$$[K]^* = \begin{bmatrix} k_1 & -k_1 & 0 \\ -k_1 & k & 0 \\ 0 & 0 & 0 \end{bmatrix} + \begin{bmatrix} 0 & 0 & 0 \\ 0 & k_2 & -k_2 \\ 0 & -k_2 & k_2 \end{bmatrix} = \begin{bmatrix} k_1 & -k_1 & 0 \\ -k_1 & k_1+k_2 & -k_2 \\ 0 & -k_2 & k_2 \end{bmatrix} \tag{8.5.5}$$

절점 3의 상대변위는 0(zero)이므로 절점 3의 자유도를 매트릭스에서 제외시키면 다음과 같이 된다.

$$\begin{Bmatrix} f_{x1}^{①} \\ f_{x2}^{①} + f_{x2}^{②} \end{Bmatrix} = [K]\{u\} \tag{8.5.6}$$

여기서 $[K]$와 $\{u\}$는 각각 식 (7.2.1)에서 사용된 것이다. 식 (8.5.6)에 식 (7.2.56)을 대입하면 다음과 같이 된다.

$$\begin{Bmatrix} f_{x1}^{①} \\ f_{x2}^{①} + f_{x2}^{②} \end{Bmatrix} = \omega_1^2 [M]\{\phi\}_1 q_1 + \omega_2^2 [M]\{\phi\}_2 q_2 \tag{8.5.8}$$

다만, 이 식에서 식 (7.2.73)을 사용하였다. 절점 1, 2에 작용하는 힘의 합은 다음과 같다.

$$f_{x1}^{①} + (f_{x2}^{①} + f_{x2}^{①}) \tag{8.5.9}$$

이것은 기초부의 절점 3에 작용하는 전단력이며 이것을 기초전단(base shear)이라고 한다. 1차 모드의 기초전단 Q_1은 다음과 같이 된다.

$$\{Q_1\} = \{1\}^T \omega_1^2 [M]\{\phi\}_1 q_1 \tag{8.5.10}$$

여기서 $\{Q_1\}$은 (1×1)형 매트릭스이다. 기초전단의 최대치 $Q_{1\max}$는 식 (7.2.231)과 (7.2.236)을 사용하면 다음과 같이 된다.

$$\{Q_{1\ \max}\} = \{1\}^T \beta_1 [M]\{\phi\}_1 \cdot S_A(T_1, \xi_1) \tag{8.5.11}$$

그런데 식 (7.2.179)의 전치매트릭스를 취하면 다음과 같이 된다.

$$\{\beta_1\} = \{1\}^T [M]\{\phi\}_1 / M_1 \tag{8.5.12}$$

이것을 식 (8.5.11)에 대입하면 다음과 같이 된다.

$$\{Q_{1\ \max}\} = \{\beta_1^2 M_1 \cdot S_A(T_1, \xi_1)\} \tag{8.5.13}$$

즉,

$$Q_{1\ \max} = \beta_1^2 M_1 \cdot S_A(T_1, \xi_1) \tag{8.5.14}$$

여기서 $\beta_1^2 M_1$은 제1차 모드의 유효질량이라고 한다. 같은 방법으로 2차 모드에 대해서도 다음 식이 성립한다.

$$Q_{2\,max} = \beta_2^2 M_2 \cdot S_A(T_2, \xi_2) \tag{8.5.15}$$

여기서, $\beta_2^2 M_2$는 제2차 모드의 유효질량이라고 한다. 그런데 식 (7.2.65)와 (7.2.202)를 사용하면 다음 식이 성립한다.

$$\begin{aligned}
\{1\}^T[M]\{1\} &= \{\beta_1 \ \beta_2\}[\varPhi]^T[M][\varPhi]\begin{Bmatrix}\beta_1\\\beta_2\end{Bmatrix} \\
&= \{\beta_1 \ \beta_2\}\begin{bmatrix}M_1 & 0\\0 & M_2\end{bmatrix}\begin{Bmatrix}\beta_1\\\beta_2\end{Bmatrix} \\
&= \beta_1^2 M_1 + \beta_2^2 M_2
\end{aligned} \tag{8.5.16}$$

질량매트릭스는 식 (7.2.1)에 주어져 있으므로 다음 식이 성립된다.

$$\{1\}^T[M]\{1\} = m_1 + m_2 \tag{8.5.17}$$

식 (8.5.16)과 (8.5.17)에 의해 다음 식이 성립된다.

$$\beta_1^2 M_1 + \beta_2^2 M_2 = m_1 + m_2 \tag{8.5.18}$$

결국 각 차수의 유효질량을 합한 것은 구조물의 전체질량이 된다. 여기서는 2-자유도계에 대하여 기술하였지만, 다-자유도 전단질점계에 대해서도 같은 모양이 된다. [그림 5.1.1]의 2-자유도계에 대한 유효질량을 계산해보자. 식 (7.2.188), (7.2.189), (7.2.190)을 사용하면 다음과 같이 된다.

$$\beta_1^2 M_1 = 1.2^2 \times 6.25 \times 10^4 = 9 \times 10^4 (\text{kg}) \tag{8.5.19}$$
$$\beta_2^2 M_2 = 0.4^2 \times 6.25 \times 10^4 = 1 \times 10^4 (\text{kg}) \tag{8.5.20}$$

또한 식 (7.2.3)에 의해 다음과 같이 된다.

$$m_1 + m_2 = 10 \times 10^4 (\text{kg}) \tag{8.5.21}$$

식 (8.5.18)이 성립된다는 것이 확인되었다. 제1차 모드, 제2차 모드의 유효질량을 비교하면 기초전단의 최대치는 제1차 모드의 영향에 매우 크다는 것을 알 수 있다. 가령 가속도 응답스펙트럼의 1차 모드와 2차 모드가 같다면 1차 모드의 정도는 다음과 같이 된다.

$$\beta_1^2 M_1/(m_1+m_2)=0.9 \tag{8.5.22}$$

이 값을 1차 모드의 유효질량이라고 한다. 이것은 기초전단에 대한 1차 모드정도이지만 이것을 응답 전체의 정도로 간주하는 것이다.

추가로 이해를 돕기 위해 [그림 8.5.1]에 나타낸 3-자유도의 전단질점계를 고려해보자.

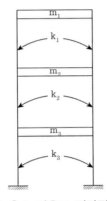

[그림 8.5.1] 3-자유도 전단질점계 모델

$m_1=50\text{kg}, \ m_2=m_3=100\text{kg}, \ k=2,000\times10^3\text{kgf/m}=2\times9.8\times10^6\text{N/m}$로 한다. 고유치 해석과정은 생략하고 그 결과는 다음과 같다.

① 고유원진동수
$$\omega_1=229.33\text{rad/sec}$$
$$\omega_2=626.00\text{rad/sec}$$
$$\omega_3=855.33\text{rad/sec}$$

② 고유모드

$$\{\phi\}_1^T = (1 \quad 0.866 \quad 0.5)$$

$$\{\phi\}_2^T = (-1 \quad 0 \quad 1)$$

$$\{\phi\}_3^T = (1 \quad -0.866 \quad 0.5)$$

③ 자극계수

$$\beta_1 = 1.244$$

$$\beta_2 = 0.333$$

$$\beta_3 = 0.08933$$

유효질량

$$\beta_1^2 M_1 = 1.244^2 \times 150 = 232.13 \text{kg}$$

$$\beta_2^2 M_2 = 0.333^2 \times 150 = 16.633 \text{kg}$$

$$\beta_3^2 M_3 = 0.08933^2 \times 150 = 1.197 \text{kg}$$

$$\beta_1^2 M_1 + \beta_2^2 M_2 + \beta_3^2 M_3 = 249.99 \text{kg}$$

전체 질량

$$M = m_1 + m_2 + m_3 = 250 \text{kg}$$

그러므로 다음 식이 성립된다는 것을 확인할 수 있다.

$$m_1 + m_2 + m_3 = \beta_1^2 M_1 + \beta_2^2 M_2 + \beta_3^2 M_3 \qquad (8.5.23)$$

유효질량비

$$\beta_1^2 M_1 / M = 92.9\%$$

$$\beta_2^2 M_2 / M = 6.65\%$$

$$\beta_3^2 M_3 / M = 0.472\%$$

그러므로 1차 모드만 고려하여도 제1차 유효질량은 전체 질량의 92.9%이며 그 외의 모드의 영향은 작다는 것을 알 수 있다. 제2차 유효질량까지 고려하면 99.55%의 유효질량을 고려하는데, 3차 모드의 기초전단에 대한 그 영향은 매우 작다는 것을 알 수 있다. 이와 같이 어느 차수에서 충분한 정도를 얻을 수 있는 차수까지의 유효질량비를 합한 것으로 평가한다. 이와 같은 유효질량비의 합을 누적유효질량비라고 한다.

유효질량은 전단질점계에는 유효하지만, 사장교와 같은 교량에는 식 (8.5.9)에 상당하는 부재단력의 합이 전단력만이 아니라, 휨모멘트, 축력성분을 합한 것이므로, 기초전단은 없어져, 물리적인 의미가 없다. 실제 계산해보면 상당한 차수의 모드까지 계산하더라도 누적유효질량비는 60% 정도인 경우도 있고, 이와 같은 경우에 유효질량비는 지진응답해석에 필요한 모드의 차수를 결정하는 데에는 적절하지 않다. 일반적으로 8.4절에서 기술한 응답스펙트럼을 사용할 필요가 있다.

참고문헌

1) Freidrich Bleich & C.B. McCullough (1950). *The Mathematical Theory of Vibration in Suspension Bridges*, Dept. of Commerce, U.S. Gov. Print Office.

2) Przemieniecki J.S. (1968). *Theory of Matrix Structural Analysis*, McGraw-Hill.

3) Fred W. Beaufait, William H. Rowan, Peter G. Hoadley, and Robert M. Hackett (1970). *Computer Methods of Structural Analysis*, Prentice-Hall, New Jersey.

4) 武藤清 (1977.1). 構造物の動的設計, 丸善(株).

5) Jenkins W.M. (1980). *Matrix and Digital Computer Methods in Structural Analysis*, McGraw-Hill, London.

6) Roy R. Craig, Jr. (1981). *Structural Dynamics*, John Wiley & Sons.

7) Clough R.W. & Joseph Penzien (1982). *Dynamics of Structures*, McGraw-Hill.

8) Myongwoo, Lee (1983). *Computer-Oriented Direct Stiffness Method*, Myongji Univ., Dept. of Civil Eng., Seoul.

9) Mario Paz (1985). *Structural Dynamics*, Van Nostrand Reinhold Company Inc.

10) Holzer S. H. (1985). *Computer Analysis of Structures*, Elsevier, New York.

11) 土木學會編 (1989.12.5.). 動的解析の耐震設計, 第2卷 動的解析方法, 技報堂.

12) William Weaver & James M. Gere (1990). *Matrix Analysis of Framed Structures*, 3rd Edition, Van Nostrand Reinhold.

13) 淸水信行 (1990). パソコンによる振動解析, 共立出版(株).

14) Humar J.L. (1990). *Dynamic of Structures*, Prentice Hall.

15) Josef Henrych (1990). *Finite Models and Methods of Dynamics in Structures*, Elsevier.

16) Ross C.T. (1991). Finite Element Programs for Structural Vibrations, Springer−Verlag.

17) Chopra A.K. (2001). *Dynamic of Structures*, Prentice Hall.

18) William Weaver, Jr. & Paul R. Johnston (1987). *Structural Dynamics by Finite Elements*, Engineering Information System, Inc.

구조물의 불규칙 응답해석

09 CHAPTER

구조물의 불규칙 응답해석
Random Response Analysis of Structures

구조물의 동적응답해석에 의한 내진·내풍설계

9.1 지진응답해석[17]

본 장에서는 지점별로 지반종류가 서로 다르거나 또는 지점간의 거리에 따라 위상지연으로 입력지진동이나 적용할 응답스펙트럼[1]이 서로 다른 구조물의 불규칙응답해석을 나타내었다. 과거의 연구는 지진의 전파속도와 각 지점의 위상지연을 불확정으로 한 해법,[2]-[4] 이것들을 상정할 경우의 해법[5]이 있다.

우선 전체 지점을 공통입력(동일한 위상)을 받는 지점그룹으로 분류하고, 다른 지점군의 입력은 상호 관련이 없는 것으로 가정하였다. 이 경우에 대해서 불규칙진동론(Theory of Random Vibration)에 의한 응답스펙트럼법과 시각력법을 다루었다. 본 장의 응답스펙트럼법은 최근 많이 사용되는 완전 2차 결합법(CQC법, Complete Quadratic Combination method)[6]-[10]을 지점별 입력 시로 확장한 것으로 진동모드 간에 연성응답을 고려하였고, 진동수가 중근(또는 근접한 진동수)인 경우에도 정도가 좋다. 이 외에 지진진동이 구조물에 2축 이상으로 동시에 작용할 경우의 응답계산에도 적용하였다. 계산 예에는 현수교, 역로제 아치교, 사장교에 대해서 전체 지점에 동일하게 입력할 때, 지점별 입력이 다른 경우, 그 외의 문제를 다루었다.

9.1.1 3차원 다-자유도계의 운동방정식

선형화된 3차원 다-자유도계의 운동방정식은 다음과 같다.

$$[M]\ddot{U}(t) + [C]\dot{U}(t) + [K]U(t) = 0 \tag{9.1.1}$$

여기서, $[M]$ 은 질량매트릭스, $[C]$ 는 점성감쇠(Viscous Damping) 매트릭스, $[K]$ 는 (현수교의 경우) 초기(즉, Dead-Load)축력에 의한 기하학적 강성을 포함한 강성매트릭스, $U(t)$는 3차원 변위 벡터이다.

우선 거리가 근접하고 지반종류별로 같은 지점그룹은 공통입력(동일한 위상)을 받는다고 보고 이것을 지점그룹 (i)로 한다. 지진동에 의한 각 지점그룹 $(i)(i=1, 2, 3\cdots)$ 의 강제변위 $z_i(t)$를 다음의 기호로 나타내었다.

$$\{z_i(t)\} = \{z_1(t), z_2(t), z_3(t) \cdots z_i(t) \cdots\} \tag{9.1.2}$$

이 경우 구조계의 절점변위 $\{u_j(t)\}$는 다음과 같다.

$$U(t) = \{u_j(t)\} = \sum_{n=1}^{M} \phi_{n,j} \cdot q_n(t) + [D_{j,i}]\{z_i(t)\} \tag{9.1.3}$$

여기서, $q_n(t)$는 n-차 기준좌표(Normal Coordinate), $\phi_{n,j}$는 n-차 진동모드, $[D_{j,i}]$는 지점그룹 (i)에서$(i=1, 2, 3 \cdots)$ 지진방향으로 단위지반변위$(\delta=1)$에 의한 j-번째 절점변위매트릭스, 즉 준정적함수의 매트릭스(Matrix of Quasi-Static Functions)이다. $z_i(t)$는 지점그룹 (i)에서 지진진동에 의한 강제변위이다.

식 (9.1.1)의 양변의 좌측에 모드매트릭스의 전치 $\{\phi_{n,j}\}^T$를 곱하면 다음과 같이 분리된 방정식을 얻을 수 있다.

$$[M^*]\ddot{q}(t) + [C^*]\dot{q}(t) + [K^*]q(t)$$
$$= -[B_i^{(1)}]\{\ddot{z}_i(t)\} - [B_i^{(2)}]\{\dot{z}_i(t)\} - [B_i^{(3)}]\{z_i(t)\} \tag{9.1.4}$$

$$[M^*] = [\phi_{n,j}^T [M] \phi_{n,j}] = Diag [M_n^*] \tag{9.1.4-1}$$

$$[C^*] = [\phi_{n,j}^T [C] \phi_{n,j}] \cong Diag [2h_n \cdot \omega_n \cdot M_n^*] \tag{9.1.4-2}$$

$$[K^*] = [\phi_{n,j}^T [K] \phi_{n,j}] = Diag [\omega_n^2 \cdot M_n^*] \tag{9.1.4-3}$$

$$B_i^{(1)} = \phi_{n,j}^T [M] \{D_{j,i}\}, \ \ B_i^{(2)} = \phi_{n,j}^T [C] \{D_{j,i}\}, \ \ B_i^{(3)} = \phi_{n,j}^T [K] \{D_{j,i}\} \tag{9.1.4-4}$$

여기서, h_n은 n-차 모드의 감쇠비, ω_n은 n-차 모드의 각속도(Circular Frequency, rad/sec)이다. $B_i^{(3)}$항은 $[K][D_{j,i}] = 0$이므로 삭제하고, $[B_i^{(2)}]\{\dot{z}_i(t)\}$는 무의미하므로 일반적으로 삭제한다. 기준좌표 $q_n(\mathrm{t})$에 관한 운동방정식은 다음과 같다.

$$\ddot{q}_n(t) + 2h_n \cdot \omega_n \cdot \dot{q}_n(t) + \omega_n^2 \cdot q_n(t) = -\sum_i \beta_{i,\,n} \cdot \alpha_i(t) \tag{9.1.5}$$

여기서, $\alpha_i(t) = \ddot{z}_i(t)$는 지점그룹 (i)에서의 입력가속도(m/sec^2), $\beta_{i,\,n}$은 지점그룹 (i)에서의 입력에 대한 n-차 모드의 자극계수(Modal Participation Factor)이며, 다음과 같은 식으로 계산된다.

$$\beta_{i,\,n} = \frac{B_{i,\,n}^{(1)}}{M_n^*} = \frac{\phi_{n,j}^T [M] \{D_{j,i}\}}{\phi_{n,j}^T [M] \phi_{n,j}} \tag{9.1.6}$$

여기서, $[M]$은 질량매트릭스(대각매트릭스), $\{D_{j,i}\}$는 매트릭스 $[D_{j,i}]$의 제i 열(지점그룹 (i)의 지진방향으로 강제변위($\delta = 1$)에 의한 절점변위벡터, [그림 9.1.1 참조])을 나타낸다.

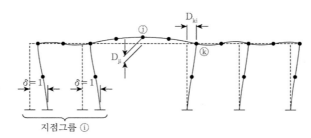

[그림 9.1.1] (i)-번째 지점그룹의 지진방향으로 강제변위($\delta = 1$)에 의한 절점변위벡터$\{D_{ji}\}$

식 (9.1.2)~(9.1.6)에서 지점그룹의 수(=1), 절점변위 $\{D_{j,i}\}$를 지진방향(=1), 기타(=0)로 하면, 전체 지점에 동일하게 입력 시의 운동방정식 및 자극계수와 같은 유효질량 $\overline{M}_{i,n}(n=1, 2, 3 \cdots m)$은 다음과 같다.

$$\overline{M}_{in} = \frac{(\phi_{n,j}^T \cdot [M] \cdot \{D_{j,i}\})^2}{\phi_{n,j}^T \cdot [M] \cdot \phi_{n,j}} = \beta_{i,n}^2 \cdot (\phi_{n,j}^T \cdot [M] \cdot \phi_{n,j}) \tag{9.1.7}$$

유효질량(1-차에서부터 m-차까지의 합계 값)과 실제 질량비(유효질량비, Effective Mass Ratio) $R_{i,m}$은 다음과 같다.

$$R_{i,m} = \frac{\sum_{n=1}^{m} \overline{M}_{i,n}}{\{D_{j,i}\}^T [M]\{D_{j,i}\}} = \frac{\sum_{n=1}^{m} (\beta_{i,n}^2 \cdot \phi_{n,j}^T \cdot [M] \cdot \phi_{n,j})}{\{D_{j,i}\}^T [M]\{D_{j,i}\}} \tag{9.1.8}$$

구조계의 각 부분에서 감쇠비가 다른 경우, 구조계의 k번째 부분의 모드에너지 $E_{n,k}$를 사용하여 식 (9.1.5)의 모드별 감쇠비 h_n은 진동모드마다 에너지 보간 값(가중치의 평균)으로부터 얻을 수 있다. k-번째 부분에 대한 감쇠비 h_k는 다음과 같다.

$$h_n = \frac{\sum_{k=1}^{K} h_k E_{n,k}}{\sum_{k=1}^{K} E_{n,k}} \tag{9.1.9}$$

$$E_{n,k} = \phi_{n,k}^T \cdot [M] \cdot \phi_{n,k} \cdot \omega_n^2/2 \tag{9.1.10}$$

여기서 k-번째 부분에 대해 내측 및 외측 절점에 대해 $\phi_{n,\,k}=\phi_n$, $\phi_{n,\,k}=0$이다. 이 계산은 전체 지점에 동일하게 입력 시와 같다.[6]

9.1.2 불규칙 응답이론에 의한 지진응답해석

모드응답(Modal Response)의 상호상관(Cross Correlation)의 계산에 대해 다-지점 강제운동에 대한 응답스펙트럼으로 확장하기 위하여 불규칙진동이론을 활용하였다. 장대교와 같은 연성시스템 (Flexible System)에서 식 (9.1.3)에서 첫째항은 기본응답을 나타낸다. 일반적으로 두 번째 항에 의한 준정적응력은 무시할 수 있다. 변위, 가속도, 부재력의 응답을 나타내기 위하여 i–번째 지점그룹에서 입력에 대한 등가진동모드 $\Psi_{i,\,n}$, $\overline{\Psi}_n(n=1,\ 2,\ 3\ \cdots\ m)$을 사용한다.

$$\Psi_{i,\,n} = \beta_{i,\,n} \cdot \overline{\Psi}_n = \beta_{i,\,n} \cdot \phi_{n,\,j} \qquad \text{(변위)}$$
$$\Psi_{i,\,n} = \beta_{i,\,n} \cdot \overline{\Psi}_n = \beta_{i,\,n} \cdot \phi_{n,\,j} \cdot \omega_n^2 \qquad \text{(가속도)} \qquad (9.1.11)$$
$$\Psi_{i,\,n} = \beta_{i,\,n} \cdot \overline{\Psi}_n = \beta_{i,\,n} \cdot [k] \cdot [A] \cdot \phi_{n,\,j} \ \text{(부재력)}$$

여기서 $[k]$는 부재강성매트릭스, $[A]$는 좌표변환매트릭스, $\phi_{n,\,j} = \{\phi_{n,\,a},\ \phi_{n,\,b}\}$는 j–번째 부재의 끝단 $(a,\ b)$에서 모드(Mode) 형상을 나타낸다.

주파수응답함수(Frequency Response Function) $H_n(\omega)$을 사용하여 다–자유도계 응답성분의 파워스펙트럼 밀도함수(Power Spectral Density Function) $G_R(\omega)$는 다음과 같이 쓸 수 있다.

$$G_R(\omega) = \sum_{m=1}^{m} \sum_{n=1}^{m} \overline{\Psi}_m \cdot \overline{\Psi}_n \cdot \left\{ \overline{H}_{i,\,m}(\omega) \right\}^T \cdot [G_F(\omega)] \cdot \left\{ \overline{H}_{i,\,n}^*(\omega) \right\} \qquad (9.1.12)$$

여기서, $\overline{H}_{i,\,n}(\omega) = \beta_{i,\,n} \cdot H_n(\omega)$

$$H_n(\omega) = (\omega_n^2 - \omega^2 + 2i \cdot h_n \cdot \omega_n \cdot \omega)^{-1}, \ \text{주파수응답함수} \qquad (9.1.13)$$

$[G_F(\omega)]$는 지점그룹 $(i,\ j)$의 입력가속도 $\alpha_i(t)$, $\alpha_j(t)$의 상관스펙트럼밀도매트릭스(지점그룹 수×지점그룹 수), $(^*)$는 공역복소수를 나타낸다.

$[G_F(\omega)]$의 요소 $G_{F,\,ij}(\omega)$는 입력가속도 $\alpha_i(t)$의 Fourier 변환을 사용하여 다음과 같이 나타낸다.

$$G_{F,\,ij}(\omega) = \lim_{T \to \infty} \left(\frac{2}{T} \right) \cdot E[F_i(\omega) \cdot F_j^*(\omega)] \cong \left(\frac{2}{T} \right) \cdot F_i(\omega) \cdot F_j^*(\omega) \qquad (9.1.14)$$

$$F_i(\omega) = \frac{1}{2\pi} \cdot \int_0^T \alpha_i(t) \cdot e^{-i \cdot \omega \cdot t} dt \quad (T : \text{여진시간}) \qquad (9.1.15)$$

여기서, $E[\ ]$는 기대치를 나타낸다.

공분산(Covariance) $C_{ij}(\omega)$은 다음과 같다.

$$C_{ij}(\omega) = \frac{|\ G_{F,\ ij}(\omega)\ |}{\sqrt{G_{F,\ ii}(\omega)\ \cdot\ G_{F,\ jj}(\omega)}} \tag{9.1.16}$$

공분산 $C_{ij}(\omega)$은 $0 \leq C_{ij}(\omega) \leq 1$인 범위 내에 있고, $\alpha_i(t)$, $\alpha_j(t)$의 상관성의 높이를 나타낸다. 예를 들면, $\alpha_i(t) = A \cdot \alpha_i(t)(A :$ 정수)인 경우에 $C_{ij}(\omega) = 1$이며, 두 입력에 상관성이 없는(Uncorrelated) 경우에는 $C_{ij}(\omega) = 0$이 된다. $[G_F(\omega)]$는 입력가속도 $\alpha_i(t)(i = 1,\ 2,\ 3,\ \cdots)$가 확정되지 않으면 계산할 수 없지만, 본 해법에서는 다른 지점그룹 $(i,\ j)$의 입력에 관련이 없다고 가정함으로써 $C_{ij}(\omega) = 0$이 된다. 따라서 $[G_F(\omega)]$는 다음과 같이 나타낼 수 있다.[3), 4)]

$$[G_F(\omega)] = Diag\left[\left(\frac{2}{T}\right)(F_i(\omega))^2\right] \text{ (대각매트릭스)} \tag{9.1.17}$$

이것에 의해 식 (9.1.12)의 응답성분의 파워스펙트럼 밀도함수 $G_R(\omega)$는 다음과 같이 간략화한다.

$$\begin{aligned}
G_R(\omega) &= \sum_{m=1}^{m}\sum_{n=1}^{m} \overline{\Psi}_m \cdot \overline{\Psi}_n \cdot \left\{\overline{H}_{i,m}(\omega)\right\}^T \cdot Diag\left[G_F(\omega)\right] \cdot \left\{\overline{H}_{i,n}^*(\omega)\right\} \\
&= \sum_{m=1}^{m}\sum_{n=1}^{m}\sum_{i=1}^{m} \overline{\Psi}_{i,m} \cdot \overline{\Psi}_{i,n} \cdot \left\{H_m(\omega)\right\} \cdot \left\{H_n^*(\omega)\right\} \cdot \left[G_{F,ii}(\omega)\right]
\end{aligned} \tag{9.1.18}$$

그리고 응답계산에 필요한 파워스펙트럼 밀도함수 $G_R(\omega)$의 0차 스펙트럼모멘트(Spectrum Moment, 응답성분의 평균제곱값[Mean Square Value]) λ는 $G_R(\omega)$ 아래의 면적으로 다음과 같이 나타낼 수 있다.

$$\lambda = \int_0^\infty G_R(\omega)d\omega = \sum_m^m\sum_n^m\sum_i^m \Psi_{i,m} \cdot \Psi_{i,n} \cdot \lambda_{i,mn} \tag{9.1.19}$$

$$\lambda_{i,mn} = Re\left[\int_0^\infty H_m(\omega) \cdot H_n^*(\omega) \cdot G_{F,ii}(\omega)d\omega\right] \tag{9.1.20}$$

또는 무차원화한 모드상호상관계수(Modal Cross Correlation Coefficient) $\rho_{i,\,mn}$를 사용하면 식 (9.1.19)는 다음과 같이 쓸 수 있다.

$$\lambda = \sum_{m}^{m}\sum_{n}^{m}\sum_{i}^{m} \Psi_{i,\,m} \cdot \Psi_{i,\,n} \cdot \rho_{i,\,mn} \cdot [\lambda_{i,\,mm} \cdot \lambda_{i,\,nn}]^{1/2}$$
$$= \sum_{i}^{m}\sum_{m}^{m}\sum_{n}^{m} \Psi_{i,\,m} \cdot \Psi_{i,\,n} \cdot \rho_{i,\,mn} \cdot [\lambda_{i,\,mm} \cdot \lambda_{i,\,nn}]^{1/2} \tag{9.1.21}$$

$$\rho_{i,\,mn} = \frac{\lambda_{i,\,mn}}{(\lambda_{i,\,mm} \cdot \lambda_{i,\,nn})^{1/2}} \tag{9.1.22}$$

위의 식 중의 $\lambda_{i,\,mm}$, $\lambda_{i,\,nn}$은 각속도(ω_m, ω_n), 감쇠비(h_m, h_n)의 1-자유도계의 응답 스펙트라의 i-차 모멘트를 나타낸다. 즉, $\lambda_{i,\,nn}$은 지점그룹 (i)에서 강제운동(Excitation)에 의한 n-번째 모드 평균제곱기여(Mean Square Contribution)이다. 그리고 각 지점그룹의 입력을 백색여진(White Noise)으로 가정하면, 모드상호상관계수 $\rho_{i,\,mn}$은 입력 지점그룹 (i)와 무관하게 된다.

백색여진에 대해 식 (9.1.21)의 $\lambda_{i,\,mm}$ ($i = 0, 1, 2$)는 다음과 같다.

$$\lambda_{0,\,mm} = \frac{\pi \cdot G_o}{4h_m \cdot \omega_m^3}, \quad \lambda_{2,\,mm} = \frac{\pi \cdot G_o}{4h_m \cdot \omega_m}$$
$$\lambda_{1,\,mm} = \frac{\pi \cdot G_o}{4h_m \cdot \omega_m^3} \cdot \frac{1 - \dfrac{2}{\pi} \cdot \tan^{-1}[h_m/(1-h_m^2)^{1/2}]}{(1-h_m^2)^{1/2}} \tag{a}$$

그리고 $\lambda_{i,\,nn}$ ($i = 0, 1, 2$)는 다음과 같다.

$$\lambda_{0,\,nn} = \frac{\pi G_o}{4h_n\omega_n^3}, \quad \lambda_{2,\,nn} = \frac{\pi G_o}{4h_n\omega_n}$$
$$\lambda_{1,\,nn} = \frac{\pi \cdot G_o}{4h_n \cdot \omega_n^3} \cdot \frac{1 - \dfrac{2}{\pi} \cdot \tan^{-1}[h_n/(1-h_n^2)^{1/2}]}{(1-h_n^2)^{1/2}} \tag{b}$$

다시 식 (9.1.19)에 따라 $\lambda_{i,\,mn}$ ($i = 0, 1, 2$)을 구하고 식 (9.1.22)에 대입하여 정리하면 모드상호상

관계수 $\rho_{i,\,mn}$는 다음과 같다.

$$\rho_{0,\,mn} = 8(h_m \cdot h_n \cdot \omega_m^3 \cdot \omega_n^3)^{1/2} \cdot (h_m \cdot \omega_m + h_n \cdot \omega_n)/K_{mn}$$

$$\rho_{2,\,mn} = 8(h_m \cdot h_n \cdot \omega_m^3 \cdot \omega_n^3)^{1/2} \cdot (h_m \cdot \omega_n + h_n \cdot \omega_m)/K_{mn} \qquad (c)$$

$$K_{mn} = (\omega_m^2 - \omega_n^2) + 4h_m \cdot h_n \cdot \omega_m \cdot \omega_n \cdot (\omega_m^2 + \omega_n^2) + 4(h_m^2 + h_n^2) \cdot (\omega_m^2 \cdot \omega_n^2)$$

$$\rho_{1,\,mn} \cong \frac{2(h_m \cdot h_n)^{1/2} \cdot [(\omega_m + \omega_n)^2 \cdot (h_m + h_n) - 4(\omega_m + \omega_n)^2/\pi]}{4(\omega_m - \omega_n)^2 + (h_m + h_n)^2 \cdot (\omega_m + \omega_n)^2} \qquad (d)$$

여기서, 각속도 ω_m, 감쇠비 h_m의 1-자유도계에 외부여진의 지속기간 τ 내의 평균탁월응답치를 $\overline{S}_\tau(\omega_m,\,h_m)$로 하면, 이 경우의 i-차 모멘트 $\lambda_{i,\,mm}(i=0,\,1,\,2)$는 다음과 같다.

$$\lambda_{0,\,mm} = \overline{S}_\tau^2(\omega_m,\,h_m)/p_m^2, \ \lambda_{2,\,mm} = \omega_m^2 \lambda_{0,\,mm}$$

$$\lambda_{1,\,mm} = \omega_m \cdot (1 - 4h_m/\pi)^{1/2} \cdot \lambda_{0,\,mm} \qquad (e)$$

$\overline{R}_{m,\,\tau} = \Psi_m \overline{S}_\tau(\omega_m,\,h_m)$로 하면, 식 (9.1.19)에 따라 다음과 같은 식이 구해진다.

$$\overline{R}_\tau = [\sum_m \sum_n (p^2/(p_m \cdot p_n) \cdot \rho_{0,\,mn} \cdot \overline{R}_{m,\tau} \cdot \overline{R}_{n,\tau})]^{1/2} \qquad (f)$$

여기서, $\overline{R}_\tau$는 여진시간 τ내의 다-자유도계의 평균탁월응답치를 나타낸다.

식 (e), (f)의 p는 응답과정의 탁월계수로 $\sqrt{\lambda_0}$ (제곱평균치), $p \cdot \sqrt{\lambda_0}$ (평균탁월응답치), $q \cdot \sqrt{\lambda_0}$ (탁월응답치의 표준편차) 등에 관계된다. 계수 p, q는 다음과 같다.

$$p = [2 \cdot ln(\nu_e \cdot \tau)]^{1/2} + \frac{0.5772}{[2 \cdot ln(\nu_e \cdot \tau)]^{1/2}}$$

$$q = \frac{1.2}{[2 \cdot ln(\nu_e \cdot \tau)]^{1/2}} - \frac{5.4}{13 + [2 \cdot ln(\nu_e \cdot \tau)]^{3.2}} \qquad (g)$$

단, $\nu_e \cdot \tau \leq 2.1$의 범위에서는 q = 0.65이다. 식 (g)의 ν_e는 등가평균(0) 교차비라고 한다.

$$\nu_e \cdot \tau = \begin{cases} Max\left(2.1,\ 2\delta \cdot \nu \cdot \tau\right) & (0.00 < \delta \leq 0.10) \\ \left(1.63\delta^{0.45} - 0.38\right) \cdot \nu \cdot \tau & (0.10 < \delta \leq 0.69) \\ \nu \cdot \tau & (0.69 < \delta \leq 1.00) \end{cases} \tag{h}$$

여기서,

$$\nu = \frac{(\lambda_2/\lambda_0)^{1/2}}{\pi} : 응답과정의 \ 평균(0) \ 교차비$$

$$\delta = [1 - \lambda_1^2/(\lambda_0 \cdot \lambda_2)]^{1/2} : 스펙트럼밀도의 \ 형상계수$$

식 (e), (f)의 모드별 탁월계수 p_m, q_m은 다음 식을 (g), (h)에 대입하여 구할 수 있다.

$$\nu_m = \omega_m/\pi, \ \delta_m \cong 2(h_m/\pi)^{1/2} \tag{i}$$

본문에서는 최대 (가속도) 응답스펙트럼 S_a를 사용하므로 최대 응답치를 계산하는 경우에 식 (f)에서 $p^2/(p_m \cdot p_n) \cong 1$로 한 간이식을 적용한다. $m-$차 응답량을 R_m으로 나타내고, $R_m = \Psi_m \cdot S_a(\omega_m, \ h_m)$이다. 여기서, 합계응답량 R은 다음과 같다.

$$R^2 = \{R_1 \ R_2 \ \cdots \ R_M\} \cdot \begin{bmatrix} \rho_{11} & \rho_{12} & \cdots & & \rho_{1M} \\ \rho_{21} & \rho_{22} & & \ddots & \\ \vdots & & \rho_{mm} & & \vdots \\ & & & \ddots & \\ \rho_{M1} & & \cdots & & \rho_{MM} \end{bmatrix} \cdot \begin{Bmatrix} R_1 \\ R_2 \\ \vdots \\ R_M \end{Bmatrix} \tag{j}$$

모드상호상관계수 $\rho_{mn} = \rho_{0,\ mn}$은 식 (c)에 주어진 식을 사용하는 것이 편리하다.

각 지점그룹의 입력을 백색여진으로 가정하면, 모드상호상관계수 $\rho_{i,\ mn}$은 입력 지점그룹 (i)와 무관하므로 유리하다. 이것을 다시 ρ_{mn}으로 표시하면, 식 (9.1.22)의 $\rho_{i,\ mn}$은 다음과 같이 계산된다.[6)-9)]

$$\rho_{mn} = \frac{8\sqrt{h_m \cdot h_n} \cdot (h_m + \gamma \cdot h_n) \cdot \gamma^{3/2}}{(1-\gamma^2)^2 + 4h_m \cdot h_n \cdot \gamma \cdot (1+\gamma^2) + 4(h_m^2 + h_n^2) \cdot \gamma^2} \tag{9.1.23}$$

여기서, $\gamma = \omega_n/\omega_m$: m, n -번째 모드의 각속도 비(Frequency Ratio)이다.

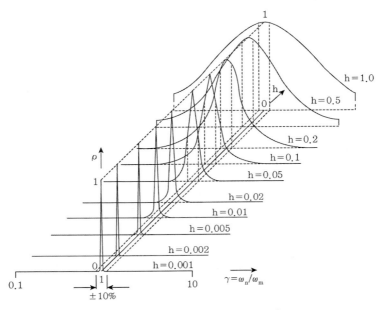

[그림 9.1.2] 모드상호상관계수 값

9.1.3 모드상호상관계수의 특성

식 (9.1.22)의 모드상호상관계수 ρ는 $\rho(\gamma,\ h_m,\ h_n)$인 함수이며, $h = h_m = h_n$로서 h와 γ를 파라메타로 계산하면 [그림 9.1.2]이 된다. 완전중근과 $m = n$일 때는 $h = 0$을 제외하고 h에 관계없이 ρ가 1로 되며, $m \fallingdotseq n$일 때는 2개의 근이 되므로 ρ가 0으로 된다. h가 0에 근접하면 가파르고, 1에 근접하면 완만하며, 실제 사용되는 h는 0.01~0.1의 범위이다. 결국, h가 큰 근사중근이라면 모드의 상관이 크고, h가 작고 근이 되면 상관이 작다. 더불어 단순화법에는 항상 1인 평면이며, RMS법(제곱평방근법, Root-Mean-Square Method)에는 $\gamma = 1$일 때만 1로 되고 그 외는 0의 초월함수이다. 이것을 물리적으로 볼 때, 단순화법은 모드 간의 연속성이 강하고, RMS법은 모드 간의 연속성이 약하다.

파선의 영역은 NPC(미국 원자력 규준 위원회)에서 제안하고 있는 다음 식의 고유각 주파수 변화율이 10%의 근사중근의 범위지만, 단순히 10% 이하를 근사중근으로 취급하는 것이 문제이다.

$$변화율(\%) = (\omega_i - \omega_{i-1})/\omega_i \times 100$$

[그림 9.1.3]은 모드상호상관계수 ρ_{mn}의 변화를 나타낸 것이다.

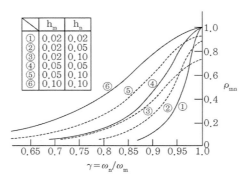

[그림 9.1.3] 모드상관계수 ρ_{mn}의 변화

9.1.4 응답스펙트럼법과 시각력응답해석법

지점그룹 $(i)(i=1, 2, 3\cdots)$의 입력가속도 $\alpha_i(t)$가 주어진 경우에 식 (9.1.21)에 따라 $\sigma = \sqrt{\lambda}$를 계산하면, σ는 여진시간(T) 내의 시간적 제곱평균 응답치를 나타낸다. 여기에 탁월응답배율[6]-[10]을 곱하여 최대 응답기대치로 하면, $\sum \alpha_i(t)$에 대한 주파수 영역의 불규칙응답[3], [4]이 얻어진다.

응답스펙트럼에서는 스펙트럼곡선에 의해 n-차 모드에 상당하는 1-자유도계의 응답가속도 S_A (ω_n, h_n)가 얻어진다. 여기서, 응답변위스펙트럼 $S_D = S_A/\omega_n^2$의 관계에 의해 식 (9.1.19)에서 $\sqrt{\lambda_{i,nn}}$은 다음과 같다.

$$\sqrt{\lambda_{i,nn}} = S_D^{(i)}(\omega_n, h_n) = \frac{S_A(\omega_n, h_n)_i}{\omega_n^2} \tag{9.1.24}$$

여기서, $S_A(\omega_n, h_n)$는 지점그룹 (i)의 지반종류별의 스펙트럼곡선으로 각속도가 ω_n, 감쇠비가 h_n일 때의 값이므로 여진시간(T) 내의 최대 응답가속도를 나타내는 것으로 전절의 탁월응답배율

[6)-10)]은 불필요하고, 식 (9.1.19)에 의해 계산한 $\sqrt{\lambda}$ 을 최대 응답의 기대치로 간주한다. 보다 구체적인 지점그룹 (i)의 입력에 의한 n-차 모드의 응답 R_{in}은 다음과 같다.

$$R_{in} = \Psi_{i,n} \cdot \sqrt{\lambda_{i,nn}} = \Psi_{i,n} \cdot \frac{S_A(\omega_n, h_n)_i}{\omega_n^2} \tag{9.1.25}$$

이것을 사용하여 식 (9.1.19)를 다시 나타내면, 다음과 같은 최대기대치응답(Maximum Expected Response) R을 얻을 수 있다.

$$\begin{aligned} R &= (\sum_m \sum_n \sum_i \rho_{mn} \cdot R_{i,m} \cdot R_{i,n})^{1/2} = (\sum_i \sum_m \sum_n \rho_{mn} \cdot R_{i,m} \cdot R_{i,n})^{1/2} \\ &= (\sum_i \{R_{i,n}\}^T \cdot [\rho_{nn}] \cdot \{R_{i,n}\})^{1/2} \end{aligned} \tag{9.1.26}$$

여기서, R은 전체 지점그룹의 입력에 대한 최대 응답의 기대치, $[\rho_{nn}]$ 은 식 (9.1.18)에 의한 모드 상호상관계수의 매트릭스(모드수×모드수의 대칭매트릭스)이다.

식 (9.1.24)~(9.1.26)은 전체 지점에 동일하게 입력 시의 CQC법을 지점(그룹)별 입력 시킬 수 있게 확장시킨 것으로, 식 (9.1.26)에서 $[\rho_{nn}]$ 의 대각항을 1, 비대각항을 0으로 하면 문헌 [2]의 해법과 일치한다. 식 (9.1.26)에 의하면, 전체 지점그룹의 (상관성이 없는) 입력에 의한 최대 응답의 기대치는 지점그룹 (i)마다 입력에 의한 응답의 RMS법과 같다.

모드별 시각력법의 경우에 이 성질을 사용하면 최대 응답의 기대치 $R(t)_{\max}$는 다음과 같이 된다.

$$R(t)_{\max} = \left(\sum_i |R_i(t)|_{\max}^2 \right)^{1/2} = \left(\sum_i \left| \sum_n R_{i,n}(t) \right|_{\max}^2 \right)^{1/2} \tag{9.1.27}$$

여기서, $|R_i(t)|_{\max}$ 은 지점그룹 (i)의 입력 $\alpha_i(t)$에 의한 최대(절대) 응답치(발생시각은 지점그룹에 따라 다름), $R_{i,n}(t) = \Psi_{i,n} \cdot X_{i,n}(t)$는 n-차 모드의 시각력응답($n = 1, 2, 3 \cdots M$)이다.

식 (9.1.25)~(9.1.27)의 사용법을 만족하면

① 식 (9.1.25)에서 $S_A(\omega_n, h_n)_i (i = 1, 2, 3 \cdots) = S_A(\omega_n, h_n)$로 할 경우(동일한 스펙트럼 곡선), 식 (9.1.26)의 R은 전체 지점에 동일하게 입력 시의 해는 아니며, 지점그룹 (i) $(i = 1, 2 \cdots)$의

응답스펙트럼은 같지만, 지점그룹마다의 입력이 상호 불규칙한 위상차를 갖는 경우의 최대 응답의 기대치를 나타낸다(계산 예를 참조). 지점그룹에 따라 지반종류별로 다른 경우는 식 (9.1.25)의 $S_A(\omega_n,\ h_n)_i (i=1, 2, 3 \cdots)$을 구별하여 계산한다.

② 식 (9.1.27)의 입력가속도 $\alpha_i(t)(i=1, 2, 3 \cdots) = \alpha(t)$를 사용할 경우도 같으며(동일한 지진파), $|R(t)|_{\max}$ 은 전체 지점에 동일한 위상입력 시의 해는 아니며, 지진파 $\alpha(t)$는 불규칙한 위상차 $[\alpha_i(t) = \alpha(t+\Delta t), \Delta t$ 는 불확정]로 각 지점그룹으로 입력할 경우의 최대 응답기대치이다. 실용 설계상에는 지점별로 $\alpha_i(t)$를 변화시키는 경우보다 위의 경우의 이용도가 더 높다.

식 (9.1.26)는 평균 응답스펙트럼 이외에 특정 지진(예 : Elcentro 1940 N-S)의 응답스펙트럼에도 적용된다. 이 경우 식 (9.1.27)의 시각력법을 기준으로 한 오차는 ±10~30%로 예상한다.

[그림 9.1.4]에 나타낸 것과 같이 구조물에 2축 이상으로 지진을 작용시키는 경우에는 다음과 같은 2가지의 경우를 고려한다.

① 지진파의 어떤 성분(N-S 등)이 구조물에 경사로 입력한다(예 : 철탑지지기초에 경사입력해석). 그러므로 구조물의 각 축에는 동일한 위상의 분력 성분이 작용하는 경우
② 지진파의 각 주축 성분([그림 9.1.4]의 $Z_I \cdot Z_{II}$축 등)을 동시에 입력할 경우, Penzien· Watabe[13]에 의하면 지진파의 주축 성분은 상호 상관성이 없는 것으로 하고 있다.

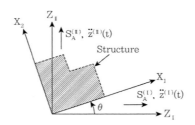

[그림 9.1.4] 2축방향의 지진입력계산($Z_I \cdot Z_{II}$축)

①의 경우에는 식 (9.1.26)의 $R_{i,n}$ 을 다음과 같은 값을 사용한다.

$$R_{i, n} = R_{i, n}^{(X)} + R_{i, n}^{(Y)} + R_{i, n}^{(Z)} \tag{9.1.28}$$

여기서 $R_{i,n}^{(X, Y, Z)}$는 지점그룹 (i)의 $(X,\ Y,\ Z)$방향의 입력 성분에 따르는 n-차 모드의 응답치(부

호대로 가산함)이다. 동일한 방법으로 식 (9.1.27)의 $\left| R_i(t) \right|_{\max}$에는 다음과 같은 값을 사용한다.

$$\begin{aligned}
\left| R_i(t) \right|_{\max} &= \left| R_i^{(X)}(t) + R_i^{(Y)}(t) + R_i^{(Z)}(t) \right|_{\max} \\
&= \left| \sum_n \left\{ R_{i,n}^{(X)}(t) + R_{i,n}^{(Y)}(t) + R_{i,n}^{(Z)}(t) \right\} \right|_{\max}
\end{aligned} \tag{9.1.29}$$

여기서 $R_{i,n}^{(X,Y,Z)}$는 지점그룹 (i)의 $(X,\ Y,\ Z)$방향의 입력 성분에 따르는 n-차 모드의 시각이력 응답$(n=1,\ 2,\ 3\ \cdots\ M)$이다.

②의 경우에는 Der Kiureghian·Smeby[11]의 연구에 의하면, [그림 9.1.4]의 입사각 $\theta = 0,\ 90°$ 또는 $Z_{\mathrm{I}} \cdot Z_{\mathrm{II}}$ 축방향의 응답스펙트럼이 같을 경우$(S_A^{\mathrm{I}} = S_A^{\mathrm{II}})$는 각 축방향 성분에 의한 응답의 제곱평균치가 전체입력에 의한 최대 응답의 기대치이다. 이것 이외는 각 축방향 성분의 응답 간에 연성항이 생기지만, 일반적으로 연성항의 영향은 그다지 크지 않다(계산 예에서는 약 10% 이내). 이상의 내용에 준하여 ②의 경우는 각 축방향 성분에 의한 응답의 제곱평균치를 사용하는 것으로 하면, 응답스펙트럼법의 최대 응답의 기대치 $\sum R$은 다음과 같이 된다.

$$\sum R = \left(R_X^2 + R_Y^2 + R_Z^2 \right)^{1/2} \tag{9.1.30}$$

여기서, $R_{X,Y,Z}$는 $(X,\ Y,\ Z)$방향의 입력 성분에 의한 식 (9.1.27)의 응답치(=입력방향마다의 최대 응답의 기대치)이다.

모드별 시각이력법의 경우에도 같고, 각 축방향의 성분에 의한 최대 응답치 $R_X(t)_{\max}$ 등을 식 (9.1.27)으로 계산하여 식 (9.1.30)에 대입한다.

$$\sum R = \left[(R_X(t))^2 + (R_Y(t))^2 + (R_Z(t))^2 \right]^{1/2} \tag{9.1.31}$$

9.1.5 적용 예 및 고찰

[1] 현수교

[그림 9.1.5]에 나타낸 현수교의 교축방향 지진 시(지반의 가속도 $A_G = 180\mathrm{Gal}$)를 고찰한다. 지진 입력으로는 다음과 같은 2가지 경우를 고려하였다.

① 전체 지점에 동일하게 입력하는 경우(위상차가 없는 경우)
② 좌측 지점의 절점 1, 38, 89와 우측지점의 절점 37, 72, 106에 입력위상이 불규칙하게 다른
  경우(양측의 3개의 절점은 동일한 위상으로 함)

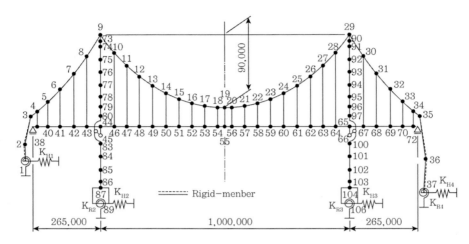

[그림 9.1.5] 현수교의 응답 계산 예(교축방향의 지진 시, 평면모델)

진동모드는 50차까지만 정하고, 식 (9.1.8)의 유효질량비는 전체 지점에 동일하게 입력 시는
98.1%, 좌측 지점 입력 시는 97.7%, 우측 지점 입력 시는 98.6%이다. 먼저 ②의 경우에 대해 좌우측
의 지점의 각 입력에 의한 휨모멘트, 합계입력에 의한 휨모멘트의 기대치를 [그림 9.1.6]에 나타내었
다. 우측 앵커리지의 높이가 좌측 앵커리지의 약 2배이므로, 좌측응답에 우측입력의 영향이 크다.
또한 입력지진에 의해 양측입력의 응력비가 다른 경우에도 주시해야 한다.

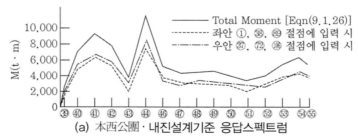

(a) 本西公團 · 내진설계기준 응답스펙트럼

[그림 9.1.6] 현수교의 응답모멘트(좌우측별 입력 시)(계속)

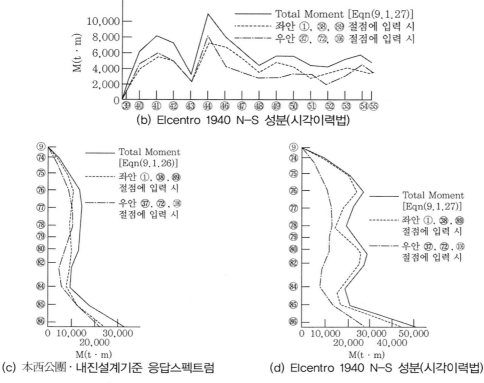

[그림 9.1.6] 현수교의 응답모멘트(좌우측별 입력 시)

그리고 ①, ② 경우의 응답치를 [그림 9.1.7]에 비교하여 나타내었다. 보강형의 휨모멘트는 좌우측별로 입력하는 경우가 동시입력 시의 약 2~4배에 달하지만, 주탑(Tower)에는 큰 차이가 없다. 보강형의 경우 동시입력 시에는 교축방향의 대칭형 모드가 응답에 기여치 않고, 좌우측별로 입력 시에는 이것들의 영향이 크고, 입력가정에 의한 응답의 차이가 현저하다.

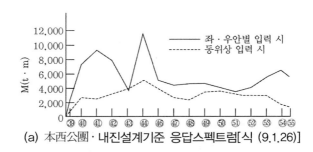

(a) 本西公團·내진설계기준 응답스펙트럼[식 (9.1.26)]

[그림 9.1.7] 현수교의 응답모멘트(좌 우측별 입력 시와 동일한 위상입력 시의 비교)(계속)

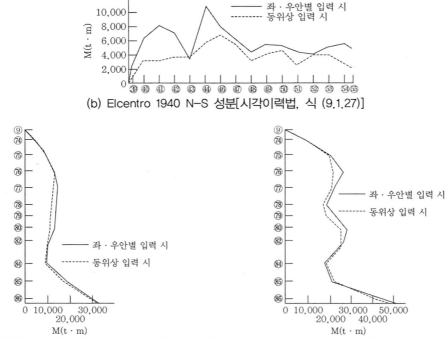

(b) Elcentro 1940 N-S 성분[시각이력법, 식 (9.1.27)]

(c) 本西公團 · 내진설계기준응답스펙트럼[식 (9.1.26)]   (d) Elcentro 1940 N-S 성분[시각이력법, 식 (9.1.27)]

[그림 9.1.7] 현수교의 응답모멘트(좌·우측별 입력 시와 동일한 위상입력 시의 비교)

응답스펙트럼법의 식 (9.1.26)에 포함된 모드상호상관계수 $[\rho_{mn}]$의 의의를 예시하기 위해 다음에 나타낸 3가지 계산법의 결과를 [그림 9.1.8]에 나타내었다.

① RMS법 : 모드상호상관계수 $[\rho_{mn}]$의 대각항을 1, 기타 항을 0으로 한다(문헌 [2]).

② CQC법 : 식 (9.1.23)의 $[\rho_{mn}]$을 적용한다(본 장의 해법).

③ 시각이력법 : 식 (9.1.27)에 의한 Elcentro 지진의 응답을 구한다.

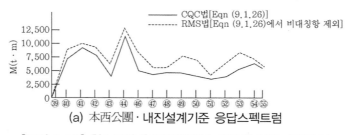

(a) 本西公團 · 내진설계기준 응답스펙트럼

[그림 9.1.8] 현수교의 응답모멘트(좌·우측별 입력 시)(계속)

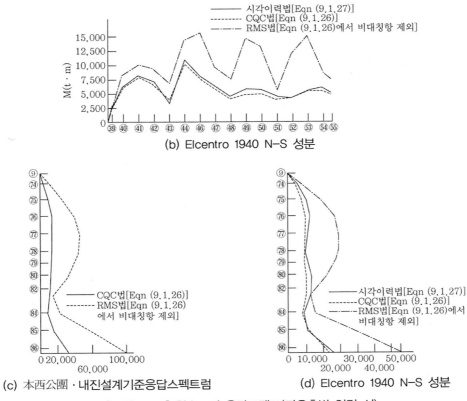

(b) Elcentro 1940 N-S 성분

(c) 本西公園 · 내진설계기준응답스펙트럼 (d) Elcentro 1940 N-S 성분

[그림 9.1.8] 현수교의 응답모멘트(좌우측별 입력 시)

그림에서 RMS · CQC법에 의한 Elcentro 지진의 계산에는 문헌 [6], [7]의 스펙트럼곡선을 사용하였다. RMS법은 기타의 응답치의 약 3배에 달하는 큰 오차가 있다. 그 원인은 본 현수교모델의 경우 $0.9 \leq \omega_n / \omega_m \leq 1.1$에 근접한 진동수가 다수 있고 진동모드 간에 상관성([그림 9.1.3])이 높기 때문에 전체 지점에 동일한 입력 시의 문헌 [6], [7]과 같은 경향을 나타내고 있다.

[2] 역로제 아치교

[그림 9.1.9]에 나타낸 연속보강형을 갖는 역로제 아치교의 교축방향 지진 시(지반의 가속도 $A_G = $ 150Gal)를 고찰하였다. 지진입력으로는 다음과 같은 2가지 경우를 고려하였다.

① 전체 지점에 동일하게 입력하는 경우(위상차가 없는 경우)
② 좌측 지점의 절점 31, 32와 우측 지점의 절점 44에 입력위상이 불규칙하게 다른 경우

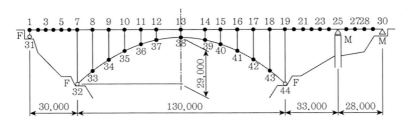

[그림 9.1.9] 역로제 아치교의 응답계산(교축방향 지진 시, 평면모델)

본 교량모델에는 아치부의 V자형 계곡이 매우 깊고, 좌우측의 입력위상이 달라질 가능성을 고려하여 ①, ② 경우를 비교한다. 먼저 ②의 입력으로 좌우측의 입력에 의한 보강형의 휨모멘트, 합계입력에 대한 그 기대치를 [그림 9.1.10]에 나타내었다. 본 아치교에서는 일부의 단면을 제외하고는 좌측지점의 절점 31, 32의 지진입력의 영향이 지배적이며, 보강형의 절점 31을 교대에 고정한 효과가 잘 나타나 있다. 그리고 ①, ② 경우의 휨모멘트를 [그림 9.1.11]에 비교하였다. 좌측단 스팬부는 입력가정에 의한 응답치의 차이가 작지만, 아치부와 우측 각 스팬부에는 좌우측별 입력에 의한 응답치가 동일한 위상 입력 시의 약 1.3~2배이며 입력위상차의 영향이 크다.

(a) 응답스펙트럼(제1종 지반 : 7.5≤M<7.9,20≤△<60km)

[그림 9.1.10] 역로제 아치교의 응답모멘트(좌우측별 입력 시)(계속)

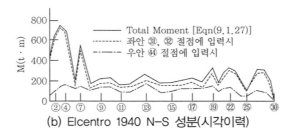

(b) Elcentro 1940 N-S 성분(시각이력)

[그림 9.1.10] 역로제 아치교의 응답모멘트(좌우측별 입력 시)

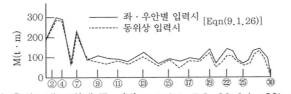

(a) 응답스펙트럼(제1종 지반 : $7.5 \leq M < 7.9$, $20 \leq \Delta < 60km$)

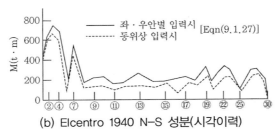

(b) Elcentro 1940 N–S 성분(시각이력)

[그림 9.1.11] 역로제 아치교의 응답모멘트(좌우측별 입력 시와 동일한 위상 입력 시의 비교)

[3] 사장교

(1) 사장교의 적용 예(1)

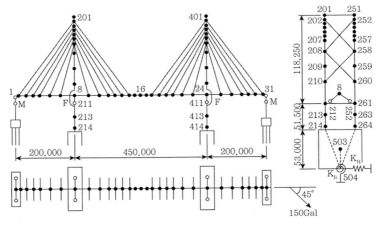

[그림 9.1.12] 사장교의 응답계산(경사 입력 시, 입체뼈대모델)

[그림 9.1.12]에 나타낸 사장교에 지진동(지반의 가속도 $A_G = 150Gal$)을 경사로 입력할 경우를 고찰하였다. 교축과 교축직각방향의 입력성분은 단일파의 성분이며, 상호 동일한 위상으로 생각한다[식 (9.1.28), (9.1.29)를 사용할 경우에 상당함]. 각 지점의 지진입력으로는 다음과 같은 2가지 경우를 고려하였다.

① 전체 지점에 동일하게 입력하는 경우(위상차가 없는 경우)
② 4기의 교각에 입력위상이 불규칙하게 다른 경우

본 교량모델은 복잡한 지반층이므로 하부공은 플렉시블한 다기둥 기초와 강한 케이슨으로 되어 있어 교각마다 입력위상이 달라질 가능성을 예상하였다. 입체뼈대계의 교축·교축직각방향의 최저차 모드를 [그림 9.1.13]에 나타내었다.

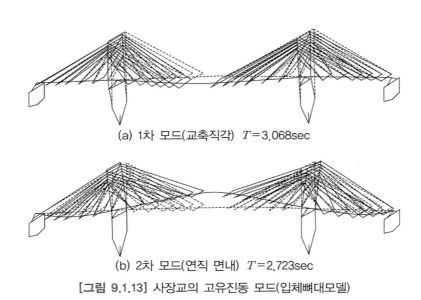

(a) 1차 모드(교축직각) $T=3.068$sec

(b) 2차 모드(연직 면내) $T=2.723$sec

[그림 9.1.13] 사장교의 고유진동 모드(입체뼈대모델)

①, ② 경우에 대해 보강형의 휨모멘트를 [그림 9.1.14](수직 면내), [그림 9.1.15](수평 면내)에 비교하였다. 9.4.1절의 현수교모델에 비교할 때, 입력가정에 의한 응답치의 차는 작지만, [그림 9.1.14]에는 스팬 중앙부의 휨모멘트가 크게 다르다. 이것은 전체 지점에 동일하게 입력 시에는 교축 방향의 대칭형 모드가 응답에 기여하지 않는 영향이다. 그리고 [그림 9.1.15]에는 중앙 스팬의 1/4점 근처는 지점별 입력 시의 응답치가 동일한 입력 시의 약 2배에 달한다. 이것은 평면 휨모멘트의 경우, 전체 지점에 동일한 입력의 가정으로는 지진하중이 등분포와 같은 상태로 계산되어 중앙 스팬의 1/4점 근처의 응답치가 작아지는 것이 원인이다.

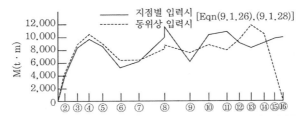

(a) 응답스펙트럼(제2종 지반 : 6.8≤M<7.5, 120≤Δ<200km)

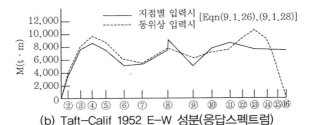

(b) Taft−Calif 1952 E−W 성분(응답스펙트럼)

[그림 9.1.14] 사장교의 응답모멘트(수직 면내)

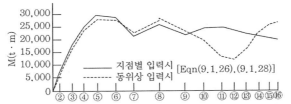

(a) 응답스펙트럼(제2종 지반 : 6.8≤M<7.5, 120≤Δ<200km)

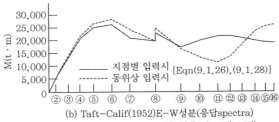

(b) Taft−Calif 1952 E−W 성분(응답스펙트럼)

[그림 9.1.15] 사장교의 응답모멘트(수평 면내)

(2) 사장교의 적용 예(2)

사장교는 주형, 주탑, 케이블의 3가지 기본요소로 구성되어 있으며, 3요소의 최적화는 설계자의 과제이다. 결국, 주형이나 주탑의 형식은 어떤 모양을 하는가? 케이블은 1면, 2면의 어느 쪽을 채용하는가? 그리고 주탑과 주형의 조합을 어떻게 하는 등 이들 3요소의 조합이 문제가 된다.

중간 규모 정도의 사장교 계획에 대한 기술 자료의 제공을 목표로 하고, [표 9.1.1]에 나타낸 것과 같이 2경간과 3경간, 1본인 주탑과 2본인 문형 주탑, 1면 케이블과 2면 케이블, 주탑의 기초 부분의 조건, 한편 주형의 지지조건의 차이 등에 관점을 두고 수치실험을 시도하였다.

[표 9.1.1] 인자의 선정

인자		선정인자
경간수		2경간과 3경간
주탑		1본 주탑과 2본 주탑
케이블		다단케이블, 1본 주탑은 1면 케이블, 2본 주탑은 2면 케이블
지지 등	주형단부	Pin, Roller
	주탑기초부	1본 주탑은 주형과 주탑의 교차점을 구속 2본 주탑은 주탑의 미구속
	주탑과 주형의 취합	1본 주탑의 기초부는 강결과 Pin 2본 주탑은 Tower-Link와 Pin, Roller

그다음에 내진특성을 파악하기 위해서는 지반특성의 평가, 댐퍼의 유무, 교각의 유무 등에 의한 검토가 중요하지만, 여기에서는 상부공에 대해서만 검토하였다.

1) 해석모델

앞에서 언급한 인자의 조합을 시작으로 [그림 9.1.16]과 [그림 9.1.17]에 나타낸 총 8개의 모델을 설정하고, 1절점당 6개의 자유도인 입체해석을 수행하였다. [표 9.1.2]는 해석에 사용한 단면제정수를 나타내고 [표 9.1.3]은 구조의 특징, 지점부의 경계조건, 응답해석의 종류를 나타낸 것이다.

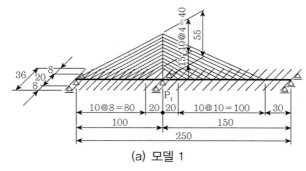

(a) 모델 1

[그림 9.1.16] 2경간 사장교 입체모델(계속)

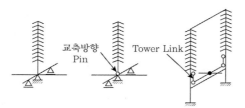
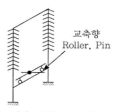

(b) 모델 1 상세 (c) 모델 2 상세 (d) 모델 3 상세   (e) 모델 4 상세

[그림 9.1.16] 2경간 사장교 입체모델

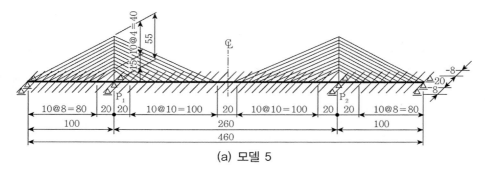

(a) 모델 5

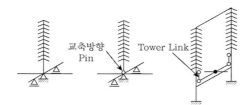
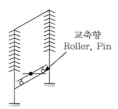

(b) 모델 5 상세 (c) 모델 6 상세 (d) 모델 7 상세   (e) 모델 8 상세

[그림 9.1.17] 3경간 사장교 입체모델

[표 9.1.2] 단면제정수(모델1)

항목	주형	주형가로보	주탑		케이블
			기초부	상부	
Young율	2.1×10^7	2.1×10^7	2.1×10^7		2.0×10^7
단면적	1.2143	100	0.5280	0.3520	0.008~0.0162
비틀림 정수	2.4820	1,000	0.4000	0.3000	–
면내 단면2차모멘트	1.3466	1,000	0.9702	0.2265	–
면외 단면2차모멘트	94.721	1,000	0.3951	0.2265	–
초기장력	–	–	–	–	223.41~402.15

[표 9.1.3] 해석대상모델

모델 No.	경간수	주탑형상	케이블형상	지지조건			응답해석		
				주형단부	주탑기초	주형과 주탑	CQC법	RMS법	시각력법 (Taft)
1	2경간	1본 주탑	1면 다단 Fan형	Pin, Roller	구속	강결	교축, 축직	교축, 축직	교축, 축직
2	2경간	1본 주탑	1면 다단 Fan형	Pin, Roller	구속	Pin	교축, 축직	교축, 축직	교축, 축직
3	2경간	문형주탑	2면 다단 Fan형	Pin, Roller	구속	Tower-Link	교축, 축직	교축, 축직	－
4	2경간	문형주탑	2면 다단 Fan형	Pin, Roller	구속	Pin, Roller	교축, 축직	교축, 축직	－
5	3경간	1본 주탑	1면 다단 Fan형	Pin, Roller	구속	강결	교축, 축직	교축, 축직	교축, 축직
6	3경간	1본 주탑	1면 다단 Fan형	Pin, Roller	구속	Pin	교축, 축직	교축, 축직	교축, 축직
7	3경간	문형주탑	2면 다단 Fan형	Pin, Roller	구속	Tower-Link	교축, 축직	교축, 축직	－
8	3경간	문형주탑	2면 다단 Fan형	Pin, Roller	구속	Pin, Roller	교축, 축직	교축, 축직	－

모델 1~4는 2경간으로, [그림 9.1.16(a)]는 모델 1을 나타내고, 각 모델의 차이를 [그림 9.1.16(b)~ (e)]에 나타내었다. 주형은 측경간이 100m, 중앙경간이 150m, 폭원 36m, 주탑은 55m, 케이블은 11단 의 사장교를 설정했다.

모델 5~8은 3경간으로 [그림 9.1.17(a)]는 모델 5를 나타내고, 각 모델의 차이를 [그림 9.1.17(b)~ (e)]에 나타내었다. 중앙경간을 260m로 한 이외에는 모델 1~4와 같은 사장교를 설정했다. 모델 5와 6은 온도의 영향을 고려하여 주형과 주탑의 교점 P_2는 교축방향가동으로 하였다.

케이블의 모델화는 초기축력을 고려한 String요소를 사용하고, 주형과 교탑 간을 1본의 String요소 로 결합하고 있다.

2) 사장교 입체모델의 고유치 특성

고유치는 모델 1~4를 50모드, 모델 5~8은 60모드까지 구하였고, 유효질량은 90~99%이다. [표 9.1.4]와 [표 9.1.5]는 모델 1과 5의 10차까지의 고유주파수를 나타내고, 앞에서 기술한 변화율과 지배적인 모드형상을 나타내었다.

[표 9.1.4] 모델 1의 고유주파수

모드	진동수(Hz)	변화율(%)	모드 형상
1	0.475	0.0	주형 면내 1차
2	0.685	30.7	주탑 면외 1차
3	1.130	39.4	주형 면내 2차
4	1.197	5.6	주형 비틀림 1차
5	1.609	25.6	주형 면내 3차
6	1.792	10.2	주형 비틀림 2차
7	2.380	24.7	주형 비틀림 3차
8	2.702	11.9	주형 면내 3차
9	2.873	6.0	주형 면외 1차
10	3.303	13.0	주형 면내 5차

[표 9.1.5] 모델 5의 고유주파수

모드	진동수(Hz)	변화율(%)	모드 형상
1	0.420	0.0	주형 면내 1차
2	0.527	20.3	주형 면내 2차
3	0.685	23.1	주탑 면외 1차
4	0.685	0.0	주탑 면외 2차
5	0.691	0.9	주형 비틀림 1차
6	0.920	24.9	주형 면내 3차
7	1.302	29.3	주형 면외 1차
8	1.303	0.1	주형 면내 4차
9	1.380	5.6	주형 비틀림 2차
10	1.512	8.7	주형 면내 5차

[그림 9.1.18(a)~(d)]에 모델 1, 3, 5, 7의 변화율을 50모드까지 나타내었다. [그림 9.1.19]와 [그림 9.1.20]의 (a)는 모델 1과 5의 모드 1에 대한 입체 모드형상을 나타낸 것이다. 같은 그림의 (b), (c)는 중요한 고차모드로 주형의 중심선의 면내 모드를 나타내고 있다.

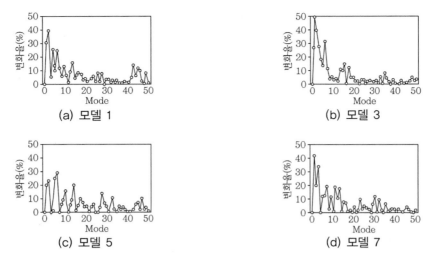

[그림 9.1.18] 고유각 주파수의 변화율

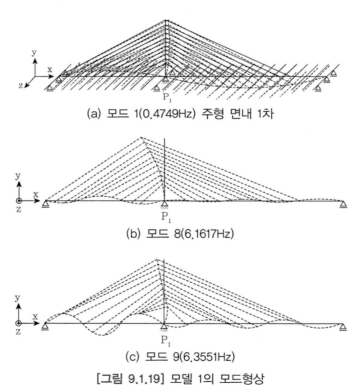

(a) 모드 1(0.4749Hz) 주형 면내 1차

(b) 모드 8(6.1617Hz)

(c) 모드 9(6.3551Hz)

[그림 9.1.19] 모델 1의 모드형상

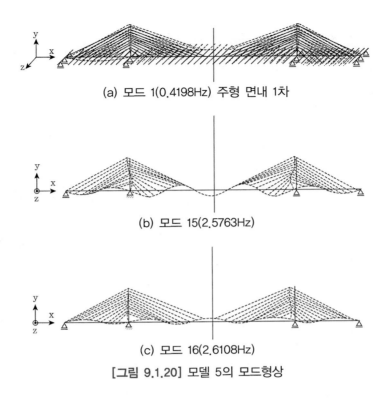

(a) 모드 1(0.4198Hz) 주형 면내 1차

(b) 모드 15(2.5763Hz)

(c) 모드 16(2.6108Hz)

[그림 9.1.20] 모델 5의 모드형상

3) 고유주파수와 모드

① 주형 면내 모드

[표 9.1.4]에서 2경간 모델 1의 모드 1이 0.475Hz로 주형 면내 1차이다. 모드형상은 [그림 9.1.19(a)]로 각 경간의 주형중앙이 볼록하고 주탑의 중간단도 볼록하고 주탑의 중간단도 볼록하게 되어 있다. 이것은 측경간의 주형의 마디에 결합하고 있는 주탑 상단의 케이블의 영향에 의한 것이다. [표 9.5.9]의 경간 모델 5의 모드 1이 0.420Hz로 그대로 주형 면내 1차이며, 모드형상은 [그림 9.1.20(a)]이다. 중간경간이 260m/150m＝1.73배로 되어도 모드 1의 고유주파수가 크게 변동하지 않는다는 것은 두 사장교가 면내거동으로부터 보면 같은 규모의 교량이라는 것을 나타낸다고 생각된다. 모델 5의 모드 2의 형상은 생략했지만 주형의 반대칭 모드이다. 중앙경간 중앙마디로 되며, 모델 1의 모드 1과 같은 모드이지만, 마디와 마디 간은 260m/^{2}＝130m로 모델 1의 중앙경간(150m)보다 짧기 때문에 고유주파수는 0.527Hz로 모델 1의 0.475Hz보다 높다.

② 주탑의 면외 모드

여기에는 입체해석 등으로 주탑 '면외'인 경우, 모두 교축직각방향의 모드로 하고 주탑 '면내'일 경우에는 교축방향의 모드를 나타내는 것으로 한다.

주탑면외 모드는 [표 9.1.4]와 [표 9.1.5]에서 0.685Hz이며, 같은 고유주파수이다. 이것은 1본인 주탑의 모델은 1면 케이블이기 때문에 면외 방향에 케이블이나 주형과의 연성이기 어렵고, 주탑이 단독으로 진동하고 있다는 것을 나타낸다. 다만, 모델 5에는 모드 3과 4에 0.685Hz의 근사중근이 발생하고 있어, 더구나 2가지가 같이 주탑 면외 모드이다. 모드 3은 2본의 주탑이 동일하게 z방향으로 진동하는 대칭모드이며, 모드 4는 반대의 z방향으로 진동하는 반대칭 모드이다. 이 두 모드가 완전 중근으로 되지 않는 것은 주형의 비틀림 거동이 평가되어 있기 때문이다. 이 근사중근이 응답해석상 어떠한 영향을 미치는지 다음 절에 자세히 기술하였지만, 응답계산에 대해 RMS법과 CQC법에 차이가 생기지 않는 근사중근이다.

③ 주형의 면외 모드

주형 면외 모드는 모델 1의 9를 2.873Hz와 모델 5의 모드 7로 1.302Hz이다. 주형 면외는 모델 1이나 5도 1면 케이블이므로 케이블은 거의 영향이 없고, 2경간 연속이나 3경간 연속보의 모델로 대개 등가하다. 문형 주탑의 모델 3, 4, 7, 8에는 2면 케이블이므로 이와 같이 되지는 않는다.

4) 근사중근

중근도를 나타내는 파라메타는 변화율로 [그림 9.1.18]에 나타낸 것과 같이 고유주파수가 높아지면 변화율은 작고, 고유주파수가 높아지면 변화율은 작고, 고유주파수가 낮으면 변화율은 커지는 경향이 있다. 근사중근은 변화율이 0에 가까울 때, NRC에는 변화율이 10% 이하인 경우에 주의를 요하고 있지만, 그림에서 명확히 나타난 것과 같이 10% 이하의 근사중근은 많다. 이 모델 중에는 응답특성상 문제 있는 모델을 찾아낼 수 없다. 또한 어떤 모델로 근사중근이 생기기 쉬운 것이란 것도 한마디로 말할 수 없지만, 많은 단케이블을 갖는 사장교에는 주형이나 주탑으로 케이블의 강성적 기여가 케이블 간에 미소하게 변화하므로 근사중근이 나오기 쉽다.

근사중근과 이상 응답치의 관련성에 대하여는 응답치에 영향을 주는 근사중근을 '문제의 근사중근'이라 하고 뒤에서 고찰하였다.

5) 사장교 입체 모델의 응답특성

사장교 입체 모델의 응답특성을 조사하기 위해 CQC법, RMS법과 시간이력응답해석을 수행하였다. [표 9.1.2]에 나타낸 각 모델의 계산 Case의 응답해석을 나타내었다.

입력은 토목연구소 스펙트럼의 2종 지반에 대한 가속도 응답스펙트럼과 Taft의 지진파를 사용해 최대 가속도를 180Gal로 하였다. 감쇠정수는 각 모드 일정하게 $h = 0.02(2\%)$를 사용했다.

응답치는 최대 변위보다도 최대 응답 단면력 쪽이 내진설계상 중요하다고 생각되고, 비교검토의 대상으로 주형과 주탑의 휨모멘트(부재단 종점측)을 택하였다. 시간응답해석에는 최대 휨모멘트에 정부가 있으므로 절대치를 잡고, 최대치를 출현할 시각은 각 부재의 응답 단면적에서 차이가 나지만 무시하고, 최대휨모멘트는 부재단 모멘트를 나타내었다. 지금부터 작성한 휨모멘트도를 정적해석과 같이 휨모멘트도라 말한다.

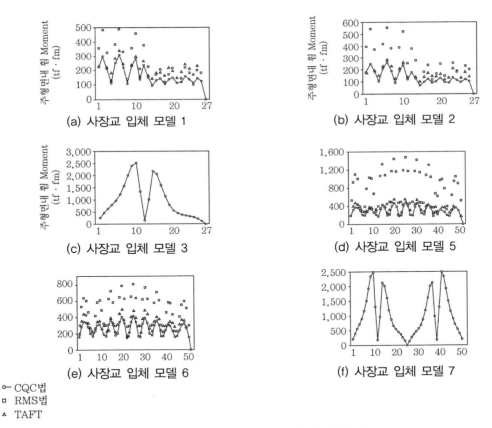

●─ CQC법
□ RMS법
▲ TAFT

[그림 9.1.21] 교축가진의 주형 면내 휨모멘트

[그림 9.1.21]~[그림 9.1.24]에 각 가진에 대한 주형과 주탑의 면내, 면외의 휨모멘트도를 나타내었다. 그림 중에 횡축은 부재번호를 나타내고, 주형에 대하여 2경간 모델은 P_1이 12번, 12~27번이 중앙경간측이며, 3경간 모델은 P_1이 12번, P_2가 38번으로 12~38번이 중앙 경간이다. 주탑에 대하여 1번이 탑의 상단이며, 1본인 주탑모델의 기초부는 13번이고, 2본인 주탑모델의 기초부는 14번이다. 다만, 문형주탑모델에는 P_1의 주탑기둥의 편측만을 그림으로 나타내었다. 종축은 각각 최대치로 정규화하고 있고, [그림 9.1.21]~[그림 9.1.24]의 휨모멘트는 ○표시로 CQC법, □표시로 RMS법, △표시로 Taft의 응답치이다.

① 주형의 면내 휨모멘트
[그림 9.1.21]에 교축가진 주형 면내 휨모멘트를 나타내지만, 모델 4와 8은 모델 3과 7로 거의 같으므로 생략한다.

우선 먼저, 응답특성은 큰 모델 1, 2, 5, 6의 Group ①과 모델 3,7의 Group ②(모델 4, 8포함)의 2케이블로 나누어진다. Group ①은 (1) 각 해석 결과와 같이 휨모멘트가 파도치는 형태에 있고, (2) RMS법의 응답치가 CQC법이나 Taft의 응답치에 대하여 2~3배 큰 응답치로 되어 있고, (3) CQC법과 Taft는 응답스펙트럼 해석과 시간력 응답해석의 차이가 있지만 응답치는 잘 일치하고 있는 3가지 특징이 있다. 한편, Group ②는 휨모멘트도가 단순하며, RMS법과 CQC법의 응답치가 일치하고 있다.

Group ①의 응답특성을 설명하기 위해 모델 1과 5의 고유치나 고유모드와 응답치의 관련 사항을 기술한다. 모델 1에는 면내 휨모멘트 발생에 관여한 주된 모드는 [그림 9.1.19(a)~(c)]에 나타낸 모드 1, 18과 19이다. 모드 18과 19의 고유주파수는 6.1617Hz와 6.3551Hz로 변화율은 3.1%이다. 측경간에는 모드 18과 19의 모드형상은 마디와 볼록의 위치가 일치하여 있고, 볼록의 위치와 [그림 9.1.21(a)]의 RMS법의 큰 응답치와 일치한다. 중앙경간에는 모드 19의 볼록의 것이 크지만 18은 작다. 이것이 측경간의 경우 큰 RMS 응답치를 생기지 않게 하는 원인이다. 모델 5에는 [그림 9.1.20(a)~(e)]에 나타낸 모드 1, 15와 16이 주된 모드이며, 모드 15와 16은 변화율이 1.3%의 근사중근이며 모드형상은 주형 전체에 걸쳐서 마디와 볼록의 위치가 일치한다. [그림 9.1.21(d)]의 RMS법의 이상으로 큰 응답치의 위치와 두 개의 모드형상은 일치하고, 특히 중앙 경간 중앙에서 응답치가 크다.

다음에 각 모델의 응답치 크기의 차이를 살펴보면, 모델 1은 RMS법에도 최대 500tf·m으로 작고, 모델 5는 중간에 위치하고, Group ②는 2,500tf·m로 제일 크다. 이것은 사장교에는 주형의 교축방향진동에 의해 경사로 정착된 케이블의 장력이 변동하고, 주형의 전단력이 변동한 결과, 휨모멘트가 발생한다고 생각되고, 교축방향진동이 크면 주형 면내 휨모멘트도 크게 된다. 그러므로 2경간의 모델 1은 P_1으로 주형이 교축방향에서 구속되어 있으므로 교축방향진동이 작고 휨모멘트도 작다. 3경간의 모델 5에서는 P_1 구속되어 있지만, P_2축은 구속되어 있지 않으므로 휨모멘트는 조금 크다. Group ②와 같이 주형과 주탑이 Slide 가능한 구조는 교축방향진동에 대하여 케이블만으로 지지하고 있으므로 교축방향진동이 크고, 휨모멘트도 제일 크다. 또한, 계산결과를 조사하면 Group ②의 휨모멘트에 제일 크게 기여하는 것은 주형 교축방향 진동모드 1이며, 케이블이 결합되어 있지 않은 P_1과 P_2의 근접한 주형(12번이나 38번)이라든지, 모델 7의 중앙경간의 중앙(25번)으로 휨모멘트가 작아지는 현상도 케이블의 영향을 시사하고 있다.

② 주탑의 면내 휨모멘트

[그림 9.1.22]에 교축가진의 주탑 면내 휨모멘트를 나타내었다. 결국 Group ①과 Group ②(모델 4와 8의 그림은 생략)로 분류된다.

Group ①은 모멘트도의 형상이 각 모델에 따라 다르고, 해석방법에도 응답치가 다르다. 모델 1과 5는 주탑의 기초 부분을 주형으로 강결하고 있으므로 13번에서 휨모멘트가 크게 되지만, 응답치는 작고 최대 500tf·m 정도이다. 모델 1은 Taft의 응답치가 그 외보다 크고, 모델 5는 RMS법의 응답치에 차이가 나타난다. 모델 1에도 모드 18과 19 외에 모드 29(9.268Hz=0.108초)의 영향이 강하고, 가속도 응답스펙트럼의 정의역에 하한이며, 가속도 응답스펙트럼의 신뢰성을 고려하면 그 차이는 이해된다. RMS법과 CQC법에서 응답치의 차이가 적은 것은 모드 18과 19의 주탑의 모드형상으로 주형과 같이 볼록과 마디가 일치하지 않기 때문이다. 모델 1과 같이 근사중근은 주형에서 문제가 되더라도 주탑에는 문제되지 않는 것도 있다. 모델 5에서 RMS법의 응답치가 크게 되는 원인은 모드 15와 16에서 P_1 주탑의 모드형상의 마디와 볼록이 일치하고 있기 때문이며, 주형과 같은 문제로 근사 중근이다.

Group ②는 RMS법과 CQC법이 완전히 일치하고, 주탑기초부의 응답치가 크고 4,500tf·m 정도에 달한다. 1~10번까지는 케이블이 결합되어 있어 휨모멘트가 점진적 증가하고, 11번은 주탑의 가로보 위치에 휨모멘트의 발생이 작고, 11~14번으로 휨모멘트가 급증한다. 이것은 크게 진동한 주형으로부터의 교축방향 전단력이 주탑에 작용하기 때문이다.

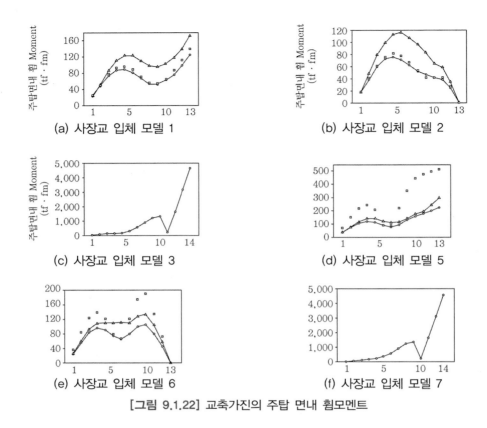

[그림 9.1.22] 교축가진의 주탑 면내 휨모멘트

③ 주형의 면외 휨모멘트

[그림 9.1.23]에 교축직각 가진의 주형 면외 휨모멘트를 나타내었다. 어느 모델도 휨모멘트의 형상은 비교적 단순하며, 전체적으로 응답치가 크다. Group ①(모델 2와 6의 그림은 생략)은 1면 케이블 일 때에 면외방향으로 케이블의 영향이 없어 CQC법과 RMS법의 응답치가 같다. Group ②의 모델 7과 8도 주형 면외 1차가 지배적이기 때문에 CQC법과 RMS법의 응답치가 같다. 한편, Group ②의 모델 3과 4는 CQC법과 RMS법의 응답치가 차이가 난다. 모델의 계산결과를 조사한 경우, 모드 9와 10에서 문제의 근사중근이 발생하고, 고유주파수는 2.7577Hz와 2.9347Hz로 변화율이 6.4%이었다. 모드형상 은 두 모드 같이 주형 면외로 비틀림이 혼재된 복잡한 모드이다. 이와 같이 모델 3과 4는 2면 다단케이 블에 의한 근사중근의 영향이 조금 존재한다.

④ 주탑의 면외 휨모멘트

[그림 9.1.24]는 교축직각 가진에 대한 주탑 면외 휨모멘트이다. 어느 모델도 응답치가 비교적

일치하고 있다. Group ①(모델 2와 6의 그림은 생략)에 있어서는 Taft와 응답스펙트럼해석의 응답치가 차이나고, Group ②의 모델 3과 4에는 CQC법과 RMS법으로 약간의 응답치가 차이가 나며, 주형 면외 휨모멘트와 같다.

표면적으로는 어떤 문제가 없지만, 3경간 모델에는 문제의 근사중근의 중요한 요인이 잠재해있다. 모델 5에는 [표 9.1.5]의 모드 3과 4에 거의 완전중근이라 할 수 있는 주탑 면외 1, 2차의 대칭, 반대칭 모드가 존재하고, CQC법과 RMS법에서 응답치가 같은 것은 예견된 것 같이 보이지만, 이것에 대해 언급한다. 문제의 근사중근에 대하여 모드형상의 요인을 중심으로 설명해왔지만, 모드기여율의 요인도 있다. 모드기여율은 변위 응답스펙트럼을 입력하였을 때에 입력을 모드공간으로 변환된 계수이며, 대칭모드는 크고, 비대칭모드는 작다. 주탑 면외 1차의 대칭모드에는 모드기여율이 크므로, 응답치에 영향을 미치고, 주탑 면외 2차의 비대칭모드에는 모드기여율이 0에 근사하여 영향이 없다. CQC법과 RMS법에는 근사중근이라 하여도 반대칭 모드와 같이 편측의 모드 응답치가 0이라면 구조물의 응답치는 변화하지 않는다.

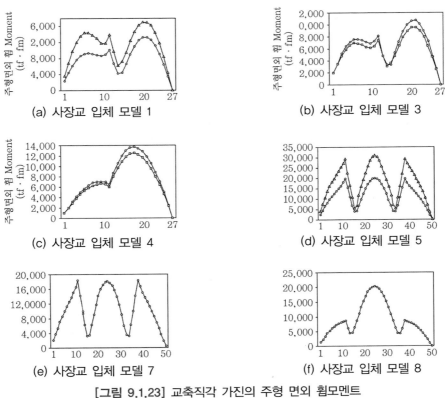

[그림 9.1.23] 교축직각 가진의 주형 면외 휨모멘트

⑤ 결과의 고찰

A. 사장교의 응답특성

앞에서 기술한 동적응답특성의 해석결과의 시작으로 사장교의 설계 자료로서 얻은 결과는 다음과 같다.

1. 2경간의 비대칭 사장교와 3경간의 대칭사장교에는 중앙경간의 비가 1.8일 때 정적으로 같은 규모의 교량이라 말할 수 있다. 이번 모델에서는 1.73이지만, 면내응답특성은 정량적으로 둘 다 같은 경향을 나타내고, 동적특성에 있어서도 같다고 할 수 있다.

2. 교축방향진동에 의해 생기는 주형이나 주탑의 휨모멘트를 작게 하는 데에는 주형과 주탑을 Pin 결합 또는 강결로 한 모델이 좋다.

3. 주탑과 주형의 결합에는 주탑을 주형에 강결한 경우와 Pin결합할 경우에는 주형에 생기는 휨모 멘트는 정량적으로 거의 차이가 없었다.

4. 주탑을 교각에 직접 결합한 독립 주탑 형식은 주형과 주탑에서 생기는 휨모멘트가 1주형 정도 크게 된다.

5. 본 계산에는 1본인 주탑의 형식에서 문제의 근사중근이 발생했지만, 1본인 주탑과 문형주탑의 어느 쪽이 문제의 근사중근이 발생하기 쉬운가 하는 결론은 내리기는 어렵다.

6. 중간경간 200~300m 정도의 사장교로 주탑과 교각을 강결한 독립 주탑 형식은 주탑 기초 부분 의 휨모멘트가 증대하고, 유리하지 않다.

7. CQC법과 시간이력응답해석은 응답스펙트럼곡선을 정당히 평가한다면, 거의 같은 응답치를 얻 을 수 있다.

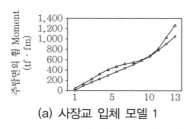
(a) 사장교 입체 모델 1

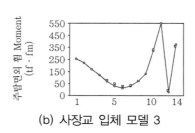
(b) 사장교 입체 모델 3

[그림 9.1.24] 교축직각 가진의 주탑면외 휨모멘트(계속)

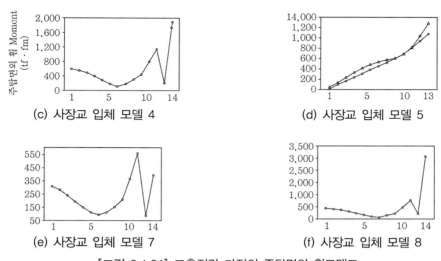

(c) 사장교 입체 모델 4

(d) 사장교 입체 모델 5

(e) 사장교 입체 모델 7

(f) 사장교 입체 모델 8

[그림 9.1.24] 교축직각 가진의 주탑면외 휨모멘트

B. '문제의 근사중근'과 RMS법의 응답치

여기에는 근사중근에 어떤 조건이 주어질 때, RMS법에서 이상한 응답치가 발생하는지 식 (9.1.26)으로 고찰한다.

근사중근에 의해 모드상호상관계수의 비대각항 $\rho_{mn} \fallingdotseq 1$에도 m-모드 응답치가 작으면 CQC법과 RMS법의 응답치에 유의할만한 차이는 생기지 않는다. 이것은 2 모드라 가정하여 $X_1 = 1$, $X_2 = 0$을 대입하여 계산하면 동일한 응답치로 되므로 쉽게 할 수 있다. 역으로 정리하면, 다음의 5가지 조건을 동시에 만족할 때에 '문제의 근사중근'이 나타난다.

① 근사중근이다 : [그림 9.1.2] 참조
② 감쇠정수가 크다 : [그림 9.1.2] 참조
③ 고유벡터가 크다 : 구조물로의 변환계수가 큼
④ 모드 기여율이 크다 : 모드로의 변환계수가 큼
5⑤ 변위 응답스펙트럼이 크다 : 입력이 큼

그러나 지금까지 RMS법의 차이에 대한 큰 응답치가 문제였지만, 차이가 작은 응답치도 발생할 수 있다는 것을 간단한 계산 예로 나타내었다. 이것은 설계계산에서 쉽게 빠뜨릴 수 있다. 3개의 근사중근에 의해 조건 ①과 ②를 만족하고, 또한 ③~⑤의 '크다'고 하는 조건을 만족시키는 대신,

모드의 응답치를 모두 1로 한다. 근사중근 때문에 CQC법에서 모드상호상관계수의 비대각항이 1로 되며, RMS법에는 그대로 0이기 때문에 구조물의 응답치 R은 다음과 같이 계산된다.

① CQC법(완전 평행방정식이므로 단순화법과 동일)

$$R_C = \left\{ [1,1,1] \begin{bmatrix} 1 & 1 & 1 \\ 1 & 1 & 1 \\ 1 & 1 & 1 \end{bmatrix} \begin{bmatrix} 1 \\ 1 \\ 1 \end{bmatrix} \right\}^{1/2} = \sqrt{9} = 3$$

② RMS법

$$R_R = \left\{ [1,1,1] \begin{bmatrix} 1 & 0 & 0 \\ 0 & 1 & 0 \\ 0 & 0 & 1 \end{bmatrix} \begin{bmatrix} 1 \\ 1 \\ 1 \end{bmatrix} \right\}^{1/2} = \sqrt{3} = 1.731$$

RMS법과 CQC법의 응답치의 비는 $1/\sqrt{3}$ 이 된다.

9.1.6 정 리

본 장에서 기술한 해법은 불규칙응답이론에 의한 지점(그룹)별 입력 시와 최대 응답의 기대치를 구한 것이다. 따라서 지진진동의 각 지점입력의 위상지연을 가정할 필요가 없고, 실용설계에 편리하다. 또한 지점(그룹)에 따라 지반종류별로 다른 응답스펙트럼곡선을 구별하여 계산할 경우에 적용한다.

본 장에서 RMS법보다 CQC법이 월등히 유리하다는 것이 확인되었다. 결국 RMS법은 다-자유도계에 대한 스펙트럼밀도함수나 파워(Power)의 평가에 문제가 있다는 것이 명확히 확인되었다. 또한, 통계해석적방법과 복소적분을 사용하지 않는 CQC법이 이론적으로 보다 단순명료하다고 판단된다.

응답스펙트럼법의 식 (9.1.26)은 모드상호상관계수 $[\rho_{nn}]$을 사용하여 진동모드간의 연성응답을 고려할 때에도 장대교량과 같이 근접한 진동수(중근에 가까운)가 생기기 쉬운 경우에도 정도가 저하하지 않는다. 이 외에 지점별 입력 시의 유효질량비를 식 (9.1.8)에 나타내었다. 이것으로 응답계산에 필요한 모드수[13]를 확인할 수 있다.

적용 예는 교축방향의 지진 시를 주체로 하여 전체 지점에 동일한 입력 시와 지점별 입력 시의 차이를 명확히 하였고, 사장교모델의 예에서는 교축직각방향 지진 시에도 보강형의 중앙스팬의 1/4점 근처의 응답치에 큰 차이를 나타내었다. 전체 지점에 동일한 입력으로 가정하는 것은 모든 지점이 같은 지반상에 있고, 스팬이 길지 않은 경우이다. 지반이 복잡한 경우, 또는 스팬이 긴 장대교량 등에는 지점입력 간에 다소 불규칙한 위상차가 생긴다고 생각한다. 따라서 동일한 입력 시와 지점별 입력 시의 응답치를 비교해 두 값의 큰 측(안전), 또는 평균치 등을 사용하면, 설계에 신뢰성이 높아진다. 수식의 유도에 대해서는 문헌[15]을 참조하면 된다.

그리고 8개의 사장교 입체모델을 설정하여 해석을 검토한 결과, RMS법과 CQC법의 응답치의 차이는 근사중근에 기인함을 알았고, 근사중근이 어떤 조건에서 '문제의 근사중근'이 되는가를 정리하였다.

앞으로 내진설계에는 동적응답해석이 많이 사용될 것으로 생각되며, 보다 합리적인 CQC법이 많이 사용될 것이다. 또한 컴퓨터와 해석기법의 발달과 동시에 상하부 일체로 한 구조모델을 기본으로 하여 동적해석을 수행하고, 보다 현실에 충실한 내진설계를 실시할 기회도 많아질 것이다. 상하부 일체에 대해서는 현재 상부공과 하부공에서 다른 값을 사용하고 있는 각 모드의 감쇠정수를 어떻게 정할 것인가? 또한 현재 갖고 있는 응답스펙트럼곡선을 달리할 필요는 없는지 등 해결해야 할 과제가 많이 있다고 생각된다.

참고문헌

1) 建設省土木研究所 (1977.3). 新耐震設計法(案).

2) 靑柳 (1971.6). 地震動の位相差を考慮した長大吊橋の地震應答, 土木學會 論文報告集 190.

3) Abdel-Ghaffar, Rubin (1982). *Suspension Bridge Response to Multiple Support Excitations*, Proc. ASCE, EM2.

4) Abdel-Ghaffar, Rubin (1983). *Vertical Seismic Behaviour of Suspension Bridges*, Earth quake Eng. Struct. Dyn., 11.

5) 足立·矢部 (1985.9). 入力の位相差を考慮した應答スペクトル法, 土木學會 年次學術講演會 概要集 (Ⅰ).

6) 山村 (1983. 12). 立體骨組構造物の地震應答解析プログラム, 日立造船技報 44.

7) 山村, 中垣 (1984.5). スペクトル法による特定地震の應答解析, 橋梁と基礎.

8) A.D. Kiureghian (1979). *On Response of Structures to Stationary Excitation*. Report No. EERC 79-32 U. C. Berkeley.

9) A.D. Kiureghian (1980). *Structural Response to Stationary Excitations*. Proc. ASCE EM6.

10) A.D. Kiureghian (1981). *A Response Spectrum Method for Random Vibration Analysis of MDF Systems*, Earthquake Eng. Struct. Dyn., 9.

11) A.D. Kiureghian and Smeby (1983). *Probabilistic Response Spectrum Method for Multi-directional Seismic Input*, Trans. 7-th SMIRT.

12) Vanmarcke (1976). *Structural Response to Earthquake*, Chapt. 8, Seismic Risk and Engineering Decision, Elsevier.

13) Penzien & Watabe (1975): *Characteristics of 3-Dimensional Earthquake Ground Motion*, Earthquake Eng. Struct. Dyn., 3.

14) 本西公團 (1977. 3). 耐震設計基準·同解說.

15) 山村, 田中 (1986.6). 支點入力が異なる多自由度系の地震應答解析, 日立造船技報 47.

16) E.L. Wilson et al (1981.11). *A Replacement for the SRSS Method in Seismic Analysis*, NAPRA 자료 ELW-2

17) 橋梁と基礎 (1986.12). Vol.20, No.12 pp.21~26.

18) J.E. Gibson, 堀井 譯 (1985). 非線形自動制御, コロナ社

19) 日本數學會 編輯 (1986). 數學事典, 岩波書店

20) 山村, 松浦 譯 (1978). Mikusinsuki-演算子法 (上·下券), 裳華房

21) 吉田 (1982). 演算子法 一 つの超關數論, 東大出版會

22) 星谷 (1984). 確率論手法によ る振動解析, p.133, 광도출판사.

23) 多治見 (1986). 建築振動學, コロナ社.

24) マリツェフ著, 山埼 監修 (1965). 演習 線形代數學, 東京圖書.

25) 島田 (1969년). 土木應用數學, 大學講座 土木工學 1, 共立出版.

26) K. Yosida (1968). *Functional Analysis*, 2nd Edition, Springer-Verlag.

27) 武藤清 (1977.1). 構造物の動的設計, 丸善(株).

28) 土木學會編 (1989.12.5): 動的解析の耐震設計, 第2卷 動的解析方法, 技報堂.

29) 淸水信行 (1990). パソコンによる振動解析, 共立出版(株).

30) Roy R. Craig, Jr. (1981). *Structural Dynamics*, John Wiley & Sons.

31) Clough R.W. & Joseph Penzien (1982). *Dynamics of Structures*, McGraw-Hill.

32) Nigam N.C. (1983). *Introduction to Random Vibrations*, The IMIT Press.

33) Mario Paz (1985). *Structural Dynamics*, Van Nostrand Reinhold Company Inc.

34) Humar J.L. (1990). *Dynamic of Structures*, Prentice Hall.

35) Ross C.T. (1991). *Finite Element Programs for Structural Vibrations*, Springer-Verlag.

36) Chopra A.K. (2001). *Dynamic of Structures*, Prentice Hall, pp.556~559.

9.2 내풍응답해석[16]

주 흐름방향과 연직방향으로 바람의 흐트러짐에 대한 3차원 거스트(Gust 또는 Buffeting)응답해석을 기술하였다. 자려공기력(Self-Excited Force)의 항은 비정상 공기력계수를 고려한 3차원(입체) 진동모드를 대상으로 불규칙 진동론에 의한 범용 해를 유도하였다. 이 해석수식의 특징은 진동모드간의 연성응답을 고려한 것이다. 따라서 항력계수와 비정상 공기력계수로 평가되는 진동모드의 감쇠비가 3차원모형의 계측치와 잘 일치하였다. 계산 예에서는 중앙 Span 길이 770m인 현수교를 모델로 하여 변동항력만을 고려한 종래의 거스트 해석과의 차이를 명확히 확인하였다. 그리고 준정상 이론에 의한 실용설계도 해석 정도가 충분함을 확인하였다.

9.2.1 개 요

본문에는 주 흐름방향(교축직각) 및 연직방향의 변동풍속성분 $v(t) \cdot w(t)$와 자려(비정상)공기력을 동시에 고려하여, 3차원(입체) 진동모드에 대응하는 거스트 응답의 범용 해를 유도하였다. 종래의 변동항력만을 고려한 응답해석(문헌 [1], [2])에서는 주로 교축직각방향의 횡방향 변위와 보강형의 비틀림 변형이 생기지만, $v(t)$와 동시에 연직방향의 변동성분 $w(t)$를 고려하면(문헌 [3]~[7]), 연직방향에서도 응답변위가 생기고, 비틀림 변형도 추가로 더해진다. 그리고 진동모드마다 공력감쇠항은 변동항력만을 대상으로 하는 경우, 항력계수 C_D와 평균 풍속 $\overline{V}$의 함수로 나타내지만, 본문에는 자려공기력의 공력감쇠 항에 대한 영향을 고려해 Scanlan(문헌 [3]~[7])의 비정상 공기력계수 $H_i^* \cdot A_i^*$ ($i = $ 1, 2, 3)을 응답해석에 도입하였다. 비정상공기력계수는 2차원 모형(자유진동법 또는 강제진동법)을 사용하여 비정상공기력을 계측하고, 최소제곱법 등으로 합리적으로 직선화함으로서 얻을 수 있다. 실용적으로는 이 계측을 생략하고, 준정상이론에 의해 해석적으로 H_1^*의 값을 추정하고, 그 외 자려공기력 항을 0으로 하여 응답해석하는 간이법을 고려하여도 된다.

본문에서는 Scanlan[6], [7]의 운동방정식을 기본으로 하여 변위법에 의한 진동해석과 풍압을 받을 때에 등가진동수, 공력감쇠항 등의 수식을 유도하였다. 하중항은 주 흐름·연직방향의 변동풍속성분에 의한 2개항으로 나타내고, 2개항의 영향을 제곱평균치로 응답해를 구하였다. 여기서 완전 2차결합(CQC)법을 적용하여 진동모드 간의 연성응답을 고려하였다. 계산 예에서 본문에 사용한 감쇠항이 3차원모형의 계산치와 잘 일치하였다. 그리고 중앙스팬길이 770m인 현수교의 거스트 응답에 대하여 자려공기력의 항에 비정상공기력계수를 사용하는 경우와 준정상 이론에 의한 응답치 및 종래의 변동항력만 고려한 경우의 응답치를 비교·고찰하였다.

9.2.2 3차원 다-자유도계의 운동방정식

변위법에 의한 선형화된 3차원 다-자유도계의 운동방정식은 다음과 같다([그림 9.2.1]).

$$[M]\ddot{U}(t) + [C]\dot{U}(t) + [K]U(t) = \{F_i(t)\} \tag{9.2.1}$$

여기서, $[M]$ 은 질량매트릭스, $[C]$ 는 점성감쇠(Viscous Damping) 매트릭스, $[K]$ 는 (현수교의 경우) 초기(즉, Dead-Load)축력에 의한 기하학적 강성을 포함한 강성매트릭스, $U(t) = \{x(t),$ $y(t),\ z(t),\ \alpha(t),\ \beta(t),\ \theta(t)\}^T$ 는 3차원 변위벡터, $\{F_i(t)\}$ 는 풍하중벡터(자려공기력+변동풍하중)이다. 고유진동모드 $\{\phi_{in}\}$, 기준좌표 $q_n(t)$(n =1, 2 ⋯ 모드수)을 사용하여 변위 $U(t)$ 를 다음과 같이 나타내었다.

$$U(t) = \sum_{n=1}^{M} \phi_{in} \cdot q_n(t)\,(i = 1, 2, \cdots 부재수)$$
$$\phi_{in} = (\phi_{kn} + \phi_{in})/2 : 부재중심에서 모드의 종거 \tag{9.2.2}$$

진동모드의 직교성(Orthogonality)을 사용해 식 (9.2.1)의 양변의 좌측에 모드매트릭스의 전치 $\{\phi_{in}\}^T$ 를 곱하면 다음과 같이 변환된 방정식을 얻을 수 있다.

$$[M^*] \cdot \ddot{q}_n(t) + [C^*] \cdot \dot{q}n(t) + [K^*] \cdot q_n(t) = [\phi_{in}]^T \cdot \{F_{in}(t)\} \tag{9.2.3}$$

여기서,

$$[M^*] = [\phi_{in}]^T \cdot [M] \cdot [\phi_{in}] = Diag[M_n^*]$$
$$[C^*] = [\phi_{in}]^T \cdot [C] \cdot [\phi_{in}] \cong Diag[2h_n^m \cdot \omega_n \cdot M_n^*] \tag{9.2.4}$$
$$[K^*] = [\phi_{in}]^T \cdot [K] \cdot [\phi_{in}] = Diag[\omega_n^2 \cdot M_n^*]$$

여기서, h_n^m 은 n차 모드의 감쇠비($=\delta_n^m/2\pi$), ω_n 은 n차 모드의 각속도(Circular Frequency, rad/sec)이다.

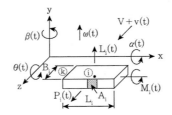

[그림 9.2.1] 전체 좌표계에서 부재 ①

식 (9.2.3), (9.2.4)로부터 M(모드 수)그룹의 독립된 기준좌표 $q_n(t)$에 관한 미분운동방정식은 다음과 같다.

$$\ddot{q}_n(t) + 2h_n^m \cdot \omega_n \cdot \dot{q}_n(t) + \omega_n^2 \cdot q_n(t) = \{\phi_{in}\}^T \cdot \{F_{in}(t)\}/M_n^* \qquad (9.2.5)$$

여기서,

$$M_n^* = \{\phi_{in}\}^T \cdot [M] \cdot \{\phi_{in}\} \qquad (9.2.6)$$

식 (9.2.5)의 우변의 하중벡터 $\{F_{in}(t)\}$는 수평보강형의 자려공기력(Self-Excited Force)에 대해 다음과 같이 나타낼 수 있다.[6), 7)]

$$\{F_{in}(t)\} = \{0, \ L_{in}(t), \ P_{in}(t), \ M_{in}(t), \ 0, \ 0\} \qquad (9.2.7)$$

여기서,

$$P_{in}(t) = (\rho \cdot \overline{V}_i^2/2) \cdot A_i \cdot K_{in}\left[P_{1i}^* \cdot (\dot{z}_i/\overline{V}_i) + P_{2i}^* \cdot (B_i \cdot \dot{\alpha}_i/\overline{V}_i) + P_{3i}^* \cdot K_{in} \cdot \alpha_i\right]L_i$$

$$L_{in}(t) = (\rho \cdot \overline{V}_i^2/2) \cdot B_i \cdot K_{in}\left[H_{1i}^* \cdot (\dot{y}_i/\overline{V}_i) + H_{2i}^* \cdot (B_i \cdot \dot{\alpha}_i/\overline{V}_i) + H_{3i}^* \cdot K_{in} \cdot \alpha_i\right]L_i$$

$$\qquad (9.2.8)$$

$$M_{in}(t) = (\rho \cdot \overline{V}_i^2/2) \cdot B_i^2 \cdot K_{in}\left[A_{1i}^* \cdot (\dot{y}_i/\overline{V}_i) + A_{2i}^* \cdot (B_i \cdot \dot{\alpha}_i/\overline{V}_i) + A_{3i}^* \cdot K_{in} \cdot \alpha_i\right]L_i$$

$$P_{1i}^* = -2C_{D_i}/K_{in}, \ \ P_{2i}^* = (dC_{D_i}/d\alpha)/K_{in} = C_{D_i}'/K_{in}$$

$$P_{3i}^* = C_{D_i}'/K_{in}^2, \ \ K_{in} = B_i \cdot \omega_n/\overline{V}_i \qquad (9.2.9)$$

여기서, $P_{in}^*(t)$, $L_{in}^*(t)$, $M_{in}^*(t)$는 각각 n차 모드의 자려공기력에 의한 항력, 양력 및 모멘트의 하중을 나타낸다. 그리고 ρ는 공기밀도($t \cdot \sec^2/m^4$), $\overline{V_i}$는 평균속도($m/\sec$), A_i는 풍압을 받는 면적(m^2/m), B_i는 부재의 폭(m), L_i는 부재의 수평길이(m), C_{D_i}는 항력계수이다. P_{ji}^*, H_{ji}^*, A_{ji}^*($j = 1, 2, 3$)은 비정상공기력계수[부록1]를 나타낸다. 그리고 진동모드 $\{\phi_{in}\}$의 각 좌표축에 대한 요소는 다음과 같다.

$$\{\phi_{in}\} = \left\{ \phi_{in}^x, \, \phi_{in}^y, \, \phi_{in}^z, \, \phi_{in}^\alpha, \, \phi_{in}^\beta, \, \phi_{in}^\theta \right\} \tag{9.2.10}$$

자려공기력에 대해서도 진동모드의 직교성을 가정하면, 식 (9.2.5)의 우변(자려항)은 다음과 같이 나타낼 수 있다.

$$\{\phi_{in}\}^T \cdot \{F_{in}(t)\}/M_n^* = \left[\left\{\phi_{in}^y\right\}^T \cdot \{L_{in}(t)\} + \left\{\phi_{in}^z\right\}^T \cdot \{P_{in}(t)\} + \left\{\phi_{in}^\alpha\right\}^T \cdot \{M_{in}(t)\} \right]/M_n^* \tag{9.2.11}$$

여기서,

$$
\begin{aligned}
\left\{\phi_{in}^y\right\}^T \{L_{in}(t)\} &= \sum_i (\rho \cdot B_i^2/2)\phi_{in}^y \big[\{H_{1i}^*(t) \cdot \phi_{in}^y + H_{2i}^*(t) \cdot B_i \cdot \phi_{in}^\alpha\} \cdot \dot{q}_n(t) \\
&\quad + H_{3i}^*(t) \cdot B_i \cdot \phi_{in}^\alpha \cdot X_n(t) \cdot \omega_n \big] \cdot L_i \cdot \omega_n \\
\left\{\phi_{in}^z\right\}^T \{P_{in}(t)\} &= \sum_i (\rho \cdot A_i \cdot B_i/2)\phi_{in}^z \big[\{P_{1i}^*(t) \cdot \phi_{in}^z + P_{2i}^*(t) \cdot B_i \cdot \phi_{in}^\alpha\} \cdot \dot{q}_n(t) \\
&\quad + P_{3i}^*(t) \cdot B_i \cdot \phi_{in}^\alpha \cdot X_n(t) \cdot \omega_n \big] \cdot L_i \cdot \omega_n \\
\left\{\phi_{in}^\alpha\right\}^T \{M_{in}(t)\} &= \sum_i (\rho \cdot B_i^3/2)\phi_{in}^\alpha \big[\{A_{1i}^*(t) \cdot \phi_{in}^y + A_{2i}^*(t) \cdot B_i \cdot \phi_{in}^\alpha\} \cdot \dot{q}_n(t) \\
&\quad + A_{3i}^*(t) \cdot B_i \cdot \phi_{in}^\alpha \cdot X_n(t) \cdot \omega_n \big] \cdot L_i \cdot \omega_n
\end{aligned}
\tag{9.2.12}
$$

식 (9.2.11), (9.2.12)을 식 (9.2.5)에 대입하여, 자려공기력 항을 좌변으로 이항하여 정리하면, 좌변에는 난류성 유동에 의한 거스트 성분(Buffeting 효과)에 의한 하중항만 남는 다음과 같은 거스트 응답 운동방정식이 된다.

$$\ddot{q}_n(t) + 2h_n \cdot \tilde{\omega}_n \cdot \dot{q}_n(t) + \tilde{\omega}_n^2 \cdot q_n(t) = \{\phi_{in}\}^T \cdot \{F_{in}^B(t)\}/M_n^* \tag{9.2.13}$$

여기서,

$$\tilde{\omega}_n = \omega_n \cdot [1 + (\rho/2M_n^*) \cdot \sum_i B_i^2 \cdot \phi_{in}^\alpha \cdot \{H_{3i}^*(\widetilde{K}_{in}) \cdot B_i \cdot \phi_{in}^y + P_{3i}^*(\widetilde{K}_{in}) \cdot A_i \cdot \phi_{in}^z$$
$$+ A_{3i}^*(\widetilde{K}_{in}) \cdot B_i^2 \cdot \phi_{in}^\alpha\} \cdot L_i]^{-1/2} \tag{9.2.14}$$

$$\widetilde{K}_{in} = B_i \cdot \tilde{\omega}_n / \widetilde{V}_i$$

$$h_n = (\omega_n/\tilde{\omega}_n) \cdot h_n^m - (\rho/4M_n^*) \cdot \sum_i B_i \cdot [A_i \cdot \phi_{in}^z \{P_{1i}^*(\widetilde{K}_{in}) \cdot \phi_{in}^z$$
$$+ P_{2i}^*(\widetilde{K}_{in}) \cdot B_i \cdot \phi_{in}^\alpha\} + B_i \cdot \phi_\in^y \{H_{1i}^*(\widetilde{K}_{in}) \cdot \phi_{in}^y + H_{2i}^*(\widetilde{K}_{in}) \cdot B_i \cdot \phi_{in}^\alpha\}$$

$$h_n = (\omega_n/\tilde{\omega}_n) \cdot h_n^m - (\rho/4M_n^*) \cdot \sum_i B_i \cdot [A_i \cdot \phi_\in^z \{P_{1i}^*(\widetilde{K}_{in}) \cdot \phi_{in}^z \tag{9.2.15}$$
$$+ P_{2i}^*(\widetilde{K}_{in}) \cdot B_i \cdot \phi_{in}^\alpha\} + B_i \cdot \phi_{in}^y \{H_{1i}^*(\widetilde{K}_{in}) \cdot \phi_{in}^y + H_{2i}^*(\widetilde{K}_{in}) \cdot B_i \cdot \phi_{in}^\alpha\}$$
$$+ B_i^2 \cdot \phi_{in}^\alpha \{A_{1i}^*(\widetilde{K}_{in}) \cdot \phi_{in}^y + A_{2i}^*(\widetilde{K}_{in}) \cdot B_i \cdot \phi_{in}^\alpha\}] \cdot L_i$$

여기서, $\tilde{\omega}_n$은 풍압 작용 시 등가각속도(rad/sec), h_n은 n차 모드의 감쇠비($=\delta_n/2\pi$), $\{F_{in}^B(t)\}$는 거스트 성분에 의한 n차 모드의 하중항이다. $\tilde{f}_n = \tilde{\omega}_n/2\pi$는 풍압 작용 시(평균 풍속 $\overline{V}_i$)의 고유진동수(즉, 등가진동수)이다. 그리고 식 (9.2.14), (9.2.15)은 다음과 같이 매트릭스로 나타낼 수 있다.

$$\tilde{\omega}_n = \omega_n \cdot [1 + (\rho/2M_n^*) \cdot \sum_i B_i^2 \cdot \phi_{in}^\alpha \cdot [\widetilde{\Omega}] \cdot \{\phi_{in}^y, \phi_{in}^z, \phi_{in}^\alpha\} \cdot L_i]^{-1/2}$$

$$[\widetilde{\Omega}] = [H_{3i}^*(\widetilde{K}_{in}) \cdot B_i, \quad P_{3i}^*(\widetilde{K}_{in}) \cdot A_i, \quad A_{3i}^*(\widetilde{K}_{in}) \cdot B_i^2] \tag{9.2.14-1}$$

$$h_n = (\omega_n/\tilde{\omega}_n) \cdot h_n^m - (\rho/4M_n^*) \cdot \sum_i B_i \cdot \{\phi_{in}^y, \phi_{in}^z, \phi_{in}^\alpha\}^T \cdot [\widetilde{H}] \cdot \{\phi_{in}^y, \phi_{in}^z, \phi_{in}^\alpha\} \cdot L_i$$

$$[\widetilde{H}] = \begin{bmatrix} H_{1i}^*(\widetilde{K}_{in}) \cdot B_i & 0 & H_{2i}^*(\widetilde{K}_{in}) \cdot B_i^2 \\ 0 & P_{1i}^*(\widetilde{K}_{in}) \cdot A_i & P_{2i}^*(\widetilde{K}_{in}) \cdot A_i \cdot B_i \\ A_{1i}^*(\widetilde{K}_{in}) \cdot B_i^2 & 0 & A_{2i}^*(\widetilde{K}_{in}) \cdot B_i^3 \end{bmatrix} \tag{9.2.15-1}$$

여기서, 식 (9.2.14), (9.2.14-1)은 $\tilde{\omega}_n$에 대하여 음함수이며, 수차례의 반복계산으로 $\tilde{\omega}_n$을 구한다. 식 (9.2.15), (9.2.15-1)의 감쇠비($h_n \leq 0$)인 경우에는 이 진동모드가 한계풍속(발산)에 달한다는 것을 나타낸 것이다.

이상은 보강형에 대한 수식이지만, 케이블부재일 경우에는 식 (9.2.7)~(9.2.15-1)의 P_{1i}^*와 H_{1i}^*항, 주탑 부재에는 P_{1i}^*항만 필요하므로 기타의 항은 소거하면 된다. 그리고 주탑부재에서는 각 식에서 L_i을 연직 길이로 하면 된다.

9.2.3 자려공기력계수(비정상이론·준정상이론)

동적공기력계수 $C_L(t)$, $C_M(t)$는 다음과 같이 나타낼 수 있다([그림 9.2.2] 참조).

$$C_L(t) = L(t)/(\rho \cdot \overline{V}^2 \cdot B \cdot l/2)$$
$$C_M(t) = M(t)/(\rho \cdot \overline{V}^2 \cdot B^2 \cdot l/2)$$

(9.2.16)

여기서 B는 모형의 폭(m), l은 모형의 길이(m), 그리고 $L(t)$과 $M(t)$는 비정상공기력의 계측장치로 검출되는 동적양력과 동적모멘트의 항을 나타낸다. 이들 공기력은 가진변위에 대한 위상차를 갖기 때문에 $C_L(t)$와 $C_M(t)$는 다음과 같은 복소수로 표시된다.

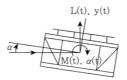

[그림 9.2.2] 진동체에서 동적 양력과 동적 모멘트

$$C_L(t) = (C_{LR} + i \cdot C_{LI}) \cdot e^{i\omega t}, \ \varphi_L = \tan^{-1}(C_{LI}/C_{LR})$$
$$C_M(t) = (C_{MR} + i \cdot C_{MI}) \cdot e^{i\omega t}, \ \varphi_L = \tan^{-1}(C_{LI}/C_{LR})$$

(9.2.17)

이 식에서 식 (9.2.8)을 참조하면, $C_L(t)$와 $C_M(t)$는 비정상공기력계수 H_i^*와 A_i^* ($i=1, 2, 3$)을 사용하여 다음과 같이 나타낼 수 있다.

$$C_L(t) = K \cdot [H_1^* \cdot (\dot{y}/\overline{V}) + H_2^* \cdot (B \cdot \dot{\alpha}/\overline{V}) + K \cdot H_3^* \cdot \alpha]$$
$$C_M(t) = K \cdot [A_1^* \cdot (\dot{y}/\overline{V}) + A_2^* \cdot (B \cdot \dot{\alpha}/\overline{V}) + K \cdot A_3^* \cdot \alpha]$$

(9.2.18)

여기서, $K = B \cdot \omega/\overline{V}$($\omega$는 모형의 각속도)이며, 강제진동법의 경우를 고려하면, 모형의 연직 및 회전방향의 강제진폭(편측)을 y_o와 α_o로 하면 다음과 같이 된다.

$$y(t) = y_o \cdot e^{i\omega t}, \ \alpha(t) = \alpha_o \cdot e^{i\omega t} \tag{9.2.19}$$

이 식을 식 (9.2.18)에 대입하고, 식 (9.2.17), (9.2.18)의 실수부와 허수부를 각각 등치하면 다음과 같은 식이 얻어진다.[부록2]

$$H_1^* = (B/K^2) \cdot (C_{LI}^y/y_o), \ A_1^* = (B/K^2) \cdot (C_{MI}^y/y_o)$$
$$H_2^* = (1/K^2) \cdot (C_{LI}^\alpha/\alpha_o), \ A_2^* = (1/K^2) \cdot (C_{MI}^\alpha/\alpha_o) \tag{9.2.20}$$
$$H_3^* = (1/K^2) \cdot (C_{LR}^\alpha/\alpha_o), \ A_3^* = (1/K^2) \cdot (C_{MR}^\alpha/\alpha_o)$$

여기서, C_L와 C_M의 우측상단첨자 $(y, \ \alpha)$는 각각 연직 및 회전 가진 시의 계측치를 나타낸다. H_i^*와 A_i^* $(i =1, \ 2, \ 3)$는 식 (9.2.20)과 같이 $K = B \cdot w/\overline{V}$의 함수이므로 응답계산으로는 B, w, $\overline{V}$ 등에 실제교량 값을 사용하여 그래프를 읽으면 식 (9.2.12)~(9.2.15)의 계산이 된다.

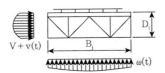

[그림 9.2.3] 표준 Truss 단면에 대한 공력 어드미턴스(Aerodynamic admittance)

동적공기력의 계측을 생략하고, 준정상이론[15])에 따라 보강형의 자려공기력계수를 추정하려면 다음과 같은 식을 사용하면 된다.

$$H_{1i}^* = - [(dC_L/d\alpha) + (A_i/B_i) \cdot C_D]/\widetilde{K}_{in}$$
$$= - (1/2\pi)[C_L' + (A_i/B_i) \cdot C_D] \cdot \overline{V}_i/(\widetilde{f}_n \cdot B_i) \tag{9.2.21}$$
$$A_{2i}^* = - (dC_M/d\alpha)/(2\widetilde{K}_{in}) = - (1/4\pi)C_M' \cdot \overline{V}_i/(\widetilde{f}_n \cdot B_i)$$
$$H_{2i}^* = H_{3i}^* = 0, \ A_{1i}^* = A_{3i}^* = 0$$

여기서, C_D, C_L, C_M은 3분력에 대한 계수로 다음과 같다.

$$C_D = P/(\rho \cdot \overline{V}_i^2 \cdot A_i/2)$$
$$C_L = L/(\rho \cdot \overline{V}_i^2 \cdot B_i/2) \qquad\qquad (9.2.22)$$
$$C_M = M/(\rho \cdot \overline{V}_i^2 \cdot B_i^2/2)$$

계산 예([그림 9.2.16])에 나타낸 것과 같이 식 (9.2.21)로부터 얻어진 H_{1i}^*는 2차원 모형시험에서 계측한 값과 잘 일치하지만, A_{2i}^*의 값은 일반적으로 오차가 크며, 예를 들면, 식 (9.2.15), (9.2.15)의 한계속도($h_n \le 0$이 되는 풍속)를 구하는 목적으로 사용할 수는 없다. 그러나 거스트 응답해석을 대상으로 하는 풍속에서는 대체적으로 $A_{2i}^* < 0$ 또는 $A_{2i}^* \cong 0$의 범위에 있으므로([그림 9.2.7]), 근사적으로 $A_{2i}^* = 0$로 가정하여도 실용적으로 충분한 정도의 응답치를 얻을 수 있다.

9.2.4 난류성 유동에 의한 거스트 성분(Gust 성분 또는 Buffeting 효과)에 의한 하중

식 (9.2.13)의 거스트 성분에 의한 하중벡터 $\{F_{in}^B(t)\}$는 다음과 같다.

$$\{F_{in}^B(t)\} = \{0,\ L_{in}^B(t),\ P_{in}^B(t),\ M_{in}^B(t),\ 0,\ 0\}$$
$$P_{in}^B(t) = \rho \cdot \overline{V}_i \cdot A_i \cdot G_{Di} \cdot (\tilde{f}_n)[C_{Di} \cdot v_i(t) + (dC_{Di}/d\alpha) \cdot w_i(t)/2] \cdot L_i$$
$$L_{in}^B(t) = \rho \cdot \overline{V}_i \cdot B_i \cdot G_{Bi} \cdot (\tilde{f}_n)[C_{Li} \cdot v_i(t) \qquad\qquad (9.2.23)$$
$$\qquad\qquad + \{(dC_{Li}/d\alpha) + (A_i/B_i) \cdot C_{Di} \cdot G_{Di}(\tilde{f}_n)/G_{Bi}(\tilde{f}_n)\} \cdot w_i(t)/2] \cdot L_i$$
$$M_{in}^B(t) = \rho \cdot \overline{V}_i \cdot B_i^2 \cdot G_{Bi} \cdot (\tilde{f}_n)[C_{Mi} \cdot v_i(t) + (dC_{Mi}/d\alpha) \cdot w_i(t)/2] \cdot L_i$$
$$(9.2.24)$$

여기서, $v_i(t)$는 주 흐름방향의 변동풍속(m/sec), $w_i(t)$는 연직방향의 변동풍속(m/sec)이다. 그리고 $G_{Di}^2(\tilde{f}_n)$과 $G_{Bi}^2(\tilde{f}_n)$는 각각 부재 ①의 풍압면과 주 흐름방향의 폭([그림 9.2.3])에 관한 공력 어드미턴스(aerodynamic admittance)[8]이며 다음과 같다.

$$G_{Di}^2(\tilde{f}_n) = 2(k \cdot \xi - 1 + e^{-k \cdot \xi})/(k \cdot \xi)^2 \qquad (k \cdot \xi \le 10)$$

$$G_{Di}^2(\tilde{f}_n) = 2(k \cdot \xi - 1)/(k \cdot \xi)^2 \qquad (k \cdot \xi > 10) \tag{9.2.25}$$

$$\xi = \tilde{f}_n D_i / \overline{V}_i \qquad D_i : 부재의 \ 풍압면내의 \ 폭(\mathrm{m})$$

$$G_{Bi}^2(\tilde{f}_n) = 2(k \cdot \eta - 1 + e^{-k \cdot \eta})/(k \cdot \eta)^2 \qquad (k \cdot \eta \leq 10)$$

$$G_{Bi}^2(\tilde{f}_n) = 2(k \cdot \eta - 1)/(k \cdot \eta)^2 \qquad (k \cdot \eta > 10) \tag{9.2.26}$$

$$\eta = \tilde{f}_n B_i / \overline{V}_i \qquad B_i : 부재의 \ 주 \ 흐름방향의 \ 폭(\mathrm{m})$$

식 (9.2.25)의 공력상관계수 k는 『일본의 혼사이(本西)공단·내풍설계기준』(1976년)[1]에 의하면 부재폭 D_i의 방향에 따라 다음과 같이 값이 구분한다.

$$k = k_2 = 8 \ (수평에 \ 가까운 \ 부재인 \ 경우)$$

$$k = k_1 = 7 \ (연직에 \ 가까운 \ 부재인 \ 경우) \tag{9.2.27}$$

식 (9.2.26)에서는 $k = k_3 = 7$가 타당한 값이다. 식 (9.2.25), (9.2.26)의 D_i와 B_i는 풍압면적에 관계없는 부재의 폭을 의미하는 것으로 보강트러스를 1본의 봉부재로 나타낼 경우에는 D_i는 상·하현재의 간격(m), B_i는 주 트러스의 간격(m)이 된다.

그리고 식 (9.2.23), (9.2.24)에서 $v_i(t)$항과 $w_i(t)$항을 분리하면, 식 (9.2.13)의 우변의 난류성 유동에 의한 거스트 성분에 의한 하중항은 다음과 같이 나타낼 수 있다.

$$\{\phi_{in}\}^T \cdot \{F_{in}^B(t)\}/M_n^* = \{P_{in}\}^T \{v_i(t)\} + \{Q_{in}\}^T \{w_i(t)\} \tag{9.2.28}$$

$$P_{in} = (\rho \cdot \overline{V}_i / M_n^*) \cdot [\phi_{in}^z \cdot C_{Di} \cdot A_i \cdot G_{Di}(\tilde{f}_n)$$
$$+ \phi_{in}^y \cdot C_{Li} \cdot B_i \cdot G_{Bi}(\tilde{f}_n) + \phi_{in}^\alpha \cdot C_{Mi} \cdot B_i^2 \cdot G_{Bi}(\tilde{f}_n)] \cdot L_i$$

$$Q_{in} = (\rho \cdot \overline{V}_i / M_n^*) \cdot [\phi_{in}^z \cdot C_{Di}^{'} \cdot A_i \cdot G_{Di}(\tilde{f}_n) \tag{9.2.29}$$
$$+ \phi_{in}^y \cdot C_{Li}^{'} \cdot B_i \cdot G_{Bi}(\tilde{f}_n) + \phi_{in}^y \cdot C_{Di} \cdot A_i \cdot G_{Di}(\tilde{f}_n)$$
$$+ \phi_{in}^\alpha \cdot C_{Mi}^{'} \cdot B_i^2 \cdot G_{Bi}(\tilde{f}_n)] \cdot L_i$$

또는 다음과 같이 행렬식으로 나타낼 수 있다.

$$P_{in} = 2\left[\overline{P}_{in}\right] \cdot \{\phi_{in}^y,\ \phi_{in}^z,\ \phi_{in}^\alpha\}/(\overline{V}_i \cdot M_n^*) \tag{9.2.29-1}$$

$$\left[\overline{P}_{in}\right] = \left[\overline{L}_i \cdot G_{Bi}(\tilde{f}_n),\ \overline{P}_i \cdot G_{Di}(\tilde{f}_n),\ \overline{M}_i \cdot G_{Bi}(\tilde{f}_n)\right]$$

$$Q_{in} = \left[\overline{Q}_{in}\right]\{\phi_{in}^y,\ \phi_{in}^z,\ \phi_{in}^\alpha\}/(\overline{V}_i \cdot M_n^*) \tag{9.2.29-2}$$

$$\left[\overline{Q}_{in}\right] = \left[\overline{P}_i \cdot G_{Di}(\tilde{f}_n) + \overline{L}_i' \cdot G_{Bi}(\tilde{f}_n),\ \overline{P}_i' \cdot G_{Di}(\tilde{f}_n),\ \overline{M}_i' \cdot G_{Bi}(\tilde{f}_n)\right]$$

여기서 $\overline{P}_i$와 $\overline{P}_i'$ 등은 다음의 식 (9.2.29-3)에 주어진 것과 같이 평균 풍속에 의한 부재 ⓘ의 3분력 및 양각의 변화에 대한 증분을 의미하며, 식 (9.2.28), (9.2.29), (9.2.29-2)에서는 $w_i(t)/\overline{V}_i$가 연직방향의 변동풍 성분에 의한 양각의 변화에 상당하는 것이다.

$$\overline{P}_i = \rho \cdot \overline{V}_i^2 \cdot C_{Di} \cdot A_i \cdot L_i/2,\ \overline{P}_i' = \rho \cdot \overline{V}_i^2 \cdot C_{Di}' \cdot A_i \cdot L_i/2$$

$$\overline{L}_i = \rho \cdot \overline{V}_i^2 \cdot C_{Li} \cdot B_i \cdot L_i/2,\ \overline{L}_i' = \rho \cdot \overline{V}_i^2 \cdot C_{Li}' \cdot B_i \cdot L_i/2 \tag{9.2.29-3}$$

$$\overline{M}_i = \rho \cdot \overline{V}_i^2 \cdot C_{Mi} \cdot B_i^2 \cdot L_i/2,\ \overline{M}_i' = \rho \cdot \overline{V}_i^2 \cdot C_{Mi}' \cdot B_i^2 \cdot L_i/2$$

보강형 이외의 부재(케이블·주탑 등)에는 식 (9.2.23)~(9.2.29-3)의 항력(= C_{Di})항만 필요하며, 그리고 주탑부재·행거 등의 수직부재는 $Q_{in} = 0$으로 한다. 케이블 부재는 $G_{Di}(\overline{f}_n) = G_{Bi}(\overline{f}_n) = 1$로 하여도 좋다.[1]

여기서 식 (9.2.9), (9.2.21), (9.2.29) ~ (9.2.29-3)의 3분력에 대한 계수 C_D, C_L, C_M에 대하여 만족하면, 이것들은 평균 풍속에 의한 변형 후의 값을 사용하는 것이 정당하다. 즉 평균 풍속에 의한 (보강형) 부재 ⓘ의 회전각(x – 축 회전)을 $\overline{\alpha}_i$(rad)로 하면, 무풍 시 3분력계수를 C_{Di}^o, C_{Li}^o, C_{Mi}^o로 하여 변형 후의 값은 다음과 같이 된다.

$$C_{Di} = C_{Di}^o + (dC_{Di}/d\alpha) \cdot \overline{\alpha}_i$$

$$C_{Li} = C_{Li}^o + (dC_{Li}/d\alpha) \cdot \overline{\alpha}_i \tag{9.2.30}$$

$$C_{Mi} = C_{Mi}^o + (dC_{Mi}/d\alpha) \cdot \overline{\alpha}_i$$

여기서 $\overline{\alpha}_i$는 일반적으로 장대 현수교에서는 ±0.5° 이내에서 3분력계수에 대한 영향은 그다지 크지 않지만, 수차례의 재하 (정적)계산을 반복하여 식 (9.2.30)의 수렴치를 사용하는 것이 바람직하다.

9.2.5 변동풍속의 파워스펙트럼밀도(Power Spectral Density)

부재(ⓘ-ⓙ)에 작용하는 변동풍속 $v_i(t)$와 $v_j(t)$, 또는 $w_i(t)$와 $w_j(t)$의 관련 스펙트럼밀도는 다음과 같다.[부록3]

$$S_{ij}^v(\overline{f}_n) = J_{ij}^2(\overline{f}_n) \cdot [S_i^v(\overline{f}_n) \cdot S_j^v(\overline{f}_n)]^{1/2}$$
$$S_{ij}^w(\overline{f}_n) = J_{ij}^2(\overline{f}_n) \cdot [S_i^w(\overline{f}_n) \cdot S_j^w(\overline{f}_n)]^{1/2}$$

$$(9.2.31)$$

여기서 $J_{ij}^2(\overline{f}_n)$는 부재(ⓘ-ⓙ)간의 공간수정함수,[2] $S_i^v(\overline{f}_n)$는 부재 ⓘ에 작용하는 주 흐름방향의 변동풍속의 파워스펙트럼밀도(Power Spectral Density, m²/sec), $S_i^w(\overline{f}_n)$는 부재 ⓘ에 작용하는 연직방향의 변동풍속의 파워스펙트럼밀도(m²/sec)이다. 주 흐름방향의 변동풍속의 파워스펙트럼밀도 $S_i^v(\overline{f}_n)$에는 일반적으로 다음과 같은 니야(日野)공식[12]이 사용된다(공식 내의 f는 $\overline{f}_n$을 나타냄).

$$f \cdot S_i^v(f) / V_{10}^2 = 2.856 \cdot K_r \cdot (f/\beta)[1 + (f/\beta)^2]^{-5/6}$$
$$\beta = 1.169 \cdot 10^{-3} \cdot (\alpha \cdot V_{10} / \sqrt{K_r})(y_i/10)^{2m \cdot \alpha - 1}$$

$$(9.2.32)$$

여기서 V_{10}은 10m 높이에서 기본풍속(m/sec), K_r은 조도계수, α는 풍속의 연직분포를 나타내는 지수(=1/7~1/8), m은 강풍 시의 보정계수(=2), y_i는 부재 ⓘ의 높이(m)이다. 그리고 연직방향의 변동풍속의 스펙트럼밀도 $S_i^w(\overline{f}_n)$는 다음과 같은 식을 사용한다.

[1] Lumley·Panofsky의 식[13]

$$f \cdot S_i^w(f) / V_{10}^2 = 3.36 \cdot K_r \cdot F_i / [1 + 10 \cdot F_i^{5/3}]$$
$$F_i = f \cdot y_i / \overline{V}_i \ (F_i는 \ 무차원 \ 진동수)$$

$$(9.2.33)$$

여기서, y_i는 부재 ⓘ의 높이(m), $\overline{V}_i$는 평균 풍속(m/sec)이다.

[2] Busch·Panofsky의 식[14]

$$f \cdot S_i^w(f)/\overline{\omega}^2 = 0.632 \cdot (F_i/F_{\max})/[1 + 1.5 \cdot (F_i/F_{\max})^{5/3}]$$

$$F_i = f \cdot y_i/\overline{V}_i, \quad \overline{\omega}^2 = 1.7 K_r V_{10}^2 \quad (\overline{\omega}^2 \text{는 } w(t)\text{의 분산})$$

(9.2.34)

여기서, $F_{\max}$는 식 (9.2.34)의 탁월점(Peak Point)에 상당하는 F_i의 값이다. 위의 식 (9.2.34)에서 $F_{\max} = 0.32$로 하면 식 (9.2.33)과 일치한다.

9.2.6 불규칙 응답이론에 의한 거스트 응답해석

변동풍속 $v(t)$와 $w(t)$에 의한 응답 $R(t)$는 다음과 같이 나타낸다.

$$R(t) = \sum_{n=1}^{M} R_n(t) \cdot \Psi_n$$

(9.2.35)

여기서, Ψ_n은 변위, 가속도, 부재력 등의 응답을 동일하게 식 (9.2.35)로 나타내기 위한 등가(진동)모드이며, 다음 식과 같다.

$$\{\Psi_{in}\} = \{\phi_{in}\} \qquad \text{(변위)}$$
$$\{\Psi_{in}\} = 4\pi^2 \tilde{f}_n^2 \{\phi_{in}\} \qquad \text{(가속도)}$$
$$\{\Psi_{in}\} = [k][A]\{\phi_{in}\} \qquad \text{(부재력)}$$

(9.2.36)

여기서 $\{\phi_{in}\}$은 n차 모드의 종거, 제3식에서는 부재 ①의 양단 (k, l)의 종거 $\{\phi_{kn}, \phi_{ln}\}$을 의미한다. 그리고 $\tilde{f}_n$는 식 (9.2.14), (9.2.14a)에 의한 등가진동수(cycle/sec), $[k]$는 국부좌표계에서의 부재 ①의 강성행렬, $[A]$는 국부좌표계를 전체좌표계로 좌표변환매트릭스이다.

변동풍속 $v(t)$와 $w(t)$를 정상으로 하면 응답 $R(t)$도 정상이며, 그 파워스펙트럼밀도 $S_R(f)$의 f(진동수)에 관한 (k)차 모멘트 $\lambda^{(k)}$는 다음과 같다.

$$\lambda^{(k)} = \sum_{m=1}^{M} \sum_{n=1}^{M} \Psi_m \Psi_n (\{P_{im}\}^T \cdot [\lambda_{ij,mn}^{v(k)}] \cdot \{P_{jn}\} + \{Q_{im}\}^T \cdot [\lambda_{ij,mn}^{w(k)}] \cdot \{Q_{jn}\})$$

(9.2.37)

여기서 $\{P_{im}\}$과 $\{Q_{im}\}$은 식 (9.2.29)~(9.2.29c)에 주어져 있다. 그리고 $\lambda_{ij,mn}^{v(k)}$와 $\lambda_{ij,mn}^{w(k)}$는 다음과 같다.

$$\lambda_{ij,mn}^{v(k)} = R_e\Big[\int_0^\infty f^k \cdot H_m(f) \cdot S_{ij}^v(f) \cdot H_n^*(f) \cdot df\Big]$$

$$= \rho_{mn}^{(k)} \cdot [\lambda_{ij,mm}^{v(k)} \cdot \lambda_{ij,nn}^{v(k)}]^{1/2} \qquad (9.2.38)$$

$$\lambda_{ij,mn}^{w(k)} = R_e\Big[\int_0^\infty f^k \cdot H_m(f) \cdot S_{ij}^w(f) \cdot H_n^*(f) \cdot df\Big]$$

$$= \rho_{mn}^{(k)} \cdot [\lambda_{ij,mm}^{w(k)} \cdot \lambda_{ij,nn}^{w(k)}]^{1/2}$$

위의 식 중에서 $S_{ij}^v(f)$와 $S_{ij}^w(f)$는 진동수($=f$)에 대한 식 (9.2.31)의 값을 의미한다. 그리고 $H_m(f)$는 주파수응답함수로 다음과 같다.

$$H_m(f) = [4\pi^2 \cdot (\tilde{f}_m^2 - f^2 + 2 \cdot i \cdot h_m \cdot \tilde{f}_m \cdot f)]^{-1} \qquad (9.2.39)$$

(*)는 '공역복소함수'를 나타낸다. 식 (9.2.38)의 $\rho_{mn}^{(k)}$는 완전 2차 결합법(CQC, Complete Quadratic Combination Method)의 모드상관함수[2]이며 다음 식과 같이 나타낸다.

$$\rho_{mn}^{(0)} = L_{mn} \cdot [(\tilde{f}_m + \tilde{f}_n)^2 \cdot (h_m + h_n) + (\tilde{f}_m^2 - \tilde{f}_n^2) \cdot (h_m - h_n)]$$

$$\rho_{mn}^{(1)} = L_{mn} \cdot [(\tilde{f}_m + \tilde{f}_n)^2 \cdot (h_m + h_n) - (4/\pi) \cdot (\tilde{f}_m - \tilde{f}_n)^2] \qquad (9.2.40)$$

$$\rho_{mn}^{(2)} = L_{mn} \cdot [(\tilde{f}_m + \tilde{f}_n)^2 \cdot (h_m + h_n) - (\tilde{f}_m^2 - \tilde{f}_n^2) \cdot (h_m - h_n)]$$

$$L_{mn} = 2\sqrt{h_m \cdot h_h}\Big/\Big[4(\tilde{f}_m - \tilde{f}_n)^2 + (h_m + h_n)^2 \cdot (\tilde{f}_m - \tilde{f}_n)^2\Big]$$

여기서 $\tilde{f}_m$은 식 (9.2.14), (9.2.14-1)에 의한 등가진동수(cycle/sec), h_m은 식 (9.2.15), (9.2.15-1)에 의한 감쇠비($=\delta_m/2\pi$)이다. 그리고 식 (9.2.38)의 $\lambda_{ij,mm}^{v(k)}$와 $\lambda_{ij,mm}^{w(k)}$는 다음과 같은 식으로 나타낸다.

$$\lambda_{ij,mm}^{v(0)} = S_{ij}^v(\tilde{f}_m)/[64\pi^3 \cdot h_m \cdot \tilde{f}_m^3] \qquad (9.2.41)$$

$$\lambda_{ij,\,mm}^{v(1)} \simeq (1 - 2h_m/\pi) \cdot \lambda_{ij,\,mm}^{v(0)} \cdot (\tilde{f}_m)$$

$$\lambda_{ij,\,mm}^{v(2)} = \lambda_{ij,\,mm}^{v(0)} \cdot (\tilde{f}_m^2)$$

$$\lambda_{ij,\,mm}^{w(0)} = S_{ij}^w(\tilde{f}_m)/[64\pi^3 \cdot h_m \cdot \tilde{f}_m^3]$$

$$\lambda_{ij,\,mm}^{w(1)} \simeq (1 - 2h_m/\pi) \cdot \lambda_{ij,\,mm}^{w(0)} \cdot (\tilde{f}_m) \qquad (9.2.42)$$

$$\lambda_{ij,\,mm}^{w(2)} = \lambda_{ij,\,mm}^{w(0)} \cdot (\tilde{f}_m^2)$$

여기서 $S_{ij}^v(\tilde{f}_m)$와 $S_{ij}^w(\tilde{f}_m)$는 식 (9.2.31)의 상관스펙트럼밀도를 나타낸다.

식 (9.2.38)~(9.2.42)을 사용하여 식 (9.2.37)을 다시 나타내면, 응답스펙트럼밀도의 (k)차 모멘트 $\lambda^{(k)}$는 다음 식과 같다.

$$\lambda^{(k)} = \sum_{m=1}^{M} \sum_{n=1}^{M} \rho_{mn}^{(k)} \Psi_m \Psi_n \cdot (X_{mn} + Y_{mn})$$

$$X_{mn} = \{P_{im}\}^T \cdot [(\lambda_{ij,\,mm}^{v(k)} \cdot \lambda_{ij,\,nn}^{v(k)})^{1/2}] \cdot \{P_{jn}\} \qquad (9.2.43)$$

$$Y_{mn} = \{Q_{im}\}^T \cdot [(\lambda_{ij,\,mm}^{w(k)} \cdot \lambda_{ij,\,nn}^{w(k)})^{1/2}] \cdot \{Q_{jn}\}$$

여기서 $\{P_{im}\}$와 $\{Q_{im}\}$는 식 (9.2.29)~(9.2.29-3)의 계수벡터이다. 그리고 식 (9.2.43)의 $\lambda_{ij,\,mm}^{v(k)}$와 $\lambda_{ij,\,mm}^{w(k)}$에는 공간수정함수 $J_{ij}^2(\tilde{f}_m)$(지수함수, 쌍곡선함수로 나타냄)을 포함하므로, 식 (9.2.43)의 계산에는 상당한 시간이 필요하다. 이 점을 피하여 다음 식을 사용하면 계산량을 반으로 줄일 수 있다.

$$X_{mn} = \sum_i \sum_j X_{ij,\,mn}, \quad Y_{mn} = \sum_i \sum_j Y_{ij,\,mn} \qquad (9.2.43-1)$$

$$X_{ij,\,mn} = P_{im} \cdot P_{in} \cdot (\lambda_{ij,\,mm}^{v(k)} \cdot \lambda_{ij,\,nn}^{v(k)})^{1/2} \qquad (i = j)$$

$$Y_{ij,\,mn} = Q_{im} \cdot Q_{in} \cdot (\lambda_{ij,\,mm}^{w(k)} \cdot \lambda_{ij,\,nn}^{w(k)})^{1/2} \qquad (i = j) \qquad (9.2.43-2)$$

$$Y_{ij,\,mn} = (Q_{im} \cdot Q_{jn} + Q_{jm} \cdot Q_{in}) \cdot (\lambda_{ij,\,mm}^{w(k)} \cdot \lambda_{ij,\,nn}^{w(k)})^{1/2} \qquad (i < j)$$

$$X_{ij,\,mn} = Y_{ij,\,mn} = 0 \qquad (i > j) \qquad (9.2.43-3)$$

그리고 식 (9.2.43)의 $\lambda^{(k)}$을 다음과 같이 하고, $\rho_{mn}^{(k)} < 0.001$인 범위의 계산을 통과(pass)하면 좋다.

$$\lambda^{(k)} = \sum_{m=1}^{M} [\Psi_m^2 \cdot (X_{mm} + Y_{mm}) + 2\sum_{n > m} \rho_{mn}^{(k)} \cdot \Psi_m \cdot \Psi_n \cdot (X_{mn} + Y_{mn})]$$

$$(9.2.43\text{-}4)$$

식 (9.2.43)~(9.2.43-4)으로 $\lambda^{(k)}$ ($k=0$, 1, 2)를 구하면, 그 이후 거스트 응답의 기대치, 풍속수 정계수 및 구조물의 각 부분의 감쇠비 δ^m가 다른 경우의 계산법은 문헌 [2]에 나타낸 것과 같다. 식 (9.2.43)~(9.2.43-4)에 대해 보충설명하면 다음과 같다.

1. $\lambda^{(k)}$는 주 흐름방향의 변동풍속성분 $v(t)$와 연직방향의 변동풍속성분 $w(t)$에 관한 항의 합이다. $\lambda^{(0)}$는 응답의 분산을 의미하므로 합계 응답치 $\sqrt{\lambda^{(0)}}$는 $v(t)$와 $w(t)$의 각각에 대한 응답의 제곱평균치이다.
2. 진동수에 중근(또는 근사진동수)이 없는 경우에는 다음과 같이 된다.

$$\rho_{mm} = 1, \ \rho_{mn}(m \neq n) \simeq 0 \tag{9.2.44}$$

즉, 식 (9.2.43-4)의 제2항은 불필요하다. 이 경우에 $\lambda^{(0)}$는 진동모드마다의 응답의 제곱을 의미함으로 식 (9.2.44)의 관계를 사용한 해법은 RMS법(제곱평방근법, Root-Mean-Square Method)이 된다.

9.2.7 적용례 및 고찰

계산 실례에서는 중앙 Span 길이 770m인 현수교([그림 9.2.4])를 택하였다. 먼저 식 (9.2.15), (9.2.15-1)에 의한 감쇠율과 2차원 모형 및 3차원 모형에서의 계측치를 비교하여 두식과 3차원 모형의 감쇠율이 잘 일치한다는 것을 나타내었다. 그리고 거스트 응답계산 예에서는 주 흐름방향과 연직방향의 변동풍속성분 $v(t)$와 $w(t)$을 동시에 고려하여 2차원 모형(강제진동법)으로 계측한 비정상 공기력계수 H_i^*, A_i^* ($i=1$, 2, 3)을 사용하는 경우와 준정상 이론에 의한 응답치 및 종래의 변동항력만을 대상으로 한 응답치를 비교하여 고찰하였다.

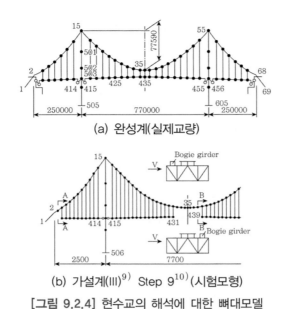

(a) 완성계(실제교량)

(b) 가설계(III)[9] Step 9[10] (시험모형)

[그림 9.2.4] 현수교의 해석에 대한 뼈대모델

[1] 감쇠율의 비교 등

보강 트러스의 3분력계수(2차원 모형으로 계측)를 [그림 9.2.5] 및 [표 9.2.1]에, 각 부재의 풍압면적을 [표 9.2.2]에 나타내었다.

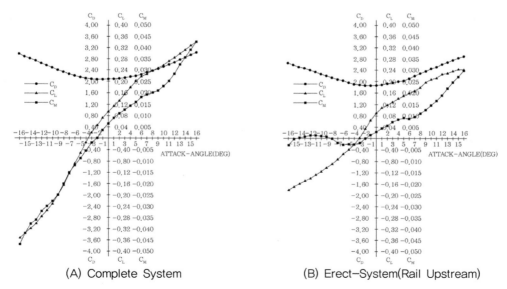

(A) Complete System   (B) Erect-System(Rail Upstream)

[그림 9.2.5] 보강 트러스의 3분력계수(항력, 양력 및 모멘트계수)(계속)

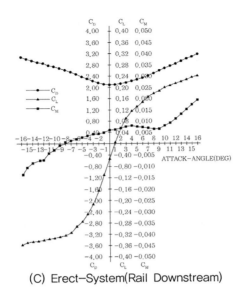

(C) Erect-System(Rail Downstream)

[그림 9.2.5] 보강 트러스의 3분력계수(항력, 양력 및 모멘트계수)

[표 9.2.1] 보강 트러스의 3분력계수(주, 가설계는 궤도주형이 풍상측(풍하측)의 수치)

		완성계(영각 $\alpha = 0^o$)	완성계(영각 $\alpha = +3^o$)	가설계(III)(Step-9, 영각 $\alpha = +3^o$)
항력계수	C_D	2.07000	2.11400	1.94100(2.14200)
	C_D'	0.28648	1.37510	2.32048(2.69290)
양력계수	C_L	0.09360	0.15300	0.12696(0.08648)
	C_L'	1.21754	1.34072	0.61507(1.75497)
모멘트계수	C_M	0.00639	0.01242	0.00725(0.00735)
	C_M'	0.15928	0.10113	0.07972(0.03329)

[표 9.2.2] 실제교량의 각 부재의 풍압면적

각 부재		풍압면적 A_i(m²/m)
주 케이블(행거포함)	중앙 Span	1.075
	측 Span	1.195
보강 트러스(행거포함)	중앙 Span	5.543
	측 Span	5.004
주탑	15~501	4.318
	501~502	4.907
	502~503	5.375
	503~504	5.655
	504~505	6.211

주 케이블과 행거의 항력계수 C_D =0.7, 주탑 부재는 C_D =1.8을 사용하였다.[1) 감쇠율의 비교는 다음과 같이 3 Case계를 대상으로 하였다.

1. 완성계(영각 α =0°)
2. 완성계(영각 α = +3°)
3. 가설계(III)[9)](Step 9[10)], 영각 α = +3°)

보강 트러스의 비정상 공기력계수 H_i^*, A_i^* (i =1, 2, 3)는 2차원 모형(강제진동법)에 의해 식 (9.2.19)의 연직진폭 (y_o =10, 15, 20mm), 회전진폭 (α_o =1°, 2°, 3°, 4°, 4.5°)인 경우를 계측하였다. 완성계 (양각 α =0°)의 경우에 대하여 이들을 중복시켜 그리면 [그림 9.2.6]과 같고, 비틀림 플러터(Flutter)를 지배한다. A_2^*의 값에는 다소 진폭의존성이 인정된다. 이하의 계산에서는 비틀림 플러터에 최고 불리한 값[1)]으로, H_i^*, A_i^* (i =2, 3)에는 회전진폭 (α_o =1°)인 값을 채용하였다. 그리고 H_1^*, A_1^*는 진폭의존성이 적고, 대표적인 값으로는 연직진폭 (y_o =10mm)인 값을 사용하였다.

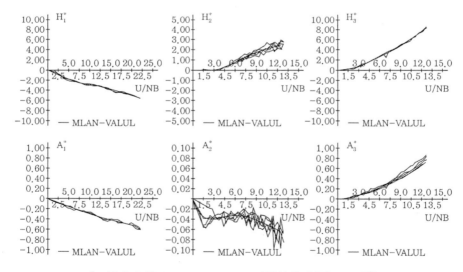

[그림 9.2.6] Flutter Derivatives(완성계 : 영각 $\alpha = 0^o$)

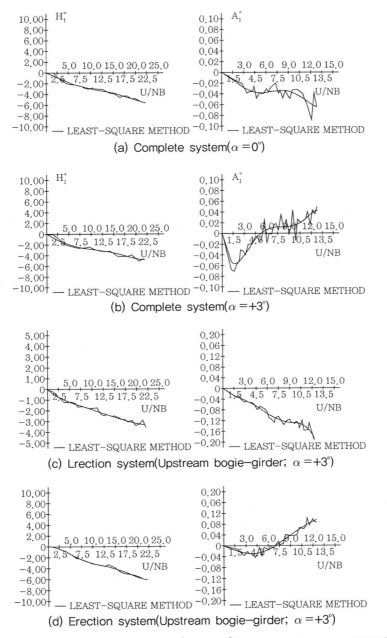

(a) Complete system($\alpha = 0°$)

(b) Complete system($\alpha = +3°$)

(c) Lrection system(Upstream bogie–girder; $\alpha = +3°$)

(d) Erection system(Upstream bogie–girder; $\alpha = +3°$)

[그림 9.2.7] Flutter Derivatives H_1^* and A_2^*(y_o=10mm, 영각 α=1°)(계속)

H_i^*, A_i^* (i =1, 2, 3) 중에서 안정해석에 중요한 H_1^*, A_2^*를 각 Case에 대해 [그림 9.2.7]에 나타내었다. 그림 중에서 굵은 선은 계측데이터(가는 선)를 5차 다항식으로 근사한 값(최소자승법에 의한)이며, 이것을 이하의 계산에 이용하였다. [그림 9.2.7]에 의하면, 각 경우에 $H_1^* < 0$이며, 식 (9.2.15), (9.2.15-1)을 참조하면 계측범위(실제교량풍속 ≤100m/sec)로는 연직변동이 발산할 가능성은 없다. 비틀림 플러터에 관계하는 A_2^*도 완성계 (영각 α =0°)에서는 항상 $A_2^* < 0$으로 비틀림 진동이 발산하지 않는다는 것을 나타내었다. 완성계 (영각 α = +3°) 및 가설계(영각 α = +3°; 주형축이 풍의 오른쪽인 경우)에는 $\overline{V}/(f \cdot B) \simeq 6$ (실제교량풍속 ≤ 60m/sec)부근에서 $A_2^* > 0$이 된다. 그러나 비틀림 진동 모드에 케이블·보강 트러스 등의 교축직각 (횡)변위를 포함한 경우에는 식 (9.2.15), (9.2.15-1)의 P_1^*, P_2^*(항력항)가 감쇠에 기여한다. 그리고 주 케이블의 연직변위도 비틀림 진동시의 감쇠를 높이므로 $-A_2^*$의 영향이 구조감쇠를 초월하면서도 안정한 영역을 유지한다. 이 성질은 보강형의 연직·회전변위만을 자유도로 하는 2차원 (스프링지지)모형으로 재현되지는 않았지만, 비정상 공기력을 계획하여 식 (9.2.15), (9.2.15a)을 사용하는 것이 제외되고, 3차원 모형과 동등한 $V-\delta$ 곡선이 얻어진다. 이 경우, 주 케이블의 연직변위의 영향은 식 (9.2.21)의 H_1^* (준정상 이론에 의한)을 적용하여 고려된다.

감쇠율의 계산, 모형실험과의 비교요령은 다음과 같다.

1. 완성계 : 실제교량의 제원에 대한 진동모드, 감쇠율의 계산, 2차원 모형[9] 및 3차원 모형[10]의 계측치와 비교한다.
2. 가설계 : 3차원 모형에 대한 진동모드, 감쇠율을 계산할 계측치[10]와 비교한다. 대차(Bogie)용의 궤도주형이 보강 트러스의 좌측부분(풍상측), 우측부분(풍하측)에 설치되어 있으므로, 식 (9.2.15), (9.2.15-1)에서는 보강 트러스의 좌우측 부분에 각각 [그림 9.2.7(c)(d)]의 비정상 공기력계수를 사용한다. 2차원 모형의 가설계(Step 9)는 궤도주형이 풍하측(우측부분)의 경우에만 계측되어 있으므로 비교할 수 없다.

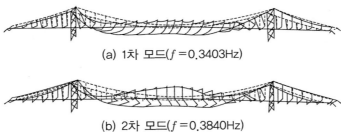

(a) 1차 모드(*f* =0.3403Hz)

(b) 2차 모드(*f* =0.3840Hz)

[그림 9.2.8] 낮은 1, 2차 비틀림 진동모드(실제교량)

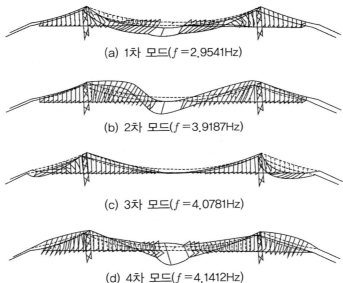

(a) 1차 모드(*f* =2.9541Hz)

(b) 2차 모드(*f* =3.9187Hz)

(c) 3차 모드(*f* =4.0781Hz)

(d) 4차 모드(*f* =4.1412Hz)

[그림 9.2.9] 낮은 1, 2, 3, 4차 대칭 비틀림 진동모드(실험모형)

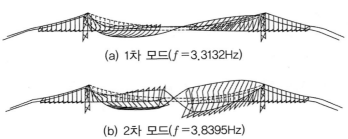

(a) 1차 모드(*f* =3.3132Hz)

(b) 2차 모드(*f* =3.8395Hz)

[그림 9.2.10] 낮은 1, 2차 역대칭 비틀림 진동모드(실험모형)

[표 9.2.3] 완성계(실제교량)의 등가(비틀림)진동수

평균 풍속 $\overline{V}$(m/sec)	대칭1차 : $\tilde{f}_1$(Hz)		대칭2차 : $\tilde{f}_2$(Hz)	
	$\alpha = 0°$	$\alpha = +3°$	$\alpha = 0°$	$\alpha = +3°$
0	0.3403	0.3403	0.3840	0.3840
20	0.3402	0.3397	0.3838	0.3821
40	0.3395	0.3393	0.3817	0.3801
60	0.3389	0.3392	0.3797	0.3788
80	0.3381	0.3392	0.3773	0.3777
100	0.3369	0.3391	0.3739	0.3761

주) 횡·연직방향의 모드는 $\tilde{f}_n$의 변화가 매우 작다.

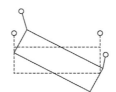

(a) 1차 모드($f=0.3403$Hz)   (b) 2차 모드($f=0.3840$Hz)

[그림 9.2.11] 중앙 스팬에서 비틀림 모드(실제교량)

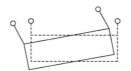

(a) 1차 모드($f=2.9541$Hz)   (b) 2차 모드($f=3.9187$Hz)

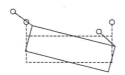

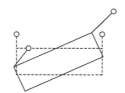

(c) 3차 모드($f=4.0781$Hz)   (d) 4차 모드($f=4.1412$Hz)

[그림 9.2.12] Pt. 431에서 비틀림 (대칭) 모드(실험모형)

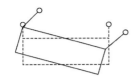 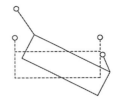

(a) 1차 모드(f=3.3132Hz) (b) 2차 모드(f=3.8395Hz)

[그림 9.2.13] Pt. 431에서 비틀림 (역대칭) 모드 (실험모형)

완성계(실제교량), 가설계(3차원 모형)의 낮은 차수의 비틀림 진동모드를 [그림 9.2.8]~[그림 9.2.10]에 나타내었다. 어떤 모드에도 케이블·보강 트러스의 교축직각 (횡)변위가 포함되어 있고, 완성계(스팬중앙)와 가설계의 (보강 트러스의 선단부)의 변위를 [그림 9.2.11]~[그림 9.2.13]에 자세히 나타내었다. 식 (9.2.14), (9.2.14-1)에 의한 완성계의 등가진동수를 [표 9.2.3]에 나타내었다.

실용적인 풍속범위($V \leq 60m/sec$)에서 무풍 시의 고유진동수와 비교해 등가진동수의 변화는 약 1% 내에 있게 되고, 가설계에서도 이 경향은 같다. 그리고 완성계의 진동 및 가설계의 역대칭 진동은 1, 2차의 진동수가 근접하고, 가설계의 대칭진동으로는 2, 3, 4차의 진동수가 보통 이상으로 접근하고 있다. 이 경우, 2차원 모형실험의 목적은 다음과 같다.

1. 비틀림 플러터가 가장 일어나기 쉬운 진동모드를 판정한다.
2. 모형의 극관성모멘트를 실제교량(입체계)과 등가로 한다.

위 사항들을 목적으로 할 때에는 케이블·보강 트러스의 교축직각(횡) 변위와 케이블의 연직변위의 영향을 고려한 환산(극관성)모멘트 M_{eq}[11]를 사용한다. 이 값을 완성계(실제교량)와 가설계(3차원 모형)에 대하여 나타내보면 [표 9.2.4]와 같으며, 완성계의 진동 및 가설계의 역대칭 비틀림 진동은 2차, 가설계의 대칭 비틀림 진동으로는 4차의 환산모멘트가 매우 적었다. 즉, 이들 모드로 다음 값이 최대가 된다.

$$1/M_{eq} = \sum_i (\phi_{in}^\alpha)^2 \cdot L_i / M_n^*$$ (9.2.45)

[표 9.2.4] 비틀림 모드의 환산 (극관성) 모멘트 M_{eq}

	완성계(실제교량) (t·m²/m)	가설계 (III) Step-(9) (1/100모형)(kg·cm²/cm)	
	대칭 모드	대칭 모드	역대칭 모드
1차	9,071.0	58.621	16.843
2차	3,027.4	24.916	2.895
3차	−	55.053	−
4차	−	3.931	−
$I_G + \dfrac{w_c \cdot B^2}{2}$	2,221.7[*]	1.975[*]	

주 1) *는 중앙 스팬 (L/2)점에서 수치를 나타냄
2) I_G : 보강 트러스의 극관성모멘트
3) w_c : 케이블 (편측) 중량
4) B : 주 케이블의 간격

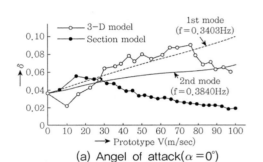

(a) Angel of attack($\alpha = 0°$)

(b) Angel of attack($\alpha = +3°$)

[그림 9.2.14] 비틀림 모드에 대한 $V-\delta$ 곡선(완성계)

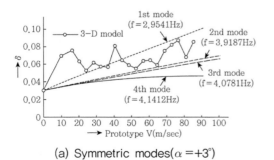

(a) Symmetric modes($\alpha = +3°$)

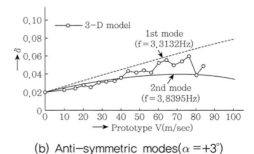

(b) Anti-symmetric modes($\alpha = +3°$)

[그림 9.2.15] 비틀림 모드에 대한 $V-\delta$ 곡선(가설계)

$A_2^* > 0$인 영역에서는 식 (9.2.15), (9.2.15-1)의 감쇠비 h_n가 매우 적어지며, 비틀림 플러터가 발생하기 쉬움을 알 수 있다. 이 판정은 올바르며, 2차원 풍동시험에서는 모형의 감쇠비는 실제교량의 구조감쇠비에 부합하고, 극관성 모멘트는 실제교량의 M_{eq}와 상사한 값을 사용한다. 이 방법에 의하면, 식 (9.2.15), (9.2.15a)의 A_{2i}^*에 관한 항만 고려되고, 기타 케이블·보강형의 교축직각(횡)변위에 대한 P_{1i}^* 및 케이블의 연직변위에 대한 H_{1i}^* 등의 항은 무시된다. 따라서 [그림 9.2.8]~[그림 9.2.13]과 같은 입체 모드를 갖는 경우에는 감쇠비 h_n가 대폭 과소평가되어 2차원 모형으로 계측한 $V-\delta$ 곡선 및 한계풍속은 3차원 모형의 값과 일치하지 않는다. 완성계(영각 $\alpha = 0°$), 완성계(영각 $\alpha = +3°$) 및 가설계 (III)[9] (Step 9[10], 영각 $\alpha = +3°$)의 $V-\delta$곡선을 [그림 9.2.14]와 [그림 9.2.15]에 나타내었다. 식 (9.2.15), (9.2.15-1)의 계산으로는 3차원 모형과 비교하기 위해 구조감쇠비 δ_n^m에 3차원 모형의 무풍 시($V = 0$m/sec)의 값을 사용하였다. 완성계의 2차원 모형의 감쇠비도 같이 보정하였다. [그림 9.2.14]와 [그림 9.2.15]에 의하면, 완성계(영각 $\alpha = 0°$), 완성계(영각 $\alpha = +3°$) 및 가설계 (III)[9](Step 9[10], 양각 $\alpha = +3°$)의 $V-\delta$ 곡선에서 특성은 다음과 같다.

1. 완성계(영각 $\alpha = 0°$) : 실제풍속 $V \le 30$m/sec 및 $V \ge 80$m/sec의 범위에서는 식 (9.2.15), (9.2.15-1)에 의한 2차 모드 (감쇠비가 최소)와 3차원 모형의 감쇠비에 근접한다. 그 중간으로는 3차원 모형의 감쇠비가 1차 모드의 값에 근접하고 있지만, 그 원인으로는 3차원 모형의 기진 시에 강성이 낮은 1차 모드가 부가될 가능성을 고려한 것이다. 2차원 모형의 감쇠비는 이들과 경향이 크게 다르다.

2. 완성계(영각 $\alpha = +3°$) : 실제풍속 $V \le 40$m/sec 및 $V \ge 90$m/sec의 범위에서는 식 (9.2.15), (9.2.15-1)에 의한 2차 모드 (감쇠비가 최소)와 3차원 모형의 감쇠비에 근접하고, 이들의 중간으로는 3차원 모형의 감쇠비가 1차 모드의 값과 일치하고 있다. 이 경향은 양각 $\alpha = 0°$의 경우와 같고, 2차원 모형의 감쇠비는 이들과 멀리 떨어져 있다.

3. 가설계(영각 $\alpha = +3°$, 대칭 모드) : 3차원 모형의 감쇠비가 저풍속인 영역을 제외하고 식 (9.2.15), (9.2.15-1)에 의한 1차·2차 모드 간에 수렴하고, 매우 감쇠비가 적은 4차 모드의 값은 생기지 않았다. 이 원인은 강성이 낮은 저차 모드가 기진된 영향이라고 생각된다.

4. 가설계(영각 $\alpha = +3°$, 역대칭 모드) : 식 (9.2.15), (9.2.15-1)에 의한 2차 모드(감쇠비가 최소)와 3차원 모형의 감쇠비가 일부의 풍속을 제외하고는 매우 잘 일치하고 있다.

이 외에 식 (9.2.15), (9.2.15-1)에 의한 교축직각·연직방향의 진동 모드의 감쇠비([표 9.2.6],

[표 9.2.8])도 3차원 모형[10]의 계측치와 매우 근접하고, 식 (9.2.15), (9.2.15-1)은 입체 진동계의 자려공기력에 의한 감쇠항을 바르게 나타내고 있으므로 3차원 거스트 응답해석에 사용되어도 충분한 신뢰성을 가질 것이라 생각된다. 그리고 바람이 작용 시 공력감쇠에 대한 골조변형의 영향을 고찰한다. 이상의 계산 예로는 식 (9.2.15), (9.2.15-1)의 계산에 평균 풍속에 의한 변형 전의 골조형상과 진동모드를 사용했지만, 장대 현수교는 풍하중에 의해 보강 트러스와 케이블에 큰 횡변위가 발생한다 ([표 9.2.5]).

[표 9.2.5] 완성계(실제교량) : 중앙 스팬 (L/2)점의 횡변위

평균 풍속 $\overline{V}$(m/sec)	주 케이블		보강 트러스	
	δ_z(m)	δ_z/L	δ_z(m)	δ_z/L
20	0.6688	1/1,151	0.7006	1/1,087
40	2.6755	1/288	2.8027	1/272
60	6.0102	1/128	6.2985	1/121
80	10.6848	1/72	11.1973	1/68
100	16.6948	1/46	17.6110	1/43

이 영향으로 진동모드가 변화하면, 식 (9.2.15), (9.2.15-1)의 감쇠비도 값이 틀릴 우려가 있으므로, 완성계(양각 $\alpha = 0°$)에 대해서는 변형후의 골조형상에 대한 고유진동모드, 식 (9.2.14), (9.2.14-1)에 의한 등가진동수 및 감쇠비를 재계산하였다. 이 결과([표 9.2.6])로는 변형 전의 골조형상을 사용한 경우와 비교하여 등가진동수 및 감쇠비의 변화는 적고, 거스트 응답해석으로 변형 후의 골조형상을 사용할 필요는 없는 것으로 확인되었다.

[표 9.2.6] 변형 후의 골조형상에 대한 등가진동수·감쇠비

진동모드	평균 풍속 $\overline{V}$=50(m/sec)		평균 풍속 $\overline{V}$=80(m/sec)	
	$\tilde{f}_n$(Hz)	감쇠비 δ_n	$\tilde{f}_n$(Hz)	감쇠비 δ_n
교축직각(1차)	0.0831(0.0832)	0.2542(0.2538)	0.0828(0.0832)	0.3921(0.3883)
교축직각(2차)	0.2512(0.2513)	0.1030(0.1030)	0.2510(0.2513)	0.1469(0.1468)
연직면내(1차)	0.1334(0.1334)	0.1602(0.1603)	0.1334(0.1334)	0.2269(0.2312)
연직면내(2차)	0.1780(0.1779)	0.2174(0.2177)	0.1784(0.1779)	0.2885(0.2906)
비틀림(1차)	0.3400(0.3392)	0.0618(0.0616)	0.3412(0.3381)	0.0827(0.0785)
비틀림(2차)	0.3808(0.3807)	0.0488(0.0491)	0.3782(0.3773)	0.0518(0.0536)

주) 괄호 안은 변형 전의 골조형상에 대한 수치를 나타낸다.

[2] 거스트 응답의 계산 예

완성계 (영각 $\alpha = 0°$)의 활하중이 무재하(사하중+풍하중) 시를 대상으로 다음 조건에 따라 응답해석을 실시하였다.

공기밀도	$\rho = 0.12(\text{kg} \cdot \text{sec}^2/\text{m}^4)$	기본풍속	$V_{10} = 37\text{m/sec}$
연직방향의 풍속분포	$V(y) = V_{10} \cdot (y/10)^\alpha (\alpha = 1/7)$	변동풍속의 Spectral 주 흐름방향	니야(日野)공식[12]
		연직방향	Lumley · Panofsky의 식[13]
지속시간	$T = 10(\text{min})$	구조감쇠계비	$\delta_m = 0.03$[1]
조도계수	$K_r = 0.0025$	기준고도	각 부재마다 중심점 높이(m)

고유진동 모드는 40차까지를 사용하고, [표 9.2.7]에 나타낸 Case 3개를 비교하였다. Case-(2) (준정상이론)으로는 보강 트러스의 자려공기력계수 H_1^*을 식 (9.2.21)에 따라 계산했지만, 이 값은 [그림 9.2.7(a)]의 계산치와 대략 일치하고 있다([그림 9.2.16]). 각 Case의 감쇠비를 [표 9.2.8]에서 비교하였다. 교축직각(횡) 변위모드의 감쇠비는 계산가정에 따라 변화하지 않지만, 비틀림 모드의 감쇠비는 Case-(2), (3)으로 A_2^*를 제외한 부분만 Case-(1)보다 저하하고, 연직변위 모드의 경우는 Case-(3)으로 H_1^*을 무시한 영향이 크다. 그리고 Case-(2), (3)으로 $A_2^* = 0$이지만, 비틀림 모드의 감쇠비가 구조감쇠비 $\delta^m = 0.03$보다 큰 것은 식 (9.2.15), (9.2.15-1)에 포함한 P_1^*(항력계수의 항)의 기여에 따른 것이다.

[표 9.2.7] 거스트 응답의 계산 Case (공기력계수·하중의 적용구분)

	3분력계수	공력감쇠항의 계산	변동풍하중
Case-(1) (비정상이론)	C_D, C_L, C_M C_D, C_L, C_M	식 (9.2.9)와 [그림 9.2.7(a)]의 P_j^*, H_j^*, A_j^* (j = 1, 2, 3)을 식 (9.2.14)~(9.2.15-1)에 적용	주 흐름방향 : 연직방향
Case-(2) (준정상이론)	C_D, C_L, C_M C_D, C_L, C_M	식 (9.2.9)의 P_j^* (j =1, 2, 3)와 식 (9.2.21)의 H_1^*을 식 (9.2.14)~(9.2.15-1)에 적용	주 흐름방향 : 연직방향
Case-(3) (변동항력만)	C_D만 고려	식 (9.2.14~(9.2.15-1)에 P_1^*만을 고려	주 흐름방향

주) Case-(1), (2)에서는 식 (9.2.21)에 의한 주 케이블의 H_1^*을 감쇠항에 더하였다.

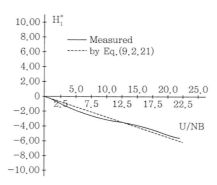

[그림 9.2.16] 보강 트러스의 자려공기력계수 H_1^*의 측정치와 계산치의 비교

[표 9.2.8] 각 Case의 감쇠비 $\delta_n^{m+\alpha}$

진동모드	Case-(1) (비정상이론)	Case-(2) (준정상이론)	Case-(3) (변동항력만)
교축직각(1차)	0.2451	0.2451	0.2542
교축직각(2차)	0.1003	0.1003	0.1004
연직면내(1차)	0.1565	0.1572	0.0300
연직면내(2차)	0.2136	0.1919	0.0300
비틀림(1차)	0.0617	0.0580	0.0560
비틀림(2차)	0.0492	0.0386	0.0376

보강 트러스(중앙 Span부)의 평균 풍속 및 거스트성분에 의한 부재력과 변위를 [표 9.2.9], [표 9.2.10]에 비교하였다.[부록4] 이 결과에 의하면 다음과 같다.

1. 교축직각(횡) 방향의 휨모멘트, 전단력은 계산가정에 의한 차이가 적고, Case-(1), (2), (3)의 값은 대체로 같다.

2. 연직방향의 휨모멘트, 전단력은 Case-(1), (2)의 값이 약 10% 이내의 차이로 일치하고 있다. Case-(3)에서는($w(t)$ = 0으로 가정) 연직방향의 응답은 발생하지 않는다.

3. 비틀림 모멘트는 Case-(1), (2)의 값이 5% 이내의 차이로 매우 근접하고, Case-(3)으로도 ($w(t)$ = 0으로 가정) Case-(1)의 약 89%에 상당하는 응답치가 얻어지고 있다. 이것은 교축직각(횡) 변위와 비틀림 연성모드를 통해서 항력 및 그 변동성분에서 비틀림 모멘트를 발생하는 것이 원인이다.

4. 교축직각(횡) 변위는 Case-(1), (2)의 값이 일치하고, 연직변위는 Case-(1), (2)의 값이 약 5% 이내의 차이로 근접한다. Case-(3)에서는($w(t)$ = 0으로 가정) 연직변위가 발생하지 않는다.

[표 9.2.9] 보강 트러스의 부재력(평균 풍속 $\overline{V}$, 거스트성분 v, w)

단면(부재)		구분	Case-(1) (비정상이론)	Case-(2) (준정상이론)	Case-(3) (변동항력만)
휨모멘트 (교축방향) $M_y(\text{tf}\cdot\text{m})$	점 425	$\overline{V}$	51,608	51,608	51,616
		v, w	33,535	33,536	33,491
		$\sum$	85,143	85,144	85,107
	점 435	$\overline{V}$	59,442	59,442	59,460
		v, w	39,957	39,957	39,910
		$\sum$	99,399	99,401	99,370
휨모멘트 (연직면내) $M_z(\text{tf}\cdot\text{m})$	점 425	$\overline{V}$	128	128	0
		v, w	4,241	4,380	0
		$\sum$	4,369	4,508	0
	점 435	$\overline{V}$	165	165	0
		v, w	3,329	3,658	0
		$\sum$	3,494	3,823	0
전단력 (교축직각) $Q_z(\text{tf})$	415-417	$\overline{V}$	393	393	393
		v, w	224	224	224
		$\sum$	617	617	617
	423-425	$\overline{V}$	163	163	163
		v, w	133	133	133
		$\sum$	296	296	296
전단력 (연직면내) $Q_y(\text{tf})$	415-417	$\overline{V}$	2	2	0
		v, w	59	63	0
		$\sum$	61	65	0
	423-425	$\overline{V}$	1	1	0
		v, w	38	42	0
		$\sum$	39	43	0
단순비틀림 모멘트 $M_t(\text{tf}\cdot\text{m})$	415-417	$\overline{V}$	451	451	362
		v, w	513	553	383
		$\sum$	964	1,004	745
	423-425	$\overline{V}$	132	132	81
		v, w	367	392	304
		$\sum$	499	524	385

이상과 같이 보강형에 대해서 거스트 응답해석은 2차원 모형에 의한 비정상 공기력의 계측을 생략하고 식 (9.2.21)의 H_i^* ($i=2$, 3)$=0$, A_i^* ($i=1$, 2, 3)$=0$으로 가정하여도, 실용적으로는 충분한 정도가 얻어진다. 그리고 교축직각(횡) 방향의 부재력, 변위만을 문제로 할 경우에는 변동항력에 대한

종래의 계산법[1], [2]도 좋다. 그리고 주탑의 부재력을 [표 9.2.11]에 비교하였다. 이 경우는 교축방향의 휨모멘트를 제외하고, Case-(1), (2), (3)의 응답치가 대개 일치한다. 그리고 교축방향의 휨모멘트는 값이 적으므로 주탑의 설계에는 변동항력만을 대상으로 응답해석을 하면 충분하다고 생각된다.

[표 9.2.10] 보강 트러스의 변위(평균 풍속 $\overline{V}$, 거스트성분 v, w)

	격점	구분	Case-(1) (비정상이론)	Case-(2) (준정상이론)	Case-(3) (변동항력만)
수평변위 (교축직각) D_z(m)	점 425	$\overline{V}$	3.000	3.000	3.000
		v, w	1.809	1.809	1.809
		Σ	4.809	4.809	4.809
	점 435	$\overline{V}$	4.054	4.054	4.053
		v, w	2.417	2.417	2.414
		Σ	6.471	6.471	6.467
연직변위 D_y(m)	점 425	$\overline{V}$	0.065	0.065	0
		v, w	0.528	0.537	0
		Σ	0.593	0.602	0
	점 435	$\overline{V}$	0.089	0.089	0
		v, w	0.394	0.418	0
		Σ	0.483	0.507	0

[표 9.2.11] 주탑의 부재력(평균 풍속 $\overline{V}$, 거스트성분 v, w)(계속)

	단면(부재)	구분	Case-(1) (비정상이론)	Case-(2) (준정상이론)	Case-(3) (변동항력만)
휨모멘트 (교축방향) M_x(tf·m)	점 503 (상측)	$\overline{V}$	2,687	2,687	2,705
		v, w	1,022	1,023	1,019
		Σ	3,709	3,710	3,724
	점 503 (하측)	$\overline{V}$	731	731	762
		v, w	352	353	347
		Σ	1,083	1,084	1,109
휨모멘트 (교축방향) M_z(tf·m)	점 503 (상측)	$\overline{V}$	233	233	293
		v, w	407	422	2711
		Σ	640	655	564
	점 503 (하측)	$\overline{V}$	353	353	408
		v, w	534	556	373
		Σ	887	909	781

[표 9.2.11] 주탑의 부재력(평균 풍속 $\overline{V}$, 거스트성분 v, w)

단면(부재)		구분	Case—(1) (비정상이론)	Case—(2) (준정상이론)	Case—(3) (변동항력만)
축방향력 N(tf)	502–503	$\overline{V}$	1,020	1,020	1,140
		v, w	582	592	526
		$\sum$	1,602	1,612	1,666
	503–504	$\overline{V}$	1,143	1,143	1,263
		v, w	620	629	575
		$\sum$	1,763	1,772	1,838

9.2.8 정 리

본문에서는 입체진동 모드를 발생하는 장대교의 주 흐름방향 및 연직방향의 변동풍성분에 대한 범용적인 거스트 응답해석을 기술하였다. 그 주요결과를 정리하면 다음과 같다.

1. 본문의 범용적인 해는 변위법에 의한 진동해석과 풍압을 받을 때에 등가진동수, 공력감쇠항 등의 수식을 유도하였다. 임의의 골조계(예 : 곡선형을 갖는 사장교), 부재단면의 변화 및 부등 분포질량 등 여러 가지 조건으로 나타내었다.
2. 평균 풍속에 의한 골조의 변형이 특히 큰 경우(대변형)에는 변형 후의 골조향상을 사용한 응답해 석도 가능하다.
3. 자려공기력에 대해서 진동모드의 직교성을 가정하고, 주 흐름방향·연직방향의 변동풍의 상관 스펙트럼밀도 $S_{ij}^{vw}(\tilde{f}_n)$을 무시한 이 외의 큰 계산가정은 포함하지 않았다. 한편, 완전 2차 결합 (CQC)법을 사용하여 진동모드 간에 생기는 연성응답의 영향을 고려하였다.
4. 식 (9.2.15), (9.2.15-1)의 감쇠비는 3차원 모형의 계산치와 잘 일치하였다. 비틀림 진동에 타방 향의 변위성분을 포함한 2차원 모형시험에서는 환산(극관성)모멘트를 사용하고 비틀림 성분 이외의 변위에 대한 감쇠효과를 보정할 필요가 있다.
5. 비정상 공기력의 계측을 생략하고 식 (9.2.21)의 H_1^*을 사용해도 실용적으로 충분한 정도의 거스트 응답해석이 된다는 것을 알 수 있었다. 주탑의 설계에는 변동항력만을 대상으로 하는 종래의 계산법[1], [2]을 적용하여도 좋다.

계산 예로 사용한 3분력계수, 비정상 공기력 및 2차원 모형의 $V-\delta$곡선 등은 인도우대교(因島大

橋) 보강형공사·공동기업체가 혼사이공단(本西公団)에 의해 수탁한 풍동시험의 각 보고서에서 인용하였다.

참고문헌

1) 本州四國連絡橋公團 (1976). 耐風設計基準·同解說.

2) 山村信道, 田中 洋 (1987). 長大構造物のガスト應答解析, 日立造船技報, Vol.48, No.1.

3) Simiu, E. and Scanlan, R.H. (1978). Wind Effects on Structures, John Wiley.

4) Scanlan, R.H. (1978). The Action of Flexible Bridges under Wind, Part Ⅱ(Buffeting Theory), Jour. Sound and Vibration, Vol.60 No.2.

5) Scanlan, R.H. (1981). State-of-the-Art Methods for Calculating Flutter, Vortex - Induced, and Buffeting Response of Bridge Structures, Final Report to FHA No, FHWA/RD-80/050.

6) Scanlan, R.H. (1987). Interpreting Aero-elastic Models of Cable-Stayed Bridges, Proc. ASCE, 113-EM4.

7) Scanlan, R.H. (1987). On Flutter and Buffeting Mechanism in Long-Span Bridges, unpublished manuscript.

8) Davenport, A.G. (1962). Buffeting of a Suspension Bridge by Storm Winds, Proc. ASCE, 88-ST3.

9) 植田利夫, 熊谷篤司 (1981). 2次元風洞試驗による因島大橋の架設時及び完成時の耐風安全性, 日立造船技報, Vol.42, No.4.

10) 東大·橋梁研究室 (1981). 因島大橋の補剛桁架設時における耐風安全性の實驗的研究, 東大· 橋梁研究室 BEL-Report No.81301.

11) 山村信道, 田中 洋 (1980). 橋梁の2次元風洞實驗に適用する換算Massの計算法, 日立造船技報, Vol.41, No.3 .

12) 日野幹雄 (1965). 瞬間最大値と評價時間の關係(特に突風率について), 土木學會論文集, 117.

13) Lumley, J.L. and Panofsky, H.A. (1964). The Structure of Atmospheric Turbulence, John Wiley.

14) Busch, N.E. and Panofsky, H.A. (1968). Recent Spectra of Atmospheric Turbulence, Quart. Jour. Roy. Met. Soc. 94.

15) 東大·橋梁研究室 (1975). 長大つり橋の動的耐風設計法の研究, 本四公團·受託研究報告書.

16) 日立造船技報 (1988.6), 第49卷 第1号, pp.17～28.

17) 清水信行 (1990). パソコンによる振動解析, 共立出版(株).

18) Roy R. Craig, Jr. (1981). *Structural Dynamics*, John Wiley & Sons.

19) Clough R.W. & Joseph Penzien (1982). *Dynamics of Structures*, McGraw−Hill.

20) Nigam N.C. (1983). *Introduction to Random Vibrations*, The IMIT Press.

21) Mario Paz (1985). *Structural Dynamics*, Van Nostrand Reinhold Company Inc.

22) Humar J.L. (1990). *Dynamic of Structures*, Prentice Hall.

23) Ross C.T. (1991). *Finite Element Programs for Structural Vibrations*, Springer−Verlag.

24) Chopra A.K. (2001). *Dynamic of Structures*, Prentice Hall, pp.556~559.

부록

1. 본문에서는 연직변위와 자려공기력의 연직성분을 상향을 정(+)으로 정의하고, Scanlan의 식 [3)-7)]에서 H_2^*, H_3^*, A_1^*을 역부호로 나타내었다. 더구나 문헌 [4]의 Part I(Flutter Theory)에는 $P_{2i}^* \simeq 0$으로 하고 있지만, 본문에서는 식 $(9.2.9)^{6)}$의 P_{2i}^*을 사용하였다.

2. Scanlan[3)-5)]의 옛 정의에는 절대치가 2배가 된다.

3. $v(t)$와 $\omega(t)$는 상호에 관련이 없다고 생각하고, 이들의 상관스펙트럼밀도 $S_{ij}^{\omega v}(\overline{f}_n) = S_{ij}^{\omega v}(\widetilde{f}_n) = 0$으로 가정하였다. [4), 5), 7)]

4. 거스트 응답배율에는 Der Kiureghian의 계산식(문헌 [2]) 식 (9.2.43), (9.2.44)를 사용하였다.

진도법에 의한
연속교의 내진설계법

10 CHAPTER

진도법에 의한 연속교의 내진설계법[4)]
Seismic Design of Continuous Bridge by Seismic Coefficient Method

구조물의 동적응답해석에 의한 내진·내풍설계

10.1 개 요

진도법에 의한 내진설계법에는 내진설계법상 지반면상의 상하부 구조에 작용하는 관성력에 대해 교량의 각 부분이 허용응력에 들도록 단면을 정한다. 상부구조의 단면을 내진설계에 따라 결정하기는 드물지만, 하부구조의 단면은 내진설계로 결정하는 경우가 많다. 이 때문에 하부구조의 내진설계에 사용하는 관성력, 특히 상부구조로부터 하부구조에 전달되는 관성력을 바르게 산정하는 것이 중요하다. 일본에서 1980년 도로교시방서 내진설계 편에는 '하부구조의 내진설계에 있어서 고려해야 할 상부구조의 관성력'의 규정이 있고, 여기서는 단순형교를 실례로 하여 상부구조로부터 하부구조에 전달되는 관성력의 산출방법을 나타내었다.

이 방법을 구체적인 형태로 최초에 내진설계에 채용한 것은 1969년 '도로교내진설계지침'이며, 거슬러 올라가면 1956년의 '강도로교설계시방서'에도 이와 같은 설계법이 나타나 있다. 이 당시에는 단순형교가 주류였기 때문이라고 생각되지만, 현재에는 수많은 연속교가 건설하게 되었으며, 또한 형교와는 다르지만 상부구조와 하부구조로 구별하기 어려운 교량에도 많이 적용하고 있다.

그러므로 관성력을 어떻게 구하는가에 대한 통일적인 방법이 필요하며, 1996년 5월 새로운 도로교시방서 제Ⅴ편 내진설계에서는 교량을 내진 시에 동일한 진동을 한다는 견해를 두고, '설계진동단위'로 분할해 제 각각의 설계진동단위마다 관성력을 산출하는 방법을 적용하고 있다.

여기서는 새로운 도로교시방서 내진설계 편에 채용한 관성력의 산출방법에 관하여 기본적 고찰방법, 특징 및 유의사항 등에 대하여 소개하였다.

10.2 진도법에 의한 관성력

종래의 내진설계편에는 교량전체를 1기의 하부구조와 그것을 지지하는 상부구조부분을 단위로 한 구조계로 분할하고 제 각각에 대해 그것을 지지하는 상부구조부분의 중량으로 설계진도를 곱해 상부구조부터 하부구조에 전달되는 관성력을 산출하고 있다. 각 하부구조가 독립적으로 진동한다는 것이므로, 이것은 역학적으로는 [그림 10.2.1(a)]에 나타낸 것과 같이 상부구조의 강성이 0(zero)이라 가정하는 것 외에는 같다. 그러므로 단면이 큰 하부구조에 폭원이 작은 상부구조를 지지하고 있는 경우와 같이 하부구조의 강성이 상부구조보다도 상당히 큰 경우를 제외하고는 이 가정은 반드시 성립할 수 없다. 그러므로 이와 같은 경우에는 상부구조로부터 하부구조로 전달되는 관성력은 지지반력에 비례하지 않고, 하부구조 및 상부구조의 강성에 의해 변형하는 것이다.

[그림 10.2.1] 연속교의 (교축직각방향) 내진계산에서 상부구조강성을 고려하는 방법

또한 라멘교, 아치교 등과 같이 상부구조와 하부구조의 구별이 어려운 교량에 대해서도 관성력을 바르게 구하여야 한다.

이와 같은 점을 고려하면, 각종 교량형식에 대해 관성력을 통일적으로 산출하기 위해서는 아래의 조건을 만족시키는 산출방법을 개발하여야 한다.

1. 상부구조와 하부구조를 일체로 해석할 수 있을 것
2. 동적해석과 같은 고유치해석을 하지 않아도 정적계산으로 고유주기를 산출할 수 있을 것
3. 정적계산으로 관성력을 산출할 수 있을 것

여기서는 [그림 10.2.1(b)]에 나타낸 '정적 뼈대법'이라는 새로운 계산법을 제안해, 그 적용성 및 특징을 검토한다.

10.3 정적 뼈대법

10.3.1 정적 뼈대법의 기초이론

교량의 동적특성을 정확히 파악하여 이것을 내진설계에 반영하기 위해서는 응답스펙트럼 또는 시각이력응답해석에 의한 동적해석법이 첫째로 신뢰할 수 있는 방법이라 할 수 있다. 이들의 방법에는 고유진동해석에서 구해진 진동모드마다의 응답을 겹침으로서 교량의 응답을 계산한다. 이때의 기본적으로 교량의 진동에 기여할 복수의 진동모드에 대한 응답을 계산하여야 되지만, 어떤 진동모드에 의한 응답이 이것이외의 진동모드에 의한 응답에 비교하여 충분히 클 경우에는 이 진동모드에 의한 응답만을 고려함으로서 정해를 근사화할 수 있다. 즉, 현재 p차의 진동모드에 의한 응답변위를 기타 진동모드에 의한 응답변위에 비교해 충분히 크다면, 다음 식에 의해 근사적으로 응답변위를 구할 수 있다.

$$u \fallingdotseq u_p \tag{10.3.1}$$

여기서, u는 모두의 진동모드를 고려할 경우의 교량의 응답변위, u_p는 p차 진동모드에 의한 교량의 응답변위이다. 이 경우는 p차에 대한 변위 응답스펙트럼을 사용함으로서 최대 응답변위 $u^{\max}$를 다음과 같이 근사적으로 구할 수 있다.

$$u^{\max} \fallingdotseq u_p^{\max} = \beta_p \cdot S_D(T_p, h_p) \cdot \phi_p \tag{10.3.2}$$

여기서, $u_p^{\max}$는 p차의 진동모드에 의한 최대 응답변위, β_p는 p차의 진동모드에 대한 자극계수, $S_D(T_p, h_p)$는 p차의 고유주기 T_p 및 감쇠정수 h_p에 대한 변위 응답스펙트럼 값, ϕ_p는 p차의 진동모드이다.

식 (10.3.2)에 의하면, 모드해석에 의해 p차의 고유주기 T_p 및 진동모드를 구하여야 되지만, 다-

자유도 구조계의 모드해석을 행하기 위해서는 컴퓨터프로그램을 필요로 한다. 이것은 교량의 진동특성에 관해서는 다음과 같은 특징을 기본으로 하여 정적 뼈대법에서는 모드해석을 행하는 대신 정적계산을 기본으로 고유주기 및 관성력을 근사적으로 구한다.

1. 1차의 진동모드에 의한 응답은 그 외의 진동모드에 의한 응답에 비교하여 탁월하다.
2. 자중을 적적으로 작용시킨 경우의 교량의 정적변형은 1차의 진동모드에 근사하다.

구체적으로는 먼저 교량을 뼈대구조로 모형화하고, 교량의 자중에 상당하는 수평력을 관성력의 작용방향(관성력을 구하려는 방향)으로 작용시켜 변위 s에 대한 정적변위 $u_d(s)$를 구한다. 다음에 정적변위 $u_d(s)$를 사용하여 Rayleigh의 방법에 의해 고유주기 T를 구한다. Rayleigh방법은 어떤 1-자유도의 진동계가 자유진동할 때의 운동에너지의 최대치 $K_{\max}$와 변형에너지의 최대치 $U_{\max}$가 같다고 하여 고유주기를 구하는 방법이다. 정적변위 $u_d(s)$로 진동모드를 근사화하면 계의 자유진동은 다음 식으로 나타낸다.

$$u(s) = u_d(s)\sin(\omega_d t) \tag{10.3.3}$$

여기서, ω_d는 진동모드 대신에 정적변위 $u_d(s)$를 사용할 경우의 고유원진동수이다. 그리고 $u_d(s)$는 본래 변위차원이지만, 이하에는 무차원 진동모드가 된다.

식 (10.3.3)에 의해 구조계를 1-자유도의 진동계로 근사화한 경우의 운동에너지의 최댓값 $K_{\max}$는 다음 식과 같다.

$$K_{\max} = \left(\frac{1}{2}\right)\omega_d^2 \int_s M(s)u_d^2(s)ds \tag{10.3.4}$$

여기서, $M(s)$는 위치 s에 대한 질량이다.

다음에 계에 저장되는 변형에너지는 식 (10.3.3)에 의해 $\sin(\omega_d t)=1$, 즉 $u(s)=u_d(s)$일 때 최대가 된다. $u_d(s)$는 구조계의 자중에 상당하는 수평력을 관성력의 작용방향에 작용시킨 경우의 변위이므로, 변형에너지의 최댓값은 수평력이 한 가상일과 같다. 즉, 변형에너지의 최댓값 $U_{\max}$는 다음 식과 같다.

$$U_{\max} = \left(\frac{1}{2}\right)\int_s M(s)u_d(s)gds \tag{10.3.5}$$

여기서, g는 중력가속도이다.

식 (10.3.4)에 의한 운동에너지의 최댓값과 식 (10.3.5)에 의한 변형에너지의 최댓값은 같으므로 이것을 등치하면 다음 식과 같다.

$$\omega_d^2 \int_s M(s)u_d^2(s)ds = \int_s M(s)u_d(s)gds \tag{10.3.6}$$

이것을 정리하면 고유주기 T_d는 다음과 같이 구해진다.

$$T_d = \frac{2\pi}{\omega_d} = 2\pi\sqrt{\frac{\int_s M(s)u_d^2(s)ds}{\int_s rM(s)u_d(s)gds}} \tag{10.3.7}$$

여기서, 다음 식과 같이 δ를 정의한다.

$$\delta = \frac{\int_s M(s)u_d^2(s)ds}{\int_s M(s)u_d(s)gds} \tag{10.3.8}$$

식 (10.3.7)은 다음과 같이 나타낼 수 있다.

$$T_d = 2.01\sqrt{\delta} \tag{10.3.9}$$

식 (10.3.9)는 종래의 도로교시방서에 있어서 수정진도법에 사용되는 고유진동주기의 산정식과 같은 형식이다. δ를 구하는 방법을 교량의 질량과 변위분포를 기본으로 식 (10.3.8)과 같이 계산하는 점이 변경되었을 뿐이다. 종래의 수정진도법(또는 새로운 시방서에 의한 설계진동단위를 1기의 하부구조와 그것이 지지하는 상부구조부분에서 만들 경우)에는 내진설계상 지반면 위에 있는 하부구조의 중량의 80%(100%가 아니라 80%로 하고 있는 것은 이와 같이 하는 방법이 보다 바르게 고유주기를 근사화할 수 있으므로)와 그것이 지지하고 있는 상부구조부분의 전체 질량에 상당하는 힘을 관성력의 작용방향으로 작용시켰을 경우의 상부구조의 관성력 작용위치에 대한 변위가 δ이었다. 식 (10.3.8) 의 δ는 어느 점의 변위라는 개념은 없지만, 교량의 질량분포에 무게를 둔 평균변위라 볼 수 있다.

그리고 새로운 시방서 중에는 질량분포 $M(s)$ 대신에 위치 s에 대한 중량분포 $W(s)(=M(s)g)$ 를 사용하여 식 (10.3.8)을 다음과 같이 나타내고 있다.

$$\delta = \frac{\displaystyle\int_s W(s)u_d^2(s)ds}{\displaystyle\int_s W(s)u_d(s)gds} \tag{10.3.10}$$

위의 식 (10.3.10)에는 중량분포 $W(s)$, 변위분포 $u_d(s)$를 위치 s에 대해서 연속적인 적분형으로 나타내고 있지만 이산형의 구조해석에는 다음과 같은 방법이 설계에 편리하다.

$$\delta = \frac{\sum W_i u_{di}^2}{\sum W_i u_{di}} \tag{10.3.11}$$

여기서, W_i, u_{di}는 제 각기 위치 i에 대한 자중 및 정적변위이다.

이상과 같이 교량의 고유주기를 계산하면, 이것에 의해 설계수평진도 k_h를 정한다. 그러므로 다음에는 상부구조에서 하부구조로 전달되는 관성력을 구하여야 된다. 앞에서 고유주기를 구하기 위해서는 자중에 상당하는 수평력을 관성력의 작용방향으로 작용시켜 정적변위 $u_d(s)$를 구하였지만, 이때에 교량에 생기는 단면력 $F(s)$도 동시에 구해두면, 이 단면력 $F(s)$는 설계수평진도 k_h를 1.0으로 할 경우에 교량에 생기는 단면력에 상당한다. 그러므로 이 단면력 $F(s)$에 설계수평진도 k_h를 곱하면 다음과 같이 관성력을 구할 수 있다.

$$F_d(s) = F(s) \times k_h \tag{10.3.12}$$

위의 식 (10.3.12)에 의한 값은 어느 단면에 작용하는 외력으로 보면 관성력을, 또한 내력으로 보면 관성력이 작용하여 생기는 부재의 단면력을 각각 나타내고 있다. 구체적으로는 식 (10.3.12)에 의한 $F_d(s)$는 다음과 같이 취급한다.

1. 형교의 하부구조의 내진설계에 있어서는 식 (10.3.12)에 의해 산출되는 힘 중에서 상부구조의 관성력의 작용위치(상부구조의 중심위치)에 대한 수평력(전단력) H를 구해 이것을 상부구조의 관성력으로 간주한다. 또한 교각에 작용하는 관성력은 별도로 고려하여야 한다.

2. 라멘교 등 상부구조와 하부구조로 구별하기 어려운 구조계에는 식 (10.3.12)에 의한 값을 관성력에 의한 단면력으로 상하부구조의 내진설계에 사용된다. 물론 중간(예를 들어 교각의 상단 등)에 상하부구조로 나누어 위의 1.과 같이 상부구조에서 하부구조에 작용하는 관성력으로 간주하여도 좋다.

이와 같이 정적뼈대법에 의하면 어떤 골조구조를 대상으로 하여도 고유주기, 관성력을 구할 수 있으므로 종래와 같이 무리하게 교량을 1기의 하부구조와 그것을 지지하고 있는 상부구조부분으로 분할할 필요가 없다. 그러므로 상부구조형식(단순형인지 연속교인지 등), 지지조건(고정인지 가동인지 등), 관성력의 작용방향(교축방향인지 교축직각방향인지 등) 등에 따라 교량을 지진 시에 일체로 진동한다고 생각되는 구조계로 나누어 내진설계가 가능하다. 이와 같은 구조계를 이후 '설계진동단위'라고 하였다. 설계진동단위의 취하는 방법을 종류, 고정조건, 관성력의 작용방향으로 나누어 나타내면 [표 10.3.1]과 같다.

따라서 설계진동단위마다 [그림 10.3.1]에 나타낸 것과 같이 다음과 같은 순서에 따라 상부구조에서 하부구조로 전달되는 관성력 또는 관성력에 의한 단면력을 계산하면 된다.

1. 상부구조 및 하부구조의 강성과 중량 분포를 산출하고 교량을 골조구조모형으로 치환한다.

2. 이 모형에 상부구조 및 내진설계상의 지반면 위의 하부구조의 중량에 상당하는 수평력 W_i를 관성력의 작용방향에 정적으로 작용시킨다. 이때에 관성력을 구하는 방향에 생기는 변위 u_i를 m단위로, 또한 교량에 생기는 단면력 F_i(전단 또는 휨모멘트)를 각각 계산한다.

3. 식 (10.3.9)에 의해 고유주기를 산출한다.

4. 고유주기 T에 의해 설계진도 k_h를 산정한다.

5. 위의 2에서 구한 단면력 F_i에 설계진도 k_h를 곱하여 식 (10.3.12)에 의해 관성력 F_{di}를 산출한다.

6. 상부구조의 관성력을 산출한 후에 하부구조의 단면설계는 하부구조편을 따른다.

[표 10.3.1] 설계진동단위

교량형식			교축방향	교축직각방향		설계진동단위
단순형교			고정 가동 고정	사하중반력에 상당하는 상부구조부분		내진설계상 1기의 하부구조와 그것이 지지하고 있는 상부구조로 되어 있다고 볼 수 있는 경우
연속형교	교축방향의 받침조건	일점고정	가동 고정 가동 / 가동 가동 / 고정	교각간의 고유주기 특성	큰 차이 없음 — 사하중반력에 상당하는 상부구조부분	
		다점고정	가동 고정 가동 / 고정 고정		큰 차이 있음	내진설계상 복수의 하부구조와 그것이 지지하고 있는 상부구조로 되어 있다고 볼 수 있는 경우
아치교 라멘교 기타						

10.3.2 정적뼈대법의 적용범위

이상과 같이 정적뼈대법은 간단히 말해 설계수평진도를 1.0으로 하였을 때의 정적변위분포에서 고유주기를 산출하고, 그때 동시에 산출한 단면력에 설계수평진도를 곱하여 관성력에 의한 단면력을 구하는 정적내진설계법이다.

다시 말해 계산순서는 약간 다르지만 결과적으로는 [설계수평진도×자중]에 상당하는 수평력을 교량에 정적으로 작용시켜 관성력 또는 관성력에 의한 단면력을 구하는 방법이다. 이 정적뼈대법은 종래에 광범위하게 사용된 방법이라는 의미에서 새로운 방법이 아니다. 설계수평진도를 정하기 위해서는 고유주기를 필요로 하기 때문에 자중만을 작용시켜 식 (10.3.9) 및 (10.3.11)에 의해 고유주기를 구하는 바이패스가 들어있을 뿐이다.

이상과 같지만 여기서 정적뼈대법의 기본적 가정과 이것을 동역학적으로 보는 경우에는 어떠한 위치에 있는가를 고려해보자. 우선 정적뼈대법의 기본적 가정은 다음과 같다.

1. 응답스펙트럼으로 1차 진동모드만을 고려한다.
2. 다만 1차 진동모드 대신 자중을 작용시킨 경우의 정적 처짐을 사용한다.
3. Rayleigh법을 사용하여 고유주기를 산출한다.

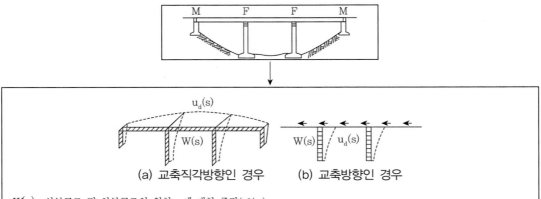

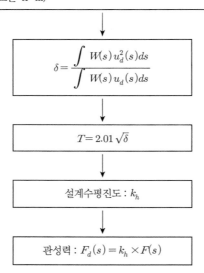

$$\delta = \frac{\int W(s)\, u_d^2(s)\, ds}{\int W(s)\, u_d(s)\, ds}$$

$$T = 2.01\sqrt{\delta}$$

설계수평진도 : k_h

관성력 : $F_d(s) = k_h \times F(s)$

$W(s)$: 상부구조 및 하부구조의 위치 s에 대한 중량(tf/m)
$u_d(s)$: 상부구조 및 내진설계상의 지반면보다 하부구조의 중량에 상당한 수평력을 관성력의 작용방향에 작용시키는 경우에
　　　그 방향에 생기는 위치 s에 대한 변위(m)
$F(s)$: 상부구조 및 내진설계상의 지반면보다 하부구조의 중량에 상당한 수평력을 관성력의 작용방향에 작용시키는 경우에
　　　그 위치에 생기는 단면력(tf 또는 tf·m)

[그림 10.3.1] 정적뼈대법에 의한 관성력 산정 순서

[그림 10.3.2]은 이상의 가정으로 정적뼈대법을 동적해석법이나 종래의 지점반력법과 비교하여 어떠한 적용범위에 있는가를 나타낸 것이다. 즉, 정적뼈대법은 고유치해석에 의한 1차 고유주기나 1차 진동모드 대신 제각각 Rayleigh법에 의해 구한 근사적인 고유주기 및 정적변위를 사용하지만 기본적으로 1차 진동모드만을 고려한 응답스펙트럼해석과 거의 같은 결과를 갖는다. 그러므로 2차이상의 고차 모드의 영향을 고려하지 않는다는 점은 응답스펙트럼에 의한 동적해석보다도 적용범위는 좁지만, 진동모드형을 근사적으로 고려한다는 점은 종래의 지점반력법보다 적용범위가 넓다.

그러므로 정적뼈대법을 사용한 내진계산이 종래의 지점반력법보다 교량전체의 구조특성을 채용한 내진계산이 된다. 다만 2차 이상의 진동모드의 영향이 큰 경우에는 동적해석을 병용하여 내진성 조사를 하여야 한다.

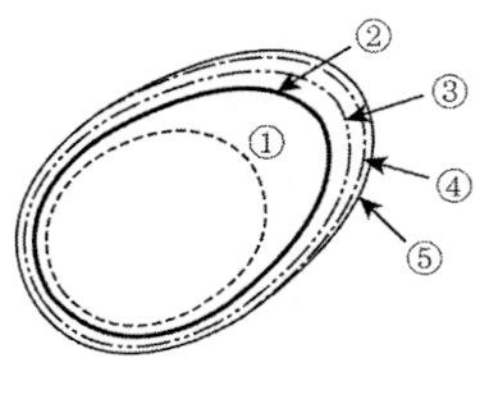

기호	해석법	상부구조 강성	진동 모드	비고
① -----	지점반력법	0으로 가정	–	1기의 하부구조와 그것이 지지하는 상부구조 부분으로 분리
② ——	정적뼈대법	고려	자중에 의한 처짐으로 근사	설계진동단위마다계산 (정정계산)
③ —··—	1차 모드만 고려한 응답스펙트럼법	고려	고유진동모드 (고유치해석)	–
④ —·—	응답스펙트럼법 (다–자유도 고려)	고려	고유진동모드 (고유치해석)	일반적 동적해석법
⑤ ——	시각력응답 해석법	고려	고유진동모드 (고유치해석)	

[그림 10.3.2] 정적뼈대법의 적용범위

10.3.3 동적해석과의 비교에 의한 정적뼈대법의 정도

정적뼈대법의 정도를 검토하기 위하여 동일한 입력조건으로 동일한 교량을 동적해석(시각이력응답해석법)과 정적뼈대법에 의해 해석하였다. 해석대상으로 한 것은 지형조건(산악, 하천횡단, 도시내 고가교, 항안지역), 상부구조형식(상부구조재료, 단면형상, 스팬, 경간수), 교각형식(벽식, 1본 기둥, 라멘, 강제, 플렉시블한 교각), 교각높이, 기초형식(직접, Caisson, 말뚝), 지반종별(I~III종)을 변화시킨 합계가 36개인 연속교이다. 해석대상은 교축직각방향으로 1978년 일본의 궁성현 충지진에 의한 개북교근방 지반상의 강진기록(이하 개북교기록) 및 1983년 일본해 중부지진에 의한 율경대교근방 지반상의 강진기록(이하 율경대교기록)을 입력지진동으로 사용하였다. 정적뼈대법에는 동적해석과 입력조건을 일치시키기 위해 설계수평진도로 시방서에 나타나 있는 값이 아니라 입력지진동의 가속도 응답스펙트럼 $S_A(T, h)$에 의해 다음 식으로 주어지는 수평진도를 사용하였다.

$$k_h = \frac{S_A(T, h)}{g} \tag{10.3.13}$$

여기서, T는 고유주기로 식 (10.3.9)에 의해 산출되는 값을 사용하였다. 또한 감쇠정수 h는 동적해석법에는 간단히 하기 위해 모두 5%로 하였으며, 정적뼈대해석에도 같은 값을 사용하였다.

이상의 조건으로 동적해석을 행하였지만, 여기에는 [그림 10.3.3]에 나타낸 2개의 교량에 대한 결과를 중심으로 양자의 비교를 나타낸 것이다. 여기서 A교는 30m×3연의 하천횡단, B교는 동일한 지간으로 교각의 높이가 다른 산악지의 교량이다.

먼저 [그림 10.3.4]는 고유치해석으로 구한 1차 진동모드와 자중을 작용시킨 경우의 정적처짐 형태를 비교한 것이다. A교의 경우에는 정적처짐 형태에 비교해 1차 진동모드 쪽이 양단의 교대에 대한 교각의 변형이 약간 큰 경향이 있지만, 전체의 정적처짐 형태는 1차 진동모드 형태와 매우 근사하다고 할 수 있다. 고유주기를 비교하면 A교는 고유치해석결과가 0.41sec, 또한 B교는 고유치해석결과가 0.30sec인데, 정적뼈대법의 해석은 0.29sec로 양자는 잘 일치하고 있다. 이것에 관련하여 종래의 지점반력법으로 고유주기를 구하면, A교의 경우에는 A1교대가 0.212sec, P1교각이 0.488sec, P2교각이 0.488sec, 0.28sec가 된다. 그러므로 이 경우에는 교대에는 고유주기를 짧게, 또한 교각에는 고유주기를 길게 평가하므로 과다하게 된다.

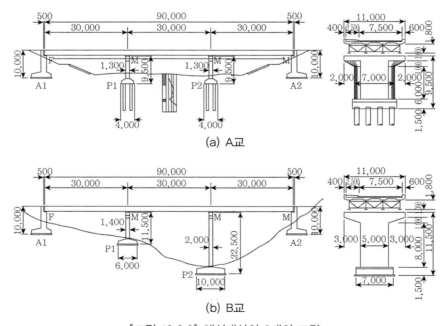

(a) A교

(b) B교

[그림 10.3.3] 해석대상의 2개의 교량

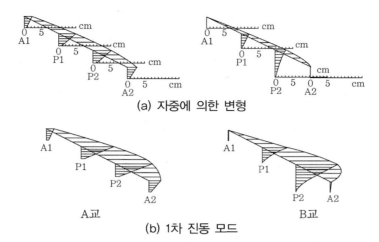

(a) 자중에 의한 변형

A교   B교

(b) 1차 진동 모드

[그림 10.3.4] 자중을 작용시킨 경우의 정적처짐과 1차 진동모드의 비교

그리고 [그림 10.3.5]은 개북교기록을 입력할 경우의 최대 단면력의 분포를 나타낸 것이다. 그림 중에는 비교의 목적으로 종래의 지점반력에 설계수평진도를 곱하여 구하는 방법(이하 지점반력법)에 의한 계산결과도 나타내었다. 이것에 의하면, A교와 B교에서 정적뼈대법은 동적해석결과와 잘 일치하는 단면력을 나타내고 있다.

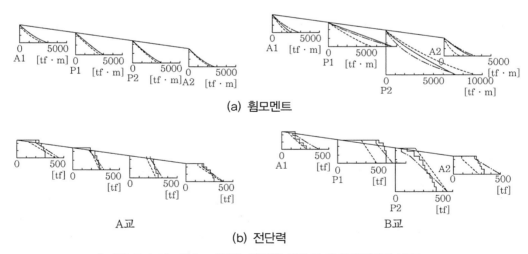

(a) 휨모멘트

A교   B교

(b) 전단력

[그림 10.3.5] 개북교기록을 입력한 경우의 최대단면력의 비교

흥미 있는 것은 이러한 정적뼈대법이나 동적해석결과에 비교해 지점반력법이 어떠한 단면력을 나타내느냐에 있다. A교의 경우에는 교대의 단면력, 특히 전단력이 지점단면법에 크게 되지만, 전체로는 지점반력법은 정적뼈대법이나 동적해석결과와 같은 단면력을 나타낸다. 이것에 대해 B교의 경우에는 P2교각에는 지점반력법은 동적해석보다도 큰 값을 나타내지만, A1 및 A2교대, P1교각에는 동적해석보다도 작은 값을 나타낸다. 이것은 A1, A2, P1에는 P2교각에 비교해 상대적으로 강성이 크고, 상부구조의 강성을 고려한 정적뼈대법이나 동적해석에는 강성이 큰 하부구조에 관성력이 집중하는 경향이 나타나고, 지점반력법에는 상부구조의 강성을 무시하였으므로 이와 같은 특징이 나타나지 않기 때문이다.

이상과 같이 정적뼈대법은 동적해석결과를 충분히 근사화한 결과를 나타낸다는 것이다. 이것은 적어도 A교, B교와 같은 예에서는 1차 모드만을 고려함과 동시에 자중을 작용시킨 경우의 정적처짐으로 1차 모드를 근사화한 정적뼈대법의 가정이 타당하다는 것을 나타낸다.

[그림 10.3.6]은 36개 교량 모두에 대해 정적뼈대법과 고유치해석결과에서 구한 고유치를 비교한 것이다. 지점반력법은 고유치해석결과에서 구해진 정해와 크게 다른 경우가 있는데 비해 정적뼈대법은 어떤 교량에서도 대부분 정해에 근사한 고유치를 나타내고 있다. 또한 [그림 10.3.7]은 36개 교량에 대한 정적뼈대법과 동적해석결과의 비교를 교각 기초 부분의 휨모멘트에 대해 나타낸 것이다. 하부구조의 높이가 높아짐에 따라 지점반력법에서는 동적해석과의 차이가 크게 되는 데 비해서 정적뼈대법에서는 어느 범위에 대해서도 동적해석과 잘 일치된다는 것을 알 수 있다.

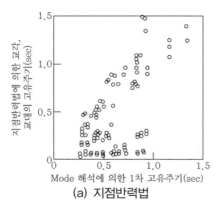
(a) 지점반력법

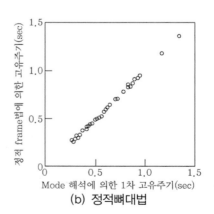
(b) 정적뼈대법

[그림 10.3.6] 고유주기의 비교

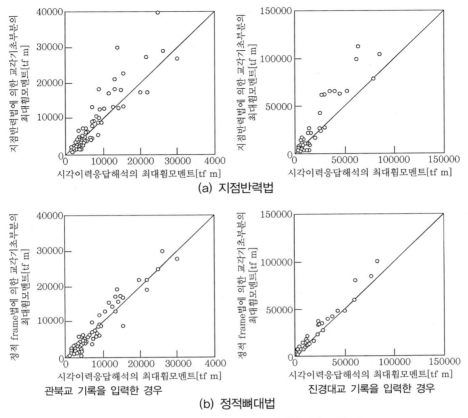

(a) 지점반력법

(b) 정적뼈대법

관북교 기록을 입력한 경우

진경대교 기록을 입력한 경우

[그림 10.3.7] 교각기초 부분의 최대휨모멘트의 비교

10.4 연속형교의 상부구조 관성력의 분포

정적뼈대법을 실제 연속교에 적용하여 지점반력법과 비교함으로서, 정적뼈대법을 사용할 경우에 상부구조의 관성력이 하부구조에 어떻게 분담하는가를 검토해보자. 해석대상은 [그림 10.4.1]에 나타낸 3개의 교량이며, 각각 도시 내의 고가교, 하천의 횡단교 및 산악지교이다. 상부구조의 제원은 동일하게 하고, 하부구조만 다르게 하였다. 또한 관성력의 작용방향은 교축직각방향으로 하였다. 여기서는 상부구조의 관성력의 분포를 비교하는 관점에서 설계수평진도는 고유주기에 의하지 않고 모두 0.2로 하였다.

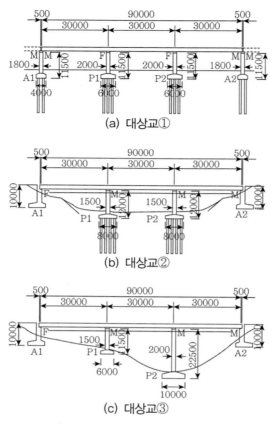

[그림 10.4.1] 해석대상 연속교

[표 10.4.1]은 정적뼈대법과 지점반력법으로 각 하부구조가 분담하는 상부구조의 관성력을 비교하여 나타낸 것이다.

[표 10.4.1] 상부구조의 관성력 분포(단위 tf)

		A1(P1)	P1(P2)	P2(P3)	A2(P4)
대상교①	지점반력법	27.6(55.2)	75.9	75.9	27.6(55.2)
	정적뼈대법	25.4(53.0)	78.1	78.1	25.4(53.0)
대상교②	지점반력법	27.6	75.9	75.9	27.6
	정적뼈대법	54.7	48.0	50.5	53.9
대상교③	지점반력법	27.6	75.9	75.9	27.6
	정적뼈대법	32.5	101.4	9.8	63.1

주) 팔호 안은 인접주형을 고려한 경우

446 | 구조물의 동적응답해석에 의한 내진·내풍설계

대상교량①은 도시 내의 고가교로 교각높이는 동일하므로 하부구조의 강성은 대개 같다. 등스팬이
므로 지점반력의 비는 교대(A1, A2)를 1.0으로 하면 교각(P1, P2)은 2.75가 되며, 이때 지점반력법에
서는 상부구조의 관성력을 이 비로 배분한다. 이 경우에 정적뼈대법은 지점반력법과 대개 같은 관성
력으로 분포한다. 그리고 대상교량②는 하천의 횡단교이다. 대상교량①과 같은 등스팬이므로 지점반
력법에서는 대상교량①과 같은 관성력 배분이 된다. 이것에 대해 정적뼈대법에서는 지점반력법에
비해 교대의 분담이 약 2배까지 증가하고, 교각의 분담이 60% 정도까지 감소한다. 이 이유는 교대의
강성이 교각의 강성에 비해 매우 높으므로, 정적뼈대법에서는 강성이 높은 교대의 분담이 크게 되기
때문이다. 대상교량③은 교각의 높이가 크게 다르기 때문에 교각~교대간과 동시에 교각 간에도
강성에 큰 차이가 있다. 이것 때문에 정적뼈대법에서는 교각높이가 낮고 강성이 큰 P1에 상부구조의
관성력이 집중한다. 한편 교각높이가 높고 강성이 적은 P2에는 지점반력법에 비해 13% 정도의 관성력
이 생긴다. 이와 같이 정적뼈대법은 종래의 지점반력법에 비교해 크게 다른 결과를 나타내는 경우가
있다. 정적뼈대법과 지점반력법의 차이를 정리하면 다음과 같다.

1. 정적뼈대법에서는 교대와 여러 교각이 있을 경우에 낮은 교각과 같이 상대적으로 강성이 높은
   하부구조가 분담하는 관성력이 크게 된다. 이것과 반대로 교대와 교각이 있을 경우에 교각,
   또는 높이가 다른 교각이 인접할 경우에는 높은 교각과 같이 상대적으로 강성이 낮은 하부구조
   가 분담하는 관성력은 작게 된다. 이것은 정적뼈대법에서는 상부구조의 강성을 고려하여 관성
   력을 산출하기 때문에 당연한 결과이며, 하부구조의 강성에 따라 상부구조에서 하부구조로 전
   달되는 관성력을 산출하는 정적뼈대법이 바른 결과를 나타내고 있다는 것이다. 이 의미는 지점
   반력법에서 [그림 10.4.1]의 어느 조건에 있어서도 상부구조에서 하부구조에 전달되는 관성력
   이 동일한 것에 모순이 있다는 것이다.

2. 다만 대상교량②의 경우에 정적뼈대법에 의한 결과로 내진설계한 경우에 교대의 단면에서는
   일반적으로 여유가 있으므로 지점반력법에 의해 정한 단면은 대개 변하지 않지만, 교각에서는
   두 방법의 관성력이 차이에 상당하는 만큼 정적뼈대법에서는 단면이 작아진다. 정적뼈대법의
   결과를 그대로 사용하여 교각단면을 일반적으로 현재 채용하고 있는 것보다 작게 하면, 결과적
   으로 지진 시 하부구조가 크게 변형하는 것으로 되고, 상부구조에 생기는 변위·변형이 크게
   된다. 그러므로 상부구조의 제원을 내진설계에서 결정하는 경우도 있다. 일반적으로 일본에서
   는 강성이 큰 하부구조에서 상부구조를 촘촘히 지지하는 구조가 전통적으로 채용되고 있다.
   일본에서 교량의 지진재해 경험도 모두 이와 같은 조건에 대한 것이며, 어떤 의미에서 상하부구
   조 전체가 지진에 견딜 수 있는 구조계에 대한 지진재해 경험은 없다고 하겠다. 과거의 지진재

해 실례에 의하면, 지지(지점)부분이나 하부구조는 대지진 시에 손상을 받은 경우도 있고, 이 상태가 되면 반드시 정적뼈대법의 계산으로 불가능하다는 것도 고려하여야 한다.

3. 대상교량③과 같이 교각의 강성에 언밸런스가 있으면 특정 교각으로 관성력이 집중하는 반면, 그 외의 교각에는 관성력의 분담이 극히 작게 된다. 여기에 나타내진 않았지만 경우에 따라 상부구조에서 하부구조로 전달되는 관성력이 부(−)로 될 경우, 즉 교각이 상부구조의 관성력을 분담하는 것이 아니라 교각의 강성이 매우 작으므로 교각자체 관성력조차 지지할 수 없고, 상부구조를 사이에 두고 그 외의 하부구조에 전달하는 경우도 있다. 따라서 기본적으로는 정적뼈대법의 계산이 바르다 하여도 위에 설명한 대지진 시의 손상 등 계산에 포한되지 않은 불확실한 사태 등을 고려하여 어느 정도의 하한치를 마련할 필요가 있다.

이상과 같은 점을 고려할 때, 정적뼈대법은 다음과 같이 적용한다.

① 교각 간의 강성의 차이가 작은 연속교(대상교량① 및 대상교량②)에는 종래의 내진설계법과의 정합성 등도 고려하고, 지점반력법을 사용한다.
② 교각 간의 강성의 차이가 큰 연속(대상교량③), 또는 연속라멘교 등과 같이 상하부구조의 구별이 어려운 연속교에는 정적뼈대법을 사용한다. 다만 연속형교의 경우에는 지점반력에 의해 구해지는 관성력을 밑돌면 안 된다.

[그림 10.4.2]는 위에서 기술한 계산법의 순서를 나타낸 것이다.

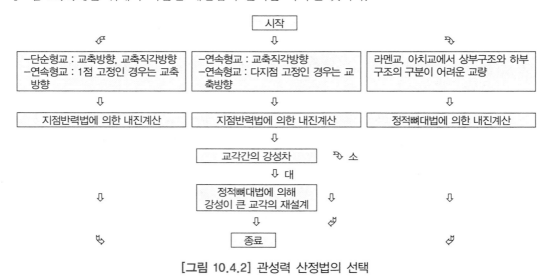

[그림 10.4.2] 관성력 산정법의 선택

10.5 연속형교의 모형화

정적뼈대법에서는 상하부구조를 뼈대구조로 모형화하여야 한다. 뼈대구조해석에는 요소분할을 어떻게 하느냐에 따라 단면력이 변화하므로 일반적으로 매우 세밀하게 요소를 분할하여야 충분한 정도의 관성력을 얻을 수 있다. 그러나 요소분할에서 적은 여소분할에도 정도가 좋은 고유주기 및 관성력이 산출된다는 것을 다음에 나타내었다.

[그림 10.5.1(a)]와 같이 일정한 분포질량을 지지하고 있는 기둥에 정적으로 자중이 작용하고 있는 경우를 고려해보자. 자중을 절점에 배분할 때에는 일반적으로 각 요소마다 자중의 반을 양단의 절점에 집중시킨다. 다만 이와 같이 하면 휨모멘트는 정해와 거의 일치하지만, 전단력의 정해는 다르게 된다. 이것은 기초 부분의 절점에 배분된 절점외력이 전단력에 기여하지 않기 때문이다. 이것을 피하기 위하여 [그림 10.5.1(b)]에 나타낸 것과 같이 기둥의 중심에 자중을 집중시킨다. 이 상태로 계산된 재단의 휨모멘트 및 전단력을 직선으로 나타내면 정도가 좋은 휨모멘트와 전단력을 산출할 수 있다. 기둥의 중심에 자중을 집중시키기 위해서는 여기에 절점을 설정하여야 되지만, 이 절점은 어디까지나 자중을 집중시키기 위한 외관상의 절점으로 간주하고 재단의 휨모멘트 및 전단력을 산출한다.

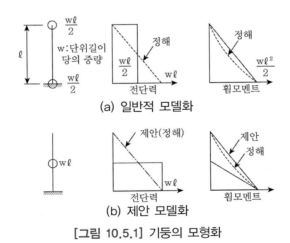

[그림 10.5.1] 기둥의 모형화

이것을 구체적으로 교량의 해석에 적용해보자. 절점은 [그림 10.5.2(a)]에 나타낸 것과 같이 1) 상부구조의 중심위치, 2) 하부구조의 천단위치, 3) 교각의 캔틸레버부분의 중심위치, 4) 교각의 캔틸레버부분과 구체부분과의 경계위치, 5) 구체부분의 중심위치, 6) 구체부분과 기초 부분과의 경계위치, 7) 기초 부분의 중심위치, 8) 기초 부분의 하면위치인 8개 절점을 설정하여, 캔틸레버부분, 구체부분, 기초 부분의 중량을 각각의 중심위치[즉, 앞의 2), 5) 및 7)의 3점]에 집중시킨다. 또한 상부구조의 절점은 [그림 10.5.2(b)]에 나타낸 것과 같이 상부구조의 중심위치상에 하부구조 중심선과의 교점과 지간의 중앙에 각 1점씩 설치하면 좋다. 이와 같이 절점을 취하면 비교적 적은 자유도로 충분한 정도의 고유주기 및 관성력을 산출할 수 있다.

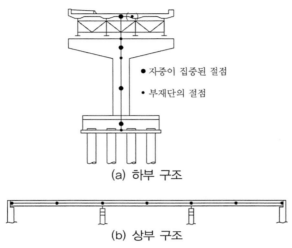

(a) 하부 구조

(b) 상부 구조

[그림 10.5.2] 연속형교의 모형화(절점을 설정하는 방법)

10.6 정 리

이상에서 정적뼈대법의 개요와 적용상의 유의사항을 나타내었다. 정적뼈대법은 교량을 지진 시에 동일한 진동을 한다고 간주하고 설계진동단위로 분할하여 간단한 정적계산에 의해 각각의 설계진동단위마다 관성력을 산출하는 방법이다. 종래의 지점반력법은 교량을 1기의 하부구조와 그것을 지지하는 상부구조부분으로 분할하여 상부구조로부터의 반력을 갖고 하부구조의 내진설계를 행할 수 있다. 이것과 비교하면 정적이지만 정적뼈대법에서는 설계진동단위에 대한 구조계산이 필요하다.

그렇지만 종래의 내진설계에는 자칫하면 각 하부구조마다 내진설계에 쏠리게 되고, 설계진동단위로 본 교량의 내진성을 예사로 보는 경우도 있었다. 정적뼈대법은 어떤 모양의 구조계가 내진에 유리한지를 포함해 상하구조를 포함한 교량의 내진성 검토에 유용하게 사용된다.

참고문헌

1) 淺沼 (1983.11). 靜內橋地震災害調査, 土木技術資料, Vol.25~11.

2) 川島, 長谷川, 吉田 (1986.10): 地震時應答特性を考慮した連續桁橋の耐震設計法及びその適用性について, 第40回 建設省技術研究會報告.

3) 川島, 長谷川 (1986.10). 連續橋の耐震設計法, 第43回 建設省技術研究會論文集.

4) 川島, 長谷川 (1990.10). 震度法による連續橋の耐震設計法, 橋梁と基礎.

5) 도로교표준시방서 (1996.5.30). 건설교통부제정.

6) 도로교설계기준 (2010.10). 건설교통부제정.

7) AASHTO (1994, 1998, 2004, 2007, 2010). *LRFD Bridge Design Specification*, 1st~5th ed., AASHTO, Washington, DC.

8) 도로교설계기준(한계상태설계법) (2015), (사)한국도로교통협회, 2014.12.

9) 하중저항계수설계법에 의한 강구조설계기준 (2014), (사)한국강구조학회, 2014.4.21.

내풍응답의 수치해석법

11 CHAPTER

내풍응답의 수치해석법[39]
Computational Wind Dynamics

구조물의 동적응답해석에 의한 내진·내풍설계

11.1 개 요

자연풍이 강풍하에 있는 토목구조물 주변의 흐름은 Reynolds 수가 극단적으로 높게 박리된 난류이다. 이와 같은 흐름을 이론적으로 다루기는 매우 어렵고, 더구나 구조물에 작용하는 공기력을 이론해석에 의해 정확히 구하는 것은 실제로 불가능에 가깝고, 구조물에 작용하는 공기력이나 구조물의 바람에 대한 응답 등 구조물의 내풍성을 알려면, 풍동에 의한 모형실험에 의하는 것이 일반적이다.

지난 수십 년간 컴퓨터의 기억용량의 대규모화, 고성능화, 수치계산의 알고리즘의 진보, 향상은 눈부시게 발전하였고, 특히 슈퍼-컴퓨터에 의한 흐름의 수치 모의실험(simulation)기술은 비약적으로 진보하고, 슈퍼-컴퓨터에 의한 수치 모의실험은 제3의 과학(doing Science in the 3rd mode)이라는 분야를 창출하였다.[1] 사실 물리, 항공, 기계, 건축, 토목, 수리학, 풍동공학 등의 광범위한 분야에서 흐름의 기초방정식을 수치적 해석을 시도하여 착실히 연구성과를 축적하였다.

내풍공학에 대한 흐름의 복잡한 제 현상인 모든 흐름에 수치 모의실험을 적용하기에는 곤란한 것이 많다. 그러나 내풍공학에 대한 흐름의 해법이나 방법 등, 수치 모의실험에 대한 소프트웨어의 착실한 개선을 거듭하였다. 한편 컴퓨터의 처리능력을 기억용량 및 연산속도에서 비약적으로 진보함으로써 대규모의 흐름계산도 비교적 단시간에 처리가능하게 되었고, 내풍공학에 대한 유익한 성과를 수치 모의실험에 의해 얻을 수 있다. 그러므로 풍동실험을 모의실험으로 대체할 수 있게 되었다고 할 수 있다. 이른바 '내풍공학에서 수치풍동해석'이 가능하다.

본 장에서는 흐름의 기초방정식과 난류모델, 수치해석법에 대해서 많이 사용되고 있는 유한차분법에 의한 해석법을 중심으로 수치 모의실험법을 설명하고, 유한요소법, 이산와점법에 대해서는 각각 2~3개의 계산 예를 나타내었고, '내풍공학에서 수치풍동해석법'의 현황을 설명하고, 장래의 수치풍동실현에 대해 전망해본다.

11.2 수치 모의실험을 위한 기초방정식과 경계조건

내풍공학에 대한 흐름 제 현상을 다룰 때에 흐름은 비압축으로 하는 것이 좋으며, 여기서는 흐름의 장은 비정상, 비압축, 점성이 있는 흐름으로 설정하였다.

11.2.1 기초방정식

v를 속도벡터, p를 압력으로 하면 흐름의 장을 지배하는 기초방정식인 연속방정식은 다음과 같다.

$$\nabla \cdot v = 0 \tag{11.2.1}$$

Navier-Stokes의 운동방정식(NS 방정식)은 다음과 같다.

$$\frac{\partial v}{\partial t} + (v \cdot \nabla)v = -\frac{1}{\rho}\nabla p + \nu\nabla^2 v \tag{11.2.2}^{\text{부록1}}$$

여기서, ρ는 유체의 밀도, ν는 유체의 동점성계수이다.

다음에 식 (11.2.2)에 유체의 회전을 취하면, 와류에 대한 수송방정식을 얻는다. 2차원에 대한 와도 ω는 다음과 같이 나타낸다.

$$\frac{\partial \omega}{\partial t} + (v \cdot \nabla)\omega = \nu\nabla^2\omega \tag{11.2.3}$$

흐름의 함수 ψ와 와도 ω 간의 관계식은 다음과 같다.

$$\omega = - \nabla^2 \psi \qquad\qquad (11.2.4)$$

한편, 식 (11.2.2)의 발산을 취하면, 압력 p의 Poisson식을 얻을 수 있다.

$$\frac{1}{\rho}\nabla^2 p = -\left\{\frac{\partial D}{\partial t} + \nabla \cdot (\nabla \cdot (vv))\right\} + \nu \nabla^2 D$$

$$D = \nabla \cdot v \qquad\qquad (11.2.5)$$

여기서, 연속방정식이 완전히 만족한다면, $D = 0$이다.

11.2.2 경계조건

물체 표면상에는 점착조건(미끄러움이 없음)으로 속도에 대해 $v = 0$이지만, 물체가 운동하는 경우에는 그 표면속도를 준다. 난류계산에는 표면상의 마찰응력 등에서 1/7승칙이나 벽법칙 등을 사용하지만, 각각의 난류모델에 대해 적절한 조건을 줄 필요가 있다.

한편, 한 흐름 중에 있는 물체 둘레의 흐름 등에 있어서 원거리경계조건은 수치계산에서는 유한영역으로 주어져야 되므로, 특히 흐름함수 ψ를 사용하는 방법에는 원거리영역에 대한 ψ에 근사의 점근해를 준다든지, 압력치 1가의 조건에서 ψ의 경계치를 구하는 방법, 원거리경계를 되도록 크게 취하는 방법 등을 사용한다.

11.3 난류모델[2]

내풍공학에 관한 구조물 주변의 흐름의 현상은 그 자체의 Reynolds 수가 높은지, 대기경계층이라는 큰 난류경계층 중에 구조물이 있는 경우를 대상으로 하고 있으므로, 난류흐름을 계산하여야 한다. 일반적으로 사용하는 난류계산은 앙상블(ensemble, 조화) 평균한 미분방정식(Reynolds 방정식)과 난류의 운동방정식을 사용하는 시간평균 조작형 모델, 그리고 격자평균모델(LES, Large Eddy Simulation)법으로 크게 분류된다.

전자의 경우 압력, 유속 등의 미지수의 수와 방정식의 수를 맞추기 위해 모델화하여, 난류 와점성계수의 개념에 기초로 모델화하고, 난류의 운동방정식의 수 등에 따라, 혼합장 모델(0방정식모델),

1방정식모델, 2방정식모델로 분류하며, 이 중 $k-\varepsilon$의 2방정식모델이 제일 광범위하게 사용된다. 그리고 Reynolds 응력을 직접 모델화한 미분방정식을 정하는 방법을 Reynolds 응력방정식모델이라 한다. 이들의 방법은 날개의 주변에 박리가 없는 흐름의 계산 등에서 성과를 얻고 있지만, 모델화할 때에 필요한 파라메타의 개수가 많다.

한편 격자평균모델(ELS)은 통계이론에 의해 예상 가능한 파라메타를 1개만 포함하고 있으므로 난류의 기초적 연구방법에 사용되며, 슈퍼-컴퓨터의 발달과 서로 연관시켜 난류의 질서운동, 난류구조 등의 계산에서 성과를 얻고 있다. 이들의 난류모델을 사용한 구체적인 수치 모의실험법에 대해서는 해설이나 참고논문을 참조하면 된다.[3], [4]

이상을 정리하면, 난류의 계산법은 [그림 11.3.1]과 같이 분류할 수 있다.

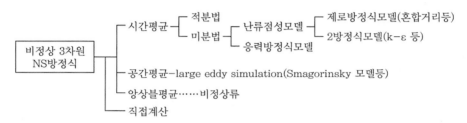

[그림 11.3.1] 난류계산법의 분류[53]

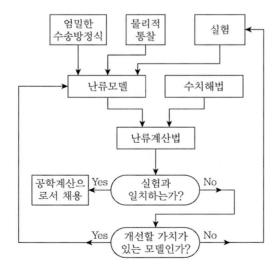

[그림 11.3.2] 난류계산법의 개발의 흐름도[53]

직접계산 이외는 모두 유동의 방정식을 닫히게 하기 위하여 경험관계식이 필요하다. 일반적으로 실험 데이터로부터 이들의 관계를 유도한다. 따라서 난류모델의 발전은 실제의 형편에 따라 경험관계식을 필요로 하는 복잡한 난류항에 대하여 양질의 데이터를 입수할 수 있을지 없을 지와 보조를 같이 한다. 난류의 공학적 계산법, 즉 시간평균 NS 방정식(Reynolds 방정식)에 기초를 둔 계산법 개발의 일반적인 흐름은 [그림 11.3.2]와 같이 나타낼 수 있다.

11.4 차분법에 의한 흐름의 수치 모의실험

차분법은 흐름의 장을 정방형이나 장방형 등의 형상을 갖는 세부적인 격자로 분할하고, NS 운동방정식을 여러 가지의 차분 해법(scheme)을 사용해 차분방정식으로 치환하여 근사 해를 구하는 방법이다. 이때 구조물 주변의 흐름장이 복잡한 경계를 가질 경우라든지, 물체근방의 계산정도를 높이는 등의 목적을 위해 물체경계에 좋고 적합한 좌표계를 사용한 격자생성을 한다. 격자생성으로는 등각사상에 의한 방법, 미분방정식을 수치적으로 구하는 방법, 대수식으로 분할하는 방법 등으로 생성한다. 특히 내풍공학에 있어서 대상으로 하는 물체형상은 복잡한 형을 하고 있으므로, 임의의 형상의 물체에 적합한 일반 곡선좌표를 사용하는 것이 편리하다. 여기서, 2차원 일반 곡선좌표의 격자생성을 개략적으로 기술하고, 다음에 차분법에 의한 수치해법에 대해 설명하였다. 그리고 상세한 차분법에 대해서는 참고서나 참고논문을 참조하면 된다.

11.4.1 일반좌표계로 변환과 격자생성

물리좌표 (x, y)를 변수로 하는 편미분방정식을 격자 분할한 계산좌표계 (ξ, η)로 변환한다. 그리고 계산좌표계 (ξ, η)를 원활하게 격자분할하기 위해서 여러 가지의 방법을 제안하고 있다. 타원형의 미분방정식을 사용하는 방법은 좌표계 (ξ, η)가 다음을 만족해야 한다.

$$\nabla^2 \xi = P(x, y)$$
$$\nabla^2 \eta = Q(x, y)$$

$$(11.4.1)$$

위의 식 (11.4.1)은 $\xi - \eta$ 좌표로 변환하면 다음과 같이 된다.

$$\alpha x_{\xi\xi} - 2\beta x_{\xi\eta} + \gamma x_{\eta\eta} = -J^2(Px_{\xi} + Qx_{\eta})$$
$$\alpha y_{\xi\xi} - 2\beta y_{\xi\eta} + \gamma y_{\eta\eta} = -J^2(Py_{\xi} + Qy_{\eta})$$

(11.4.2)

여기서, J는 Jacobian이라고 다음과 같이 정의한다.

$$J = x_{\xi}y_{\eta} - x_{\eta}y_{\xi}$$

(11.4.3)

그리고 α, β, γ는 다음과 같다.

$$\alpha = x_{\eta}^2 + y_{\eta}^2, \ \ \beta = x_{\xi}x_{\eta} + y_{\xi}y_{\eta}, \ \ \gamma = x_{\xi}^2 + y_{\xi}^2$$

여기서, $x_{\xi} = \dfrac{\partial x}{\partial \xi}$, $x_{\xi\xi} = \dfrac{\partial^2 x}{\partial \xi^2}$ 이다.

식 (11.4.2)은 SOR(Successive Over-Relaxation)법 등의 방법으로 구할 수 있다.

그런데 미분연산자에 의한 변환[부록2]을 사용하여 $\xi - \eta$ 좌표계에 대한 연속방정식 (11.2.1) 및 NS의 운동량방정식 식 (11.2.2)를 나타내면 다음과 같이 변환된다.

$$\nabla \cdot v = 0$$

(11.4.4)

$$\frac{\partial v}{\partial t} + (A \cdot \nabla)v = -\frac{1}{\rho}\nabla p + \nu\nabla^2 v$$

(11.4.5)

다만 반공변벡터 $A(A_1, A_2)$ 및 ∇, ∇^2는 $x - y$좌표의 속도성분(u, v)에 의해 주어져 있다.[부록3]

11.4.2 수치해석법

NS의 운동방정식을 수치적으로 구하는 방법으로는 속도 v와 압력 p의 기초변수(primitive variables)에 의한 것, 또는 와도 ω와 흐름함수 ψ에 의해, 운동방정식이나 와도 등의 수송방정식을, 각종 차분해법으로 이산화하여, 차분방정식으로 해를 구하는 것이 있다. 흐름의 해를 수치적으로 구하는 경우, 극히 낮은 Reynolds 수에는 확산항에 주의해야 하지만, 높은 Reynolds 수인 흐름에는 대류항에 유의하고, 수치해의 불안정 발생을 방지하는 것이 해법상 중요한 문제이다. 대류항에 대해서는 풍상차분법 등 여러 가지의 대책이 세워져 있다.

속도와 압력을 변수로 하여 구하는 방법에는 비압축 흐름인 경우, 속도에 대해 균질성(homogeneous)에서 없어지고, 일반적으로 연속방정식을 만족하지 않는다. 압력과 연속방정식을 교묘히 결합(coupling)시켜 연속방정식을 만족하도록 해를 구하는 여러 가지 알고리즘(algorithm)[부록4]을 고안하고 있다.

한편 흐름함수-와도($\psi - \omega$)에 따른 해법은 압력을 소거하는 것과 연속방정식을 자동적으로 만족하는 것으로, 2차원의 경우에는 취급하는 변수가 적고, 연속방정식을 엄밀하게 만족하고, 수렴속도도 비교적 빠르다. 그러나 난류 등의 계산에 적용은 간단하지 않고, 물체 주변의 흐름의 해를 구할 때 등에서 경계조건을 주기 어렵다는 것이 단점이다. 이 경우, 먼저 식 (11.2.3)의 와도 수송방정식을 차분근사로 구한다. 이 경우에도 비정상항을 포함할 경우에는 양해법(explicit scheme) 및 음해법(implicit scheme)으로 해를 구하여 대류항의 차분근사는 풍상차분해법 등으로 표시한다. 다음에 구해진 와도 ω에 대해 식 (11.2.4)의 Poisson 식의 해를 구한다. Poisson 식의 해를 구하는 방법에는 직접법과 반복법이 있다.

11.4.3 공간미분의 차분근사

연속인 함수를 공간구간 $[a, b]$의 유한개의 점에 대한 함수 값으로 나타내어 이산화하고, 차분근사로 하였다. 편미분방정식을 이산화점에 대해 차분근사를 구하는 방법에는 여러 가지가 있지만, 그 중 Taylor 급수전개에 의한 방법과 유한체적법에 의한 차분근사법을 예제로 설명하였다.

[1] Taylor급수 전개에 의한 차분근사

예제로 1차원 스칼라량 ψ에 대해서의 수송항 $U(\partial\psi/\partial x)$를 $U > 0$으로서 공간미분에 관해서 [그림 11.4.1]에 나타낸 등간격 격자상으로 Taylor 급수전개를 이용해서 각종 해법에 의한 차분표시를 나타내었다.

$$① \ 중심차분 \quad U\left[\frac{\partial\psi}{\partial x}\right]_i \approx U_i\frac{\psi_{i+1} - \psi_{i-1}}{2\Delta x} + O(\Delta x^2) \tag{11.4.6}$$

$$② \ 1차정도풍상차분 \quad U\left[\frac{\partial\psi}{\partial x}\right]_i \approx U_i\frac{\psi_i - \psi_{i-1}}{\Delta x} + O(\Delta x) \tag{11.4.7}$$

③ 2차정도풍상차분 $\quad U\left[\dfrac{\partial \psi}{\partial x}\right]_i \approx U_i \dfrac{3\psi_i - 4\psi_{i-1} - \psi_{i-2}}{2\Delta x} + O(\Delta x^2)$ $\qquad$ (11.4.8)

그리고 식 (11.4.6) 등에 나타낸 $O(\Delta x^2)$등의 항은 잘라낸 오차의 데이터를 나타낸다.

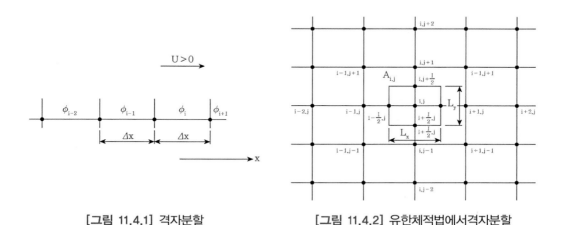

[그림 11.4.1] 격자분할 $\qquad$ [그림 11.4.2] 유한체적법에서격자분할

다시 계산의 안정화를 도모하기 위해 정도가 높은 여러 가지 차분해법[부록5]을 제안하고 있다. 다음에 점성항 등 2차 미분, 이른바 $(\partial^2 \psi / \partial x^2)$를 중심차분으로 나타내면 다음과 같다.

$$\left[\dfrac{\partial \psi}{\partial x}\right]_i \approx \dfrac{\psi_{i+1} - 2\psi_i + \psi_{i-1}}{\Delta x^2} + O(\Delta x^2) \qquad (11.4.9)$$

[2] 유한체적법에 의한 차분근사

식 (11.2.2)를 유한체적(Finite Volume) V에 대해서 적분한다. 이때 좌변의 제2항, 우변의 제2항의 적분에는 Gauss의 정리를 주변표면적 S에 대해서 면적적분으로 치환하면 다음과 같이 된다.

$$\frac{\partial}{\partial t}\int_V v\, dV + \int_S vv \cdot dS = -\int_V \frac{1}{\rho}\nabla p\, dV + \int_S \nu \nabla v dS \qquad (11.4.10)$$

예로서 [그림 11.4.2]에 나타낸 2차원 직각좌표 $(x,\ y)$상의 제한체적상의 각 점의 값에서 x성분의 속도 u에 대해서만 차분표시하면 다음과 같이 된다.

$$
\frac{\partial u}{\partial t} \cdot A_{i,j} + \left[u_{i+\frac{1}{2},j} u_{i+\frac{1}{2},j} L_{y_{i+\frac{1}{2},j}} - u_{i-\frac{1}{2},j} u_{i-\frac{1}{2},j} L_{y_{i-\frac{1}{2},j}} \right.
$$
$$
\left. + u_{i,j+\frac{1}{2}} u_{i,j+\frac{1}{2}} L_{y_{i,j+\frac{1}{2}}} - u_{i,j-\frac{1}{2}} u_{i,j-\frac{1}{2}} L_{y_{i,j-\frac{1}{2}}} \right]
$$
$$
= -\frac{1}{\rho}\frac{\partial p}{\partial x_{i,j}} A_{i,j} + \nu \left[\frac{\partial u}{\partial x}_{i+\frac{1}{2},j} L_{y_{i+\frac{1}{2},j}} - \frac{\partial u}{\partial x}_{i-\frac{1}{2},j} L_{y_{i-\frac{1}{2},j}} \right. \tag{11.4.11}
$$
$$
\left. - \frac{\partial u}{\partial y}_{i,j+\frac{1}{2}} L_{x_{i,j+\frac{1}{2}}} - \frac{\partial u}{\partial y}_{i,j-\frac{1}{2}} L_{x_{i,j-\frac{1}{2}}} \right]
$$

여기서 $A_{i,\,j}$는 점 $(i,\,j)$를 둘러싼 유한체적(2차원)의 면적을 나타내고, $L_{x_{i,\,j}}$는 점 $(i,\,j)$를 포함한 변의 x축에 투영한 길이를 나타낸다. 이 근사법을 제한체적(Control Volume, 2차원의 경우는 면적)법이라고도 한다. 그리고 이 이산화법의 경우에도 대류항 등은 계산의 안정화를 위해 풍상차분[부록6]을 나타낸다.

11.4.4 시간적분에 대한 근사

비정상항을 포함한 NS의 운동방정식을 차분 근사하여 얻은 대수방정식을 초기치문제로 양해법[부록7] 또는 음해법[부록8]에서 시간에 대해 적분한다.

양해법은 각 계산 점의 함수 값을 독립적으로 계산하는 것으로 시간간격(step)당의 계산시간은 적지만, 계산의 안정조건에 따라 시간간격 Δt를 너무 크게 취하면 안 된다.

음해법은 그들의 함수 값을 연립 1차방정식을 반복 계산함으로써 원래의 비선형문제의 해를 구하는 것이지만, 이 경우 안정조건으로부터의 제약은 없지만 계산정도면에서 Δt는 되도록 작게 할 필요가 있다.

11.4.5 차분법의 적용 예

[1] 직사각형-기둥 주위의 흐름

Reynolds 수($R_e = UH/\nu$, 여기서 H는 직사각형-기둥 주위의 흐름에 수직방향의 변의 높이) 800인 직사각형단면의 변장비(B/H, 여기서 B는 직사각형-기둥 주위의 흐름의 방향 변의 길이)가 0.6, 6의 직사각형-기둥 주위의 흐름의 계산결과의 한 예[21]를 나타내었다. 이 계산에 사용한 격자분할을 [그림 11.4.3]에 나타내었고, 최소 격자간격은 변 높이 H의 1/40에서 전체 격자의 수는 $4,226 \sim 8,207$

이다. 계산은 기초변수 $p-v$법에 의하고, 대류항의 차분은 3차 풍상차분을 사용한 Regular-mesh MAC법, Crank-Nicolson법에 의해 계산하였다.

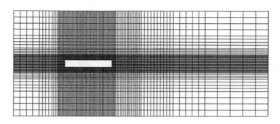

[그림 11.4.3] 직사각형-기둥 주위의 흐름 계산에 사용된 격자분할 메쉬

    $B/H = 60.6$인 직사각형-기둥의 Reynolds 수 800에 대한 (a) 흐름 패턴(pattern, 흐름함수 ψ), (b) 표면압력분포, (c) 와도분포표시를 [그림 11.4.4]에 나타내었다. 그리고 [그림 11.4.5]에는 $B/H = 6$인 직사각형-기둥의 Strouhal 수$(S_t = fH/U$, 여기서 f는 와류의 주파수)와 배압계수 C_{pb}의 계산 결과와 실험치를 비교하여 나타내었다. Strouhal 수나 배압계수의 값이 Reynolds 수에 대해 크게 변화하는 모양이 수치적으로 모의하고 있음을 알 수 있다.

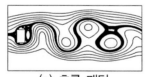

(a) 흐름 패턴

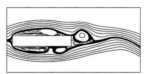

(a) 흐름 패턴

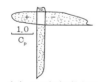

(b) 표면압력분포

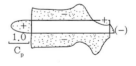

(b) 표면압력분포

(c) 와도분포

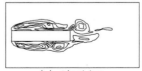

(c) 와도분포

[그림 11.4.4] $B/H=0.6$인 직사각형-기둥의 Reynolds 수 800에 대한 흐름의 계산결과

[그림 11.4.5] $B/H=6$인 직사각형-기둥의 Reynolds 수 800에 대한 흐름의 계산결과

그리고 [그림 11.4.6]에는 $B/H = 6$인 직사각형-기둥의 Strouhal 수($S_t = fH/U$, 여기서 f는 와류의 주파수) 및 배압계수 C_{pb}의 계산결과와 실험치를 비교하여 나타내었다. Strouhal 수나 배압계수의 값이 Reynolds 수에 대해 크게 변화하는 모양이 수치적으로 모의하고 있음을 알 수 있다.

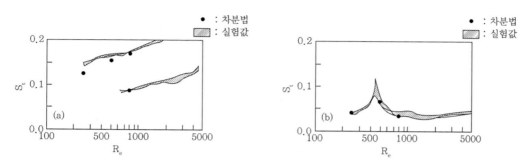

[그림 11.4.6] B/H=0.6인 직사각형-기둥의 Strouhal 수 및 배압계수 C_{pb}의 계산결과와 실험치를 비교

[2] 원형-기둥 주위의 흐름

Reynolds 수 4×10^4인 원형-기둥 주위의 흐름 패턴의 계산결과의 한 예[16]를 [그림 11.4.7]에 나타내었다. 식 (11.4.1)의 해를 구하여 [그림 11.4.7(a)]에 나타낸 좌표변환에 의한 격자생성을 행하여 원-기둥 표면경계층 부근을 극단으로 세밀히 격자분할한다. 대류항은 Kawamura 해법에 의해 이산화하고, 난류모델을 사용하지 않고 높은 Reynolds 수영역의 흐름을 직접수치해석을 하였다. 임계 Reynolds 수영역의 흐름을 실현하기 위해, 이 경우 [그림 11.4.7(a)]와 같은 원-기둥 표면의 상·하부분에 작은 요철(凹凸)이 붙어 있다. [그림 11.4.7(b)(c)]의 흐름 패턴을 비교하면, 국소 표면조도의 영향에 의해 원-기둥의 표면경계층의 큰 박리는 하류측으로 이동하고 있음을 알 수 있다. 그리고 [그림 11.4.7(d)(e)]에 나타낸 항력계수 C_D나 Strouhal 수의 변화에서 비교적 낮은 Reynolds 수로 초임계영역의 흐름을 실현하고 있는 것을 나타내었다.

(a) 좌표변환에 의한 격자분할

[그림 11.4.7] 국소 표면조도가 있는 원-기둥 주위의 흐름의 계산결과(차분법)(계속)

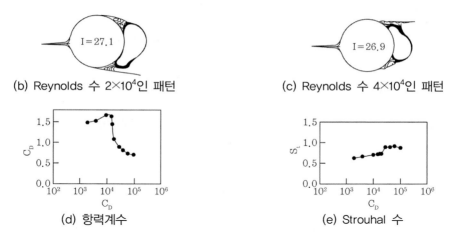

(b) Reynolds 수 2×10⁴인 패턴   (c) Reynolds 수 4×10⁴인 패턴

(d) 항력계수   (e) Strouhal 수

[그림 11.4.7] 국소 표면조도가 있는 원–기둥 주위의 흐름의 계산결과(차분법)

11.5 유한요소법에 의한 흐름의 수치 모의실험

풍공학의 분야에 유한요소법을 적용하여 구조물에 대한 유체력의 산출을 수행하는 수치적 해석방법을 제안한다. 이 방법은 바람의 흐름을 시간에 따라 각각 변화하는 비정상문제라 보고, 빠른 유속의 흐름을 대상으로 한 유체의 해석에 유한요소법을 사용한다. 이와 동시에 구조물에 미치는 풍하중의 산정을 실시하고 정적 3분력 풍동시험결과와 비교·검토를 실시하였다. 이들의 결과에 따라 설계상 유효한 정보를 얻음과 동시에 풍하중에 대한 합리적인 설계방법을 확립하는데 목적이 있다.

유한요소법은 중력을 갖는 잔차법의 하나이며, 대상으로 하는 지배방정식이 비선형인 경우에 Galerkin법을 사용한다. 여기서 기초방정식인 연속방정식 식 (11.2.1), NS의 운동방정식 (11.8.2)를 공간에 대해 Galerkin 유한요소법을 적용하여 이산화한다. 예를 들어 유속 1차, 압력이 일정한 요소를 사용하면, 다음과 같은 유한요소운동방정식 식 (11.5.1), (11.5.2)를 얻는다.

$$M_L \dot{u} + K_a(u)u + K_\mu u + K_p p = f \tag{11.5.1}$$

$$K_p^T u = 0 \tag{11.5.2}$$

여기서, M_L은 밀도에 관한 매트릭스(집중질량), $K_a(u)$는 대류항에 관한 매트릭스, K_μ는 점성에 관한 매트릭스, K_p는 공간의 구배에 관한 매트릭스이며, u, p, f는 각각 절점의 유속, 요소내부압력 및 물체력과 경계상의 표면에서의 절점력 벡터이다. 유한요소해석에 있어서는 유체의 운동을 기술하는 점은 절점이다. 그리고 상세한 것은 참고서[22]와 문헌[23-26]을 참조하면 된다.

11.5.1 수치해석법

유한요소운동방정식 식 (11.5.1)에 직접시간적분공식(여기서는 양해 BTD법을 사용함)을 적용하면, 시간 t^n에서 $t^{n+1}(=t^n+\Delta t)$을 1 Step으로 유속과 압력을 구하는 점화관계식(漸化關係式)을 다음과 같이 구할 수 있다.

$$(K_p^T M_L^{-1} K_p)p^n = K_p^T M_L^{-1}[f^n K_a(u^n)u^n] - K_\mu u^n + K_p\frac{\overline{u}^{n+1}-\overline{u}^n}{\Delta t} \tag{11.5.3}$$

$$u^{n+1} = u^n + \Delta t\, M_L^{-1}[\overline{f}^n - K_a(u^n)u^n - K_\mu u^n - K_p p^n] \tag{11.5.4}$$

여기서, $\overline{u}$는 경계상에 주어지는 기지의 유속성분이다.

종래 발표된 대부분의 수치해석법은 고차의 보간함수를 사용하여 미소시간증분마다 연립 1차방정식의 해를 구하면서 해석을 진행하는 음해법이었다. 음해법은 연립방정식의 해를 구하기 위해 컴퓨터의 기억용량 및 계산시간을 많이 필요로 한다. 이것에 비교해 여기서 사용하는 양해법은 연립방정식의 해를 구하지 않고 해석을 진행하므로 기억용량을 대폭 절약한다. 이 점은 과학기술용 컴퓨터의 병렬연산처리·다중처리에 적합하다. 이 점은 본 해석방법의 큰 특징의 하나이다. 이상에 기술한 유한요소법의 적용과정으로는 지루한 식의 계산이 있다. 여기서는 생략하였지만 상세한 것은 문헌 [40]~[42]를 참조하면 된다.

11.5.2 유한요소법의 적용 예

[1] H형 단면기둥의 해석

유한요소법에 의한 계산예로는 한 모양으로 흐름 중인 상하방향에 강제적으로 병진진동하는 편평한 H형 단면기둥 주위의 흐름을 계산하였다. 이 경우 유체와 물체들 간에 시간과 동시에 이동하는 경우를 취급하여야 하므로 ALE(Arbitrary Lagrangian Eulerian)법[27]을 사용하였다. 이 방법에 의하면, 물체의 변위에 따라 그때마다 주변의 흐름위치의 격자형상을 [그림 11.5.1(b)]와 같이 변형시킨다. 이 경우 시간과 동시에 이동하는 접점의 이동속도벡터를 v로 하면, 기초되는 유한요소방정식 식 (11.5.1)의 대류항 매트릭스를 $K_a(u-v)u$로 바꾸면 좋다. 따라서 식 (11.5.3), (11.5.4)에서 K_a

$(u^n)u^n$을 $K_a(u^n - v^n)u^n$로 바꾸어 식 중의 계수매트릭스는 어느 곳에서도 물체의 변위에 따라 시간 Step마다 변경한다.

구체적인 적용 예로 현의 길이 l =3cm, 주형의 높이 H=0.8cm인 H형 단면기둥을 한 모양의 유속 U =5m/sec 흐름 중인 경우를 계산한다. 현의 길이 l을 기준으로 한 Reynolds 수$(R_e = Ul/\nu)$는 1.2×10^3이다.

[그림 11.5.1]에 H형 단면기둥 주위의 유한요소분할을 나타내었다.

[그림 11.5.1(a)]는 H형 단면기둥을 한 모양의 흐름 중에서 정지하고 있는 경우의 요소분할과 경계조건을 나타내었고, [그림 11.5.1(b)]는 H형 단면기둥이 상하 진동할 때의 요소분할을 나타내었다.

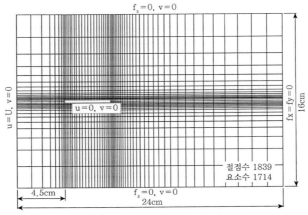

(a) 정지 H형 단면기둥의 유한요소분할 메쉬와 경계조건

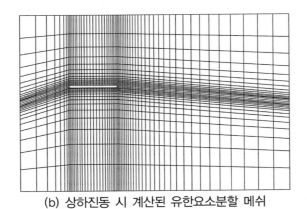

(b) 상하진동 시 계산된 유한요소분할 메쉬

[**그림 11.5.1**] H형 단면기둥 주위의 흐름의 계산을 위한 유한요소분할 메쉬

그리고 [그림 11.5.2]에 H형 단면기둥이 정지할 때의 계산결과를 나타내었다. [그림 11.5.2(a)]는 타임라인, [그림 11.5.2(b)]는 속도벡터분포, [그림 11.5.2(c)]는 흐름위치의 압력분포를 각각 나타내고 있지만, 주기 T=2.01sec, Strouhal 수치 $S_t = H/TU$=0.10으로, 실험치 S_t=0.108에 가까운 값인 Karman 소용돌이가 발생하고 있다. 그리고 [그림 11.5.3]에 주기 T=2.01sec, 진폭 0.15cm에서 H형 단면기둥이 상하방향으로 강제적으로 병진진동할 때의 모의실험(simulation)결과를 나타내었다. 이 경우 앞 가장자리에서 박리된 소용돌이가 뒤 가장자리의 운동과 상호간섭에 의해 뒤 흐름 소용돌이가 정지 시보다 크게 발달하고 있음을 알 수 있다.

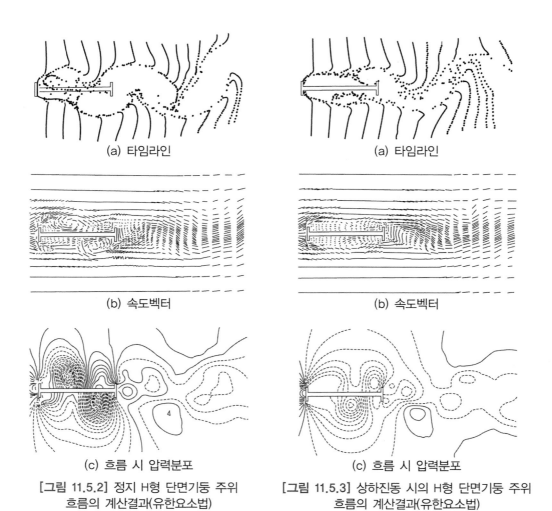

(a) 타임라인   (a) 타임라인

(b) 속도벡터   (b) 속도벡터

(c) 흐름 시 압력분포   (c) 흐름 시 압력분포

[그림 11.5.2] 정지 H형 단면기둥 주위 흐름의 계산결과(유한요소법)   [그림 11.5.3] 상하진동 시의 H형 단면기둥 주위 흐름의 계산결과(유한요소법)

[2] 역제형 단면 상자형의 해석[52]

(1) 대상 단면

수치해석에서 대상으로 하는 단면은 [그림 11.5.4]에 나타낸 단면으로 하였다. 이 단면은 정적 3분력 풍동실험[43]의 경우와 같이 난간, 경계블록, 횡단구베 등을 생략하였다. 각 단면 파라메타는 다음과 같이 하였다.

$$C/B = 0, \; B/D = 6.0, \; \theta = 60°$$

본 수치해석에 사용하는 유한요소분할도는 [그림 11.5.6]에 나타내었다.

[그림 11.5.4] 해석 대상 단면   [그림 11.5.5] 좌표의 정의

(2) 해석조건

1) 해석자유도 : 2차원 평면해석을 한다. 자유도는 유속(u, v)와 압력(P)인 3자유도로 한다.
2) 영각 : 영각은 $\beta = 0°$를 기준으로 $\beta = -5°$, $\beta = +5°$의 3가지 경우의 해석을 수행한다.
3) Reynolds 수 : Reynolds 수는 풍동 내에서 측정된 Reynolds 수와 같은 값으로 하고, $R_e = 10^5$ 이상으로 한다.

(3) 수치해석과 풍동실험의 상사칙

수치해석과 풍동시험의 상사칙을 정의한다. 수치해석에 사용할 파라메타는 다음과 같은 요령으로 무차원화 한다. 대표 길이 L, 대표 유속 U을 사용해 시간 t와 좌표 x_i는 다음과 같이 무차원화 된다.

$$T = tU/L, \; X_i = x_i/L \tag{11.5.5}$$

수치해석에서 사용한 L과 U의 값을 좌표와 유속의 축척배율이라 생각하면 $L = 0.01$, $U = 1.0$으로 된다. 이것보다 Reynolds 수의 등유속은 역학적으로 상사하다고 하는 이론에 필요한 무차원의 동점성계수의 값을 정의한다. 값은 다음과 같이 정의된다.

$$\nu = \mu/(\rho U L) \tag{11.5.6}$$

실제 공기에서 0~25℃의 점성계수와 밀도의 값은 [표 11.5.1]에 나타낸 것과 같다. 식 (11.5.6)을 사용해 수치해석에 사용할 공기의 무차원 동점성계수의 값은 [표 11.5.2]에 나타낸 것과 같다.

[표 11.5.1] 공기의 점성계수와 밀도

온도	0℃	5℃	10℃	15℃	20℃	25℃
$\mu(\times 10^{-6}\text{kg}\cdot\text{sec/m}^2)$	1.743	1.768	1.794	1.819	1.844	1.868
$\rho(\times 10^{-1}\text{kg}\cdot\text{sec/m}^4)$	1.319	1.295	1.272	1.250	1.228	1.208

[표 11.5.2] 해석의 동점성계수

온도	0℃	5℃	10℃	15℃	20℃	25℃
동점성계수 $\nu(\times 10^{-3})$	1.330	1.366	1.410	1.456	1.501	1.546

이상과 같은 조건의 수치해석에서는 무차원 동점성계수 $\nu = 1.5 \times 10^{-3}$을 사용하기로 한다. 이때 Reynolds 수는 $R_e = 1.3 \times 10^5$이다.

(4) 공기력계수의 산출방법

공기력(양력, 항력, Pitching 모멘트)는 교량단면표면상에서 구한 무차원 압력 P를 교량표면을 따라 선적분을 실시하는 것에 따라서 무차원화 된 $D°$(Drag), $L°$(Lift), $M°$(Pitching 모멘트)를 산출한다. 이것들은 다음에 나타낸 방법으로 유차원화 된다.

$$D = D° \rho c, \ \ L = L° \rho c, \ \ M = M° \rho c \tag{11.5.7}$$

여기서 c는 음속, D, L, M은 항력, 양력, Pitching 모멘트이다. 이것에 따라서 항력계수 C_D, 양력계수 C_L, Pitching 모멘트 계수 C_M을 다음과 같이 산출한다([그림 11.5.5]).

$$C_D = \frac{D}{A_D\,q}, \quad C_L = \frac{L}{A_L\,q}, \quad C_M = \frac{M}{A_M\,q}, \quad q = \frac{1}{2}\rho\,V^2 \qquad (11.5.8)$$

(5) 경계조건

경계조건은 [그림 11.5.6]의 유한요소분할영역에 있어서, [표 11.5.3]에 나타낸 것과 같다.

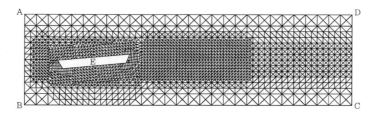

[그림 11.5.6] 요소분할도($\alpha = -5°$)

[표 11.5.3] 경계조건

구간	경계조건 값
$A - B$	$v = 0.0$
$B - C$	$v = 0.0$
$C - D$	$v = 0.0$
$D - A$	$v = 0.0$
E	$u = 0.0 \quad v = 0.0$

[표 11.5.4] 해석 제계수

계수	제계수
공기밀도	$\rho = 0.128$
동점성계수	$\nu = 1.5 \times 10^{-3}$
공기의 음속	$c = 337.0$
미소증분시간	$\Delta t = 0.001\,\mathrm{sec}$

(6) 해석에 사용된 제계수

수치해석에 사용한 제계수는 [표 11.5.4]에 나타낸 것과 같다.

(7) 수치해석결과

1) 흐름 상태

수치해석은 영각 $\alpha = 0°$를 기준으로 $\alpha = -5°$, $\alpha = +5°$인 3 Case를 실시하였다. [그림 11.5.7(a)(b)]에는 영각 $\alpha = 0°$, [그림 11.5.7 (c)~(e)], [그림 11.5.8(a)]에는 영각 $\alpha = -5°$, [그림 11.5.8(b)~(e)]에는 $\alpha = +5°$의 수치해석결과의 유속분포도를 각각 나타내었다. [표 11.5.5]에는 각 유속분포도의 시간과 계산 단계를 나타내었다.

[표 11.5.5] 시간과 계산 단계

양각	그림	계산 단계 수	시간
$\alpha = 0°$	[그림 11.5.7(a)]	3,500	3.5
	[그림 11.5.7(b)]	4,000	4.0
$\alpha = -5°$	[그림 11.5.7(c)]	4,500	4.5
	[그림 11.5.7(d)]	5,000	5.0
	[그림 11.5.7(e)]	5,500	5.5
	[그림 11.5.7(a)]	6,000	6.0
$\alpha = +5°$	[그림 11.5.8(b)]	4,500	4.5
	[그림 11.5.8(c)]	5,000	5.0
	[그림 11.5.8(d)]	5,500	5.5
	[그림 11.5.8(e)]	6,000	6.0

영각 $\alpha = 0°$에는 교량단면후방으로 와류(소용돌이)를 확실히 볼 수 있다. 그리고 시간이 경과함에 따라 이 와류가 후방으로 이동해가는 현상도 볼 수 있다. 영각 $\alpha = -5°$에는 교량단면하측에서 박리현상과 그것을 따라 와류의 이동현상을 볼 수 있다. 영각 $\alpha = +5°$에는 $\alpha = -5°$의 경우와 역으로 교량단면상측에서 박리현상과 그것을 따라 와류의 이동현상을 볼 수 있다. 양 영각동 시 교량단면상의 와류, 시간과 동시에 단면이 기어가는 것 같이 후방으로 이동하고, 다음 교량단면의 후방으로 이동해가는 현상을 볼 수 있다.

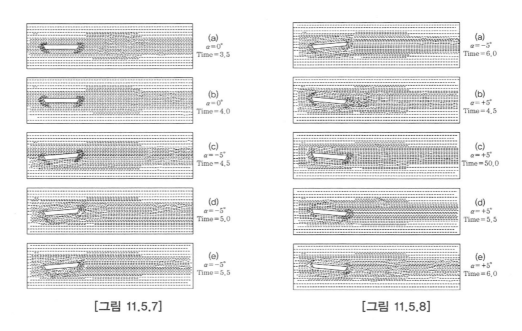

[그림 11.5.7]   [그림 11.5.8]

2) 공기력계수의 실험치와 비교

[그림 11.5.9]는 수치해석에서 구한 공기력계수(항력계수 C_D, 양력계수 C_L, Pitching 모멘트 계수 C_M)와 정적 3분력 풍동시험에서 구한 값의 비교이다. [표 11.5.6]은 양자의 디지털 데이터를 비교한 것이다. 수치해석결과는 풍동시험의 결과와 상당히 일치함을 알 수 있다.

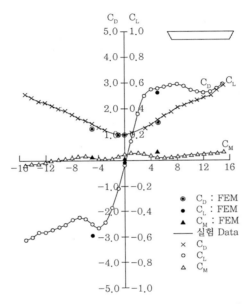

[그림 11.5.9] 해석에 의한 3분력계수와 실험치의 비교

[표 11.5.6] 양자의 디지털 데이터의 비교

		C_D	C_L	C_M
$\alpha = -5°$	해석	1.230	−0.595	0.025
	실험	1.414	−0.500	0.027
$\alpha = 0°$	해석	1.030	−0.038	0.011
	실험	1.010	−0.044	0.044
$\alpha = +5°$	해석	1.494	0.528	0.058
	실험	1.557	0.556	0.034

11.6 이산와법에 의한 흐름의 수치 모의실험 – 경계요소적분법

높은 Reynolds 수 흐름에 있어서는 점성의 영향은 매우 협소한 영역 혹은 얇은 경계층만으로 한정하고, 기존 다른 대부분의 영역에는 와(소용돌이)가 없는 비점성 흐름으로 간주하였다. 그리고 와는 점성의 작용으로 극히 한정된 영역에서 발생하고, 더구나 한번 발생한 와는 감쇠하지만, 오히려 소멸하지 않는다. 여기서 이산와법(Discrete Vortex법, 와계 근사법)[28]-[30]은 박리 전단층을 다수 와계의 집단으로 치환시키고, 와계간의 운동학적인 상호작용에 기인한 와계의 운동을 추적에 의해 박리 전단층의 시간적 변화를 조사하는 계산방법이다. 물체는 등각사상[31], [32]에 따라 혹은 물체표면에 특이점을 분포시켜 표현하는 방법 등이 있다.[33]

구체적인 적용예로는 블러프 물체(bluff body) 배후의 와 방출이나, 평판, 원기둥,[34] 각기둥 둘레의 흐름,[35]-[37] 그리고 2-원기둥이나 2-각기둥, 그리고 교량 등 여러 가지 단면기둥 둘레의 흐름이 비교적 간편하게 수치모의실험하였다.

11.6.1 수치해석법

흐름의 지배방정식은 연속식에서 속도 포텐셜 Φ에 관한 Laplace 방정식은 다음과 같다.

$$\nabla^2 \Phi = 0 \tag{11.6.1}$$

물체표면에서의 경계조건은 다음과 같다.

$$v_n = \partial\Phi/\partial n = 0 \tag{11.6.2}$$

여기서, n은 물체표면의 법선방향좌표, v_n은 물체표면의 외향 법선속도성분이다.

[그림 11.6.1]에 이산와점법의 개념도를 나타내었다. 예로서 한 모양의 흐름 중인 영각 α인 물체로 설치된 경우를 고려하였다. 구조물의 표면경계를 표현하는 방법 중에서, 여기서는 Laplace 방정식 식 (11.6.1)의 특별해인 와점을 물체표면에 이산적으로 분포시켜, 물체 둘레의 포텐셜 흐름을 나타냈다.

즉, 물체는 와점 $\Gamma_j(j=1, M)$을 표면상에 분포시켜서 근사화하고, 물체의 각 A, B, C, D를 박리점으로서 생기는 박리 전단층을 박리와 Γ_{WA}, Γ_{WB}, Γ_{WC}, Γ_{WD}의 와점열로 근사화한다.

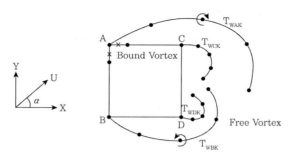

[그림 11.6.1] 이산와점법의 개념

속도 포텐셜 Φ는 한 모양의 속도 포텐셜 Φ_u, 속박와(束縛渦)의 속도 포텐셜 Φ_v 및 후 흐름와를 근사한 와열의 속도 포텐셜 Φ_w를 중첩시키면 다음과 같이 나타낼 수 있다.

$$
\begin{aligned}
\Phi &= \Phi_u + \Phi_v + \Phi_w \\
&= U\cos\alpha \cdot X + U\sin\alpha \cdot Y - \sum_{j=1}^{M} \frac{\Gamma_j}{2\pi} \tan^{-1}\frac{y-y_j}{x-x_j} - \sum_{K=1}^{N} \frac{\Gamma_{WK}}{2\pi} \tan^{-1}\frac{y-y_{WK}}{x-x_{WK}}
\end{aligned}
$$

$$(11.6.3)$$

다만 Γ_j는 물체표면에 분포시킨 속박와의 순환, M은 속박와의 순환의 수, Γ_{WK}는 자유와(free vortex)의 순환, N은 자유와의 순환의 수, U는 한 모양의 흐름, α는 영각이다. 자유와의 순환은 기지량이므로, 미지량은 물체표면상에 분포시킨 와점의 강한 속박와의 순환 Γ_j만이다. 이 미지량 Γ_j는 물체표면상 흐름이라 할 수 없다(물체표면의 와점 간의 중간점에서 물체표면에 수직한 방향성 분의 속도가 0)라는 식 (11.6.2)와 흐름장 전체에서 순환의 총합이 항상 일정하다는 갤로핑의 정리[부록9] 를 만족할 수 있도록 결정한다. 물체에 작용하는 유체력은 비정상 흐름으로 확장한 Blasius의 공식으로 구해진다.

11.6.2 이산와법의 적용 예

[1] 직사각형-기둥 주위의 흐름[21]

영각 $\alpha = 1°$인 단면 변장비 $B/H = 1$, 4, 8의 사각기둥 둘레의 흐름의 유선 및 와도분포를 [그림 11.6.2]에 나타내었다. [그림 11.6.2(a)]의 단면 변장비 $B/H = 1$인 사각기둥에는 후류에 강한 와괴

(渦塊)를 방출하고, 항력계수 C_D는 큰 값 2.8에서 실험치 2.9와 거의 일치하였다. [그림 11.6.2(b)]의 단면 변장비 $B/H=4$인 사각기둥에는 주기적인 재부착 흐름이, [그림 11.6.2(c)]의 단면 변장비 $B/H=8$인 사각기둥에는 상하측면에서 박리버블이 형성하고 있다.

[그림 11.6.3]에는 항력계수 C_D와 Strouhal 수 S_t의 계산결과와 실험치를 비교하였으며, 두 결과는 거의 일치하였다. 특히 임계단면 변장비 $B/H=2.8$ 및 6을 경계로 하여 Strouhal 수 S_t가 Step 상으로 크게 변화하지만, 그 현상에 대응하는 흐름의 변화 패턴을 이산와법에 의해 명확히 하고 있다.

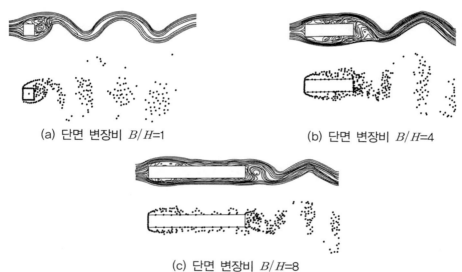

(a) 단면 변장비 $B/H=1$ (b) 단면 변장비 $B/H=4$

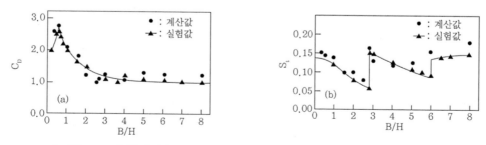

(c) 단면 변장비 $B/H=8$

[그림 11.6.2] 사각기둥 둘레의 흐름의 유선 및 와도분포

[그림 11.6.3] 항력계수 C_D와 Strouhal 수 S_t의 계산결과와 실험치를 비교

[2] 비틀림 진동하는 역제형 단면–기둥 주위의 흐름[38]

[그림 11.6.4)]에 한 모양의 흐름 중인 영각 $\alpha = 7°$의 역제형 단면–기둥이 진폭 $\theta_o = 1°$, 무차원 풍속 $U_r (= U/fb) = 1.69$로(여기서, U : 한 모양의 유속, f : 모형의 진동수, b : [그림 11.6.4]참조), [그림 11.6.4(a)]에 나타낸 G점 둘레에 $\theta = \theta_o \cos 2\pi ft\,(t$는 시각)인 비틀림 진동할 때의 흐름을 나타낸다.

그림은 무차원 시각(Ut/b) 6.21, 8.28의 와분포와 유선을 나타내었지만, 흐름은 점 A, B, C에서 박리하여, 이산와점이 후류에 유출한다. G점 둘레의 모멘트 C_m도 계산하고, 이 경우는 정(+)감쇠의 모멘트가 효과로 나타나 있고, 공력탄성적으로 안정하지만, $U_r = 2.11$, 2.53, 2.95인 경우에는 계산한 모멘트 C_m의 값은 여진력을 나타내고(부(−)감쇠), 플러터가 발생하는 것이 확인되었다.

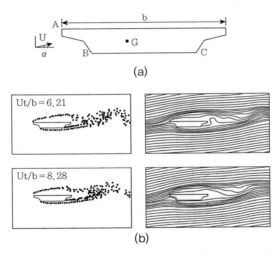

[그림 11.6.4] 비틀림 진동할 때의 역제형 단면–기둥 둘레의 흐름(이산와법 : 영각 $\alpha = 7°$, 진동진폭 $\theta_o = 1°$, 무차원풍속 $U_r (= U/fb) = 1.69$)

11.7 정 리

풍동공학에서 구조물 둘레의 흐름은 Reynolds 수가 극단적으로 크게 박리된 난류 흐름이며, 그리고 단면형상이 복잡하다는 것, 더구나 계산하는 공기력 등의 계산결과에는 높은 정도를 요구하는 것으로 해결해야 할 과제가 많다. 현재 $k - \varepsilon$ 모델, 격자평균모델, 직접 모의실험 등을 적용하여 수치 모의실험하고, 3차원 흐름의 계산 등도 수행하고 있다. 이들의 기법을 적용하기 위해서는 핵심이 되는 NS 운동방정식의 계산방법에 대한 고정밀도화, 슈퍼-컴퓨터에 의한 고효율화에 대해서도 연구가 계속되고 있다. 내풍공학의 수치풍동의 실용화에 대해서는 교량관계 연구자들의 협력이 필요하다.

마지막으로 내풍공학 입장에서 수치해석법의 정도나 신뢰성의 검토가 필요하고, 수치실험법의 현 단계에 대한 한계점이나 문제점을 도출하여 기초적 또는 종합적인 조사·연구가 필요하다.

참고문헌

1) 高橋 (1988.12). *Super-Computer*による計算工學, エネルギーレビュー. 8-12, pp.26~27.

2) 日本流體力學會編 (1987). 流體力學ハンドブック, 丸善.

3) 大路 (1979). 亂流の計算, 流體力學の進步 (谷編), 丸善, pp.129~176.

4) 高見 (1986). 亂流の數値解析, 亂流現象の科學 (翼編), 동대출판, pp.267~295.

5) Thompson, J.F. (1985). *Numerical Grid Generation*, North-Holland, New York.

6) Roache, P.J. (1976). *Computational Fluid Dynamics*, Hermosa Publishers Inc.

7) Peylet, R. and Taylor, T.D. (1982). *Computational Method for Fluid Flow*, Splinger-Verlag

8) Patankar, S.V. (1980). *Numerical Heat Transfer and Fluid Flow*, Hemisphere Publishing Corpo.

9) Harlow, F.H. and Welch, J.E. (1965). *Numerical calculation of time-dependent viscous incompressible flow of fluid with free surface*, Phys. Fluids. 8. pp.2182~2189.

10) Chorin, A.J. (1968). *Numerical solution of incompressible flow problems*, Studies in Numerical Analysis. 2, pp.64~70.

11) Amdsen, A.A. and Harlow, F.H. (1970). *A simplified MAC technique for incompressible fluid flow calculations*, J. Comp. Phys. 6, pp.322~325.

12) Viecelli, J.A. (1969). *A method for including arbitrary external boundaries in the MAC incompressible fluid computing technique*, J. Comp. Phys. 4, pp.543~551.

13) Hirt, C.W. and Cook, J.L. (1972). *Calculating three-dimensional flows around structures and over rough terrain*, J. Comp. Phys. 10, pp.324~330.

14) Leonald, B.P. (1979). *A stable and accurate convective modelling procedure based on quadratic upstream interpolation*, Comp. Mech. Applied Mech. & Eng., North-Holland.

19, pp.59~98.

15) Leonald, B.P. (1981). *A survey of finite differences with up-winding for numerical modelling of the incompressible convective diffusion equation*, Comp. Tech. in Transient & Flow. 2, Pineidge Press.

16) Kawamura, T. and Kuwahara, K. (1984). *Computation of high Reynolds number flow around a circular cylinder with surface roughness*, AIAA paper, 84-0340.

17) 小林, 森西 (1988.1). 2次元正方形キヤビテイ內流れの數値解析における對流項差分の影響, 生産研究, 40-1, pp.0~15.

18) DuFort, E.C. and Frankel, S.P. (1953). *Stability conditions in the numerical treatment of parabolic differential equations*, Math. Tables and Other Aids to Computation. 7, pp. 135~152.

19) Lilly, D.K. (1965). *On the computational stability of numerical solutions of time-dependent non-linear geographical fluid dynamics problems*, U. S. Weather Bureau Monthly Weather Review. 93-1, pp.11~20.

20) Peaceman, D.W. and Rachford, H. H. Jr. (1955). *The numerical solution of parabolic and elliptic differential equations*, J. Soc. Indust. Applied Math. 3-1, pp.28~41.

21) Okajima, A. (1988). *Numerical simulation of flow around rectangular cylinders*, Proc. Int'l. Colloquium on Bluff Body of Aerodynamics and its Applications, pp.281~290.

22) 川原 (1985). 有限要素法流體解析, 日科技連.

23) Gresho, P.M., Chen, S.T., Lee, R. L. and Upson, C.D. (1984). *A modified finite element method for solving the time-dependent, incompressible Navier-Stokes equations, Part 1, Theory*, Int. J. Num. Meth. in Fluids. 4, pp.557~598.

24) 吉田, 野村, 管野 (1982.11). 非定常非壓縮粘性流れの有限要素方程式の解法, 土木學會論文報告集, 351, pp.59~68.

25) Kawahara, M. and Hirano, H. (1983). *Two step explicit finite element method for high Reynolds number viscous fluid flow*, 土木學會論文報告集, 329, pp.127~140.

26) Yoshida, Y. and Nomura, T. (1985). *A transient solution method for the finite element incompressible Navier-Stokes equations*, Int. J. Num. Meth. in Fluids. 5, pp.873~890.

27) Hirt, C.W., Amsden, A.A. and Cook, J.L. (1974). *An arbitrary Lagrangian·Eulerian computing method for all flow speed*, J. Comp. Phys. 14, pp.227~253.

28) 高見, 桑原 (1980.6). 物體と渦, 日本機械學會誌, 83-739, pp.641~649.

29) 林, 麻生 (1986). パネル法と離散渦点法を用いた剝亂流の數値 *Simulation*, 日本航空宇宙學會誌, 34-390, pp.350~355.

30) Sarpkaya, T. (1989). *Computational method with vortices*, The 1988 Freeman scholar lecture, Trans. ASME, J. Fluids Eng., 111-3, pp.5~52

31) Sarpkaya, T. and Schoaff, Ray L. (1979). *An inviscid model of two dimensional vortex shedding for transient and asymptotically steady separated flow over a cylinder*, AIAA J., 17-11, pp.1193~1200.

32) 永野, 內藤, 高田 (1981.1). うず点法による長方形まわりの流れの解析, 日本機械學會論文集, B47-413, pp.32~43.

33) 板田, 足立, 稻室 (1983). うず放出モデルを用いたはく離を伴う非定常流れの一解法(第1報, 單獨正方形柱まわりの流れ), 日本機械學會論文集, B49-440, pp.801~808.

34) 稻室, 足立 (1986.4). うず放出モデルを用いたはく離を伴う非定常流れの一解法(第2報, 單獨圓柱まわりの流れ), 日本機械學會論文集, B52-476, pp.1600~1607.

35) Sarpkaya, T. and Ihrig, C.J. (1986). *Impulsively Started Steady Flow about Rectangular Prism : Experiments and Discrete Vortex Analysis*, ASME Ser. I, J. Fluids Eng., 108, pp.47~54.

36) Stansby, P.K. (1985). *A generalized discrete vortex method for sharp edged cylinders* : AIAA J., 23-6, pp.856~861.

37) Stansby, P.K. and Dixon, A.G. (1982.5). *The importance of secondary shedding in two-dimensional wake formation at very high Reynolds numbers*, Aero. Quart., 33, pp.105~123.

38) 稻室, 足立 (1986). 風工學における流れの數値 *Simulation*, 日本風工學會誌, 28, pp.29~44.

39) 岡島 (1989.8) : 耐風工學における數値風洞についての現況と展望, 橋梁と基礎, pp.94~102.

40) Kawahara, M. and Hirano, H., Tsubota, K., Inagaki, K. (1982). *Selective lumping finite element method for shallow water flow*, Int. J. Num. Meth. in Fluids. Vol. 1.

41) Kawahara, M. and Hirano, H. (1983). *A finite element method for high Reynolds number viscous fluid flow using two step explicit Scheme*, Int. J. Num. Meth. in Fluids. Vol. 3

42) Hirano, H., Hara, H., Kawahara, M. (1982.12). *Two step explicit finite element method for high Reynolds number viscous fluid flow*, The 4th Int. Symp. on Finite Element Methods in Flow Problems.

43) 井上, 荒川, 池ノ内 (1982.12). 充腹斷面の空力特性に關する實驗的考察, 第7回 風工學 Symposium.

44) 池ノ内, 角野, 井上, 佐藤 (1980.10). 橋梁の耐風設計に關する基礎的研究, 三井造船技報, 第116号.

45) 平野, 川原 (1980). 構造物周邊の風の流れの有限要素解析 (第1報), 第35回 土木學會年次學術講演會 第1部門.

46) 平野, 川原 (1981). 構造物周邊の風の流れの有限要素解析 (第2報), 第36回 土木學會年次學術講演會 第1部門.

47) 平野, 川原, 原 (1982). 橋梁斷面回りの風の有限要素解析と風洞實驗 (第2報), 第37回 土木學會年次學術講演會 第1部門.

48) 原, 平野, 池ノ内 (1983.2). 粘性流體の解析, 數理科學, No. 236.

49) 平野 (1983). 有限要素法による橋梁斷面をすぎる流れの可視化, 流れの可視化學會誌, Vol. 3, No. 9.

50) 川原 (1983). 風工學における有限要素の應用, 日本風工學會誌, 第15号.

51) 岡内, 伊藤, 宮田 : 耐風構造, 丸善.

52) 平野 (1984.3). 有限要素法による風の流れと風荷重の解析, 橋梁と基礎, pp.18~22.

53) 일본기계학회 (1988). *Fundamentals of Computational Fluid Dynamics*, Corona Co.

부록

1. 식 (11.2.2)의 비선형항은 대류형식의 $(v \cdot \nabla)v$, 발산형식의 $\nabla \cdot (vv)$, 회전형식 $-v \times rotv + \frac{1}{2}\nabla|v|^2$의 형식으로 나타낸다.

   발산형식은 운동량, 회전형식은 운동량, 에너지 보존이다. 수치계산을 할 때에는 이러한 형식의 특색을 살려 사용한다.

2.
$$\partial/\partial x = \frac{1}{J}\left(y_\eta \frac{\partial}{\partial \xi} - y_\xi \frac{\partial}{\partial \eta}\right) \tag{A-1}$$

$$\partial/\partial y = \frac{1}{J}\left(-x_\eta \frac{\partial}{\partial \xi} + x_\xi \frac{\partial}{\partial \eta}\right) \tag{A-2}$$

3.

$$A_1 = \frac{(y_\eta u - x_\eta v)}{J}$$

$$A_2 = \frac{(x_\xi v - y_\xi u)}{J} \tag{A-3}$$

$$\nabla = \frac{1}{J}\left(y_\eta \frac{\partial}{\partial \xi} - y_\xi \frac{\partial}{\partial \eta} - \right)i + \frac{1}{J}\left(-x_\eta \frac{\partial}{\partial \xi} + y_\xi \frac{\partial}{\partial \eta} - \right)j \tag{A-4}$$

$$\nabla^2 = \frac{1}{J^2}\left(\kappa \frac{\partial}{\partial \xi} + \lambda \frac{\partial}{\partial \eta} + \alpha \frac{\partial^2}{\partial \xi^2} - 2\beta \frac{\partial^2}{\partial \xi \partial \eta} + \gamma \frac{\partial^2}{\partial \eta^2}\right) \tag{A-5}$$

여기서,

$$\kappa = \frac{(D_y x_\eta - D_x y_\eta)}{J}$$

$$\lambda = \frac{(D_x x_\xi - D_y y_\xi)}{J} \tag{A-6}$$

$$D_x = \alpha x_{\xi\xi} - 2\beta x_{\xi\eta} + \gamma x_{\eta\eta}$$

$$D_y = \alpha y_{\xi\xi} - 2\beta y_{\xi\eta} + \gamma y_{\eta\eta}$$

4. 예로는 MAC(Marker And Cell)법[9], Chorin의 방법[10], SMAC법(Simplified MAC)[11], ABMAC 법(Arbitrary Boundary MAC)[12], SIMPLE법(Semi-Implicit Method for Pressure Linked Equations)[8], SOLA법(A Nmerical Solution Algorithm for Transient Fluid Flows)[13] 등 Algorithm이 광범위하게 사용되고 있다.

5. 고정도 차분 Scheme의 예로는 QUICK(Quadratic Upstream Interpolation for Convective Kinematics)[14] Scheme이나, 다음 식(A-7)에 나타낸 UTOPIA(Uniformly Third-Order Polynomial Interpolation Algorithm)Scheme[15], Kawamora Scheme 등이 제안되었고, 광범위하게 사용되고 있다.

$$U\left|\frac{\partial \phi}{\partial x}\right|_i \approx U_i \frac{(\phi_{i+2} + 8\phi_{i+1} - 8\phi_{i-1} + \phi_{i-2})}{12\Delta x} \tag{A-7}$$

$$+ \alpha \, | \, U_i | \, \frac{(\phi_{i+2} - 4\phi_{i+1} + 6\phi_i - 4\phi_{i-1} + \phi_{i-2})}{12 \Delta x}$$

여기서, $\alpha = 1$이면 UTOPIA Scheme, $\alpha = 3$이면 Kawamora Scheme, $\alpha = 0$이면 4차 중심차분 Scheme이다.

6. 유한체적법의 경우 [그림 11.4.2]에 나타낸 경계면상 $(i+1/2, \, j)$의 $(U\phi)$의 값은 식 (A-8)에 나타낸 풍상화차분근사(QUICK Scheme법)과 같다.[17]

$$
\begin{aligned}
(U\phi)_{i+1/2, \, j} &\approx U_{i+1/2, \, j} \frac{(-\phi_{i+2, \, j} + 9\phi_{i+1, \, j} + 9\phi_{i, \, j} - \phi_{i-1, \, j})}{16} \\
&+ \alpha \, | \, U | \, \frac{(\phi_{i+2, \, j} - 3\phi_{i+1, \, j} + 3\phi_{i, \, j} - 4\phi_{i-1, \, j})}{16}
\end{aligned}
\tag{A-8}
$$

여기서, $\alpha = 1$이면 QUICKScheme, $\alpha = 0$이면 2차 중심차분 Scheme이다.

7. Explicit Scheme은 Euler Explicit법, DuFort—Frankel법(Leap Frog법)[18] 그리고 Adams—Bashforth법[19]이 있다.

8. Implicit Scheme은 Euler Implicit법, Pure Implicit법, Crank—Nicolson법, Beam—Warming 법[7]이 있다. 다차원 문제에는 1차원 문제에 귀착한 해 ADI(Alternating Direction Implicit)법[20]이 사용된다.

9. Galloping의 순환정리는 [그림 11.6.1]에 나타낸 순환 Γ로 나타낼 수 있다.

$$\sum_{j=1}^{M} \Gamma_j + \sum_{K=1}^{N1} \Gamma_{WAK} + \sum_{K=1}^{N2} \Gamma_{WBK} + \sum_{K=1}^{N1} \Gamma_{WCK} + \sum_{K=1}^{N2} \Gamma_{WDK} = \sum_{j=1}^{M} \Gamma_j + \sum_{K=1}^{N} \Gamma_{WK} = 0$$

$$\tag{A-9}$$

장대교의 내진설계

12 CHAPTER

장대교의 내진설계
Seismic Design of Continuous Bridges

구조물의 동적응답해석에 의한 내진·내풍설계

12.1 개 요

우리나라에서는 대규모 건설 프로젝트의 추진에 따라 교량건설이 증가하면서, 또한 교량가설기술의 발전에 따라 장경간화 되는 것이 특징이다. 특히 사장교는 주탑에 정착된 케이블에 의해 상부구조계가 정착되어 캔틸레버식으로 지지되어 있는 것이 특징이며, 경관 면에서 우수한 구조형식이다. 그리고 현수교는 양측의 정착장치에 정착되어 주탑 위에 놓여 있는 케이블에 상부구조계가 행거로 매달려 있는 것이 특징이며, 이것도 경관 면에서 우수한 구조형식이다.

장대교의 설계에 있어서 지진의 영향이 지배적인 것은 일반적으로 주탑의 기초 부분 및 하부구조이며, 또한 상부구조로부터 하부구조에 전달되는 지진력을 구하기 위해서는 상부구조계 전체의 진동을 평가하는 것이 중요하다. 교량의 내진설계과정에서 [그림 12.1.1]에 지진교량해석의 순서도, [그림 12.1.2]에 교량내진해석모형의 레벨, [그림 12.1.3]에 주기응답에 대한 이력에너지소산과 유효강성, [그림 12.1.4]에 교량성분의 표준이력응답, [그림 12.1.5]에 교량설계지원시스템의 순서도를 나타내었다. 내진설계에 관해서는 많은 문헌이 있으므로 상세한 것은 이들을 참조하기로 하고, 본 장에서는 내진설계상 사장교의 동역학적 특성, 동적해석의 입력지진동, 대규모 기초구조물의 내진성, 동적해석모형, 내진설계상 기타 고려사항, 장대교의 내진설계의 실례 등을 중심으로 기술하였다.

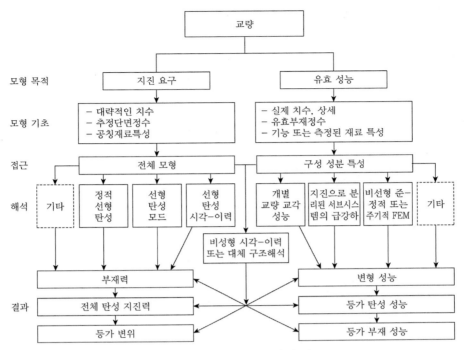

[그림 12.1.1] 지진교량해석의 순서도

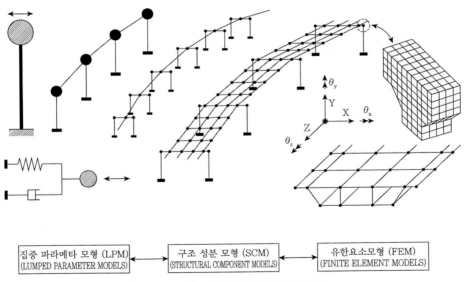

[그림 12.1.2] 교량내진해석모형의 레벨

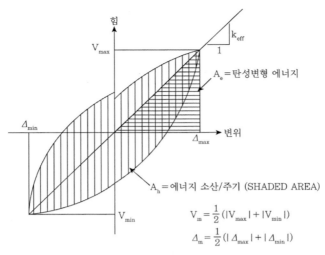

$$V_m = \frac{1}{2}(|V_{max}| + |V_{min}|)$$

$$\Delta_m = \frac{1}{2}(|\Delta_{max}| + |\Delta_{min}|)$$

[그림 12.1.3] 주기응답에 대한 이력에너지소산과 유효강성

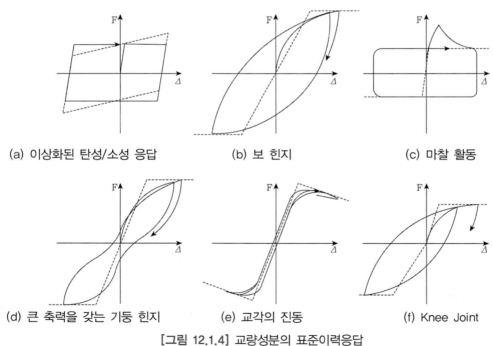

(a) 이상화된 탄성/소성 응답   (b) 보 힌지   (c) 마찰 활동

(d) 큰 축력을 갖는 기둥 힌지   (e) 교각의 진동   (f) Knee Joint

[그림 12.1.4] 교량성분의 표준이력응답

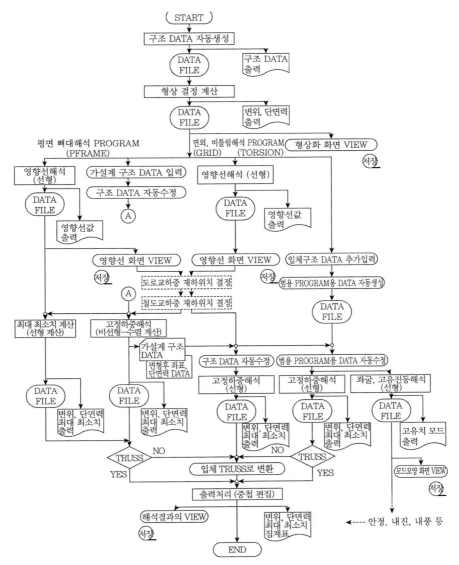

[그림 12.1.5] 교량설계지원시스템의 순서도

참고문헌

1) M. J. N. Priestley, F. Seible and G.M. Calvi (1996). *Seismic Design and Retrofit of Bridges*, John Wiley & Sons, Inc.

2) 川田忠樹 (1987). 現代の吊橋, 理工圖書.

12.2 내진설계상 사장교의 동역학적 특성[1]

사장교의 동역학적 특성을 내진설계 면에서 정리하면 다음과 같은 특징이 있다.

(1) 기본고유주기가 길고 감쇠정수가 작다.

규모, 매달린 주형~주탑 간의 고정방식 등에 의하지만, 사장교의 기본고유주기는 일반적으로 2sec 정도 이상인 경우가 많고, 일반적 형교의 기본주기가 1sec로 끝나는 것에 비해 기본고유주기가 길고, 변형성에 여유가 있는 유연한 구조계(Flexible Structural System)이다. 또한 감쇠정수는 상부구조계에 있어서는 일반적으로 1~2% 이하로 작고, 일단 진동이 시작하면 쉽게 끝나지 않는 특성을 갖고 있다.

(2) 특성이 크게 다른 여러 가지 구조요소로 구성되어 있다.

사장교는 행거와 주형구조, 기초구조, 주탑, 케이블로 각각 고유주기 및 감쇠정수가 크게 다른 구조계로 구성되어 있다. 그러므로 지진 시에 사장교에 생기는 진동은 제각각 구조계의 진동이 섞여 복잡하여 저차의 진동모드만 아니라 고차의 진동모드도 전체의 응답에 기여하는 경우가 많다.

(3) 연약지반 위에 건설하는 경우가 많다.

사장교의 건설지점은 연약지반이 되는 경우가 많다. 표층지반의 기본고유주기가 1~2sec에 달하는 경우가 있고, 하부 및 상부구조계의 고유주기대에 근접하므로 상하부 구조계와 지반과의 연성진동이 중요한 경우도 많다.

참고문헌

1) 川島一彦 (1985.8). 斜張橋の耐震設計, 橋梁と基礎.

12.3 응답을 고려한 수정진도법[4]

사장교의 내진계산에는 수정진도법과 동적해석을 수행하여 최종적으로는 수정진도법에 약간 무게를 두고 판단하는 경우가 많다. 이것은 동적해석 수행에 당면하면 입력지진동의 선정 등에 책임기술자의 재량에 의존하는 부분이 많기 때문에 단면치수는 수정진도법에 의해 정한 후, 이것을 동적해석에서 조사할 형을 취하기 위해서이다. 다만 사장교의 내진계산에 수정진도법을 적용할 때에는 다음 사항에 유의하여야 한다.

수정진도법은 기본적으로 구조물의 어떤 탁월한 모드(일반적으로 기본고유진동모드)에서 진동할 경우에 그 모드에 상당하는 지진력을 정적으로 구조물에 작용시켜 구조물 각 부분의 단면치수를 결정하려고 한 것이다. 그러므로 기본고유진동모드가 탁월한 구조계에 있어서는 1차의 모드만을 고려한 응답스펙트럼에 의한 동적해석에 상당한다고 생각해도 충분하다. 고차의 모드의 영향을 가미하기 위해 기본모드의 응답에 할증을 더하는 시도이지만, 이것은 결국 동적해석하여 할증하고 비를 정하려는 것으로 실용적인 것은 아니다.

여기서 사장교와 같이 각 구조계마다 독립적인 구조특성을 가질 경우에, 어떻게 설계진도를 정하는가가 문제된다. 사장교와 같이 진동특성이 크게 다른 구조요소로 구성된 구조물에 수정진도법을 적용할 때에는 전체의 구조특성을 잘 검토한 후에 진도를 정하는 것이 중요하다. 또한 수정진도값과 관련해 이것을 어떻게 각 부분에 작용시키는가(해당 모드형에 따라 작용시키는지, 또는 동일하게 작용시키는지)를 검토하여야 한다.

그리고 수정진도법으로 설계한 단면을 동적해석으로 조사하면, 두 방법에 큰 차이가 나는 경우가 있다. 이 원인은 앞에서 기술한 것과 같은 수정진도법에 의한 설계진도의 설정과 그 작용시키는 방법에 대한 문제 외에 대체로 두 방법의 입력지진동 자체가 옳지 않다는 점이다. 이 문제를 설명하기 전에 동적해석의 입력과 수정진도법의 진도는 도대체 어떠한 관계로 되어 있는가? 이것은 진도가 무엇인가 하는 것 자체에 여러 가지 해석이 있는 것으로 매우 어려운 문제이지만, 여기에는 진도의 정의[1]의 기본으로, 동적해석의 입력과 수정진도법의 입력(진도)의 다른 점을 생각해보자.

먼저 사야(佐野)는 수정진도를 "구조물에 생기는 최대 응답가속도를 중력가속도 g로 나눈 것"으로 정의하였다. [그림 12.3.1]에 나타낸 것과 같은 구조물을 고유주기 T(sec), 감쇠정수 h인 선형 1-자유도계로 모형화한다고 하면, 그 기초 부분에 어떤 입력지진동이 작용할 경우에 구조물에 생기는 최대 가속도는 가속도 응답스펙트럼 S_A(Gal)에 의해 주어진다. 이렇게 하면, 진동의 정의에 따라 수정진도 $k(T, h)$는 다음 식과 같이 된다.

$$k(T, h) = \frac{S_A(T, h)}{g} \qquad (12.3.1)$$

여기서 주의할 사항은 응답스펙트럼 $S_A(T, h)$는 임의의 고유주기 T 및 감쇠정수 h에 대해 주어지지만, 식 (12.3.1)에 있어서는 대상 구조물이 실제 갖는 고유주기 T^* 및 감쇠정수 h^*를 사용하여야한다. 또한 식 (12.3.1)에 있어서 가속도 응답스펙트럼에서 구조물의 최대 응답을 구하기 위해서는 자극계수, 진동모드, 진동모드에 따른 지진력을 설계에 설정하는 지진력의 분포형으로 변형하기 위한 계수, 이 3가지를 고려하여야 되지만, 여기에는 간단히 하기위해 이것들을 생략하기로 한다.

한편 교량의 고유주기 T와 감쇠정수 h 사이에는 대개 역비례하는 관계에 있고, 여러 도로교의 강제진동실험결과에 의하면 다음과 같은 관계가 있다고 한다.[2]

$$h = \frac{0.02}{T} \qquad (12.3.2)$$

이것에 의하면 고유주기 0.1sec 및 1sec인 교량은 각각 0.2, 0.02인 감쇠정수를 갖는 것으로 되며, 현재 일반적으로 생각하고 있는 감쇠정수의 레벨에 큰 모순은 없다. 다만 위의 관계는 미소진동시의 교각의 강제진동시험에서 구해진 것이며, 대진폭 시에는 어떻게 될지 교각이외의 진동계(예를 들면, 상부구조, 케이블 등)에 대해서도 그대로 사용해도 좋은지 등에 관해서는 나중에 검토여지를 남겨놓고 있다.

또한 감쇠정수 h가 변화하면 응답스펙트럼 값도 변화하지만, 이 관계는 감쇠정수 0.05일 때의 값 $S_A(T, 0.05)$를 기준으로 하면 다음 식으로 주어진다.[3]

$$\xi \cdot S_A(h) = \frac{S_A(T, h)}{S_A(T, 0.05)} = \frac{1.5}{40h + 1} + 0.5 \qquad (12.3.3)$$

그러므로 식 (12.3.2), (12.3.3)을 식 (12.3.1)에 대입하면, 수정진도는 다음과 같이 된다.

$$k(T) = k(T, h) = S_A(T, 0.05) \times \xi \cdot S_A\left(\frac{0.02}{T}\right) \times \frac{1}{g} \qquad (12.3.4)$$

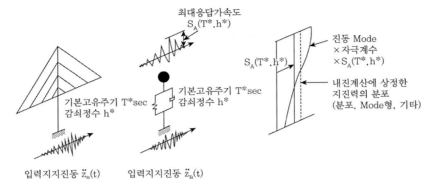

(a) 구물의 단순화　　(b) 1자유도계 모델　(c) 모드형과 내진계산에 적용하는 지진력의 분포

[그림 12.3.1] 수정진도법에 의한 사장교의 모형화

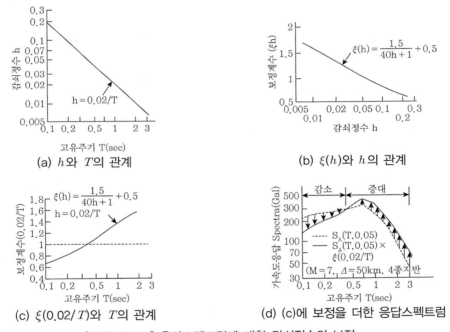

(a) h와 T의 관계　　　　　　　　　(b) $\xi(h)$와 h의 관계

(c) $\xi(0.02/T)$와 T의 관계　　　(d) (c)에 보정을 더한 응답스펙트럼

[그림 12.3.2] 응답스펙트럼에 대한 감쇠정수의 보정

[그림 12.3.2]는 위의 관계를 나타낸 것이다. 일반적으로 동적해석에는 입력지진동파형의 특성을 어떤 특정감쇠정수의 응답스펙트럼으로 나타낸 것으로 식 (12.3.4)의 우변 제1항이 동적해석의 입력 (다만 감쇠정수는 0.05)을 나타내고 있는 것으로 보고 해석하면 충분하다. 그렇게 하면, 우변의 제2 항은 [그림 12.3.2(c)]와 같이 되며, 설계진도는 (감쇠정수 0.05인 가속도 응답스펙트럼)/g을 기준으

로 해, 단주기 영역에서는 이것보다도 아래로 충분하고, 반대로 장주기 영역에는 이것보다도 약간 크게 된다는 것을 나타내고 있다. 이것이 단주기 영역에 대한 진도의 '절단'의 근처이다. 여기서 중요한 점은 [그림 12.3.3]에 나타낸 것과 같이 동적해석의 입력은 단지 지진진동의 파형, 또는 이것에 의해 특정 감쇠정수에 대해 계산한 응답스펙트럼이지만, 수정진도법의 입력(진도)에는 고유주기마다 해당 구조물이 갖는 감쇠특성을 채용하고 있다는 점이다.

따라서 수정진도법에 사용되는 '절단'을 더한 진도와 동적해석에 어떠한 감쇠정수를 사용하는가? 하는 점은 안팎 일체의 문제이며, 두 방법의 정합성이 정해지지 않으면 수정진도법에 의한 결과와 동적해석결과에 크게 차이가 생기는 것에 주의하여야 한다.

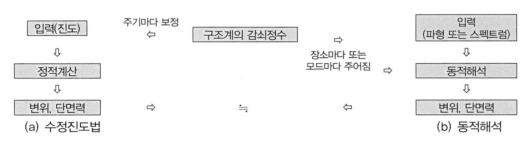

[그림 12.3.3] 수정진도법의 입력(진도)과 동적해석의 입력의 차이점

참고문헌

1) 佐野 (大正 5年). 家屋耐震構造論, 震災豫防調査會.

2) 栗林, 岩崎 (1970). 橋梁の振動減衰に關する實測結果, 土木研究所所報, 第139号.

3) 川島, 相澤 (1984). 減衰定數に對する地震應答Spectraの補正法, 土木學會論文集, Vol. 344/I-1.

4) 川島一彦 (1985.8). 斜張橋の耐震設計, 橋梁と基礎.

12.4 동적해석의 입력지진동[4]

12.4.1 가속도 응답스펙트럼을 기본으로 입력지진동의 설정

동적해석법이 발달한 오늘날에는 입력지진동에 어느 것을 선택하는가에 사실상 해석결과가 결정된다. 입력지진동에는 과거의 대표적인 강진기록을 적당히 진폭을 조정하여 사용하는 경우가 많지만, 여러 강진기록 중에 어떤 진동수 특성의 파형을 선택하고, 강도는 어느 정도로 하면 좋은지 등 입력지진동 선정하는 데 일정한 순서화된 방법이 알려져 있지 않다.

입력지진동의 선정에 대해 현재 많이 사용되는 방법은 입력강도는 설계진도들의 관계에서 결정하고(예를 들어, 하부구조위치에서 150Gal 등), 다음에 적당한 파형을 2~3개 종류를 선택하는 것이다. 그런데 예로서 [그림 12.4.1(a)]에 나타낸 것과 같이 과거의 대표적인 강진기록으로 Elcentro 파형(이하 파형 Ⓐ)을, 또한 해당 건설지점에서 얻어진 기록으로는 파형 Ⓑ를, 각각 선택하여 동시에 최대가속도를 150Gal로 정규화하여 동적해석에 입력하는 것으로 하였다.

건설지점에서 강진관측은 일반적으로 기간이 짧으므로 대규모 기록이 근거리에서 생기는 경우의 기록을 얻기는 드문 일이다. 이 때문에 기왕의 관측기록 중에 비교적 규모가 큰 지진에 의한 기록을 선택한다고 하면, 필연적으로 진앙거리 Δ는 크게 되는 경우가 많다.

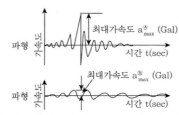

(a) 2종류의 입력파형 $A(M$ 소, Δ 소) 및 $B(M$ 대, Δ 대)

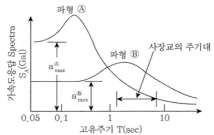

(b) 파형 Ⓐ 및 Ⓑ의 가속도 응답스펙트럼(기록 시)

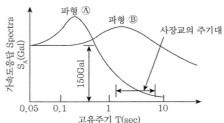

(c) 150Gal에 정규화시킨 경우의 파형 Ⓐ, Ⓑ의 가속도 응답스펙트럼

[그림 12.4.1] 입력파형 Ⓐ 및 Ⓑ에 의한 동적해석

[그림 12.4.2]는 진도(Magnitude M) 및 진앙거리 Δ가 변화하면, 지진진동의 특성이 어떤 모양으로 변화하는지를 가속도파형의 형상(진폭의 포락선) 및 가속도 응답스펙트럼을 나타낸 것이다. 이것에 따라 다음 사항들이 지적된다.

1. 진도 M이 커지면 강도는 커지며(특히 주기가 1sec 정도 이상의 장주기에 있어서 크게 될 비율이 높다), 지속시간도 길어진다.
2. 진앙거리 Δ가 작아지면, 강도는 크게 되지만 지속시간은 짧아진다.

Elcentro의 파형은 1940년의 Imperial Valley지진(진도 $M=6.3$)에 대해 진앙거리 $\Delta \fallingdotseq 6$km의 지점에서 얻어진 기록이며, 기록 시의 최대 가속도는 313Gal로 크지만, 위의 분류에서 M은 작고, Δ도 작은 전형적인 파형이다. 또한 앞에 기술한 이유에 의해 해당 건설지점의 기록은 일반적으로 M은 크고, Δ도 큰 기록으로 될 경우가 많다.

그런데 [그림 12.4.1(b)]는 두 파형을 가속도 응답스펙트럼 S_A에서 비교한 것이다. 여기서 매우 짧은 주기(일반적으로 0.05sec 이하)에서 가속도 응답스펙트럼 값은 입력지진동의 최대 가속도 $a_{\max}$에 일치하는 데 주의하여야 한다. 이것은 강한 구조물에 생기는 최대 가속도$[S_A(T$ 작음$)]$는 지반의 최대 가속도$(a_{\max})$와 동일한 것으로 진도법에는 지반의 진도를 그대로 구조물에 사용되고 있는 것으로 쉽게 이해할 수 있다.

다음에 파형 ⓐ, ⓑ를 최대 가속도가 150Gal이 되도록 정규화하면 응답스펙트럼은 [그림 12.4.1(c)]와 같이 된다. 일반적으로 사장교의 동적해석에는 Elcentro파와 같이 M은 작고, Δ도 작은 기록을 최대 가속도 150Gal 정도로 입력하여도 단면력이 대개 생기지 않는 것에 대해, M은 크고, Δ도 큰 타입의 기록을 최대 가속도 150Gal 정도에서 입력하면 수정진도법의 수배의 단면력이 생기는 경우도 많다. 그 이유는 [그림 12.4.1(c)]에서 명확하다. 동적해석에 대한 결과에서 '동적해석 결과는 입력지진동에 따라 다르다', '구조물의 고유주기 근처에서 탁월한 주기특성을 갖는 파형을 입력할 경우에 구조물의 단면력은 크게 된다'라는 결론을 얻어도 내진설계상 아무런 의미도 없다. 따라서 이렇게 되어버린 원인은 다음과 같은 2가지 때문이라고 생각된다.

1. 지진동의 특성에는 크게 강도, 주기특성, 지속시간이 있지만, 이 중 강도는 최대 가속도 $a_{\max}$에 의해서, 또한 주기특성 및 지속시간은 가속도 응답스펙트럼 배율 $\beta(T,\ h)[\equiv S_A(T,h)/a_{\max}]$에 의해서 각각 주어질 수 있다. [그림 12.4.2]에 나타낸 것과 같이 지진동의 특성 $S_A(T,\ h)$는

진도 M, 진앙거리 Δ (+, 지반조건이지만, 이것은 건설지점의 지반조건에 맞으면 좋다)에 의해 크게 달라지지만, 위에서 설명한 입력지진동의 설정법에는 우선 최대 가속도 a_{max}를 150Gal로 고정한(이것은 a_{max} =150Gal이 되도록 진도 M과 진앙거리 Δ을 조합하여 설정한 것임) 후에 이것과는 독립적인 파형의 형상, $\beta(T, h)$를 선택하여 이것을 최대 가속도가 150Gal이 되도록 정규화 하였다. 그러므로 이 경우에는 a_{max}를 선정할 때에 M, Δ의 조합과, $\beta(T, h)$를 선정할 때의 M, Δ의 조합이 일치하지 않으므로 이렇게 구한 파형 $S_A(T, h) = a_{max} \times \beta(T, h)$이 설계에는 전혀 문제없는 모양의 작은 값이나, 또는 현실에는 존재한지 않는 모양의 큰 값이 될 가능성이 있다.

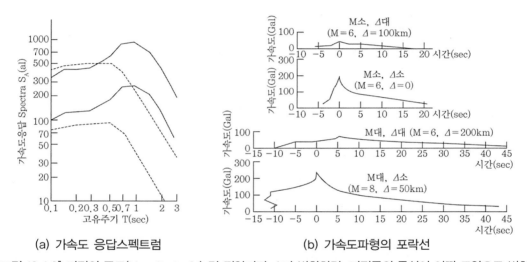

(a) 가속도 응답스펙트럼   (b) 가속도파형의 포락선

[그림 12.4.2] 지진의 규모(Magnitude M) 및 진앙거리 Δ가 변화하면, 지진동의 특성이 어떤 모양으로 변화하는지를 가속도파형의 형상(진폭의 포락선) 및 가속도 응답스펙트럼

2. 최대 가속도를 150Gal로 상정하였지만 지진의 규모가 큰 진도에 의한 기록을 150Gal로 정규화할 것과 지진의 규모가 작은 진도에 의한 기록을 150Gal로 정규화라는 것은 구조물의 응답 $S_A(T, h)$을 구하여 같다고 할 것인지, 예를 들어 일본 건설성 토목연구소의 추정식에 의하면, 제1종 지반상에는 최대 가속도 a_{max}는 M, Δ의 함수로 다음 식으로 주어진다.

$$a_{max} = 987.4 \times 10^{.216M} \times (\Delta + 30)^{-1.219} \tag{12.4.1}$$

이것에 의해 $a_{\max}$ =150Gal로 되는 M, Δ의 조합하여 구하면, M=5인 경우에는 $\Delta \fallingdotseq$5km, M = 6인 경우에는 $\Delta \fallingdotseq$20km, M=7인 경우에는 $\Delta \fallingdotseq$50km, M=8인 경우에는 $\Delta \fallingdotseq$100km가 된다. 내진설계에는 어떤 모양의 M, Δ의 조합을 고려할 것인가에 대해서는 나중에 기술하겠지만, 공공토목시설에는 일반적으로 M=6.5 이하의 지진에서 피해를 받는 경우는 극히 드물어, 적어도 M=5, $\Delta \fallingdotseq$5km이나 M=6, $\Delta \fallingdotseq$20km으로 한 조합에 상당하는 지진동은 내진설계상 고려할 필요가 없다. 따라서 일반적으로 최대 가속도가 150Gal라는 것은 암시 중에 '진도 M가 적지 않은 큰 지진에 의한 지진진동에 대해'라는 것을 전제로 하고 있고, 이와 같은 점을 고려하지 않고 파형을 선정하면 입력지진동 자체가 무의미하다.

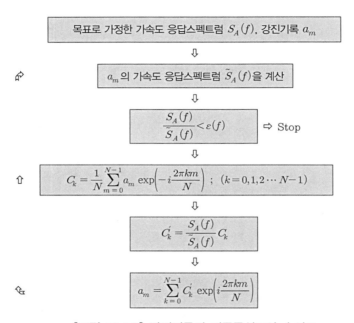

[그림 12.4.3] 강진기록의 진폭특성조사 순서도

그러면 어떤 모양으로 입력지진동을 선정하면 위에 기술한 점들을 깨끗이 정리될 수 있을 것인가? 이것에는 여러 가지 방법이 제안되어 있지만, 제일 간단하고 현실적 방법은 강도 $a_{\max}$인 주기특성과 계속시간특성 $\beta(T, h)$인 2가지를 독립적으로 평가하지 않고, 처음부터 가속도 응답스펙트럼 S_A (T, h)로 입력지진동을 구하는 것으로 한다. 예를 들어, 토목연구소에서는 $S_A(T, h)$를 진도 M, 진앙거리 Δ, 지반조건 GC의 함수로 하여 다음 식으로 주어져 있다.[1]

$$S_A(T, h) = \left[\frac{1.5}{40h + 1} + 0.5\right] \times [a(T, GC) \times 10^{b(T, GC)} \times (\Delta + 30)^{-1.178}] \qquad (12.4.2)$$

여기서 계수 $a(T, GC)$, $b(T, GC)$는 고유주기 T 및 지반종류별로 주어지는 계수이다. 이것에 의하면 a_{max}와 $\beta(T, h)$가 둘 다 동일한 M, Δ의 조합에 의해 구해졌기 때문에 위에 기술한 모순은 생기지 않는다.

따라서 가속도 응답스펙트럼을 기본으로 하여 적당한 M, Δ의 조합, 또는 재현기간에 대한 값을 구하여 이것을 적당히 평활화시킨 것을 입력지진동스펙트럼으로 하면 충분하다. 또한 시각이력응답 해석을 수행할 경우에 가속도파형을 필요로 할 경우에는 해당 파형의 응답스펙트럼을 입력스펙트럼에 맞게 진폭을 진동수 영역에서 조정하는 방법([그림 12.4.3])을 사용할 수 있다.[2] 다만 이 방법에는 임의의 파형을 임의의 스펙트럼을 갖도록 진폭조정이 가능하지만, 어떤 모양의 파형을 진폭조정을 해도 좋다는 것이 아니라 일정한 파형선정기준이 있다는 것에 주의하여야 한다.

12.4.2 장주기의 지진동

사장교와 같이 장주기 구조물의 내진설계에는 장주기 지진진동의 특성이 중요하다. 장주기 지진진동에 대한 배려의 중요성을 알린 실례로는 1983년 5월에 발생한 일본해 중부지진이다. 이 지진은 아기다(秋田), 아오모리현(青森兩縣)을 중심으로 거대한 피해를 주었지만, 진원 지역에서 300km 떨어진 나가다시(新潟市, 신석시)의 부유지붕식 탱크에서 석유가 넘쳐흐른 약간 특이한 피해가 발생하였다. 니가다시에는 강진계가 기동되지 않을 정도로 최대 가속도는 작고(10Gal로 추정됨), 진도 III이며, 이외의 피해는 발생하지 않았다.

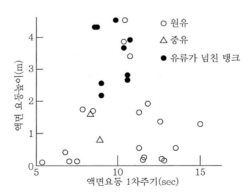

[그림 12.4.4] 액면요동 고유주기와 최대 요동높이의 관계(실험조사)

석유가 넘친 원인은 액면요동으로 실험조사에 의하면 액면요동의 1차 고유주기와 지진 시의 액면요동 높이의 관계는 [그림 12.4.4]와 같다.[3] 이것에 의하면 물이 넘치는 탱크는 고유주기 9~11sec 사이에 집중해 있고, 이 주기의 지진진동이 탁월하여 공진이 일어나 물이 넘친 것으로 생각된다. 그러면 주기 9~11sec인 지진진동은 어떤 모양일까. 말할 나위도 없이 주기는 정현 파형으로 진동하는 물체가 1회 진동하는 데 필요한 시간이다. 그러므로 주기 9~11sec인 지진진동은 1회 진동할 때까지의 시간이 10sec 정도 걸린다는 것이며, 이것은 진동으로 보는 것보다 실제 정적운동에 가깝다.

　[그림 12.4.5]은 지진진동의 변위와 가속도의 파형을 모의로 나타낸 것이다. 앞의 그림은 변위의 파형을 나타낸 것으로 최초에 P파(종파)가 도달하고, 그 다음에 이것보다 약간 진폭이 큰 S파(횡파)가 도달한다. 다시 그 뒤에 S파보다 진폭이 크고 주기도 긴 표면파가 계속된다는 것이다. 이것에 대해 아래의 그림은 가속도의 파형으로 일반적인 SMAC형 강진계 등에 의해 얻어진 것이다. 최초에 P파(종파)가 도달하고(일반적으로 SMAC형 강진계는 진동을 감지하고부터 작동하기 시작하므로 P파의 초기부분부터 기록을 얻을 수는 없다), 그다음에 이것보다 아주 진폭이 큰 S파(횡파)가 계속한다. 다만 이와 같은 파는 진폭이 작기 때문에 SMAC형 강진계로는 충분히 기록은 못하지만, 또는 기록되더라도 수치화하기 어려우므로 적당한 길이로 중지하는 경우가 많다. 그러므로 가속도 강진기록에는 기록·수치화 가능한 지속시간은 일반적으로 길어도 1~2min으로 되어있는데 대해, 변위기록에는 수 분간의 오타도 흔하다.

　사장교(상부 구조계)는 일반적으로 고유주기가 길기 때문에 [그림 12.4.5]에 나타낸 S파만 아니라 표면파와 같은 장주기 지진진동도 고려하는 것이 중요하다. 여기서 상부 구조계에는 감쇠정수가 작기 때문에 공진곡선은 공진진동수 부근에서 샤프하게 위로 서는 특성을 가지고 있다. 이 때문에 입력지진진동의 탁월주기가 구조계의 고유주기와 조금이라도 떨어져 있으면 응답은 그 정도 크게 되지는 않지만 우연히 양자가 일치할 경우에는 급격히 크게 되는 것에 주의하여야 한다.

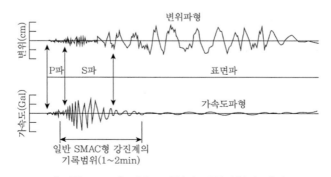

[그림 12.4.5] 가속도파형과 변위파형의 차이

참고문헌

1) 川島, 相澤 (1984). 强震記錄の重回歸分析にづく加速度應答Spectraの距離減衰式, 土木學會論文
   集, Vol. 350/I-2.
2) 荒川, 川島, 相澤 (1984). 應答Spectra特性を調整した時刻歷地震應答解析用入力振動波形, 土木技
   術資料, Vol. 26-7.
3) 工藤, 坂上 (1983). 日本海中部地震による新潟での石油溢流について(2), 地震學會講演像稿集.
4) 川島一彦 (1985.8). 斜張橋の耐震設計, 橋梁と基礎.

12.5 대규모 기초구조물의 내진성[2]

앞에 기술한 것과 같이 사장교의 건설지점은 일반적으로 연질지반인 경우가 많으므로 기초구조물의 내진설계에는 지반들에 관련된 것들을 잘 검토하는 것이 중요하다. 지반과 구조물과의 동적 상호작용은 고전적이면서도 새로운 검토항목의 하나이지만, 현재 상태에는 또 어떤 모양으로 짝을 맞추면 좋은지에 실마리가 충분치 않다고 생각된다. 다음에 예를 들어 설명하였다.

하부구조의 내진설계에는 일반적으로 지중 부분에 진도를 작용시키지 않는다. 이것은 '도시' 내진설계 편에 있어서, 내진설계상 지반면 아래의 지진력은 효과가 없다는 규정이다. 그러나 연약지반 중에 설치한 대형 기초구조물에 대해서도 똑같이 생각해도 좋은지, 일본의 고우겐(江見)[1]은 동신호수로교(東神戶水路橋)의 대형 케이슨기초의 지중진도를 검토하는 데 [그림 12.5.1(a)]와 같은 순서로 케이슨기초~주변지반 일체의 동적해석결과와 지중진도를 고려한 '도시' 하부공 모델을 비교하였다. 주시할 점은 케이슨 전면에 생기는 지반응력도에서 동적해석결과로 얻어진 지반응력도와 같은 값의 지중진도를 구하려는 것이다. 말할 나위도 없이 '도시' 하부공 모델의 고려 방법은 정지한 지반 중에 설치한 케이슨에 상부공으로부터 반력이 작용하여 케이슨기초 전면지반에 응력이 생긴다는 것이다.

이것에 대해 실제 지진 시 상태는 동적해석에서 설정하고 있는 상태에 가깝고, 지진 시에는 지반과 케이슨이 동시에 진동하지만, 둘 다 진동에 차이가 있으므로 케이슨 전면의 지반에 응력이 생긴다는 것이다. 따라서 계산가정은 다르더라도 결과로는 둘 다 지반응력도가 같이 되도록 지중진도를 고려해 두면, 그것이 동적상호작용의 효과를 나타내는 것은 아니라는 방법이며 매우 흥미 있는 검토방법이라 생각된다. 이 경우에는 지중진도를 0.2로 하면 [그림 12.5.1(b)]와 같이 되며, 이 값을 환산진도로 하는 것으로 검토하였다.

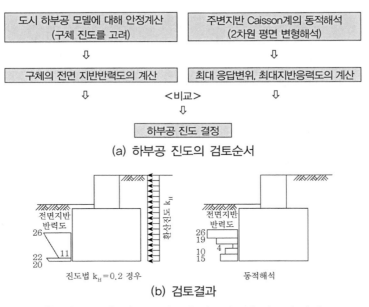

(a) 하부공 진도의 검토순서

진도법 $k_H = 0.2$ 경우

동적해석

(b) 검토결과

[그림 12.5.1] 대규모 기초의 지중진도의 검토의 실례

그리고 하부구조의 모델화에 항상 문제되는 것이 지반과 구조물을 결합시키는 스프링 정수 값이다. 일반적으로 하부구조물에 대한 강제진동실험을 하면 이것에 의해 얻어지는 스프링 정수는 '도시' 하부구조편에 의해 얻어지는 스프링 정수보다 크게 구해지는 경우가 많다. 이 원인은 지반의 변형계수의 평가방법이 다르고, 설정하고 있는 지반변형도의 크기가 다른 등 여러 가지 방법이 있지만, 여기서 주의하여야할 점은 동적해석과 정적진도법에서는 스프링 정수가 갖는 의미가 다르다는 것이다. 즉 동적해석에는 가령 참값보다 스프링 정수를 작게 평가했다면 구조물의 고유주기를 실제 값보다 크게 평가하게 된다. 일반적으로 주기가 길수록 지진력은 감소하므로 이 경우에는 지진력을 과소평가하기 쉽다. 이것에 대해 진도법의 계산에는 가령 참값보다 스프링 정수를 작게 평가했다면 구조물의 변위, 단면력이 크게 평가하는 것으로 되며 일반적으로 안전측 결과가 될 경우가 많다. 그러므로 목적에 따라 적절한 스프링 정수의 설정법을 선택하는 것이 중요하다.

참고문헌

1) 江見 (1984). 斜張橋の耐震設計, 土木學會耐震工學委員會.

2) 川島一彦 (1985.8). 斜張橋の耐震設計, 橋梁と基礎.

12.6 동적해석모형

사장교의 동적해석은 지반과 하부구조와의 연성진동을 제외하면 상부구조계의 진동은 기본적으로 미소변형, 미소변위의 선형진동론으로 취급된다. 또한 일반적으로 상부구조계는 보 또는 봉으로 모형화하여도 충분한 경우가 많고, 사장교 전체를 3차원 이산형 선형뼈대구조계로 치환하고, 시각이력 응답해석 또는 응답스펙트럼해석하는 경우가 많다. 다만 하부구조계의 감쇠정수는 상부구조계와 크게 다르므로, 이것을 모드에 대해 부여하는 것이 아니라 정확한 장소에 부여하는 경우에는 복소감쇠로 취급하여야 한다. 또한 응답스펙트럼해석에서는 각 구조계간(지반을 포함)의 고유주기가 근접할 경우에는 아주 과대한 응답을 부여하는 경우가 있으므로 주의해야 한다.

사장교의 상부구조계의 지진응답에서 비선형성을 고려하는 요인은 다음과 같다.

1. 케이블 쌔그(sag)의 변화에 따르는 장력의 변화
2. 주탑 및 주형에 작용하는 '축력과 휨모멘트의 $P-\Delta$ 효과'에 의한 강성변화
3. 기하학적 비선형성

이들의 비선형성을 고려하면 어느 정도 변화하는지에 대한 연구·검토한 결과를 여기서 소개하였다.

12.6.1 동적거동해석

Fleming[1], [2]은 [그림 12.6.1]에 나타낸 것과 같은 3경간연속 사장교의 상하응답에 미치는 위의 3가지 영향을 해석적으로 검토하였다. 입력지진동은 [그림 12.6.2]에 나타낸 Elcentro의 연직 및 종방향 성분이다. 그리고 [그림 12.6.3]에 나타낸 횡방향 풍하중도 고려하였다. 마지막으로 80miles/hr 로 이동하는 72kip·force인 단일 차량하중도 고려하였다. 해석에서는 먼저 정적해석을 하고 정적하중에 대한 평형상태인 상태에서 동적해석을 수행하였다. 비선형성은 정적해석과 동적해석에 대해 고려하고 있지만 비선형성의 영향을 검토하기 위해 다음과 같은 3가지 경우에 대해 검토하였다.

1. 정적해석과 동적해석을 동시에 선형해석을 한 경우(LL)
2. 비선형정적해석 후에 선형동적해석을 한 경우(NL)
3. 정적해석과 동적해석을 동시에 비선형해석을 한 경우(NN)

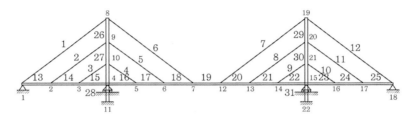

[그림 12.6.1] 동적해석모형

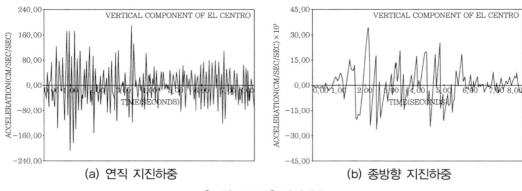

(a) 연직 지진하중

(b) 종방향 지진하중

[그림 12.6.2] 지진하중

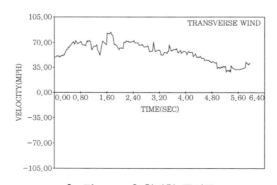

[그림 12.6.3] 횡방향 풍하중

[그림 12.6.4]는 연직 지진하중에 대한 주형의 중앙점의 상하방향의 변위를 나타낸 것이며, [그림 12.6.5]는 연직 지진하중에 대한 부재 15에서 휨모멘트의 변화를 나타낸 것이다.

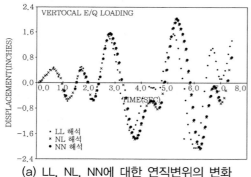

(a) LL, NL, NN에 대한 연직변위의 변화

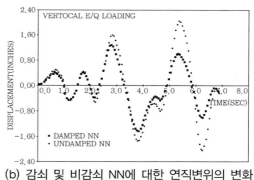

(b) 감쇠 및 비감쇠 NN에 대한 연직변위의 변화

[그림 12.6.4] 절점 7에 대한 연직변위의 변화

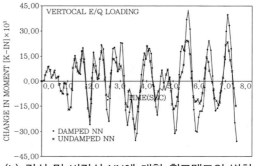

(a) LL, NL, NN에 대한 휨모멘트의 변화

(b) 감쇠 및 비감쇠 NN에 대한 휨모멘트의 변화

[그림 12.6.5] 부재 15에서 휨모멘트의 변화

[그림 12.6.6]은 연직 지진하중에 대한 케이블 1의 장력의 변화를 나타낸 것이다.

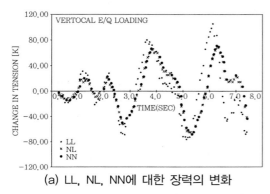

(a) LL, NL, NN에 대한 장력의 변화

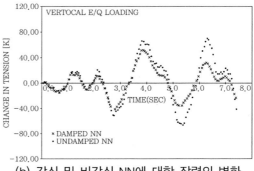

(b) 감쇠 및 비감쇠 NN에 대한 장력의 변화

[그림 12.6.6] 케이블 1의 장력의 변화

[그림 12.6.7]은 종방향 지진하중에 대한 절점 8의 수평변위의 변화를 나타낸 것이다. [그림 12.6.8]은 종방향 지진하중에 대한 부재 15의 휨모멘트의 변화를 나타낸 것이다.

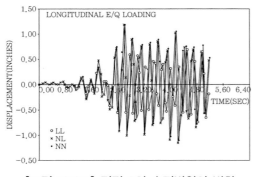

[그림 12.6.7] 절점 8의 수평변위의 변화

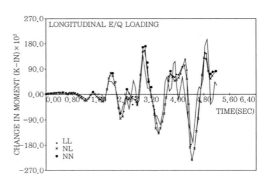

[그림 12.6.8] 부재 15의 휨모멘트의 변화

[그림 12.6.9]는 종방향 지진하중에 대한 케이블 1의 장력의 변화를 나타낸 것이다. [그림 12.6.10]은 횡방향 풍하중에 대한 절점 7의 연직변위의 변화를 나타낸 것이다.

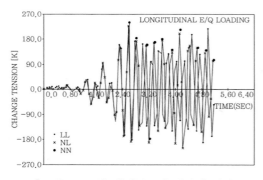

[그림 12.6.9] 케이블 1의 장력의 변화

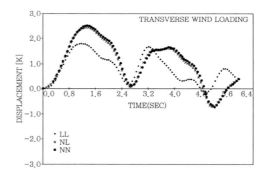

[그림 12.6.10] 절점 7의 연직변위의 변화

[그림 12.6.11]은 횡방향 풍하중에 대한 케이블 1의 장력의 변화를 나타낸 것이다. [그림 12.6.12]는 이동집중하중에 대한 절점 7의 연직변위의 변화를 나타낸 것이다.

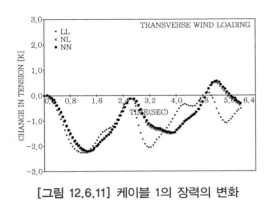

[그림 12.6.11] 케이블 1의 장력의 변화

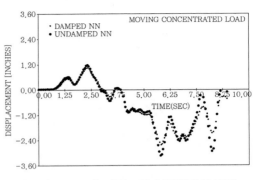

[그림 12.6.12] 절점 7의 연직변위의 변화

[그림 12.6.13]은 이동집중하중에 대한 케이블 1의 장력의 변화를 나타낸 것이다.

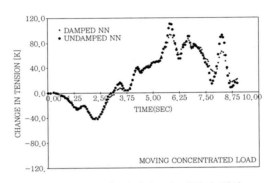

[그림 12.6.13] 케이블 1의 장력의 변화

이들 결과를 볼 때, LL은 NL 및 NN과 크게 다르지만, NL과 NN은 대체적으로 차이가 없었다. 그러므로 정적하중에 의한 평형을 구하기 위해서는 비선형성을 고려하는 것이 필요하지만, 이 정적하중 상태의 강성을 사용하면 동적해석에서 비선형성의 영향은 크지 않다는 것을 알 수 있다.

12.6.2 동적해석과 진동실험의 비교

주탑-링크(Tower-Link)도 사장교에 비선형거동을 일으키는 원인의 하나지만, 요코하마 베이 횡단교에 대해 진동실험으로 주탑-링크의 효과를 확인하였다.[3] 실험은 6가지의 단부조건으로 하였지만, 이 중 기본 경우에 대한 1차 및 2차 진동모드를 계산과 비교한 결과가 [그림 12.6.14]이다. 또한 [그림 12.6.15]는 주형 및 주탑 기초 부분의 휨모멘트를 계산결과와 비교한 것이다. 이것에 의하면 계산 값은 실험값과 잘 일치하고, 입력조건 및 감쇠특성이 주어진다면 선형해석에 의해서도 어느 정도 사장교 상부구조의 응답을 추정할 수 있다는 것을 나타내고 있다.

[그림 12.6.14] 진동실험의 고유진동모드 및 고유진동수와 계산치의 비교

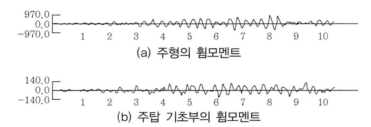

[그림 12.6.15] 진동대 실험으로 얻은 주형 및 주탑 기초부의 휨모멘트와 계산치의 비교

참고문헌

1) Fleming J.F. (1983). *Response of a Cable Stayed Bridge to Static and Dynamic Loads*, 16th UJNR.

2) Fleming J.F. & Egeseli E.A. (1980). *Dynamic Behaviour of a Cable Stayed Bridge*, Earthquake Engineering and Structural Dynamics, Vol.8, 1-16.

3) (財)首都高速道路協會 (1982). 橫濱港橫斷橋上部構造の設計施工に關する調査研究(その3) 報告書.

4) 川島一彦 (1985.8). 斜張橋の耐震設計, 橋梁と基礎.

12.7 사장교 내진설계 시 기타 고려사항[10]

위에서 기술한 것들 이외의 사장교 내진설계 시 기타 고려할 사항을 나타내면 다음과 같다.

12.7.1 대규모 지진에 대한 내진성

현재 사용하고 있는 내진설계에 규정하고 있는 지진력은 건설지점에 발생한 강진의 지진동을 규정한 것은 아니다. 외력으로 최대는 아니지만 안전성 조사단계에서 안전율을 두고 있으므로 이것에 의해 대지진에 대해 큰 피해를 받지 않도록 하고 있다. 그러나 하부구조, 받침구조, 낙교방지장치 등, 직접 지진 시에 힘이 작용하는 각 위치에는 대지진 시 큰 힘이 작용할 가능성을 염두에 두는 것이 중요하다.

12.7.2 2방향 지진력의 고려

전통적으로 2방향의 수평지진력을 독립적으로 구조물에 작용시켜 각각 내진성을 검토하고 있지만, 실제로 2방향의 수평지진력이 동시에 작용한다는 것(대규모 지진인 경우에는 지속시간이 길어지므로 2방향의 지진력이 동시에 대부분 최대치에 근접하는 값을 얻을 수 있는 기회가 높다). 하부구조 등에는 내진설계법, 하중의 조합 등에 의해 결과적으로 2방향 지진력을 목표로 하지 않더라도 여유가 있지만, 받침주변에 대해서는 이와 같은 영향을 충분히 검토해두는 것이 중요하다. 이것은 상하 반력에 지지, 이동제한장치, 낙교방지장치의 역할을 독립시켜 각각에 맞게 별도 구조로 두는 것도 유효하다고 생각된다.

12.7.3 상부구조계의 감쇠정수

상부구조계의 감쇠정수는 일반적으로 2% 정도로 가정하는 경우가 많다. 그러나 실제 교량(사장교)에 대한 기왕의 강제진동실험결과에 의하면 진동모드에 의해 1% 이하의 감쇠정수가 얻어지는 경우가 많다.[9] 일반적으로 진동진폭이 증가하면 감쇠정수는 크게 되지만 진동 시에는 적어도 미소진폭인 진동으로 시작하여 어느 정도의 진폭(내진설계상은 이것이 문제지만)에 달할 때까지는 진동실험 등에서 얻어진 감쇠정수에서 진동한다고 생각하는 편이 현실적이라 생각한다. 따라서 이와 같은 상태인 경우에 각 부분의 단면력 등에서 어느 곳이 내진상 제일 약한가를 충분히 검토하는 것이 중요하다.

12.7.4 사장교의 내진설계에 사용되는 감쇠정수의 추정[8)]

기존 사장교의 실제 교량진동실험결과에 의하면 고유진동특성(고유진동수 및 고유진동모드)은 해석결과와 잘 일치하지만, 감쇠정수는 일반적으로 내진설계에 사용되는 값에 비해 매우 작은 값을 얻는 경우가 많다. 사장교의 진동응답은 감쇠정수에 의해 민감하게 변화하므로 내진설계에는 감쇠정수를 바르게 구하는 것이 중요하다. 사장교의 감쇠정수를 구하기 위해서는 대부분 실제교량의 진동실험이 대체적으로 유일한 수단이며, 실험에 의해 감쇠정수를 실측하고, 실험과 고유진동수, 지간장 등과의 관계를 검토해왔다. 그렇지만, 감쇠정수에 미치는 요인은 교량마다 복잡하게 다르므로 감쇠정수는 통일적으로 평가할 수 있는 해석적 방법으로 구해지고 있다.

본 절은 이러한 관점에서 사장교 감쇠정수의 추정방법을 검토하고, 여러 연구자들이 선행한 실험결과와 비교하여 추정방법의 타당성을 나타내었다.

[1] 감쇠정수의 추정방법

감쇠정수는 구조계가 갖는 운동에너지의 감쇠정도를 규정하는 지표이다. 어느 하나의 구조계가 변형하였을 경우에 에너지흡수는 구조계 내부에서 소모되는 에너지흡수(이력감쇠)와 진동에너지가 해당 구조계에서 외부로 소멸되는 에너지흡수(면산감쇠)로 나눌 수 있다.

이력감쇠로는 구조부재의 재료비선형성에 의한 감쇠와 부재 간의 접촉에 의한 마찰감쇠 등이 있으며, 면산감쇠에는 진동에너지가 주변의 지반이나 공기로 사라지는 감쇠 등이 있다.

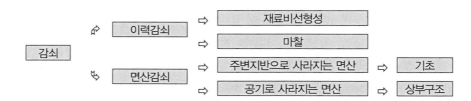

[그림 12.7.1] 내진설계에 관련된 사장교의 감쇠특성의 종류와 감쇠특성에 기여하는 부재

사장교의 내진설계에 중요한 영향을 미칠 정도의 감쇠성능을 발생시키는 요인을 들면 [그림 12.7.1]과 같이 공기와의 마찰에 의한 감쇠는 일반적으로 작기 때문에 무시하면, 주탑, 주형 등 부재의 재료비선형성에 의한 감쇠, 교량받침 등에서 마찰에 의한 감쇠,[4)] 주변지반의 면산감쇠인 3가지가 영향이 높은 요인으로 생각할 수 있다. 그러므로 여기서는 이들 3가지 요인에 의한 흡수에너지를 개별적으로 평가한 후, 이들을 모두 합하여 전체 흡수에너지를 구한다. 구체적인 방법은 다음과 같다.

1) 사장교를 에너지흡수 타입에 따라 구조, 재료 등의 특성으로 몇 개의 구조부분으로 나눈다. 예를 들어, 재료비선형성에 의한 감쇠가 탁월한 주형, 주탑, 케이블로 분할하고, 동시에 받침부에는 마찰에 의한 에너지흡수가 발생하므로 이것도 하나의 구조부분으로 간주한다. 이와 같이 분할한 구조부분을 '부분구조계'라고 한다.

2) i 번째의 부분구조계에 착안하여 j 번째 모드에 의한 흡수에너지가 이력감쇠와 같이 변형에너지에 의존하는 것에 대해서는 흡수에너지를 다음 식으로 평가한다.

$$\delta E_j^i = f_j^i(E_j^i) \tag{12.7.1}$$

여기서, E_j^i 는 j 번째 모드에 의한 부분구조계 i 의 변형에너지, δE_j^i 는 j 번째 모드에 의한 부분구조계 i 의 흡수에너지, f_j^i 는 E_j^i 와 δE_j^i 의 관계를 나타내는 함수이며, 구조나 재료, 진동모드에 따라 다르다. 이것을 '흡수에너지율 함수'라 한다. 흡수에너지율 함수 f_j^i 는 실험이나 과거의 데이터 등을 기본으로 하여 정하게 된다.

또한 부분구조계 i 를 n 자유도로 이산화하고, j 번째 모드에 대한 각 점의 진폭을 $\underline{u_j^{ik}} = \left\{ u_j^{i1},\ u_j^{i2},\ u_j\ \cdots\ u_j^{ik}\ \cdots\ u_j^{in} \right\}^T$ 로 하면, 변형에너지 E_j^i 는 다음 식으로 구한다.

$$E_j^i = \frac{1}{2}(\underline{u_j^{ik}})[k^i](\underline{u_j^{ik}}) \tag{12.7.2}$$

여기서, $[k^i]$ 는 부분구조계의 강성매트릭스이다.

3) 받침부와 접합부에 대한 마찰에 의한 에너지흡수나 지반면산감쇠에 의한 에너지흡수 등 변형에너지의 함수가 아니거나 혹은 변형에너지의 함수로 나타내기 어려운 흡수에너지에 대해서는 구조계 내에 있는 대표점의 변위 등과의 관계를 구해 다음 식으로 흡수에너지를 구한다.

$$\delta E_j^i = f_j^i(u_j^{ik}) \tag{12.7.3}$$

여기서, u_j^{ik}는 j번째 모드에 의한 부분구조계 i의 k점의 변위, δE_j^i는 j번째 모드에 의한 부분구조계 i의 흡수에너지, f_j^i는 u_j^{ik}와 δE_j^i의 관계를 나타내는 흡수에너지율 함수이며, 이것도 식 (12.7.1)과 같이 실험이나 과거의 데이터 등을 기본으로 하여 정하게 된다.

4) 앞의 2)와 3)에서 구한 흡수에너지를 합하여 다음과 같이 j번째 모드의 흡수에너지 $\delta \widetilde{E}_j$를 산출한다.

$$\delta \widetilde{E}_j = \sum_i \delta E_j^i \tag{12.7.4}$$

또한 식 (12.7.2)에서 구한 변형에너지 E_j^i을 합하고, 다음 식으로 j번째 모드의 변형에너지 $\widetilde{E}_j$를 산출한다.

$$\widetilde{E}_j = \sum_i E_j^i \tag{12.7.5}$$

5) j번째 모드에 대한 감쇠정수 h_j는 다음 식으로 구한다.

$$h_j = \frac{\delta \widetilde{E}_j}{4\pi \widetilde{E}_j} = \frac{\sum_i \delta E_j^i}{4\pi \sum_i E_j^i} \tag{12.7.6}$$

이러한 방식으로 임의의 j번째 진동모드에 대한 사장교의 감쇠정수를 추정할 수 있지만, 여기에서는 다음과 같은 점에 주의하여야 한다.

1. 식 (12.7.4) 및 (12.7.5)의 산출에 대해서는 사장교 중 어느 곳 한 점을 기준으로 선택하여 기준점의 변위가 일정하게 되도록 부분구조계의 흡수에너지 및 변형에너지를 구하여야 한다.
2. 식 (12.7.1) 및 (12.7.3)의 흡수에너지율 함수는 해석적으로 유도하는 것이 곤란하다. 그러므로 정확한 실험으로 부분구조계마다 정할 필요가 있다.

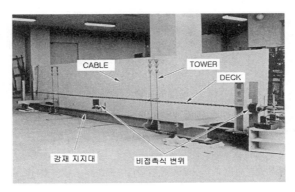

[사진 12.7.1] 실험모형

[2] 흡수에너지 함수의 추정방법

(1) 해석대상으로 한 모형사장교의 특성

흡수에너지 함수를 구하는 방법을 나타내는 데 있어서 구체적인 대상이 있다면 기술하기 쉬우므로 여기서는 [그림 12.7.2] 및 [사진 12.7.1]에 나타낸 사장교의 모형을 기본으로 하여 전개하였다.

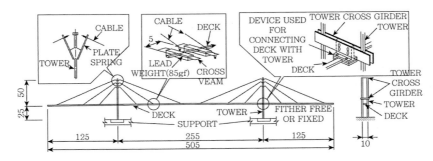

[그림 12.7.2] 실험모형의 개요(단위 cm)

[그림 12.7.2]는 명항서대교(Meiko-nishi Bridge)를 기본으로 하여 길이 상사비를 약 1/150, 밀도 상사비를 1/1, 시간 상사비 $1/\sqrt{150}$ 하여 스케일 다운한 것이며, [그림 12.7.3]에 나타낸 것과 같이 주형과 주탑의 결합조건, 케이블 정착형식, 케이블단의 수를 변화시켜 이것이 감쇠특성에 어떤 모양이 영향을 미치는지 검토하기 위해 사용한 모형이다. 실험방법 및 실험결과의 상세한 내용은 문헌 [6]을 참고하면 된다.

여기서는 앞에서 나타낸 부분구조로 주탑, 주형, 케이블 정착부를 고려하였다. 이들이 모형의 에너지손실에 큰 영향을 미친다고 생각되는 부분이다.

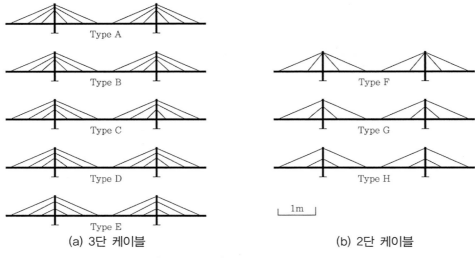

|(a) 3단 케이블|(b) 2단 케이블|

[그림 12.7.3] 케이블의 정착형식

(2) 주탑의 흡수에너지율 함수

[그림 12.7.4]는 주탑의 흡수에너지율 함수를 구하기 위하여 수행한 실험모형을 나타낸 것이다. [그림 12.7.2]에 나타낸 모형에서 주탑만의 모형으로 주탑의 상단에 질량을 고정한 상태에서 1차 진동모드로 자유진동시켜 진동진폭(가로보가 설치된 위치의 진폭, [그림 12.7.4])과 감쇠정수의 관계를 구하였다. 여기서 주탑상단에 질량을 부가한 것은 사장교와 같이 주탑에 작용하는 축력이 큰 구조계에서는 축력이 감쇠정수에 영향을 주기 때문이다.

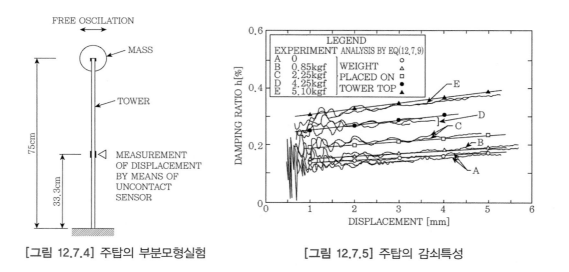

| [그림 12.7.4] 주탑의 부분모형실험 | [그림 12.7.5] 주탑의 감쇠특성 |

[그림 12.7.5]를 보면 주탑의 감쇠정수는 진동진폭이 작은 곳에서는 측정 정도의 관계로 약간 흩어져 있지만, 전체로서는 진동진폭에 비례하여 증가하고, 또한 동일한 진동진폭에서는 축력이 클수록 감쇠정수도 크게 된다는 것을 알 수 있다.

축력이 증가하면 감쇠정수가 증가하는 이유는 다음과 같이 설명할 수 있다. 먼저 축력이 작용하는 상태에서 j차 모드([그림 12.7.5]에는 $j=1$을 대상으로 하고 있다)에 의해 진동하고 있는 구조계의 전체에너지 $\widetilde{E_j}$는 식 (12.7.7)에 나타낸 것과 같이 구조계가 변화에 의해 변형에너지 $\widetilde{E_{sj}}$와 기하학적 강도에 의한 에너지 $\widetilde{E_{ej}}$의 합이 된다.

$$\widetilde{E_j} = \widetilde{E_{sj}} + \widetilde{E_{ej}} \tag{12.7.7}$$

진동에 의해 흡수된 에너지 $\delta\widetilde{E_j}$는 기하학적 강도에 의한 에너지 $\widetilde{E_{ej}}$에 관계없이 계의 변형에너지 $\widetilde{E_{sj}}$만에 의해 정하므로 흡수에너지율 함수는 다음과 같이 $\widetilde{E_{sj}}$의 함수가 된다.

$$\delta\widetilde{E_j} = f_i(\widetilde{E_{sj}}) \tag{12.7.8}$$

그러므로 주탑의 감쇠정수는 식 (12.7.6)에 식 (12.7.7)과 (12.7.8)을 대입함으로서 다음과 같이 구해진다.

$$h_j = \frac{\delta\widetilde{E_j}}{4\pi\widetilde{E_j}} = \frac{f(\widetilde{E_{sj}})}{4\pi(\widetilde{E_{sj}} + \widetilde{E_{ej}})} \tag{12.7.9}$$

기하학적 강도에 의한 에너지 $\widetilde{E_{ej}}$는 축력이 정(압축)이라면 부($-$)의 값이 되므로 식 (12.7.9)에서 동일한 변형을 하였다면 축력이 증가할수록 감쇠정수는 증가한다.

[그림 12.7.5]에서 어떤 진동진폭에 대한 감쇠정수 h를 정하면, 이것에 상당하는 흡수에너지 δE_j는 식 (12.7.9)에 의해 구할 수 있다.

이와 같이 하여 E_{s1}과 δE_1의 관계를 [그림 12.7.6]에 나타내었다. 이것은 주탑상단에 부가한 질량의 중량에 의하지 않고 대체로 일정하므로 이것을 다음 식과 같이 근사화할 수 있다.

$$\delta E_{sj} = \sum_i \alpha_i \, E_{sj}^{\beta_i} \quad \text{([그림 12.7.6]에는 } j=1\text{)} \tag{12.7.10}$$

여기서, 계수 α_i, β_i를 최소제곱법으로 근사화하면 다음과 같이 된다.

$$\delta E_{s1} = 0.016 \, E_{s1} + 0.0021 \, E_{s1}^{3/2} \tag{12.7.11}$$

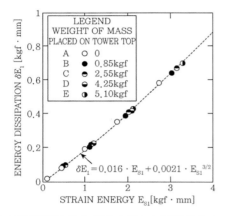

[그림 12.7.6] 주탑의 흡수에너지 δE_1과 변형에너지 E_{s1}의 관계

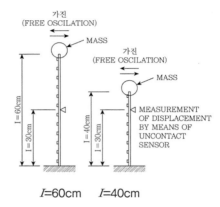

[그림 12.7.7] 주형의 부분모형실험

위의 식 (12.7.11)에 의한 $\delta E_{s1} \sim E_{s1}$의 관계를 기본으로 주탑의 감쇠정수와 진동진폭의 관계를 [그림 12.7.5]에 나타내었다. 해석결과는 실측치와 거의 일치한다는 것을 알 수 있다.

(3) 주형의 흡수에너지율 함수

주형에 대해서도 주탑과 같은 모양으로 주형의 일부를 [그림 12.7.7]에 나타낸 것과 같이 캔틸레버로 지지하게 하고 1차의 자유진동실험을 하였다. 캔틸레버길이에 따라 다른 감쇠특성을 얻을 수 없다는 것을 확인하기 위해 캔틸레버길이를 60cm와 40cm인 2가지 종류에 대해 주탑의 경우와 같은 축력의 영향을 조사하기 위해 보의 상단에 질량을 재하하였다.

[그림 12.7.8]은 주형의 진동진폭(기초부에서부터 30cm 위의 변위를 기준으로 함)과 감쇠정수의 관계를 나타낸 것이다. 주탑의 경우와 같이 진동진폭 및 축력의 증가에 따라 감쇠정수는 증가한다. 주탑에 비해 감쇠정수가 큰 것은 주형의 가로보의 영향에 의한 것이라고 생각된다.

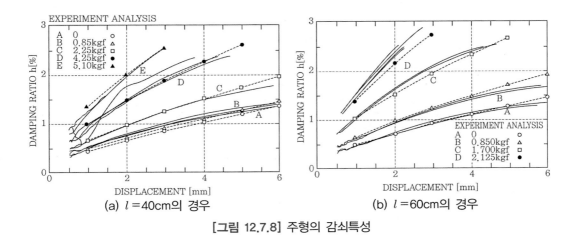

(a) $l=40$cm의 경우 (b) $l=60$cm의 경우

[그림 12.7.8] 주형의 감쇠특성

주탑과 같이 흡수에너지 δE_1과 변형에너지 E_{s1}의 관계를 구하면 [그림 12.7.9]와 같이 된다. 캔틸레버길이를 변화시켜도 $\delta E_1 \sim E_{s1}$의 관계에서 대체로 감쇠정수 h는 변하지 않는다. 이것을 식 (12.7.10)와 같이 최소제곱법으로 근사화하면 다음과 같이 된다.

$$\delta E_1 = 0.016 E_{s1} + 0.083 E_{s1}^{1.37} \tag{12.7.12}$$

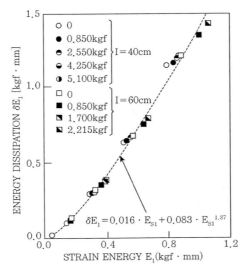

[그림 12.7.9] 주형의 흡수에너지 δE_1과 변형에너지 E_{s1}의 관계

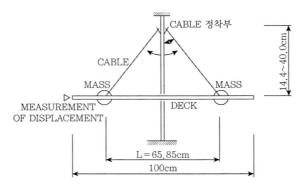

[그림 12.7.10] 케이블 정착부의 부분모형실험

앞의 식 (12.7.12)에 의한 $\delta E_1 \sim E_{s1}$의 관계는 [그림 12.7.8]에 나타낸 것과 같이 실측치와 거의 일치한다.

(4) 케이블정착부의 흡수에너지율 함수

케이블과 주탑 및 주형의 정착부에 대해서는 케이블과 정착장치 사이에 마찰에 의해 에너지흡수가 발생한다. 이러한 것을 고려하기 위해 [그림 12.7.10]에 나타낸 것과 같이 케이블정착부에 주형의 부가질량, 케이블의 길이 및 케이블의 각도를 변화시켜 자유진동실험을 하였다.

[그림 12.7.11]은 주형의 수평변위와 감쇠정수의 관계를 나타낸 것이다. 이 경우에는 주탑 및 주형과는 다르며, 감쇠정수의 진폭의존성이 변위진폭의 값에 따라 복잡하게 변화한다. 이것은 케이블이 정착하고 있는 고정부재와 케이블간의 마찰에 인해 진동진폭에 따라 미소하게 변화하기 때문이라고 생각된다.

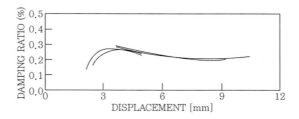

[그림 12.7.11] 케이블의 감쇠특성(L=65cm, H=14.4cm, 부가질량 4.25kgf인 경우)

모형교량과 상세한 세부공정에 따라 조금 다른 것에 의한 에너지흡수특성을 상세히 논의하는 것은 의미가 없다고 생각하여 여기서는 감쇠정수를 크게 보고 감쇠정수가 진동진폭에 의하지 않는 것으로 가정하여 실험 경우마다 평균 감쇠정수를 정해 이것에 따라 식 (12.7.9)에 의해 흡수에너지 δE를 구하는 것으로 하였다.

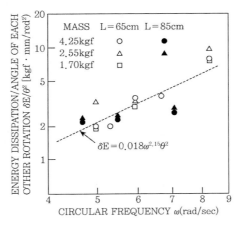

[그림 12.7.12] 케이블 정착부의 에너지흡수 성능

이와 같이 구한 $\delta E / \theta^2$과 ω의 관계가 [그림 12.7.12]이다. 여기서 θ는 케이블과 정착부가 이루는 각도이다. 케이블 정착부의 흡수에너지는 진동수 ω의 증가에 따라 크게 된다. 또한 케이블의 축력에 의해서는 큰 영향이 없다.

다소 흩어져 있지만, [그림 12.7.12]를 최소제곱법으로 근사화하면 다음 식과 같이 된다.

$$\delta E = 0.018 \omega^{2.15} \theta^2 \tag{12.7.13}$$

[3] 모형사장교의 감쇠정수의 평가

이상과 같이 하여 부분구조계마다 구한 흡수에너지율 함수를 사용하여 모형사장교의 감쇠정수를 추정한다. 다만 여기서는 모형의 특성을 고려해 주탑, 주형, 케이블 정착부에 대한 에너지흡수만 고려하는 것으로 하였다.

[그림 12.7.13]은 주탑과 주형을 자유로 한 경우의 기본고유진동모드(해석치)를 나타낸 것이다. 한편 모형교량의 자유진동실험에 의해 구한 감쇠정수와 진동진폭(주형의 단부변위를 기준으로 함)의 관계는 [그림 12.7.14]에 나타낸 것과 같다. 그림 중에는 뒤에서 언급할 해석적으로 추정한 감쇠정수

도 같이 나타내었다.

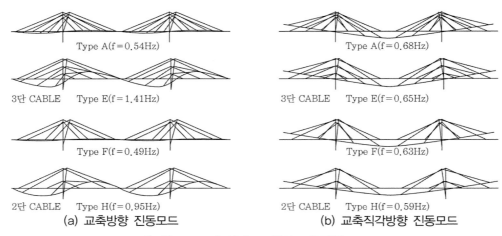

Type A(f=0.54Hz)

3단 CABLE   Type E(f=1.41Hz)

Type F(f=0.49Hz)

2단 CABLE   Type H(f=0.95Hz)

(a) 교축방향 진동모드

Type A(f=0.68Hz)

3단 CABLE   Type E(f=0.65Hz)

Type F(f=0.63Hz)

2단 CABLE   Type H(f=0.59Hz)

(b) 교축직각방향 진동모드

[그림 12.7.13] 사장교모형의 고유진동모드

[그림 12.7.14]에 의하면 모형교량의 감쇠정수는 다음과 같은 특징을 가지고 있다(문헌 [6] 참조).

1. 교축방향의 진동에 대한 감쇠정수는 케이블 정착형식이 부채형(Fan Type. A, F)에서 하프형 (Harp Type. E, H)으로 됨에 따라 일반적으로 크게 된다. 이 경향은 케이블단의 수가 3단인 경우가 2단인 경우보다 뚜렷하다.

2. 연직방향의 진동에 대한 감쇠정수는 1과는 반대로 케이블 정착형식이 부채형에서 하프형으로 됨에 따라 일반적으로 작게 된다. 이 경향은 케이블단의 수가 3단인 경우에 현저히 나타나고 2단인 경우에는 지나치게 확실치 않다.

3. 위의 1과 2를 조합하여 동일한 진동진폭에 상당하는 연직방향의 진동에 따른 감쇠정수와 교축방향의 진동에 따른 감쇠정수를 비교하면 하프형일 경우에는 교축방향의 진동에 따른 감쇠정수가 연직방향의 진동에 다른 감쇠정수보다 크지만, 케이블의 정착형식이 하프형에서 부채형으로 됨에 따라 두 경우는 근접하고 Case A에는 두 경우의 대소는 역전한다.

4. 감쇠정수는 진동진폭이 클수록 크게 된다. 이와 같은 감쇠정수의 진동진폭의존성은 일반적으로 교축방향의 진동(특히 하프형인 경우)에 현저하고, 반대로 연직방향의 진동에는 작다.

이와 같은 특징은 위에 나타낸 방법으로 어떻게 설명할 수 있는가를 식 (12.7.11)~(12.7.13)의 흡수에너지율 함수를 사용하여 계산해보자. [그림 12.7.13]에 나타낸 기본진동모드를 가정하여 실험과 같은 주형의 단부의 변위를 기준변위로 하여 감쇠정수~기준변위의 관계를 구한 결과가 [그림 12.7.14]에 나타낸 것과 같다. 이것에 의하면 해석결과는 실험결과와 다음과 같은 관계로 되어 있다.

1. 교축방향진동의 경우에는 케이블형식이 부채형에서 하프형으로 됨에 따라 본 절에서 제안한 방법에 의한 감쇠정수는 크게 된다. 또한 감쇠정수의 진폭의존성도 위에서와 같은 순서로 크게 된다. 이와 같은 특징은 실험결과와 잘 일치하고 있다. 다만 감쇠정수의 값은 부채형의 경우에는 실험치와 잘 일치하고 있지만, 하프형으로 됨에 따라 약간 과소평가하게 된다.

2. 연직방향진동에서 감쇠정수는 케이블 정착형식에 의하지 않고 대체로 동일한 값을 나타낸다. 실험에서도 2단으로 정착한 경우에는 케이블 정착형식에 의하지 않고 감쇠정수는 대체로 동일한 값을 나타낸다. 다만 3단정착인 경우에는 부채형에서 하프형으로 됨에 따라 감쇠정수는 다소 작아지는 경향이 있다.

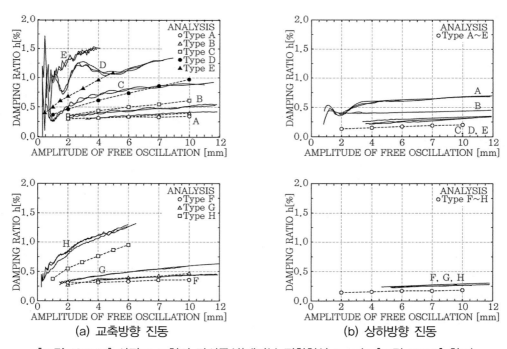

(a) 교축방향 진동 (b) 상하방향 진동

[그림 12.7.14] 사장교 모형의 감쇠특성(케이블 정착형식 A~H는 [그림 12.7.3] 참조)

이상과 같은 비교에서 알 수 있는 것과 같이 각각의 부분구조계에서 구한 흡수에너지율 함수를 사용하는 식 (12.7.11)으로 추정한 감쇠정수는 실험결과의 특징을 비교적 잘 나타내고 있다는 것을 알 수 있다. 전체에서 해석치가 실험치보다 작은 것은 해석으로 가정한 주탑, 주형, 케이블 정착부 이외의 부분에 대한 에너지흡수에 의한 것이라고 생각된다. 그러므로 다시 상세한 각 부분의 에너지흡수를 평가하면 추정치의 정도를 높일 수 있다.

[4] 정리

본 절은 감쇠정수에 대한 충분한 자료가 없는 사장교에 대해 부분구조계마다 에너지흡수를 평가하여 감쇠정수를 추정하는 방법과 모형실험결과와의 비교에 의해 타당성을 검토하였다. 본 검토에서 얻은 결론은 다음과 같다.

1. 에너지흡수를 발생시키는 원인별로 흡수에너지율 함수를 평가하고 이것을 합하여 임의의 진동 모드에 대응하는 감쇠정수를 추정하는 방법이 제안되었다.
2. 모형사장교의 자유진동에서 얻은 감쇠정수와 비교하면, 수평방향진동에 대한 감쇠정수가 연직방향진동의 감쇠정수보다 크게 되며, 또한 수평방향진동에 대한 감쇠정수는 케이블형상에 따라 변화하고 연직방향진동의 감쇠정수는 케이블 형상에 의존하지 않는다는 모형실험의 특징으로부터 알 수 있었다.
3. 여기서 나타낸 것과 같은 부분구조계의 자유진동실험을 실제교량에서 수행하는 것은 매우 곤란하다고 생각된다. 그러나 적어도 어떤 부분구조계의 감쇠특성이 기여하는가에 의해 사장교의 감쇠특성은 크게 다르다는 것을 염두에 두고 본 절에 나타낸 것과 같은 방향으로 모형진동실험 데이터를 축적하여야 사장교의 복잡한 감쇠특성을 명확히 할 수 있다고 생각된다.

참고문헌

1) 川島, 運上, 吾田: 斜張橋の耐震性に關する研究.
  －その1 (1986.6). 振動實驗から見た斜張橋の振動特性, 土木研究所資料 第2388号.
  －その2 (1987). 地震應答に及ぼす減衰定數の影響, 土木研究所資料 第2389号.
2) 伊藤, 片山 (1965). 橋梁構造の振動減衰, 土木學會論文集 第117号.
3) M.S. Troitsky (1977). *Cable-Stayed Bridges*, Crosby Lockwood Staples.
4) Kawashima, K. and Unjoh S. (1989.4). *Damping Characteristics of Cable-Stayed Bridges*

Associated with Energy Dissipation at Movable Supports, Proc. JSCE, Structural Eng./Earthquake Eng., Vol.6, No.1, pp.145~152.

5) 前田, 前田, 米田 (1988.8). 斜張橋のSystem Dampingの實際とその應用, 橋梁と基礎.

6) 川島, 運上, 角本, 吾田 (1989). 模型自由振動試驗による斜張橋の減衰特性, 土木技術資料 Vol.31, No.8.

7) Yamaguchi, H. and Fujino, Y. (1987): *Modal Damping of Flexural Oscillation in Suspended Cable*, Structural Eng./Earthquake Eng., Vol.4, No.2.

8) 川島, 角本, 運上 (1990.5). 耐震設計に用にる斜張橋減衰定數の推定法, 橋梁と基礎.

9) 日本道路協會 (1985). 1985年度 名港西大橋調査特別委員會報告書.

10) 川島一彦 (1985.8). 斜張橋の耐震設計, 橋梁と基礎.

12.7.5 강진기록을 기본으로 한 사장교의 감쇠특성[8]

중~장대교인 사장교가 건설되는 사례가 급증하고 있다. 사장교는 비교적 연약지반에 건설이 가능하고 또한 최근 교량기술의 발전으로 장대교도 가능하기 때문이다.

사장교의 내진설계에는 동적해석이 많이 사용되지만, 동적해석에서 항상 문제시되는 것이 감쇠정수이다. 사장교의 진동특성을 검토하기 위해 오래전부터 기회가 있을 때마다 진동실험을 하고 있지만, 이러한 실험결과에 의하면 사장교의 감쇠정수는 일반적으로 매우 작고, 1% 이하로 보고된 사례가 많다. 이러한 점을 반영하여 내풍설계로 가정한 감쇠정수는 대수감쇠율(감쇠정수×6.28)에서 2~5% 정도가 많았다.

이것에 대해 내진설계를 목적으로 한 동적해석에는 오래전부터 일반적으로 2~5% 정도로 감쇠정수가 가정되는 경우가 많았다. 이것은 내풍설계에서 가정한 감쇠정수에 비교해서 1% 정도 큰 것으로 그 원인에 대해 지금까지도 많이 논의되고 있다. 그렇지만 전에 해온 진동실험은 내풍성 검토에 중점을 둔 것이 많고, 내진설계에 중요한 교축 및 교축직각방향의 진동에 의한 감쇠특성을 검토한 사례는 적다.

이와 같은 상황에서 사장교의 지진 시 거동에 관한 올바른 정보를 수집하는 것이 중요하다. 이를 위해 일본의 건설성 토목연구소에서 1987년부터 일반국도 51호의 수향대교(Suigo Bridge)에서 강진관측을 시작하여 실측기록을 수집하였다. 그 결과 어느 정도 해석에 충분한 기록도 수집해왔는데 본 절은 강진기록을 기본으로 수향대교의 교축 및 교축직각방향의 감쇠정수를 동적해석에 의한 모형실험으로 검토한 결과를 정리한 것이다.

[1] 강진관측 시스템 및 강진기록

수향대교는 [그림 12.7.15]에 나타낸 것과 같은 역사다리형 상자형 단면의 비대칭 2경간 연속 강상판 사장교이다. 교량연장은 290.45m이다. 주형은 주탑과 강결되어 있다. 케이블 형식은 하프형으로 1면 3단으로 되어 있다.[1]

수향대교는 [그림 12.7.15]에 나타낸 것과 같이 주탑의 정상(이하 A_1관측점), 주탑의 중간높이(A_2관측점), 주탑의 기초부(A_3관측점), 주형의 중앙(A_4 및 A_5관측점) 및 천엽현측 교각에서 약 50m 떨어진 위치의 지하 2m(A_6관측점)에서 강진을 관측하였다. 환진기로 사포형가속기를 사용하고, 약 10sec의 지연을 갖는 디지털 기록장치에 의해 1/100sec 간격의 등시간 간격 가속도기록을 얻을 수 있도록 되어 있다.

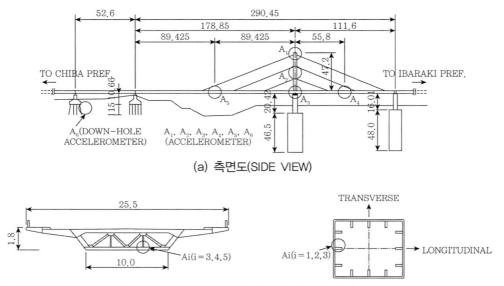

(a) 측면도(SIDE VIEW)

(b) 주형의 단면도(CROSS SECTION OF DECK)　(c) 주탑의 단면도(CROSS SECTION OF TOWER)

[그림 12.7.15] 관측위치(수향대교)

강진관측은 1986년 3월부터 시작하여 35회의 기록이 얻어졌다. 이들 대부분은 차성현 및 천엽현 주변에서 발생한 진도 5 이하의 작은 지진에 의한 것이지만, [표 12.7.1]에 나타낸 3회의 지진은 [표 12.7.2]에 나타낸 것과 같이 비교적 큰 가속도진폭을 갖는 기록이 얻어졌다.

[표 12.7.1] 해석 대상 지진

지진번호	일자	지진명	동경	북위	진앙지거리(km)	진도	진원깊이(km)
EQ-6	1986.6.24	방총반도남동충지진 (OFF CHIBA)	140° 43′	34° 49′	123	6.5	73
EQ-16	1987.2.6	복도현동방충지지진 (OFF FUKUSHIMA)	141° 54′	36° 59′	173	6.7	31
EQ-33	1987.12.17	천엽현동방충지진 (OFF CHIBAKEN)	140° 29′	35° 21′	62	6.7	58

[표 12.7.2] 대표적인 3회의 지진에 대한 최대 가속도

(단위 : Gal)

지진번호	A_1관측점		A_2관측점		A_3관측점		A_4관측점		A_5관측점	A_6관측점	
	LG	TR	LG	TR	LG	TR	LG	LG	TR	LG	TR
EQ-6	189	217	75	111	55	34	61	62	77	13	13
EQ-16	238	322	109	218	87	54	91	100	104	23	22
EQ-33	446	999.8	297	471	216	173	257	247	363	99	114

주) A_4 관측점의 TR 성분은 장치의 고장으로 기록을 얻을 수 없었다.

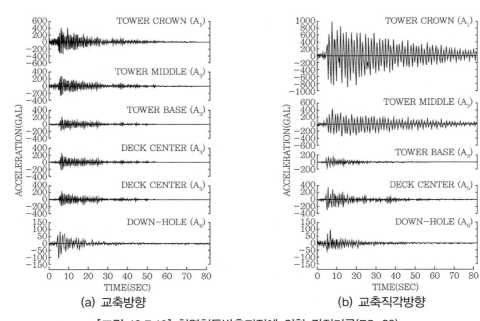

(a) 교축방향　　　　　　　　　(b) 교축직각방향

[그림 12.7.16] 천엽현동방충지진에 의한 강진기록(EQ-33)

이 중 EQ-33은 수도권에서 진도 Ⅴ를 기록한 1987년 12월 17일의 천엽현동방충지진(진도 6.7)에 의한 것이다. 기록파형의 한 예로 이 지진에 의한 기록을 보면 [그림 12.7.16]과 같다. 교축직각방향으로는 주탑 정상(A_1 관측점)에서 실제 999.8Gal의 가속도가 발생하였다. 중력가속도는 980Gal이므로 이것의 1.02배의 가속도가 발생하였다. 다만 주탑 기초 부분(A_3 관측점) 및 주형의 중앙점(A_5 관측점)에는 최대 가속도는 각각 173Gal과 471Gal로 발생하였다. 단 상부구조에 있어서도 주형 중앙에서 363Gal의 가속도가 발생한다는 것은 수향대교의 교축직각방향의 설계수평진도가 0.3이기 때문에 이것을 상회하는 것으로 된다.

설계에는 교량 각 부분에 동일하게 0.3 상당의 지진력을 작용시키고 있지만 실제로는 위에서 기술한 것과 같이 주형의 중앙에 363Gal, 주탑과 결합 부분에는 173Gal이므로 상세히 계산한 것은 아니지만, 전체에 대부분 설계수평진도 정도의 지진력을 받았다고 볼 수 있다. 이로 인하여 수향대교에는 피해는 발생하지 않았다. 지중(A_6 관측점)의 최대 가속도는 114Gal로 기록되었다. 따라서 114Gal의 지반진동이 주탑 기초 부분에는 173Gal, 주탑의 중간위치에서는 471Gal, 주탑 정상에서는 999.8Gal로 실제 8.8배 증폭하였다.

이상은 교축직각방향의 진동이지만, 교축방향으로는 주탑 기초 부분(A_3 관측점)에서 216Gal, 주탑중간(A_2 관측점)에서 297Gal, 주탑 정상(A_1 관측점)에서 446Gal로 기록되었다. 주탑 정상의 진동은 교축직각방향에 비교하면 약 1/2 작다. 또한 주형중앙점(A_4 및 A_5 관측점)에서는 최대 가속도는 각각 257Gal과 247Gal이었다.

[2] 강진기록을 기본으로 한 고유진동특성의 검토

동적해석 모형실험을 수행하기 전에 상세히 강진기록을 검토하였다.

[그림 12.7.17]은 [그림 12.7.16]에 나타낸 천엽현동방충지진에 의한 강진기록의 Fourier 스펙트럼을 나타낸 것이다. 이것에 의하면 교축방향의 교량진동으로는 1.51Hz, 또한 교축직각방향으로는 0.72Hz, 0.87Hz, 1.22Hz인 진동이 탁월하다는 것을 알 수 있다. 또한 주탑 정상을 주의 깊게 Fourier 스펙트럼을 보면, 교축방향으로는 4.6Hz 근처에서 또한 교축직각방향으로는 5.26Hz 근처에서 조금 탁월한 진동이 있다는 것을 알 수 있다.

강진기록을 밴드패스필터(band pass filter)에서 처리하고 동일한 시각에 대한 관측점의 진동진폭을 플롯하여 위의 탁월진도에 대한 진동모드를 [그림 12.7.18]에 나타내었다. 진동모드를 구할 때에는 어느 시각의 진폭을 사용하는 가에 따라 구하는 진동모드가 다르면 합하기가 어렵지만, 여러 가지 검토한 결과 어느 시각을 선택하더라도 동일한 형태의 진동모드를 얻을 수 있다는 것을 알 수 있다.

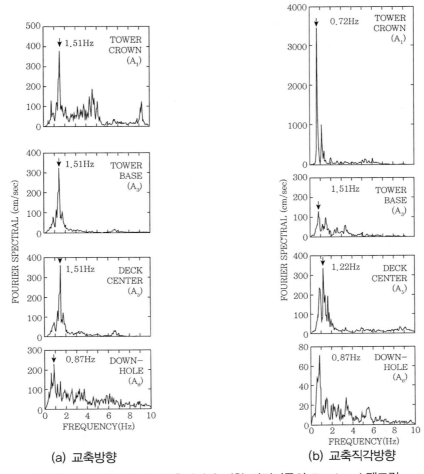

(a) 교축방향   (b) 교축직각방향

[그림 12.7.17] 천엽현동방충지진에 의한 강진기록의 Fourier 스펙트럼

[그림 12.7.18]에 의하면 교축방향에 대해서는 1.51Hz의 탁월진동은 주탑 전체가 병진운동하는 진동모드, 4.60Hz는 주탑의 1차 휨 변형모드를 나타내고 있다. 또한 교축직각방향에 대해서는 0.72Hz 및 1.22Hz는 주탑의 1차 휨 진동모드, 5.26Hz는 2차 휨 진동모드를 나타내고 있다.

한편 수향대교의 상부구조를 [그림 12.7.19]에 나타낸 것과 같이 선형 뼈대구조물로 모형화하고 고유진동특성을 해석하였다. 여기서 케이블의 모형화에 대해 교축방향으로는 케이블에 의해 이 방향의 진동과 연직방향의 진동으로 연성이 생기고, 케이블의 영향이 크기 때문에 케이블의 질량을 고려하였지만, 교축직각방향의 해석에는 케이블은 주탑 및 주형의 진동모드에 영향을 미치지 않으므로 케이블의 질량은 0으로 가정하였다.

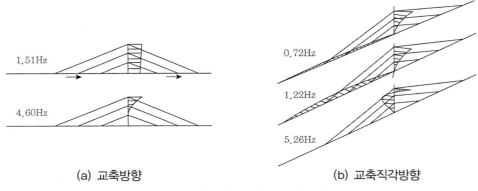

(a) 교축방향　　　　　　　　(b) 교축직각방향

[그림 12.7.18] 강진기록으로 구한 진동모드

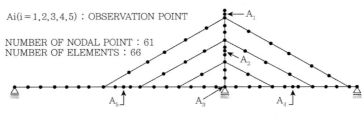

Ai(i = 1, 2, 3, 4, 5) : OBSERVATION POINT

NUMBER OF NODAL POINT : 61
NUMBER OF ELEMENTS : 66

[그림 12.7.19] 상부구조의 해석모형

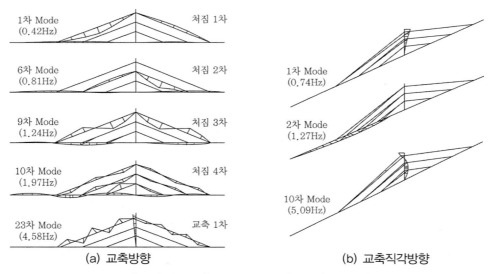

(a) 교축방향　　　　　　　　(b) 교축직각방향

[그림 12.7.20] 주요 진동모드(고유치해석결과)

이와 같이 계산한 주요한 진동모드를 [그림 12.7.20]에 나타내었다. 이것을 보면 교축방향에 대해서는 강진기록의 4.60Hz인 탁월진동은 23차의 고유동특성에 가깝고, 이것을 반영한 것으로 보아도 좋다. 교축직각방향에 대해서는 강진기록의 0.73Hz인 탁월진동은 1차 진동모드(0.74Hz), 1.22Hz인 탁월진동은 2차 진동모드(1.27Hz), 또한 5.261.27Hz인 탁월진동은 10차 진동모드(5.09Hz)에 근접하고, 이들의 고유진동특성을 반영된 것이라 볼 수 있다.

강진기록의 1.52Hz인 교축방향의 탁월진동은 [그림 12.7.20]에서 나타나지 않았다. 그 이유는 [그림 12.7.20]은 [그림 12.7.19]에 나타낸 것과 같이 상부구조물만 모형화하여 해석하였으므로 기초의 영향을 무시하였기 때문이다. [그림 12.7.19]에 주탑 기초 모형을 추가하여 해석하면 주탑이 병진운동을 하고, 고유진동수가 1.52Hz으로 강진기록의 탁월진동과 일치하는 고유진동을 얻을 수 있다. 따라서 강진기록의 1.52Hz인 탁월진동은 주탑 기초의 로킹진동을 반영한 것으로 보면 된다. 또한 주탑 기초를 모형화한 경우와 이것을 무시한 경우에는 1.52Hz의 고유진동이 새로이 발생할 뿐 고차모드를 제외하면 저차 모드에는 2가지 모두 고유진동특성의 변화는 발생하지 않았다.

[3] 동적해석 모형실험에 의한 감쇠정수의 추정

주탑의 기초 부분(A_3관측점)에서 관측한 가속도파형을 입력하여 [그림 12.7.19]에 나타낸 해석모형을 사용하여 A_3관측점을 제외한 $A_1 \sim A_5$관측점의 가속도응답(절대가속도응답)을 계산하였다. 해석에는 감쇠정수를 0, 1, 2, 5%로 변화시켜 어느 감쇠정수가 실측치와 유사한가를 알아보고 수향대교의 감쇠정수를 추정하였다. 또한 해석을 간단히 하기 위해 모든 진동모드에 대해 동일한 감쇠정수로 가정하였다.

[표 12.7.1]에 나타낸 3회의 지진기록을 해석대상으로 하였다. 해석결과의 한 예는 [그림 12.7.16]에 나타낸 천엽현동방충지진에 대한 실측파형과 해석파형의 비교결과를 주탑 정상(A_1관측점) 및 주형의 중앙점(A_5관측점)에 대해 [그림 12.7.21]에 나타내었다. 교축방향의 진동을 보면 주탑 정상에서는 감쇠정수를 0으로 가정한 것은 명확히 감쇠정수를 과소평가한 것이며, 5% 정도의 감쇠정수가 실측치와 일치도가 제일 좋았다. 주형의 중앙점에 대해서도 같았고, 5% 정도의 감쇠정수가 실측치와 일치도가 제일 좋았다. 교축직각방향의 진동을 보면 주탑 정상에서는 감쇠정수를 5%로 가정한 것은 명확한 과대평가이며, 0~1% 정도로 하여야 실측치와 같은 정도의 진폭을 갖는 파형을 계산할 수 있다. 그리고 주형의 중앙에서는 교축직각방향과 같이 5% 정도의 감쇠정수가 실측치와 일치도가 제일 좋았다.

감쇠정수는 고유진동모드마다 다르기 때문에 전체 모드에 대해 일률적으로 동일한 값으로 가정한 해석은 주의해야 하지만 위의 결과는 대략적인 경향을 반영하고 있다고 보아도 된다. 또한 여기에는 없지만 기타의 관측점에서 2회의 지진에 대해 감쇠정수를 위와 같이 가정하여 해석하면 [그림 12.7.21]과 같은 정도로 실측치와 일치한다.

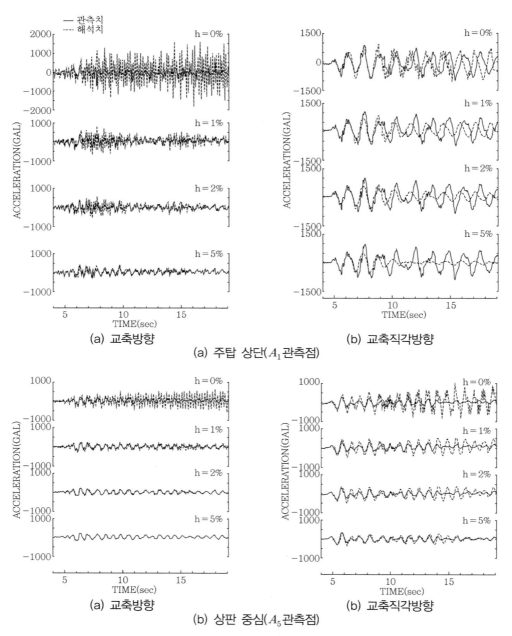

(a) 교축방향   (b) 교축직각방향

(a) 주탑 상단(A_1관측점)

(a) 교축방향   (b) 교축직각방향

(b) 상판 중심(A_5관측점)

[그림 12.7.21] 주탑 정상(A_1관측점) 및 주형의 중앙점(A_5관측점)에서 실측파형과 해석파형의 비교결과

이와 같은 모의실험 해석결과에 의해 관측점마다 해석치와 실측치의 최대 가속도를 [그림 12.7.22]에 나타내었다. 그림에서 감쇠정수를 변화시킴에 따라 어느 정도 해석치가 변화하는가를 알 수 있다. [그림 12.7.22]로부터 어느 정도의 감쇠정수를 가정할 때 실측치와 일치도가 제일 좋은가를 정리해 놓은 것이 [표 12.7.3]이다. 이것에 의하면 주탑에 대해서는 교축방향으로는 2% 정도, 교축직각방향으로는 1% 정도의 감쇠정수를, 또한 주형에 대해서는 교축 및 교축직각방향의 어느 곳에 대해서도 5% 정도의 감쇠정수를 가정한 경우가 실측치와 일치도가 제일 좋다.

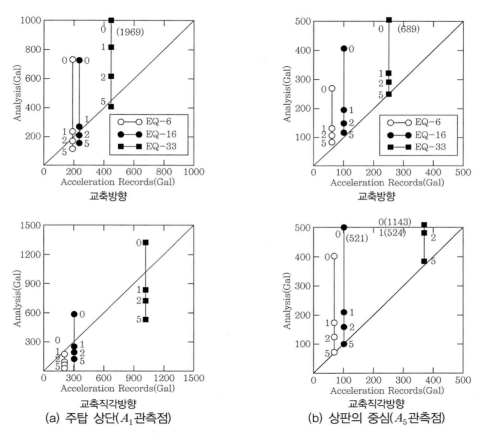

[**그림 12.7.22**] 모형실험해석결과에 의한 관측점마다 해석치와 실측치의 최대 가속도의 비교

왜 감쇠정수가 주탑에서는 교축직각방향으로 0~1% 정도, 같은 주탑이라도 교축방향으로는 2% 정도, 그리고 주형에서는 교축 및 교축직각방향에 대해 5% 정도로 되는지 명확하지는 않지만 이렇게 되는 이유를 들면 다음과 같다.

1. 교축직각방향으로는 주탑에 대한 케이블의 구속효과는 거의 없기 때문이며 사실 주탑은 기초 부분에서 고정된 캔틸레버로 진동한다. 이와 같은 구조계에서 강재라면 종래의 연구에서 본 0~1% 정도의 감쇠정수라 하여도 우스운 일은 아니다.[2]

2. 교축방향으로는 주탑의 진동과 주형의 연직방향 진동은 연성진동을 한다. 그러므로 주탑은 교축직각방향과 같이 기초 부분에서 고정된 캔틸레버의 진동 이외에 케이블에 연결된 주형의 진동영향을 받고 있으므로 교축직각방향의 감쇠정수는 크게 된다.

3. 주형은 교축방향이든 교축직각방향이든 3부분이 하부구조에 지지되어 있으므로 하부구조의 면산감쇠의 영향을 크게 받는다.

[표 12.7.3] 실측치와 해석치의 최대 가속도를 일치시키기 위한 감쇠정수

(단위 : %)

관측점 해석지진	교축방향				교축직각방향		
	A_1	A_2	A_4	A_5	A_1	A_2	A_5
EQ-6	2	5	5	5	0~1	1	5
EQ-16	2	5	5	5	0~1	1	5
EQ-33	5	5	5	5	0~1	5	5

[4] 사장교의 감쇠특성

수향대교에는 준공 직후에 내풍성 검토를 목적으로 기진기 진동실험을 실시하였다. 실험에서는 주경간의 1/2점 및 3/8점에 토목연구소의 2연식 기진기를 설치하고 연직진동 및 비틀림진동에 대한 고유진동특성 및 감쇠특성을 구하였다. [그림 12.7.23]은 주형의 중앙점(A_5 관측점)을 상하방향으로 가진한 경우 이 점에 대한 단위가진력 주변의 가속도의 공진곡선을 나타낸 것이다.[3]

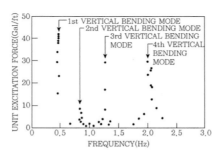

[그림 12.7.23] 기진기 진동실험으로 구한 공진곡선[주형의 중앙점(A_5 관측점)을 상하방향으로 가진한 경우의 가진점의 가속도응답]

처짐 1~4차의 응답을 확실히 알 수 있지만, 이것들은 [그림 12.7.20(a)]에 나타낸 해석으로 구한 고유진동수와 잘 일치하고 있다. [그림 12.7.24]는 진동실험으로 측정한 값과 계산된 모드형을 비교하여 나타낸 것이다. [표 12.7.4]는 이와 같이 구한 감쇠정수를 나타낸 것이다. 감쇠정수는 진동모드에 따라 크게 변하지만 평균하면 연직처짐진동에는 0.99%, 비틀림진동에는 1.1%가 된다. 여기서 진동실험에서 측정한 감쇠정수와 강진기록으로 해석으로 구한 감쇠정수가 크게 차이나는 이유가 중요하다. 이 이유는 앞으로 자세히 검토할 필요가 있지만, 사장교의 감쇠정수는 진동모드에 따라 크게 달라진다는 것을 알고 있고 어떠한 방법으로 감쇠정수를 구하였는가 하는 것보다 본래 연직 휨 진동이나 비틀림 진동 쪽이 교축 및 교축직각방향의 진동(단, 주탑은 제외)보다도 감쇠정수가 작다고 생각하는 편이 타당하다고 생각된다.[4]

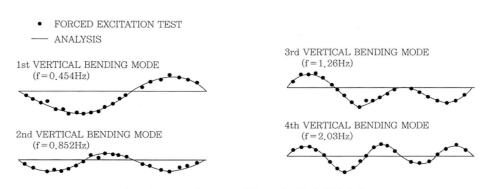

[그림 12.7.24] 주요 진동모드(고유치해석결과)

[표 12.7.4] 기진기 가진실험으로 추정한 감쇠정수

(단위 : %)

차수	연직 휨 진동	비틀림진동
1차	1.10	0.92
2차	0.59	0.91
3차	0.64	1.68
4차	1.02	0.96
5차	1.24	–
6차	1.00	–
7차	1.32	–
평균	0.99	1.12

주) 연직 휨 진동(처짐 진동)의 1~4차의 진동모드는 [그림 12.7.20(a)]를 참조

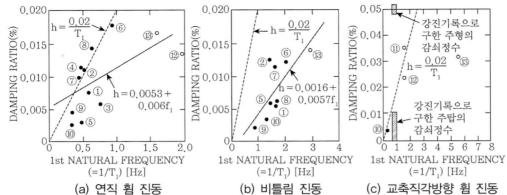

(a) 연직 휨 진동   (b) 비틀림 진동   (c) 교축직각방향 휨 진동

① 미도대교 ② 풍리대교 ③ 황천대교 ④ 가모메대교 ⑤ 말광대교 ⑥ 육갑대교 ⑦ 수향대교 ⑧ 合掌大橋 ⑨ 대화천교량
⑩ 명항서대교 ⑪ 松ヶ山橋 ⑫ 小本川橋梁 ⑬ 풍후교(● 강사장교 ○ PC 사장교)

[그림 12.7.25] 감쇠정수와 1차 고유진동수의 관계

마지막으로 현재까지 여러 곳에서 실시한 사장교의 진동실험 결과에서 본 해석결과가 어느 위치에 있는지 알아보았다. [그림 12.7.25]는 가진 방향별로 감쇠정수와 1차 고유진동수의 관계를 나타낸 것이다.[5] 여기서 동일한 가진 방향의 진동실험에서도 감쇠정수는 진동모드마다 다르므로 이것들을 가진 방향별로 평균한 값(즉, 연직진동에 대해 복수의 모드마다 감쇠정수가 구해져 있으면 이것들의 평균치를 연직 휨 진동에 대한 감쇠정수로 간주한다)을 대상으로 하고 있다. 또한 1차 고유진동수는 해당 가진 방향의 최저차 고유진동수를 나타내고 있다. [그림 12.7.25]에는 수향대교의 데이터(기진기 실험에서 추정한 값)도 나타내고 있지만, 다른 데이터와 거의 유사한 특성을 나타내고 있다.

이것에 의하면 데이터마다 차이가 크지만 연직 휨 진동 및 비틀림 진동에 대해서는 감쇠정수와 1차 고유진동수사이에는 어느 정도 상관이 있으며, 이것을 최소제곱으로 근사화하면 다음과 같은 식이 된다.

$$h = \begin{cases} 0.0053 + 0.0060f_1 & \text{연직 휨 진동} \\ -0.0016 + 0.0057f_1 & \text{비틀림 진동} \end{cases} \tag{12.7.14}$$

또한 그림 중에는 문헌 [6]에 있는 여러 가지 실제교량(단, 사장교는 포함되지 않음)의 진동실험에서 추정한 다음과 같은 추정식도 참고로 나타내었다.[6]

$$h = 0.02f_1 \tag{12.7.15}$$

한편 내진설계에 중요한 교축직각방향에 대해서는 실험예가 적고 데이터마다 차이도 크다. [그림 12.7.25(c)]에 강진기록에서 구한 [표 12.7.3]의 감쇠정수를 플롯하면, 주형의 감쇠정수는 종래의 실험치보다 상한치를, 반대로 주탑의 감쇠정수는 대체로 하한치를 나타낸다.

[5] 정리

사장교의 감쇠특성을 검토하기 위해 '일본국도 51호 수향대교'에서 강진관측을 수행하고 이것을 동적해석에 의한 모형실험과 비교하여 감쇠정수를 추정하였다. 본 절에서 검토한 사항을 정리하면 다음과 같다.

1. 수향대교 상부구조의 감쇠정수는 주탑에 대해서는 교축방향으로는 2% 정도, 교축직각방향으로는 0~1% 정도이다. 또한 주형에 대해서는 교축 및 교축직각방향에 대해서 5% 정도이다.
2. 기진기 진동실험으로 구한 감쇠정수는 모드마다의 평균치로 보면 연직처짐 진동에 대해 0.99% 정도, 비틀림 진동에 대해 1.1% 정도이다. 위의 1.에 의한 값은 주탑에 대해서는 매우 근사한 값이지만 주형에 대해서는 매우 큰 값으로 되어 있다. 이 차이는 대상으로 하고 있는 진동모드가 다르기 때문은 아니라고 생각되나 이것에 대해서는 많은 검토가 필요하다.

참고문헌

1) 淸水, 大田, 小由 (1978.3~4). 水鄕大橋上部工の設計施工, (上, 下), 橋梁と基礎.
2) 伊藤 (1986.1) : 橋梁上部構造の振動減衰, 九州橋梁構造硏究會, 土木構造材料論文集, 第1号.
3) 成田 (1978.3). 水鄕大橋振動實驗報告書, 土木硏究所資料, 第1349号.
4) 川島, 運上, 角本 (1989.7). 斜張橋の減衰特性の評價, 제20회 土木學會地震工學硏究發表會.
5) 川島, 運上, 吾田 : 斜張橋の耐震性に關する硏究.
 －その1 (1986.6). 振動實驗から見た斜張橋の振動特性－, 土木硏究所資料 第2388号.
6) 栗林, 岩崎 (1970). 橋梁の耐震設計に關する硏究(Ⅲ)－橋梁の振動減衰に關する實測結果, 土木硏究所所報, 第139号.
7) 川島, 運上, 吾田 : 斜張橋の耐震性に關する硏究.
 －その6 (1988.10). 水鄕大橋動的特性調査, 土木硏究所資料 第2673号.
8) 川島, 吾田, 運上 (1989.11). 強震記錄に基づく斜張橋の減衰特性の解析, 橋梁と基礎.

12.7.6 가동지점에서 에너지소산에 의한 감쇠비의 추정

사장교는 여러 나라에서 건설되고 있지만 중요한 지진지반운동이 작용하는 지진거동에 대해 알고 있는 것은 많지 않다.[10], [11] 특별한 관심은 사장교의 감쇠특성에 대한 것이다. 일반적으로 지진설계에서 상부구조에 대해 근사적으로 2~5%를 임계감쇠비로 가정하고 있다. 강제진동시험에서와 같이 현장관측으로 부터 산정한 감쇠비는 일반적으로 이들 값보다도 더 작다.[12]-[16] 그러한 지진설계에서 가정된 감쇠비와 현장시험에서 관측된 감쇠비의 불일치는 일반적인 진동진폭의 영향으로 가정되었기 때문이다. 예를 들어 강제진동시험에 나타난 진폭은 심한 지진지반운동에 나타난 것보다 일반적으로 더 작다. 더 큰 진폭을 갖는 진동은 더 큰 감쇠를 가져야 된다는 것을 알 수 있다. 그러나 몇몇 연구는 사장교의 감쇠특성에서 그러한 가정으로 해왔다.

사장교의 감쇠는 재료의 이력감쇠(Hysteresis Damping), 가동지점에서 에너지소산(Energy Dissipation), 기초에서 방사감쇠(Radiational Damping) 등과 같은 여러 가지 인자에 의해 일어난다. 가동지점에서 에너지소산은 사장교의 감쇠특성에 영향을 주는 주요인자의 하나로 고려할 수 있으므로, 본 절에서는 가동지점에서 에너지소산의 영향에 대해 설명하였다. 다른 인자로부터 에너지소산의 영향을 분리시켜 가동지점에서만 에너지소산이 일어나는 것으로 가정하였다. 예를 들어 주형, 주탑, 케이블이 포함된 구조물은 에너지소산이 없는 탄성으로 가정하였다.

[1] 가동지점에서 에너지소산

사장교는 일반적으로 여러 받침을 통해 교각이나 또는 교대로 지지된다. 온도변화나 활하중에 의해 발생하는 내력을 감소시키기 위해 주형과 교각사이의 상대적 거동은 일반적으로 가동지점을 사용함으로써 종방향으로 제어된다. 그러한 가동지점에서 주형과 교각사이의 상대적 거동은 사장교에 중요한 지진지반운동이 작용할 때 발생한다. 상대적 거동은 종방향의 지진응답에 따라 가동지점에서만 일어난다. 마찰력은 에너지소산을 갖는 상부구조와 하부구조 사이의 상대변위에 관계된다.

가동지점에서 발생하는 마찰력은 Coulomb 마찰력으로 이상화하였다. 가동지점에서 발생하는 실제 마찰력은 정적과 동적마찰계수 간의 차, 마찰계수의 진폭의존 등과 같은 복합적인 특성을 갖는데도 불구하고 본 연구에서는 단순화시키려고 무시하였다. 마찰력은 접촉력의 절대치에 비례하여 받침의 접촉면에 작용하는 자체 평형력이다. 접촉면이 서로 상대적 운동을 하는 경우에 작용하는 마찰력은 [그림 12.7.26]에 나타낸 것과 같이 상대적인 접촉면에 대한 상대속도와 반대방향에서 작용한다. 좌표계에 2절점으로 이루어진 구조계를 사용하여 마찰요소를 정의하면, 마찰요소의 I, J절점에 작용하는 마찰력 F_I^C와 F_J^C는 다음과 같은 식으로 정의할 수 있다(4장 4.6절에 상세히 설명되어 있음).

$$F_I^C = -F_J^C = \mu(N)\,|N|\,sign(\dot{r}) \qquad\qquad \dot{r} \neq 0 \text{인 경우} \qquad\qquad (12.7.16)$$

$$-\mu(N)\,|N| < F_I^C = -F_J^C < \mu(N)\,|N| \qquad\qquad \dot{r} = 0 \text{인 경우} \qquad\qquad (12.7.16-1)$$

여기서, μ는 Coulomb 마찰계수, N은 접촉력, r와 $\dot{r}$는 절점 I, J 간의 상대변위와 상대속도이다.

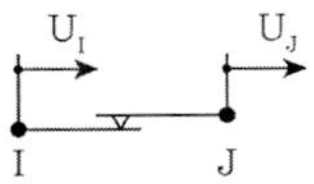

$$r \equiv u_J - u_I (\text{상대변위})$$

[그림 12.7.26] 좌표계의 정의

가동지점에서 발생하는 마찰력에 관계된 사장교의 감쇠특성의 결정하는데 있어서 고려한 모드형상에 따라 사장교는 종방향 쪽으로 움직인다. 그리고 그때 자유진동결과는 초기속도가 0으로 평탄하게 제어된다. 감쇠특성은 다음과 같이 자유진동의 감소로부터 구할 수 있다.[23)-27)]

$$\delta = \frac{2\pi h}{\sqrt{1-h^2}} = \log_e \frac{a_m}{a_{m+1}} \qquad\qquad (12.7.17)$$

여기서, δ은 로그 감쇠비를 나타내고, h는 임계감쇠비이며, a_m과 a_{m+1}은 m번째와 $m+1$번째 진동에서 자유진동의 진폭을 나타낸다. 정해진 모드의 고유진동수(각)의 제곱에 의한 초기변위를 곱함으로써 결정되는 초기변위, 초기가속도는 자유진동의 초기조건과 같이 고려된다.

가동지점에서 마찰력이 작용하는 자유진동계산에 대한 사장교는 가동지점에서 비선형 복원력에 대한 상대속도모델로 이상화시킨 해석적 모델인 '속도제어모델(Velocity Control Model)'로 하였다. 해석은 가동지점에서 마찰력을 제외한 비감쇠력은 마찰의 영향과 분리하여 고려하였다. 마찰력이 포함된 운동방정식은 증분형태로 수식화하였고, 표준 동적해석순서에 따라 각 증분시간에 대해 구할 수 있다.[17)-20)] 평형운동방정식을 나타내기 위한 반복은 필요할 때 만들어진다.

[2] 사장교의 검토

(1) 2경간 연속 사장교

가동지점에서 에너지소산의 영향은 [그림 12.7.27(a)]에 나타낸 2가지 형태(A1 및 A2교)의 사장교에 대해 검토하였다.

2경간 연속 사장교(A1)는 단일 주탑에 바닥판의 길이가 380m이다. 부채형 대칭으로 14개의 케이블이 설치되어 있다. 주형은 주탑에 강결되어 있고, 양단은 가동지점으로 지지되어 있다. 주형의 중량은 4,435tf, 주탑의 중량은 734tf, 케이블의 중량은 120tf이다. 상부구조의 사하중에 의한 양단지점의 반력은 563tf이고, 마찰력 N은 식 (12.7.16)에서 정의한 것과 같이 가정하였다. 마찰력이 수직운동을 하는 모드결합에 의해 시간에 따라 변화함에도 불구하고, 그러한 마찰력의 변화는 단순화시켜 본 해석에서 무시하였다.

그리고 2경간 연속 사장교(A2)는 A1교량에 비해 주탑과 교각에서만 임의적으로 50% 낮은 강도를 갖는 사장교를 비교하기 위해 해석하였다.

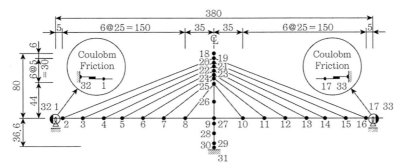

(a) 2경간 연속 사장교(Cable-Stayed Bridge, A1 및 A2교)

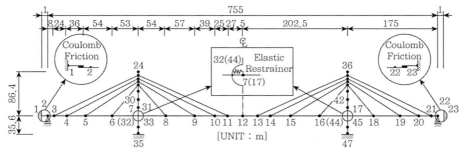

(b) 3경간 연속 사장교(Cable-Stayed Bridge, B교)

[그림 12.7.27] 사장교의 해석적 모델

(2) 3경간 연속 사장교

[그림 12.7.27(b)]에 나타낸 3경간 연속 사장교(B교)는 질량과 강도가 대칭으로 분포되어 있고, 바닥판 길이가 755m이다. 주형은 지진의 영향을 줄이려는 목적으로 양측 두 주탑에 케이블로 지지되고, 양단의 가동지점에 지지되어 있다. 주형의 중량은 9,630tf, 주탑의 중량은 1,734tf, 케이블의

중량은 604tf이다. 상부구조의 사하중에 의한 양단지점의 반력은 203tf이다. 흙과 기초의 상호작용에 대해서는 단순화시키기 위해 본 해석에서 무시하였다. 즉, 두 사장교에 대해 주탑의 기초는 지반에 강결된 것으로 가정하였다.

1) 가동지점에서 마찰력을 무시

[표 12.7.5-1]은 가동지점에서 마찰력을 무시하고 계산된 낮은 차수의 10개 모드에 대한 고유주기, 모드에 관계된 인자, 유효질량을 나타낸 것이다. 뒤에서 논의하게 될 A2교의 결과도 [표 12.7.5-1]에 포함되어 있다. [표 12.7.5-1]에서 종방향에 대한 상부구조의 탁월한 모드는 A1교에서는 5번째와 6번째 모드이다.

[표 12.7.5-2]에서 종방향에 대한 상부구조의 탁월한 모드는 B교에서는 3번째 모드임을 명백히 알 수 있다.

[표 12.7.5] 고유주기, 모드자극계수, 유효질량(2경간 연속 사장교, A교)

(a) 2 경간 연속 사장교, A-Bridge

Model	Mode	Natural Period (sec)	Mode Participation Factor		Effective Mass(tf · m/sec)	
			Longitudinal	Vertical	Longitudinal	Vertical
A1교	1	2.87	−1.9	−0.0	4.0	0.0
	2	1.26	−0.0	20.8	0.0	433.0
	3	0.91	−2.1	−0.0	4.0	0.0
	4	0.71	0.0	7.3	0.0	53.0
	5	0.52	23.7	0.0	563.0	0.0
	6	0.48	14.3	0.0	204.0	0.0
	7	0.44	0.0	9.4	0.0	88.0
	8	0.31	−0.2	−0.0	0.0	0.0
	9	0.28	−0.0	1.4	0.0	2.0
	10	0.25	2.2	−0.0	5.0	0.0
A2교	1	2.87	−1.9	−0.0	4.0	0.0
	2	1.26	−0.0	20.8	0.0	433.0
	3	0.91	3.2	−0.0	10.0	0.0
	4	0.71	0.0	7.3	0.0	53.0
	5	0.67	−27.7	−0.0	767.0	0.0
	6	0.49	1.9	−0.0	4.0	0.0
	7	0.44	−0.0	9.4	0.0	88.0
	8	0.31	−0.1	−0.0	0.0	0.0
	9	0.28	−0.0	1.4	0.0	2.0
	10	0.25	1.1	−0.0	1.0	0.0

(b) 3 경간 연속 사장교, B-Bridge

Mode	Natural Period (sec)	Mode Participation Factor		Effective Mass(tf·m/sec)	
		Longitudinal	Vertical	Longitudinal	Vertical
1	4.61	0.0	10.0	0.0	103.0
2	3.21	-8.8	0.0	77.0	0.0
3	2.11	31.4	0.0	983.0	0.0
4	1.93	-0.0	17.0	0.0	288.0
5	1.73	2.7	0.0	7.0	0.0
6	1.47	0.0	15.5	0.0	239.0
7	1.11	-0.6	0.0	0.0	0.0
8	0.97	-0.0	0.3	0.0	0.0
9	0.90	0.2	-0.0	0.0	0.0
10	0.84	-0.0	8.0	0.0	6.4

[그림 12.7.28(a)(b)]는 A1교의 5번째와 6번째 모드형상을 나타낸 것이며, 고유주기는 모드 5에서 0.52초, 모드 6에서 0.48초이고, 종방향에서 첫 번째와 두 번째의 모드가 탁월함을 알 수 있다. A1교는 종방향에서 근접한 고유주기인 두 탁월한 모드를 갖기 때문에 나타나는 두 모드간의 모드결합에 대해서는 다음 절에서 논하게 될 것이다. [그림 12.7.28(c)]에 나타낸 A2교량의 모드 5 형상은 [표 12.7.5-1]에 보인 것과 같이 탁월한 모드 5(고유주기 0.67초)를 갖는다. A2사장교는 종방향에서 한 개의 탁월한 모드 5만 갖고 있으며, 단위 종방향 운동에 관계된 수직진폭은 A1교보다 더 작다.

한편, [그림 12.7.28(d)]는 B교의 모드 3의 형상을 나타낸 것이며, 종방향에서 고유주기가 2.11초인 매우 탁월한 모드이다. 종방향에 2.11초에 근접한 고유주기를 갖는 다른 탁월한 모드는 존재하지 않는다.

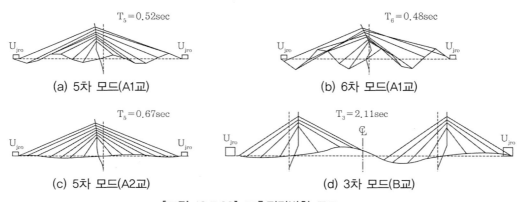

(a) 5차 모드(A1교)   (b) 6차 모드(A1교)
(c) 5차 모드(A2교)   (d) 3차 모드(B교)

[그림 12.7.28] 교축직각방향 모드

2) 가동지점에서 마찰력을 고려

식 (12.7.16)에 정의한 마찰계수 μ는 3가지 모델(A1교, A2교, B교)에 대해 단부의 가동지점에서 0.1과 0.2로 가정하였다. 그리고 [표 12.7.6]에 나타낸 8가지 경우에 대해 해석하였다. 8가지 모든 경우에 대해 양단에서 주형의 초기 측면변위는 모두 30cm로 가정하였다.

[표 12.7.6] 해석 Case

(a) 2 경간 연속 사장교, A-Bridge

Case	Model	Natural Mode Specified	Natural Period(sec)	Coefficient of Friction μ
1	A1교	5th	0.52	0.1
2				0.2
3		6th	0.48	0.1
4				0.2
5	A2교	5th	0.67	0.1
6				0.2

(b) 3 경간 연속 사장교, B-Bridge

Case	Model	Natural Mode Specified	Natural Period(sec)	Coefficient of Friction μ
1	B교	3rd	2.11	0.1
2				0.2

[3] 가동지점에서 에너지소산의 영향

[그림 12.7.29]는 주형의 단부에서 자유진동의 감소와 식 (12.7.17)에 의해 결정되는 임계 모드 감쇠비 h를 나타내었다. 자유진동은 시간에 따라 거의 선형적으로 감소함을 보이고 있음에도 불구하고, 그러한 선형감소로부터 조금 변화한다. 그러므로 감쇠비 h는 시간의 변화에 따라 계속되는 탁월 진폭(peak amplitude)을 기초로 한 식 (12.7.17)로부터 직접 결정된다. 이것은 A1교의 5번째와 6번째 모드에 대해 특히 중요하다. 그러므로 감쇠비 h는 다음과 같이 자유진동의 계속적인 탁월의 선형적 근사를 기초로 결정된다.

$$k = \frac{\sum a_m t_m - (\sum a_m \sum t_m)/n}{\sum t_m^2 - (\sum t_m)^2/n} \qquad (12.7.18)$$

여기서, k는 자유진동의 기울기(탁월을 line least-square-fitting한 기울기), t_m은 계속적 탁월

a_m이 나타내는 시간, n은 각각 고려된 탁월수이다. 자유진동의 기울기 k로부터 진폭 a_{m+1}은 다음과 같이 구할 수 있다.

$$a_{m+1} = a_m - T \cdot k \tag{12.7.19}$$

여기서, T는 자유진동의 고유주기를 나타낸다. 식 (12.7.19)를 식 (12.7.17)에 대입하여 감쇠비 h를 구할 수 있다. 이렇게 하여 결정된 감쇠비 h는 [그림 12.7.29]에 나타내었다. 이 결과는 식 (12.7.17)에 의해 결정된 감쇠비의 일반적 경향과 잘 일치한다.

[그림 12.7.29]를 자세히 보면 식 (12.7.17)로 결정한 감쇠비의 변화는 다른 경우(A2교와 B교)보다 A1교의 5번째와 6번째 모드에서 상당히 크다. 두 모드는 인접한 고유주기를 갖기 때문에 그러한 감쇠비의 변화는 5번째와 6번째 모드의 결합에 기인한다. 즉, 초기변위와 초기가속도가 5번째 모드나 6번째 모드의 모드형상에 따라 정해지므로, 두 모드의 결합은 십중팔구 5번째와 6번째 모드간의 모드결합에 의해 일어난다. 식 (12.7.17)로 감쇠비 h가 변화가 결정된다.

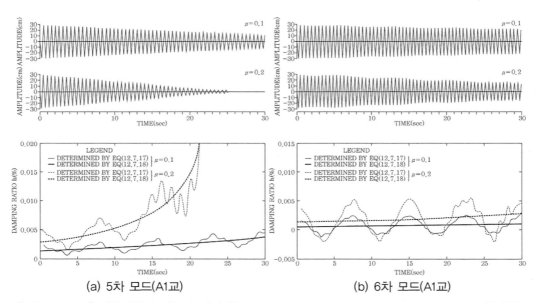

(a) 5차 모드(A1교) (b) 6차 모드(A1교)

[그림 12.7.29] 자유진동의 감소와 감쇠비(Decay of Free Oscillation and Damping Ratio)(계속)

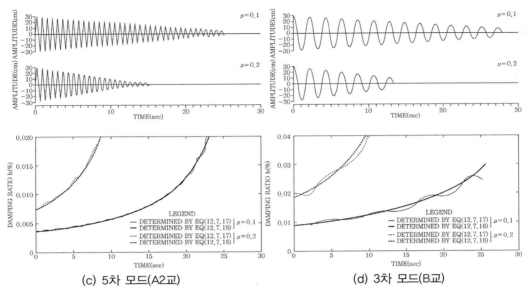

(c) 5차 모드(A2교) (d) 3차 모드(B교)

[그림 12.7.29] 자유진동의 감소와 감쇠비(Decay of Free Oscillation and Damping Ratio)

[그림 12.7.30]은 [그림 12.7.29]로부터 결정된 감쇠비와 변위진폭의 관계를 나타낸 것이다. 다음 절에서 논의하게 될 예측된 감쇠비에 대해서도 [그림 12.7.30]에 포함되어 있다. 특히 중요한 것은 감쇠비에 의존하는 진폭이다. 즉, 감쇠비는 자유진동진폭의 감소에 따라 증가한다. 이러한 경향은 사장교의 감쇠특성에 대해 고려한 것과는 반대이다. 감쇠비는 진폭의 감소에 따라 증가하는 경향이 있지만, 자유진동은 가동지점에서 발생하는 힘이 마찰력보다 작을 때의 시간에서 끝나기 때문에 확실한 한계를 갖는다.

감쇠비 h는 모드에 따라 변화한다. 예를 들면, [그림 12.7.30(a)(b)]에 나타낸 것과 같이 A1교의 감쇠비는 6번째 모드보다 5번째 모드에서 더 크다. 감쇠비는 마찰계수 μ의 증가에 따라 거의 선형적으로 증가한다.

[표 12.7.7]은 3가지 사장교에 대한 종방향 자유진동으로부터 구해진 감쇠비를 요약한 것이다. 30cm 변위진폭에 대해 마찰계수가 0.1인 경우의 감쇠비는 A1교에 대해서는 0.0007(6번째 모드)에서 0.0016(5번째 모드), A2교에 대해서는 0.0038, B교에 대해서는 0.0092인 범위의 값을 갖는다. 이들 값은 변위진폭의 감소와 마찰계수의 증가에 따라 증가한다.

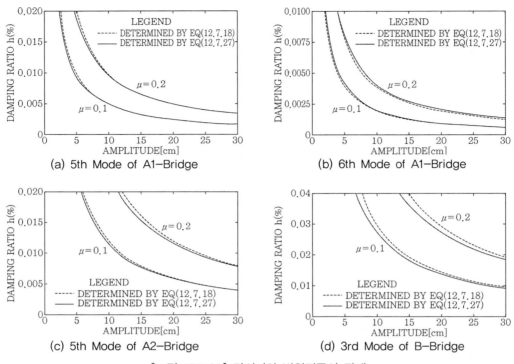

(a) 5th Mode of A1-Bridge   (b) 6th Mode of A1-Bridge

(c) 5th Mode of A2-Bridge   (d) 3rd Mode of B-Bridge

[그림 12.7.30] 감쇠비와 변위진폭의 관계

[표 12.7.7] 가동지점에서 마찰력에 의한 감쇠비

(a) 2 경간 연속 사장교, A-Bridge

Model	Natural Mode Specified	Friction Coefficient	Relative Displacement at Movable Support		
			30cm	20cm	10cm
A1-Bridge	5th	0.1	0.0016	0.0024	0.0049
		0.2	0.0032	0.0049	0.0099
	6th	0.1	0.0007	0.0010	0.0020
		0.2	0.0013	0.0020	0.0039
A2-Bridge	5th	0.1	0.0038	0.0057	0.0117
		0.2	0.0077	0.0117	0.0242

(b) 3 경간 연속 사장교, B-Bridge

Model	Natural Mode Specified	Friction Coefficient	Relative Displacement at Movable Support		
			30cm	20cm	10cm
B-Bridge	3rd	0.1	0.0092	0.0139	0.0292
		0.2	0.0186	0.2880	0.0640

[4] 모드형상으로부터 감쇠비의 평가

t_m에서부터 $t_m + T_j$ 시간 간격 간 j번째 모드의 한 사이클 동안 마찰력에 관계된 에너지소산 ΔE_j^m은 다음과 같이 구할 수 있다.

$$\Delta E_j^m = \int_{t_m}^{t_m + T_j} |F^C| \, dr \tag{12.7.20}$$

여기서, T_j는 j번째 모드의 고유주기를 나타내고, F^C은 식 (12.7.16)에서 정의된 마찰력을 나타내며, r은 가동지점에서 마찰면 간 상대변위를 나타낸다. 주형의 양단에서 가동지점은 강한 하부구조물로 지지된 것으로 가정되었기 때문에, 각 단에서 주형의 변위는 대응하는 가동지점에서 주형과 교각사이의 상대변위를 직접적으로 나타낸다. 그러므로 한 사이클 동안 가동지점에서 에너지소산 ΔE_j^m은 다음과 같이 쓸 수 있다.

$$\Delta E_j^m = 4 \sum_r F^C \cdot u_{j\,r}^m \tag{12.7.21}$$

여기서, $u_{j\,r}$은 시간 t_m에서 j번째 모드에 따른 절점 r에서 변위를 나타낸다. 한편, j번째 모드에 상당하는 교량의 운동에너지 E_j는 다음과 같이 구할 수 있다.

$$E_j^m = \frac{1}{2} \omega_j^2 \sum_i m_i (u_{j\,i}^m)^2 \tag{12.7.22}$$

여기서, ω_j는 j번째 모드의 각진동수이고, m_i는 절점 i에서 집중질량이다. 다음과 같이 정의된 계수 Γ_j^m를 도입한다.

$$u_{j\,i}^m = \Gamma_j^m \psi_{j\,i} \tag{12.7.23}$$

여기서, $\psi_{j\,i}$는 절점 i에서 j번째 고유모드의 진폭을 나타내며, 식 (12.7.23)을 식 (12.7.21)과 식 (12.7.22)에 대입하면, 다음과 같은 식을 얻을 수 있다.

$$\Delta E_j^m = 4 \Gamma_j^m \sum_r F^C \cdot \psi_{j\,i} \tag{12.7.24}$$

$$E_j^m = \frac{1}{2} \omega_j^2 (\Gamma_j^m)^2 M_j \tag{12.7.25}$$

여기서, M_j는 다음과 같이 정의되는 j번째 모드의 일반화된 질량을 나타낸다.

$$M_j = \sum_i m_i (\psi_{j\,i})^2 \tag{12.7.26}$$

그러므로 1-자유도계 시스템의 아날로지를 통한 등가 감쇠비 h_j는 j번째 모드에 대해 다음과 같이 얻을 수 있다.

$$h_j = \frac{1}{4\pi} \frac{\Delta E_j^m}{E_j^m} \tag{12.7.27}$$

식 (12.7.24)와 (12.7.25)을 식 (12.7.27)에 대입하면, 다음 식을 얻을 수 있다.

$$h_j = \frac{2}{\pi \cdot \omega_j^2 \cdot \Gamma_j^m \cdot M_j} \sum_r F^C \cdot \psi_{j\,r} \tag{12.7.28}$$

[그림 12.7.29]에 보인 것과 같이 자유진동에서 Γ_j^m는 시간에 따라 거의 선형적으로 감소한다. 또한, 시간증가에 따라 감쇠비 h도 증가하고 있다. 이것은 자유진동에서 일어나는 진폭의 감소에 따라 감쇠비가 증가하기 때문이다. 식 (12.7.28)에 의해 결정된 예측된 감쇠비에 대응하는 주형의 단부에서 변위진폭의 관계를 비선형 시간응답해석에 의해 구한 값과 비교하여 [그림 12.7.30]에 나타내었으며, 이 그림에서 둘 사이에 잘 일치함을 알 수 있다. 그러므로 식 (12.7.28)은 가동지점에서 마찰력이 작용하는 사장교의 감쇠비를 구하는 데 사용될 수 있음을 알 수 있다.

[5] 정리

사장교의 감쇠특성을 연구할 목적으로 가동지점에서 마찰력이 작용하는 종방향 자유진동에 관계된 감쇠비는 3가지의 사장교에 대해 비선형 동적응답을 사용하여 검토하였다. 또한 사장교의 모드형상으로부터 감쇠비를 구하는 해석적 방법을 제안하였다.

본 연구에서 적용한 해석 예에서 다음과 같은 결론을 내릴 수 있다.

1. 가동지점에서 마찰력에 관계된 에너지소산은 자유진동의 진폭의 감소에 따라 교량의 감쇠비가 증가하였다.

2. 감쇠비는 모드형상에 따라 변한다. 그러므로 사장교의 감쇠특성은 모드형상을 기초로 주의하여 결정하여야만 한다.

3. 가동지점에서 에너지소산에 관계된 감쇠비는 가동지점에서 마찰계수의 증가에 따라 선형적으로 증가한다.

4. 종방향 진동에서 가장 탁월한 모드에 따른 감쇠비는 30cm 변위진폭에 대해 A1교는 0.0007~0.0016, A2교는 0.0038, B교는 0.0092이다.

5. 모드형상을 기초로 한 식 (12.7.28)으로 예측된 감쇠비는 비선형 동적응답해석으로 구한 것과 잘 일치하므로 제안한 단순화시킨 식 (12.7.28)은 가동지점에서 마찰이 작용하는 사장교의 감쇠비를 구하는 데 사용할 수 있다.

참고문헌

1) Kawashima, K. and Unjoh S. (1992.1). *Damping Characteristics of Cable-Stayed Bridges for Seismic Design*, Technical Report, Vol.187, PWRI.

2) Kawashima, K., Unjoh S. and Azuta T. (1990.4). "*Analysis of Damping Characteristics of Cable-Stayed Bridges Based on Strong Motion Records*", Proc. JSCE, Structural Eng./Earthquake Eng., Vol.7, No.1, pp.181~190.

3) Narita N. (1978.3). Forced Vibration Test of Suigo Bridge, Technical Note, Vol.1349, PWRI.

4) Kawashima, K. and Unjoh S. (1989.4): "*Damping Characteristics of Cable-Stayed Bridges Associated with Energy Dissipation at Movable Supports*", Proc. JSCE, Structural Eng./Earthquake Eng., Vol.6, No.1, pp.145~152.

5) Kawashima, K., Unjoh S. and Azuta T. (1988.8): "*Damping Characteristics of Cable-Stayed Bridges*", Proc. 9th World Conference on Earthquake Eng., Tokyo/Kyoto, Japan.

6) Yamahara H. (1965): "*Investigation on Vibrational Properties of Foundations and Structures on Elastic Medium*", Proc. Architectural Institute of Japan, Vol.115, pp.6~14.

7) Kawashima, K. and Unjoh S. (1991.5). *"Estimation of Damping Characteristics of Cable−Stayed Bridges for Seismic Design"*, Proc. 7th U.S.−Japan Bridge Workshop, Tsukuba, Japan.

8) Japan Road Association (1986.3). *Design and Construction of Meikonishi Bridge*, (in Japanese).

9) Kawashima, K. and J. Penzien(1976). *Correlative Investigation on Theoretical and Experimental Dynamic Behavior of a Model Bridge Structure*, Report No. EERC 76−26, Earthquake Engineering Research Center, University of California, Berkeley.

10) Kawashima, K., Unjoh S. and Azuta T.(1986). *Seismic Design Procedure of Cable−Stayed Bridges*, Part 1, Dynamic Characteristics of Cable−Stayed Bridges from Field Vibration Test Results, Vol.2388. Technical Memorandum of PWRI.

11) Tada, H. (1986). *The Trends of Construction Technique of Cable−Stayed Bridges*, Vol.2292, Technical Memorandum of PWRI.

12) Itoh, M. and Katayama, T. (1965). *"Damping of Bridge Structures"*, Proc. JSCE, Vol.177.

13) Itoh, M. (1986). *"Damping Characteristics of Bridge Superstructures"*, KABSE, Vol.1.

14) Kato, M. and Shimada, S. (1981): *"Statistical Analysis on the Measured Bridge Vibration Data"*, Proc. JSCE, Vol.311.

15) Kuribayashi, E. and Iwasaka, T. (1972). *"Dynamic Properties of Highway Bridges"*, 5th WCEE.

16) Narita, N. (1978): *"Fundamental Investigation on Wind Resistance Design of Cable−Stayed Bridge with Solid Cross Section"*, Ph.D. Thesis, Univ. of Tokyo.

17) Bathe, K.J., Wilson, E.L. and Iding, R.H. (1974). *NONSAP−A Structural Analysis Computer Program for Static and Dynamic Response of Nonlinear System*, Report No. UC SESM 74−3, Structural Engineering Laboratory, Univ. of California, Berkeley.

18) Bathe, K.J., Ozdemir, H. and Wilson, E.L. (1974): S*tatic and Dynamic Geometric and Material Nonlinear Analysis*, Report No. UC SESM 74−4, Structural Engineering Laboratory, Univ. of California, Berkeley.

19) Mondkar, D.P. and Powell, G.H. (1975). *ANSR−I General Purpose Program for Analysis of Nonlinear Structural Response*, Report No. UC EERC 75−37, Earthquake Engineering Research Center, Univ. of California, Berkeley.

20) Wilson, E.L., Farhoomand, I. and Bathe, K.J. (1973). *"Nonlinear Dynamic Analysis of*

Complex Structures", International Journal of Earthquake Engineering and Structural Dynamics, Vol.1, pp.241~252.

21) Lazan, B.J. (1968). *Damping of Materials and Members in Structural Mechanics*, Pergamon.

22) Iwasaki, T., Kawashima, K. and Unjoh S. (1987). "*Damping Characteristics of Cable-Stayed Bridges*", Proc. 3th U.S.-Japan Bridge Workshop, pp.137~151.

23) Myong-Woo Lee, Woo-Sun Park and Young-Suk Park (1991). "*Dynamic Analysis of Guyline in the Offshore Guyed Towers Considering Sea Bed Contact Conditions*", Journal of Korean Society of Coastal and Ocean Engineers, Vol.3, No.4, pp.244~254.

24) H. M. Ali and A. M. Abdel-Ghaffa (1995). "*Modeling the Nonlinear Seismic Behavior of Cable-Stayed Bridges with Passive Control Bearings*", Computers & Structures, Vol.54, No.3, pp.461~492.

12.8 장대교의 내진설계

12.8.1 반 부채(Semi-Fan)형 사장교의 내진설계[1]

[1] 구조개요

본 요코하마 베이 브리지는 동경항안도로의 일부로 요코하마시의 주요 간선도로인 요코하마고속항안선의 일부로 구성하고, 요코하마항구의 항로를 횡단하는 중앙경간 460m, 교장 860m인 3경간 연속 강사장교로, 주형은 상층과 하층으로 각 6차선을 갖는 복층 바닥판 트러스(Double Deck Truss) 형식이며 상층은 요코하마 시 고속항안선이고, 하층은 국도 357호선이다. 주형의 단면은 상로 상자형, 수직재, 하로 가로주형으로 이루어진 라멘구조로 상로 상자형은 폭 32m, 높이 3m의 강상판 다-박스형(Steel Deck Multi-Box Girder) 구조에 트러스 상현재와 합성되어 교축방향의 주형 작용 응력을 부담하는 외에 트러스 주구간격 31m를 지간으로 하는 라멘 가로보로서 교축직각방향 응력도 부담한다. 하로 가로보는 트러스 주구의 하부 가로보의 역할과 하층의 강상판형을 지지하는 가로보로 되어 있다([그림 12.8.1]).

주탑의 형상은 내측으로 경사진 H형 라멘구조이며, 반-부채형 다-케이블(Multi-Cable)형식으로 11단으로 배치되었다.

주형은 온도응력을 개방하고 지진력을 경감시키기 위해 주탑부에는 주탑-링크(Tower-Link)로,

단교각부에는 단-링크(End-Link)로 지지되어 있고, 교축방향의 고유주기를 지진에 의한 지동의 주기보다 충분히 길게 한 면진구조로 되어 있다. 이와 같은 지지점 가동인 지지형식으로 하면 지진시의 교축방향변위가 크게 되므로 길이가 짧은 링크의 거동실험이나 수치해석을 수행하여 교축방향의 변위를 제어하기 위해 링크길이 2m인 짧은 주탑-링크를 채용하고 있다.

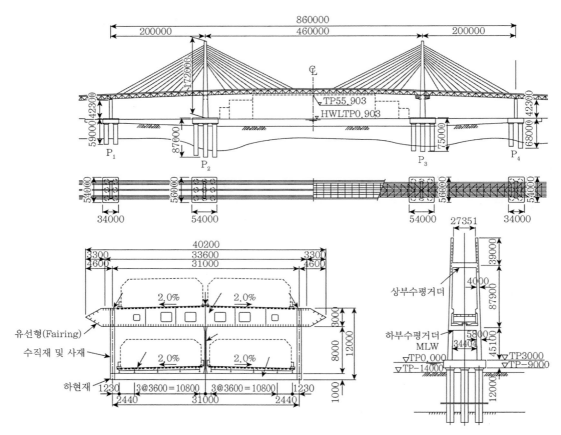

[그림 12.8.1] 요코하마 베이 브리지의 일반도

하부구조는 직경 10m, 내경 7m인 콘크리트 원형기둥을 기초기둥으로 한 다-기둥식 기초이다. 주탑 부분은 기초기둥 9본, 단부는 기초기둥 6본으로 구성되어 있다([그림 12.8.2]).

교량가설지점의 지지지반은 신제3기 3포층인 지반이고, 그 위에는 홍적세 전기에서 충적세 사이에 형성된 보통 이상 연약한 실트층 40~60m의 두께로 퇴적되어 있는 연약지반이다([그림 12.8.3]). 그러므로 기초기둥의 깊이는 해면에서 84m에 달한다.

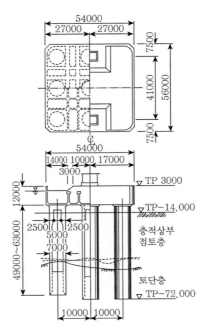

[그림 12.8.2] 기초구조 일반도

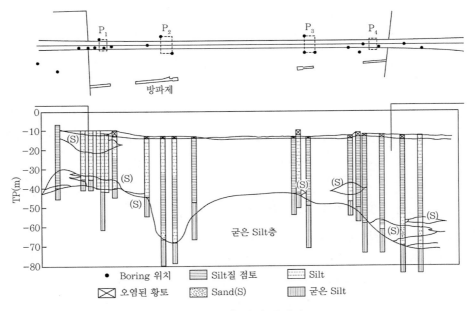

[그림 12.8.3] 지질 종단면도

[2] 내진설계의 고려 방법

구조계가 간단한 교량은 수정진도법에 의한 내진설계를 수행하는 경우가 많지만, 사장교와 같이 구조계가 복잡한 경우에는 동적해석에 의한 지진 시 거동을 평가하는 것이 바람직하다. 동적해석은 응답치가 입력지진동에 영향을 미치는 것, 설계방법이 번잡하다는 이유로 부재단면의 결정에는 수정진도법을 사용하고, 동적해석에 의해 전체 구조계의 내진성을 판단하는 것이 지금까지의 일반적인 내진설계방법이다.

그러나 본 요코하마 베이 브리지의 내진설계에 대해서는 다음과 같은 이유에 따라 수정진도법과 동적해석을 병용하는 것으로 하였다.

1. 구조계가 복잡하므로 고차의 진동모드가 크게 동적거동에 기여할 가능성이 있고, 이것에 대해서는 수정진도법으로 평가하기 어렵다.
2. 지반이 연약하고, 기초와 구조물의 상호작용의 영향을 고려하고, 상·하부 전체 구조계의 거동을 파악하여 내진설계할 필요가 있다.
3. 면진설계로 채용한 링크에 의한 지지형식의 효과와 교축방향의 변위에 대해 확인할 필요가 있다.
4. 주형은 복층 바닥판(double deck) 구조로 주형의 질량이 상층과 하층으로 나누어 분포하고 있고, 교축직각방향지진이 작용할 때, 상층의 상자형 주형과 하층의 구조가 서로 다른 위상으로 진동할 가능성이 있다.
5. 동적해석에서 지진 시 수평력이 주형, 주탑이나 단부교각, 기초에 전달되어 전체구조의 강성의 균형(balance)을 놓칠 수 있다.
6. 주형이 트러스부재이므로 트러스부재로 동적해석 모델을 작성하면 절점수가 보통 이상으로 많아지기 때문에 주형에 대해서는 어느 정도 간략화시켜 모델화하여야 하며 부재의 설계단면력을 충분할 정도로 평가하지 못할 가능성이 있다.

동적해석에는 응답스펙트럼법과 시각이력응답해석법이 있지만, 시각이력응답해석법은 입력지진파에 의해 응답치가 크게 변하므로 부재단면의 설계에는 사용하지 않고, 부재단면의 설계는 수정진도법과 응답스펙트럼법을 사용하여 동적해석을 수행하고, 시각이력해석방법의 결과에 의해 구조 전체의 지진 시 거동, 지반과의 상호작용의 영향을 평가하는 것으로 하였다. 내진설계의 순서를 [그림 12.8.4]와 같이 정하였다.

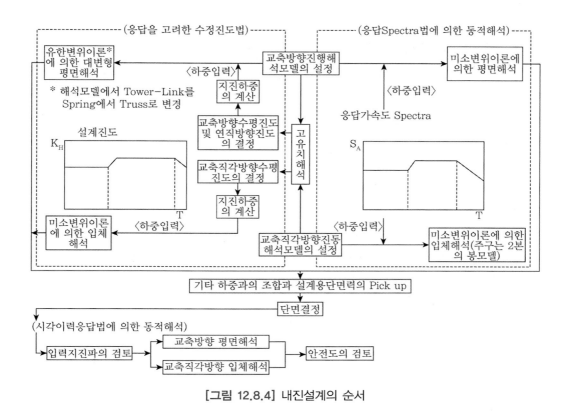

[그림 12.8.4] 내진설계의 순서

[3] 입력지진

(1) 입력지진파의 최대 가속도

동적해석에 사용한 입력지진파의 최대 가속도는 지반면에 160Gal로 하였다. 이것은 일본 건설성 토목연구소에서 채용해온 최대 가속도에 중점을 둔 지진위험도해석법에 따라 과거에 발생한 지진을 검토하여 구한 1종 지반표면의 값 200Gal을 기준으로 하고 있다. 즉, 본 교량의 가설지점과 같이 지반이 지중심부에 있을 경우에는 지반에 따른 증폭의 영향을 고려하여야 하므로 각 관계기관에서 실시하고 있는 경질지반 내의 지진동의 전파특성에 대한 지중관측결과([표 12.8.1])를 참고로 하여 $A_{max}^{\circ} = 200 \times (0.4 - 0.8) = 80 \sim 160$Gal로 추정하고 입력지진파의 최대 가속도를 160Gal로 하였다 ([그림 12.8.5]).

[표 12.8.1] 지진동의 전파특성

	위치	심도	A°_{max}/A_{max}
1	建設省 神奈川縣 觀音埼	80m	0.8
2	奧利根須田貝發電所	38m	0.45〜0.50
3	東電鬼怒川發電所	67m	0.40〜0.50
4	日立鑛山	300m	0.5

(2) 입력지진동

1) 응답스펙트럼법

본 교량의 설계에 대해서는 현지에서 얻어진 주요 지진기록을 바탕으로 응답가속도스펙트럼곡선을 계산·검토하여 [그림 12.8.6]에 나타낸 응답가속도스펙트럼곡선으로 설정하였다. 더욱 기초와 지반의 상호작용의 영향은 응답가속도스펙트럼곡선에 고려하였다. 그렇게 하여 해석모델은 상부구조-하부구조계의 모델로 하였다.

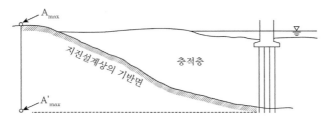

[그림 12.8.5] 기반에 대한 최대 가속도의 추정

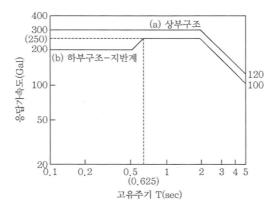

[그림 12.8.6] 응답가속도스펙트럼곡선(지진동의 최대 가속도 160Gal)

2) 시각이력해석법

시각이력응답해석의 경우에는 실지진파를 기초에서 최대 160Gal로 환산하여 입력하는 것으로 하였다. 그 때문에 기초지반보다 위의 상층의 영향을 고려하기 위해서는 기초주변지반의 영향을 모델에 합하고, 상부구조-하부구조-지반계의 모델을 사용하여 해석하였다.

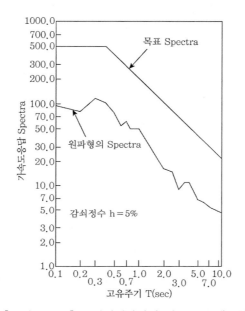

[그림 12.8.7] 모의지진파작성 및 목표스펙트럼

입력지진파로는 다음과 같은 3개의 지진파를 사용하였다.

① 1978.6.12 궁성현 충지진개북교주변 지진기록
② 1985.10.4 성·천엽현 경대흑부두 기록
③ 모의지진파

더욱 ①은 암반상에 기록된 파형이며, 비교적 단주기성분이 탁월하다. 또한 ②는 가교지점에 기록된 파형이며, 비교적 장주기성분을 많이 포함되어 있다. ③의 모의지진파는 ②의 강진기록을 원파형으로 하여 [그림 12.8.7]에 나타낸 목표스펙트럼에 적합하게 수정하여 작성한 지진파이다.

[4] 설계에 사용되는 수정진도

사장교는 주형 구조계, 주탑 구조계, 케이블 구조계로 여러 가지 고유주기가 다른 부재로 구성되어 있다. 그러므로 지진 시에는 각각의 계가 섞여 혼란하고 복잡한 동적거동을 나타내고, 저차의 진동모드만 아니라 고차의 진동모드가 응답에 영향을 미친다. 여기서 부재에 작용하는 수정진도의 결정에 있어서도 고유치해석의 결과로 얻어진 고유주기, 모드형상, 자극계수를 기본으로 하여 [그림 12.8.8]에 나타낸 것과 같이 주형, 주탑, 단부교각, 각각 부재별로 수정진도를 정하였다. [그림 12.8.8] 중에는 수정진도를 정할 때에 기본으로 한 모드차수([그림 12.8.12], [그림 12.8.13] 참조)도 병기하여 나타내었다. 그중에 종래 검토되지 않은 교축방향지진에 의한 연직진도를 결정한 것은 진동모드 3([그림 12.8.12] 참조)에 나타낸 교축방향지진에 의한 주형의 비대칭 상하진동의 영향을 고려하기 위한 것이다.

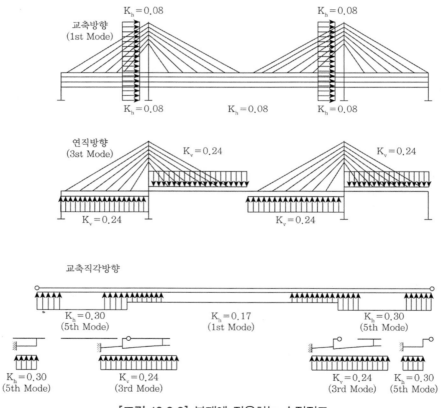

[그림 12.8.8] 부재에 작용하는 수정진도

[5] 응답스펙트럼에 의한 동적해석

(1) 해석모델

해석모델은 [그림 12.8.9]에 나타내었지만 본 교량의 특성에서 특히 유의하여 모델화한 부재는 다음과 같다.

1) 교축방향의 해석모델에 대한 주탑-링크부재

주형은 주탑부에 짧은 주탑-링크에 의해 지지되어 있다. 그로 인해 주형이 교축방향으로 이동하면 주탑-링크에는 다음 식으로 된 복원력이 발생하고, 주형과 주탑이 탄성 결합된 거동을 나타낸다.

$$H = \frac{\delta_H}{\sqrt{1-(\delta_H/L)^2}}\left[\frac{V_0}{L} + K\left(1 - \sqrt{1-\left(\frac{\delta_H}{L}\right)^2}\right)\right] \tag{12.8.1}$$

여기서, H : 수평방향복원력

V_0 : 링크에 작용하는 주형변위 전의 초기축력

L : 링크길이

K : 주형의 연직방향 스프링강성

δ_H : 주형의 변위

위의 식에서 나타낸 수평방향복원력과 변위의 관계는 [그림 12.8.10]에 나타낸 것과 같이 비선형의 관계에 있지만, 예비계산으로 주형의 수평변위를 70cm 정도로 추정하고, 그 때의 활선구배에서 스프링 정수 1,000tf·m의 선형스프링에 주형과 주탑을 결합하고, 주탑-링크부재로 모델화하였다.

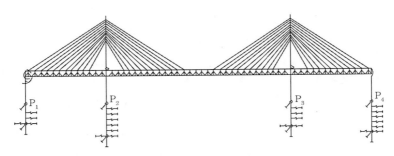

[그림 12.8.9] 응답스펙트럼법에 의한 경우의 해석모델(계속)

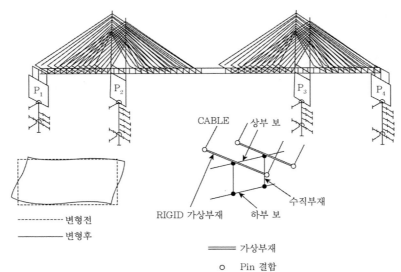

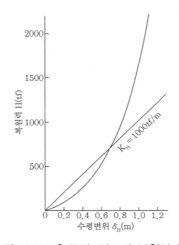

주) 시각이력응답해석을 하는 경우에는 기초 부분에 지반의 질량을 스프링으로 결합한 모델

[그림 12.8.9] 응답스펙트럼법에 의한 경우의 해석모델

[그림 12.8.10] 주탑–링크의 복원력 특성

2) 교축직각방향 모델에 대한 주형 트러스

앞에서 기술한 것과 같이 본 교량의 주형은 복층 바닥판 트러스구조로 되어 있고, 질량이 주형 트러스의 상하 2개소로 분포되어 있기 때문에 주형을 상부와 하부의 2개의 보부재로 나타내고, 그것을 종방향 보로 결합된 것으로 모델화하였다. 이와 같이 하여 주형의 단면변형을 평가할 수 있다.

상부보, 하부보, 종방향보의 강성을 평가한 부재는 [표 12.8.2]에 나타내었다. [표 12.8.3]에는 동적 해석에서 얻은 단면력에서 부재력을 구하는 변환식을 나타내었다.

기타 부재는 종래 일반적으로 사용한대로 모델화하였다.

[표 12.8.2] 상부 보, 하부 보, 종방향 보의 강성을 평가한 부재

구분		강성	평가하는 부재
상부 보	주형 각부재의 강성을 변환한 6방향성분의 강성을 갖는 보요소로 한다.	축방향 단면적	상로상자형과 하현재
		면내 전단저항면적	상로상자형과 사재
		면외 전단저항면적	상로상자형
		순 비틀림정수	주형
		면내 휨강성	상로상자형과 하현재
		면외 휨강성	상로상자형
하부 보	하현재와 하부가로보의 강성을 환산한 2방향 성분의 강성을 갖는 보요소로 한다.	면외 전단저항면적	하부가로보
		면외 휨강성	하현재
종방향 보	상판라멘과 사재의 강성을 환산한 3방향 성분의 강성을 갖는 보요소로 한다. 단, 축변형, 면내·면외의 전단변형은 고려하지 않는다.	순 비틀림정수	사재
		면내 휨강성	상판라멘
		면외 휨강성	사재

[표 12.8.3] 부재력의 변환식(계속)

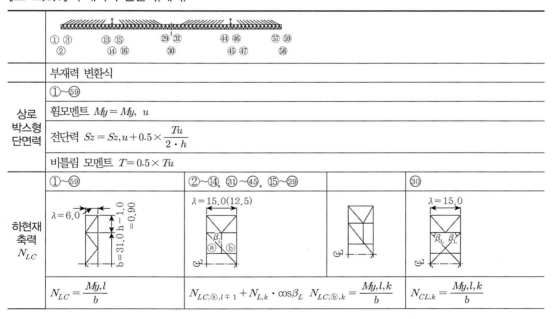

	부재력 변환식			
상로 박스형 단면력	①~㊾ 휨모멘트 $My = My,\ u$ 전단력 $Sz = Sz, u + 0.5 \times \dfrac{Tu}{2 \cdot h}$ 비틀림 모멘트 $T = 0.5 \times Tu$			
하현재 축력 N_{LC}	①~㊾ $N_{LC} = \dfrac{My, l}{b}$	②~⑭, ㉛~㊺, ⑮~㉚ $N_{LC,ⓐ,l \mp 1} + N_{L,k} \cdot \cos\beta_L$ $N_{LC,ⓑ,k} = \dfrac{My, l, k}{b}$		㉚ $N_{CL,k} = \dfrac{My, l, k}{b}$

[표 12.8.3] 부재력의 변환식

	①~㊾	②~⑬, ⑯~㊹, ㊼~㊽	⑭, ⑮, ㊺, ㊻	
사재 축력 N_{LC}	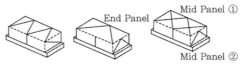			
	$N_d = \dfrac{0.5 \times Tu}{2b \cdot \cos\alpha_p} + \dfrac{Tm}{b \cdot \cos\beta_p}$	$N_d = \dfrac{0.5 \times Tu}{2b \cdot \cos\alpha_p} + \dfrac{Tm}{2b \cdot \cos\beta_p}$		
	①~㊾	②~⑬, ⑯~㉙, ㉛~㊹	⑭, ⑮, ㊺, ㊻	㉚
하부 가로보 축력 N_l		㊼~㊽		
	$N_l = \dfrac{0.5 \times Tu}{8h \cdot \cos\alpha_L} + \dfrac{Sz,l}{4\cos\alpha_L}$	$N_l = \dfrac{0.5 \times Tu}{4h \cdot \cos\alpha_L} + \dfrac{Sz,l}{2\cos\alpha_L}$		$N_l = \dfrac{0.5 \times Tu}{8h \cdot \cos\alpha_L} + \dfrac{Sz,l}{4\cos\alpha_L}$

기호의 설명

My,u : 상부 보의 주 구조 면외휨모멘트
My,l : 하부 보의 주 구조 면외휨모멘트
Tm : 세로 보의 비틀림모멘트
Sz,u : 상부 보의 주 구조 면외전단력
Sz,l : 하부 보의 주 구조 면외전단력

(2) 응답스펙트럼법인 경우의 최대 응답치의 추정법

응답스펙트럼법에 의한 동적해석을 하여 최대 응답치를 RMS(각 모드마다 응답치의 제곱평방근)법으로 계산할 경우, 응답기여율이 높은 복수의 진동모드로 고유주기가 근접하고 있으면 최대 응답치를 과대평가할 가능성이 높다. 이와 같은 오차를 해소할 방법으로는 CQC(완전 2차 결합)법이 있다. [그림 12.8.11]에 2개의 응답스펙트럼법에 의한 응답치와 시각이력응답해석법에 의한 응답치의 비를 나타내었다. 시각이력응답해석법에 사용한 지진파는 [그림 12.8.6]에 나타낸 응답가속도스펙트럼곡선을 목표스펙트럼으로 작성한 모의지진파이다.

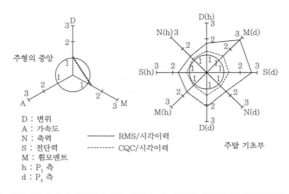

D : 변위
A : 가속도
N : 축력
S : 전단력
M : 휨모멘트
h : P_1 측
d : P_4 측

――― RMS/시각이력
------- CQC/시각이력

[그림 12.8.11] 응답스펙트럼법과 시각이력응답해석법의 비

[그림 12.8.11]에서 주형의 중앙의 응답치에는 큰 오차는 없지만, 주탑 기초부의 응답치에는 RMS법에 의한 경우에는 응답치를 과대로 추정하지만, CQC법을 사용하면 시각이력응답해석에 의한 응답치를 상회하더라도 어느 정도 좋은 정도가 된다는 것을 알고, 설계에 있어서는 CQC법을 사용하였다.

(3) 응답스펙트럼에 의한 지진응답

1) 교축방향지진

① 변위응답

주형의 교축방향 수평변위는 최대 1,184mm이며, 전경간은 대개 일정한 값이다. 이 응답치를 지배하는 모드는 1차의 유동원목진동이다.

주탑의 교축방향변위(최대치)는 주탑의 정상에서 1,239mm, 주탑 기초 부분에서 47mm(P_3 주탑에서 39mm)이다. 주탑 기초 부분의 변위를 지배하고 있는 모드는 9, 10차의 주탑 기초의 진동이다.

주탑과 주형의 주탑-링크 설치점에서 상대변위의 최대치는 800mm이다. 이 값을 주탑-링크의 복원력 특성곡선([그림 12.8.10]에 꼭 맞게 활선의 선형스프링 정수를 계산하면 1,160tf·m이 되어 해석모델의 스프링 정수 1,000tf·m와 거의 같으므로 등가선형모델의 타당성을 확인하였다.

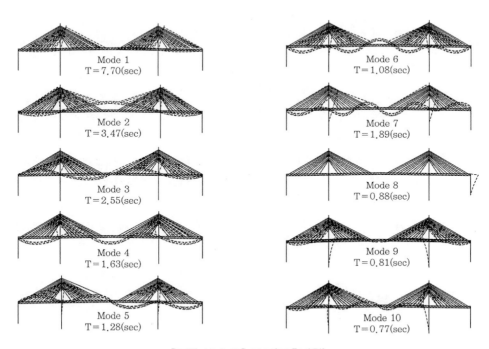

[그림 12.8.12] 모드(교축방향)

② 부재력

상로 상자형 주형의 축력은 1차의 유동원목진동에 의한 것이며, 각 경간의 $L/4$ 점 근처에서 최대치가 된다. 상로 상자형 주형의 휨모멘트에 기여하는 진동모드는 1, 7, 10차의 모드이다.

하현재 축력에 크게 기여하는 모드는 1, 3, 7, 10차의 모드이지만, 상부 상자형 주형과 같이 1차 모드의 기여율이 특히 높다고는 할 수 없다. 주탑의 휨모멘트의 기여율이 높은 모드는 1차 모드이고, 주탑의 전단력의 발생상황은 당연히 휨모멘트와 같은 모양이다. 또한 주탑 기초 부분의 전단력은 그의 75%가 주탑-링크를 끼고 전달되고, 주탑 기초 부분의 축력은 60%가 케이블을 끼고 나머지 40%가 주탑-링크를 끼고 전달된다.

케이블의 축력은 각 케이블마다 다르지만, 기여율이 높은 모드는 1, 3, 7, 10차의 모드이다.

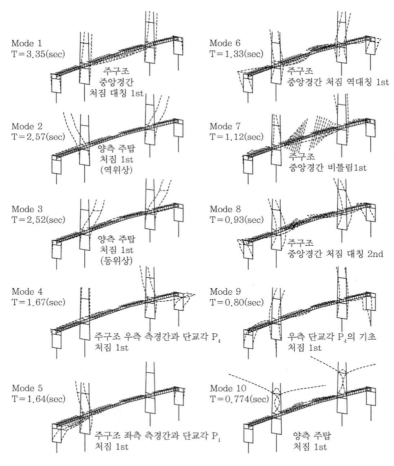

[그림 12.8.13] 모드(교축직각방향)

2) 교축직각방향 지진

① 변위응답

주형(상로 상자형 주형)의 교축직각방향 변위는 중앙경간중앙에서 최대 831mm이다. 단부 교각상단에서는 주형의 강성, 중량이 크기 때문에 단부교각의 변위는 주형의 변위에 추종하는 식으로 운동하고 있다.

주탑의 교축직각방향 변위에 기여하는 모드는 1, 3, 4, 5차의 모드이지만, 주탑 기초 부분은 기초의 진동모드가 크게 기여한다.

② 부재력

주형전체에 작용하는 전단력과 하부 보가 부담하는 전단력을 비교하면, 하부 보에 생기는 지진력은 일반부에서는 종방향 보를 통해 상부 보로 전달되고, 상부 보를 통해 지점부에 전달되지만(다만 일부는 가상의 횡방향 보를 통하여 케이블, 주탑으로 전달 됨), 주탑 및 단부 교각위치에서는 직접 받침을 끼고 주탑 및 단부 교각에 전달된다.

하부 보의 면외 휨모멘트의 최대치는 중앙경간에서는 단순보의 중앙에 집중하중이 작용할 때의 분포형상과 유사하다. 이것은 전단력의 분담에 대해 기술한 것과 같으며, 하부 보의 전단력이 상부 보에 흐르고 있기 때문이다.

주탑 하부의 휨모멘트에 크게 기여하는 것은 윈드받침(Wind Bearing)력이 큰 1, 4, 5차 모드이며, 주탑 중간 부분의 휨모멘트에 크게 기여하는 모드는 3, 4, 5차 모드이다.

주탑의 면외 전단력은 윈드받침력에 의한 것과 주탑 자체의 변형에 의한 것이며 휨모멘트에의 경우와 같다.

[6] 설계단면력

설계단면력은 수정진도법과 동적해석(응답스펙트럼법)에 의한 결과가 큰 값을 채용하였다. 실제 설계에서는 기타 하중과 조합을 고려하여 동적해석의 결과로 단면을 결정한 것은 주탑에는 상부 수평 보, 주형의 상로 상자형 주형 현재부와 횡구 그리고 단부 교각이다([표 12.8.4]). 이들 부재는 어느 곳에서나 많은 진동모드가 무시할 수 없는 비율로 복잡하게 기여하기 때문에 부재(부재 위치)마다 탁월한 진동모드가 다르므로 수정진도법만으로는 지진 시 단면력을 충분한 정도로 평가할 수 없기 때문이다.

[표 12.8.4] 지진의 영향에 의해 단면설계한 부재

구분		부재의 범위와 해석법의 종류
주 구조	상로 상자형	현재부(단부, 모멘트 변곡점을 제외한 QTB)
	하현재	
	사재	
	횡 구조	전 파넬(Panel) QTB
	상판 라멘	지점부근 수 파넬은 QTA, QTB
주탑		하부기둥–QLA하부 수평보–QTA 상부 수평보 및 상부 우각부–QTB
단교각		전 부재 QTB
받침	윈드 받침	전 지점 QTA
	주탑–링크	전 지점 QTA
	단–링크	

주) QLA : 교축방향의 수정진도법
　　QTA : 교축직각방향의 수정진도법
　　QLB : 교축방향의 동적해석
　　QTB : 교축직각방향의 동적해석

[7] 시각이력응답해석에 의한 조사

진동형상은 지반진동이 구조물의 진동과 연성할 경우를 제외하고는 응답스펙트럼에 의한 진동형상과 거의 같은 경향을 나타내었다. 지반진동과 구조물의 상호작용에는 지반이 진동하여 구조물이 지반을 누르는 거동을 나타내어, 주탑 하부의 단면력이 증가하는 경향이 있다.

3개의 지진파를 사용하였지만 원파형은 최대 가속도를 160Gal로 환산하였고, 모의지진파의 경우는 최대 가속도가 285Gal이므로 주요 응답치는 어느 곳에서도 모의지진파를 입력한 측이 큰 결과가 되었다.

시각이력응답해석에 의한 응답치가 응답스펙트럼에 의한 응답치를 상회한 것은 교축직각방향지진 시의 주탑 하부 휨모멘트도 있지만 이 부분은 수정진도법의 교축방향지진에 의해 단면이 결정되어 있어 조사의 결과문제는 없었다.

주형의 교축방향변위는 응답스펙트럼법의 경우에 비교하여 약 50cm 이하로 작고, 주탑–링크에 의한 면진효과가 확인됨과 동시에 지진 시 주형은 그 정도 큰 변위를 갖지 않는 것으로 생각된다.

시각이력해석법에 의한 조사의 결과, 수정진도법과 응답스펙트럼을 사용한 동적해석에 의해 설계한 부재는 내진상 충분히 안전하다는 것이 확인되었다.

[8] 정리

많은 교량의 설계에서 동적해석을 이용한 내진성의 평가가 수행되고 있지만, 일반적으로 동적해석에 의한 부재설계는 수행되지 않고 있다. 그러나 본 문에서 기술한 것과 같이 구조물이 복잡하게 되면, 수정진도법을 결정하는데 있어서도 어느 정도 동적해석의 결과가 필요하다. 그리고 최근 내진설계에 있어서 면진설계가 주목되고 있지만, 앞으로 구조물의 거동평가를 고려할 때, 내진설계에서 동적해석의 중요성은 더욱 증가할 것이다.

본 보고는 1989년 8월 27일에 공용으로 한 요코하마 베이 브리지의 내진설계에 관련된 동적해석을 다룬 것이다.

참고문헌

1) 前田, 和田 (1990.7). 橫濱 Bay Bridgeの耐震設計, 橋梁と基礎.

12.8.2 반-부채형 사장교의 면진설계[10]

일본 대도시 주변의 해안도로가 선박항로를 횡단하는 위치에서는 장대교가 건설되나, 가설지점이 연약지반이므로 항상 수평력에 대해 자정식으로 된 사장교가 건설되는 경우가 많다. 연약지반에 건설되는 장대사장교는 내진설계가 매우 중요하고, 지진력을 경감하기 위해 교축방향의 주형의 지지형식에 대해 많은 연구가 있었으며, 지진력을 경감하는 면진구조의 지지형식이나 구조는 대상 교량의 구조, 규모 등에 따라 다르고, 그 구조의 선정방법에 대해서도 연구 중에 있다.

본 요코하마 베이 브리지는 12.8.1절의 구조개요와 같다.

본 절은 이와 같은 특성을 갖는 요코하마 베이 브리지의 면진구조에 대해 종래 제안된 것을 검토한 결과, 사장교의 지지형식으로 새로운 구조인 짧은 링크를 받침에 사용한 면진효과, 짧은 링크의 복원력 특성, 링크의 회전에 의해 생기는 주형의 연직변위의 영향, 짧은 링크의 변위제어효과 등의 역학적 특성을 명확히 함과 동시에 짧은 링크의 실용성에 대해 검토한 결과를 정리한 것이다.

[1] 여러 가지 지지형식의 비교와 링크지지형식의 제안

종래 제안된 또는 채용해온 교축방향의 지지형식을 들면 [표 12.8.5]에 나타낸 것과 같다. 다음에 지지형식의 각각의 특징을 설명하였다.

[표 12.8.5] 각종 지지형식

교축방향 주형지지형식	대표적인 교량예 [괄호 안은 중앙경간장(m)]	지지조건의 검토 교량의 고유주기(sec)		
		메이고우사이대교	세이구교	학견항로교
단교각부 1점 고정방식	St. Nazaire(404) 히도대교(215)	1.3		
단교각부 탄성 고정방식	히즈세끼도우· 간고구오우교(420)세이구교 (490)		3.9(스프링 정수 6000tf·m)	
주탑부 1점 고정방식	마즈고우대교(250) 육갑대교(220) 다이와센교(355) Luling교(396)	2.2		
주탑부 2점 고정방식	안찌센교(350)	1.4		
주탑부 탄성 고정방식[2]	메이고우사이대교(405) Brotonne(320)	3.0(스프링 정수8000tf·m)	4.6(스프링 정수6000tf·m)	3.0[4](스프링 정수 9600tf·m)
전 지점 가동방식 (1)[1]	Passco-Kennewick(300)			
전 지점 가동방식 (2)	도우신고대교(485) Rande(400) Kohlbrand(325)	8.7		15.2
전 지점 탄성 고정방식[2]				
타정방식[2]	지쯔지지교(2경간교량)[3]		2.95	

주 1) 전 지점 가동방식 1은 주탑에 연직받침을 갖는 형식, 전 지점 가동방식 2는 주탑에 연직받침을 설치하지 않고 주형을 케이블로 지지하는 형식이다.
　2) 주탑부 탄성 고정방식과 전 지점 탄성 고정방식, 타정방식의 경우에도 주탑에 연직받침을 설치하지 않는 형식도 있지만, 여기서는 동일하게 분류하였다.
　3) 지쯔지지교는 2경간, 주탑이 1기이며, 주형은 교축방향 수평받침을 갖고 있다.
　4) 학견항로교의 주탑부 탄성 고정방식의 경우는 주탑 하부(주형보다 아래 방향의 주탑기둥)가 SRC교각인 경우의 값이다.

　단교각부 1점 고정방식 및 주탑부 1점 고정방식은 교량의 규모가 너무 크지 않고 하부구조에 작용하는 지진력이 비교적 작은 경우, 온도응력이 고려 등에 일반적으로 채용하고 있는 지지형식이다. 그러나 교량규모가 커지면 지진력도 커지고, 고정교각의 설계 또는 시공이 어렵다.

주탑부 2점 고정방식은 형하공간이 높은 경우에 강재 주탑(Steel Tower)을 채용하고, 주탑 하부의 유연성에 의해 온도응력을 완화시킬 경우에는 지진력을 2기의 주탑으로 분산할 수 있으므로 합리적인 지지형식이다. 그러나 온도변화에 의한 주형의 신축을 흡수하는 데 필요한 유연성과 지진력을 대처하는 데 필요한 강성을 겸비한 주탑을 설계하는 데 어려움이 있다.

그리고 교량을 장대화하면, 주형의 지지형식을 종래의 고정·동의 조합만의 분류로는 온도응력을 완화시키고, 지진력을 분산하는 상반된 목적을 합리적으로 처리하기가 어려워지므로, 그것을 해결하기 위해서는 주형과 교각을 스프링 결합하는 탄성고정방식이나 전체지점을 가동으로 하는 주형의 흔들림(Sway) 진동의 주기를 장주기화하여 적극적인 면진구조로 하는 지지형식이 고려되어야 한다.

탄성 고정방식에는 단교각부 탄성 고정방식, 주탑부 탄성 고정방식, 전 지점 탄성 고정방식이 있지만, 어느 방식도 주형과 교각을 스프링 결합하여 주형의 흔들림의 고유주기를 장주기화시켜 지진력을 저감하고, 또한 온도변화에 의한 응력을 저감시키는 외에 주형의 지진 시 변위 등을 설계목적에 맞게 스프링 강성을 조정하는 방식이다. 현재로서는 전 지점 탄성 고정방식의 실적은 없지만, 이것은 주탑 부분과 단교각부에 지반조건이 다른지 또는 지반조건이 동일하여도 하부구조의 규모가 주탑부와 단교각부가 다른 것이 일반적이므로, 지진력의 분배율을 파악하고 적정한 스프링 값을 배치하기가 어렵기 때문이다.

전 지점 가동방식은 주탑 부분에 연직반력을 지지하는 받침을 설치하느냐 설치하지 않느냐에 따라 (1), (2)의 방식이 적용된다. 이 방식의 목적은 주형의 흔들림 주기를 지진에 의한 지반진동의 탁월주기보다 충분히 길게 하여 지진력을 저감하는 것이다. 또한 탄성고정방식에서는 탄성 고정장치를 설치하는 장소의 구조상 제약이 있지만, 전 지점 가동방식에서는 그와 같은 구조상 제약은 적다. 그러나 주형의 교축방향변위의 구속도가 작기 때문에 지진 시의 변위가 커지는 것, 활하중 재하 시에 주형의 변형이 커지는 것, 좌굴안정상 주탑의 설계가 불리하게 되는 등의 과제가 있다.

타정방식은 장대사장교에 적용한 예는 없지만, 단부지점 부근의 지반이 양호하다면 채용가능성이 있는 지지형식이다. 측경간의 최상단 케이블을 직접 앵커 등에 정착시키므로 주형의 강성을 높이는 점에 대해서는 효과가 크지만, 최상단 케이블의 장력변동이 크다는 문제가 있다.

이상에 따라 요코하마 베이 브리지의 지지형식은 단교각 부분 탄성고정방식, 전 지점 가동방식 (2)를 고려하여, 이들에 대해 지금까지의 실적이 있는 ① 메이고우사이대교(명항서대교)에 사용된 탄성구속 케이블을 사용하는 주탑부 2점탄성고정방식,[2] ② 히즈세끼도우·간고구도우교(櫃石島橋·岩黑島橋)의 단교각지지에 스프링을 설치한 단지점 분산 탄성 고정방식,[3] ③ 도우진호대교(東神戶大橋)의 전 지점가동으로 하고, 변위를 제한하기 위해 단교각과 측경간 중간에 있는 중간교각상의 지점에 오일 댐퍼(Oil Damper)를 사용하는 방식[4]에 대해, 본 교량에 적용을 검토해본 결과 다음과 같은 문제들이 있다.

1. 탄성구속 케이블방식은 탄성구속 케이블의 설치 가능한 주탑의 수평보가 주형 트러스의 하면에 있으므로 주형측에는 트러스하면의 부재에 설치할 수 없고, 설치부재의 구조설계나 유지관리상의 문제가 있다. 또한 본교주형의 도심은 상로상자형의 하부 플랜지 근처에 있고, 탄성구속 케이블에서 주형에 도입되는 축력은 주형에 부가 휨모멘트를 발생시키므로 합리적인 구조가 될 수 없다.
2. 주형단부와 단부교각을 스프링으로 결합하는 방식은 단부교각도 연약지반상의 높은 교각이며, 단부교각에 지진력을 분산시키는 것은 설계상 곤란하고, 교각형식에는 스프링장치를 설치하기가 어렵다.
3. 전 지점 가동방식으로 하면 변위가 커진다. 변위를 제어하기 위해 측경간 측의 교각을 복수로 하고, 그 교각과 주경간에 댐퍼를 설치하는 계획도, 전국에서 유수한 국제항로에 가설되기 때문에 항만구역의 이용계획상 교각의 증설은 곤란하다.

이와 같은 사항을 고려할 때, 지금까지 실적이 있는 지지형식의 채용은 곤란하다고 판단된다.
한편 현수교의 받침으로 많이 사용되고 있는 링크방식(주탑-링크, 단-링크)도 링크길이를 짧게 할 때 스프링과 같이 복원력 특성을 기대하고, 더구나 복원력은 링크길이를 짧게 할수록, 그리고 링크의 축력을 크게 할수록 커진다는 것에 착안하고, 링크받침을 사용하여 온도응력을 개방함과 동시에 지진에 대해서는 흔들림 진동의 고유주기를 길게 하여 면진구조로 한 뒤에 지진 시에 주형의 축력 방향변위를 제어하기 위해 길이가 짧은 링크를 사용한 지지형식을 채용하였다. 특히 본교의 경우, 주형의 사하중, 휨강성이 크므로 링크방식에 의한 적당한 수평 스프링효과가 얻어지는 것으로 판단하였다.
더구나 짧은 링크받침을 사용할 경우, 링크는 [그림 12.8.14]에 나타낸 주형의 다음과 같은 이동에 따라 추종하는 기능을 가질 필요가 있다.

1. 교축방향의 수평하중에 의해 주형이 교축방향으로 이동한다.
2. 주형의 휨중심과 링크지점이 일치하지 않으므로 활하중 재하 시에 린크는 교축방향으로 이동한다.
3. 교축직각방향의 횡방향 하중이 작용할 때, 주형은 윈드받침을 중심으로 회전하지만, 이것에

따라 링크는 교축방향과 교축직각방향의 2방향으로 변위를 갖는다.

4. 윈드받침의 각 부분에는 간격이 있어 횡방향 하중을 받을 때, 그 간격의 크기만큼 주형이 교축직
   각방향으로 이동하고 주형의 단면변형에 따라 링크는 교축직각방향으로 변위를 갖는다.

이상과 같이 링크는 교축방향, 교축직각방향의 2방향으로 위치이동이 요구되지만, 링크의 길이가
짧을 경우에 교축직각방향의 변위는 링크의 탄성변형으로 흡수하기 어렵기 때문에 2방향으로 회전이
가능한 링크기구를 채용할 필요가 있다.

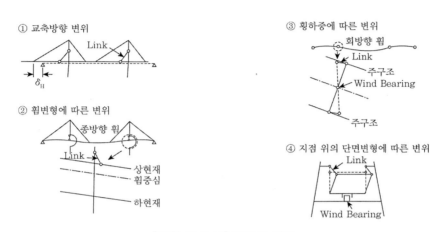

[그림 12.8.14] 링크의 이동

[2] 모형실험에 의한 비교검토와 복원력의 모델화

(1) 모형실험

모형실험의 대상으로 한 지지형식은 주탑부 2점 고정방식과 전 지점 가동방식을 기본으로 하여 이들
지지방식의 중간인 지지형식인 링크방식으로 링크길이가 다른 2종류, 단부교각에 고정하는 5종류이다.

이상의 Case는 케이블의 질량분포의 영향을 무시하고 모델화하였으므로 Case 6으로 케이블의
질량분포를 비교적 충실히 모델화한 Case도 실험하였다. 케이블의 질량이외의 모델제원은 Case 1과
같이 하였다([표 12.8.6]). 그리고 모형의 축척은 요코하마 베이 브리지의 1/36로 하였다.

실험에서 사용한 입력지진파는 ① 1978년 1월 14일 이두대도근해지진(대흑부두의 기록)과 ② 1978
년 6월 12일 궁성현충지진(대흑부두의 기록)을 사용하여 지반과 기초의 상호작용을 고려한 모델로
해석하여 얻어진 주탑 기초 부분의 가속도파형을 상사에 따라 환산한 2종류의 파형이다([그림
12.8.15]).

[표 12.8.6] 실험 Case

Case	개략모형	비고
Case 1 (H)	Pin 지지 접동 Bearing / End-Link	End-Link : 20cm Tower부 Pin 지지 접동 Bearing
Case 2 (M)	Tower-Link / End-Link / 접동 Bearing	End-Link : 20cm Tower-Link : 20cm 접동 Bearing
Case 3 (L8)	Tower-Link / End-Link / 접동 Bearing	End-Link : 20cm Tower-Link : 8cm 접동 Bearing
Case 4 (L12)	Tower-Link / End-Link / 접동 Bearing	End-Link : 20cm Tower-Link : 12cm 접동 Bearing
Case 5 (HP)	End-Link / Tower-Link 접동 Bearing / Pier 상당 Spring	End-Link : 20cm Tower-Link : 20cm 접동 Bearing End-Link부에 Pier 상당 Spring 삽입
Case 6 (HCM)	ADD Mass / End-Link / Pin 지지 접동 Bearing	End-Link : 20cm Tower부 Pin 지지 접동 Bearing Cable에 ADD Mass

(a) 이두대도 근해 지진   (b) 궁성현충 지진

[그림 12.8.15] 입력지진파의 파워-스펙트럼(Power-Spectrum)

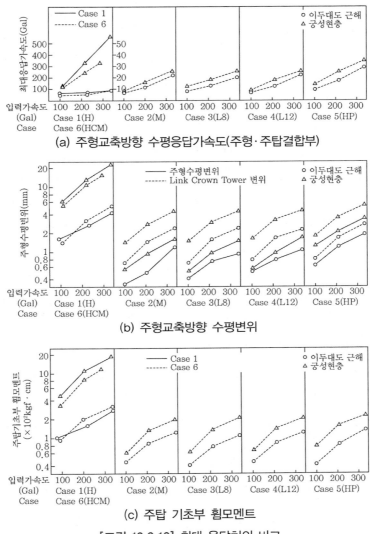

(a) 주형교축방향 수평응답가속도(주형·주탑결합부)

(b) 주형교축방향 수평변위

(c) 주탑 기초부 휨모멘트

[그림 12.8.16] 최대 응답치의 비교

(2) 실험결과

[그림 12.8.16]에는 주요 주목하는 점의 응답크기를 지진입력 레벨을 변화시켜 응답치의 변화를 비교하여 나타내었다. 이들로부터 다음과 같은 것을 알 수 있다.

1. 케이블 질량의 분포를 고려하면, 고유주기는 약간 길게 되고 많은 주목하는 점의 응답치는 약간 작게 얻어졌지만, 그 차이는 작으므로 케이블질량의 분포는 무시할 수 있다.

2. 지진기록을 기본으로 작성한 모의지진파에 의한 응답실험의 결과를 보면, 주형의 교축방향 수 평변위는 주탑부 2점 고정방식일 때가 매우 크다. 이것은 교축방향의 수평강성은 주탑부 2점 고정방식일 때가 매우 크고, 고유진동수가 2.34Hz로 높고, 입력지진동의 탁월진동수와 근접하 고 있기 때문이다.

3. 링크방식을 갖는 구조계의 면진성은 실험범위에서 2점 고정방식보다 교축방향의 응답이 현저히 작고 우수하다는 것을 알 수 있다. 2종류의 지진파를 사용하였지만, 2점 고정방식의 경우에는 입력지진파의 다른 점이 응답치에 크게 영향을 미치고, 링크방식에서는 그 영향이 작다. 응답이 입력지진파에 크게 영향을 미치지 않는 것도 링크방식의 하나의 이점이다.

4. 주탑-링크의 길이에 대해서는 모형실험에는 $L=8$cm(실제교량의 환산길이 $L=3$m), $L=$ 12cm(실제교량의 환산길이 $L=4$m), $L=20$cm(실제교량의 환산길이 $L=7$m)의 어느 경우에 도 그 정도 응답특성에 차이를 보이지 않았다. 이것은 입력지진동의 탁월주기에 비교해 짧은 링크(L_8)를 사용할 경우에도 충분히 장주기화 되어 있고, 전 지점 가동방식과 대개 같은 응답을 나타낸 것이라 생각된다. 그리고 검토해보면, 보다 짧은 링크의 적용성에 대해서도 검토하는 것이 좋다.

5. 단부교각 고정방식에 대해서 주탑부 2점 고정방식의 경우와 비교하면, 주형의 교축방향 수평변 위 및 가속도는 작고, 면진효과는 있으며, 링크방식과 비교하면 주형의 가속도가 크고, 그리고, 단교각과 결합되어 있으므로 단부교각에 작용하는 수평력이 커진다. 또한 지간이 길어지면, 온도변화에 의한 영향이 커지므로 요코하마 베이 브리지에는 적당하지 않는 것으로 판단되어, 면진효과는 있으나 이후의 검토대상에서 제외하였다.

(3) 링크복원력의 모델화

1) 복원력 특성

주형에 교축방향 수평력이 작용할 때 링크는 [그림 12.8.17]에 나타낸 것과 같이 변형한다.

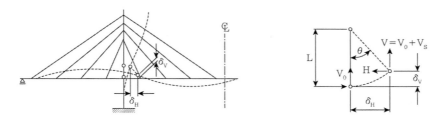

[그림 12.8.17] 링크의 변위

링크축력의 연직성분은 초기축력을 V_0로 하면, 변형에 의해 $V = V_0 + V_S$로 변화한다. 여기서, V_S는 링크의 회전에 의한 연직변위 δ_V에 비례하는 항이며, 다음과 같은 식으로 나타낼 수 있다.

$$V = V_0 + V_S = V_0 + k \cdot \delta_V \tag{12.8.2}$$

여기서, k는 주형중간지점의 연직강성이다. 링크의 길이 L의 변화는 미소하므로 이것을 무시하면 다음과 같은 식을 얻을 수 있다.

$$\begin{aligned} \delta_V &= L \cdot (1 - \cos\theta) \\ \delta_H &= L \cdot \sin\theta \end{aligned} \tag{12.8.3}$$

한편, 링크의 수평방향의 복원력 H는 다음과 같은 식으로 나타낼 수 있다.

$$\begin{aligned} H &= V \cdot \tan\theta \\ &= [V_0 + k \cdot L \cdot (1 - \cos\theta)] \cdot \tan\theta \\ &= V_0 \cdot \tan\theta + k \cdot L \cdot (\tan\theta - \sin\theta) \\ &\fallingdotseq V_0 \cdot (\theta + \frac{\theta^3}{3}) + k \cdot L \cdot \frac{\theta^3}{2} \end{aligned} \tag{12.8.4}$$

$$\therefore \tan\theta \fallingdotseq \theta + \frac{\theta^3}{3}, \ \sin\theta \fallingdotseq \theta - \frac{\theta^3}{6} \tag{12.8.5}$$

모형실험 중에서 정현파 가진실험에 있어서는 특정한 가진주파수에서 링크의 수평변위 δ_H와 링크의 축력 V의 변동에 대해서도 측정하였다. 실험결과를 링크의 수평방향 복원력 H와 링크의 회전각 θ와의 관계로 환산하여 수치해석과 비교하여 [그림 12.8.18]에 나타내었다. 해석모델에 대해서는 모형의 초기완성시의 축력 V_0 =24.6kgf을 사용하여 얻은 $H \sim \theta$곡선을 실선으로, 그리고 실험실시시의 축력 V_0를 사용하여 얻은 곡선을 파선으로 플롯하였다.

이 그림에서 해석모델의 실험결과에 대해 충분히 설명하고 있다. 다만 L=8cm의 결과에서는 실험치가 해석모델치보다 약간 큰 복원력을 나타내고, L=12cm에서는 초기 완성시의 V_0를 사용한 해석모델에 거의 일치하고 있고, L=20cm에서는 실험실시의 V_0를 사용한 해석모델에 거의 일치하고 있다. 실험결과는 링크길이가 짧을수록 해석모델보다 큰 복원력으로 되는 경향을 나타내고 있다.

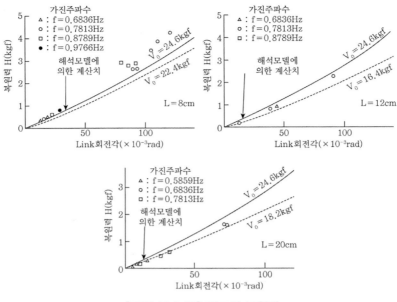

[그림 12.8.18] 링크의 복원력

또한 해석모델을 유한변형이론으로도 검증하였다. 유한변형이론에서는 모형을 역학모델로 환산하여, 하중증분법으로 해석하였다. $L = 8$cm와 $L = 12$cm에 대한 해석결과를 [그림 12.8.19]에 나타내었다. [그림 12.8.19]에는 해석 Model의 관계를 ○, △표시로 플롯하고 있지만 서로의 관계는 잘 일치하고 있음을 알 수 있다.

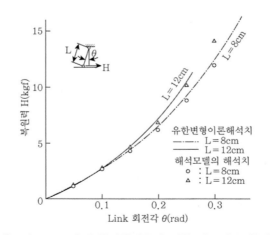

[그림 12.8.19] 유한변형이론에 의한 링크의 복원력

2) 링크복원력의 등가선형 모델

변위의 비선형성이 문제되는 영역에서 선형해석하는 경우에는 먼저 예비계산을 하고 변형 후 링크 축력을 추정하여 다음과 같은 등가선형 스프링으로 주형과 주탑을 결합한 모델로 해석하면 충분하다.

$$k_H = \frac{V}{L} : 할선 \; 스프링계수 \tag{12.8.6}$$

이때 복원력 H는 수평변위 δ_H를 사용하여 다음과 같은 식으로 나타낸다.

$$H = \frac{V}{L}\delta_H \tag{12.8.7}$$

여기서, $V : \delta_H$에 대응하는 링크축력

[3] 수치해석에 의한 비교검토

(1) 해석모델

해석모델은 요코하마 베이 브리지의 제원을 사용한 주형이 2층 구조인 경우와 같은 지간장과 기초 구조를 갖는 주형구조를 6차선 1층으로 하는 경우이다.

해석대상으로 한 지지형식은 주탑부 2점 고정방식, 지점 가동방식, 링크방식과 탄성고정방식이다.

링크방식에 대한 복원력특성(수평방향의 스프링)은 앞의 [3] 2)에서 기술한 등가선형모델을 사용 해 수평 스프링 모델화한다. 그때에 요코하마 베이 브리지의 기본설계를 참고로 하여 링크길이에 관계없이 링크 1본당 링크 축력을 2,000tf로 가정하였다. 또한 1층 구조인 경우에는 일반적으로 링크 에 생기는 연직반력이 작으므로 다른 교량의 연직반력 등을 참고로 하여 링크축력을 1,000tf으로 한 경우의 해석도 하였다.

탄성고정방식에는 히즈세끼도우·간고구도우교(櫃石島·岩黑島橋)에 사용된 스프링을 참고로 하여 주형중량과의 비가 동일한 정도로 되는 스프링강성과 흔들림 진동의 주기를 전자의 1/2로 변화시키 는 의미로 그 4배의 강성을 갖는 스프링 값으로 하였다.

입력지진동은 혼슈시고꾸(本州四國)연락교의 설계에 사용된 혼사이(本西) 스펙트럼을 최대 가속도 160Gal[5), 6)]으로 환산하여 기초지반에 입력하는 응답스펙트럼법으로 해석하였다.

(2) 해석결과

[표 12.8.7]에는 2층 구조의 경우에 대한 수평방향 강성비를, [표 12.8.8]~[표 12.8.11]에는 주요한 응답치를 나타내었다. 이들로부터 다음과 같은 사실을 알 수 있다.

1) 주형의 교축방향 수평강도의 비는 당연하지만 주탑 2점 고정방식이 매우 높고, 전체지점 가동방식이 매우 낮다.

   탄성고정방식은 주탑 2점 고정방식에 가깝고, 링크방식은 전체지점 가동방식에 가까운 결과가 얻어졌다. 즉, 비교적 강한 스프링효과가 필요할 때에는 탄성고정방식이 적합하고, 비교적 유연한 스프링효과가 필요할 때에는 링크방식이 적합하다.

2) 고유진동해석의 결과는 2층 구조인 경우는 주탑 2점 고정방식을 제외하고, 그리고 1층구조인 경우에는 주탑부 2점 고정방식, 탄성고정방식, 링크길이 1.5m이고 링크축력이 2,000tf인 Case를 제외하고는 1차의 진동모드는 흔들림 진동을 한다.

3) 주형의 수평변위는 2층 구조의 경우, 매우 강성이 높은 주탑부 2점 고정방식은 매우 작은 값이 되고, 매우 강도가 낮은 전체지점 가동방식은 매우 큰 값이 얻어졌다.

   1층 구조의 경우는 주탑부 2점 고정방식과 동일한 정도의 크기이지만, 강한 스프링을 사용한 탄성고정방식은 매우 작은 값이 얻어졌다. 링크방식의 수평변위가 50cm 이하이며, 주탑부 2점 고정방식 등에 비교할 때, 수평변위가 크게 된다하더라도 신축이음장치 등이 설계되지 않아 크지 않다.

4) 주탑 기초 부분의 휨모멘트의 응답치는 2층 구조의 경우와 1층 구조의 경우에 주탑부 2점 고정방식이 매우 크고, 그 뒤가 전체지점 가동방식의 값이다.

   주탑 기초 부분의 휨모멘트를 링크방식과 탄성고정방식에 비교하면, 링크방식의 값이 작다. 중간지점 수평반력은 전체지점 가동방식에 나타나지 않는다. 주형의 수평방향강도가 낮을수록 수평반력이 작다.

5) 링크길이를 고찰하면 링크길이를 짧게 할 때, 중간지점의 교축방향 수평반력은 약간 증가하고, 기타 응답치는 동일한 정도이지만 약간 유리한 경향을 나타내었다. 특히 주탑 기초 부분의 휨모멘트는 링크축력 2,000tf, 링크길이 2m인 경우에 최소치가 얻어졌다.

[표 12.8.7] 수평강비

지지 형식		수평강비
주탑부 2점 고정		1/1
전 지점 가동		1/18.6
링크	$L=3\text{m}, \ V=2{,}000\text{tf}$	1/9.63
	$L=1.5\text{m}, \ V=2{,}000\text{tf}$	1/6.55
탄성고정	$K=4{,}000\text{tf}\cdot\text{m}$	1/3.34
	$K=16{,}000\text{tf}\cdot\text{m}$	1/1.76

[표 12.8.8] 고유주기

지지 형식		2층 구조	1층 구조	
2점 고정		3.21(2.91*)sec	5.00(3.95*)sec	
전 지점 가동		11.41*(3.42)sec	13.68(5.57*)sec	
링크	축력(tf)	2,000sec	1,000sec	2,000sec
	$L=3.0\text{m}$	7.99*(3.41)sec	8.51(5.54*)sec	6.82(5.51*)sec
	$L=2.5\text{m}$	7.62*(3.41)sec	8.04(5.53*)sec	6.38(5.50*)sec
	$L=2.0\text{m}$	7.17*(3.40)sec	7.47(5.53*)sec	5.88(5.49*)sec
	$L=1.5\text{m}$	6.59*(3.40)sec	6.77(5.51*)sec	5.47(5.30*)sec
탄성고정	유연 스프링	4.66*(3.36)sec	5.37(4.45*)sec	
	강성 스프링	3.46*(3.30)sec	5.21(3.90*)sec	

주) 괄호 밖은 1차 고유주기, 괄호 안은 2차 고유주기, *는 흔들림의 진동모드

[표 12.8.9] 교각방향 수평변위

지지 형식		2층 구조	1층 구조	
2점 고정		20.9(23.5)cm	22.0(19.0)cm	
전 지점 가동		67.9(68.6)cm	76.6(69.3)cm	
링크	축력(tf)	2,000cm	1,000cm	2,000cm
	$L=3.0\text{m}$	49.0(49.9)cm	48.9(46.1)cm	41.5(39.4)cm
	$L=2.5\text{m}$	47.0(47.9)cm	47.4(44.1)cm	39.5(37.7)cm
	$L=2.0\text{m}$	44.6(45.5)cm	44.6(41.8)cm	37.2(36.0)cm
	$L=1.5\text{m}$	41.5(42.5)cm	41.2(39.0)cm	34.7(34.7)cm
탄성고정	연 스프링	31.6(33.3)cm	30.9(35.5)cm	
	강 스프링	25.1(28.4)cm	20.6(21.5)cm	

주) 괄호 밖은 주형변위, 괄호 안은 주탑정상변위

[표 12.8.10] 주탑 기초 부분의 휨모멘트

지지 형식		2층 구조	1층 구조	
2점 고정		91,940tf·m	61,040tf·m	
전 지점 가동		45,050tf·m	26,880tf·m	
링크	축력(tf)	2,000tf·m	1,000tf·m	2,000tf·m
	L=3.0m	42,790tf·m	26,440tf·m	26,550tf·m
	L=2.5m	42,640tf·m	26,600tf·m	25,760tf·m
	L=2.0m	42,530tf·m	26,760tf·m	24,760tf·m
	L=1.5m	42,600tf·m	26,620tf·m	24,810tf·m
탄성고정	연 스프링	44,310tf·m	28,230tf·m	
	강 스프링	58,750tf·m	32,510tf·m	

[표 12.8.11] 중간지점의 수평반력

지지 형식		2층 구조	1층 구조	
2점 고정		2,655tf	1,552tf	
전 지점 가동		–	–	
링크	축력(tf)	2,000tf	1,000tf	2,000tf
	L=3.0m	252tf	139tf	223tf
	L=2.5m	289tf	158tf	252tf
	L=2.0m	335tf	185tf	290tf
	L=1.5m	411tf	224tf	346tf
탄성고정	연 스프링	788tf	443tf	
	강 스프링	1,297tf	861tf	

[4] 링크복원력의 비선형 특성의 검토

(1) 해석모델

전절에서 링크의 복원력 특성을 선형으로 모델화하여 해석했지만, 엄밀하게 링크의 복원력은 비선형 특성을 갖고 대변형 시에 링크의 회전에 의해 주형은 위로 들려, 이 변위에 의해 케이블 장력이 감소되어 결과적으로 케이블 쌔그가 생기는 것으로 된다. 쌔그는 케이블의 탄성계수의 외관상 저하를 일으키므로 이것에 의해서도 구조계는 비선형거동을 나타낸다.

해석의 대상으로 한 구조계를 [표 12.8.12]에 나타내었다. 구조계 1은 링크의 복원력과 교축방향 수평변위의 관계를 선형스프링으로 나타내었고, 전절의 것과 같다. 구조계 2는 그것을 비선형수평스프링으로 나타내었다. 구조계 3은 링크의 연직변위도 고려한 비선형스프링으로 나타내었다. 구조계

4는 케이블 쌔그의 영향도 해석모델에 고려하였다.

[표 12.8.12] 해석의 대상으로 한 구조계

구조계	복원력 특성	링크의 연직변위	케이블의 E의 영향	최대입력가속도(Gal)		
				160	320	480
1	선형	무시	무시	○	○	○
2	비선형	무시	무시	○	○	○
3	비선형	고려	무시	○	○	○
4	비선형	고려	고려	–	–	○

시각이력응답해석에 사용한 입력지진동은 이도우긴가이츄(伊豆近海沖) 지진기록파를 160Gal, 320Gal, 480Gal로 확대한 것이다.

(2) 해석결과

대표적인 응답치를 [그림 12.8.20], [그림 12.8.21] 및 [표 12.8.13]과 [표 12.8.14]에 나타내었다.

1. [그림 12.8.20]은 입력가속도가 160Gal과 480Gal인 경우의 수평변위로 시각이력응답을 비교한 것이다. 여기에서 수평변위가 0.5m 정도(입력가속도가 160Gal)까지는 선형화한 해석이 유효하다는 것을 알 수 있다. 주탑 기초 부분의 휨모멘트, 케이블 축력 등의 시각이력응답도 같은 결과를 얻었다.

2. [그림 12.8.21]은 입력가속도가 480Gal일 때의 각 최대 응답치를 비교한 것이다. 쌔그에 의한 케이블의 탄성계수의 저하의 영향은 거의 없었다.

3. 구조계 2의 해석에서 얻어진 링크의 수평변위에서 링크의 연직변위를 구하고, 그 변위에서 주형의 휨모멘트를 계산한 결과와 구조계 3의 해석으로 직접구한 주형의 휨모멘트를 비교하여 [표 12.8.13]에 나타내었다. 이것에서 링크의 연직변위에 따라 주형에 생기는 부가휨모멘트는 연직변위를 무시한 계의 해석결과에서 산정된다는 것을 알 수 있다.

4. [표 12.8.14]에 입력가속도를 160Gal, 320Gal, 480Gal로 했을 때, 구조계 3에 의한 해석결과를 나타내었다. 비선형계이므로 응답치는 입력가속도에 비례하지 않는다. 주형의 수평변위는 링크를 갖는 경화형 비선형스프링의 고유의 거동을 나타내고, 입력가속도가 3배일 때에 약 2배의 수평변위를 나타내었다.

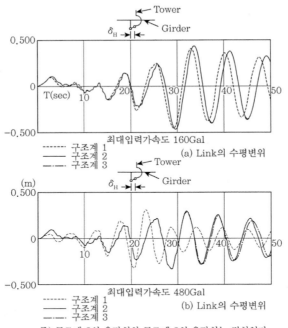

최대입력가속도 160Gal

------- 구조계 1
——— 구조계 2
—·—·— 구조계 3

(a) Link의 수평변위

최대입력가속도 480Gal

------- 구조계 1
——— 구조계 2
—·—·— 구조계 3

(b) Link의 수평변위

주) 구조계 3의 응답치와 구조계 2의 응답치는 겹쳐있다.

[그림 12.8.20] 시각력응답

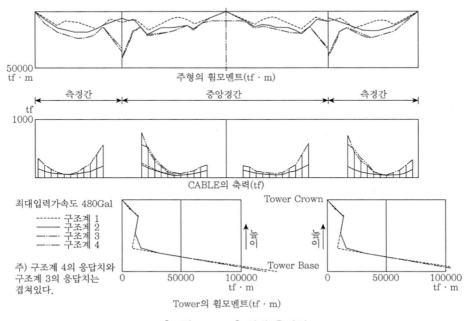

주형의 휨모멘트(tf · m)

측경간   중앙경간   측경간

CABLE의 축력(tf)

최대입력가속도 480Gal

------- 구조계 1
——— 구조계 2
—·—·— 구조계 3
—··—··— 구조계 4

주) 구조계 4의 응답치와
구조계 3의 응답치는
겹쳐있다.

Tower의 휨모멘트(tf · m)

[그림 12.8.21] 최대 응답치

[표 12.8.13] 중간점에서 주형의 휨모멘트

| 최대입력가속도(Gal) | 구조계 2 | | | 구조계 3 |
	링크 수평변위δ_H(m)	링크 연직변위 δ_V(m)	휨 모멘트(tf·m)	휨 모멘트(tf·m)
160	0.479	0.058	8,740	9,310
320	0.819	0.175	26,340	27,170
480	0.999	0.267	40,160	43,900

[표 12.8.14] 구조계 3의 해설결과

	①	②	②/①	③	③/①
최대입력가속도(Gal)	160	320	2.0	480	3.0
링크 수평변위(m)	0.481	0.823	1.7	1.028	2.1
링크 연직변위(m)	0.058	0.176	3.0	0.293	4.9
케이블의 축력(최외측)(tf)	59	191	3.3	326	5.6
케이블의 축력(최내측)(tf)	182	421	2.3	590(544)	3.2(3.0)
주형의 휨모멘트(측경간중앙)(tf·m)	5,880	12,720	2.2	22,590	3.8
주형의 휨모멘트(주간지점)(tf·m)	9,310	27,170	2.9	43,900	4.7
주탑의 휨모멘트(tf·m)	37,250	80,920	2.2	117,190	3.2

주) 괄호 안은 구조계 4(케이블 E 고려)에 대한 것임

[5] 내진설계의 결과와 채용한 링크의 구조

전항까지의 검토결과에서 요코하마 베이 브리지에는 교축방향의 받침으로 짧은 링크($L=2$m)를 채용한 내진설계를 하였다(상세한 설명은 앞 절 [12.8.1 반-부채형 사장교의 내진설계]를 참조).

그 결과 교축방향지진의 영향이 지배적인 부재는 주탑의 아주 일부이며, 그와 같이 수정진도법에 의해 단면이 결정되었고, 링크받침이 면진구조로 유용성이 확인되었다. 그리고 시각이력응답해석 결과, 주형의 수평변위는 최대 0.5m 이하로 확인되었다.

이와 같이 요코하마 베이 브리지의 내진설계는 짧은 링크받침을 사용함으로서 면진화가 가능하고, 주탑의 설계를 합리적으로 되었다. 그리고 본교는 특히 케이블 프리스트레스의 조정을 하지 않아도 연직력이 크므로 링크의 복원력도 크고, 제지기(stopper) 역할도 링크가 해결할 수 있다고 판단되고, 특히 제지기를 설치하지 않고도 내진구조를 설계할 수 있었다.

실제 링크의 구조는 [1]에 기술한 기능을 가질 필요가 있고, 검토한 결과로 채용한 링크의 구조를 [그림 12.8.22]에 나타내었다.

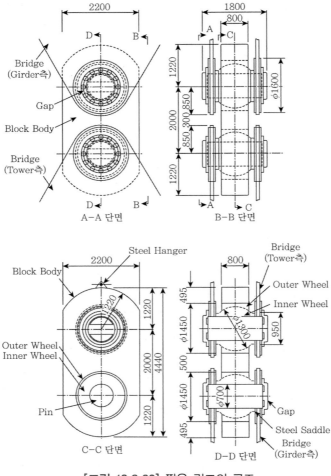

[그림 12.8.22] 짧은 링크의 구조

[6] 정리

　'짧은 링크받침을 갖는 사장교'에 대해 모형진동실험 및 수치해석의 결과에 의해 짧은 링크의 면진효과를 확인하고, 그 역학적 특성과 실용성에 대해 정리하면 다음과 같다.

1. 링크의 수평방향 복원력은 링크축력에 비례하여 증가하였다. 본문에서 대상으로 한 2층 구조의 교량에 중량이 있고, 그리고 주형의 연직방향의 휨강성이 큰 경우에는 링크의 축력이 커지고 면진구조로서 적당한 수평방향 스프링 값을 얻을 수 있다. 그러나 1층 구조와 같이 링크축력이 작은 경우에는 적당한 크기의 수평방향 스프링 값을 얻는 것은 일반적으로 어렵다고 생각된다.

수평방향 스프링 값을 크게 하기 위해 케이블에 도입한 프리스트레스를 조정하고 링크축력을 크게 하는 방법도 있지만, 이와 같이 조정하면 일반적으로 주형의 휨모멘트를 평활하게 할 수 없고, 주형의 설계가 불합리하게 된다고 생각되므로 이와 같은 경우에는 탄성구속 케이블을 이용한 탄성고정방식의 받침으로 하는 것이 좋다고 판단된다.

2. 링크의 복원력은 강한 스프링 특성을 가지고 있다. 비선형 진동해석을 수행하여 고찰한 결과, 입력가속도의 크기에 비례해 주형의 교축방향 수평변위는 크지 않고, 링크는 제지기의 역할도 기대할 수 있다.

3. 링크의 수평방향 복원력은 비선형 특성을 나타내지만, 설계상 고려해야 할 입력지진동의 크기 정도라면 등가선형 모델로 수평방향의 복원력을 모델화하여도 실용상 문제가 없다고 판단된다.

4. 링크의 변위에 의해 주형은 상승되지만, 비선형해석의 결과, 케이블의 장력손실 등의 문제는 설계상 고려해야 할 입력지진의 크기 정도라면 무시할 수 있다.

5. 모형실험의 결과, 다른 지진입력에 대한 응답치를 고려하면 고유주기가 짧은 주탑부 2점 고정방식의 응답치는 입력지진의 영향을 강하게 받지만, 짧은 링크 등으로 고유주기를 충분히 장주기화하면 응답치가 입력지진동의 영향을 크게 받지 않는 신뢰성이 있는 면진구조로 할 수 있다.

6. 교축방향의 변위를 작게 제어하기 위해서는 링크의 길이가 짧은 것이 좋지만 링크길이가 짧게 됨으로 주탑부 2점 고정방식의 지지형식에 가까움으로 주탑에 작용하는 수평력 등에 주시하여 링크길이를 결정하여야 된다고 생각된다. 그리고 링크길이를 짧게 하는 것은 구조상, 제작상의 한계에 대해서도 고려할 필요가 있다.

7. 요코하마 베이 브리지가 건설될 가설교량 지점의 지형과 지질조건, 상부구조의 역학적 특성 등을 고려하여 작은 스프링 값의 수평방향 스프링으로 주형과 주탑을 연결하는 형식이 면진효과에 유리하며, 작은 스프링 값을 얻기 위해서는 링크로 주형을 지지하는 것이 좋다.

참고문헌

1) Manabu Ito (1987.11): *Design Practices of Japanese Steel Cable-Stayed Bridge against Wind and Earthquake Effect*, International Conference on Cable-Stayed Bridges, Bangkok.

2) (社) 日本道路協會 (1985.3). 明港西大橋の設計施工に關する調査報告書.

3) 成井, 山根, 松下, 八田 (1981.3). 櫃石島岩黑島道路鐵道併用斜張橋の設計(3), 橋梁と基礎.

4) 河井, 塚原, 北澤, 吉田 (1985.6). 基本構造系をAll-Freeとする長大斜張橋の設計基本檢討(下), 橋梁と基礎, pp.35~41.

5) 本州四國連絡橋公團 (1977.3). 耐震設計基準同解說.

6) 前田, 和田 (1990.7). 橫濱 Bay Bridgeの耐震設計, 橋梁と基礎.

7) 前田, 山內, 松本 (1986.10). 橫濱港橫斷橋基礎構造の設計 : 土木學會誌.

8) Kunio Maeda (1986). Construction of Yokohama Bay Bridge, Civil Engineering.

9) 前田 (1990.7). 短いLink支承を有する斜張橋の力學特性と實用性に關する硏究, 東京大學學位論文.

10) 前田, 惠谷 (1990.9). 橫濱 Bay Bridgeにおける短Linkの採用とその力學特性, 橋梁と基礎.

12.8.3 하프(Harp)형 사장교의 내진설계[7]

사장교의 건설도 장대화 됨에 따라 구조계도 변화하는 추세에 있다. 일본의 도구도우현(德島縣)의 마즈고우대교(末廣大橋) 및 한신고속도로의 다이와센교(大和川橋)와 같이 비교적 형하공간이 낮은 RC 교각 위에 사장교를 실어 1점고정 교각으로 설계를 하였고, 한신공단의 안찌센(安治川)교량과 같이 지간장이 길고 형하공간이 높으면 지진력의 분산을 고려할 필요가 있으므로 2개의 주탑을 동시에 고정하고 유연한 주탑(Flexible Tower)형식으로 내진설계를 하였다. 한편 일본도로공단의 메이고우 사이대교(名港西大橋)는 탄성구속 케이블, 혼슈-시고꾸 연락교공단의 히즈세끼도우·간고구도우교 (櫃石島·岩黑島橋)는 Pot-스프링, 수도고속도로공단의 요코하마 베이 브리지 횡단교는 주탑-링크에 의해 교량 전체를 교축방향으로 흔들림 주기를 조정하여 지진력을 완화시키는 것으로 변천하고 있다.

본 절은 한신고속도로 항안선(灣岸線)의 신고(神戶)지구에 건설을 예정하고 있는 중앙지간장 485m 를 갖는 복층 바닥판 트러스 사장교 '도우신고스이로교(東神戶水路橋)'를 대상으로, 위에 기술한 것과 같은 스프링을 특별히 사용하지 않고, 교각과 주탑의 어느 점도 가동하는 이른바 전-자유(all-free) 인 기본구조계를 채용해 하부공으로부터의 지진력의 영향을 대폭 경감케 하는 설계검토를 나타낸 것이다. 그리고 도우신고스이로교는 상하에 3차선인 6차선(폭원 13.5m×2), 설계속도 80km/h(2종 1급)의 도로교이며, 1일 68회 훼리가 출입하는 한신간 최대의 세이목구(靑木) 훼리 터미널 출입구에 위치하고 있다. [그림 12.8.23]에 일반도를 나타내었다.

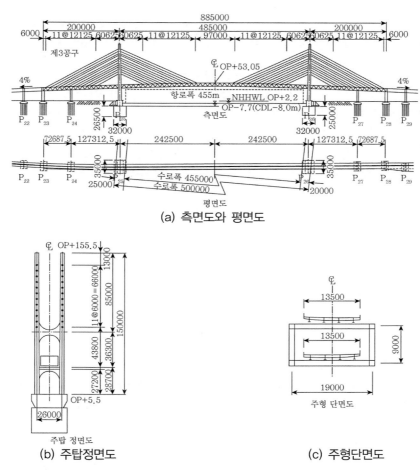

(a) 측면도와 평면도

(b) 주탑정면도   (c) 주형단면도

[그림 12.8.23] 도우신고스이로교의 단면도

[1] 구조일반

본교의 구조에 대한 기본사항들을 다음에 기술하였다.

(1) 경간 분할

주경간장 485m는 항로폭(형하공간) 450m를 확보하였지만, 측경간장은 다음과 같은 점들을 고려하여 200m로 하였다.

1. 주경간장과의 균형이 양호하다는 것([표 12.8.15])
2. 서측 평면선형의 일부에 $R=2,000$m의 곡선이 들어 있고, 교량중심선으로부터 편심량을 어느

정도 억제할 필요가 있음

3. 동측 평면선형의 일부가 진입로에 의한 확폭의 영향에 들어가지 않는 것

4. 동측 및 서측과 같이 평면도로 또는 주변공장 등에서 교각설치의 위치를 제한하는 것

[표 12.8.15] 측경간장의 결정

경간장의 안		경간장(m) $l_s + l_c + l_s = L_T$	l_c/l_s
항로폭 455m 안	A 안	$200 + 485 + 200 = 885$	2.43
	B 안	$180 + 505 + 180 = 865$	2.81
	C 안	$180 + 525 + 180 = 885$	2.92
	D 안	$210 + 580 + 210 = 1,000$	2.76
	D′ 안	$210 + 585 + 210 = 1,005$	2.79
항로폭 300m 안		$150 + 350 + 150 = 650$	2.33

(2) 주형의 높이

교량의 주형의 높이는 다음과 같은 이유로 9m로 하였다.

1. 사장교는 주형과 케이블로 하중을 분담하는 것으로, 그 특성을 살리는데 매우 높은 구조물의 높이는 불필요하며, 9m 정도의 주형의 높이라면 주형의 강성은 적절한 값이 된다. [표 12.8.16] 에 주형과 케이블의 강비를 나타내는 파라메타 값은 다음과 같지만, $\Gamma_n \approx 10$가 경제적이라고 한다.

$$\Gamma_n = \frac{2}{n^2} \sum_{j=1}^{n} \frac{E_G I_G}{E_C A_{Cj} L_T^2} \tag{12.8.8}$$

2. 설치할 높은 가설교량의 건축한계를 무리하지 않은 구조로 확보하는 한편, 동측 진입로의 선형을 본 교량에 너무 영향을 미치지 않을 것이다.

3. 구조물의 주형의 높이를 9m로 하면, 현재(弦材)의 단면을 $1.0\text{m} \times 1.2\text{m}(SM58, t=30\text{mm})$정도 이내, 충실률을 52%(비합성형식)정도, 그리고 중앙경간 중앙부의 캔틸레버가설도 응력적으로 가능하다. 트러스 사장교 구조물의 주형의 높이를 [표 12.8.17]에 나타내었다.

[표 12.8.16] 주형과 케이블의 강비

	교량명	교장 L_T (m)	주형높이 (m)	n (단)	A_C (cm²)	I_G (m⁴)	강비 Γ_n
충복 주형 형식	尾道大橋	85+215+85=385	–	2			1.77×10^{-4}
	豊里大橋	80.5+215+80.5=377	–	2	0.039		1.79×10^{-4}
	大和川橋	149+355+149=653	–	4	0.064	2.30	0.43×10^{-4}
	安治川橋	170+350+170=640	–	9	0.018	2.47	0.76×10^{-4}
	明港西大橋	175+405+175=755	–	12	0.0091	0.80	0.26×10^{-4}
트러스 주형 형식	六甲大橋	90+220+90=400	7.45	5	0.017	17.6	26.50×10^{-4}
	横浜港横斷橋	200+460+200=860	9.0	11	0.034	30.0	2.22×10^{-4}
	岩黑島橋	185+420+185=790	13.9	11	0.026	54.7	6.27×10^{-4}
	東神戶水路橋 (상하로 비합성)	200+485+200=885	9.0	12	0.023	10.8	1.02×10^{-4}

[표 12.8.17] 트러스 사장교 구조물의 주형의 높이

교량명	h(m)	l(m)	B(m)	b(m)	H(m)	h(m)	n(단)	l_1/l	B/l	H/l	h/l	n/l
六甲大橋	90	220	13.8	12.50	7.45	50.0	5	1/2.44	1/16	1/30	1/4.4	1/44
横浜港横斷橋	200	460	31.5	28.25	9.00	102.5	11	1/2.30	1/16	1/51	1/4.5	1/42
岩黑島橋	185	420	27.5	22.50	13.90	85.0	11	1/2.27	1/15	1/30	1/4.9	1/38
東神戶水路橋	200	485	19.0	13.50	9.00	100.0	12	1/2.43	1/26	1/54	1/4.9	1/40
Grosser Belt	200	600	–	–	12.50	–	3	1/3.00	–	1/48	–	–
Mississippi	256	640	32.0	–	10.40	–	3	1/2.50	1/20	1/62	–	–

l : 주경간장 H : 주형높이 B : 주형양측 중심간격 h : 주탑높이 b : 도로폭원 n : 케이블단의 수

(3) 밴트(bent) 교각의 수

본 교량의 경우에 중앙경간장이 매우 긴 것 외에 다음과 같은 이유에서 밴트 교각을 1교각씩 설치하는 것으로 하였다.

1. 상시 주형의 휨, 상단 케이블의 장력, 주탑 기초부의 휨모멘트 등을 감안하여 밴트 교각을 설치하는 것이 역학적으로 유리하며, 경제성에 있어서도 유리한 편이다. 그리고 밴트 교각을 설치하지 않으면 주형의 연직휨 진동수가 상당히 저하하고, 내풍성에 영향을 미치는 것으로 생각된다.

2. 밴트 본수에 대해서는 1본이나 2본이나 그 효과는 거의 변하지 않고, 지점침하의 영향을 고려하면 1본이 유리하다.

[표 12.8.18]에는 밴트 본수의 비교를, [그림 12.8.24]에는 지점침하에 의한 주형의 현재의 축력을 비교하여 나타내었다.

[표 12.8.18] 밴트 본수의 비교

밴트 본수			0본	1본	2본
상시 단면력과 변위량	주탑 기초부의 휨모멘트(tf·m)		20,314	7,381	5,380
	측경간 상단케이블의 장력(tf)		1,555	1,365	1,361
	활하중에 의한 연직변위(cm)		69.6	50.5	50.0
	지점반력(tf)	단교각	−1,881	−1,149	−987
		파넬 교각 ①	—	359/−1,331	−302/−1,254
		파넬 교각 ②	—	—	900/−372
		주탑 부분	3,314	3,284	3,104
주형의 고유진동수	연직휨 진동수(Hz)		0.276	0.354	0.359
	비틀림 진동수(Hz)		0.712	0.725	0.726
	진동수비		2.580	2.048	2.022
경제성 (1985년 기준)	주형, 주탑, 케이블 및 부속물		2,320억 원	2,220억 원	2,170억 원
	단·파넬 교각 및 가설 밴트		160억 원	220억 원	270억 원
	합계		2,480억 원	2,440억 원	2,440억 원

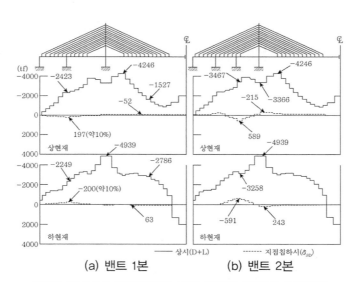

(a) 밴트 1본   (b) 밴트 2본

[그림 12.8.24] 지점침하에 의한 주형의 현재의 축력비교

(4) 주탑의 높이

주탑의 높이는 주경간을 적절히 지지하기 때문에 노면으로부터 상단 케이블까지의 높이와 주경간 장의 비를 타 교량의 예 등에서 약 1 : 1.5로 하였다. 그리고 항공법에 따른 규제를 고광도항공장해 등에 따라 되도록 주탑의 전체높이를 150m로 하였다.

(5) 주형 트러스 구조

주형의 트러스 구조로는 현재 경관상의 배려에서 순수한 와랜 트러스 형식으로 하였다. 수직재가 없으므로 대경구의 설치방법에 어려운 점이 있고, 주형의 비틀림 강도에서 기여효과 등에 문제는 있으나 이것에 대해서는 여기서 검토하지 않았다.

(6) 케이블 형식

케이블 형식은 트러스 주형으로 2면 다(multi)-형식이지만, 중앙경간 중앙부 및 지점부 근처에 있는 케이블 지지가 필요 없는 구간을 제외하고 12단 케이블을 상정하였다. 케이블의 형식에 대해서는 부채형이 하프형보다 역학적, 경제적으로 유리하지만, 기본 구조계를 올-프리로 선택할 때에 교량전체의 교축방향에서 진동고유주기를 조정하여 5sec 정도로 억제하는 것이 이동량을 억제하는 것으로 본 교량의 경우 하프형을 선택하였다. 따라서 2면 다-형식들이 케이블의 복잡함이 없어지고, 경관상 우수하다. 그리고 이와 같은 기본구조계의 경우에 교축방향으로 이동의 구속도가 강한 하프형의 주탑단면이 풍력에 대해 휨모멘트가 작고, 경제적으로 부채형과 동등한지 그렇지 않으면 이것을 상회하는가를 기 계산에 나타났다. 이 점에 대해서는 다음에 설명하게 될 것이다.

(7) 상판형식

상판을 주형과 일체로 하여 합성형식으로 하거나 주형에 실어 비합성으로 하는 것에 대해 내풍성, 경제성, 가설 시공성 등을 검토하여 결정한다.

[2] 기본구조계의 선정

(1) 사장교 기본구조계

사장교의 주형은 연직방향으로는 주탑, 교각상의 연직받침 및 케이블에 의해 지지하고 있고, 교축직각방향으로는 주탑, 교각에 고정하여 지진, 바람에 의한 횡방향력을 이것으로 분산시켜 지지한다. 그러나 교축방향으로는 교각, 주탑에 전체 고정할 때에는 주형의 온도응력이 문제되는 외에 지진력도 반드시 분산된다고 볼 수 없으므로 1점으로 고정하게 되면 장대교가 되어 기초가 매우 크게 되고, 시공조건도 포함해 문제가 된다. 이상과 같이 비교적 형하공간이 낮고 교각높이도 짧을 경우에 특히 RC 교각과 같이 강한 경우는 1점 고정으로 온도응력을 제거하고, 지진력을 1점에 집중해 받도록 설계하는 예가 많다. 형하공간이 상당히 높아지면 강재 주탑을 사용함으로서 2점 고정인 유연한 주탑 형식으로 온도응력을 완화시키고, 지진력도 완화·분산시킬 수 있다. 그리고 교량이 장대화하면 2점 고정에서 교량전체의 교축방향 흔들림의 주기가 1~2sec이 되면 지진가속도를 크게 받게 됨으로 주탑 또는 단교각과 주형을 스프링으로 연결하여 주기를 조정하는 방법이 최근에 와서 적용되었다. 그 대표적인 예가 히즈세끼도우·간고구도우교(櫃石島·岩黑島橋)이며, 풋(pot)-스프링을 사용하여 주기를 3.6sec로 하여 지진력을 완화시키고 있다.

메이고우사이대교(名港西大橋)에는 온도응력이 하부공 Caisson의 하부방향으로 점토의 압밀항복 응력이 크게 영향을 미치므로 PC 탄성구속 케이블을 사용해 수평력이 1/2이 되도록 스프링 정수를 정하였다. Bonn-Nord교, Rande교 또는 Pasco-Kennewick교는 전체지점가동으로 하였다. [표 11.8.19]에 이들의 예를 나타내었다.

[표 12.8.19] 기본구조계에 관한 기타 교량의 실례(계속)

교량명(소재지)	지지형식	비고	설명
송광대교(일, 덕도현)	M ⌐MM⌐ M 250m	RC 교각	형하공간 아래에 1지점 고정형식
가모메대교(일, 대판시)	M ⌐FM⌐ M 240m	RC 교각	
육갑대교(일, 신호시)	M ⌐MF⌐ M 220m	RC 교각	
대화천교(일, 대판시)	M⌐M⌐ ⌐F⌐ M 355m	RC 교각	
안치천교(일, 대판시)	M⌐F⌐ ⌐F⌐ M 350m	주탑단면	형하공간이 높고, 2지점 고정인 Flexible Tower
명항서대교(일, 명길옥시)	탄성구속 Cable M⌐ M(B)M⌐ M 405m	PC-Cable	온도와 지진력을 경감을 고려하기 위해 Spring 등으로 장주기 구조로 조정
히즈세끼오우간고구도우교	Tower-Link B⌐M M⌐ B 420m	Truss Pot Spring	
요코하마베이횡단교	Tower-Link M⌐M⌐ M⌐ M 460m	lower-Link Girder Tower (H=T₀θ)	

[표 12.8.19] 기본구조계에 관한 기타 교량의 실례

교량명(소재지)	지지형식	비고	설명
Duisburg–Neuenkamp (독일)	M F M M 350m	36.3 / 3.70 / 3.70 / 12.7 RC 교각	1지점 고정
Kohlbrand (독일)	M F M M 325m	37 / 27.3 주탑에 연직받침이 없는 RC 교각	
Luling (미국)	MM F MM 372.4m	26.5 / 80 / 106.5 / 3.7 / 7.6	
Saint–Nazaire (프랑스)	F M M F 404m	68.0 / 57.033 독립교각	2지점 고정
Zarate–Brazolargo (아르헨티나)	Damper MM M M M 330m	Damper 주탑 가로보 Girder 주탑에 연직 Cable 설치	
Born–Nord교 (독일)	M M M M 280m	20.15 / 55.15 RC 교각	All-free
Rande (스페인)	M M M M 401.2m	주탑에 연직받침없음	
Pasco–Kennewick (미국)	F(M) MM M M M MM 299.01m	57.0 / 10.13 / (67.13) / (68.98) 주탑에 연직 받침이 없고 지진시 All-Free	

(2) 본 교량에 관한 기본구조계의 선정과 그 효과

본 교량의 기본구조계의 선정에 대해서는 먼저 각종 지지조건에 대해 비교·검토하여 [표 12.8.20]에 나타내었다. 비교할 때에 지진에 의한 단면력의 산정은 안찌센(安治川) 교량설계 스펙트럼을 사용하고, 모델은 부채형식을 사용하였다. 그 결과를 정리하면 다음과 같다.

1. 본 교량의 형하공간은 중앙경간장의 비율로는 되도록 높이지 않고, 2점 고정으로 하면, 흔들림의 고유주기가 1.4sec로 되고 지진에 의한 주탑 기초부의 단면력이 크게 되어 기초부에서 절곡된 구조로 단면이 넓어지게 되고, Caisson도 크게 된다.
2. 다지점 고정으로 한 경우에도 지진력을 분산하는 효과가 없다.
3. 스프링고정은 스프링의 설치간격, 가는 트러스부재의 영향을 생각할 때, 본 교량의 경우에는 문제가 있으므로 장래 유지관리 등을 충분히 배려하여 대응할 필요가 있다.
4. 올–프리 형식으로 하면, 주형이 케이블로 주탑에 교축방향으로 스프링 고정한 형식이 되어

흔들림의 고유주기가 10sec에 가까우며 지진에 의한 작용력을 대폭 경감시켜 주탑의 단면의 설계가 용이하며 Caisson도 대폭 작게 할 수 있다(최종설계에 대한 비교검토결과 약 10m로 교축방향 평면치수를 작게 되는 것으로 나타났다).

5. 1점고정은 고정받침에서 작용력이 2점 고정과 같은 정도로 크고, 올-프리에 비해 불리하다.

이상으로 올-프리로 하는 것이 제일 유리하고 경제적임을 알 수 있었다. 그렇지만, 그렇게 함으로서 종래에 없는 장주기구조물로 되는 등에 의한 다음 항과 같은 점들을 충분히 검토할 필요가 있다.

[표 12.8.20] 교축방향의 지지방식의 비교

	교량의 교축방향 흔들림의 고유주기	주탑부 단면력			주형단부의 수평변위 (cm)	문제점	비고
		M (tf·m)	N(tf)	S(tf)			
2점 고정 $M+F+F+M$	(1.57) 1.42	(89,000) 124,000	(18,900) 18,400	(3,700) 4,900	(23) 20	지진에 의한 작용력이 크게 되는 주기이고, 주탑단면의 기초부에서 절곡을 펼 필요가 있고, Caisson 치수가 크게 된다.	( )는 주탑의 강성을 약 60% 작게 한 경우
다점고정 $F+F+F+F$	1.26	124,200	17,300	4,900	18	단부 교각의 단면력은 다음과 같이 분산하여 효과적이다. M=41,900tf·m S=1,900tf	–
스프링 고정 $M+F+F+M$	3.01	62,900	18,000	2,000	37	Pot 스프링구조로 할 경우, 그 치수는 岩黑島橋의 약 2.5×7.0×9m로 설치가 곤란하고, 유지관리를 충분히 고려할 필요가 있다. 名港西大橋에 채용하고 있는 PC 케이블구조인 경우, 트러스부재에 대해 작용력이 크게 되고, 부재구성이 어렵다.	스프링 정수 K는 8000tf·m
올프리 $M+M+M+M$	8.69	31,600	18,300	390	48+8=56	지진에 의한 주탑 기초부 단면력이 대폭 경감되고, Caisson치수가 작다. 다만, 지진 및 바람에 의한 작용력, 이동량을 정확히, 안전측으로 파악할 필요가 있다.	–
1점 고정 $M+F+M+M$	2.21	고정측 122,800 가동측 23,300	고정측 19,900 가동측 18,500	고정측 4,700 가동측 330	고정측 22 가동측 36	가동측 주탑의 Caisson은 올-프리의 것보다 작지만, 올-프리경우보다 확실히 불리하다. 그리고 주탑 기초부가 휘는 구조가 된다.	–

주 1) 단면력 등은 $D+L_{EQ}+EQ_L+T_{15}$인 하중상태로 하여, 부채형식인 安治川橋의 설계 스펙트럼을 사용하여 계산하였다.
　　2) 주탑 기초부 단면력은 활중을 고려하지 않았다.
　　3) 다른 교량의 스프링 정수는 岩黑島橋 K=6,000tf/m, 名港西大橋 K=5,500~11,000tf/m

(3) 올−프리로 할 때의 문제점

1. 지진 및 바람에 의한 작용력, 주형의 이동량을 정확·안전 측으로 평가할 필요가 있다. 이 경우 케이블형상에 의해 고유주기도 변화한다고 생각되므로 적절한 케이블형상을 검토할 필요가 있다.
2. 주탑이 주형을 직접적으로 구속하고 있지 않으므로 주탑의 좌굴안정성을 검토할 필요가 있다.
3. 주형의 이동량이 큰 경우, 주형단부의 신축이음장치 등의 구조를 취합할 가능성을 검토할 필요가 있다.

다음에 이들의 문제점에 관한 검토결과를 항목별로 기술하였다.

(4) 지진 및 바람에 의한 작용력, 주형의 이동량의 평가

내진, 내풍설계의 상세검토에 대해서는 다음절에 기술하였으며, 여기서는 이들의 검토결과를 나타내고 올−프리 구조계의 설계의 가능성을 나타내었다. [표 12.8.21]에는 최종적으로 정한 설계풍하중, 설계지진하중 등에 의한 주형의 이동량, 주탑 기초부의 단면력, Caisson 치수를 나타낸 것이다. 그리고 [표 12.8.22]에는 설계하중을 나타내었다.

설계풍하중은 교축 직각방향 바람 외에 트러스 복부재가 받는 경사풍의 영향도 크고, 혼슈−시고꾸 연락교의 내풍설계기준에 준해 횡방향력계수를 정하였지만, 여기서의 검토도 경사풍에 의한 주형의 교축방향의 이동량을 대상으로 거스트응답도 고려하였다.

설계지진하중은 응답스펙트럼법에 의하고 있지만, 장주기구조이므로 종래의 스펙트럼을 바로 사용할 수 없다. 여기서는 가설지점의 기초지반의 제일 깊은 위치(1,000m)로 상정하여 지반모델의 탁월주기를 길게 하여 교량상부공이 공진하는 상태에서 응답이 제일 크게 되도록 설계스펙트럼을 설정하였다. 그리고 나중에 설명하겠지만, 이 외에 장주기성분을 많이 갖는 지진파에 대한 응답에 대해 검토하여 설계스펙트럼에 의한 응답량들을 비교·조사하였다.

[표 12.8.21]에서 알 수 있는 것과 같이 주형의 강체 이동량은 하프형의 경우, 지진, 바람에 약 60cm이지만, 부채형에서는 바람에 대해 약 190cm로 되므로 무리한 설계라 할 수 있다. 이와 같이 되는 이유로는 하프형의 하단 케이블의 구속효과로 정적변위에서 차이가 생기지만, 지진과 같이 동적 하중에 대해서는 고유주기의 늘음과 설계가속도 응답스펙트럼의 주기가 늘음에 대한 저하들로 서로 상쇄되게 하여 두 형식이 같은 정도의 변위를 나타낸 것이다.

[표 12.8.21] 지진 및 풍하중에 의한 작용력과 이동량

	주형단의 수평이동량 올-프리		주탑 기초부의 단면력			
	하프 δ(cm)	부채 δ(cm)	올-프리 하프 S(tf)	올-프리 하프 M(tf·m)	2점 고정 하프 S(tf)	2점 고정 하프 M(tf·m)
①온도변화 T_{15}	–	–	50	3,037	806	10,011
②풍하중(교축) W_L	61.3	189.5	938	44,864	953	22,355
③지진하중(교축) EQ_L	62.3	75.5	770	41,350	2,546	61,223
1. $D+W_L+T_{15}$	–	–	988	47,901	1,759	32,366
2. $D+L_{EQ}+EQ_L+T_{15}$	–	–	838	45,735	3,504	76,258
설계하중	–	–	732	35,482 (풍시)	2,336	49,794 (지진 시)
주탑 기초 부분 구조	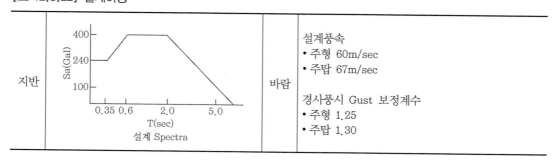					
Caisson 치수						

주 1) 허용응력의 할증계수는 풍시 1.35, 지진 시 1.50
2) 풍에 의한 단면력은 경사풍만 작용
3) 주탑 기초부 단면력은 교축방향 작용력이 탁월하고, 교축직각방향의 지진, 풍에 대해서는 결정하지 않았다.
4) * : 단, 수평저항에 관한 안전율은 1.34정도로 규정 1.5를 만족하였다.

[표 12.8.22] 설계하중

지반	설계 Spectra (Sa(Gal) 그래프: 400, 240, 100 / T(sec): 0.35, 0.6, 2.0, 5.0)	바람	설계풍속 • 주형 60m/sec • 주탑 67m/sec 경사풍시 Gust 보정계수 • 주형 1.25 • 주탑 1.30

다음에 하프형에 대해 올—프리와 2점 고정의 주탑 기초 부분의 단면력을 비교하면, 지진 시의 휨모멘트 및 전단력이 대폭 변한다는 것을 알 수 있다. 허용응력도의 할증을 고려하면, 올—프리는 지진 시에는 결정하지 않고 오히려 풍력 시에 결정하도록 되어있다. 이것은 트러스형 주형형식이기 때문이며, 상자형 주형에 대해서는 지진 시에 결정하게 된다. 이와 같은 단면력의 경감, 특히 전단력의 저하에 따라 Caisson의 안정에 대한 모멘트작용을 현저히 작게 하는 효과가 있고, 그 교축방향 평면치수가 대폭 작게 되었다.

이상으로부터 내진·내풍설계상 하프형 올—프리 형식으로 설계가능하다는 것을 알았다.

그리고 참고로 주형의 주탑 위치에서의 지지방법에 대해서 [표 12.8.23]과 같이 비교하였다. 올—프리의 하프형이라면, 플로트 형식(Float Type)은 역학상, 경관상 또는 내진상 미비하다고 생각하여 주탑부에서 주형의 가동을 억제한 지지형식(Support Type) 또는 매달기 형식(Suspended Type)을 선택하였다.

[표 12.8.23] 주형의 지지방법

주형의 주탑위치에서 지지방법	구조형식		교축방향 고유주기(sec)	문제점
Float Type (받침을 설치 않음)	1안	Cable 16단	–	주형의 주탑 부근의 휨모멘트는 작게 되지만, 고유주기가 짧아서 지진력의 경감을 방해한다. 그리고 하단 케이블의 응력변동도 크고, 경관면에서 미비
	2안	Cable 12단	5.0	주형의 주탑 부근의 휨모멘트가 지나치게 큼
	3안	Cable 14단	3.9	고유주기가 짧고, 지진력이 5배 할증하게 됨
Support 또는 Suspended Type (받침을 설치)	4안	Cable 12단 Roller	5.0	수평이동의 기능에 대해 충분히 검토할 필요가 있지만, 경관면에서 우수함
	5안	Cable 12단 Tower—Link 650 760	4.9	실적이 많아 신뢰할 수 있지만, 경관면에서 미비
	6안	Cable 12단 Cable 2-HiAm-349	5.0	경관상 약간 미비

(5) 주탑의 교축방향에 대한 좌굴안정성의 검토

올―프리 형식일 경우 교축방향으로는 주탑이 주형을 직접적으로 구속하지 않으므로 종래의 사장교의 주탑보다 좌굴안정성이 불리하다고 생각된다.

[그림 12.8.25]에 케이블형상에 의한 비교를 나타내었다. 좌굴모드는 교축방향에 흔들림 형을 동시에 나타내었지만, 부채형은 주탑 정상으로 갈수록 기운데 대해 하프형은 케이블 정착구간에서 대체로 연직에 가까운 형을 나타내고, 케이블이 주탑을 회전구속한 효과가 있음을 알 수 있다. 탄성좌굴하중 P_{cr}와 주탑축력(사하중＋프리스트레스)의 비α도 크게 다르다는 것을 알 수 있다. 간고구도우교(岩黒島橋)에 대한 검토에서도 올―프리인 부채형식은 $\alpha=5$로 되어 있고 이 검토결과와 잘 일치하고 있다.

이와 같이 좌굴안정성에서도 하프형식이 유리하다는 것을 알 수 있지만, 2지점 고정형식에 대해 어느 정도 유효좌굴장이 길게 되는가를 검토해보았다. 유효좌굴장은 좌굴모드 및 탄성좌굴하중으로 구해보았지만, [표 12.8.24]에 나타낸 것과 같이 두 방법이 거의 일치하며, 설계상, 주탑 기둥을 2개 구간으로 나누어 유효좌굴장을 취하였다. ②의 부분에 대해서는 2점 고정인 경우, 유효좌굴장이 90m 정도로 시산하여 올―프리 형식이 약간 불리하지만 그다지 심하지는 않았다.

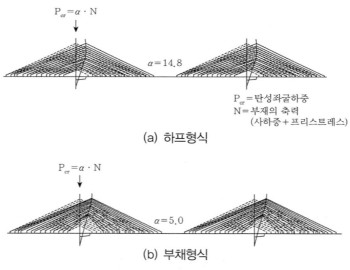

(a) 하프형식

(b) 부채형식

[그림 12.8.25] 교축방향에 흔들림에 의한 좌굴모드와 좌굴하중

[표 12.8.24] 유효좌굴장(주탑 면외)

	유효좌굴장	유효좌굴장을 구하는 방법		좌굴모드 및 탄성좌굴하중
		좌굴모드	탄성좌굴하중	
①	$l = 90\text{m}$ $(0.66h)$	$l = 82\text{m}$	$l = 81.1 \sim$ 85.4m	
②	$l = 110\text{m}$ $(0.80h)$	$l = 110\text{m}$	$l = 100.7 \sim$ 103.4m	

주) $P_{cr} = \alpha \cdot N$

여기서 P_{cr} : 탄성좌굴하중, N : 부재축력(사하중＋프리스트레스) $P_{cr} = \dfrac{\pi^2 EI}{l^2}$

주탑 면내에 대해서도 해석한 유효좌굴장을 구하여 [표 12.8.25]에 나타내었으며, 좌굴모드 등에 대응하는 부재의 대상구간마다 구하였다. 이것을 바탕으로 주탑 기둥단면의 안정검사와 유한변위이론에 의한 응력도를 조사하여 [표 12.8.26]에 나타내었다. 여기에는 주탑 기둥의 기초 부분에서 3.3×6.6m을 상정하고 있지만, $HT80$의 사용을 피하면 4×7m($SM58$, $t = 38\text{mm}$) 정도로 되었다. 기본구조계도 하프형식으로 하면 일반적인 단면구성이 가능하다는 것을 나타내었다. 다만 주탑 기둥의 상층부가 긴 캔틸레버로 되어 내풍성 등의 문제도 고려하여야 함으로 이 점에 대해서는 경관 등을 포함한 종합적인 판단이 필요하다.

[표 12.8.25] 유효좌굴장(주탑 면내)

	유효좌굴장	유효좌굴장을 구하는 방법	
		좌굴모드	탄성좌굴하중
[1]	$l = 110(1.53h_1)$	$l = 14.8$	$l = 99.6 \sim 101.8$
[2]	$l = 65(1.69h_2)$	$l = 62.5$	$l = 41.7$
[3]	$l = 40(1.51h_3)$	$l = 37.0$	$l = 30.5$

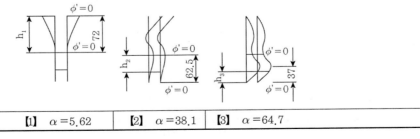

[1] $\alpha = 5.62$	[2] $\alpha = 38.1$	[3] $\alpha = 64.7$

[표 12.8.26] 주탑 기둥의 안정조사 및 응력도 조사

	단면력(상시환산치)	단면		안전성조사(도시)	유한변위이론에 의한 응력조사
상부수평 재변위	직각풍시 N=4,380tf M_y=9,646tf·m M_z=938tf·m	$SM58$ $t=34$ Rib 340×34	5369×3300	① 0.382 ② 0.461 ③ 0.030	σ_c=72kgf/cm^2 σ_{bcy}=1,076kgf/cm^2 σ_{bcz}=75kgf/cm^2
				0.873<1.0	1,623kgf/cm^2 $< \sigma_{cal}$=2,600kgf/cm^2
하부수평 재변위	경사풍시 N=6,417tf M_y=2,006tf·m M_z=19,703tf·m	$SM50Y$ $t=36$ Rib 360×36	6141×3300	① 0.305 ② 0.077 ③ 0.562	σ_c=469kgf/cm^2 σ_{bcy}=155kgf/cm^2 σ_{bcz}=1,132kgf/cm^2
				0.943<1.0	1,756kgf/cm^2 $< \sigma_{cal}$=2,100kgf/cm^2
주탑 기초부	경사풍시 N=7,137tf M_y=5,841tf·m M_z=40,304tf·m	$HT80$ $t=36$ Rib 360×36	6600×3300	① 0.204 ② 0.118 ③ 0.616	σ_c=509kgf/cm^2 σ_{bcy}=419kgf/cm^2 σ_{bcz}=2,100kgf/cm^2
				0.938<1.0	3,028kgf/cm^2 $< \sigma_{cal}$=3,600kgf/cm^2

주) 안전조사 ①, ②, ③은 『도시』(강교편 제3장 3.3 참조)
① σ_c / σ_{ca}
② $\sigma_{bcy} / \sigma_{bagy}(1 - \sigma_c / \sigma_{cay})$
③ $\sigma_{bcz} / \sigma_{bao}(1 - \sigma_c / \sigma_{caz})$

(6) 주형 단부구조의 검토

본 교량의 신축이음장치의 설계이동량은 지진 시 또는 풍력의 이동량에 온도변화, 제작가설오차, 여유량 등을 포함하여 1m 정도가 되었다. 다른 교량의 신축이음장치의 설계이동량이 70~80cm인 것도 있으며, 그 이상인 것도 있다. 그러므로 설계이동량이 1m 정도의 신축이음장치의 설계시공이 가능하다. 그리고 주형단부의 취합도 가능하다.

[3] 내진설계

(1) 고유주기

[그림 12.8.26]에 본 교량의 연직면내해석에 의한 고유주기와 모드를 나타내었다. 부채형에 대해서도 같이 나타내었다. 1차 모드가 교량전체의 흔들림, 2차, 3차가 주형의 1차, 2차 모드이며, 측경간

의 파넬교각의 영향을 나타내었다. 6차 또는 8차 모드는 Caisson의 모드이다. 이와 같이 교량전체의 흔들림의 주기가 종래의 구조물보다 상당히 길어지고, 이것이 내진상 지배적인 경우, 그 설계법이 문제가 된다. 한편, [그림 12.8.27]에 면외해석에 의한 고유치를 나타내었다. 횡방향 변형모드에서 고유주기가 4.295sec이며, 이것도 비교적 주기가 길다. 다음에 기둥에 대해 교축방향으로 내진설계를 검토하고, 5~10sec의 고유주기에 대해 신뢰성이 높은 응답스펙트럼을 검토할 것이다.

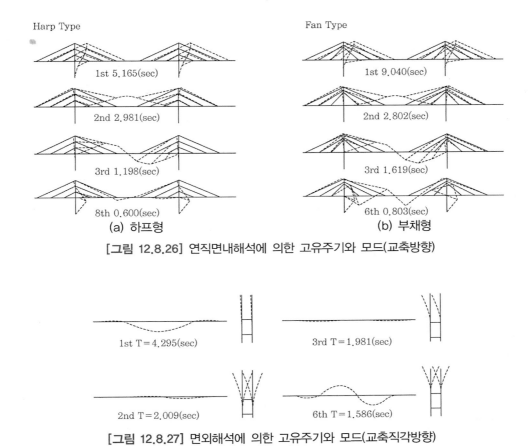

Harp Type

1st 5.165(sec)

2nd 2.981(sec)

3rd 1.198(sec)

8th 0.600(sec)

(a) 하프형

Fan Type

1st 9.040(sec)

2nd 2.802(sec)

3rd 1.619(sec)

6th 0.803(sec)

(b) 부채형

[그림 12.8.26] 연직면내해석에 의한 고유주기와 모드(교축방향)

1st T=4.295(sec)

3rd T=1.981(sec)

2nd T=2.009(sec)

6th T=1.586(sec)

[그림 12.8.27] 면외해석에 의한 고유주기와 모드(교축직각방향)

(2) 장주기 지진파에 의한 응답의 검토

1) 입력지진파

여기에는 기상청 변위계로 계측한 장주기성분을 많이 갖는 지진파에 대해 본 교량이 어느 정도의 변위거동을 나타내는가를 검토하기 위해 설계가속도 응답스펙트럼을 고려해 보기로 하였다. 즉 본 교량은 가속도레벨보다 파형으로 장주기성분이 탁월한 지진파에 의해 요동하기 쉬운 것을 상정하기 때문이다. [표 12.8.27]은 동대지진연구소가 제공한 장주기지진기록의 디지털데이터의 예이지만, 이 중에 최대변위 등이 큰 기다이도우(北伊豆)지진 NS, 보우소우츄(房總沖)지진 NS, 신와구(新潟)지진 EW의 3가지 파형을 사용하였다. 그리고 이들의 파형은 지표변위기록파형이며, 1Hz 이상의 고주파성분은 컷(cut)하고 있다. [그림 12.8.28]에 이 파형의 Fourier 스펙트럼을 나타내었다.

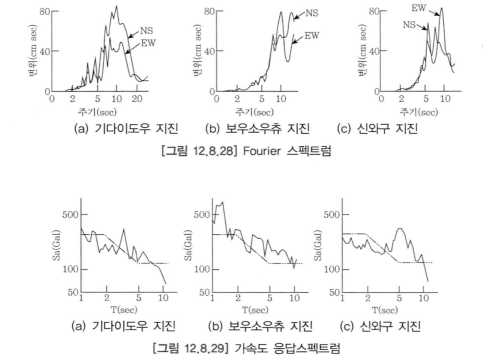

[그림 12.8.28] Fourier 스펙트럼

[그림 12.8.29] 가속도 응답스펙트럼

이 파형을 2회 Fourier 미분하여 가속도파형을 얻고, 그 최대 가속도를 적어도 100Gal으로 규준화하여 [그림 12.8.29]의 가속도 응답스펙트럼을 작성하였다. 1자유도계의 변위응답은 지표변위의 반복에 의해 서서히 발달하고, 최대 응답변위 발생시각도 지진의 주요 운동이 지난 후에 발생하는 등 대체적으로 입력파형의 주기특성으로 영향이 있었다.

2) 해석모델

본 교량의 응답을 구하는 데 있어서 여기서는 상하부일체인 전체모델을 사용하였다. 그 때 상부공만을 상세모델로 하여 고유치특성을 손상시키지 않는 범위에서 간략히 모델화하여 검토하고, 결국

3단 케이블로 다-질점계모델로 치환시켰다. 하부공에 대해서도 Caisson의 로킹 고유치특성을 손상시키지 않는 범위에서 간략화하고, 이것을 상부공모델에 합성시켰다. 그리고 해석의 간략화를 위해 전체 교장에 대한 풀-모델을 1/2 모델로 충분히 나타낼 수 있다는 것을 확인하고, 이것을 해석에 사용하였다. [그림 12.8.26]은 풀-모델에 의한 모드이다.

3) 해석법

탄성응답해석은 모드중첩법을 사용하였다. 감쇠정수는 해석상 경우에 따라 일정한 값의 파라메타로 변화시켰다.

4) 해석결과

해석결과를 [그림 12.8.30]에 나타내었다. 응답치를 최종 추정할 때에 문제되는 것은 입력 레벨이다. [그림 12.8.29]는 100Gal을 기준입력으로 얻어진 것이지만, 그 레벨을 어떻게 채용하느냐에 대해서는 다음과 같은 문제가 있다.

① 입력데이터가 1Hz 이상의 단주기성분이 컷(cut)되어 있고, 혹시라도 SMAC 등의 가속도계로 측정한다면, 단주기성분의 가속도를 사용하는 것으로 되고, 실제의 최대 가속도는 [표 12.8.28]에 나타낸 값보다 매우 큰 것으로 상정된다. 이 점에 대해서는 [표 12.8.27]의 진도계에서도 추정한다.

② 교량가설지점의 지표면가속도를 알맞게 환산하여 입력할 필요가 있고, 일반적으로 단주기성분에 문제가 있는 지진이라면 200~240Gal인 값을 상정할 것이지만, 장주기성분이 탁월한 지진파의 지진은 먼 주변에서 발생하고 장주기성분이 탁월하다고 생각되므로 가속도 레벨이 큰 값을 상정할 필요는 없다고 생각된다. 반대로 가속도 레벨이 크다면 단주기성분이 탁월하고 본교량의 응답은 작다고 생각된다.

그러므로 여기서는 공학적인 판단을 근거로 ①에 대해서 먼저 판정지점에 대한 최대 가속도를 거리감쇠식으로 추정하고, 예를 들어, 단주기성분가속도가 교량가설지점에서 지표면가속도로 240Gal 정도라 하고 환산배율을 구해 원파형에 의한 응답치에 환산배율을 곱하여 실제 응답치로 생각하는 것으로 하였다. 거리감쇠식에 의한 최대 가속도는 다음과 같은 도겐(土硏)의 제안식을 사용하였다.

$$A_{\max} = 24.5 \times 10^{0.333M} \times (\Delta + 10)^{-0.924} \text{(3종 지반)} \tag{12.8.9}$$

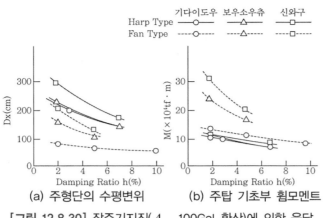

기다이도우 보우소우츄 신와구
Harp Type ○ △ □
Fan Type ○ △ □

(a) 주형단의 수평변위   (b) 주탑 기초부 휨모멘트

[그림 12.8.30] 장주기지진(A_{max}100Gal 환산)에 의한 응답

[표 12.8.27] 장주기 지진기록의 디지털데이터

지진명	일자	심도 h(km)	진도 Multitude	지진계 (동경)	진앙거리 Δ(km)	기록 지점	성분	최대치(계기보정)		기록지속 시간(sec)
								변위(cm)	속도(kine)	
北伊豆 기다이도우	1930.11.26	0	7.2	IV	98	本鄕	NS	7.65	5.9	400
							EW	5.34	5.7	388
西기玉	1931.09.21	0	6.9	IV	68	本鄕	NS	2.65	4.6	200
							EW	1.88	2.9	
今市	1949.12.26	0~30	6.7	III	110	本鄕	NS	0.94	1.4	400
							EW	1.87	1.8	
房總沖 보우소우츄	1953.11.26	60	7.4	IV	240	大手町	NS	4.19	2.8	600
							EW	3.78	3.2	
新瀉 신와구	1964.06.16	40	7.5	III	300	大水町	NS	3.79	4.7	360
							EW	5.59	4.8	
伊豆羊島沖	1974.05.09	10	6.9	III	155	本鄕	NS	3.01	2.8	300
							EW	1.86	2.1	

[표 12.8.28] 변위계의 기록과 지진파에 의한 상부구조의 응답치

지진명	변위계에 의한 최대 가속도 A_{max}^{D} (Gal)	거리감쇠식에 의한 최대 가속도 $\overline{A}_{max}$(Gal)	환산배율 $240/\overline{A}_{max}$	하프형		부채형	
				D(cm)	M(tf·m)	D(cm)	M(tf·m)
北伊豆	22.0	80.9	2.97	57.6	43,370	135.9	34,915
房總沖	7.2	43.4	5.53	62.5	47,005	94.0	23,975
新瀉	12.2	38.4	6.25	155.0	116,345	223.4	54,940

주) 상부구조감쇠정수 h=2%, D : 주형의 수평이동량, M : 주탑부의 휨모멘트

[표 12.8.29] 장주기계 지진파에 의한 응답치와 설계치의 비교

하중 및 하중조합	주형의 수평이동량 D(cm)		주탑 기초부의 휨모멘트 M(tf·m)	
	설계하중	금회의 장주기지진하중	설계하중	금회의 장주기지진하중
W_L	61.3	–	44,864	–
EQ_L	62.3	62.5	41,350	47,005
[1] $D+W_L+T_{15}$	–	–	47,901	–
[2] $D+L_{EQ}+EQ_L+T_{15}$	–	–	45,735	51,390
[1] /1.35	–	–	35,482	–
[2] /1.5	–	–	30,490	34,260

[표 12.8.28]에 거리감쇠식에 의한 최대 가속도를 나타내었다. 표에서 신와구(新潟)지진에 의한 응답이 대단히 큰 값을 나타내지만, 이것에 대해서는 앞에서 기술한 ②의 이유에 의해 제외시켜야 된다고 생각된다. [표 12.8.29]는 뒤에서 기술할 설계가속도 응답스펙트럼 및 설계풍하중에 의한 응답치와 여기서 검토한 응답치([표 12.8.28])를 비교한 것이다. 지진에 의한 응답을 비교하면 두 응답치는 거의 같은 정도이며, 허용응력도의 할증을 고려한 단면력에서 보면 설계하중으로 설계함으로 로 커버(cover)된다고 생각한다.

(3) 설계가속도 응답스펙트럼의 작성

1) 검토방법

본 교량의 설계가속도 응답스펙트럼의 작성에 대해서는 특히 장주기부분의 응답특성을 안전측을 고려하여 해당 교량가설지점으로 생각되는 깊은 지반모델(약 1,000m)을 사용하여 지반의 탁월주기 의 장주기화를 촉진하고, 본 교의 교축방향의 응답이 크게 되기 쉬운 상태를 상정하였다. 검토방법은 다음과 같고, [그림 12.8.31]에 그 순서도를 나타내었다.

① 상부공의 설계를 적절하고 간략히 하기 위해 스펙트럼법을 채용하였다. 그러므로 주탑 기초부에서 파형을 도출시킬 필요가 있고, 이것에 의해 가속도 응답스펙트럼을 작성하였다.

② 상부공–하부공–지반의 전체 FEM모델을 사용하였고, 이 FEM모델의 기초지반에 따라 지진파를 입력하는 것으로 하였다. 입력파형은 다음의 ③의 해석에 의해 FEM 기초지반에 대응하는 점의 파형을 도출시킴으로서 구해진다.

③ 적절한 지진파를 선택하고, 그 최대 가속도를 기초지반에서 기본으로 되는 가속도(100년 기대

치)에 일치하게 심도 약 1,00m의 기초지반에 입력하고, 중복반사이론에 의한 지반의 지진응답
해석을 한다.

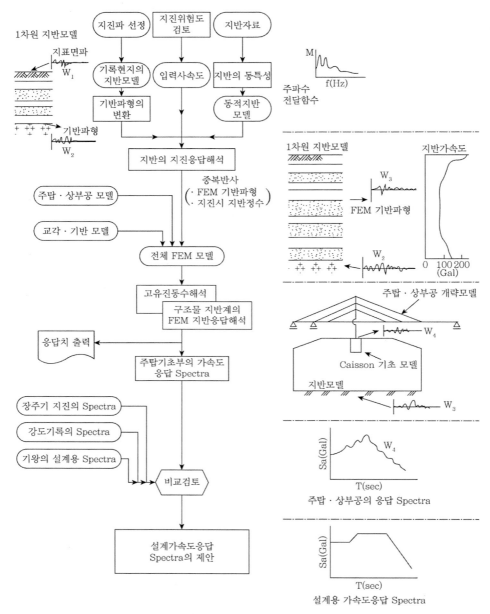

[그림 12.8.31] 스펙트럼을 구하는 순서도

2) 지반모델

교량가설지점근처의 지질구조에 대해서는 도우덴(藤田) 등의 연구를 인용하여 [그림 12.8.32]와 같이 고려하였다. 기초지반으로 고려하는 육갑(六甲) 화강암은 심도 약 1000m 부근에 있다고 상정한 다. 이 지반모델의 데이터는 현장 볼링(OP-80m까지)외에 간기(岩崎) 등의 조사연구에 의한 지반자 료를 참고로 하여 [표 12.8.30]과 같이 정하였다. 그런데 이 지반모델의 동특성(주파수응답함수)은 [그림 12.8.33]과 같이 되고, 교량상부공의 고유주기와 동일한 정도의 위치에서 탁월을 갖게 되고, 교량의 응답이 크게 되기 쉽다는 것을 알 수 있다. 그와 관련하여 이 지반 모델의 설정이라 하더라도 지반전체의 두께, S파 속도, 매립된 토층의 영향에 대해 파라메타 해석을 하였지만, 기초지반위치에 서 화강암과 같이 매우 빠른 S파 속도를 사용할 때, 대체로 [그림 12.8.33]과 같은 특성을 나타낸다는 것을 확인하였다.

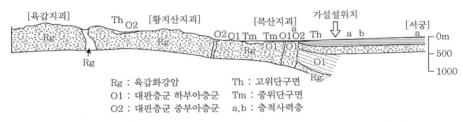

Rg : 육갑화강암 Th : 고위단구면
O1 : 대판층군 하부아층군 Tm : 중위단구면
O2 : 대판층군 중부아층군 a,b : 충적사력층

[그림 12.8.32] 교량가설지점 근처의 지질단면(도우덴 등의 연구)

[표 12.8.30] 지반모델

지층 구분		층 두께(m)	S파 속도(m/sec)	단위중량(tf/m^3)
충적층	점성토층	10.6	120	1.55
	사질토층	3.3	170	1.75
상부 홍적층	사력층	12.0	300	1.80
	사력층	16.0	340	1.90
이단층 점성토층	13.3	240	1.60
	사질토층	10.7	390	1.90
	점성토층	10.0	310	1.80
대판층군 상부		200.0	400	1.75
하부		600.0	500	1.95
선대판층군		150.0	800	2.00
Σ		1,026.0	−	
화강암		∞	2,850	2.70

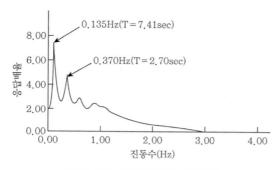

[그림 12.8.33] 주파수응답함수

3) 입력지진파의 선정

이와 같은 지진모델을 택할 경우의 입력지진파에 대해서는 특히 장주기성분이 탁월한 지진파를 사용하지 않고도 좋다고 생각하고 다음과 같은 점을 고려하여 [표 12.8.31]에 나타낸 3개의 파를 선택하였다.

1. 구조물의 고유주기(하프형, 부채형)를 커버하는 10sec 정도까지의 장주기 성분이 신뢰할 수 있는 기록이라는 것 그리고 계기보정 등을 하고 그 보정방법이 명확하다는 것
2. 기록시간이 장주기의 지진응답해석을 수행하는 데 만족할 수 있게 길다는 것
3. 관측지점의 지질상황이 명확하다는 것
4. 강진기록이라는 것

[표 12.8.31] 입력지진파형의 제원

기록명	성분	지진명	연월일	진도 M	진앙거리 Δ(km)	최대 가속도 A_{max}(Gal)	지속시간 T (sec)	Filter (Hz)	시간간격 Δt(sec)
ElCentro	NS	Imperial Valley	40.05.18	6.3	12	342	54	0.07~25	0.02
Taft	N21E	Kern County	53.07.21	7.7	43	153	54	0.07~25	0.02
품천 (가속도계)	NS	이두 반도충	74.05.09	6.9	141	43	50	*	0.01

주) * : 유효한 주파수영역은 확인할 수 없지만, 운수성에 의해 각종 보정되고 있다.

[표 12.8.31]에서 알 수 있는 것과 같이 ElCentro 및 Taft에 대해서는 0.07~25Hz의 밴드-필터 (band-filter)로 처리되었고, 장주기성분까지는 일단 신뢰할 수 있는 것으로 생각하였다. 그와 관련된 주기 11sec 전후에서 기록지의 연속에 의한 변형에 대해서는 필터로 제거하여 처리하였다. 이도우 한도우츄(伊豆半島沖)지진 힌센(品川)기록에 대해서는 당초 혼교(本鄕)에 대한 변위계기록을 가미한 파형으로 시도하였지만, 합성방법의 결과가 좋지 않아 이 힌센(品川)기록만으로 해석하였다.

4) 입력가속도

입력가속도 레벨로는 아까시(明石) 해협대교를 대상으로 하는 일본토목연구소자료 1,973호를 활용하였다. 이 연구에 대한 기대치의 추정방법은 지진동의 규모가 유한하다고 판단하고, 그리고 교량가설지점주변에서 지진이 발생하는 형태라든지 빈도가 다른 점을 고려하여 해석대상범위를 지진활동도에 따라 4개의 부-영역(sub-zone)으로 분할하고, 여기에 제각각 최대 지진진동(진도, Magnitude)을 설정하였다. 그리고 SMAC형 강진기록에 대한 단주기성분의 보정 외, 수평 x, y성분의 합성을 고려한 데이터에 대해 최대 가속도의 거리감쇠 추정식을 작성해 해석하였다.

[그림 12.8.34]에 결과를 인용하여 나타내었다. 이것에 의하면 재현기간 100년에 대해 기대치는 제1종 지반(露頭)에서 160Gal이 된다.

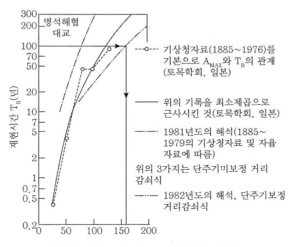

[그림 12.8.34] 최대 가속도의 기대치

심도 (m)	지층	밀도 (tf/m³)	층두께 (m)	전단강성 $G(tf/m^2)$		감쇠정수 h(%)	최대응답가속도(Gal) 100 200
				Go	Taft		
	Ae	1.55	10.6	2280	2170	0.9	
					1868	2.9	
					1605	4.4	
−20	Ag	1.75	3.2	5160	1815	10.8	
−30	Dug1	1.80	12.0	16500	10120	5.5	
					11742	6.0	
−40	Dug1	1.90	16.0	22400	12935	6.5	
−50					14378	6.8	
−60	Due1	1.60	13.8	9400	16594	4.4	
−70	Dug2	1.90	10.7	29500	17133	7.1	
−80	Due2	1.80	10.0	17650	14613	2.8	
−200	Ou	1.75	200	28600	23100	5.0	
					23100	5.0	
					23100	5.0	
					23100	5.0	
−300	OL	1.95	600	49700	49700	5.0	
−400					49700	5.0	
−500					49700	5.0	
−600					49700	5.0	
−700					49700	5.0	
−800					49700	5.0	
−900	OPR	2.05	150	130600	13600	5.0	
−1000	Gran	2.75		223800		5.0	

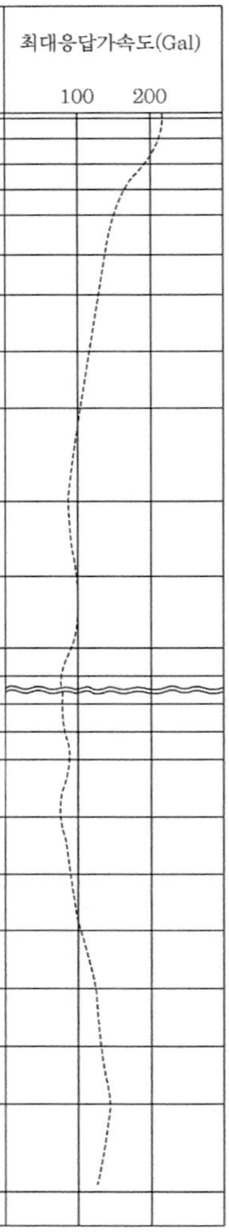

[그림 12.8.35] 깊은 지반의 중복반사이론해석(Taft, 입사파 80Gal)

5) 지반의 지진응답해석

[표 12.8.31]의 기록은 지표에 대한 기록이지만, 제각각 기록채취지점에서 지반자료를 사용하고, 그 지점에서 기초지반으로 반사파형을 중복반사이론에 의해 먼저 구하고, 이 파형을 교량가설지점심도 약 1000m의 기초지반에서 최대 가속도가 160Gal이 되도록 확대하여 입력하고, 중복반사이론에 의해 교량가설지점의 지반의 지진응답해석을 하였다. 지반정수의 변형의존성에 대해서는 볼링한 샘플로 동적 비틀림-전단시험을 일부 이용했지만, 심도 80m 이하의 각 지층에 대해서는 사질-점성토

의 지층구분이 될 정도의 자료가 없으므로 [표 12.8.30]에 나타낸 대판층군 상부(심도 80~280m)에 대해서는 그 강성을 1할 감소시키고, 그 이외의 깊은 곳에 대해서는 변형의존성을 고려하지 않았다.

[그림 12.8.35]에서 해석결과의 한 예를 나타내었다. 경사로는 지표에 가까운 충적점토층(A_e)에서 가속도진폭은 급격히 증폭하고 있고, 홍적층(D_{ug})으로는 가속도진폭은 동일한 레벨로 되어있다.

6) 구조물–지반계의 유한요소법(FEM)에 의한 지진응답해석

상부공설계용의 설계스펙트럼을 작성한 후에 필요한 주탑 기초부에서의 지진파형을 얻기 위해 상부공–하부공–지반의 모델을 작성하였다.[8] 지반 및 하부공에 대해서는 동적인 상호작용도 고려할 수 있는 FEM모델로 하였다. 상부공의 모델은 앞의 [2] 2)와 같다. 이 해석에 대한 기초지반으로는 Caisson의 로킹(rocking) 효과도 포함하도록 Caisson 저면보다 50m 아랫방향의 대판층군(大阪層群) 상부의 윗면을 취하였다.

매스받침(mass shoes)의 측방부의 경계조건은 상하 이동에 대해 고정, 수평 이동에 대해서는 가동으로 하였다. 지반정수에 대해서는 전항 5)의 해석에서 얻어진 결과치의 3개 파의 평균을 사용하였다. 단 지반의 감쇠정수에 대해서는 해석상 3~4%로 되어 있지만, 일반적으로 10%로 하고 있으나 여기서는 5%로 하였다. [그림 12.8.36]에 FEM해석모델의 모양을 나타내었다. 그리고 [그림 12.8.37]에 대표적인 모드를 나타내었다.

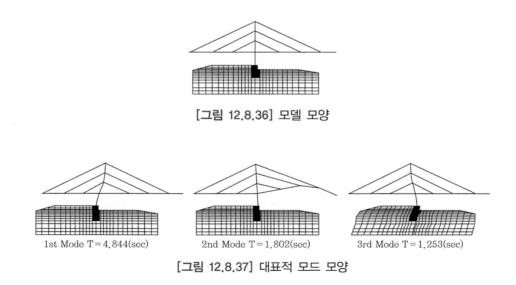

[그림 12.8.36] 모델 모양

1st Mode T = 4.844(sec)   2nd Mode T = 1.802(sec)   3rd Mode T = 1.253(sec)

[그림 12.8.37] 대표적 모드 모양

주탑 기초부에서의 가속도응답 스펙트럼으로서는 단순한 수평방향진동 $\ddot{z}$만 아니라, Caisson의 로킹의 영향으로 회전각 θ에 Caisson 천단으로부터 주탑 기초부까지의 높이 H를 곱한 $\ddot{\theta} \cdot H$를 더하여 구하였지만, 결과적으로 이 영향은 매우 작았다. [그림 12.8.38]에 이 응답스펙트럼을 나타내었다. 그리고 감쇠정수는 상부공의 설계를 대상으로 하고 있으므로 2%로 하였다.

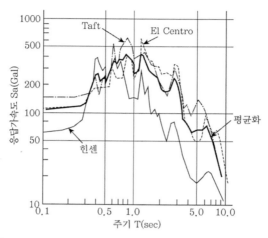

[그림 12.8.38] 주탑 기초부의 가속도 응답스펙트럼

7) 설계가속도 응답스펙트럼의 작성

[그림 12.8.38]에서 3개의 파의 평균을 먼저 잡아보았다. 그리고 원래 파형에 의해 구한 스펙트럼과 같이 대비할 경우, [그림 12.8.39]과 같이 장주기부에는 증폭하여 있고, 특히 3, 7sec 위치에서 탁월점이 형성되어 있는 것은 [그림 12.8.33]에 나타낸 지반의 영향이라는 것을 알 수 있다. 그런데 [그림 12.8.38]에서 단주기부분이 비교적 낮게 되어 있는 것은 지반층 분할수를 많이 나누지 않았기 때문이라고 생각되지만, 장주기 부분에는 대개 안전측으로 산정되어 있다. 이상으로 [2]의 검토를 근거로 다음과 같은 점을 배려하여 상부공설계를 위해서 가속도 응답스펙트럼을 작성하였다. [그림 12.8.40]에 기타 기준과 비교하여 나타내었다.

1. 장주기 영역에는 2개 파의 평균치를 최저 커버하도록 [그림 12.8.38]의 3개의 평균스펙트럼을 포락직선으로 하고, 안전측을 고려해 본 교량의 고유주기 5sec 근처에서 기존의 설계스펙트럼 보다 크게 한다.
2. 단주기 영역에는 '도시'의 적합성을 고려해 4종 지반에 상당하는 240Gal로 한다.

3. 중간주기 영역에는 일반적으로 오오사가(大阪) 해안의 충적지반에서 관측한 중소규모지진에 주기 1sec 전후에 현저한 탁월성이 인정된다는 것, 그리고 해당지반의 상시미동관측으로도 1sec 약한 주기성분이 탁월하다는 것, 안전측을 고려한 안찌센(安治川) 교량설계 스펙트럼 예에서 400Gal로 한다.

그리고 본 스펙트럼은 11sec 근처까지 유효하게 구할 수 있다. 교축직각방향에 대해서도 동일하게 해석하고 [그림 12.8.39]과 같은 결과를 얻을 수 있었다.

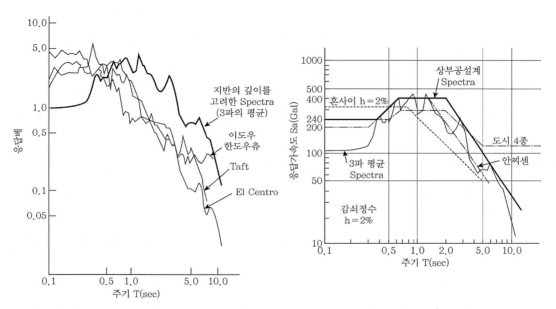

[그림 12.8.39] 원파형의 스펙트럼과의 비교   [그림 12.8.40] 상부공 설계용스펙트럼

[4] 정리

본 절에서는 한신고속도로 항안선(灣岸線)의 신고(神戶)지구에 건설된 중앙지간장 485m를 갖는 복층 바닥판 트러스 사장교 '도우신고스이로교(東神戶水路橋)'를 대상으로, 교각과 주탑의 어느 점도 가동하는 이른바 올—프리인 기본구조계를 채용해 지진력의 하부공부터의 영향을 대폭 경감하는 설계검토를 나타낸 것이다. 이 절에서 내진문제에 대해 검토한 결과, 케이블 형상을 하프로 한 올—프리 구조의 사장교가 가능함을 알 수 있었다. 현재 이 구조계로 기본설계검토를 진행해 가고 있지만, 이와 같이 올—프리를 적극적으로 평가한 교량은 이것이 처음이며, 실제 교량의 응답에 대해 흥미를 갖는다.

참고문헌

1) 前田, 林ほか (1972.3). 斜張橋の剛性による靜力學的特性に關する一考察, 土木學會論文報告集 第 199号.

2) 土木學會・本州四國連絡橋鋼上部構造研究小委員會 (1980.3). 本州四國連絡橋鋼上部構造に關する 調査研究報告書, 別冊3, 櫃石島・岩黑島橋斜張橋に關する檢討.

3) 江見, 林 (1982). 安治川橋梁の耐震設計, 阪神高速道路公團技報.

4) 藤田, 笠間 (1982). 大阪四北部地域の地質, 地質調査所.

5) 土質工學會編 (1982.7). 大阪地盤.

6) 建設省土木研究所 (1983.3). 本州四國連絡橋の設計施工に關する研究報告, 土木研究所資料 1973号.

7) 河井, 北澤, 塚原, 吉田 (1985.6~7). 基本構造系をAll−Freeとする長大斜張橋の設計基本檢討 (上)(下), 橋梁と基礎, 1985.6 pp.35~41, 1985.7 pp.29~38.

8) 土木學會編 (1989.12.5). 動的解析の耐震設計, 第2卷 動的解析方法, 技報堂.

12.9 맺음말

본 장에서 '장대교의 내진설계'로 되어 있지만, 내용면에서 내진설계상 사장교의 동역학적 특성, 동적해석의 입력지진동, 대규모 기초구조물의 내진성, 동적해석모형, 내진설계상 기타 고려사항, 장대교의 내진설계의 실례 등을 다루었다.

장대교에 대한 내진기술의 개발은 중요한 기술적 과제라 할 수 있다. 실측과 해석면에서 내진성이 우수하다는 현수교의 구조특성에 대해서도 검토하여야 할 것이다. 그리고 여러 가지 구조물에 대해 탄소성응답해석과 대규모지진 시의 안전성에 대해서도 조사·검토하여야 할 것이다. 앞으로 여러 가지 연구동향을 근거로 ① 3차원 구조의 탄소성해석, ② 2축 휨에 대한 문제, ③ 장주기 성분의 탁월한 입력지진파의 설정 등에 대해서도 연구할 필요가 있다.

장대교의 내풍설계

13 CHAPTER

장대교의 내풍설계
Wind Resistant Design of Continuous Bridges

13.1 개 요

사장교, 현수교와 같은 장대교는 가연성이 풍부한 구조물이며 바람의 작용에 대한 영향을 받기 쉽다고 알려져 있다. 1879년에 폭풍으로 인하여 스코틀랜드의 Tay교(85경간 트러스교)가 13경간의 교량부분이 붕괴되어 열차가 추락하여 75명의 희생자를 내는 사고를 초래하였다. 이후, Forth철도교를 시작으로 교량의 설계에 있어서 정량적으로 평가된 풍하중을 고려하는 것이 일반적으로 정착되게 되었다. 그러나 이러한 정량적인 평가에는 바람의 효과에 동반된 교량의 진동문제가 고려되어 있지 않았다. 이 문제에 대한 본격적인 검토가 시작된 계기는 1940년 현수교의 중앙지간이 853m인 Old Tacoma Narrows교가 풍속으로 환하여 약 60m/sec의 풍하중에 대해서 안전하도록 설계되었음에도 불구하고, 불과 19m/sec 풍속의 바람에 심한 진동을 야기해 낙교한 사고는 바람의 작용예로 유명하지만, 사장교에 있어서도 일본의 세기가이(石狩)하구교나 캐나다의 Longs Creek교 등도 바람에 의해 진동이 발생하여 대책을 세운 사례도 있어 내풍설계의 중요성이 강조되고 있다.

그 후에 토목공학뿐만 아니라 항공, 기상, 전기 등 관련분야의 전문가를 규합해 내풍설계의 조사연구를 수행하여 일본의 세토대교(중앙지간, 사장교), 메이세끼(明石) 해협대교(현수교) 등과 우리나라의 광안대교(현수교), 영종대교(현수교), 서해대교(사장교), 인천대교(사장교), 이순신대교(현수교) 등을 준공하였다.

해외에서는 경제적인 이유 등으로 실제 설계·시공되지는 않았지만, 메시나 해협, 지부라루다루

해협, 구로센베루도 해협 등 많은 장대교량의 가설계획이 있다. 장대교의 내풍성의 검토는 Tacoma Narrows교의 낙교 후에 시도되었고, 풍동실험도 많이 하였다. 장대구조물의 내풍설계에 관해서는 풍하중과 바람에 의한 진동을 고려한다. 이들에 관해서는 많은 문헌[1]이 있으므로 상세한 것은 이들을 참조하기로 하고, 본 장에서는 장대교에 특히 문제가 되는 바람에 의한 진동에 관점을 두고, 바람에 의한 진동 메커니즘, 사장교의 풍력에 의한 진동과 대책, 풍동실험, 내풍대책과 제진대책, 장대교의 내풍설계에 대해 설명하였다.

13.2 바람에 의한 구조물의 진동[4]

13.2.1 구조물의 진동 종류

엄밀한 것은 아니지만, 바람의 작용에 의한 구조물의 진동을 설계의 편의상 구분하면 다음과 같다.

바람에 의한 구조물의 진동				
진동현상			원인 또는 공기력	
기류의 흐트러짐에 따른 불규칙 진동 (Buffeting, Gust 응답)		한정진폭진동	자연풍과 접하는 풍상측 구조물 후류 중의 풍속변동에 의한 공기력	
동적불안정현상	와여진		구조물 후류 중에 발생하는 와류에 의한 교번공기력	
	갤로핑(Galloping, 휨 진동)	1-자유도	발산진폭진동	진동하는 구조물에 작용한 동적공기력의 부감쇠효과에 의한 자력력
	비틀림 플러터(Torsional Flutter, 비틀림 진동)	2-자유도		
	연성 플러터(Coupling Flutter, 휨 진동과 비틀림 진동의 연성)			
	레인진동(Rain Vibration)		그 외의 진동	사장교케이블 등 경사진 원주에 발생하는 진동
	후류진동(Wake Galloping)			물체의 후류(Wake)의 영향에 의해 발생하는 진동

각 진동을 풍속과 진동진폭의 관계를 모식적으로 나타내면 [그림 13.2.1]과 같다. 발산적인 진동 (자려진동)은 어떤 풍속이상에서 진동이 급격히 발달하는 파괴적인 진동이다. 그리고 와여진은 비교적 저풍속의 어느 한정된 풍속영역에서 발생하고, 진폭도 어느 정도로 끝난다. 버페팅(buffeting)은 바람의 난류에 의한 불규칙 진동(강제진동현상)이며, 풍속과 동시에 그 진폭은 증대한다.

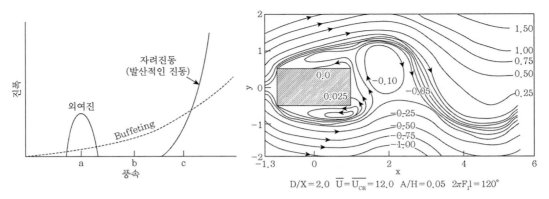

[그림 13.2.1] 공력탄성진동의 종류 　　　 [그림 13.2.2] 공진유속영역에서 비정상유선(문헌 [2])

13.2.2 바람에 의한 진동 메커니즘

바람에 의한 진동의 메커니즘을 이해하기 위해 정현진동인 경우의 안정조건을 간단히 설명하였다. 1-자유도 진동계의 진동과 같은 주기 공기력 F, 그 외의 공기력 F_o가 작용할 경우에 다음과 같다.

$$m\ddot{y} + c\dot{y} + ky = L + F_o = L_R \cdot y + L_I \cdot \dot{y} + F_o \tag{13.2.1}$$

여기서 L_R, L_I는 각각 작용공기력의 변위 및 속도에 비례하는 성분을 나타낸다. 이 식을 좌변과 우변을 비교하여 생각하면, L_I는 진동계의 감쇠에 관계한다는 것을 알 수 있다. 즉, L_I가 정(+)의 값이면, 진동에 의해 공기력의 작용이 진동계에 흡수된다는 것을 의미하고, 이 진동계는 부(-)의 감쇠특성을 갖는 것으로 된다. 공기력이 구조감쇠보다 크다면, 진폭은 증가하고 바람에 의한 진동이 생기게 된다.

그러면 이와 같은 공기력은 어떻게 생기는 것일까? 원-기둥 둘레를 흐를 때에는 원-기둥을 따라 흘러 박리(剝離)하여, 뒤의 흐름에 Karman 와류(vortex)라는 '소용돌이'가 상하교대로 규칙적으로 방출되며, 이것에 의해 원기둥에는 흐름의 직각방향에 주기적인 힘이 작용하여 진동현상을 나타낸다는 것은 잘 알려져 있다. 단면이 직사각형일 경우에는 그 주변의 흐름은 약간 복잡한 진동모양을 나타낸다. [그림 13.2.2][2]에서 바람상측 앞 가장자리(前緣)를 따라 일단 박리한 흐름이 상면에 재부착하고, 뒤 흐름에는 소용돌이가 나타나고 있다는 것을 관찰할 수 있다.

13.2.3 구조물의 진동 시 압력분포

구조물 주변의 풍속분포가 달라지면, 표면에 작용하는 압력분포도 다르므로, 이 압력의 총합에서 구조물 전체에 작용하는 공기력을 산정할 수 있다.

구조물이 진동하고 있을 때의 압력분포의 측정 예[3]를 [그림 13.2.3]에 나타내었다. 그림의 C_P는 공기력의 평균성분이며, C_{PI}는 앞에서 기술한 공기력의 속도비례성분, 즉 진동의 감쇠에 관계하는 성분에 대응하는 것이다. 그리고 그림의 각 풍속은 [그림 13.2.1]에 나타낸 풍속에 대응하고 있다. 이것에 의해, 이 직사각형단면에는 와여진 시는 구조물상면의 하류 측을 따라 흐름에 의한 여진력을 받고, 갤로핑(galloping)의 경우에는 상면전체를 따라 가진력을 받아 정지 시의 공기력을 사용하는 준정상적 취급이 가능하다는 것을 알 수 있다.

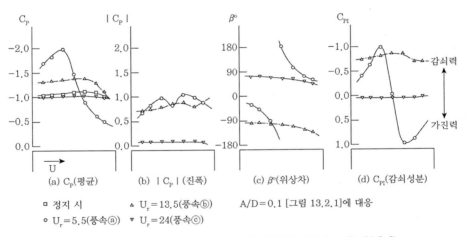

[그림 13.2.3] 휨 진동 시의 직사각형단면의 압력분포(문헌 [3])

참고문헌

1) 일반적 참고문헌
–岡内, 伊藤, 宮田 (1977). 耐風構造, 丸善.
–Institute of Civil Engineers (1981). *Bridge Aerodynamics*, Thomas Telford Ltd.
–成田 (1972). 斜張橋の耐風安定性, カラム No.47.
–成田 (1979). 橋梁の大型化に伴う風の問題, カラム No.73.
2) 溝田 (1983.12). 一樣中で振動する角柱まわりの流れと流体力に關する實驗的研究, 九州大學學位論文.

3) T. Miyata, M. Miyazaki and H. Yamada (1983). Pressure Distribution Measurements for Wind Vibrations of Box Girder Bridges, J. Wind Eng. & Indust. Aerodyn. 14, 223~234.

4) 横山功一 (1985.8). 斜張橋の耐風設計, 橋梁と基礎, pp.58~62.

13.3 사장교의 풍력에 의한 진동[6]

사장교에 있어서 바람에 의한 진동으로는 주형의 진동만 아니라 케이블이나 주탑의 진동 그리고 2개의 교량이 병렬로 되어 있는 경우의 바람의 상측교량에 의한 바람의 난류에 기인한 불규칙진동이 있으며, 한편으로는 완성 시만 아니라 가설 시의 진동도 문제가 된다. 여기서는 진동사례나 풍동실험 예를 다루고, 사장교에서 문제시되는 진동에 대해서 설명하였다.

13.3.1 주형의 진동

사장교의 대표적인 바람에 의한 진동이며, 일반 사장교의 내풍설계를 대상으로 다루어진다. 이 경우, 문제되는 바람에 의한 진동은 와여진이며, 편평(扁平, 납작)한 주형단면을 사용할 경우에는 갤로핑(휨 발산진동)은 일어나기 어렵고, 그리고 상자형 단면을 사용할 경우에는 비틀림 강성이 크고, 비틀림 고유진동수가 높아지며, 현수교의 내풍설계에 있어서는 제일 문제되는 플러터(비틀림 발산진동)의 발현풍속은 높아지나 일반적으로 문제되지 않는다. 그리고 납작한 주형인 경우에는 갤로핑이 문제가 된다고 생각하고 있지만, 현재까지는 현저한 진동은 보고되지 않았다.

일본의 세기가이(石狩)하구교[1]는 세기가이센(石狩川)의 하구에 건설된 중앙지간 160cm의 3경간연속 사장교이며, 가설 시에 강풍에 의해 연직 휨 진동이 발생하였다. 이때 강풍은 10분간 평균풍속 10~15m/sec, 주형 폐합 후에 포장하중 재하 전의 상태에서 최대 진폭추정 90cm, 가속도 280Gal을 기록하였다. 이 교량에 대해서는 건설 전부터 풍동실험을 실시한 결과를 근거로 당초 교량주형의 형상이 직사각형단면인 것에 대해 [그림 13.3.1]에 나타낸 것과 같이 내풍대책부재를 설치하도록 계획하였다. 그러나 가설 시의 진동은 현저하였으며, 내풍대책으로 설치한 부재를 교축방향으로 1-Block마다 떼어내어 진동을 제어하는 것으로 하였다. 그리고 캐나다의 Longs Creek교에도 진동이 보고[2]되었다. 이 교량은 중앙지간 217m의 [그림 13.3.2]에 나타낸 것과 같은 교량주형형상의 사장교이다. 개통 후에 바람에 의한 진동이 발생해 11~13m/sec 정도의 풍속에서 수 cm부터 최대진폭 약 20cm(높은 난간이 눈으로 막힌 상태)에 달하였다. 이로 인하여 주형의 외측에 큰 삼각형단면의 부재를 설치하여 진동을 제어하도록 하였다.

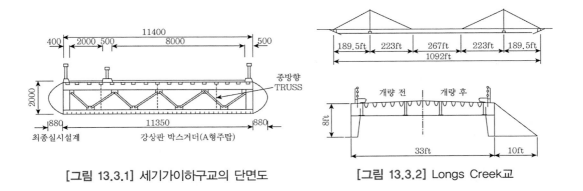

[그림 13.3.1] 세기가이하구교의 단면도　　　　[그림 13.3.2] Longs Creek교

위의 두 교량은 현저한 진동이 생겨 대책을 시행한 사례도 있지만, 이 외에도 대책을 강구할 때까지는 와여진을 관측한 것으로는 영국의 Wye교,[3] Erskine교[4]가 보고되었다.

13.3.2 주탑의 진동

사장교의 주탑은 일반적으로 직사각형 단면을 사용하고 있으므로 와여진과 갤로핑이 문제된다고 생각하고 있다.

교탑의 와여진에 대해서는 현수교의 주탑가설 시 케이블을 가설할 때까지의 기간에 자주 발생하는 것으로 알려져 있고, 이때의 풍속영역이 비교적 낮기 때문에 제진대책으로 활동블록(Sliding Block)이나 TMD(Tuned Mass Damper, 동조식 질량감쇠기)에 의해 감쇠를 부가하는 것이 일반적이다. 사장교의 경우에도 대규모이고, 상대적으로 강성이나 감쇠가 작다면, 현수교와 같은 문제가 생길 가능성이 있다.

13.3.3 케이블의 진동

사장교의 케이블은 일반적으로 구조감쇠도 작은 원형 단면이며, Karman 와류(Vortex, 소용돌이)에 의한 진동이 문제된다. 한편, 6각형 단면을 사용한 케이블의 경우는 발산진동이 문제가 된다고 지적하고 있다.[5] 그리고 최근 레인진동(Rain Galloping)이라는 새로운 케이블의 진동이 확인되고 있다. 이것은 비가 내릴 때 나타나는 진동현상으로 케이블의 표면에 물이 잇달아 흘러 단면형상을 미소하게 바꾸고 있기 때문이라고 추정하고 있지만, 메커니즘의 해결을 위한 연구가 진행되고 있다.

이상은 단일케이블의 진동현상이지만, 사장교가 대형화하면 2본의 케이블이 근접되게 배치되도록 하며, 이 경우에 바람상측 케이블에서 발생하는 바람의 난류에 의해 케이블이 후류진동(Wake Galloping)하는 문제가 있다.

참고문헌

1) 北海道開發局 (1981.3). 橋耐風安定性報告書.
2) R.L. Wardlaw (1971). *Some Approaches for Improving the Aerodynamic Stability of Bridge Road Decks*, Proc. Int. Nat. Conf. of Wind Effects on Buildings and Structures, Tokyo.
3) I.J. Smith (1980.10). *The Wind Induced Response of the Wye Bridge*, Engineering Structures, Vol.2, No.4, 202~208.
4) J.S. Hay (1981). *The Wind Induced Response of the Erskine Bridge*, Bridge Aerodynamics, Thomas Telford Ltd.
5) 横山ほか (1977.5). 斜張橋の大型化に對するCableの振動とその防止對策, 三菱重工技報 Vol.14, No.3.
6) 横山功一 (1985.8). 斜張橋の耐風設計, 橋梁と基礎, pp.58~62.

13.4 내풍설계의 순서와 기초항목

앞에서 소개한 것과 같이 사장교의 내풍설계에 관계한 실제현상이 많지만, 여기서는 대표적인 진동인 교량주형의 와여진에 대해 내풍설계의 순서와 관계되는 사항을 설명하였다.

13.4.1 내풍설계의 순서

내풍설계(주로 동적조사)를 할 때에 작업순서를 개략적으로 [그림 13.4.1]에 나타내었다. 바람에 의한 응답에 구조물의 단면형상이 관계되므로 기본적으로 내풍성에 견딜 수 있는 단면을 선정하는 것이 중요하다. 설계안의 응답추정은 일반적으로 풍동실험에 의하고, 이것으로 구조특성과 현지의 바람의 특성에 관계하고, 응답의 평가기준이 필요하다. 교량의 내풍설계기준으로서는 혼슈시고구연락교(本州四國連絡橋) 프로젝트의 조사성과를 정리한 『혼슈시고구 연락교내풍설계기준』(1971년)[1]이 있고, 그 외 교량의 내풍설계에 준용되는 것도 많지만, 주로 현수교의 플러터를 대상으로 한 것이 있으며, 사장교에서 문제시되는 와여진 등에 관해서는 반드시 규정이 충분하다고 할 수 없으므로 주의가 필요하다.

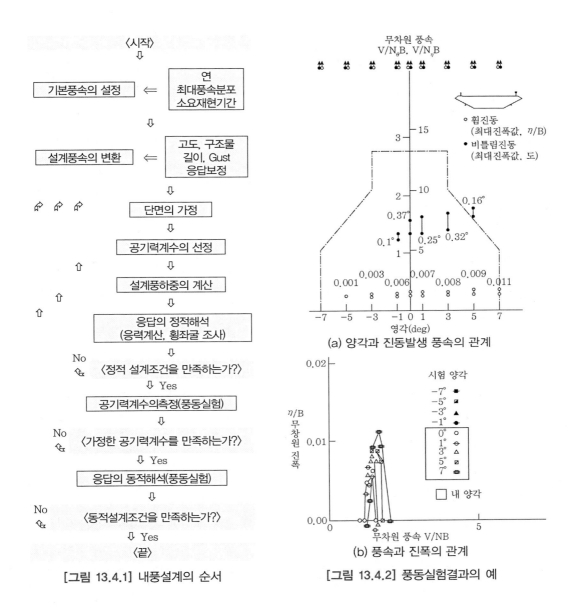

[그림 13.4.1] 내풍설계의 순서

[그림 13.4.2] 풍동실험결과의 예

13.4.2 풍동실험

설계안의 내풍성을 조사할 때에는 풍동실험에 의하는 것이 일반적이다. 실험에는 설계안에 구조치수를 상사시킨 축척모형을 사용하고, 구조특성(질량, 구조감쇠 등)을 상사시켜, 각 입사각(바람과 교량주형의 수평축과 이루는 각도)마다의 풍속과 진동응답과의 관계를 구한다.

[그림 13.4.2]는 풍동실험 결과의 한 예이며, [그림 13.4.2(a)]는 영각(구조물에 작용하는 바람의

구조물로의 입사각)과 진동이 생기는 풍속의 관계를 나타낸 것으로, 이 경우 휨 및 비틀림 진동의 와여진이 저풍속에서 발생하고, 발산진동은 고풍속 영역까지도 발생하지 않는다. [그림 13.4.2(b)]는 풍속과 진폭의 관계를 나타낸 것으로, 횡축은 무차원 풍속(V/NB), 종축은 무차원 진폭(A/B, A : 진폭)을 나타낸다. 휨 진동과 비틀림 진동의 연성을 생각하지 않아도 좋은 진동의 경우(예 : 휨와여진)에는 Scruton 수($I_z \delta / \rho B^2$, I_z : 질량, δ : 구조감쇠, ρ : 공기밀도)라고 하는 구조특성을 나타내는 파라메타를 사용할 수 있다. 그때 풍동실험결과는 구조물의 단면형상, Scruton 수, 풍속과 응답의 관계로 정리할 수 있다. 그러므로 설계안에 가까운 단면의 바람에 의한 힘(비정상 공기력이라 함)을 알고 있으면, 풍동실험을 할 필요 없이 설계계산이 가능하다.

13.4.3 내풍성의 평가

풍동실험의 결과에서 설계안의 내풍성을 평가할 때에는 다음과 같은 점에 대해 주의하여야 한다.

[1] 자연풍의 난류

현재까지 내풍설계를 위해 풍동실험은 주로 난류의 한 기류를 사용하였다. 그러나 자연의 바람은 많든 적든 난류를 포함하고 있고, 일반 흐름과 난류에는 구조물의 응답이 복잡하게 다르다는 것도 알려져 있다.[2] 현재 난류를 사용한 풍동실험법으로는 통일된 것은 없지만, 일반적인 흐름 중 풍동실험만 아니라 난류 중에서 풍동실험도 하여, 두 결과를 비교하면서 내풍성을 평가하는 것이 바람직하다.

[2] 가설지점의 바람의 특성

바람의 특성(풍속, 풍향, 영각, 난류강도 등)은 가설지점에 따라 다르고, 내풍성의 평가에 대해서는 그 지점에서 바람의 조건을 고려할 필요가 있다. 앞에서 기술한 캐나다의 Longs Creek교와 거의 같은 Hawkshaw교는 10마일 상류에 위치하고 있지만 진동을 관측하고 있지 않고, 하천의 만곡부에 건설하였으므로 근접한 지형에 의한 차폐(遮蔽)효과가 이었든 것으로 추정하고 있다.[4] 이와 같은 국지적인 경향 외의 강풍의 빈도, 주된 풍향, 난류의 특성 등을 고려하여야 한다.

[3] 구조감쇠

구조감쇠치는 응답의 크기에 직접 관계하는 설계상 중요한 값이다. 그러나 해석적으로 구하기 어려움으로 실측 데이터에 의해 설계상 일정한 값을 사용하고 있지만, 흐트러진 것이 많고, 큰 진폭에서 감쇠는 크게 되는 경향이 있다고 말하지만, 아직 불명확한 점들이 많다.

[4] 허용진폭의 규정

진동을 완전히 제어하려는 것은 어려우며, 어떤 진폭까지는 허용하는 것이 적당한 사고방식일 것이다. 이때는 사용성면에서는 보행자의 불안감, 차량의 주행성, 그리고 구조면에서는 피로가 문제라고 생각된다. 그 교량의 조건에 따라 적절히 결정하는 것이다.

13.4.4 내풍대책

내풍설계면에서 중요한 것은 설계의 당초부터 기본적으로 내풍성에 양호한 교량의 주형단면을 채용하도록 노력하는 것이다. 이전에는 주형단면에 직사각형이나 문형 등으로 형고(H)/폭원(B)가 비교적 큰 것을 사용할 때가 있었지만, 그 후 내풍성이 양호한 역대형이나 편평한 육각형 단면이 사용되도록 되어온 것은 이 기본방침을 따르는 것이다.

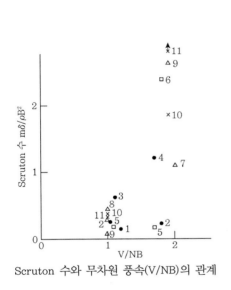

Scruton 수와 무차원 풍속(V/NB)의 관계

치수(mm)			●	□	△	×
B	B'	H				
	200	40	○	○	○	−
		60	1	○	○	−
		80	2	5	7	−
400	300	40	○	○	−	−
		60	3	○	8	−
		80	4	6	9	−
	400	40	−	−	−	○
		60	−	−	−	10
		80	−	−	−	11
단면형상			⊤ B ⊥ B' ⊣H	B ⊣H B'	B ⊣H B'	B=B' ⊣H

주) ○ : 와여진 발생 없음 − : 실험자료 없음

[그림 13.4.3] 여러 가지 단면의 휨와여진($\eta/B=0.0038$, $\alpha=0°$, $\eta=$진동진폭, $B=$주형폭원)

[그림 13.4.3]은 일본의 건설성 토목연구소에서 실시한 비정상 공기력측정 풍동실험[3]의 결과를 정리한 것으로 휨와여진의 발현풍속과 그때의 Scruton 수를 각 단면형태별로 나타낸 것이다. 설계안의 Scruton 수가 이 그림의 Scruton 수보다 작을 경우는 와여진이 발생하고, 단면이 작을 경우에는

발생하지 않는다는 것을 의미한다. 직사각형 단면은 바람직하지 않고, 역대형 혹은 캔틸레버를 갖는 역대형 단면이 바람직하다.

설계에는 단면형의 선택에 제약조건이 있고, 구조조건 등에서 와여진의 발생이 예상되는 경우를 고려해야 한다. 이와 같은 경우에는 내풍대책용 부재를 추가해 내풍성이 양호한 단면형상으로 변화시킨다. 그 예가 높은 난간위에 설치되는 유선형(Fairing)이며, 말광대교, 명항서대교 등에 사용되었다. 대책으로 TMD를 대표하는 구조역학적 제진방법도 생각할 수 있지만, 사장교 주형의 와여진 대책으로는 주로 신뢰성이 문제이므로 TMD를 사용한 실적이 없다.

참고문헌

1) 本州四國連絡橋工團 (1976.3). 本州四國連絡橋耐風設計基準·同解說.

2) 宮田, 山田 (1982.11). 橋桁のFlutterーと風の亂れ, 橋梁と基礎.

3) 成田 (1978.2). 充腹斷面橋桁を有する斜張橋の耐風設計に關する基礎的研究, 東京大學博士學位論文.

4) R.L. Wardlaw (1971). *Some Approaches for Improving the Aerodynamic Stability of Bridge Road Decks*, Proc. Int. Nat. Conf. of Wind Effects on Buildings and Structures, Tokyo.

13.5 PC 사장교의 내풍성[3]

현재까지 해외에서는 장대 PC 사장교가 많이 건설되었고, 200m 이상이 되는 PC 사장교의 건설도 많으며, 앞으로 많은 PC 사장교가 건설될 것으로 생각된다. 일본에서 PC 사장교의 풍동실험 예는 신단파대교,[1] 호자대교 등이 있으며, 여기서는 PC 사장교의 내풍성에 대해 강사장교와 비교하여 간단히 소개하였다.

13.5.1 주형의 단면형상

내풍성 관점에서는 폭원(B)/형고(H)가 되도록 큰 편평한 단면이 바람직하다. 강사장교에는 H는 2~3m이며, B/H는 차선수에 의하지만 5~10 정도이다. 한편, PC 사장교도 적지 않게 형고를 낮게 할 수 있고, B/H는 5~10 정도로 강사장교와 거의 같은 정도로 되어 있다.

13.5.2 주형의 중량과 고유진동수

단위교면 면적당 주형의 중량은 강사장교에서 대략 $0.5t/m^2$, PC 사장교에서 그것의 역 3배로 대략 $1.5t/m^2$로 되어 있다. 한편, 고유진동수는 데이터가 적지만 휨진동 1차에서 강사장교의 $1/2.5 \sim 1/3$ 정도로 저하된다고 생각된다.

13.5.3 구조감쇠

PC 사장교의 구조감쇠는 실측예가 없고, 정확한 값은 모르지만, 영국의 내풍설계기준(Proposed British Design Rules, Bridge Aerodynamics 1981)에는 강교는 $\delta = 0.03$, 콘크리트교는 $\delta = 0.05$로 하고 있고, 일반적으로 PC 구조물의 감쇠가 큰 것으로 추천하고 있다.

위에 설명된 것과 같이 PC사 장교의 와여진에 관해서는 강사장교에 비해 그 발현속도는 저하할지 모르지만, 진폭은 크게 되지 않는 것으로 생각된다.

참고문헌

1) 白石 (1985.1). PC斜張橋(新丹波大橋の風洞實驗), Prestressed Concrete, Vol.27, No.1.
2) 阪神高速道路公團, (財) 阪神高速道路管理技術Center (1984.3). 阪神高速道路の耐風設計に關すゐ 檢討, 設計荷重(HDL)委員會報告書-第3編 風荷重分科委員會報告 (別冊-2).
3) 橫山功一 (1985.8). 斜張橋の耐風設計, 橋梁と基礎, pp.58~62.

13.6 사장교 케이블의 바람에 의한 진동과 대책[17]

13.6.1 개 요

최근 사장교의 케이블이 바람에 의해 과격히 진동하여 대책을 강구하는 사례가 보고되고 있다. 원래 케이블은 진동하기 쉽고, 예전부터 눈이 부착된 송전선의 공력불안정진동(Galloping)은 잘 알려져 있는 바람에 의한 진동이며, 또한 지금까지도 현수교의 행거(hanger)나 사장교의 케이블의 진동예도 있다.

사장교에서 케이블은 주요한 구조부재이며, 케이블의 진동은 안전성의 중대한 문제로 될 가능성이 있다. 또한 이용자가 불안감을 갖는다고 하는 사용성면의 문제이다. 사장교는 우수한 구조특성과 미적으로 뛰어난 경관으로 건설 수도 증가하고 최대 지간장도 점차 길어지고 있으며, 앞으로 건설수도 증가할 것으로 예상되기 때문에 케이블의 진동문제는 하루빨리 해결해야 할 필요성이 있다.

사장교 케이블의 바람에 의한 진동에는 와여진, 갤로핑, 레인진동(Rain Vibration), 후류 진동 (Wake Galloping) 등을 들 수 있다. 이 중에서 사장교 케이블에 문제시되는 진동은 레인진동과 후류진동이다. 레인진동은 강우 시에 발생한 바람에 의한 진동이며, 1984년 일본의 명항서대교(明港西大橋)에 발생하여 주목하게 되었다. 그 후 건설된 황율대교(荒津大橋), 히즈세끼도우·간고구도우교(櫃石島·岩黑島橋), 안치천대교(安治川大橋)에서도 진동이 발생하였다. 황율대교의 케이블진동은 일부 VTR로 촬영하여 진동모양을 널리 알리도록 되었지만, 무대책 상태에서 최대진폭은 배진폭으로 약 50cm 정도, 또한 이 진동에 의해 케이블 정착부의 꺾인 각은 최대 약 2°에 달하였다. 또한 Farϕ교에 발생한 진동도 레인진동이라고 보고되었다. 한편 후류진동은 병렬케이블에 발생하는 진동이며, 히즈세끼도우·간고구도우교에서 발생하였고, 그리고 PC 사장교의 호자대교(好子大橋)나 지마환산교(志摩丸山橋)에서도 진동을 관측되었고, 제진대책을 시행하였다.

이 두 가지의 진동현상은 현재 메커니즘, 특성에 대해 검토단계에 있고, 용어로도 반드시 확립된 것은 아니지만, 여기서는 바람에 의한 진동을 무엇보다도 다음과 같이 구분한다.

1. 와여진 : 케이블 뒤쪽 흐름에 생기는 교번와류(반복 소용돌이)에 기인하고, 와류의 주기와 케이블의 주기가 일치함으로써 생기는 진동
2. 레인진동 : 강우 시 케이블 윗면 혹은 아랫면으로 수로를 형성하여 생기는 바람에 의한 진동
3. 후류진동 : 2본의 케이블을 병열로 배치할 때, 바람 위쪽 케이블의 뒤흐름(Wake)에 의해 바람 아래쪽 케이블에 생기는 진동

여기서는 현재까지 발생한 진동사례를 소개하고, 각각 진동의 특성, 발생의 메커니즘을 알아보고, 그리고 구체적인 제진대책과 그 효과에 대해서 조사·연구 성과를 정리하였다.

13.6.2 케이블 진동의 사례[1]

사장교 케이블의 진동에 관해 실태를 파악하기 위해, 주요 사장교(1988년 10월 조사 시까지 완성된 교량과 일부 공사 중인 교량)를 대상으로 설문조사를 실시하였다. 케이블의 진동에 대해 불명확한 것들을 제외한 53개교 중에서 와여진이 8개교, 레인진동이 6개교, 후류진동이 6개교, 갤로핑이 1개교에서 발생하였다고 조사되었다. 다만 진동이 발생하지 않은 교량도 매우 많이 존재하므로, 설문조

사의 회답을 바탕으로 케이블 진동에 영향을 미치는 요인에 대하여 분석하였다.

1. 와여진은 케이블의 길이가 길수록 출현율이 많아지는 경향이 확인되었다.
2. 레인진동이 발생한 케이블의 특징은 다음과 같다.
   - PE관 등과 같이 케이블의 표면이 미끄럽다.
   - 지형이 비교적 평탄하고 난류인 바람이 적다.
   - 케이블의 직경이 120~200mm 정도이다.

   다만 PE관 등을 사용한 교량에도 비에이대교(山口·廣島懸), 가즈시가하프교(東京都) 등과 같이 레인진동을 보고하지 않는 교량도 있다.
3. 후류진동은 대개 병렬케이블의 경우에 발생한다. 다만 요꼬하마항 횡단교에는 발생하지 않았으며, 다른 경우와 비교하면 케이블 간격이 다른 데 있는 것 같다.

케이블 진동은 일본만 아니라 다른 나라의 Brotonne교, Köhlbrand교, Farφ교 등에서도 발생하였고, 제진대책을 강구하였다는 보고가 있다. 다음은 현저한 진동이 발생한 교량별로 상세히 설명하였다.

[1] 명항서대교의 케이블 진동[2]

명항서대교(明港西大橋)는 명고옥환상 2호선(국도 302호)과 이세항안도로가 명고옥항에서 교차하는 구간에 위치한 교장 758m의 다–케이블(Multi-Cable) 사장교이다. 주형은 형고 2.8m의 강상판 상형으로, 케이블은 PE관으로 피복하여 그라우팅한 아연도금 강선에 의한 평행선 케이블이다. 케이블의 직경은 125mm, 140mm, 165mm의 3종류로, 케이블길이는 최장 194.5m, 최단 64.9m이다. [그림 13.6.1]에 일반도, [그림 13.6.2]에 케이블의 단면도를 나타내었다.

1984년 중앙경간의 캔틸레버가설단계에서 바람이 강한 날(6월 10일)에 케이블에는 비교적 큰 진폭의 진동이 처음 확인되었다. 이 진동은 그 특성(발생속도, 진동수, 진폭)을 고려해볼 때, 와여진 혹은 버페팅의 어느 것도 아니라는 것을 알 수 있었다. 제진대책을 수행하고 진동의 발생원인을 명확히 연구할 필요가 있으며, 약 3개월 반 기간 동안 케이블의 자동계측을 하였다. 그 결과 케이블의 진동 발생 시에는 꼭 비가 내렸고, 발생하는 진동은 동일한 풍향, 풍속하에 있어서도 비가 멈추면 멈춘다고 하는 것([그림 13.6.3])으로, 이 진동은 비가 원인으로 생기는 진동, 이른바 레인진동으로 판명되었다.

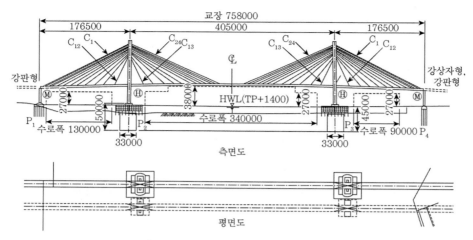

[그림 13.6.1] 명항서대교의 일반도

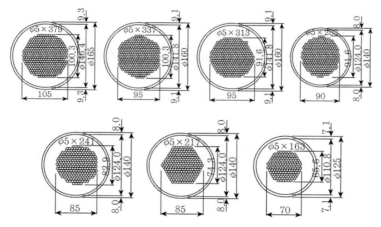

[그림 13.6.2] 명항서대교의 케이블 단면도

자동계측에 의해 명확히 된 케이블 진동의 특성은 다음과 같다.

1. 진동은 풍향, 풍속 등의 관계로 특정한 케이블에만 발생한다. 풍향 등의 관계로 진동은 주탑의
   바람 아래쪽의 케이블에 발생한다.
2. 진동은 케이블 면내의 진동이며, 면외의 진동은 관측하지 못하였다.
3. 케이블의 진동은 특정한 진동차수에서 일어나는 것은 아니고, [그림 13.6.4]의 진동발생 시의
   진동차수와 진동수의 예로 보인 것과 같이 케이블의 고유진동수를 어떤 범위(1~3Hz) 중에 들

어가는 차수에서 발생하고 있다. 또한 상단의 케이블은 낮은 풍속에서, 하단의 케이블은 높은 풍속에서 진동이 발생하였다.

4. 레인진동은 와여진과 비교해서 낮은 진동수에서 발생하고, 그 진폭은 크다([그림 13.6.5]).

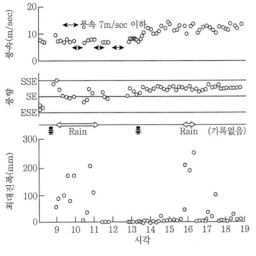

[그림 13.6.3] 기상과 케이블 진동진폭의
관측결과(명항서대교, 1984년 8월 21일)

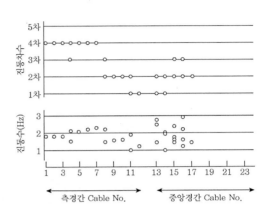

[그림 13.6.4] 진동발생 시의 진동차수와
진동수(명항서대교)

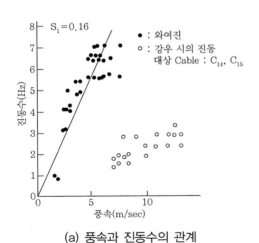

(a) 풍속과 진동수의 관계

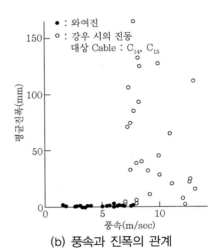

(b) 풍속과 진폭의 관계

[그림 13.6.5] 명항서대교의 풍속과 진동수 및 진폭의 관계

명항서대교에는 레인진동에 대한 제진대책으로 케이블과 케이블의 사이를 철선(Wire)으로 엮는

방식을 채용했다([사진 13.6.1]). 구체적으로는 교면상 약 9~13m의 위치(케이블의 3차 진동모드의 복부터 1m 높이의 위치)에 전체 케이블 사이를 철선으로 연결하였다. [그림 13.6.6]에 제진장치의 개요를 나타내었다. 또한 이 대책을 실시하기 전에 시험적으로 5본의 케이블을 철선으로 연결하고, 가진시험을 하여 제진 철선의 설계장력을 결정함과 동시에 계산에 의해 철선 연결이 케이블의 질량감쇠 파라메타를 증가시킨다는 것이 확인되었다.

[사진 13.6.1] 명항서대교의 케이블 제진

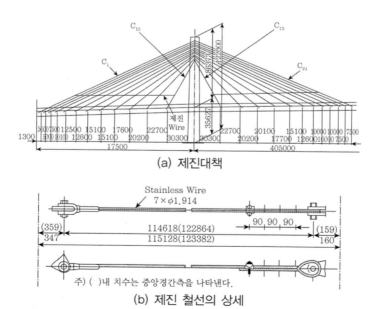

(a) 제진대책

(b) 제진 철선의 상세

[그림 13.6.6] 명항서대교의 제진대책

[2] 히즈세끼도우·간고구도우교의 케이블 진동[3)]

히즈세끼도우·간고구도우교는 혼슈시고구연락도로의 아도·판출(兒島·坂出) 루트의 거의 중앙에 위치하고, 간고구도우의 버스정거장을 끼고 전체 동일한 지간으로 분할된 쌍둥이 사장교이다. [그림 13.6.7]은 히즈세끼도우교의 일반도, 케이블 단면도를 나타낸다. 케이블은 평행 스트랜드에 이중구조의 PE관을 피복으로, 강선과 관의 사이를 폴리우레탄 수지로 충진되어 있다. 또한 [표 13.6.1]에서 케이블의 구조재원을 나타내었다. 이들 사장교 케이블은 편주구당 2면을 배치하고 있으므로 당초보다 상류 측 케이블의 후류에 의한 하류 측 케이블의 불안정 진동인 후류진동의 발생을 예측하여, 풍동실험에 의해 대책을 검토하였다.

[표 13.6.1] 케이블의 구조재원

Cable 번호	직경 D(m)	단위길이당 질량 mg(kgf/m)		1차 고유진동수 f_1(Hz)		Cable 무응력장 (m)	Cable 경사각(도)	무차원 질량[2)] m/(ρD^2)	무차원 최대속도[3)] $(\overline{U}/f_1 D)_{max}$	최대 Reynolds 수[4)] $(R_e)_{max}$	cable 중심간격 S/D
		Grout 전	Grout 후[1)]	Grout 전	Grout 후						
1(최상단)	0.187	90.6	101.2	0.54	0.51	192	26	2,410	629	7.5×10^5	2.4~4.3
6	0.147	50.0	57.4	0.85	0.79	129	32	2,210	517	5.9×10^5	3.1~5.4
11(최하단)	0.169	69.4	78.8	1.53	1.44	71	48	2,300	247	6.8×10^5	2.7~4.7

주 1) Grout와 cement milk를 사용하는 경우와 폴리우레탄계를 사용하는 경우와의 평균
2) m은 Grout 후의 직경을 사용
3) $\overline{U}_{max}$는 60m/sec를 가정, f는 Grout 후의 직경
4) $\overline{U}_{max}$는 60m/sec를 가정, $\nu=1.5 \times 10^{-5} \text{m}^2/\text{sec}$를 가정

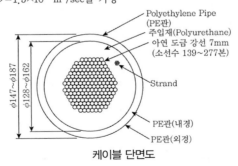

케이블 단면도

가설단계에서 실제교량의 케이블의 진동관측과 구조감쇠의 측정을 하였다. 케이블의 구조 감쇠율은 그라우팅 및 각절인 완충장치 시공 전에 자유진동법에 의해 측정하였다. 구조감쇠 측정 시에 있어서 각단에 병렬로 된 2본의 케이블은 구조제원, 도입인장력이 동일하므로, 다른 방향의 케이블을

기진하면 한쪽 방향의 케이블이 공진하는 현상을 나타내었다. 이 공진을 강제적으로 정지 시키는 경우의 구조감쇠를 케이블 단일의 구조감쇠에 가깝다고 생각하면, 계측한 케이블의 구조감쇠는 대수감쇠율에서 $\delta = 0.007 \sim 0.015$이며, 케이블 길이가 길수록 구조감쇠가 크게 되는 경향을 보인다.

케이블의 후류진동은 케이블에 구속을 더하지 않는 경우는 1차 모드의 진동이 발생했다. 소화 61년도에 관측한 케이블의 진동상태를 정리하면 다음과 같다.

1. 짧은 케이블에는 상류 측 케이블이 대개 정지해 있고, 하류 측 케이블이 연직방향을 주방향으로 하여 타원운동을 한다.
2. 긴 케이블에는 상류 측 케이블이 역위상에서 대개 연직방향으로 진동하고, 그 진폭은 하류 측 케이블의 쪽이 크다. 이때 하류 측 케이블의 진동을 정지시키면, 상류 측 케이블의 진동도 정지되는 것으로, 상류 측 케이블에는 진동을 발생시키는 공기력은 효과가 나타나지 않고, 하류 측 케이블에서의 운동에너지의 공급에 의해 상류 측 케이블이 진동한다는 것을 확인하였다.
3. 진동을 발생하는 풍향은 대개 교축직각방향으로 있는 수평편각 $\beta = 0 \sim 10°$ 및 $\beta = 170 \sim 180°$의 범위에서 발생한다([그림 13.6.8]).
4. 진동은 긴 케이블에는 풍속 $3 \sim 4\text{m/sec}$에서 발생하고, 짧은 케이블에는 풍속 $6 \sim 7\text{m/sec}$에서 발생한다.
5. 진폭은 풍속의 증가와 동시에 커지지만, 어떤 풍속에서 최대치를 나타내고, 그 이상의 풍속으로 되면 진폭이 감소하는 경향을 나타낸다.

그 뒤에 케이블 그라우팅 완료 후 후류진동뿐만 아니라 레인진동으로 보이는 진동도 강풍 시에 비가 되풀이해 올 경우에 관측하도록 되었다. 간고구도우교의 케이블에서 관측한 주요 진동에 대해 정리하면 [표 13.6.2]와 같다. 기록은 눈으로 관찰한 것으로 진폭은 $200 \sim 500\text{mm}$(편진폭) 정도였다.

[표 13.6.2] 간고구도우교에서 관측한 케이블의 진동

일시	기후	풍속	관측한 진동
1986년 가을		15m/sec 정도	풍하 측 케이블의 5~11단(최상단)이 2~3차 진동
1987년 3월 7일	비	동풍, 최대풍속 20m/sec 이상	각단의 상류 측과 하류 측의 케이블이 충돌할 정도의 진동이 발생. 특히 8~11단에 있어서 현저하며 차수는 4차 모드가 많음
1987년 4월 23일	맑음	서풍, 13~15m/sec	풍하 측 케이블(특히 상단 케이블)이 1~3차로 진동
1987년 8월 5일	비	북서풍, 15~17m/sec	서측 케이블이 크게 진동
1987년 9월 24일	비	동풍, 12m/sec 정도	7~8단의 케이블이 크게 진동

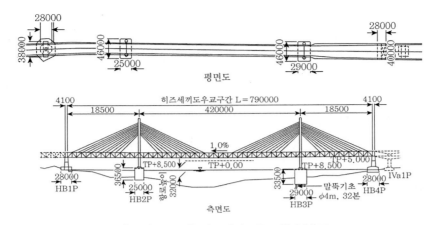

평면도

측면도

[그림 13.6.7] 히즈세끼도우교의 일반도

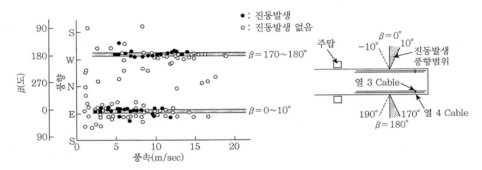

[그림 13.6.8] 풍향·풍속과 진동발생의 관계(연직 1차 모드)

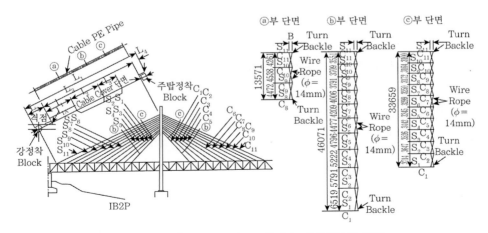

[그림 13.6.9] 간고구도우교 케이블 제진장치의 배치

당초 히즈세끼도우·간고구도우교에는 후류진동 대책으로 병렬케이블을 연결하는 스페이서 (Spacer)형 제진장치를 예정하였지만, 현실적으로 이 방식은 고차 진동에는 스페이서가 많이 필요하고, 병렬케이블이 상대운동하지 않도록 한 것이 진동에 효과가 없어 제진대책에 충분치 않아 최종적으로 케이블을 철선으로 연결하는 제진대책을 추가하였다. 구체적으로 [그림 13.6.9]에 나타낸 것과 같이 고차의 진동모드까지 고려해 연결단계를 2단으로 하고, 면외진동에 대처하도록 철선을 크로스(cross)시켜 면외방향의 강성도 갖는 구조로 하였다([사진 13.6.2]).

[3] 프랑스의 Brotonne교[4]

1976년 10월 15m/sec의 바람이 교축으로부터 20~30° 방향으로 불 때에 케이블의 3차 모드까지의 진동이 육안으로 확인되었다. 1차 진동의 진폭은 30cm이었다. 제진대책으로서는 중앙분리대 부분의 교면 위 약 2.5m 높이의 위치에 전체 케이블에 각 2본의 유압댐퍼를 역 V로 배치하였다([사진 13.6.3]).

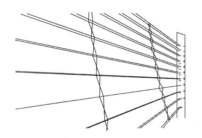

[사진 13.6.2] 히즈세끼도우·간고구도우교
케이블의 제진장치

[사진 13.6.3] Brotonne교의 제진대책

[4] 독일의 Köhlbrand교

50cm 정도의 진폭인 진동에 대해 댐퍼를 설치하여 제진하였다([사진 13.6.4]).

[5] 덴마크의 Farø교[5]

레인진동으로 보이는 진폭이 큰 진동이 6개월간 20회나 관측되었으며, 최대진폭은 1~1.5m이었다. 그때의 진동모드는 1차진동이 탁월하고, 주탑 뒤쪽 흐름에 케이블이 진동하였다. 이것에 대한 제진방법으로는 2단의 케이블을 상호 연결하였다([그림 13.6.10]).

[사진 13.6.4] Köhlbrand교의 제진장치

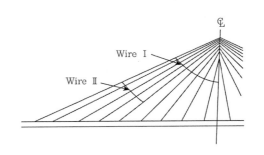

[그림 13.6.10] Farϕ교 제진대책

13.6.3 케이블 진동의 특성

[1] 레인진동

  명항서대교에서 레인진동을 관측한 후에, 통상(樋上)[2]에 의해 레인진동의 특성 파악과 메커니즘을 규명하기 위한 목적으로 풍동실험을 하였다. 이 풍동실험에는 Reynolds수의 영향을 제외하므로 실물 케이블을 사용하고, 측정부 상측에서 물을 뿌렸다. 그 후에 안치천교량, 동신호대교(東神戸大橋), 황율대교에 관련하여 동일한 풍동실험[6]-[8]을 하였다. 레인진동은 케이블의 경사, 풍향, 강우량 등 많은 요인이 관계하고, 현상자신에 미소한 곳이 복잡한 것으로 이들 실험결과 사이에 다소의 차이는 보이지만, 실험결과에서 발생기구, 특성을 정리하면 다음과 같다.

1. 비는 케이블을 따라 흘러 떨어지고, 어떤 풍향, 풍속에서 케이블표면에 수로를 형성한다. 레인진동은 이 수로형성에 의해 케이블 단면형상이 공기역학적으로 불안정한 형상으로 된 것에 기인한 현상이다(또한 원래 경사 케이블은 비가 내리지 않아도 바람에 의해 진동하는 것을 풍동실험에서 확인되었고,[9] 레인진동은 이 성질을 수로형성에 의해 나타난 현상으로 생각할 수 있다).
2. 풍향과 같은 방향으로 내려간 구배를 갖는 케이블에는 상면과 하면으로 수로가 형성하여 레인진동이 발생한다. 한편, 구배가 역으로 되었을 경우에는 상면수로가 형성되지 않고 진동은 발생하지 않는다.
3. 진동은 한정된 풍속범위에서 발생하는 경우가 많다. 즉 풍속이 낮으면 하면의 수로밖에 형성하지 않고 진동은 발생하지 않는다. 풍속이 어떤 값 이상으로 되면 상면수로가 형성하여 이 풍속에서 진동이 시작한다. 풍속이 다시 높아지면 상면수로의 위치는 케이블 표면의 위 방향으로

이동한다. 상면수로 형성위치가 어느 곳까지 이동하면 그 풍속에서 진동은 정지되는 실험결과와 고풍속까지 진동을 계속하는 실험결과가 있다.

4. 강우량의 영향에 대해서는 강우장치의 차이에 따라 영향이 크고, 각각의 실험결과에서 차이를 보였다. 예를 들면, 풍속 9m/sec 이상에서 발산형의 진동이 나타났지만, 급수 노즐위치를 약간 변경하여 5~11m/sec로 한정적인 진동이 생기고, 12m/sec 이상에는 안정하였다.

5. 구조감쇠의 증가와 동시에 진동진폭은 저감하고, 대수감쇠율이 $\delta=0.02$에서 대개 진동이 멈추었다.

6. 바람의 흐트러짐의 영향을 받기 쉽고, 난류인 바람(격자난류 I_u =15%, I_w =11%)에서 진동이 발생하지 않을 가능성이 있다.

7. 표면이 미끄러울수록 수로가 작아지고, 진동은 저감한다. 또한 표면을 세제로 씻어서 발수성을 높이면 진동은 발생하지 않는다.

8. 레인진동은 기타 공력불안정진동과 다르고, 그 발생풍속은 무차원 풍속(V/fD, 여기서, V= 풍속, f =진동수, D =대표치수)에 의해 관련시킬 수 없다.

[2] 후류진동

후류진동(천보진동)은 병렬된 구조물의 바람에 의한 진동으로, 사장교 케이블 이외에 송전선이 대표적이며, 여러 가지 구조물에서 발생하는 진동현상으로 알려져 있다.

2본의 송전선의 바람에 의한 진동에 대해서 Wardlaw 등의 연구[10]에 의하면, 2본의 송전선의 중심 간격을 직경의 10배로부터 20배까지 하류 측의 송전선을 직경의 10배 정도의 진폭에서 타원 형태로 진동하는 것, 간격이 직경의 20배 이상의 경우에는 진동발생풍속이 충분히 높아지는 것, 또한 간격이 직경의 6~7배인 경우에는 현저한 진동은 보이지 않는 것 등이 명확히 되어 있다. 다만, 사장교 케이블의 경우, 간격은 직경의 약 2~5배이기 때문에 2본의 송전선에서 보인 진동은 발생하지 않는 것으로 되어 있다.

Wardlaw 등이 관측한 진동은 준정상 이론에 의해 추정이 가능한 형상에 대해, 준정상 이론에 대한 설명이 없는 진동이 하류 측 원기둥에서 발생하는 것들을 우도궁(宇都宮) 등[11]의 병렬 원기둥의 풍동실험에 의해 명확히 되어 있다. 이 진동은 주로 기류의 직각방향이며, 간격이 직경의 6배, 영각이 0°인 경우, 진폭은 직경의 0.8배까지 달하고 있다. 같은 형상에 대해 다른 연구도 있으며,[12]-[14] 원기둥의 중심간격과 영각에 의해 진동의 발생이 좌우된다. 지금까지 실험결과를 정리하여 [그림 13.6.11]에 나타내었다.

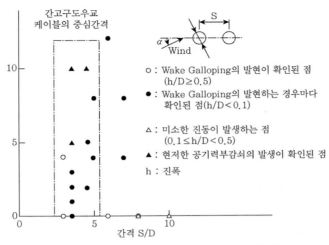

[그림 13.6.11] 후류 갤로핑의 발생영역[11)~14)]

13.6.4 제진대책

사장교 케이블의 제진대책으로는 구조적 대책과 공력적 대책으로 나눌 수 있다. 현재까지 실적에는 진동이 발생하고, 그 후에 대책이 취해졌기 때문에 구조적 대책이다. 즉, 가설 시 가제진으로는 로프로 교면에 고정, 또한 영구적 대책으로는 케이블 상호연결이나 단부 근처에 유압댐퍼(Oil Damper) 장치의 설치가 있다. 또한 이외에 스톡브리지 댐퍼(Stock Bridge Damper)나 복수 케이블의 경우에 스페이서도 대책이라고 생각하지만, 사장교 케이블에는 스톡브리지 댐퍼를 설치한 실적은 없고, 복수 케이블은 후류진동 대책으로 한정적인 효과밖에 없다고 생각된다. 한편, 공력적 대책은 실험실에서 효과를 확인하고 있는 단계이며, 케이블 표면에 V자형 수로나 평행돌기를 설치하는 대책이 레인진동에 대해 유효하다.

[1] 가설 시 임시제진

진동이 발생한 교량에서 가설 시 단계에는 사장교 케이블을 교면보다 수미터~수십미터의 높이의 위치에 있어서 로프로 묶어 이것을 교량에 고정시키는 대책을 취하였다([그림 13.6.12]). 이 방법은 레인진동과 후류진동에 적용하며, 매우 유효한 결과로 되었지만, 그 효과는 로프의 설치위치, 장력에 관계하고, 긴 케이블의 경우에는 로프의 고정점과 주탑과의 간격을 새로운 스팬으로 한 진동이 발생하고, 반드시 충분한 대책은 아니다.

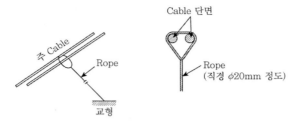

[그림 13.6.12] 가설 시 임시제진

[2] 케이블의 상호연결에 의한 대책

케이블의 상호연결에 의한 대책은 육갑대교(六甲大橋), 명항서대교, 히즈세끼도·간고구도교, 호자대교 등에 채용되었으며, 레인진동과 웨이크 갤로핑에 유효하다.

이 방법은 [그림 12.6.13]과 같이 다단 케이블을 철선 등에 의해 상호 연결하는 것으로 연결방법은 1단, 복수단이 있다. 다음에 이들 실제 교량에 대한 케이블연결의 효과에 대해 설명하였다.

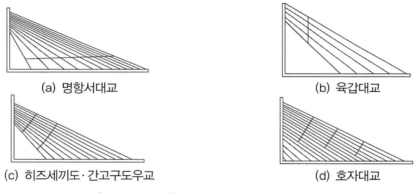

(a) 명항서대교

(b) 육갑대교

(c) 히즈세끼도·간고구도우교

(d) 호자대교

[그림 13.6.13] 케이블 연결에 의한 제진대책

육갑대교에는 [그림 13.6.13(b)]와 같은 제진대책의 효과를 확인하기 위해 실제 교량에 진동실험을 하여 [그림 13.6.14]와 같은 결과를 얻었다.[15] 즉, 케이블 연결 후의 진동수는 매우 변화하지 않지만, 감쇠율은 대폭 증가할 것으로 기대한다. 이 경우, 철선이 1본인 경우와 5본인 경우에 큰 차이가 없었다.

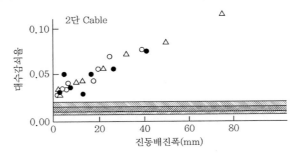

구조계	Free 상태	제진대책 실시 구조계			
		댐퍼	Rope 5본	Rope 3본	Rope 1본
기호	▨	▨	○	●	△
진동수	$f=1.1$Hz	$f=1.1$Hz	$f=1.3$Hz	$f=1.3$Hz	$f=1.2$Hz

[그림 13.6.14] 케이블에 의한 제진효과(육갑대교)

　궤석도·암흑도교(櫃石島·岩黑島橋)의 웨이크 갤로핑 대책으로는 당초 2본의 케이블의 상대변위를 한정할 스페이서를 검토하였지만, 긴 케이블에는 고차진동이 발생하고 스페이서의 수를 증가시켜야 한다는 것, 계속하여 레인진동도 발생하고, 이 진동에는 스페이서가 유효하지 않아 최종적으로 케이블을 상호 연결하였다. 스페이서 및 케이블 연결에 대해 감쇠의 현장실험을 하였으며, 그 내용은 [표 13.6.3]에 나타낸 것과 같다.

[표 13.6.3] 현장실험

실험내용		대상 케이블	
		C_{11}	C_9
단독 케이블의 감쇠율		○	○
스페이서효과	스페이서-1단 부착 시	○	
	스페이서-2단 부착 시	○	
케이블연결효과	(케이블연결+스페이서-1단 부착 시) 감쇠율	○	○
	(케이블연결+스페이서-2단 부착 시) 감쇠율	○	

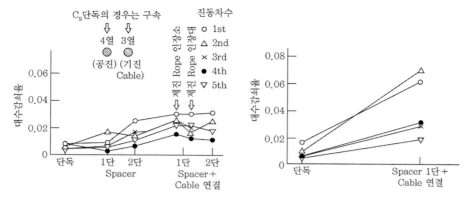

[그림 13.6.15] 암흑도교 케이블 제진대책의 실험결과

[그림 13.6.15]의 실험결과로부터 다음과 같이 제진효과에 대해 정리하였다.

1. 스페이서는 2본의 케이블의 상대변위를 한정하여 제진시키는 것이며, 당연하지만 구조감쇠의 증가는 기대할 수 없다.
2. 케이블 연결에 의한 감쇠증가는 최상단 케이블(C_{11})보다 중간 케이블(C_9)에서 현저히 나타났다. 케이블의 거동에서 추측하면, 인접 케이블(상 또는 하)의 이동이 클수록 감쇠의 증가가 큰 경향이 있고, 연결 철선의 정착위치는 진동모드의 복부에 가까운 위치가 좋다.

또한 지마환산교(志摩丸山橋)는 3본의 케이블이 3각형의 정점에 상당하는 위치에 배치하고 있고, 2본 케이블의 경우와는 다르고 스페이서에 의해 상대변위의 구속도가 크므로 웨이크 갤로핑 대책에 효과가 나타나고 있다. 다만, 케이블이 길어지면 고차진동도 제진하여야 함으로 정착 개소수를 많이 할 필요가 있다.

[3] 댐퍼

케이블 단부에 정착한 댐퍼에 의한 대책은 황율대교, Brotonne교, Köhlbrand교, Sunshine Skyway교 등에서 채용하고 있다. 황율대교의 케이블은 1면으로 중앙분리대 부분을 이용해서 [그림 13.6.16], [사진 13.6.5]에 나타낸 것과 같이 댐퍼를 설치하여 레인진동 대책을 세웠다.

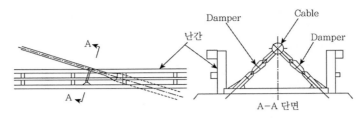

[그림 13.6.16] 황율대교의 유압 댐퍼

[사진 13.6.5] 황율대교의 제진장치(Oil Damper, 유압 댐퍼)

댐퍼는 부가되는 감쇠량을 계산에서 예측가능하며, 케이블 단부에 설치함으로써 1~수차의 진동에 대해 효과를 기대하지만, 실적이 적기 때문에 신뢰성의 확인 데이터가 적다. 유압기기이기 때문에 내구성, 유지관리가 문제점이라 생각된다. 또한 교량완성 후에 설치한 경우에는 설치의 용이함, 미관도 고려하여야 한다.

황율대교에는 유압 댐퍼에 의한 감쇠부가효과를 확인을 위해 진동시험을 하였다. 실험은 유압가진기로 케이블을 가진하고, 자유진동에 의해 댐퍼의 설치에 따른 대수감쇠율의 증가를 측정하였다. [표 13.6.4]에 나타낸 것과 같이 케이블만의 부가감쇠율이 $\delta = 0.01$ 정도일 때 댐퍼를 설치하면, 감쇠율이 $\delta = 0.07 \sim 0.1$ 정도로 증가하였다. 레인진동을 억제하는데 필요한 감쇠율은 현재 명확하지는 않지만, 가설 시의 섬유 로프에 의한 응급대처시의 감쇠실측결과($\delta = 0.02 \sim 0.04$ 정도), 또한 풍동실험결과 등에서 댐퍼에 의해 충분한 감쇠를 부가되었다고 생각된다.

황율대교에는 전체 케이블에 댐퍼를 설치하고, 소화 63년 10월에 개통하였지만, 그 후, 특단의 문제는 발생하지 않았다.

[표 13.6.4] 케이블의 진동실험결과(황율대교)

Cable No.	모드 차수	진동수(Hz)	대수감쇠율	
			댐퍼 없음	댐퍼 있음
서측 Cable 1번	1	0.638	0.0140	0.0670
	2	1.260	0.0065	0.0880
	3	1.900	0.0076	0.0970
	4	2.550	0.0038	0.0700
	5	3.160	0.0060	0.0790
서측 Cable 4번	1	0.758	0.0087	0.0810
	2	1.500	0.0039	0.0850
	3	2.250	0.0056	0.0790
	4	3.000	0.0039	0.0780
	5	3.770	0.0027	0.0750
서측 Cable 7번	1	0.967	0.0230	0.0930
	2	1.930	0.0077	0.1160
	3	2.900	0.0048	0.0990
	4	3.910	0.0110	0.0760
서측 Cable 13번	1	2.070	0.0070	0.0880
	2	4.170	0.0068	0.0870
동측 Cable 6번	1	0.900	0.0130	0.1060
	2	1.810	0.0076	0.1240
	3	2.700	0.0081	0.0950
	4	3.640	0.0074	0.0920

[4] 공기력에 대한 제진대책

케이블의 바람에 의한 진동은 케이블에 작용하는 변동공기력에 기인하는 것으로 공기력에 대한 대책으로서는 케이블의 형상이 변함에 따라 공기력을 조정하는 것이다. 주로 레인진동을 주목한 풍동실험에는 [그림 13.6.17]에 나타낸 것과 같은 나선형돌기, 평행돌기, V-줄무늬(stripe)방식은 케이블 표면에 V자 수로를 설치하여 효과를 조사하고 있다. 나선형돌기방식에는 감는 방향, 피치, 평행돌기방식에는 돌기본수, 배치위치를 적절히 택함에 따라 제진효과가 기대되는 것으로 확인되고 있다.[16] 또한 V-줄무늬방식에는 케이블표면에 V자 수로를 설치해 케이블의 표면조도를 변화시켜 눈에 띄게 Reynolds수를 높이고, 또한 강우 시에는 물을 강제적으로 가이드(guide)하여 수로의 형성을 방해하도록 하는 것이며, 레인진동을 시작으로 와여진에도 효과가 있다.

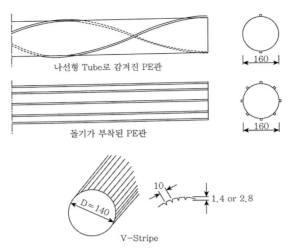

[그림 13.6.17] 공기력에 대한 제진대책 예

13.6.5 정 리

케이블진동은 여러 가지 관심을 갖는 문제이며, 몇몇 현장에서 진동의 자동계측을 수행함으로서 귀중한 기록을 얻었다. 또한 대책도 연구하게 되었고, 그 효과확인시험도 하였다. 당초에는 현장에서 진동이 발생한 후에 시험이나 대책을 검토하도록 뒷북치는 상황이었지만, 최근에는 조사연구를 축적함으로서 다소의 이유를 알게 되었다. 케이블은 그 구조감쇠율이 $\delta = 0.01$ 이하로 매우 작기 때문에 진동하기 쉽고, 또한 관련된 요인도 많기 때문에 그 형상은 아주 복잡하여 해결 못한 경우도 많다. 예를 들어, 실제 교량으로 레인진동 발생의 예측 등에 대해서는 앞으로 조사연구 할 필요가 있다.

참고문헌

1) (財)國土開發技術硏究センタ (1989.2). 斜張橋Cableの耐風性に關する檢討委員會報告書.

2) 樋上 (1986.3). 斜張橋Cableの Rain Vibration, 日本風工學會誌, 第27号.

3) 馬場, 大田, 勝地 (1988.7). 岩黑島櫃石島Cable制振裝置, 本四技報, Vol.12, No.47.

4) J. Wianecki (1979). *Cable Wind Excited Vibrations of Cable Stayed Bridge*, Proc. 5th Int'l. Conf. on Wind Engineering.

5) Henrik E. Langsoe, Ole Damgaard Larsen (1987). *Generating mechanisms for Cable Stay Oscillations at the Faro Bridges*, Int'l. Conf. on Cable Stayed Bridges, Bangkok, November 18~20.

6) 京都大學工學部 土木工學敎室 橋梁工學硏究室, (財)防災硏究會 (1988). 東神戶大橋Cableの耐風安定性に關する調査硏究.

7) 松本, 白石, 北澤ほか (1988). 風雨條件のCable制振現象に關する考察, 第10回 風工學シンボウム論文集.

8) T. Yoshimura, T. Tanaka (1988). Rain-Wind Induced Vibration of the Cables of the Aratu Bridge, 第10回 風工學シンボウム論文集.

9) 松本ほか (1989.3). 傾斜圓柱の空力不安定性に關する實驗的硏究, 構造工學論文集, Vol. 35A.

10) R. L. Wardlaw, K. R. Cooper, R. G. Ko and J. A. Watts (1974.7): Wind Tunnel and Analytical Investigations into the Aeroelastic Behaviour of Bundled Conductors, Transaction Paper, IEEE Power Eng. Soc., IEEI PES Summer Meeting and Energy Resources Conf.

11) 宇都宮, 鎌倉 (1978). 並列圓柱の空氣力學的擧動に關する基礎的考察, 第5回 構造物の耐風性に關するシンボウム論文集.

12) 白石, 松本, 白土, 佐川 (1982). 直列柱狀構造物の空力特性に關する基礎的硏究, 第7回 風工學シンボウム論文集.

13) 本州四國連絡橋公團 (1984). Cableの並列制振對策について.

14) 幡手, 久保, 弓山 (1983). 並列 Bluff Bodyの空力彈性擧動, 土木學會 第38回 年次學術講演會 講演槪要集 第1部.

15) 橫山ほか (1977.5). 斜張橋の大型化に對するCableの振動とその防止對策, 三菱重工技報 Vol. 14, No.3.

16) 宮崎 (1988). 斜張橋のCableの空力不安定振動と制振對策, 第10回 風工學シンボウム論文集.

17) 橫山功一, 日下部 毅 明 (1989.8). 斜張橋Cableの風による振動と對策, 橋梁と基礎, pp.75~84.

13.7 교량주형의 와여진과 와여진에 대한 제진[7]

13.7.1 개 요

바람의 작용으로 교량 등의 구조물에 발생하는 진동으로는 몇 가지 종류가 있지만, 최근 특히 와여진이 문제시되는 경우가 증가하고 있다. 그 이유는 고강도재료를 사용한 장경간 연속상형이나 상형을 사용한 사장교 등 와여진이 발생하기 쉬운 형식의 교량이 증가하고 있다는 것과 와여진에 대한 설계상의 고려방식으로 약간의 혼란이 있다는 것을 들 수 있다.

와여진 이외의 바람에 의한 진동으로는 자려공기력에 의한 발산적 진동, 바람의 난류에 의한 거스트 응답 등이 알려져 있다. 발산적 진동은 일단 발생하면 구조물을 파괴에 이르게 하는 매우 강하고 위험한 현상이다. 이 때문에 구조물의 수명이나 가설지점의 바람의 특성을 감안하여 조사풍속을 정하고, 이 풍속이하에는 발산진동이 발생해서는 안 된다고 하는 방식을 넓게 받아들이고 있다. 거스트응답은 자연풍의 난류, 즉 풍속의 불규칙(random)한 변동에 기인한 강제진동이므로 구조물이 탄성체라면, 그 발생은 불가변하다. 이것에 대해서는 설계적으로 충격계수 등과 같이 응답의 탁월성을 커버하도록 정적 풍하중을 할증하는 것으로 대처하고 있다. 적어도 항력방향의 진동에 관해서는 설계에 의한 응답 추정이 어느 정도 가능하며, 응답에 대한 각종 파라메타의 영향이 비교적 작으므로, 일반적으로 위의 방법은 타당한 것으로 인정하고 있다.

이것에 대해 와여진에 관해서는 현재 약간의 혼란이 있고, 설계상 통일된 방식으로 확립되어 있다고 말하기 어렵다. 그것에 관련하여 현재 교량의 내풍설계에 대해 제일 광범위하게 참조하고 있는 혼슈시고구연락교(本州四國連絡橋)의 내풍설계 기준에서도 와여진에 관해서는 "구조물 또는 구조부재들이 설계풍속 이하의 풍속으로 한정된 진동을 발생할 가능성이 있을 때에는 구조물의 기능장해 및 부재의 피로에 대해서 충분한 대책을 시행하는 것으로 한다."라고 기술되어 있다.[1]

와여진은 발산진동의 대응인 한정진동으로 분류하는 것으로부터 알 수 있는 것과 같이, 진동을 발생하는 풍속의 범위 및 진폭이 한정되어 있는 것이 특징이며, 진동이 발생하여도 곧 구조물이 위험한 상태로 된다고 한정되어 있지 않으므로, 발산진동과 같은 모양으로 진동의 발생을 일체 허용하지 않는 것은 현실적은 아니다. 또한 실제문제로서 와여진의 발생풍속은 매우 낮은 것이 많으므로, 구조물의 강성을 증가시켜서 발생풍속을 충분히 높게 하는 방책을 취하기 어렵다. 이것 때문에, 특히 와여진에 대해서는 허용진폭을 설정하고, 이 진폭이하의 진동이 발생하여도 별문제 없다는 방식으로 일반화한 것이다.

이와 같은 방식을 설계에 적용할 경우 문제점과 현재의 상태에 대한 기술레벨은 대체로 다음과 같다.

(1) 허용진폭의 설정

허용진폭을 결정하기 위한 한계상태로는 초기통과파괴, 재료나 이음의 피로 및 보행자·자동차운전자의 사용한계를 고려한다. 각각 문제에 대해서는 지금까지 몇 가지 연구, 제안이 있지만, 현재 이것을 Base로 하여 일반적으로 적용될 수 있도록 방식을 정리하고 있다.

(2) 발생진폭의 예측

현재 2차원 부분모형을 사용한 한 흐름중의 풍동실험에 의한 것이 일반적이다. 이 방법은 플러터 등의 발산진동에 대해 제일 엄한 결과를 부여하면, 설계에서 안전측이므로 널리 보급해왔지만, 와여진에 대해서는 진폭의 예측정도가 문제이기 때문에 3차원성 영향이나 자연풍의 난류 영향 등을 상세히 검토하는 경우가 많다. 반대로 규모가 작은 교량에 대해서는 풍동시험에 의하지 않고, 실험식 등을 사용해 진폭을 예측하는 방법도 검토하고 있다.

(3) 제진대책

예측진폭이 허용진폭을 상회할 경우에는 당연히 진폭을 저감시키기 위해 어떤 대책을 강구하여야 된다. 그런데 위의 (1), (2)의 문제에 대해서는 일반적인 이론이나 방책을 확립할 목적으로 많은 연구나 제안하고 있고, 그것에 따라 성과가 있기는 하지만, (3)의 문제에 대해서는 구체적인 교량의 내풍설계라는 차원에서 개별적으로 검토하고 있는 경우가 압도적이다. 이것에 대해 특히 공력적 제진대책이라는 것에 대해서는 이것을 체계적으로, 정량적으로 정리한 자료는 거의 발견할 수 없다. 이것이 신규로 특정한 교량의 제진을 검토하려 할 때에 참고되는 것이 적고, 앞에서와 같이 시행착오적인 풍동시험을 반복하는 악순환의 원인이 된다.

이상과 같은 사항을 거울삼아 본 절에서는 상자형 주형의 와여진을 주 대상으로 지금까지 각 연구기관 등에서 개발해온 여러 가지 제진대책의 개관과 그 효과를 예를 대상으로 주형의 형상 등과의 관계에 대해 일반적 경향을 발견할 수 있는가에 대해 분석하였다.

13.7.2 형상으로서 와여진의 특성

와여진의 제진에 대해 고려하기 전에 와여진의 형상적인 특징이나 이것을 지배하는 파라메타 등에 대한 개관이 제진대책을 이해하는데 약간의 도움이 될 것이다.

[그림 13.7.1]은 전형적인 와여진의 발생의 모양을 모식적으로 나타낸 것으로 가로축은 풍속, 세로축은 진동의 진폭이다. 와여진은 풍속이 어떤 값에 달하면서 시작하고, 그 후 풍속의 증가와 동시에 진폭도 증가하지만, 어떤 풍속에서 진폭이 최대로 된 후 다시 감소하고, 정지풍속 이상으로 되면 진동은 완전히 정지된다.

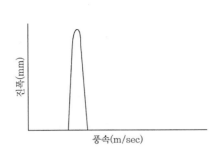

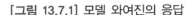

[그림 13.7.1] 모델 와여진의 응답

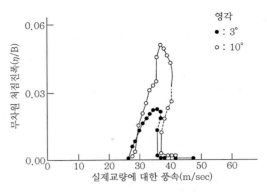

[그림 13.7.2] 실제교량의 와여진의 응답 예

진동을 발생시키는 풍속 V_{cr}는 구조물의 고유진동수와 그 크기에 비례함으로 고유진동수를 f, 구조물의 대표길이를 B로 하면, 무차원수 $S = f \cdot B / V_{cr}$는 물체의 형상만에 의해 결정되는 정수이다. 이 정수는 일반적으로 'Strouhal 수'라고 한다. 역으로 Strouhal 수를 알고 있다면 임의의 크기의 진동수로 구조물의 와여진 발생풍속을 구할 수 있다.

주지한대로 비유선형인 물체를 흐름 중에 두면 Karman 소용돌이(Vortex)라는 주기적인 소용돌이가 발생한다. 와여진은 고전적으로 이 소용돌이에 의해 발생하는 교번양력(흐름의 직각방향으로 유체력)의 주기가 구조물의 고유주기와 일치할 때에 발생하는 공진형상이라고 하였다. 위에서 기술한 'Strouhal 수'는 실제 이 Karman 소용돌이의 발생 주파수를 대표길이와 속도로 무차원화한 것이다.

먼저 와여진을 위에서 기술한 것과 같이 공진한다고 하면, 주형과 같은 연속체에는 2차, 3차 등의 고차의 고유진동에 대응하여 고차의 와여진이 발생한다. 또한 일반적으로 변동공력모멘트에 의한 비틀림 와여진도 발생한다. 다만 실제의 풍동시험 등으로 장대교가 아닌 한 발생빈도가 제일 높은 휨의 최저차수 진동, 잇따른 비틀림의 최저차수의 와여진만을 검토하고, 이들 간의 연성효과도 무시하는 것이 일반적이다.

와여진이 공진이라면, 그 진폭은 질량과 감쇠에 반비례함으로, 와여진의 진폭평가에서 질량감쇠 파라메타라는 파라메타가 사용된다. 이 파라메타 $2M\delta / \rho D^2$는 'Strouhal 수'라고 한다. 여기서 M은 교량주형 등의 단위길이당의 질량, δ는 구조감쇠율(대수감쇠율), ρ는 공기의 질량밀도, D는 대표길이이다. 분모는 단위길이당 물체만큼 제외한 공기의 질량을 의미한다. D^2으로 교량폭의 제곱을 사용하는 경우, 형고의 제곱을 사용하는 경우, 또는 교량폭×형고를 사용하는 경우 등이 있으며, 반드시 통일하고 있다고 할 수 없다. 이것은 통일보다 오히려 형상에 따라 적절한 량을 선택하여야 한다.

위에 기술한 것과 같은 와여진은 예를 들어 원-기둥 등에서 전형적으로 나타난다. 한편, 교형에 발생하는 와여진은 단면형의 변화에 따라 여러 가지 거동을 나타내고, 매우 복잡하다. [그림 12.7.2]는 어떤 상자형의 2차원부분모형에 의한 풍동시험의 결과를 나타낸 것이지만, 일반적인 공진곡선과는 전혀 다른 복잡한 응답을 나타내고 있다. 그림에서 위의 파선은 역학적으로 불안정한 한계 사이클(limited cycle)이라 하고, 이 선보다 아래는 안정된, 즉 시간과 동시에 진동은 감쇠하지만, 이 선보다 위는 부(−)감쇠로 되어 진동이 발산하는 것을 나타낸다.

이와 같은 응답을 발생시키는 원인은 물체에 작용하는 동적공기력이 풍속 및 진동진폭의 2변수의 매우 복잡한 함수로 되어 있기 때문이다. 강제 진동론에 의한 해석은 작용공기력이 구조물의 운동에 영향이 없는 독립된 외력이라는 것을 전제로 하고 있다. 그렇지만, 실제로 와여진을 일으키는 풍속영역의 공기력으로는 [그림 13.7.2]의 예와 같이 물체의 운동의 영향이 매우 크다고 생각하는 편이 압도적으로 많다. 그러므로 현재 풍동공학의 연구자들 간에는 상자형의 와여진은 자려공기력에 의한 자려진동으로 이해하는 것이 일반적이라 할 수 있다.

와여진의 발생 메커니즘에 대해서는 각 연구기관에서 정력적으로 연구해왔으나, 그 전체를 소개하는 것은 무리하여 여기서는 현실적으로 교량주형에 발생하는 와여진의 형상적 특징 중 실무적으로 제진에 관계되는 경우에 대해 이해해두는 편이 좋다고 생각되는 사항에 대해 간단히 알리는데 있다.

제진을 고려할 경우에 최대 관심사인 진폭에 관련해서는 공기력의 진폭의존성, 공기력에 미치는 자연풍의 난류영향 및 실제교량응답에 대한 3차원성의 영향이 중요하다.

[그림 13.7.2]와 같은 복잡한 거동을 나타내는 단면에는 여진의 원인인 작용공기력을 물체의 진동진폭과 동시에 복잡하게 변화하고 있다. 공기력의 비선형성은 힘이 작용한 결과 발생하는 응답으로 여러 가지 형으로 나타난다. [그림 13.7.2]와 같은 풍속−진폭곡선에서 나타나는 복잡한 곡선도 그 하나이지만, 여기서는 Scruton 수와 와여진의 최대진폭의 관계에 주목한다. 앞에서 기술한 것과 같이 와여진을 단순한 강제진동과 이해라면, 와여진의 최대진폭은 Scruton 수에 반비례하지만, 공기력의 비선형성이 강한 단면에는 이 관계도 복잡하게 되며, 예를 들어 감쇠가 변화할 경우의 응답추정등도 풍동시험을 따라야 된다. [그림 13.7.3]은 이와 같은 비선형 거동의 전형적인 예를 모식적으로 나타낸 것으로 세로축은 와여진의 최대진폭, 가로축은 진동계의 구조감쇠를 나타낸다. 만일 공기력이 진폭에 의하지 않고 일정한 여진의 기구가 강제진동이라면, 실선과 같이 진폭은 감쇠에 반비례하여 감소하지만, 실제 파선이나 일점쇄선과 같은 응답을 나타내는 경우가 적지 않다. 뒤에 설명하는 구조역학적 제진을 고려할 경우나 다른 조건에서 실시할 시험결과를 비교할 경우 등에는 와여진의 이와 같은 특성을 충분히 이해하는 것이 필요하다.

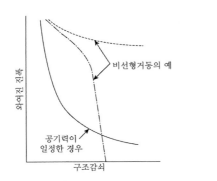

[그림 13.7.3] 진폭에 미치는 구조감쇠의 영향

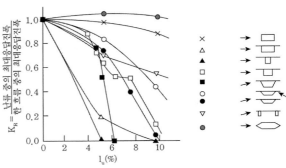

[그림 13.7.4] 기류의 난류영향

와여진의 진폭에 대한 바람의 난류영향은 특히 활발히 의논되고 있는 새로운 문제라 하겠다. 종래 교량주형의 내풍성은 한 흐름 중의 2차원 부분모형에 의한 시험에서 검증하는 것이 일반적이지만, 기류의 난류성 와여진의 진폭에 적지 않은 영향을 주는 것이 명확하다면, 난류 중의 시험하도록 되어 왔다. [그림 13.7.4]는 여러 가지 모형에 대해 일반적인 흐름과 난류 중에서 시험으로 난류 중에서 와여진의 최대진폭과 일반적인 흐름 중의 비를, 난류의 강함에 대해 Plot한이다. 그림에서 명확한 것은 일반적으로 와여진의 진폭은 난류 중에서 감소하고, 단면에 의해서는 역으로 난류 중에서 진폭이 증가하는 것도 있으므로 주의가 필요하다. 또한 난류 중에서 진폭이 감소하는 것에 대해서도 구체적인 감소율은 단면의 형상에 따라 다양함으로 실제 교량진폭의 추정에 자연풍의 난류의 영향을 반영시킬 경우에는 가설지점의 바람의 특성과 [그림 13.7.4]와 같은 난류 중에서 시험결과를 충분히 음미하여야 된다.

마지막으로 일반적 3차원성의 영향과 문제는 다음과 같다.

1. 실제교량의 진동에는 진동모드의 종거에 따라 진폭이 장소의 함수로 변화하는 것의 영향
2. 캔틸레버 가설중의 주형의 끝단이나 주탑형 구조물의 주탑 정상부근 등에서 기류의 회전에 의해 2차원적 흐름을 유지할 수 없는 영향

어느 곳에서도 2차원의 부분모형시험에서 실제교량의 응답을 추정할 경우에 문제시되는 것은 이것들의 영향이 무시할 수 없다고 예상하는 경우에는 3차원의 전체모형에 대한 풍동시험을 고려하는 등 적절한 처리가 바람직하다.

와여진의 발생풍속에 대해서는 먼저 'Strouhal 수'로 구한다는 것을 기술했지만, Karman Vortex (소용돌이)의 발생주파수라는 의미에는 이것이 강제진동 동적해석에 기본이라 말할 수 있다. 실제

교량주형에 발생하는 와여진은 발생기구에서 말하면 대개의 경우 자려진동으로 이해하게 되지만, 발생속도에 관한한 'Strouhal 수'에 상당하는 무차원진동수가 물체의 형상에 따라 어떤 특정한 값이 되었을 때에 진동이 발생하는 사실에는 변함이 없다. 이 때문에 일반적으로 발생속도에 관해서는 진폭에 비해 매우 높은 정도에서 예측이 가능하다고 되어 있다. 또한 진동을 발생하는 무차원 진동수에 대해서는 풍속으로서 진동이 시작하는 풍속인 개시풍속을 선택한 경우와 진동진폭이 최대로 된 풍속을 선택한 경우가 있으므로 정의에는 주의가 필요하다.

마지막으로 실제의 주형의 풍동시험에서 종종 볼 수 있는 형상인 복수 탁월성의 발생에 대해 나타내었다. 전술한 고차진동에 대응하는 와여진이 아니라, 1자유도의 진동계라 하더라도 2개의 와여진의 탁월성을 관측할 수도 있다. 이 중 풍속이 낮은 쪽 진동은 저풍속 여진이라고 한다.

[그림 13.7.5]에 휨 1자유도의 부분모형실험에서 얻은 전형적인 응답 예를 나타내었다. 또한 진동 시의 진동수는 어떤 탁월한 경우에도 개개 물체의 고유진동수에 가까운 것이 일반적이다. 이와 같은 형상을 발생시키는 원인에 대해서는 몇몇 연구·성과가 보고되었고, 여진의 기구에 밀접하게 관계된 문제이므로 상세하게 할애하였다.

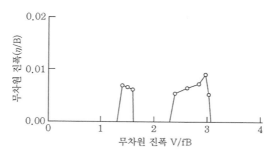

[그림 13.7.5] 복수의 탁월성을 갖는 와여진

13.7.3 구조역학적 제진대책

와여진을 제어하기 위한 제진대책으로는 크게 나누면 구조역학적 방법과 공기역학적 방법의 2종류가 있다. 구조역학적 방법으로는 원리적으로 다음과 같은 2가지를 고려할 수 있다.

1. 강성을 증가시켜 고유진동수를 크게 하여 와여진의 발진풍속을 적어도 대상 구조물을 일반적 사용에 지장 없을 정도까지의 큰 풍속으로 한다.
2. 질량 또는 감쇠를 증가시키고 'Strouhal 수'를 증가시켜 진폭을 감소시킨다.

그러나 교량의 주 구조에 관해서는 1의 방법은 현실적이지 못한 경우가 많다. 세장인 2차 부재나 부속품 등에 대해서는 지지재료의 추가에 의해 강성을 증가시켜 대처한 예가 있다. 잘 알려져 있는 것은 아치계 교량의 수직재의 예로 제진을 위해 수직재를 철선 등으로 서로 단단히 묶는 방법을 취하였다. 그 후에 사장교 케이블에 이와 같은 대책을 많이 시행하였다. 다만 사장교 케이블의 진동으로는 여러 가지 종류가 있고, 와여진에는 없는 경우도 적지 않으므로 그 상세한 설명에 대해서는 문헌 [2] 등을 참조하면 된다. 또한 지지부재로 철선을 사용한 경우에 강성만아니라 철선의 구조감쇠가 상당히 있다고 볼 수 있다.

교량에 관한 한 질량의 증가를 실제 채용하는 경우는 적다. 아치의 수직재에 모래를 채워 제진한 보고도 있지만, 이 경우에 반드시 질량의 증가만을 기대한 것은 아니며, 모래의 입자간의 마찰에 의한 감쇠의 증가라 할 수 있다.

구조역학적 대책 중에는 감쇠의 증가가 제일 합리적이라 생각하고 실시한 예도 많다. 다만 교량관계에 대해 말하면, 주형보다 현수교나 사장교의 주탑 등에 제진을 사용한 예가 많다.

감쇠를 부여하는 대에는 단순히 생각하면, 댐퍼나 마찰을 이용한 에너지-흡수장치 등을 진동체에 설치하면 좋지만, 장치를 유효하게 작동하기 위해서는 장치양단의 설치점간에 큰 상대변위가 발생하는 장소를 선정할 필요가 있다. 실제 장치화의 단계에는 이 때문에 여러 가지를 연구하기 위해 제진대상구조물의 구조특성, 규모, 입지조건, 에너지-흡수장치의 종류 등의 제 요인을 조합함으로서 실제 장치는 여러 가지 종류의 형태를 갖는 것으로 된다. 과거 개발한 이들의 장치를 상세히 조사·분류한 내용은 문헌 [3]에 있다.

진동변위가 큰 장소에 직접 댐퍼 등을 설치하는 것이 아니라, 구조물에 질량과 복원력으로 이루어진 부진동계를 부가시켜, 이 부진동계의 고유진동수를 주구조물의 고유진동수에 일치시켜 주구조의 진동특성을 변화시킴과 동시에 주부 양진동계 간의 에너지-흡수를 위해 댐퍼를 설치하여 진동을 제어하는 형식의 제진장치의 사용예가 급격히 증가하고 있다. 이 장치는 TMD(Tuned Mass Damper, 동조식 질량감쇠기)라 하며, 새로운 원리는 아니지만, 건물이나 교량 등의 대형구조물에 적용하고 있다. TMD의 경우도 원리는 비교적 단순하지만, 실제 장치화에 대해서는 요소의 구성으로 여러 가지 형태가 가능하다. 주탑구조물의 수평진동에 대한 제진장치만 보더라도 단순히 저마찰 지지장치로 지지하는 무거운 추에 스프링과 댐퍼를 설치하는 것, 선단에 무거운 추를 붙인 진자로 질량과 복원력의 2개의 요소를 실현하는 것, 탱크 내에 액체로 2개의 요소를 만족시키는 TLD(Tuned Liquid Damper, 동조식액체감쇠기) 등이 이미 실용화되어 있다.

이외에 적극적으로 에너지를 공급하여 보다 높은 수준으로 제진하려는 능동형(active type)의 제진장치도 생각할 수 있지만, 제작가격이나 유지관리 등 교량에 적용하려면 해결해야할 문제가 많이 존재한다.

이상의 감쇠를 증가시키는 형태의 제진장치를 설계하려면 와여진의 진폭을 목표치 이하까지 저하시키기 위한 부가 감쇠량을 알 필요가 있다. 이때 [그림 13.7.3]에 나타낸 것과 같은 와여진의 비선형 거동이 장치의 설계에 결정적인 영향을 미치는 것은 말할 나위도 없다. 이전에는 강제진동해석에 의해 진폭은 감쇠에 반비례한다고 보고 설계한 예도 있지만, 중요한 구조물의 경우에 구조감쇠를 변화시킨 풍동실험으로 [그림 13.7.3]과 같은 곡선을 구하여 이것을 기본으로 장치를 설계하는 것이 일반적일 것이다.

13.7.4 공기역학적 제진법

공기역학적 제진은 구조물의 형상을 연구하여 작용공기력의 특성을 변화시켜 진동이 발생하지 않도록 또는 발생하더라도 진폭이 허용치 이내로 되도록 하는 것을 말한다. 따라서 넓은 의미에서 주형의 폭이나 주형고 등 교량의 기본계획을 포함하지만, 일반적으로 제진대책인 경우에는 교량의 원래기능에서 불필요한 구조를 제진만을 목적으로 특별히 설치하는 것을 지적하는 경우가 많다. 다만 실제로 교량에 필요한 각종 구조의 조합 등을 광범위하게 검토하기 위해 어디까지를 대책으로 생각하는지 엄밀한 구별이 어려운 경우도 적지 않다. 지복이나 난간 등 세부구조의 치수를 내풍성 관점에서 정하는 경우가 예이다. 따라서 다음에는 특히 제진대책에 구애받지 않고, 교량의 단면형상과 와여진 특성의 전체관계에 대해 광범위하게 검토할 것이다.

[1] 제진대책의 종류

과거에 와여진의 제진대책으로 그 효과를 검토한 것은 그 치수나 배치 등의 변화까지 포함한 방대한 수가 되지만, 실제 교량에 적용하거나 적어도 실용가능하다고 판단한 것에 제한한다면 몇 개의 유형으로 분류할 수 있다고 생각한다. 부가물체로 제진대책을 고려할 경우, 대책대상인 주형의 형상에 의존할 부분이 있으므로, 여기서는 주형의 종류를 크게 6각형 단면과 일반적인 상자형 단면으로 나누어 생각한다. 6각형 단면은 개략 형상이 6각형이 되게 편평한 상자형이며, 지복에서 외측에 경사진 복부를 붙이는 것이 공기역학적 특징이다. 이것에 대해 단일 상자형의 대표적인 것은 주형의 외측에 상판이 캔틸레버로 되어 있고, 상판의 선단에 형이 있어 공기역학적으로 둔한 형으로 되어 있는 것이 특징이다. 이 후자의 특징은 단일 상자형으로 제한된 것은 아니며, 2상자형 또는 판형에도 공통됨으로 이하에는 이것을 포함해 편의적으로 상자형 단면이라 하고, 6각형 단면과 구별한다.

6각형 단면에 대한 제진대책으로는 [그림 13.7.6]에 나타낸 '날개판(Flap)', 상부 또는 하부에 '전향장치(Deflector)' 및 '가르기(Splitter)'가 있다.

6각형 단면은 원래 주형 전체의 형상을 가능하면 유선형에 근접하도록 하는 것으로 정형이란 개념에 의한 대책으로 사용하는 경우는 거의 없다. 다만 6각형 단면에는 대책이전의 문제로 주형의 높이, 복부의 경사각이나 캔틸레버의 길이 등 기본적 형상치수가 와여진 특성에 적지 않는 영향을 미치므로 이것을 주목하고 검토한 예는 많다.

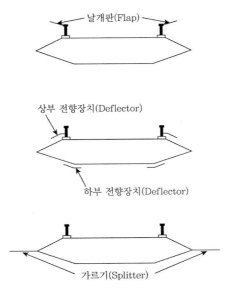

[그림 13.7.6] 6각형 단면의 대표적 제진대책

날개판이나 전향장치 등 제진장치의 명칭에는 엄밀한 정의가 없으며, 예를 들어 상부와 하부의 전향장치 등은 구별이 어렵다. 일반적으로 설치위치가 매우 높고 난간의 손잡이와 같은지, 이것보다 높은 위치에 있는 것은 날개판, 지복에 가까운 위치에 있는 것은 전향장치인 경우가 많다. 그리고 전향장치는 각부를 회전과 흐름을 유도하도록 각부를 에워싼 형태로 설치하는 것, 날개판은 상판사이에 흐름이 되도록 외측으로 열린 형태를 취하는 것이 일반적이다. 어느 것이든 각부로부터 박리를 억제하려는 발상이 기본이다. [그림 13.7.7]은 날개판의 제진효과를 모식적으로 나타낸 것인데, 날개판과 상판 간에 흐름을 유도함으로써 모퉁이로부터의 박리를 억제하고, 와여진을 억제한다고 설명하고 있다. 다만, 실제 날개판 주변의 흐름을 그림으로 나타낸 형태로 되어 있는지, 또한 그것이 여진 기구에 어떤 모양으로 되어 있는지에 대해서는 실증한 예는 발견하지 못하였고, 제진 기구에 대해서는 아직도 불명확한 점이 적지 않다고 생각한다. 가르기판(splitter-plate)은 이상의 대책과는 다르며, 물체의 배후에 규칙적인 와류가 생성되는 것을 방지한다는 발상의 원점이라 추측한다.

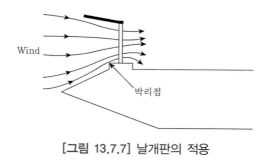

[그림 13.7.7] 날개판의 적용

상자형 단면의 경우에는 대책대상인 주형의 형상의 자유도가 큰 것에 대응하여 [그림 13.7.8]에 나타낸 것과 같이 제진대책도 매우 풍부한 다양성을 갖는다.

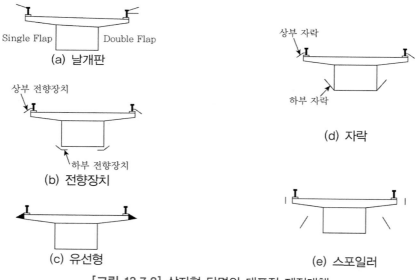

[그림 13.7.8] 상자형 단면의 대표적 제진대책

이들 중에서 날개판과 전향장치는 6각형 단면과 같고, 각부로부터의 박리를 억제하려는 것이다. 유선형(fairing)은 주형의 양측에서 공기역학적 형상을 개선하기 위해, 즉 정형을 목적으로 한 대책이라 할 수 있다. 상자형 단면은 6각형 단면에 비해 둔한 단면이므로, 이와 같은 정형을 목적으로 한 대책을 특징적으로 말하면, 구조적으로는 단일 상자형이지만, 주형 전체 높이에 미치는 대규모의 유선형을 설치하여 공력적으로는 6각형 단면이 되도록 한 예도 있다.

자락(skirt)이라는 대책도 기본적으로는 유선형과 같은 정형을 목적으로 한 것이지만, 제일 중요한 위치에 설치를 한정하고, 경제화를 도모한 것이 원형은 아니라고 생각한다. 그렇지만 자락은 와여진 대책보다 오히려 발산진동의 일종인 급속진행성(galloping)에 대한 대책으로 사용한 예가 많다.

스포일러(spoiler)라는 대책은 위에서 기술한 흐름효과나 정형을 겨냥한 것과 다르고, 역으로 흐름을 적극적으로 흐트러뜨림에 의해 여진의 원인인 소용돌이에 의한 변동공기력을 작게 하는 것으로 설명하고 있다.[4]

이외에 차도와 보도의 단차를 크게 하여 보차도 경계에서 기류가 빠져나갈 간격을 설치하거나, 유선형 등의 대책을 교축방향으로 부분적으로 설치한 것 등 여러 가지 대책 예가 보고되고 있지만, 많은 교량에서 적용을 검토한 것 또는 복수의 교량에 사용실적은 [그림 13.7.8]에 나타낸 것과 같다. 이것은 광범위한 교량에 일반적 적용이 가능하며 또한 미관 등 상당한 고려를 나타낸다면, 부가적인 대책으로 스스로 한계가 있는 것을 나타낸 것이라고 생각할 수 있다.

[2] 제진대책의 효과

[그림 13.7.6]과 [그림 13.7.8]에 보고된 여러 가지 대책을 소개했지만, 이것들은 어떤 경우에도 효과가 있는 만능 약은 결코 아니다. 풍동시험에 관련된 실감은 어떤 교량에 대해 효과 있는 대책이 다른 교량에 효과가 없거나, 제진을 의도로 설치한 부재가 역으로 특성을 악화시키거나 하는 것은 매우 보통인 것으로, 탁상에서 계획한 제진대책이 기대한 효과를 발휘하기는 오히려 드물다. 이 때문에 특정교량의 제진대책을 결정하기 위한 풍동시험은 시행착오적이고, 현재상황은 시험에 소비되는 방대한 시간과 노력이라 하겠다.

그 이유는 반복하여 기술해온 공기력의 강한 비선형성에 있다. 와여진의 응답은 교량의 기본형상과 치수, 지복이나 난간 등의 세부구조, 그리고 부가된 제진대책 등의 영향 및 그것들의 상호작용에 의해 미묘하게 변화하겠지만, 이것을 각각의 영향을 중첩시켜 평가할 수는 없다. 그러므로 최종결과만으로 하는 매우 복잡한 응답이 되고, 형상변화에 의한 응답변화의 추정은 곤란하다.

여기서는 각각 파라메타의 영향을 유체역학적으로 추구하는 방법들은 별도의 접근으로 과거의 풍동시험결과의 통계적 분석, 즉 실험식 및 경험식으로 제진대책효과의 평가를 시도하였다. 평가에 사용한 자료는 무엇보다 수집 가능한 것으로 풍동시험의 결과 및 공식적으로 발표한 시험결과로서 분석에 필요한 데이터를 갖추고 있으므로, 반드시 통계적 분석에 충분한 능력의 질 및 양으로 되어 있다고 할 수는 없다. 이 점에 대해서 이와 같은 분석에서 어떤 유익한 결과를 얻을 수 있는가 하는 하나의 실험일 뿐이다.

그러나 여러 가지 조건으로 행한 시험결과에서 제진대책효과를 평가할 경우에는 대책이전의 기본적 시험조건을 되도록 균일하게 갖추는 것이 필요하다. 바람이 응답에 영향을 미치는 파라메타의 수는 매우 많으므로 데이터-베이스(data-base)로 생각할 경우에는 제일 어렵지만, 여기서는 무엇보다 종래의 '형고비(형고 H/교량폭 B)', 'Strouhal 수'를 고려하였다. 응답에 큰 영향을 미치는 하나의 인자인 바람의 '영각 α'에 대해서 영각의 변화는 공력적으로 단면형상의 변화와 동등하다는 방식을 기본으로 다른 교량으로 취급하였다. 그리고 데이터의 균질성을 유지하기 위해 조사범위는 부분모형에 의한 단일 흐름중인 시험만 하였다.

[그림 13.7.9]는 휨의 와여진에 대해서 Scruton 수 $2m\delta/\rho BD$와 교량폭 B로 '무차원화 한 진폭' η/B의 관계를 나타낸 것이다. 여기서 형고 D는 형하면에서 지복의 상면까지의 거리로 하고, 횡단구배의 영향은 무시하는 것으로 통일하도록 노력했지만, 상세한 것이 불명확한 것도 있고, 약간 다른 정의에 의한 것도 포함되어 있다. 진폭 η는 와여진의 최대진폭으로 하고, 복수의 Peak가 존재하는 경우에는 큰 쪽의 진폭을 취하였다. 그리고 본 조사에는 대상을 와여진을 제한되었기 때문에 와연진은 발생하지 않지만, 저풍속에서 급속진행성(galloping)이 발생하는 경우는 진폭 0, 즉 안정으로 평가하는 것을 잘라내었다.

[그림 13.7.9]의 데이터 중에는 다른 경사각의 것, 제진대책을 시행하여 진폭을 저하시킨 것 등이 포함되어 있으므로, 결과는 1본의 곡선으로 되지 않고, 동일 Scruton 수에 대해 많은 점을 Plot한 것으로 되지만, 최대치의 포락선은 대개 Scruton 수의 역수에 비례하는 것으로 보인다. Scruton 수의 분모로서 B^2을 사용한 정리도 시도했지만, [그림 13.7.9] 정도로는 진폭들의 관계가 명백하지 않으므로 여기서는 BD를 사용한 경우에 대해 대응한 물리량을 물체에 의해 배제한 공기의 질량으로 명확히 위치를 부여한 것으로 하였다. 이 결과에서 먼저 무차원 진폭은 Scruton 수에 역비례하는 것으로 고려하여 진폭을 Scruton 수를 단위 값의 경우로 환산하여 데이터 중에 포함하는 Scruton 수의 영향을 제거하는 것으로 하였다. 이와 같이 하여 기준화한 진폭을 이하 정규화 (무차원화)진폭으로 하였다.

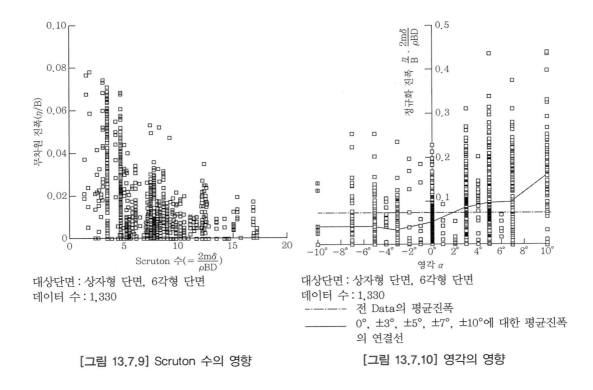

대상단면 : 상자형 단면, 6각형 단면
데이터 수 : 1,330

대상단면 : 상자형 단면, 6각형 단면
데이터 수 : 1,330
–·–·–·– 전 Data의 평균진폭
────── 0°, ±3°, ±5°, ±7°, ±10°에 대한 평균진폭
　　　　 의 연결선

[그림 13.7.9] Scruton 수의 영향　　　　　　[그림 13.7.10] 영각의 영향

　[그림 13.7.10]은 정규화 진폭에 대한 바람의 '영각'의 영향을 조사한 것으로 그림 중의 실선은
'영각 α'이 0°, ±3°, ±5°, ±7°, ±10°에 대한 응답의 평균치를 연결한 것이다. 그림에서 와여진의
진폭은 '영각'이 0° 부근에는 비교적 작고, '영각'이 정(+)일 때에는 크게 되는 경향이 명확하다.
'영각'이 부(−)일 때에는 데이터 수가 적으므로 신뢰성에서 약간의 문제는 있지만, 대개 0°부근과
큰 차이가 없다고 볼 때 차이는 염려할 필요가 없다. 이 그림에서 '영각'과 응답의 관계를 도출하여
Scruton 수의 경우와 같이 데이터에서 '영각'의 영향을 제거하는 것도 고려하지만, Scruton 수와
다른 것에 의지할 이론이 있을 이유는 없으므로 단순한 수치적 회귀식에서 끝나는 것으로, 여기서는
'영각'을 몇 단계로 등급을 나누어 '영각'의 범위를 제한하고, 해석대상으로 하는 데이터 범위내의
'영각'의 영향이 작게 되는 것을 고려하였다.
　위의 고려 방식에 의해 '영각'의 범위를 ±3° 이내로 제한한 경우의 정규화 진폭과 형고비의 관계를
[그림 13.7.11]에 나타내었다. 와여진의 진폭은 B/D의 증가와 동시에 감소하는 경향이 명확히 확인
되었다.
　이 경향이 기본단면형상과 어떤 관계를 갖는지를 조사하기 위해 6각형 단면과 상자형 단면으로
구분하여 나타낸 것이 [그림 13.7.12], [그림 13.7.13]이다. 그림에 의하면, 6각형 단면의 경우는

B/D와 동시에 진폭이 평활하게 감소하고 있는데 대해 상자형 단면의 경우에는 B/D가 5부근에서 진폭이 불연속으로 변화하고 있음을 알 수 있다. 현재 사용한 자료에는 B/D가 큰 상자형 단면의 데이터가 적으므로 이 경향이 일반적인지에 대해서는 판정할 수 없지만, [그림 13.7.13]에 관해서는 B/D가 5보다 작은 범위에는 진폭과 B/D로는 아주 관련이 없고, B/D가 5를 초과하면 급격히 감소한다고 말할 수 있다. 그리고 6각형 단면과 상자형 단면에는 명확히 차이가 있으므로 휨의 와여진에 관해서는 6각형 단면이 유리하다고 하겠다. 그리고 과거에 행한 같은 종류의 조사결과에 비해 상자형 단면의 B/D가 5보다 작은 범위의 데이터가 매우 많은 것은 '영각'이 다른 것, 대책을 시행한 것 등을 모두 다른 단면으로 취급하였기 때문이며, 시행한 풍동시험에는 이와 같이 상대적으로 형고가 큰 단면의 제진에 다대한 노력이 있었다는 것을 알 수 있다.

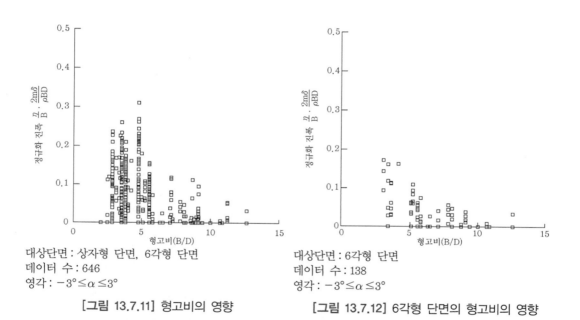

대상단면 : 상자형 단면, 6각형 단면
데이터 수 : 646
영각 : $-3° \leq \alpha \leq 3°$

[그림 13.7.11] 형고비의 영향

대상단면 : 6각형 단면
데이터 수 : 138
영각 : $-3° \leq \alpha \leq 3°$

[그림 13.7.12] 6각형 단면의 형고비의 영향

[그림 13.7.14]는 '영각 α'가 ±3° 이내, B/D가 5보다 작은 상자형 단면의 응답에 대해, 상판의 캔틸레버의 길이 C와 교량의 폭원 B의 비 C/B의 영향을 나타낸 것이다. 이와 같이 형고가 큰 범위에는 캔틸레버 길이와 안정성 간에는 대개 상관을 인정할 수 없지만, 이것은 이전에 행한 파라메트릭한 시험의 결과와 일치한다.

이외에 복부가 경사(역대형 단면)지거나, 난간이나 지복의 형식이나 치수 등 진폭에 영향을 미칠 가능성이 있는 파라메타가 몇 개인지 고려되겠지만, 너무 세분화하면 각 데이터의 통계적 변동의 영향이 커지므로 이와 같은 분석이 의미가 없는 것으로 될 우려가 있으므로, 여기서는 먼저 '영각 α'가 ±3° 이내, B/D가 5보다 작은 상자형 단면의 정규화 진폭의 불규칙은 통계적으로 균질한 것으로, 이 데이터에 대해 각종 제진대책 효과를 조사하였다.

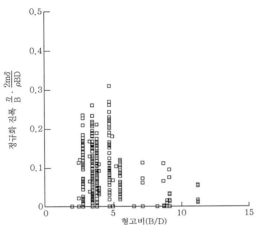

대상단면 : 상자형 단면
데이터 수 : 445
영각 : $-3° \leq \alpha \leq 3°$

[그림 13.7.13] 상자형 단면의 형고비의 영향

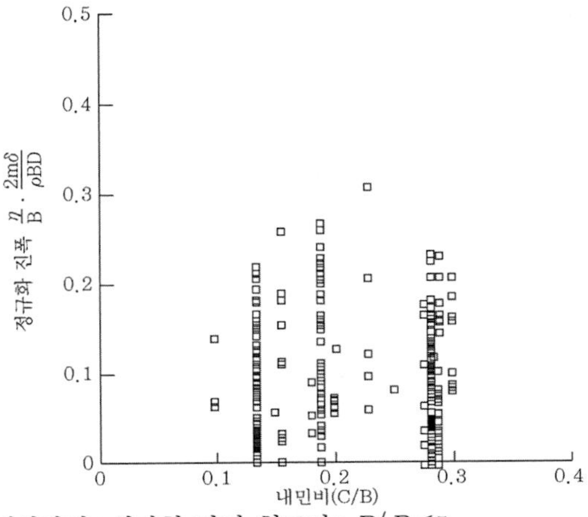

대상단면 : 상자형 단면 형고비 : $B/D \leq 5$
데이터 수 : 355
영각 : $-3° \leq \alpha \leq 3°$

[그림 13.7.14] 상자형 단면의 캔틸레버비의 영향

제진대책을 날개판, 전향장치, 유선형 및 그 외 4종류로 분류하여 이것들을 설치한 단면 및 전혀 대책을 시행하지 않은 단면의 응답에 대해서 평균치, 표준편차 및 데이터 수를 통합하여 [표 13.7.1]에 나타내었다. 이 표에는 복수의 대책을 설치하고 있는 것에 대해서는 중복하여 계산하였다. 표에서 알 수 있는 것과 같이 어느 대책에 대해서도 표준편차가 매우 크기 때문에 통계적으로 유의할 차이가 있는지에 대해서는 의심되지만, 평균치로 비교해보면 대책을 시행한 단면은 모두 한결 같은 모양으로 무대책인 것보다 응답이 감소하는 것으로 확인되었다. 각 대책 간의 우세는 대체적으로 명확히 나타나 있고, 날개판을 설치한 단면의 저감률(무대책단면의 응답들의 비)이 약 0.4로 압도적으로 우수하였다. 역으로 전향장치의 효과는 매우 부족하고, 무대책단면의 응답과 차이는 없었다. 여기서 분석의 대상으로 하고 있는 것은 형고가 큰 상자형 단면이기 때문에 전향장치의 대개는 하부 플랜지의 단부에 설치한 것이다.

[표 13.7.1] 여러 가지 제진대책의 효과

종류	정규화진폭		데이터 수	진폭비
	평균	표준편차		
대책 없음	0.116	0.061	104	1.00
날개판(flap)	0.046	0.043	197	0.40
전향장치(deflector)	0.109	0.078	19	0.94
유선형(fairing)	0.079	0.068	100	0.69
기타	0.082	0.065	88	0.71

조건
대상단면 : 상자형 단면
영각 : $-3° \leq \alpha \leq 3°$
형고비 : B/D≤5

여기서 분석한 데이터로는 전향장치를 설치한 경우가 적으므로 신뢰성에 문제가 있는 것으로 [표 13.7.1]의 결과를 볼 때, 이와 같은 대책은 시도할 가치가 없는 것으로 생각된다. 유선형 및 기타 대책은 이들의 중간적 효과를 나타내고 있다. 평균적 저감률 0.7을 크다고 보지만, 작다고 보는 의론으로 갈라지는 곳이라 하겠지만, 이 중에 날개판 등을 병용하고 있는 경우도 포함하고 있는 것으로 생각하면, 제진대책으로 하기에는 하락하지 않는 수치인 것에 대해서는 인상을 씻을 수 없다.

그런데 날개판에 대해서는 [그림 13.7.7]과 같이 설명되어 있는 것도 있으므로 흐름효과의 개선을 기대하여 유선형 등과 병용을 검토하고 있는 예도 많다. 여기서 [표 13.7.1]과 같이 '영각 α'이±3° 이내로 B/D가 5보다 작은 상자형을 대상으로 날개판, 유선형을 단독으로 설치하는 경우, 병용하는 경우의 응답을 조사한 결과가 [표 13.7.2]이다.

[표 13.7.2] 날개판과 유선형의 제진효과

종류	정규화진폭		데이터 수	진폭비
	평균	표준편차		
대책 없음	0.126	0.062	135	1.00
날개판(flap)	0.039	0.035	75	0.31
유선형(fairing)	0.172	0.046	23	1.37
병용	0.052	0.045	77	0.41

조건
대상단면 : 상자형 단면
영각 : $-3° \leq \alpha \leq 3°$
형고비 : B/D≤5

이 결과에 의하면 의외로 단독 날개판인 경우가 제일 효과적이고 병용인 경우에는 오히려 진폭이 증가하였다. 그리고 이 표에 의하면, 단독 유선형을 사용하면 무대책의 경우보다 특성이 악화한다. 원 데이터에 대해 조사한 결과에 의하면, 데이터 수는 적지만 수 교량의 시험결과가 포함되어 있어 대개의 경우에서 유선형의 설치에 의해 진폭이 증가하는 이 결과는 정도의 일반성을 갖는 것이라고 생각한다. 다만 앞에서 기술한 것과 같이 형고가 큰 상자형 단면에는 와여진 이외에 급속진행성이라는 발산진동이 발생하는 경우가 적지 않으므로, 그 대책으로 각종 안정화 부재가 설치된 곳이 있으므로 와여진만을 주목한 방법에는 바르게 평가되지 않는다는 것에 주의할 필요가 있다.

유선형의 규모가 커져 주형의 전체높이에 미치는 경우에는 공력적으로 6각형 단면이 되므로 6각형 단면에 대해 날개판의 효과를 조사해 결과를 [표 13.7.3]에 나타내었다. 6각형 단면의 경우는 [그림 13.7.12]에서 알 수 있듯이 비교적 B/D가 큰 단면이 많고, B/D를 5 이하로 제한하면 극히 한정된 데이터만 남기 때문에 [표 12.7.3]의 분석에는 B/D에 의한 제한을 두지 않았다. 표에 의하면 6각형 단면에서는 날개판은 효과적으로 작용하고 있고, 6각형을 유선형의 연장으로 생각한 경우에는 모순된 결과를 주고 있지만, 위에서 기술한 것과 같이 편평한 단면이 많다는 것으로 [표 13.7.2]와 직접 비교하는데 무리가 있다. 형고가 높은 6각형 단면, 편평한 상자형 단면 등은 데이터를 충족히 가져야 할 것이다.

[표 13.7.3] 6각형 단면에 대한 날개판의 효과

종류	정규화진폭		데이터 수	진폭비
	평균	표준편차		
대책 없음	0.0232	0.0392	104	1.00
날개판(flap)	0.0014	0.0046	12	0.06
날개판(flap)＋기타 대책	0.0059	0.0201	20	0.25

조건
대상단면 : 6각형 단면
영각 : $-3° \leq \alpha \leq 3°$

날개판과 유선형의 병용과 같은 발상으로 날개판에 의한 흐름결과가 제진효과에 관계한다고 하면 난간의 충실률도 영향을 줄 것으로 생각해 난간의 충실률이 응답에 미치는 영향을 조사한 결과가 [표 13.7.4]이다. 이 분석에는 '영각 α'의 범위는 ±3° 이내로 했지만, 단면형태에 대해서는 6각형 및 상자형을 대상으로 하였다. 표에서 날개판이 없는 단면에 대해서는 일반적으로 난간의 충실률이 작은 쪽이 안정하지만, 날개판을 부착한 단면에는 충실률의 영향은 대체적으로 인정할 수 없는 의외의 결과로 되었다. 상자형 단면에 한하여 분석한 결과도 같았다.

[표 13.7.4] 난간 충실률의 영향

날개판(flap)	난간 충실률	정규화진폭		데이터 수	진폭비
		평균	표준편차		
미설치	40% 이상	0.100	0.090	111	1.00
	40% 이하	0.057	0.058	308	0.57
설치	40% 이상	0.044	0.044	82	1.00
	40% 이하	0.042	0.042	145	0.95

이상에서 데이터 수가 많고 형고가 큰 상자형 단면을 주체로 휨의 와여진 응답을 통계적으로 분석한 결과에 의하면, 과거에 검토한 여러 가지 제진대책 중에서, 와여진에 대해 높은 확률로 제진효과를 기대하는 대책은 날개판만이라고 하겠다. 이것은 와여진에는 상판표면의 변동압력이 지배적인 종래의 보고를 간접적으로 보증하는 것으로 생각해 와여진의 제진에는 상판의 상측기류의 제어가 중요하다는 것을 나타낸 것이다.

그리고 날개판과 유선형의 상승효과를 전혀 인정할 수 없다는 것, 날개판을 부착한 단면에는 난간의 충실률이 제진효과에 대체적으로 영향이 없는 것은 날개판의 제진기구에 대한 [그림 13.7.7]과 같은 설명의 타당성에 의문이 포함된 것으로 생각하지만, 이 점에 대해서는 와여진의 여진기구 대부분의 규명과 동시에 앞으로 연구의 발전을 기대한다.

13.7.5 정 리

이상은 어디까지나 통계적인 결론이므로 특정한 교량에 대해서는, 예를 들면 전향장치나 유선형과 같은 대책이 효과적인 경우라든지, 난간의 충실률이 날개판의 효과에 영향을 미치는 경우도 있을 것이다. 실제 이와 같은 경험도 있었다. 예를 들어 전향장치라 하더라도 그 크기, 형상, 부착된 위치 등은 천차만별하며, 공기력은 물체의 형태에 따라 미소 또는 복잡하게 변하므로, 여기서와 같은 통계적 처리에서 하나로 융합할 수 없는 특이한 응답이 존재한다는 것을 쉽게 예상할 수 있다. 가령 그와 같은 점이 유효한 대책으로 발견하였다면, 그 대책을 채용하지 않을 특별한 이유는 없다. 그러나 본 절과 같이 과거 데이터의 통계적 분석결과를 참고하면 종래와 같은 시행착오적인 풍동시험에 비해 유효한 제진대책을 단기간에 효율적으로 구할 확률은 매우 높지 않다고 생각된다.

본 조사에서는 데이터양이 불충분함으로 당초에 의도한 분석을 미치지 못한 부분이 적지 않았다.

특히 비틀림 진동에 대해서는 데이터양이 휨의 1/3 이하로 적기 때문에 전혀 분석하지 않았다. 이들에 대해서는 앞으로 풍부한 데이터에 가지고 재분석이 필요하다고 생각한다.

본 절에서는 정리가 완전하지 못하지만, 본 내용이 앞으로 와여진에 대한 제진대책에 참고가 된다면 다행이라 하겠다.

참고문헌

1) 本州四國連絡橋工團 (1976.3). 本州四國連絡橋耐風設計基準·同解說

2) 例えば, Y. Hikami and N. Shiraishi (1987). *Rain-Wind Induced Vibration of the Cables in Cable Stayed Bridge*, Proc. 7th Int'l. Conf. on Wind Engineering.

3) 構造力學的耐風制振對策, 日本風工學會誌, (1984.6).

4) 松川, 松村, 龜井 (1984). 北港聯絡橋の耐風安定性調査について, 土木學會 第39回 年次學術講演會 講演槪要集 I-302.

5) 藤澤, 園部 (1984.12). Bluffな箱桁の渦勵振に關する一考察, 第8回 風工學シンボウム論文集.

6) 宮田, 山田, 風間, 藤澤 (1984.12). 非定常壓力特性から見た橋桁橋の渦勵振制振對策の安定化效果, 第8回 風工學シンボウム論文集.

7) 藤澤伸光, 園部好洋 (1989.8). 橋桁の渦勵振とその制振, 橋梁と基礎, pp.85~93.

13.8 장대교의 내풍설계

13.8.1 하프형 사장교[5]

본 절은 한신고속도로 항안선(灣岸線)의 신호(神戶)지구에 건설한 중앙지간장 485m를 갖는 복층-바닥판 트러스 사장교 '도우신호스이로교(東神戶水路橋)'를 대상으로, 12.8.1절에 기술한 것과 같이 스프링을 특별히 사용하지 않고, 교각과 주탑의 어느 점도 가동하는 이른바 올-프리인 기본구조계를 채용해 하부공으로부터의 지진력의 영향을 대폭 경감케 하는 설계검토를 나타낸 것이다. 그리고 도우신고스이로교는 상하에 3차선인 6차선(폭원 13.5×2m), 설계속도 80km/h(2종 1급)의 도로교이며, 1일 68회 훼리가 출입하는 한신간 최대의 세이목구(靑木) 훼리 터미널 출입구에 위치하고 있다. [그림 12.8.1]에 일반도를 나타내었다.

[1] 기본 풍속

본 교의 가설지점 부근에서 풍관측기록 및 공단이 현지에 설치한 관측철탑에서 1982년 8월부터 측정한 관측기록에 의하면, 가설지점의 바람은 다음과 같은 경향을 나타내었다.

1. 계절별 탁월한 풍향으로는 [그림 13.8.1]과 같이 연간을 통해 북동풍이 탁월하고, 계절풍으로는 서쪽의 바람이 많이 부는 경향이 있다.
2. 신호(神戶)해양기상대에서 기록에 의하면, 연최대풍속으로는 태풍에 의한 것이 압도적으로 많고, 풍향으로는 태풍의 경로에 관계없이 북~북동풍이 탁월하다. 또한 태풍 이외의 강풍으로는 겨울철에 서쪽의 계절풍 및 육갑산에서 내리부는 북풍을 들 수 있다.

[그림 13.8.1] 풍향관측 예(1983년 3월~1984년 2월)

기본풍속으로는 10분간 평균풍속의 100년 재현기대치로 하고 다음과 같은 2개의 방법으로 추정하였다.

① 신호해양기상대에 연최대풍속의 기록으로 추정

여기서는 연최대풍속의 분포형을 Gumbel분포(극치Ⅰ형 분포)에 맞게 Gringorten법에 의해 추정하였다. 또한 이 방법에 의한 추정치는 신고해양기상대 위치에서 재현기대치가 된다. 여기서 가설지점의 지형특성을 고려한 재현기대치로 하기 위해 가설지점 부근의 관측철탑에 의한 풍속기록과 신호해양기상대에 대한 풍속들을 비교한 결과, 가설지점 쪽이 다소 높아지는 경향을 보이고, 그 비는 최대로 1.2 정도이므로 기상대 위치의 기대치에 이것을 제곱하여 가설지점의 것을 구하였다([그림 13.8.2]).

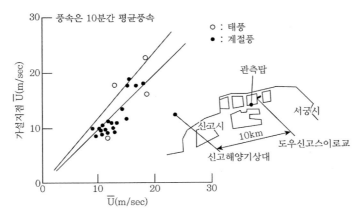

[그림 13.8.2] 가설지점과 신고해양기상대의 풍속비교

② 지형인자를 변수로 하는 다중회기에 의한 추정

다중회기식으로는 다음과 같은 4개의 식을 사용하였다.

- 혼사이공단(本西公団)식

- 도겐(土研)식

- 한신공단(阪神公団)식 : 연최대풍속의 분포형으로 극치Ⅰ형 분포를 사용한 식, 극치Ⅱ형 분포를 사용한 식

추정결과를 [표 13.8.1]에 나타내었다. 또한 ②의 방법에 의해 기상대 위치의 기대치로 구해보았지만, 가설위치와 해양기상대와는 지형특성이 다르다는 것을 알 수 있다.

이상의 검토결과 및 혼사이공단(本西公団) 내풍설계기준에서 아끼시해협부(明石海峽部)의 기본풍속이 43m/sec라는 것을 배려하여 기본풍속을 다음과 같이 설정하였다.

$$U = 40\,\text{m/sec} \quad (\text{지상 10m 높이, 10분간 평균속도})$$

또한 설계풍속은 기본풍속에 고도에 대한 보정, 수평거리 또는 연직높이에 대한 보정을 고려하지만, 고도에 대한 보정으로 다음과 같은 누승법칙을 사용하였다.

$$\frac{U_Z}{U_{10}} = \left(\frac{z}{10}\right)^\alpha, \ \alpha = \frac{1}{7} \tag{13.8.1}$$

그리고 수평거리, 연직높이에 대한 보정은 다음에 기술할 거스트 응답해석에 다음과 같이 사용하였다.

주형 $U_D = 60\,\text{m/sec}$

주탑, 케이블 $U_D = 67\,\text{m/sec}$

[표 13.8.1] 100년 재현기대치

(단위 : m/sec)

추정방법			기상대	가교지점	비율
①의 방법	Gringorten법		31.9	38.3	−
②의 방법 다중회귀식	혼사이공단식		31.9	36.1	1.13
	도겐식		31.2	33.3	1.07
	한신공단식	극치Ⅰ형	34.0	37.5	1.10
		극치Ⅱ형	32.9	32.9	1.00

[2] 경사풍력에 대한 거스트 응답해석

(1) 개요

자연풍은 난류를 동반한 흐름이며, 풍속은 시간적·공간적으로 변동하고 있다. 그러므로 풍하중을 소위 기본풍속으로 10분간 평균속도에 대응하는 정적풍압으로 평가하는 것만으로는 위험측이 되며, 다음과 같이 바람의 난류에 기인한 하중효과(거스트 응답)에 대해 고려할 필요가 있다.

1. 구조물의 펼쳐진 것에 대해 공간적으로 평균화된 풍속이 시간적 변동에 따라 구조물 전체에 작용하는 전체 공기력의 변동
2. 변동공기력의 작용에 따라 구조물의 진동특성에 따르는 동적증폭 효과

그런데 일반적 교량은 교축직각방향의 바람을 문제시하고 있는데 대해, 본 교량은 그 기본구조계를 올—프리로 하고 있고, 주형 트러스의 복부재의 영향으로 경사풍에 의해 교축방향의 풍하중이 비교적 크게 되는 것으로, 교축방향의 거스트 응답을 포함한 교량의 응답이 중요하게 된다.

그러므로 여기서는 주형에 대해 교축방향의 공기력계수가 최대가 되고, 교축직각방향에 대해 약 55~60°의 수평편각을 갖는 바람을 대상으로 하고([그림 13.8.3]), 이와 같은 풍향에 대해 경사방향에 놓인 교량의 평균응답치에 대한 최대응답치의 배율, 즉 거스트 응답계수를 구해 설계에 사용하였다.

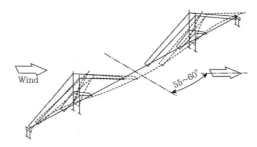

[그림 13.8.3] 경사풍의 수평편각

(2) 해석방법

거스트 응답에 대한 평가방법으로는 Davenport에 의한 방법이 잘 알려져 있다. 이 방법에 의하면 풍속변동에 따른 변동응답을 포함한 거스트 응답계수는 다음 식으로 평가한다.

$$G = 1 + g \cdot \frac{\sigma_q}{\bar{q}} \tag{13.8.2}$$

여기서, $\bar{q}$: 평균풍속에 의한 정적응답치

σ_q : 변동응답의 표준편차 $\sigma_q = \sqrt{\int_0^\infty S_q(f) \cdot df}$

g : 평균초월계수 $g = \sqrt{\int_0^\infty f^2 \cdot S_q(f) \cdot df} / \sigma_q$

$S_q(f)$: 변동응답의 파워스펙트럼

f : 풍속의 변동주파수

그러므로 거스트 응답계수는 변동응답의 파워스펙트럼에 의해 결정한다. 이 변동응답의 파워스펙트럼은 풍속의 변동특성 등으로 다음 식으로 구한다.

$$S_q(f) = \sum_r \frac{\left\{ \int_0^l \phi_r(x) dx \right\}^2}{\left\{ (2\pi f_r)^2 \int_0^l m(x) \phi_r^2(x_0) dx \right\}^2} |H_r(f)|^2 \cdot \phi_r^2(x_0) \cdot \frac{4\overline{P^2}}{\overline{U^2}} |\chi_d(f)|^2 \cdot |J_r(f)|^2 \cdot S_u(f)$$

$$\tag{13.8.3}$$

여기서, $\overline{U}$, $\overline{P}$: 평균풍속 및 평균풍속에 의한 공기력

$\phi_r(\mathrm{x})$, f_r : 구조물의 진동모드함수 및 고유진동수이며, r은 모드차수를 나타낸다. 또한 $\phi_r(\mathrm{x}_0)$는 주목하는 점 x_0에 대한 모드함수의 값이다.

$m(\mathrm{x})$: 질량분포

$|H_r(f)|^2$: 진동수증폭함수. 고유진동수와 풍속의 변동주파수의 비 및 구조감쇠의 함수

$S_u(f)$: 변동풍속의 파워스펙트럼

$|\chi_d(f)|^2$, $|J_r(f)|^2$: 각 구조물의 폭원방향 및 길이방향의 광폭에 대한 변동공기력을 평균화하기 위한 변환함수, 전자는 공력 어드미턴스(aerodynamic admittance), 후자는 조인트 모드 억셉턴스(joint mode acceptance)라 함

여기서, $|\chi_d(f)|^2$, $|J_r(f)|^2$는 폭원방향 및 길이방향에 대한 변동풍속의 공간상관함수 $R(z_1, z_2)$ 혹은 $R(x_1, x_2)$의 함수로서 다음과 같다.

$$|\chi_d(f)|^2 = \frac{1}{d^2} \int_0^d \int_0^d R(z_1, z_2) \cdot dz_1 \cdot dz_2 \tag{13.8.4}$$

$$|J_r(f)|^2 = \frac{1}{\left\{\int_0^l \phi_r^2(x)dx\right\}^2} \int_0^l \int_0^l R(x_1, x_2) \cdot \phi_r(x_1) \cdot \phi_r(x_2) \cdot dx_1 \cdot dx_2$$

$$\tag{13.8.5}$$

그리고 공간상관함수 $R(x_1, x_2)$는 2점 x_1, x_2에 대한 변동속도의 곱에 대한 이동평균과 변동풍속의 분산의 비로 다음과 같이 나타낸다.

$$R(x_1, x_2) = \frac{\overline{u(x_1) \cdot u(x_2)}}{\overline{u}^2} \tag{13.8.6}$$

지금까지 많은 실측 예가 보고되어 있지만, 이들은 바람의 주 흐름방향 혹은 주 흐름의 직각방향에 대한 공간상관을 취한 것으로, 경사풍의 흐름에 대한 경사방향에 관한 공간상관에 대해서는 현재까지 정식화된 것이 없다.

이것에 대해서는 이번 검토에서 [그림 13.8.4]에 나타낸 것과 같이 주 흐름의 직각방향 x_1, x_3간의 상관함수 $R(x_1, x_3)$과 주 흐름방향 x_3, x_2간의 상관함수 $R(x_3, x_2)$의 곱으로 나타내는 것으로 가정하였다.

$$R(x_1, x_2) = R(x_1, x_3) \cdot R(x_3, x_2) \tag{13.8.7}$$

(3) 해석조건

해석은 주형과 주탑을 분리하였고, 또한 교축방향 및 교축직각방향의 거스트 응답계수를 구하는 것으로 하고, 다음과 같은 점들을 고려하였다.

1. 진동모드는 1차 모드만 고려하고, 또한 주형의 교축방향의 해석에 대해서는 교축방향의 수평휨이 각 점에서 동일한 위상, 동일한 진폭이므로 $\phi_1(x)$ =1로 하였다.
2. 수평(연직)방향 길이는 주형의 교축방향 해석 시는 885m, 교축직각방향 해석 시는 모드형상을 보고 측경간의 영향은 적다고 보고 485m로 하였다. 또한 주탑에 대해서는 주탑높이를 150m로 하였다.
3. 주탑의 질량분포에 대해서는 주탑의 상부에 주형과 케이블의 질량을 부가하는 것으로 하여, 주탑의 1차 진동모드가 정하중에 의한 휨곡선과 근사하는 것으로 정하중에 의한 변형에너지의 외의 것과 동일한 진폭에서 진동할 때의 계의 운동에너지가 같도록 질량분포를 구하였다.
4. 변동풍속의 파워스펙트럼에 대해서는 수많은 실험식이 주어져있지만, 여기서는 니찌야(日野)식을 사용하였다([표 13.8.3]). 또한 이 식에서 바람의 난류강도를 결정하는 파라메타로 지표마찰계수 K_r은 본 공단 고우대교(港大橋) 등 항안지역에서 자연풍의 해석결과를 참고로 하여 K_r = 0.005로 하였다. 또한 혼슈기준에 있어서는 K_r =0.0025이지만, 본 교량의 가설지점은 시가지에 근접해 있으므로, 난류가 약간 크게 된다고 생각된다.
5. 주 흐름의 직각방향에 대한 공간상관계수는 일반적으로 지수함수로 나타내고, 풍속의 변동주파수 f를 포함한 형태로는 다음과 같이 된다.

$$R_{uu}(\eta_1, f) = \exp(-\eta_1/L_f) : L_f = \frac{1}{k} \cdot \frac{\overline{U}}{f} \tag{13.8.8}$$

여기서, 디케이 계수(decay factor) k는 지금까지 관측 예 등을 참고로 하여 $K_r = 10$으로 하였다 ([표 13.8.2]).

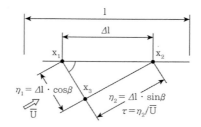

[그림 13.8.4] 경사풍을 고려하는 방법

[표 13.8.2] 대케이 계수의 측정 예

		측정높이(m)	공간거리(m)	풍속(m/sec)	k
항대교(港大橋)	수평방향	93	18~129	7~12	2~5
다량간도(多良間島)	수직방향	15~50	8~35	7~18	8
	수평방향	15	30~180	11~15	3~80

6. 주 흐름방향의 공간상관계수는 자기상관함수를 택하고, 실제 교량들의 측정 예를 바탕으로 측정치와 비교적 잘 일치는 식을 사용하였다.

$$R(\tau) = \exp\left\{-(\overline{U} \cdot \tau / L_u)^{2/3}\right\} \tag{13.8.9}$$

여기서, τ=2점간의 풍속변동의 시간차이, L_u=난류 스케일, 그리고 $\tau = \eta_2 / \overline{U}$이므로 다음과 같이 된다.

$$R(\tau) = \exp\left\{-(\eta_2 / L_u)^{2/3}\right\} = R(\eta_2) \tag{13.8.10}$$

주 흐름방향의 2점간의 공간상관은 2점간의 거리와 주 흐름방향의 난류 스케일에 의해 구해진다. 또한 L_u는 교량가설지점부근에서 자연풍의 해석결과에 의해 평균치의 75m를 취하는 것으로 하였다.

거스트 응답해석조건의 총괄표를 [표 13.8.3]에 나타내었다.

[표 13.8.3] 거스트 응답해석의 조건

	교축방향		교축직각방향	
	주형	주탑	주형	주탑
풍향 진동-Mode 형상				
질량 m $(t \cdot sec^2/m)$	2.652	7.21(h≥75m) 0.92(h<75m)	2.652	1.00(h≥75m) 0.92(h<75m)
고유진동수 f	0.204Hz	0.204Hz	0.264Hz	0.469Hz
구조감쇠 δ	0.03	0.03	0.03	0.03
부재폭(충실률) D	12.78m(ϕ=0.57)	3.3	12.78m(ϕ=0.57)	4.0~6.6
항력계수 C_D	1.17	1.80	1.95	1.80
기준고도 z	43.00m	97.50	43.00	97.50
변동풍속	변동풍속의 파워스펙트럼 $S_u(f) = 0.4751 \overline{U}^2 \dfrac{1/\beta}{[1+(f/\beta)^2]^{5/6}}$: 니찌야식 여기서, $\overline{U}^2 = 6 \cdot K_r \cdot U_{10}^2$ $\beta = 1.169 \times 10^{-2} \cdot \dfrac{\alpha \overline{U}_{10}^2}{\sqrt{K_r}} \cdot (\dfrac{z}{10})^{2m\alpha-1}$ $\overline{U}_{10}$ =40m/sec : 기본풍속 K_r =0.005 : 지표마찰계수 α =1/7 : 풍속연직분포에 대한 지수 m =2		• 공간상관계수 주흐름방향(자기상관계수) $R_u(\eta_2) = \exp[-(\eta_2/L_u)^{2/3}]$ 여기서, L_u =75m 주흐름방향에서 흐트러짐의 스케일 • 주흐름직각방향 $R_{uu}(\eta_1;f) = \exp[-(k \cdot f \cdot \eta_1/\overline{U})]$ 여기서, 대케이 계수	

(4) 해석결과

거스트 응답해석에 의해 얻은 응답계수는 [표 13.8.4]에 나타낸 것과 같다.

[표 13.8.4] 거스트응답계수

하중방향	요소	G_0	G
교축방향	주형	1.360	1.828
	주탑	1.352	1.819
교축직각방향	주형	1.437	2.039
	주탑	1.467	1.883

여기서, G_0는 구조물에 작용하는 전공기력의 시간적 변동에 대한 변동배율의 최대치, G는 G_0에 더하는 난류특성과 구조물의 진동특성에 의한 동적증폭효과를 포함한 계수이다.

이 결과를 기본으로 설계에 사용되는 거스트 응답보정계수는 다음과 같이 설정하였다.

① 거스트 응답보정계수는 혼슈시고구 연락교 내풍설계기준(1976)에 준하여 ν_2, ν_4로 나타낸다.

• ν_2는 공간적으로 수평화한 풍속의 시간적 변동에 대한 변동배율 $\nu_2 = G_0^{1/2}$

• ν_4는 구조물의 진동특성에 따라 동적 증폭효과에 대한 보정계수 $\nu_4 = G/G_0$

② 보정계수 ν_2는 하나의 구조물에 대해서는 풍향에 관계없이 일정한 값으로 취급하여도 충분하다고 생각하여 안전 측의 값으로 통일하였다.

③ 경사풍일 때에 대한 교축방향과 교축직각방향의 응답의 중첩을 고려할 경우, 각 방향에 대한 변동응답의 최대치를 중첩하는 것은 응답을 과대평가하는 것으로 생각하기 때문에 경사풍의 교축직각방향에 대해서는 평균탁월계수 $g = 1$로 고려하여 보정계수를 구하였다.

이상과 같이 설정한 거스트 응답보정계수를 [표 13.8.5]에 나타내었다. 또한 이들 계수에 대해서는 경사풍에 대한 공간상관에 관한 가정을 포함해 풍동실험에 의해 조사하고 있다.

[표 13.8.5] 거스트 응답보정계수

요소	ν_2	ν_4		
	전체풍향	경사풍		직각풍
		교축	교축직각	교축직각
주형	1.20	1.25	1.10	1.40
주탑		1.30	1.10	1.30

[3] 직각방향풍력에 대한 주형의 내풍안정성

기본구조계에 관한 문제로 직접관계하지는 않지만, 사장교는 케이블들도 주하중을 부담하고 있기 때문에 주형의 강성이 일반적으로 낮고, 바람에 의한 휨이나 비틀림의 진동이 발생하기 쉽다는 것을 알고 있다. 본 교량은 트러스주형이므로 일반적으로는 내풍안정성이 양호하다고 하지만, 특히 휨의 와여진 및 비틀림의 플러터(Flutter)현상이 문제될 경우가 있다. 이 내풍안전성의 문제는 주구와 상판의 합성·비합성을 포함한 본 교량의 주형단면형식의 선정에 매우 큰 영향을 준다. 그러므로 여기서는 기본단면선정을 위해 풍동실험을 중심으로 다음과 같은 상항들을 검토하였다.

(1) 바람의 경사각

주형의 내풍안정성을 논할 경우에 바람의 경사각이 하나의 중요한 인자가 된다. 기본풍속 항에서 설명된 것과 같이 본 교량의 가설지점 부근에 관측철탑을 설치하고, 초음파풍속계(고도 OP+53m)에 의해 풍속을 관측한다. 이 관측에 의해 풍향풍속에 더한 바람의 경사각의 측정을 하고 있지만, 계측기의 특성에 의한 측정오차가 보이므로 측정 데이터로 공학적인 보정을 하였다. 그 결과 현지 바람에 의한 바람의 경사각의 한 예로 [그림 13.8.5]에 나타낸 것과 같은 데이터가 얻어졌다. 이것에 의해 가설지점 부근에서 바람의 경사각의 특성을 다음과 같이 말할 수 있다.

1. 전반적으로 불어치는 경향을 보이지만, 북풍에 비해 남풍이 강하게 불어친다.
2. 풍속 20m/sec 이상의 고풍속 영역에는 명확하게 불치는 경향은 볼 수 없고, 흐트러짐도 적다.
3. 풍속 10~20m/sec에 있어서는 경사각 α는 $+1° \sim +3°$ 정도이며, 평균적으로 $\overline{\alpha} = +2°$이다.

설계에 사용되는 바람의 경사각의 설계방법으로서는 혼사이공단 내진설계기준을 따르고, 바람의 지속시간 내에 대해 평균경사각과 변동경사각이 누그러져, 변동경사각은 지속시간 내의 30초간 이동평균 표준편차의 3배로 하였다. 본 교량에 대한 결과는 다음과 같다.

1. 풍속이 20m/sec 이하인 풍속영역에 대해서는 가설지점에서의 바람관측기록에 의해 평균경사각을 $\overline{\alpha} = +2°$로 하였다.
2. 변동경사각에 대해 바람관측기록에 의해 몇 개의 데이터에 대해 구한 경우에는 $±6°$로 되었다. 그러므로 풍속 20m/sec 이하의 풍속영역에 대해서는 불어치는 곳에 대해서는 안전 측을 목표로 $-6°$로 하였다.

3. 풍속 20m/sec 이상의 풍속영역에 대해서는 명확하게 불어치는 경향이 보이지 않으므로 풍속 50m/sec에 있어서 혼사이기준인 형태로 하였다.

따라서 설계에 사용되는 속도와 바람의 경사각의 관계는 [그림 13.8.6]과 같다.

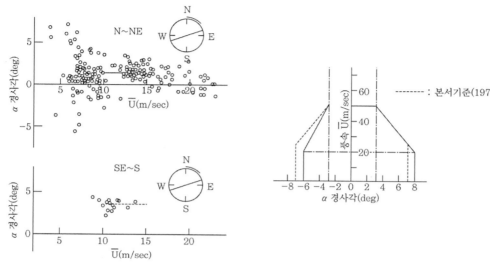

[그림 13.8.5] 풍향별 경사각(보정 후) [그림 13.8.6] 설계에 사용되는 풍속과 바람의 경사각

(2) 풍동실험보고

주로 현수교의 트러스 보강형을 대상으로 수행한 몇 가지 풍동실험보고서에 의하면, 주형의 내풍 안정성에 관해 정성적으로 다음과 같다([그림 13.8.7]).

1. 트러스 충실률 ϕ가 $\phi==45\sim50\%$ 정도 이상으로 되면, 내풍안정성이 좋지 않다.
2. 현재에 따라서 교량상면까지의 높이와 현재높이의 비 h/d가 교량상면과 현재상면을 일치시켜 $h/d=0$일 때에 제일 내풍안정성이 좋고, $h/d>1$ 혹은 $h/d<0$으로 되면 입사각에 대한 비틀림 플러터에 한계풍속이 저하하기 쉽다.
3. 교량상면과 주구 중심간격의 비 b/B가 $b/B\leq0.8$이면 자려진동에 대해 양호한 내풍안정성을 나타낸다.

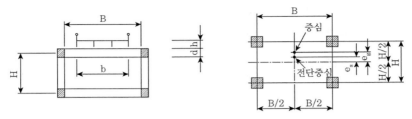

[그림 13.8.7] 트러스 형식 사장교의 내풍안정성에 영향을 미치는 계수

(3) 풍동실험

위와 같은 기존의 풍동실험 예를 참고로 내풍안정성이 양호할 뿐만 아니라, 경제성, 경관면 및 구조역학적 합리성 등을 위주로 하여 3단면을 대상으로 풍동실험을 수행하여 내풍안정성을 조사하였다. 실험은 2차원 부분모형(축척 : 1/27.8, 6–파넬)에 따라 수행하였다. 기본단면의 제원은 [표 13.8.6]과 같고, 시험내용은 [표 13.8.7]과 같다.

[표 13.8.6] 기본단면의 제원

기본단면		B (m)	H (m)	e_s (m)	e_g (m)	질량 m (t·sec²/m) /m	관성모멘트 m_p (t·m· sec²)/m	단면2차 모멘트 I (m)	비틀림 정수 J (m⁴)	고유진동수(H_z)		충실률 ϕ
										처짐 f_η	비틈 f_ϕ	
A	합성	16.0	9.0	0.6	0.397	2.385	122.8	20.16	15.87	0.420	1.126	0.408
B_1	비합성	16.0	9.0	0.0	1.110	2.619	142.1	10.81	5.01	0.363	0.703	0.516
B_2	비합성	16.0	9.0	0.0	1.094	2.656	170.3	10.81	6.09	0.361	0.716	0.516

[표 13.8.7] 시험내용

모델	A		B_1	B_2
시험풍	한 방향 흐름	변동흐름	한 방향 흐름	한 방향 흐름
비틀림 지지시험	○	○	○	○
3분력시험	○	–	○	–

실험결과는 [표 13.8.8]에 나타나 있으며, 이것을 총괄하면 다음과 같다.

① 합성(안)에 대해

• 일반적 흐름에 있어서는 실제교량에 풍속 11m/sec, 입사각 −5°에 실제교량 환산진폭에서 13cm

인 휨의 와려진이 생긴다.

- 변동 흐름에 있어서는 앞의 와려진은 소멸되고, 실제교량에 풍속 30m/sec에서 실제교량 환산진폭에서 6cm, 또한 60m/sec에서 약 28cm의 버페팅 진동이 생긴다. 그렇지만 와려진, 버페팅 진동의 진폭에 대해 부재의 피로를 고려해 허용진폭을 설정하였지만, 이 허용진폭 내에 있다.
- 비틀림 플러터는 생기지 않는다.

② 비합성(안)에 대해

- 휨의 와려진은 충실률 ϕ가 비교적 높은데도 불구하고 생기지 않았다.
- 플러터에 대해서는 도로폭에 대해 주구 중심 간격을 어느 정도 넓히면 문제는 없다.

그러므로 합성안과 비합성안은 대체적으로 문제가 없다는 것을 알 수 있었다. 다만 합성안은 3분력 시험결과에 대한 양력 곡선구배 $dC_L/d\alpha$가 일반 교량에 비해 매우 크고, 또한 변동바람의 특성과 일치하지 않으므로 자연풍의 버페팅 진동이 문제시된다는 것을 충분히 고려하여야 한다. 따라서 이 문제에 대해서는 다시 검토하여야 한다.

[표 13.8.8] 실험결과

모델		주구중심 간격	시험풍	풍향	처짐 와여진			비틀림 플러터	버페팅
					배 진폭 (m)	발진풍속 (m/sec)	양각(도)		
합성안	A	16m	한 방향 흐름	북풍	12.8	11	−5	문제없음	−
				남풍	12.8	11	−5	〃	
			변동풍	북풍	○	−	−	〃	검토 중
비합성안	B_1	16m	한 방향 흐름	북풍	○	−	−	진동발산	−
	B_2	16m	한 방향 흐름	북풍	○	−	−	문제없음	−
				남풍	○	−	−	〃	

[4] 정리

본 절에서 케이블 형상을 하프로 한 올−프리 구조계인 사장교의 내풍설계에 대해 여러 가지 검토를 수행한 결과 가능함을 알 수 있었다. 기본설계에서 올−프리 구조계의 사장교를 검토하고 평가한 교량은 이것이 처음이며, 실제 올−프리 구조계의 사장교가 완성되었을 때의 응답측정이 중요하다.

참고문헌

1) 岡內, 伊藤, 宮田 (1977). 耐風構造, 丸善.

2) 本州四國連絡橋公團 (1976.3). 耐風設計基準·同解説.

3) 成田, 佐藤 (1980). 補剛Trussを有する吊構造の耐風性に及ぼす橋床の影響について, 風工學シンポウム.

4) 阪神高速道路公團, 防災研究協會 (1983.3). 大阪灣岸地域の自然風の解析および橋梁の耐風應答に關する調査研究.

5) 河井, 北澤, 塚原, 吉田 (1985.7). 基本構造系を All-Freeとする長大斜張橋の設計基本檢討 (下), 橋梁と基礎, pp.34~38.

6) Allan Larsen (ed.) (1992.2). *Aerodynamics of Large Bridges*, Proc. of the 1st Int. Symposium on Aerodynamics of Large Bridges, Copenhagen, Denmark.

13.8.2 트러스보강 현수교[4]

[1] 개요

초장대 지간을 갖는 명석해협대교가 건설되었다. 그 내풍성에 관계된 제 문제를 검토할 때에 내풍 플러터(Flutter)에 관한 검토가 제일 중요하다는 것은 말할 나위도 없다.[1] 종래 장대현수교의 내풍 플러터에 관한 검토 및 판정은 부분모형을 사용한 풍동실험에 의해, 또한 휨-비틀림 플러터형의 플러터발생이 예측되는 경우에는 평판날개에 작용하는 비정상공기력을 기본으로 한 휨-비틀림 해석 결과(이른바 U-g법, 혹은 Selberg에 의한 간이식[2]을 따름)를 참고로 하여 수행하였다. 그런데 플러 터 발생 시에는 그 발생풍속에 따라 풍하중이 작용하여, 현수교구조계는 상당한 크기의 변형을 동반 하게 된다. 이와 같은 풍하중에 의한 횡방향 변형에 대한 플러터 특성에 대해서 현재까지 해석적으로 검토한 예는 없다. 본 절에서는 평판날개에 작용하는 비정상공기력을 기본으로 한 휨-비틀림 플러터 해석법을 풍하중에 의해 횡변위를 받는 현수교구조계에 적용하고, 이와 같은 상태에서 휨-비틀림 플러터 해석을 수행하여 그 특성에 대해 검토하였다.

현수교의 보강형이 전체적으로 편평한 평판형태일 때, 연직변위와 비틀림이 연성(coupling)된 휨- 비틀림 플러터가 발생할 가능성이 있다는 것은 잘 알려져 있다(이 진동은 Old Tacoma Narrows교의 붕괴사고의 직접적인 원인이 되었음). 이러한 점에서 연직변위와 비틀림의 고유진동해석 결과를 기본 으로 하여 휨-비틀림 플러터해석을 수행하여 판단자료로 이용되고 있다.

현수교에 관한 휨-비틀림 플러터해석법은 Bleich 등[3]에 의해 발표된 병진·회전의 연성진동

(coupling vibration)을 하는 2차원 강체날개에 관한 비정상공기력을 현수교구조에 적용한 것이다. 이 방법은 편평한 단면인 들보구조계라면 어떤 경우에도 적용된다. 기본적으로 진동모드해석법을 따른다. 이것은 최저 플러터 풍속으로 휨-비틀림 연성 플러터가 발생할 때의 진동모드형의 각 성분은 휨-비틀림 각각 최저 차수의 고유진동모드형에 근사하게 되며, 더구나 그것들의 형상도 서로 잘 닮았다고 가정하고, 휨과 비틀림의 최저 차수만을 고려하고 있다. 흔히 이 해석에서 필요한 휨과 비틀림의 최저 차수의 고유진동수 f_1와 f_2 및 진동모드형 ϕ_1과 ϕ_2로는(첨자 1은 휨을, 2는 비틀림을 나타낸다), 이른바 종래 에너지법으로 각각 개별로 적용하여 구한다. 따라서 이 방법은 근사해법이므로 필요한 플러터 풍속의 추정정도, 대상 구조계의 동적특성이 복잡함으로 적용범위를 음미할 필요가 있다. 이 방법이 개발된 시점(1950년경)을 볼 때, 에너지법에 의한 근사계산이 어쩔 수 없었다고 할 수 있다. 그러나 이 방법을 장대 현수교에 적용할 때, 휨-비틀림 각각 최저 차수의 진동모드형이 유사하지 않는 경우가 있고, 입체골조해석모델 등을 사용함으로서 휨과 비틀림이 동시에 포함된 전체적인 고유치해석을 수행하여 명확히 휨과 비틀림 모드 간에 구조적 연성특성(coupling charac-teristics)이 존재하는 경우에는 불합리하다.

첫째로 예를 들어 중앙지간의 진동모드형이 한쪽은 대칭이지만, 다른 한쪽은 역대칭 1차가 최저 차수가 되는 경우일 때는 휨과 비틀림이 헛되게 연성하는 특징을 나타내는 연성항에 대해 양자의 진동모드형에서 적의 정적분이 대개 0(Zero)으로 되어 연성진동은 일어나지 않는다는 것이다. 즉,

$$D = \int_L \phi_1(X)\phi_2(X)dx \fallingdotseq 0$$

이 예는 어디까지나 최저 차수의 모드형을 기계적으로 짜 맞추는 결과이며, Bleich 등의 해석의 전제조건인 휨과 비틀림의 진동모드형이 동시에 유사하다는 조건을 위반하고 있다. 따라서 휨과 비틀림의 진동모드형이 동시에 유사한 대칭형 또는 역대칭형의 조합은, 즉 위에 기술한 D가 1에 근접하는 조합인 경우의 설정이 필요하다. 휨과 비틀림의 진동모드형이 완전히 일치하여 $D=1$이 될 때(이 때, 진동모드형이 $\phi_1 = \phi_2 = 1$인 휨과 비틀림 2자유도 강체계로 등가하게 된다), 휨-비틀림 플러터의 한계풍속의 간이식이다. 이것이 'Selberg에 의한 간이식'으로 그의 식은 아니다.

두 번째 문제점인 휨과 비틀림 모드 간에 구조적 연성성이 존재하는 경우에도 Bleich 등의 방법에는 적절한 대처가 불가능하게 된다. 장대 현수교에서 연직변위 고유진동과 그 외의 변위모드와의 연성은 대체로 없지만, 비틀림 고유진동과 보강형의 횡변위, 케이블의 연직과 횡변위의 연성이 특히 대칭모드에서 현저하다.

[2] 입체뼈대의 플러터해석

(1) 해석이론(속도를 변수로 하는 복소고유치 해석)

위에서 기술한 문제점에 대처하기 위해, 보다 처짐이 큰 초장대 지간 현수교의 플러터특성을 파악하기 위해서, Bleich 등의 방법을 확장하고, 여러 가지 영향도 조사를 가능케 하는 방법의 전개가 필요하다고 판단된다. 그러므로 구조물의 입체뼈대해석법을 사용하여 Bleich 등과 같은 플러터해석을 수행하는 것이 적절하다고 생각한다.

구체적인 해석으로는 1) 기본적으로 평판날개에 작용하는 비정상 양력 및 모멘트, 보강형의 연직변위 및 비틀림 진동에 따른 비정상 양력·모멘트를 사용한다, 2) 보강형의 횡변위 진동에 따른 비정상 항력, 그리고 케이블의 연직변위와 횡변위 진동에 따른 비정상 양력·항력을 준정상으로 한다, 3) 실제교량의 보강형단면의 공력특성을 고려한 것으로, 그 정적 3분력특성에 따라 평판날개의 비정상 양력·모멘트를 보정한 경우와 비교한다. 그리고 4) 정적풍하중을 재하한 상태에 발생하는 정적 횡변위를 고려하는 것으로 하였다.

이것에 따라 종래 방법이 갖고 있는 문제점, 그리고 해결해야 할 문제점 중에는 1) 플러터 진동모드형과 무풍 시 고유진동모드형의 관계, 2) 현수교계의 복잡한 진동특성, 특히 주형의 비틀림 진동이 탁월할 때의 케이블과 주형의 횡변위 진동의 연성효과, 3) 보강형의 횡변위, 케이블의 연직과 횡변위 연성진동에 따른 비정상 항·력의 효과, 4) 풍하중에 의한 정적 횡변위의 영향에 대해 조사하는 것이다. 해석상 주요 포인트의 대체적 내용을 종래 방법과 비교해 나타내면 [표 13.8.9]와 같다.

[표 13.8.9] 플러터해석의 종래방법과 비교

고유진동해석		고려한 공기력모멘트	플러터-고유치해석
현수교 구조계	에너지법	• 주형에 평판날개 비정상공기력(양력, 공력모멘트)	연직변위, 비틀림 고유모드를 조합한 종래의 방법 (U-g법, Selberg 공식)
	입체뼈대 해석법 • 무풍 시 강성매트릭스 K • 횡변위변형을 고려한 강성매트릭스 K^o	• 주형의 연직 휨, 비틀림 이외 자유도의 부가공기력 • 진동 등을 반영한 공기력	입체뼈대 플러터해석법 〈본 해석법〉

본 플러터 해석에는 평판공기력과 여러 가지의 연성진동에 따르는 비정상공기력을 가정할 필요가 있으므로, 다음과 같은 것들을 사용하는 것으로 하였다. 보강형에 작용하는 비정상 양력 L_S와 모멘트 M_S는 연직변위진동 u_S(하향을 정[+]), 비틀림 진동 ϕ_S, (정점[Crown]을 정[+])에 대해서 평판

날개이론을 따르면 다음과 같이 된다.

$$\downarrow \ L_S = -\pi\rho b^2(\ddot{u}_S + U\dot{\phi}_S) - 2\pi\rho U b C(k)(\dot{u}_S + U\phi_S + \frac{b}{2}\dot{\phi}_S) \tag{13.8.11}$$

$$\curvearrowright M_s = \pi\rho b^3(-\frac{b}{2}\dot{\phi}_S - \frac{b}{8}\ddot{\phi}_S) + 2\pi\rho U b^2 \cdot \frac{1}{2}C(k)(\dot{u}_S + U\phi_S + \frac{b}{2}\dot{\phi}_S) \tag{13.8.12}$$

여기서, b는 평판날개폭의 1/2, $C(\mathrm{k})(=F+iG)$는 함수, $k=\omega b/U$는 환산진동수, U는 풍속, ρ는 공기밀도이다. 진동연성에 따른 보강형의 연직변위와 비틀림 이외 성분의 비정상 공기력은 준정상적인 공기력을 주형 및 케이블에 대해 다음과 같이 적합하도록 하였다. 보강형의 평균흐름방향의 횡변위 진동 v_S에 의해 발생하는 비정상 항력 P_S에 대해서는 상대속도 $U_r=(U-\dot{v}_S)$에 의한 정적 항력에 대해 다음과 같이 된다.

$$\rightarrow P_S = -\rho h C_{DS} U \dot{v}_S \tag{13.8.13}$$

여기서, h는 보강형의 높이, C_{DS}는 항력계수이다. 같은 방법으로 케이블의 횡변위 진동 v_C에 의한 비정상 항력 P_C는 다음과 같이 된다.

$$\rightarrow P_C = -\rho d C_{DC} U \dot{v}_C \tag{13.8.14}$$

여기서, d는 케이블의 직경, C_{DC}는 항력계수이다. 케이블의 연직변위진동 u_C에 의한 비정상 양력 L_C에 대해서는 상대영각 $\left(\tan^{-1}\left(\frac{\dot{u}_C}{U}\right)\right)$, 그리고 상대속도 $U_r=(U-\dot{v}_S)$에 의한 정적 양력에 대해서 다음과 같이 된다.

$$\downarrow L_C = -(\frac{1}{2})\rho d C_{DC} U \dot{u}_C \tag{13.8.15}$$

위의 식 (13.8.11)~(13.8.15)에 의한 성분의 비정상 공기력이 현수교계에 작용하는 것으로 하였다. 현수교계의 변위벡터 u에 대해서는 보강형의 연직변위 u_S, 횡변위 v_S, 비틀림 ϕ_S, 그리고 케이블의 연직변위 u_C, 횡변위 v_C을 다음과 같이 나타낼 수 있다.

$$u = \{u_S,\ \phi_S,\ v_S,\ u_C,\ v_C\}^T \tag{13.8.16}$$

해석의 기본방정식은 일반적으로 다음과 같이 나타낼 수 있다.

$$M\ddot{u} + C\dot{u} + Ku = F_D u + F_U \dot{u} + F_A \ddot{u} \tag{13.8.17}$$

여기서 계수매트릭스 F_D, F_U, F_A는 비정상 공기력의 변위, 속도, 가속도비례성분을 나타낸다. 각 '비정상 공기력매트릭스'를 식 (13.8.11)~(13.8.15)에 따라 고쳐 쓰면, 식 (13.8.16)의 변위벡터에 대해 다음과 같이 된다.

$$F_D = 2\pi\rho U^2 b \begin{bmatrix} 0 & -C(k) & \vdots & 0 \\ 0 & (b/2)C(k) & \vdots & 0 \\ \cdots & \cdots & & \cdots \\ 0 & 0 & \vdots & 0 \end{bmatrix} \tag{13.8.18}$$

$$F_U = \rho U \begin{bmatrix} -2\pi b C(k) & -\pi b^2[1+C(k)] & & & \\ \pi b^2 C(k) & -(\pi/2)b^3[1-C(k)] & & 0 & \\ & & -hC_{DS} & & \\ & 0 & & -(1/2)dC_{DC} & \\ & & & & -dC_{DC} \end{bmatrix} \tag{13.8.18-1}$$

$$F_A = \pi\rho b^2 \begin{bmatrix} -1 & 0 & \vdots & 0 \\ 0 & -b^2/8 & \vdots & 0 \\ \cdots & \cdots & & \\ 0 & 0 & & 0 \end{bmatrix} \tag{13.8.18-2}$$

식 (13.8.17)의 우변을 좌변으로 이항하면 제차식이 얻어진다. 이 제차식은 비정상 공기력을 포함한 복소수방정식이며, '계수매트릭스'는 풍속 U, 환산진동수 k의 함수로 되어 있다. 따라서 기본적으로 이 제차식에 대해 복소 고유치해석을 수행하여, 플러터한계풍속, 플러터진동수 및 플러터진동형을 구하면 충분하다.

(2) 해석방법

전항의 재차식의 '계수매트릭스'는 환산진동수 $k(=\omega b/U)$와 풍속 U의 복소함수매트릭스이다. 그러므로 복소고유치해석에 대해서는 k와 U를 가정하여야 되지만, 이것은 결국 진동수 ω를 가정하는 것이며, 복소고유치해석으로 구해진 진동수간의 수렴계산을 하여야 만 된다. 이것은 매우 번잡한 계산이 된다. 그러므로 본 해석에서는 식 (13.8.17)의 우변의 공기력항을 별도의 표현으로 나타내어야 한다.

원래 평판날개에 관한 비정상공기력은 병진과 회전의 조화진동을 나타내는 상태이므로, 플러터해석(공기력을 포함한 고유치해석)도 조화진동상태를 전제로 한다. 따라서 다음과 같은 조화진동을 전제로 식 (13.8.17)의 우변을 변형하여도 큰 차이가 없다고 생각된다.

$$u = u_0 \cdot e^{(i\omega t)} \tag{13.8.19}$$

구체적으로 $u = -\ddot{u}/\omega^2$, $u = -i\,\dot{u}/\omega$ 및 $k = \omega b/U$의 관계를 사용하여 비정상공기력의 3성분을 가속도 $\ddot{u}$만에 비례하는 형태로 집약된다. 즉, 다음과 같이 나타낼 수 있다.

$$F_D u + F_U \dot{u} + F_A \ddot{u} = F\ddot{u} \tag{13.8.19-1}$$

여기서,

$$F = \begin{bmatrix} -\pi\rho b^2 L_u & -\pi\rho b^3 L_\phi & 0 & 0 & 0 \\ -\pi\rho b^3 M_u & -\pi\rho b^4 M_\phi & 0 & 0 & 0 \\ 0 & 0 & -\rho bhi\,C_{DS}/k & 0 & 0 \\ 0 & 0 & 0 & (1/2)\rho bdi\,C_{DC}/k & 0 \\ 0 & 0 & 0 & 0 & \rho bdi\,C_{DC}/k \end{bmatrix} \tag{13.8.19-2}$$

$$\ddot{u} = \left\{ \ddot{u}_S,\ \ddot{\phi}_S,\ \ddot{v}_S,\ \ddot{u}_C,\ \ddot{v}_C \right\}^T \tag{13.8.19-3}$$

이 결과 계수 L_u, L_ϕ, M_u, M_ϕ 및 매트릭스 F는 환산진동수 k만의 복소함수로 된다. 그러므로 식 (13.8.19)의 공기력을 사용해 복소 고유치해석을 수행할 때, 환산진동수 k만을 가정하면 된다. 다만 휨-비틀림 플러터해석에 대해서는 구조감쇠의 영향은 작다는 것을 알고 있고, 이 효과의 보정도 비교적 간단히 얻을 수 있으므로, 구조감쇠항은 생략하여도 별문제는 없다. 결국 운동방정식은 다음과 같이 된다.

$$(M - F)\ddot{u} + Ku = 0 \tag{13.8.20}$$

환산진동수 k를 가정하여 식 (13.8.20)에 대해 복소 고유치해석을 하면, 복소진동수 $\omega = \omega_R + i \cdot \omega_I$와 복소 진동모드벡터 $\Phi = \Phi_R + i \cdot \Phi_I$ 가 구해진다.

이 결과 플러터의 발생을 복소진동수의 허수부가 $\omega_I = 0$으로 되어, 진동응답벡터가 발산도 감쇠도 하지 않는 상태가 유지되는 한계풍속 U_F이상으로 발생한다고 생각하고, ω_I의 정·부$(+\cdot-)$를 나눈 한계상태의 최소치 및 그 때의 진동수 ω_R와 복소 진동모드벡터 Φ를 정하면, 플러터풍속, 플러터진동수 및 플러터 진동모드형을 구할 수 있다.

플러터 진동모드형에 대해서는 $\omega_I = 0$, $\omega_R = \omega_F$로 하면, 변위 u_j성분은 다음과 같이 된다.

$$\begin{aligned} u_j &= u_0 (\Phi_{Rj} + i\Phi_{Ij}) \cdot e^{(i\omega_F t)} \\ &= u_0 \sqrt{\Phi_{Rj}^2 + \Phi_{Ij}^2} \cdot \cos(\omega_F\ t + \theta_j) \end{aligned} \tag{13.8.21}$$

여기서 위상 $\theta_j = \tan^{-1}(\Phi_{Ij}/\Phi_{Rj})$이 존재하고, 각 변위성분에 의해 다른 것이 특징적이다.

[3] 횡변위를 무시한 해석

(1) 해석 예의 구조제원과 고유진동의 특성

본 해석법을 적용할 예제로는 2,000m급 트러스 보강형을 갖는 현수교를 대상으로 하였다. 해석으로는 보강형의 단면형상은 평판날개로 하였지만, 구조제원과 정적 3분력 특성에는 트러스형의 값을 부여시켰다. 사용된 구조제원은 [표 13.8.10]과 같다.

[표 13.8.10]의 구조제원을 사용하여 입체뼈대모델에 의한 고유진동해석(무풍시)을 수행하면 다음과 같은 결과가 얻어진다.

[그림 13.8.8]에 진동모드형 및 고유진동수를 나타내었다. 연직변위와 비틀림의 최저 차수의 고유진동수는 대칭형으로 되었다. 비틀림에 관한 에너지법을 사용해 고유진동해석을 했을 때에 구해진 최저 차수의 대칭형은 T_2가 같다. 이것들의 진동모드형의 고유진동수를 종래방법의 Selberg식에

의한 플러터 해석을 사용해본 입체 플러터 해석의 결과와 비교한 것이다.

(2) 해석결과

1) 평판날개의 비정상 양력·모멘트만을 고려한 경우

해석으로는 환산진동수 $k(= \omega_R b / U)$를 파라메타로 복소 고유치해석을 수행하였고, 구해진 복소 진동수의 실수부(f_R)의 작은 순으로 복소평면 $(f_R - f_I)$에 플롯하면, 비틀림 진동을 따른 모드의 경우에 대해서는 실수부(f_R), 허수부(f_I)가 동시에 비교적 크게 변화하고, 일반적으로 좌회하는 궤적 이 그려진다. 이와 같은 풍속의 변화에 따라서 궤적을 그리는 각 진동모드의 그래프를 분지(分枝)라고 한다.

[표 13.8.10] 적용 예의 구조제원(계속)

지간분할(m)	케이블	950m+2,000m+950m
	보강형	
Sag 비		1/8.5
케이블	본수	4
	단면적(m²)	0.4419/본
	중심 간격(m)	38.5
형고(m)		14
형폭(m)		35.5
주형강성(tf·m²/Br)	연직–휨강성	5.75×10^8
	횡–휨강성	3.54×10^9
	비틀림–강성	1.67×10^8
고정하중(t/m/Br)	행거구조부분	27.44
	케이블	15.89
	합계	43.33
극관성 모멘트(ts²/Br)	행거구조부분	535
	케이블	601
	합계	1136
주탑 상단 스프링 정수	교축방향(t/m)	3.33×10^2
	교축직각방향(t/m)	6.12×10^3
	비틀림(t·m/rad)	2.52×10^6

[표 13.8.10] 적용 예의 구조제원

3분력 특성	주형	항력계수	2.03
		투영면적(m^2/m)	6.823
		양력	C_L=0.1
		모멘트	C_M=0.0043
	케이블	항력계수	0.1
		투영면적(m²/m)	0.839

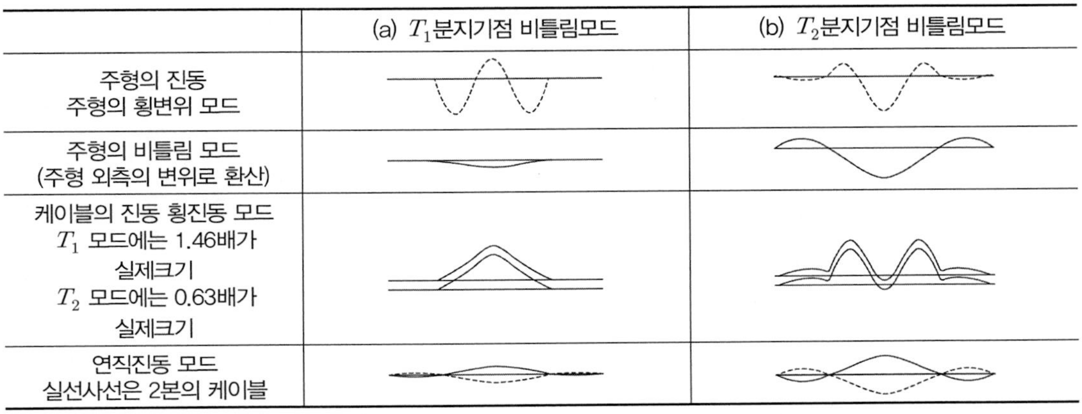

	(a) T_1분지기점 비틀림모드	(b) T_2분지기점 비틀림모드
주형의 진동 주형의 횡변위 모드		
주형의 비틀림 모드 (주형 외측의 변위로 환산)		
케이블의 진동 횡진동 모드 T_1 모드에는 1.46배가 실제크기 T_2 모드에는 0.63배가 실제크기		
연직진동 모드 실선사선은 2본의 케이블		

[그림 13.8.8] 비틀림 일반 모드의 2가지 예

복소 고유진동수의 실수부(f_R), 허수부(f_I)의 풍속에 대한 변화하는 상황을 나타내면 각각 [그림 13.8.9], [그림 13.8.10]과 같다. 각 풍속마다의 공력감쇠효과를 나타낸다고 생각하는 허수부(f_I)의 변화를 볼 때, 특히 비틀림 진동을 따라 각 분지마다의 풍속의 증대와 동시에 초기에는 정(+)측으로 증가하지만, 얼마 안가서 감소하고, 부(−)측으로 돌아서 증대하는 패턴이 일반적이다. 곧 비틀림 진동을 따라 진동모드 분지에 있어서 어떤 풍속을 경계로 하여 공력감쇠가 정(+)에서 부(−)로 돌아가는 특징을 명확히 확인할 수 있다. 결국 허수부가 0으로 되는 풍속으로 조화진동을 유지하며, 각 모드에 응해 플러터발생의 한계가 끝나는 것으로 생각된다. 따라서 이와 같은 비틀림 진동을 따라 각 진동모드 분지마다 정해지는 한계속도 중, 제일 낮은 풍속이 구하여야 할 휨−비틀림 플러터풍속 U_F이며, 이 진동모드가 플러터모드로 된다고 보는 것이다. 또한 [그림 13.8.9]에서 같은 진동모드 분지의 한계풍속으로 대응할 실수부를 읽으면, 플러터진동수가 정해지는 것이다.

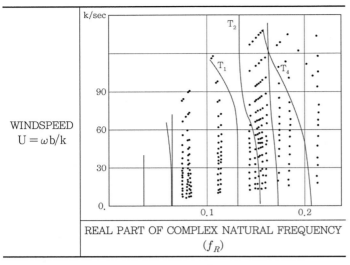

기호
실선 : 분지
점 : 비틀림을 포함한 해석점

• 기호를 부여한 분지는 연직변위, 없는 것은 횡변위
• 분지는 그림 중에서 해석점의 중간에 서 진동 모드와 고유진동수의 변화로 연결되어 있다.

[그림 13.8.9] 복소 고유진동수의 $U-f_R$ 관계도

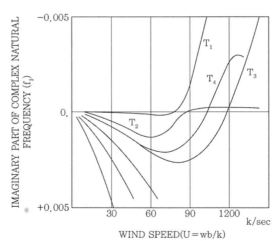

(· 기호가 없는 분지는 연직변위, 또는 횡변위)

[그림 13.8.10] 복소 고유진동수의 $U-f_I$ 관계도

비틀림 진동을 따라 각 진동모드 분지마다 정해지는 한계풍속을 [그림 13.8.10]에서 읽으면 [표 13.8.11]과 같이 된다. 여기서 사용한 기호 T_1, $T_2 \cdots$는 무풍 시의 고유진동해석결과에 대해 비틀림 진동을 따라 저차 차수의 대칭 또는 역대칭 진동모드를 구분하기 위한 것이다. 이들의 진동모드를 기점으로 하여 풍속의 증대와 동시에 비정상 공기력의 작용에 따라, 진동수 및 진동모드형이 변화하

지만, 이들의 변화는 전후의 관계를 고려해서 연결되고 있다. 더구나 풍속의 변화에 따라 그래프 간의 관계는 종래의 플러터해석법에 대한 플러터진동형이 무풍 시의 고유진동형과 불변하다는 가정에 대비시키기 위해 편의적으로 나타낸 것이다.

[표 13.8.11] 본 해석법과 Selberg식의 평가

기점(무풍 시) 진동모드	본 해석법에 의한 추정치		Selberg식에 의한 추정치
	구조감쇠무시	구조감쇠고려($\delta = 0.02$)	
T_1(대칭 1차)	79.2m/sec	82.5m/sec	61.0m/sec(B_1)
T_2(대칭 1차)	85.7m/sec	발생 없음	74.0m/sec(B_1)
T_6(역대칭 1차)	103.4m/sec	107.0m/sec	103.9m/sec(B_2)
T_7(역대칭 1차)	119.3m/sec	123.0m/sec	120.6m/sec(B_2)

[표 13.8.11]에는 각 분지의 기점으로 무풍 시의 고유진동해석결과의 대칭 T_1, T_2, 역대칭 T_6, T_7모드형(어느 것도 보강형에 대해서는 1차 모드형으로 간주한 것)에 대응하는 Selberg식에 의해 플러터풍속의 계산치를 나타내었다. 이때 사용한 연직변위 진동모드형은 각각 대칭 1차 B_1, 역대칭 1차 B_2 모드형으로 하였다. 또한 구조감쇠의 효과를 조사한 결과에 대해서도 같이 나타내었다. [그림 13.8.10]의 허수부 f_I치를 공력감쇠계수 $g_a = 2f_I/|f|$으로 변환하고, 그 다음에 구조감쇠(대수감쇠율 $\delta = 0.02$)에 대한 효과의 기여부분을 횡좌표 축을 숏트시켜 다시 한계풍속을 읽어서 구한다. 공력감쇠계수의 풍속에 따라 변화가 급격히 일어날 경우에는 구조감쇠의 효과는 작지만, T_2분지에는 플러터의 발생이 없어지는 결과로 되어 있다.

어느 곳이나 이 트러스형에 대해서는 본 해석법에 의한 플러터한계풍속은 대칭형의 T_1분지에 의해 주어진다. T_2분지로는 약간의 구조감쇠의 존재에 의해서는 발생하지 않고, 역대칭형의 분지에서는 매우 높다는 것을 알 수 있다. 이것들의 본 해석법에 의한 결과에 대응하는 종래의 Selberg식에 의한 계산치는 역대칭형으로는 대체로 일치하는데 대해, 대칭형으로는 매우 낮게 구해진다. 이 차이는 비틀림과 연직변위의 역대칭형의 고유진동모드형에는 다른 변위자유도와의 구조적인 연성성이 작지만, 플러터 진동모드형에 대해서도 같은 모양이고, 한편, 비틀림의 대칭형의 고유 진동모드형에는 주형, 그리고 케이블의 횡변위가 크게 연성하고, 더구나 이 연성성이 풍속의 증대와 동시에 변화하는 특성이 있는 것에는 강하게 관계하는 것으로 생각된다. 종래의 Selberg 등에 의해 현수교의 휨-비틀림 플러터해석에 대해 앞에서 기술한 대전제를 따르는 한, 위에서 설명한 역대칭형모드의 한계풍속

이 대체적으로 동일하게 구해지는 것은 당연하다. 한편으로 대칭형모드에 대해서는 본래 Selberg 등의 대전제가 성립되지 않으므로 양자가 일치하지 않는 것도 당연하다고 생각된다. 그렇다면, 본 해석법에 의한 대칭형모드 분지 값이 높게 정해지는 것은 휨-비틀림 연성플러터의 발생이 구조계의 관성력, 탄성력과 작용하는 비정상 공기력과의 복잡한 상관관계의 결과에 기인함으로 대칭형모드에 대해 강한 구조적 연성성의 존재, 그리고 풍속에 따른 그 연성성의 변화가 구조특성에 따라 플러터한 계풍속의 증대 또는 저하를 초래하고 있는 것으로, 그 원인규명은 명확하지 않다. 플러터 발생시의 복소 (고유)진동모드형 T_1 및 T_2 분지에 따라 단순히 형상의 차이로 이 원인을 찾기는 어렵다. 정성 적으로 횡변위가 크게 연성함으로 인해 외관의 극관성모멘트의 증대라든가, 연성변위모드간, 그리고 교축방향에 존재하는 위상차(그 크기 및 시간에 따른 변화율)가 관계되어 있기 때문이라고 생각한다. 본 해석법과 Selberg식에 의한 값이 같아지는 역대칭형 모드 분지에 대한 비틀림과 연직변위의 위상 차가 비교적 작고, 교축방향의 분포에 대한 변화도 작은데 대해, 대칭형 모드분지에 대한 위상차는 매우 크고, 그러나 교축방향의 분지에 대한 변화도 큰 것이 특징이다. 이 점이 대칭형 모드분지의 한계풍속의 산정치를 종래 방법에 의한 값보다 크게 한 하나의 원인이라 생각한다.

여기서 대상으로 한 트러스형의 최소한계풍속은 T_1 모드 분지에 의해 주어지지만, 먼저 나타낸 무풍시의 고유진동해석결과로 본 것 같이, 이 T_1 모드는 주형의 비틀림 진동이 탁월하다는 것보다도 케이블의 횡변위가 크게 나타나 약간 주형이 비틀린다는 모드형을 만들고 있다. 입체뼈대해석법을 사용하지 않고, 비틀림에 관계한 평면고유진동해석을 하면, 이 T_1 모드는 존재하지 않고, 최저 차수 의 진동모드로서는 T_2 모드에 상당하는 것으로 산출된다. 본 해석법에 의해 처음 T_1 모드분지의 플러터한계풍속이 얻어지고, 일반적 비틀림 고유진동해석결과를 사용해 Bleich 등 또는 Selberg식 에 의한 플러터해석방법으로는 최소한계풍속은 무시된다는 것이다.

2) 주형, 케이블의 준정상 항력(양력)을 추가로 고려한 경우

주형에 작용하는 평판날개의 비정상 양력과 모멘트에 추가로 주형과 케이블의 횡변위 진동에 따른 항력, 그리고 케이블의 연직변위 진동에 따른 양력을 준정상적으로 나타낸 것을 작용시켜 해석한 결과를 여기에 나타내었다. 이 해석은 대칭형 모드에 있어서 비틀림에 따른 주형, 케이블의 횡변위 진동의 연성을 확실히 알고 있지만, 이와 같은 연성진동에 따라 중첩되어 작용하는 부가 (비정상)공 기력의 효과를 고려하기 위한 것이다.

앞의 (1)에 기술한 주형의 비정상 양력, 모멘트만의 작용에 의한 플러터한계풍속이 부가공기력에 의해 어떻게 변화하는가를 조사하기 위해 파라메타의 변환진동수 k를 좁은 범위로 제안하여 해석하

였다. 그 결과 구한 풍속 U와 복소 진동수의 허수부 f_1의 관계도가 [그림 13.8.10]과 같은 모양으로 구해진다. 각 모드분지의 그래프화는 전항의 해석결과에 설명되어 있다. 각 모드분지에 대한 플러터 한계풍속을 읽어 [표 13.8.12]에 나타내었다. 예상대로 부가공기력에 따르는 정(+) 감쇠효과를 위해 플러터한계풍속이, 특히 대칭형 모드분지에 대해서, 증대하는 것으로 되었다. 이것은 대칭형 모드에 있어서는 주형, 케이블의 연성 횡변위 진동이 크기 때문에 효과가 크게 되고, 한편 연성이 대체적으로 미미한 역대칭 모드에 대한 증대는 미미하다는 것을 나타내고 있다. 그리고 대칭형도 T_2 모드분지로 는 전항에서 미미한 구조감쇠에 의해서도 플러터의 발생이 없어진다는 것을 보더라도 부가공기력에 의해 상식적인 풍속범위로는 발생하지 않는다.

[표 13.8.12] 부가공기력과 한계풍속

기점(무풍 시) 진동모드	부가공기력을 무시한 경우	부가공기력을 고려한 경우
T_1(대칭 1차)	79.2m/sec(0.126Hz)	86.5m/sec(0.129Hz)
T_2(대칭 1차)	85.7m/sec	발생 없음
T_6(역대칭 1차)	103.4m/sec	105.8m/sec
T_7(역대칭 1차)	119.3m/sec	120.0m/sec

[4] 횡변위를 고려한 해석

(1) 횡변위를 고려한 플러터 해석

횡변위를 고려한 해석의 기본은 [2]에 기술한 이론과 같다. 즉, 식 (13.8.17)에서 '강성매트릭스 K' 대신에 변형 후 '강성매트릭스 K°'를 사용해 입체뼈대 플러터해석을 수행한다. 그러나 구체적인 계산에 있어서 변형후의 '강성매트릭스 K°'는 풍속의 제곱 U^2에 비례하는 풍하중에 의한 변형과 부재력에 의해 결정하는 것으로 계수매트릭스를 환산진동수 k만의 함수로서 정식화하기에는 불편하다. 이하 해석에서는 풍하중에 의한 횡변위를 구하는 정적해석과 플러터해석을 나누어 해석하는 것으로 하였다. 즉, 먼저 플러터한계풍속을 가정하고, 이 풍속에 대한 정적해석을 수행한다. 그 다음에 이 결과에 의해 변형후의 '강성매트릭스 K°'를 정하고, 이것을 식 (13.8.20)에 대입하여 플러터해석 을 수행한다. 또한 구할 플러터한계풍속이 가정치와 차이가 나면, 다시 수렴계산을 반복하는 방법이 다. 또한 변형후의 '강성매트릭스 K°'가 정해지면, 변형한 상태의 고유진동해석이 가능하다. 이것에 따라 변형하지 않는 상태와의 대비, 그리고 횡변위 상태의 플러터의 발생과 구조적 연성성의 연관을 고찰할 수 있다.

(2) 해석결과

1) 변형 후의 고유진동해석

풍하중으로 주형에는 3분력, 케이블 및 주탑에는 항력만을 고려하였다. 그리고 행거(hanger)의 항력은 여기서 생략하고, 풍속에는 연직분포를 고려하지 않았다. 변형후의 '강성매트릭스 $K°$'에 대해서는 변형위치에서 초기축력을 갖는 부재에 관한 강성매트릭스를 구해서 채우게 된다.

이와 같이 얻어진 풍하중을 재하한 변형 후의 고유진동수, 고유진동모드와 [그림 13.8.8]에 나타낸 무풍시의 고유진동수, 고유진동모드를 비교하면 특징적인 차이를 찾을 수 있다. 먼저 고유진동수의 변화에 대해 풍속 U=0, 50, 70m/sec의 결과를 비교하면 [표 13.8.13]과 같이 된다. 이 표에서 변형과 동시에 고유진동수는 불변하든가, 저하한다는 것을 알 수 있다. 특히 대칭 1차의 연직변위모드형의 저하가 확실하다. 비틀림에 관해서는 전절의 해석으로 최소의 플러터한계풍속에 대해 T_1 모드에는 불변하였다.

[표 13.8.13] 풍속에 따른 고유진동수의 변화

풍속(m/sec)		0	50	70
횡변위 탁월 모드	대칭 1차	0.0365Hz	0.0363Hz	0.0362Hz
	역대칭 1차	0.0755Hz	0.0752Hz	0.0748Hz
연직변위 탁월 모드	대칭 1차	0.0641Hz	0.0630Hz	0.0597Hz
	역대칭 1차	0.0648Hz	0.0642Hz	0.0622Hz
비틀림을 포함한 모드	T_1(대칭 1차)	0.132Hz	0.132Hz	0.132Hz
	T_2(대칭 1차)	0.154Hz	0.153Hz	0.151Hz
	T_6(역대칭 1차)	0.207Hz	0.207Hz	0.207Hz
	T_7(역대칭 1차)	0.238Hz	0.235Hz	0.227Hz

2) 변형 후의 플러터해석

변형 후의 '강성매트릭스 $K°$'를 사용하여 (1)에서 기술한 방법으로 플러터해석을 수행하였지만, '질량매트릭스'와 '평판날개의 비정상 공기력매트릭스'는 변형전과 동일한 것을 사용하고, 변형에 따른 공기력특성의 변화에 대해서는 고려하지 않았다. 케이블, 주형의 부가공기력은 중첩하여 작용시켰다.

[표 13.8.12]에 나타낸 것과 같이 트러스형에 부가공기력을 중첩시킬 경우의 최소의 플러터한계풍속은 T_1 모드분지에 의하면 U_F=86.5m/sec였다. 여기서 수렴계산의 제1Step으로 U=80m/sec에 대한 정적해석, 계속하여 플러터해석을 수행하였다. 플러터한계풍속은 복소 진동수의 허수부 f_1과

풍속 U의 관계로 얻어지고, 수렴계산의 결과, 이 트러스형에 관해 변형한 상태의 플러터한계풍속이 최종적으로 $U_F = 72.5\text{m/sec}$로 구해졌다. 어느 곳도 변형을 무시한 해석결과에 대한 T_1 모드분지에 상당하는 진동모드였다. [3](2)에 나타낸 횡변위 변형을 무시한 해석결과를 다시 비교하면 [표 13.8.14]와 같이 된다.

[표 13.8.14] 한계풍속의 비교

참조 모드 기점 모드	Selberg식에 의한 추정		입체 플러터해석		
	에너지법	입체뼈대법	횡변위변형을 무시		변형고려
	종래방법(변위는 1차 모드)		평판날개공기력만	평판날개공기력+부가공기력	
T_1	–	61.0m/sec	79.2m/sec	86.5m/sec	72.5m/sec
T_2	74.0m/sec	74.0m/sec	85.7m/sec	발생 없음	–

그러나 풍하중에 의한 정적변형을 고려하면, 휨-비틀림 플러터한계풍속은 저하하는 것으로 되었다. 그러나 플러터 진동모드형은 변형을 무시한 경우와 같은 타입이었다. 이 한계풍속저하의 원인에 대해 고찰해보면 다음과 같다.

먼저 전항에 기술한 변형상태의 고유진동수의 변화특성에 대해 고려해본다. 비틀림 T_1 모드의 값은 불변하는데 대해 연직변위의 B_1 모드의 값은 대체로 저하하였다. 그와 관련해서 종래의 플러터 해석법인 Selberg식에 의한 한계풍속을 변형상태의 고유진동수를 사용해 산출해보면 풍속이 증대하여 변형이 증가함과 동시에 연직변위모드의 고유진동수가 저하함으로, 비틀림과의 진동수비는 풍속과 동시에 증대하고, 결국 한계풍속은 상승하는 것이다. 따라서 한계풍속저하의 원인은 고유진동수의 변화특성이 아니라 변형에 따른 진동모드형의 변화특성, 그리고 작용하는 비정상공기력의 풍속에 대한 변화특성의 상승효과에 기인한다고 생각된다. 이들 사이를 조사하기 위해 변형한 상태의 플러터 진동 모드형과 변형을 무시한 경우의 모드형과 비교하는 방법으로 주형의 연직변위, 횡변위 및 비틀림의 연성진동진폭의 상호간의 비를 구해보면 [표 13.8.15]와 같다. 이 비교로는 플러터 발생 시의 플러터 진동형에는 큰 차이가 없었다. 그러나 플러터발생시의 연성진동의 탁월성을 조사해보면, 휨-비틀림 플러터 본래의 본질에서 연직변위와 비틀림 진폭비가 큰 것이 확인되었다. 여기서 플러터발생 이전의 낮은 풍속 $U = 50\text{m/sec}$에 대한 진동모드형에 대해서 같은 진폭비를 조사해보면, [표 13.8.16]에 나타낸 것과 같이 변형을 무시한 경우와 변형을 고려한 경우에 대해서 큰 차이는 없었고, 플러터발생시보다 대체적으로 작았다. 이러한 것에서 기본적으로 플러터발생풍속에 근접함과 동시에 비틀림에 대한 연직변위의 연성성이 급격히 강한 특성을 나타내는데, 풍하중에 의한 변형이 존재하면 고유진동모드형에 대한 비틀림과 연직변위의 연성도가 강해진다는 특성을 가지며, 결과적으로 플러터의 발생이 변형에 의해 상대적으로 낮은 풍속으로 유도한다고 생각할 수 있다. 흔히 주형의 횡변위의 연성도가 변형을 고려한 쪽이 약간 밑돌고 있다는 것을 알았지만, 부가공기력(주형의 횡변위 진동에 따른 비정상 항력)의 정감쇠효과를 상대적으로 작게 하는 모양으로 효과가 나타나, 이것도 플러터의 발생풍속을 상대적으로 저하시키는 것으로 되었다고 생각된다.

[표 13.8.15] T_1 일반 모드의 연성

자유도의 최대진폭비	플러터 발생 전		플러터 발생 시	
	변형무시	변형고려	변형무시	변형고려
	풍속 $U=50\text{m/sec}$		$U=86.5\text{m/sec}$	$U=72.5\text{m/sec}$
연직변위/비틀림	10.56	10.88	33.1	25.16
횡변위/연직변위	8.035	6.67	0.36	0.18
횡변위/비틀림	84.84	72.72	11.9	4.45
고유진동수(Hz)	0.138	0.132	0.126	0.116

[5] 정리

장대 현수교의 내풍성에 대한 안정성을 검토할 때에 종종 평판날개의 비정상 공기력을 사용하여 해석한 휨-비틀림 플러터의 한계풍속이 지표로 되지만, 그 산정법에 대해 입체뼈대의 플러터해석법을 유도하고, 특히 강풍 시의 변형된 상태에 대해 휨-비틀림 플러터발생에 관해 검토하였다. 본 해석법을 초장대 현수교(트러스보강형을 갖는 2,000m급 현수교)에 적용해 구한 결과와 이들에 대해 고찰한 결과를 정리하면 다음과 같다.

1. 장대 현수교의 휨-비틀림 플러터에 대해 입체뼈대모델을 사용해 복소 고유치해석을 수행하면, 장대교에 발생하는 플러터, 특히 플러터 진동모드형에 대해서 종래 방법의 애매한 부분을 해결할 수 있었다. 특히 현수교계의 복잡한 진동특성, 즉 구조적 연성성(coupling characteristics)의 효과를 명확히 평가할 수 있다.

2. 여기서 대상으로 한 2,000m급 현수교로는 대칭형 모드의 휨-비틀림 플러터의 한계풍속이 최소로 되지만, 본 해석법에 의한 값은 종래 방법(Selberg의 식)에 의한 값보다 매우 높게 구해졌다. 그 원인으로 플러터진동모드형의 복잡한 구조적, 그리고 공기역학적 연성성 및 각 변위모드간, 교축방향의 위상차 특성의 기여가 크다는 것을 알 수 있었다. 그와 관련하여 구조적 연성도가

작은 역대칭형 모드의 한계풍속은 양방법이 대체로 같게 구해졌다. 따라서 플러터 진동모드형을 무풍시의 고유진동모드형으로 가정한 종래 방법에 의한 산출결과는 대칭형모드에 관해서는 옳지 않다고 말할 수 있다.

3. 앞의 2.에 관련하여 최소의 한계풍속을 주는 대칭모드는 입체뼈대해석법을 적용해 처음 인정하는 모드로 케이블의 횡변위진동에서 축 늘어져서 약간의 비틀림을 연성하는 타입이다. 평면뼈대해석법에 의해서는 이 모드형은 구할 수 없고, 최저 차수 대칭모드형은 입체뼈대해석법에 의한 제2차 모드에 상당하는 것이다. 이 의미에서 종래 방법에 의한 한계풍속은 상대적으로 높은 값이 산출되고 위험측이 된다.

4. 평판날개의 비정상 양력과 모멘트에 추가로 연성하는 횡변위진동 등에 기본으로 부가공기력(준정상적으로 나타냄)을 고려하면, 그 정감쇠효과에 의해 플러터한계풍속은 증대한다.

5. 휨-비틀림 플러터해석의 종래 방법은 최소의 한계풍속(대칭형 모드)으로 본 해석에 의해 산출하는 제2위의 상대적으로 높은 값에 상당한다. 그러나 이 값은 본 해석에 의한 제1위의 최소한계풍속을 밑도는 것이 일반적이다. 이 점에서 종래 방법의 Selberg식에 의한 산정은 대칭형 모드에 관해서 정확한 검증이 되지 않았다고 하겠다. 다만 본 해석법을 풍하중에 의해 변형된 상태로 적용하면, 플러터한계풍속은 저하하는 것으로 되었다. 이 횡변위 변형에 따라 저하한 한계풍속의 값을 보면, 여기서 대상으로 한 예에서는 위에 기술한 종래 방법에 의한 산출 값과 대체로 같았다.

이들의 결론과 고찰결과는 해석의 시작에 지나지 않으며, 실제적으로는 보다 더 유사하게 제작한 전체교량모형에 의한 풍동시험으로 검증하는 것이 매우 중요하다. 이것은 해석으로 어디까지나 평판날개의 비정상공기력을 가정하고 있고, 실제교량단면의 비정상공기력(특히 휨과 비틀림의 연성성분을 포함)을 줄 수 없는 상황을 해결할 수 있는 현실적인 방법에 지나지 않는다.

참고문헌

1) 宮田利雄・岡内 功・白石成人・成田信之・奈良平俊彦 : 明石海峡大橋の內風性に關する豫備的檢討, 土木學會構造工學論文集, Vol. 33 A, 1987.

2) Selberg, A. : *Oscillation and Aerodynamic Stability of Suspension Bridges*, ACTA Polytech, Scan., Ci 13, 1761.

3) Bleich, et al.: The Mathematical Theory of Vibration in Suspension Bridges, Dept. of Commerce, U.S. Gov. Print Office, 1950.

4) Toshio Miyata, Hitoshi Miyata and Hirohumi Ota (1989.4). Flutter Analysis of a Truss Stiffening Suspension Bridge by 3D Frame Model Method, 토목학회논문집 제404호/I-11, 일본.

13.8.3 반-부채형 사장교[1]

본 요꼬하마 베이 브리지는 동경항안도로의 일부로 요꼬하마 시의 주요 간선도로인 요꼬하마고속항안선의 일부로 구성하고, 요꼬하마항구의 항로를 횡단하는 중앙경간 460m, 교장 860m인 3경간연속 강사장교로, 주형은 상층과 하층으로 각 6차선을 갖는 복층 강상판 트러스(Steel Double Deck Truss)형식이며 상층은 요꼬하마 시 고속항안선이고, 하층은 국도 357호선이다. 주형의 단면은 상로 상자형, 수직재, 하로 가로주형으로 이루어진 라멘구조로 상로 상자형은 폭 32m, 높이 3m의 복층 강상판 다-박스형(Steel Double Deck Multi-Box Girder) 구조에 트러스 상현재와 합성되어 교축방향의 주형 작용응력을 부담하는 외에 트러스 주구간격 31m를 지간으로 하는 라멘 가로보로서 교축직각방향 응력도 부담한다. 하로 가로보는 트러스 주구의 하부 가로보의 역할과 하층의 강상판형을 지지하는 가로보로 되어 있다([그림 12.8.1]).

주탑의 형상은 내측으로 경사진 H형 라멘구조이며, 반-부채형 다-케이블(Multi-Cable)형식으로 11단으로 배치되었다.

주형은 온도응력을 개방하고 지진력을 경감시키기 위해 주탑부에는 주탑-링크(Tower-Link)로, 단교각부에는 단-링크(End-Link)로 지지되어 있고, 교축방향의 고유주기를 지진에 의한 지동의 주기보다 충분히 길게 한 면진구조로 되어 있다. 이와 같이 지지점 가동인 지지형식으로 하면 지진시의 교축방향변위가 크게 되므로 길이가 짧은 링크의 거동실험이나 수치해석을 수행하여 교축방향의 변위를 제어하기 위해 링크의 길이 2m인 짧은 주탑-링크를 채용하고 있다.

본문은 교량의 내풍대책에 대해 기술적으로 많은 특색을 갖고 있어 교량공학을 공부하는 학생들이나 관련된 기술자들에게 도움을 주고자 기술하였다.

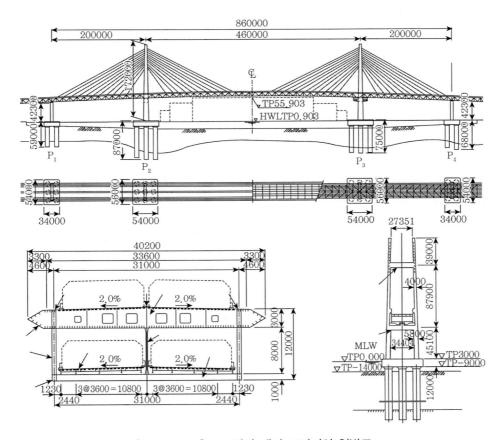

[그림 12.8.1] 요꼬하마 베이 브리지의 일반도

[1] 구조개요

(1) 구조제원

- 도로규격 : 상층 2종 1급 하층 3종1급

- 교격 : 1등교 TL-20, TT-43

- 형식 : 3경간연속 복층 강상판(Steel Double Deck) 사장교

- 교장 : 860m

- 지간 : 200＋460＋200m

- 폭원 : 상층 2ⓐ(2.25＋10.5＋0.5)m, 하층 2ⓐ(2.25＋10.5＋0.25)m

- 선형 : 평면 $R=\infty$, 횡단구배 2%, 종단구배 3.3%

(2) 주탑 및 주요구조

주탑의 형상은 내측으로 경사진 H형 라멘구조이며, 기둥에는 외관상 배려로 약 3%의 경사를 두었고, 케이블은 반-부채형 다-케이블(Multi-Cable)형식으로 11단으로 배치되었다.

주형은 2층인 노면을 형성하기 위해 트러스형식으로 되어 있고, 단면형상은 상로 상자형, 수직재 및 하로 가로보에는 라멘구조이며, 상로 상자형의 양측에는 내풍안정상 유선형(Fairing)을 설치하였다[그림 12.8.1].

[2] 내풍대책

(1) 유선형(Fairing)

일반적으로 사장교는 현수교와 유사하게 유연한 구조물이며, 본 교량은 중앙경간이 460m로 특히 내풍안정성에 대한 검토가 중요하다고 생각된다. 풍동시험에 의해 주형의 단면형상과 내풍성에 관해 조사하고 최상의 단면을 선정하였다.

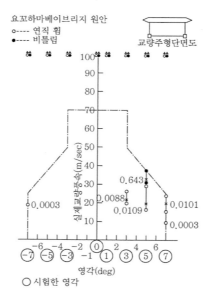

[그림 13.8.11] 발진풍속-영각곡선

원안으로 선정한 단면에 대한 풍동시험결과를 [그림 13.8.11]에 나타내었다. 이것에 의하면, 자려진동에 대해서는 충분히 안전하며, 와려진에 대해서도 0°부근에서는 발현되지 않는다는 것이 확인되었다. 날개판(Flap)과 유선형(Fairing)을 조합하여 풍동시험한 결과를 근거로 유선형선단각도를 60°로 하면 영각의 작은 영역에는 와려진이 발생하지 않고, 발생하는 와려진도 구조감쇠율이 $\delta = 0.03$이라면 그 진폭은 상당히 억제되고, $\delta = 0.04$이라면 완전히 억제된다는 것 등을 고려하여, 본 교량에 있어서는 [그림 13.8.12]에 나타낸 구조로 유선형(Fairing)을 채용하였다.

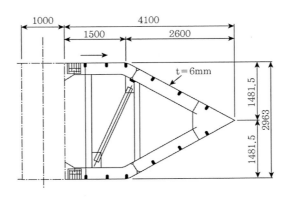

[그림 13.8.12] 발진풍속-영각곡선

(2) 주탑의 제진대책

풍동시험의 결과에서 가설 시와 완성 시에 진동의 발생이 예상됨으로 제진대책을 검토하였다. 대책으로는 공력적 대책과 구조적 대책을 고려해 풍동시험의 결과, 공력적 대책으로 길이 1.5m의 플레이트(Plate)가 효과적이지만, 미관 등에 대해 아래에 기술한 구조적 대책으로 제진장치를 설치하는 것으로 하였다.

1) 제진장치

교축직각방향의 제진장치는 진자(추)와 스프링(Spring) 및 오일감쇠기(Oil Damper)를 조합한 TMD(Turned Mass Damper, 동조식질량감쇠기) 방식의 장치이며, 주탑의 가설높이에 따라 단계로 이설하여 사용하였다. 진자의 무거운 추의 중량은 약 7.5tf, 스프링을 설치할 위치 및 질량의 상하이동에 따라 진동수가 조정되며, 0.799Hz부터 0.399Hz까지 대응할 수 있게 되었다. 또한 오일감쇠기는 진동수가 변화하여도 장치전체에는 구조감쇠가 $\delta = 0.7$로 되도록 감쇠정수조정식으로 조정한다. 본 제진장치를 설치하는 위치에 따라 주탑전체의 구조감쇠는 [표 13.8.16]에 나타낸 것과 같으며, 충분한 제진효과를 가지고 있다.

[표 13.8.16] 주탑가설단계에서의 구조감쇠

가설단계	주탑높이(m)	진동수(Hz)	발진풍속(m/sec)	필요구조감쇠	주탑전체의 구조감쇠
18	109.5	0.799	47.9	0.011	0.051
20	124.0	0.575	29.2	0.018	0.130
21	129.3	0.529	28.6	0.018	0.109
23	136.7	0.560	41.7	0.013	0.067
27	157.4	0.509	33.4	0.016	0.076
31	172.0	0.457	24.5	0.022	0.067

그리고 TMD의 상세도를 사각 그래뷰어(gravure)로, 주탑의 가설높이와 TMD의 회복 관계를 [그림 13.8.13]에 나타내었다.

교축방향의 제진장치는 무거운 추와 오일감쇠기를 조합한 것이며, 주탑의 선단과 철선(Wire Rope)으로 결합하고, 주탑의 진동에너지를 직접 오일감쇠기로 흡수하는 방식이다. 본 장치는 교축방향의 휨 진동과 비틀림 진동에 대해 작용하도록 주탑기둥에 각각 1기씩 사용하였다.

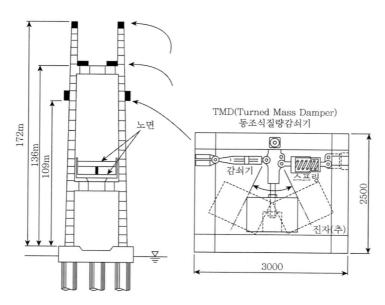

[그림 13.8.13] 주탑가설높이와 제진장치의 회복

2) 실제교량의 진동실험

주탑의 면내방향에 대한 진동특성의 파악 및 TMD의 효과확인을 위해 실제교량의 진동실험을 하였다. 실험은 주탑높이 127m 가설 시와 주탑 완성 시(172m)의 2가지 경우에 대해 실시하고, 제각각 Sub형 가속도계에 의해 주탑기둥 및 TMD의 무거운 진자(추)의 가속도를 계측하였다. 실험결과를 [표 13.8.17]에, 주탑 완성 시에 대한 진동파형과 구조감쇠를 [그림 13.8.14]와 [그림 13.8.15]에 나타내었다.

실험결과를 요약하면 다음과 같다.

1. 고유진동수의 계측치는 계산치와 잘 일치하고, 계산가정조건의 타당성을 확인하였다.
2. TMD를 작동시키지 않은 상태의 주탑의 구조감쇠의 측정치는 $\delta = 0.01$이며, 풍동시험을 할 때에 가정한 값과 같고, 풍동시험조건의 타당성을 확인하였다.
3. TMD를 작동한 상태의 주탑의 구조감쇠의 측정치는 계산치와 잘 일치하고, 제진장치설계의 타당성 및 장치의 제진효과를 확인하였다.

[표 13.8.17] 제진장치의 효과

주탑높이 항목 TMD	127m		172m	
	고정	작동	고정	작동
진동수(Hz)	0.60	0.60	0.45	0.45
주탑상단의 진폭(mm)	10.9	10.9	30.0	18.8
TMD 진폭(mm)	0.0	25.0	0.0	60.0
주탑의 구조감쇠	0.004	0.066	0.01	0.05

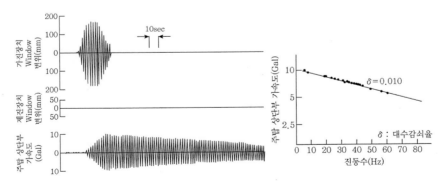

[그림 13.8.14] 진동실험결과(TMD 고정)

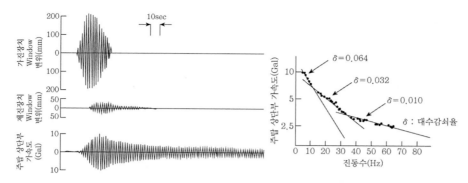

[그림 13.8.15] 진동실험결과(TMD 작동)

(3) 케이블의 제진대책

사장교 케이블의 바람에 의한 진동문제가 가끔 보고되고 있지만, 실시하고 있는 대책은 다음과 같다(13.6절 참조).

1. 케이블과 케이블의 사이를 철선으로 엮는 방법
2. 케이블의 정착위치 근처에 감쇠기를 설치하는 방법

본 교량에서 병렬로 배치한 케이블도 바람에 의한 진동문제가 발생할 것으로 예상하기 때문에 ① 미관상의 문제, ② 주형 위 15m까지 설치할 케이블의 방화 커버(Cover)에 의한 설치할 위치의 문제 등을 배려하여 제진장치를 고안하였다.

1) 제진장치
본 제진장치의 특징은 다음과 같다.

1. 병렬배치한 케이블과 케이블 사이에 장치를 설치한다.
2. 미소진동을 확대한 기구와 부착각도를 설치하였다.

그리고 내구성, 부착상의 제약 등에서 장치내의 감쇠기구의 부분에 오일 감쇠기(Oil Damper)를 채용하고 있다. 본 장치의 개략적인 모양을 [그림 13.8.16]에 나타내었다.

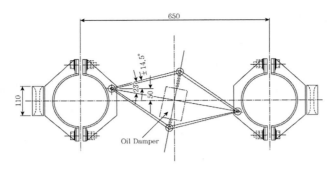

[그림 13.8.16] 케이블 제진장치의 개략도

2) 가진실험

실제 교량에 대한 케이블 제진장치 효과확인과 검증을 위해 가진시험을 실시하였다. 대상 케이블은 본 교량에서 사용하고 있는 케이블 중에서 2번째로 긴 것으로, 그 제원 등은 [표 13.8.18]에 나타내었다.

[표 13.8.18] 케이블의 제원(계속)

케이블 No.	길이(m)	직경(mm)	부착각(도)	중량(kgf/m)	1차 진동수(Hz)
C_1	221	175	29.6	131.8	0.416
C_2	206	175	30.6	131.8	0.468
C_3	191	161	31.7	106.1	0.525
C_4	176	149	33.1	89.4	0.585
C_5	161	142	34.6	80.2	0.648
C_6	146	142	36.5	80.2	0.720
C_7	132	122	38.9	62.4	0.797
C_8	117	122	41.8	62.4	0.902
C_9	103	122	45.4	62.4	1.026
C_{10}	90	122	50.2	62.4	1.219
C_{11}	77	136	56.7	71.0	1.440
C_{12}	75	136	55.4	71.0	1.451
C_{13}	87	122	48.6	62.4	1.223
C_{14}	100	122	43.5	62.4	1.025
C_{15}	113	122	39.7	62.4	0.899
C_{16}	128	122	36.6	62.4	0.792
C_{17}	142	142	34.2	80.2	0.716

[표 13.8.18] 케이블의 제원

케이블 No.	길이(m)	직경(mm)	부착각(도)	중량(kgf/m)	1차 진동수(Hz)
C_{18}	157	142	32.3	80.2	0.644
C_{19}	172	149	30.7	89.2	0.581
C_{20}	187	161	29.3	106.1	0.524
C_{21}	202	167	28.2	115.3	0.512
C_{22}	216	161	27.2	106.1	0.484

가진방법은 최대 가진력 5tf인 관성형가진기를 사용하여, 관성매스와 케이블과 케이블 사이에 철선을 접속하고, 그 철선을 끼우고 수행하였다. 제진장치를 설치하지 않은 상태와 설치한 상태의 각 모드(1~5차)에 대한 구조감쇠를 [표 13.8.19]에 나타내었고, 대표적인 차수(2차, 3차)에 대해 밴드패스필터(Band Pass Filter) 처리한 자유진동파형 및 구조감쇠계산도를 [그림 13.8.17]~[그림 13.8.20]에 나타내었다.

[표 13.8.19] 계측결과(C_{21}, 종방향가진)

진동차수	제진장치	
	미설치	설치
1차	0.0007	0.0320
2차	0.0066	0.0387
3차	0.0047	0.0360
4차	0.0026	0.0160
		0.0500
5차	0.0030	0.0081
		0.0012

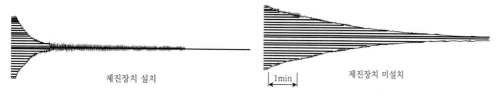

제진장치 설치 |1min| 제진장치 미설치

[그림 13.8.17] Band Pass Filter 처리한 자유진동파형(C_{21}, 2차 모드, 종방향가진)

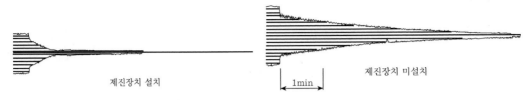

[그림 13.8.18] Band Pass Filter 처리한 자유진동파형(C_{21}, 3차 모드, 종방향가진)

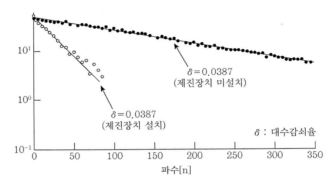

[그림 13.8.19] 구조감쇠계산도(C_{21}, 2차 모드, 종방향가진)

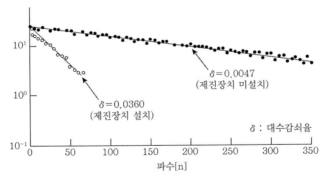

[그림 13.8.20] 구조감쇠계산도(C_{21}, 3차 모드, 종방향가진)

(4) 조명주의 제진장치

요꼬하마 베이 브리지에 설치한 조명주는 교량의 미관과 조화시켜 직선으로 디자인되었지만, 외력에 의해 크게 진동할 가능성이 있다. 이 요인에는 대형차량의 통행에 따른 노면진동이나 강풍에 따른 Karman 와려진을 생각하겠지만, 특히 전자의 경우 높은 진동수에서 공진하고, 조명주 본체의 피로

손상이나 조명기구의 기능저하를 일으킬 가능성이 있다. 조명주는 보통 정적 풍하중에 대해 설계하지만, 요꼬하마 베이 브리지상의 조명주에 대해서는 와려진에 대해서도 충분히 검토하였다. 여러 가지 구조역학적, 공역학적 대책들 중에서 되도록 광범위한 풍속에 대응, 미관상의 문제, 설치장소의 제약을 고려해 진동대책으로 감쇠장치(제진장치)의 설치를 채택하였다.

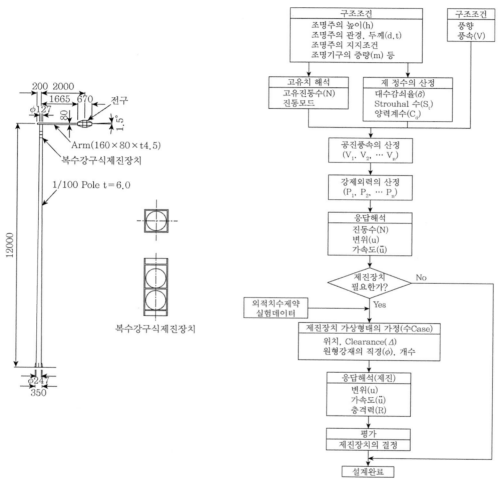

[그림 13.8.21] 조명주   [그림 13.8.22] 조명주의 설계순서도

1) 기본설계와 성능시험

[그림 13.8.21]에 나타낸 조명주를 검토대상으로 하였다. 공역학상 유리한 원형단면으로 하여 일본 조명기구공업회 규격 JIL1003에 따라 풍속 60m/sec로 정적설계를 하였다. 그리고 세장하게 디자인

하고 기둥(Pole) 설치부에 작용하는 외력을 저감하도록 하며 진동진폭을 줄이기 위하여 직경을 작게 하고, 전구의 조명기능을 고려하면서 길이를 짧게 하여 와려진에 대해 유리한 형상으로 하였다.

제진장치는 [그림 13.8.21]에 나타낸 것과 같이 2층의 제진내실에 원형강재를 넣은 충격감쇠기이며, 조명주내부에 강결시켜 기둥의 진동과 같은 주기인 원형강재가 제진장치용기에 충돌하여 진동을 작게 하였다. 그리고 가동 시 소음대책으로 용기내부에 방음처리를 하였다.

[그림 13.8.22]에 나타낸 순서도에 따라 제진장치를 설계, 시험작업으로 진동대상에서 진동실험 및 대형풍동실험에 따라 효과를 확인하였다.

[표 13.8.20] 진동실험결과

차수 진동방향		1차	2차	3차
면외진동	진동모드	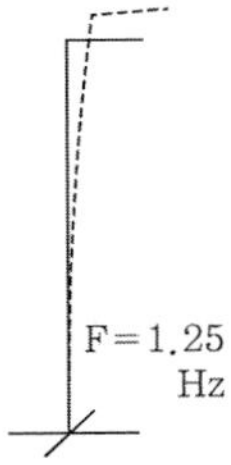 F=1.25 Hz	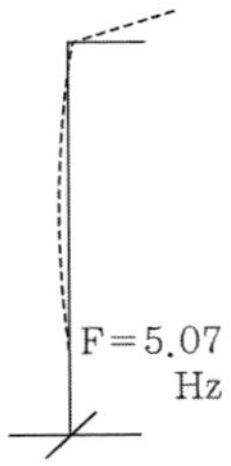 F=5.07 Hz	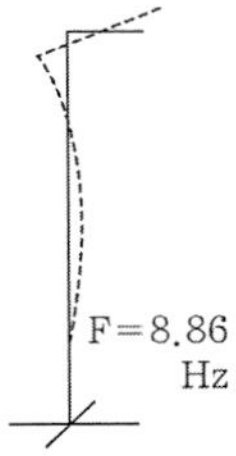 F=8.86 Hz
	제진효과	73%	44%	68%
면내진동	진동모드	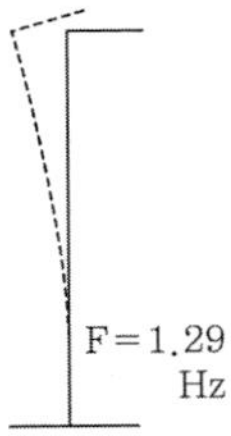 F=1.29 Hz	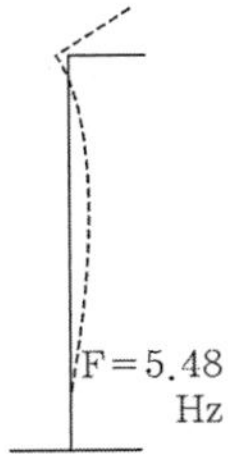 F=5.48 Hz	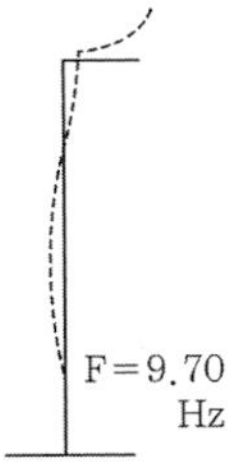 F=9.70 Hz
	제진효과	91%	78%	57%

$$제진효과 = \left(1 - \frac{제진장치\ 설치\ 시\ 응답}{제진장치\ 미설치\ 시\ 응답}\right) \times 100 \,[\%]$$

2) 실제 큰 기둥의 진동실험

진동대상에 실제 큰 기둥을 고정하고, 면외 및 면내방향으로 가진할 때, 기둥의 상단, 길이의 선단, 전구의 중앙에서 가속도응답을 측정하였다. 제진장치는 기둥의 상단과 중간에 내장하였다. 제진장치의 유무에 따라 응답의 비로 제진효과를 평가하였다. [표 13.8.20]에 진동모드, 진동수, 기둥상단의 제진효과를 일괄적으로 나타내었다. 1~3차의 진동에 대해 진동방향에 관계없이 제진효과가 양호하다는 것을 확인하였다.

3) 모형 기둥의 풍동실험

거의 실물에 가까운 모형 기둥에 대해 풍동실험을 실시하고, 바람에 의한 기둥의 진동특성에 의한 제진효과를 확인하였다. 모형은 축척 2/3, 높이 8m를 사용하고, 흡출구의 폭 3m, 높이 10m의 대형 풍동실내에 고정하여 1~25m/sec인 풍속에 대한 진동진폭, 가속도응답 등을 측정하였다.

풍속-가속도 관계의 한 예를 [그림 13.8.23]에 나타내었다. 25m/sec까지의 풍속에는 1~3차 모드의 와려진을 보였다. 공진풍속과 진동수에 따라 계산하는 Strouhal 수 및 응답치에 따라 역산하는 양력계수는 계산치와 거의 일치한다는 것을 확인하였다. 그리고 모드에 대해서 제진장치가 유효하게 작용하고 있다는 것을 확인하였다.

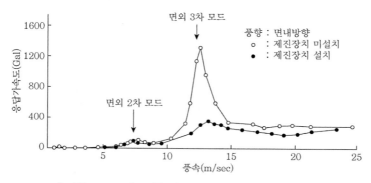

[그림 13.8.23] 모형 기둥선단의 풍속-가속도 관계

4) 정리

요꼬하마 베이 브리지에 설치한 조명주의 내풍대책을 위에서 기술한 결과를 근거로 정리하면 다음과 같다.

1. 공역학상 유리한 원형단면을 채택하고, 진동진폭을 작게 되도록 직경을 작게 하였다. 그리고 짧은 길이로 와려진에 대해 유리한 형상으로 하였다.
2. 진동실험, 풍동실험에 의해 높은 제진효과를 확인한 원형강재를 사용하여 충격감쇠기형태의 제진장치를 경제성을 고려해 조명주의 상단에 1개 내장하였다.
3. 제진장치의 효과를 높이기 위해 램프와 전구, 전구와 길이의 설치를 강화시켰다.

그리고 길이의 설치부에 대해서는 별도부분 모델에 따른 내하력시험을 하여 안전성을 확인하였다.

[3] 맺음말

본문은 요꼬하마 베이 브리지의 내풍대책에 대한 개요를 보고한 것이다.

본 교량은 당시(1989년) 세계 최대급의 사장교라는 것과 동시에 기술적으로 많은 특색을 갖고 있기 때문에 '요꼬하마 베이내 횡단교의 설계시공에 관한 조사연구위원회'를 조직하여 검토과제를 해결해 왔다. 다행히 공사는 순조롭게 진행·준공되었고 1989년 9월 27일 개통하였다.

참고문헌

1) 和田克哉, 惠谷舞吾, 東田弘實, 高野晴夫 (1989.8). 橫濱港橫斷橋の耐風對策, 橋梁と基礎.

2) 山本 外 2人 (1980, 1981). 橫濱港橫斷橋の耐風性調査報告書, 土木硏究所資料.

3) 小村, 和田, 惠谷, 高野, 富田, 小泉, 米山 (1988.12, 1989.1). 橫濱港橫斷橋上部工の設計, 橋梁と 基礎.

4) Katsuya Wada, Haruo Takano, Hiroshi Makuta. *Study on Suppressing Wind-Induced Vibration in Plane for Tower of Yokohama Bay Bridge Under Construction*, 5th U.S.-Japan Bridge Workshop.

5) 城, 金子, 永律, 高橋, 木村 (1888). 耐風照明柱の開發, 川崎製鐵技報, Vol.20, No.4.

13.8.4 복합사장교(콘크리트주형+강주형+콘크리트주형)[15]

[1] 개요

Tjörn 신교는 양측 해안에 제 각각 1본의 교각을 갖는 2면의 사장교이다. 길이 366m의 중앙경간에 는 강제 보강형(Steel Girder)이며, 측경간과 주탑은 RC이다. 그리고 본교의 구조형식에 대해서는 문헌 [1], [2]에 상세히 나타나 있다([그림 13.8.24]~[그림 13.8.25]).

본교의 제원은 다음과 같다.

중량(m)$=8.12$tf/m

회전관성 $\theta = 147$tf·m

회전반경 $r = 4.26\text{m}$

반현의 길이 $b = 7.89\text{m}$

주형의 높이 $h = 3\text{m}$

$$\mu = \frac{m}{\pi \rho b^2} = 33.2$$

$$r/b = 0.539$$

공기밀도 $\rho = 1.25\text{kgf} \cdot \text{m}^{-3}$

휨 진동수의 계산치

$f_{B1} = 0.41\text{Hz}$(대칭 1차 진동)

$f_{B2} = 0.58\text{Hz}$(역대칭 1차 진동)

$f_{B3} = 0.79\text{Hz}$(대칭 2차 진동)

최저차의 비틀림 진동수

$f_T = 1.49\text{Hz}$(대칭 1차 진동)

내풍안정성은 ① 캔틸레버인 주형이 제일 긴 최악의 가설상태, ② 일반적 교통조건인 통행상태, 그리고 ③ 교통량의 악조건일 때 케이블이 충돌절단인 상태에 대해서 검토하였다.

Tjörn 신교의 형하공간은 약 50m이다. 정적검토에는 발생하기 쉬운 최대의 풍속을 56.6m/sec로 하였다. 한편, 동적검토에는 10분간 평균풍속인 47.2m/sec를 적용하였다. 그리고 자연풍의 최대 경사각은 ±5°로 하였다. 일반적 통행상태로의 안전율과 케이블의 충돌절단인 위험한 상태로의 안전율은 풍속 47.2m/sec에 대해 제각각 1.7, 1.35로 하였다.

본교의 내풍안전정성을 검토하기 위해 문헌 [3], [4]를 기본으로 하여 이론계산과 평가, 풍동모형실험과 더불어 완성계로서 자유감쇠진동실험을 실시하였다. 먼저 이론계산과 평가에는 교량의 단면형상을 평판형상으로 가정해(휨-비틀림 플러터가 발생함), 본 교의 휨-비틀림 플러터에 대한 한계풍속과 그 진동모드의 조합을 이론계산으로 검토한다. 또한 풍동모형실험에는 실제 교량의 단면형상이나 자연풍의 경사각과 더불어 감쇠의 영향을 고려해 플러터나 와려진에 대해 검토한다. 그리고 본 교의 완성계에서 자유감쇠진동실험을 실시하고, 휨진동에 대한 본 교의 감쇠용량에 대해서도 검토한다.

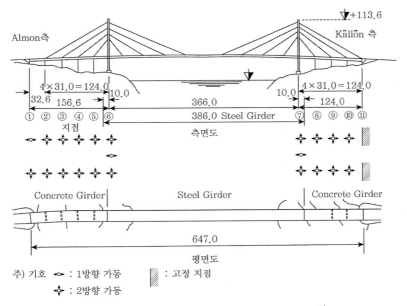

[그림 13.8.24] Tjörn 신교의 측면도와 평면도[2]

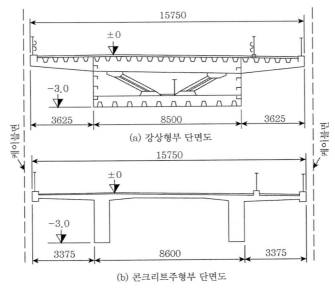

(a) 강상형부 단면도

(b) 콘크리트주형부 단면도

[그림 13.8.25] Tjörn 신교의 단면[2]

[2] 이론검토

문헌 [3]에 나타낸 보이론법을 적용해 휨-비틀림 플러터의 한계풍속을 계산하였다. 이 방법을 적용하기 위해, 먼저 본교의 중앙지간을, 케이블작용으로 치환할 목적으로, 그 정착점을 스프링으로 치환한 지간길이 366m의 단순보로 하였다. 이와 같이 모델화해 계산한 결과, 완성계에 대한 휨-비틀림 플러터의 한계풍속은 206m/sec, 그 진동수는 0.87Hz이었다. 또한 휨-비틀림의 진동형은 각각 대칭 1차 모드였다. 이렇지만, 실제 교량의 완성계에 대한 휨-비틀림 플러터에는 휨-비틀림의 최저차 모드가 각각 연성한다고 추정하였다. 또한 가설계의 경우에 대해서도 검토했지만, 완성계의 경우와 같이 휨-비틀림의 최저차 모드가 각각 연성하는 결과가 얻어졌다.

한편, 문헌 [4]에 나타낸 강체법으로도 계산하였다. 그 결과 휨-비틀림의 각각 최저차 모드가 연성하는 휨-비틀림 플러터의 한계풍속은 완성계에서 211m/sec이었다.

문헌 [3]의 보이론법과 문헌 [4]의 강체법을 여러 가지 조건에 대해 계산하여 비교했지만, 얻어진 결과는 대개 같았다. 그리고 보이론법에 의한 계산은 Dr. Thiele 설계사무소가 실시하였다.

[3] 풍동실험

(1) 실험목적

풍동실험의 목적은 자연풍에 의한 실제 교량의 동적거동을 모형을 사영하여 검토하는 것이다. 그러므로 실험에는 감쇠와 영각을 변화시켜 플러터와 와려진에 미치는 영향을 조사하였다.

풍동실험은 문헌 [4], [5], [7]을 참고로 하여 부분모형풍동실험을 실시하기로 하였다. 이 실험은 실제 교량단면과 기하학적으로 상사하도록 제작한 강체모형을 풍동 내에 스프링으로 지지하여 대상으로 한 실제 교량의 휨 진동수와 비틀림 진동수의 소요치가 되도록 모형의 진동수를 설정하는 것이다. 이와 같이 하면, 풍동 내의 모형에서 실제 교량과 같은 휨 진동과 비틀림 진동을 발생시킬 수 있다.

(2) 모형과 풍동([그림 13.8.26]~[그림 13.8.27])

모형의 축척은 1/30로 하였다. 모형의 길이는 1.2m이지만, 이것은 실제 교량으로 36m에 상당하다. 모형은 얇은 알루미늄과 오동나무 등으로 제작하였다. 또한 상사조건에 따라 모형의 소요중량은 실제 교량의 $1/30^3$이 된다.

전체의 상사파라메타를 실제교량수치와 모형수치로 일치시키기는 실험상 불가능하였다. 그러므로 문헌 [4]에 나타나 있는 휨-비틀림 플러터이론을 적용하여 모형수치를 실제교량수치로 환산할 수밖에 없었다. 계산 결과, 풍동풍속에서 실제교량풍속으로 환산하기 때문에 풍속배율은 6.5로 되었다.

실험에 대해서는 München공대 소유의 풍동실험시설을 사용했다. 또한 풍동실험의 계획과 더불어 실시는 Dr. Thiele 설계사무소가 담당하였다.

측정동의 직경은 1.5m 이었기 때문에 길이 1.2m의 모형전체에 동일한 바람을 작용시킬 수 있었다. 또한 사용풍동의 최대풍속은 50m/sec이었다.

감쇠부가장치를 설치하기 전에 실험장치에는 매우 작은 감쇠밖에 없었다. 여기에 보다 큰 감쇠에 따르는 영향들도 검사되도록 모형을 매달려 있는 4본의 스프링으로 폼러버를 설치해 감쇠를 부가시 켰다. 이 폼러버는 어느 일정한 힘에서 스프링에 눌려있지만, 이것에 의해 부가감쇠가 작용한다. 또한 감쇠는 실험의 전후에서 그때마다 측정하였다.

실험은 어느 일정한 풍속에서 풍동 내에 매달린 모형을 수동으로 변위시킨 후, 진동시키는 방법으로 하였다. 그리고 그 진동의 감쇠를 대수함수율로 산정했다. 감쇠가 정(+)이면 진동은 감쇠하고, 부(−)이면 진동은 야기된다. 그러므로 감쇠가 0으로 되는 풍속을 한계풍속 V_{kr}로 간주한다(문헌 [4]의 p.358, [그림 10]을 참조).

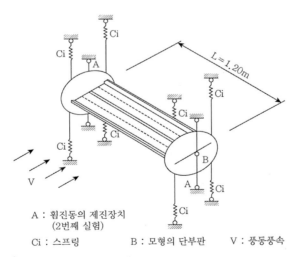

A : 휨진동의 제진장치
    (2번째 실험)

Ci : 스프링   B : 모형의 단부판   V : 풍동풍속

[그림 13.8.26] 부분모형풍동실험의 개략도

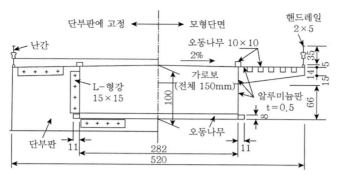

[그림 13.8.27] 모형단면

(3) 풍동실험결과(발산진동)

2종류의 실험을 실시하였다. 먼저, 최초의 실험은 감쇠를 부가하지 않은 상태(휨 진동의 대수감쇠율은 2.5%, 비틀림진동의 대수감쇠율은 0.8%)에서 하였다. 또한 실험에는 휨과 비틀림의 진동수비를 1.4~3.4로, 영각을 −7°(하향방향의 바람)~+7°(상향방향의 바람)로 변화시켰다.

실험의 결과, 휨−비틀림 플러터는 발생하지 않았지만, 진동수비나 영각에 관계없이 비틀림 플러터가 발생하였다. 이 비틀림 플러터의 진동수는 모형에서 가정한 비틀림 진동수의 초기치와 거의 같았다. 이것과 같은 결과가 Tjörn 신교와 유사한 단면형상을 갖는 Strömstein교(Stavanger에 가설, 문헌 [6] 참조)의 풍동실험에도 관찰되고 있다. 그리고 문헌 [7]에도 모형 A1에는 휨−비틀림 플러터는 발생하지 않았지만, 영각 0°와 +15°에서 비틀림 플러터가, 그리고 +3°~+12°에서 갤로핑이 발생되었다고 보고되었다.

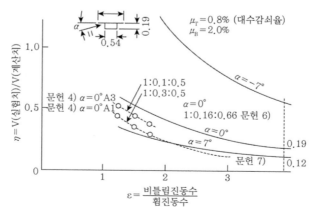

[그림 13.8.28] 한계풍속의 실측치와 계산치의 비(감쇠가 적은 경우)

최초의 실험에서 Tjörn 신교의 경우, 영각이 +5° 이상에서 발생하는 플러터는, 영각 0°로서 한계풍속치에 비해 0.67배까지 저하한다는 것을 알았다(Strömstein교의 경우에는, 0.58배까지 저하한다는 것이 문헌 [6]에 보고되어 있다). 그리고 한계풍속의 실험치와 강체법에서 산정한 한계풍속의 계산치와의 비율은 진동수비가 증가하면 역으로 급격히 저하한다는 것도 알았다.

최초의 실험에서 얻은 결과를 [그림 13.8.28]에 나타내었다. 이 그림에는 비교를 위해 문헌 [4], [6], [7]의 실험결과도 나타내었다. 또한 최초의 실험은 매우 적은 감쇠로 실험하였으며, 이 실험결과에서는 본교의 내풍안정성을 검증할 수 없다.

최초의 실험은 매우 적은 감쇠로 실험한 것이지만, 비틀림 플러터가 발생하였다. 여기서, 큰 감쇠에서는 비틀림 플러터의 한계풍속이 상승하는지를 조사해보기로 했다. 그리하여, 2번째의 실험에는 비틀림진동의 대수감쇠율을 13%까지 변화시켜 큰 감쇠에 의한 영향을 검토하였다. 또한 실험에는 모형의 휨진동을 구속하고 비틀림진동만 일으키도록 하였지만, 이와 같이 간략화하여도 충분한 신뢰성이 있다는 것을 비교측정의 결과에서 알 수 있었다. 실험의 결과, 감쇠를 증가하면, 비틀림 플러터의 한계풍속은 급격히 상승한다는 것을 검증할 수 있었다.

비틀림 플러터의 한계풍속 V_{0kr}와 비틀림진동의 설정감쇠와의 관계를 [그림 13.8.29]에 나타내었다. 이 그림에서 대수감쇠율이 1%에서 5%로 증가하면, 한계풍속은 1.7배로 된다는 것을 알 수 있다. 또한 감쇠가 작은 영역에는 문헌 [13]의 식 (68)에서도 예측되도록 한계풍속과 감쇠의 관계는 선형으로 되어 있지 않다는 것도 알 수 있다.

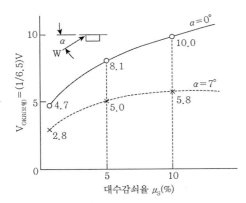

[그림 13.8.29] 한계풍속과 감쇠의 관계

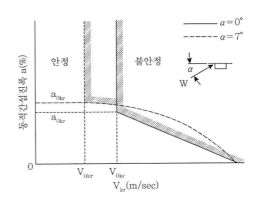

[그림 13.8.30] 한계풍속과 동적간섭진폭의 관계(원리도)

그리고 내풍안정성을 평가할 때에 유효한 검토도 하였다. 그 결과, 감쇠가 크면, [그림 13.8.29]에 나타낸 한계풍속 V_{0kr} 을 초과하는 풍속영역에서는 비틀림 플러터의 발생은 동적간섭진폭 a에 의존하였고, 이 a보다 작은 진폭영역에서는 비틀림 플러터가 발생하지 않는다는 것도 알았다. [그림 13.8.30]은 이것을 원리적으로 나타낸 것이다. 이 그림에서 V_{0kr} 보다 저풍속측에는 동적간섭진폭 a를 임의로 크게 하여도 비틀림 플러터는 발생하지 않지만, V_{0kr} 보다 고풍속측에서는, 그 발생은 동적간섭진폭 a에 의존하고 있다는 것을 알 수 있다. 또한 V_{0kr} 는 $\alpha = 0°$인 경우의 방향이 $\alpha = 7°$인 경우보다 약간 높아져 있지만([그림 13.8.29]), 역으로 a_{0kr} 는 $\alpha = 0°$인 경우의 방향이 $\alpha = 7°$인 경우보다 약간 낮아져 있다([그림 13.8.31]). 그리고 V_{0kr} 보다도 고풍속측에서는 V_{kr} 에 대한 a의 의존도는 $\alpha = 0°$인 경우의 방향이 $\alpha = 7°$인 경우보다 약간이지만 바람직하지 않다([그림 13.8.32]). 이상으로 동적간섭진폭에 대해서는 수평풍의 방향이 상향풍보다 악영향을 미치기 쉽다는 것을 알 수 있었다.

[그림 13.8.31]은 동적간섭진폭 a_{0kr} 와 한계풍속이 V_{0kr} 로 되는 감쇠와의 관계를 나타내고 있다. 이 그림에서 감쇠가 작은 경우(동적간섭진폭의 영향이 작은 약 2%까지의 대수감쇠율)에는, 비틀림 플러터가 발생하기 쉽다는 것을 알 수 있다. 또한 동적간섭진폭 a_{0kr} 는 V_{0kr} 을 산정한 것과 같은 방법으로 구하였다. 즉, V_{0kr} 를 초과하는 어느 일정한 속도에서, 모형을 여러 가지 동적간섭진폭 a에서 변위시킨 후, 그것을 해제하여 진동시킨다. 그리고 그 진동의 감쇠를 측정하고, 감쇠가 0으로 되었을 때에 a_{0kr} 을 동적간섭진폭으로 정의하였다.

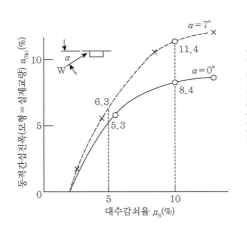

[그림 13.8.31] 동적간섭진폭과 감쇠의 관계

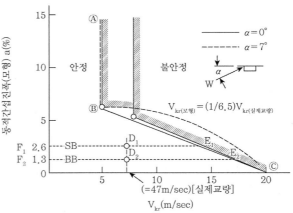

[그림 13.8.32] 한계풍속과 동적간섭진폭의 관계(대수감쇠율 $\vartheta_S = 5\%$)

실험결과와 [그림 13.8.30]에서 유추하면, 어떠한 감쇠라도 한계풍속은 동적간섭진폭에 의존한다고 생각하였다. 여기서, 한계풍속과 동적간섭진폭의 관계를 대수감쇠율이 5%의 경우를 예로 [그림 13.8.4.9]에 나타내었다. 이 그림에서 선 Ⓐ–Ⓑ–Ⓒ는 내풍성상의 안정과 불안정을 나타내는 경계이며, 수직선 Ⓐ–Ⓑ($\alpha = 7°$에 대한 V_{0kr})와 경사선 Ⓑ–Ⓒ($\alpha = 0°$에 대한 V_{0kr})으로 구성되어 있다. 그러므로 경계선 Ⓐ–Ⓑ–Ⓒ의 좌측과 하측에 있으면 내풍안정성은 양호하고, 우측과 상측에 있으면 불안정으로 된다.

실제교량의 동적간섭진폭을 산정할 때에는 실험결과와의 대비를 생각해, 교량을 진동시키는 동적하중만을 고려하였다. 정적하중은 양각을 설정할 때에 고려하고, 그것에 의한 정적 비틀림변형을 고려하였다. 예를 들면, 영각 +7°의 실험에는 자연풍의 최대경사각을 +5°로 추정하고 있으므로 교량의 정적 비틀림변형은 +2°로 된다. 또한 실제교량에 대한 동적간섭진폭으로는 다음의 것들을 고려하였다.

1. 2종류의 대형트럭에 의한 동적하중과 정적하중의 차이
2. 최대풍속 56.6m/sec와 10분간 평균풍속 47.2m/sec의 차이
3. 케이블이 순간절단인 상태에 생기는 교량의 비틀림

통행인 하중상태(BB)에서 계산한 동적간섭진폭에 1.5를, 그리고 케이블이 절단 시(SB)에 그것에 1.25를 곱하면, 동적간섭진폭은 BB의 하중상태에서 1.3%, SB의 하중상태에서 2.6%로 된다. 이 결과를 [그림 13.8.32]에 나타내었다. 자연풍의 10분간 평균풍속을 47.2m/sec(풍동풍속에는 7.26m/sec)로 하면, [그림 13.8.32]에서 점 D_1, 점 D_2가 얻어진다. 그러므로 BB와 SB의 하중상태에 대한 안정성은 F–E와 F–D의 길이의 비로 알 수 있다.

내풍안정성이 감쇠에 의존한다는 것을 비틀림진동을 예로 하여 검토하였다. 그 결과를 [그림 13.8.30]에 나타내었다. 하중상태 BB(통행상태)에서 1.7, 하중상태 SB(케이블이 절단 시)에서 1.35로 되는 안전율이 필요하지만, 이 그림에서 대수감쇠율이 3.5%라면 이 조건을 만족한다는 것을 알 수 있다. 여기서, 본교의 완성계에서 이 정도의 감쇠가 기대되는지를 검토하기 위해 자유감쇠진동실험을 실시하기로 하였다.

하중상태 BB(통행상태)와 하중상태 SB(케이블의 절단 시)의 동적간섭진폭을 γ배한 값에서 구한 감쇠와 교폭 및 비틀림 진동수에서 무차원화 한 한계풍속의 관계를 [그림 13.8.34]에 나타내었다. 또한 이 그림에는 문헌 [8], [9]의 규정안을 비교하기 위해 나타내었다. 이 그림에서 문헌 [9]의 규정

안은 지간길이 200m까지의 교량에만 적용한다는 것을 알 수 있다.

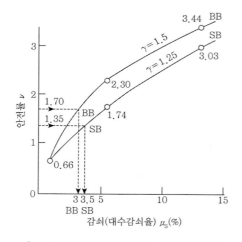

[그림 13.8.33] 안전율과 감쇠의 관계

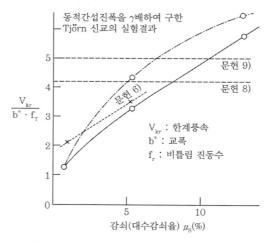

[그림 13.8.34] 한계풍속과 감쇠의 관계

(4) 풍동실험결과(한정진동)

와려진과 같은 한정진동을, 모형을 사용해 휨진동에 대해서는 영각 0°와 +7°, 비틀림진동에 대해서는 영각 +7°에서 관찰하였다. 진동시의 Strouhal 수($S_t = f_V \cdot h / V$, 여기서 f_V는 와류의 진동수, h는 주형의 높이, V는 풍속)는 약 0.1이었다. 또한 동적양력계수 C_{wv}는 0.5이며, 동적모멘트계수 C_{wm}은 0.002였다. 최저차 휨진동수 0.41Hz의 공진풍속은 12.3m/sec, 휨진동의 대수감쇠율이 10%일 때의 정적등가 수직하중은 다음과 같이 계산하였다.

$$P_v = C_{wv} \cdot \rho \cdot \frac{V_B^2}{2} \cdot h \cdot \frac{\pi}{\vartheta_B} = 4.5\text{kN/m}$$

여기서, ρ는 공기의 밀도, $V_B = f_B \cdot h / 0.1$, ϑ_B는 휨진동의 대수감쇠율이다. 이 정적등가 수직하중은 완성 시 자중의 약 5.5%에 상당한다. 진동진폭은 실제교량에서 측정한 감쇠치를 사용하면 약 11cm로 된다고 추정하였다. 한편, 최저차 비틀림 진동수 1.49Hz의 공진풍속은 약 44.7m/sec, 비틀림 진동의 감쇠가 10%일 때의 정적등가 비틀림 하중은 다음과 같이 계산하였다.

$$m = C_{wm} \cdot \rho \cdot \frac{V_T^2}{2} \cdot h \cdot b \cdot \frac{\pi}{\vartheta_T} = 1.0\text{kN} \cdot \text{m/m}$$

여기서, ρ는 공기의 밀도, $V_T = f_T \cdot h/0.1$, ϑ_T는 비틀림 진동의 대수감쇠율이다. 이 비틀림 하중은 교통량이 없을 때 바람에 의해 생기는 최대 비틀림 하중의 1.7%에 상당한다.

1982년 11월 4일에 완성된 교량에서 실제로 휨 와려진을 풍속 12~15m/sec에서 측정하였지만, 그 진폭과 진동수는 예상한 값과 같았다.

[4] 완성계에 대한 휨의 자유감쇠진동실험

풍동실험에서 비틀림 플러터에 대한 내풍안정성은 구조감쇠에 확실히 의존한다는 것을 알 수 있었다. 여기서, 교량의 감쇠용량을 알기 위해 완성계에서 자유감쇠진동실험을 실시하였다([그림 13.8.35]). 실험은 주형의 폐합 후, 포장공사 이전에 실시하였다. 시간적 여유가 없었다는 것, 또한 실험에도 기술적인 제약이 있었지만, 충분히 큰 진폭에는 휨진동을 유발시키는 것밖에 못하였다고 판단하였다.

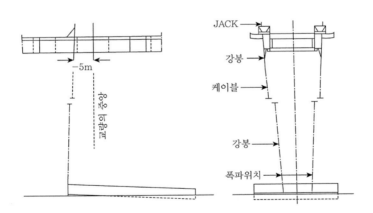

[그림 13.8.35] 자유감쇠진동실험의 장치

먼저, 1척의 배와 교량의 중앙부근을 강봉과 철선으로 연결하였다. 그리고 당초의 계획대로 교량이 비틀림 하중을 받지 않고 휨 대칭변형을 하도록 잭(Jack)으로 600kN의 하중을 강봉에 걸었다. 이렇게 하여 교량은 정적으로 약 11cm 휘었다. 강봉을 폭파하여 급격히 절단하면 교량에는 휨 진동이 유발됨으로 이 진동의 감쇠를 측정하였다.

측정결과, 진동수 0.49Hz의 최저차 휨진동이 주로 유발된다는 것을 알 수 있었다. 그것에서 최대 가속도를 계산하면, $(2 \cdot \pi \cdot 0.49)^2 \times 0.11 = 1.04 \text{m/sec}^2$로 되었지만, 이 정도의 가속도는 [그림 13.8.36]~[그림 13.8.37]에서 알 수 있는 것과 같이 폭파 시에도 얻을 수 있다.

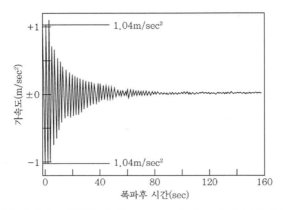

[그림 13.8.36] 자유감쇠진동실험(폭파 후 160sec 동안 교량의 중앙점에서 가속도 측정치)

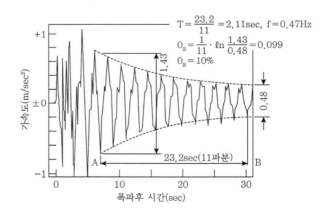

[그림 13.8.37] 자유감쇠진동실험(폭파 후 30sec 동안 가속도 측정치 [그림 13.8.36]의 확대)

실험 중 교량은 자중의 약 11%에 상당하는 중량을 연직방향으로 받았다. 또한 교각은 교통량이 없을 때에 교량에 작용하는 풍하중의 약 1/3에 상당하는 수평하중을 받았다.

실제교량은 Krupp 사와 Skanska Cementgjuteriet 사가 계획하고, 실시하였다. 또한 측정과 평가는 Göteborg공대 철골·목조연구소의 Edlund 교수가 담당하였다.

총 3종류의 실험(자유감쇠진동실험, 낙하시험, 기진시험(문헌 [10] 참조))을 실시하였다.

자유감쇠진동실험에는 교량의 6개소에서 가속도를 측정하였다([그림 13.8.38]). 가속도계는 Brüel & Kjaer, Typ5698을 사용하고, 측정결과는 자기 Tape에 기록하였다. 또한 해석은 Hewlett-Packard, Typ HP5423의 Analyzer를 사용하였다. 이것에 대한 내용은 문헌 [10]에 상세히 나타나 있다.

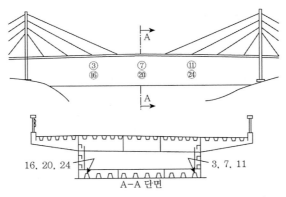

[그림 13.8.38] 자유감쇠진동실험의 측정위치[10]

[그림 13.8.39]에서 최저차의 휨진동이 주로 야기된다는 것을 알 수 있다([표 13.8.21]). 또한 [그림 13.8.40]에서 휨진동의 감쇠는 진폭에 현저히 의존하고 있다는 것을 알 수 있다. 여기서 얻어진 자유 감쇠진동파형에서 대수감쇠율을 산정하면, 진폭이 클 때에는 약 10%, 작을 때에는 약 2%로 되었다. 동일한 결과는 문헌 [11]의 자료에 나타나 있다.

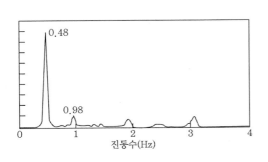

[그림 13.8.39] 자유감쇠진동실험의 휨탁월진동수[10]

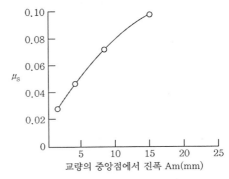

[그림 13.8.40] 휨감쇠의 측정치와 교량의 중앙점에서 진동진폭의 관계[10]

[표 13.8.21] 완성계의 휨진동수

(단위 : Hz)

	계산치		측정치 (문헌 [10]에서)	진동형
	포장 후	포장 전	포장 전	
f_{B1}	0.41	0.49	0.475	대칭 1차 진동
f_{B2}	0.58	0.69	0.664	비대칭 1차 진동
f_{B3}	0.79	0.94	0.983	대칭 2차 진동

[5] 비틀림진동의 감쇠거동

완성계에서 실시한 휨의 자유감쇠진동실험에서, 휨진동에는 진폭이 크면 대수감쇠율에서 10%의 감쇠를 보인다는 것을 알 수 있었다. 또한 교량의 감쇠용량은 진폭이 커지면 증대한다는 것도 알 수 있었다.

순수한 비틀림진동, 또는 비틀림 진동이 연성한 진동을 충분히 큰 진폭으로 유발시키지 못하였기 때문에, 휨진동에 대한 교량의 감쇠용량에서 비틀림진동의 감쇠용량을 추정할 수밖에 없었다. Tjörn 신교는 2면의 사장교이지만, 교각과 케이블은 비틀림진동 시에 있어서도 휨 진동 시와 같은 작용을 나타내었다. 그러므로 비틀림진동의 감쇠는 휨진동의 감쇠와 거의 모두 같은 정도의 값을 나타낸다고 생각된다.

문헌에 있어서도 비틀림진동의 감쇠와 휨진동의 감쇠의 비를 여러 가지 값을 사용하고 있다. 어떤 문헌에서는 비틀림진동의 감쇠는 휨진동의 감쇠보다 크게 되어 있고, 다른 문헌에는 역으로 적게 되어 있다. 그렇지만, 문헌 [12], [13]을 참조하여 신중히 검토한 결과, 비틀림진동의 감쇠는 적어도 휨진동의 감쇠의 65%는 있다고 생각된다. 그러므로 진폭이 충분히 크게 되면, Tjörn 신교에 대한 비틀림진동의 감쇠는 대수감쇠율로 적어도 6.5% 보인다고 할 수 있다.

[6] 내풍안정성

[그림 13.8.33]에서 알 수 있는 것과 같이 비틀림진동의 대수감쇠율이 3.5% 이상이라면, 필요한 내풍안정성을 만족한다. 자유감쇠진동실험과 문헌의 결과를 사용해 검토한 결과, 비틀림진동의 대수감쇠율은 적어도 6.5%를 기대할 수 있다는 것을 알 수 있다. 그러므로 Tjörn 신교의 내풍안정성은 충분하다고 생각된다.

[7] 정리

Tjörn 신교의 내풍안정성을 검토하기 위해서 이론계산과 실험을 실시했지만, 이것들의 결과는 본교 이외에 대해서도 흥미 있는 결과를 갖는다.

부분모형풍동실험에서는 휨-비틀림 플러터가 아니라 비틀림 플러터가 발생하였다. 또한 이와 같은 발산진동의 한계풍속은 감쇠와 동적간섭진폭의 초기설정 값에 현저히 의존하고 있다. Tjörn 신교의 설계작업을 진행하면서 설계상 나타난 모든 문제점을 이번에 실시한 실험으로 해결하는 것은 곤란하며, 특히 부분모형풍동실험에서 얻은 결과를 이론적으로 검토하지는 못하였다. 동적간섭진폭에 대해서 검토도 그렇다. 이 동적간섭진폭에 대해서는 문헌에서도 알 수 있듯이 원리적으로는 알려져 있지만 정량적인 것은 아직 알려진 것이 없다. 그러므로 여기서 남긴 문제를 해결하기 위해 조금이라도 도움이 된다면 다행이다.

본문은 휨-비틀림 플러터의 한계풍속을 구하기 위해 이론계산을 수행하였다. 또한 부분모형풍동실험을 실시한 결과, 발산진동을 일으키는 비틀림 플러터가 관찰되었다. 그 한계풍속은 구조감쇠와 동적간섭진폭에 의존하고 있다. 그리고 본교의 완성계에 대해 자유감쇠진동실험을 실시했지만, 큰 진폭영역에서 산정된 휨 진동의 감쇠는 대수감쇠율로 10%이며, 진동진폭에 의존해 있다.

참고문헌

1) Brodim, S.: New Tjörn Bridge across the Askeröfjord (Sweden), IABSE Periodica 2/1982, 40~41.

2) Kahmann, R., Koger, E.: Die neue Tjörnbrücke, Konstruktion, Statik und Montage der Stahlkonstruktion. Bauingenieur 57 (1982), 379~388.

3) Thiele, F.: Zugeschärfte Berechnungsweise der aerodynamischen Stabilität weitgespannter Brücken (Sicherheit gegen winderregte Flatterschwingungen), Stahlbau 45 (1976), 359~365.

4) Klöppel, K., Thiele, F.: Modellversuche im Windkanal zur Bemessung von Brücken gegen die Gefahr winderregter Schwingingen, Stahlbau 36 (1967), 353~365.

5) Klöppel, K., Weber, G.: Teilmodellversuche zur Beurteilung des aerodynamischen Verhaltens von Vrüchen, Stahlbau 32 (1963), 75~79, 113~121.

6) Hansen, E.H., Sigbjörnsson, R.: Aerodynamic Stability of Box Girders for the proposed Strömstein Bridge, Institutt for Statikk. Norges Tekniske Hogsskole – Universitetet I Trondheim, Februar 1975.

7) Klöppel, K., Schwierin, G.: Ergebnisse von Modellversuchen zur Bestimmung des Einglusses nichthorizontaler Windströmung auf die aerodynamische Stabilitätsgrenzen von Brücken mit kastenfötmigen Querschnitten,

Stahlbau 44 (1975), 193~203.

8) European Convention for constructional steelwork (E.C.C.S.). Technical Committee T 12: Recommendation for the calculation of wind effects on buildings and structures, September 1978.

9) Institution of Civil Engineers, Westminster, London, Bridge Aerodynamics, März 1981. Proposed British Design Rules.

10) Ohlson, S.: Dynamic Propertics of the Tjörn Bridge, Chalmers Tekniska Högskola, Institutionen för Konstruktionsteknik, Staloch träbyggnad, Publikation S81 : 3. Gothenburg, November 1981.

11) Havemann, H. K.: Spannungs und Schwingungsmessungen au der Brücke über die Norderelbe im Zuge der Bundesautobahn. Südliche Umgebung Hamburg. Stahlbau 33 (1964), 289~297.

12) Selberg, A.: Damping Effect in Susoension Bridges, IVBH, Vol. X. Zürich, 1950, 183~198.

13) Murakami, E., Okubo, T.: Wind Resistant Design of a Cable Stayed Girder Bridge, IVBH. Final Report 8th Congress 1968, 1263~1274.

14) Rosemeier, G.: Zur aerodynamischen Stabilität von H-Querschnitten, Bauingenieur 48 (1973), 401~409.

15) Koger E. (1983. 5). Tjörn 신교의 내풍검토, Der Stahlbau 52.

13.8.5 복합사장교(PC라멘교＋강사장교＋PC라멘교)[9]

[1] 개요

스가하라시로기다(菅原城北)대교는 대판도시계획도로 풍리시전선(豊里矢田線)이 정천(淀川)을 횡단하는 장병교(長柄橋)와 풍리대교(豊里大橋)의 거의 중간에 위치하고 있다. 본교는 [그림 13.8.41]에 나타낸 것과 같고, 하천 내의 주 교량 부분에 3경간연속 강사장교를, 그 양측에 PC라멘교를, 그리고 그 접합부에 복합힌지를 배치한 매우 특징이 있는 구조를 취하고 있다.[1], [2]

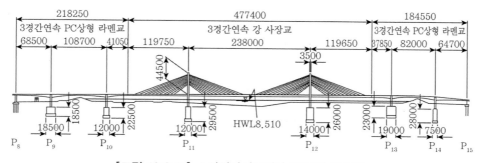

[그림 13.8.41] 스가하라시로기다 대교의 일반도

본교의 설계에 대해서는 기존의 문헌으로부터 주형이나 주탑의 기본설계단면에 대해 내풍안정성을 검토하였다. 그 결과, 공력진동이 발생할 가능성이 예측되기 때문에, 풍동시험을 실시하여 내풍안정성을 상세히 조사하였다.

본문에는 주형의 2차원 강체부분 모형시험, 주탑의 3차원 강체모형시험 및 전체 구조계의 3차원 탄성체 모형시험의 풍동시험의 결과, 더불어 현지에 있어서 실제 풍 관측을 실시하여, 그 결과를 기술하였다.

[2] 주형의 2차원 강체부분 모형실험

본교의 기본설계의 주형단면은 [그림 13.8.42]에 나타낸 것과 같고, 편평한 역대형단면(B/D=8.8)을 갖는다.

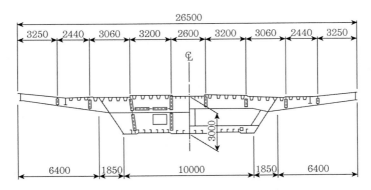

[그림 13.8.42] 주형표준단면도

이와 같은 단면은 위를 향해 부는 바람이 작용할 때에 공력진동이 발생하는 것으로 잘 알려져 있다. 여기서, 축척 1/28인 2차원 강체부분 모형을 사용해 풍동시험을 수행하여, 그 기본적인 공력특성을 확인하고, 불안정한 공력진동이 발생하는 경우에는 그 진동대책에 대해 검토하였다. 시험조건은 [표 13.8.22]에 시험결과는 [표 13.8.23]에 나타내었다.

[표 13.8.22] 주형의 시험조건

항목		실제 교량	모형 교량	
축척		–	1/28	
중량		16.53tf/m	56.93kgf/model	
극관성 모멘트		79.6tf·m·s^2/m	0.35kgf·m·s^2/model	
진동수	휨	0.357Hz	2.407Hz	
	비틀림	0.898Hz	6.055Hz	
진동수비		1/2.515	1/2.516	
풍속배율		–	휨	4.15
			비틀림	4.15
구조감쇠	휨	–	0.020[1]	
	비틀림		0.020[2]	

주 1) 무풍 시의 휨 편진폭 4.7mm에 관한 값
  2) 무풍 시의 비틀림 편진폭 0.5도에 관한 값

[표 13.8.23]에서 알 수 있는 것과 같이, 기본설계단면은 위를 향해 부는 바람이 작용하면 저 풍속 영역에서 연직 휨 및 비틀림 와려진 진동이 발생하고, 고 풍속 영역에서는 비틀림 플러터가 발생하였다.

[표 13.8.23] 주형의 시험결과

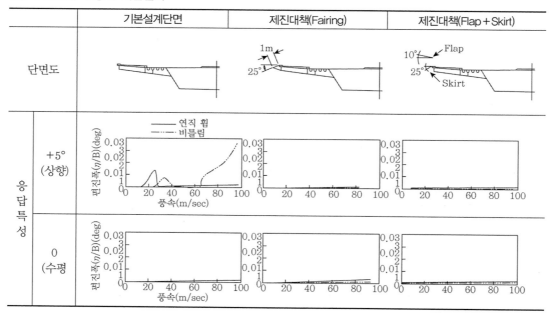

다만, 고풍속 영역에서의 비틀림 플러터는 혼슈시고꾸 연락교 내풍설계기준에 정한 한계풍속 영역을 만족하였다.

와려진 진동을 안정화하는 방법으로 [표 13.8.23]에 나타낸 것과 같이 유선형(Fairing) 또는 난간에 날개판(Flap) 및 자락(Skirt)의 첨가가 유효하다는 것을 확인할 수 있었다.

다만, 유선형(Fairing)을 설치할 경우, 수평바람에 대해 미소한 와려진 진동이 발생하였다.

[3] 주탑의 3차원 강체부분 모형실험

기본설계에서 주탑은 대개 정방형단면을 갖는 1본의 기둥형식을 하고 있다.

이 경우, 바람이 교축방향에서 작용할 때에는 바람과 직각방향으로 발생하는 공력진동은, 가설시의 주탑 독립상태만 아니라 완성계에 있어서도, 비교적 저풍속 영역에서 생기는 것으로 예상되었기 때문에, 내풍안정성을 개선하는 방법에 대해 검토하였다.

주탑의 내풍안정성을 개선하는 방법으로는 역학적인 감쇠장치를 부가하는 방법이나 공역적인 첨가물을 설치하는 방법 등이 있지만, 본교에서는, 특히 단면형상을 변화시키는 개선법에 대해 검토하였다.

구체적으로 다음과 같은 2종류의 방법을 시도하였다.

1. 단면의 4 모퉁이를 잘라내어, 그 크기 및 형상을 변화시킨다.
2. 단면의 중앙부에 스릿트(Slit)를 설치, 단면을 2부분으로 나눈다.

1에 대해서는 문헌 [3]과 문헌 [4]를 참조하면 되고, 여기서는 기본설계단면과 더불어 경관을 고려하여 최종적으로 본교의 주탑형식에 채용했다. 2의 방법에 대해 기술하는 것으로 한다.

시험방법으로는 축척 1/20에 3차원 강체모형을 기초 부분에서 스프링지지하고, 휨 1차 모드를 근사적으로 재현하여, 풍동시험을 실시하였다.

(1) 기본설계단면의 내풍안정성

기본설계단면의 교축방향의 바람에 대한 응답특성을 [표 13.8.24]에 나타낸 것과 같이 풍속 25m/sec 부근에서 와려진 진동이 발생하고, 30m/sec 부근에서 갤로핑의 발생이 확인되었다. 이것에 대해 주탑에 대해서는 공력적 제어대책을 강구해 안정화를 도모하는 것으로 하였다.

[표 13.8.24] 기본설계단면의 시험결과

대책	단면	풍향 (deg)	한정진동 공진풍속 (m/s)	한정진동 편진폭 (η/H)(deg)	발산진동 발진풍속 (m/s)	진동성상 개략도	비고
없음	H=43.4(주탑높이) →	90	24.8	0.0059 (254)	30.3		δ_η=0.010

주 1) 한정진동의 휨진동에 대해서, ( )내는 실제교량환산 편진폭(단위 mm)을 나타낸다.
　 2) 발산진동의 발진풍속은 편진폭 η/H가 0.004이상일 때 풍속을 나타낸다.

(2) 스릿트에 의한 내풍안정성의 개선법[5], [6]

주탑단면의 중앙부에 스릿트를 설치한 단면을 2분하는 방법은 케이블 정착부의 작업공간 및 스릿트 사이에 점검·보수작업의 공간확보가 필요함으로, 스릿트 폭원을 극단으로 변화시킬 수는 없다. 사전에 스릿트 간격을 변화시켰을 때의 특성에 대해 와점법에 의해 유동해석을 사용해 확인하고, 풍동시험에 대해서는 경우수를 되도록 줄이고, 현실적으로 가능한 형식에 대해서만 실시하였다.

1) 스릿트폭원의 변화에 따른 안정화 효과

교축방향, 즉 스릿트 방향의 바람을 대상으로, 와점법에 의한 유동해석을 사용해 검토한 결과를 [그림 13.8.43]에 나타내었다.

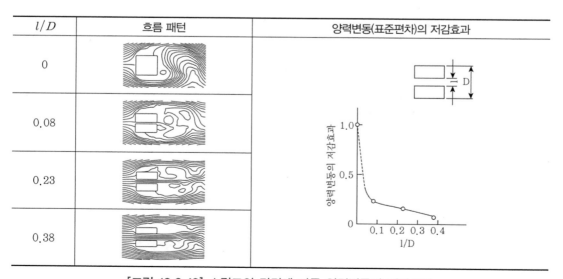

l/D	흐름 패턴	양력변동(표준편차)의 저감효과
0		
0.08		
0.23		
0.38		

[그림 13.8.43] 스릿트의 간격에 따른 양력변동의 저감효과

그림에서 알 수 있듯이, 미소한 스릿트가 있을 때에는 단면에 작용하는 양력은 크게 저감되지만, l/D가 0.1 이상일 때에는 스릿트 폭원이 변화하여도 양력변동의 저감효과에는 영향을 미치지 않는다. 스릿트 폭원에 대해서는 작업공간이나 유지관리 등을 고려해 결정하기로 하였다.

2) 응답특성

주탑의 정면도를 [그림 13.8.44]에 나타내었고, 이것에 대한 풍동시험의 결과를 [표 13.8.25]에 나타내었다. 기본설계의 정방형단면에서 발생하고 있는 와려진 진동과 갤로핑에 대해 현저히 안정화 효과가 확인되고, 풍향이 변화하여도 비교적 안정한 특성을 나타내고 있다.

3) 스릿트에 의한 개선 메커니즘

단면주위의 흐름의 상태를 연막탄흐름으로 가시화한 그림이 [사진 13.8.1]과 [사진 13.8.2]에 나타내었다. 사진에서 알 수 있듯이 주탑 측면에 관한 박리 전단층에는 그렇게 변화가 보이지 않지만, 스릿트 사이의 가속된 흐름에 의해 각종단면의 배후에 대칭 와가 형성되어 흐름의 변동을 현저히 감소시키고 있다. 즉, 와려진에 대한 안정화 효과는 스릿트 사이를 통과하는 가속도에 따라 후류에서의 비대칭 와를 일으켜 저해하는 것으로 생각된다.

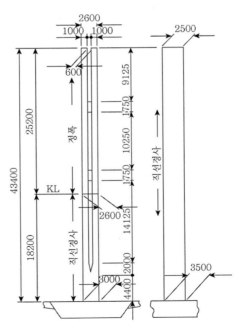

[그림 13.8.44] 주탑의 정면도

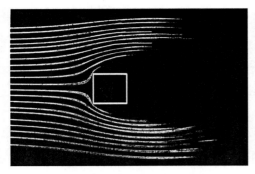
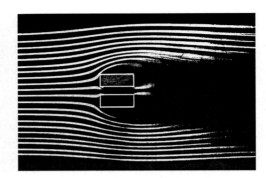

[사진 13.8.1] 기본설계단면 연막탄흐름　　　[사진 13.8.2] 제진대책단면 연막탄흐름

[표 13.8.25] 제진대책시험의 결과

대책	단면 (실제 교량치수, 단위 m)	풍향 (deg)	한정진동		발산진동 발산풍속 (m/s)	진동성상 개략도	비고
			공진풍속 (m/s)	편진폭 (η/H)			
slit	H = 43.4	90	–	–	>92		$\delta_\eta = 0.010$
slit	H = 43.4	80	–	–	>97		$\delta_\eta = 0.010$
slit	H = 43.4	70	16.2	0.0002 (10)	>97		$\delta_\eta = 0.010$
slit	H = 43.4	60	19.0	0.0005 (20)	>96		$\delta_\eta = 0.010$

주 1) 한정진동의 휨진동에 대해서 괄호 안은 실제교량환산 편진폭(단위 mm)을 나타낸다.
　　2) 발산진동의 발산풍속은 편진폭에서 η/H가 0.004 이상일 때 풍속을 나타낸다. H : 주탑 높이

(3) 교축직각방향의 응답특성

교축직각방향에서 바람에 대해서는, 완성 후는 케이블을 끼고 주탑과 보강형이 일체로 되기 때문에 문제는 없다고 생각되지만, 가설 시에 있어서는 주탑이 독립상태로 됨으로, 그 내풍안정성이 염려된다. 풍동시험의 결과에서는 와려진 진동이 발생하지만, 갤로핑에 대해 안정화하고 있다.

[4] 전경간 3차원 탄성체 모형실험

본교는 사장교의 양측경간의 단부가 복합 힌지를 끼고 PC라멘교에 결합되었다. 그것 때문에 사장교의 내풍안정성을 검토할 경우에는 PC라멘교의 영향을 무시할 수 없다. 그리고 본교의 받침은 사각을 가지고 있고, 진동모드는 휨과 비틀림이 약간 연성하는 것으로 된다.

또한 가설 시에 있어서는 주탑 독립상태와 더불어 측경간이 캔틸레버인 매우 불안정한 상태가 된다. 그것 때문에 완성계에서는 PC라멘교도 포함한 3차원 탄성체 모형, 가설계에서는 사장교 단독의 3차원 탄성체 모형을 사용한 풍동시험에 의해, 교량전체의 내풍안전성을 조사하였다.

모형의 축척은 1/100로 하고, 주형 및 주탑에 실제교량과 유사한 강성봉을 넣고, 노송나무제의 외형재를 설치하고, 외형재 사이의 틈에는 얇은 고무 씰(seal)을 설치했다.

[사진 13.8.3] 전경간 3차원 탄성체 모형

(1) 완성계에 대한 내풍안정성

1) 일정한 상태의 흐름에서 시험결과

시험에 사용한 모형을 [사진 13.8.3]에 나타내었다. 기본설계단면 및 제진대책안(유선형 및 날개판+자락)을 실시한 단면에 대해서, 일정한 흐름 중에 영각을 변화시켰을 때의 응답특성을 [그림 13.8.45]에 나타내었다.

기본설계단면의 정성적인 경향은 [2]의 주형의 2차원 강체부분 모형실험결과와 유사하지만, 발생진폭은 약간 증대하고, 불안정화하고 있다. 그 원인으로는, 종래 언급되었듯이 와진력의 교축방향의 분포형상이 진동모드와 반드시 일치하지 않는다고 생각되지만, 사장교부분에 연결된 PC라멘교에 작용하는 와진력도 적지 않은 영향이 있다고 생각된다. 이것은 PC라멘교의 외형재를 떼어내어 조사한 것, [그림 13.8.45]의 응답량보다 감소하는 것부터 검토하여야 할 것이다.

한편, 유선형을 설치할 경우 내풍안전성은 뚜렷이 개선되지만, 영각 0, +3°의 20m/sec 부근에도 비틀림의 와려진 진동이 발생한다. 다만 이 진폭은 구조감쇠 증가에 따라 감소하고, [그림 13.8.46]에 나타낸 것과 같이 대수감쇠율이 0.05라면 진동은 발생하지 않았다. 그리고 제진대책으로 날개판과 자락을 설치하면 대수감쇠율이 0.02라 하더라도 와려진 진동은 발생하지 않고, 안정한 단면으로 된다.

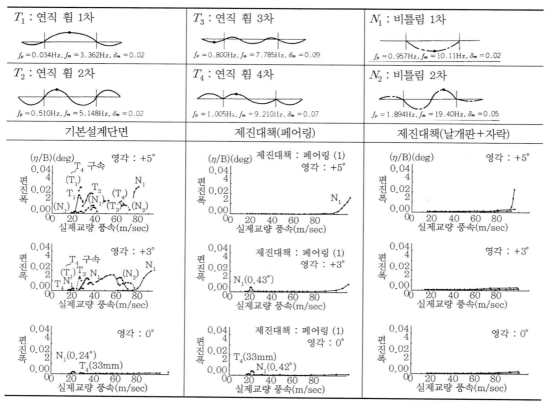

[그림 13.8.45] 완성계 전경간 모형실험결과 (f_p : 실제교량의 진동수, f_m : 모형의 진동수)

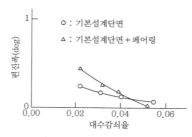

[그림 13.8.46] 구조감쇠에 의한 비틀림 와려진 응답치의 비교

2) 난류상태의 시험결과

본 교는 비교적 형하공간이 협소하고, 내륙부에 위치하기 때문에, 작용하는 바람에는 적지 않는 난류가 포함된 것으로 생각된다. 그러므로 풍동 내에 날개·댐퍼를 사용해 난류를 발생시켜, 모형에 발생하는 응답을 조사하였다. 난류특성은 [표 13.8.26]에, 시험결과는 [그림 13.8.47]에 나타내었다. [그림 13.8.47]에 명확하게 보인 것과 같이, 기본설계단면에도 난류 중에는 정상적인 와려진 진동은 발생하지 않고 바람의 난류에 의한 불규칙 진동, 이른바 갤로핑 진동이 탁월하다.

갤로핑의 응답량은 고차 모드로 되므로 감소하고, 그리고 진동파형에 관한 탁월치의 빈도분포는 Reighley 분포에 따른다는 것이 확인되었다. 이것들의 결과를 사용하여 갤로핑에 의한 응답치에 대해서 응력조사를 하였지만, 초기통과레벨 및 피로에 있어서도 허용치 이하로 된다는 것을 알았다.

[표 13.8.26] 난류특성

	수평방향	연직방향
난류강도 I	10.1%	6.0%
난류스케일 L	245m	87m
무차원 파워 스펙트라 $\left(\begin{array}{l}종축 : \dfrac{S(f)\,U}{\sigma^2 L} \\ 횡축 : \dfrac{f \cdot L}{U}\end{array}\right)$		

(2) 가설계에 대한 내풍안정성[7]

본 교의 가설에는, 중앙경간의 보강형과 주탑의 가설을 병행하였고, 중앙경간의 보강형을 폐합한 후, 측경간의 보강형을 캔틸레버로 가설한다. 주탑의 독립상태에 있어서는, 3차원 강체 모형시험의 결과에서 교축직각방향의 바람이 작용했을 때에 주탑의 와여진 진동의 발생이 예측되었다. 그리고 측경간 캔틸레버 가설 시에 있어서도 구조적으로 불안정한 상태로 된다. 그러므로 가설 시 가설장비를 충분히 설치하여 풍동시험을 실시하고, 그 내풍안정성을 조사하였다.

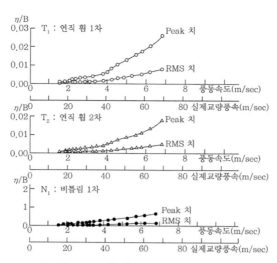

[그림 13.8.47] 완성계 난류시험의 결과

1) 주탑독립 시

축척 1/20의 주탑 3차원 강체 모형에 가설발판을 설치하여 수행한 풍동시험의 결과를 [그림 13.8.48]에 나타내었지만, 가설발판을 설치함으로서 와려진의 공진풍속의 공진속도는 30m/sec으로 높아지고, 최대 응답진폭은 가설발판을 설치하지 않는 경우의 1/5로 감소한다는 것을 알았다. 그리고 전경간모형을 사용한 풍동시험에서도 같은 결과가 얻어졌다. 이것은 가설발판의 크레인에 의해 기류가 난류로 되는 것 등이 원인이라 생각된다.

이상으로 특히 내풍대책을 설치하지 않고 주탑을 가설하는 것으로 하였다.

모형명	단면 [실제교량 치수, 단위 m]	풍향 [deg]	한정진동		발산진동 발산풍속 (m/s)	진동성상 개략도	비고
			공진 풍속 (m/s)	편진폭 (η/H) (deg)			
Slit 가설계 방호책 (유)	H = 43.40(주탑높이)	0	31.0	0.0060 (261)	>77	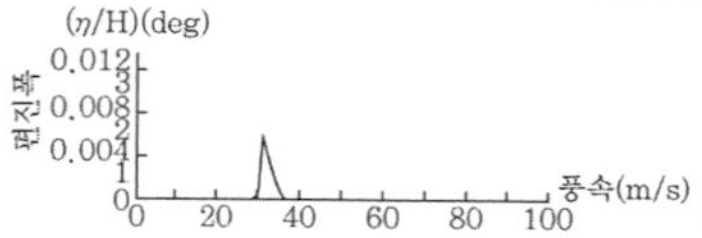 (η/H)(deg)	δ_η =0.009

주 1) 한정진동의 휨진동에 대해서 괄호 안은 실제교량환산 편진폭(단위 mm)을 나타낸다.
   2) 발산진동의 발산풍속은 편진폭에서 η/H가 0.004이상일 때 풍속을 나타낸다. H : 주탑 높이

[그림 13.8.48] 주탑독립 시의 시험결과

2) 측경간 보강형 캔틸레버 가설 시

계산에서 구해지는 진동 모드를 [그림 13.8.49]에 나타내었지만, 측경간의 수평휨의 1차와 2차와 더불어 연직휨의 1차와 2차가 근접한 진동수에 있고, 시험에서 얻어진 응답도 양자가 연성한 진동으로 되어 있다. [그림 13.8.50]에 나타낸 응답특성으로 알 수 있는 것과 같이 상향바람이 작용하는 경우, 주형의 와여진 진동이 발생할 가능성이 있고, 중간에 휨 1차 및 휨 2차의 측경간 캔틸레버 부분의 탁월한 진동은, 풍속 20m/sec 부근부터 발생한다. 특히 측경간 선단의 가설용 크레인이 노면 중앙보다 풍상 측에 위치할 때, 측경간의 진동이 탁월한 경향이 확인되었다.

와여진에 의해 과대한 진동이 발생할 경우, 벤트(bent)상의 가설받침이 손상될 우려가 있고, 크레인 등의 가설장비의 위치에 따라 내풍응답이 미소하게 변화하는 것, 그리고 크레인이 작업 시 이동에 의해, 보강형이 진동하고 가설의 작업성이 떨어지는 등을 고려하여 다이내믹 댐퍼를 측경간부에 설치하는 것으로 하였다.

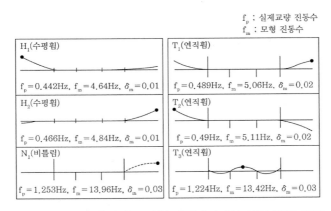

[그림 13.8.49] 측경간 보강형 캔틸레버가설 시의 진동 모드

[5] 실제바람의 관측결과[8]

본교의 가설 중에 약 2km 상류 측에 위치한 풍리대교의 교면상에 풍속계를 설치하고, 실제 바람관측을 실시하고, 강형의 가설을 완료한 후, 본교의 중앙경간의 중앙분리대 위로 이설하여 관측을 계속하였다.

계측은 3성분의 초음파풍속계를 사용하고, 데이터의 길이를 10분간, Sampling 주파수 20Hz에서 해석하였다. 그 결과, 관측지점에서 평균양각은 비교적 작고, 최대에서도 +2°를 초과하는 일은 없었다. 난류강도는 I_u 에서 12%, I_w 에서 5% 정도이고, 난류스케일은 수평방향에 40~470m, 연직방향에

3~30m의 범위에 있다. 그리고 양각의 변동범위를 조사하기 위해 대략 와여진의 발달시간에 대응할 90sec 간의 이동평균해석을 실시한 결과, 양각의 성분은 대체적으로 정규분포에 가깝고, 양각의 변동범위는 약 ±3° 정도였다.

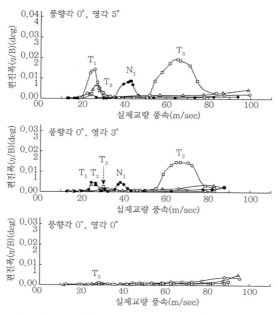

[그림 13.8.50] 가설 시 전경간 모형시험의 결과

[6] 정리

1987년 10월에 강형의 가설에 부착해, 1989년 2월에는 사장교와 PC라멘교의 폐합을 완료하였다. 그 기간 동안에 불안정한 공력진동의 발생도 없었고, 무사고로 공사를 마치고 1989년 6월에 본교를 개통하였다. 본교의 주형의 제진장치에 대해서는 풍동시험이나 실제바람관측의 결과를 종합적으로 감안하여 마땅한 위치에 설치를 비교해 보는 것으로 하였다. 다만, 본교의 난간에 제진장치를 설치할 수 있게 구조면에서 배려하고 있고, 개통 후에도 실제바람관측과 주형의 내부에 설치한 가속도계에 의해, 실제 교량의 진동의 관측을 계속할 수 있어, 앞으로 주형의 제진장치의 필요성에 대해서는 충분히 검토해야 한다고 생각한다.

참고문헌

1) 藤澤, 龜井, 井下 (1989.3). 管原城北大橋主橋梁部の設計と施工, 土木學會論文集 第403号.

2) 藤澤, 龜井, 井下 (1989.5). 管原城北大橋・橋端Hinge部の設計, 橋梁と基礎.

3) 白石 外 3人 (1987.9). 斜張橋の塔(1本柱)の耐風性の改善法について, 土木學會 第42回 年次 學術講演會槪要集, I-322.

4) T. Saito, N. Shiraishi, M. Fujisawa (1987). *On Aerodynamic Improvement of Pylon of Cable-Stayed Bridge with Single Cable Plane*, Proc. Int. Seminar on Wind Eng. Innsbruck.

5) 白石, 中西, 井下, 本田 (1987. 9). Slitを有する斜張橋の塔(1本柱)の耐風性について, 土木學會 第42回 年次 學術講演會槪要集, I-321.

6) T. Saito, N. Shiraishi, M. Fujisawa (1987). *On Aerodynamic Improvement of Pylon of Cable-Stayed Bridge with Single Cable Plane*, Proc. Int. Conf. on Cable-Stayed Bridges, Bangkok.

7) 白石, 藤澤, 井下, 本田 (1988. 10). 淀川新橋(假稱)架設時の耐風性に關する硏究(その1), 土木學會 第42回 年次 學術講演會槪要集, I-337

8) 白石 外 4人 (1988. 10). 淀川新橋(假稱)架設時の耐風性に關する硏究(その2), 土木學會 第42回 年次 學術講演會槪要集, I-351.

9) 石岡, 井下, 龜井 (1990.7). 管原城北大橋の耐風安定性, 橋梁と基礎.

13.9 맺음말

본 장에서는 장대교에 특히 문제가 되는 바람에 의한 진동에 관점을 두고, 바람에 의한 진동 메커니즘, 사장교의 풍력에 의한 진동과 대책, 풍동실험, 내풍대책과 제진대책, 장대교의 내풍설계 등에 대해 기술하였다.

새로운 '내풍설계기준'이나 판신고속도로공단의 '내풍설계에 대한 동적조사법'과 같이 총괄적인 내풍설계기준이 제정되었고, 앞으로 응답추정방법, 평가기준 등을 포함한 새로운 설계기준이 제정되어 교량의 내풍설계에 보다 합리화, 효율화가 유용하기를 기대한다.

부록

A. 매트릭스의 개요

사각매트릭스

자연수 m, n인 $(m \times n)$개의 복소수 $a_{ij}(i=1, 2, 3 \cdots ; m ; j=1, 2, 3 \cdots n)$를 행으로 m개, 열로 n개의 사각형으로 늘어놓은 표를 (m, n)형 매트릭스(행렬)이라 한다.

$$[A] = \begin{bmatrix} a_{11} & a_{12} & a_{13} & \cdots & a_{1n} \\ a_{21} & a_{22} & a_{23} & \cdots & a_{2n} \\ a_{m1} & a_{m2} & a_{m3} & \cdots & a_{mn} \end{bmatrix} \tag{A.1}$$

a_{ij}를 매트릭스의 ij성분이라 한다.

행매트릭스·열매트릭스

$(m, 1)$형의 매트릭스를 m열벡터(Vector)라 한다.

$$\{a\} = \begin{Bmatrix} a_1 \\ a_2 \\ \vdots \\ a_m \end{Bmatrix} \tag{A.2}$$

$(1, n)$형의 매트릭스를 n행벡터(Vector)라 한다.

$$(b) = (b_1 \quad b_2 \quad b_3 \cdots b_n) \tag{A.3}$$

매트릭스의 연산규칙의 기본적 규약

2개의 (m, n)형 매트릭스 $[A]$와 $[B]$의 합을 다음과 같이 나타낸다.

$$[A] = \begin{bmatrix} a_{11} & a_{12} & a_{13} & \cdots & a_{1n} \\ a_{21} & a_{22} & a_{23} & \cdots & a_{2n} \\ \vdots & \vdots & \vdots & & \vdots \\ a_{m1} & a_{m2} & a_{m3} & \cdots & a_{mn} \end{bmatrix}, \quad [B] = \begin{bmatrix} b_{11} & b_{12} & b_{13} & \cdots & b_{1n} \\ b_{21} & b_{22} & b_{23} & \cdots & b_{2n} \\ \vdots & \vdots & \vdots & & \vdots \\ b_{m1} & b_{m2} & b_{m3} & \cdots & b_{mn} \end{bmatrix} \tag{A.4}$$

$$[A] + [B] = \begin{bmatrix} a_{11} + b_{11} & a_{12} + b_{12} & \cdots & a_{1n} + b_{1n} \\ a_{21} + b_{21} & a_{22} + b_{22} & \cdots & a_{2n} + b_{2n} \\ \vdots & & \vdots & & \vdots \\ a_{m1} + b_{m1} & a_{m2} + b_{m2} & \cdots & a_{mn} + b_{mn} \end{bmatrix} \tag{A.5}$$

복소수 c에 대해 $(m,\ n)$형 매트릭스 $[A]$의 각 성분을 c배하여 구한 매트릭스는 다음과 같이 된다.

$$c[A] = \begin{bmatrix} ca_{11} & ca_{12} & ca_{13} & \cdots & ca_{1n} \\ ca_{21} & ca_{22} & ca_{23} & \cdots & ca_{2n} \\ \vdots & \vdots & \vdots & & \vdots \\ ca_{m1} & ca_{m2} & ca_{m3} & \cdots & ca_{mn} \end{bmatrix} \tag{A.6}$$

$$(-1)[A] = -[A] \tag{A.7}$$

$$[A] + (-[B]) = [A] - [B] \tag{A.8}$$

성분이 모두 0인 $(m,\ n)$형 매트릭스를 $(m,\ n)$ 0(zero) 매트릭스라 하고 $[0_{m,n}]$으로 나타낸다. 행과 열에 혼돈이 없는 경우에는 [0]으로 나타낼 수도 있다. 0 매트릭스에 대해서는 다음 식이 성립한다.

$$[A] + [0] = [A], \quad [A] - [A] = [0] \tag{A.9}$$

다음과 같은 수학의 연산법칙이 성립한다.

$$\begin{aligned} &([A] + [B]) + [C] = [A] + ([B] + [C]) \quad \text{결합법칙} \\ &[A] + [B] = [B] + [A] \\ &c([A] + [B]) = c[A] + c[B] \\ &(c + d)[A] = c[A] + d[A] \\ &(cd)[A] = c(d[A]) \\ &1[A] = [A], 0[A] = [0] \end{aligned} \tag{A.10}$$

매트릭스의 곱셈

$$[A] = \begin{bmatrix} a_{11} & a_{12} & a_{13} & \cdots & a_{1m} \\ a_{21} & a_{22} & a_{23} & \cdots & a_{2m} \\ \vdots & \vdots & \vdots & \vdots & \vdots \\ a_{l1} & a_{l2} & a_{l3} & \cdots & a_{lm} \end{bmatrix}, \quad [B] = \begin{bmatrix} b_{11} & b_{12} & b_{13} & \cdots & b_{1n} \\ b_{21} & b_{22} & b_{23} & \cdots & b_{2n} \\ \vdots & \vdots & \vdots & \vdots & \vdots \\ b_{m1} & b_{m2} & b_{m3} & \cdots & b_{mn} \end{bmatrix} \qquad \text{(A.11)}$$

$(l,\ m)$형 매트릭스 $[A]$와 $(m,\ n)$형 매트릭스 $[B]$의 곱셈을 다음과 같이 정의된다.

$$\underset{l \times m}{[A]} \ \underset{m \times n}{[B]} = \begin{bmatrix} c_{11} & c_{12} & c_{13} & \cdots & c_{1n} \\ c_{21} & c_{22} & c_{23} & \cdots & c_{2n} \\ \vdots & \vdots & \vdots & \vdots & \vdots \\ c_{l1} & c_{l2} & c_{l3} & \cdots & c_{ln} \end{bmatrix} \qquad \text{(A.12)}$$

여기서,

$$c_{ij} = \sum_{j=1}^{m} a_{ik}b_{kj} = a_{i1}b_{1j} + a_{i2}b_{2j} + \cdots + a_{im}b_{mj} \qquad \text{(A.13)}$$

$$(i = 1,\ 2,\ 3 \cdots ;\ l \ ;\ j = 1,\ 2,\ 3 \cdots n)$$

그러므로 $\underset{l \times m}{[A]} \ \underset{m \times n}{[B]}$ 는 $(l,\ n)$형 매트릭스가 된다.

예를 들면,

$$[A] = \begin{bmatrix} a_{11} & a_{12} & a_{13} \\ a_{21} & a_{22} & a_{23} \\ a_{31} & a_{32} & a_{33} \end{bmatrix}, \quad [B] = \begin{bmatrix} b_{11} & b_{12} & b_{13} \\ b_{21} & b_{22} & b_{23} \\ b_{31} & b_{32} & b_{33} \end{bmatrix} \qquad \text{(A.14)}$$

$$\underset{3 \times 3}{[A]} \ \underset{3 \times 3}{[B]} = \begin{bmatrix} a_{11}b_{11} + a_{12}b_{21} + a_{13}b_{31} & a_{11}b_{12} + a_{12}b_{22} + a_{13}b_{32} & a_{11}b_{13} + a_{12}b_{23} + a_{13}b_{33} \\ a_{21}b_{11} + a_{22}b_{21} + a_{23}b_{31} & a_{21}b_{12} + a_{22}b_{22} + a_{23}b_{32} & a_{21}b_{13} + a_{22}b_{23} + a_{23}b_{33} \\ a_{31}b_{11} + a_{32}b_{21} + a_{33}b_{31} & a_{31}b_{12} + a_{32}b_{22} + a_{33}b_{32} & a_{31}b_{13} + a_{32}b_{23} + a_{33}b_{33} \end{bmatrix}$$

$$\text{(A.15)}$$

$[A]$, $[B]$, $[C]$를 각각 $(k,\ l)$형 매트릭스, $(l,\ m)$형 매트릭스, $(m,\ n)$형 매트릭스라 하면 다음

식들이 성립한다.

$$([A][B])[C] = [A]([B][C]) \qquad \text{결합법칙}$$
$$[A]([B]+[C]) = [A][B]+[A][C] \qquad \text{분배법칙}$$
$$([A]+[B])[C] = [A][C]+[B][C] \qquad \text{분배법칙}$$
$$[A][0] = [0], \quad [0][A] = [0]$$

(A.16)

단위매트릭스·역매트릭스

(n, n)형 매트릭스(또는 n차 매트릭스)에서 (i, j)성분(i=1, 2 ⋯ n)만 1이고, 기타 성분은 모두 0(zero)인 것을 n차 단위매트릭스라 하고, 다음과 같이 나타낸다.

$$[I] = \begin{bmatrix} 1 & 0 & \cdots & 0 \\ 0 & 1 & \cdots & 0 \\ \vdots & \vdots & \vdots & \vdots \\ 0 & 0 & \cdots & 1 \end{bmatrix}$$

(A.17)

일반적으로 역매트릭스는 다음과 같이 정의 된다. n차 매트릭스 $[A]$에 대해서 $[X][A] = [I]$로 된 매트릭스 $[X]$가 존재할 때, $[A]$를 정칙매트릭스라 하고, $[X]$를 $[A]$의 역매트릭스라 하고, $[X] = [A]^{-1}$로 나타낸다.

역매트릭스에 대해서는 다음 식이 성립한다.

$$[A][A]^{-1} = [I]$$

(A.18)

[A]가 정칙이면 역매트릭스 $[A]^{-1}$도 정칙으로 다음 식이 성립한다.

$$([A]^{-1})^{-1} = [A]$$

(A.19)

$[A]$와 $[B]$가 같이 n차 정칙매트릭스라면, $[A][B]$도 정칙으로 다음과 같은 식이 성립한다.

$$([A][B])^{-1} = [B]^{-1}[B]^{-1}$$

(A.20)

여기서는 (2, 2)형 매트릭스의 역매트릭스를 예로 나타내었지만, 구조물의 구조해석에는 고차의 역매트릭스를 구하는 것이 필요하다. 이와 같은 역매트릭스를 구하기 위해 컴퓨터에 의한 수치해석법이 많이 개발되었다.

전치매트릭스

(m, n)형 매트릭스의 행과 열을 역으로 한(n, m)형 매트릭스를 $[A]$의 전치매트릭스(Transposed Matrix)라 하고 $[A]^T$로 나타낸다.

$$[A]^T = \begin{bmatrix} a_{11} & a_{21} & a_{31} & \cdots & a_{m1} \\ a_{12} & a_{22} & a_{32} & \cdots & a_{m2} \\ \vdots & \vdots & \vdots & \vdots & \vdots \\ a_{1n} & a_{2n} & a_{3n} & \cdots & a_{mn} \end{bmatrix} \tag{A.21}$$

전치 매트릭스에 대해서 다음 식이 성립한다.

$$([A]^T)^T = [A], \;\; ([A] + [B])^T = [A]^T + [B]^T \tag{A.22}$$

$$(c[A])^T = c[A]^T, \;\; ([A][B])^T = [B]^T[A]^T \tag{A.23}$$

대칭매트릭스 · 대각매트릭스

(n, n)형 매트릭스 $[A]$에 대해 $a_{ij} = a_{ji}$일 때 대칭매트릭스라고 한다. $[A]^T = [A]$일 때 대칭매트릭스가 된다. 대각성분 a_{ii} 이외의 성분들이 0(zero)인 매트릭스를 대각매트릭스라 한다.

매트릭스의 미분 및 적분

매트릭스의 미분 및 적분은 모든 요소(성분)를 미분 및 적분하는 것을 나타낸다. 즉,

$$[A(t)] = \begin{bmatrix} a_{11}(t) & a_{12}(t) & \cdots & a_{1n}(t) \\ a_{21}(t) & a_{22}(t) & \cdots & a_{2n}(t) \\ \vdots & \vdots & \vdots & \vdots \\ a_{m1}(t) & a_{m2}(t) & \cdots & a_{mn}(t) \end{bmatrix} \tag{A.24}$$

일 때,

$$\frac{d[A(t)]}{dt} = \begin{bmatrix} \dfrac{da_{11}(t)}{dt} & \dfrac{da_{12}(t)}{dt} & \cdots & \dfrac{da_{1n}(t)}{dt} \\ \dfrac{da_{21}(t)}{dt} & \dfrac{da_{22}(t)}{dt} & \cdots & \dfrac{da_{2n}(t)}{dt} \\ \vdots & \vdots & \vdots & \vdots \\ \dfrac{da_{m1}(t)}{dt} & \dfrac{da_{m2}(t)}{dt} & \cdots & \dfrac{da_{mn}(t)}{dt} \end{bmatrix} \tag{A.25}$$

$$\int_{x_1}^{x_2}[A(t)]dt = \begin{bmatrix} \int_{x_1}^{x_2}a_{11}(t)dt & \int_{x_1}^{x_2}a_{12}(t)dt & \cdots & \int_{x_1}^{x_2}a_{1n}(t)dt \\ \int_{x_1}^{x_2}a_{21}(t)dt & \int_{x_1}^{x_2}a_{22}(t)dt & \cdots & \int_{x_1}^{x_2}a_{2n}(t)dt \\ \int_{x_1}^{x_2}a_{m1}(t)dt & \int_{x_1}^{x_2}a_{m2}(t)dt & \cdots & \int_{x_1}^{x_2}a_{mn}(t)dt \end{bmatrix} \tag{A.26}$$

B. 매트릭스식

1차 매트릭스식은 1개의 요소 a로 그 값은 a이며, 다음과 같이 나타낸다.

$$[a] = a \tag{B.1}$$

2차 매트릭스식은 (2, 2)형의 정방매트릭스의 요소로부터 그 값은 다음과 같이 정의한다.

$$\begin{bmatrix} a_1 & a_2 \\ b_1 & b_2 \end{bmatrix} = a_1 b_2 - a_2 b_1 \tag{B.2}$$

3차 매트릭스식은 Cramer의 2차 매트릭스식을 사용하며 다음과 같이 정의한다.

$$\begin{bmatrix} a_1 & a_2 & a_3 \\ b_1 & b_2 & b_3 \\ c_1 & c_2 & c_2 \end{bmatrix} = a_1 \begin{bmatrix} b_2 & b_3 \\ c_2 & c_3 \end{bmatrix} - a_2 \begin{bmatrix} b_1 & b_3 \\ c_1 & c_3 \end{bmatrix} + a_3 \begin{bmatrix} b_1 & b_2 \\ c_1 & c_2 \end{bmatrix} \tag{B.3}$$

같은 방법으로 n차 매트릭스식은 $(n-1)$차 행렬식을 사용하여 다음과 같이 정의한다.

1행 i열의 요소를 a_{1i}로 하고 1행 i열을 제외한 $(n-1)$차 매트릭스식을 M_{1i}로 하면 n차 매트릭스식은 다음과 같이 된다. 여기서 M_{1i}를 제$(1, i)$소매트릭스식이라 한다.

$$\begin{bmatrix} a_{11} \, a_{12} \, \cdots \, a_{1n} \\ a_{21} \, a_{22} \, \cdots \, a_{2n} \\ \vdots \quad \vdots \quad \cdots \quad \vdots \\ a_{n1} \, a_{n2} \, \cdots \, a_{nn} \end{bmatrix} = a_{11}M_{11} - a_{12}M_{12} + \cdots + (-1)^{1+n}a_{1n}M_{1n} \tag{B.4}$$

그러므로 n차 매트릭스식은 차수가 작은 매트릭스식을 사용해 수차적 방법으로 구할 수 있다. 증명은 생략하였지만 다음의 정리는 다자유도계의 지진응답해석에 사용된다.

정수항에 모두 0(zero)인 연립 1차방정식

$a_{11}x_1 + a_{12}x_2 + \cdots + a_{1n}x_n = 0$

$a_{21}x_1 + a_{22}x_2 + \cdots + a_{2n}x_n = 0$ $\qquad$ (B.5)

$\vdots$

$a_{n1}x_1 + a_{n2}x_2 + \cdots + a_{nn}x_n = 0$

이 $x_1 = x_2 = \cdots = x_n = 0$ 이외의 해를 갖기 위한 필요충분조건은 계수매트릭스의 매트릭스식은 다음과 같다.

$$\begin{bmatrix} a_{11} \, a_{12} \, \cdots \, a_{1n} \\ a_{21} \, a_{22} \, \cdots \, a_{2n} \\ \vdots \quad \vdots \quad \cdots \quad \vdots \\ a_{n1} \, a_{n2} \, \cdots \, a_{nn} \end{bmatrix} = 0 \tag{B.6}$$

이 정리를 사용하여 다음과 같은 연립 1차 방정식이 $x = y = z = 0$ 이외의 해를 갖는 a값을 구해 보자.

$$\begin{cases} ax + y + z = 0 \\ x + ay + z = 0 \\ x + y + az = 0 \end{cases}$$

이 방정식이 $x = y = z = 0$ 이외의 해를 갖기 위한 필요충분조건은 다음과 같은 매트릭스식을 사용하여 나타낼 수 있다.

$$\begin{bmatrix} a & 1 & 1 \\ 1 & a & 1 \\ 1 & 1 & a \end{bmatrix} = 0$$

매트릭스식의 정의에 의해 이 식은 다음과 같이 된다.

$$a \begin{vmatrix} a & 1 \\ 1 & a \end{vmatrix} - \begin{vmatrix} 1 & 1 \\ 1 & a \end{vmatrix} + \begin{vmatrix} 1 & a \\ 1 & 1 \end{vmatrix} = 0$$

그러므로 다음 식이 성립한다.

$$a(a^2 - 1) - (a - 1) + (1 - a) = 0$$

또는

$$(a - 1)^2 (a + 2) = 0 \quad \therefore \quad a = 1, \ a = -2$$

$a = 1$일 때 주어진 연립방정식의 각 방정식에서 다음과 같이 된다.

$$x + y + z = 0$$

그러므로 $x = -y - z$이며 $y = c_1$, $z = c_2$로 하면 $x = -(c_1 + c_2)$가 된다. 여기서 c_1, c_2는 임의의 정수이며 이 연립방정식의 해는 부정방정식으로 된다.

$a = -2$일 때 주어진 연립방정식은 다음과 같이 된다.

$$\begin{cases} -2x + y + z = 0 \\ x - 2y + z = 0 \\ x + y - 2z = 0 \end{cases}$$

이것에 의해 $x = y = z$이며 해는 $x = y = z = c$로 된다. 여기서 c는 임의 정수이다. 이 경우도 연립방정식의 해는 부정방정식이 된다.

C. 복소수에 의한 운동방정식의 매트릭스해법

2개의 실수 a, b를 순서대로 (a, b)를 복소수(complex number)라 한다.

(상등 : 같은 복소수) 2개의 복소수 $(a, b) = (c, d)$에서 $a = c$, $b = d$
(덧셈) 2개의 복소수 (a, b)와 (c, d)의 합은 다음과 같이 정의된다.

$$(a, b) + (c, d) = (a + c, b + d)$$

(곱셈) Product : 2개의 복소수 (a, b)와 (c, d)의 곱을 다음과 같이 정의한다.

$$(a, b)(c, d) = (ac - bd, ad + bc)$$

복소수를 이와 같이 정의하면 복소수는 다음 성질을 만족한다.

(덧셈에 관한 성질) addition
① 2개의 복소수 (a, b)와 (c, d)의 합은 $(a, b) + (c, d) = (a + c, b + d)$
② 교환법칙(commutative law) $(a, b) + (c, d) = (c, d) + (a, b)$
③ 결합법칙 $(a, b) + (c, d) + (e, f) = (a, b) + (c, d) + (e, f)$
④ 2개의 복소수 (a, b), (c, d)에 대해서 $(a, b) = (c, d) + Z$로 된 복소수 Z를 하나 정한다.
   이것은 $(a, b) = (c, d)$로 나타낸다. 특히 $(a, b) - (a, b)$는 $(0, 0)$으로 나타낸다.
   $(0, 0) - (a, b) = (a, b)$

(곱셈에 관한 성질) multiplication
① 2개의 복소수 (a, b), (c, d)에 대해 그 곱은 $(a, b)(c, d)$

② 교환 법칙 $(a,\ b)(c,\ d) = (c,\ d)(a,\ b)$

③ 결합 법칙 $(a,\ b)(c,\ d)(e,\ f) = (a,\ b)(c,\ d)(e,\ f)$

④ 분배 법칙 $(a,\ b)(c,\ d) + (e,\ f) = (a,\ b)(c,\ d) + (a,\ b)(e,\ f)$

⑤ 임의의 복소수 z에 대해 $(0,\ 0)z = (0,\ 0)$

⑥ $(c,\ d) \neq (0,\ 0)$이라면, $(a,\ b) = (c,\ d)Z$인 Z를 하나 정한다.

$$Z = \frac{(a,\ b)}{(c,\ d)} = \left(\frac{ac+bd}{c^2+d^2},\ \ \frac{bc-ad}{c^2+d^2} \right)$$

복소수 전체가 이와 같은 성질을 갖는다는 것을 복소수 전체는 체를 만든다고 한다.
특별한 복소수에는 $(a,\ 0)$을 고려한다.

$$(a,\ 0)(1,\ 0) = (a,\ 0)$$
$$(a,\ 0)(0,\ 0) = (0,\ 0)$$
$$(a,\ 0) \pm (a',\ 0) = (a \pm a',\ 0)$$
$$(a,\ 0)(a',\ 0) = (aa',\ 0)$$
$$(a,\ 0)/(a',\ 0) = (a/a',\ 0)$$

그러므로 복소수 중 $(a,\ 0)$의 형인 것만[결국 $(a,\ 0)$의 집합]을 택하면 실수 a계산과 전체가 같다. 또한 특별한 복소수 $(a,\ 0)$과 복소수 $(c,\ d)$의 식은 다음과 같다.

$$(a,\ 0)(c,\ d) = (ac,\ ad)$$

그러므로 특별한 복소수 $(a,\ 0)$를 실수 a와 같다고 보고 $(a,\ 0) = a$로 쓰기로 한다.

$$(a,\ 0)(c,\ d) = (ac,\ ad) = a(c,\ d)$$

그런데

$$(0,\ 1)(0,\ 1) = (0,1)^2 = (-1,\ 0) = -1$$

$(0,\ 1)=i$ 라고 하면 $i^2=-1$이 된다.

일반적으로 복소수 $(a,\ b)$는 다음과 같이 쓸 수 있다.

$$(a,\ b)=(a,\ 0)+(0,\ b)=(a,\ 0)+(b,\ 0)(0,\ 1)$$
$$=(a,\ 0)+b(0,\ 1)=a+ib$$

여기서 a는 실수부 b는 허수부라 하고 i는 허수 단위이다. 복소수의 계산에 대해서는 교환, 결합, 분배의 법칙이 성립하고 허수단위 i를 일반적으로 문자로 취급하여 계산하고 i^2은 -1로 놓으면 편리하다. 예를 들면,

$$(-2+3i)(3+5i)=(-2+3i)\cdot 3+(-2+3i)\cdot 5i$$
$$=(-6+9i)+(-10i+15i^2)=-21-i$$

$z=(x,\ y)$가 복소수일 때 복소수 값 2차 방정식의 해를 구해보자.

$$z^2=(a,\ 0) \tag{C.1}$$

복소수의 곱셈, 덧셈의 정의에 의해서

$$(x^2-y^2-a,\quad 2xy)=0 \tag{C.2}$$

그러므로 이 2차방정식은 다음의 2개의 실수방정식과 같다.

$$x^2-y^2-a=0 \tag{C.3}$$
$$2xy=0 \tag{C.4}$$

식 (C.4)에 의해 $x=0$ 또는 $y=0$이다.

$x=0$일 때 $y^2=-a$, 따라서 $a\leq 0$일 때 $y=\pm\sqrt{-a}$ 이다. $a>0$일 때는 y는 존재하지 않는다.

그러므로 이 2차 방정식의 해는 다음과 같이 된다.

$$z = (x, \ y) = (0, \ \sqrt{-a}) = \sqrt{-1}\,(0, \ 1) = \sqrt{-a}\,i$$

또는

$$z = (0, \ -\sqrt{-a}) = -\sqrt{-a}\,(0, \ 1) = -\sqrt{-a}\,i$$
$$a \geqq 0 일 \ 때 \ (\pm\sqrt{a}, \ 0) = \pm\sqrt{a}$$

예를 들면,

$a = -5$일 때 $z^2 = -5$의 해는 $z = \pm\sqrt{5}\,i$로 된다. 따라서 형식적으로 $\sqrt{-1} = i$로 하면 $z = \pm\sqrt{-5} = \pm\sqrt{5}\,\sqrt{-1} = \pm\sqrt{5}\,i$가 된다.

복소수 값 2차 방정식

$$az^2 + bz + c = 0 \tag{C.5}$$

위 식의 근을 구하면 $a > 0$, $b^2 - 4ac < 0$으로 하고, $z = (x, \ y)$로 하면 다음 식이 성립한다.

$$(ax^2 - ay^2 + bx + c, \ 2axy + by) = 0 \tag{C.6}$$

위 식은 다음의 두 식과 같다.

$$ax^2 - ay^2 + bx + c = 0 \tag{C.7}$$
$$2ax + by = 0 \tag{C.8}$$

식 (C.8)에 의해 $a \neq 0$이므로 $x = -b/(2a)$, $y = 0$이다.
$x = -b/(2a)$일 때,

$$y = \frac{\pm \sqrt{-b^2 + 4ac}}{2a}$$

$y = 0$일 때 $ax^2 + bx + c = 0$, 이것은 실수 x가 2차방정식이다. $b^2 - 4ac < 0$이므로, 이 근은 존재하지 않는다. 그러므로 식 (C.5)의 근은 다음과 같이 된다.

$$z = \left(-\frac{b}{2a}, \frac{\pm \sqrt{-b^2 + 4ac}}{2a}\right) = \frac{-b \pm i\sqrt{-b^2 + 4ac}}{2a} \tag{C.9}$$

실변수 t의 복소수 값 관계

$$z(t) = (u(t), w(t)) = u(t) + i \cdot w(t) \tag{C.10}$$

이 식은 실수부 $u(t)$와 허수부 $w(t)$가 미분가능 할 때, $z(t)$는 미분가능하다고 하고 그 도함수는 다음 식으로 정의된다.

$$\frac{dz(t)}{dt} = \left(\frac{du(t)}{dt}, \frac{dw(t)}{dt}\right) = \frac{du(t)}{dt} + i \cdot \frac{dw(t)}{dt} = (u'(t), w'(t)) = u'(t) + i \cdot w(t)$$

$$\tag{C.11}$$

$z_1(t)$, $z_2(t)$를 미분가능한 복소수 값, 함수 α, β를 정수(복소수)로 하면 다음 식이 성립한다.

$$(\alpha z_1 + \beta z_2)' = \alpha z_1' + \beta z_2' \tag{C.12}$$
$$(z_1 z_2)' = z_1' z_2 + z_1 z_2' \tag{C.13}$$
$$\left(\frac{z_1}{z_2}\right)' = \frac{z_1' z_2 - z_1 z_2'}{z_2^2} \tag{C.14}$$

복소수 값 함수 $z = (u, w) = u + i \cdot w$에 대해 지수 함수 e^z는 다음과 같은 식으로 정의된다.

$$e^z = e^u(\cos w + i \cdot \sin w) \tag{C.15}$$

그러므로 $z_1 = u_1 + i \cdot w_1$, $z_2 = u_2 + i \cdot w_2$일 때 다음에 나타낸 바와 같은 지수법칙이 성립한다.

$$
\begin{aligned}
e^{z_1 + z_2} &= e^{u_1 + u_2}\{\cos(w_1 + w_2) + i \cdot \sin(w_1 + w_2)\} \\
&= e^{u_1 + u_2}(\cos w_1 \cdot \cos w_2 - \sin w_1 \cdot \sin w_2 \\
&\qquad + i \cdot \cos w_1 \cdot \sin w_2) \\
&= e^{u_1 + u_2}(\cos w_1 \cdot \cos w_2 + i^2 \cdot \sin w_1 \cdot \sin w_2 + i \cdot \sin w_1 \cdot \cos w s_2 \\
&\qquad + i \cdot \cos w_1 \cdot \sin w_2) \\
&= e^{u_1 + u_2}\{\cos w_1(\cos w_2 \cdot i \cdot \sin w_2) + i \cdot \sin w_1(\cos w_2 \cdot i \cdot \sin w_2)\} \\
&= e^{u_1}(\cos w_1 + i \cdot \sin w_1)e^{u_2}(\cos w_2 + i \cdot \sin w_2) \\
&= e^{u_1}e^{u_2}
\end{aligned}
\tag{C.16}
$$

또한 미분에 관해서는 다음 식이 성립한다.

$$
\begin{aligned}
\frac{de^z}{du} &= \frac{de^u}{du}(\cos w + i \cdot \sin w) \\
&= e^u(\cos w + i \cdot \sin w) \\
&= e^Z
\end{aligned}
\tag{C.17}
$$

$\alpha = a + i \cdot b$, t를 실수 값인 함수로 할 때 다음 식이 성립한다.

$$
\begin{aligned}
\frac{de^{\alpha t}}{dt} &= (e^{at + i \cdot bt})' = \{e^{at}(\cos bt + i \cdot \sin bt)\}' \\
&= ae^{at}(\cos bt + i \cdot \sin bt) + e^{at}(-b\sin bt + i \cdot b \cdot \cos bt) \\
&= e^{at}(a + i \cdot b)\cos bt + ie^{at}(a + i \cdot b)\sin bt \\
&= (a + i \cdot b)e^{at}(\cos bt + i \cdot \sin bt) \\
&= ae^{at}
\end{aligned}
\tag{C.18}
$$

구조물의 동적응답해석에 의한 내진·내풍설계

초 판 발 행 2017년 8월 8일
초 판 2 쇄 2018년 9월 14일

저　　　자 이명우
펴 낸 이 김성배
펴 낸 곳 도서출판 씨아이알

책임편집 박영지, 최장미
디 자 인 김나리, 윤미경
제작책임 김문갑

등록번호 제2-3285호
등 록 일 2001년 3월 19일
주　　　소 (04626) 서울특별시 중구 필동로8길 43(예장동 1-151)
전화번호 02-2275-8603(대표)
팩스번호 02-2265-9394
홈페이지 www.circom.co.kr

I S B N 979-11-5610-323-3 93530
정　　　가 35,000원